Landschaftsplanung

Landschaftsplanung

Herausgegeben von
Wolfgang Riedel und Horst Lange

Adressen der Herausgeber

www.Lehrbuch-Landschaftsplanung.de

Prof. Dr. Wolfgang Riedel
Institut für Landschaftsplanung und Landschaftökologie
Universität Rostock
Justus-von-Liebig-Weg 6
18059 Rostock
E-Mail: Wolfgang.Riedel@agrarfak.uni-rostock.de

Prof. Dr. Horst Lange
Hochschule Anhalt (FH)
FG Landschaftsplanung und Landschaftsökologie
Strenzfelder Allee 28
06406 Bernburg
E-Mail: mail@Antonie-Horst-Lange.de

Bibliografische Information der Deutschen Nationalbibliothek

Die Deutsche Nationalbibliothek verzeichnet diese Publikation in der Deutschen Nationalbibliografie; detaillierte bibliografische Daten sind im Internet über http://dnb.d-nb.de abrufbar.

Springer ist ein Unternehmen von Springer Science+Business Media
springer.de

© Spektrum Akademischer Verlag Heidelberg 2009
Spektrum Akademischer Verlag ist ein Imprint von Springer

09 10 11 12 13   5 4 3 2 1

Planung und Lektorat: Dr. Ulrich G. Moltmann, Jutta Liebau
Redaktion: Dipl.-Ing. Nicole Sowa, Dipl.-Geogr. Susanne Vinnemeier
Satz: Kühn & Weyh Software GmbH, Freiburg
Umschlaggestaltung: SpieszDesign, Neu–Ulm

ISBN 978-3-8274-2362-7

Inhalt

Abkürzungen

a	Jahr	BBN	Bundesverband beruflicher Naturschutz e. V.
Abb.	Abbildung		
Abs.	Absatz	Bbg	Brandenburg
ABSP	Arten- und Biotopschutz-programm	BbgNatSchG	Brandenburgisches Naturschutzgesetz
Abw-Vwv	Abwasser-Verwaltungs-verordnung	BDLA	Bund Deutscher Landschafts-architekten
a.D.	außer Dienst	Bek.	Bekanntmachung (von Richt-linien durch Ministerien, Regierungen)
AEP	Agrarstrukturelle Entwicklungsplanung		
AgrarR	Agrarrecht: Zeitschrift für das gesamte Recht der Landwirt-schaft, der Agrarmärkte und des ländlichen Raumes (Zeitschrift)	BfN	Bundesamt für Naturschutz
		BGR	Bundesanstalt für Geowissen-schaften und Rohstoffe
		BGBl.	Bundesgesetzblatt
		BImSchG	Bundes-Immissionsschutzgesetz
ALK	Automatisierte Liegenschafts-karte	BMELF	Bundesministerium für Ernährung, Landwirtschaft und Forsten
ANL	Akademie für Naturschutz und Landschaftspflege Bayern		
ANP	Agrarraumnutzungs- und Pflegeplan	BMU	Bundesminister/Bundesministe-rium für Umwelt, Naturschutz und Reaktorsicherheit
ao.	außerordenlicher	BMV	Bundesminister/Bundesministe-rium für Verkehr
ARGEBau	Arbeitsgemeinschaft der für das Bau-, Wohnungs- und Siedlungswesen zuständigen Minister der Länder		
		BNatSchG	Bundesnaturschutzgesetz
		BSG	Besonderes Schutzgebiet
		BSPAs	Baltic Sea protected areas
ARL	Akademie für Raumforschung und Landesplanung Hannover	BUND	Bund für Umwelt und Natur-schutz Deutschland
AVP	Agrarstrukturelle Vorplanung	BVerfG	Bundesverfassungsgericht
B-Plan	Bebauungsplan	BVerwG	Bundesverwaltungsgericht
BAB	Bundesautobahn	°C	Grad Celsius
BA LVL	Anleitung zur Bewertung des Leistungsvermögens des Landschaftshaushalts	CAD	computer aided design
		CD-ROM	Compact disc – read only memory
BauGB	BauGesetzbuch	CIR	Colour infra-red
BauROG	Bau- und Raumordnungsgesetz	CO_2	Kohlendioxid
BauNVO	BauNutzungsverordnung	CSU	Christlich-Soziale Union
BayNatSchG	Bayerisches Naturschutzgesetz	DASL	Deutsche Akademie für Städte-bäu und Landesplanung
BayStMI	Bayerisches Staatsministerium des Inneren		
		DBV	Deutscher Bund für Vogelschutz
BayStMLU	Bayerisches Staatsministerium für Landesentwicklung und Umweltfragen	DDR	Deutsche Demokratische Republik

DEGES	Deutsche Einheit Fernstraßen-planungs- und -bau GmbH	Gewarch	Gewerbearchiv: Zeitschrift für Gewerbe- und Wirtschafts-verwaltungsrecht (Zeitschrift)
DFG	Deutsche Forschungs-gesellschaft	GG	Grundgesetz
DGK	Deutsche Grundkarte	GGB	Gebiete gemeinschaftlicher Bedeutung
DIN	Deutsche Industrienorm	GHS	Gesamthochschule
Dipl.-Hdl.	Diplom-Handelslehrer	GIS	Geo-Informationssystem
DNR	Deutscher Naturschutzring	GLRP	Gutachtlicher Landschafts-rahmenplan
DÖV	Die Öffentliche Verwaltung (Zeitschrift)		
Dr.	Doktor	GMK	Geomorphologische Kartierung
DRL	Deutscher Rat für Landespflege	GOP	Grünordnungsplan
DSB	Deutscher Sportbund	GVBl.	Gesetz- und Verordnungsblatt
DVBl.	Deutsches Verwaltungsblatt (Zeitschrift)	ha	Hektar
		HB	Hansestadt Bremen
DVO-LG	Durchführungsverordnung des Landschaftsgesetzes	HE	Hessen
		HeNatSchG	Hessisches Naturschutzgesetz
DVWK	Deutscher Verband für Wasser wirtschaft und Kulturbau	Hess GVBl.	Hessisches Gesetz- und Verordnungsblatt
E	Einwohner	HH	Hansestadt Hamburg
EAGFL	Europäischer Ausführungs- und Garantiefonds für die Landwirtschaft	HIV-StB	Handbuch für Verträge über Leistungen der Ingenieure und Landschaftsarchitekten im Straßen- und Brückenbau
ECE	Unites Nations Economic Commission for Europe	HKL	Hochschulkonferenz Landschaft
EDV	Elektronische Daten-verarbeitung	HmbNatSchG	Hamburgisches Gesetz über Naturschutz und Landschafts-pflege
EG	Europäische Gemeinschaft		
EGV	EG-Vertrag (Vertrag zur Gründung der Europäischen Gemeinschaft)	HNL-StB	Hinweise zur Berücksichtigung des Naturschutzes und der Landschaftspflege beim Bundesfernstraßenbau
et al.	et altera		
EU	Europäische Union		
EuGH	Europäischer Gerichtshof	HOAI	Honorarordnung für Architekten und Ingenieure
EUR 15	Europäische Gemeinschaft der 15 Mitgliedstaaten	hpnV	heutige potentielle natürliche Vegetation
e.V.	eingetragener Verein		
EWG	Europäische Wirtschafts-gemeinschaft	IAP	Index of Atmospheric Purity
		Kap.	Kapitel
F-Plan	Flächennutzungsplan	Kfz	Kraftfahrzeug
FAO	Food and Agriculture Organiza-tion of the United Nations	KGR	Karlsruher Geoinformatik-Report
FFH	Fauna-Flora-Habitat	km	Kilometer
FFH-RL	Fauna-Flora-Habitat-Richtlinie	KrW-/AbfG	Kreislaufwirtschafts- und Abfallgesetz
FH	Fachhochschule		
FIB	International bedeutsames Feuchtgebiet	KTBL	Kuratorium für Technik und Bauwesen in der Landwirtschaft
FlurbG	Flurbereinigungsgesetz		
FNP	Flächennutzungsplan	l	Liter
g	Gramm	L-Plan	Landschaftsplan

LANA	Länderarbeitsgemeinschaft für Naturschutz, Landschaftspflege und Erholung	NatSchG LSA	Naturschutzgesetz des Landes Sachsen-Anhalt
LAP	Landschaftspflegerischer Ausführungsplan	NDS	Niedersachsen
Lapro	Landschaftsprogramm	NdsNatSchG	Niedersächsisches Naturschutzgesetz
LAUN	Landesamt für Umwelt und Natur	NJW	Neue Juristische Wochenschrift (Zeitschrift)
LBP	Landschaftspflegerischer Begleitplan	NO_x	Stickstoffoxide
LEK	Landschaftsentwicklungskonzept	NPP	Netto-Primär-Produktion
LEP	Landesentwicklungsprogramm	NRW	Nordrhein-Westfalen
LEPro NRW	Landesentwicklungsprogramm Nordrhein-Westfalen	NSG	Naturschutzgebiet
LG NRW	Landschaftsgesetz Nordrhein-Westfalen	NuL	Natur und Landschaft (Zeitschrift)
LHKW	Leichtflüchtige Halogenkohlenwasserstoffe	NuR	Natur und Recht (Zeitschrift)
LfUG	Landesamt für Umwelt und Geologie	NVwZ	Neue Zeitschrift für Verwaltungsrecht (Zeitschrift)
LNatSchG	Landesnaturschutzgesetz	NWA	Nutzwertanalyse
LP	Landschaftsplan	NWVBl.	Nordrhein-Westfälische Verwaltungsblätter
LPflG RP	Landespflegegesetz Rheinland-Pfalz	o. J.	ohne Jahr
LPflG S-H	Landschaftspflegegesetz Schleswig-Holstein	ÖUB	Ökologische Umweltbeobachtung
LPlG	Landesplanungsgesetz	ÖPNV	Öffentlicher Personennahverkehr
LPVO	Landschaftsplanverordnung	OVG	Oberverwaltungsgericht
LROP	Landesraumordnungsprogramm	PE	Pflege und Entwicklung
LRP	Landschaftsrahmenplan	PEP	Pflege- und Entwicklungsplan
LSA	Land Sachsen-Anhalt	Prof.	Professor
LSG	Landschaftsschutzgebiet	qkm	Quadratkilometer
LUNG	Landesamt für Umwelt, Naturschutz und Geologie	RAS-LG	Richtlinien für die Anlage von Straßen, Teil: Landschaftsgestaltung
Lv.	Landesverband	REK	Regionales Entwicklungskonzept für die Metropolregion Hamburg
LWaG	Landeswassergesetz		
m	Meter	RdL	Recht der Landwirtschaft (Zeitschrift)
mg	Milligramm	RGBl.	Reichsgesetzblatt
MKRO	Ministerkonferenz für Raumordnung	RL	Richtlinie
		RNG	Reichs-Naturschutzgesetz
mm	Millimeter	ROG	Raumordnungsgesetz
MMK	Mittelmaßstäbige landwirtschaftliche Standortkartierung	RP	Rheinland-Pfalz
		RROP	Regionales Raumordnungsprogramm
MM/R	Mittleres Mecklenburg/Rostock	RSU	Rat von Sachverständigen für Umweltfragen
MTHW	Mittleres Tide-Hochwasser		
M-V	Mecklenburg-Vorpommern	Saarl.	Saarland
MVP	Minimum Viable Population	SNG	Saarländisches Naturschutzgesetz
N	Stickstoff	SächsNatSchG	Sächsisches Naturschutzgesetz
NatSchG Bln	Naturschutzgesetz Berlin	sc.	science

S-H	Schleswig-Holstein
SN	Sachsen
SO_2	Schwefeldioxid
SPAs	Special protected areas
SPD	Sozialdemokratische Partei Deutschlands
SRU	Sachverständigenrat für Umweltfragen
StGH	Staatsgerichtshof
StUFA	Staatliches Umweltfachamt
t	Tonne
TA	Technische Anleitung
Tab.	Tabelle
TK	Topographische Karte
TU	Technische Universität
u. a.	und andere
UBA	Umweltbundesamt
UGB	Umweltgesetzbuch
UIS	Umweltinformationssystem
UNEP	United Nations Environment Programme
UNESCO	United Nations Educational, Scientific and Cultural Organization
UPR	Umwelt- und Planungsrecht (Zeitschrift)
USA	United States of America
UVP	Umweltverträglichkeitsprüfung
UVPG	Umweltverträglichkeits-prüfungsgesetz
UVS	Umweltverträglichkeitsstudie
UVU	Umweltverträglichkeits-untersuchung
VG	Verwaltungsgericht
VGH	Verwaltungsgerichtshof
VO	Verordnung
VSRL	Vogelschutzrichtlinie
VwVfG	Verwaltungsverfahrensgesetz
WHG	Wasserhaushaltsgesetz
WHO	World Health Organization
WMO	World Meteorological Organization
WSG	Wasserschutzgebiet
ZUR	Zeitschrift für Umweltrecht (Zeitschrift)

Gesetze und sonstige Rechtsquellen

Baugesetzbuch (BauGB) in der Fassung der Bekanntmachung vom 27. August 1997 (BGBl. I S. 2141), zuletzt geändert am 16. Januar 1998 (BGBl. III/FNA 213–1).

Bau- und Raumordnungsgesetz (BauROG) vom 18. August 1997 (BGBl. I S. 2081).

Baunutzungsverordnung (BauNVO) in: Baugesetzbuch (BauGB) in der Fassung der Bekanntmachung vom 23. Januar 1990 (BGBl. I S. 132), zuletzt geändert am 22. April 1993 (BGBl. I S. 466).

Bayerisches Naturschutzgesetz: Gesetz über den Schutz der Natur und Pflege der Landschaft und die Erholung in der freien Natur in der Fassung der Bek. vom 18. August 1998 (GVBl. S. 593), geändert durch Gesetz vom 27. Dezember 1999 (GVBl. I S.532).

Brandenburgisches Naturschutzgesetz: Gesetz über Naturschutz und Landschaftspflege im Land Brandenburg (BbgNatSchG) vom 25. Juni 1992 (GVBl. I S. 207), zuletzt geändert durch Gesetz vom 18. Dezember 1997 (GVBl. S. 124).

Bundes-Immissionsschutzgesetz (BImSchG) vom 15. März 1974 (BGBl. I S. 721, 1193) in der Fassung der Bek. vom 14. Mai 1990 (BGBl. I S. 880), zuletzt geändert durch 2. Zuständigkeitslockerungsgesetz vom 3. Mai 2000 (BGBl. I S. 632, 633).

Bundesnaturschutzgesetz: Gesetz über Naturschutz und Landschaftspflege (BNatSchG) in der Fassung vom 21. September 1998 (BGBl. I S. 2995).

Erlass des Innenministeriums des Landes Schleswig-Holstein zur Prüfung der Umweltverträglichkeit im Baurecht vom 14. Januar 2000.

Erstes Landesraumordnungsprogramm Mecklenburg-Vorpommern 1993 (GVBl. M-V 1993, S. 733).

Fauna-Flora-Habitat-Richtlinie (FFH-RL): Richtlinie des Rates zur Erhaltung der natürlichen Lebensräume sowie der wildlebenden Tiere und Pflanzen (92/43/EWG), Amtsblatt der EG Nr. L 206/7, zuletzt geändert Amtsblatt der EG 1997, Nr. L 305/42.

Flurbereinigungsgesetz (FlurbG) in der Fassung der Bekanntmachung vom 21. Juli 1988, zuletzt geändert durch das Gesetz vom 8. August 1997 (GVBl. S. 1430).

Gesetz über die Raumordnung und die Landesplanung des Landes Mecklenburg-Vorpommern – Landesplanungsgesetz (LPlG) in der Fassung vom 31. April 1998 (GVBl. M-V S. 613).

Gesetz über die Umweltverträglichkeitsprüfung (UVPG) vom 12. Februar 1990 (BGBl. I S. 205), in der Fassung der Bekanntmachung vom 5. September 2001 (BGBl. S. 2350).

Hamburgisches Naturschutzgesetz: Hamburgisches Gesetz über Naturschutz und Landschaftspflege (HmbNatSchG) vom 2. Juli 1981 (GVBl. S. 167), zuletzt geändert durch Gesetz vom 11. Juni 1997 (GVBl. S. 205).

Hessisches Gesetz über Naturschutz und Landschaftspflege (HeNatG) vom 19. September 1980, zuletzt geändert durch Gesetz vom 18. Dezember 1997 (GVBl. S. 429).

Konvention über die biologische Vielfalt: verabschiedet auf der Konferenz der Vereinten Nationen für Umwelt und Entwicklung im Juni 1992 in Rio de Janeiro.

Gesetz zur Landesentwicklung – Landesentwicklungsprogramm (LEPro NRW) vom 5. Oktober 1989 (GV. NW S. 485).

Landesnaturschutzgesetz Mecklenburg-Vorpommern (LNatG M-V): Gesetz zum Schutz der Natur und der Landschaft im Lande Mecklenburg-Vorpommern vom 21. Juli 1998 (GVBl. S. 647), zuletzt geändert durch Artikel 4 des Gesetzes zur Änderung des Forst- und Naturschutzorganisationsgesetzes und anderer Rechtsvorschriften vom 23. Februar 1999 (GVBl. S. 200).

Landesnaturschutzgesetz Schleswig-Holstein (LNatSchG S-H): Gesetz zur Neufassung des Landschaftspflegegesetzes (Gesetz zum Schutz der Natur) vom 16. Juni 1993 (GVBl. S-H Nr. 9).

Landschaftsgesetz Nordrhein-Westfalen (LG NRW): Gesetz zur Sicherung des Naturhaushaltes und zur Entwicklung der Landschaft in der Fassung der Bekanntmachung vom 15. August 1994 (GV.NW. S. 710), zuletzt geändert durch Gesetz vom 21. Juli 2000 (GV.NW. S. 568).

Landespflegegesetz Rheinland-Pfalz (LPflG RP) in der Fassung vom 5. Februar 1979 (GVBl. S. 36), zuletzt geändert durch Gesetz vom 14. Juni 1994 (GVBl. S. 280).

Landesplanungsgesetz Nordrhein-Westfalen (LPlG NW) in der Fassung der Bekanntmachung vom 29. Juni 1994 (GV. NW S. 474).

Landesnaturschutzgesetz Berlin: Berliner Naturschutzgesetz mit Baumschutzverordnung, Gesetz über Naturschutz und Landschaftspflege von Berlin (NatSchG Bln) vom 30. Januar 1979 (GVBl. S. 183), zuletzt geändert am 4. Juli 1997 (GVBl. S. 376).

Naturschutzgesetz des Landes Sachsen-Anhalt vom 11. Februar 1992 (GVBl. LSA S. 108), zuletzt geändert durch Gesetz vom 27. Januar 1998 (GVBl. LSA S. 28).

Niedersächsisches Naturschutzgesetz: in der Fassung vom 11. April 1994 (GVBl. Niedersachsen S. 155, berichtigt S. 267), zuletzt geändert durch das Gesetz vom 11. Februar 1998 (GVBl. Niedersachsen S. 86).

Raumordnungsgesetz (ROG) vom 18. August 1997 (BGBl. I S. 2081); geändert durch Artikel 3 des Gesetzes über die Errichtung eines Bundesamtes für Bauwesen und Raumordnung sowie zur Änderung besoldungsrechtlicher Vorschriften vom 15. Dezember 1997 (BGBl. I S. 2902).

Reichsnaturschutzgesetz vom 26. Juni 1935 in der Fassung vom 20. Januar 1938 (RGBl. I S. 36).

Regionales Raumordnungsprogramm Mittleres Mecklenburg/Rostock vom 11. November 1994 (GVBl. M-V Nr. 24 S. 1022).

Richtlinie des Rates vom 27. Juni 1985 über die Umweltverträglichkeitsprüfung bei bestimmten öffentlichen und privaten Projekten (85/337/ EWG) – Amtsblatt der EG Nr. L 17540, zuletzt geändert durch Richtlinie 97/11 EG vom 3. März 1997, Amtsblatt der EG Nr. L 73/5.

Richtlinie 2001/42/EG des Europäischen Parlaments und des Rates vom 27. Juni 2001 über die Prüfung der Umweltauswirkungen bestimmter Pläne und Programme – Amtsblatt der EG Nr. L 197/30 vom 21. Juli 2001.

Saarländisches Naturschutzgesetz (SNG): Gesetz über den Schutz der Natur und die Pflege der Landschaft vom 19. März 1993 (Amtsblatt S. 346, berichtigt S. 486), zuletzt geändert durch Gesetz vom 5. Februar 1997 (Amtsblatt S. 258).

Sächsisches Naturschutzgesetz (SächsNatSchG): Sächsisches Gesetz über Naturschutz und Landschaftspflege in der Fassung der Bek. vom 11. Oktober 1994 (GVBl. S. 1601, berichtigt 20. Februar 1995, S. 106).

Thüringisches Naturschutzgesetz: Thüringer Gesetz über Naturschutz und Landschaftspflege in der Fassung der Bek. vom 29. April 1999 (GVBl. S. 298).

US Wilderness Gesetz: US Wilderness Preservation System Act 1964.

Verordnung über die Honorare für Leistungen der Architekten und der Ingenieure (Honorarordnung für Architekten und Ingenieure – HOAI) in der Fassung vom 4. März 1991 (BGBl. I S. 533), geändert durch die Fünfte Änderungsverordnung vom 21. September 1995 (BGBl. I S. 1174)

Verordnung (EG) Nr. 1257/1999 vom 17. Mai 1999 über den Europäischen Ausführungs- und Garantiefonds für Landwirtschaft (EAGLF), Amtsblatt der EG Nr. L 160, S. 80.

Verordnung (EG) Nr. 1655/2000 des Europäischen Parlaments und des Rates vom 17. Juli 2000 über das Finanzierungsinstrument für die Umwelt (LIFE), Amtsblatt der EG Nr. L 192, S. 1.

Verordnung zur Durchführung des Landschaftsgesetzes (DVO-LG) vom 22. Oktober 1986 (GV.NW. S. 683), geändert durch VO vom 18. Oktober 1994 (GV.NW. S. 935).

Vertrag zur Gründung der Europäischen Gemeinschaft (EGV) vom 25. März 1957

(BGBl. II S. 766) in der Fassung des Vertrags über die Europäische Union vom 7. Februar 1992 (BGBl. II S. 1253/1256), zuletzt geändert durch den Amsterdamer Vertrag vom 2. Oktober 1997 (BGBl. 1998 II S. 387, berichtigt BGBl. 1999 II S. 416).

Verwaltungsverfahrensgesetz (VwVfG) in der Fassung der Neubekanntmachung vom 21. September 1998 (BGBl. I S. 3050, BGBl. III 201-6).

Vogelschutzrichtlinie (VSRL): Richtlinie des Rates vom 2. April 1979 über die Erhaltung der wildlebenden Vogelarten (79/409/EWG), Amtsblatt der EG 1979, Nr. L 103, S. 1, zuletzt geändert Amtsblatt der EG 1997, Nr. L 223, S. 9.

Vorschlag für eine Richtlinie des Rates über die Prüfung der Umweltwirkungen bestimmter Pläne und Programme (von der Kommission vorgelegt am 25. März 1997; Amtsblatt der EG Nr. C 129/14 vom 25. April 1997).

Wassergesetz des Landes Mecklenburg-Vorpommern (LWaG M-V) vom 30. November 1992 (GVBl. S. 669), geändert durch das Enteignungsgesetz für das Land M-V vom 2. März 1993 (GVBl. S. 178).

Wasserhaushaltsgesetz: Gesetz zur Ordnung des Wasserhaushaltes (WHG) vom 23. September 1986 vom 12. November 1996 (BGBl. I S. 1696), geändert durch Gesetz vom 30. April 1998 (BGBl. I S. 823).

Vorwort zur 1. Auflage

Den engagierten Autorinnen und Autoren gilt unser großer persönlicher Dank, auch für alle Geduld bei den Zumutungen der Herausgeber im Hinblick auf notwendige Überarbeitungen.

Unser besonderer Dank gilt für das Engagement in der Entstehungsphase dieses Buchprojektes dem damaligen Gustav Fischer Verlag in Jena und vor allem Frau Dr. Johanna Schlüter, die zu diesem gewichtigen Schritt ermutigten. Wir sind Spektrum Akademischer Verlag in Heidelberg und dem Verlagslektor Herrn Dr. Ulrich Moltmann sehr dankbar dafür, dass sie sich davon überzeugen ließen, dass dieses Buch auch in der neuen Verlagsumgebung eine Chance hat. Besonderer Dank gilt Frau Jutta Liebau für die konkrete und motivierende Zusammenarbeit in der Fertigungsphase.

Nachdem das Projekt mit dem erstgenannten Herausgeber startete, gelang es Ende des Jahres 1999 noch den zweiten Herausgeber zu gewinnen, um die Voraussetzungen für die Endredaktion des Buches im Hinblick auf den Umfang der zu bewältigenden Fragestellungen zu verbessern. Auch dieser hat eine Rostocker (Lehrbeauftragter) und Mecklenburger (Referatsleiter Landschaftsplanung im Umweltministerium Mecklenburg-Vorpommern) Vergangenheit. In schöner und wie wir hoffen, erfolgsorientierter Weise kommen hier auch Landschaftsplanung auf Universitäts- und Fachhochschulebene fruchtbar zusammen.

Herzlich danken möchten wir den Rostocker Mitarbeiterinnen Frau Dipl.-Biol. Sonia Cortés Sack, Frau Dipl.-Ing. Nicole Sowa und Frau Dipl.-Geogr. Susanne Vinnemeier, ohne deren über das Maß des Zumutbaren hinausgehenden Einsatz in der Redaktions- und Fertigungsphase das Lehrbuch nicht hätte erstellt werden können. Durch ihre sorgfältige und umsichtige sowie souveräne Redaktionsarbeit haben sie den Herausgebern den Freiraum für die fachliche Gestaltung und Vernetzung mit den Autoren gegeben. Unser weiterer Dank gilt Herrn Dipl.-Ing Torsten Lipp und Frau Dipl.-Ing. (FH) Brit Kloth für die Mitarbeit im EDV-Bereich.

Der schönste Dank, den sich alle Akteure aussprechen könnten, wäre eine Akzeptanz dieses Buches, die in absehbarer Zeit zu einer erweiterten und durch eine breite gemeinsame Diskussion getragenen Neuauflage führen würde.

Wolfgang Riedel
Rostock,
Dezember 2000

Horst Lange
Bernburg,
Dezember 2000

Vorwort zur 2. Auflage

Schon wenige Monate nach Erscheinen war die 1. Auflage des Buches vergriffen, so dass nun nach erfreulich kurzer Zeit bereits eine korrigierte und aktualisierte Auflage erscheinen kann. Dies zeigt, wie sehr dieses Buch insbesondere als Lehrbuch angenommen worden ist und welche Lücke hiermit geschlossen wurde.

Bei schon gewohnt zuverlässiger Mitarbeit aller Autoren konnten unter der engagierten Koordination von Frau Nicole Sowa, Hofheim, in der vorliegenden neuen Auflage einzelne Korrekturen und notwendige Aktualisierungen vorgenommen werden. Entscheidende Rahmenbedingungen für die neue Auflage waren die **Änderung des Gesetzes über die Prüfung der Umweltverträglichkeit** vom 27. Juli 2001 und die **Neufassung des Bundesnaturschutzgesetzes** vom 1. Februar 2002. Die beiden entsprechenden Kapitel 7.2 und 7.3, die weitgehend unmittelbar auf Bundesrecht beruhen, konnten der neuen Rechtslage bereits angepasst werden. Kapitel 8.4 beruht ebenfalls bereits auf dem neuen Bundesnaturschutzgesetz, das den Biotopverbund als ein zentrales Anliegen des Naturschutzes bestimmt.

Da das **Bundesnaturschutzgesetz für die Landschaftsplanung im engeren Sinne und die Eingriffsregelung** ganz überwiegend **nur Rahmenrecht** bildet und es durch die kurzfristig doch noch durchgesetzte Zustimmungspflicht des Bundesrates zum neuen Bundesnaturschutzgesetz zu erheblichen Unsicherheiten und Verzögerungen gekommen ist, war die abschließende Berücksichtigung des neuen Bundesnaturschutzgesetzes nicht ohne weiteres möglich, ohne diese neue Auflage unverhältnismäßig lang zu verzögern. Wir haben uns daher dafür entschieden, in dieser Auflage eine **Synopse im Anhang** zu berücksichtigen, um **für die maßgeblichen Bestimmungen für die Landschaftsplanung einen Vergleich zwischen altem und neuen Recht** zu ermöglichen.

Solange die Mehrzahl der Ländernaturschutzgesetze nicht an das Bundesnaturschutzgesetz angepasst ist, behält dieses Lehrbuch somit seine Aktualität. Da den Ländern für ihre Landesnaturschutzgesetzgebung eine Anpassungsfrist von drei Jahren zur Verfügung steht, wird es noch einige Zeit dauern, um lehrbuchhaft darstellen zu können, wie sich das neue Rahmenrecht auf die Praxis der Landschaftsplanung in den einzelnen Ländern tatsächlich auswirkt.

Im Hinblick auf diese folgende grundlegende Überarbeitung sind wir auf **Anregungen, Kritik und Beiträge der Leser** angewiesen. Als ständiges Diskussionsforum zum Lehrbuch steht hierfür die Internetadresse www.Lehrbuch-Landschaftsplanung.de auch weiterhin zur Verfügung. **Aktuelle Informationen zur Anpassung der Landesnaturschutzgesetze** werden wir zukünftig ebenfalls dort anbieten.

Wolfgang Riedel
Rostock,
Februar 2002

Horst Lange
Bernburg,
Februar 2002

1 Einführung

1.1 Entstehung und Konzeption des Lehrbuches

Mit einem Lehrbuch verbindet der Leser gewisse Vorstellungen. Beim Lehrbuch verlangt er eine gewisse Vollkommenheit in der Darstellung einer Disziplin, den „(neuesten) Stand der Technik", ein Konzentrat des Notwendigen für Zielgruppen, die in Berufsausbildung, Anwendung sowie Forschung und Lehre tätig sind. Der **Adressatenkreis** bei dem hier vorgelegten Lehrbuch ist breit angelegt, zielt zunächst aber einmal auf **Studenten der Landespflege und anderer einschlägiger Studiengänge an Hochschulen, die sich mit Landschaftsplanung, Landespflege und Landschaftsarchitektur sowie mit Naturschutz und Raumplanung** befassen.

Dabei ist den Herausgebern klar, dass das vorliegende Lehrbuch, das bei seinem beschränkten Umfang beim besten Willen nicht alle Gebiete der Landschaftsplanung abdecken kann, dennoch den Versuch macht, die wesentlichen Bereiche zu erfassen: Die **Grundlagen** (Kap. 2), die **Aufgaben** (Kap. 3), die **Methoden** (Kap. 4), die **Instrumente** (Kap. 5), die **Integration der Landschaftsplanung in die räumliche Gesamtplanung** (Kap. 6), den **Beitrag der Landschaftsplanung zu anderen Fachplanungen** (Kap. 7) und anschließend **daran ausgewählte Aspekte von besonderer Wichtigkeit und Aktualität** (Kap. 8) sowie **Fallbeispiele** der Landschaftsplanung auf den verschiedenen Planungsebenen (Kap. 9).

Eine solche Vollständigkeit zu erreichen bei gleichzeitiger konzentrierter Verdichtung der umfangreichen Teilgebiete – über die es wie zum Beispiel bei der Bewertung von Landschaften eigene Handbücher gibt – war nicht leicht, und mit Sicherheit kann hier Kritik einsetzen, wenn scheinbar oder wirklich Wichtiges vermisst wird. Entscheidende Rahmenbedingung hierbei bilden die zum Teil äußerst unterschiedlichen Regelungen in den einzelnen Bundesländern. Im Gegensatz zur Bauleitplanung, die bundeseinheitlich geregelt ist, lassen sich in der Landschaftsplanung **16 verschieden ausgestaltete Länderregelungen** unterscheiden. Vor diesem Hintergrund ist **der Mut zu Vereinfachungen und der Auswahl von Fallbeispielen** unumgänglich, um überhaupt einen Überblick leisten zu können. Ein vollständiger Überblick ist daher aufgrund der Zersplitterung und der Dynamik der Länderregelungen kaum erreichbar und auch in der Ausbildung und Praxis so gut wie nicht erforderlich. Vielmehr ist es typisch, die für das jeweilige Land maßgeblichen Rahmenbedingungen zu recherchieren und dabei den Besonderheiten ausreichend Rechnung zu tragen. Neben dieser regionalen Zersplitterung besteht auch die Aufspaltung in viele **unterschiedliche Verfahren**, die auf den ersten Blick nicht mehr viel miteinander gemeinsam haben. Ein Anliegen dieses Lehrbuches war es daher – trotz oder gerade angesichts dieser Vielfalt – Allgemeingültiges herauszuarbeiten. Dies gilt insbesondere für die Aufgaben und Methoden, die im Kern Ausgangspunkt sämtlicher an spezielle Anforderungen modifizierte Instrumente bleiben. Die Stellung der Landschaftsplanung ist sicherlich zu einem Gutteil von dieser verwirrenden Vielfalt geprägt. Die breite Akzeptanz in der Öffentlichkeit kann angesichts des extern kaum vermittelbaren Ringens um die „richtige" Landschaftsplanung innerhalb der Disziplin nicht erwartet werden. Zudem dominieren instrumentelle Fragen dabei allzu häufig. Inhaltliche Fragen treten dagegen oftmals zurück. Hier findet somit sehr viel Selbstbeschäftigung statt. Die notwendige Klarheit der Aufgabe und die Kräfte für die Vertretung der Inhalte nach außen leiden hierunter in nicht zu unterschätzendem Maße.

Herausgeber und Autoren hoffen angesichts dieser Rahmenbedingungen hier auf eine faire Beurteilung, sie hätten jeweils mehr liefern können und die Urmanuskripte haben einen umfangreicheren (und damit wenig handhabbareren und teureren) Band befürchten lassen. Zugegebenermaßen gab es in der Vorbereitung dieses Lehrbuches Situationen, wo der Erfolg in großer Ferne beziehungsweise unerreichbar schien. Das Stimmungsbild wird ganz gut getroffen in einem

Zitat von Finke (1999): »Dennoch muss in Übereinstimmung mit Hübler festgestellt werden, dass die **Diskussion um die Landschaftsplanung** als **geradezu chaotisch** bezeichnet werden muss, gekennzeichnet durch völlig ungerechtfertigte Selbstüberschätzung bis hin zu weinerlicher Selbstbemitleidung. Wenn Hübler zutreffend feststellt, dass es bis heute weder ein allgemein anerkanntes Lehrbuch über Landschaftsplanung noch eine allgemein anerkannte Positionsbestimmung – von Verbandsinteressen abgesehen – gäbe, dann ist diese Tatsache als Indikator für die Situation der Landschaftsplanung zu werten. … Hüblers Erwartungen in diesem Zusammenhang sind typisch, er erwartet eine ausgewogene Gesamtdarstellung der Sache, die auch noch zu einer Konsolidierung sehr unterschiedlicher Vorstellungen zur Landschaftsplanung führen müsse. Genau dies war für mich bisher Grund dafür, ein derartiges Buch nicht zu schreiben. Es ist derzeit absolut nicht erkennbar, was denn wohl allgemein anerkannte Positionen der Landschaftsplanung sein könnten, was denn wohl eine ausgewogene Gesamtdarstellung der Landschaftsplanung angesichts des kontroversen Diskussionsstandes selbst über Grundfragen sein könnte. Wenn dann noch erwartet wird, dass ein derartiges Lehrbuch zu einer Konsolidierung der bestehenden, höchst unterschiedlichen Vorstellungen über Landschaftsplanung führen sollte, dann kann man eigentlich nur jedem Kollegen abraten, den Versuch eines derartigen Lehrbuches zu unternehmen.« – Wir haben es dennoch gewagt…

Dieses Buch ist langsam, aber zunehmend gewachsen und hat seine „Wiege" in dem **Rostocker Studiengang Landeskultur und Umweltschutz** der Agrar- und Umweltwissenschaftlichen Fakultät mit der Vertiefungsrichtung Landschaftsplanung. Der ständigen provisorischen Vorlesungsskripte überdrüssig, hatten wir zunehmend den Eindruck, dass ein entsprechendes Lehrbuch für die Hand der betroffenen Studenten überfällig sei. Diesem erlebten Bedürfnis, durch zahlreiche Gespräche mit Studierenden, Prüfungskandidaten und Absolventen abgesichert, entsprang die Motivation zu diesem Lehrbuch. Die richtigen Autoren als Partner zu finden, war dann angesichts des Netzwerkes an Beziehungen in Forschung und Lehre in Rostock, Bernburg und darüber hinaus kein Kunststück. So finden sich verständlicherweise Mitglieder des Lehrkörpers des Institutes für Landschafts-

planung und Landschaftsökologie und seit langem in die Lehre eingebundene Lehrbeauftragte. Darüber hinaus finden sich weitere Kollegen der Rostocker Universität und von Fachverwaltungen, mit denen eine konkrete und intensive Zusammenarbeit besteht. Fachkollegen anderer Hochschulen und Freunde der Herausgeber. sind ebenso mit eingebunden wie Vertreter der Naturschutzszene. Selbst ein so ausgewiesener Fachmann wie Prof. Grebe aus Erlangen hat eine „Rostocker Vergangenheit", er war in der Nachwendezeit hochgeschätzter Lehrstuhlvertreter, Verbindungen sind geblieben.

Beim Blick auf die Autorenliste und die regionalen Fallbeispiele in den Kapiteln 8 und 9 meint man, die Gefahr zu erkennen, dass das Lehrbuch eine zu starke nord-ostdeutsche Prägung hat. Eine zu starke regionale Anbindung ist ein bekanntes Phänomen auch bei Lehrwerken und Handbüchern anderer Autorengemeinschaften, das regionale Kolorit bleibt oft nicht verborgen. Wir haben uns nach Kräften bemüht, bei aller regionalen Einbindung dennoch „gesamtdeutsch" und „europäisch" zu denken und uns zunehmend um entsprechende Beispiele bemüht.

Neben den Studenten der genannten Ausrichtungen und den Kollegen in Forschung und Lehre sehen Herausgeber und Verlag eine wichtige **Zielgruppe in den verschiedenen Umweltverwaltungen auf regionaler und landesweiter Ebene** und nicht zuletzt auch in den zahlreichen **Kommunen** mit ihren hauptamtlichen und ehrenamtlichen Mitarbeitern. Nicht nur die dem Naturschutz verbundenen Behörden, auch andere Fachplanungen bedürfen einer guten Grundlegung und so will dieses Buch nicht nur Wissen um Naturschutz und seine Fachplanung, sondern darüber hinaus auch die Integration verschiedener Planungen und die Rolle der Raumordnung vermitteln. Dies trifft sich mit den Zielen der nachhaltigen Entwicklung, die nicht nur gebetsmühlenartig bemüht werden dürfen, sondern in integrierter Planung und Regionalentwicklung besonders mittels Landschaftsplanung befördert werden müssen, um in der Umsetzung zu greifen. Darauf wird in der Folge noch weiter eingegangen.

Inzwischen ist die kommunale Landschaftsplanung, in den Bundesländern mehr oder weniger verpflichtend eingeführt, unterschiedlich befördert worden oder mit Handbremsen versehen. Hier besteht ein hoher Bedarf an Information, den dieses Buch mithelfen will, abzudecken.

Eine weitere Zielgruppe ist der **ehrenamtliche Naturschutz** der verschiedenen Verbände, der immer wieder in die Schritte der Landschaftsplanung mit seinem Sachverstand und seinem politischen Gewicht einbezogen wird.

Die verschiedenen Verfahren, wie Umweltverträglichkeitsprüfung, Eingriffs-Ausgleichsregelung und die neuen Instrumente des Europäischen Naturschutzes gemäß der FFH-Richtlinie bedürfen einer weitergehenden Verbreitung und Vermittlung. Die große Zeit der unbestrittenen Priorisierung der Umweltproblematik in der Bevölkerung ist vorbei. Andere Lebensbereiche und Probleme werden von ihr häufig höher bewertet. Dieses ist eine große Gefahr. Den Wirtschaftsinteressen wird heute blau- beziehungsweise blindäugig so viel Natur geopfert wie noch nie, ungeachtet aller wissenschaftlichen Kenntnisstände und Umweltstandards. Resignation wäre hier die falsche Konsequenz. Das Lehrbuch will an der Nahtstelle von Ausbildung und Berufspraxis viele junge Menschen und weitere Kreise darüber hinaus auf die Zukunftsprobleme, die mit Landschaften und ihren Menschen verbunden sind, gleichermaßen zurüsten und **für den Gedanken einer dauerhaft-umweltgerechten Entwicklung motivieren.**

Bei der Konzeption dieses Lehrbuches bestand immer wieder die Gefahr angesichts unvermeidlich erscheinender Erweiterungen des Umfangs ein Handbuch in mehreren Bänden zu planen oder gar auf das inzwischen verbreitete Instrument der „Loseblatt-Sammlung" zurückzugreifen. Auf eine solche Lösung wurde bewusst verzichtet, die Erfahrungen der Nutzer sind hier sehr unterschiedlich, die Herausgeber setzen lieber darauf, dass dieses Lehrbuch in absehbarer Zeit eine zweite und neu überarbeitete Auflage erfährt, was gleichzeitig eine Aufforderung an Nutzer und Leser ist, mit zahlreichen **Anregungen und kritischen Hinweisen** nicht zu geizen. Siehe hierzu auch www.lehrbuch-landschaftsplanung.de.

1.2 Hintergrund des Lehrbuches – die laufende Diskussion über die Rolle der Landschaftsplanung

Pointiert, oft gallig-kritisch, immer aber konstruktiv gemeint, hat sich vor allem Hübler (unter anderem 1991, 1997, 1998) mit der Landschaftsplanung auseinandergesetzt, die Titel der entsprechenden Aufsätze sprechen für sich: „Ein Plädoyer gegen ‚Opas Landschaftsplanung'", „Quo vadis Naturschutz?", „Quo vadis Landschaftsplanung?". Die Situation der Landschaftsplanung schien zunehmend festgefahren zu sein, das Instrument verfahrensmäßig gereift, aber ausgereizt in der Praxis, zum Teil erstarrt zu einem Rechenwerk von landschaftlichen Kenngrößen, die in eine „hessische" oder „Osnabrücker" Modellrechnung eingegeben, jedwedes Problem von Eingriff und Ausgleich zu lösen in der Lage waren, famose Patentrezepte, von überzeugten Naturschützern misstrauisch beäugt als Verrat, von solider Ökosystemforschung verpflichteten Naturwissenschaftlern als hilflos pragmatischer Ansatz verachtet, von den Fürsten der Raumordnung als bienenfleißiger Versuch des amtlichen Naturschutzes und seiner Planungsgehilfen betrachtet, alle Probleme im Raum mithelfen zu lösen und nicht immer nur „Verhinderungsinstrument" zu sein. In der Praxis der Länder und vor allem auf der Ebene der Kommunen erwarb sich Landschaftsplanung zunehmend auch Gegner als angebliches Blockadeinstrument, meist zu unrecht, aber es war doch so schön, im Naturschutz und seiner Landschaftsplanung Schuldige für wirtschaftliche Fehlentwicklungen, die oft ganz andere Quellen hatten, zu suchen und zu finden. Leider haben gerade auch große Kommunalverbände und berufsständische Vereinigungen in der Landschaftsplanung einen Buhmann entdeckt, ohne die gesetzlichen Grundlagen derselben zu respektieren, die Rolle innerhalb der Gesamtplanung zu verstehen und ohne die positiven Chancen für eine integrierte Entwicklung von Räumen zu begreifen. Die Einengung auf den Arten- und Biotopschutz mit einem Hauch von Erholungsplanung war auch dazu angetan, den viel breiteren Anspruch von Landschaftsplanung nicht mehr erkennen zu lassen. Diese verheerende Analyse wird glücklicherweise zur Zeit durch neue Entwicklungen abgelöst, das Lehrbuch erscheint erfreulicherweise – endlich – zu einem Zeitpunkt, wo, wenn auch verspätet, **eine fundamentale Diskussion über Landschaftsplanung neu geführt** wird – und dieses nicht nur wie bislang von berufsständischer Seite oder vom amtlichen Regierungsnaturschutz aus. Wenige Quellhorizonte dieser Herausführung aus der auf Arten- und Biotopschutz verengten Diskussion sollen nachstehend aufgeführt werden.

Aus der früheren Arbeitsgemeinschaft der ehrenamtlichen und amtlichen Naturschutzbeauftragten ist heute endlich ein schlagkräftiger Bundesverband beruflicher Naturschutz e.V. (BBN) entstanden, der sich zum einen einem umfassenden Natur- und Umweltschutz und seinen fachlichen Grundlagen verpflichtet fühlt, zum anderen eine sehr weite berufsfeldorientierte, jedoch berufsständisch unabhängige Sicht der Dinge im Interesse seiner Mitglieder und der Umweltentwicklung verfolgt, die viele unterschiedliche Gruppen der Ausbildung nach integriert. Der BBN agiert durch seine Mitgliederinformationen, durch die Positionen und Forderungen auf den Deutschen Naturschutztagen (1998 Dresden, 2000 Bamberg) und durch seine Arbeitsgemeinschaft Landschaftsplanung, die zum Beispiel auf einem Workshop an der Universität Gesamthochschule Kassel im September 1998 eine Positionsbestimmung vornahm: **„Landschaftsplanung ist zukunftsorientierte Umweltplanung. Positionen zum geplanten Umweltgesetzbuch".** Wenn auch das geplante Umweltgesetzbuch wieder in weite Ferne gerückt ist, Landschaftsplanung ist gerade deswegen noch lange nicht obsolet und unverzichtbarer denn je. Aus dem Katalog des Workshops, gründend auf dem Dresdener Resümee (Auszug zur Landschaftsplanung, Mai 1998), seien stellvertretend einige Positionen zitiert, die in dieses Buch eingegangen sind:

Ausgangspunkte

- **Nachhaltige Entwicklung** für heutige und künftige Generationen erfordert tragfähige, in der Bevölkerung akzeptierbare Entscheidungen über zukünftige Nutzungen.
- **Moderne Umweltvorsorge** verlangt schnelle Entscheidungen, „schlanke" Verfahren, Planungssicherheit sowie effektive Gestaltungs- und Steuerungsinstrumente.

- Dazu gehört, ökologische Zusammenhänge **transparent** darzustellen und **konsensorientiert** zu vermitteln, Potentiale und Grenzen räumlicher und stofflicher Belastbarkeit anzuzeigen.
- Die Weiterentwicklung bereits eingespielter und zugleich flexibler Instrumente und. Verfahren heißt **Zeit und Kosten sparen**.

Aufgabenstellungen

Unter dieser Überschrift wird die Landschaftsplanung als Instrument beschrieben, das auf die Instrumente der räumlichen Planung bereits rechtlich gut abgestimmt, an den Anforderungen moderner Planungsverfahren orientiert und angepasst ist und sinnvoll um neue, zum Beispiel europäische Regelungen der EU erweiterbar ist. Sie entwickelt die naturschutzfachlich relevanten räumlichen Umweltkonzepte auf allen Planungsebenen, wird über Information und Konsensbildung wirksam, stärkt so die kommunale Verantwortung, bietet eine zielorientierte Grundlagenerhebung und -bewertung, eine räumlich auch fachübergreifende Konzeption, dient der Aufbereitung der landschafts- und naturschutzbezogenen Umweltinformationen, ist flexibles Instrument zur Koordination raum- und flächenbezogener Programme und Vorhaben, Grundlage bei UVP-Verfahren, flächendeckend im besiedelten und unbesiedelten Bereich wirksam, vielen Schutzgutaspekten und Lebensräumen förderlich, Grundlage für landschaftsbezogene Entwicklungsziele im Bereich Erholung und Freizeit, an einer Sicherung und Entwicklung der Kulturlandschaften in Deutschland orientiert, in allen Bundesländern regional und auf kommunaler Ebene normiert eingeführt, mit der Bauleitplanung im Zuge des novellierten BauGB korrespondierend.

Angesichts der Forderungen nach neuen Planungsinstrumenten durch verschiedene Entwürfe zum Umweltgesetzbuch führte der Arbeitskreis Landschaftsplanung im BBN (BBN – Arbeitskreis Landschaftsplanung 1998) in einem ersten Entwurf zum Positionspapier aus: »Vorhandene Umsetzungsdefizite bei immer drängenderen Umweltfragen werden durch die Einführungen neuer, naturschutzrelevanter Umweltplanungsinstrumente nicht gelöst, sondern eher erschwert. Daher sollte am bewährten Instrument der Landschaftsplanung mit ihrem umfassenden Regelungsinhalt festgehalten und dieses ausgebaut werden.«

Im endgültigen Positionspapier (BBN – Arbeitskreis Landschaftsplanung 2000) sind die folgenden **Forderungen zur Weiterentwicklung der Landschaftsplanung** enthalten:

»Die Landschaftsplanung ist als etabliertes und flexibles Instrument für die räumliche Umweltvorsorge weiterzuentwickeln.

Dies bedeutet:

- Neue Planungsinstrumente sind überflüssig;
- die Landschaftsplanung in ihrem materiellen Gehalt flächendeckend im besiedelten und unbesiedelten Bereich voll zu erhalten und auszubauen;
- sie als eigenständige Planung zu erhalten und auszubauen, sie bedarf der Integration in die Landes-, Regional- und Bauleitplanung;
- die Aufstellungspflicht und die Berücksichtigung der Landschaftsplanung bundesweit für alle Ebenen der räumlichen Planung rechtlich zu verankern;
- die Landschaftsplanung verstärkt als Instrument für andere Fachplanungen zu verwenden;
- ihre grundlegende Rolle für die Effektivität von UVP und Eingriffsregelung und die Umsetzung der vorsorgeorientierten Anforderungen des Bodenschutzgesetzes zu festigen und auszubauen;
- mit Hilfe der Landschaftsplanung den Einsatz von flächenbezogenen Programmen und Fördermitteln zu effektiveren (wie zum Beispiel Agenda 2000);
- die kommunalen Agenda-21-Prozesse durch Landschaftsplanung auf eine raumbezogene Grundlage zu stellen;
- die Honorarordnung (HOAI) an die gewachsenen Anforderungen (wie konsensuale Programme) anzupassen;
- die Landschaftsplanung durch qualifizierte Fachleute erarbeiten und durchführen zu lassen.«

Eine Vertiefung fand diese Ausrichtung auch in dem bedeutenden Internationalen Kongress zum Thema „Landschaftsplanung in Europa – in Memoriam Prof. Dr. Hans Kiemstedt 1934 – 1996", vom 27.9. bis 1.10.1999 am Institut für Landschaftspflege und Naturschutz der Universität Hannover. Ziele der Tagung waren:

- gegenseitige Information, das heißt den Prozess des Voneinander-Lernens fortsetzen beziehungsweise neu beleben,
- stärkere Vereinheitlichung der Forderungen zur Landschaftsplanung in der EU, um so

auch stärkeres politisches Gewicht zu erlangen,
- erste Vorschläge zur Harmonisierung der Rahmensetzungen durch räumliche Umweltplanungen in einem zusammenwachsenden Europa,
- Ausbau des Netzwerkes zwischen Landschaftsplanern in Europa.

Die unterschiedlichen Ansätze der Landschaftsplanung in den verschiedenen europäischen Ländern, die sich ähneln, aber doch auch immer wieder erheblich unterscheiden, die mal mehr der Landschaftsanalyse, mal der stärkeren Umsetzungsorientierung verpflichtet sind, müssen zusammengeführt werden. Bemerkenswert ist die nachfolgende kurze Definition von Landschaftsplanung, die den Diskussionen zugrunde lag: »**Landschaftsplanung ist räumliche Umweltplanung, die auf die Multifunktionalität der Landschaft unter der Prämisse einer nachhaltigen Landnutzung abzielt.**« So formiert sich zunehmend eine neue positive Haltung zur Landschaftsplanung heraus, der sich auch die berufsständischen Verbände, wie der Bund Deutscher Landschaftsarchitekten (BDLA) oder die Vertreter der Lehrstühle für Landschaftsplanung, Landschaftspflege, Landespflege et cetera an den Deutschen Hochschulen (HKL, Hochschulkonferenz Landschaft) verpflichtet fühlen. Interessiert die einen mehr die umsetzungsorientierte Landschaftsplanung als Motor integrierter räumlicher Entwicklung, ist für andere die Frage der Entwicklung des Berufsfeldes Naturschutz und Landschaftsplanung in Deutschland und in Europa von wesentlicher Bedeutung.

Räumliche Umweltplanung kann und darf sich nicht auf ein überholtes (zum Beispiel reduziert lediglich auf Artenschutz) Naturschutzverständnis beschränken, sondern muss in ganzheitlicher Vorgehensweise gesellschaftliche Strömungen und Entwicklungen mit aufgreifen, um dann wieder für diese Entwicklungen neue Impulse geben zu können. Die bisherigen Instrumente des Naturschutzes waren zum Beispiel Artenschutz, Gebietsschutz, Vertragsnaturschutz, Kauf von Flächen für den Naturschutz, Gesetzgebungsmaßnahmen. Landschaftsplanung wurde dabei vielfach als ein Instrument unter vielen gesehen, ausgezeichnet durch fehlende Bindewirkung und mindere Integrationskraft. Landschaftsplanung muss jedoch **ökologische Querschnittsplanung** werden, dafür sind alle Voraussetzungen gegeben, die Notwendigkeiten sind unbestritten. Nicht zuletzt durch die Rolle der EDV offeriert gerade Landschaftsplanung den Trend zum handlungsorientierenden Wissensmanagement (Bechmann 1999). Schneller als noch vor einigen Jahren erwartet, scheint sich das gegenwärtige Wirtschaftssystem den Anforderungen der globalen wie regionalen ökologischen Herausforderungen und Katastrophen zu stellen. Die globalen Gefährdungen durch den gegenwärtigen Wirtschaftsstil sind offensichtlich geworden, und so sind im wirtschaftlichen und politischen Handeln neue Prioritäten erforderlich.

Einer Neukonstruktion der wirtschaftlichen Abläufe weltweit kommt höchste Priorität zu, diese Gedanken stoßen zunehmend auf gesellschaftliche Akzeptanz. Dabei gilt es – in Blick auf die Wirtschaft – Emissionen radikal einzuschränken und Umweltbelastungen in Boden, Luft und Wasser gar nicht erst entstehen zu lassen. Neben diesem Umweltschutz-Ansatz muss der Naturschutz-Ansatz stehen, der zur Erhaltung naturnaher Ökosysteme und der Artenvielfalt (einschließlich förderlicher Bedingungen für den Menschen) Naturschutzgebiete neuen Stils mit freien Sukzessionen vorhält. Es ist Aufgabe der ökologischen wie der Sozial- und Planungswissenschaften, langfristige Zielvorstellungen einer Überlebenspolitik zu entwickeln und durchzusetzen. Landschaftsplanung **muss angewandte Wissenschaft der Ökologie der Landschaft** werden.

2 Grundlagen der Landschaftsplanung

2.1 Umweltethik

Ein Plan, so steht in einem Lexikon der Frühaufklärung von 1741, ist der Grundriss von einer Sache (Zedler 1961). Landschaft sei landwirtschaftlich geschaffenes Land, das außerhalb der Städte liege. Zur Wildnis heißt es, dass dies Wort vom Wild und vom Wald herrühre. Und Wald könne kein Ort sein, wo eine wohlanständige Sittsamkeit ihre Wohnung aufschlägt.

Daraus folgt:

- Landschaft ist landwirtschaftlich gestaltetes, außerstädtisches Land.
- In scharfer Abgrenzung steht dazu das Unzivilisierte (der wilde Wald). Dies wird als Ort betrachtet, zu dem Sittsamkeit und Moral nicht vorgedrungen sind.

Die Aufklärung entwickelte den Begriff der Zivilisation und beschleunigte deren Prozess dadurch, dass diverse Peinlichkeitsschwellen in der sich entwickelnden bürgerliche Gesellschaft vorrückten (Elias 1996). Dies zeigte sich zum Beispiel in der Codierung und Propagierung des Tugendhaften und – gegenübergestellt – des Liederlichen (Trommer 1993). Klugheit, Ordnung, Fleiß, Sparsamkeit und deren Gegenteil wurden unter anderen zur bäuerlichen Tätigkeit in ein moralisierendes Verhältnis gesetzt: »Ohne Fleiß von früh bis spat kann dir nichts geraten, Neid sieht nur das Blumenbeet, Neid sieht nicht den Spaten«, heißt es auf dem Spruchbalken eines Fachwerkhauses in Wolfenbüttel. Derlei moralische Aufrüstung diente der Effizienzsteigerung und Differenzierung der Kulturlandschaft, beseitigte Ödland und Wildnis und war darauf gerichtet, das Laster menschlicher Trägheit und Faulheit durch strenge Erziehung zu überwinden.

Mit der Romantik entstand allmählich eine umfassendere Bewertung der Landschaft. Alexander von Humboldts (1849) landschaftliches Naturgemälde vereinigte das Zusammenspiel von Boden, Klima und Vegetation. Nur mussten Naturforscher für das Studium der Naturlandschaften weite Reisen unternehmen. In Mitteleuropa gab es dafür kaum mehr Vorbilder.

Ästhetische Wertschätzung der Gebildeten begleitete die Entdeckung der natürlichen Landschaft. Von Gärtnern und Architekten sind daraus Elemente in die Gestaltung von Landschaftsparks übernommen worden. Die Landschaftsästhetik ging (und geht zuweilen bis heute) von relativ statisch aufgefassten, idealen Landschaftsbildern aus.

Kritischer Ansatzpunkt des Heimatschutzes war die Auseinandersetzung mit den entstandenen urban industriellen Ballungsräumen um die Jahrhundertwende. Ideen zur Landschaftsplanung entstanden als übergeordnete kommunale und staatliche Aufgabe der Raumordnung. Diese integrierte auch die Begriffe der Naturdenkmals- und Landschaftspflege, welche landschaftliche Werte und wertbezogene Handlungen implizieren. Letztlich geht es dabei um die Sicherung der nachhaltigen Nutzung der Naturgüter und die Erhaltung und Entwicklung der Vielfalt, Eigenart und Schönheit von Natur und Landschaft (v. Haaren 1999).

Die Umweltkrise und die mit dem Internationalen Biologischen Programm Mitte der 60er Jahre sich ausbreitende Ökosystemforschung haben die Landschaftsplanung jüngst beeinflusst. Landschaftsökologie, Umweltvorsorge, Ökosystemanalyse und Ökosystemmanagement bestimmen seither die Landschaftsplanung mit.

Als zukunftsbezogene Disziplin impliziert Landschaftsplanung von Grund auf moralische Verantwortung. Jedoch droht diese zwischen den Sachzwängen gegebener Komplexität zu versickern, wie sich schon anhand der folgenden Definition verdeutlichen lässt: »Eine Landschaft kann man als ein typisches Beispiel für ein nichtlineares, hochgradig vernetztes, durch komplexe Rückkoppelungs- und Wechselwirkungen bestimmtes System begreifen, welches durch physikalische, biochemische und soziokulturelle Einflüsse und Kräfte bestimmt wird« (Baeriswyl et al. 1999). Moralische Verantwortung könnte in den „soziokulturellen Einflüssen und Kräften" versteckt sein. Sie wird deutlicher in der Person des Landschaftsplaners. Dieser, so fordern die Autoren, solle sich gleichzeitig als „betrachtender, objektiver Planer" und als mit dem Untersuchungsgegenstand „verbundenes Subjekt" betrachten. Intuition sei gefragt. Er müsse sich seiner eigenen wertenden Landschaftsvorstellung bewusst sein und sich gegebenenfalls auf eine möglicherweise schmerzvolle Distanzierung von eigenen Wertvorstellungen einlassen. Solchermaßen wertsensibilisierte Planeridentität kann als Voraussetzung für das Führen eines umweltethischen Diskurses angesehen werden.

Die Geschichte lehrt, dass Landschaftsplanung ideologisch missbraucht wurde. Die Konzeption so genannter „Deutscher Landschaften" durch die von Konrad Meyer geleitete „Reichsarbeitsgemeinschaft Raumforschung" lieferte ein krasses Beispiel. Die Planung unterstand dem Reichsführer der SS, Heinrich Himmler, und wurde für die landschaftliche und völkische Umgestaltung des ehemaligen Generalgouvernements Polen eingerichtet (Meyer 1941, Gröning und Wolschke-Buhlmann 1987). Daher ist planerisches Handeln auch aufzufordern, sich ideologiekritisch zu vergewissern.

2.1.1 Die Last der Umweltverantwortung

Verantwortung ist eine zu tragende aber auch abnehmbare Last. Diese ist Handlungen prospektiv und retrospektiv auferlegt. Prospektiv, in dem ein Täter mit seiner Handlungsabsicht die Verantwortung für die Folgen, die er anrichten könnte, antizipiert und seine Absichten gegebenenfalls auf das Verantwortbare hin korrigiert. Retrospektiv, in dem ein Täter für seine Tat zur Verantwortung gezogen wird.

Hans Jonas' (1989) Prinzip der Verantwortung geht stets von der negativen Last der Verantwortung aus. Er fordert angesichts der Umweltkrise, von der schlechten, ja sogar von der schlechtesten und nicht von der guten Prognose für die Folgen einer Handlung auszugehen – sei auch die Eintrittswahrscheinlichkeit gering. Durch Technikfolgenabschätzung soll Schaden durch unbeabsichtigte Nebenfolgen vermieden werden (Ropohl 1996). Das amerikanische „Environmental Impact

Assessment" entspricht recht genau diesem skeptischen ethischen Ansatz und zwingt, sich mit der potenziell negativen Last eines Eingriffs auseinander zusetzen. Die deutsche „Umweltverträglichkeitsprüfung" fordert dies auch, legt dies aber viel weniger begrifflich nahe. Denn von vornherein wird die machbare Harmonisierung eines Eingriffs suggeriert (Haber 1989).

Grundsätzlich ist die Rechtfertigung des Handelns vor den heranwachsenden Generationen vernünftig. Dennoch liegen einige Schwächen der weit in die Zukunft gerichteten Umweltverantwortung darin, dass die moralische Instanz zukünftiger Generationen, vor der letztlich die Folgen gegenwärtigen Handelns zu verantworten sind, sich noch gar nicht bemerkbar machen kann. Und eine ethische Antizipation des naturwissenschaftlich technischen Fortschritts ist kaum möglich, weil Naturwissenschaften mit dem ihr innewohnenden Selbstverständnis von Neutralität fast zwanghaft Moraldefizite von gewaltigem Ausmaß erzeugen. Die neutralisierte Erkenntnis wird in der Regel ohne reflexives Wertbewusstsein und Moral freigesetzt. Daher muss die Verantwortung hinterherhinken. C. F. v. Weizsäcker (1977) spricht in diesem Zusammenhang auch von der „gehüteten Blindheit" des Wissenschaftsbetriebes, weil das, was sich als neutral gegen bestehende Werte verstehe, in jeden Dienst gestellt werden könne. Landschaftsplanung wendet als technische Disziplin naturwissenschaftliche Erkenntnis an und hat diese dabei auch moralisch zu bedenken. Nur ist moralische Verantwortung im komplexen landschaftlichen Zusammenhang schwer fassbar und kann in der Eigendynamik des Geschehens verloren gehen. Handeln in komplexen Systemen wohnt eine gefährliche „Logik des Misslingens" (Dörner 1989) inne. Höffe (1993) bemerkt, dass Gallilei den Stein, den er fallen ließ, als er das Fallgesetz fand, wieder zurücklegen konnte. Jedoch können weder freigesetzte radioaktive Strahlung, noch freigesetzte langlebige Chlorkohlenwasserstoff-Verbindungen, weder freigesetzte so genannte Ozonkiller, noch genetisch manipulierte Viren einfach eingefangen und zurückgelegt werden. Zwar ist Landschaftsplanung für die Freisetzung von Emissionen aus technischen Systemen kaum verantwortlich zu machen. Aber die wesentliche Aufgabe der Landschaftsplanung, die Leistungsfähigkeit, Eigenart und Schönheit von Landschaften zu sichern und zu entwickeln, ist dennoch mit betroffen, mindestens im Sinn der Schadensvermeidung und Schadensbegrenzung.

Zur Landschaftsplanung gehört die vorausschauende Erhaltung und Entwicklung leistungsfähiger ökologischer Systeme. Rückwärts gerichtete Begriffe wie Re-Naturierung und Re-Vitalisierung, zum Beispiel bezogen auf die Wiedervernässung von Feuchtgebieten, Überflutungsräume von Fließgewässern et cetera stehen zur zukunftsorientierten Planungsaufgabe in einem seltsamen Verhältnis. Ein wieder freigegebener Wasserlauf, einst kanalisiert, mit dem eine ökologisch bessere Fließgewässerdynamik angestrebt wird, ist eine Fortentwicklung, keine Rückkehr zu vergangenen Zuständen. Die Natur macht evolutive Entwicklung. Es gibt keinen Punkt, an den die Evolution zurückkehrt. So gesehen kann der erwähnte sprichwörtliche Stein, der fallengelassen wurde, gar nicht wieder zurückgelegt werden. Es wäre daher angemessener, schlicht von Naturierung, Generierung oder Vitalisierung von Landschaftselementen zu sprechen, wenn intendiert wird, eigendynamischen Prozessen der Natur Raum und Zeit zur Entwicklung zu lassen.

Umwelt und Natur

In Deutschland hat sich früh ein politisch rechtlicher Umweltbegriff etabliert, der sich vor allem mit der Sorge um die Gesundheit und das Wohlergehen des Menschen befasste. So hieß es im Umweltbericht der Bundesrepublik Deutschland anlässlich der Ersten Umweltkonferenz der Vereinten Nationen in Stockholm (Bundesministerium des Inneren 1972) kategorisch: »Maßstab jeder Umweltpolitik ist der Schutz und die Würde des Menschen, die bedroht sind, wenn seine Gesundheit und sein Wohlbefinden jetzt und in Zukunft gefährdet werden.«

Die Lasten eines Umwelteingriffes gehen aber zu einem ganz erheblichen Teil auf Kosten der nichtmenschlichen Natur, weshalb ein Umwelteingriff immer auch ein Natureingriff ist und weshalb sich das moralische Problem und die Last der Verantwortung auch mit der Bewertung der nichtmenschlichen Natur und der Rechtfertigung, wie damit umzugehen ist, verbindet.

Die Karriere des Umweltbegriffes beginnt mit dem aufgeklärt kritischen Bewusstsein der sinnlich unmittelbar nicht mehr wahrnehmbaren aber messbaren, weitreichenden Vergiftung der Biosphäre. Die Biologin Rachel Carson (1962) warf das Problem unerwünschter, schleichender Nebenfolgen der als wertvoll und segensreich erachteten chemischen Schädlingsbekämpfung auf. Sie prangerte die Verharmlosung der über die Nahrungskette sich anreichernden Pestizide an und bezeichnete diese als Biozide, das heißt lebenstötende Mittel. Sie formulierte das Problem des Defizits an moralischer Verantwortung gegenüber dem Leben in der Biosphäre, noch bevor Philosophen die Umweltethik als Teildisziplin der Ethik zu untersuchen begannen.

Der Begriff „Umwelt" verkörpert einen Beziehungsbegriff zwischen einem Innen und einem umgebenden Äußeren. Die Beziehung zur Umwelt wertet das umgebende Außen nach Zweck und Nutzen, beziehungsweise Schaden für das, was Innen liegt. In anthropozentrischer Betrachtung steht der Mensch innen, im Mittelpunkt. Alles dreht sich direkt oder indirekt um seine Abhängigkeit und seine Beziehung zur umgebenden Außenwelt. Mit Umwelt könnte auch die Bezugswelt eines Industrietriebes, eines Autofahrers, eines Flugzeugbenutzers gemeint sein – je nachdem, was menschliche Interessen bestimmt. Der Vorschlag, den alten, aus der romantischen Naturphilosophie bekannten Mitwelt-Begriff zu erneuern, um deutlicher die Verpflichtung gegenüber den Mitgeschöpfen und dem materiellen Mitwirken der Außenwelt zu betonen (Meyer-Abich 1984), hat sich politisch nicht durchgesetzt.

Der ältere Begriff „Natur" verkörpert das, was von selbst geschieht, was sich allein ohne Zutun des Menschen ins Werk setzt, was geboren wird, also das von sich aus Seiende und das von sich aus bestimmte Geschehen (Böhme 1992). In christlicher Offenbarung ist dies die Schöpfung Gottes.

Die moralische Verpflichtung zum Schutz des nichtmenschlichen Seins und Geschehens, wenn sich dies nicht – direkt oder indirekt – in einer für den Menschen nützlichen (Umwelt-) Beziehung darstellen lässt, wirft die Frage nach dem Wert der Natur auf, des Seins, des Lebens und des Ökologischen an und für sich. Die Weisung eines Wertes ins Naturgeschehen kann relational zum Menschen begründet werden oder transzendental auf Gott hin oder intentional, in der Natur wohnend. Moralische Imperative, die sagen, was Menschen tun dürfen und was nicht, werden nach philosophischer Ansicht aus ethischen Prinzipien entwickelt, nicht aus dem Sein der Natur. Relationale Wertzuweisungen entspringen ethischen Motiven des Menschen, transzendentale göttlicher Offenbarung des Menschen. Die Eigenwertbegründung der Natur intendiert die Annahme eines vom Menschen unabhängigen Wertes. Ist aber der Ansatzpunkt für Moral in der nichtmenschlichen, nichtreflexiven Natur auszumachen? Wohl nicht direkt. Denn der Mensch kann den kognitiven Voraussetzungen seines Erkenntnisapparates nicht entkommen (Kant 1781). Er konstruiert den Eigenwert der Natur. Wie Martin Gorke (1999) bemerkt, ist die nach Hume unüberbrückbare logische Kluft zwischen Sein und Sollen nirgendwo so unscharf und verwirrend wie bei den wissenschaftlich erforschten Ursachen ökologischer Krisen. Die Anreicherung von Radionucleiden, von Pestiziden in der Nahrungskette, das Artensterben, die drohende Klimakatastrophe ...: zwar kann aus den wissenschaftlichen Tatsachen allein logisch zwingend keine Moral abgeleitet werden, wohl aber notwendiges praktisches Handeln, für das – vordergründig betrachtet – irrelevant ist, ob es den naturalistischen Fehlschluss ignoriert oder nicht. Natur ist nach Rolston (1989) für uns Menschen unausweichlich Korporation und zugleich auch Kooperation, in welche wir leiblich, ökologisch und phylogenetisch eingebunden sind. Wegen der gegebenen psychophysischen Abhängigkeiten bestehen nach Rolston Verbindungen zu unserem moralischen Sollen.

Landschaftsplanung dürfte auf das nachhaltige menschliche Nutzungsinteresse der Landschaft, also anthropozentrisch ausgerichtet sein. In der amerikanischen Umweltethik werden etwa seit 1970 nicht nur anthropozentrisch begründete, sondern auch pathozentrische, biozentrische, ökozentrische, ja sogar physiozentrische Eigenwertannahmen der Natur begründet. In der Auseinandersetzung mit der Eigenwertthese werden nach Krebs (1996) und Ott (2000), und in Erweiterung dazu folgende ethische Positionen vom instrumentellen Wert der Natur unterschieden.

Instrumenteller Wert der Natur

Der Natur wird kein Eigenwert, sondern ein relativer Wert zugesprochen, mit dem Argument, dass die Notwendigkeit der Befriedigung menschlicher Grundbedürfnisse Vorrang habe.

Eudaimonischer Eigenwert der Natur

(eudaimonisch = mit einem guten Daimon behaftet, die menschliche Seele glücklich machend)

Henry David Thoreau (1854) war der Ansicht, dass Naturbeobachtungen helfen, ein besseres Leben zu führen. Der amerikanische Philosoph Bryan Norton (1988) knüpft daran an und meint, dass die Begegnung mit Arten eine moralische Ressource für Menschen darstelle, mit der Chance, sich zu formen, zu reformieren und das eigene Wertesystem zu überprüfen. Die Argumente beziehen sich auf

- positive Wertschöpfung aus ästhetischem Naturgenuss und
- Identifikationswerte (Heimatwert, Vertrautheit, Geborgenheit in der Natur).

Moralische Eigenwerte der Natur

Hierzu wird unterstellt, dass es emotional begabte, fühlende Naturwesen gibt. Empathische Fähigkeiten bei Primaten konnten auf neurobiologische Strukturen zurückgeführt werden (Brothers 1989). Hoffmann (1984) betrachtet die Fähigkeit zur Anteilnahme am Leid anderer als grundlegende Voraussetzung für die Entwicklung von Moral. Das menschliche Einfühlungsvermögen unterliegt ontogenetischer Reifung, die erst in der späten Kindheit abgeschlossen ist.

Im Hinblick darauf, dass menschliche Embryos, menschliche Babies oder sprachlich schwer geschädigte oder behinderte Menschen als moralische Wesen anerkannt sind, werden mindestens höher entwickelte Tiere als fühlende, leidensfähige Wesen moralisch anerkannt. Dies wird als pathozentrischer Standpunkt der Umweltethik bezeichnet (Reagan 1993).

Eigenwert der zweckvoll funktionierenden Natur

Dass zum Beispiel Lebewesen ihre Eigenart und ihr Leben ohne Zutun des Menschen entwickeln und erhalten ist nach Rolston (1989) eine Leistung, die auf einen intrinsischen, den Lebewesen innewohnenden Wert verweist. Diese Leistung nimmt evolutionär mit der Höherentwicklung zu und gipfelt in der zur Reflexion begabten Spezies Mensch.

Wenn dieser nun die handähnlichen Vordergliedmaßen eines Salamanders sehe und mit seinen Händen vergleiche, werde er unwillkürlich an seine eigenen Hände erinnert. Das verbinde ihn mit dem Salamander. Sein Wissen, dass die zur Atmung befähigten Lebewesen rings um ihn her mit ihm das Cytochrom C gemeinsam hätten, verbinde ihn darüber hinaus molekular mit vielen Lebewesen und verlange deren Wertschätzung.

Der Wert eigener Interessen der Lebewesen

Mangels verbaler Kommunikation sind weder Tiere, noch Pflanzen oder gar Lebensgemeinschaften in der Lage, ihre vitalen eigenen Interessen zu vertreten. Die Argumentation läuft darauf hinaus, Lebewesen eine anwaltliche („advokarische") Vertretung ihrer Interessen durch Menschen zu ermöglichen (Stone 1977, Meier 1993, v. d. Pfordten 1996).

Der Eigenwert des Naturganzen

Viele der neueren ökologischen Ethikentwürfe, besonders aus Nordamerika, beziehen sich noch heute auf die 1948 verfasste „Landethik" Aldo Leopolds (Callicot 1987). In dieser Landethik wird jeder Landeigentümer zur ethischen Rechtfertigung seines Umgangs mit der auf seinem Land lebenden biologischen Gemeinschaft aufgefordert. Freiheit und Willkür des wirtschaftenden Menschen seien gegenüber der lebenden Gemeinschaft einzuschränken. Über eine abgestufte Folge von Beziehungen sollen Sympathie und Respekt auf Tiere und Pflanzen übertragen werden. Auch Spaemann (1991) fordert eine „ordo amabilis", in der stufenweise das Liebesgebot auf nichtmenschliches Leben ausgedehnt wird.

Leopold gibt seiner Landverantwortungsethik die ökologische Kenntnis der Natur auf. Ohne Verständnis ökologischer Zusammenhänge, ohne Sympathie gegenüber Tieren und Pflanzen, mit denen wir ökologisch vielfältig, zum Beispiel durch Nahrungsbeziehungen, verbunden sind sowie ohne Naturschonung, die ihren Sinn auch aus ästhetischen Motiven bezieht, ist für ihn die Landethik nicht denkbar. Gerecht sind Handlungen, welche die „Integrität, Stabilität und Schönheit" der Lebensgemeinschaft im ganzen, ökologisch gemeinten Zusammenhang berücksichtigen.

Die so genannte Tiefenökologie („deep ecology"), begründet durch den norwegischen Philosophen Arne Naess, sieht den Eigenwert der Natur vor allem im ökologischen Beziehungsreichtum (Tobias 1985).

Eigenwert der Wildnis

Abschließend ist noch die radikale Eigenwertzuweisung zur Wildnis zu erörtern.

Thoreau (1862): „I wish to speak a word for Nature, for absolute freedom and wildness, as contrasted with a freedom and culture merely civil...". Argumentiert wird mit dem Wert freier Natur, der im Kontrast zur geregelten bürgerlichen Freiheit steht. In der Folge nordamerikanischer Auseinandersetzung um Wildnis wurde gefordert, dass Flüsse das Recht haben sollen (oder dass ihnen das Recht gegeben wird), frei, ohne Dämme und Deiche zu fließen und vom Blitz gezündete Wildfeuer das Recht, frei zu brennen. Nach dem US Wilderness Gesetz (1964, Allin 1982) ist für große Wildnisgebiete eine weitgehende Freiheit der Naturprozesse garantiert. Moralischer Extensionismus führt hier über den Artenschutz hinaus und fordert sogar für die unbelebte, geologische Natur einen Rechtsstatus („right of the rocks", Nash 1989).

Die auf „Wilderness" bezogene Ethik formuliert unabhängig von ökologischem Systemverstehen und von ökologischem Management (welches die Landethik impliziert) einen absoluten, aber nur in begrenzten Landschaftsräumen umsetzbaren Eigenwert natürlicher Prozesse. Der Mensch wird zur Toleranz gegenüber ungehemmter Naturentfaltung verpflichtet, was immer auch geschieht (Botkin 1990). Im Modus eines „ökologischen Nihilismus" (Hargrove 1989) ist dort jeder technische Eingriff, jedes Wirtschaften, jedes Management, jede Störung zu verhindern. Menschen werden im US Wilderness Gesetz 1964 als Besucher ohne Bleiberechte bezeichnet (Trommer 1997).

Den pathozentrischen, biozentrischen, ökozentrischen, holistischen und wildnisdynamischen Argumenten ist gemeinsam, dass sie sich für Werte der außermenschlichen Natur in die Pflicht nehmen und Natur als Ganzes oder in Teilen in die Moralgemeinschaft einbeziehen. Nach Ott (2000) steigern sich Normkollisionen, Zielkonflikte, Abwägungsprobleme mit der Zahl der Wesen, die in die Moralgemeinschaft einbezogen werden. Jedoch kann und darf daraus nicht abgeleitet werden, dass deshalb nur eine definierte Zahl von moralisch anerkannten Naturwesen aufgenommen werden dürfe; denn viele noch gar nicht bekannte Arten, viele potenzielle Leistungen der Biologischen Vielfalt wären damit ausgeschlossen. Schätzungen zufolge, ist erst ein Zehntel des Artenschatzes der Biosphäre bekannt. Umsetzen lässt sich der Erhalt der Biologischen Vielfalt wahrscheinlich nur in einem Netz von hinreichend großen Schutzgebieten, und darauf werden Zielkonflikte, Abwägungs- und Akzeptanzprobleme gerichtet sein.

2.1.2 Fair differenzierende Landschaftsplanung

Neben der philosophisch-ethischen Ebene des Diskurses über moralische Grundprobleme ist nach Ott (2000) die politisch rechtliche Ebene der Umweltmoral (FFH-Richtlinie der EU) zu unterscheiden, auf der in Debatten um kollektiv bindende Regelungen gerungen wird. Auf der konkreten, Einzelfall bezogenen Ebene schließlich (Erweiterung des Frankfurter Flughafens) geht es um die Diskussion mit den von Planungsmaßnahmen Betroffenen, die zu Einvernehmen, Einverständnis oder Kompromissen führen soll. Zu Recht wird bemerkt, dass sich auf dieser Ebene ebensowenig wie durch Debatten moralische Grundprobleme lösen lassen.

Landschaftsplanung vollzieht in der Regel nach gegebener fachlicher Kompetenz und behördlicher Autorität von oben nach unten. Auf der unteren Ebene geht es um die Akzeptanz des Planungsergebnisses durch die Betroffenen. Durch rechtzeitige Aufklärung, durch diskursethische Verfahren und durch Einbezug einer breiten Urteils- und Willensbildung in den Planungsprozess lässt sich Planung transparent gestalten. Im Grunde geht es immer um faire Raumteilung, Raumerhaltung, Raumentwicklung.

Wildnis, Stadt und Kulturlandschaft

Bei der Eigenwertzuweisung zur Wildnis-Natur hört Verantwortung von einem bestimmten Punkt auf. Die Ausweisung von Wildnisgebieten erfordert Verantwortung, und Rechtfertigung, aber in Wildnisgebieten ist niemand mehr für das, was in der Natur passiert, verantwortlich.

Einmal eingerichtet, werden die dort ablaufenden Prozesse aus den moralischen Wertsphären des Menschen ausgeklammert. Moralische Pflicht ist vielmehr: tue nicht! Lass Natur um ihrer selbst willen geschehen! Diese Pflichten können mit anderen höherrangigen Pflichten in Konflikt kommen, wenn Menschen in der ·Wildnis verunglücken und die Frage der Rettung ansteht (Trommer 1997).

Wildnis ist ein durch Landschaftsplanung zwar ausweisbarer, aber wenn ausgewiesen nicht mehr zu beplanender Bereich. Der abgestorbene Baum in der Stadt, der umzufallen droht, ist zu fällen, weil der Baum Schaden anrichten kann. Jemand ist dafür verantwortlich. Für den abgestorbenen Baum in der Wildnis gibt es keine Verantwortlichkeit, weil das Absterben und als Folge davon das Umfallen des Baumes einen prozessbedingten Wert darstellt. Für das, was passiert, wenn Bäume umstürzen, wenn Flüsse Auen überfluten, wenn Lawinen und Muren abgehen, ja selbst, wenn durch Blitzschlag ein Feuer gezündet wird, ist in einem Wildnisgebiet niemand verantwortlich.

Bislang fehlt in unseren von Verkehrssicherungspflichten überreich bedachten Rechtsverordnungen die Risikozumutung für den, der sich einer Wildnis aussetzen will. Wer sich in die Wildnis begibt, weiß dass er sich bestimmten Gefahren aussetzt und ist selbst Schuld, wenn ihm etwas passiert.

Wildnis wird als Denkfigur, als Ausgangsbasis, als Nullbereich, Kontrollbereich, ästhetischer Kontrast und Vergleich zur gepflegten, bewirtschafteten, bebauten Welt der Zivilisation herangezogen (Botkin 1990, Trommer 1992, Scherzinger 1995). Das ist nicht widerspruchsfrei. Gegen globale Immissionen, Kontaminationen, Bioakkumulationen von Schadstoffen gibt es keine Abschottung von Wilderness-Areas. Wildnis kann nicht aus den anthropogenen Kontaminationen, den anthropogen beeinflussten Stoffströmen herausgehalten werden.

Weil aber Wildnis nicht mehr als unbeeinflusst und rein gesetzt werden kann, lässt sich die Eigendynamik der Natur nur noch relativ entgegensetzen.

Die urban-industrielle Zivilisation ist durch Naturwissenschaft, Technik, Sitte und Bildung so stark geprägt, dass darin freie Naturprozesse eine unbedeutende Rolle spielen. Straßenbäume, Parkanlagen, Kübelbepflanzungen, selbst Spontanvegetation et cetera unterliegen der Kontrolle, Zähmung, Beherrschung.

In geplanten „Städtenetzen" (Mehwald 1997, Schmidt 1997), die auf den ländlichen Bereich mehr und mehr ausgreifen, vollzieht sich die expansive urban-industrielle Entwicklung. Der großstädtische Ballungsraum wird in diesem Jahrhundert Lebensraum der meisten Menschen werden. Im Städtenetzwerk – so ist zu befürchten – bleibt Landschaft nur mehr als noch nicht von Urbanität ausgefüllte Lücke übrig. Das Land ginge dann im urban-industriellen Netz auf. Städte könnten sich dann von dem traditionell in Kern und Peripherie gegliederten engmaschigen Stadtgefüge in ein strukturell eher schwächer hierarchisch geordnetes, weitmaschiges Netz mit weitgehend gleichförmig verteilten, sich gegenseitig ergänzenden Funktionen verändern (Sieverts 1998) (Kap. 8.3). Obliegt dann aber die einst aus der Landwirtschaft hervorgegangene Kulturlandschaft nicht total städtischer Ausrichtung? Wenn ja, wäre es dann nicht konsequent, von der planerischen Aufgabe Deutsch**stadt** zu sprechen? Was vermitteln noch die von der traditionellen Kulturlandschaft mitgeprägten ländlichen Räume, jene Räume, über die das Städtenetz gelegt werden soll? Ist nicht zu befürchten, dass ländliche Räume entweder durch Verwilderungsdynamik oder durch Ausdehnung der urban-industriellen Zivilisationsdynamik zu den Eckpunkten einer verwildernden Brache oder Vorstadt verschoben werden und dadurch ihre Identität verlieren?

Zu dieser Identität gehörte, und diese kennzeichnete agrar- und forstwirtschaftlich bewirtschaftete Landschaft, dass diese in ihrem Erscheinungsbild immer wieder durch bestimmte jahresrhythmisch abgestimmte Pflegemaßnahmen hergestellt wurde (Wiesen durch Mahd, Wirtschaftswald durch Waldbau, Weide durch Umtrieb, Hecken durch Schnitt).

Die fortschreitende Intensivierung der Kulturlandschaft erforderte und erfordert, eine eigene Instanz für Naturschutz. Diese kann und darf nie nur eine fachliche, sondern muss immer auch eine ethisch rechtliche sein. Denn Naturschutz hat die anwaltliche Aufgabe, wertvolle Eigenschaften, Eigenart, Schönheit und Eigendynamik der nichtmenschlichen Natur gegenüber dem wirtschaftenden Menschen zu begründen und zu verteidigen. Die Schwierigkeit des Verteidigungsprozesses liegt darin, dass die Natur der kulturbaulich geprägten Landschaft nur abwägend zwischen Nutzungs- und Schutzargumenten zu verhandeln ist.

Wird es gelingen, den Expansionskurs der Städte so zu steuern, dass nicht alles dem Erfordernis der urban-industriellen Entwicklung angeglichen wird? Wir könnten sonst das Gespür und die Erfahrung für diverse Werte der Natur und der Landschaft verlieren, jener, die uns als Wildnis hierzulande schon ziemlich fern steht aber auch jener, die uns als ausgleichende Natur der reich strukturierten und vielfältig funktionierenden Kulturlandschaft einmal sehr nah gestanden hat.

2.2 Naturwissenschaftliche Grundlagen

Vor eine landschaftsplanerische Aufgabe gestellt werden sich Ökologe und Landespfleger eine geistreiche Diskussion darüber liefern, wer wohl eher geeignet sei – auf Grund der jeweiligen fachlichen Grundlagen und ihrer praxisorientierten Umsetzungsmöglichkeiten – seine Aufgabe zu erfüllen. Nach einiger Diskussion werden sie feststellen, dass sie auf denselben naturwissenschaftlichen Grundlagen fußen und sich in der umweltethischen Beurteilung des Falles grundsätzlich einig sind. Da beide auf die gleichen rechtlichen Grundlagen zurückgreifen müssen,

um nach Analyse und Bewertung ihre Planung umzusetzen, bleibt festzustellen, dass das Fächerübergreifende, Inter- und Multidisziplinäre viel bedeutender ist, als Berufsbilder oder gar berufsständische Schranken. Das konkrete Berufsbild „Landschaftsplaner" gibt es (noch?) nicht. Und das ist gut so, da sonst die Fülle hervorragender Fachbeiträge aus verschiedenen Disziplinen verengt würde. Es darf auch nicht so sein, dass der Ökologe als Naturwissenschaftler nur misst und Wechselbeziehungen zwischen Organismen und ihrer Umwelt erforscht – auch er ist ethisch ver-

pflichtet, sein Wissen in den Dienst der Gesellschaft und gegebenenfalls durch Landschaftsplanung zum Schutz der Umwelt einzusetzen. Der Landespfleger (oder Landschaftsarchitekt) ist gesellschaftlich und auf gesetzlicher Basis verpflichtet, Natur und Landschaft zu erhalten, zu sichern und zu entwickeln, kann aber auf fachliche und hier naturwissenschaftliche Grundlagen nicht verzichten, nicht nur subjektiv seine engagierte Empfindung einbringen. Erz (1986) hat in einem Satz auf den Punkt gebracht, was der Ökologe und der Landespfleger einbringen müssen, und was daraufhin Naturschutz leisten kann: »Naturschutz beruht auf objektiven Erkenntnissen der Ökologie und auf subjektiven gesellschaftlichen Inwertsetzungen, er wird mit Instrumenten der Politik, der Verwaltung und der Pädagogik verwirklicht«. Wenn es im Rahmen des Kapitels 2 den Autoren gelungen ist, ihr Thema trotz aller Beengtheit des Druckraumes in möglichst großer Geschlossenheit darzustellen, so möchte man bei der Darstellung der naturwissenschaftlichen Grundlagen mutlos werden. Man kann es sich leicht machen und zum Beispiel verweisen auf die zahlreichen relevanten Kapitel des Handbuchs der Umweltwissenschaften – Grundlagen und Anwendung der Ökosystemforschung, herausgegeben von Fränzle, Müller und Schröder seit 1997. Unter der erweiterten Blickrichtung der Ökosystemforschung wird die wissenschaftliche Positionierung deutlich gemacht
- aus Sicht der Naturwissenschaften,
- aus Sicht der Geistes- und Sozialwissenschaften,
- aus Sicht der Forschungspolitik,
- aus Sicht der Umweltpolitik,
- aus Sicht der Umweltplanung,
- aus Sicht von Natur- und Umweltschutzverbänden.

Erhellende Aufschlüsse geben Darstellungen der Grundstrukturen und Funktionen von Ökosystemen und der Ökosystemforschung im System der Wissenschaft, wobei gleichzeitig die Grundprobleme interdisziplinärer Forschung, aber auch die ökologische Systemforschung als Prototyp interdisziplinärer Forschung dargestellt wird. Bei den interdisziplinären Bezügen der Ökosystemforschung kommen zu Wort
- Geowissenschaften,
- Biowissenschaften,
- Umweltchemie,

- Psychologie,
- Soziale Systeme und Ökosysteme,
- Ökonomie,
- Recht,
- Ökologie und Politik,
- Philosophie,
- Pädagogik,
- Didaktik,
- Publizistik,
- Geschichte und Umweltsystem.

Erst dann folgen die theoretischen Grundlagen mit ihren vielfachen Subsystemen und Vernetzungen wie zum Beispiel den biozönotischen Interaktionen, den Beziehungsgefügen in terrestrischen und aquatischen Ökosystemen, ehe es dann zu Konzepten der Ökosystemanalyse unter besonderer Berücksichtigung der Darstellung der Ökosystemforschungsvorhaben der Bundesrepublik Deutschland kommt und später zur Umsetzung der Ökosystemforschung im praktischen Ökosystemschutz, wobei sich bei der Darstellung der Umweltplanung durch Jessel und Reck (1999) der Bogen wieder schließt und der Eintritt in die rauhe Wirklichkeit dieses Lehrbuches gelingt. Dabei gehört in unseren Zusammenhang zunächst, dass Landschaftsplanung unter die Umweltplanung subsumiert wird, es wird jedoch dann der Zusammenhang umweltplanerischer Instrumente mit der Landschaftsplanung als Dreh- und Angelpunkt dargestellt, gleichzeitig aber auch die Wirklichkeit aufgezeigt: Umweltplanung liegt im Dilemma zwischen sektoraler Fachplanung und querschnittsorientierter Planung.

Der Leser dieses kurzgefassten Lehrbuches der Landschaftsplanung soll durch diese Ausführungen nicht beunruhigt werden, sondern folgende Informationen mitnehmen: Landschaftsplanung ist nicht einfach in ihren Grundlagen und ihrem Wesen als geschlossenes statisches Gebäude zu fassen, das leicht daher gebetet und abprüfbar ist. Die Grundlagen, insbesondere die naturwissenschaftlichen, sind umfangreich und reichen tief, vernetzen sich auch häufig an Schnittstellen von philosophischen und ethischen Gedanken- und Wissenschaftsgebäuden. Diese Tatsache ist aber nicht ein Manko, sondern ein großer Reichtum und macht Mut, Landschaftsplanung als integrierte Umweltplanung gesellschaftlich durchzusetzen, reich mit Argumenten versehen zu diskutieren, um eine immer verlässlichere Beweisführung von Naturschutzargumenten zu streiten. Der Hintergrund naturwissenschaftlicher Grundlagen ist kein Abgrund, sondern eine sichere Basis, die noch weitergehend erschlossen werden muss. Darum bemühen sich Wissenschaftler zunehmend, wenn auch noch nicht sehr lange und es erscheint von daher an dieser Stelle angebracht, in die gedankliche Werkstatt und die weiterführenden Ergebnissen von Fachaufsätzen der jüngeren Zeit hineinzublenden, die Diskussion ist noch lange nicht abgeschlossen und wird die weitere Zukunft und den Erfolg von Landschaftsplanung mitbestimmen.

Die nachfolgend zitierten Aufsätze sind dem Benutzer dieses Lehrbuches ausdrücklich empfohlen.

K. Dierßen und K. Wöhler (1997) traktieren „Reflektionen über das Naturbild von Naturschützern und das Wissenschaftsbild von Ökologen". Sie bestätigen die vertraute Erfahrung: Auch weiterhin wird Natur in großem Maßstab zerstört (zum Beispiel durch Flächenversiegelung, was zum Artensterben führt, langfristig führen zunehmend unabweisbar Schädigungen der Umwelt zu Klimaänderungen), gegen Naturschutz jedoch ist so recht niemand. Das Wissen über Naturzusammenhänge steigt stetig, die Akzeptanz für Naturerhaltung sinkt. Die Gruppe der Naturschützer wird von Dierßen und Wöhler dabei treffend charakterisiert: »Naturschützer sind eine heterogene Gruppe, die das vermeintliche Ziel einigt, die Natur schützen zu wollen. Weitere gemeinsame Merkmale zu nennen fällt schwer, am ehesten vielleicht dies, sie zeichnen aus durch eine besonders hohe Vielfalt an Auffassungen, Partialinteressen und individuellen Zielen – und die jeweilige berufliche und gesellschaftliche Position paust sich stark durch auf das Auftreten und die vertretenen Auffassungen. Ihre Motive und Handlungen leiten sich dabei im Allgemeinen stärker aus Überzeugungen ab als aus fachwissenschaftlich untermauerten Fakten«. Sic! Dem gilt es langfristig zu begegnen und die Grundlagen des Naturschutzes und konsequenterweise weitergedacht der Landschaftsplanung besser zu sortieren und herauszustellen, verständlich zu machen und zur Akzeptanz zu führen.

Auf diesem Hintergrund überrascht es nicht, wenn Dierßen und Wöhler in der Lage sind, „biologische und naturschützerische Denkansätze" herauszuarbeiten und sie in die Sichtweise anderer Disziplinen einzubeziehen, dabei können sie in der Entwicklung der philosophischen Wissenschaft in Blick auf Natur weit auf Aristoteles, Spinoza, Descartes, Schelling, Hobbes und Hegel zurückgreifen. Sie kommen nach diesem philosophischen Exkurs aber zu dem Ergebnis: »Zwar gibt es in der so genannten **Naturrechtslehre** Bemühungen, das System des positiven Rechts unter Rückgriff auf die für unveränderlich gehaltene Natur des Menschen zu legitimieren, aber auch in diesem Zusammenhang wird die Natur nur zur Richtschnur und Begründungsbasis menschlichen Handelns idealisiert.

Demgegenüber fehlen nennenswerte Versuche, den Umgang mit der Natur selbst zu problematisieren. Dieses Defizit wurde erst erkennbar, als der praktizierte Umgang mit der Natur an seine Grenzen stieß und in ein Bewusstsein der so genannten **Ökologischen Krisen** mündete ... Grundlage neuer Denkansätze war, die Ursache für diese Krise nicht allein in der Endlichkeit von Rohstoffquellen oder prinzipiell abstellbaren Fehlern ökonomischer Planungen zu sehen, sondern vor allem in einem systematisch falschen Denken und Handeln...«. Es zeichnet sich also in der modernen Naturphilosophie ein Paradigmenwechsel ab, deren Konsequenz nach Dierßen und Wöhler ist: »... dass es nützlich ist, gleichermaßen um die Selbstverantwortung wie um die Verantwortung für die nicht-menschliche Welt zu kämpfen oder, anders formuliert, dass es eine Selbsttäuschung ist zu glauben« (Birnbacher 1991) »dass man wirksame Maßnahmen zum Schutz der nicht-menschlichen Natur auf diesem Planeten ergreifen könne, ohne gleichzeitig etwas für den Schutz und das Wohlergehen der Menschheit in Gegenwart und Zukunft zu tun. ... tatsächlich ist die Neigung ganz illusorisch, Natur und Menschheit voneinander zu trennen«. So ist auch eine verengte Nutzung des Begriffes Naturschutz problematisch, die nur den Schutz der Natur „vor den Menschen" suggeriert, anstatt das Konstruktive „für den Menschen" zu betonen.

Die Autoren führen schlüssige Ableitungen zum Landschaftsverständnis aus: »Naturschutz ist ohne Raumbezug undenkbar – er findet in der Landschaft statt. Die Fachplanung des Naturschutzes heißt konsequenter Weise Landschaftsplanung. Wer in Landschaften planen will, benötigt Hintergrundwissen, was eine Landschaft ist, – und ein Ziel, wohin eine existierende Landschaft sich entwickeln soll. Spezialisten für die Landschaft sind vor allem, aber nicht ausschließlich, Geographen, Landschaftsökologen und Landschaftspfleger. Sie haben sich im Laufe ihrer Tätigkeit eine Fülle von Definitionsansätzen einfallen lassen, die in der Logik ihrer jeweiligen Fachdisziplin schlüssig sind«. Die Welt dieser Fachleute findet sich in der interdisziplinären Gemengelage der Landschaftsplanung auch in diesem Lehrbuch wieder, zum Beispiel in den Kapiteln 4.1.2 Landschaftsanalyse und 4.1.3 Landschaftsbewertung.

Hilfreich sind die Ausführungen der genannten Autoren zu den ökologischen Grundlagen des Naturschutzes, die sie gleichzeitig der Verantwortung des Wissenschaftlers anheim geben: »Naturschutz sei hier nicht verstanden als naturwissenschaftliche Disziplin, sondern als eine Planung auf naturwissenschaftlicher Grundlage. Landschaftsplanung als die Fachplanung des Naturschutzes erfolgt idealtypisch auf den folgenden miteinander interagierenden Stufen: Erhebung (zielorientiert naturwissenschaftlich), Bewertung, Planung (jeweils planungswissenschaftlich, auf naturwissenschaftlichen Grundlagen aufbauend), Umsetzung von Maßnahmen (administrativ, technisch), Kontrolle (zielorientiert naturwissenschaftlich)…«

Die Verantwortlichkeit des Naturwissenschaftlers betrifft damit entscheidende Schnittstellen bei der praktischen Umsetzung von Naturschutzzielen. Und ein naturwissenschaftliches Wissenschaftsverständnis, zentriert auf die Biologie, erfordert eine Reflexion über sittliches Verhalten (Ethik) (Kap. 2.1). Das führt zu großen Erwartungshaltungen und auch hier ist Dierßen und Wöhler zu folgen: »Es nimmt kaum Wunder, dass die Öffentlichkeit hohe Erwartungen in eine „Angewandte Ökologie" als umfassende Forschungsdisziplin setzt, was die Lösung von Naturschutz- und Umweltproblemen betrifft. Ob als Ökologen beziehungsweise als Ökosystemforscher tätige Wissenschaftler diese Erwartungen wirklich einlösen können (und wollen), ist durchaus offen.

Ökologie beschäftigt sich mit sehr komplexen Systemen. Ihre (allgemeinen) Theorien sind vielfach unscharf, das heißt sie gelten allenfalls unter streng definierten Randbedingungen. Sie sind, wie übrigens viele ökologische Modelle, äußerst fehleranfällig und bleiben damit in eingeschränktem Maße prognosefähig. Die theoretische Öko-

logie setzt sich zudem vielfach mit Fragen auseinander, die sich nicht oder nur schwer prinzipiell beantworten lassen, etwa den Randbedingungen für die Stabilität von Populationen, den genetischen Grundlagen der Biodiversität und Fitness sowie Theorien der Konkurrenz und Sukzession.

Viele Konstrukte der theoretischen Ökologie sind überdies als Tautologien nicht prüffähig; der Versuch ihrer Erprobung mündet vielmehr in einen unendlichen Regress: Die Beantwortung einer Frage hat die Formulierung einer sich aus dem Ergebnis abzeichnenden neuen Fragestellung zur Folge. Dies treibt die Finanziers von Forschungskonzepten zunächst in die Verzweiflung und schlägt rasch in Ablehnung um. Dieses Problemfeld und das Verhalten der Akteure entspricht, nicht ganz zu Unrecht, dem gängigen Bild, das Politiker und Verwaltungsbeamte von Wissenschaft und Repräsentanten haben.«

Man stelle sich vor, man beauftrage einen Ökosystemforscher von Seiten einer Verwaltung mit der Lösung einer kaum möglich erscheinenden Eingriffs-Ausgleichsfrage angesichts eines vorgefertigten Hessischen oder Osnabrücker Rechnungsmodells. Die Verzweiflung des Forschers, sich einem solchen mechanistischen Modell unterwerfen zu müssen und die Wut der Verwaltung darüber, was Wissenschaft schon wieder für Probleme macht, ist unsäglich. Natürlich gibt es von Seiten der Ökologie, Naturschutzforschung und Landschaftsplanung ein hohes fachliches Ross, von dem man auch einmal herunter steigen muss, zumindest muss man es einmal versuchen. Verwaltungen aller Art müssen sich aber auch abgewöhnen, Natur als in jedem Fall berechenbare Größe und Eingriff und Ausgleich als immer in ihrem Sinne erfolgreich lösbar zu betrachten. Dierßen und Wöhler führen in diesem Sinne aus: »Reduktionistische Kausalanalysen (Wenn-dann-Effekte) als das Ideal eines deterministischen Weltbildes des vergangenen Jahrhunderts haben auch in den Biowissenschaften die Basis für einen rasanten Wissenszuwachs gelegt. Nunmehr sollen ökologische Theorien helfen, die Natur angemessen zu beschreiben, Prozesse zu erklären, vor allem aber auch vorherzusagen und zu steuern. Hierfür versagt das in der Biologie liebgewonnene, reduktionistisch-kausale Ideal der Analyse, weil es den funktionalen Charakter komplexer Systeme nicht gerecht werden kann. Ökologie fährt folglich effektiver mit Prognosen (unter dem Einsatz multivariabler Statistik) als mit Kausalbeziehungen mit engem, begrenzt oder kaum übertragbarem Geltungsbereich.

Mit anderen Worten: Statt sich in Detailprobleme zu verheddern, müssen angewandt arbeitende Ökologen verstärkt lernen, Schwerpunkte zu setzen und solche Theorien zu entwickeln, die bei allem Bemühen um Allgemeingültigkeit akkurat und präzise genug bleiben, um qualitative und quantitative Aussagen zu liefern, die sich planerisch und praktisch umsetzen lassen. Anwendbarkeit und Innovationskraft ... werden damit zum Prüfstein der Qualität angewandter wissenschaftlicher Arbeit. Der praxisorientierte Instrumentalist interessiert sich folglich vorrangig für den Anwendungsbezug; Kausalanalyse bleibt für ihn eine für die Beantwortung von Detailfragen zwar gegebenenfalls notwendige, aber zielorientiert immer nur ergänzende Lückenforschung.«

Dieses erscheint als Leitbild für den Landschaftsplaner schlüssig. Der Studierende der Landespflege, Landschaftsarchitektur, Geographie oder Landschaftsökologie wird diesen Gedankengängen noch gern zustimmen mögen, schwieriger sieht es für den Praktiker aus, der in der Zwickmühle zwischen fachlichen und ethischen Ansprüchen angesichts der Notwendigkeit, oft der nackten Not, mit Planung Geld verdienen zu müssen, keinen machbaren Ausweg mehr sieht. Was Auftraggeber und auch öffentliche Verwaltungen hier oft Planern abfordern, ist unsittlich und zerstört langfristig Planungskultur, aber auch nachhaltig verlässliche Ergebnisse zu Ungunsten von Landschaftsentwicklung und Wohlfahrt der Menschen. Missständen ist hier mit den wiewohl notwendigen Instrumenten von Honorarordnungen auch kaum beizukommen.

Ein weiterer sehr lesenswerter Absatz beschäftigt sich mit »Bewertungsproblem und Normbegriff in Ökologie und Naturschutz aus wissenschaftsethischer Perspektive« (Eser und Potthast 1997). Hilfreich ist besonders – zeigt aber auch den schwer erreichbaren Anspruch in der Praxis – die Gliederung des Bewertungsbegriffs und seiner unterschiedlichen Bezugsebenen in der Naturschutzpraxis:

(1) Naturschutzfachliche Bewertung im engeren Sinne
Ökologische – besser: Naturschutzfachliche – Bewertung von Flächen, möglichen Eingriffsfolgen et cetera im Rahmen planerischer Verfahren.

(2) Politisch-administrative und juristische Bewertung
Abwägungsprozess im politischen Rahmen, im Verwaltungshandeln und in der Justiz, der zu einer Entscheidung unter Berücksichtigung juristischer, administrativer und möglichst aller gesellschaftlicher (sozialer, ökonomischer, naturschutzbezogener et cetera) Aspekte führen soll.

(3) Naturwissenschaftliche Bewertung
Beurteilung der Konsistenz und Gültigkeit der den Kriterien zu Grunde liegenden Theorien, Konzepte und Begriffe.

(4) Praxisorientierte Bewertung
Beurteilung der Handhabbarkeit von Zielen und Kriterien sowie der Methoden zur Erfolgskontrolle: Es geht also um die Operationalisierbarkeit bezüglich der Ebenen (1) und (2) unter Einbezug von (3).

(5) Strategische Bewertung
Einschätzung von Naturschutzmaßnahmen und -argumenten unter pragmatischen und taktischen Gesichtspunkten hinsichtlich ihrer Durchsetzbarkeit und des möglichen Erfolgs auf der politisch-administrativen Ebene (2).

(6) Ethische Bewertung
Beurteilung der Ziele und Kriterien des Naturschutzes aus ethischer Sicht. Dabei unter anderem Offenlegung der relevanten ethischen Werthaltungen sowie Überprüfung ihrer Begründung und Konsistenz.

Eser und Potthast geben eine konsequente Ableitung »von der ökologischen Beschreibung zur naturschutzfachlichen Bewertung«. Die naturschutzfachliche Bewertung im Planungsprozess wird durch die genannten Aufsätze, denen man noch Wiegleb (1997) mit seiner Darstellung von »Bewertungsproblemen und Normbegriff in Ökologie und Naturschutz aus wissenschaftsethischer Perspektive« an die Seite stellen könnte, in ihrer naturwissenschaftlichen Grundlegung und naturschutzfachlichen Bewertung gestärkt. Eine noch weitergehende theoretische Fundierung der Umweltplanung unternimmt Haber (1999) »Zur theoretischen Fundierung der Umweltplanung unter dem Leitbild einer dauerhaft-umweltgerechten Entwicklung«. Haber hat wie kaum ein anderer konsequent seit seiner Begründung der „Differenzierten Landnutzung" (1972) gleichermaßen als „Planungsskeptiker", dann aber auch als motivierender Visionär sich nie von der Bedeutung der naturwissenschaftlichen Grundlagen von Planung gelöst. Eine Theorie der „Umwelt" geht bei ihm mit der Darstellung der Grundprinzipien in der Ökologie (räumlich-strukturelle Umweltgliederung, funktionelle Umweltgliederung) einher und verdichtet sich mit den Planungszielen Gerechtigkeit und Umweltverträglichkeit als Ausgangspunkt einer Nachhaltigkeitsvision. So kann man ihm folgen: »Viele umweltplanerische Vorstellungen und Absichten stützen sich weitgehend auf überholte theoretisch-ökologische Konzepte der 1950er Jahre, so das Konzept des ökologischen Gleichgewichts, das womöglich noch durch ökologische Vielfalt aufrecht erhalten wird, das Konzept des ökologischen Ausgleichs, der wieder zu schließenden Stoffkreisläufe, der Instrumentalisierung unzureichend begründeter Klassifikationen wie der „Roten Listen" und anderer mehr. Manche dieser Konzepte haben sich sogar inzwischen zu Mythen verformt und sind damit aus der Naturwissenschaft ausgeschieden. Auch Umweltplanung droht zu einem solchen Mythos zu werden, wenn sie nicht auch neue wissenschaftliche Vorstellungen aufgreift, so die Theorie der Selbstorganisation, die Chaos-Theorie, die Ordnungszustände fernab des Gleichgewichts, der Selbstreferentialität. Keineswegs sind dies, wie manche meinen „abgehobene"

Theorien ohne Praxisbedeutung. Die politische und wirtschaftliche Entwicklung im letzten Viertel des 20. Jahrhunderts ist reich an Beispielen, die diese Theorien stützen. Das betrifft nicht nur den Zusammenbruch des sozialistischen Planwirtschaftssystems – der gerade deswegen vorhersehbar, weil es außer diesem Zusammenbruch alles vorauszusehen vorgab! –, sondern genauso das Scheitern oder Aufgeben vieler ganzheitlicher „westlicher Planungen" wegen überschätzter Voraussagefähigkeit und unterschätzter Komplexität.«

Dieses Kapitel konnte und wollte keine vollständige Darstellung der naturwissenschaftlichen Grundlagen der Landschaftsplanung liefern, sondern anhand der aktuellen Diskussion einen Problemaufriss, der gleichzeitig die schwierige Rolle des Planers zwischen Anspruch und Wirklichkeit, zwischen fachlicher Verpflichtung und gesellschaftlicher Situation beleuchtet, grundsätzlich aber nachhaltig auch begründen soll, dass auf die naturwissenschaftlichen und naturschutzfachlichen Grundlagen nicht verzichtet werden darf, wenn man nicht den planerischen Boden unter den Füßen verlieren will und zu einem nicht mehr mündigen Objekt von Planungsinteressen verkommen will. Hier kommt der gemeinsamen Denkarbeit von Wissenschaft in Forschung und Lehre und anwendungsbezogener Wissenschaft in landschaftsplanerischer Praxis im vertrauensvollen Miteinander und nicht im berufsständischen Abgrenzen eine hohe Bedeutung zu.

2.3 Rechtliche Grundlagen

2.3.1 Europäisches Gemeinschaftsrecht

Einleitung

Den Begriff der Landschaftsplanung gibt es im Europäischen Gemeinschaftsrecht nicht. Dennoch hat das Europäische Naturschutzrecht, wie das einschlägige Sekundärrecht der Europäischen Gemeinschaften hier abkürzend genannt wird, erhebliche Auswirkungen auf das nationale Recht des Naturschutzes einschließlich der

Landschaftsplanung. Das Europäische Naturschutzrecht hat sich maßgeblich aus **internationalen Abkommen zum Natur- und Artenschutz** entwickelt, die in den 70er Jahren geschlossen wurden. Diese Abkommen gingen deutlich über den herkömmlichen Artenschutz und den klassischen kleinflächigen Gebietsschutz hinaus. Im Europäischen Gemeinschaftsrecht, das über gerichtliche Kontrollinstanzen und ein völlig anderes Durchsetzungsvermögen verfügt, entfalten sie eine erhebliche Schubwirkung für die modernen Gedanken eines ökosystemar gesehenen Naturschutzrechts, das zugleich dem Vernetzungsgedanken verhaftet ist. Die wichtigsten Vorschriften des Europäischen Naturschutzrechts sind „Richtlinien", das heißt, sie bedürfen anders als „Verordnungen" grundsätzlich der Umsetzung in das nationale Recht, um wirksam zu werden (vergleiche Artikel 249 EGV). Sowohl die normative als auch die exekutivische Umsetzung der beiden wichtigsten Richtlinien, der Vogelschutzrichtlinie aus dem Jahre 1979 sowie der Fauna-Flora-Habitat-Richtlinie aus dem Jahre 1992 ist unter anderem in Deutschland nicht rechtzeitig erfolgt (siehe unten) und hat deshalb zu einer Fülle von Verfahren und Urteilen des Europäischen Gerichtshofs (EuGH) gegenüber den Mitgliedsstaaten geführt, die die Richtlinien nicht ordnungsgemäß umsetzten. Die gerichtliche Kontrolle erfolgt im Hinblick auf die Erfüllung der Rechtsvorschriften nach einem Vorverfahren auf Anrufung durch die Kommission (Artikel 226 EGV). Da die Europäische Kommission von sich aus derartige „Vertragsverletzungsverfahren" einleiten kann, ist eine gerichtliche Überprüfung durch den Europäischen Gerichtshof auch dann möglich, wenn Umweltverbänden auf nationaler Ebene die Verbandsklage vorenthalten wird. Allerdings kann die Kommission (beziehungsweise die zuständige Generaldirektion XI) nur einen Bruchteil der Rechtsverstöße aufdecken, die auch heute (Mai 2000) noch offenkundig sind. So hat sich denn das juristische Interesse in den letzten Jahren (zu) stark auf die Probleme der rechtswidrigen Nichtumsetzung oder defizitären Handhabung der Richtlinien durch die Mitgliedstaaten konzentriert. In Deutschland ist bislang kaum wahrgenommen worden, welche Chancen das Europäische Naturschutzrecht für eine zukunftsweisende Planung bietet. Vom Europäischen Naturschutzrecht könnte eine Revitalisierung der Landschaftsplanung ausgehen (Kahl 1998).

Tiere und Pflanzen können mit dauerhaftem Erfolg nur dann geschützt werden, wenn man ihre **Lebensräume** erhält. Schon 1971 wurde die **Ramsar-Konvention** beschlossen, das (völkerrechtliche) „Übereinkommen über Feuchtgebiete, insbesondere als Lebensräume für Wasser- und Watvögel, von internationaler Bedeutung". 1974 empfahl der Rat der Europäischen Gemeinschaften den Mitgliedsstaaten, der Ramsar-Konvention beizutreten. Einige Jahre später verabschiedete der Umweltministerrat die „Richtlinie des Rates über die Erhaltung der wildlebenden

Vogelarten" (79/409/EWG) vom 2. 4. 1979. Die Richtlinie sollte der Erkenntnis Rechnung tragen, dass Naturschutz ein grenzüberschreitendes Problem ist. Ziel der so genannten **Vogelschutzrichtlinie** („VSRL") ist besserer Schutz aller in Europa brütenden, rastenden und überwinternden Vogelarten. Die Vogelschutzrichtlinie enthält strenge artenschutzrechtliche Bestimmungen, die zum Beispiel die Jagd und den Fang von Vögeln bis auf wenige Ausnahmen verbieten. Die Vogelschutzrichtlinie enthielt aber gleichfalls schon die Verpflichtung, für besonders bedrohte Arten des Anhanges I und die Zugvogelarten ein **Netz von Schutzgebieten** einzurichten, das die Mitgliedsstaaten der Gemeinschaft eigentlich schon bis 1981 einzurichten hatten, die so genannten „Special protected areas" **(SPAs)** oder besonderen Schutzgebiete **(BSG)**. Die Übersicht über die gemäß Artikel 4 der Vogelschutzrichtlinie gemeldeten Gebiete in Deutschland (Stand: 16.11.99) (Tab. 2-4) zeigt auf den ersten Blick, dass viele Bundesländer hier offensichtlich nicht ornithologischen Kriterien gefolgt sind. Dies ist ein Verstoß gegen Gemeinschaftsrecht. Die Verpflichtung zur Anmeldung von Vogelschutzgebieten besteht fort. Sogenannte faktische Vogelschutzgebiete besitzen aufgrund der Rechtsprechung des Europäischen Gerichtshofes und der nationalen Gerichte einen vorläufigen Schutzstatus kraft Richterrechts (siehe unten). Bei adäquater Handhabung können – wie in Mecklenburg-Vorpommern (M-V) – die Vogelschutzgebiete das Rückgrat des Schutzgebietsnetzwerkes NATURA 2000 sein (Bugiel 1996).

Auch die „Richtlinie 92/43/EWG zur Erhaltung der natürlichen Lebensräume sowie der wildlebenden Tiere und Pflanzen" (kurz **Fauna-Flora-Habitat oder FFH-Richtlinie beziehungsweise FFH-RL**) hat ein internationales Vorbild, nämlich das „Übereinkommen über die Erhaltung der europäischen wildlebenden Pflanzen und Tiere und ihrer natürlichen Lebensräume", die bereits 1979 vom Europarat beschlossene **Berner Konvention**. Die FFH-Richtlinie hat insbesondere die gesetzgeberische Technik von der Berner Konvention (Anhangtechnik) übernommen und inhaltlich den Ansatz der VSRL fortentwickelt. Auch die FFH-Richtlinie hat einen – hier nicht näher behandelten – artenschutzrechtlichen Teil (Artikel 12 bis 16 FFH-RL). Vorrangiges Ziel dieser Richtlinie ist es, bei einem tendenziell umfassenden Schutzansatz die **Erhaltung der biologischen Vielfalt** zu fördern, da diese Teil des Naturerbes der Gemeinschaft ist. Die FFH-Richtlinie bezieht sich (vergleiche deren Anhänge) auf **Tiere** (mit Ausnahme der Vögel) und **Pflanzen**, dies freilich nicht umfassend, aber – wie auch Kritiker einräumen – in durchaus innovativer Weise zum Beispiel erstmals auch auf Käferarten. Auch hier sollen die Arten durch den Schutz der Lebensräume erhalten werden. Die Ansätze in beiden Richtlinien sind von der Tendenz her **ökozentrisch**, weil bei der Auswahl der geeigneten Gebiete ausschließlich **naturschutzfachliche Kriterien** anzuwenden sind. Obwohl die Richtlinien als solche keine (absoluten) Größen bezüglich der unter Schutz zu stellenden Flächen vorgeben, führt eine Auswahl der Gebiete, die sich tatsächlich nach den vorgegebenen fachlichen Kriterien richtet, sozusagen „automatisch" zu einem erheblichen **Flächenanteil**. Ein starkes Argument hierfür liefert Artikel 4 Absatz 2 Unterabsatz 2 FFH-RL, wonach die Mitgliedsstaaten' eine flexiblere Handhabung der Kriterien nach Anhang III (erst dann) beantragen können, wenn die Schutzgebiete mit prioritären (!) Arten oder Lebensraumtypen mehr als 5 % des Hoheitsgebiets ausmachen. Der Flächenanteil für die gemeinschaftsrechtlich geschützten Lebensraumtypen und Arten insgesamt dürfte nach den Vorstellungen der Kommission je nach Naturausstattung der Mitgliedsstaaten zwischen 10 und 20 % der Landfläche liegen (Niederstadt 1998). Der Gedanke der **ökologischen Kohärenz des Netzes NATURA 2000** durchzieht die Richtlinie und gibt ihr auch in Zusammenhang mit den in Artikel 10 FFH-Richtlinie näher beschriebenen verbindenden Landschaftselementen eine besondere Dynamik für die so genannte Biotopverbundplanung (Kap. 8.4).

Das Europäische Gemeinschaftsrecht überlässt es, soweit es in Richtlinienform ergangen ist, an sich den Mitgliedsstaaten, wie sie es im Einzelnen in nationale Rechtsverbindlichkeit umsetzen. So ist zum Beispiel nicht vorgeschrieben, dass es einer bestimmten nationalen Schutzgebietskategorie (zum Beispiel Naturschutzgebiet) bedarf, damit den Anforderungen der FFH-Richtlinie genüge getan ist. Allerdings muss das gemeinschaftsrechtliche **Schutzniveau**, wie es in beiden Richtlinien verlangt wird, durch nationale Maßnahmen gesichert werden. So genügt es zum Beispiel nicht,

lediglich Regelungen der Jagd aufzustellen, um einen ausreichenden Schutz im Sinne von Artikel 4 Absatz 1 und 2 der VSRL sicherzustellen (EuGH, Urteil vom 18.3.1999 – C 166/97 – Mündungsgebiet der Seine).

Fraglos bedarf es einer Umsetzung der Richtlinien in (allgemeinverbindliches) nationales Recht innerhalb der gesetzten Frist; auch sind sie »hinsichtlich des zu erreichenden Zieles verbindlich«, Artikel 249 Unterabsatz 3 EGV. Die normative Umsetzung der FFH-Richtlinie in den §§ 19a–f BNatSchG bleibt nach dem Urteil der Fachleute hinter den Anforderungen des Europäischen Gemeinschaftsrechts zurück und ist in einigen Teilen europarechtswidrig (Gellermann 2000). Es wird daher im folgenden auf den Wortlaut der Richtlinien abgestellt und die nationale Norm gegebenenfalls ergänzend berücksichtigt.

Insbesondere bei der FFH-Richtlinie kommt hinzu, dass es sich um eine doppelte Umsetzungsproblematik handelt. Es gibt hier nämlich eine zweite Ebene der Umsetzungsbedürftigkeit im gemeinschaftsrechtlich bisher eher ungewohnten Bereich der Exekutive. Dies betrifft zum einen zentral das Verfahren der Gebietsmeldung, zum anderen aber auch die Mitwirkungsbefugnisse der Kommission nach Artikel 6 Absatz 4 Unterabsatz 2 oder Artikel 8 Absatz 3 FFH-RL (Wahl 1999). Bei der Gebietsmeldung liegen bis heute (Mai 2000) derart schwerwiegende Mängel vor, dass nach wie vor von einer unguten „Dominanz der Pathologie" (Wahl 1999) gesprochen werden muss. Die defizitären Umsetzungsprozesse belasten das Grundverhältnis zwischen Gemeinschaftsrecht und nationalem Recht.

Europäisches Naturschutzrecht im Überblick

Das Europäische Naturschutzrecht besteht im Wesentlichen aus der VSRL aus dem Jahre 1979 und der FFH-Richtlinie aus dem Jahre 1992. Dieses Recht ist insoweit harmonisiert, also einheitlich in der Europäischen Union anzuwenden. Nicht die Europäische Kommission, sondern die Mitgliedstaaten beschließen das Gemeinschaftsrecht. Die Kommission ist verpflichtet, über die rechtmäßige Anwendung des beschlossenen Rechtes zu wachen. Dies hat auch den Sinn, dass sich **kein** Mitgliedstaat durch **Naturschutzdumping** Wettbewerbsvorteile verschafft.

Das Europäische Naturschutzrecht will die **Bewirtschaftung der Schutzgebiete** nicht generell ausschließen, sondern sie lediglich den ökologischen Erfordernissen anpassen (vergleiche Artikel 6 Absatz 1 FFH-Richtlinie). Aus diesem Grunde sind flankierende Maßnahmen finanzieller Art in der FFH-Richtlinie selbst (vergleiche Artikel 8 für die Ausweisung von Schutzgebieten, Artikel 18 für die Forschung) und in der LIFE-Natur-Verordnung vorgesehen. Daneben stehen – weit größere – Finanzmittel durch die Strukturfonds und die Verordnung über die ländliche Entwicklung EAGFL zur Förderung koordinierter Bemühungen auf dem Gebiet der Verwaltung von NATURA 2000-Standorten zur Verfügung. Die Bewilligung dieser Mittel setzt jedoch ein vertragstreues Verhalten der Mitgliedsstaaten auch in Bezug auf die FFH-Richtlinie voraus (Wallström 2000). Das eigentlich neue und auch planerisch interessante ist die von der Richtlinie verlangte **Kohärenz** des Netzes der Schutzgebiete.

Vogelschutz-Richtlinie (VSRL)

Artikel 4 VSRL enthält die Pflicht der Mitgliedstaaten, die **besonderen Vogelschutzgebiete** zum Schutz der in **Anhang I** aufgeführten Arten (Absatz 1) sowie der **Zugvogelarten** (Absatz 2) auszuweisen. Die Frist zur Umsetzung der VSRL lief für die alten Bundesländer an sich 1982 ab. Erst im zweiten Änderungsgesetz zum Bundesnaturschutzgesetz vom 30. April 1998 wurde die Verpflichtung zur Umsetzung an die Länder weitergegeben (vergleiche § 19a Absatz 1 Satz 2 BNatSchG). Ziel der Vogelschutzrichtlinie ist neben der Erhaltung sämtlicher wildlebender Vogelarten im europäischen Gebiet der Mitgliedstaaten vor allem der besondere Schutz der so genannten „Anhang I-Arten". Populäre Beispiele hierfür sind der Weißstorch oder der Seeadler. Hierzu müssen die für die Erhaltung dieser Arten zahlen- und flächenmäßig geeignetsten Gebiete zu Schutzgebieten erklärt werden (Artikel 4 Absatz 1 VSRL). Dem Schutz der **Feuchtgebiete** und insbesondere der international bedeutsamen Feuchtgebiete (FIB) ist – in der Nachfolge von Ramsar – besondere Bedeutung zuzumessen. Die Brut-, Rast- und Überwinterungsareale der Zugvögel sind in die Auswahl einzubeziehen. Dies betrifft schon nach dem Wortlaut der VSRL auch **marine Gebiete** (ver-

gleiche Artikel 4 Absatz 2 VSRL „Meeres- und Landgebiete").

Wenn die gemeinschaftsrechtlich vorgesehenen Bedingungen erfüllt sind, ist die **Ausweisung** als Schutzgebiet **obligatorisch**. Der Europäische Gerichtshof hat schon im Santoña-Urteil vom 2. August 1993 (Rs. C-355/90) festgestellt, dass die Mitgliedstaaten die sich aus Artikel 4 Absatz 4 ergebenden Schutz- und Erhaltungspflichten auch dann zu erfüllen haben, wenn der Mitgliedstaat es pflichtwidrig unterlassen hat, das entsprechende Gebiet mit dem gemeinschaftsrechtlich vorgesehenen Schutzstatus zu versehen (EuGH 1993, E 1993, I-4221, 4277 in: NuR 1994 Seite 521). Es handelt sich dann um so genannte **faktische Vogelschutzgebiete**. Probleme werden darin gesehen, dass der durch Artikel 4 Absatz 4 Vogelschutzrichtlinie gewährte Schutz besonders strikt ist. Insbesondere scheiden wirtschaftliche Erfordernisse oder gar politische Zweckmäßigkeitserwägungen bei der Durchsetzung des Schutzregimes aus. Auch eine Verkleinerung des Gebiets ist nur bei außerordentlichen Gründen des Gemeinwohls denkbar, wozu wirtschaftliche und freizeitbedingte Gründe jedenfalls nicht zählen (Leybucht-Urteil des EuGH vom 28.2.1991, Rs. C-57/89 = NuR 1991, Seite 249 f.).

Nachdem in Zukunft die zu besonderen Schutzgebieten erklärten Vogelschutzgebiete gemäß Artikel 7 (nur) nach der FFH-Richtlinie, insbesondere nach Artikel 6 Absatz 2, 3 und 4 geschützt werden sollen, stellt sich das Problem, inwiefern dies Auswirkungen auf unterlassene Ausweisungen von Vogelschutzgebieten hat. Hier ergibt sich schon aus dem Wortlaut von Artikel 7 FFH-RL („erklärt oder als solcher anerkannt wird"), dass bei pflichtwidrig unterlassener Meldung der strenge Schutz der Vogelschutzrichtlinie gilt, bis das Gebiet entsprechend den Anforderungen der VSRL geschützt ist.

Fauna-Flora-Habitat-Richtlinie (FFH-Richtlinie)

Wichtigste Leitidee der FFH-Richtlinie ist die Errichtung eines kohärenten, also zusammenhängenden, europäischen ökologischen Netzes besonderer Schutzgebiete mit der Bezeichnung NATURA 2000. Dieses Netz, das auch die Vogelschutzgebiete umfasst, besteht aus Gebieten, die die natürlichen Lebensraumtypen des Anhanges I sowie die Habitate der Arten des

Anhanges II umfassen. Es muss den Fortbestand oder gegebenenfalls die Wiederherstellung eines günstigen Erhaltungszustandes dieser natürlichen Lebensraumtypen und Habitate der Arten in ihrem natürlichen Verbreitungsgebiet gewährleisten (Artikel 3 Absatz 1 FFH-Richtlinie).

Hauptziel der FFH-Richtlinie ist es nach ihrer Präambel, die Erhaltung der biologischen Vielfalt durch geeignete Maßnahmen bezüglich der natürlichen Lebensräume und der Populationen wildlebender Tier- und Pflanzenarten zu fördern, also einen günstigen Erhaltungszustand zu erhalten oder diesen wieder herzustellen (vergleiche auch Artikel 1a). Die Richtlinie soll zugleich einen Beitrag zu dem allgemeinen Ziel einer nachhaltigen Entwicklung leisten. Dies beinhaltet jedoch ebenso wenig wie Artikel 2 Absatz 3 FFH-Richtlinie eine Relativierung des Hauptzieles; vielmehr wird durch die nähere Ausgestaltung der Richtlinie selbst, insbesondere die Verträglichkeitsprüfung nach Artikel 6 Absatz 3–4 sichergestellt, dass den sonstigen Anforderungen von Wirtschaft, Gesellschaft und Kultur Rechnung getragen werden kann.

Zur fachlichen Erfassung und Bewertung wurde das Gebiet der EU in **sechs** (künftig: neun) so genannte **biogeographische Regionen** aufgeteilt.

Insgesamt gibt es die atlantische, die kontinentale, die alpine (Alpen, Pyrenäen, auch Teile von Schweden), mediterrane, boreale (Schweden, Finnland) und makaronesische (Azoren, Kanarische Inseln, Madeira) Region. Im Zuge einer Osterweiterung kommen die Steppen-, pannonische und Schwarzmeer-Region hinzu.

Die schützenswerten Lebensräume beziehungsweise Lebensraumtypen und damit die auszuwählenden Gebiete von gemeinschaftlicher Bedeutung erfahren je nach Region unterschiedliche Ausprägung. Deutschland gehört im Nordwesten zur atlantischen biogeographischen, im Übrigen zur kontinentalen Region. Ein kleiner Teil Deutschlands liegt in der alpinen Region.

Die Sicherung der Artenvielfalt soll neueren Erkenntnissen folgend vor allem durch die Erhaltung der natürlichen Lebensräume umgesetzt werden (Artikel 2 Absatz 1 FFH-RL). Deshalb liegt der Schwerpunkt der Richtlinie auf Schutz, Pflege und Entwicklung von bestimmten **Lebensraumtypen**. Bestimmte Lebensräume sind in **Anhang I** der Richtlinie mit einem Sternchen (*) als prioritär gekennzeichnet und unterliegen verschärften Schutzbestimmungen.

Beispiele prioritärer Lebensräume in Deutschland sind bestimmte Dünenkomplexe, lebende Hochmoore, Erlen- und Eschenwälder an Fließgewässern.

Die prioritären und die anderen schützenswürdigen Lebensräume bilden sozusagen die **Kerne** des zu entwickelnden **Schutzgebietsnetzes.** Zur näheren wissenschaftlichen Beschreibung der Lebensräume existiert ein offizielles, vom Habitatausschuss (Artikel 20 FFH-RL) beschlossenes **Interpretation Manual of European Union Habitas** in der Version EUR 15 aus dem Jahre 1996. Diese Studie ist allerdings nicht vollständig und muss im Hinblick auf den Beitritt weiterer Staaten überarbeitet werden. Für Deutschland gibt es das **BfN-Handbuch** zur Umsetzung der FFH-RL und der Vogelschutz-RL (Ssymank et al. 1998). Dort werden die biogeographischen Regionen weiter in **naturräumliche Haupteinheiten** (Landschaftszonen), zum Beispiel D 01 „Mecklenburg-Vorpommersches Küstengebiet" oder D 60 „Schwäbische Alb" unterteilt. Die naturräumlichen Haupteinheiten spielen als Bezugsrahmen für die repräsentative Auswahl der Lebensraumtypen nach Anhang I eine maßgebliche Rolle. Politische Grenzen – bis auf die Außengrenze der EU – sind für die Prüfung und die Auswahl der Gebiete deshalb irrelevant, die Bundesländer zur Zusammenarbeit verpflichtet.

Als zweite Säule werden in den Anhängen II, IV und V der FFH-Richtlinie die **Tier- und Pflanzenarten** aufgelistet, die in Europa geschützt werden und für die **(im Falle des Anhangs II) besondere Schutzgebiete** ausgewiesen werden müssen. Auch hier sind besonders gefährdete Arten mit einem Sternchen (*) als prioritär ausgewiesen. Im Vergleich zu den Lebensräumen haben prioritäre Arten für Deutschland weniger Bedeutung. Rechtlich ungeklärt ist die Frage, inwieweit Vögel nach Anhang I der VSRL zu den prioritären Arten im Sinne der FFH-RL gehören.

Das Europäische Naturschutzrecht kennt bereits seit der EG-Vogelschutzrichtlinie – anders als nach der herrschenden Auffassung das deutsche Naturschutzrecht – eine **Verpflichtung** zur Ausweisung von Schutzgebieten (Czybulka et al. 1996). Diese Verpflichtung gilt auch für die FFH-Richtlinie; allerdings gibt es ein Auswahlverfahren, sodass vor dessen Abschluss nicht in jedem Fall genau gesagt werden kann, welches

Schutzgebiet letztlich konkret geschützt werden wird. Der Grundsatz ist aber klar: Es entscheiden allein **naturschutzfachliche** (im Falle der VSRL: ornithologische) **Kriterien** über die Schutzwürdigkeit und damit auch über die Einrichtung eines Schutzgebietes. Ein Ermessen der Verwaltung der Mitgliedstaaten gibt es insoweit nicht. Ein Beurteilungsspielraum kommt bei der Anwendung der in Anhang III FFH-RL festgelegten Kriterien dann in Betracht, wenn der Mitgliedsstaat eine quantitativ und qualitativ mehr als ausreichende Liste vorlegt. Das ist in Deutschland bislang nicht der Fall (siehe unten).

Umsetzung der FFH-Richtlinie in deutsches Recht – wesentliche Inhalte und Defizite

- **Normative Umsetzung (Umsetzung in nationales Recht)**

Jede Richtlinie der EG bedarf anders als die unmittelbar geltenden EG-Verordnungen der normativen Umsetzung in nationales Recht (Artikel 249 EGV). Wird die Richtlinie vom Mitgliedstaat nicht (oder nicht rechtzeitig) oder unvollständig umgesetzt, so ergeben sich nach der Rechtsprechung des EuGH gewisse Vorwirkungen. Der vertragsuntreue Mitgliedstaat hat Stillhalte-

Tab. 2-1: Zeitplan für die Einrichtung des Netzwerks besonderer Schutzgebiete „Natura 2000"

Zeitplan für die Einrichtung des Netzwerks besonderer Schutzgebiete „Natura 2000"		
FFH-Richtlinie	VS-Richtlinie	Beide Richtlinien
Erstellung nationaler Gebietslisten, Artikel 4 Absatz 1 in Verbindung mit Kriterien Anhang III FFH-Richtlinie (Phase 1), Mitgliedstaaten: Vorschlagsliste (englisch pSCI) falls nicht oder nicht rechtzeitig erfolgt → Status: potentielles FFH-Gebiet 3 Jahre (bis 5.6.1995)	naturschutzfachliche (ornithologische) Auswahl; Kriterien und Anhänge der VS-Richtlinie Anlehnung an „Important Bird Areas" (IBAs) in der Rechtsprechung des EuGH	
Entwurf der Gemeinschaftsliste, Artikel 4 Absatz 2 in Verbindung mit Anhang III FFH-Richtlinie (Phase 2) Habitat-Ausschuss, Kommission im Einvernehmen mit Mitgliedstaaten	Ausweisung besonderer Schutzgebiete, Artikel 4 Absatz 1 (BSG oder SPA) Unterabsatz 4, Absatz 2 VS-Richtlinie (bis 1982); Verpflichtung besteht weiterhin fort; falls keine Ausweisung erfolgt → Status: faktisches Vogelschutzgebiet	
Festlegung der Gemeinschaftsliste, Artikel 4 Absatz 2 Unterabsatz 3 in Verbindung mit Artikel 21 FFH-Richtlinie, Kommission. Status: Gebiet gemeinschaftlicher Bedeutung (GGB) (englisch SCI) (insgesamt) 6 Jahre: bis 5.6.1998		Meldung, Information, Artikel 4 Absatz 3 VS-Richtlinie (beziehungsweise Artikel 17 FFH-Richtlinie)
endgültige Ausweisung als besonderes Schutzgebiet, durch Mitgliedstaat, Artikel 4 Absatz 4 FFH-Richtlinie Status: BSG (englisch SAC) spätestens weitere 6 Jahre		Verfahren zur Änderung der Anhänge, Artikel 19 FFH-Richtlinie

verpflichtungen, er darf – im konkreten Fall – das Schutzgebietssystem nicht zerstören, bevor er es überhaupt errichtet hat. Die Rechtsprechung hat dazu die Kategorien des **faktischen** (in Bezug auf die VSRL) beziehungsweise des **potenziellen** (FFH-)**Schutzgebietes** entwickelt, die diesen Gebieten auf Grundlage des Richterrechts auf Zeit einen Schutzstatus entsprechend den Anforderungen der FFH-RL vermitteln.

Die normative Umsetzung der FFH-RL (und der VSRL) ist **in Deutschland nicht rechtzeitig** erfolgt. Nachdem sich zunächst jahrelang Bund und Länder die politische Verantwortung zugeschoben hatten, ist der Bundesgesetzgeber erst aufgrund einer Verurteilung des Europäischen Gerichtshofs im Dezember 1997 tätig geworden und hat mit dem zweiten Gesetz zur Änderung des Bundesnaturschutzgesetzes insbesondere die Vorschriften der §§ 19a–f in das Bundesnaturschutzgesetz (BNatSchG) eingefügt. In einzelnen Ländern, so in M-V, hat man die Aufgabe parallel vorangetrieben und in den §§ 18 und 28 LNatG eigene Regelungen geschaffen. Nach § 4 Satz 2 BNatSchG gelten einige der Bestimmungen unmittelbar, die übrigen sind von den Ländern binnen zwei Jahren anzupassen.

Die **Umsetzung in das BNatSchG** ist nach überwiegender Auffassung **wenig gelungen** und weist erhebliche **Defizite** gegenüber dem Europäischen Naturschutzrecht auf (Gellermann 1998, Niederstadt 1998). Es ist daher nicht möglich, sich ohne weiteres am Wortlaut der §§ 19a ff. BNatSchG zu orientieren; ähnliche Vorsicht ist gegenüber innerstaatlichen Verwaltungsvorschriften oder methodischen Anleitungen geboten (Kap. 7.3). Besonders problematisch ist die Umsetzung der Verträglichkeitsprüfung nach Artikel 6 Absatz 3–4 FFH-RL in § 19c BNatSchG (siehe unten).

Interessanterweise haben Bundes- und Landesgesetzgeber von der Systematik her unterschiedliche Wege bei der Umsetzung des Europäischen Naturschutzrechts verfolgt. Das BNatSchG ordnet die Problematik systematisch im **Schutzgebietsteil** ein (§§ 19a ff. BNatSchG), das LNatG M-V beispielsweise tut dies in § 18 LNatG im Verfahren der **Eingriffsregelung.**

Für die Umsetzung des Schutzregimes des Artikel 6 Absatz 3 und 4 FFH-RL im Rahmen des Schutzgebietsabschnitts spricht, dass (die dort angesprochenen) Pläne und Projekte grundsätzlich ausgeschlossen sind, wenn sie ein FFH- oder Vogelschutzgebiet als solches beeinträchtigen. Damit scheidet eine „offene" oder

gleichrangige Abwägung der mit den Vorhaben verfolgten öffentlichen (oder privaten) Belange aus. Insofern entspricht die Situation einer Konfrontation von „Plänen und Projekten" (Vorhaben) mit bestehenden Naturschutzgebieten und somit der Regelung nach § 31 BNatSchG. Für eine Umsetzung im Zusammenhang mit der Eingriffsregelung spricht, dass es kein absolutes Veränderungsverbot gibt und gegebenenfalls Ausgleichsmaßnahmen zu ergreifen sind.

§ 19b Absatz 1 BNatSchG enthält **Verfahrensvorschriften** für die Koordinierung der Meldung und Übermittlung der Schutzgebiete (Phase 1). Die Länder wählen die Gebiete aus, wobei – je nach Landesrecht – ein Beschluss der Landesregierung erforderlich sein kann (so § 28 Absatz 1 LNatG M-V). Die Länder stellen das Benehmen (nicht: Einvernehmen) mit dem BMU her (das seinerseits die fachlich betroffenen Bundesministerien beteiligt). Die naturschutzfachliche Arbeit nimmt hier auf der Bundesebene das Bundesamt für Naturschutz (BfN) wahr. Das BMU benennt der Kommission die ausgewählten Gebiete. Obwohl die **Auswahlkompetenz** bei den **Ländern** liegt, muss der **Bund** dafür sorgen, dass die Vertragspflichten eingehalten werden, er hat insoweit gegenüber den Ländern ein Beanstandungsrecht.

Der Bundesgesetzgeber hat sich – § 19b Absatz 2 fehlt in der Aufzählung der unmittelbar geltenden Vorschriften nach § 4 Satz 3 BNatSchG – insoweit aber eventuell nicht verbindlich für die Landesgesetzgeber dafür entschieden, dass **keine neuen nationalen Schutzkategorien** eingeführt werden, sodass der (endgültige) Schutz dieser Gebiete dadurch bewirkt wird, dass sie zu geschützten Teilen von Natur und Landschaft im Sinne des § 12 Absatz 1 BNatSchG erklärt werden. Da viele europäische Schutzgebiete bereits jetzt einen nationalen Schutzgebietsstatus haben, kommt in Zukunft der Anpassung der entsprechenden Schutzgebietsverordnungen in Bezug auf die „nötigen Erhaltungsmaßnahmen" (Artikel 6 Nummer 1 FFH-RL) und entsprechenden Pflegeplänen („Bewirtschaftungsplänen") eine entscheidende Bedeutung zu.

Die durch den Bundesgesetzgeber vorgenommene Weichenstellung bezüglich der Ausweisung der Gebiete in **konventionelle Schutzgebietskategorien** ist defizitär. Äußerst problematisch ist auch, wie mit den vorhandenen Instrumenten ein effektiver Schutz für bestimmte Arten (Fledermäuse!) bewerkstelligt werden soll oder wie die Zugvogelarten „rechtstechnisch" hinsichtlich ihrer Vermehrungs-, Mauser- und Überwinterungsgebiete (Artikel 4 Absatz 2 VSRL) zu behandeln sind.

Nach § 19 b Absatz 3 Satz 3 BNatSchG ist durch geeignete Gebote und Verbote sowie Pflege- und Entwicklungsmaßnahmen sicherzustellen, dass den Anforderungen des Artikel 6 FFH-RL entsprochen wird. Das ist inhaltlich ausgesprochen dürftig.

Nach § 19 Absatz 3 Satz 2 BNatSchG „soll" noch dargestellt werden, ob prioritäre Biotope oder prioritäre Arten zu schützen sind. Nach Europäischem Gemeinschaftsrecht (Anhang III der FFH-RL) ist dies aber absolut zwingend.

- **Exekutivische Umsetzung (Gebietsmeldungen)**

Das BVerwG hat entschieden, dass die Stillhalteverpflichtung auf Grund der fehlenden Umsetzung der Richtlinie mit den oben unter a) geschilderten Konsequenzen für faktische Vogelschutzgebiete und potenzielle FFH-Gebiete trotz der Novellierung des BNatSchG andauert. »Zur inhaltlichen Umsetzung gehört die vollständige Meldung der zu schützenden Gebiete nach den Maßstäben der FFH-Richtlinie für die ganze Bundesrepublik Deutschland« (BVerwG-Urteil vom 19.05.1998, NVwZ 1998, 961, 968 l. Sp. = BVerwGE 107, 1).

Wenn man die gegenwärtige **Praxis der Ausweisung beziehungsweise Anmeldung** von besonders geschützten Gebieten nach der FFH-Richtlinie betrachtet, so erhält man den Eindruck, dass vor allem bereits bestehende nationale Schutzgebiete ohne erkennbaren Zusammenhang nach Brüssel gemeldet werden. Dies ist eindeutig rechtswidrig.

Der nach wie vor unzureichende Stand der Anmeldung von FFH-Gebieten in Deutschland im Oktober 2000 geht aus der Tabelle 2-2 hervor.

Demgegenüber zeigen die Meldungen der anderen Mitgliedstaaten zumeist zweistellige Werte.

Tab. 2-2: Stand der Anmeldung von FFH-Gebieten in den Bundesländern der Bundesrepublik Deutschland am 25.10.2000

Bundesland	Anzahl Gebiete	Gesamtfläche (ha)	Anteil Landesfläche (%) [1]
Baden-Württemberg	151	52 892	1,5
Bayern	83	120 796	1,7
Berlin	9	1 485	1,7
Brandenburg	477	304 464	10,3
Bremen	6	1 471	3,6
Hamburg	12	4 316 (+ 11 350) [2]	5,7
Hessen	349	60 770	2,9
Mecklenburg-Vorpommern	136	107 904 (+ 73 900) [2]	4,7
Niedersachsen	172	285 000 (+ 216 000) [2]	6,0
Nordrhein-Westfalen	142	60 761	1,8
Rheinland-Pfalz	81 [3]	20 023	1,0
Saarland	109	18 955 [4]	7,4
Sachsen	89	64 446	3,5
Sachsen-Anhalt	193	147 266	7,2
Schleswig-Holstein	121	49 169 (+ 315 171) [2]	3,1
Thüringen	172	134 002	8,3
Summe D	2 302	1 433 720 (+ 616 421) [2]	4,0

Anmerkungen:
(1) Bezogen auf die Landfläche gemäß Statistischem Jahrbuch 1999
(2) Watt- und Wasserflächen
(3) Ursprünglich hatte das Land 81 Gebiete mit einer Fläche von 20.023 hat gemeldet. Diese Gebiete wurden nach Brüssel weitergeleitet. Nunmehr geht diese ursprüngliche Meldung durch Gebietszusammenlegungen in der neuen Meldung auf.
(4) Bei 12 Gebieten handelt es sich um unterirdische Fledermausquartiere, die flächenmäßig nicht erfasst sind.

Tab. 2-3: Stand der Anmeldung von FFH-Gebieten durch die Mitgliedsstaaten an die EU-Kommission am 01.8.2000 (Natura-Barometer der EU vom 1.8.2000)

Mitgliedstaat:	Anzahl Gebiete:	Gesamtfläche [km^2][1]	Anteil Landesfläche[2] (1)
Belgien	102	1 105	3,1 + 0,5
Dänemark	194	10 259	6,6 + 17,2
Deutschland (vorläufig)	1 524	15 175	2,7 + 1,5
Frankreich	1 028	31 440	4,9 + 0,8
Finnland (vorläufig)	1 381	47 154	13,1 + 0,8
Griechenland	234	26 522	17,6 + 2,5
Großbritannien	340	17 660	5,2 + 2,1
Irland (vorläufig)	267	3 091	4,4
Italien	2 507	49 364	16,4
Luxemburg	38	352	13,6
Niederlande	76	7 078	6,0 + 11,0
Österreich	127	9 144	10,9
Portugal	65	12 150	12,7 + 0,5
Schweden (vorläufig)	1 962	50 996	12,0 + 0,4
Spanien	867	88 076	16,8 + 0,6

(Quellen: Natura-Barometer der EU, 13.9.2000)

---

[1] Zahlen enthalten z. T. Wasserflächen

[2] [%]

Unverkennbar ist auch der Trend zu – im Vergleich zu Deutschland – großflächigen Meldungen.

Dies steht in einem unmittelbaren Zusammenhang mit dem Bemühen um Herstellung eines kohärenten Netzes.

Deutschland nimmt also derzeit – zusammen mit Belgien – den schlechtesten Platz bei der Meldung der FFH-Gebiete ein. Ein ähnliches Bild ergibt sich beim Vergleich der nach der Vogelschutz-Richtlinie gemeldeten Gebiete, nur dass hier Frankreich, Italien, Großbritannien und Irland noch schlechtere Werte aufweisen. Allerdings ist innerhalb Deutschland die Meldepraxis völlig uneinheitlich, wie sich aus der Übersicht in Tabelle 2-4 ergibt.

Doppelmeldungen sind möglich und unter Umständen sogar sinnvoll, um Managementmaßnahmen nach Artikel 6 Absatz 1 FFH-RL zu ermöglichen. So betrug – um ein Beispiel zu geben – der Anteil der bereits gemeldeten Vogelschutzgebiete an der dem Kabinettsbeschluss vom 14. Dezember 1999 zugrundeliegenden Vorschlagsliste nach Artikel 4 (1) der FFH-RL in M-V fast die Hälfte (49 %).

Die nach FFH-RL gemeldeten Flächen können also nicht einfach denen nach VSRL hinzugerechnet werden, wenn die flächenhafte Ausdehnung des Netzes NATURA 2000 erfasst werden soll.

Die Bedeutung des Europäischen Naturschutzrechts für die räumliche Planung

Das Europäische Naturschutzrecht, speziell die FFH-RL, ist reich an spezifisch planerischen Elementen. Dies ist bislang kaum gesehen und analysiert worden (jetzt aber umfassender zum Beispiel in Czybulka 2000). Die wichtigsten Aspekte sind im Folgenden dargestellt. Da zu erkennen ist, dass insbesondere für Landschaftsplanungsbüros ein Schwerpunkt ihrer künftigen Tätigkeit bei der Verträglichkeitsprüfung nach Artikel 6 Absatz 3–4 FFH-RL, § 19 c BNatSchG liegen wird, sind diese Probleme in einem eigenen Abschnitt (siehe unten) behandelt.

Das Europäische Naturschutzrecht mit seiner Konzeption eines wehrhaften, europäischen ökologischen Netzes besonderer Schutzgebiete NATURA 2000 liegt in gewisser Weise „quer" zum nationalen Recht. Es hat vor allem Berührungspunkte mit den folgenden Rechtsgebieten:

- Raumordnung und Landesplanung,
- Nationales Naturschutzrecht mit seinem fachplanerischen Instrument, der Landschaftsplanung einschl. ihrer Grundlage, der Umweltbeobachtung, und mit seiner Eingriffs- und Ausgleichsregelung,
- der gesetzliche Biotopschutz,

Tab. 2-4: Stand der Anmeldung von gemäß Artikel 4 der Vogelschutzrichtlinie 79/409/EWG gemeldeten Gebiete in den Bundesländern der Bundesrepublik Deutschland am 16.11.1999

Bundesland	Anzahl der Vogelschutzgebiete	Gesamtfläche der Vogelschutzgebiete (ha)	Gesamtfläche des Bundeslandes (ha) (1)	Anteil der Vogelschutzgebiete an der Gesamtfläche (%) (2)
Baden-Württemberg	317	23 865	3 575 250	0,67
Bayern	17	82 235	7 055 087	1,15
Berlin	1	15	89 082	0,02
Brandenburg (3)	12	224 421	2 947 873	7,61
Bremen	9	11 283	40 423	27,91
Hamburg	7	4 425 (+ 11 860) (4)	75 520	5,86 (+ 15,7)
Hessen	12	4 040	2 111 445	0,19
Mecklenburg-Vorpommern	15	245 820 (+ 157 930) (5)	2 317 034	11,64 (+ 6,81)
Niedersachsen	50	57 854 (+ 238 000) (6)	4 761 055	1,22 (+ 5,00)
Nordrhein-Westfalen	6	26 427	3 407 770	0,78
Rheinland-Pfalz	6	420	1 984 650	0,02
Saarland	0	0	257 015	0,00
Sachsen	10	78 262	1 841 266	4,25
Sachsen-Anhalt	9	27 145	2 044 599	1.32
Schleswig-Holstein	73	31 361 (+ 281 175) (7)	1 577 050	1,99 (+ 17,83)
Thüringen	9	24 305	1 617 112	1,50
Deutschland insgesamt	553	841 878 (+ 688 965)	35 702 231	2,4 (+ 1,9)

Anmerkungen:
(1) Quelle: Statistisches Jahrbuch der Bundesrepublik Deutschland 1999.
(2) Die in Klammern stehende Zahl stellt den Anteil der gemeldeten Watt-, Bodden- und Wasserflächen bezogen auf die Landfläche dar.
(3) Brandenburg hat 1991 die 12 Gebiete gegenüber EU-Kommission nur vorläufig benannt. Am 30.07.98 teilte Brandenburg dem BMU die korrekte Abrenzung mit und bat diese an die EU-Kommission weiterzuleiten. Dies ist für 11 Gebiete geschehen. Bei einem Gebiet liegen Einwände seitens des BMV vor.
(4) Wattflächen
(5) Bodden- und Wasserflächen
(6) Watt-, Insel- und Wasserflächen
(7) Watt- und Wasserflächen

- als Konkurrenz und gleichzeitige Integrationsebene die Bauleitplanung für Flächen, die (auch) dem Naturschutz dienen können,
- sonstige Ansätze zu Schutzgebietssystemen außerhalb dieser Gesetze, etwa bei Waldgebieten oder Wasserschutzgebieten, Feuchtgebieten und marinen Schutzgebieten (Ramsar-Gebiete, Ostseeschutzgebiete (BSPAs) nach der Helcom-Empfehlung 15/5),
- die (naturschutzrechtlichen) Verfahren für die Ausweisung von Schutzgebieten.

Ein weiteres Problemfeld bietet die Zuordnung der nach Artikel 6 Absatz 3–4 FFH-Richtlinie gegebenenfalls durchzuführenden **Verträglichkeitsprüfung** zum Recht der Umweltverträglichkeitsprüfung (UVP).

Eine Harmonisierung und Koordinierung der nationalen mit den europäischen Vorschriften ist nur unvollkommen erfolgt. Einen gerafften Überblick auf diese Zusammenhänge gibt dieser Beitrag im folgenden.

Graphisch lässt sich diese Grundlage, soweit die Planung betroffen ist, ansatzweise so darstellen:

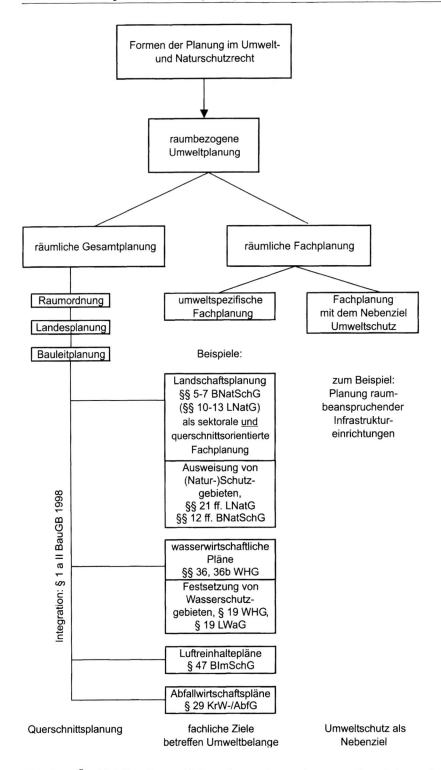

Abb. 2-1: Überblick über die verschiedenen Formen der raumbezogenen Umweltplanung im deutschen Recht

Landschaftsplanung im Rechtssinne ist nur die nach §§ 5 ff. BNatSchG rahmenrechtlich und in den Landesnaturschutzgesetzen zum Teil recht unterschiedlich (vergleiche diesbezügliche Besonderheiten in NRW!) ausgeformte Planung. Diese Planung kann als naturschutzspezifische Fachplanung eingestuft werden; sie ist aber – anders als die meisten anderen Fachplanungen – querschnittsbezogen beziehungsweise „querschnittsorientierte Fachplanung", wie dies planungswissenschaftlich bezeichnet wird. Dies ergibt sich aus den maßgeblichen Zielen (des Naturschutzes und der Landschaftspflege), die als solche integrativer Art sind. Die raumbedeutsamen Erfordernisse und Maßnahmen der Landschaftsplanung sind in die räumliche Gesamtplanung, insbesondere die Landesplanung, also die Raumordnung im Gebiet der Länder (§ 6 Satz 1 ROG 1998), zumeist in mehreren Schritten und Abwägungskaskaden, aufzunehmen. Anknüpfungspunkt stellt insoweit auch § 5 Absatz 2 BNatSchG (nach Maßgabe der landesplanungsrechtlichen Vorgaben der Länder) dar. Erstaunlicherweise haben §§ 5–7 BNatSchG trotz der Planungsaufträge des Europäischen Naturschutzrechts anlässlich der Umsetzung der FFH-RL keine Veränderungen erfahren. Die Integration wird ausschließlich über einige Vorschriften des ROG 1998 und über §§ 19c, d BNatSchG im Rahmen der Verträglichkeitsprüfung versucht.

Dies erfordert zunächst eine grundlegende Klärung nach den zum Teil neuen Kategorien des Rechts der Raumordnung und Landesplanung. Welchen Niederschlag haben die raumbedeutsamen Vorgaben des Europäischen Naturschutzrechts in der rechtlichen (Neu-) Ordnung der räumlichen Gesamtplanung gefunden?

Raumordnung und Landesplanung

Das Raumordnungsrecht ist vom Bund rahmenrechtlich geregelt (vergleiche Artikel 75 I Nummer 4 GG). Das maßgebliche Bundesgesetz, das im Jahre 1997 novellierte Raumordnungsgesetz des Bundes (ROG 1998), ist von den Ländern innerhalb von vier Jahren umzusetzen und gibt verschiedene Begriffsbestimmungen vor. Die wichtigste Unterscheidung ist die zwischen **Grundsätzen** einerseits und **Zielen der Raumordnung** andererseits. Nur die Ziele der Raumordnung sind von öffentlichen Stellen bei ihren raumbedeutsamen Planungen und Maßnahmen zu beachten (§ 4 Absatz 1 ROG). Die Grundsätze und sonstige Erfordernisse der Raumordnung sind von öffentlichen Stellen in der Abwägung oder bei der Ermessensausübung nach Maßgabe der dafür geltenden Vorschriften (lediglich) zu berücksichtigen.

§ 7 Absatz 4 ROG enthält jetzt die **Legaldefinition** sowohl für **Vorranggebiete** wie für Vorbehaltsgebiete. Auch hier müssen die Länder zum Teil erhebliche Anpassungen vornehmen. Danach sind Vorranggebiete solche Gebiete (soweit sie festgelegt und bezeichnet sind), die für bestimmte, raumbedeutsame Funktionen oder Nutzungen vorgesehen sind und andere raumbedeutsame Nutzungen in diesem Gebiet ausschließen, soweit diese mit den vorrangigen Funktionen, Nutzungen oder Zielen der Raumordnung nicht vereinbar sind (Vorranggebiete). Damit genießen dargestellte und festgelegte (!) Vorranggebiete für Natur und Landschaft gegenüber Planung und Vorhaben anderer öffentlicher Stellen (zum Beispiel Fachplanung, Verkehrsausbau) einen erhöhten planungsrechtlichen Schutz. Sie entfalten „zielähnliche" Bindungswirkung. Die entsprechende Definition für **Vorbehaltsgebiete** bezieht sich auf Gebiete »...in denen bestimmte, raumbedeutsame Funktionen oder Nutzungen bei der Abwägung mit konkurrierenden raumbedeutsamen Nutzungen besonderes Gewicht beigemessen werden soll (Vorbehaltsgebiete)...«. Dies entspricht etwa dem, was sonst im Planungsrecht als Optimierungsgebot verstanden wird. Der Begriff „Vorbehaltsgebiet" ähnelt also der Wirkungsweise eines Grundsatzes, eine absolute Sicherung der „vorbehaltenen" Funktion ist damit nicht gewährleistet.

Bei der **Neuregelung des ROG** hat der nationale Gesetzgeber auch die **Gebiete von gemeinschaftlicher Bedeutung** und die **Europäischen Vogelschutzgebiete** berücksichtigt, aber nicht völlig abwägungsfest gemacht. Die Erhaltungsziele oder der Schutzzweck sind lediglich „zu berücksichtigen" (§ 7 Absatz 4 Satz 3 ROG 1998). Soweit diese Gebiete »...erheblich beeinträchtigt werden können, sind die Vorschriften des Bundesnaturschutzgesetzes über die Zulässigkeit oder Durchführung von derartigen Eingriffen sowie die Einholung der Stellungnahme der Kommission anzuwenden (Prüfung nach der Fauna-Flora-Habitat-Richtlinie)...« (§ 7 Absatz 7 Satz 3 zweiter Halbsatz ROG). Damit verweist

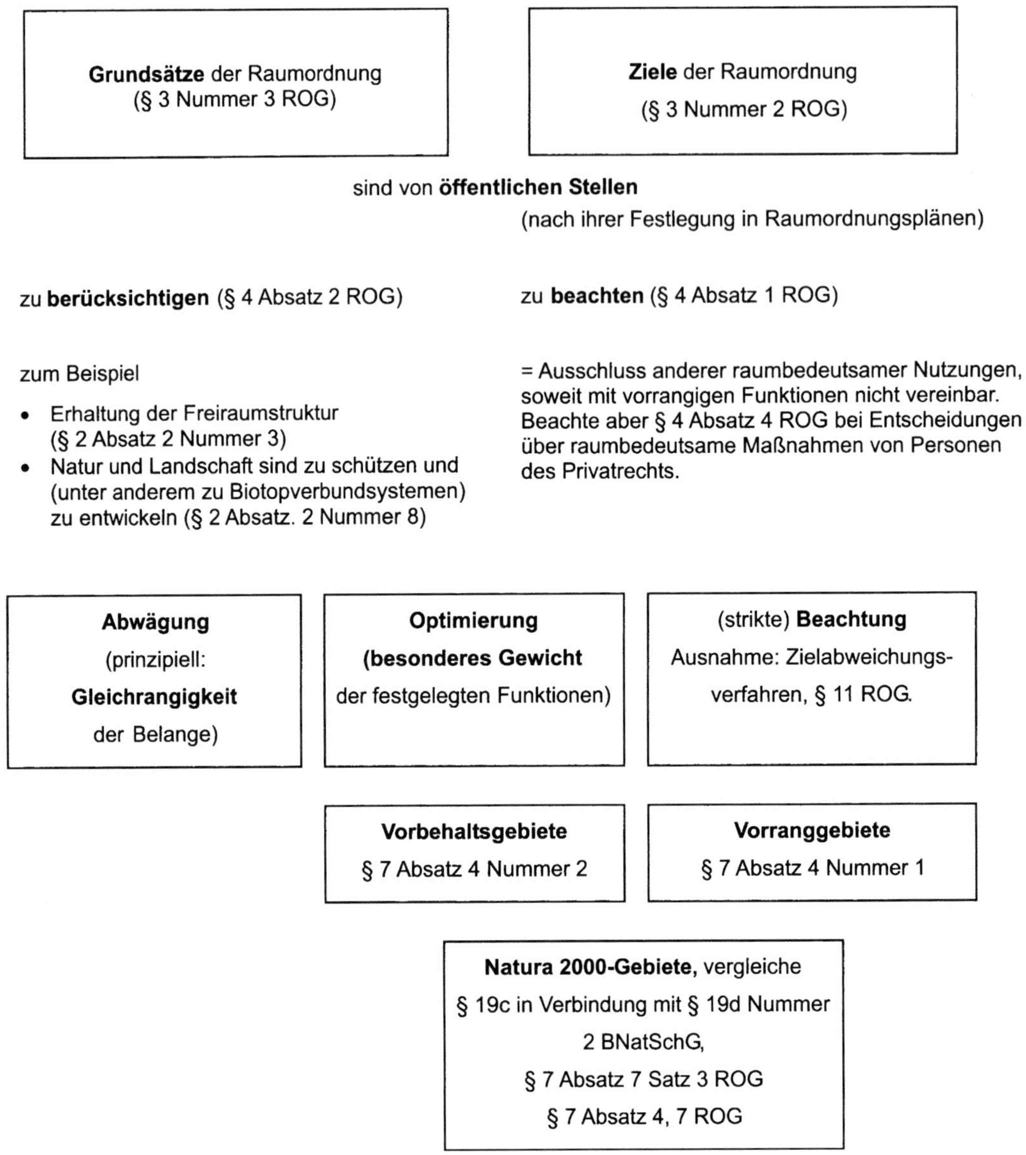

Grundsätze der Raumordnung (§ 3 Nummer 3 ROG)	**Ziele** der Raumordnung (§ 3 Nummer 2 ROG)

sind von **öffentlichen Stellen**
(nach ihrer Festlegung in Raumordnungsplänen)

zu **berücksichtigen** (§ 4 Absatz 2 ROG)	zu **beachten** (§ 4 Absatz 1 ROG)
zum Beispiel • Erhaltung der Freiraumstruktur (§ 2 Absatz 2 Nummer 3) • Natur und Landschaft sind zu schützen und (unter anderem zu Biotopverbundsystemen) zu entwickeln (§ 2 Absatz. 2 Nummer 8)	= Ausschluss anderer raumbedeutsamer Nutzungen, soweit mit vorrangigen Funktionen nicht vereinbar. Beachte aber § 4 Absatz 4 ROG bei Entscheidungen über raumbedeutsame Maßnahmen von Personen des Privatrechts.

Abwägung (prinzipiell: **Gleichrangigkeit** der Belange)	**Optimierung** **(besonderes Gewicht** der festgelegten Funktionen)	(strikte) **Beachtung** Ausnahme: Zielabweichungs- verfahren, § 11 ROG.

Vorbehaltsgebiete § 7 Absatz 4 Nummer 2	**Vorranggebiete** § 7 Absatz 4 Nummer 1

Natura 2000-Gebiete, vergleiche
§ 19c in Verbindung mit § 19d Nummer
2 BNatSchG,
§ 7 Absatz 7 Satz 3 ROG
§ 7 Absatz 4, 7 ROG

Abb. 2-2: Grundsätze und Ziele der Raumordnung, Vorbehalts- und Vorranggebiete

das ROG ins Naturschutzrecht, insbesondere auf die neu eingefügten §§ 19c, d BNatSchG. Diese Verweisung auf die (inhaltlich zum Teil missglückte) nationale Umsetzung der FFH-Verträglichkeitsprüfung nach Artikel 6 Absatz 3–4 FFH-RL (siehe unten) greift allerdings deutlich zu kurz. Die Intention beider Richtlinien und auch die explizite Absicherung des Schutzgebietssystems NATURA 2000 durch die Tatsache, dass sämtliche, das Gebiet von inner- oder außerhalb potenziell erheblich beeinträchtigenden Pläne (und Projekte) auf ihre Verträglichkeit mit den Erhaltungszielen des Gebiets überprüft werden müssen, führt in der Konsequenz zu einer Verpflichtung einer insoweit „ökologischen" Landesplanung. Nicht die europäischen naturschutzrechtlichen Vorgaben müssen sich an der Raumplanung orientieren, sondern raumrelevante Planungen jeglicher Art sind ex lege an den Erhaltungszielen und an der Kohärenz des Netzes NATURA 2000 auszurichten (Mauerhofer 1999). Dies betrifft auch die räumliche Gesamtplanung. Entgegengesetzte landesrechtliche Vorschriften (zum Beispiel § 28 Absatz 1 LNatG M-V) sind europarechtskonform zu interpretieren. Soweit dies nicht möglich ist, sind entsprechende Vorschriften europarechtswidrig. Das Landesgesetz kann zum Beispiel nicht vorschreiben, dass lediglich jene Gebiete für NATURA 2000 gemeldet werden, die von den regionalen Planungsverbänden bereits als Vorranggebiete bestimmt wurden. Das Netz NATURA 2000 müsste von Rechts wegen (vergleiche die zahlreichen halbnatürlichen Lebensräume des Anhangs I) weite Teile der Natur- und Kulturlandschaft umfassen, die bislang noch in keiner Schutzgebietskategorie erfasst sind. Dies kann beziehungsweise sollte auch raumordnerisch unterstützt werden (Erbguth 2000a).

Im Hinblick auf die schon eingetretene Verspätung bei der Umsetzung des Netzes NATURA 2000 kann die Raumordnung und Landesplanung hier keine zentrale Rolle (mehr) spielen, weil sie zu langsam und zu schwerfällig ist. Das betrifft vor allem die Einrichtung des Netzes. Erhebliche Aufgaben kommen auf die Regional- und Landesplanung aber bei der planungsrechtlichen Berücksichtigung von Reserve- und Ausgleichsflächen zu; denn ohne einen solchen „Vorrat" würden künftige Pläne und Projekte, die ein Gebiet von gemeinschaftlicher Bedeutung oder ein Vogelschutzgebiet berühren, praktisch unmöglich gemacht, weil nach Artikel 6 Absatz 4 FFH-RL stets Ausgleichsmaßnahmen erforderlich sind, um sicherzustellen, dass die globale Kohärenz von NATURA 2000 geschützt ist. Auch die Planung so genannter Artikel-10-Flächen (siehe unten) ist erforderlich.

Landschaftsplanung (§§ 5 ff. BNatSchG)

Die Landschaftsplanung ist **querschnittsorientierte Fachplanung** für Naturschutz und Landschaftspflege (einschließlich der Erholung in Natur und Landschaft). Um eine annähernd vollständige Erfassung der nach europäischem Naturschutzrecht geschützten Lebensräume und Arten zu gewährleisten, ist (wäre) ein entsprechendes Monitoring Grundvoraussetzung. Die überörtliche Landschaftsplanung ist in den Bundesländern mit Ausnahme von Nordrhein-Westfalen zumeist als **gutachtliche Planung ausgestaltet**. Durch diese Gutachtlichkeit soll auch die naturschutzfachlich zunächst gebotene Unabhängigkeit der Landschaftsplanung gegenüber anderen Planungen zum Ausdruck kommen (Lange 1993). Die Inhalte der gutachtlichen Landschaftsplanung sind von Behörden und sonstigen öffentlichen Stellen nach Maßgabe der dafür geltenden Vorschriften des Rechts der Raumordnung und Landesplanung (erst dann) zu beachten, wenn sie als Ziele der Raumordnung und Landesplanung in die Raumordnungsprogramme eingefügt sind. Im Übrigen sind die raumbedeutsamen Inhalte der gutachtlichen Landschaftsplanung (nur) angemessen zu berücksichtigen (vergleiche zum Beispiel § 12 Absatz 5 LNatSchG M-V). Spiegelbildlich ergibt sich dies aus den jeweiligen Landesplanungsgesetzen (zum Beispiel § 5 Absatz 1 LPlG M-V vom 5. Mai 1998). Da die Landschaftsplanung auf der regionalen Ebene zukünftig im Wesentlichen der Ausweisung und Sicherung der Schutzgebiete nach der Vogelschutzrichtlinie und der FFH-Richtlinie dienen muss, liegt hier zunächst eine prinzipielle Gleichrichtung und wenig Konfliktpotenzial vor. Allerdings ist vorauszusehen, dass wegen des aus dem Ruder geratenen Zeitplans vor allem die behördlichen Landschaftsplaner, insbesondere also die Fachbehörden und Landesämter die entsprechenden planerischen Leistungen zu erbringen haben und Büros für Landschaftsplanung nur noch in Einzelfällen zum Zuge kommen können. Planerische Leistungen für das Gebietsmanagement nach Artikel 6 Absatz 1 FFH-RL werden zukünftig verstärkt nachgefragt werden (siehe unten und Kap. 5.2). Für den Bereich der Naturschutzplanung im engeren (fachlichen) Sinne (also etwa die Aufstellung von Pflege- und Entwicklungsplänen, Artenschutz- und Biotopschutzprogramme) bietet Artikel 6 Absatz 1 und 2 FFH-RL ein weites Betätigungsfeld.

Zuordnung der Bauleitplanung zum Europäischen Naturschutzrecht

Ein Konfliktpotential besteht sozusagen „naturgegeben" zwischen gemeindlicher Bauleitplanung und dem Europäischen Naturschutzrecht. Gemäß § 1a Absatz 2 Ziffer 4 BauGB sind die Erhaltungsziele oder der Schutzzweck der Gebiete von gemeinschaftlicher Bedeutung und der Europäischen Vogelschutzgebiete bei der

Aufstellung von Bauleitplänen in der Abwägung nach § 1 Absatz 6 zu „berücksichtigen". Dies bedeutet nicht, dass die Gemeinden hier einen weiten Abwägungsspielraum hätten; vielmehr führt die Verweisung von Bauleitplänen in die Verträglichkeitsprüfung nach Artikel 6 Absatz 3–4 FFH-RL zur Verpflichtung der Einhaltung dieses Prüfungs- und Entscheidungsprogramms und dazu, dass möglichen Alternativplanungen eine erhöhte Bedeutung zukommt (siehe unten). Die Berücksichtigung entsprechender Gebiete und Alternativen ist – auch im Sinne des § 4 Absatz 3 BauGB – für die Rechtmäßigkeit der Abwägung stets von Bedeutung; soweit derartige Planungen zu einer erheblichen Beeinträchtigung der Gebiete führen können, sind sie grundsätzlich unzulässig (Düppenbecker und Greiving 1999). Das Berücksichtigungsgebot gilt aufgrund der Rechtsprechung des EuGH und des BVerwG auch für „faktische Vogelschutzgebiete" (Santoña-Gebiete) und „potenzielle FFH-Gebiete" (BVerwG U. vom 19.5.1998, NVwZ 1999, Seite 528, EuGH NuR 1994, 521 – Santoña –, BVerwG Urteil vom 19.5.1998, NVwZ 1999, Seite 961 – A 20, Wakenitz). Bei diesen Gebieten sind – im potenziellen Konfliktfall – vorläufige Schutzziele zu ermitteln, weil bei der dann erforderlichen Verträglichkeitsprüfung die für dieses Gebiet „festgelegten" Erhaltungsziele maßgeblich sind. Soweit diese Gebiete erheblich beeinträchtigt werden können, sollen hiernach die Vorschriften des Bundesnaturschutzgesetzes über die Zulässigkeit oder Durchführung von derartigen Eingriffen sowie die Einholung der Stellungnahme der Kommission (Prüfung nach der FFH-RL) angewendet werden. Damit müssen Flächennutzungs- und Bebauungspläne, die ein NATURA 2000-Gebiet in relevanter Weise betreffen, einer Verträglichkeitsprüfung nach Artikel 6 Absatz 3–4 FFH-RL unterzogen werden. Die entsprechende Verpflichtung lässt sich meines Erachtens schon aus dem Wortlaut der FFH-RL oder jedenfalls im Wege der Interpretation aus § 1a Absatz 2 Nummer 4 BauGB erschließen (Gellermann 1998).

Für so genannte Santoña-Gebiete gilt die Schutzvorschrift des Artikel 4 Absatz 4 VSRL, die sich für Bauleitpläne als ein prinzipiell strikt zu beachtendes Planungsverbot auswirkt, das nur in extremen Ausnahmefällen überwunden werden kann. (Gellermann 1998)

Entgegen einer mitunter in der Literatur geäußerten Auffassung (Iven 1996) kann eine „anthropogene Vorbelastung", zum Beispiel Bebauung, den ornithologischen Wert eines Gebietes nicht generell oder entscheidend mindern, da die Bebauung zum Teil sogar Voraussetzung der entsprechenden Vorkommen ist (zum Beispiel beim Weißstorch). Für die FFH-Arten des Anhanges II gilt mutatis mutandis das gleiche.

Ergänzend ist zu Landschaftsplänen auf örtlicher Ebene zu bemerken, dass nach den Landesnaturschutzgesetzen (etwa § 13 Absatz 1 LNatG M-V) die örtlichen Erfordernisse und Maßnahmen des Naturschutzes und der Landschaftspflege von den Gemeinden in **Landschaftsplänen** zur Vorbereitung von Flächennutzungsplänen und in **Grünordnungsplänen** zur Vorbereitung von Bebauungsplänen näher darzustellen und bei Bedarf fortzuschreiben sind. Die Landschafts- und Grünordnungspläne sind (nach § 13 Absatz 3 LNatG M-V) der unteren Naturschutzbehörde, und (nur) die Landschaftspläne sind auch der Fachbehörde für Naturschutz vor der Beschlussfassung zur Stellungnahme vorzulegen. Die Inhalte der Landschafts- und Grünordnungspläne werden von der Gemeinde unter Abwägung mit den anderen bei der Aufstellung der Bauleitpläne zu berücksichtigenden Belangen (§ 1 Absatz 6 des BauGB) in die Bauleitpläne aufgenommen. Damit dürfte in gleicher Weise § 1a Absatz 2 Ziffer 4 BauGB greifen. Auch wenn das deutsche Recht hierzu keine ausdrücklichen Vorgaben enthält, ist auch bei den Landschafts- und Grünordnungsplänen Artikel 6 Absatz 3 und 4 FFH-Richtlinie anzuwenden. Bei einem negativen Ergebnis der Verträglichkeitsprüfung sind, soweit überhaupt zwingende Gründe des überwiegenden öffentlichen Interesses durchgreifen, alle notwendigen Ausgleichsmaßnahmen zu ergreifen, um sicherzustellen, dass die globale Kohärenz von NATURA 2000 geschützt ist. Über die Ausgleichsmaßnahmen ist nach Artikel 6 Absatz 4 Unterabsatz 1 Satz 2 FFH-RL die Kommission zu unterrichten (siehe unten).

Es ist zu befürchten, dass derzeit viele potenzielle FFH-Gebiete und faktische Vogelschutzgebiete noch – in rechtswidriger Weise – überplant werden. Jeder verantwortliche Planer/Planerin wird daher im Falle seiner Beauftragung das planerische Umfeld auch auf faktische beziehungsweise potenzielle Schutzgebiete nach dem Europäischen

Naturschutzrecht hin überprüfen. Da es entscheidend immer auf mögliche Beeinträchtigungen ankommt, ist es – entgegen mancher Verwaltungsvorschrift – nicht zulässig, schematisch auf Entfernungen vom Gebiet abzustellen. Es ist immer eine Einzelprüfung erforderlich.

Naturschutzrechtliche Ausweisung von Schutzgebieten

• **Traditionelle Kategorien des Gebietsschutzes**
Schutzgebietsfestsetzungen nach den Landesnaturschutzgesetzen haben stets verbindliche **Außenwirkung gegenüber Bürgern und öffentlichen Stellen** (anders als die Raumordnung, die nur für Öffentliche Stellen verbindlich sein kann). Der konkrete Umfang der Sicherung des Gebiets ergibt sich aus den Schutzgebietsverordnungen. Den wirksamsten Schutz vermitteln die Kategorien des Naturschutzgebietes oder des Nationalparks, einen relativ geringen Schutz der Status eines Landschaftsschutzgebietes, wobei hier an den kommunalen Akteur zu denken ist. Die FFH-Richtlinie kennt als Regelinstrument die Ausweisung eines Gebietes als „besonderes Schutzgebiet" (Artikel 3 Absatz 2 und Artikel 4 FFH-RL). Der Bundesgesetzgeber hat keine neue (nationale) Kategorie für die Schutzgebiete nach Europäischem Naturschutzrecht eingeführt. Die (endgültige) Sicherung eines solchen Schutzgebietes ist untrennbar damit verbunden, dass das Schutzgebiet in eine nationale Kategorie übernommen wird und eine entsprechende Rechtsverordnung erlassen wird, die den Schutzzweck, die Ge- und Verbote festlegt. Für Nationalparke und Biosphärenreservate verlangen die Landesnaturschutzgesetze zum Teil die Rechtsform eines Gesetzes. Nach der Regelung in Mecklenburg-Vorpommern können zum Beispiel Gebiete von gemeinschaftlicher Bedeutung und Europäische Vogelschutzgebiete (theoretisch) zum Naturschutzgebiet, Landschaftsschutzgebiet oder Naturpark erklärt werden (vergleiche § 21 Absatz 2 Satz 2 LNatG M-V). Die Kategorien Landschaftsschutzgebiet und – vor allem – Naturpark (zumindest im Hinblick auf die oftmals nur deklaratorische Ausweisung in den alten Bundesländern) werden in den seltensten Fällen ausreichen, um einen angemessenen Schutz zu gewährleisten.
Allerdings ist eine entsprechend strenge Ausgestaltung einer Landschaftsschutzgebietsverord-

nung denkbar. Von erheblicher Bedeutung kann ein generelles Bauverbot sein. Bei Kulturlandschaften kann die Festschreibung bestimmter Bewirtschaftungsformen (vergleiche wieder Artikel 6 Absatz 1 FFH-RL „Bewirtschaftungspläne") in Verbindung mit Maßnahmen des Vertragsnaturschutzes („geeignete Maßnahmen vertraglicher Art") ausreichen. Bei marinen Schutzgebieten kann unter Umständen eine bestimmte Schutzmaßnahme (zum Beispiel das Verbot der marinen Sedimententnahme) ausreichen.

• **Gesetzlicher Biotopschutz**
Nach § 19f Absatz 2 BNatSchG sind die zur Umsetzung des europäischen Habitatschutzes dienenden Bestimmungen nur insoweit anzuwenden, als die Schutzvorschriften zugunsten **gesetzlich geschützter Biotope** (einschließlich jener über Ausnahmen und Befreiungen) keine strengeren Regelungen für die Zulassung von „Projekten" enthalten. Dementsprechend können Projekte, selbst wenn sie bei Anlegung der Maßstäbe der §§ 19c, 19e BNatSchG zulassungsfähig wären, nicht zugelassen werden, sofern die spezifischen Schutzvorschriften zugunsten der jeweiligen Gebiete dies untersagen. Es sind also im Prinzip die jeweils strengeren Schutzregeln anzuwenden.
Eine Angleichung des Katalogs des § 20c BNatSchG an das Europäische Naturschutzrecht ist bislang noch nicht erfolgt. Die Länder können dies nach § 20c Absatz 3 BNatSchG auch selbst tun.

Fachplanung

Umweltrelevante Fachplanungen, zum Beispiel beim Straßenbau oder bei Industrieansiedlungen, unterfallen dem Regime einer durch das Europäische Recht maßgeblich veränderten Eingriffs- und Ausgleichsregelung. Sie sind sozusagen der klassische Anwendungsfall des Europäischen Grund- beziehungsweise Mindestschutzes für NATURA 2000-Gebiete, der FFH-Verträglichkeitsprüfung (siehe unten).

Inhalte spezifisch (landschafts-)planerischer Natur in der FFH-Richtlinie

Gebietsmanagement in den besonderen Schutzgebieten

Nach **Artikel 6 Absatz 1 FFH-RL** legen die Mitgliedstaaten die nötigen Erhaltungsmaßnahmen fest, die gegebenenfalls geeignete, eigens für die Gebiete aufgestellte oder in andere **Entwicklungspläne** integrierte Bewirtschaftungspläne und geeignete **Maßnahmen** rechtlicher, administrativer oder vertraglicher Art umfassen, die den ökologischen Erfordernissen der natürlichen Lebensraumtypen nach Anhang I und der Arten nach Anhang II entsprechen, die in diesen Gebieten vorkommen. Der englische Richtlinientext stellt hier den Begriff der Managementpläne („management plans"), die auch in Entwicklungspläne („development plans") integriert sein können, in den Mittelpunkt. Dagegen verschiebt die deutsche Übersetzung den inhaltlichen Schwerpunkt zu Unrecht auf den mit Bewirtschaftungsplan übersetzten „development plan". Es erscheint absehbar, dass sich hier aufgrund des internationalen Sprachgebrauchs und der unscharfen Übersetzung des deutschen Richtlinientextes der Begriff des „Managementplans" zukünftig durchsetzen wird. Der Bundesgesetzgeber hat in § 19b Absatz 3 Satz 3 BNatSchG lediglich bestimmt, dass – bei der Schutzerklärung – durch „geeignete Gebote und Verbote sowie Pflege- und Entwicklungsmaßnahmen" sicherzustellen sei, dass den Anforderungen des Artikels 6 entsprochen wird. Weitergehende Schutzvorschriften bleiben danach unberührt, während die Unterschutzstellung auf der anderen Seite unterbleiben kann, »…soweit nach anderen Rechtsvorschriften, nach Verwaltungsvorschriften, durch die Verfügungsbefugnis eines öffentlichen oder gemeinnützigen Trägers oder durch vertragliche Vereinbarungen ein gleichwertiger Schutz gewährleistet ist…« (§ 19b Absatz 4 BNatSchG). Nach **Artikel 6 Absatz 2 FFH-Richtlinie** treffen die Mitgliedstaaten ferner die geeigneten Maßnahmen, um in den besonderen Schutzgebieten die Verschlechterung der natürlichen Lebensräume und der Habitate der Arten sowie Störungen von Arten, für die die Gebiete ausgewiesen worden sind, zu vermeiden, sofern solche Störungen sich im Hinblick auf die Ziele dieser Richtlinie erheblich auswirken könnten. Der Umsetzung dieses **Verschlechterungs- und Störungsverbotes** dient § 19 b Absatz 5 BNatSchG, der jedenfalls ab der Bekanntmachung eines Gebiets von gemeinschaftlicher Bedeutung durch das Bundesministerium für Umwelt, Naturschutz und Reaktorsicherheit (vergleiche § 19 Absatz 4 BNatSchG) Vorhaben, die zur erheblichen Beeinträchtigung

des Gebiets in seinen für die Erhaltungsziele maßgeblichen Bestandteilen führen können, als unzulässig erklärt. Dass infolge der unterlassenen Schutzerklärungen die fraglichen Gebiete bereits jetzt einen Schutzstatus kraft Richterrechts aufweisen, ist oben dargelegt worden. Die Regelung entspricht auch dem Verbesserungsgebot des Artikel 174 EGV.

Gebietsmanagement (Artikel 6 Absatz 1 FFH-RL) und das Verschlechterungs- und Störungsverbot nach Absatz 2 ergänzen einander. Mit der Festsetzung entsprechender Ge- und Verbote in den Schutzgebietsverordnungen dürfte es nur in seltenen Fällen sein Bewenden haben. Bei der Ausgestaltung des Gebietsmanagements besteht ein relativ großer – auch planerischer – Handlungsspielraum (vergleiche auch die Privilegierung von Plänen und Projekten, die unmittelbar mit der Verwaltung des Gebietes in Verbindung stehen oder hierfür notwendig sind, Artikel 6 Absatz 3 Satz 1 FFH-RL). Die Gleichwertigkeit anderer Maßnahmen (also solcher ohne Schutzgebietserklärung) ist kritisch zu beurteilen. Verwaltungsvorschriften reichen nach der gesicherten Rechtsprechung des EuGH regelmäßig nicht zur Umsetzung von Richtlinien aus, weil Verwaltungsvorschriften keine unmittelbare Außenwirkung zukommt. § 19b Absatz 3 Satz 3 BNatSchG genügt insoweit nicht den Anforderungen des Europäischen Gemeinschaftsrechts. Das Verschlechterungsverbot des Artikel 6 Absatz 2 und die hierzu einzusetzenden Verbote beziehen sich – wie bei Artikel 6 Absatz 3 – auch auf beeinträchtigende Aktivitäten außerhalb des Gebiets. Dies bereitet Schwierigkeiten bei der Umsetzung zum Beispiel in einer Landschaftsschutzgebietsverordnung.

Die FFH-Richtlinie erfordert die sachgerechte vorrangige **Einbeziehung von biologischen Daten** in die Planung (Riecken und Schröder 1995). Für eine gesicherte Datenbasis ist ein entsprechendes **Biomonitoring** erforderlich. Im zweiten Abschnitt des BNatSchG „Landschaftsplanung" ist insoweit noch keine Änderung erfolgt, die auf das Europäische Naturschutzrecht abstellt; hingegen haben einzelne Landesgesetzgeber die ökologische Umweltbeobachtung (ÖUB) schon in das Gesetz (vergleiche zum Beispiel § 9 Absatz 2 LNatG M-V) aufgenommen. Die ÖUB ist für eine Landschaftsplanung, die auf biologischen Daten beruht, sicherlich unerlässlich. Damit dieses Instrument, das insbesondere Grundlageninformationen für die Landschaftsplanung liefern soll, auch die speziellen Anforderungen eines FFH-Monitoring erfüllen kann, müssen zusätzliche Fragestellungen integriert werden. In jedem Fall ist es sinnvoll, Möglichkeiten einer Aufgabenverknüpfung zwischen ÖUB und dem FFH-Monitoring sowie der Landschaftsplanung konsequent zu nutzen.

Diese Anforderung der FFH-Richtlinie erfordert eine besondere Qualifikation der Planer insbesondere im Hinblick auf die floristischen und insbesondere faunistischen Fragestellungen. Eine Kooperation mit Spezialisten mit entsprechenden Artenkenntnissen ist gegebenenfalls unerlässlich (Riecken und Schröder 1995). Im übrigen ist hier eine enge Zusammenarbeit zwischen dem hauptamtlichen und ehrenamtlichen Naturschutz geboten. Wertvolle Hilfe kann das vom Bundesamt für Naturschutz (BfN) herausgegebene Handbuch in Bezug auf die Handhabung der Biotoptypenbezogenen Bestimmungen leisten (Ssymank et. al. 1998).

Der Schwerpunkt der neu auszuweisenden Schutzgebiete liegt in Mitteleuropa bei den **Lebensräumen des Anhanges I**, die natürliche und halbnatürliche Ökosysteme umfassen. Es werden auch extensive Grünlandökosysteme und zahlreiche Waldökosystemtypen benannt, von denen in Deutschland zum Teil noch beträchtliche Flächen vorhanden sind. Es sollen diejenigen mitteleuropäischen Ökosystemtypen flächenhaft geschützt werden, für die Deutschland eine besondere Verantwortung zukommt, weil sie hier einen Schwerpunkt ihrer Verbreitung aufweisen und noch in größeren Beständen vorkommen (Ssymank 1994). Häufig unzureichend ist die Datenbasis in Bezug auf die **Arten des Anhanges II**. Hier ist es schwierig, schlüssige Gebietsmanagementschutz-Konzepte vorzulegen. Auch hier ist eine enge Zusammenarbeit der zuständigen Naturschutzbehörden beziehungsweise Planer mit den ehrenamtlichen Naturschützern nötig, die bislang in der Phase I der Aufstellung der nationalen Gebietslisten zu wenig geübt wurde.

Wiederherstellung von Lebensräumen, Schaffung von Ersatzräumen und verbindenden Landschaftselementen

Die FFH-Richtlinie zielt – wie die Vogelschutzrichtlinie – auch auf **Wiederherstellungsmaßnahmen.** Im Bereich ökologischer Korridore

oder etwa um die durchgängige Wiederbesiedlung mit Anhang-II Arten wie Fischotter zu erreichen, sind auch planerische Maßnahmen vorzusehen. Dabei ist auf die Möglichkeit nach Artikel 8 Absatz 1 FFH-RL hinzuweisen, wonach unter Umständen eine finanzielle Beteiligung der Gemeinschaft in Frage kommt. Auch im Rahmen des Gebietsmanagements ist an finanzielle Unterstützungsleistungen nach dem LIFE III-Programm der EU zu denken. Artikel 1 und Artikel 2 Absatz 2 FFH-RL enthalten als Ziel, den **günstigen Erhaltungszustand** der natürlichen Lebensräume (und wildlebenden Tier- und Pflanzenarten) zu bewahren oder wiederherzustellen. Dazu gehören auch Pflege- und Entwicklungsmaßnahmen zur zweckentsprechenden Weiterentwicklung des Gebiets. Ein weiteres planerisches Betätigungsfeld ist die Schaffung von „Ersatzräumen" und Entwicklungsgebieten. Das Europäische Naturschutzrecht ist schon von seinem Ansatz her großräumiger und „dynamischer" als das nationale Naturschutzrecht, letzteres aber in Bezug auf eine Dynamik zur Herstellung der Kohärenz und der – gegebenenfalls erforderlichen – Wiederherstellung des Netzes (vergleiche nochmals Artikel 6 Absatz 4 FFH-RL). Konkrete Beispiele über „Funktionalität und Wiederherstellung von Lebensräumen gemeinschaftlicher Bedeutung (GGB)" am Beispiel von Auen in Hessen liefert Harthun (1999).

Schließlich ist die Planung von ergänzenden **verbindenden Landschaftselementen** ein Auftrag der FFH-RL, die allerdings die erforderliche Ausweisung von Schutzgebieten nicht ersetzen kann.

Artikel 3 Absatz 3 FFH-Richtlinie bestimmt: »(3) Die Mitgliedsstaaten werden sich, wo sie dies für erforderlich halten, bemühen, die ökologische Kohärenz von NATURA 2000 durch die Erhaltung und gegebenenfalls die Schaffung der in Artikel 10 genannten Landschaftselemente, die von ausschlaggebender Bedeutung für wildlebende Tiere und Pflanzen sind, zu verbessern.«

Ein zusätzlicher Planungsauftrag ergibt sich also durch Schaffung der in Artikel 10 genannten Landschaftselemente.

Diese sind in der „Bemühensregelung" des Artikel 10 FFH-Richtlinie enthalten, die die Pflege von Landschaftselementen, die »von ausschlaggebender Bedeutung für wildlebende Tiere und Pflanzen sind« besonders hervorhebt. Artikel 10 Satz 2 lautet:

»Hierbei handelt es sich um Landschaftselemente, die aufgrund ihrer linearen, fortlaufenden Struktur (zum Beispiel Flüsse mit ihren Ufern oder herkömmlichen Feldrainen) oder ihrer Vernetzungsfunktion (zum Beispiel Teiche oder Gehölze) für die Wanderung, die geographische Verbreitung und den genetischen Austausch wildlebender Arten wesentlich sind«.

Das Netz NATURA 2000 als dynamisches System

Die Errichtung des ökologischen Netzes NATURA 2000 ist kein einmaliger Kraftakt. Die Richtlinie beinhaltet ein Schutzgebietsmanagement (Artikel 6 Absatz 1 FFH-RL), eine Berichts- und Informationspflicht der Mitgliedstaaten an die Kommission (Artikel 17 FFH-RL), sowie eine Forschungsförderung (Artikel 18 FFH-RL). Es ist auch ein Verfahren zur Änderung der Anhänge vorgesehen (Artikel 19 FFH-Richtlinie). Eine erste Änderung hat es mit dem Beitritt Finnlands, Österreichs und Schwedens zur Union bereits gegeben. Dies alles kann zu einer inhaltlichen Erweiterung der Planungsaufträge führen und zeigt, dass das Europäische Naturschutzrecht erhebliche Chancen der Weiterentwicklung für die Landschaftsplanung in sich trägt.

Europäischer Grund- beziehungsweise Mindestschutz für NATURA 2000–Gebiete: die FFH-Verträglichkeitsprüfung

Typologie und Abgrenzung der FFH-Verträglichkeitsprüfung

Das kohärente europäische ökologische Netz NATURA 2000 ist wehrhaft, aber nicht unveränderbar im Sinne des – konzeptionell – absoluten Veränderungsverbotes in Naturschutzgebieten gemäß § 13 Absatz 2 BNatSchG. Vielmehr enthält Artikel 6 Absatz 3 und 4 FFH-Richtlinie eine spezifische **Verträglichkeitsprüfung** für Pläne und Projekte, die eine Spezialregelung gegenüber dem allgemeinen Verschlechterungsverbot darstellt. Da diese **FFH-Verträglichkeitsprüfung** den bisher bekannten Instrumenten nicht entspricht, bedarf es der Abgrenzung. Die FFH-Verträglichkeitsprüfung **unterscheidet sich von** der naturschutzrechtlichen **Eingriffs- und Ausgleichsregelung** bereits dadurch, dass ihr Anwendungsbereich weiter gefasst ist und nicht

nur Eingriffe in Natur und Landschaft gemäß § 8 BNatSchG umfasst, sondern weitergehend alle möglichen Projekte und auch rein planerische Maßnahmen, die eine spätere Umsetzung erst vorbereiten. Bezüglich der **projektbezogenen Verträglichkeitsprüfung** soll das Europäische Gemeinschaftsrecht durch § 19a Absatz 2 Nummer 8 BNatSchG umgesetzt werden. In Nummer 8c irritiert die Bezugnahme auf die Genehmigungsbedürftigkeit nach dem BImSchG. Eine Massentierhaltung, die entweder die Schwellenzahl der Nummer 7 Punkt 1 des Anhanges der vierten BImSchG-VO nicht erreicht oder die massenhafte Haltung anderer Tiere (Kälber, Schafe, Ziegen) wären danach keiner Verträglichkeitsprüfung zuzuführen, eine Konsequenz, die zum Beispiel angesichts der Entstehung von Ammoniakgas und einer kleinräumigen Belastung und möglichen nachhaltigen Schädigung des Schutzgebiets schwerlich als gemeinschaftskonform betrachten werden kann (Gellermann 1998).

Bezüglich der in Artikel 6 Absatz 3 der FFH-Richtlinie angesprochenen **Pläne** gibt § 19a Absatz 2 Nummer 9 BNatSchG eine Legaldefinition. Da die Aufzählung in § 19d BNatSchG (etwa für Linienbestimmungen für Bundesfern- und Bundeswasserstraßen, Raumordnungspläne, Bauleitpläne) nicht abschließend ist, kann davon ausgegangen werden, dass hier der gemeinschaftsrechtliche Begriff des Planes ordnungsgemäß in das bundesdeutsche Recht übernommen worden ist.

Die FFH-Verträglichkeitsprüfung unterscheidet sich von der Eingriffs- und Ausgleichsregelung auch dadurch, dass sie **kein Huckepack-Verfahren** ist, also immer durchgeführt werden muss, wenn ihre Tatbestandsvoraussetzungen vorliegen, unabhängig davon, ob ein geeignetes Trägerverfahren zur Verfügung steht oder nicht. Dies wirft die Frage auf, wer für die Entscheidungen über die Zulässigkeit oder die Unzulässigkeit eines Planes oder Projektes nach Artikel 6 der FFH-Richtlinie zuständig ist. Das europäische Gemeinschaftsrecht enthält – wie regelmäßig – hierüber keine Angaben, sondern verweist auf die zuständigen einzelstaatlichen Behörden. Man wird also von der Zuständigkeit nach der nationalen Rechtsordnung auszugehen haben, wobei auch die Gemeinden – etwa bei der Bauleitplanung – als zuständige „einzelstaatliche Behörden" zu qualifizieren sind. Wenn kein nationales Trägerverfahren existiert, ist die Naturschutzbehörde des Landes, in der Ausschließlichen Wirtschaftszone wären Naturschutzbehörden des Bundes zuständig.

Zur Verwirklichung des so genannten **Außenschutzes** findet sich eine Sonderregelung nach § 19e Satz 2 BNatSchG, wonach die Entscheidungen bei genehmigungsbedürftigen Anlagen im Benehmen mit den für Naturschutz und Landschaftspflege zuständigen Behörden ergehen. Weitergehende Ländervorschriften dürften wegen § 19f Absatz 3 BNatSchG unberührt bleiben (so in M-V die Herstellung des Einvernehmens mit der Naturschutzbehörde).

Ein weiteres Unterscheidungsmerkmal sowohl gegenüber der Eingriffsregelung als auch gegenüber der Verträglichkeitsprüfung nach der UVP-Richtlinie ist die **höhere Ergebnisrelevanz** der Verträglichkeitsprüfung nach der FFH-Richtlinie. Während – jedenfalls in der Praxis – die Eingriffs- und Ausgleichsregelung trotz der ausdrücklichen Pflicht zur Untersagung bei Vorrangigkeit der Naturschutzbelange kaum jemals zu einer Ablehnung des Vorhabens führt (Czybulka und Rodi 1996), führt die Verträglichkeitsprüfung nach der FFH-Richtlinie nach der Intention des Gemeinschaftsrechts oft zu einer Untersagung. Die höhere Ergebnisrelevanz gegenüber der UVP nach UVPG ergibt sich aus dem Umstand, dass die Umweltverträglichkeitsprüfung nach dem – zweifelhaften – Verständnis des nationalen Gesetzgebers im Wesentlichen nur eine Verfahrensvorschrift darstellt und keine eigene Ergebnisrelevanz besitzt beziehungsweise ihre Ergebnisrelevanz aus dem materiellen Prüfprogramm des einschlägigen (Fach-)Gesetzes bezieht. Dies wirkt sich insbesondere bei so genannten gebundenen Entscheidungen aus, die etwa im Immissionsschutzrecht der vorherrschende Typus sind. Der Vorrang des Gemeinschaftsrechts bewirkt hier jedoch, dass eine Genehmigung, auf die „an sich" ein Rechtsanspruch besteht, nicht erteilt werden darf, wenn sie im Widerspruch zu Artikel 6 FFH-Richtlinie stünde. Des weiteren schreibt die FFH-Richtlinie unter bestimmten Voraussetzungen zwingend eine Alternativenprüfung vor, die im deutschen Recht sonst im Wesentlichen nur in Linienbestimmungs- und echten Planfeststellungsverfahren bekannt ist.

Der nationale Gesetzgeber hat bislang die FFH-Verträglichkeitsprüfung in ihrem Verfah-

ren nicht näher ausgestaltet. Überwiegend wird für zulässig erachtet, den von der UVP zur Verfügung gestellten verfahrensrechtlichen Rahmen für die Verträglichkeitsprüfung zu nutzen (Stollmann 1999). Die FFH-Verträglichkeitsprüfung ist auch dann durchzuführen, wenn nach nationalem Recht keine UVP-Pflicht besteht. Unklar ist in diesem Falle die Öffentlichkeitsbeteiligung, weil die FFH-Richtlinie nur davon spricht, dass „gegebenenfalls" die Öffentlichkeit anzuhören ist. Trotz bisher nicht vorgenommener Formalisierung der FFH-Verträglichkeitsprüfung ist es selbstverständlich, dass die Entscheidung über die Verträglichkeit des Planes oder Projektes mit den für das Gebiet festgelegten Erhaltungszielen eine **hoheitliche Entscheidung** ist. Vom Vorhabensträger vorgelegte Verträglichkeitsstudien sind hier nur Abwägungsmaterial. Die Entscheidung über die Verträglichkeit des Plans oder Projekts ist **keine Ermessensentscheidung.** Allerdings wird der Schutz, den die FFH-Richtlinie bietet, durch die Ausnahmeregelung des Artikel 6 Absatz 4 FFH-Richtlinie relativiert.

Ablauf der FFH-Verträglichkeitsprüfung

Das Ablaufschema zur Durchführung der FFH-Verträglichkeitsprüfung (Normalverfahren) ist in Kapitel 7.3 dargestellt (Abb. 7-4).

Abbildung 2-3 stellt – in Anlehnung an den „Artikel 6 Interpretation Guide" der EG-Kommission (Generaldirektion XI) – schematisch die Rechtsfolgen der FFH-Richtlinie dar (Europäische Kommission 2000). Auch hier enthält die Umsetzung in nationales Recht (§ 19c BNatSchG) wieder Abweichungen vom Text der Richtlinie. Zentral ist bei der Prüfung der Verträglichkeit, dass keine Alternativlösung besteht. Eine **Alternativlösung** ist dann vorhanden, wenn die Verwirklichung des im öffentlichen Interesse liegenden Planes oder Projekts mit geringeren negativen Auswirkungen auf die Schutzziele des Gebiets möglich ist. Unabhängig davon, ob das „Trägerverfahren" diese Möglichkeiten kennt, sind nicht nur Standortalternativen, sondern auch Ausgestaltungsalternativen in Betracht zu ziehen. Die Einfügung des im Text der Richtlinie fehlenden Wortes „zumutbare" Alternativen wird mit verfassungsrechtlichen Argumenten (Verhältnismäßigkeitsprinzip) gerechtfertigt. Verfassungsrechtlich ist aber eine betriebswirtschaftliche Betrachtungsweise jeden-

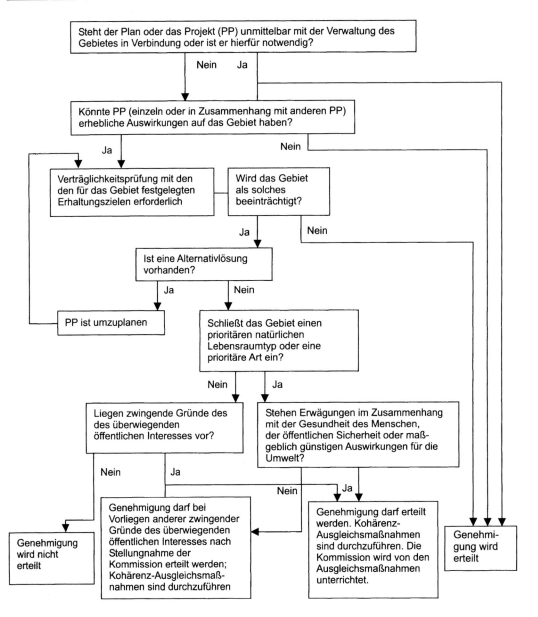

Abb. 2-3: Rechtsfolgen der Verträglichkeitsprüfung des Artikel 6 FFH-Richtlinie (in Anlehnung an EG-Kommission, Generaldirektion XI (Europäische Kommission 2000))

falls bei staatlichen Plänen oder Projekten nicht erforderlich. Auch bei privaten Investoren müssen Kostensteigerungen einer Alternativlösung grundsätzlich hingenommen werden. Die **Kohärenz-Ausgleichsmaßnahmen** nach Artikel 6 Absatz 4 FFH-RL dienen dem Schutz der „globalen Kohärenz" des Netzes NATURA 2000. Das bedeutet mit anderen Worten, dass „Löcher" im

Netz wieder „geflickt" werden müssen, der Biotopverbund also wieder herzustellen ist. Die Ausgleichspflicht trifft nach dem Europäischen Gemeinschaftsrecht unmittelbar nur den Mitgliedstaat, der aber den Verursacher im Rahmen seiner Gesetzgebung zur Erfüllung der Pflicht heranziehen kann. Gegenüber der Pflicht zur Durchführung der erforderlichen Kohärenz-Ausgleichsmaßnahmen kann nicht der Einwand der Unverhältnismäßigkeit erhoben werden. Erfordern die Maßnahmen einen unverhältnismäßigen Aufwand, so ist die Zustimmung zu dem Plan oder Projekt zu versagen (Ramsauer 2000). Die Ausgleichspflicht lässt andere Pflichten zur Durchführung von Ausgleichs- und Ersatzmaßnahmen nach der naturschutzrechtlichen Eingriffsregelung unberührt. Allerdings ist es denkbar, dass sich die Maßnahmen im Einzelfall auf dasselbe Ziel richten. Ausgleichszahlungen können nur nach den Landesnaturschutzgesetzen, nicht nach der FFH-Richtlinie verlangt werden.

Ausnahmeregelung (Artikel 6 Absatz 4 Unterabsatz 1 FFH-Richtlinie)

Im Mittelpunkt der Ausnahmeregelung des Artikel 6 Absatz 4 Unterabsatz 1 FFH-Richtlinie steht die Auslegung des so genannten unbestimmten Rechtsbegriffes „zwingende Gründe des überwiegenden öffentlichen Interesses". Derartige unbestimmte Rechtsbegriffe sind von den Verwaltungsgerichten in vollem Umfange überprüfbar. Der Begriff der öffentlichen Interessen ist thematisch weit zu verstehen, private Interessen werden aber nicht erfasst. Übersehen wird in der Literatur oft (Kahl 1998), dass es sich um zwingende öffentliche Interessen handeln muss. Nicht ausreichend ist insbesondere, dass die Verfolgung des Interesses sinnvoll oder nützlich ist. Des weiteren müssen die (zwingenden) öffentlichen Interessen an der Durchführung des Planes oder Projektes objektiv gewichtiger sein als die (gleichfalls öffentlichen) Interessen an der Integrität der Schutzziele des betroffenen Gebiets und zweitens an der Erhaltung des kohärenten ökologischen Netzes in der bestehenden Form, wobei die Möglichkeit eines Ausgleichs zu berücksichtigen ist. Hier besteht derzeit die Schwierigkeit, dass ein kohärentes ökologisches Netz in Deutschland bislang (noch) nicht geknüpft ist. Selbst wenn man **Kohärenz** nicht buchstäblich, also räumlich, sondern funktional interpretiert, bleibt diese Feststellung zutreffend. Die funktionale Interpretation dürfte aber nur in der Weise möglich sein, dass Flächen nach Artikel 10 FFH-RL in die Gesamtbewertung einbezogen werden. Das setzt aber auch einen adäquaten Schutz dieser Landschaftselemente voraus. Im marinen Bereich mag der Vernetzungsgedanke anders interpretiert werden können.

Legt man die gegenwärtige Situation in Deutschland zugrunde, verbietet sich an sich eine Gewichtung zu Gunsten des Planes oder Projektes, weil die Erhaltung der „globalen" Kohärenz – die noch nicht hergestellt ist – eine objektive Grenze jeder Ausnahmefähigkeit nach Artikel 6 Absatz 4 FFH-Richtlinie auch bei nichtprioritären Gebieten darstellt. Wenn nämlich ein Schutz der „globalen Kohärenz von NATURA 2000" durch geeignete Kohärenz-Ausgleichsmaßnahmen nicht möglich ist, darf dem Plan beziehungsweise Projekt nicht zugestimmt werden.

Die Einbeziehung von öffentlichen Interessen **wirtschaftlicher oder sozialer Art** ist im Sinne der Nachhaltigkeit (Sustainability) ein wichtiges Anliegen der Richtlinie, wie sich auch aus der Präambel ergibt. In dieser Beziehung bestehen jedoch erhebliche Interpretationsschwierigkeiten, weil zumindest wirtschaftliche Interessen typischerweise privater Natur sind. In der Richtlinie mit angelegt ist der regionale Bezug, wobei es nicht auf die verwaltungsmäßige oder die körperschaftliche Zuordnung ankommt. Der Begriff der öffentlichen Interessen **sozialer Art** umfasst nach überwiegender Auffassung auch das Interesse an der Schaffung von Arbeitsplätzen in einer Region. Hier ist allerdings besonders unklar, unter welchen Voraussetzungen derartigen Interessen ein zwingender Charakter zuzusprechen ist. Keinesfalls darf die Schaffung von Arbeitsplätzen „an sich" den zwingenden Charakter begründen, weil sonst der Schutz der Richtlinie beliebig ausgehebelt werden könnte.

Ausnahmeregelung für prioritäre Gebiete (Artikel 6 Absatz 4 Unterabsatz 2 der FFH-Richtlinie)

Artikel 6 Absatz 4 Unterabsatz 2 FFH-RL schränkt die ausnahmsweise Zulassung von Plänen und Projekten mit negativen Auswirkungen auf solche Gebiete zusätzlich ein, die einen prioritären Lebensraumtyp nach Anhang I oder eine prioritäre Art nach Anhang II beherbergen. Eine Verschärfung der Anforderungen liegt zum einen in der Einschränkung der Ausnahmegründe, zum anderen in höheren Anforderungen bei deren Gewichtung im Rahmen der Abwägung. Auch hier ist den Genehmigungsbehörden kein Ermessen eingeräumt, ihre Entscheidungen sind vom Prinzip her verwaltungsgerichtlich voll überprüfbar. Die in Artikel 6 Absatz 4 Unterabsatz 2 FFH-RL genannten Ausnahmegründe entsprechen im Wesentlichen denen, die in der Rechtsprechung des EuGH zur Rechtfertigung einer Einschränkung des Schutzes von (bestehenden oder faktischen) Vogelschutzgebieten anerkannt worden waren. Sie sind in der Richtlinie benannt als solche »…in Zusammenhang mit der Gesundheit des Menschen und der öffentlichen Sicherheit oder im Zusammenhang mit maßgeblichen günstigen Auswirkungen für die Umwelt…«. Durch die Rechtsprechung wurde bereits geklärt, dass die Gründe des Schutzes der menschlichen Gesundheit keinesfalls so interpretiert werden dürfen, dass sich das zu beurteilende Vorhaben in irgendeiner Weise als für die Gesundheit des Menschen förderlich erweist. Vielmehr knüpft Artikel 6 Absatz 4 Unterabsatz 2 FFH-RL die Zulassung eines Projektes in einem prioritären Gebiet ersichtlich an strengere Voraussetzungen (BVerwG, Urteil vom 27.1.2000 4 C 2.99 – Ortsumgehung Hildesheim –). Auch die anderen genannten Ausnahmegründe sind – in Anlehnung an die Rechtsprechung des Gerichtshofs der Europäischen Gemeinschaften zu Artikel 4 Absatz 4 Vogelschutzrichtlinie zu verstehen (so ausdrücklich BVerwG a.a.O. – Ortsumgehung Hildesheim – Seite 17 des amtlichen Umdrucks).

Lebhaft umstritten ist die Frage, ob auch wirtschaftliche und soziale Gründe eine Ausnahme bei Beeinträchtigungen prioritärer Gebiete rechtfertigen können. Hierbei ist zu beachten, dass „andere zwingende Gründe des überwiegenden öffentlichen Interesses" nur nach Stellungnahme der Kommission geltend gemacht werden dürfen. Das Erfordernis der vorherigen Stellungnahme der Kommission ist Ausdruck ihres Wächteramtes. Es soll sichergestellt werden, dass die Mitgliedstaaten bei diesen unbenannten Ausnahmegründen einen einheitlichen, und zwar hohen Maßstab anwenden. Diese exekutivische Mitwirkung der Kommission an einzelnen Genehmigungsverfahren ist im Europäischen Gemeinschaftsrecht durchaus ungewöhnlich und zeigt den hohen Stellenwert, den die Kommission dem Netz NATURA 2000 einräumt. Trotz dieser verfahrensrechtlichen Absicherung ist die eingangs gestellte Frage richtigerweise zu verneinen. Erhebliche Gründe wirtschaftlicher und sozialer Art werden sich gerade in „strukturschwachen" Gebieten häufig finden lassen, die zugleich oftmals Kerngebiete für prioritäre

Lebensräume und Rückzugsgebiete prioritärer Arten sind. Vertritt man die Gegenauffassung, werden auch prioritäre Gebiete regelmäßig zur Disposition stehen, wenn es um Pläne oder Projekte geht, die eine bestimmte Größenordnung überschreiten (Gellermann 1998, Ramsauer 2000). Die – positive wie negative – Stellungnahme der Kommission hat keine unmittelbare rechtliche Bindungswirkung. Allerdings hat auch hier die Kommission die Möglichkeit, im Falle einer Abweichung von einer negativen Stellungnahme, ein Vertragsverletzungsverfahren gegen den Mitgliedstaat einzuleiten.

Fazit

Das Europäische Naturschutzrecht hat, obwohl es von allen Mitgliedstaaten einstimmig beschlossen wurde, nach wie vor einen schweren Stand. Der nationale Gesetzgeber in Deutschland hat die maßgeblichen Richtlinien nicht adäquat umgesetzt, insbesondere die planerischen und zukunftsweisenden Aspekte der FFH-Richtlinie sind eindeutig zu kurz gekommen. Die Diskussion um den Mindestschutz nach Europäischem Gemeinschaftsrecht, die so genannte FFH-Verträglichkeitsprüfung, zeigt ebenso wie die zögerliche Realisierung des Netzwerkes NATURA 2000, welchen Stellenwert die Politik einem ökosystemar verstandenen Naturschutz zubilligen will. Insoweit liegt die Notwendigkeit einer intensiven Befassung aller „Planer" mit dem Europäischen Naturschutzrecht auf der Hand. Hier liegt eine große Hoffnung für einen zukunftsfähigen Naturschutz in Europa.

2.3.2 Bundesrecht

Allgemeine Vorbemerkungen

Seit 1976 ist die Landschaftsplanung rahmenrechtlich im Zweiten Abschnitt des Bundesnaturschutzgesetzes verankert. Das entsprechende Instrumentarium trägt der Tatsache Rechnung, dass angesichts der vielfältigen und häufig konkurrierenden Nutzungsansprüche an Natur und Landschaft deren Schutz und Entwicklung nur durch eine vorausschauende Planung angemessen gewährleistet werden können. **Aufgabe der**

Landschaftsplanung ist es daher, planerisch die Erfordernisse und Maßnahmen darzustellen, die zur Verwirklichung der Ziele des Naturschutzes und der Landschaftspflege im Plangebiet erforderlich sind (§§ 5, 6 BNatSchG).

Da die gesetzlichen Ziele des Naturschutzes und der Landschaftspflege nicht alle in einem Landschaftsplan dargestellt werden können, geht das BNatSchG von einer **dreistufigen Landschaftsplanung** aus, die im Idealfall von den generellen und großräumigen Aussagen zu den präziseren übergeht (Carlsen 1985). Dabei werden gemäß § 5 Absatz 1 Satz 1 BNatSchG die überörtlichen Erfordernisse und Maßnahmen zur Verwirklichung der Ziele des Naturschutzes und der Landschaftspflege für den Bereich eines Landes in Landschaftsprogrammen oder für Teile des Landes in Landschaftsrahmenplänen dargestellt. Die Ziele der Raumordnung sind dabei zu beachten und die Grundsätze und sonstigen Erfordernisse der Raumordnung zu berücksichtigen (§ 5 Absatz 1 Satz 2 BNatSchG). Darüber hinaus sind die örtlichen Erfordernisse und Maßnahmen zur Verwirklichung der Ziele des Naturschutzes und der Landschaftspflege gemäß § 6 Absatz 1 BNatSchG in Landschaftsplänen darzustellen. Gemäß § 6 Absatz 2 BNatSchG enthalten die Landschaftspläne, soweit es erforderlich ist, Darstellungen des vorhandenen und des angestrebten Zustandes von Natur und Landschaft und der erforderlichen Maßnahmen (Ketteler und Kippels 1988; Schink 1989, Bender et al. 1995, Gassner et al. 1996). Die zuständigen Planungsbehörden, das Planungsverfahren und die Verbindlichkeit der Pläne selbst (insbesondere für die Bauleitplanung) werden von den Ländern geregelt (§ 6 Absatz 4 Sätze 1, 2 BNatSchG). Im Rahmen der ihnen zukommenden Gesetzgebungskompetenzen haben die Länder von dem durch den Bund belassenen Freiraum unterschiedlichen Gebrauch gemacht. Infolgedessen kann von einem einheitlichen Modell der Landschaftsplanung im gesamten Bundesgebiet keine Rede sein. Die unterschiedlichen Umsetzungen führen vielmehr zu einem „Flickenteppich" der Landschaftsplanung, eine Vergleichbarkeit ist insoweit nur bedingt gegeben (Bundesamt für Naturschutz 1993, Schink 1989, Bender et al. 1995, Gassner et al. 1996, Bundesministerium für Umwelt, Naturschutz und Reaktorsicherheit 1997). Nachfolgend wird

schwergewichtig auf die Rechtslage in Nordrhein-Westfalen als bevölkerungsreichstes Bundesland abgestellt.

Eine gleichsam **perfekte Landschaftsplanung** soll weithin flächendeckend sein und in entsprechenden Verfahrensschritten eine vierfache Aufgabe erfüllen (Bender et al. 1995, Bundesamt für Naturschutz 1999, Bundesministerium für Umwelt, Naturschutz und Reaktorsicherheit 1997): Für den Planungsraum sind

- Natur und Landschaft sowie die Nutzungen in ihrem Ist-Zustand deskriptiv-analytisch zu erfassen und darzustellen (**Bestandsanalyse**),
- Ziele und Grundsätze des Naturschutzes und der Landschaftspflege qualitativ und nach Möglichkeit auch quantitativ zu konkretisieren (**Zielkonkretisierung**),
- der Ist-Zustand nach Maßgabe dieser Ziele, das heißt im Hinblick auf den angestrebten Zustand prognostisch zu bewerten (**Zustandsbewertung**) und
- die Erfordernisse und Maßnahmen zur Zielverwirklichung – insbesondere die gebotenen Schutz-, Pflege- und Entwicklungsmaßnahmen – zu entwickeln (**Anforderungs- und Maßnahmenkatalog**).

Damit wird in der Landschaftsplanung die aktuelle Leistungsfähigkeit des Naturhaushalts auf der Grundlage einzelner Schutzgüter ermittelt, bewertet und dargestellt. Die Wechselwirkungen zwischen den Umweltmedien Boden, Wasser und Luft sowie dem Klima und der Tier- und Pflanzenwelt sind dabei ebenso Gegenstand der Betrachtung wie das Landschaftsbild und der Erlebniswert der Natur. Die Auswirkungen der existierenden und absehbaren Planungen und Nutzungen auf dieses System sowie die Rückwirkungen auf die Nutzungen werden aufgezeigt. Die Landschaftspläne liefern infolgedessen **schutzgutübergreifende** und **querschnittsorientierte Umweltqualitätsziele** und damit Maßstäbe für die Beurteilung der Umweltfolgen in der Bauleitplanung, der Eingriffsregelung und der Umweltverträglichkeitsprüfung sowie gegebenenfalls der FFH-Verträglichkeitsprüfung von anderen Planungen und Vorhaben (Baumann et al. 1999, Stollmann 1999). Schließlich liefern die Ergebnisse der Landschaftsplanung die Zusammenfassung der Belange von Naturschutz und Landschaftspflege, die in die Abwägung bei Planungsentscheidungen und Vorhabengenehmigungen einzubringen sind.

Im Hinblick auf die **rechtliche Qualifizierung** der Landschaftsplanung ist umstritten, ob es sich dabei um eine Fach- oder eine Gesamtplanung handelt (Bender et al. 1995, Stollmann 1997). Da die Landschaftsplanung zwar möglichst flächendeckend erfolgen soll, dabei aber nur die ökologischen beziehungsweise landschaftspflegerischen Gesichtspunkte berücksichtigt, ist sie hinsichtlich der in ihr ausgewiesenen Raumnutzungsansprüche eine nur sektoral orientierte Fachplanung. Davon geht ersichtlich etwa auch der nordrhein-westfälische Gesetzgeber aus (§ 16 Absatz 2 Satz 2 LG NRW: »...anderer Fachplanungsbehörden...«). Gleichwohl ist die Landschaftsplanung auch querschnittsbezogene Gesamtplanung (Erbguth 1992, Bender et al. 1995, Gassner et al. 1996), und zwar insofern als sie

- im Wege der Aufbereitung und planerischen Bewertung ökologischer Fakten wichtige Aspekte des fachübergreifenden Gesichtspunktes Umweltschutz medienübergreifend konkretisiert und
- auf diese Weise den notwendigen Beitrag zu sonstigen öffentlichen Planungen und Maßnahmen erbringen soll, wobei die Beteiligung der Landschaftsbehörden an sonstigen öffentlichen Planungen gewährleistet wird (Beitrag zu anderen Fachplanungen).

Dreistufigkeit der Landschaftsplanung

Die §§ 5, 6 BNatSchG gehen, abgesehen vom Stadtstaatenprivileg des § 5 Absatz 3 BNatSchG, entsprechend der Gliederung der räumlichen Gesamtplanung von der Dreistufigkeit der Landschaftsplanung aus. Der Bundesgesetzgeber schreibt insoweit Landschaftsprogramme, Landschaftsrahmenpläne und Landschaftspläne vor. Da es sich aber um Rahmenrecht handelt, haben die Länder die Freiheit, **zusätzliche Planungsstufen** vorzusehen. Von dieser Möglichkeit haben viele Länder auf der örtlichen Ebene Gebrauch gemacht, indem sie im Geltungsbereich des Bebauungsplanes die Ziele des Naturschutzes und der Landschaftspflege in der Form des Grünordnungsplanes verwirklichen (Artikel 3 Absatz 2 BayNatSchG, § 6 NdsNatSchG, § 7 SächsNatSchG).

Landschaftsprogramme und Landschaftsrahmenpläne (§ 5 BNatSchG)

1. Modelle der Integration

Die Länder haben – ausgehend von dem durch den Bundesgesetzgeber eingeräumten Handlungsspielraum – verschiedene Modelle der Integration der Landschaftsplanung in die Raumordnung gewählt (Hoppe und Erbguth 1984). Eine Reihe von Ländern hat rechtlich das Modell der **Primärintegration** verwirklicht (Artikel 3 Absatz 1 BayNatSchG, §§ 5, 6 SächsNatSchG). Dies bedeutet, dass für das Landschaftsprogramm und den Landschaftsrahmenplan kein eigenes Verfahren vorgesehen ist, diese vielmehr von vornherein rechtlich als Teil der entsprechenden Raumordnungspläne behandelt werden. Soweit sich ihre Aussagen im Plan zu Zielen verdichten, sind sie als Ziele der Raumordnung nach §§ 3, 4 ROG zu beachten. Demgegenüber steht das Modell der **Sekundärintegration** (§ 4 HessNatSchG, §§ 4, 5 NdsNatSchG), welches sich durch die förmliche Aufstellung eines selbstständigen Landschaftsprogramms/ Landschaftsrahmenplanes auszeichnet, dessen Integration in die Gesamt(raum)planung nachträglich durch einen besonderen Transformationsakt erfolgt (Erbguth 1983, Hoppe und Erbguth 1984, Pfeifer und Wagner 1989, Gassner 1996).

2. Landschaftsprogramme

Vorgaben für den Inhalt von Landschaftsprogrammen enthält die rahmenrechtliche Regelung des § 5 BNatSchG nicht. Gefordert wird danach lediglich, die überörtlichen Erfordernisse und Maßnahmen zur Verwirklichung der Ziele des Naturschutzes und der Landschaftspflege unter Beachtung der Ziele der Raumordnung sowie unter Berücksichtigung der Grundsätze und sonstigen Erfordernisse der Raumordnung für den Bereich eines Landes darzustellen. Ausgehend von den in dieser Norm genannten Zielen des Naturschutzes und der Landschaftspflege (§ 1 Absatz 1 BNatSchG) und der Funktion als hochstufige landesplanerische Aussage zu den Belangen von Naturschutz und Landschaftspflege lassen sich jedoch Aussagen zu **Mindestinhalten** von **Landschaftsprogrammen** treffen. Inhaltlich müssen sie auf die Sicherung von Flächen mit nicht vermehrbaren und unwiederbringlichen Ressourcen und die Sicherung der ökologischen Funktion der genutzten Flächen ausgerichtet sein. Daneben geht es darum, Aussagen zur freiraumbezogenen Erholung zu treffen, wie etwa solche über

- Freiräume und Freiflächen in Verdichtungsräumen,
- Vorrangräume für ökologisch bedeutsame Ressourcen und Erholungsvorsorge in den Randbereichen der Verdichtungsgebiete,
- Vorrangräume für Schutz- und Erholungsgebiete des Naturschutzrechts in ländlichen Räumen und
- über land- und forstwirtschaftliche Vorranggebiete (Schink 1989, Ebersbach 1985).

Die Darstellungen und Zielvorgaben müssen sich dabei freilich auf großräumige und **grundsätzliche Aussagen** beschränken, sodass den nachgeordneten Planungsebenen noch genügend Raum bleibt, die Ziele und Maßnahmen räumlich und sachlich zu konkretisieren (OVG Münster, NWVBl. 1996 S. 17 (19), Schink 1989, Stollmann 1997).

Im Hinblick auf die grundlegende Unterscheidung zwischen Grundsätzen und Zielen der Raumordnung ist von folgendem auszugehen (Hoppe 1999, Erbguth 2000b):

Die **Grundsätze der Raumordnung** werden allgemein als grundsätzliche raumpolitische Entscheidungen zu typischen raumordnerischen Problemen charakterisiert. In § 3 Nummer 3 ROG werden sie als allgemeine Aussagen zur Entwicklung, Ordnung und Sicherung des Raums in oder auf Grund von § 2 ROG als Vorgaben für nachfolgende Abwägungs- oder Ermessensentscheidungen legaldefiniert. Sie stellen raumordnerische Belange dar, die bei der zu konkreten Zielfestlegungen führenden Planung in die Abwägung eingestellt und im Rahmen der planerischen Abwägung zum Ausgleich gebracht werden müssen. Sie geben abstrakte Maßstäbe an, die die Abwägung bei der Raumplanung steuern und die Ermessensausübung und die Auslegung bei Einzelmaßnahmen der Raumordnung dirigieren. Dabei entfalten sie keine unmittelbare Bindungswirkung, sondern lassen ihrem Adressaten einen Ermessensspielraum, innerhalb dessen dieser die einzelnen Grundsätze untereinander und gegeneinander abzuwägen hat (§ 4 Absatz 2 ROG).

Adressaten der Grundsätze sind die in § 3 Nummer 5 ROG genannten Stellen. Dazu gehören nicht nur die Träger der Landesplanung, sondern alle Behörden des Landes, die Gemeinden und Gemeindeverbände, die öffentlichen Planungsträger im Landesbereich sowie die der Aufsicht des Landes unterstehenden juristischen Personen. Diese haben bei ihren Planungen demgemäss die naturschutz- und landschaftspflegebezogenen Grundsätze als Abwägungsdirektiven zu berücksichtigen. Das gilt etwa für die gemeindliche Bauleitplanung, aber auch für die Fachplanungen zum Beispiel straßen- oder abfallrechtlicher Art. Die Grundsätze sind überdies bei raumbedeutsamen Planungen und Maßnahmen, die Personen des Privatrechts in Wahrnehmung öffentlicher Aufgaben durchführen, zu berücksichtigen, wenn öffentliche Stellen an den Personen mehrheitlich beteiligt sind oder die Planungen und Maßnahmen überwiegend mit öffentlichen Mitteln finanziert werden (§ 4 Absatz 3 ROG, Runkel 1998). Ein Vorrang kommt diesen Grundsätzen dabei weder nach den raumordnerischen gesetzlichen Festlegungen noch nach den Vorgaben des § 5 Absatz 1 BNatSchG zu. Vielmehr stehen alle in Betracht kommenden Belange gleichrangig nebeneinander, sodass im Einzelfall nach gründlicher Bestandsaufnahme und sachgerechter Abwägung zu entscheiden ist, welchem der miteinander konkurrierenden Belange der Vorrang gebührt.

Die **Ziele der Raumordnung** sind demgegenüber räumlich und fachlich verbindliche raumplanerische Letztentscheidungen (Goppel 1998, Schulte 1999). Nach § 3 Nummer 2 ROG handelt es sich bei den Zielen der Raumordnung um verbindliche Vorgaben in Form von räumlich und sachlich bestimmten oder bestimmbaren, vom Träger der Landes- oder Regionalplanung abschließend abgewogenen textlichen oder zeichnerischen Festlegungen in Raumordnungsplänen zur Entwicklung, Ordnung und Sicherung des Raums. Sie sind nicht Maßstab, sondern Ergebnis der Abwägung und damit – ähnlich wie Festsetzungen eines Bebauungsplanes – schlechthin zu beachten; soweit Ziele bestehen, ist für Abwägungen kein Raum mehr (StGH Bremen, NuR 1984, Seite 235 f.; VGH Mannheim, DÖV 1981, Seite 269 (279); OVG Lüneburg, DVBl. 1979, Seite 212 f.). Zwar ist dies für die Landschaftsrahmenplanung teilweise in Zweifel gezogen worden (Hendler 1981). Es ist jedoch darauf hinzuweisen, dass sich bereits aus § 4 Absatz 1 Satz 1 ROG ergibt, dass der Beachtensbegriff im Sinne strikter Berücksichtigung zu verstehen ist und in diesem Sinne für das gesamte Raumordnungsrecht gilt (Erbguth 1983). Davon bei der Landschaftsplanung abzuweichen und die Beachtenspflicht auf eine bloße Berücksichtigungspflicht zu reduzieren, besteht kein Anlass (Schink 1989, Ebersbach 1985).

Adressaten der Bindungswirkung der freiraum-, naturschutz- und landschaftspflegebezogenen Ziele sind ebenfalls die in § 3 Nummer 5 ROG genannten öffentlichen Stellen. Diese haben die konkretisierten landesplanerischen Ziele bei Planungen und allen sonstigen Maßnahmen, durch die Grund und Boden in Anspruch genommen oder die räumliche Entwicklung eines Gebiets beeinflusst wird, zu beachten (§ 4 Absatz 1 Satz 1 ROG). Adressaten der Ziele der Raumordnung sind damit sämtliche Träger der öffentlichen Verwaltung im Rahmen ihres raumbedeutsamen Tuns (zu dessen Legaldefinition: § 3 Nummer 6 ROG)'. Die Beachtenspflicht gilt überdies auch bei Planfeststellungen und Genehmigungen mit der Rechtswirkung der Planfeststellung über die Zulässigkeit raumbedeutsamer Maßnahmen von Personen des Privatrechts (§ 4 Absatz 1 Satz 2 Nummer 2 ROG; Runkel 1998). Darüber hinaus entfalten die Ziele der Raumordnung gegenüber dem Bürger nach ganz überwiegender Auffassung keine unmittelbare Bindungswirkung; in Betracht kommt lediglich eine mittelbare Wirkung (BVerwG E 68 Seite 311 (313f.); VGH München, GewArch 1991, Seite 75 f.), zum Beispiel im Rahmen der §§ 34 Absatz 2 BauGB in Verbindung mit § 11 Absatz 3 Satz 1 Nummer 2 BauNVO oder § 35 Absatz 3 Sätze 2, 3 BauGB.

3. Landschaftsrahmenplanung

Für den **Inhalt von Landschaftsrahmenplänen** enthalten weder das BNatSchG noch das LG NRW detaillierte Festlegungen. Verlangt wird lediglich eine Darstellung der regionalen Erfordernisse und Maßnahmen zur Verwirklichung des Naturschutzes und der Landschaftspflege. Aus den in Bezug genommenen Zielen des Naturschutzes und der Landschaftspflege (§ 1 Absatz 1 BNatSchG) sowie der Funktion der Landschaftsrahmenplanung als unterster Stufe der überörtlichen Landschaftsplanung lassen

sich jedoch Aussagen für die möglichen inhaltlichen Festlegungen treffen. Als unterste Stufe der überörtlichen Landschaftsplanung sollen die Landschaftsrahmenpläne die naturschutz- und landschaftspflegebezogenen landesplanerischen Ziele näher konkretisieren und ihrerseits Steuerungsmittel für die örtliche Landschaftsplanung und sonstige Maßnahmen des Naturschutzes sein (Ebersbach 1985, Schink 1989, Stollmann 1997).

Die überörtliche Sichtweise ermöglicht dabei die Einbeziehung großräumiger Zusammenhänge und eine angemessene Beurteilung des Wertes gemeinde- und kreisgrenzenübergreifender oder sonst überörtlich bedeutsamer Freiflächen oder Biotope für Naturschutz und Landschaftspflege (OVG Münster, NWVBl. 1996, Seite 17 (19)). Besondere Bedeutung kommt den landschaftspflegerischen Festsetzungen des Landschaftsrahmenplanes deshalb für eine **Vorstrukturierung von Biotopverbundsystemen** zu (§ 32 Absatz 2 LEPro NRW). Hier können nicht nur planerische Vorgaben für eine Sicherung von Schutzgebieten gemacht, sondern auch Aussagen zu landschaftsanreichernden Maßnahmen und damit zur Biotopvernetzung getroffen werden, und zwar in gebietsübergreifender Weise und dabei doch mit relativ hohem Genauigkeitsgrad.

Den Landschaftsrahmenplänen kommt auch eine wesentliche Bedeutung bei der Sicherung von **Vorrang-, Vorbehalts- oder Eignungsgebieten** (§ 7 Absatz 4 ROG, Runkel 1998) für Naturschutz und Landschaftspflege zu. Durch die Behördenverbindlichkeit ihrer Inhalte kompensieren sie vor allem die institutionelle Schwäche der örtlichen Landschaftsplanung gegenüber der Bauleitplanung. Bindungswirkung entfalten sie nämlich nicht nur gegenüber der örtlichen Landschaftsplanung, sondern auch gegenüber der Bauleitplanung und im Fachplanungsrecht. Diese Behördenverbindlichkeit der Landschaftsrahmenpläne ermöglicht es, den Belangen von Natur und Landschaft Durchsetzungskraft gegenüber anderen Planungen zu verleihen. Dabei ist auch zu berücksichtigen, dass aufgrund des Gegenstromprinzips (§ 1 Absatz 3 ROG) nicht nur die Bauleit-, Landschafts- und Fachplanung durch die Regionalpläne gesteuert werden, sondern eine wechselseitige Beeinflussung dergestalt stattfindet, dass die landschaftsplanerischen Festsetzungen oft auch Eingang in die Regionalpläne finden. Über dieses Vehikel können sie dann gemäß § 1 Absatz 4 BauGB eine Anpassungspflicht gegenüber der Bauleitplanung der Gemeinden auslösen.

Landschaftspläne

1. Modelle der Umsetzung

Der Landschaftsplan ist Grundlage für die Entwicklung, den Schutz und die Pflege der Landschaft auf der örtlichen Ebene. Inhaltlich stellt er ein Konzept aller Zielprojektionen und Maßnahmen zum Schutz und zur Pflege der Landschaft dar. Er ist das entscheidende Instrument zur örtlichen Umsetzung der Ziele von Natur und Landschaft, ein auf Durchführung angelegter **Entwicklungsplan** des Naturschutzes und der Landschaftspflege (Schink 1989, Stollmann 1997, Bundesamt für Naturschutz 1999). Bezogen auf die Belange des Naturschutzes und der Landschaftspflege kommt dem Landschaftsplan damit eine ähnliche Funktion wie dem Flächennutzungsplan für die städtebauliche Entwicklung zu (§ 5 Absatz 1 Satz 1 BauGB). Die Zielrichtung ist allerdings eine andere: Während der Flächennutzungsplan Programmierungsfunktion für die Entwicklung im Planungsraum allein in städtebaulicher Hinsicht hat, ist der Landschaftsplan ausschließlich auf die Landschaftsentwicklung bezogen. Landesplanerische und städtebauliche Ziele, zum Beispiel die Abgrenzung von Siedlungsbereichen, können im Landschaftsplan deshalb nicht dargestellt werden (Stollmann 1997).

In den Ländern finden sich alle denkbaren **Varianten der Landschaftsplanung**. Im Wesentlichen lassen sich die folgenden drei Formen unterscheiden (Erbguth 1983, Pfeifer und Wagner 1989, Runkel 1992, Bender et al. 1995, Gassner et al. 1996):

- Landschaftspläne werden im Rahmen der Bauleitplanung aufgestellt, so etwa in Bayern und Rheinland-Pfalz (**Primärintegration** oder integrierte Landschaftsplanung),
- Landschaftspläne werden – wie etwa in Baden-Württemberg, Brandenburg, Hessen, Niedersachsen, Saarland, Sachsen, Schleswig-Holstein, Thüringen – gesondert aufgestellt und erlangen ihre Verbindlichkeit durch Übernahme in die Bauleitplanung (**Sekundärintegration** oder mitlaufende Landschaftsplanung),
- Landschaftspläne haben eine eigene Außenverbindlichkeit, wie etwa in Berlin, Bremen, Hamburg oder Nordrhein-Westfalen (**parallel laufende** oder vorlaufende **Landschaftsplanung**).

Die Primärintegration ermöglicht eine **direkte Integration** landschaftsplanerischer Inhalte in die Gesamtplanung und führt eine enge Verknüpfung der Landschaftsplanung mit der Gesamtplanung herbei. Auf diese Weise wird eine frühzeitige Abstimmung der Belange des Naturschutzes mit den sonstigen an die Bodennutzung gerichteten Ansprüchen ermöglicht. Diejenigen landschaftspflegerischen Inhalte, die der Abwägung mit anderen Belangen standhalten, werden unmittelbar mit dem Erlass des Plans wirksam und haben an dessen jeweiliger rechtlicher Verbindlichkeit unmittelbar Anteil. Nachteilig ist demgegenüber, dass sich mangels eines eigenständigen Landschaftsplandokuments für Außenstehende kaum beurteilen lässt, ob die Belange des Naturschutzes und der Landschaftspflege in ordnungsgemäßer Form in die Entscheidungsgrundlagen aufgenommen und richtig bewertet wurden. Es besteht insoweit die Gefahr, dass die ökologischen Belange im Planungsverfahren von vornherein nur insoweit artikuliert werden, als sie entgegenstehende Ansprüche an eine Bodennutzung nicht berühren und im Gesamtplan voraussichtlich durchsetzbar sind (Pfeifer und Wagner 1989, Gassner et al. 1996).

Die Sekundärintegration zeichnet sich demgegenüber durch die förmliche Aufstellung eines selbstständigen Landschaftsplans aus, dessen **Integration** in die Gesamtplanung **nachträglich** durch einen besonderen Transformationsakt erfolgt. Es erfolgt in der ersten Phase die Aufstellung beziehungsweise Erarbeitung des Landschaftsplanes als Fachplan, in der zweiten Phase werden sodann die Inhalte des Landschaftsplanes – unter allseitiger Abwägung aller Raumansprüche – in die Gesamtplanung übertragen, bevor sie die rechtliche Verbindlichkeit des jeweiligen Gesamtplans erlangen. Ein wesentlicher Vorteil der Sekundärintegration besteht darin, dass die erste Phase ihren Abschluss in einer eigenständigen Planungsdokumentation findet. Auf diese Weise wird eine größere Verfahrenstransparenz erzeugt, weil Bestandsaufnahme, Bestandsanalyse und Zielkonzeption transparenter und damit besser überprüfbar und nachvollziehbar sind (Pfeifer und Wagner 1989, Erbguth 1983, Gassner et al. 1996).

2. Geltungsbereich

Während die Mehrzahl der Länder die örtliche Landschaftsplanung auf den gesamten **besiedelten** und **unbesiedelten Bereich** erstreckt, hat etwa Nordrhein-Westfalen den Geltungsbereich des Landschaftsplans auf den baulichen Außenbereich im Sinne des Bauplanungsrechts begrenzt (§ 16 Absatz 1 Satz 2 LG NRW, Stollmann 1997). Die Landschaftsplanung ist damit in Nordrhein-Westfalen im Grundsatz auf den baulichen Außenbereich im Sinne des § 19 Absatz 1 Ziffer 3 BauGB alte Fassung beschränkt (Gaentzsch 1986, Schink 1989). Die räumliche Grenze des Geltungsbereichs der Bebauungspläne bildet zugleich auch die räumliche Grenze des – möglichen – Geltungsbereichs der Landschaftspläne. Auf diese Flächen kann sich ein Landschaftsplan nicht erstrecken, unabhängig davon, welche inhaltlichen Festsetzungen der Bebauungsplan trifft, ob es sich um einen einfachen, qualifizierten oder vorhabenbezogenen Bebauungsplan handelt oder ob unter Berücksichtigung der Ziele und Grundsätze des Naturschutzes und der Landschaftspflege innerhalb des räumlichen Geltungsbereichs eines Bebauungsplanes Anlass zur Festsetzung etwa von Schutzgebieten oder von Entwicklungs-, Pflege- und Erschließungsmaßnahmen besteht.

3. Verfahrensfragen

Einige der Naturschutzgesetze der Länder haben auf Verfahrensregelungen betreffend die Aufstellung der Landschaftspläne gänzlich verzichtet (so etwa das NdsNatSchG). Insoweit gelten die allgemeinen Rechtsgrundsätze über das Verwaltungsverfahren, die Verfahrensvorschriften des jeweiligen Kommunalrechts und die allgemeinen Vorschriften des Naturschutzrechts über die Zusammenarbeit der Behörden untereinander (§§ 3, 7 BNatSchG). Soweit die Ländervorschriften überhaupt Vorgaben für das Verfahren der Landschaftsplanaufstellung enthalten, sind diese regelmäßig an das **bauplanungsrechtliche Verfahren** nach dem Baugesetzbuch **angelehnt**. Dabei wurde entweder auf eigene Verfahrensvorschriften für die Aufstellung des Landschaftsplans verzichtet und die Verfahrensvorschriften für die Aufstellung von Bebauungsplänen nach dem BauGB für entsprechend anwendbar erklärt (Artikel 3 Absatz 5 Satz 2 BayNatSchG). Oder die verfahrensrelevanten Regelungen der Land-

schaftsplanung wurden unmittelbar in das betreffende Landschaftsgesetz aufgenommen, wie in den §§ 27 bis 31 LG NRW. Dabei besteht eine weitgehende – auch wörtliche – Übereinstimmung zu den bauplanungsrechtlichen Vorschriften. Dies gilt sowohl für die einzelnen Verfahrensschritte, die den §§ 3, 4 BauGB nachgebildet sind, als auch für die Unbeachtlichkeit nach § 30 LG NRW, die in den Regelungen der §§ 214 f. BauGB eine Vorlage gefunden hat.

Soweit diese Vorschriften keine abschließende Regelung enthalten, sind weitere Bestimmungen heranzuziehen. In Betracht kommen die jeweilige Gemeinde- und Kreisordnung (Öffentlichkeit der Ratssitzungen, Mitwirkungsverbot von Ratsmitgliedern wegen Befangenheit, Erlass von Satzungen et cetera), Verordnungen über die öffentliche Bekanntmachung von kommunalem Ortsrecht und die Vorschriften des Trägers der Landschaftsplanung über die Bekanntmachung des Ortsrechts.

Den maßgeblichen Vorschriften kann – ausgehend vom LG NRW – folgende rechtlich zwingende **Verfahrensstufung** entnommen werden (Stollmann 1997, Schink 1989), dem Träger der Landschaftsplanung steht es jedoch auch frei, weitere Verfahrenselemente etwa zur Akzeptanzsteigerung einzubeziehen:

- Beschluss des Trägers der Landschaftsplanung, dass ein Landschaftsplan aufgestellt werden soll sowie (ortsübliche) Bekanntgabe des Beschlusses (§ 27 Absatz 1 Satz 2 LG NRW),
- Verfahrensbeteiligung von Trägern öffentlicher Belange (§ 27a LG NRW),
- Verfahrensbeteiligung der Bürger, und zwar in Form der vorgezogenen Bürgerbeteiligung (§ 27b LG NRW) einerseits und des Auslegungsverfahrens (§ 27c LG NRW) andererseits,
- Satzungsbeschluss gemäß § 16 Absatz 2 Satz 1 Halbsatz 2 LG NRW
- Genehmigung des Plans durch die höhere Landschaftsbehörde (§ 28 LG NRW),
- öffentliche Bekanntmachung der Genehmigung (§ 28a LG NRW).

4. Bestandteile des Landschaftsplans

Im Bedarfsfall erarbeiten die Planungsträger für die örtliche Ebene in Landschaftsplänen die Erfordernisse und Maßnahmen zur Verwirklichung der Ziele des Naturschutzes und der Landschaftspflege, und zwar durch Text, Karte und zusätzliche Begründung (§ 6 Absatz 1 BNatSchG). In Ausfüllung dieser bundesrechtlichen Vorgabe bestimmt etwa § 16 Absatz 4 LG NRW, dass der Landschaftsplan aus

- Karte,
- Text und
- Erläuterungsbericht besteht.

Die weiteren Anforderungen sind – wie in anderen Ländern auch – in einer Rechtsverordnung näher geregelt. In Nordrhein-Westfalen ist dies – um nur zwei Beispiele zu nennen – die Verordnung zur Durchführung des Landschaftsgesetzes (DVO-LG) vom 22. Oktober 1986 (GV NRW S. 683), geändert durch VO vom 18. Oktober 1994 (GV NRW S. 935), in Hessen die Landschaftsplanverordnung (LPVO) vom 30. Juli 1996 (Hess GVBl. S. 343).

Exemplarisch sollen kurz die wesentlichen Bestandteile der nordrhein-westfälischen Regelung dargestellt werden (Stollmann 1997):

Kartographische Grundlage für den Landschaftsplan ist die Deutsche Grundkarte oder, soweit diese noch nicht vorhanden ist, eine geeignete Vorstufe hierzu (§ 10 DVO-LG). Gemäß § 6 Absatz 1 Satz 1 DVO-LG besteht der Landschaftsplan aus einer Entwicklungskarte und einer Festsetzungskarte, die auch in einer Karte zusammengefasst werden können (§ 6 Absatz 1 Satz 3 DVO-LG). In der Entwicklungskarte sind flächendeckend für das Plangebiet die Abgrenzung und Kennzeichnung der Teilräume mit unterschiedlichen Entwicklungszielen nach § 18 LG NRW darzustellen; die Festsetzungskarte enthält die Abgrenzung und Kennzeichnung der Festsetzungen nach §§ 19-26 LG NRW (vgl. § 6 Absatz 2 DVO-LG). Für die kartographischen Darstellungen sollen die in Anlage 1 zur DVO-LG enthaltenen Planzeichen verwendet werden. Auch eine Verbindung der Darstellungsarten miteinander ist zulässig (§ 9 Absatz 1 DVO-LG). In einer Legende sind die verwendeten Planzeichen im Landschaftsplan zu erklären (§ 9 Absatz 4 DVO-LG).

Textliche Darstellungen und **Festsetzungen** sind gemäß § 16 Absatz 4 LG NRW, § 6 Absatz 3 Nummern 1–5 DVO-LG zu treffen im Hinblick auf

- die inhaltliche Bestimmung der Entwicklungsziele nach § 18 LG NRW,
- die besonders geschützten Teile von Natur und Landschaft im Sinne der §§ 19-23 LG NRW,

- die Zweckbestimmung für Brachflächen nach § 24 LG NRW und die besonderen Festsetzungen für die forstliche Nutzung nach § 25 LG NRW,
- die Entwicklungs-, Pflege- und Erschließungsmaßnahmen nach § 26 LG NRW sowie
- die Ausnahmen nach § 34 Absatz 4a LG NRW.

Gemäß § 16 Absatz 4 LG NRW ist Bestandteil des Landschaftsplanes auch ein **Erläuterungsbericht**. In § 6 Absatz 5 DVO-LG heißt es, dass der Erläuterungsbericht in knapper Form erforderliche ergänzende Ausführungen und Hinweise zu den einzelnen Darstellungen und Festsetzungen des Landschaftsplanes enthält. Funktion des Erläuterungsberichts ist es, die wesentlichen Elemente, Festsetzungen und Aussagen des Landschaftsplanes, seine Ziele und ihre Begründung verständlich und nachvollziehbar darzulegen und die getroffenen Entscheidungen zu rechtfertigen und so eine materielle Überprüfung des Landschaftsplanes zu ermöglichen (Schink 1989). Der Erläuterungsbericht muss aber auch nicht zu allen Gesichtspunkten, die bei der Aufstellung des Plans aufkommen oder bei dessen Anwendung entstehen können, Aussagen enthalten. Es ist ausreichend, wenn in knapper Form dargelegt wird, was der wesentliche Anlass und die tragenden Gründe für die Planung (Grundgedanken der Planung) waren. Dabei ist eine Beschränkung auf die zentralen Punkte zulässig, als Mindestinhalt aber auch unabdingbar. Auf die Gründe für die Festsetzungen für einzelne Grundstücke muss regelmäßig nicht eingegangen werden. Etwas anderes kann gelten, wenn der Eigentümer – etwa weil er großflächig betroffen ist – durch eine Festsetzung in besonderer Weise betroffen ist. Dann muss der Erläuterungsbericht erkennen lassen, dass dieser Konflikt gesehen und bewältigt wurde.

5. Inhalt des Landschaftsplans

Der Inhalt des Landschaftsplanes wird wesentlich durch den Verweis auf die **Ziele** und **Grundsätze** des Naturschutzes und der Landschaftspflege in § 1 BNatSchG bestimmt: Vom Inhalt dieser Regelungen her ist einerseits zu ermitteln, ob in dem zu beurteilenden örtlichen Bereich aus Gründen des Naturschutzes und der Landschaftspflege die Aufstellung eines örtlichen Landschaftsplanes erforderlich ist; zum anderen geben die §§ 1 und 2 BNatSchG wichtige Anhaltspunkte über die „örtlichen Erfordernisse und Maßnahmen", die es planerisch darzustellen gilt (Stich 1983).

Der erforderliche Inhalt eines Landschaftsplans wird durch die rahmenrechtliche Vorgabe des § 6 Absatz 2 BNatSchG konkretisiert. Die Norm enthält zwei verschiedene Regelungskomponenten. Zum einen die Forderung nach einer Bestandsaufnahme über die Planungsgrundlagen. Gefordert werden **deskriptive Darstellungen** des **vorhandenen Zustandes** von Natur und Landschaft und seine Bewertung nach den in § 1 Absatz 1 BNatSchG festgelegten Zielen des Naturschutzes und der Landschaftspflege (§ 6 Absatz 2 Nummer 1 BNatSchG). Dies geschieht mittels der Biotop- oder Biotoptypenkartierungen sowie der verfügbaren Karten, digitalen geometrischen Dateien, Luftbilder und Satellitenbilddaten, einschlägiger Pläne, der Befragung von Ämtern, Behörden und Verbänden, der Auswertung von Veröffentlichungen und durch Eigenerhebungen (Gassner et al. 1996).

Zum anderen enthält § 6 Absatz 2 Nummer 2 BNatSchG Regelungen über die planerische Aussage: gefordert wird eine **Darstellung** des **angestrebten Zustandes** von Natur und Landschaft und der erforderlichen Maßnahmen, insbesondere

- der allgemeinen Schutz-, Pflege- und Entwicklungsmaßnahmen im Sinne der §§ 8 bis 11 BNatSchG,
- der Maßnahmen zum Schutz, zur Pflege und zur Entwicklung bestimmter Teile von Natur und Landschaft im Sinne von §§ 12 bis 19 BNatSchG und
- der Maßnahmen zum Schutz und zur Pflege der Lebensgemeinschaften und Biotope der wildwachsenden Pflanzen und wildlebenden Tiere, insbesondere der besonders geschützten Arten im Sinne der § 20ff. BNatSchG.

Die Landschaftsplanung bereitet dergestalt die Anwendung der naturschutzrechtlichen Eingriffsregelung durch fachliche Hinweise vor, auch leistet sie Vorarbeiten etwa zum Aufbau des mit der FFH-Richtlinie beabsichtigten Biotopverbundsystems (Gassner et al. 1996, Wagner und Mitschang 1997, Erbguth und Wagner 1998).

Als **Inhalt** der **Landschaftspläne** kommen damit nach den bundesrechtlichen Vorgaben des § 6 Absatz 2 BNatSchG die folgenden Festsetzungen in Betracht (Gassner et al. 1996, Stollmann 1997):

Gegenstand der §§ 8 bis 11 BNatSchG sind die Eingriffsregelung (§§ 8f. BNatSchG), Vorschriften über die Duldungspflicht (§ 10 BNatSchG) und die Pflegepflicht im Siedlungsbereich (§ 11 BNatSchG). Im Hinblick auf diese Regelungen können allgemeine Schutz-, Pflege- und Entwicklungsmaßnahmen festgesetzt werden · (§ 6 Absatz 2 Nummer 2a BNatSchG), und zwar generell und unabhängig von einer Schutzausweisung (Pielow 1986). Da Bestimmungen über Vermeidung, Ausgleich, Untersagung und Ersatz des Eingriffs und seiner Folgen nach dem System des § 8 BNatSchG durch die für die Genehmigung zuständige Behörde getroffen werden und Ergebnis einer einzelfallorientierten Entscheidung oder Abwägung sind, kann sich § 6 Absatz 2 Nummer 2a BNatSchG inhaltlich nur auf die Festsetzung von Flächen und Maßnahmen zum Ausgleich oder Ersatz vorhersehbarer Beeinträchtigungen von Natur und Landschaft beziehen. Gegenstand der Festsetzung von Pflegemaßnahmen können aktive Bemühungen sein, die darauf abzielen, einen bestimmten Zustand von Natur und Landschaft zu erhalten; Maßnahmen der Landschaftsentwicklung sind solche, die auf eine Verbesserung des Zustandes von Natur und Landschaft abzielen (Pielow 1986, Schink 1989).

Bei den in § 6 Absatz 2 Nummer 2b BNatSchG genannten Maßnahmen zum Schutz, zur Pflege und Entwicklung bestimmter Teile der Landschaft geht es um Naturschutzgebiete, Landschaftsschutzgebiete, Naturdenkmale und geschützten Landschaftsbestandteile. Die Flächen für solche Schutzmaßnahmen können im Landschaftsplan gesichert werden. Die Regelung erlaubt aber nach ihrer weiten Fassung auch Schutzausweisungen als solche. Diese rahmenrechtlichen Möglichkeiten hat etwa Nordrhein-Westfalen genutzt.

Als Festsetzungen im Sinne des § 6 Absatz 2 Nummer 2c BNatSchG kommen vor allem Ausweisungen der in § 20 c BNatSchG genannten Biotope, aber auch der in § 20 b Absatz 1 Nummer 2, Absatz 2 BNatSchG hierfür vorgesehenen Schutz-, Pflege und Entwicklungsmaßnahmen in Betracht. Die weiteren artenschutzrechtlichen Regelungen des fünften Abschnitts des BNatSchG sind nicht raum- oder flächenbezogen, sondern knüpfen an bestimmte Verhaltensweisen an; für eine Darstellung im Landschaftsplan eignen sie sich deshalb nicht.

In diesem Kontext spielen auch Biotopverbundflächen (§ 2 Nummer 10 BNatSchG) eine große Rolle. Vor diesem Hintergrund ist es sinnvoll und notwendig, dass sich der Landschaftsplan auch mit den Voraussetzungen für Flächenausweisungen nach der Vogelschutz-RL oder der FFH-RL auseinandersetzt und insbesondere auch Vorschläge für Biotopverbundsysteme macht, die unter Umständen Bestandteil überörtlicher Netze sein können (Stollmann 1997, OVG Münster, NWVBl. 2000, S. 52, Fisahn und Cremer 1997, Wagner und Mitschang 1997, Niederstadt 1998, Gebhard 1999, Schink 1999, Schladebach 1999).

6. Verhältnis zur Bauleitplanung

Gemäß § 6 Absatz 3 Satz 2 BNatSchG ist auf die Verwertbarkeit des Landschaftsplanes für die Bauleitplanung (Flächennutzungs- und Bebauungspläne) Rücksicht zu nehmen. Nach § 6 Absatz 4 Satz 2 BNatSchG regeln die Länder die Verbindlichkeit der Landschaftspläne insbesondere für die Bauleitplanung; dabei können sie bestimmen, dass Darstellungen des Landschaftsplanes als Darstellungen oder Festsetzungen in die Bauleitpläne aufgenommen werden, § 6 Absatz 4 Satz 3 BNatSchG. In Anbetracht dieser Regelungen bedarf das **Verhältnis der örtlichen Landschaftsplanung** zur **gemeindlichen Bauleitplanung** gesonderter Betrachtung (Fachkommission Städtebau der ARGEBau und der LANA, 1992). Dies gilt vor allem für das Verhältnis dieser Rechtsinstitute, soweit den Landschaftsplänen – wie bei der parallel laufenden oder vorlaufenden Landschaftsplanung – eine eigene Außenverbindlichkeit zukommt. Dabei folgt die Darstellung im Wesentlichen den nordrhein-westfälischen Rechtsvorgaben.

Das Verhältnis zwischen Bauleitplanung und Landschaftsplanung ist als eine **sinnvolle Wechselwirkung** beschrieben worden, die dadurch gekennzeichnet ist, dass der Landschaftsplan gemäß §§ 16 Absatz 2 Satz 2, 29 Absatz 3, 4 LG NRW die Darstellungen und Festsetzungen der Bauleitplanung zu beachten hat und diese ihrerseits gemäß § 1 Absatz 6 in Verbindung mit § 1a Absatz 2 Nummer 1 BauGB den Landschaftsplan als Konkretisierung der Belange des Naturschutzes und der Landschaftspflege zu berücksichtigen hat (OVG Koblenz, NuR 1994, S. 300f., Hoppe und Schlarmann 1981, Schink 1989, Gass-

ner et al. 1996, Wagner und Mitschang 1997, Erbguth und Wagner 1998). Im Kern bleibt gleichwohl festzustellen, dass der Landschaftsplan (§§ 16 Absatz 1 Satz 2, Absatz 2 Satz 2, 29 Absatz 3, Absatz 4 LG NRW) ein gegenüber der Bauleitplanung nachrangiges Planungsinstrument ist. Im einzelnen lassen sich aus den Regelungen des LG NRW sowie des BauGB folgende Wechselwirkungen ableiten:

Priorität der Bauleitplanung

Das LG NRW geht von einer grundsätzlichen Priorität der Bauleitplanung gegenüber der Landschaftsplanung aus. Dieser Vorrang besteht sowohl in **räumlicher** als auch in **inhaltlicher Hinsicht**. Räumlich legt § 16 Absatz 1 Satz 2 LG NRW die Landschaftsplanung auf den Außenbereich fest. Danach können sich Landschaftspläne grundsätzlich nur auf die Bereiche erstrecken, die außerhalb des Geltungsbereichs der Bebauungspläne und der im Zusammenhang bebauten Ortsteile liegen. Aufgrund dieser gesetzlichen Festlegungen des § 16 Absatz 1 LG NRW ergibt sich für die Aufstellung des Landschaftsplanes ein Vorrang des Bebauungsplanes (Schink 1989, Stollmann 1997).

Haben sich die Darstellungen und Festsetzungen der **Bebauungspläne** geändert, treten mit deren Rechtsverbindlichkeit nach § 29 Absatz 4 LG NRW die Darstellungen und Festsetzungen des Landschaftsplans außer Kraft. Dies gilt allerdings nur unter zwei einschränkenden Voraussetzungen: Zum einen tritt diese Rechtswirkung nur dann ein, wenn und soweit der Träger der Landschaftsplanung im Beteiligungsverfahren (§§ 3 Absatz 2, § 4 BauGB) diesem Plan nicht widersprochen hat. Wesentlich sind zum anderen nur solche Änderungen, die im Widerspruch zu den Festsetzungen des Landschaftsplanes stehen; ergeben sich bei einer Aufstellung, Änderung oder Ergänzung der Bebauungsplanung keine Divergenzen, besteht auch keine Anpassungspflicht. In diesem Zusammenhang sollte bereits bei Aufstellung des Landschaftsplanes bestimmt werden, dass dessen Festsetzungen außer Kraft treten, wenn sie geänderten Darstellungen der Bauleitplanung widersprechen.

Das **Verhältnis zur Flächennutzungsplanung** als der entscheidenden Stufe der Begegnung der örtlichen Landschaftsplanung mit der Bauleitplanung ist in § 16 Absatz 2 Satz 2 LG NRW geregelt. Danach sind die Darstellungen der Flächennutzungspläne in dem Umfang zu beachten, wie sie den Zielen der Raumordnung entsprechen. „Beachten" bedeutet mehr als im Rahmen der Abwägung zu berücksichtigen. Der Landschaftsplan darf sich danach grundsätzlich nicht in Widerspruch zu einer bestehenden Flächennutzungsplanung setzen.

Allerdings sollen damit durch Darstellungen im Flächennutzungsplan diesen widersprechende landschaftsplanerische Ausweisungen nicht in jedem Fall ausgeschlossen sein. Eine Sonderregelung gilt insoweit für diejenigen Flächen, für die in einem Flächennutzungsplan eine bauliche Nutzung vorgesehen ist, die jedoch noch nicht mit einem Bebauungsplan überplant sind (§ 29 Absatz 3 LG NRW). In diesem Fall werden den Darstellungen des Flächennutzungsplanes widersprechende Darstellungen oder Festsetzungen von Schutz-, Pflege- und Entwicklungsmaßnahmen für zulässig erachtet, wenn erkennbar ist, dass die Darstellungen des Flächennutzungsplanes in absehbarer Zukunft nicht realisiert werden können. Im Falle einer Realisierung des Flächennutzungsplanes durch einen Bebauungsplan hat der Landschaftsplan allerdings insoweit zurückzutreten; zulässig sind allein temporäre Darstellungen, die bei Inkrafttreten eines Bebauungsplanes wieder außer Kraft gesetzt werden (§ 29 Absatz 3 Satz 1 LG NRW). Entsprechendes gilt nach der Regelung des § 29 Absatz 3 Sätze 1, 2 LG NRW für die dort aufgeführten sonstigen städtebaulichen Satzungen. Da es sich um **temporäre Darstellungen** oder **Festsetzungen** handelt, sollen nach Möglichkeit keine Festsetzungen für diese Flächen getroffen werden, die mit größeren finanziellen Investitionen verbunden sind.

Durchbrechungen des Vorrangs der Bauleitplanung

Der Vorrang der Bauleitplanung gilt freilich nicht unbegrenzt. Durchbrechungen ergeben sich vielmehr aus den bundesrechtlichen Vorgaben für die Bauleitplanung in §§ 1 Absatz 6, 1a Absatz 2 Nummer 1, 5 Absatz 4, 9 Absatz 6 BauGB. Nach §§ 5 Absatz 4, 9 Absatz 6 BauGB sollen Planungen und sonstige Festsetzungen, die nach anderen Vorschriften getroffen worden sind, in die Bauleitpläne nachrichtlich übernom-

men werden. Daraus wird abgeleitet, dass Bauleitpläne die Rechtswirkungen anderer Pläne grundsätzlich nicht ändern können. Für den Landschaftsschutz ist daraus gefolgert worden, dass bauleitplanerische Festsetzungen, die einer Schutzverordnung widersprechen, unwirksam sind; Bebauungspläne mit diesen Festsetzungen widersprechendem Inhalt können dort erst in Kraft treten, nachdem die entgegenstehenden Festsetzungen einer Landschaftsschutzverordnung aufgehoben worden sind (BVerwG, NVwZ 1988, Seite 728 (729); UPR 1989, Seite 112). Diese Regelungen gelten auch für **Schutzausweisungen in Landschaftsplänen** nach §§ 16 Absatz 4 Nummer 2, 19 bis 23 LG NRW, denn sie sollen in ihren Wirkungen hinter denen von Schutzverordnungen nach § 42a nicht zurückbleiben. Auch die Landschaftsplanung hindert deshalb, soweit sie Schutzgebietsfestsetzungen nach §§ 16 Absatz 4 Nummer 2, 19 bis 23 LG NRW trifft, entgegenstehende Festsetzungen von Bauleitplänen. Demgegenüber können Bauleitpläne, soweit nicht Schutzverordnungen betroffen sind, den Landschaftsplänen entgegenstehende Festsetzungen treffen (Schink 1989, Stollmann 1997).

Aber auch Schutzverordnungen können durch die Festsetzungen von Bauleitplänen verdrängt werden, und zwar nach den Regeln der §§ 7 in Verbindung mit 4 Absatz 1, 13 Nummer 3 BauGB. Danach haben öffentliche Planungsträger ihre Planungen den Flächennutzungsplänen anzupassen, falls sie bei der Aufstellung beteiligt worden sind und sich zu den ihren Planungen widersprechenden Festsetzungen nicht innerhalb der von der Gemeinde gesetzten angemessenen Frist geäußert haben. Widersprechen beabsichtigte bauleitplanerische Festsetzungen und Darstellungen den landschaftsplanerischen Schutzausweisungen und weist die Landschaftsbehörde nicht auf diesen Widerspruch hin, ist sie deshalb zur **Anpassung** ihres **Landschaftsplanes** verpflichtet. Der Flächennutzungsplan kann unbeschadet der §§ 5 Absatz 4, 9 Absatz 6 BauGB in diesem Fall den Schutzausweisungen widersprechende Festsetzungen und Darstellungen treffen.

Im Übrigen besteht wegen §§ 1 Absatz 5 Nummer 7, Absatz 6 in Verbindung mit § 1a Absatz 2 Nummer 1 BauGB zwischen Landschaftsplanung und Bauleitplanung eine **Wechselwirkung** dergestalt, dass die Gemeinden die Festsetzungen des Landschaftsplanes als abwägungserhebliche

Belange von Natur und Landschaft in die Abwägung einzustellen und nach Maßgabe des § 1 Absatz 6 BauGB bei der Abwägung zu berücksichtigen haben. Denn die Festsetzungen des Landschaftsplanes konkretisieren die Ziele und Grundsätze der §§ 1, 2 BNatSchG. Auf diese nimmt § 1 Absatz 5 Nummer 7 BauGB Bezug mit der Folge, dass auch Landschaftspläne als Konkretisierungen der in §§ 1, 2 BNatSchG genannten Ziele und Grundsätze zum bei der Bauleitplanung in die Abwägung einzustellenden Material gehören (Carlsen 1985, Wagner und Mitschang 1997).

7. Rechtscharakter der Landschaftspläne

Auch im Hinblick auf den Rechtscharakter der Landschaftspläne ist die **Rechtslage** in den Ländern **nicht einheitlich**. Dies beruht darauf, dass die Länder nach § 6 Absatz 4 Satz 1 BNatSchG auch die Verbindlichkeit des Planungsergebnisses regeln (dürfen). Gleichwohl sichert die Verankerung des Instituts der Landschaftsplanung im BNatSchG ihr bundesweit zumindest ein Mindestmaß an Verbindlichkeit. Selbst wenn Landesgesetze dem Landschaftsplan nur die **Funktion eines Gutachtens** zubilligen (so etwa §§ 5 Absatz 2, 6 NdsNatSchG, § 6 Absatz 2 NatSchG LSA), besteht nicht nur eine Selbstbindung des Trägers der Landschaftsplanung, sondern aufgrund der allgemeinen Begründungspflicht jeder Planungsentscheidung – wie etwa nach § 9 Absatz 8 BauGB für Bebauungspläne – zumindest die Argumentationslast, Abweichungen von den Darstellungen des Landschaftsplanes zu begründen und Kompensationsmöglichkeiten darzulegen oder aufzuzeigen, wie weit die Ziele des Naturschutzes und der Landschaftspflege berücksichtigt worden sind (etwa ausdrücklich § 3 Absatz 4 HeNatG, § 6 Satz 2 NdsNatSchG, § 4 Absatz 3 SächsNatSchG).

Nach dem nordrhein-westfälischen Recht (§ 16 Absatz 2 Satz 1 LG NRW) ergehen die **Landschaftspläne als Satzungen**. Bei Satzungen handelt es sich um Rechtsvorschriften, die von einer dem Staat eingeordneten juristischen Person des öffentlichen Rechts im Rahmen der ihr gesetzlich verliehenen Autonomie (Rechtssetzungsmacht, Satzungsbefugnis) mit Wirksamkeit für die ihr angehörigen und unterworfenen Personen erlassen werden. Satzungen sind demnach abgeleitete Rechtsquellen mit allgemein verbindlicher Geltung und Wirkung. Die Rechtswirkungen von Satzungen sind dabei freilich nicht immer gleich: So lassen sich Satzungen im formellen und im materiellen Sinn unterscheiden (Erbguth und Stollmann 1999). Zur erstgenannten Kategorie gehören solche, die nur behördenintern wirken und sich mangels Rechtssatzcharakter nicht nach außen wenden. Kennzeichnend für letztere ist ihre Wirkung nach außen gegenüber den der Satzungsautonomie unterworfenen Personen. Dabei kommen auch Mischformen vor: Manche Satzungen sind sowohl solche im formellen als auch im materiellen Sinn. Der Landschaftsplan ist – mit Ausnahme seines Entwicklungsteils, der lediglich behörden-intern wirkt – Satzung im materiellen Sinn (Schink 1989, Stollmann 1997).

8. Besonderer Gebietsschutz durch Landschaftsplanung

Grundsätzliches

Das Bundesrecht (in Gestalt der §§ 6 Absatz 2 Nummer 2b, 12 Absatz 3 Nummer 1 BNatSchG) räumt den Ländern überdies die Möglichkeit ein, **besonderen Gebietsschutz durch** die örtliche **Landschaftsplanung** vorzunehmen. In Ausführung dieser Rahmenvorgaben hat der Landschaftsplan etwa gemäß §§ 16 Absatz 4 Nummer 2, 19 LG NRW die im öffentlichen Interesse besonders zu schützenden Teile von Natur und Landschaft nach den §§ 20 bis 23 LG NRW festzusetzen. Es sind dies die Schutzkategorien Naturschutzgebiet im Sinne des § 20 LG NRW (§ 13 BNatSchG), Landschaftsschutzgebiet im Sinne des § 21 LG NRW (§ 15 BNatSchG), Naturdenkmal im Sinne des § 22 LG NRW (§ 17 BNatSchG) und geschützte Landschaftsbestandteile im Sinne des § 23 LG NRW (§ 18 BNatSchG). Die Festsetzung bestimmt den Schutzgegenstand, den Schutzzweck und die zur Erreichung des Zwecks notwendigen Gebote und Verbote. Die traditionelle Aufgabe des Naturschutzes und der Landschaftspflege „Ausweisung, Sicherung und Pflege von Schutzgebieten und -objekten" ist in Nordrhein-Westfalen also in die Landschaftsplanung integriert.

Rahmenrechtliche Vorgaben für die §§ 19 bis 23 LG NRW enthalten die §§ 12 bis 19 BNatSchG. Dort werden **einheitliche Begriffsbestimmungen** sowie **Mindeststandards** für die einzelnen Schutzkategorien vorgegeben, die landesrechtlich nicht abgeschwächt werden dürfen. Außerdem legt das BNatSchG den wesentlichen Inhalt einer Schutzausweisung (§ 12 Absatz 2 BNatSchG) sowie die Rechtsfolgen von Unterschutzstellungsmaßnahmen (§§ 13 Absatz 2, 15 Absatz 2, 17 Absatz 2, 18 Absatz 2 BNatSchG) fest. Die Ausgestaltung der Einzelheiten bleibt landesrechtlichen Bestimmungen überlassen. Die Festsetzung besonders geschützter Teile von Natur und Landschaft muss gemäß § 12 Absatz 2 BNatSchG den Schutzgegenstand bestimmen, das heißt den räumlichen Geltungsbereich für das zu schützende Gebiet oder Objekt bezeichnen und die Art der Schutzkategorie benennen. Des weiteren muss sich aus der Festsetzung der Schutzzweck ergeben, das heißt der Grund, weshalb die Schutzmaßnahme erfolgt. Die Vorschriften über die verschiedenen Schutzkategorien benennen abstrakt die Zwecke, denen die jeweilige Unterschutzstellung dienen soll. Im Rahmen der Festsetzung sind diese abstrakten Schutzzwecke im Hinblick auf den jeweiligen Schutzgegenstand zu konkretisieren. Von besonderer Relevanz sind die im Rahmen der Festsetzung ausgesprochenen Ge- und Verbote, die zum Ausdruck bringen, was im Hinblick auf den Schutzgegenstand zu tun beziehungsweise zu unterlassen ist. Es sind jedoch nur solche Ge- und Verbote zulässig, die zur Erreichung des jeweiligen Zwecks notwendig sind.

Ein aktuelles Problem landschaftsrechtlicher Unterschutzstellungen hat sich im Zuge der **europarechtlichen Entwicklung** ergeben. Nach der Rahmenvorschrift des § 19b Absatz 2 BNatSchG erklären die Länder die in die Liste der Gebiete von gemeinschaftlicher Bedeutung eingetragenen Gebiete nach Maßgabe des Artikel 4 Absatz 4 FFH-RL entsprechend den jeweiligen Erhaltungszielen zu geschützten Teilen von Natur und Landschaft im Sinne des § 12 Absatz 1 BNatSchG. Dabei sind theoretisch alle der in § 12 BNatSchG genannten Schutzinstrumente in Erwägung zu ziehen. Gemessen an der großen ökologischen Wertigkeit der von der FFH-RL erfassten Lebensraumtypen und Arten bietet sich für einen nachhaltigen, flächenhaften Schutz allerdings vorrangig die Kategorie „Naturschutzgebiet" an. Für einen abgestuften Schutz einschließlich der Einräumung so genannter „Pufferzonen" kommt etwa auch eine Kombination von Naturschutzgebiet und Landschaftsschutzgebiet in Betracht. Ob im Einzelfall der Schutz durch alleinige Ausweisung als Landschaftsschutzgebiet ausreicht, ist anhand der konkreten Situation zu entscheiden (Niederstadt 1998, Apfelbacher et al. 1999, Schink 1999).

Allgemeine Rechtmäßigkeitsanforderungen

Rechtsprechung und Rechtslehre haben für die Festsetzung von Schutzgebieten und -objekten eine Reihe von rechtlichen Bindungen herausgearbeitet, die sich zum Teil aus **allgemeinen naturschutzrechtlichen Normen**, zum Teil aber auch aus dem **Rechtsstaatsprinzip** und der Beachtung **grundrechtlicher Bestimmungen** ergeben (Ketteler und Kippels 1988, Schink 1989, Carlsen und Fischer-Hüftle 1993, Bender et al. 1995, Stollmann 1997). So kann eine besondere Schutzmaßnahme nur dann getroffen werden, wenn sie zur Erreichung des in der jeweiligen Ermächtigungsgrundlage angegebenen Schutzzwecks „erforderlich ist". Erforderlich ist eine Schutzmaßnahme nach allgemeiner Auffassung nur dann, wenn das Gebiet oder Objekt, das geschützt werden soll, unter Berücksichtigung der allgemeinen Ziele und Grundsätze des Naturschutzes und der Landschaftspflege tatsächlich schutzwürdig und schutzbedürftig ist (BVerwG, NuL 1998, Seite 144, OVG Schleswig, NuR 1998, Seite 684, Schmidt 1999). Das rechtsstaatliche Verhältnismäßigkeitsgebot verlangt überdies, dass die zur Erreichung des Schutzziels festgesetzten Verbotsbestimmungen zur Erreichung des jeweils verfolgten Schutzzwecks geeignet und erforderlich sind. Liegen diese Voraussetzungen vor und ist die Schutzmaßnahme aus Gemeinwohlgründen erforderlich, sind ihre Auswirkungen mit den übrigen Zielen des Naturschutzes und der Landschaftspflege und gegen die sonstigen Anforderungen der Allgemeinheit an Natur und Landschaft abzuwägen. In diese Abwägung sind dabei andere von der Maßnahme berührte rechtliche Interessen einzubeziehen. Das gilt insbesondere für die Eigentümerinteressen; von Belang können aber auch andere verfassungsrechtlich geschützte Positionen, wie die gemeindliche Planungshoheit oder die Berufsfreiheit sein. Das Rechtsstaatsprinzip verlangt weiter, dass die Schutzfestsetzungen sowohl im Hinblick auf ihre räumliche Ausdehnung als auch hinsichtlich ihrer inhaltlichen Festlegungen hinreichend bestimmt sind:

Erforderlichkeit der Schutzfestsetzung:

- **Schutzwürdigkeit**

Das für den Schutz in Betracht gezogene Gelände oder Objekt muss zunächst, gemessen an den im BNatSchG/ LG NRW festgesetzten Schutzgründen, schutzwürdig sein (BVerwG, NuR 1989, Seite 37, OVG Münster, NuR 1989, Seite 188, VGH Kassel, NVwZ 1995, Seite 390). Ob die Kriterien für die Schutzwürdigkeit erfüllt sind, kann nur durch eine **ökologische** und/ oder **ästhetische Bewertung** des betreffenden Gebiets beurteilt werden. Dazu sind Feststellungen zu treffen (VGH Mannheim, NuR 1997, Seite 248, Schmidt 1999). Dem dienen insbesondere die zu erarbeitenden Fachbeiträge sowie etwa eine Auswertung der Biotopkataster. Die Anforderungen an diese Feststellungen können – je nach dem verfolgten Schutzzweck – von ganz unterschiedlicher Natur sein (Schink 1985, VG Darmstadt, NuR 1991, Seite 390).

- **Schutzbedürftigkeit**

Erforderlich ist weiter, dass das Schutzgebiet oder -objekt auch schutzbedürftig ist (BVerwG, NVwZ 1988, Seite 1020, NuR 1998, Seite 37, OVG Münster, NuR 1989, Seite 188, VGH München, NuR 1988, Seite 248, VGH Mannheim, UPR 1992, Seite 70, NuR 1992, Seite 190). Notwendig beziehungsweise erforderlich sind die Schutzmaßnahmen nur dann, wenn eine besondere **Gefahrensituation** für die **ökologischen** und **ästhetischen Belange** besteht. Die Rechtsprechung verlangt für die Festsetzung einer naturschutzrechtlichen Schutzmaßnahme das Vorliegen einer **abstrakten Gefährdungslage** (BVerwG, NVwZ 1988, Seite 1020 (1021), NuR 1998, Seite 37, VGH Mannheim, DÖV 1985, Seite 161 f.). Schutzbedürftigkeit ist vor diesem Hintergrund zu bejahen, wenn die Unterschutzstellung als vernünftig geboten erscheint, weil Anhaltspunkte dafür vorliegen, dass ohne eine Inschutznahme Handlungen drohen, die eine nachteilige Veränderung des Schutzgebietes/-objektes zur Folge haben und die den beabsichtigten Schutzzweck vereiteln könnten (BVerwG, NuR 1998, Seite 37, VGH München, NuR 1989, Seite 182, VGH Mannheim, NuR 1994, Seite 239). Die Beurteilung der Schutzbedürftigkeit ist daher davon abhängig, in welchem Zustand sich die Flächen befinden, welchen Belastungen sie bereits ausgesetzt sind und mit welchen Nutzungsansprüchen in Zukunft zu rechnen ist.

Für das Vorliegen einer abstrakten Gefährdungslage sind der Wahrscheinlichkeitsgrad des Schadenseintritts sowie die Bedeutung des Schutzgebietes/-objektes von maßgeblicher Bedeutung. Diese kann sich aus unterschiedlichen Gesichtspunkten ergeben.

In jedem Fall muss die **Gefahr** im Einzelfall **belegbar** sein; es muss eine hinreichende Wahrscheinlichkeit bestehen, dass es zu Handlungen kommen wird, die das Schutzobjekt schädigen können (VGH Mannheim, AgrarR 1984, Seite 108 (109)). Für den Beleg gelten dabei unterschiedliche Anforderungen, je nach dem, welchen Schutzzweck die Maßnahme verfolgt. Je gewichtiger der Naturschutzbelang ist, dem die Beschränkung zugute kommen soll, desto geringer sind die an ein Handeln auf unsicherer Tatsachenbasis zu stellenden Anforderungen. Erforderlich sein kann eine Inschutznahme daher nicht erst bei natur- und denkgesetzlicher Unabweichbarkeit, sondern schon dann, wenn die Gefahrentatbestände nicht gänzlich außerhalb des Möglichen liegen (OVG Lüneburg, NuR 1990, Seite 281, VGH Mannheim, NuR 1993, Seite 134). So kann ein Flussufer bereits wegen seiner besonderen Schutzbedürftigkeit naturschutzwert sein, wenn hier vom Aussterben bedrohte Pflanzen und Tiere heimisch sind; des Nachweises einer ganz konkreten Gefahrensituation bedarf es dann nicht.

An der Schutzbedürftigkeit fehlt es im übrigen auch dann nicht, wenn ein **Schutz** auch über **andere Vorschriften** möglich ist, und zwar selbst dann, wenn für das gleiche Gebiet oder Objekt anderweitige Schutzmaßnahmen mit inhaltlich ähnlichen oder gar übereinstimmenden Verboten und/ oder Geboten getroffen worden sind (VGH Mannheim, NuR 1994, Seite 239). Das kann beispielsweise bei einer die naturschutzrechtliche Schutzfestsetzung überlagernden Wasserschutzgebietsausweisung der Fall sein. Denn Schutzgrund, -richtung und -ziel unterscheiden sich, je nachdem, ob es sich um eine Maßnahme des Denkmal-, Wasser- oder Naturschutzes handelt. Die eine Schutzmaßnahme macht die andere deshalb nicht überflüssig. Auch die Sicherung einer naturschutzgerechten Bewirtschaftung über zivilrechtliche Verträge mit den Eigentümern ändert nichts an der Schutzbedürftigkeit (VGH Mannheim, NuR 1992, Seite 186). Denn solche Verträge bewirken nur einen unzureichenden Schutz, da sie nur gegenüber den Vertragspartnern, nicht aber auch gegenüber Dritten, zum Beispiel Freizeitnutzern oder im Rahmen der Fachplanung wirken, in der Regel mit dem ständigen Risiko der Kündbarkeit behaftet sind und wegen der Freiwilligkeit des Vertragsabschlusses bei mehreren Eigentümern regelmäßig ein großflächiger Schutz nicht gewährleistet ist.

- **Verhältnismäßigkeit**
Die als Elemente des Verhältnismäßigkeitsprinzips bei Naturschutzausweisungen zu beachtenden Grundsätze der Geeignetheit und Erforderlichkeit verlangen, dass die Schutzanordnungen auf die konkrete Situation zugeschnitten sind und **geeignet** und **erforderlich** sind, um die verfolgten Schutzbedürfnisse zu befriedigen (Schink 1989). Im Übrigen gilt im Hinblick auf die Erforderlichkeit von Schutzfestsetzungen folgender Grundsatz: Es dürfen nur diejenigen Beschränkungen und Verbote angeordnet werden, die zum Schutz der sozialen und ökologischen Funktionen von Grund und Boden unumgänglich sind. Richtschur dabei ist: Je ökologisch bedeutsamer ein Lebensraum ist und je schöner oder eigenartiger eine Landschaft ist, desto empfindlicher ist sie gegen störende Einflüsse. Je größer aber die Gefahr störender Einflüsse ist, desto schärfere Schutzmaßnahmen sind geboten und gerechtfertigt (Soell, 1984, Schink 1985).

Abwägung

Eine Schutzausweisung erfolgt bei Vorliegen der entsprechenden tatbestandsmäßigen Voraussetzungen nach Maßgabe einer „Kannbestimmung" (§ 12 Absatz 1 BNatSchG). Der Satzungsgeber hat also bei seiner Entscheidung, ob und in welchem Umfang (Schutzkategorie, räumliche Abgrenzungen, Schutzzweck) ein bestimmtes Gebiet/ Objekt unter Schutz gestellt und welche einzelnen Regelungen (Verbote, Genehmigungsvorbehalte, Ausnahmen, Duldungsanordnungen und so weiter) hierzu erlassen werden sollen, einen weiten **Ermessens- beziehungsweise Gestaltungsspielraum.** Fraglich ist, ob sich aus § 1 Absatz 1 und 2 BNatSchG in Verbindung mit einem der in § 2 BNatSchG genannten Grundsätze oder aus gemeinschaftsrechtlichen Regelungen (zum Beispiel Artikel 4 Absatz 1 Satz 1 Vogelschutz-RL oder Artikel 5 FHH-RL) unter dem Gesichtspunkt der „Ermessensreduktion auf Null" unter Umständen eine **Verpflichtung**

zur **Schutzausweisung** herleiten lässt. Im Ergebnis wird man dies allenfalls bei solchen Flächen/ Objekten bejahen können, die eine besonders wichtige Funktion für den internationalen Artenschutz haben und ohne Unterschutzstellung mit hoher Wahrscheinlichkeit zerstört oder mindestens erheblich beeinträchtigt würden (Soell 1993, Fisahn und Cremer 1997, Iven 1998, Gebhard 1999, Schladebach 1999).

Bei der Ausübung des Ermessens hinsichtlich des „Ob" und „Wie" einer Unterschutzstellung sind auf der Grundlage fachlich fundierter Wertvorstellungen über die ökonomische und ökologische Bedeutung des potenziellen Schutzgebietes/ Objektes Entscheidungen zu den räumlichen Alternativen, zur Abgrenzung sowie zu Art und Ausmaß der Schutzintensität zu treffen, wobei auch zukunftsorientierte und fachspezifische Erwägungen einfließen. Von zentraler Bedeutung bei der Ausübung des „Normsetzungsermessens" ist die strikte Beachtung des Abwägungsgebotes: Das naturschutzrechtliche Abwägungsgebot des § 1 Absatz 2 BNatSchG verlangt auch bei der Schutzfestsetzung, dass die **Ziele** des **Naturschutzes** und der **Landschaftspflege** untereinander sowie gegen die sonstigen Anforderungen der Allgemeinheit an Natur und Landschaft und die tangierten privaten Belange **abzuwägen** sind. Der Normsetzer muss das für seine Entscheidung in Frage kommende Abwägungsmaterial umfassend zusammenstellen sowie richtig bewerten und anschließend alle für oder gegen die geplante Unterschutzstellung sprechenden öffentlichen Belange und privaten Interessen unter Verhältnismäßigkeitsgesichtspunkten gegeneinander abwägen. Der Erlass einer Unterschutzstellung „nähert" sich »der Entscheidung über die Festsetzung eines Bebauungsplanes«, sodass auch die Einhaltung des Abwägungsgebotes »ähnlich wie bei Bebauungsplänen« geprüft werden muss (OVG Münster, NuR 1989, Seite 188, OVG Berlin, NuR 1992, Seite 87, VGH Mannheim, NuR 1989, Seite 340).

Im folgenden soll auf einige öffentliche und private Belange hingewiesen werden, die bei der naturschutzrechtlichen Schutzfestsetzung regelmäßig zu beachten sind. Als **öffentliche Belange** sind bei Unterschutzstellungsentscheidungen hauptsächlich der Verkehrswegebau, wasserwirtschaftliche Vorhaben (insbesondere Gewässerausbau und -unterhaltung sowie Wassergewinnung, § 2 Nummern 6 und 9 BNatSchG), die

Rohstoffsicherung (VGH Mannheim, NuR 1989, Seite 130) sowie Maßnahmen des Erholungs- und Fremdenverkehrs (zum Beispiel Bau von Freizeit- und Sportanlagen, § 2 Nummern 11 und 12 BNatSchG) oder die Durchführung von Großveranstaltungen (VG Regensburg, NuR 1990, Seite 93) zu nennen. Gelegentlich können auch fiskalische Gesichtspunkte sowie die finanziellen Folgen der Unterschutzstellung eine Rolle spielen (VGH München, NuR 1985, Seite 236 (238)). Als **privatrechtliche Belange** sind bei Unterschutzstellungsmaßnahmen hauptsächlich die nach Artikel 14 GG geschützten Rechtspositionen der Grundstückseigentümer und anderer Nutzungsberechtigter (zum Beispiel dinglich Berechtigte, Mieter (BVerfG, NJW 1993, Seite 2035), Pächter landwirtschaftlicher Grundstücke (VGH Mannheim, RdL 1994, Seite 270 (271)) in die Abwägung einzustellen (Stollmann 1997).

Für die an eine ordnungsgemäße Abwägung zu stellenden Anforderungen gelten im Wesentlichen die in der **Abwägungsfehlerlehre** des **Bundesverwaltungsgerichtes** (BVerwG E 34, Seite 301, E 45 Seite 309, E 56 Seite 110, E 64 Seite 33) zu § 1 Absatz 6 BauGB sowie zu vergleichbaren Fachplanungen entwickelten Maßstäbe. Danach ist das Gebot gerechter (Interessen) Abwägung verletzt, wenn eine sachgerechte Abwägung überhaupt nicht stattgefunden hat (**Abwägungsausfall**), wenn bei der Abwägung wesentliche Belange außer acht gelassen (**Abwägungsdefizit**), wenn die Bedeutung eines Belanges verkannt (**Abwägungsfehleinschätzung**) oder wenn der Ausgleich zwischen den von der Unterschutzstellung berührten öffentlichen und privaten Belangen in einer Weise vorgenommen wurde, die zur objektiven Gewichtigkeit einzelner Belange außer Verhältnis steht (**Abwägungsdisproportionalität**) (Stollmann 1997).

Maßstab und Richtschnur für eine akzeptable Gewichtung und den daraus abzuleitenden sachgerechten Interessensausgleich ist der Verhältnismäßigkeitsgrundsatz beziehungsweise das **Übermaßverbot**. Danach sind bei normativen Schutzausweisungen sowie bei der Ausgestaltung der entsprechenden Rechtsvorschriften (insbesondere der Verbotsnormen) folgende Voraussetzungen zu erfüllen:

Die Unterschutzstellungsmaßnahme einschließlich der damit verbundenen Verbots-, Gebots- und Ausnahmeregelungen muss **geeignet** sein, den angestrebten Schutzzweck zu erreichen und die jeweiligen Schutzgüter vor Schädigungen zu bewahren. Es dürfen zum Beispiel keine Regelungen getroffen werden, deren Befolgung objektiv aus tatsächlichen oder rechtlichen Gründen unmöglich ist; die Verbotstatbestände müssen an den konkreten Erfordernissen des jeweiligen Schutzzweckes ausgerichtet sein. Andererseits wäre es aber auch rechtswidrig, ein Schutzgebiet so klein zu bemessen oder so ungünstig abzugrenzen, dass die angestrebten Schutzmaßnahmen wirkungslos bleiben (VGH Kassel, NuR 1981 Seite 136), oder Nutzungen zulassen, bei denen von vornherein abzusehen ist, dass sie den Schutzzweck erheblich gefährden oder sogar zunichte machen können.

Die Schutzmaßnahmen müssen nach dem **Prinzip** des **geringstmöglichen Eingriffs** erforderlich sein, das heißt der angestrebte Schutzzweck darf sich nicht durch andere, mildere Mittel ebenso wirksam erreichen lassen (OVG Bremen, NuR 1990, Seite 82). Es ist insbesondere zu prüfen, ob gegebenenfalls eine weniger strenge Schutzkategorie ausreicht (zum Beispiel Landschaftsschutzgebiet statt Naturschutzgebiet; geschützter Landschaftsbestandteil statt Naturdenkmal), ob hinsichtlich der Schutzauflagen beziehungsweise Nutzungsbeschränkungen eine Differenzierung zwischen besonders empfindlichen Kernzonen, Pufferzonen und Randbereichen angebracht erscheint, ob auf einzelne Verbotsregelungen verzichtet werden kann und ob von der Möglichkeit zur Zulassung von Abweichungen Gebrauch gemacht werden soll/muss (VGH Mannheim, NuR 1989, Seite 130).

Die Schutzmaßnahmen müssen **angemessen** sein (verhältnismäßig im engeren Sinne), das heißt das angestrebte Schutzziel und die zu seiner Erreichung eingesetzten Mittel dürfen nicht außer Verhältnis zu den mit ihnen verbundenen Nachteilen stehen. Je ökologisch bedeutsamer und störungsempfindlicher das Schutzgebiet/-objekt ist, desto schärfere Schutzmaßnahmen sind geboten und gerechtfertigt.

Bestimmtheit

Schutzfestsetzungen müssen **inhaltlich** hinreichend **bestimmt** sein (BVerfG E 84 Seite 133 (149), BVerwG, NuR 1990, Seite 16 (19)) und zu ihrer Wirksamkeit weiter den formellen Rechtmäßigkeitsanforderungen aus § 12 Absatz 2 BNatSchG genügen. Danach muss die Festsetzung den Schutzgegenstand und den Schutzzweck sowie die zur Erreichung des Zwecks notwendigen Gebote und Verbote bestimmen.

Erforderlich ist zunächst eine **Bestimmung** des **Schutzgegenstandes.** Danach muss aus der Schutzfestsetzung ersichtlich sein, um welche **Schutzkategorie** es sich handeln und welchen **räumlichen Geltungsbereich** die Schutzmaßnahme erfassen soll. Die Festlegung des räumlichen Geltungsbereichs muss dabei hinreichend bestimmt sein (BVerwG E Seite 129, Carlsen und Fischer-Hüftle 1993, Gassner et al. 1996, Stollmann 1997). Das ist dann der Fall, wenn aus den textlichen und kartographischen Festsetzungen oder den zusätzlichen Karten hervorgeht, für welchen räumlichen Bereich beziehungsweise für welches Objekt der Schutz gelten soll. Bestimmt der Satzungsgeber den räumlichen Geltungsbereich sowohl durch wörtliche Umschreibung als auch durch Bezugnahme auf eine Karte, soll es dem Bestimmtheitsgebot genügen, wenn der räumliche Geltungsbereich nach einer von beiden Methoden hinreichend bestimmbar ist (VGH München, NuR 1997, Seite 291, Schmidt 1999, Seite 363 (370)).

Möglich ist die **textliche Abgrenzung** der Schutzgebiete zum Beispiel durch Aufzählung der von der Festsetzung erfassten Flurstücke. In Einzelfällen kann eine Beschreibung aber auch durch Bezugnahme auf in der Örtlichkeit vorhandene Straßen, Wege oder ähnliche zur Bestimmung des Grenzverlaufs geeignete Landschaftsteile erfolgen (VGH Mannheim, NuR 1994, Seite 239 (240)). Bei Schutzobjekten ist deren Beschreibung sowie die Beschreibung ihrer Lage, etwa durch Bezeichnung des Grundstücks erforderlich. Bedient sich die Behörde zur Kennzeichnung des Grenzverlaufs einer Karte, muss aus dieser der Grenzverlauf hinreichend deutlich hervorgehen. Aus den kartographischen Festlegungen müssen sich die Grenzen des Schutzgebiets in der Örtlichkeit metergenau bestimmen lassen (BVerwG, UPR 1995, Seite 314, OVG Greifswald, ZUR 1995, Seite 41 (43), VGH Kassel, NuR 1994, Seite 395 (396)).

Sinn der **Bestimmung** des **Schutzzwecks** ist es, die Schutzmaßnahme transparent, plausibel und auch für außerhalb der Behörde stehende Dritte nachvollziehbar zu machen und diese sachlich zu rechtfertigen (Gassner et al. 1996). Von Bedeutung ist dies nicht nur für Dritte, sondern auch für die Erteilung von naturschutzrechtlichen Befreiungen, da es dafür darauf ankommt, ob eine Maßnahme mit dem jeweils verfolgten

Schutzzweck vereinbar ist. Weiter hängt es vom jeweiligen Schutzzweck ab, welche Gebote erforderlich sind und welche Nutzungen generell oder ausnahmsweise zugelassen werden können. Es ist deshalb notwendig, dass der Schutzzweck so konkret und präzise wie möglich bestimmt und damit der Charakter des Schutzgebiets oder -objekts festgelegt wird. Ein Verstoß gegen den Bestimmtheitsgrundsatz liegt freilich erst dann vor, wenn es auch unter Hinzuziehung von Sachverständigen nicht mehr möglich ist, den Norminhalt anhand objektiver Kriterien zu ermitteln (BVerwG, NVwZ 1994, Seite 1099, OVG Münster, NuR 1994, Seite 253 (254)).

Der **Schutzzweck** muss insoweit bezogen auf den **Einzelfall** und möglichst **ausführlich beschrieben** werden. Bei einem großen Schutzgebiet oder soweit sich dieses in verschiedene Teile aufgliedern lässt, empfiehlt sich eine differenzierende Beschreibung des Schutzzwecks (Carlsen und Fischer-Hüftle 1993). Ist die Schutzzweckangabe nämlich zu allgemein, kann dies dazu führen, dass Maßnahmen, die eigentlich verboten sein sollten, nicht untersagt werden können (OVG Münster, NuR 1992, Seite 346 (347)). Soweit das Gebiet hingegen überschaubar und das Gewollte ausreichend deutlich ist, kann eine knappe und allgemeine Beschreibung des Schutzzwecks ausreichend sein (Gassner et al. 1996, Stollmann 1997).

Erforderlich ist weiter eine **inhaltliche Bestimmung** der für das jeweilige Schutzgebiet oder -objekt geltenden **Gebote** oder **Verbote.** Verbote können dabei als präventive Verbote mit Erlaubnisvorbehalt oder als repressive Verbote ausgestaltet sein (Carlsen und Fischer-Hüftle 1993, BVerwG, NuR 1993, Seite 487 (488 f.), VGH Mannheim, NuR 1994, Seite 239 (243)). Als präventiv sind Verbote dann zu bezeichnen, wenn sie vorsorglich bestimmte Handlungen verbieten, damit aber die betreffende Handlung nicht schlechthin, sondern nur für den Fall einer Gefährdung des Schutzzwecks verbieten wollen. Demgegenüber sind Verbote als repressiv einzuordnen, die bestimmte Handlungen generell untersagen wollen, weil diese generell geeignet sind, den Schutzzweck zu gefährden. Solche Verbote werden oft mit einem Befreiungsvorbehalt versehen sein, können aber auch ohne einen solchen Vorbehalt erlassen werden.

Verbote sind in der Praxis die weitaus **häufigeren Maßnahmen.** Allerdings sind die Grenzen zwischen Ge- und Verboten meist fließend. Oftmals ist es lediglich eine Frage der Formulierung, ob die Absicht, bestimmte Handlungen zu verhindern, in Gestalt eines Ver- oder eines Gebotes in die Unterschutzstellung einfließt.

In der Praxis sind häufig: Pflegegebote wie Mäh- und Schneidgebote, Beseitigungsgebote oder Pflanzgebote; Bauverbote, Zeltverbote, Betretungsverbote (Carlsen und Fischer-Hüftle 1993, Schmidt 1999), Start- und Landeverbote (VGH München, NuR 1998, Seite 660, VGH Mannheim, UPR 1998, Seite 312), Kletterverbote (VGH München, NuR 1996, Seite 409).

2.4 Historische Entwicklung

Dieses Kapitel kann sich weitgehend nur auf die jüngere, auf die „Neuzeit der Landschaftsplanung" beziehen. In diesen Jahren entfaltete sich die Landschaftsplanung entscheidend in der praktischen Anwendung in den Ländern (Länderregelungen). Die „ältere" Geschichte der Landschaftsplanung kann in diesem Zusammenhang nur angerissen werden, sie entspricht auch weitgehend einer allgemeinen **Geschichte des Naturschutzes** beziehungsweise einer Darstellung in Verbindung mit Landnutzung und Landeskultur, seitdem der Mensch seit mehreren tausend Jahren in Mitteleuropa aus der ursprünglichen Naturlandschaft eine mehr oder weniger naturnahe beziehungsweise naturferne Kulturlandschaft prägte. Den Schutz von Natur als Lebensgrundlage hat es dabei durch die Vernunft der Landnutzer mittels Verordnungen gegen die Unvernunft von Naturzerstörern immer gegeben. Die Geschichte der Jagd zum Beispiel lehrt, dass Übernutzung ganze Tierarten ausrottete, auf der anderen Seite die Jagdvorrechte von Herrschern Wälder als Jagdgebiete besonders schützte und vor Rodung oder Holzfrevel bewahrte. Eine historische Kulturlandschaft mit Heckensystemen und Weinbergen ist sehr wohl eine planmäßig angelegte Kulturleistung, wiewohl sie der heutigen Landschaftsplanung und der Naturschutzgesetze noch nicht bedurfte. Vorbildliche Landschaftsplanung hat es bereits in der ersten Hälfte des 19. Jahrhunderts gegeben, beispielhaft sei der Name Peter Josef Lenné genannt, Schöpfer großräumiger Landschaftsparks (oft auf der Grundlage „früherer" streng systematischer Gartenanlagen, so des Barock), die in den neuen Bundesländern auch heute noch landschaftsästhetische Höhepunkte bei gleichzeitiger hoher Biodiversität darstellen. Sie wurden geschaffen auf der Grundlage beispielhafter Kulturpläne mit hohem landschaftspflegerischem Anspruch und auf ökologische Ansprüche ausgerichteter Landeskultur mit Windschutzsystemen und Grünvernetzungen der die Parkanlagen umgebenden Gemarkungen und Fluren. Und in der ersten Hälfte unseres Jahrhunderts ist ein überraschend reifes Beispiel eines Landschaftsrahmenplanes der Verbandsgrünflächenplan, der 1923 vom Siedlungsverband Ruhrkohlenbezirk aufgestellt und beschlossen wurde.

Intakte Ökosysteme, erfolgreiche Wirtschaftssysteme und sozial gerechte menschliche Lebensgemeinschaften haben etwas mit nachhaltiger Entwicklung zu tun, die es neben Fehlentwicklungen über lange Zeiträume gegeben hat – sonst gäbe es die heutige Welt bei all ihren Gefährdungen und bereits vorhandenen Zerstörungen nicht mehr. Bei der Vielzahl jedoch der heute konkurrierend auf die Fläche zielenden Nutzungsansprüche ist eine dem Gemeinwohl dienende und gesetzlich verankerte, in ein Regelwerk gefasste, systematische und wissenschaftlich begründete Landschaftsplanung unentbehrlich, bedarf unbedingt jedoch der Akzeptanz aller Akteure. Die „ältere" Geschichte der Landschaftsplanung ist in einschlägigen und ausführlichen Darstellungen hervorragend dargestellt und kann an dieser Stelle vernachlässigt werden, es wird verwiesen auf Küster (1995) in Blick auf die Geschichte der Landeskultur und Landschaftsentwicklung von der Eiszeit bis zur Gegenwart in Mitteleuropa, weiterhin auf Knaut (1993), der vor allem die Entwicklung des Naturschutzes als Wilhelminische Reformbewegung, damals noch mit dem Heimatschutz verbunden, facettenreich vorstellt (»Zurück zur Natur! Die

Wurzeln der Ökologiebewegung«), dann auf Runge (1998), der die Entwicklungstendenzen der Landschaftsplanung vom frühen Naturschutz bis zur ökologisch nachhaltigen Flächennutzung aktuell darstellt. Er stellt in seiner Einleitung die entscheidenden Fragen:

- Welche Ideen haben zur Entstehung der Landschaftsplanung beigetragen?
- An welchen Aufgaben hat sich die Landschaftsplanung fortentwickelt?
- In welcher Weise wuchsen Problemwahrnehmung und Problemformulierung?
- Wie passte sich die Landschaftsplanung der gesellschaftlichen Entwicklung an?

Runge führt in diesem Zusammenhang aus:»Die Landschaftsplanung entstand im Wirkungsbereich unterschiedlicher, mehr oder weniger stark ausgeprägter Strömungen. Am augenfälligsten sind die Ursprünge im Naturschutz einerseits und in der gärtnerischen Tradition andererseits. Die Vertreter beider Aufgabenbereiche bemühen sich um ihre jeweils eigene Geschichtsschreibung und definieren unter diesem Blickwinkel auch die Landschaftsplanung jeweils verschieden (in beiden Arbeitsgebieten werden die Aspekte räumlicher Planung meist am Rande abgehandelt). Untersuchungen zur Entwicklung von Landschaftsplanung als Planungsdisziplin sind bisher kaum unternommen worden…«

In diesem Sinne kann in dieser Darstellung nicht der gesamte Komplex der historischen Entwicklung von Landespflege und Landschaftsplanung, Landschaftsarchitektur und Freiraumplanung abgehandelt werden. Die Darstellung in diesem Kapitel ist natürlich auch der Konzeption dieses Lehrbuches verpflichtet, das die **Aufgaben der Landschaftsplanung** aus dem Bundesnaturschutzgesetz ableitet mit dem Ziel der nachhaltigen Sicherung von Natur und Landschaft als Lebensgrundlage des Menschen und als Voraussetzung für seine Erholung in Natur und Landschaft, mit den Teilzielen der Sicherung der

- Leistungsfähigkeit des Naturhaushaltes,
- Nutzungsfähigkeit der Naturgüter,
- Pflanzen- und Tierwelt sowie
- Vielfalt, Eigenart und Schönheit von Natur und Landschaft.

Das führt zu Schutz, Pflege und Entwicklung von Natur und Landschaft als Aufgabe und zur **Landschaftsplanung als zentralem planerischen Instrument** zur Bewältigung dieser Aufgabe (Kap. 3).

Runge (1998) stellt in seinem Buch Zeitrahmen und **Zeitphasen der Entwicklung der Fachplanung Landschaft** in einer Übersicht dar, die an dieser Stelle als Beleg für eine sehr differenzierte Entwicklung ausreichen muss:

- circa 1800–1900: Landschaftsgartenbewegung, Landeskultur und früher Naturschutz,
- circa 1900–35: Anfänge des staatlichen Naturschutzes,
- circa 1935–45: Zentralistische Planung, theoretischer Vorlauf der Landschaftsplanung,
- circa 1945–55: Restauration unter planungsfeindlichen Rahmenumständen,
- circa 1955–60: Integration landschaftspflegerischer Begleitplanung in Fachplanungen,
- circa 1960–65: Konzeptionelle Orientierung der Landschaftsplanung am System der Raumordnung,
- circa 1965–70: Instrumentelle Verfeinerung auf der Fachplanungsebene (Eignungsbewertungen),
- circa 1970–75: Instrumentelle Verfeinerung auf der Gesamtplanungsebene (Beschreibung des Naturhaushaltes, ökologische Planung),
- circa 1976–85: Reform des Naturschutzrechts und Etablierung der Landschaftsplanung in den Ländern,
- circa 1986–2000: Kritik und Veränderungen auf Grund wachsender Nachhaltigkeitsansprüche bei zunehmenden Ressourceneinsparungen.

In unserem Zusammenhang ist die historische Entwicklung der Landschaftsplanung eng mit der Entwicklung des Naturschutzrechts insgesamt verknüpft, wie Landschaftsplanung im engeren Sinne beziehungsweise im Sinne des entsprechenden „Abschnittes Landschaftsplanung" im Bundesnaturschutzgesetz das zentrale Planungsinstrument von Naturschutz und Landschaftspflege darstellt (Kap. 5).

Das **Reichsnaturschutzgesetz von 1935**, als gemeinsame Grundlage für die Rechtsentwicklung im Naturschutz in der Bundesrepublik und der DDR, war geprägt vom konservierenden Naturschutz. Es bestand keine flächendeckende Aufgabenstellung für den Naturschutz. Vielmehr beschränkten sich die Bemühungen in räumlicher Hinsicht weitgehend auf ausgewählte und scharf abgegrenzte so genannte „bestimmte Teile von Natur und Landschaft". Das Reichsnaturschutzgesetz galt als Landesrecht in den Ländern der Bundesrepublik fort, bis diese eigene Landesnaturschutzgesetze schufen. So haben einige Länder eine gesetzliche Grundlage für die Landschaftsplanung geschaffen, noch bevor der Bund mit dem **Bundesnaturschutzgesetz** von seiner **Rahmengesetzgebungskompetenz** Gebrauch machte. So hatten zum Beispiel Bayern mit dem Bayerischen Naturschutzgesetz vom 27.7.1973 und Schleswig-Holstein mit dem Schleswig-Holsteinischen Landschaftspflegegesetz vom 16.4.1973 und Nordrhein-Westfalen mit dem Landschaftsgesetz vom 18.2.1975 bereits sehr unterschiedliche Regelungen zur Landschaftsplanung geschaffen. Das Bundesnaturschutzgesetz vom 20.12.1976 als Rahmengesetz wurde bezüglich der Landschaftsplanung so ausgestaltet, dass die Spannbreite der bisherigen Regelungen abgedeckt wurde. Nicht zuletzt für die Landschaftsplanung maßgebliche Regelung war die flächendeckende Aufgabenstellung für den Naturschutz und die Landschaftspflege. Nach § 1 sind Natur und Landschaft »**im besiedelten und unbesiedelten Bereich** .... zu schützen, zu pflegen und zu entwickeln«, das heißt Naturschutz und Landschaftspflege waren nicht länger auf ausgewählte Bereiche oder auf die „freie Landschaft" beschränkt, sondern galten auf 100 % der Fläche und somit auch für städtische und sonstige intensivst genutzte Flächen. Die neuen Instrumente der Landschaftsplanung und der Eingriffsregelung sind Ausdruck dieses neuen flächendeckenden Naturschutzauftrages. Dennoch steht die Durchführung der (örtlichen) Landschaftsplanung laut Bundesnaturschutzgesetz bis heute unter einem Erforderlichkeitsvorbehalt. Da Landschaftsplanung kein Regelerfordernis ist, wird somit der flächendeckende Naturschutzauftrag nach § 1 unterlaufen. Laut Koalitionsvertrag zwischen SPD und Bündnis 90/Die Grünen vom 20.10.1998 ist vereinbart, »das Bundesnaturschutzgesetz mit dem Ziel zu überarbeiten ... die Verpflichtung zu einer flächendeckenden Landschaftsplanung aufzunehmen«.

Das zuletzt gültige Naturschutzrecht der DDR kannte nur eine erweiterte Form der Schutzgebietsverordnungen, die sich als Landschaftsplanungen im weiteren Sinne bezeichnen lassen. Diese bezogen sich nach wie vor insbesondere auf die Schutzgebiete (Naturschutzgebiete: „Behandlungsrichtlinien" und Landschaftsschutzgebiete: „Landschaftspflegepläne") (Lange 1993). Man kann die bis 1990 so unterschiedliche Landschaftsplanung der DDR nicht loslösen vom institutionellen Gefüge der Territorialplanung in der DDR, die sich sehr deutlich von der Organisation der Raumordnung der alten und neuen Bundesrepublik unterscheidet. Die nachstehende Tabelle 2-5 verdeutlicht das institutionelle Gefüge der Territorialplanung in der DDR mit seinem deutlich zentralistischen Ansatz, der in deutlichem Gegensatz steht zu den in der Bundesrepublik Deutschland die Planung bestimmenden Ebenen (Tab. 2-6). Im Gegensatz zum (zumindest angestrebten) Gegenstromprinzip herrschte die Richtung von oben nach unten vor, unterste Ebene war die Kreisebene, eine kommunale Ebene war nicht vorhanden, Städte und Gemeinden waren in der Regel in Blick auf Planungskultur und Gestaltungsmöglichkeiten nachgeschaltet. Intensiv mit der Landschaftsplanung in der DDR, mit Aufgabenfeldern, Handlungsmöglichkeiten und Restriktionen vor allem in den sechziger und siebziger Jahren beschäftigte sich Wübbe (1994) in einer Diplomarbeit und einem Beitrag „Landschaftsplanung in der DDR" in dem Band „Landschaft und Planung in den neuen Bundesländern – Rückblicke" (Wübbe 1999).

Gemäß Einigungsvertrag ist mit der Gültigkeit des Bundesnaturschutzgesetzes als unmittelbar gültiges Recht bis zur Schaffung von Landesrecht die Landschaftsplanung bereits zum 1.7.1990 in der noch existierenden DDR eingeführt worden. Da die Bestimmungen der Landschaftsplanung (§§ 5, 6 und 7) jedoch sehr stark von dem Charakter der Rahmengesetzgebung geprägt sind, war die Rechtsgrundlage bis zur Gültigkeit der Bundesnaturschutzgesetze in den neuen Ländern nur sehr unzureichend. Gleichwohl hat der Minister für Umwelt, Naturschutz, Energie und Reaktorsicherheit (1990) Steinberg mit einem Schreiben vom 11.9.1990 Grundsätze für die Landschaftsplanung an die Regierungsbevollmächtigten der Bezirke versandt. In dem Schreiben heißt es: »... Ausgehend vom Artikel 6 § 4 des Umweltrahmengesetzes vom 29. 6. 1990 wurde ich durch die Volkskammer ermächtigt, Grundsätze für die Landschaftsplanung auszuarbeiten. Mit diesem Auftrag wurde erstmalig für das Gebiet der DDR eine Aufgabe in Angriff genommen, die in der Vergangenheit bewusst negiert wurde und für keine staatliche Zuständigkeit bestand. Raubbau an der Natur, Übernutzung wie Belastung von Naturressourcen, Zerstörung beziehungsweise Aussterben von Arten und Biotopen waren das

Tab. 2-5: Institutionelles Gefüge der Territorialplanung in der DDR (Tränkmann 1999)

Ebenen	Zuständig	Aufgabenbereich
zentrale Ebene	staatliche Plankommission	territoriale Koordination des Volkswirtschaftsplanes, Standortverteilung der Produktivkräfte, räumliche Abstimmungsverteilung der Bezirke untereinander;
Bezirksebene	Bezirksplankommission mit den Büros für Territorialplanung	komplexe Entwicklung im Bezirk, räumliche Strukturierung bezüglich der Industrie- und Siedlungsstandorte innerhalb des Bezirkes, sowie Koordination zwischen zentralgeleiteten und bezirklichen Aufgaben, arbeiten an langfristigen Entwicklungen;
Kreisebene	Kreisplankommission	vergleichbar mit Bezirksplankommission, nur auf Kreisebene, arbeiten an Durchführungsentscheidungen der Pläne;

Tab. 2-6: Organisation der räumlichen Gesamtplanung (nach Turowski 1995, verändert)

Staatsaufbau	Planungsebenen	Rechtliche Grundlagen	Planungsinstrumente	Materielle Inhalte
Bund	Bundesraum-ordnung	Raumordnungsgesetz von 1998	–	Grundsätze der Raumordnung
Länder	Landesplanung (Raumordnung der Länder)	Raumordnungsgesetz und	Übergeordnete und zusammenfassende Programme und Pläne	Ziele und Grund-sätze der Raum-ordnung und Landesplanung
	Regionalplanung	Landesplanungs-gesetze	Räumliche Teil-programme und Teilpläne (Regional-programme und -pläne)	
Gemeinden	Bauleitplanung	Baugesetzbuch von 1998	Bauleit-pläne	Flächen-nutzungsplan — Darstellung der Art der Bodennutzung
				Bebauungs-plan — Festsetzungen für die städte-bauliche Ordnung

Ergebnis in der Nutzung der Umwelt ... In Zusammenarbeit mit Vertretern der zuständigen Ministerien, der fachlich verantwortlichen Dezernate der Bezirksverwaltungsbehörde, der Büros für Territorialplanung/Raumplanung und Vertretern wissenschaftlicher Einrichtungen sowie mit Unterstützung des Umweltbundesamtes in Westberlin wurden Grundsätze zur Landschaftsplanung ausgearbeitet, die Ausgangspunkt für den Aufbau und die Durchführung der Landschaftsplanung in den künftigen Ländern auf dem Territorium der DDR sein sollen. Sie sind das Ergebnis der in der Bundesrepublik Deutschland auf dem Gebiet der Landschaftsplanung gesammelten Erfahrungen und sollten den Landesregierungen als Grundlage dienen, für ihr Territorium eine entsprechende Gesetzgebung zum Landschaftsschutz vorzubereiten. Mit ihr sind Zuständigkeiten, Inhalt und Durchführung der Landschaftsplanung zu regeln sowie landestypische Besonderheiten einzuordnen...«.

Es ist im Nachhinein bewunderungswürdig, bei welch schwierigen Randbedingungen und Belastungen in den Endmonaten der DDR naturschutzpolitischer und gestalterischer Wille vorhanden war, im Interesse von Natur und Menschen Fakten zu schaffen und positive Entwicklungen zu ermöglichen. Die hier aufgeführten Quellen sind ein Beleg genau so wie die erfolgreiche Etablierung von Nationalparks und Großschutzgebieten in der letzten Sitzung des Ministerrates der DDR am 12.9.1990. Nur auf diesem Hintergrund sind bei allen Enttäuschungen und Fehlentwicklungen die heutigen Erfolge nachvollziehbar, die im Jahr 2000 zu einer zentralen Festveranstaltung zum „Europäischen Tag der Parke – 10 Jahre Nationalparkprogramm" in Waren/Müritz mit deutschlandweiter Beteiligung geführt haben.

Inzwischen haben alle neuen Bundesländer ein **Landesnaturschutzgesetz**, teilweise steht eine Novellierung bereits wieder bevor. Die Landschaftsplanung ist unterschiedlich stark etabliert und in unterschiedlicher Dichte in den Städten beziehungsweise den zum Teil dünn besiedelten ländlichen Räumen vorhanden. Eine manchmal grundsätzliche Verweigerung der Landschaftsplanung gegenüber, wie sie in den alten Bundesländern auf Seiten der Landnutzer oft zu beklagen ist, ist in den neuen Bundesländern vermindert festzustellen, was auch etwas zu tun hat mit großen landwirtschaftlichen Strukturen, wenigen Flächenbesitzern (pro Gemeinde nicht ein Dutzend Familienbetriebe, sondern in der Regel eine Genossenschaft) und einer oft anderen Haltung dem Eigentumsbegriff gegenüber. Die Belange des Naturschutzes werden meist sehr wohl verstanden und eine zunehmend aufblühende Bewegung Lokaler Agenden 21 setzt bewährte „Runde-Tisch-Kultur" fort. Die aktuelle Situation der Landschaftsplanung in den alten und neuen Bundesländern und somit die derzeitige Front der Geschichtsschreibung der Landschaftsplanung findet sich in der Folge in den verschiedenen Kapiteln dieses Lehrbuches, das gilt für die rechtlichen Grundlagen (Kap. 2.3.2), die Methoden und Ebenen der Landschaftsplanung (vor allem Kap. 5.1.1, 5.1.2, 5.1.3) und in den verschieden thematischen und regionalen Darstellungen ausgewählter Aspekte der Landschaftsplanung (Kap. 8 und 9).

3 Aufgaben der Landschaftsplanung

Wie im Kapitel 2 „Grundlagen der Landschaftsplanung" bereits hergeleitet wurde, ist die Landschaftsplanung aufgrund ihrer über Jahrzehnte entwickelten Konzeptionen und ihrer Verankerung im Naturschutzrecht des Bundes und der Länder das zentrale Instrument zur Verwirklichung der Ziele des Naturschutzes und der Landschaftspflege (Abb. 3-1).

Ziel des Bundesnaturschutzgesetzes:

nachhaltige (flächendeckende) Sicherung von Natur und Landschaft:

- als Lebensgrundlage des Menschen und
- als Voraussetzung für seine Erholung in Natur und Landschaft

↓

Teilziele:

Sicherung der

1. Leistungsfähigkeit des Naturhaushalts,
2. Nutzungsfähigkeit der Naturgüter,
3. Pflanzen- und Tierwelt sowie
4. Vielfalt, Eigenart und Schönheit von Natur und Landschaft

↓

Aufgabe des Naturschutzes:

Schutz, Pflege und Entwicklung von Natur und Landschaft
(= Naturschutz und Landschaftspflege)

↓

**Planungsinstrument des Naturschutzes:
Landschaftsplanung**

↓

Aufgabe der Landschaftsplanung:

(flächendeckende) Darstellung der
überörtlichen/ örtlichen Erfordernisse und Maßnahmen
zur Verwirklichung der Ziele des Naturschutzes und der Landschaftspflege
(im Sinne einer ganzheitlichen Planungs- und Handlungsgrundlage
für Naturschutz und Landschaftspflege)

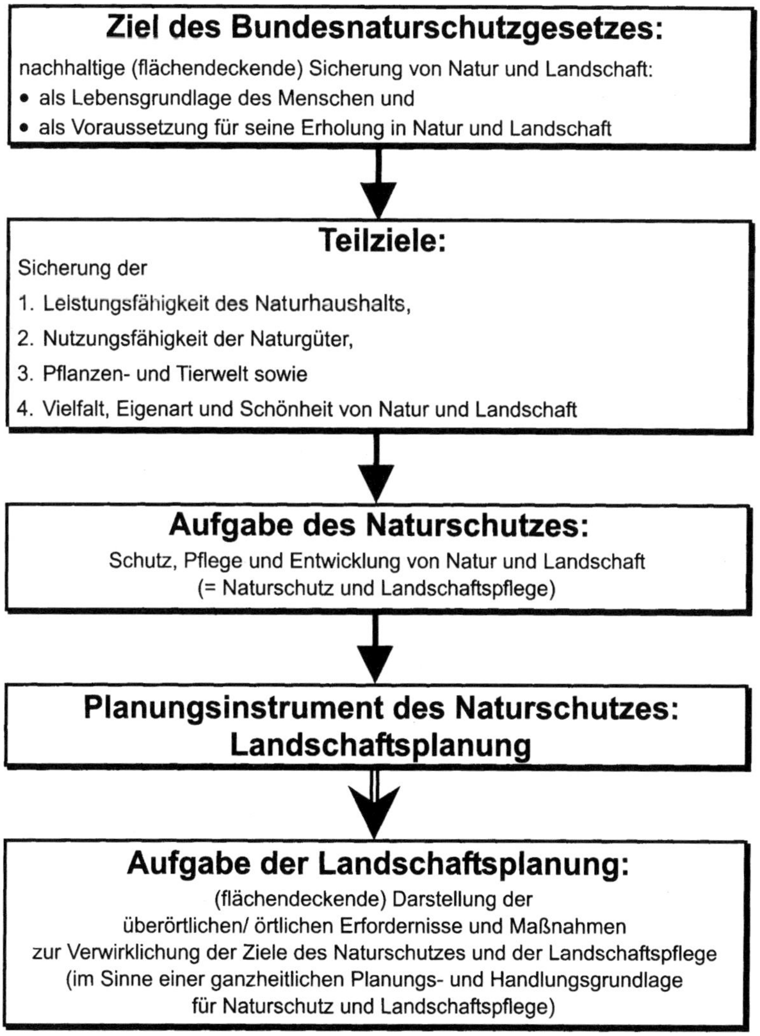

Abb. 3-1: Ableitung der Aufgaben der Landschaftsplanung aus dem Bundesnaturschutzgesetz (§1 in Verbindung mit §§ 5 und 6) (Entwurf: Horst Lange)

Das Bundesnaturschutzgesetz gibt in seinem § 1 Absatz 1 den Rahmen für diese Ziele vor: »Natur und Landschaft sind im besiedelten und unbesiedelten Bereich so zu schützen, zu pflegen und zu entwickeln, dass

die Leistungsfähigkeit des Naturhaushaltes,
die Nutzungsfähigkeit der Naturgüter,
die Pflanzen- und Tierwelt sowie
die Vielfalt, Eigenart und Schönheit von Natur und Landschaft

als Lebensgrundlagen des Menschen und als Voraussetzung für seine Erholung in Natur und Landschaft nachhaltig gesichert sind.«

Im Rahmen der Landschaftsplanung (§§ 5, 6, 7 BNatSchG) sind die Maßnahmen und Erfordernisse zur Verwirklichung der Ziele des Naturschutzes und der Landschaftspflege darzustellen. Es sind durch den Naturschutz ganz offensichtlich sowohl der Naturhaushalt mit seinen Naturgütern als auch landschaftsästhetische Aspekte als Lebensgrundlage und Erholungsvoraussetzung zu sichern. Aus diesen Zielformulierungen lassen sich jedoch nicht unmittelbar und im Detail die Aufgaben des Naturschutzes beziehungsweise der Landschaftsplanung ableiten (Tab. 3-1), vielmehr bedarf es der näheren Interpretation. Dies geschieht in den folgenden Teilkapiteln.

Tab. 3-1: Schematische Zuordnung der Teilziele zu den Teilaufgaben Naturschutz und Landschaftspflege (Entwurf: Horst Lange)

Aufgabe:	Naturschutz und Landschaftspflege = Naturschutz (im weiteren Sinne beziehungsweise im Sinne des BNatSchG)	
Ziel: (§ 1 Absatz 1 BNatSchG)	Nachhaltige Sicherung von Natur und Landschaft • als Lebensgrundlage des Menschen und • als Voraussetzung für seine Erholung in Natur und Landschaft	
Teilaufgaben:	Naturschutz im engeren Sinne	Landschaftspflege
Teilziele: (§ 1 Absatz 1 Ziffern 1. bis 4. BNatSchG)	1. nachhaltige Sicherung der Leistungsfähigkeit des Naturhaushaltes = Ökosystemschutz	2. nachhaltige Sicherung der Nutzungsfähigkeit der Naturgüter = Ressourcenschutz
	3. nachhaltige Sicherung der Tier- und Pflanzenwelt = Arten- und Biotopschutz	4. nachhaltige Sicherung der Vielfalt, Eigenart und Schönheit von Natur und Landschaft = Vorsorge für die Erholung in Natur und Landschaft

3.1 Sicherung der Leistungsfähigkeit des Naturhaushaltes

3.1.1 Begriffe, Aufgaben der Landschaftsplanung

„Naturhaushalt" ist ein wertfreier ökologischer Begriff, der das komplexe Wirkungsgefüge der Ökofaktoren (zum Beispiel Boden, Wasser, Pflanzen und Tiere), insbesondere die Stoff- und

Energiebilanzen in beliebigen Ökosystemen und Landschaften beschreibt (Struktur und Funktion der Natur). Ausgeglichenheit des Naturhaushaltes bedeutet Stabilität der Ökosysteme und ihrer Wechselbeziehungen. Unausgeglichenheit, zum Beispiel durch natürliche oder auch anthropogene Störungen, löst dynamische Reaktionen (zum Beispiel Sukzessionen) aus, die in Abhängigkeit vom Grad der Störung mit der Wiederherstellung des vorherigen oder dem Erreichen eines neuen Ausgeglichenheitsniveaus (das heißt Ökosystem-Zustandes) zum Stillstand kommen.

Stabilität, Elastizität (Belastbarkeit) und Regenerationsfähigkeit eines Ökosystems sind Ausdruck seiner **Leistungsfähigkeit.** Somit ist Leistungsfähigkeit als „Funktionsfähigkeit" zu verstehen, die dann beeinträchtigt ist, wenn die in den Ökosystemen ablaufenden physikalischen, chemischen und biologischen Prozesse durch menschliche Einwirkungen so beeinflusst werden, dass die Ökosysteme ihre Fähigkeit zur Stabilisierung und Pufferung verlieren. Nachhaltigkeit kann folglich hier als dauerhafte Erhaltung der Funktionsfähigkeit des Naturhaushaltes auch während der Nutzung durch den Menschen verstanden werden.

Auch eine in dieser Weise interpretierte Leistungsfähigkeit ist im Rahmen von Planungen mit definierten Zielen zu verknüpfen, sodass erkennbar wird, welche Leistungen zu welchem Zweck erforderlich sind, beziehungsweise welcher Zustand angestrebt wird, damit bestimmte Funktionen möglich sind. Die **Zielformulierung** ist ein wesentlicher Arbeitsschritt in der (Landschafts-) Planung (Kap. 4.1.4), für die Ableitung von Maßnahmen und Erfordernissen ist eine weitere Konkretisierung der Ziele unabdingbar. Dieses geschieht sowohl für unterschiedliche Planungsräume einer Planungsebene entsprechend ihrer jeweiligen Ausstattung und Situation als auch für einen bestimmten Raum auf unterschiedlichen Planungsebenen.

Ansätze für eine weitere Konkretisierung der in § 1 BNatSchG formulierten Ziele bieten zum einen die Aussage „als Lebensgrundlage des Menschen und als Voraussetzung für seine Erholung", zum anderen die Grundsätze des Naturschutzes und der Landschaftspflege (§ 2 BNatSchG).

Aufgabe der Landschaftsplanung in Hinblick auf das Naturschutzziel „nachhaltige Sicherung der Leistungsfähigkeit des Naturhaushaltes" ist

- die Konkretisierung dieses Zieles (Bestimmen der aktuellen und/ oder der anzustrebenden Funktionen von Strukturen und Teilgebieten des betrachteten Landschaftsraumes auf der Grundlage seiner ermittelten Landschaftspotenziale; zum Beispiel Grundwasserneubildungsfunktion Kap. 4.1.3),

- die Ableitung von Zuständen (Qualitäten) des Naturhaushaltes (der Naturgüter), die diesem Ziel entsprechen (in welchem Maß sind die Naturgüter belastbar beziehungsweise nutzbar, ohne dass Beeinträchtigungen erfolgen, die zum Verlust der Regenerationsfähigkeit führen?) sowie

- die Formulierung von Schutz-, Pflege- und Entwicklungsmaßnahmen und Erfordernissen, die zur Erhaltung oder Erreichung dieser Zustände führen.

Die angeführte Konkretisierung spiegelt sich wider in der Ableitung der Schutzgüter aus den Teilzielen von Naturschutz und Landschaftspflege (Abb. 3-2).

3.1.2 Planungsaspekte

Die oben definierte Leistungsfähigkeit des Naturhaushaltes setzt bestimmte Zustandsformen der Landschaft und ihrer Ökosysteme voraus, die durch Maßnahmen des Naturschutzes erhalten (Schutz), wiederhergestellt (Pflege) oder künftig erreicht (Entwicklung) werden sollen. Insbesondere bei der Planung derartiger Maßnahmen sind einige Besonderheiten des Naturhaushaltes zu beachten:

Strukturelle Aspekte

Die Leistungsfähigkeit des Naturhaushaltes ergibt sich aus der **Diversität** und dem **Zusammenspiel** der abiotischen und biotischen Naturelemente **auf unterschiedlichen Integrationsebenen:**

- individuelle Ebene (autökologische Bedingungen und Funktionen),
- Populations- und Metapopulationsebene (Individuendiversität, populationsökologische Funktionen),
- Biozönosenebene (Artenvielfalt, synökologische Funktionen),
- Ökosystem- und Landschaftsebene (Ökosystemvielfalt, landschaftsökologische Funktionen),
- regionale und biosphärische Ebene (globalökologische Funktionen).

Die Landschaftsplanung (Erfassung, Bewertung, Ableitung von Maßnahmen und Erfordernissen)

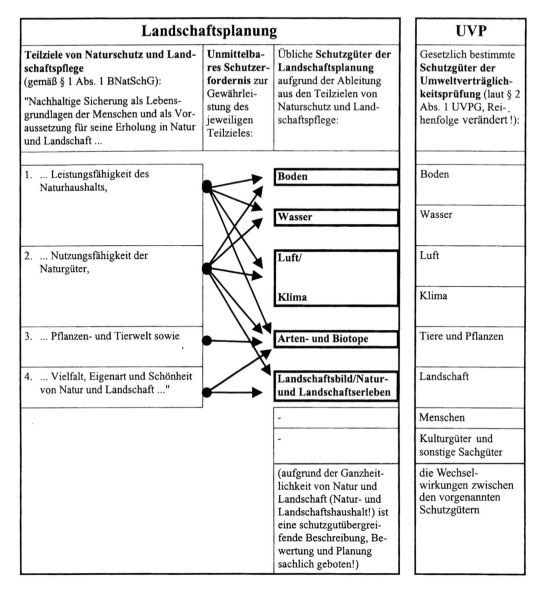

Landschaftsplanung			UVP
Teilziele von Naturschutz und Landschaftspflege (gemäß § 1 Abs. 1 BNatSchG): "Nachhaltige Sicherung als Lebensgrundlagen der Menschen und als Voraussetzung für seine Erholung in Natur und Landschaft ...	**Unmittelbares Schutzerfordernis** zur Gewährleistung des jeweiligen Teilzieles:	Übliche **Schutzgüter der Landschaftsplanung** aufgrund der Ableitung aus den Teilzielen von Naturschutz und Landschaftspflege:	Gesetzlich bestimmte **Schutzgüter der Umweltverträglichkeitsprüfung** (laut § 2 Abs. 1 UVPG, Reihenfolge verändert !):
1. ... Leistungsfähigkeit des Naturhaushalts,		**Boden**	Boden
		Wasser	Wasser
2. ... Nutzungsfähigkeit der Naturgüter,		**Luft/**	Luft
		Klima	Klima
3. ... Pflanzen- und Tierwelt sowie		**Arten- und Biotope**	Tiere und Pflanzen
4. ... Vielfalt, Eigenart und Schönheit von Natur und Landschaft ..."		**Landschaftsbild/Natur- und Landschaftserleben**	Landschaft
		-	Menschen
		-	Kulturgüter und sonstige Sachgüter
		(aufgrund der Ganzheitlichkeit von Natur und Landschaft (Natur- und Landschaftshaushalt!) ist eine schutzgutübergreifende Beschreibung, Bewertung und Planung sachlich geboten!)	die Wechselwirkungen zwischen den vorgenannten Schutzgütern

Abb. 3-2: Notwendige Ableitung der Schutzgüter aus den Teilzielen von Naturschutz und Landschaftspflege im Verhältnis zu den im Umweltverträglichkeitsprüfungsgesetz unmittelbar bestimmten Schutzgütern (Entwurf: Horst Lange)

hat sowohl die ebenenspezifischen als auch übergreifenden Bedingungen und Prozesse des Naturhaushaltes zu berücksichtigen.

Zeitliche Aspekte

Arten, Ökosysteme oder Landschaften leben in anderen **Zeitdimensionen** als wir Menschen. Ihr Zeittakt sind nicht Jahre (Wirtschaft) oder wenige Jahrzehnte (ein Menschenalter), sondern oft Jahrhunderte (Heiden, Feuchtbiotope), Jahrtausende (Wälder und Moore) oder gar Jahrmillionen (Regenwald, Lebensdauer einer Art).

Aus dieser Sicht ergeben sich folgende Grundsätze hinsichtlich deren **Wiederherstellbarkeit**:

- Biotop- und Artenverluste in einer Landschaft sind prinzipiell als irreversibel anzusehen, da in den meisten Fällen die erforderlichen Regenerationszeiträume nicht zur Verfügung stehen und eine Wiederherstellung ursprünglicher Zustände wegen fortschreitender Umweltveränderungen und Artenverluste kaum oder nicht mehr möglich ist (Tab. 3-2).
- Durch Regenerations- oder Renaturierungsmaßnahmen (zum Beispiel als Ersatz- und Ausgleichsmaßnahmen bei Eingriffen in Natur und Landschaft; Kap. 4.3) kann nicht der angestrebte Naturzustand unmittelbar hergestellt, sondern höchstens eine langjährige, schutz- und pflegebedürftige Entwicklung eingeleitet werden (zum Beispiel müssen neu gepflanzte Bäume erst wachsen). Jeder – auch ein „ausgeglichener" – Eingriff führt deshalb zu einer Verschlechterung des Naturzustandes.

- Die Planungs- und Eingriffszeiträume sind in der Regel viel kürzer, als die Zeit, die zur fachlich fundierten Erkennung, Erforschung und Gegensteuerung von Umweltschäden benötigt wird. Dies führt zu unzulässigen Verallgemeinerungen und Schematismen (zum Beispiel Baumpflanzung als Ausgleichsmaßnahme), die den tatsächlichen Ansprüchen von Natur und Landschaft nicht in jedem Fall gerecht werden.

Räumliche Aspekte

Die Leistungsfähigkeit des Naturhaushaltes eines Ökosystems oder einer Landschaft ist nicht nur von bestimmten Qualitäten, sondern auch von **Quantitäten der beteiligten Landschaftselemente abhängig**. Diese können nur durch ausreichend zur Verfügung stehende Landschaftsräume erbracht werden (Tab. 3-3).

- Ein Individuum (oder eine Reproduktionsgemeinschaft, zum Beispiel ein Brutpaar) braucht einen bestimmten Aktionsraum (Mindestareal), um sich ausreichend mit Nahrung und anderen Umweltressourcen versorgen zu können. Bei Großvögeln (zum Beispiel Seeadler) können das bis zu 50 km^2 Fläche sein.
- Die Population einer Art benötigt eine bestimmte Mindestindividuenzahl und -dichte, um reproduktionsstabil und damit ökologisch wirksam zu sein („Eiserner Bestand"). Auf Grund des individuellen Raumanspruchs ist ein ausreichendes Flächenangebot mit bestimmter

Tab. 3-2: Wiederherstellungszeiträume für verschiedene Biotoptypen (nach Kaule 1986)

Regenerierbarkeit	Wiederherstellungszeit	Biotop-Beispiele
gut regenerierbar	< 5 Jahre	Ruderalvegetation, Sandrasen
mäßig regenerierbar	5-25 Jahre	artenarme Wiesen, Hochstaudenfluren, Saumgesellschaften
schwer regenerierbar	25-50 Jahre	Hecken, Seggenrieder, Trockenrasen, artenreiche Wiesen
kaum regenerierbar	50 – 150 Jahre	artenarme Hecken, Schwingrasen
nicht regenerierbar	150 – 250 Jahre	Auenwälder, Niedermoore
	250 – 1000 Jahre	Trockenrasen, Heiden, Übergangsmoore
	1000 – 10000 Jahre	Wälder, Hochmoore

Tab. 3-3: Mindestareal-Anforderungen ausgewählter Biotoptypen beziehungsweise Tierarten

Biotoptyp/Art	Minimalarealgröße
Trockenrasen	3 ha
Waldbiotope	1 000 ha bis 10 000 ha
Kleingewässer als Lurchlaichbiotop	100 m^2 Wasserfläche
Fischotter (Population)	50 bis 75 km Fließgewässer-Uferlänge
Brachvogel (Population)	250 ha Feuchtgrünland
Bekassine (Population)	10 ha Feuchtgrünland
Uhu (Brutpaar)	8 000 ha
Rohrweihe (Brutpaar)	2 000 ha
Waldkauz (Brutpaar)	300 ha
Turmfalke (Brutpaar)	200 ha

Ökosystemqualität (Populationsareal) notwendig, um die erforderlichen populationsökologischen Prozesse zu gewährleisten.

- Darüber hinaus ist die dauerhafte Existenz einer Art oft nur im Konnex der Metapopulation möglich, die ein funktionales Netzwerk über Individuenaustausch miteinander verknüpfter Einzelpopulationen in der Landschaft darstellt. Das erfordert zum Teil große, durch Verbundelemente vernetzte Landschaftsflächen (Biotopverbund).

- Ökosysteme benötigen zur Ausprägung ihrer Funktionsstruktur spezifische Raum-Zeit-Muster (zum Beispiel Mosaikzyklen, Patch Dynamics) mit zum Teil erheblichem Flächenbedarf. Für die Entwicklung mitteleuropäischer Naturwälder wird zum Beispiel von mindestens 10 000 ha ausgegangen.

3.2 Sicherung der Nutzungsfähigkeit der Naturgüter

3.2.1 Begriffe, Aufgaben der Landschaftsplanung

Die Naturgüter werden im § 2 BNatSchG (Grundsätze) genannt und können als natürliche Ressourcen bezeichnet werden. Ein besonderer Definitionsversuch ist nicht erforderlich. Erläuternde Hinweise zu den Naturgütern und deren Schutz werden im nächsten Teilkapitel gemacht. An dieser Stelle soll der Begriff der Nutzungsfähigkeit bestimmt werden. Die erwähnten Grundsätze des Naturschutzes und der Landschaftspflege regeln den Umgang mit den Naturgütern und es wird deutlich, dass mit der Sicherung der Nutzungsfähigkeit nicht die Erhaltung der Option auf künftige Nutzung – die auch Ausbeutung und Schädigung der Natur bedeuten könnte – gemeint sein kann. Zum Beispiel ist eine Maßgabe, dass nicht erneuerbare Naturgüter (Kap. 3.2.2) sparsam zu nutzen sind und der Verbrauch der sich erneuernden Naturgüter

so zu steuern ist, dass sie nachhaltig zur Verfügung stehen. Das Ziel der nachhaltigen – also auf dem Prinzip der Nachhaltigkeit beruhenden (Kap. 8.5) – Sicherung der Nutzungsfähigkeit als Lebensgrundlage beinhaltet die **Berücksichtigung der Regenerationsfähigkeit von erneuerbaren Naturgütern sowie die Ersetzbarkeit nicht erneuerbarer Ressourcen jeweils im Zeitraum ihrer Nutzung.** Künftigen Generationen soll somit eine Nutzung möglich bleiben, sie sollen die Ressourcen in mindestens gleicher Qualität (§ 2 Absatz 1 Ziffer 1 BNatSchG) und in hinreichender Quantität (§ 2 Absatz 1 Ziffer 2 und 3 BNatSchG) vorfinden.

Nicht nur Menschen, sondern auch die Pflanzen- und Tierwelt nutzen die Ressourcen. Nach § 2 Absatz 1 Ziffer 10 BNatSchG sind die wildlebenden Tiere und Pflanzen und ihre Lebensgemeinschaften als Teil des Naturhaushaltes in ihrer natürlichen und historisch gewachsenen Artenvielfalt zu schützen. Somit müssen die Ressourcen auch für sie nutzungsfähig sein.

Die grundlegende Aufgabe des Naturschutzes besteht in der nachhaltigen Sicherung der Fähigkeit der Natur, durch jegliche Form der Naturnutzung zwangsläufig auftretende Einwirkungen ausgleichen und die Leistungs- und Nutzungsfähigkeit der Natursysteme immer wieder regenerieren zu können.

Aufgabe der Landschaftsplanung in Hinblick auf das Ziel der nachhaltigen Sicherung der **Nutzungsfähigkeit der Naturgüter** ist

- die Konkretisierung dieses Zieles (Bestimmen der aktuellen und/oder der anzustrebenden Regenerationsfähigkeit von Ressourcen im betrachteten Landschaftsraum),
- die Ableitung von Zuständen (Qualitäten) der Naturgüter, die diesem Ziel entsprechen (in welchem Maß sind die Naturgüter belastbar beziehungsweise nutzbar, ohne dass Beeinträchtigungen erfolgen, die zum Verlust der Regenerationsfähigkeit führen?) sowie
- die Formulierung von Schutz-, Pflege- und Entwicklungsmaßnahmen, die zur Erhaltung oder Erreichung dieser Zustände führen,
- die Formulierung von Erfordernissen (Nutzungsverteilungen und -intensitäten), die zur Erhaltung oder Erreichung dieser Zustände führen.

3.2.2 Arten der Naturgüter

Naturgüter (natürliche Ressourcen) sind die für die Nutzung durch den Menschen verfügbaren abiotischen und biotischen Elemente der Natur.

Prinzipiell werden unterschieden:

- **erneuerbare Ressourcen:**
  im Zeitraum ihrer Nutzung regenerierbare Ressourcen (zum Beispiel Biomasse, Wind- und Wasserkraft, Nutzpflanzen),
- **nicht erneuerbare Ressourcen:**
  in überschaubaren Zeiträumen nicht wiederherstellbare Ressourcen (zum Beispiel fossile Brennstoffe, Erze, zum Teil Landschaftsbild, aber auch Arten).

Nach Art und Ziel ihrer Nutzung kann man folgende Gruppen von Naturgütern differenzieren:

- **stoffliche Ressourcen:**
  Nahrung und Trinkwasser, Atemluft, Pflanzen und Tiere, Roh- und Baustoffe,

- **energetische Ressourcen:**
  Nahrung, Arbeitstiere, fossile Brennstoffe, erneuerbare Energieträger,
- **räumliche Ressourcen:**
  Wohnflächen, Nutzflächen, Produktions-, Transport-, Lager- und Entsorgungsflächen, Sicherungsflächen, Erholungs- und Naturschutzflächen,
- **funktionelle Ressourcen:**
  natürliche Versorgungs- und Entsorgungssysteme, Stabilisierungs- und Schutzsysteme, soziale Wohlfahrtsleistungen der Natur,
- **ästhetische Ressourcen:**
  Tiere, Pflanzen, Mineralien, Landschaftsbild.

3.2.3 Spezifische Aufgaben des Naturschutzes im Ressourcenschutz

Die nachhaltige Nutzungsfähigkeit der Naturgüter zu gewährleisten, kann nicht als sektorale Aufgabe des Naturschutzes, sondern nur als integrale Aufgabe der Gesellschaft, insbesondere als Verpflichtung der ressourcennutzenden Wirtschaftszweige, aufgefasst werden. Deren Interessen richten sich besonders auf **knappe Naturgüter**, deren Verbrauch und Schutz privat über einen Preis geregelt wird (zum Beispiel Bodenschätze), während die **freien Naturgüter** (zum Beispiel Luft, wildlebende Arten, landschaftliche Schönheit) öffentlich und kostenlos zur Verfügung stehen und über ethische Grundsätze und staatliche Regelungen (zum Beispiel Naturschutz) geschützt werden müssen. Das betrifft auch eine Reihe von Komitativwirkungen (Wohlfahrtswirkungen), die die Regenerationsfähigkeit von Ökosystemen ausnutzen und als „Gratisleistungen der Natur" zum Schutzgut werden.

Hierzu gehören zum Beispiel:

- das natürliche Reproduktionsvermögen von Biomasse in ökologischen Systemen (Bodenfruchtbarkeit, nachwachsende Rohstoffe, Pflanzen- und Tierproduktion und so weiter),
- die Selbstreinigungskraft des Wassers, durch die insbesondere Fließgewässer organische Belastungen abbauen können,
- die Filterwirkung des Bodens, zum Beispiel zur Bereitung und Bereitstellung von Trinkwasser,

- die klimaregulierende, luftreinigende und lärmschluckende sowie gesundheitsfördernde Wirkung der Vegetation,
- die Leistung der Wälder, Niedermoore und Stillgewässer als Wasserspeicher und -reiniger und als Nährstofffalle,
- die Bereithaltung einer immer größer werdenden Palette in Produktion, Wissenschaft und Technik nutzbarer Organismen und Prozesse (Nahrungs-, Gen- und Biotechnologie, Bionik, Bioindikation und so weiter),
- die Nutzbarkeit natürlicher Landschaftselemente und -prozesse zur Beurteilung des Zustandes und der Entwicklung der Umwelt (zum Beispiel Bioindikation),
- die natürliche Vielfalt und Schönheit der Landschaft als Erholungsgrundlage.

Spezifischer Beitrag des Naturschutzes ist der Schutz vor allem derjenigen Naturgüter, deren Bereitstellung und Nutzbarkeit von den ökologischen Bedingungen in der Landschaft abhängen. Er hat dafür Sorge zu tragen, dass die Nutzung beziehungsweise der Verbrauch dieser Ressourcen nicht deren Erneuerungsrate übersteigt und dass ihre Regenerationsfähigkeit nicht durch Beeinträchtigungen des Naturhaushaltes vermindert wird.

Gegenwärtig werden mehr als 40 % der Nettoprimärproduktion der Landflächen der Erde vom Menschen genutzt (Tab. 3-4). Deshalb muss jegliche nicht unabdingbar notwendige Inanspruchnahme oder Beeinträchtigung natürlicher Ressourcen inklusiv der Flächenressourcen unterbleiben.

3.2.4 Ressourcenfunktion der Biologischen Vielfalt

Die biotische Vielfalt (Reichtum an Pflanzen- und Tierarten) besitzt **eigenständige Ressourcenfunktionen** und ist als unmittelbares Naturgut mit wachsender Bedeutung anzusehen.

- Die Vielfalt und Verschiedenartigkeit der Organismen mit ihren spezifischen Lebensleistungen und ökologischen Funktionen (Nischen) wirkt **ökologisch stabilisierend und regulierend** (interne Regelglieder, Filter- und Rückkopplungswirkungen) in den Ökosystemen. Das Aussterben von Arten kann schwerwiegende ökologische Schäden im Gesamtsystem nach sich ziehen.
- Die Organismen können sich durch ihre evolutive Potenz und ökologische Toleranzfähigkeit an **veränderte Nutzungsanforderungen** anpassen und somit auch unter künftigen Bedingungen der Landschaftsnutzung einen funktions- und leistungsfähigen Naturhaushalt begründen.

Tab. 3-4: Nutzung der terrestrischen Nettoprimärproduktion (NPP) der Welt durch den Menschen (in Einheit von 10^{15}g organischer Substanz pro Jahr) (nach Vogt 1988)

Welt-NPP	
auf dem Land	132,1
im Süßwasser	0,8
im Meer	91,6
gesamt	224,5
Vom Menschen genutzte, beeinflusste oder auf Dauer reduzierte NPP	
Ackerland	15,0
genutztes Weideland	9,8
Nutzung oder Abbrand natürlicher Weideflächen	1,8
Siedlungsflächen	0,4
Bau-, Brennholz, Papiergewinnung	2,2
Waldvernichtung ohne Nutzung (Brandrodung und so weiter)	13,4
Fisch für die Ernährung	2,0
durch Umwandlung in Acker- und Weideland, Wüsten, Siedlungs- und Verkehrsflächen reduzierte NPP	17,5
Summe	60,1

- Die genetische Vielfalt der Organismen und ihre großteils noch unerschlossenen Lebensleistungen eröffnen **direkte Verwendungsmöglichkeiten** (zum Beispiel Genressourcen für Züchtung, Biotechnologien, Gewinnung von Inhaltsstoffen und so weiter).
- Die Spezifik ihrer ökologischen Ansprüche und Toleranzgrenzen ermöglicht die Verwendung von Tier- und Pflanzenarten als **Indikatoren für Umweltentwicklungen** (Bioindikation).
- Mit der Intensivierung der Landnutzung und zunehmenden Entfremdung des Menschen von der Natur wachsen die Ansprüche an **landeskulturelle, soziale und ästhetische Wirkungen** der Arten für Wohlbefinden, Gesunderhaltung und Erholung der Bevölkerung.
- Im Artenreichtum der Erde und der Mannigfaltigkeit der Ökosysteme mit ihren komplizierten, bislang weitgehend unbekannten internen Mechanismen und Leistungen ist ein gewaltiger, noch **zu erschließender Erkenntnisgehalt** verborgen, der für die Weiterentwicklung des Mensch-Umwelt-Systems entscheidende Impulse und Fortschritte bringen wird.

3.3 Sicherung der Tier- und Pflanzenwelt

3.3.1 Begriffe, Aufgabe der Landschaftsplanung

Wie in den vorhergehenden Begriffsbestimmungen dargelegt, ist die Pflanzen- und Tierwelt in den Termini Naturhaushalt und Naturgüter enthalten. Ihre gesonderte Aufzählung entspricht der besonderen und traditionellen Bedeutung der Pflanzen- und Tierwelt für den Naturschutz, der seine Kernforderungen auf den Arten- und Biotopschutz richtet.

Aufgabe der Landschaftsplanung in Hinblick auf das Ziel der nachhaltigen Sicherung der **Pflanzen- und Tierwelt** ist

- die Konkretisierung dieses Zieles (im betrachteten Landschaftsraum Bestimmung der zu schützenden natürlichen und kulturlandschaftlichen Lebensräume mit ihren Pflanzen- und Tierarten),
- die Ableitung von Zuständen (Qualitäten) der Naturgüter beziehungsweise Lebensräume, die diesem Ziel entsprechen (in welchem Maß sind die Naturgüter belastbar beziehungsweise nutzbar, ohne dass Beeinträchtigungen der Arten, Lebensgemeinschaften, Lebensstätten und -räume sowie sonstigen Lebensbedingungen erfolgen) sowie
- die Formulierung von Schutz-, Pflege- und Entwicklungsmaßnahmen sowie Erfordernissen, die zur Erhaltung oder Erreichung dieser Zustände führen.

3.3.2 Erhaltung der biologischen Vielfalt

Die wesentlichste Voraussetzung für die Funktions- und damit Leistungsfähigkeit des Naturhaushaltes ist das Vorhandensein bestimmter Ausprägungen von Ökosystemen, deren Funktion wiederum neben ökologisch tolerierbaren abiotischen Bedingungen (Biotop: Luft, Wasser, Boden, Nährstoffe und so weiter) spezifische, qualitativ und quantitativ determinierte Organismenkombinationen (Biozönosen) erfordert.

Die Erhaltung der spezifischen biologischen Vielfalt der Landschaft wird damit zum grundlegenden Naturschutzziel.

Die biologische Vielfalt (Biodiversität, Arten- und Funktionsvielfalt) einer Landschaft (beziehungsweise der ganzen Erde) entstand im Wechselspiel des Lebens mit den jeweils vorherrschenden ökologischen Bedingungen (zum Beispiel Wasser, Wärme, Licht, Nährstoffe, andere Arten und so weiter) über lange geologische Zeiträume. Seit 10 000 Jahren ist der landnutzende Mensch als wesentlicher Einflussfaktor dazugekommen. Während sein Wirken bis ins vorige Jahrhundert hinein den Struktur- und Artenreichtum der Landschaft erhöhte, trägt er vor allem in der Gegenwart zu einer drastischen Verminderung der Biodiversität bei.

Die „natürliche Aussterberate" beträgt etwa eine Art/Jahr. Sie kann im Durchschnitt durch sich neu differenzierende Formen ausgeglichen werden. Die durch den Menschen verursachte Rate liegt wahrscheinlich 100 bis 1 000-fach höher und wird mit derzeit circa 25 000 bis 50 000 Arten/ Jahr vermutet. Täglich verschwinden also circa 100 Arten unwiederbringlich von unserem Planeten. Die auf der Erde vorhandene Artenzahl ist nicht bekannt. Schätzungen gehen bis zu 150 Millionen Arten. Bislang sind nur circa 1,5 Millionen Arten wissenschaftlich erfasst und beschrieben worden.

3.3.3 Ursachen des Artenrückganges

Als Hauptursachen insbesondere des regionalen Artenrückganges mit besonderer Bedeutung für die Landschaftsplanung sind anzusehen:

- Technologisch bedingte Veränderungen des Landschaftshaushaltes (Eingriffe in den Wasserhaushalt, Bodenverdichtung, Erosion und so weiter),
- Schadstoffbelastungen der Umweltmedien Boden, Wasser, Luft,
- Eutrophierung (Überdüngung der Landschaft),
- Strukturverarmung zum Beispiel durch Nutzungsintensivierung („Ausräumen der Landschaft"),
- Beunruhigung und Störung der Biorhythmik (zum Beispiel Tourismus, Sport, Freizeitgestaltung),
- Versiegelung und Überbauung der Landschaft,
- Verinselung der Lebensräume, Zerschneidung der Landschaft durch Verkehrsstrassen,
- Beseitigung der Ökotone (Saumbiotope) durch scharfe Nutzungsgrenzen,
- naturunverträgliche Nutzpflanzen und -tiere beziehungsweise Kulturfolger (Konkurrenzdruck, genetische Beeinträchtigung durch Bastardisierung),
- Zusammenbruch von Konsortien (Funktionsketten; das Verschwinden von Pflanzenarten kann die 5- bis 20-fache Anzahl Tierarten aussterben lassen),
- potenzierte Wirkungen von Stressoren in Arealrandlagen (Einengung der Toleranzfähigkeit unter suboptimalen ökologischen Bedingungen).

3.3.4 Ebenen der biologischen Vielfalt

Biodiversität ist auf drei Ebenen zu erhalten:
- **genetische Diversität** innerhalb einer Art, die in den genetisch unterschiedlichen Individuen und Populationen der Art enthalten ist,
- **Artendiversität**, die Vielfalt der Arten (sowie ihrer Unterarten und so weiter) in einem Lebensraum (α-Diversität) beziehungsweise in Lebensraumkomplexen (β-Diversität),
- **Diversität der Lebensgemeinschaften**, der Ökosysteme und der in ihnen ablaufenden ökologischen Prozesse in einer Landschaft (γ-Diversität) und im globalen Rahmen.

Alle drei Ebenen der Biodiversität sind für den Fortbestand der natürlichen Lebensbedingungen im Allgemeinen und speziell für den Menschen erforderlich.

Die Konvention über die biologische Vielfalt (Rio 1992) formuliert dazu:

»Die biologische Vielfalt der Welt – die Artenvielfalt der Lebewesen – ist aus ökologischen, genetischen, sozialen, wirtschaftlichen, wissenschaftlichen, erzieherischen, kulturellen und ästhetischen Gründen von hohem Wert.

Die Vielfalt ist für die Evolution und für die Erhaltung der lebenswichtigen Systeme der Biosphäre von großer Bedeutung. Erhaltung und nachhaltige Nutzung der biologischen Vielfalt sind von entscheidender Bedeutung, um die Gesundheits-, Nahrungs- und anderen Bedürfnisse der Erdbevölkerung zu befriedigen und gleichzeitig Gesundheit und Stabilität der Ökosysteme unserer Welt zu schützen.« (BMV 1997)

3.3.5 Planerisch bedeutsame Arten

Im Mittelpunkt des Interesses des Naturschutzes stehen insbesondere die gefährdeten Arten, deren Gefährdungsgrad („Naturschutzwert") in Roten Listen verzeichnet ist. Diese haben für die Landschaftsplanung einen besonderen Stellenwert, da sie oft als Indikatoren zur Landschaftsbewertung herangezogen werden.

Viele dieser Arten befinden sich in Deutschland jedoch in Arealrandlagen (was zum Teil ihre Seltenheit oder Empfindlichkeit beziehungsweise Gefährdung erklärt) und haben für den regionalen Naturhaushalt nur eine untergeordnete Bedeutung. Spezielle Schutzbemühungen in derartigen Randlagen sind für die regionale Diversität zwar bedeutsam und notwendig, für den Weltbestand der Art allerdings oft unerheblich. Neben den „Rote-Liste-Arten" müssen deshalb verstärkt **die Arten Beachtung finden, die in Mitteleuropa endemisch sind oder hier ihren Verbreitungsschwerpunkt haben** und für deren weltweite Erhaltung eine besondere Verantwortung besteht. Es handelt sich dabei oftmals um durchaus häufige Arten (zum Beispiel Roter Milan), deren „Wert" in der Landschaftsplanung bislang oft nicht erkannt wurde (Tab. 3-5). Dasselbe gilt für die Landschaftsausstattung mit Ökosystemen, deren gefährdete Typen ebenfalls in einer Roten Liste erfasst werden.

Tab. 3-5: Anteil des Brutbestandes von Vogelarten in Deutschland am Weltbestand (I) beziehungsweise europäischen Bestand (II) der Arten (nach EBCC Atlas der Brutvögel Europas 1997)

I		II	
Roter Milan	circa 60 %	Mäusebussard	> 50 %
Sommergoldhähnchen	> 25 %	Habicht	circa 35 %
Sumpfmeise	circa 24 %	Hausrotschwanz	circa 30 %
Ringeltaube	> 20 %	Kernbeißer	> 25 %
Misteldrossel	circa 20 %	Waldohreule	> 20 %
Mittelspecht	circa 20 %	Waldkauz	circa 20 %

3.4 Sicherung der Vielfalt, Eigenart und Schönheit von Natur und Landschaft als Voraussetzung für die Erholung

Die Begriffstrias Vielfalt, Eigenart und Schönheit ist dem **Schutzgut „Landschaftsbild"** zugeordnet, das gleichrangig neben dem Schutzgut „Leistungsfähigkeit des Naturhaushaltes" steht. Auf der einen Seite ist die Landschaft in ästhetischer, auf der anderen Seite in ökologischer Hinsicht Gegenstand der Untersuchung und Planungsarbeiten. Die Bedeutung der Begriffstrinität liegt sehr nahe an der des Landschaftsbildes, das als äußere, sinnlich wahrnehmbare (Sicht, Geruch, Gehör) Erscheinung von Natur und Landschaft definiert werden kann. In der naturschutzfachlichen und -rechtlichen Praxis dienen Vielfalt, Eigenart und Schönheit von Natur und Landschaft als wertbestimmende Kriterien (ästhetische Qualitäten) für das Landschaftsbild.

In den einzelnen Abschnitten des BNatSchG wird das Landschaftsbild in unterschiedlicher Intensität berücksichtigt: Während zum Beispiel die Grundsätze das Schutzgut nur indirekt behandeln (§ 2 Absatz 1 Ziffern 2, 5, 6, 9, 13), ist es in der Eingriffsregelung (§ 8) und den Definitionen der Schutzgebietskategorien (§§ 13 ff.) stark vertreten.

Auch in anderen Gesetzen wird das Landschaftsbild explizit erwähnt, wie zum Beispiel im BauGB (§ 35 Absatz 3 Ziffer 5, „Orts- und Landschaftsbild") oder im FlurbG (§ 37 Absatz 2, § 86).

Vielfalt und Eigenart von Natur und Landschaft sind objektivierbare Ziele beziehungsweise ästhetische Qualitäten. **Vielfalt** kann man mit objektiv darstellbaren Strukturen und Parametern beschreiben, zum Teil auch mit Messgrößen (zum Beispiel Artenzahlen, Diversitätsindices) belegen.

Vielfalt ergibt sich aus den Erscheinungen (Strukturen, Elemente), die für einen bestimmten Ausschnitt von Natur und Landschaft nach Art und Ausprägung landschaftsbildrelevant und naturraumtypisch sind (Breuer 1993).

Eigenart lässt sich aus dem Vergleich von (Teil-) Landschaften und typischen Landschaftsausstattungen ermitteln. Die Bewertungen der Qualitäten stützen sich sowohl auf objektive Kriterien als auch auf subjektiv-ästhetische Maßstäbe.

Eigenart kann beschrieben werden als bestimmtes, charakteristisches Zusammenwirken natürlicher und kultureller Elemente, die in einem ablesbaren Entwicklungszusammenhang stehen und eine relative zeitliche und räumliche Konstanz/ Kontinuität aufweisen (LfU 1998). Eigenart bezieht sich auf die Charakteristik beziehungsweise erlebbare Gestalt einer Landschaft, wie sie sich im Laufe der Geschichte herausgebildet hat, beinhaltet also auch Identifikationsmerkmale sowie Elemente des Wiedererkennens und ist somit eine Komponente von Heimat.

Die ästhetischen Qualitäten Vielfalt und Eigenart stehen in einer engen Beziehung, in einem Spannungsverhältnis zueinander. Die Erhöhung der Vielfalt einer Landschaft muss nicht immer zur Betonung ihrer Eigenart führen. Eine geringe Vielfalt kann gerade die besondere Eigenart von Landschaften sein, die Erhöhung der Vielfalt in diesem Fall zu Eigenartsverlust führen. So sind zum Beispiel großflächige naturnahe Wälder, Moore, Röhrichte oder das Wattenmeer wesentlich einförmiger, also von geringerer Vielfalt als kleingekammerte historische Kulturlandschaften. Dennoch ist die Erhaltung auch und gerade ihrer Eigenart eine wichtige Naturschutzaufgabe und bei landschaftsbezogenen Planungen zu beachten.

Der Begriff **Schönheit** ist sehr komplex, weshalb seine Inhalte nicht in eine Kurzdefinition gefasst werden können, was aber planerisch auch nicht für erforderlich gehalten wird, da Schönheit über die ästhetischen Qualitäten Vielfalt und Eigenart planerisch umzusetzen ist (Schafranski 1996).

Als vorrangiges Schutzziel in Bezug auf das Landschaftsbild kann die Eigenart von Natur und Landschaft aufgefasst werden, da die Vielfalt als besondere Ausprägung der Eigenart gesehen werden kann, und die Schönheit sich über Eigenart und Vielfalt erschließt. Die Landschaftsplanung hat also hinsichtlich Schutz, Pflege und Entwicklung ästhetischer Qualitäten eine ganzheitliche, integrative Aufgabenstellung.

Die ästhetischen Qualitäten einer Landschaft sind gekoppelt mit ihrer Erholungs- beziehungsweise Erlebniswirksamkeit für den Menschen. Das Landschaftsbild trägt wesentlich zur Erholungsfunktion einer Landschaft bei, weswegen an dieser Stelle auf die Teilaufgabe der Landschaftsplanung „**Vorsorge für die landschaftsbezogene Erholung**" (Erhaltung und Entwicklung von Räumen für die naturverträgliche Erholung)

näher eingegangen werden soll. Für diese Erholungsform fanden Kiemstedt und Horlitz (1984) folgende Definition:

»Landschaftsbezogene Erholung ist eine die jeweiligen natürlichen Standortfaktoren und die Eigenart der Landschaft nutzende extensive Erholung, in der die Grundbedürfnisse des Erholungssuchenden – Ruhe, Bewegung und soziale Kontakte bei gesunden Umwelteinflüssen und in erlebnisreicher Umgebung – erfüllt werden, ohne dass damit eine spezielle Ausrüstung, Ausbildung und größere Kosten verbunden sind«.

Auch in diesem Zusammenhang ist der Auftrag des Naturschutzes zu beachten, flächendeckend zu arbeiten, den besiedelten Bereich also mit einzubeziehen. Die Vorsorge für landschaftsbezogene Erholung berücksichtigt auch die Freiräume in Siedlungsgebieten und ihren Übergangsbereichen zur freien Landschaft. Diese Teilaufgabe findet demnach auch auf allen Planungsebenen – vom Landschaftsprogramm bis zum Grünordnungsplan – statt. Weite Flächenanteile können Funktionen sowohl für den Naturhaushalt (zum Beispiel Lebensraumangebot, Biotopverbund, Grundwassersicherung, Luftaustauschbahn) als auch für das Landschaftsbild und die Erholung übernehmen. Die Landschaftsplanung schlägt begründete Konzeptionen und Flächenabgrenzungen vor, die die Gesamtplanung (sowohl im Raumordnungsgesetz als auch im Baugesetzbuch ist die Sicherung von Freiräumen, auch für Erholung und Freizeit, verankert) in die Lage versetzen, im Rahmen der ihnen zur Verfügung stehenden, zum Teil multifunktionalen Planungskategorien Flächenausweisungen vorzunehmen. Ergebnisse sowohl der Zuweisung von Mehrfachfunktionen auf Landschaftsausschnitte, als auch des Zusammenwirkens von Landschafts- und Gesamtplanung sind unter anderen regionale Grünachsen, Landschaftsparks (Kap. 5.1.3), städtische Grünzüge und -gürtel sowie innerörtliche Grünflächen.

Neben der landschaftsbezogenen Erholung – mit typischen Aktivitäten wie Spazierengehen, Wandern, Radwandern, Reiten, Schwimmen, Bootfahren, Naturbeobachtung – nutzen geräteorientierte **Freizeit- oder Sportaktivitäten** (so genannte Natursportarten) die Landschaft. Zu diesen gehören zum Beispiel Skifahren, Surfen, Drachenfliegen, Mountain-Biking und Moto-Cross. Diese Nutzungen sind an bestimmte naturräumliche Faktoren gebunden, stellen aber nicht das Landschaftserleben in den Vordergrund, sondern sehen die Natur als Kulisse, nutzen sie als Ort der Sportausübung. Die Landschaftsplanung hat die Aufgabe, stattfindende oder zu erwartende Beeinträchtigungen von Natur und Landschaft durch derartige Freizeit- und Sportaktivitäten zu analysieren und Vorschläge für Konfliktlösungen zu machen. Sie hat aber im Rahmen der Erholungsvorsorge nicht die Aufgabe, die Voraussetzungen für geräteorientierte Freizeitnutzungen planerisch vorzubereiten. Gleiches gilt für die anlagengebundene Erholung (zum Beispiel Sportfelder, Golfplätze).

In Hinblick auf **landschaftsbezogenen Tourismus** haben Landschaftspläne und -programme die Aufgabe, vorausschauend Bereiche darzustellen, die sich für entsprechende Nutzungsformen mehr oder weniger eignen (zum Beispiel durch Eignungsgebiete und Tabuzonen). Für den Nutzungsbeziehungsweise Funktionsbereich Erholung gibt es keine eigenständige Fachplanung, die Landschaftsplanung als Instrument des Naturschutzes hat den gesetzlichen Auftrag, die landschaftsbezogene Erholungsvorsorge zu übernehmen. Erholungs- und Tourismusplanung wird im Rahmen der Raumordnung unter starker Einbeziehung informeller Planungen (Kap. 6.1) betrieben, hat aber die Belange von Naturschutz und Landschaftspflege einzubeziehen. Die Landschaftsplanung muss hier begründete Flächenausweisungen und Vorschläge zur Konfliktlösung, zu naturverträglichen touristischen Nutzungsformen und -verteilungen sowie zu Schutzgebieten beziehungsweise ihren Zonierungen liefern, letztere haben nach normativen Vorgaben eindeutig die Erholung des Menschen einzubeziehen (insbesondere Landschaftsschutzgebiet und Naturpark; Naturschutzgebiet und Nationalpark soweit es der Schutzzweck erlaubt).

Das **Bundesnaturschutzgesetz** stellt in seinen Grundsätzen wiederholt den Bezug zwischen Landschaft und Erholungsvorsorge her. Unbebaute Bereiche sind insgesamt und auch im einzelnen in für ihre Funktionsfähigkeit genügender Größe zu erhalten. Für Naherholung, Ferienerholung und sonstige Freizeitgestaltung geeignete Flächen sind zu erschließen und zu gestalten. Der Zugang zu Landschaftsteilen mit Erholungseignung ist zu erleichtern. Historische Kulturlandschaften sowie Kultur-, Bau- und Bodendenkmäler und ihre Umgebung sollen geschützt und

erhalten werden. Bei Maßnahmen des Naturschutzes und der Landschaftspflege ist die besondere Bedeutung der Land-, Forst- und Fischereiwirtschaft für die Erhaltung der Kultur- und Erholungslandschaft zu berücksichtigen. Ergänzende Regelungen bringt dieses Gesetz im sechsten Abschnitt (§ 27 Betreten der Flur, § 28 Bereitstellung von Grundstücken).

Die **Naturschutzgesetze der Länder** bringen zum Teil weitere Spezifizierung.

Die **Probleme und Konflikte**, mit denen sich die Landschaftsplanung zu beschäftigen hat, sind begründet zum einen in der Gefährdung von Räumen für die landschaftsbezogene Erholung (zum Beispiel durch Zerschneidung, Ausräumung, Verlärmung), zum anderen in Beeinträchtigungen von Natur und Landschaft durch die Erholungsnutzung selbst.

Von insbesondere folgenden Vorhaben oder Aktivitäten, die im Zusammenhang mit Erholungsnutzungen stehen, gehen erhebliche Belastungen und Zerstörungen von Natur und Landschaft aus (LANA 1991):

- Die infrastrukturellen Erschließungsmaßnahmen für die Erholungsnutzung und den Massentourismus,
- die Errichtung von Wochenendhäusern, Ferienwohnungen und Centerparks in bisher weitgehend ungestörten Gegenden,
- die Anlage von Skiliften, Skipisten und Beschneiungsanlagen,
- die Anlage von Campingplätzen, Sportanlagen und sonstigen Sporteinrichtungen, zum Beispiel Golfanlagen,
- alle Formen des Motorsports,
- die Anlage von Bootsliegeplätzen in Uferregionen,
- Erlebnismotorflüge durch kommerzielle Veranstalter und Private.

Hinzu kommen Belastungen, die von Erholungs- und Freizeitaktivitäten – insbesondere die hohe Anzahl von Aktivitäten – ausgehen, wenn sie in empfindlichen Landschaftsbereichen stattfinden.

Die Beeinträchtigungen von Natur und Landschaft durch Erholungsnutzung können alle Schutzgüter betreffen:

- Störwirkungen auf Arten und Lebensgemeinschaften (insbesondere in Bereichen mit intensiver Erholungsnutzung und geringem Angebot an Rückzugsmöglichkeiten für störempfindliche Arten, wie zum Beispiel Uferbereiche und Küsten),

- Bodenveränderungen durch Schaffung von Infrastruktureinrichtungen (zum Beispiel Erschließungsstraßen, Unterkünfte, Sportanlagen),
- gesteigerte Anforderungen an Kapazitäten der Trinkwasserversorgung und Abwasserbehandlung,
- Beeinträchtigung der Luft infolge Verkehrszuwachs durch touristische Einrichtungen,
- Veränderung des Landschaftsbildes durch neue Infrastruktur.

Die Konflikte sind nur durch integrative Ansätze zu lösen, wie sie die Landschaftsplanung zu liefern hat. Der Naturschutz hat **Konzeptionen zur Konfliktvermeidung und -minimierung** entwickelt und sucht die Kooperation mit Interessensvertretern aus den Bereichen Tourismus, Freizeit und Sport. Nur im Rahmen konsensorientierter Planungsprozesse sind Lösungen für die angesprochenen Konflikte zu finden. Die Landschaftsplanung darf nicht aus der Defensive reagieren, sondern muss sich mit vorausschauenden Konzepten ·in den Prozess einbringen. Konzeptionell ist in den letzten Jahren einiges geschehen. Zum Beispiel wurde auf der Basis der oben genannten „Lübecker Grundsätze des Naturschutzes" (LANA 1991), ein Handlungskonzept Naturschutz und Erholung erarbeitet (LANA 1995). Hierin wird deutlich, dass der Bereich Erholung und Freizeit auch als Wirtschaftsfaktor gesehen wird, insbesondere als eine der wenigen Alternativen in strukturschwachen Räumen. Das Konzept und die daraus entwickelten Maßnahmenvorschläge zielen insbesondere auf die Verbesserung von Freizeit- und Erholungsmöglichkeiten im besiedelten und siedlungsnahen Bereich, die Sicherung schutzwürdiger Lebensräume sowie die Erhöhung des Anteiles naturnaher Flächen, die Entlastung von Natur und Landschaft sowie auf

die Veränderung der Verhaltensweisen der Erholungssuchenden. Betont wird, dass die Umsetzung nur als gemeinschaftliche Aufgabe erfolgen kann.

Im Oktober 1996 verabschiedeten die im Deutschen Naturschutzring (DNR) zusammengeschlossenen Naturschutzverbände und · der Deutsche Sportbund (DSB) am Ende eines Kongresses mit dem Thema „Leitbilder eines natur- und landschaftsverträglichen Sports" eine gemeinsame Erklärung, die unter anderem aussagt, dass

- Freizeit und Erholung in Natur und Landschaft wichtige Bestandteile der Daseins- und Gesundheitsvorsorge sind,
- es in ausreichendem Umfang Flächen geben muss, in denen der Naturschutz Vorrang hat,
- die Ausweisung von Naturschutzvorrangflächen differenziert und nach nachvollziehbaren Kriterien vorzunehmen ist,
- darüber hinaus auf der gesamten Fläche naturverträgliche, nachhaltige Nutzungen erfolgen müssen,
- Lösungen zu suchen sind, die von den Betroffenen aufgrund umfassender Beteiligung und Berücksichtigung beiderseitiger Interessen getragen und akzeptiert und somit realisierbar werden.

Eine lösungs- und umsetzungsorientierte Landschaftsplanung wird in ähnlicher Weise den Dialog mit Nutzergruppen suchen müssen und außerhalb von Naturschutzvorrangflächen Schutzziele auf Nutzflächen mit den Interessen von Betroffenen verknüpfen. Wohlgemerkt geht es hier um Teilkoordinierung, also die Lösung von Konflikten zwischen Nutzungen und dem Naturschutz sowie innerhalb des Naturschutzes. Der Auftrag der Landschaftsplanung zur Erholungsvorsorge bezieht sich allein auf landschaftsorientierte und naturverträgliche Erholung.

4 Methoden der Landschaftsplanung

Mit der Einführung der Landschaftsplanung sollten Naturschutz und Landschaftspflege auf eine konzeptionelle Grundlage gestellt werden (Kap. 2.4). Um diesem Anspruch hinsichtlich der Qualität der Landschaftsplanungen und damit letztendlich der Zielerreichung durch den Vollzug, der in der Landschaftsplanung darzustellenden Erfordernisse und Maßnahmen von Naturschutz und Landschaftspflege, gerecht zu werden, ist die Erarbeitung von Landschaftsplanungen selbst auf ein konzeptionelles Vorgehen angewiesen. Landschaftsplanung unterscheidet sich hinsichtlich der übrigen Fachaufgaben des Naturschutzes und der Landschaftspflege nicht nur hinsichtlich der flächendeckenden Aufgabenstellung, sondern auch in Bezug auf den ganzheitlichen Ansatz, der das

Tab. 4-1: Berücksichtigung der Aufgaben der Landschaftsplanung im Planungsablauf (verändert nach Kiemstedt et al. 1990)

Planungsschritte	Aufgaben
1. Bestimmung und Bewertung der Schutzgüter	
a) Arten und Lebensgemeinschaften	Sicherung der standörtlich möglichen Vielfalt der Tier- und Pflanzenarten und ihrer Lebensgemeinschaften durch Entwicklung eines vernetzten Schutzsystems
b) Natur- und Landschaftserleben	Sicherung von Landschaften, Landschaftselementen und Freiräumen im Siedlungsbereich für Natur- und Landschaftserleben
c) Regulation und Regeneration von	
– Boden	Sicherung der Substanz, der Produktions-, Pufferungs- und Filterleistung des Bodens
– Wasser	Sicherung der Grundwasserqualität und -neubildung und der Oberflächengewässer im Landschaftshaushalt (Selbstreinigungskraft und Wasserrückhaltung)
– Klima/ Luft	Sicherung der Klimaausgleichs- und Immissionsschutzfunktion
2. Prüfung der ökologischen und visuellen Nutzungsverträglichkeit	Vermeidung, Minderung oder Ausgleich von Beeinträchtigungen der Schutzgüter durch vorhandene und geplante Nutzungen
3. Zielkonzeption	Leitbild der räumlichen Entwicklung aus der Sicht von Naturschutz und Landschaftspflege als Grundlage und Rahmen der Handlungsprogramme
4. Handlungsprogramm (Maßnahmenkonzeption) für	
– Naturschutz und Landschaftspflege	Grundsätze und Maßnahmen zum Schutz, zur Pflege und Entwicklung von Natur und Landschaft im Zuständigkeitsbereich von Naturschutz und Landschaftspflege
– andere Nutzungen	naturschutzfachliche Anforderungen und Maßnahmen im Zuständigkeitsbereich anderer Fachressorts und -planungen

komplexe Wirkungsgefüge der Gesamtheit der Landschaftsfaktoren inhaltlich bewältigen muss.

Die Tabelle 4-1 verdeutlicht den Zusammenhang zwischen den Aufgaben der Landschaftsplanung (Kap. 3) und dem notwendigen Ablauf, in dem die Aufgaben vollständig und handlungsorientiert aufgegriffen werden müssen. Die Methoden der Landschaftsplanung vermitteln daher zwischen den Aufgaben der Landschaftsplanung einerseits und den (mehr oder weniger formalen) Instrumenten der Landschaftsplanung andererseits, die im Mittelpunkt des folgenden Kapitels 5 stehen.

In diesem Kapitel soll somit mit den Methoden der Landschaftsplanung die inhaltliche Vorgehensweise in den Grundzügen vorgestellt werden. Dabei wird im Kapitel 4.1 vor allem auf die Landschaftsplanung im engeren Sinne (Kap. 5.1) abgestellt, da für die übrigen und insbesondere die informellen Landschaftsplanungen das Spektrum für deren Ausgestaltung nochmals sehr stark

zunimmt. Allgemeine planungsmethodische und -theoretische Fragen müssen dabei im Hinblick auf den Lehrbuchcharakter vernachlässigt werden. Aufgrund der Vielfalt in der landschaftsplanerischen Praxis kann hier natürlich nur ein Überblick gegeben werden. Da Landschaftsplanung insbesondere nach dem jeweiligen Landesrecht erfolgt, bleibt es unabdingbar, sich die jeweiligen landesspezifischen Methoden anzueignen. In einer Reihe von Bundesländern existieren durch das Landesnaturschutzrecht, durch untergesetzliche Regelungen oder Arbeitshilfen konkrete Vorgaben für den Ablauf und/oder die Gliederung der Landschaftsplanung. Als Beispiel einer sehr konkreten Standardisierung der Landschaftsplanung sei die Landschaftsplanung im Land Brandenburg genannt.

In den folgenden Unterkapiteln werden die Methoden der Umweltbeobachtung (Kap. 4.2) und der Eingriffsregelung (Kap. 4.3) behandelt.

4.1 Allgemeiner Ablauf

Nur für die örtliche Landschaftsplanung enthält das Bundesnaturschutzgesetz in § 6 Absatz 2 eine gesetzliche Rahmenregelung hinsichtlich der darzustellenden Inhalte. Diese Inhalte und die daraus folgende Aufgabenstellung spiegeln gleichzeitig einen notwendigen Prozess in der Erstellung der Landschaftsplanung wider. Die genannten Inhalte müssen jedoch weiter konkretisiert werden und durch typische Aspekte eines Planungsablaufes ergänzt werden (Tab. 4-2). So sind in Ziffer 1 zunächst »Darstellungen ... des vorhandenen Zustandes von Natur und Landschaft und seine Bewertung nach den in § 1 Absatz 1 festgelegten Zielen« als Inhalte des örtlichen Landschaftsplanes bestimmt. Erst im Folgenden beziehungsweise auf der Grundlage dieser Darstellung des Zustandes von Natur und Landschaft und seiner Bewertung ist in Ziffer 2 die »Darstellung des angestrebten Zustandes Natur und Landschaft und der erforderlichen Maßnahmen« genannt. Es wird deutlich, dass für die planerischen Aussagen zunächst eine Informationsgrundlage zu schaffen ist, damit die Ziele von Naturschutz und Landschaftspflege im Planungsraum entsprechend fundiert erarbeitet werden können.

Hierin drückt sich der Grundsatz aus, dass man nur das „beplanen" kann, was man kennt. Obwohl in der Planungspraxis beide Extreme vorkommen, erscheint der Fall einer ausführlichen Grundlagenarbeit in Verbindung mit einem allzu groben Planungsteil der häufigere zu sein. Hauptgrund dürfte hierfür sein, dass die Erarbeitung der Grundlagen nicht so konfliktbehaftet ist wie die Festlegung auf bestimmte Planungsziele. Einer Reihe von Bearbeitern scheint die Landschaftsbeschreibung somit näher als die planerische Auseinandersetzung zu liegen. So ist die Rahmenbedingung des § 6 Absatz 2, wonach der Landschaftsplan die oben genannten Darstellungen nur „soweit es erforderlich ist" enthält, so zu verstehen, dass es tatsächlich um ein angemessenes Maß der Berücksichtigung geht und nicht um die Grundsatzfrage, ob die aufgeführten Darstellungen jeweils überhaupt erforderlich sind. Der Gesetzgeber hat somit bereits erkannt, wie wichtig eine ausreichende Darstellung ist. Erst hierdurch wird die Planung nachvollziehbar und begründbar. Es muss somit gewährleistet sein, dass einerseits die Qualität der Planung gesichert werden kann, ohne dass andererseits ein Übermaß an Planungsaufwand betrieben wird.

Bei den insbesondere darzustellenden Maßnahmen wird deutlich, dass die Landschaftsplanung als zentrales Planungsinstrument von Naturschutz und Landschaftspflege für die übrigen Abschnitte des Naturschutzgesetzes die raumrelevanten Maßnahmen für den jeweiligen Planungsraum zu konkretisieren hat. So wird ausdrücklich Bezug genommen auf den Dritten Abschnitt: „Allgemeine Schutz-, Pflege- und Entwicklungsmaßnahmen" (insbesondere mit der Eingriffsregelung), Vierten Abschnitt: „Schutz, Pflege und Entwicklung bestimmter Teile von Natur und Landschaft" und Fünften Abschnitt: „Schutz und Pflege wildlebender Tier- und Pflanzenarten". Auf den ebenfalls stark raumbezogenen Sechsten Abschnitt: „Erholung in Natur und Landschaft" wird dagegen im Bundesnaturschutzgesetz nicht ausdrücklich verwiesen. Dies wird in einigen Landesnaturschutzgesetzen nachgeholt (zum Beispiel Artikel 3 Absatz 4 BayNatSchG und § 4 Absatz 1 BbgNatSchG).

Innerhalb des Rahmens dieser groben Inhaltsbestimmung durch das Bundesnaturschutzgesetz haben sich aufgrund der unterschiedlichen Landesnaturschutzgesetze und der Planungspraxis dennoch wesentliche übereinstimmende Ablaufschritte herauskristallisiert, die nicht nur für die in § 6 angesprochenen örtlichen Landschaftspläne gelten. Diese Arbeitsschritte lassen sich nicht nur auf die anderen räumlichen Ebenen der Landschaftsplanung im Sinne des zweiten Abschnitts des BNatSchG übertragen, sondern in jeweils angepasster Weise auch auf andere Landschaftsplanungsinstrumente einschließlich der Abarbeitung der Eingriffsregelung (Kap. 4.3). Die unterschiedlichen Begrifflichkeiten für die einzelnen Planungsschritte täuschen dabei eine größere Vielfalt vor als methodisch tatsächlich vorhanden ist. Dennoch haben sich in den 16 Bundesländern und im Hinblick auf die unterschiedlichen Anwendungsbereiche der Landschaftsplanung durchaus unterschiedliche Abläufe der Landschaftsplanung entwickelt, sodass hier nur ein verallgemeinerter Überblick geleistet werden kann. Um zwischen den benachbarten Landschaftsplanungen und den Planungen auf den unterschiedlichen Planungsebenen (Gegenstromprinzip, Abb. 5-1) eine bessere Koordi-

nierung zu gewährleisten, ist in der Gesetzgebung das Bestreben erkennbar, die Inhalte der Landschaftsplanung beziehungsweise den Ablauf der Landschaftsplanung bereits auf Gesetzesebene stärker zu präzisieren. Dies wird an einigen neueren Landesnaturschutzgesetzen deutlich.

Vor dem Hintergrund der Gefahr unzureichender Inhalte der Landschaftsplanung hat die Länderarbeitsgemeinschaft Naturschutz, Landschaftspflege und Erholung (LANA 1995) Mindestanforderungen an den Inhalt der flächendeckenden örtlichen Landschaftsplanung erarbeitet. Gemäß Beschluss der LANA werden das Bundesumweltministerium und die Länder gebeten, die Mindestanforderungen bei der weiteren Ausgestaltung der Landschaftsplanung insbesondere für die Novellierung der Naturschutzgesetze unbeschadet weitergehender Länderregelungen zugrundezulegen. In der Vorbemerkung zur Veröffentlichung dieser Mindestanforderungen heißt es: »Die von der LANA zur Novelle des Bundesnaturschutzgesetzes eingebrachten Formulierungsvorschläge zu den Mindestanforderungen an eine vorbildliche Landschaftsplanung sind im derzeitigen Referentenentwurf zur Bundesnaturschutzgesetz-Novelle weitgehend berücksichtigt.« Auf der Grundlage dieses Referentenentwurfs beziehungsweise des Regierungsentwurfs vom 9.6.1996 ist zwar vom Bundestag in der Sitzung am 5.6.1997 eine Novellierung beschlossen worden, die aber an der notwendigen Zustimmung des Bundesrates gescheitert ist. Nach Anrufung des Vermittlungsausschusses ist lediglich das Zweite Gesetz zur Änderung des Bundesnaturschutzgesetz in Kraft getreten, in dem jedoch die Bestimmungen zur Landschaftsplanung unverändert geblieben sind.

Auch die Honorarordnung für Architekten und Ingenieure (HOAI), die letztlich nur das Preisrecht regeln soll, enthält eine deutliche Gliederung des Planungsablaufs (in § 45a für Landschaftspläne, in § 46 für Grünordnungspläne und in § 47 für Landschaftsrahmenpläne) und wirkt sich somit in der Planungspraxis deutlich auf die Inhalte und den Ablauf der Landschaftsplanung aus.

Während für die Aufstellung der Landschaftsplanung sehr vielfältige Methoden bestehen, liegen für die Umsetzung der Planung, die Erfolgskontrolle und die notwendige Fortschreibung deutlich weniger Methoden vor. Dies zeigt, dass

Tab. 4-2: Vergleichendes Ablaufschema der Landschaftsplanung

Darstellungen des Landschaftsplans laut § 6 Bundesnaturschutzgesetz	Allgemeines Ablaufschema/ Planungsschritte	Leistungsbild Landschaftsplan/ Leistungsphasen laut § 45a HOAI	Beispiele für weitere gebräuchliche Bezeichnungen
Abs. 2: „Der [örtliche] Landschaftsplan enthält, soweit es erforderlich ist, Darstellungen	**1. Ermittlung der planerischen Rahmenbedingungen und Bestimmung der Ziele der Planung** (Planung der Planung) (= Bestimmung der Ziele, die mit der Planung erreicht werden sollen unter Berücksichtigung der Rahmenbedingungen und des Planungsauftrags)	1. Klären der Aufgabenstellung und Ermitteln des Leistungsumfangs	• Problembestimmung • Zielbestimmung
1. des vorhandenen Zustandes von Natur und Landschaft	**2. Ermittlung der Planungsgrundlagen**	2. Ermitteln der Planungsgrundlagen	
	2.1 Landschaftsanalyse (= Beschreibung der historischen, gegenwärtigen und zukünftigen (das heißt absehbaren) Situation von Natur und Landschaft)	a) Bestandsaufnahme	• Ist-Analyse • Erfassung/ Erhebung von Natur und Landschaft • Potenzialanalyse • Analyse der Schutzgüter/ Landschaftsfunktionen
und seine Bewertung nach den in § 1 Absatz 1 festgelegten Zielen	**2.2 Landschaftsbewertung/ Konfliktbewertung** (= Vergleichende, ordnende oder quantifizierende Einstufung von Objekten des Naturschutzes und der Landschaftspflege nach Wertgesichtspunkten)	b) Landschaftsbewertung nach den Zielen und Grundsätzen des Naturschutzes und der Landschaftspflege einschließlich der Erholungsvorsorge Feststellung von Nutzungs- und Zielkonflikten	• Landschaftsdiagnose • Wertbestimmung • Potenzialbewertung • Bewertung der Schutzgüter/ Landschaftsfunktionen • (Konfliktanalyse)

	3. Planung	3. vorläufige Planfassung (Vorentwurf)	
[Abs. 1: „... Erfordernisse (...) zur Verwirklichung der Ziele von Naturschutz und Landschaftspflege..."] 2. des angestrebten Zustandes von Natur und Landschaft	**3.1 Zielkonzeption** (= Erarbeitung und Darstellung der Ziele zu Schutz, Pflege und Entwicklung von Natur und Landschaft im Planungsgebiet)	a) Darlegen der Entwicklungsziele des Naturschutzes und der Landschaftspflege, insbesondere in Bezug auf die Leistungsfähigkeit des Naturhaltes, die Pflege natürlicher Ressourcen, das Landschaftsbild, die Erholungsvorsorge, den Biotop- und Artenschutz, den Boden-, Wasser- und Klimaschutz sowie Minimierung von Eingriffen (und deren Folgen) in Natur und Landschaft	• Ziele • Planungsziele • Entwicklungsziele • Naturschutzfachliche Ziele • Erfordernisse zur Verwirklichung der Ziele von Naturschutz und Landschaftspflege • Landschaftsentwicklung • Leitbild (Allgemeine Entwicklungsziele)
[Abs. 1: „...Maßnahmen zur Verwirklichung der Ziele von Naturschutz und Landschaftspflege..."] und der erforderlichen Maßnahmen, insbesondere a) der allgemeinen Schutz-, Pflege- und Entwicklungsmaßnahmen im Sinne des Dritten Abschnittes, b) der Maßnahmen zum Schutz, zur Pflege und zur Entwicklung bestimmter Teile von Natur und Landschaft im Sinne des Vierten Abschnittes und c) der Maßnahmen zum Schutz und zur Pflege der Lebensgemeinschaften und Biotope der Tiere und Pflanzen wildlebender Arten, insbesondere der besonders geschützten Arten, im Sinne des Fünften Abschnittes."	**3.2. Maßnahmenkonzeption** (= Erarbeitung und Darstellung von (auf örtlicher Ebene flächenkonkreten) Maßnahmen, die aus der Zielkonzeption abgeleitet werden und die in ihrer Gesamtheit die Verwirklichung der Zielkonzeption gewährleisten)	b) Darlegen der im einzelnen angestrebten Flächenfunktionen einschließlich notwendiger Nutzungsänderungen c) Vorschläge für Inhalte, die für die Übernahme in andere Planungen, insbesondere in die Bauleitplanung geeignet sind	• Maßnahmen • Schutz-, Pflege- und Entwicklungsmaßnahmen • Maßnahmen zur Verwirklichung der Ziele von Naturschutz und Landschaftspflege • Maßnahmenkatalog • Handlungsprogramm • Handlungskonzept • Umsetzungskonzept
	4. Umsetzung	d) Hinweise auf landschaftliche Folgeplanungen und -maßnahmen sowie kommunale Förderungsprogramme	• Realisierung • Ausführung
	5. Erfolgskontrolle		• Erfolgsbilanz • Effektivitätskontrolle
	6. Fortschreibung/Neuaufstellung		

der Schwerpunkt der Landschaftsplanung auch nach über 20 Jahren noch in der Erstaufstellung von Plänen liegt. Mit zunehmender Umsetzung und Fortschreibung vorhandener Pläne ist hier eine Aufgabenverschiebung zu erwarten.

In Auswertung der Tabelle 4-2 zeigt sich, dass die Landschaftsplanung, trotz zahlreicher unterschiedlicher Instrumente in der Planungspraxis, fast regelmäßig auf die in der Tabelle 4-3 dargestellten allgemeinen Planungsschritte zurückgeführt werden kann. Insbesondere aufgrund der Vielzahl von Begriffsprägungen wird eine höhere Vielfalt an unterschiedlichen Planungsabläufen vorgetäuscht als tatsächlich vorhanden ist. Gleichzeitig wird deutlich, dass die grobe Ablaufregelung des Bundesnaturschutzgesetzes einer Verfeinerung bedarf, um zu einem stringenten Planungsablauf zu gelangen. So ist es folgerichtig, dass auch die Entwürfe zur Novellierung des Bundesnaturschutzgesetzes eine sehr viel ausführlichere Bestimmung der Inhalte und damit des Ablaufs der Landschaftsplanung vorsieht. Diese bezieht sich nicht nur wie bisher allein auf den örtlichen Landschaftsplan, sondern auch auf Landschaftsprogramm und Landschaftsrahmenplan und bedeutet somit eine Vereinheitlichung der Methodik der Landschaftsplanung auf allen Ebenen.

Unterschiedliche Auffassungen zum Ablauf der Landschaftsplanung in den einzelnen Ländern bestehen insbesondere hinsichtlich der Einordnung der Bewertung beziehungsweise der Konfliktanalyse innerhalb des Planungsprozesses. Maßgeblich hierfür sind unterschiedliche Sichtweisen, inwieweit für eine Bewertung einschließlich Konfliktanalyse Bewertungsmaßstäbe

über die allgemeinen Ziele und Grundsätze von Naturschutz und Landschaftspflege hinaus erforderlich sind. Während klassischerweise die Bewertung und die Konfliktanalyse der eigentlichen Planung vorangestellt wird, besteht auch die Auffassung, dass für die Bewertung des Zustandes zunächst eine (grobe) Zielbestimmung erforderlich sei, um eine angemessene Beurteilung vornehmen zu können.

So bestimmt das Landesnaturschutzgesetz Mecklenburg-Vorpommern in § 11 Absatz 1 (in Analogie zum Novellierungsentwurf zum Bundesnaturschutzgesetz vom 28.6.2000), dass zunächst nur eine (1.) Darstellung des vorhandenen und zu erwartenden Zustandes von Natur und Landschaft vorzunehmen sei, dann die (2.) konkretisierten Ziele und Grundsätze des Naturschutzes und der Landschaftspflege und erst im dritten Schritt eine (3.) Beurteilung des Zustandes nach Maßgabe dieser Ziele, einschließlich der sich daraus ergebenden Konflikte. Es wird deutlich, dass für die Konkretisierung der Ziele und Grundsätze eine Kenntnis des Zustandes von Natur und Landschaft vorausgesetzt wird. Dennoch ergibt sich, dass an dieser Stelle noch keine Planung betrieben werden soll, sondern die Konkretisierung der Ziele und Grundsätze auf rechtlich ableitbare und nach wie vor abwägungsbedürftige Aussagen zu beschränken ist, die unabhängig von der tatsächlichen Beurteilung der Problemstellung im Plangebiet vertreten werden können. Die Planung konzentriert sich dadurch auf den vierten Schritt, die (4.) Darstellung der Erfordernisse und Maßnahmen, da erst hier die die Planung kennzeichnenden Planungsspielräume entstehen.

Tab. 4-3: Allgemeiner Ablauf der Landschaftsplanung

1. Ermittlung der (formalen) planerischen Rahmenbedingungen und Bestimmung der Ziele der Planung

2. Ermittlung der (inhaltlichen) Planungsgrundlagen

    2.1 Landschaftsanalyse

    2.2 Landschaftsbewertung einschließlich Konfliktbewertung

3. Planung

    3.1 Zielkonzeption

    3.2 Maßnahmenkonzeption

4. Umsetzung der Planung

5. Erfolgskontrolle

6. Fortschreibung (mit eingeschränktem Ablauf) oder Neuaufstellung (mit vollständigem Ablauf der Landschaftsplanung)

Demgegenüber sieht das Brandenburgische Naturschutzgesetz in § 4 Absatz 1 in einem ersten Schritt bereits die (1.) Beurteilung des Zustandes von Natur und Landschaft einschließlich der Auswirkungen der vergangenen, gegenwärtigen und … zukünftigen Raumnutzungen vor. Danach sind (2.) Entwicklungsziele des Naturschutzes und der Landschaftspflege für den Planungsraum aufzustellen, auf deren Grundlage in einem dritten Schritt eine (3.) Einschätzung der sich ergebenden Konflikte zwischen Bestandsbeurteilung und Entwicklungszielen darzustellen ist. Diese Vorgehensweise wirft die Frage auf, inwiefern die zunächst formulierten Zielsetzungen aufgrund der Ergebnisse der Zustandsbewertung einschließlich Konfliktanalyse selbst nochmals revidiert werden müssen. Dies hätte zur Folge, dass innerhalb der Landschaftsplanung zunächst eine Optimalplanung der Entwicklungsziele und eine überarbeitete, den Realitäten beziehungsweise Durchsetzungsmöglichkeiten angepasste Planung der Entwicklungsziele enthalten sein würde. Diese Problematik findet seinen Niederschlag in der Broschüre „Der Landschaftsplan in Brandenburg" (Landesumweltamt Brandenburg 1996), indem zwischen der gesetzlichen Konfliktanalyse und den Erfordernissen und Maßnahmen zusätzlich ein weiterer Schritt „Anforderungen – Entwicklung der konkreten flächenbezogenen Entwicklungsziele als Ergebnis der Konfliktanalyse" eingefügt wird. Entgegen dem im zweiten Schritt eingeführten Rechtsbegriff der Entwicklungsziele wird der Begriff statt dessen für einen zusätzlichen Planungsschritt verwendet.

4.1.1 Planerische Rahmenbedingungen und Ziele der Planung

Noch bevor durch die Landschaftsanalyse (Kap. 4.1.2) und Landschaftsbewertung (Kap. 4.1.3) die Ermittlung der inhaltlichen Planungsgrundlagen erfolgt, sollte die Planung selbst vorbereitet und organisiert werden. Dazu gehören zuallererst die Auseinandersetzung mit den Charakteristika und den Besonderheiten des Planungsgebietes und die Klärung der formalen Rahmenbedingungen durch Recherche der bestehenden und laufenden Planungen. Dabei ist insbesondere zu ermitteln, welche Rahmenbedingungen eine Bindung erzeugen und damit zunächst unveränderlich sind (zum Beispiel bestehende Schutzgebietsausweisungen und Ziele der Raumordnung) und welche Planungen zu beeinflussen sind, jedoch hierzu eine entsprechende Auseinandersetzung erfordern (zum Beispiel Grundsätze der Raumordnung und laufende Planungen). Zudem ist eine Recherche der vorhandenen Informationen zum Landschaftszustand erforderlich, um entscheiden zu können, inwieweit die Planung sich auf diese Informationen stützen lässt oder ob noch Primärdaten durch Geländearbeit erhoben werden müssen.

Unter Berücksichtigung dieser formalen Rahmenbedingungen und Zugrundelegung der vorhandenen Planungsgrundlagen lassen sich sowohl eine Aufgabenbestimmung, was im Hinblick auf die Problemstellungen im Plangebiet mit der Planung erreicht werden soll, als auch bereits inhaltliche Grobziele hinsichtlich des Planungsergebnisses aufstellen, um im folgenden Schritt eine zielgerichtete beziehungsweise angemessene Ermittlung der Planungsgrundlagen und insbesondere der Bewertung (einschließlich der Konflikte) vornehmen zu können. Das Preisrecht der HOAI betont in diesem Planungsschritt mit der Frage des Leistungsumfangs insbesondere den Aspekt der Wirtschaftlichkeit, der somit insbesondere im Falle einer Planungsvergabe ebenfalls eine nicht zu vernachlässigende Rahmenbedingung für den gesamten folgenden Planungsablauf ist.

Die Beteiligung von anderen Planungsbeteiligten, Verantwortungsträgern für Naturschutz und auch der Öffentlichkeit sollte nicht nur unter formalen Gesichtspunkten geschehen, sondern als bewusst zu nutzende Chance, die Planung zu qualifizieren und gleichzeitig deren Akzeptanz zu erhöhen. Dies gilt insbesondere hinsichtlich einer engen Kooperation mit den Naturschutzbehörden (wenn diese nicht selbst Träger der Landschaftsplanung sind). Auch eine Zusammenarbeit mit den Naturschutzverbänden besitzt einen besonderen Stellenwert, da im ehrenamtlichen Naturschutz oftmals ansonsten nicht verfügbare Daten vorhanden sind und die Naturschutzverbände als engagierte Fachöffentlichkeit beziehungsweise als Multiplikatoren eine Schlüsselrolle für die Wirksamkeit der Planung besitzen.

Schließlich gilt es, unter Berücksichtigung all dieser Aspekte auch eine Ablauf- beziehungsweise Zeitplanung zu entwickeln, um eine effektive Planungsabfolge vorzubereiten. Dabei ist insbesondere eine Ausrichtung der Landschaftsplanung auf die jeweilige Funktion der Landschaftsplanung zu berücksichtigen. Hierbei ist es entscheidend, dass über den gesamten Planungsablauf ein Vorlauf gegenüber der räumlichen Gesamtplanung gewährleistet ist, damit die Ergebnisse der Landschaftsplanung beziehungsweise der einzelnen Planungsschritte als Planungsbeitrag und damit für die notwendige Integration der Landschaftsplanung in die jeweilige Ebene der Raumordnung beziehungsweise Bauleitplanung zur Verfügung stehen. Dies gilt unabhängig davon, ob eine Primärintegration, Sekundärintegration oder Selbstständigkeit der Landschaftsplanung vorliegt (Kap. 5.1.1).

Bei der Ablaufplanung ist somit zu berücksichtigen, dass Landschaftsplanung Bestandteil des Planungsprozesses wird und nicht Bestandteil eines einheitlichen Planungsergebnisses. Naturschutzfachliche Belange müssen daher im Vorfeld der anstehenden Entscheidungen erarbeitet werden. Nur so ist sichergestellt, dass zu einem möglichst frühen Zeitpunkt der Handlungs- und Entscheidungsspielraum, der jegliche Planung kennzeichnet, auch tatsächlich nicht nur zur Vermeidung und Minderung von Beeinträchtigungen, sondern darüber hinaus auch zur Entwicklung von Natur und Landschaft genutzt wird. Bei einer rein integrierten oder einer streng parallelen Planung beziehungsweise gleichzeitigem Abschluss der Planwerke besteht dagegen die Gefahr, dass über die Naturschutzbelange nur noch berichtet wird, jedoch diese zum entscheidenden Zeitpunkt eben noch nicht vorlagen und somit auch keine Rolle gespielt haben können. Bereits bei der Ablaufplanung ist daher dafür Sorge zu tragen, dass Landschaftsplanungen im Ergebnis nicht den Charakter von Umweltberichten tragen (Lange 1993).

Insbesondere sind durch eine Umsetzungsorientierung bereits mit Eintritt in den Planungsprozess (zum Beispiel durch eine „Akzeptanz-Voruntersuchung" (Kaule et al. 1994) und „Runde Tische" (ANL 1996)) die Voraussetzungen für die spätere Wirksamkeit der Planung zu verbessern (Kap. 4.1.4).

4.1.2 Landschaftsanalyse

Die Ermittlung sowohl der natürlichen, als auch der anthropogenen Eigenschaften, Prozesse und ihrer Wechselwirkungen in der Landschaft wird als Landschaftsanalyse bezeichnet. Die Landschaftsanalyse liefert die abiotischen und biotischen Grunddaten über die der Planung unterworfene Landschaft für alle nachfolgenden Planungsschritte. Entsprechend groß ist ihre Bedeutung im gesamten Planungsablauf (Bastian und Schreiber 1994, Buchwald und Engelhardt 1995, LANA 1996a, Leser 1997). Sie ist zweistufig aufgebaut. Zunächst erfolgt die Datenerfassung. Um ihrem planerischen Anspruch gerecht zu werden, kann die Landschaftsanalyse allerdings nicht auf der deskriptiven Stufe stehen bleiben, sondern muss die ermittelten Daten interpretieren. Dies geschieht ebenso wie die Datenerfassung anhand objektiv nachvollziehbarer, auf dem jeweiligen Stand der Wissenschaft befindlicher Methoden (Tab. 4-4). In den weiteren Planungsschritten treten subjektive Einschätzungen und übergeordnete Leitbilder hinzu, welche die Ergebnisse der Landschaftsanalyse überlagern können.

Am Beginn jeder Landschaftsplanung steht die Bestandsaufnahme. Diese beinhaltet die Erfassung aller planungsrelevanten abiotischen und biotischen Landschaftsparameter. Schon durch

Tab. 4–4: Ablauf, Datenqualität und Bemessungsgrundlagen in der Landschaftsplanung

Planungsebene/ Planungsschritt	Datenqualität	Bemessungsgrundlage
Landschaftsanalyse (Datenerfassung, -auswertung)	objektiv-reproduzierbar	wissenschaftliche Erfassungsmethodik
Bewertung	subjektiv-reproduzierbar, daten- und modellorientiert	wissenschaftliche Methodik, fachliches Leitbild
Entscheidung	subjektiv-(reproduzierbar), nutzungsorientiert	(umwelt-)politisches Leitbild

die Definition des Planungsziels wird zwar im Grundsatz auch das Spektrum der zu erfassenden Landschaftsparameter festgelegt, es muss jedoch zusätzlich entschieden werden, welche Daten in welcher Qualität und Quantität erhoben werden müssen, um die Wirkungen der Planung erfassen und bewerten zu können. Fast noch schwieriger ist der Ausschluss der nicht relevanten Parameter, die für die aktuelle Planung keine Aussagekraft besitzen. Um diesen Entscheidungsprozess zu vereinfachen und vor allem den Planungsablauf zu standardisieren, wird in der Regel ein Kanon von **Schutzgütern** formuliert, die im Rahmen einer Landschaftsanalyse untersucht werden müssen. Die „Länderarbeitsgemeinschaft für Naturschutz, Landschaftspflege und Erholung", das ist die Vertretung der Obersten Landschaftspflegebehörden der Länder und des Bundes, hat als Mindeststandard für den Untersuchungsrahmen in der Bauleit-

planung folgende Schutzgüter definiert, die im Rahmen landschaftsplanerischer Untersuchungen mindestens untersucht werden müssen (LANA 1996a):

- Arten und Lebensgemeinschaften,
- Boden,
- Wasser (Oberflächengewässer und Grundwasser),
- Klima,
- Luft,
- Landschaftsbild.

Grundsätzlich können zwei Möglichkeiten der Datenerfassung unterschieden werden, wobei es jedoch fließende Übergänge gibt. Da sind zum einen die **integrativen**, **aggregierenden** Verfahren, etwa eine Biotopkartierung oder Wassergütebestimmung anhand des Saprobiensystems. Diese Verfahren streben als Ergebnis die Integration aller biotischen und abiotischen Parame-

Tab. 4-5: Vergleich der Kartierungsmethoden der Biotoptypen- und Biotopkartierung (Entwurf: Horst Lange)

Kartierungsmethodik	Biotoptypenkartierung	Biotopkartierung
andere Bezeichnungen	• Realnutzungskartierung • Biotoptypen- und Nutzungstypenkartierung	• Wertbiotopkartierung • selektive Biotopkartierung • „Rosinenkartierung" • Kartierung der für den Naturschutz (besonders) wertvollen Bereiche
Informationsgrundlage	• bei Kartierungsprojekten auf Landes- oder Kreisebene ganz überwiegend Color-Infrarot-Luftbilder • lediglich in Zweifelsfällen Überprüfung durch Geländebegehungen	• Biotoptypenkartierung • Recherche vorhandener Daten • Geländebegehungen
räumlicher Erfassungsbereich	flächendeckend	nur für ausgewählte Flächen
Maßstab	1:10 000 oder größer	in der Regel 1:25 000 oder kleiner
räumliche Kartiereinheiten	sämtliche Einzelbiotope beziehungsweise -typen	ausgewählte Biotope beziehungsweise Biotopkomplexe
Erfassungseinheiten	Biotope werden durch standardisierte Erfassungseinheiten typisiert	Biotope/ Biotopkomplexe werden individuell und detailliert beschrieben
erfasste Informationen	Struktur-, Vegetations- und Nutzungsmerkmale	umfangreiche Informationen über Flora, Vegetation und Fauna sowie Belastungen und Schutz-, Pflege- und Entwicklungsmaßnahmen
Hauptanwendungen	• (örtliche) Landschaftsplanung • Eingriffsregelung • Umweltverträglichkeitsprüfungen • Grundlage für die Biotopkartierung • Grundlage für die Kartierung der gesetzlich geschützten Biotope	• (überörtliche) Landschaftsplanung • Schutzgebietsplanung • Ermittlung von Kernflächen des Naturschutzes für die Landschaftsplanung und für die Anwendung der Eingriffsregelung

ter an. Sie arbeiten nach dem Prinzip „pars pro toto". Ein repräsentativer Ausschnitt beschreibt im Idealfall das gesamte Wirkungsgefüge einer Landschaft oder eines Landschaftsbestandteils.

In vielen Fällen begnügt man sich bei landschaftsplanerischen Fragestellungen mit **aggregierenden** Methoden, zum Beispiel der Biotopkartierung des zu untersuchenden Landschaftsteils.

Die heute verwendeten Kartierungsmethoden lassen sich nach Sukopp und Weiler (1986) grundsätzlich folgenden drei Kategorien zuordnen, wobei die Übergänge fließend sind:

- Die **selektive Kartierung** erfasst nur **schutzwürdige**, in einigen Fällen auch **potenziell schutzwürdige Biotope**. Das setzt allerdings voraus, dass vor der Kartierung ein Bewertungsrahmen erstellt wird, anhand dessen die Schutzwürdigkeit und damit Kartierungswürdigkeit eines Biotops beurteilt werden kann. Jeder aufgrund des Bewertungsrahmens kartierungswürdige Biotop wird individuell beschrieben.

- Bei der **repräsentativen Kartierung** werden (meist landesweit) für alle flächenrelevanten **Biotoptypen**, beziehungsweise **Biotoptypenkomplexe** Beispielflächen untersucht, charakterisiert (typisiert) und die Ergebnisse (Einstufung, gegebenenfalls Bewertung im Sinne des § 20c BNatSchG) auf Flächen gleicher Biotopstruktur bezogen. Die Einstufung und Bewertung der einzelnen, individuellen Biotope ist somit nicht mehr unmittelbar an die Erfassung gekoppelt, sondern folgt dem durch die vorangegangene Typisierung vorgegebenen Maßstab.

- Bei der **flächendeckenden Kartierung** erstreckt sich die Erhebung biologisch-ökologischer Merkmale auf **alle Biotope** der gesamten Fläche des Untersuchungsraums. Die Erfassung der Biotope erfolgt zunächst individuell und unabhängig von einer Einstufung oder Bewertung. In einem weiteren Schritt werden allerdings auch die so beschriebenen Biotope aus Gründen der leichteren Handhabbarkeit und Übersichtlichkeit meist bestimmten Biotoptypen zugeordnet.

Biotopkartierungen erscheinen zunächst als Methode zur Beschreibung der Landschaft auszureichen, denn sie sind besonders geeignet, repräsentative Aussagen über den Zustand einer Landschaft zu ermöglichen, weil sie die Reaktion auf die Wirkungen aller ökologischen Parameter, ein-

schließlich der Rückkoppelungen aus der eigenen Existenz, beziehungsweise Entwicklung (Sukzession) darstellt. Tatsächlich sind Biotop- und/oder Biotoptypenkartierungen zwar unentbehrliche Grundlagen, sie reichen jedoch als Datenbasis für eine umfassende Landschaftsanalyse und -bewertung nicht aus. Dies hat zwei Hauptgründe: ˙

- Die Biotoptypenkartierung ordnet die vorhandenen Biotope bestimmten Biotoptypen zu, die durch gemeinsame Merkmale (Vorkommen bestimmter Leitarten und Landschaftsstrukturen) verbunden sind. Eine solche Zuordnung verwischt zwangsläufig individuelle Charakteristika des aktuellen Biotops. So reicht zur Einordnung zum Beispiel eines Erlenbruchwaldes gemäß Biotoptypenliste die Erfassung und Nennung der kennzeichnenden Arten Erle und (soweit vorhanden) *Calla palustris, Carex elata, Carex elongata, Carey paniculata, Hottonia palustris, Lysimachia thyrsiflora, Peucedanum palustre* aus. Die Häufigkeit und Verteilung nicht nur der kennzeichnenden, sondern auch der Begleitarten geht jedoch im Rahmen dieser Typisierung verloren.

- Biotopkartierungen (Tab. 4-5) beruhen auf der Beschreibung von Biotopstrukturen, Pflanzenarten und -gesellschaften. Die zugehörige Fauna, deren Arteninventar und Populationsdichte für die Bewertung eines Lebensraums unabdingbar notwendig ist, wird im Rahmen von Biotopkartierungen nicht systematisch erfasst. In der Regel werden nur Zufallsbeobachtungen registriert, deren Aussagekraft weder für eine Bestandsbeschreibung noch für eine Bewertung ausreicht.

Auf der anderen Seite stehen die streng **analysierenden Verfahren** den **aggregierenden** Verfahren gegenüber. Der Name „Analyse" macht bereits deutlich, wo die Unterschiede liegen. Die Landschaft soll analysiert, quasi in ihre Bestandteile zergliedert werden. Alle betroffenen Kompartimente sowie ihre Wechselwirkungen untereinander und gegenüber äußeren Faktoren werden bis in die feinsten Verästelungen erfasst und dargestellt.

Diese Vorgehensweise hat ihren Ursprung in der Ökosystemanalyse, aus der heraus sich die heute angewandten Verfahren ableiten. Ausgangspunkt war die Annahme, dass zur Beschreibung und Bewertung einer Landschaft umfassende Bestandsaufnahmen aller Landschaftsparameter einschließlich der Stoff- und Energieflüsse sowie ihrer Wechselwirkungen notwendig sind. In der Praxis muss jedoch auf eine umfassende Ökosystemanalyse zugunsten solcher Einzeluntersuchungen verzichtet werden, von denen angenommen wird, dass sie zur Charakterisierung und Bewertung der Landschaft ausreichen. Damit ist man bei der „Analyse aufgrund erfassbarer Daten". Erfassbar aber nicht etwa im Sinne grundsätzlich möglicher Erfassung, sondern dahingehend, dass die Daten unter den gegebenen zeitlichen, räumlichen und materiellen Rahmenbedingungen erfassbar sind. Es handelt sich hier im Gegensatz zum vorher betrachteten ökosystemaren Ansatz um einen praxisorientierten „pragmatischen Ansatz". Dieser Pragmatismus enthebt den Planer jedoch nicht von der Verpflichtung, auf der Basis wissenschaftlicher Methoden zu arbeiten. Insofern besteht bezüglich der einzelnen anzuwendenden Methoden kein Widerspruch zwischen dem ökosystemaren und dem pragmatischen Ansatz.

Im Gegensatz zu den aggregierenden Verfahren, welche die Landschaft anhand weniger repräsentativer Indikatoren beschreiben, werden in der Landschaftsanalyse die betroffenen Landschaftsparameter und ihre Wechselwirkungen untereinander sowie gegenüber äußeren Faktoren im Detail dargestellt. Einige Methoden der Landschaftsanalyse sollen exemplarisch dargestellt werden. Dabei kann unmittelbar an die aggregierenden Verfahren angeknüpft werden, denn von der Biotopkartierung mit ihrer integrierenden Betrachtungsweise zur Erfassung der spezifischen Pflanzen- und Tierwelt ist es nur ein kleiner Schritt, häufig sind sogar die Erfassungsmethoden gleich. Methodisch wird zwischen der biowissenschaftlichen und der geowissenschaftlichen Datenerfassung, sowie raumbedeutsamen Erhebungen differenziert, wobei die Übergänge jedoch fließend und alle Bereiche gleichgewichtig zu bearbeiten sind.

Vegetation

Der augenfälligste Bestandteil einer Landschaft ist meist die **Vegetation**, die in Abhängigkeit von den natürlichen und anthropogenen Standortbedingungen in unterschiedlichen Ausprägungen und Artenzusammensetzungen ausgebildet ist. Als Vegetation bezeichnet man die Pflanzendecke eines Gebietes. Die Gesamtheit aller Pflanzenarten wird **Flora** genannt.

Abgesehen von Gewässern, Mooren, Felsen, Dünen, Salzböden oder anderen extremen Lebensräumen besteht die natürliche Pflanzendecke in Mitteleuropa zum überwiegenden Teil aus verschiedenen Waldgesellschaften. Seit der ersten dauerhaften Besiedlung durch den Menschen hat sich diese Pflanzendecke im Zuge der fortschreitenden Landbewirtschaftung ständig verändert. An die Stelle der Wälder traten Wiesen, Weiden, Äcker, Siedlungen, Verkehrswege und andere Einrichtungen. Gewässer wurden umgebaut, Moore und Sümpfe trockengelegt. Gebietsfremde Nutz- und Zierpflanzen bilden einen großen Teil der Vegetation und prägen heute in weiten Bereichen das Landschaftsbild.

Die Bestandsaufnahme der Vegetation umfasst die qualitative Bestimmung der vorkommenden Pflanzenarten (Flora) und die quantitative Erfassung ihrer Bestandsdichte und -verteilung. Die Ergebnisse der Bestandsaufnahmen lassen sich dann nach verschiedenen Kriterien auswerten. Von besonderer Bedeutung sind die auf empirischem Wege ermittelten **Indikatoreigenschaften** der Arten für die ökologischen Standortfaktoren Temperatur, Reaktion, Stickstoff, Licht, Feuchte und Kontinentalität, die in jeweils neunstufigen Skalen dargestellt und als **Zeigerwerte** bezeichnet werden (Ellenberg 1974). Mit Hilfe dieser Zeigerwerte ist es möglich, bestimmten Standortfaktoren (oder Kombinationen davon) typische Pflanzengemeinschaften zuzuordnen. Die Eignung einer Pflanzenart oder Pflanzengemeinschaft als Indikator (Zeigerart) ist um so höher, je enger die Toleranzgrenzen für einen oder mehrere Standortfaktoren beisammen liegen. Veränderungen der Standortfaktoren führen zu einer Veränderung der Pflanzengemeinschaften, die sich in ihrer Artenzusammensetzung und -verteilung (zum Beispiel Individuenzahl/Flächeneinheit, Wuchshöhe) den neuen Standortbedingungen anpassen. Standardisierte Verfahren der Vegetationsaufnahme auf definierten Probeflächen, zum Beispiel nach Braun-Blanquet (1964) ermöglichen die Dokumentation des „status quo" und der durch Bau- oder Pflegemaßnahmen hervorgerufenen Veränderungen der Flächen, etwa im Rahmen von Beweissicherungsmaßnahmen.

Aus der Kenntnis der bei Vegetationsaufnahmen ermittelten Lebensbedingungen sowie der ökologischen Ansprüche der Pflanzenarten und ihrer räumlichen und zeitlichen Verteilung, können Pflanzengesellschaften „konstruiert" werden, die bei schlagartiger Beendigung jeglicher menschlicher Beeinflussung unter den heutigen Bedingungen als Klimaxgesellschaft das Land besiedeln würden. Diese Pflanzengesellschaften werden als **heutige potenzielle natürliche Vegetation,** abgekürzt **hpnV** (Tüxen 1956) einer Landschaft oder eines Landschaftsteils bezeichnet. Sie ist nicht identisch mit der rekonstruierbaren **ursprünglichen Vegetation,** die in Mitteleuropa aufgrund anthropogener Landschaftsveränderungen heute nur noch in Restbeständen zu finden ist.

Für große Teile der Bundesrepublik wurden bereits Karten mit Darstellungen der potenziellen natürlichen Vegetation erstellt. Die Kenntnis der potenziellen natürlichen Vegetation ermöglicht Aussagen über die Leistungsfähigkeit und Nutzungsmöglichkeit der Landschaft. Vor allem im Naturschutz und in der Landschaftspflege kommt der potenziellen natürlichen Vegetation eine besondere Bedeutung zu, da die Pflanzendecke bei nahezu allen Planungen als lebender Bau- und Gestaltungsstoff verwendet wird, sei es in der Bauleitplanung, bei Planfeststellungsverfahren oder bei der Planung, Bewertung und Pflege von Natur- und Landschaftsschutzgebieten (Preising 1978, Bastian und Schreiber 1994).

Bei der Auswertung von Bestandsaufnahmen spielt auch der durch die „**Rote Liste**" dokumentierte, in fünf Stufen gegliederte Gefährdungsgrad (ausgestorben/ verschollen, vom Aussterben bedroht, stark gefährdet, gefährdet, potenziell gefährdet) eine wichtige Rolle, weil sie im Vergleich mit früheren Bestandsnachweisen Hinweise auf in der Regel anthropogene Veränderungen der Landschaft gibt.

Aus dem Anteil nichtheimischer Pflanzen, der so genannten **Adventivarten,** können Rückschlüsse auf den Grad des menschlichen Einflusses (Hemerobie) auf die Ökosysteme gezogen werden. Man unterscheidet die Adventivarten nach dem Zeitpunkt ihrer Einbürgerung als **Neophyten,** wenn sie nach dem Jahr 1500 und als **Archaeophyten,** wenn sie bereits früher in unser Gebiet eingeschleppt worden sind. Sie werden den als **Apophyten** bezeichneten heimischen Pflanzen gegenübergestellt.

Fauna

Ein unabdingbarer Bestandteil jeder Landschaftsanalyse ist die Erfassung der Fauna, die analog zur Flora bei den Pflanzen, die Gesamtheit der in einem bestimmten Gebiet vorkommenden Tierarten darstellt. Die Erfassung der Fauna ist vor allem deshalb von besonderer Bedeutung, weil Tiere häufig sehr viel schneller als Pflanzen auf Veränderungen ihrer Lebensräume reagieren und daher als Bioindikatoren sehr gut geeignet sind. Tiererfassungen bereiten aber im Vergleich zur Bestandsaufnahme der Vegetation erhebliche Schwierigkeiten. Dies hat mehrere Ursachen:

- Anders als die ortsfesten Pflanzen sind Tiere mobil und können sich daher der schnellen und eindeutigen Erfassung entziehen.
- Die Artenzahl in der Bundesrepublik ist mit über 40 000 bekannten mehrzelligen Tierarten wesentlich höher als bei den Pflanzen.
- Insbesondere bei einigen wirbellosen Artengruppen (zum Beispiel Insekten, Spinnen, Krebse) ist die Artbestimmung nur am toten Tier möglich.
- Die ökologischen Ansprüche vieler Arten sind bisher nicht bekannt, sodass eventuell vorhandene Indikatoreigenschaften bezüglich eines oder mehrerer Umweltparameter nicht nutzbar sind.
- Viele Arten wechseln in Abhängigkeit von klimatischen Bedingungen (zum Beispiel Vögel, Fledermäuse, Bilche, Amphibien, Reptilien), Nahrungsangebot (zum Beispiel Vögel, migrierende Insekten) oder Entwicklungsstadium (zum Beispiel Insekten, Amphibien) mehrmals im Jahr den Lebensraum.
- Der zeitliche, personelle und finanzielle Rahmen innerhalb eines Planungsvorhabens reicht für eine umfassende Bestandsaufnahme der Fauna oft nicht aus.

Um für die Landschaftsanalyse aussagekräftige Daten über die Fauna zu erhalten, muss für die zu untersuchenden Tierarten oder -gemeinschaften eine Reihe von Kriterien geprüft werden (Spang 1992):

- Kenntnisstand bezüglich der Biologie, Biogeographie und Ökologie der zu untersuchenden Arten,
- Indikatorwert der Arten bezüglich Empfindlichkeit, Genauigkeit und Repräsentanz,
- Verfügbarkeit der Arten bezüglich Verbreitung und **Abundanz** innerhalb des Planungsraums,
- Verfügbarkeit standardisierter Erfassungsmethoden zur Erzielung reproduzierbarer Ergebnisse,
- Verfügbarkeit von Bestimmungsliteratur, Proben- und Auswertungsgerät sowie Bearbeitern,

- zeitlicher Rahmen zur Durchführung der Erfassungen,
- Verhältnis des zeitlichen, personellen und finanziellen Aufwands zur Aussagekraft der Ergebnisse.

Diese Kriterien sind nicht alle gleichwertig, sondern sind in Abhängigkeit von der Fragestellung zu gewichten. So kann zum Beispiel der durch die Einbeziehung einer zusätzlichen Artengruppe in die Untersuchungen überdurchschnittlich hohe Aufwand dann gerechtfertigt sein, wenn dadurch planungsrelevante Erkenntnisse gewonnen werden, die aufgrund anderer Untersuchungen nicht verfügbar wären.

Auf empirischem Wege konnten für bestimmte Lebensräume verschiedene Arten und Artengruppen in ihrer Eignung als Bioindikatoren eingestuft werden. In einer dreistufigen Skala (H = hoch, M = mittel, G = gering) bewertet Spang (1992) verschiedene Artengruppen in Auenlandschaften hinsichtlich allgemein biologischer, ökologischer und arbeitspraktischer Kriterien. Die Einstufungen können zum Teil auf andere Landschaftstypen übertragen werden. Anhand solcher Bioindikatorenlisten kann eine Auswahl von Artengruppen getroffen werden, deren Indikatoreigenschaften sich ergänzen und gegenseitig absichern.

Unabhängig von speziellen Indikatoreigenschaften sind aus der Sicht des Naturschutzes wertvolle und gefährdete Arten in der Landschaftsanalyse vorrangig zu erfassen. Neben der Eignung einer Art als Bioindikator ist daher, wie auch bei den Pflanzen, die Einstufung in die Rote Liste zu beachten. Allerdings ist die Nennung in einer Roten Liste nur einer von mehreren Parametern und kann nicht als alleiniger Maßstab zur Charakterisierung einer Biozönose herangezogen werden.

Ein Kriterium für die Einstufung einer Art in eine der Rote-Liste-Kategorien ist die Seltenheit. Dabei werden Seltenheit und Gefährdung gelegentlich unzulässig gleichgestellt. Unzulässig deshalb, weil die Seltenheit von Arten durchaus natürliche Ursachen haben kann, ohne dass sie dadurch in ihrem Bestand gefährdet sind. So brütet zum Beispiel die Trottellumme (*Uria aalge*) in Deutschland ausschließlich in einer einzigen Kolonie mit etwa 1200 Paaren auf der Nordseeinsel Helgoland. Ihr Hauptbrutgebiet liegt in der Subarktis und Arktis, wo sie keineswegs selten ist, sondern mit vielen Millionen Brutpaaren zu den

häufigsten Arten überhaupt zählt. In Deutschland ist sie nur deshalb selten, weil ihr Brutplatz am südlichen Rand ihres Verbreitungsgebietes liegt. Ebenso ist der Sprosser (*Luscinia luscinia*) selten, weil er seine westliche Verbreitungsgrenze in Schleswig-Holstein hat. Seine Rolle übernimmt im Westen die Nachtigall (*Luscinia megarhynchos*).

In den Roten Listen werden ausschließlich seltene, gefährdete oder potenziell gefährdete Arten aufgeführt. Die jedoch für die jeweilige Biozönose repräsentativen Arten erfüllen nicht zwangsläufig auch gleichzeitig die Kriterien der Seltenheit oder Gefährdung und werden dann in den Roten Listen nicht genannt. Gleichwohl sind sie zur Charakterisierung der Biozönose unverzichtbar.

Neben der Auswahl ist bei der Erfassung von Tierarten oder -gruppen als wesentlicher Gesichtspunkt die Methodik zu beachten. Sie ist nicht immer gleich, sondern variiert je nach Fragestellung und erforderlicher Untersuchungstiefe. Grundsätzlich ist zwischen qualitativen und quantitativen Methoden zu unterscheiden. Qualitative Erfassungen geben zunächst nur Auskunft darüber, ob eine bestimmte Art oder Artengruppe in einem bestimmten Untersuchungsgebiet vorkommt, der Lebensraum zum Zeitpunkt der Bestandsaufnahme also die Mindestanforderungen der jeweiligen Art erfüllt oder nicht. Quantitative Bestandsaufnahmen, etwa Revierkartierungen von Brutvögeln, Ermittlung von Fledermausquartieren oder repräsentative Insektenfänge, erlauben darüber hinaus eine abgestufte Bewertung über den Zustand des untersuchten Gebietes, eventuelle fördernde oder hemmende Einflüsse, anthropogene Beeinträchtigungen oder den Erfolg naturschützerischer Maßnahmen.

Gewässer

Dem Wasser insgesamt und den Gewässern, seien es Seen, Flüsse, Meere oder das Grundwasser, kommt im Naturhaushalt eine entscheidende Bedeutung zu. Kein Organismus ist auf Dauer ohne Wasser lebensfähig, da alle Lebensvorgänge an das Vorhandensein von Wasser gebunden sind. Es befindet sich in einem ständigen Kreislauf, der durch Niederschläge, Abfluss, Versickerung, Verdunstung und Speicherung gekennzeichnet ist. Alle diese Erscheinungen

sind zudem mit einem hohen Stoff- und Energie-
fluss verbunden.

Ein Beispiel (nach Baumgartner 1990) soll dies
verdeutlichen: Die in der Atmosphäre enthaltenen
Wassermengen betragen etwa 12 900 km³. Die Gesamt-
menge der Niederschläge auf der Erde liegt aber bei
einer mittleren Niederschlagshöhe von 1 020 mm/a bei
520 000 km³. Die gesamte Wassermenge der Atmosphäre muss sich demnach 40 mal im Jahr umsetzen,
das heißt alle 9,1 Tage einmal.

Das über dem Festland aus der Atmosphäre nie-
dergehende Niederschlagswasser bildet, soweit
es nicht sofort wieder verdunstet, unterschiedliche Gewässertypen. Eine erste, grundsätzliche
Differenzierung wird durch die Unterteilung der
Gewässer in **oberirdische Gewässer** oder **Oberflächengewässer** in ihren unterschiedlichen Ausprägungen einerseits und den **unterirdischen
Gewässern** andererseits vorgenommen (Baumgartner 1990).

Zu den Oberflächengewässern zählen:
- Fließgewässer (zum Beispiel Quellen, Quell-
abflüsse, Gebirgsbäche, Flüsse, Ströme),
- Still- oder Standgewässer:
  - große ausdauernde Gewässer (Seen, Wei-
  her, Teiche),
  - ausdauernde oder periodische Kleingewäs-
  ser (Regentümpel, Tümpel in Felsvertiefun-
  gen = rock pools, Gewässer in Baumhöhlen
  oder Nepenthes-Kannen = Phytothelmen),
  - Binnensalzgewässer (Salzsee in Utah/
  USA, Salztümpel in Westfalen),
  - Übergangs- und Verlandungsbiotope
  (Moore, Sümpfe).
Den Oberflächengewässern werden die unterirdischen Gewässer gegenübergestellt:
- Grundwasser,
- Höhlengewässer (Höhlenseen/-flüsse)

Neben dieser grundsätzlichen Typisierung der
Gewässer ist eine Reihe weiterer Gewässerpara-
meter von Bedeutung, die im Rahmen einer
Landschaftsanalyse erfasst werden. Die unter
dem Begriff Struktur zusammengefassten Eigenschaften
- Größe (räumliche Ausdehnung),
- Gliederung (Uferausprägung, Verhältnis
Oberfläche/Volumen, Zu- und Abflüsse),
- Naturnähe (Maß für die anthropogene Beein-
flussung),
- Nutzung (Fischerei, Erholung, Trinkwasserge-
winnung)
kennzeichnen die Einbindung des Gewässers in
die Landschaft. Von besonderer Bedeutung ist
neben Gewässertyp und -struktur die Wasserqua-
lität. Sie wird durch folgende Parameter
bestimmt:
- Sauerstoffgehalt/-sättigung,
- Nährstoffgehalte (zum Beispiel Phosphor,
Stickstoff),
- sonstige gelöste Mineralien (zum Beispiel
Eisen, Mangan, Kalzium),
- pH-Wert,
- Leitfähigkeit,
- Lichtdurchlässigkeit (Gehalt an Schweb- und
Trübstoffen, zum Beispiel Sand und Humin-
stoffe),
- Strömung/ Konvektion,
- Temperatur.

Innerhalb eines Gewässers können diese Parameter in
Abhängigkeit von der Wassertiefe, den Zu- und Ab-
flüssen, der Tageszeit, der Sonneneinstrahlung sowie
der Morphologie des Gewässers kleinräumig variieren.
Das Wasser besitzt daher innerhalb eines Gewässers
unterschiedliche Eigenschaften. Zur Beurteilung eines
Gewässers sind also Messungen an unterschiedlichen
Punkten, unterschiedlicher Wassertiefe und zu unter-

Tab. 4-6: Saprobiensystem

Güteklasse	Saprobienstufe	Verschmutzungsgrad
I	oligosaprob	unbelastet bis sehr gering belastet
I – II	oligosaprob – β-mesosaprob	gering belastet
II	β-mesosaprob	mäßig belastet
II – III	β-mesosaprob – α-mesosaprob	kritisch belastet
III	α-mesosaprob	stark verschmutzt
III – IV	α-mesosaprob – polysaprob	sehr stark verschmutzt
IV	polysaprob	übermäßig verschmutzt

schiedlichen Zeiten notwendig. Allerdings geben diese Daten nur den jeweils an diesem Ort und zu dieser Zeit aktuellen Zustand wieder. Um aussagekräftige Ergebnisse über die physikalisch-chemischen Abläufe zu erhalten sind kontinuierliche Messungen über einen längeren Zeitraum hinweg notwendig.

Einen alle diese Parameter einschließlich deren kurzfristiger oder saisonaler Schwankungen integrierenden und aggregierenden Wert bildet in Fließgewässern der **Saprobienindex**. Der Saprobienindex ist ein Maß für die organische Belastung/Verunreinigung eines Fließgewässers aufgrund des Vorhandenseins bestimmter pflanzlicher und tierischer Indikatororganismen, die für den jeweiligen Verunreinigungsgrad typisch sind. Diese Zuordnung wurde erstmals von Kolkwitz und Marsson (1902, 1908, 1909) aufgrund empirischer Befunde an zunächst nur wenigen Arten vorgenommen. In der Folge wurde das System auch auf stehende Gewässer erweitert (Liebmann 1962) und mit den (im Labor ermittelten) physiologischen Ansprüchen der jeweiligen Arten abgeglichen. Das heute gebräuchlichste System ist eine Kombination der Systeme von Šrámek-Hušck (1956), Liebmann (1962) und Kolkwitz und Marsson (1902, 1908, 1909). Es teilt die Gewässer in vier Verunreinigungsstufen ein, die ihrerseits noch unterteilt werden, sodass ein insgesamt siebenstufiges System entsteht.

Die Einstufung eines Gewässers anhand des Saprobienindex bewegt sich trotz der damit verbundenen „Bewertung" in die Kategorien von „unbelastet" bis „übermäßig verschmutzt" immer noch auf der Ebene der Landschaftsanalyse mit objektiv-reproduzierbaren Daten (Tab. 4-6), die noch nicht im Sinne der Landschaftsbewertung gewichtet wurden.

Georelief

Seit sich der Mensch auf der Erde bewegt, setzt er sich mit dem Untergrund und den Oberflächenformen der Erde und deren Auswirkungen auf andere Geofaktoren auseinander. Das Georelief ist ein System, an welchem sich die Landschaftshaushaltsfaktoren Ausgangsgestein, Wasser, Boden, Klima, aber auch Flora, Fauna und Mensch beteiligen. Zwischen diesen Elementen bestehen ökosystemare Zusammenhänge, die sich je nach Erdraum, Größe, Klimazone und Flächennutzung ausbilden. Das System weist

Stoffumsätze auf, die von verschiedenen Kräften transportiert werden. Diese Transportprozesse bewirken eine ständige Weiterbildung der Reliefformen, bei der den exogenen (außenwirkenden) Kräften die endogenen Kräfte der Erde entgegen wirken. Tabelle 4-7 macht deutlich, wie das Relief die Bodenentwicklung, die Mikroklima- und Wasserhaushaltseffekte, die Vegetations- und Tierverbreitung und die Landnutzungsmöglichkeiten beeinflusst.

Das Relief prägt die Eigenschaften von Landschaften grundlegend mit und ist in der Landschaftsplanung mit in die Betrachtungen, Analysen und Bewertungen einzubeziehen. Seine Ausprägung ist vielfach entscheidend für Nutzungen (Reliefformen der großen Ebenen mit Aufschüttungen von Tieflandströmen, Becken, Hochflächen, Berg- und Gebirgsländer mit Nutzungseinschränkungen bei extrem steilem Gelände und der landeskulturellen Entwicklung der Terrassierung).

Der Mensch wird in seinen Tätigkeiten durch das Relief eingeschränkt, das Relief ist andererseits von anthropogenen Veränderungen nicht verschont geblieben. So beeinflusst die Landwirtschaft seit Jahrtausenden durch den Ackerbau die Oberflächengestalt und mehrmals im Jahr liegt der Boden ohne Vegetationsschutz, sodass gravitative Prozesse wie Wasser- und Winderosion angreifen können. Die Überweidung von Flächen insbesondere in semihumiden und ariden Zonen verändert das Relief, einer Vegetationsvernichtung folgt mechanischer, äolischer und/oder spülaquatischer Bodenabtrag. Der technische Fortschritt, neue Verkehrswege infolge wachsender Mobilität und ständige Beanspruchung von unverbauter Landschaft durch Infrastrukturmaßnahmen überprägen heute vor allem in verdichteten Gebieten zunehmend das Ausgangsrelief und führen zu Veränderungen des Landschaftshaushaltes, der bisherigen Nutzung und auch des Landschaftsbildes. Der Mensch hat in den letzten Jahrzehnten landschaftsprägender gewirkt als manch geologisches Ereignis mit seinen anthropogenen Auf- und Abtragungen, genannt seien nur Dammschüttungen, Halden, Deponien, Abbauflächen et cetera. Während die klassische geomorphogenetische Forschung als Grundlagenforschung heute eine wenig beachtete Rolle spielt, ist der „geoökomorphodynamische" Ansatz als Beitrag zur Lösung ökologischer Probleme anerkannt, in der Landschaftsplanung jedoch unterrepräsentiert. Natürlich sind verständlicherweise von Seiten des Aufwandes in einer gängigen Landschaftsplanung kaum aktuelle Schürfe, Bohrungen und Probenahmen mit anschließender Laborauswertung möglich. Der zeitliche und kostenmäßige Aufwand steht dem entgegen, wiewohl so oft auf entscheidende Aufschlüsse gebende Analysen, Daten und Bewertungskriterien verzichtet wird. Im Sinne eines schlichten „Erfassens" regiert in der Regel das Nutzen vorhandener Unterlagen, wobei nachgewiesenermaßen gerade die geoökologischen Kapitel häufig als Textbausteine von Plan zu Plan weitergeschrieben werden und in Landschaftsplänen als kompilatorische Pflichtnummer erscheinen. Der grundsätzliche und fast regelhafte Verzicht auf diese Betrachtungsebene bei oft erstaunlich entwickelten rezenten Forschungsständen lassen diese Bereiche hinter aktuelle Biotopkartierungen und bioökologische Daten zurückfallen. Von daher soll nachstehend zumindest an einigen Beispielen auf vorhandene Methoden hingewiesen werden.

Nicht immer flächendeckend vorhanden ist das Netz geologischer Karten der jeweiligen geologischen Landesämter (heute vielfach Abteilungen der Landesämter für Natur und Umwelt), nur in Ausnahmefällen liegen geomorphologische Karten oder Bodenkarten vor. Hier ist jeder Bearbeiter verpflichtet, je nach Einzelfall die vorhandenen Quellen auszuschöpfen; die Landschaftsinformationssysteme, die in den einzelnen Bundesländern im Aufbau sind, liefern von Fall zu Fall ebenfalls geeignete Grundlagen. Eine Besonderheit stellen in den östlichen Bundesländern die mittelmaßstäbigen landwirtschaftlichen Standortkartierungen (MMK, oft nur Mittelmaßstäbige Karten genannt) dar, die auf Grund ihrer Nutzungsorientierung bei hohen standortkundlichen Erfassungsstandards auch heute noch unentbehrliche Grundlagen für Planungen aller Art liefern und unbedingt bei Landschaftsplanungen zu berücksichtigen sind. Hier geben vor allem die so genannten Hangneigungsflächentypen und die Gefügeform (zum Beispiel Platten- und Senkungsgefüge) wertvolle geomorphologische Aussagen.

Im Gegensatz zu den meisten unter großem Aufwand durchführbaren geologischen, geomorphologischen und geomorphogenetischen Untersuchungen vermittelt die **Reliefanalyse** sehr schnell optisch gut fassbare Informationen über die räumliche Gliederung einer Landschaft. Die kleinsten Einheiten von Oberflächenformen nennt man Formelemente oder auch nur Elemente. Sie kön-

nen nach der Hangwölbung in mehrere Typen gegliedert werden. Durch die Kombination ihrer Krümmung, die konkav, konvex oder gestreckt sein kann, und der Hangrichtung, die parallel, konvergierend oder divergierend ist, ist eine Ansprache der Formelemente leicht möglich. Diese Daten sind unter anderem für folgende Erhebungen von Bedeutung:

- Bebauung,
- Land- und forstwirtschaftliche Nutzung,
- Grundwasserneubildung,
- Kaltluftentstehung und -abfluss.

Die Aufgliederung eines Reliefs in seine Formenelemente ergibt jedoch für planerische Belange häufig ein sehr detailliertes Bild, sodass in vielen Fällen die Ermittlung der Hangneigung genügt. Die Hangneigung als mittelbare Beschreibung des Reliefs liefert stellvertretend für eine umfassende Erfassung aller Oberflächenparameter für viele Planungen ein hinreichend genaues Bild der Oberflächengestalt. Sie kann auf einfachem Wege aus topographischen Karten ermittelt werden. Von besonderer Bedeutung bei der Reliefanalyse ist die Erfassung der Exposition, das heißt der örtlichen Ausrichtung von Formenelementen, da sie über die Intensität der Sonneneinstrahlung unmittelbaren Einfluss zum Beispiel auf die Vegetation hat.

Eine kurze Betrachtung der geologischen Karte muss stellvertretend stehen für andere geowissenschaftliche Kartenwerke. So enthält zum Beispiel die „Geologische Karte von Niedersachsen" (Niedersächsisches Landesamt für Bodenforschung 1980) in der Regel neben einem Erläuterungstext Kartenblätter zu folgenden Themen:

- Bodengesellschaften,
- Bohr- und Aufschlussprofile,
- oberflächennahe Rohstoffe, geschützte Landschaftsteile sowie vor- und frühgeschichtliche Funde,
- Geologische Karte,
- Baugrundkarte.

Ähnliche zusammenfassende Darstellungen existieren auch für die anderen Länder der Bundesrepublik. Mit diesen Informationen kommt man zumindest in mittelmaßstäblichen Planungen schon sehr weit, auf der Ebene der Bauleitplanung muss man maßstabsgetreu tiefer in die Details eindringen, da auch die geologischen Verhältnisse sehr kleinräumig wechseln können, vor allem in Moränegebieten, wo Sand, Kies und Lehm sowie Sedimente aus Abflussrinnen der Gletscher sehr kleinräumig wechseln können.

Eine mustergültige Kartierung von 25 ausgewählten Typenlandschaften der Bundesrepublik Deutschland im Maßstab 1 : 25 000 liegt vor durch das GMK-Schwerpunktprogramm der DFG (Leser und Stäblein 1979). Eine derartige geomorphologische Fachkartierung ist im Rahmen geoökologischer Erfassungsstandards von Landschaftsplanungen nicht leistbar, sie stellt jedoch einen Maßstab dafür dar, welchen naturwissenschaftlichen Standard Landschaftsplanungen haben könnten und wie leichtfertig vielfach über Naturraumpotentiale von zu überplanenden Gebieten gesprochen wird, die nur sehr oberflächlich untersucht werden konnten. In der geomorphologischen Fachkartierung werden erfasst:

- die geomorphographischen Merkmale, die den Hauptgegenstand der Georeliefaufnahme darstellen, wenn sie auf die Struktur- und Regeleigenschaften der Geoökosysteme beziehungsweise Geoökotope abzielt,

- die aktualgeomorphologischen Prozesse, wenn es um die Beteiligung an den aktuellen geologischen Prozessen in der Landschaft geht,

- die Boden- und Materialeigenschaften (Dikau et al. 1999).

Erwähnt werden sollen an dieser Stelle die Möglichkeiten, die heute die digitale Reliefmodellierung bietet, hier liegt ein sich ständig weiterentwickelndes Forschungs- und Anwendungsgebiet vor. Die vielfältige Nutzung (Dikau et al. 1999) ermöglicht vier grundsätzliche Zielsetzungen der Reliefmodellierung:

- Ableitung geomorphometrischer Basisdaten und deren Klassifikation,
- Ableitung von Prozessgrößen,
- Analyse von räumlichen Objekten,
- dynamische Simulation.

An dieser Stelle kann nur auf die relevante und neueste Literatur verwiesen werden.

Tab. 4-7: Steuerungsfunktionen des Reliefs (Finke 1994)

1 Einfluss auf andere Geo-/ Ökofaktoren (Komplexe)	2 Einfluss auf räumliche Verteilung und Qualität ökologisch bestimmter Nutzungspotenziale
1.1 *Böden* Einfluss auf Bodenentwicklung (Erosion → Akkumulation)	2.1 *Forstwirtschaft* Wirkung indirekt über andere Geofaktoren
1.2 *Klima* Exposition und Neigung steuern Besonnung; Berg-Tal-Winde, Hangabwinde, Flurwinde, reliefbedingte Inversionen, Kaltluftschneisen	2.2 *Landwirtschaft* Erosion, Frostgefährdung, Differenzierung der Vegetationszeit
1.3 *Wasser* steuert den Anteil des Sickerwassers, den Bodenwasserhaushalt und beeinflusst damit die Pedogenese	2.3 *Erholungspotenzial* visuelle Vielfalt/ Einförmigkeit
1.4 *Fauna und Flora* in der Naturlandschaft indirekte Wirkung über andere Standort- und Biotopfaktoren (zum Beispiel Trockenrasen, wärmeliebende Pflanzengesellschaften, Nistplätze)	2.4 *Bebauungspotenzial* Bebauung zwar technisch überall möglich, aus Kosten- und Sicherheitsgründen jedoch durch zu starke Neigung eingeschränkt
1.5 *Mensch* Beeinflussung der Ökologie in der Kulturlandschaft über Verteilungsmuster der Nutzungen (zum Beispiel landwirtschaftliche Kulturarten, Verkehrstrassen, Industrie- und Gewerbegebiete, erholungsrelevante Infrastruktur)	2.5 *Entsorgungspotenzial* Hänge ungeeignet, Eignung von Kuppen und Hohlformen eingeschränkt, ebene Lagen gut, Führung von Entwässerungssystemen

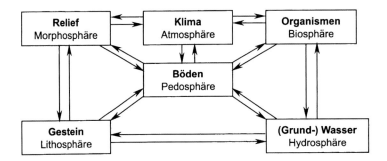

Abb. 4-1: Geoökologische Zusammenhänge (Kretschmer 1997)

Böden

Von vielen Bodenkundlern ist der Boden immer wieder neu und treffend definiert worden, so ist er nach Schachtschabel et al. (1998) »… ein Teil der obersten Erdkruste; er ist nach unten durch festes oder lockeres Gestein, nach oben durch eine Vegetationsdecke beziehungsweise die Atmosphäre begrenzt, während er zur Seite gleitend in benachbarte Böden übergeht. …. Ein Boden ist ein Naturkörper, bei dem ein Gestein unter einem bestimmten Klima oder einer bestimmten Streu liefernden Vegetation durch bodenbildende Prozesse, das heißt Verwitterung und Mineralbildung, Zersetzung und Humifizierung, Gefügebildung und Verlagerung umgewandelt wurde und wird«. Bodentypen sind integrale Teilkomplexe und bereits das Ergebnis des Zusammenwirkens einer Vielzahl von Geofaktoren:

Boden = f (Klima, Relief, Vegetation, Tierwelt, Wasser, Bewirtschaftung, Zeit)

Bei der ökologischen Aussagekraft des Bodens/ Bodentyps verhält es sich anders als bei der einer

Tab. 4-8: Verluste, Veränderungen beziehungsweise Beeinträchtigungen von Böden als Naturkörper, Pflanzenstandort, Lebensraum von Organismen, Grundwasser- beziehungsweise Gewässerregulator und -filter (Blume 1992)

Vorgang	anthropogene Gründe und Ursachen (Beispiele)	Vorgang	anthropogene Gründe und Ursachen (Beispiele)
Entblößen Abgraben und Abtragen durch Wasser Wind Hangrutschung Uferabbruch	Reliefbegradigung, Gewinnung von Bodenschätzen Nutzungsformen, die natürlichen Schutz durch geschlossene Vegetation mindern, wie Ackerbau, Freizeitaktivitäten	Erschöpfen (an Nährstoffen), durch Entgasen Entziehen Auswaschen	Denitrifikation nach Verdichtung Kulturpflanzenanbau
		Versauern und Aluminisieren	Protonen- und Ammonium-Einträge
Begraben durch Versiegeln Überdecken	Siedlungen, Verkehrs- und Industriebauten Reliefbegradigung, Abfalldeponierung, Erosion	Düngen und Versalzen	Nähstoffrückfuhr, Überflutung, Verkehr
		Alkalisieren	Kalkung, Staubimmissionen, Abfallentsorgung
Lockern und Mischen	Bodenbearbeitung, Melioration	Kontamination Stäube Metalle Nichtmetalle	Kraftwerke, Industrie, Verkehr Hausbrand, Abfallentsorgung
Entwässern	Bodenbearbeitung, Melioration		
		Xenoorganika	Pflanzenschutzmittel, Unfälle
Verdichten und Vernässen	Befahren, Betreten, Bewässern	Gase	Immisionen Abfallentsorgung, Versorgungs-Leitungen Kernwaffen, Kraftwerke
Erwärmen	Versorgungsleitungen	Radionuklide	

aktuellen Vegetationsdecke, Böden können auf Änderungen von Geofaktorenkombinationen verzögert reagieren. Daher spiegeln sich heute wichtige Umweltfragen, wie die der geländeklimatischen und lufthygienischen Situation und daraus resultierende Belastungen der Böden (Schwermetalle, Pestizide, organische Schadstoffe et cetera) nicht im Bodentyp wider, es sind zusätzliche spezielle Untersuchungen nötig. Hinsichtlich des Schutzgutes Boden, der endlich ein wichtiger Fachbeitrag von Landschaftsplanungen aller Art sein muss, ist zu fordern, dass Bodennutzungen so erfolgen, dass sich nach deren Aufgabe die ursprünglichen Verhältnisse weitgehend wieder herstellen. Dieses kann im Gegensatz zu einer nachhaltigen umweltverträglichen Landwirtschaft und Forstwirtschaft nicht von den Grundnutzungen als Baugrund, Deponie und Lagerstätte geleistet werden, da zum Teil irreversible Schäden auftreten. Um die vielfältigen Prozesse, die in den Böden ablaufen, verstehen zu können, ist die Kenntnis von ihren Eigenschaften Voraussetzung. Der hochkomplexe Organismus Boden als Lebensraum mit seinen abiotischen und biotischen Komponenten muss zunehmend mehr als bisher zentraler Bestandteil landschaftsplanerischer Untersuchungen werden, er ist zu Gunsten anderer Analyse- und Bewertungsverfahren häufig vernachlässigt worden.

Wir leben in Deutschland in einer Klimazone mit für Bodenerhaltung und Bodendynamik günstigen geoökologischen Randbedingungen, ein Blick in die verheerenden Bodenschädigungen anderer Klimazonen zeigt, wie günstig unsere derzeitige geoökologische und wirtschaftliche Entwicklung (noch) ist und welche Potentiale zu erhalten sind. In der praktischen Arbeit gilt es in der Analyse im Rahmen der Landschaftsplanung neben anderen die Eigenschaften Boden, Substrat, Wasserdurchlässigkeit, Reaktion (pH-Wert) und Nährstoffangebot zu beachten, denn jede dieser Bodeneigenschaften hat unmittelbaren Einfluss auf die gesamte Biozönose eines Lebensraumes. Darüber hinaus bestimmen Böden in hohem Maße den gesamten Energie- und Stofftransport innerhalb eines Ökosystems und beeinflussen die Grundwasserqualität und -neubildung, die Nährstoffaufnahme und -abgabe.

Dabei ist die Bedeutung des Bodens in einer Landschaftsaufnahme immer auch in seinem Verhältnis zum Grundwasser zu sehen. Nach Zepp und Müller (1999) werden als primäre Parameter im Gelände erfasst:

- Grundwasserstand,
- Stau- beziehungsweise Hangnässegrad,
- Bodenfeuchteregime-Grundtyp.

Über Hilfsgrößen werden bestimmt:

- ökologischer Feuchtegrad,
- nutzbare Feldkapazität des effektiven Wurzelraumes,
- gesättigte Wasserdurchlässigkeit,
- quantitatives Bodenfeuchteregime.

Bodenkundliche Geländeaufnahmen, Messstationen, Bestimmungen von Grundwasserschwankungen, experimentelle Erfassungen der Bodenfeuchte et cetera sind im Rahmen einer regelhaften Landschaftsplanung kaum zu leisten. Es sollte aber sehr wohl beobachtet werden, was an laufenden Untersuchungen zum Beispiel durch Baumaßnahmen, Brunnenbohrungen, Verlegungen von Pipelines et cetera hinsichtlich bodenkundlicher Aussagen anfällt. Oft gibt es neben den veröffentlichten Bodenkarten der Geologischen Landesämter in den verschiedensten Maßstäben, günstigenfalls 1 : 25 000, 1 : 10 000, 1 : 5 000, auch großmaßstäbige Bodenkarten, die unveröffentlicht sind. Hingewiesen werden soll auch auf bodenkundliche Fachbeiträge in landwirtschaftlichen und forstwirtschaftlichen Standorterkundungen.

Von fundamentalem Aussagewert für die Landwirtschaft ist auch weiterhin noch die Grundlage der Bodenschätzung 1 : 5 000, die auf der Basis der früheren Reichsbodenschätzung der 30-iger Jahre auch heute noch aus Gründen der Finanzbewertung weitergeschrieben wird. Auf die unterschiedlichen Erhebungen von Parametern des Boden- und Grundwassers im Gelände kann hier nur hingewiesen werden, bewährt und für Geländearbeiten unentbehrlich sind die Kartieranleitungen der Arbeitsgemeinschaft Bodenkunde (1994). Von zahlreichen Autoren gibt es Klassifikationsvorschläge zum Bodenfeuchteregime-Typ. Es wird hier auf die entsprechende weiterführende Literatur verwiesen.

Von bedeutendem Wert für die Landschaftsplanung vor allem in der Stadt und in Verdichtungsgebieten sind Darstellungen der Bodenversiegelung, hier ist auch der Nicht-Bodenkundler durch gängige Verfahren der Erfassung des Versiegelungsgrades über Luftbilder, Satelliten- und Radaraufnahmen sowie im raum-zeitlichen Vergleich durch topographische Karten (Chronologen) und Geländebegehungen in der Lage, zu aussagekräftigen Ergebnissen zu kommen (Kap. 8.2). Genannt werden sollte an dieser Stelle die Stadtbodenkartierung des Arbeitskreises Stadtböden (1989), die durch Pilotprojekte zum Beispiel in Kiel, Eckernförde, Rostock und Stuttgart für die Landschaftsplanung pedologisches Neuland beschritten hat.

Klima/Luft

Der Begriff Klima bezeichnet, unabhängig von aktuellen meteorologischen Gegebenheiten, die Witterungsverhältnisse eines Landschaftsraums in ihrem durchschnittlichen jahreszeitlichen Ablauf. Das Klima wird (im Wesentlichen) von folgenden Faktoren bestimmt:
- Sonneneinstrahlung (Intensität, Dauer, jahreszeitliche Verteilung),
- Temperatur (Amplitude, mittlere Jahrestemperatur, jahreszeitliche Verteilung),
- Niederschlag (Menge, jahreszeitliche Verteilung),
- Luftdruck (Amplitude, Wechselintervalle, jahreszeitliche Verteilung),
- Wind
- Luftbewegung (Richtung, Intensität, jahreszeitliche Verteilung).

Es ist darüber hinaus von der geographischen Breite, der Höhe über dem Meeresspiegel und der Entfernung vom Meer abhängig. Dementsprechend sind unterschiedliche Großklimate (unter anderem arktisches, gemäßigtes, tropisches Klima) auf der Erde in den entsprechenden Klimazonen verteilt. Diese Klimate werden auch als **Makroklimate** bezeichnet. Innerhalb der durch das jeweilige Makroklima charakterisierten Klimazonen kann noch weiter differenziert werden. **Maritimes Klima** ist, wie der Name sagt, auf den Einfluss des Meeres zurückzuführen und verursacht im Jahresverlauf eine Abschwächung der Temperaturextreme, intensivere Luftbewegungen und in der Regel höhere Niederschlagsmengen als das **Kontinental- oder Binnenklima**, das durch größere Temperaturamplituden, geringere Luftbewegungen und weniger Niederschläge gekennzeichnet ist. Beide Einflüsse werden in der Bundesrepublik wirksam, die innerhalb der gemäßigten Zone der Nordhalbkugel auf der Grenze zwischen maritimen (atlantischen) und kontinentalen (eurasiatische Landmasse) Klimabereichen liegt.

Neben dem großräumigen Makroklima wird noch zwischen dem regional oder kleinräumig herrschenden **Biotop-, Standort-** oder **Ökoklima** sowie dem **Klein-** oder **Mikroklima** für kleinste Strukturen in der Landschaft differenziert. Unter dem Ökoklima versteht man diejenigen charakteristischen Eigenklimate verschiedener Landschaftsstrukturen, die sich aufgrund unterschiedlicher Vegetationsdecken und Geländestrukturen herausbilden, wobei zum Beispiel vom Ökoklima der Wälder, Hochmoore, Berghänge, Flusstäler oder auch der Städte gesprochen werden kann. Veränderungen in diesen Lebensräumen (zum Beispiel Abholzung, Torfabbau, Entwässerung) ziehen daher immer auch Veränderungen des Ökoklimas nach sich. Dies wird am Beispiel des Obstbaus an der Unterelbe deutlich.

Der traditionelle Obstbau wurde in den von vielen Be- und Entwässerungsgräben durchzogenen Elbmarschen betrieben. Die im Frühjahr ständig wassergefüllten Gräben wirkten gemeinsam mit dem großen Wasserkörper der Elbe ausgleichend auf die Temperaturen in den Obstkulturen und schützten dadurch die empfindlichen Blüten vor Spätfrösten. Mit der Intensivierung des Obstanbaus wurden durch Zuschüttung, beziehungsweise Verrohrung der Gräben zusätzliche Anbauflächen gewonnen. Allerdings ging dadurch auch die temperaturmildernde Wirkung des Wassers in den Gräben verloren. Das Ökoklima hatte sich nachhaltig verändert. Die Folge waren starke Ertragseinbußen durch im Spätfrost erfrorene Blüten. Erst durch aufwendige Beregnungsanlagen, die bei Frost die Blüten mit einem schützenden Eispanzer überziehen, können diese Verluste vermieden werden.

Als Mikroklima wird das besondere Klima bezeichnet, welches aufgrund kleiner und kleinster Landschaftsstrukturen an eng begrenzten Standorten herrscht. Dazu zählen zum Beispiel die Grenzschichten zwischen Boden und Atmosphäre, wo selbst in der Tundra unter ansonsten arktischen Bedingungen Temperaturen bis zu 36 °C erreicht werden, oder Flächen im Windschatten von Felsen oder anderen Bodenerhebungen. Die dort wachsende Vegetation kann gegenüber Pflanzen an windexponierten Standorten wesentlich höher aufwachsen. Standorte mit vom übrigen Gelände abweichendem Mikroklima bieten häufig erst die Voraussetzung für das Vorkommen speziell an diese Verhältnisse angepasster Organismen. So bilden die meist nur kleinräumig vorkommenden, trockenwarmen, sandigen und vegetationsarmen Bodenareale auf Windbruch- und Kahlschlagflächen oder auch die Stümpfe der umgestürzten Bäume erst die Grundlage für eine an diese temporären Habitate angepasste Fauna aus Bienen, Wespen, Wanzen, Käfern und Spinnen (Heydemann 1997). Mit der neuerlichen Bewaldung verschwinden diese Bereiche mit ihrem speziellen Mikroklima wieder und mit ihnen deren charakteristische Fauna.

Während das Makroklima von globalen Faktoren bestimmt wird und Veränderungen (bisher) nur in langen Zeiträumen stattfanden, sind das Ökoklima und das Mikroklima vor allem durch anthropogenen Einfluss häufig kurzfristigen Schwankungen oder sogar grundsätzlichen Änderungen unterworfen. Abholzung, Aufforstung, Versiegelung, Bebauung, Fließgewässerregulierung, Anlage von Talsperren und Nutzungsänderungen auf landwirtschaftlichen Flächen bewirken durch die damit verbundene Umstrukturierung der Landschaft erhebliche, häufig unterschätzte Änderungen des Ökoklimas. Im Gefolge dieser Änderungen verschwindet (und entsteht) eine Vielzahl von Arealen mit spezifischen Mikroklimaten. Diese Änderungen haben unmittelbaren Einfluss auf die Biozönose des betroffenen Gebietes.

Das Klima wird in landschaftsplanerischen Untersuchungen häufig stiefmütterlich behandelt, da zumeist nur das Makroklima, allenfalls noch überregionale maritime oder kontinentale Einflüsse betrachtet werden. Der Einfluss von Planungen auf das (Makro-)Klima wird demzufolge im Rahmen der zumeist auf vergleichsweise kleinräumigen Arealen stattfindenden Landschaftsplanung entweder als vernachlässigbar oder nicht veränderbar angesehen. Es kommt hinzu, dass zur Beurteilung auch des Ökoklimas langjährige Messungen der wesentlichen Wirkfaktoren notwendig sind, die im Rahmen der Landschaftsplanung allein aus Zeitgründen nicht durchgeführt werden können. Es ist daher der Rückgriff auf die im Deutschen Meteorologischen Jahrbuch veröffentlichten Klimadaten der Bundesrepublik erforderlich. Allerdings ist das Messnetz mit Entfernungen von 20 km bis über 50 km zwischen den einzelnen Wetterstationen so weitmaschig, dass großmaßstäbliche Darstellungen des Ökoklimas, etwa im Rahmen einer Umweltverträglichkeitsuntersuchung (UVU), mit diesen Daten nicht möglich ist. Sie können

daher lediglich den Orientierungsrahmen für weitere Messungen vor Ort bilden.

Aus dem gesamten Spektrum des Klimageschehens hat der Faktor Luft eine besondere Bedeutung und wird daher (anders als die anderen Wirkfaktoren) in der Landschaftsplanung zumeist berücksichtigt. Die Parameter **Luftbewegung** und **Luftqualität** schlagen den Bogen von den langfristigen Klimaerscheinungen zu aktuellen meteorologischen Ereignissen. So werden zum Beispiel Windrichtung und Windintensität durch das jahreszeitliche Klimageschehen bestimmt. Diese können jedoch durch anthropogene und kurzfristige meteorologische Ereignisse so überlagert werden, dass nachhaltige Änderungen in der Vegetation und in der Zoozönose auftreten können.

Ein Beispiel bilden die vorwiegend im Winter auftretenden **Inversionswetterlagen**, wenn bodennahe Kaltluft durch warme Luftmassen überlagert und dort festgehalten wird. Dadurch wird der Luftaustausch mit den oberen Luftschichten unterbrochen, sodass sich Schmutz- und Schadstoffe aus Industrie, Verkehr und Hausbrand in Bodennähe anreichern. Insbesondere in Ballungsgebieten mit hoher Luftbelastung führen diese Ereignisse zu schweren Schäden bei Menschen, Tieren, Pflanzen und Bauwerken. Aber auch ohne diese meteorologischen Sondersituationen kommt der Luftqualität eine hohe Bedeutung zu, die im Rahmen der Landschaftsanalyse entsprechend berücksichtigt werden muss.

Ähnlich wie in Gewässern, wo die Wasserqualität anhand des Saprobiensystems bestimmt werden kann, gibt es auch in der Bewertung der Luftqualität neben der unmittelbaren technischen Messung von Schadstoffen verschiedene Bioindikationsmethoden, welche die von aktuellen Ereignissen unabhängige Bewertung der Luftbelastung zulassen. Die gebräuchlichste Methode stellt die standardisierte Flechtenkartierung nach der **IAP-Methode** (Index of Atmospheric Purity) nach De Slover und Le Blanc (1968) dar. Artenzahl und Deckungsgrad der Flechten auf Bäumen werden dabei als Maß für die Luftbelastung herangezogen. Aus den gebietsspezifischen Daten wird in einem speziellen Berechnungsverfahren der so genannte **Toxitoleranzfaktor** ermittelt, der die Grundlage für den IAP bildet (Bastian und Schreiber 1994). Anders als beim Saprobiensystem ist damit allerdings nur eine relative, auf den konkreten Untersuchungsraum bezogene Bewertung möglich. In anderen, selbst unmittelbar benachbarten Gebieten ist eine neue Berechnung notwendig.

Landschaftsbild

Auf allen Ebenen landschaftsplanerischer Arbeiten, insbesondere jedoch in den Bereichen Naturschutz und Landschaftspflege, sind neben den in den vorangegangenen Abschnitten dargestellten biowissenschaftlichen und geowissenschaftlichen Erhebungen auch raumbezogene Erhebungen durchzuführen, die sich im Wesentlichen mit dem Landschaftsbild und seinen Wirkungen auf die Menschen befassen. Es gehört zu den Bedürfnissen des Menschen, sich in seinem Umfeld wohl zu fühlen. Dazu trägt die Landschaft in besonderem Maß bei. Daher ist das Landschaftsbild nicht nur in der Eingriffsregelung, sondern im Naturschutz insgesamt als wichtiges Schutzgut anzusehen (Breuer 1991b).

Der Begriff Landschaftsbild umfasst nicht etwa nur ihre optisch wahrnehmbaren Komponenten, sondern die gesamte sinnlich erfahrbare Landschaft; denn auch Geräusche und Gerüche kennzeichnen Landschaftsbilder in charakteristischer Weise. Je nach Qualität und Intensität werden sie als das Landschaftsbild bereichernd (Waldduft, Vogelgesang) oder beeinträchtigend (Abgase, Industrie-/ Verkehrslärm) empfunden.

Zwar ist das (objektive) Landschaftsbild das Ergebnis aller auf den jeweiligen Naturraum wirkenden biotischen und abiotischen Einflussfaktoren, durch die anthropozentrische Betrachtungsweise seiner ästhetischen Wirkungen entzieht es sich jedoch zunächst einer naturwissenschaftlich fundierten und objektiven Kriterien gehorchenden Analyse, da jeder Mensch seinen eigenen, durch Erfahrungen, persönliche Vorlieben, Wahrnehmungs- und Verhaltensmuster geprägten Bewertungsmaßstab für Landschaftsbilder anlegt. Aus diesem Grund ist die positive Bewertung eines Landschaftsbildes nicht auf ursprüngliche, anthropogen nicht beeinflusste Landschaften beschränkt, vielmehr können selbst intensiv genutzte Agrarlandschaften wie zum Beispiel blühende Obstplantagen oder großflächige Rapsäcker, durchaus als schön und ästhetisch ansprechend empfunden werden.

Bei aller Individualität in der Beurteilung von Landschaftsbildern lassen sich aber dennoch ei-

nige Landschaftseigenschaften ausmachen, die allgemein als Kriterien für die Charakterisierung und Bewertung anerkannt sind. Im § 1 Bundesnaturschutzgesetz (BNatSchG) werden dem Begriff Landschaftsbild die Begriffe **Vielfalt, Eigenart** und **Schönheit** zugeordnet und damit erste inhaltliche Kriterien für die Lanschaftsbilderfassung formuliert. Die Übernahme dieser Kriterien in die Landschaftsplanung bietet den Vorteil, landschaftsbildrelevante Planungen auch rechtlich abzusichern (Jessel 1998). Vielfalt, Eigenart und Schönheit sind jedoch zunächst nur unbestimmte Begriffe, die in der praktischen Anwendung durch Beschreibung und Klassifizierung operationalisierbar gemacht werden müssen (Breuer 1991, Nohl 1993, Jessel 1994, 1998).

Die Vielfalt (das objektive Erscheinungsbild) einer Landschaft wird durch eine Reihe von Eigenschaften bestimmt, die sich durch folgende Parameter und die damit für den Betrachter verbundenen sinnlichen Wahrnehmungen beschreiben lassen:
- Relief,
- Klima,
- Vegetation,
- Gewässer,
- Nutzungen,
- Gebäude und andere Baustrukturen.

Vielfalt ist jedoch nicht statisch und darf nicht nur räumlich verstanden werden, sondern beinhaltet auch die zeitliche Einbindung des Landschaftsbildes. So tragen zum Beispiel jahreszeitlich unterschiedliche Vegetationsaspekte oder Blickbeziehungen zur Vielfalt des Landschaftsbildes bei.

Wie aus der Aufzählung der landschaftsbildrelevanten Parameter deutlich wird, werden die notwendigen Basisdaten für die Landschaftsbildanalyse in der Regel bereits bei der Erfassung der bio- und geowissenschaftlichen Parameter gewonnen und dort bezüglich ihrer ökologischen Funktionen und Werte analysiert. Für die Landschaftsbildanalyse bleiben die ökologischen Wirkungszusammenhänge unberücksichtigt, statt dessen müssen diese Daten in Bezug auf ihre Wirkungen auf die sinnliche Wahrnehmung durch den Menschen neu interpretiert werden.

Die landschaftsbildenden und visuell erfassbaren Bestandteile aus den genannten Bereichen (zum Beispiel Bäume, Felsen, Gebäude et cetera) werden als **Landschaftselemente** bezeichnet. Jedem Landschaftselement kann (nach unterschiedlichen Modellen) ein **individueller ästhetischer Eigenwert** zugeordnet werden, der sich nach der Struktur, Größe, Material und Farbe des Elements bestimmt. Mehrere Landschaftselemente, zum Beispiel ein Feldgehölz und die das Gehölz umgebende Wiese, die wiederum von einem Bach durchflossen wird, bilden im wörtlichsten Sinne einen Teil der Landschaft. Diese Strukturen werden als **Landschaftsbildeinheiten** oder **ästhetische Raumeinheiten** bezeichnet. Ähnlich den Biotoptypen in der Biotopkartierung können sie individuell beschrieben oder als Räume mit visuell homogenem Charakter typisiert werden. Gegenüber anderen Landschaftsbildeinheiten werden sie durch die naturräumliche Gliederung des Raumes, unterschiedliche Nutzungsmuster oder topographische Strukturen abgegrenzt (Jessel 1998).

Das Kriterium Eigenart kann im Sinne von Unverwechselbarkeit interpretiert werden. Die Eigenart einer Landschaft wird durch die Anordnung, Anteile und Ausprägung der darin enthaltenen Landschaftselemente bestimmt. So wird die Eigenart der Elbmarschen durch die Elbe mit dem bis weit in das Hinterland reichenden Tideneinfluss der Nordsee, die von alten, weit verzweigten Grabensystemen durchzogenen offenen Grünländereien (Marschen) und (ehemals ausgedehnte) Tide-Auenwälder geprägt. Eigenart umfasst daher nicht nur natürliche, vom Menschen unbeeinflusste Strukturen, sondern wie das Beispiel der Elbmarsch zeigt, auch die im Laufe längerer geschichtlicher Entwicklung entstandenen Nutzungsformen und deren Einbindung in die Landschaft.

Während Vielfalt und Eigenart durch objektive Parameter charakterisiert werden können, ist die Schönheit des Landschaftsbildes ungleich schwerer zu erfassen, da Schönheit ausgesprochen subjektiv und individuell unterschiedlich wahrgenommen wird. Der Begriff verschließt sich damit einer formalen Operationalisierung. Dies führt dazu, dass in der Diskussion die Meinungen über die Verwendung des Kriteriums Schönheit weit auseinandergehen und vom völligen Verzicht bis hin zur Beibehaltung des unbestimmten Begriffes reichen, ohne ihn weiter zu erläutern (Breuer 1991, Bastian und Schreiber 1994, Jessel 1998).

In der praktischen Anwendung greift man in der Beurteilung der Schönheit des Landschaftsbildes auf die Begriffe der Vielfalt und Eigenart zurück. Die Schönheit des Landschaftsbildes wird dabei nicht als eigenständige Erfassungs- und Bewertungsgröße definiert, sondern ist das Ergebnis der für den Naturraum typischen Vielfalt und Eigenart (Nohl 1993, Breuer 1994). Als schön werden danach im Allgemeinen Landschaften empfunden, die:

- vielfältig und landschaftstypisch strukturiert sind,
- sich durch Naturnähe auszeichnen und
- geringe Eigenartverluste aufweisen.

Die naturraumtypischen Strukturen einer Landschaft sind als die Träger der Funktionen und Werte des Landschaftsbildes anzusehen, während die nicht naturraumtypischen Strukturen, etwa Windkraftanlagen, Hochspannungsleitungen oder Verkehrstrassen als **Vorbelastungen** gelten.

Aufbauend auf den Ergebnissen der Erhebungen von Vielfalt, Eigenart und Schönheit werden im Rahmen der Landschaftsbilderfassung als weitere Eigenschaften die **Schutzwürdigkeit** und **visuelle Verletzlichkeit** ermittelt. Die Schutzwürdigkeit eines Landschaftsbildes ergibt sich aus dem naturschutzfachlichen Leitbild für den Raum und seinem „Inventar" an schutzwürdigen Objekten (zum Beispiel Biotope, Alleen, Einzelbäume, Felsformationen, Sölle). In Abhängigkeit von ihrer Struktur (zum Beispiel Reliefierung, Vegetationsausprägung) sind Landschaften gegenüber Veränderungen unterschiedlich empfindlich. Bei hoher visueller Verletzlichkeit reichen bereits kleine Eingriffe, etwa die Entfernung eines Einzelbaumes in einer agrarisch geprägten Landschaft aus, um das Landschaftsbild nachhaltig zu beeinträchtigen. In größeren Feldgehölzen oder Waldbeständen dagegen hat die Entfernung eines Baumes wesentlich geringeren Einfluss auf das Landschaftsbild. Die visuelle Verletzlichkeit ist geringer.

Die Erhebungen zur Schutzwürdigkeit und visuellen Verletzlichkeit leiten bereits zu den Landschaftsbewertungsverfahren über, sind jedoch integrale Bestandteil der Landschaftsanalyse, da hier noch keine Inwertsetzung im Sinne einer abgestuften Bewertung der Landschaft erfolgt.

4.1.3 Landschaftsbewertung

Einleitung

Im Ablauf der Landschaftsplanung nimmt die Landschaftsbewertung eine Schlüsselstellung zwischen der weitgehend fachwissenschaftlich begründeten Analyse und der auch kreative Elemente enthaltenden und nicht mehr nur wissenschaftlich begründeten eigentlichen Planung ein. Dabei steht die Bewertung oft in einem besonderen Spannungsfeld zwischen Anspruch und Wirklichkeit, und ihre bislang nicht standardisierte und noch nicht konsolidierte Methodik ist Gegenstand ständiger Diskussionen (Theobald 1998). Einerseits ist unbestritten, dass Ökosysteme und Landschaften nicht in schematischer und einfacher Weise und dazu noch auf der Grundlage nur weniger Daten bewertet werden können (Fürst et al. 1992, RSU 1994), andererseits verlangt die Praxis der Landschaftsplanung (im weiteren Sinne) stets nach einfachen, praktikablen Bewertungsmethoden und wendet diese auch an.

Landschaftsbewertung muss so aufgebaut sein, dass sie mithilft, praktische Probleme sachkompetent zu lösen, denn ihre systematische Funktion im Vorgehensschema der Landschaftsplanung ist es, von der empirischen Analyse und Beschreibung der Wirklichkeit zur Handlungsempfehlung überzuleiten (Haber et al. 1993).

Gegenstand der Bewertung in der Landschaftsplanung sind die in den gesetzlichen Vorgaben (insbesondere Naturschutz- und UVP-Gesetz) erwähnten Schutzgüter (Dierssen und Roweck 1998):

- der Mensch als Nutzer von Naturgütern, also im Hinblick auf seine Nutzungsansprüche,
- Tier- und Pflanzenarten sowie von ihnen gebildete Populationen, die ihrerseits Biozönosen (Lebensgemeinschaften) aufbauen,
- Biotope und die ihnen zugeordneten abiotischen Ressourcen für Menschen und Biozönosen,
- Ökosysteme als Integrale von Biozönosen und Biotopen sowie schließlich
- Landschaften als Ökosystemkomplexe.

Erkennbar wird an dieser Aufzählung, dass auf ganz unterschiedlichen Skalenebenen bewertet wird. Geht es um Landschaften, werden bewertet:

- das Leistungspotenzial von Flächen, differenziert nach Ansprüchen, die an ein Gebiet gestellt werden können,
- spezieller: die Nutzungseignung von Flächen für bestimmte Nutzungsansprüche,
- damit im Zusammenhang auch: die (Vor-)Belastung von Gebieten beziehungsweise Systemen,
- zusammenfassend: das ökologische Risiko von Eingriffen beziehungsweise Nutzungen.

Landschaftsbewertung ist kein Vorgang, der innerhalb der Grenzen der (Natur-) Wissenschaften stattfindet. Sie spielt sich an der Schnittstelle zwischen Wissenschaft und Gesellschaft ab. Bewerten heißt, eine Beziehung zwischen einem wertenden Subjekt und einem gewerteten Objekt, dem Wertträger, herzustellen (Bechmann 1977). Dabei sind Bewertungen Soll-Ist-Vergleiche, in denen der aktuelle, in der Landschaftsanalyse ermittelte Zustand mit einem zum Beispiel in Umweltqualitätszielen definierten (und anhand von Umweltqualitätsstandards konkretisierten) Zielzustand verglichen wird.

Bewerten bedeutet immer, dass der Schritt von der „Seins-Ebene" zur „Sollens-Ebene" vollzogen wird. Auf der Seins-Ebene finden wir Aussagen darüber, wie etwas beschaffen ist. Auf der Sollens-Ebene werden dagegen normative Aussagen getroffen. Die Normen berücksichtigen zwar meist – so auch im Falle der Landschaftsplanung – wissenschaftliche Erkenntnisse, sie sind aber nie allein aus diesen ableitbar. Es sind letztlich gesellschaftliche Übereinkünfte, die hinzukommen. Die Beispiele in Tabelle 4-9 veranschaulichen diesen Sachverhalt.

In diesem Zusammenhang wird auch häufig von der Sach- und der Wertebene gesprochen. Sach- und Wertebene sind auseinander zu halten. Die Trennung lässt sich allerdings in der Praxis der Landschaftsplanung nur näherungsweise durchhalten, da die Wertebene die Wahrnehmung der Sachebene beeinflusst. So ist zum Beispiel die Abgrenzung zwischen Systemen und ihrer Umgebung oder die Ausdehnung eines Untersuchungsgebiets abhängig vom erkenntnisleitenden Interesse. Das heißt: Was zu bewerten ist, richtet sich auch danach, wie und wozu bewertet wird, so dass eine problemadäquate Beschreibung nicht völlig unabhängig von der anschließenden Bewertung möglich ist (Weiland 1994). Insofern sind gerade in der Landschaftsplanung die Bereiche der Analyse und Bewer-

Tab. 4-9: Beispiele für den Unterschied zwischen Feststellung und Bewertung

Seins-Ebene: Feststellungen (Sachebene)	Sollens-Ebene: Bewertungen (Wertebene)
Die Grundwasserneubildungsrate beträgt über 320 mm/ Jahr.	Die Grundwasserneubildung ist hier sehr hoch.
Der Nitratgehalt des Grundwassers beträgt 80 mg/ l.	Dieses Wasser ist nicht als Trinkwasser für Menschen geeignet.
Die Bodenerosion auf dem Ackerschlag beträgt derzeit 20 t/ ha.	Dieses Maß an Bodenerosion ist hier nicht tolerabel.
Der Ozongehalt der bodennahen Luft betrug heute über drei Stunden 195 μg/ m^3.	Diese Ozonkonzentration liegt über dem Grenzwert zum Schutz der menschlichen Gesundheit.
Das Gebiet ist Lebensraum für Braunkehlchen, kleine Moosjungfer, Kreuzotter und Kammmolch.	Es handelt sich um ein Gebiet mit schutzwürdiger Fauna.
Es handelt sich um eine naturnah ausgebildete Bachschlucht von 1 km Länge.	Das Biotop ist wertvoll, es ist zu schützen.
Das Tal ist bei austauscharmen Wetterlagen Leitbahn für die Frischluftzufuhr in das Siedlungsgebiet.	Dieses Tal hat eine wichtige geländeklimatische Ausgleichsfunktion und darf nicht bebaut werden.

tung eng aufeinander bezogen. Dies zeigt sich auch darin, dass beide Arbeitsschritte in konkreten Planwerken oft in einem gemeinsamen Kapitel abgearbeitet werden.

Der Wertungsprozess im Rahmen von Landschaftsplanung und UVP ist mit einer mehrfachen Reduktion der komplexen Realität verbunden: So wird der in Gesetzen (zum Beispiel BNatSchG, UVPG) genannte „Naturhaushalt" gedanklich abgebildet in vereinfachenden Ökosystem-Modellen (Konzeptmodelle, viel seltener auch Simulationsmodelle), die im Planungskontext oft in die folgenden Kompartimente (Schutzgüter) differenziert werden: Wasser, Boden, Luft, Klima, Tiere, Pflanzen, Landschaft, Menschen, Kultur- und Sachgüter.

Jedes dieser Schutzgüter wird in einem weiteren Schritt der Reduktion repräsentiert durch einige wenige beschreibende Parameter, die im Verlauf der Bewertung als Indikatoren für Belastungszustand, Schutzwürdigkeit, Entwicklungspotenzial oder Nutzungseignung gelten sollen (zum Beispiel für das Ökosystemkompartiment „Fauna": Säugetiere, Brutvögel, Amphibien, Reptilien, ausgewählte Wirbellose; für das Kompartiment „Luft": Stäube, CO_2, SO_2, NO_x, Temperatur, Luftfeuchte et cetera). Auch hierbei erfolgen explizit oder implizit Wertungen, wenn etwa entschieden wird, was als wesentlich und was als redundant angesehen werden soll. In der Planungspraxis wird offenbar, dass solche Ent-

scheidungen aber oft auch von der Datenverfügbarkeit und rechtlichen Vorgaben beeinflusst werden.

Wertesysteme, Wertmaßstäbe und Indikatoren

Grundlage von Bewertungen sind Wertesysteme, die in der Regel aus einem Satz von Wertmaßstäben gebildet werden. Die Pole der Wertmaßstäbe können mit wertenden Ausdrücken wie „gut" oder „schlecht" belegt sein. Auch können Alternativen im Sinne von „besser" und „schlechter" bewertet werden. Da in der Landschaftsplanung und UVP (Kap. 7.2) wenig Verbindlichkeit im Blick auf die zu verwendenden Wertsysteme und ihre Maßstäbe vorzufinden ist, leitet sich das Bewertungsergebnis häufig zu einem bedeutenden Teil auch aus subjektiv begründeten Wertesystemen der Planer beziehungsweise Gutachter ab (Heidt und Plachter 1996). Jessel (1996) illustriert das am Beispiel von vier Wissenschaftlern, die unabhängig voneinander eine intensiv bewirtschaftete Wiese bewerten und zu vier verschiedenen Handlungsvorschlägen zur Zustandsverbesserung kommen, weil jeder Experte eine andere Zielvorstellung hat. Deutlich wird auch hier,

- dass subjektive Elemente im Bewertungsprozess unvermeidbar sind,
- dass dieser, wenn er denn nicht durchgängig objektiv sein kann, zumindest transparent und nachvollziehbar gestaltet werden muss

- und deshalb den Bewertungszweck, das Wertesystem mit seinen Maßstäben und Indikatorgrößen sowie die Wertaggregationsregeln (also das Bewertungs-„Verfahren") explizit offen legen sollte
- und dass die Ökologie als erkenntnisorientierte Wissenschaft strenggenommen nur bestimmen kann, wie geschützt/vermieden/entwickelt werden soll; die Übereinkunft darüber, was geschützt werden soll, ist dagegen eine gesellschaftliche Aufgabe (Marzelli 1994).

Die Summe (oder das Integral) der angestrebten Zielzustände kann als Leitbild definiert werden. Aus der Differenz zwischen Leitbild und Status quo wird ein Handlungsbedarf abgeleitet. Der Vorteil gegenüber einer Bewertung ohne integrierendes Leitbild besteht darin, dass das Leitbild Synopse und Abgleich gesellschaftlicher Wertvorstellungen ist (Heidt und Plachter 1996). Leitbilder werden zunächst bewusst allgemein formuliert und umschreiben die langfristigen Zielvorstellungen oder Entwicklungsziele mit normativem Charakter. Um im jeweiligen Planungskontext operational und flächenkonkret eingesetzt werden zu können, bedarf es der schrittweisen Konkretisierung über Leitlinien und Umweltqualitätsziele zu Umweltqualitätsstandards. Umweltqualitätsstandards sind dabei quantifizierbare Bewertungsmaßstäbe zur Bestimmung von Belastung oder angestrebter Qualität. Sie legen für einen Indikator die Ausprägung, das Messverfahren und die Rahmenbedingungen fest und sind der letzte Operationalisierungsschritt im Leitbildkonzept (Fürst et al. 1992).

Da die Erfassung aller Umweltvariablen unmöglich ist, versucht man mit Hilfe von Indikatoren solche Werte zu gewinnen, die als Zeiger für einen Wertekomplex eine repräsentative Aussage treffen. Umweltindikatoren geben Auskunft über den Ist-Zustand einer Landschaft, eines Ökosystems, eines Biotopes oder einer Biozönose. Sie ermöglichen die Ermittlung der Differenz zum Zielzustand oder den Vergleich mit anderen Systemen. Im Planungskontext müssen sie auch gesellschaftlich relevant, räumlich und zeitlich vergleichbar sowie praktisch ermittelbar und zu Indikatorenkonzepten aggregierbar sein, die Planungsebenen und Entscheidungsstrukturen berücksichtigen. Konsistente Indikatorenkonzepte, die alle diese Forderungen erfüllen, gibt es in der Anwendung bisher nicht, sie sind Gegenstand der Forschung (zum Beispiel Müller 1998). Stattdessen findet man in der Praxis, letztlich auch aufgrund zahlreicher unbestimmter Rechtsbegriffe in den für Planungen relevanten gesetzlichen Regelungen (zum Beispiel im BNatSchG) derzeit eine große Vielfalt unterschiedlicher Definitionen für Bewertungsmaßstäbe und Indikatoren. Es ist zudem ein Mangel an systematischen, praxisbezogenen Qualitätsstandards mit klaren Schutzwürdigkeits- und Gefährdungsprofilen für fachlich-wissenschaftlich definierte Qualitäten von Natur und Landschaft zu beklagen.

In der Praxis der Landschaftsplanung und UVP werden deshalb heute Bewertungssysteme beinahe je nach Bedarf zusammengestellt und angewendet. Freilich nutzt man dazu die vorhandenen gesetzlichen oder untergesetzlichen Standards. Wo sie fehlen, weicht man auf „weichere"

Tab. 4-10: Stufenmodell zur Bestimmung der zu verwendenden Bewertungsmaßstäbe (MNU 1995, verändert)

Schritt	Frage	Herkunft des Bewertungsmaßstabes (zum Beispiel:)
1	Sind fachgesetzliche Bewertungsmaßstäbe vorhanden?	§ 8 AbfG, §§ 5,6 BImSchG, §19 WHG
2	Sind untergesetzliche Bewertungsmaßstäbe in Rechts- und Verwaltungsvorschriften festgelegt?	TA-Luft, Klärschlamm-VO, Abw-VwV, Erlasse zur Anwendung der Eingriffsregelung, Planwerke
3	Gibt es für einzelne Projekt- oder Nutzungsauswirkungen (zum Beispiel Schadstoffe) keine gesetzlichen/ untergesetzlichen, aber sonstige Bewertungsmaßstäbe?	WHO-Werte, Schweizer VO über Schadstoffe im Boden, in Aufstellung befindliche Standards, DVWK-Regeln, Rote Listen, Vorschläge aus der Literatur
4	Gibt es zu einem Gegenstandsbereich (noch) keine vorgegebenen Bewertungsmaßstäbe?	Es sind eigene aufzustellen, zum Beispiel zur Sickerwasserproblematik außerhalb von WSG, zu Lärm im Freiraum

Standards aus. Formalisiert kann man die „Suche" nach Bewertungsmaßstäben für ein Planungsvorhaben in einem Stufenmodell mit vier Schritten darstellen (Tab. 4-10).

Rechtlich fixierte Bewertungsmaßstäbe in Form von Umweltstandards finden sich in Gesetzen, häufiger in untergesetzlichen Regelwerken. Einige wenige Beispiele hierfür sind in Tabelle 4-11 genannt.

Rechtlich nicht fixierte, aber in der Praxis häufig eingesetzte Bewertungsmaßstäbe (Quasi-Standards) werden zum Beispiel den Roten Listen der gefährdeten Pflanzen, Tiere, Pflanzengesellschaften und Biotoptypen entnommen (Jedicke 1997).

Im Hinblick auf die biotischen Schutzgüter einschließlich der Biotope werden in der Literatur als Beurteilungskriterien und wertbestimmende Faktoren häufig genannt: Seltenheit, Gefährdung, Empfindichkeit, Repräsentanz (Eigenart), Diversität (Vielfalt), Alter und Naturnähe/Natürlichkeit (Kap. 3.3).

Dabei ist Seltenheit der für den Artenschutz gebräuchlichste Term, er bedarf aber einer Konkretisierung im Hinblick auf die räumliche Skalenebene, auf die er angewendet wird (lokal bis global) und es muss im konkreten Einzelfall berücksichtigt werden, dass manche Art lokal oder regional deshalb selten ist, weil sie an der Grenze ihres natürlichen Verbreitungsgebietes angetroffen wird. Auch wird Seltenheit zunehmend auf andere Objekte angewendet, wie etwa Böden, geomorphologische Landschaftsformen und historische Kulturlandschaftselemente (Kap. 8.2).

Aus der Seltenheit ergibt sich nicht unmittelbar die Gefährdung, da letztgenannte nur über Zeitreihen ermittelt werden kann. Die Empfindlichkeit von Arten, Biozönosen oder Systemen gegenüber Störungen bestimmt ihrerseits deren potenzielle Gefährdung.

Im Blick auf Repräsentanz beziehungsweise Eigenart weisen Dierssen und Roweck (1998) darauf hin, dass insbesondere dieses Beurteilungskriterium weit über den Bereich biologischer Systeme hinaus anwendbar ist und sein sollte, etwa wenn es um ein Schutzobjekt „Moorhufendorf mit landschaftsgeschichtlich gewachsenen Nutzungsstrukturen" geht. Sie heben damit hervor, dass es in der Landschaftsentwicklung nicht in jedem Fall darum gehen muss, eine möglichst große Naturnähe (wieder)herzustellen. Auch an dieser Stelle wird deutlich, dass es in der Landschaftsplanung keine schematische Anwendung von Bewertungsprinzipien geben darf.

So umfangreich die Literatur über Vielfalt (Diversität) von Arten und Strukturen als Wertmaßstab ist, so wenig schematisch ist dieses Kriterium anwendbar. Zum einen besteht kein zwingender Zusammenhang zwischen Diversität und Stabilität von Ökosystemen, wie oft unterstellt wird, zum anderen bleibt zu hinterfragen, ob Begriffen wie Stabilität und Gleichgewicht zurecht (aus dem Harmoniebedürfnis unserer Gesellschaft heraus?) eine positive Bedeutung unterlegt wird (Dierssen und Roweck 1998).

Das Alter eines Ökosystems am konkreten Standort ist insofern wertbestimmend, als es für

Tab. 4-11: Beispiele für Rechtsvorschriften, die Umweltstandards enthalten

Umweltmedium	Rechtsvorschrift (Beispiele)
Boden	Düngemittel-VO Klärschlamm-VO Gülle-VO TA-Abfall
Luft/ Klima	Verordnungen zur Durchführung des BImSchG (TA-Luft) Gefahrstoff-VO
Wasser	Trinkwasser-VO Düngemittel-VO Klärschlamm-VO Gülle-VO
Tier- und Pflanzenwelt	Bundesartenschutz-VO
Landschaftsbild	Schutzgebiets-VO
Kultur- und Sachgüter	Denkmalschutz-VO

bestimmte (nicht alle) Systemtypen eine Aussage auch über die Restituierbarkeit zulässt. Dies wird in der Praxis der Eingriffsregelung zum Beispiel bei der Ermittlung von Ausgleichsfaktoren für unterschiedlich alte Waldbestände berücksichtigt.

Das Kriterium der Natürlichkeit beziehungsweise Naturnähe als Wertmaßstab ist in anthropogen so stark überformten Regionen wie Mitteleuropa fragwürdig. Wenn es die Abwesenheit der menschlichen Wirtschaftstätigkeit implizieren soll, so bleibt zu fragen, mit welchem Recht dabei der Mensch neben die Natur gestellt wird. Dierssen und Roweck (1998) schlagen deshalb vor, statt der Natürlichkeit als Maßstab und Kriterium das aktualistisch angelegte Prinzip der Hemerobie (Sukopp 1976, Kowarik 1988) zu verwenden.

Die vielleicht größte Unsicherheit hinsichtlich nachvollziehbarer Kriterien und kaum Standardisierung ist im Bereich der Bewertung des Landschaftsbildes und der Erholungseignung festzustellen. Das BNatSchG macht jedoch über die Berücksichtigung der Schutzgüter Eigenart, Vielfalt und Schönheit auch diese Bewertung zur praktischen Aufgabe des Landschaftsplaners. Freilich werden Vorschläge zur Lösung der Aufgabe diskutiert (Bastian und Schreiber 1994, Buchwald und Engelhardt 1995).

Das Leistungsvermögen des Landschaftshaushalts: Funktionen/Potenziale

Wie bereits erwähnt, wird die Komplexität des Naturhaushaltes, der Ökosysteme beziehungsweise der Landschaft oft vereinfachend gegliedert in Kompartimente oder Umweltmedien, die aus Gründen der Praktikabilität weitgehend mit den in einschlägigen Gesetzen genannten Schutzgütern identisch sind. In der Landschaftsbewertung werden dem Landschaftshaushalt dabei bestimmte Funktionen beziehungsweise Potenziale zugeordnet. Damit wird zum Ausdruck gebracht, dass die konkreten, zu bewertenden Landschaftsausschnitte hinsichtlich der von ihnen zu erbringenden Teilaufgaben – je nach ihren Eigenschaften – unterschiedliche Leistungen erbringen. Das ist entsprechend den rechtlichen Vorgaben durchaus im anthropozentrischen Sinne gedacht, begründet aber – etwa wie im BNatSchG – auch den Schutz der Natur.

Ein frühes Beispiel einer sektoralen, unmittelbar auf den (ökonomischen) Nutzen ausgerichteten Landschaftsbewertung ist die seit den 30er Jahren des 20. Jahrhunderts angewendete Reichsbodenschätzung, in der die agrarische Eignung landwirtschaftlicher Nutzflächen, auch unter Berücksichtigung von klimatischen, hydrologischen, geologischen und Reliefparametern, bewertet wird (Produktionsfunktion).

Für die Gliederung der Funktionen beziehungsweise Potenziale des Natur- oder Landschaftshaushalts gibt es verschiedene systematische Vorschläge (de Groot 1992, Marks et al. 1992, Bastian und Schreiber 1994, Grabaum 1996). De Groot (1992) bringt die zahlreichen Teilfunktionen in eine Systematik mit vier Klassen, indem er zwischen den Regulationsfunktionen, Trägerfunktionen, Produktionsfunktionen und Informationsfunktionen unterscheidet.

Ein auch mit Blick auf die Bewertung systematisch dokumentierter und häufig zitierter Vorschlag soll im folgenden ausführlicher vorgestellt werden. Es ist die „Anleitung zur Bewertung des Leistungsvermögens des Landschaftshaushaltes" (BA LVL). Für die einzelnen Bewertungsvorschriften muss aus Platzgründen hier auf die Literatur verwiesen werden (Marks et al. 1992). In Tabelle 4-12 werden die einzelnen Funktionen und Potenziale aber definiert und es werden die zur Ermittlung vorgeschlagenen und in die Bewertungen eingehenden Parameter aufgeführt. Die Bewertung des Leistungsvermögens erfolgt bei diesem generellen Bewertungsmodell meist durch eine Klassifizierung der Wertebereiche der ausgewählten Indikatoren mit einer Einstufung nach dimensionslosen ordinalskalierten Wertzahlen (1,2,3,4,5 et cetera) beziehungsweise nach bewertenden Bezeichnungen (klein, mittel, groß et cetera). Die über mehrere Indikatoren integrierende Gesamtbewertung (also bis zu **einem** Wert für die betreffende Funktion, zum Beispiel Erosionswiderstand: sehr groß) erfolgt durch eine aufeinanderfolgende Verknüpfung von Wertzuordnungstabellen, wie sie auch in der ökologischen Risikoanalyse (siehe unten) üblich ist.

Die Anleitung zur Bewertung des Leistungsvermögens des Landschaftshaushaltes (BA LVL) kann als ein verbesserungsfähiger Vorschlag beziehungsweise als je nach Aufgabe und Datenlage änderbare Arbeitsgrundlage verwendet werden. Variationen dazu finden sich auch in

Tab. 4–12: Funktionen und Potenziale zur Bestimmung des Leistungsvermögens des Landschaftshaushaltes

Funktion/ Potenzial	zur Ermittlung und Bewertung vorgeschlagene Größen
Funktionsbereich Boden/Relief:	
Erosionswiderstandsfunktion: Leistungsvermögen des Landschaftshaushaltes, einer über das natürliche Maß hinausgehenden Abtragung des Bodens durch Wasser, Wind oder mechanische Prozesse entgegenzuwirken.	Bodenart, Aggregatgröße beziehungsweise -stabilität, Permeabilität, Humusgehalt, Skelettgehalt, ökologischer Feuchtegrad, Oberflächenform, Hanglänge, Niederschlagsraten, Flächennutzung, Gründigkeit des Bodens, bei Torf: Torfart, Zersetzungsgrad
Filter-, Puffer- und Transformatorfunktion: Leistungsvermögen des Landschaftshaushaltes, den Untergrund aufgrund geringer Durchlässigkeit des Bodens vor dem Eindringen unerwünschter Stoffe zu schützen oder diese Stoffe aufgrund eines guten Puffervermögens oder guter Filtereigenschaften des Bodens abzubauen beziehungsweise unschädlich festzulegen.	Bodenart beziehungsweise Torfart (Wasserdurchlässigkeit, Anteil selbstdränender Poren, Sorptionskapazität, Gehalt an Huminstoffen, Sesquioxiden und Tonmineralien), Humus- und Eisengehalt, pH-Wert des Ober- und Unterbodens, Luftkapazität, Durchlüftungstiefe, nutzbare Feldkapazität, Leitfähigkeit und Bindungsstärke im Unterboden, Grundwasserflurabstand, klimatische Wasserbilanz
Funktionsbereich Wasser:	
Grundwasserschutzfunktion: Leistungsvermögen des Landschaftshaushaltes, Grundwasservorkommen aufgrund der Vegetationsstruktur sowie undurchlässiger oder gut filternder beziehungsweise puffernder Deckschichten vor dem Eindringen unerwünschter Stoffe zu schützen.	Bodenart, Grundwasserflurabstand, Wasserdurchlässigkeit, Grundwasserneubildungsrate
Grundwasserneubildungsfunktion: Leistungsvermögen des Landschaftshaushaltes, aufgrund der Vegetationsstruktur, der klimatischen Gegebenheiten sowie durchlässiger Deckschichten Grundwasservorkommen zu regenerieren.	nutzbare Feldkapazität, Nutzung (Vegetationsdecke), klimatische Wasserbilanz
Abflussregulationsfunktion: Leistungsvermögen des Landschaftshaushaltes, aufgrund der Vegetationsstruktur, der Boden- und der Reliefbedingungen Oberflächenwasser in den Ökosystemen zurückzuhalten, den Direktabfluss zu verringern und damit zu ausgeglichenen Abflussverhältnissen beizutragen.	Versiegelungsgrad/ Bodenbedeckung, Hangneigung, Infiltrationskapazität, nutzbare Feldkapazität, Untergrundgestein, Niederschlagsmenge und -intensität, Lage, Größe und Form des Wassereinzugsgebietes, wasserbauliche und kulturtechnische Gegebenheiten
Funktionsbereich Luft/ Klima:	
Immissionsschutzfunktion: Leistungsvermögen des Landschaftshaushaltes, gas- und staubförmige Verunreinigungen der Luft sowie unerwünschte Schallausbreitung zu vermindern beziehungsweise abzubauen: Durch Ausfilterung der Schadstoffe, durch Verdünnung aufgrund atmosphärischer Transportvorgänge sowie durch Lärmhemmung durch die Vegetation.	**Luft:** Vegetationsstrukturparameter, gegebenenfalls Waldschadensstufe **Lärm:** Parameter aus Lärmpegelmessungen, gegebenenfalls abgeleitet aus Verkehrsmengenkarten, Bewuchs, Höhenunterschiede
Klimameliorations- und bioklimatische Funktion: Leistungsvermögen des Landschaftshaushaltes, aufgrund der Vegetationsstruktur, des Reliefs sowie der räumlichen Lage eine wirksame Verbesserung von anthropogen beeinflussten klimatischen Zuständen und Prozessen hervorzurufen und damit auch bioklimatisch positiv wirksam zu werden.	Größe des Kaltluftentstehungsgebietes, Flächenanteil der Wiesen und Äcker, mittlere Hangneigung, mittleres Hangquerprofil, mittlere Hanglänge, Rauhigkeit der Talsohle in 6 Klassen

Funktionsbereich Arten/ Biotope:

Ökotopbildungs-, Ökotopentwicklungs- und Naturschutzfunktion: Leistungsvermögen des Landschaftshaushaltes, den Lebensgemeinschaften (Biozönosen) Lebensstätten (Biotope) zu bieten und die Lebensprozesse positiv zu steuern, aufrecht zu erhalten und gegebenenfalls wiederherzustellen. Anthropogene Beeinträchtigungen und Zerstörungen von Lebensräumen bewirken eine unterschiedliche Wertigkeit der Ökotopbildungsfunktion („Naturschutzfunktion")	Vegetationstypen, gegebenenfalls mit zugeordneten Wertzahlen für Maturität, Natürlichkeitsgrad, Diversität, Artenzahl, Schichtenstruktur; anthropogene Beeinträchtigung, potenzielle natürliche Vegetation, Anzahl beziehungsweise Anteil der Rote Liste-Arten der Farn- und Blütenpflanzen, Flächenverhältnis zwischen realen und potenziell natürlichen Vegetationstypen, Entwicklungsdauer der Wiederherstellbarkeit

Anmerkung: Dieses ganz auf der Typusebene bleibende, aggregierende Bewertungsverfahren von Marks et al. (1992) ist, da es keine individuelle Bestandsaufnahme und Analyse beinhaltet, hier als naturschutzfachliches Bewertungsverfahren für Biotope und Arten problematisch. In der Praxis, zum Beispiel der Eingriffsbewertung, werden aber zum Teil noch einfachere und schematischere Wertzuweisungsverfahren verwendet.

Funktionsbereich Erholung:

Erholungsfunktion: Leistungsvermögen des Landschaftshaushaltes, durch physisch und psychisch positive Wirkungen beim Menschen eine körperliche und seelische Regeneration hervorzurufen und den Menschen durch ein ästhetisch ansprechendes („harmonisches") Landschaftsbild günstig zu beeinflussen.	Reliefklassen, Randlänge von Vegetationseinheiten und Gewässern, Flächennutzungstypen

Bereich Wasserdargebot:

Grundwasserdargebotspotenzial: Leistungsvermögen des Landschaftshaushaltes, nutzbares Grundwasser bereitzuhalten	Durchlässigkeit des grundwasserführenden Gesteins, Mächtigkeit des Grundwasserstockwerks

Bereich biotisches Ertragspotenzial:

Land- und forstwirtschaftliches Ertragspotenzial: Leistungsvermögen des Landschaftshaushaltes, ertragsmäßig verwertbare Biomasse zu erzeugen und die ständige Wiederholbarkeit dieses Vorganges zu gewährleisten (Prinzip der Nachhaltigkeit)	Hangneigung, Skelettgehalt, Gründigkeit, Bodenart des Oberbodens, Nährstoffangebot, Grundwasserflurabstand, Staunässe, nutzbare Feldkapazität, Jahresmitteltemperatur, Jahresniederschlag, Frostgefährdung, Überschwemmungen, Erosionsgefährdung (jeweils Wertstufenzuordnung, differenziert für Ackerbau, Grünland, Wald)

Bereich Landeskunde:

Landeskundliches Potenzial: Leistungsvermögen des Landschaftshaushaltes, aus landeskundlicher und/ oder geowissenschaftlicher Sicht schutzwürdige Bereiche und Objekte in den Strukturen und Funktionen der landschaftlichen Ökosysteme bereitzustellen.	bestimmte geologische oder geomorphologische „landschaftsprägende" Strukturen beziehungsweise ausgewählte Biotope (es werden nur Beispiele genannt, Bewertung nicht vollständig ausgearbeitet)

Bastian und Schreiber (1994). Da es für die Landschaftsplanung nach wie vor kaum verbindliche Bewertungsvorschriften und konsistente Werte- und Indikatorensysteme gibt und zu 100 % wohl auch nicht geben kann, wenn man im konkreten Einzelfall auch das Landschafts-„Individuum" würdigen und nicht allein auf Typusebene verharren will, erfordert jede Planungsaufgabe zumindest bis zu einem gewissen Grade eine individuelle Bearbeitung und gegebenenfalls auch Bewertung. Gesetze, Verordnungen und Erlasse engen jedoch manchmal verbindlich den Entscheidungsspielraum ein (zum Beispiel Biotopwertverfahren bei der Anwendung der Eingriffsregelung, § 20c-Biotope (BNatSchG) in der Landschaftsplanung).

Formalisierte Bewertungsverfahren

Die einzelnen Bewertungsschritte werden oft in charakteristischer Weise zu formalisierten „Verfahren" zusammengefasst, und zwar unabhängig von der Verwendung einzelner Bewertungsmaßstäbe: verbal-argumentative Methode, Nutzwertanalyse, ökologische Risikoanalyse, Delphi-, Szenario- und mathematische Verfahren, Trendberechnungen und Simulationsmodelle. Wiegleb (1997) merkt an, dass eine Kategorisierung der Bewertungsverfahren auf Grund ihrer Vielfalt nicht möglich sei, alle jedoch folgende konstituierende Elemente (im Sinne von Arbeitsschritten) enthalten: Bewertungsziel, räumlicher Bezug, Auswahl eines problemadäquaten Verfahrens, Anweisung zur Gewinnung der Datenbasis, Wichtung und Verknüpfung der Daten, Interpretation.

Die Verfahren dienen dazu, die Auswirkungen von Objektplanungen (zum Beispiel Bauprojekte, Trassenvarianten) oder die Wirkungen von Nutzungs- beziehungsweise Entwicklungsalternativen in der Landnutzungsplanung zu beschreiben und zu bewerten. Es soll dabei immer ein nachvollziehbares Ergebnis erzielt werden, da Bewertungen im Rahmen von Planungen – anders als persönliche Wertschätzungen – auf ein möglichst großes Maß an gesellschaftlicher Akzeptanz angewiesen sind, sollen sie wirksam werden. Jessel (1996) fordert darüber hinaus größtmögliche Einfachheit, Plausibilität, problemadäquate Operationalisierung beziehungsweise Regionalisierung sowie Planungsbezogenheit und Zweckbestimmung.

Im folgenden sollen drei weit verbreitete Typen von formalisierten Bewertungsverfahren vorgestellt werden:

- die verbal-argumentative Methode,
- die Nutzwertanalyse,
- die ökologische Risikoanalyse.

Zwar gibt es in der Planungspraxis oft Mischformen dieser formalisierten Bewertungsverfahren, aber man kann doch diese drei Hauptstränge identifizieren. Vorweg sei betont, dass heute meist die ökologische Risikoanalyse bevorzugt wird. Sie ist auch in der Verwaltungsvorschrift zum UVP-Gesetz an herausgehobener Stelle genannt. Oft wird sie mit der verbal-argumentativen Methode kombiniert. Die Nutzwertanalyse ist dagegen ein sehr streng formalisiertes Wert-Zuordnungsverfahren, das viel Kritik erfahren hat.

Verbal-argumentatives Bewertungsverfahren

Dieses Verfahren ist am wenigsten formalisiert. Man kann es beinahe als „Nicht-Verfahren" bezeichnen. Die Bewertungen und auch ihre Abwägung untereinander erfolgen rein textlich. Die Ergebnisse werden weder in Noten, Punkten oder Zielerreichungsgraden noch in Wertstufen („gering belastend – belastend – stark belastend – umweltneutral" oder ähnliches) ausgedrückt. Die Formalisierung kann aber zum Beispiel darin bestehen, dass

- die Wirkungen nach Umweltbereichen (Umweltmedien, Schutzgütern) gegliedert dargestellt,
- die wesentlichsten Wirkungen pro Nutzungsvariante oder Projektalternative am Ende noch einmal zusammenfassend nebeneinander gestellt,
- Zusammenfassungen aus Gründen der Übersicht und leichteren Vergleichbarkeit zwar textlich, aber in Tabellenform dargeboten werden.

Die Vorteile dieses Verfahrens sind:

- keine zu schematische Vereinfachung durch Wertstufen,
- keine (stets angreifbare) formale Gewichtung und Aggregierung von Einzelwertungen,
- damit auch kein zu simples Aufrechnen von positiven und negativen Wirkungen in unterschiedlichen Umweltbereichen.

Als Nachteile des verbal-argumentativen Bewertungsverfahrens werden oft genannt:

- größere Gefahr einer willkürlichen Festlegung von Bewertungsgegenständen,
- leichteres Verdecken von Wissenslücken und Interpretationsschwierigkeiten wegen der fehlenden Formalisierung,
- weniger deutlicher Übergang von der Sach- zur Wertebene, immanente Gefahr einer Verschleierung von Bewertungsschritten.

Ganz ohne verbal-argumentative Elemente der Bewertung kommt kein Planwerk aus. Spätestens, wenn es um die zusammenfassende Darstellung und Begründung von Schlussfolgerungen geht, ist eine textliche Argumentation unabdingbar.

Nutzwertanalyse

Bei der „Nutzwertanalyse der 2. Generation" (Bechmann 1989, aufbauend auf Zangemeister 1971: „NWA der 1. Generation"; zitiert: Weiland 1994) werden die Sachinformationen in Form

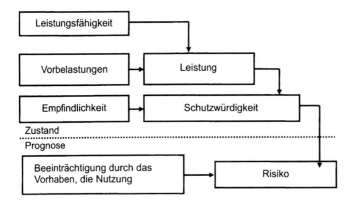

Abb. 4-2: Aggregationsschritte in der ökologischen Risikoanalyse (für jeden Konfliktbereich getrennt durchzuführen)

von Zielerträgen mittels eines Zielsystems und Transformationsregeln zu Zielerfüllungsgraden transformiert. Zwischenergebnisse der Bewertung sind Teilnutzen. Die Gesamtbewertung zum Nutzwert erfolgt durch Aggregationsregeln. Es wird meist mit Gewichtungen der in die Bewertung einbezogenen Parameter gearbeitet (aus einem praktischen Beispiel: ' flächenbezogene Beeinträchtigung von Wohngebieten durch Lärm und Luftschadstoffe wiegt fünfmal so schwer wie Verlust von stehender Wasserfläche). Das Verfahren ist wegen seiner strengen Formalisierung (Wertzuweisung mit Hilfe von Wertzahlen, Gewichtung, Aggregierungsregeln) EDV-gerecht. Es gilt aber wegen seiner zum Teil komplexen Rechenvorschriften als wenig transparent, im Planungsprozess den Beteiligten nur schwer vermittelbar und wegen seiner Gewichtungen und numerischen Aggregierungen nicht leicht begründbar. Es sei an dieser

Stelle darauf hingewiesen, dass ein (nur scheinbarer) Verzicht auf Gewichtungen ebenfalls eine Gewichtung bedeutet, nämlich eine Gewichtung aller Größen mit dem Gewicht „1".

Die Nutzwertanalyse wurde zum Beispiel durch Arnold et al. (1977; zitiert: Hübler und Zimmermann 1989) bei der Bewertung zweier Trassenvarianten für die Autobahn A 210 zwischen Kiel und Rendsburg angewendet. Dort wurden für die beiden Varianten mit Hilfe von insgesamt 41 gewichteten Indikatoren (Gewichte zwischen 0,5 und 12) die Unterschiede im Beeinträchtigungsgrad errechnet und anschließend aggregiert. Für die Südtrasse wurde ein gewichtetes Gesamtergebnis von 2618,5 „Beeinträchtigungs-Punkten", für die Nordtrasse von nur 280,25 errechnet. Damit wies die Nutzwertanalyse die Nordtrasse als die mit dem größeren (auch „ökologischen") Nutzen aus. Die Autobahn wurde später auch wirklich auf der Nordtrasse realisiert.

Tab. 4-13: Beispielschema einer Verknüpfungsmatrix mit jeweils drei ordinalskalierten Stufen für die Verknüpfung von „Schutzwürdigkeit" und „Beeinträchtigung" zum „Risiko" (lies zum Beispiel: Wenn die Schutzwürdigkeit = wertvoll (++) und die erwartete Beeinträchtigungsintensität durch die betreffende Nutzung/das betreffende Vorhaben stark (+++), dann ist das Risiko hoch (!!!))

Beeinträchtigungs-intensität	Schutzwürdigkeit		
	+++ (sehr wertvoll)	++ (wertvoll)	+ (wenig wertvoll)
+++ (stark)	!!! (hohes Risiko)	!!! (hohes Risiko)	!! (mittleres Risiko)
++ (mittel)	!!! (hohes Risiko)	!! (mittleres Risiko)	! (geringes Risiko)
+ (gering)	!! (mittleres Risiko)	! (geringes Risiko)	! (geringes Risiko)

Ökologische Risikoanalyse

Die ökologische Risikoanalyse wurde von Bachfischer (1978; zitiert: Weiland 1994) als „ökologische Wirkungsanalyse bei unvollständiger Information" konzipiert. Sie hat sich zum Beispiel bei der Durchführung von Umweltverträglichkeitsstudien für die Prüfung von Vorhabenvarianten durchgesetzt, ist aber auch für die Bewertung von Nutzungs- oder Entwicklungsalternativen in der Landschaftsplanung allgemein anwendbar. Sie wird nach folgendem Schema durchgeführt:

1. Festlegung der für das jeweilige Planungsvorhaben relevanten **Konfliktbereiche**,
2. Bestimmung der **Intensität potenzieller Beeinträchtigungen** durch Nutzungsansprüche innerhalb jedes Konfliktbereiches,
3. Bestimmung der **Empfindlichkeit gegenüber Beeinträchtigungen** für jeden Konfliktbereich,
4. Verknüpfung der Intensität potenzieller Beeinträchtigungen (2) und der Empfindlichkeit gegenüber potenziellen Beeinträchtigungen (3) zum **Risiko der Beeinträchtigung** für jeden Konfliktbereich.

Dabei werden Beeinträchtigungsintensität und Empfindlichkeit durch Transformation von Indikatoren auf Ordinalskalen mit (möglichst) ökologisch begründeten Schwellenwerten und durch logische Aggregationen auf ordinalem Skalenniveau bewertet. Die Aggregationen erfolgen meist mittels Verknüpfungsmatrizes. Eine andere, allerdings weniger übersichtliche Form der Darstellung sind Entscheidungs- beziehungsweise Verknüpfungsbäume. Mit den Matrizes können jeweils zwei Indikatoren oder Indikatorgruppen logisch miteinander verknüpft werden; sie stellen nur ein formales Hilfsmittel für Aggregationen dar, dessen Qualität von der inhaltlichen Ausfüllung abhängt. Eine Gesamt-Aggregation über die Konfliktbereiche hinweg erfolgt in der ökologischen Risikoanalyse nicht in formalisierter Form, sondern gegebenenfalls verbalargumentativ (Weiland 1994).

Das Prinzip der logischen Aggregationen in einer Verknüpfungsmatrix zeigt das Beispiel in Tabelle 4-13 (Verknüpfung von Schutzwürdigkeit und potenzieller Beeinträchtigung entsprechend den Bezeichnungen aus Abbildung 4-2).

Die Matrixfeld-Belegungen müssen, wie erwähnt, ökologisch begründet sein, wie auch die Zahl der Felder (3x3-Matrix wie hier, oder größere Matrizes). Wenn die Zahl der Felder allerdings zu groß wird, führt dies leicht zu Entscheidungsproblemen und mangelnder „Vermittelbarkeit" gegenüber den Personen, die von der Planung betroffen, aber meist nicht ökologisch fachkundig sind. Bewertungsverfahren müssen möglichst transparent und einfach sein, wenn sie akzeptiert werden sollen. Hier wird abermals deutlich, dass man es in der Planung auch mit außerwissenschaftlichen Sachverhalten zu tun hat.

Das Prinzip der Matrix-Darstellung eignet sich auch sonst zur formalisierten Darstellung in der Planung. So lassen sich auf ähnliche Weise etwa Konfliktmatrizes, Erheblichkeitsmatrizes, Wirkungspfadmatrizes et cetera erzeugen (zum Beispiel Zeilenköpfe: Nutzungskomponenten oder Nutzungsbausteine; Spaltenköpfe: Schutzgüter oder Umweltmedien; Matrixfelder: Symbole für mehr oder weniger erhebliche positive oder negative Auswirkungen).

Ausblick: integrative Landschaftsbewertung

Ein Problem aller praktischen Bewertungen in der Landschaftsplanung und UVP ist, dass eine „Landschafts"-Bewertung eigentlich eine multifunktionale oder integrierende Indikation verlangt: Landschaften (als Ökosystemkomplexe) erfüllen immer mehrere Funktionen, und auch ihre Nutzung ist multifunktional. Die sektorale Optimierung einer einzelnen Naturhaushaltsfunktion kann zu Verschlechterungen bei einer anderen führen. So kann zum Beispiel die Steigerung der Grundwasserneubildungsrate (durch Erhöhung der Sickerwasserrate aufgrund von Flächennutzungsänderungen) zu einer Minderung der Puffer- und Filterfunktion gegenüber Nähr- und Schadstoffen und somit zu einer Erhöhung des Grundwasserkontaminationsrisikos führen. Die Beantwortung der planerischen Kardinalfrage, welche Landnutzung – bezogen auf einen ganzen Landschaftsausschnitt und nicht allein auf eine einzelne Fläche oder nur wenige – anzustreben oder wenigstens die „bessere" ist, erfordert integrierende Wertmaßstäbe und Indikatoren (Meyer 2000). Konzeptionelle und zum Teil auch empirisch erprobte Vorschläge dazu haben unter anderen Bork et al. (1995), Meyer (2000) und Müller (1998) vorgestellt. Es sei angemerkt, dass eine Anwendung dieser Konzepte in der täglichen Planungspraxis (vorerst?) zumindest an der meist fehlenden Datenbasis scheitert und dass sie ihren fachlichen Schwerpunkt im Bereich der stofflichen, weniger der biozönotischen Aspekte haben. Sie stammen aus der Ökosystemforschung, der Landschaftsmodellierung und der Diskussion um eine „umweltökonomische Gesamtrechnung" (Müller 1998).

Als räumliche Bezugseinheiten für die quantitative Analyse und Landschaftsbewertung werden dabei vor allem Wassereinzugsgebiete gewählt, da diese die Abgrenzung funktionaler Raumeinheiten ermöglichen. Sie sind auch ökologisch relevant, durch Transportvorgänge voneinander abgrenzbar und ermöglichen sinnvolle, weil interpretierbare Bilanzierungen. Die ermittelten Größen und Wertzuweisungen können auf Teileinzugsgebiete oder ein größeres Einzugsgebiet als Ganzes bezogen werden.

Müller (1998) schlägt in seinem konzeptionellen Beitrag als Leitlinie für die Bewertung und Indikatorenauswahl die „Ökosystemintegrität" vor und versucht damit einen Bogen sowohl zum Leitbild der nachhaltigen Entwicklung als auch zu einer mehr prozessorientierten Bewertung von Ökosystemen und Landschaften zu schlagen: »Ein Öko-

system ist integer und kann nachhaltig bestehen, wenn es in der Lage ist, seine Organisation und seinen Fließgleichgewichtszustand gegenüber kleinen Störungen zu erhalten und wenn es über eine hohe Anpassungs- und Entwicklungskapazität verfügt, sodass es sich langfristig selbstorganisiert fortentwickeln kann. Integrität ist ein ganzheitlicher Begriff, für dessen Quantifizierung ganzheitliche prozess- beziehungsweise funktionsbezogene Indikatoren erforderlich sind« (Müller 1998). Da bestimmte Ökosystemeigenschaften im Verlauf einer ungestörten Entwicklung offenbar selbstorganisiert optimiert werden und deshalb als Maß für die Entwicklungsfähigkeit und Selbstorganisationsfähigkeit dienen können, müssen die gesuchten Indikatoren diese Ökosystemeigenschaften abbilden können: Ausnutzung der Strahlungsintensität, Stoff- und Energieflussdichten, Kreislaufführungen, Speicherkapazitäten, Stoffverluste, Respirations- und Transpirationsverluste, Diversität sowie Hierarchisierung und Organisation. Die zugrundeliegende Annahme ist dabei, dass im Verlaufe einer nachhaltigen Ökosystementwicklung (Meyer 2000)

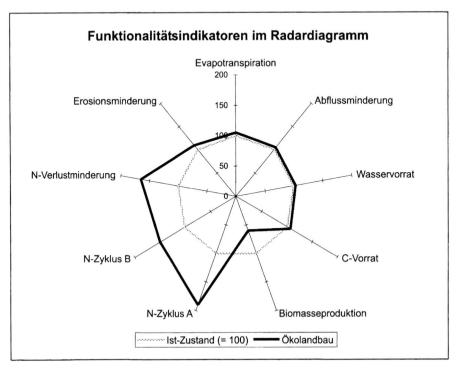

Abb. 4-3: Funktionalitätsindikatoren für das Einzugsgebiet der Bornhöveder Seenkette (Schleswig-Holstein) für ein Landnutzungsszenario (Ökolandbau) im Vergleich zum Status quo (Meyer 2000, verändert)

- die Nutzung der Strahlungsenergie in Produktionsprozessen,
- die Stoff- und Energieflussdichten im System,
- die Kreislaufführungen von Stoffen und Energie,
- die Diversität und der Organisationsgrad,
- die Hierarchisierung und damit die Signalfilterung

zunehmen und

- die Stoffverluste
- sowie die Respirations- und Transpirationsverluste

abnehmen.

Meyer (2000) macht diese Überlegungen zum Ausgangspunkt seiner Untersuchung, in der er die Auswirkungen verschiedener möglicher Landnutzungsmuster in einem überwiegend landwirtschaftlich genutzten Gebiet von 70 qkm in Schleswig-Holstein quantitativ und integrierend mit Hilfe von Simulationsmodellen analysiert und drei Szenarien vergleichend bewertet (Ist-Zustand, Agrarindustrie, ökologischer Landbau). Als Indikatoren, die die mehr oder weniger gute Funktionsfähigkeit der Ökosystemkomplexe (Einzugsgebiete) abbilden sollen, verwendet er die Evapotranspiration, die Abflussminderung, den Wasser- und Kohlenstoffvorrat, die Biomasseproduktion, zwei Stickstoffzyklen (N-Rückführung und N-Mineralisation) sowie die Stickstoffverlust- und Erosionsminderung. Die Ergebnisse stellt er, ähnlich dem niederländischen Amoeba-Approach (Allgemeine Methode zur Ökosystembeschreibung und -bewertung für Küstengewässer der Nordsee; RSU 1994) in Radardiagrammen dar, aus denen auf einen Blick die relative Vorzüglichkeit der verschiedenen Landnutzungsvarianten in Bezug auf

die neun verwendeten Indikatoren ablesbar ist. Inhaltlich zeigt er modellhaft unter anderem, dass, warum und wie stark eine Landschaft mit überwiegend ökologischem Landbau zu einer schnellen und deutlichen Verbesserung im Hinblick auf die Funktionalitätsindikatoren der N-Mineralisation, der N-Verlustminderung und der N-Zyklen, aber auch zu einer Verminderung der Biomasseproduktion führt (Abb. 4-3).

Die Ergebnisse sind insgesamt inhaltlich konsistent und flächenscharf und für ein auch quantitativ begründetes Landschaftsmanagement relevant. Freilich sind solche Ansätze, wie bereits erwähnt, (noch?) nicht praxisreif etwa für die kommunale Landschaftsplanung und bedürfen weiterer Forschung, um etwa biozönotische Aspekte besser mit einbeziehen zu können (Zölitz-Möller und Herrmann 1998).

4.1.4 Planung

Nachdem durch die Landschaftsanalyse und Landschaftsbewertung die Informationsgrundlage für die eigentliche Planung geschaffen worden ist, ist auch die Planung selbst in sich zu strukturieren, um eine Nachvollziehbarkeit der getroffenen Planungsaussagen zu gewährleisten. Dabei wird üblicherweise deduktiv vorgegangen, indem die übergeordneten, „groben" Ziele aus dem Naturschutzrecht und der übergeordneten Planungsebenen für das Planungsgebiet nach dem Prinzip der Informationsverdichtung immer weiter verfeinert beziehungsweise konkretisiert werden. Dadurch wird vermieden, dass durch

Tab. 4-14: Inhaltliche und räumliche Konkretisierung der Ziele von Naturschutz und Landschaftspflege im Rahmen der Landschaftsplanung

Planungsschritt	inhaltliche Ebene	räumliche Ebene
(Vorgabe durch Naturschutzrecht)	Ziele und Grundsätze	Bund und Land
Herleitung aufgrund: • planerischer Rahmenbedingungen • Bestandsaufnahme • Bewertung • Konfliktanalyse	Zielkonzeption (Konkretisierung der Ziele und Grundsätze für den Planungsraum)	Planungsraum (differenziert nach Naturräumen)
Ableitung aus der Zielkonzeption	Maßnahmenkonzeption	Flächen
Realisierung der Maßnahmenkonzeption	Ausführungsplanung	(Teil-)Flächen

viele Einzelziele und -maßnahmen im Ergebnis eine uneinheitliche oder sogar widersprüchliche Entwicklung dargestellt wird (Tab. 4-14).

Die Planung sollte alle Aufgabenfelder der Landschaftsplanung (Kap. 3 und Tab. 4-1) angemessen und ausgewogen berücksichtigen und ausreichend miteinander verknüpfen.

Dabei gibt es jedoch keine zwingend herleitbaren, das heißt objektiv richtigen, Planungsergebnisse. Vielmehr ist Landschaftsplanung ein kreativer Prozess, der durch Entscheidungs- und Planungsspielräume gekennzeichnet ist. Die Planungsziele müssen sich dazu mit der Durchsetzbarkeit aufgrund der gesellschaftlichen Akzeptanz auseinandersetzen. Es gibt dabei in der Regel Lösungsalternativen, die eine Begründung der Vorzugslösung erfordern. Das Bemühen, die Entscheidungsträger und Planungsbetroffenen zu überzeugen, muss somit im Kern des Planungsprozesses stehen.

Mit der räumlichen Konkretisierung steigt, ermöglicht durch die Vergrößerung des Maßstabes, auch die inhaltliche Konkretisierung der Planaussagen (Kap. 5.1).

Während bei der Formulierung der (Planungs-)Ziele im Wesentlichen darzustellen ist, wohin die Entwicklung gehen soll und dies entsprechend zu begründen ist, nehmen mit weiterem Planungsablauf die zu beantwortenden Fragen beziehungsweise die darzustellenden Informationen und damit Planinhalte zu (Tab. 4-15).

Tab. 4-15: Informationsverdichtung innerhalb des Landschaftsplanungsprozesses

inhaltlich-räumliche Ebene	zu behandelnde Fragestellungen
1. Ziel	Wohin? Wozu?
2. Maßnahme	Was? Wo? Wie? Weshalb? Wann? Wer?
3. Ausführung	Was genau? Wo genau? Wie genau? – Wann genau? Wer genau? Wieviel?

Zielkonzeption

In der Zielkonzeption sind die Ziele zum Schutz, zur Pflege und Entwicklung von Natur und Landschaft im Planungsgebiet zu erarbeiten und darzustellen. Dabei gilt es, nicht nur einzelne Planungsziele, sondern eine in sich schlüssige Zielkonzeption zu erarbeiten. Eine bloße Aufzählung von Zielen (oder sogar unmittelbar von Maßnahmen) reicht somit nicht aus. Dazu wird zunächst ein Leitbild entworfen, aus dem Leitlinien entwickelt werden können. Dadurch werden grobe Planungsziele wiedergegeben. Durch die Umweltqualitätsziele werden qualitative Planungsziele aufgestellt und diese durch Umweltqualitätsstandards quantifiziert beziehungsweise weiter konkretisiert. Die Zielkonzeption hat dabei insbesondere die Aufgabe, die notwendige Abwägung nach § 1 Absatz 2 BNatSchG einerseits bereits zu leisten, andererseits vorzubereiten.

- Die Abwägung der Anforderungen des Naturschutzes untereinander (interne Zielkonflikte) ist in starkem Maße eine naturschutzfachliche Frage, auf die bereits die Landschaftsplanung und nicht erst die spätere Gesamtplanung eine Antwort geben muss. Dies gilt zum Beispiel für Nutzungskonflikte zwischen dem Arten- und Biotopschutz einerseits und der Erholung in Natur und Landschaft andererseits oder für gegenläufige Artenschutzziele auf demselben Standort. An diesen Beispielen wird auch deutlich, dass dies nicht nur eine Frage des Entweder-Oder ist, sondern ein großer Handlungs- beziehungsweise Planungsspielraum besteht, diese Interessengegensätze innerhalb der Landschaftsplanung zu harmonisieren. Nach einer fundierten naturschutzfachlichen Aufbereitung und Koordinierung der Naturschutzziele innerhalb der Landschaftsplanung ist eine abweichende Abwägung hinsichtlich der naturschutzinternen Ziele durch Planungen außerhalb der Landschaftsplanung nur schwer begründbar.

- Nur bei eigener Rechtswirkung kann und muss die Landschaftsplanung im Hinblick auf die sonstigen Anforderungen an Natur und Landschaft die externen Zielkonflikte im Rahmen einer eigenen Abwägung lösen. Da die Landschaftsplanung in der Regel jedoch ohne eigene Rechtsverbindlichkeit ausgestattet ist, ist hier die Rolle der Landschaftsplanung im Wesentlichen darauf beschränkt, Abwägungsmaterial zu liefern für Entscheidungen, die außerhalb beziehungsweise auf der Grundlage der Landschaftsplanung (insbesondere in der räumlichen Gesamtplanung) fallen müssen, da auch die übrigen raumbedeutsamen Planungen und Entscheidungen grundsätzlich gleichrangig zu berücksichtigen sind.

Leitbild

Mit dem Leitbild wird das Ziel der Entwicklung von Natur und Landschaft im Planungsraum beziehungsweise im jeweiligen Naturraum bestimmt. Zunächst ist **ein** landschaftsplanerisches Leitbild für den Planungsraum beziehungsweise für die verschiedenen naturräumlichen Einheiten zu erstellen. Dieses Leitbild sollte nicht nur den üblichen Planungszeitraum von 10–15 Jahren zugrunde legen, sondern einen gewünschten Endzustand von Natur und Landschaft beschreiben. Bewusst wird für diesen Arbeitsschritt die Einzahl gewählt, um zu verdeutlichen, dass es hier um ein in sich stimmiges Planungskonzept geht, in dem insbesondere die internen Zielkonflikte bereits harmonisiert worden sind und für die übrigen Zielkonflikte aus der Sicht von Naturschutz und Landschaftspflege ein Vorschlag zur Harmonisierung vorgelegt wird (vergleiche § 1 Absatz 2 BNatSchG).

Leitlinien

Die Leitlinien stellen handlungsorientierte Grundsätze für die Entwicklung von Natur und Landschaft zur Erreichung des Ziels der Entwicklung von Natur und Landschaft im Planungsraum dar.

Tab. 4-16: Hierarchie der Ziele von Naturschutz und Landschaftspflege

Zielebenen	Grundlagen
bundeseinheitliche Ziele und Grundsätze von Naturschutz und Landschaftspflege: Oberziel: Nachhaltige Sicherung von Natur und Landschaft als Lebensgrundlagen des Menschen und als Voraussetzung für seine Erholung in Natur und Landschaft Teilziele: Sicherung der 1. Leistungsfähigkeit des Naturhaushalts, 2. Nutzungsfähigkeit der Naturgüter, 3. Pflanzen- und Tierwelt sowie 4. Vielfalt, Eigenart und Schönheit von Natur und Landschaft	• Ziele des Naturschutzes und der Landschaftspflege gemäß § 1 BNatSchG • Grundsätze des Naturschutzes und der Landschaftspflege als Maßgabe zur Verwirklichung der Ziele des Naturschutzes und der Landschaftspflege gemäß § 2 BNatSchG (gelten gemäß § 4 BNatSchG unmittelbar)
landesspezifische Grundsätze von Naturschutz und Landschaftspflege	nur im Falle der Erweiterung der Grundsätze des BNatSchG um landesrechtliche Grundsätze gemäß § 2 Absatz 2 BNatSchG
übergeordnete plangebietsbezogene Ziele von Naturschutz und Landschaftspflege	Ziele des Naturschutzes und der Landschaftspflege in der übergeordneten Landschaftsplanung unter Beachtung der Ziele der Raumordnung und bei Berücksichtigung der Grundsätze und sonstigen Erfordernisse der Raumordnung (gemäß § 5 Absatz 1 und § 6 Absatz 3)
plangebietsspezifische Ziele von Naturschutz und Landschaftspflege	in der jeweiligen Landschaftsplanung durch Bestimmung von: I. Leitbild II. Leitlinien III. Umweltqualitätszielen IV. Umweltqualitätsstandards

Umweltqualitätsziele

Mit den Umweltqualitätszielen wird eine weitere Konkretisierung der Leitlinien durch eine jeweils sachlich, räumlich und zeitlich definierte Qualität des Entwicklungsziels der Umwelt(komponenten) angestrebt. Es wird deutlich, dass sich diese Begriffsbildung nicht nur auf die Landschaftsplanung bezieht, sondern auf die Umweltplanung insgesamt. Es ist daher eine entsprechende Auswahl hinsichtlich der Umweltkomponenten beziehungsweise Schutzgüter vorzunehmen, die zum Aufgabenfeld der Landschaftsplanung gehören.

Umwelt(qualitäts)standards

Durch Umweltqualitätsstandards werden die Umweltqualtitätsziele quantitativ präzisiert, das heißt durch messbare Angaben hinsichtlich der angestrebten Qualität der Umwelt(komponenten) erweitert.

Maßnahmenkonzeption

Mit Hilfe des Maßnahmenkonzeptes werden die Ziele operationalisiert, indem aus der Zielkonzeption konkrete Maßnahmen abgeleitet werden. Dabei ist eine zeitliche und in Abhängigkeit von dem Planungsmaßstab räumliche Präzisierung der Zielerreichung durch die Bestimmung von Maßnahmen wesentlicher Arbeitsschritt (Tab 4-14 und 4-15). Auf der örtlichen Ebene werden somit bereits flächenkonkrete Planungsaussagen erreicht. Die Stimmigkeit beziehungsweise Angemessenheit der beschriebenen Maßnahmen ist daran zu messen, inwieweit die Gesamtheit der Maßnahmen geeignet ist, die Planungsziele zu erreichen. Hier kommt es somit auf eine Ausgewogenheit zwischen Zielkonzeption und Maßnahmenkonzeption an. Im Hinblick auf die anschließende Umsetzung der Maßnahmen ist es erforderlich, dieser Anforderung bereits bei der Aufstellung der Maßnahmen Rechnung zu tragen. So ist selbstverständlich auf die Realisierbarkeit insbesondere im Hinblick auf die Akzeptanz der Betroffenen, Finanzierbarkeit und rechtliche Durchsetzbarkeit Rücksicht zu nehmen. Vor diesem Hintergrund hat es sich bewährt, die Verantwortlichkeiten für die jeweiligen Maßnahmen herauszuarbeiten, um die spätere Umsetzung bereits durch eine adressatenbezogene Planung zu begünstigen.

4.1.5 Umsetzung

Entscheidend für den Erfolg der Landschaftsplanung sollte die tatsächliche Umsetzung in Natur und Landschaft sein. Daher ist bereits in der Planung eine entsprechende Umsetzungsorientierung entscheidend für den späteren Erfolg der Landschaftsplanung. Dies kann natürlich auch indirekt über eine Berücksichtigung in anderen Planungen erfolgen oder auch unmittelbar durch die Realisierung von Schutz-, Pflege- und Entwicklungsmaßnahmen, die im Landschaftsplan dargestellt sind.

Als problematisch erweist sich in der Praxis die oftmalige Trennung zwischen Planungskompetenz und Umsetzungskompetenz. Dies gilt insbesondere für die örtliche Landschaftsplanung. Naturschutz und Landschaftspflege ist grundsätzlich eine Aufgabe der Länder beziehungsweise eine staatliche Aufgabe. Dagegen ist die örtliche Landschaftsplanung in den meisten Ländern den Gemeinden zugewiesen worden und damit eine Aufgabe im Rahmen der kommunalen Selbstverwaltung. Dies liegt vor dem Hintergrund der kommunalen Planungskompetenz nahe, erweist sich jedoch nicht zuletzt für die Umsetzung der Planung als problematisch. So besitzt die Landschaftsplanung einen umfassenden Planungsauftrag für die öffentliche Aufgabe von Naturschutz und Landschaftspflege. In § 6 Absatz 3 Bundesnaturschutzgesetz wird deutlich, dass der örtliche Landschaftsplan nicht ausschließlich auf die Bauleitplanung ausgerichtet ist, indem auffallend zurückhaltend formuliert wird: »Auf die Verwertbarkeit des Landschaftsplanes für die Bauleitplanung ist Rücksicht zu nehmen.«

Für die überwiegend hoheitliche Aufgabe des Naturschutzes bestehen (weitgehend staatliche) Fachbehörden, die umfassend für den Vollzug des Naturschutzes zuständig sind. An die Gemeinden sind dabei in den meisten Ländern nur marginale Kompetenzen delegiert (zum Beispiel Auffangbestimmungen für Schutzausweisungen im Innenbereich). So kommt es in der Praxis zu den so genannten „überschießenden Inhalten" der Landschaftspläne, deren Darstellung aus Sicht der Fachplanung für Naturschutz und Landschaftspflege beziehungsweise aufgrund des umfassenden Planungsauftrages geboten ist, deren Umsetzung wiederum jedoch außerhalb der Kompetenz der Gemeinde als Planungsträger liegt. Für die Umsetzung der Landschaftsplanung liegen somit allein von der Aufgabenzuweisung her ungünstige Rahmenbedingungen vor. Dazu kommt, dass insbesondere kleinere Gemeinden darauf angewiesen sind, die Erarbeitung der Landschaftspläne zu vergeben. Bei einer externen Bearbeitung liegt die Gefahr auf der Hand, dass es nach Abschluss der Landschaftsplanung zu einem Bruch kommt, da die Gemeinde mit der Umsetzung fachlich und personell überfordert ist. Bei einer Vergabe sollte daher der Auftrag nicht mit dem Abschluss der Planung enden, sondern auch die Betreuung/fachliche Begleitung der Umsetzung einschließen.

In Tabelle 6-2 wird deutlich, dass der Landschaftsplan bereits **maßnahmen**konkrete Darstellungen enthält, der Flächennutzungsplan jedoch nur **flächen**konkrete Darstellungen übernehmen kann.

Daraus folgt, dass trotz der üblichen Zuordnung zwischen gemeindlichem Landschaftsplan und Flächennutzungsplan der Gemeinde als Planungsträger kein passfähiges Umsetzungsinstrument zur Verfügung steht, da der Löwenanteil der Landschaftsplaninhalte außerhalb der Flächennutzungsplanung und sogar der gemeindlichen Zuständigkeit umgesetzt werden muss (Tab. 6-3).

Erst der Bebauungsplan ermöglicht es, maßnahmenkonkret zu werden und Maßnahmen (sogar allgemeinverbindlich!) festzusetzen. Eine zumindest großflächige Bebauungsplanung, um wenigstens die wesentlichen Ziele der flächendeckenden Landschaftsplanung umzusetzen, entspricht jedoch nicht dem rechtlichen Auftrag und noch weniger der Planungspraxis. Während die Erstellung eines flächendeckenden Flächennutzungsplanes gemäß Baugesetzbuch als Regel zugrunde zu legen ist, muss für die Aufstellung eines Bebauungsplanes ein besonderes Erfordernis gegeben sein. Angesichts des enormen Planungsaufwandes für die verbindliche Bauleitplanung ist dies zweifelsohne angemessen.

Auf das neue Verhältnis zwischen Landschaftsplanung und Bauleitplanung wird in Kapitel 6.2 noch ausführlicher eingegangen.

Im Ergebnis ist daher der Flächennutzungsplan nur sehr begrenzt geeignet, die Inhalte der Landschaftsplanung unmittelbar umzusetzen. Die Landschaftsplanung ist daher darauf angewiesen, dass durch die verbindliche Bauleitplanung Maßnahmen festgesetzt werden, dass andere Instrumente seitens der Gemeinde eingesetzt werden

und insbesondere, dass sich die zuständigen Naturschutzbehörden die Inhalte der Landschaftsplanung zu Eigen machen. Vor diesem Hintergrund haben zwei Flächenbundesländer (Nordrhein-Westfalen und Thüringen) die Zuständigkeit für die örtliche Landschaftsplanung den Kreisen und Kreisfreien Städten beziehungsweise den Unteren Naturschutzbehörden übertragen.

4.1.6 Erfolgskontrolle

Gerade vor dem Hintergrund des allgemein festzustellenden Vollzugsdefizits in der Landschaftsplanung sind für die vorliegenden Landschaftsplanungen Erfolgskontrollen sinnvoll. Dies gilt sowohl für die Effektivierung der Instrumente der Landschaftsplanung als auch für die einzelnen Planwerke selbst. Ein Verfahren zur Erfolgskontrolle haben Kiemstedt et al. (1999) vorgelegt. Ein aktuelles Beispiel gibt Kiebjieß (1998) für den LP der Stadt Eilenburg.

So sollte vor oder spätestens im Rahmen einer Fortschreibung untersucht werden, inwieweit die vorliegende Landschaftsplanung geeignet ist, den gesetzlichen Planungsauftrag beziehungsweise die aufgestellten Planungsziele zu erreichen. Im Hinblick auf einen effektiven Einsatz der begrenzten Planungsmittel können somit Fehler zukünftig vermieden werden beziehungsweise die Umsetzung der Planungsziele gezielt verbessert werden. So ist durch eine Erfolgskontrolle zu entscheiden, ob eine Fortschreibung des vorliegenden Landschaftsplanes ausreichend ist, oder ob letztendlich eine Neuaufstellung erforderlich wird.

4.1.7 Fortschreibung/ Neuaufstellung

Die HOAI legt bei den Grundleistungen eine Erstaufstellung der Landschaftsplanung zugrunde. Bei einer Fortschreibung einer Landschaftsplanung erscheint somit eine Anpassung der zu erbringenden Planungsleistungen hinsichtlich einerseits entfallender oder insbesondere zu aktualisierenden Grundlagen und andererseits zusätzlicher Auseinandersetzung mit der vorliegenden Planung geboten.

Im Hinblick auf die zunehmende Bedeutung GIS-gestützter Landschaftsplanung liegt es nahe, zukünftig nicht in größeren Abständen eine Fortschreibung zu unternehmen, sondern eine Laufendhaltung im Sinne eines Landschaftsplankatasters anzustreben (Bundesministerium für Umwelt, Naturschutz und Reaktorsicherheit 1997). Anstelle einer zusätzlichen Ökologischen Umweltbeobachtung (Kap. 4.2), wie sie bereits durch das Landesnaturschutzgesetz Mecklenburg-Vorpommern eingeführt worden ist, stellt sich die Frage, ob dies nicht bei einer solchen Laufendhaltung der Landschaftsplanung von dieser bereits weitgehend miterledigt werden kann, sodass für dies neue Instrumentarium der erreichte Stand der Landschaftsanalyse und Bewertung im Rahmen der Landschaftsplanung eingebracht werden kann und diese Instrumentarien zukünftig sogar verstärkt miteinander verschmolzen werden können (Lange 1998).

4.2 Umweltbeobachtung

4.2.1 Einleitung

Die Erhebung von Informationen über den Zustand der Umwelt erfolgt heute in zahlreichen Mess- und Beobachtungsprogrammen auf der internationalen, nationalen, regionalen und lokalen Ebene und in der Verantwortung aller Arten von Gebietskörperschaften (Schröder et. al 1996, Schaefer 1998). Der Schwerpunkt der Monitoring-Aktivitäten liegt dabei in Deutschland aber eindeutig auf der Ebene der Bundesländer, die die Hauptlast der laufenden Umweltbeobachtung zu tragen haben.

Die Ergebnisse der Umweltbeobachtung (also „Umweltdaten" im weitesten Sinne) werden von behördlichen und privaten Planungsträgern als Vergleichs-, Bewertungs- und Entscheidungsgrundlage für alle Planungen und Genehmigungsverfahren verwendet, die Auswirkungen auf die Umwelt oder diese selbst und ihre Entwicklungsoptionen zum Gegenstand haben. Insgesamt verfolgt die Umweltbeobachtung aber eine ganze Reihe von Zielen, die nicht alle unmittelbar auf die Landschafts- oder Umweltplanung ausgerichtet sind (Tab. 4-17).

Angesichts dieser multifunktionalen Rolle der Umweltbeobachtung zeigt denn auch die planerische Praxis, dass trotz umfangreicher bestehender Beobachtungsprogramme für neu aufgelegte oder fortzuschreibende Planungen und Genehmigungsverfahren weitere Daten in erheblichem Umfang erhoben werden müssen, da aus Routineprogrammen verfügbare Informationen oft entweder räumlich, zeitlich oder inhaltlich nicht hinreichend detailliert und nicht aktuell genug sind oder den betroffenen Raumausschnitt nicht angemessen beschreiben. Auch liegen sie

Tab. 4-17: Ziele der Umweltbeobachtung (Müller 1998, verändert)

Veränderungen des Umweltzustandes erkennen	Qualitätskontrolle wichtiger Umweltparameter (Indikatoren) durchführen
Maßnahmen zum Schutz vor negativen Veränderungen rechtzeitig veranlassen	bestehende Umweltbelastungen diagnostizieren
Grundlagendaten für die Umweltberichterstattung erfassen	Wirkungsabschätzungen durchführen
Grundlagen zur umweltpolitischen Entscheidungsfindung erarbeiten	Grundlagen für Prognosen der Umweltentwicklung erarbeiten („predictive monitoring")
Entscheidungshilfen für umweltpolitische Prioritätensetzungen liefern	Daten für die Bewertung von Umweltzuständen bereitstellen
Früherkennung von Umweltschäden ermöglichen	Erfolgskontrollen von Umweltschutzmaßnahmen ermöglichen

manchmal in einer Form vor, die im konkreten Einzelfall für eine umfassende Beschreibung des Ist-Zustandes und für die Landschaftsanalyse nicht geeignet ist (Rammert 1998a, 1998b).

Die Beobachtung von Natur und Umwelt erfolgt auf Landes- und Bundesebene bislang weit überwiegend sektoral. Im Blick ist dabei jeweils das einzelne Umweltmedium. Der Grund dafür liegt unter anderem in den sektoral ausgerichteten Gesetzen/Verordnungen, auf deren Grundlage die Beobachtung durchgeführt wird. Ein Teil der Beobachtungsdaten entstammt auch dem Gesetzesvollzug, wo entsprechendes gilt.

Die Beobachtungsstrategien sind dabei notwendigerweise an Stichproben orientiert:
- Parameter-Stichprobe: Indikatoren (weil man nicht „alles" erfassen kann),
- räumliche Stichprobe: ausgewählte Standorte (weil man nicht „überall" beobachten kann),
- zeitliche Stichprobe: ausgewählte Zeitpunkte (weil man nicht „ständig" beobachten kann).

Alle drei Strategien und ihre konkreten Kombinationen sind in der Praxis stark vom „Machbaren" geprägt. Viele Mess- und Beobachtungsnetze sind gewachsene Gebilde mit eigener Geschichte. Das Ergebnis ist jedoch – vor dem Hintergrund integrativer Auswertewünsche, wie sie etwa in Landschaftsplanung und UVP (Kap. 7.2) bestehen – unbefriedigend. Eine Koordination findet bisher nur in Einzelfällen statt. Andererseits darf nicht übersehen werden, dass die zum Teil schon lange betriebene sektorale Umweltbeobachtung im Laufe der Zeit wertvolle Informationen gewonnen hat, die es weiterhin zu nutzen gilt.

4.2.2 Umweltbeobachtungsprogramme

Auf internationaler Ebene betreiben oder koordinieren Organisationen wie UNEP, UNESCO,

Tab. 4-18: Verfügbare Datengruppen aus der Umweltbeobachtung am Beispiel des Landes Schleswig-Holstein (Stand 9/ 1998) (Landesregierung Schleswig-Hostein 1998)

Nummer	Datengruppe
1	Daten des Arbeitsstätten- und Anlagenkatasters
2	Landesemissionskataster (LEK)
3	Fachdaten der Lufthygienischen Überwachung
4	Fachinformationen zu chemischen Stoffen, Zubereitungen, Erzeugnissen
5	Fachdaten zur Umwelttoxikologie und Umwelthygiene
6	CITES-Datenbank
7	Basisdaten: biologische Arten (Artendatenbank)
8	Biotopverbundsystem
9	Schutzgebietskataster
10	Biotopkataster, 1 : 25 000
11	Artendaten (Verbreitung)
12	Biotop- und Nutzungstypenkataster
13	Biotopdaten zum Naturschutzbuch I
14	Umweltdaten aus dem Bereich des Schleswig-Holsteinischen Wattenmeeres
15	Daten der Forstlichen Standortkartierung
16	Bundeswaldinventur
17	Algenfrüherkennungssystem (AlgFES)
18	Chemisches Niederschlagsuntersuchungsprogramm
19	Chemisches Fließgewässermonitoring

Nummer	Datengruppe
20	Bewertungsrahmen Fließgewässer
21	Grundwasserbeschaffenheitsdaten oberflächennahes Grundwasser (Trendmessnetz)
22	Gewässergütekarte – biologische Güteklassen
23	Hydrologie der Oberflächengewässer
24	Chemisches Küstengewässermonitoring
25	Biologisches Küstengewässermonitoring
26	Seendatenbank
27	Landesgrundwasserdienst
28	Basismessnetz „Grundwasserbeschaffenheit"
29	Ergänzungsmessnetz zur Grundwasserbeschaffenheit
30	Grundwasserentnahmestatistik
31	Erweitertes Grundwasserstandsmessnetz
32	Altlastenkataster
33	Bodenkundliche Karten
34	Bodenkundliche Profildaten inklusive Labordaten
35	Boden-Dauerbeobachtung und Boden-Belastungskataster sowie Daten aus weiteren Bodenschutzprojekten
36	Geowissenschaftliche Gutachten und Berichte
37	Geologische Karten
38	Geologische Profildaten (Bohrdaten) inklusive Labor- und Messdaten
39	Hydrogeologische Karten
40	Ingenieurgeologische Karten
41	Rohstoffgeologische Karten
42	Abfallbilanzen der öffentlich-rechtlichen Abfallentsorgung
43	Daten der Sonderabfallentsorgung
44	Abfallverbringungsdaten
45	Energiebilanzen
46	Daten des Kernreaktor-Fernüberwachungssystems
47	Ergebnisse der Bodenschätzung
48	Fachdaten des Klärschlammkatasters
49	Daten aus dem Bereich Umweltökonomische Gesamtrechnung
50	Angaben zu Daten aus den Umweltstatistiken
51	Erhebungen aus dem Bereich der Agrarstatistik mit Informationen zur Umwelt

WMO, FAO und EU Monitoring-Programme zur Erfassung des Umweltzustandes (Schröder et. al 1996). Naturgemäß liefern diese Programme, in die in der Regel national und regional jeweils nur einzelne Beobachtungsstandorte eingebunden sind, für ein konkretes Planungsvorhaben wenig Hilfe. Planungsrelevante Umweltbeobachtung findet in Deutschland vor allem auf Länderebene statt. Die Länder wirken dabei zugleich als „Datendrehscheiben", indem sie einerseits in eigener Verantwortung umfangreiche Beobachtungsprogramme betreiben, an-

Tab. 4-19: Übersicht über laufende Monitoringprogramme am Beispiel des Landes Schleswig-Holstein (Stand: 4/ 1998) (Rammert 1998a)

Laufende Nummer	Programm	Anzahl Messstellen/ Gebiete	Daten: digital seit	Maximale Beobachtungs- frequenz	Beginn des Programms
1.	Niederschlagsbeschaffenheit (nasse Deposition)	10	1985	14 Tage/ Monat (Metalle)	1985
2.	Verdunstung/ Niederschlag	9	–	1 Tag	1978
3.	Fließgewässerbeschaffenheit	83	1991	13 pro Jahr	1974
4.	Gewässergütekarte (Saprobien-system)	circa 1 000	–	circa 5 Jahre	1970
5.	Abflussmessnetz	circa 90	1971	Pegel: kontinuierlich, Abflussmessg. 14 Tage	circa 1955
6.	Seenkontrollprogramm	64	1991	1 Jahr	1983
7.	Wasserstände Seen	61	1971 (zum Teil)	kontinuierlich	1971
8.	Küstengewässermonitoring chemisch (Wasser, Sediment, Biota)	Nordsee: 16 Ostsee: 32	1991	Wasser: 3 beziehungs-weise 9 x pro Jahr Sediment: alle 2 Jahre Biota: jährlich	1975
9.	Küstengewässermonitoring – Makrozoobenthos – Flachwassermakrophyto- und Zoobenthos – Phytoplankton	Nordsee: 7 Ostsee: 14 Ostsee: 8 Nordsee: 3 Ostsee: 8	1987 1996 1998	4 Monate/ Jahr, je nach Ort, Parameter	1987 1996 1998
10.	Algenfrüherkennung	Nordsee: 15 Ostsee: 25	1992	April – Oktober: 15 Juni – September: 8	1989
11.	Wasserstände Küste/ Tidegebiet	92	1971 (zum Teil)	kontinuierlich	zum Teil 1930
12.	Wattvermessung	flächen-deckend	1990	1 Jahr bis 12 Jahre	1934
13.	Ostseeküstenvermessung	flächen-deckend	–	10 Jahre bis 30 Jahre	1949
14.	Landesgrundwasserdienst – Grundwasserstände –	789	1976	1 Woche, zum Teil kontinuierlich	1914
15.	Grundwasserbeschaffenheit – Basismessnetz –	80	1986	1 Jahr	1986
16.	Grundwasserbeschaffenheit – Sondermessnetz Schönberg –	4	1991	1 Jahr	1986
17.	Grundwasserbeschaffenheit – Trendmessnetz –	40	1994	6 Monate	1994
18.	Biomonitoring an Fließgewässern	circa 1 000			in Planung
19.	Daueruntersuchungsflächen in Naturschutzgebieten – Vegetation –	16	–	episodisch	1978

Laufende Nummer	Programm	Anzahl Messstellen/ Gebiete	Daten: digital seit	Maximale Beobachtungs- frequenz	Beginn des Programms
20.	Daueruntersuchungsflächen in Naturschutzgebieten – Vögel –	33	–	1 Jahr	zum Teil 1900
21.	Daueruntersuchungsflächen in Naturschutzgebieten – Wirbellose –	8	–	episodisch	circa 1984
22.	Lufthygienische Überwachung – Containermessstationen –	11	1979	quasi-kontinuierlich	1979
23.	Lufthygienische Überwachung – Bulk-Deposition –	13	1988	1 Monat	1988
24.	Bodendauerbeobachtungs- flächen	34	1989 (zum Teil)	unterschiedlich je nach Parameter	1989
25.	Untersuchung von Frauenmilch	> 2 500 Fälle	1985	jeweils einmalig	1985
26.	Badegewässerüberwachung	circa 480	1989	14 Tage/ Monat	1971

dererseits Umweltdaten aus dem Gesetzesvollzug von der kommunalen Ebene landesweit zusammenführen und ihrerseits gegenüber dem Bund beziehungsweise der EU berichtspflichtig sind. So wird sich ein Planer zur Datenerhebung im konkreten Fall zunächst an die jeweilige Landesebene wenden. Hier findet er einerseits Daten der Umweltbeobachtung im weiteren Sinne, also auch statische Datenebenen wie Bodenkarten, andererseits dynamische und deshalb in bestimmten Zyklen fortzuschreibende Daten aus Monitoring-(Dauerbeobachtungs-)Programmen. Einen Überblick über typische landesweit verfügbare Datengruppen gibt Tabelle 4-18 am Beispiel einer vergleichsweise aktuellen Zusammenstellung des Landes Schleswig-Holstein.

Ein solcher Satz von Umweltbeobachtungsdaten enthält neben Messdaten, die als Einzelparameter der Belastung die Auswirkung der Nutzungen und Eingriffe dokumentieren, auch Informationen zur Nutzung selbst und zur Standortsensitivität. Er muss hinsichtlich der dynamischen Parameter kontinuierlich aktualisiert werden, sodass sich die Umweltsituation von diesen Größen, sei es durch reine Fortschreibung, durch qualitative Abschätzung auf der Grundlage von Bewertungsregeln oder durch Anwendung mehr oder weniger komplexer Modelle ableiten beziehungsweise vorhersagen lässt.

Die Übersicht in Tabelle 4-18 erlaubt noch keinen Einblick in die räumliche und zeitliche Intensität der zu Grunde liegenden Beobachtungsprogramme. Hinsichtlich der Monitoringprogramme liefert diesen die Tabelle 4-19, aus der auch Informationen über die Beobachtungsfrequenz und die räumliche Dichte der Dauerbeobachtungen zu entnehmen sind.

4.2.3 Zugang zu Daten aus Umweltbeobachtungsprogrammen

In zunehmendem Maße werden die Daten aus Beobachtungsprogrammen in den Umweltinformationssystemen des Bundes und der Länder vorgehalten und sind dann leichter für interne und externe Nutzer verfügbar (Zölitz-Möller 1990, 1999). Allerdings ist die Datenlage für Zwecke der Landschaftsplanung auf der kommunalen Ebene noch nicht befriedigend (Zölitz-Möller et al. 1997). Ein erstes Problem im konkreten Planungsfall ist es überhaupt zu erfahren, welche Daten (wo, mit welcher räumlichen, zeitlichen und inhaltlichen Auflösung, in welchen Datenformaten, mit welcher Methodik erhoben) vorliegen. Eine Hilfestellung bieten hierfür die in fast allen Bundesländern und beim Bund eingerichteten „Umweltdatenkataloge". Sie sind ein „Who is Who" der Umweltdaten und werden heute nicht zuletzt wegen ihres ständigen Aktualisierungsbedarfes als interaktiv abfragbare und zunehmend auch im Internet zugängliche Metadatenbanken geführt. Einen Einstieg in diese wertvolle Informationsquelle bietet die Internetadresse http://www.umweltdatenkatalog.de.

Die Erfahrung lehrt jedoch, dass die Kenntnis über das Vorhandensein bestimmter Umweltdaten noch nicht den Zugang zu ihnen sichert. Verschiedentlich wirkt sich nämlich der Datenschutz hinderlich aus. Im Grunde haben auch umfassende Umweltinformationssysteme genau das zum Ziel, was der Datenschutz teilweise verhindern muss oder will: Das Zusammenführen von (eben oft auch personenbezogenen) Daten, das Erzielen von Synergie-Effekten durch Datenintegration. Ein datenschutzrelevanter Personenbezug besteht bereits bei vielen parzellenscharfen Aussagen, wenn zum Beispiel die Bodeneigenschaften von Flächen in einem Informationssystem – auch ohne Nennung des Eigentümers – vorgehalten und auch von anderen Nutzern – selbst innerhalb der Verwaltung – eingesehen und ausgewertet werden können. Der Personenbezug entsteht bei dieser Sicht bereits durch die hinreichend präzise Angabe von Koordinaten. Der Ausweg ist kurzfristig die räumliche Aggregierung – bei Inkaufnahme verminderter Auswertungsmöglichkeiten – und langfristig vielleicht nur eine Änderung der Datenschutzgesetze (Zölitz-Möller 1999).

4.2.4 Integrierte (ökologische) Umweltbeobachtung

Eine Koordination der sektoralen Umweltbeobachtungsprogramme findet bisher nur in Einzelfällen statt. Die Notwendigkeit zur Integration erwächst aus den Erfordernissen des gesetzlichen Handlungsauftrages, der Erfolgskontrolle von Maßnahmen auch im Rahmen der Landschaftsplanung, insbesondere auch aus dem Bemühen um eine vorsorgende Umweltpolitik. Auch der bestehende Informationsbedarf für das Verwaltungshandeln erfordert ein Zusammenführen von Daten beziehungsweise eine von vornherein integrative Datengewinnung. Dies soll Ursachenanalysen und Wirkungsprognosen ermöglichen, die über eine bloße mediale Trendfortschreibung hinausgehen und die Möglichkeiten zur Früherkennung verbessern. Da Natur und Umwelt stets als System auf (Stör-)Einflüsse reagieren, eignen sich

medial ausgerichtete Beobachtungen und Interpretationsansätze nur eingeschränkt zur Untersuchung und Beschreibung potenzieller Auswirkungen auf den „Naturhaushalt", wie sie zum Beispiel in der UVP und in der Landschaftsplanung (Kap. 7.2) gefordert sind.

Die Situation wurde insgesamt erkannt und zusammenfassend, wenn auch in den Folgerungen noch zu allgemein, dargelegt im Sondergutachten des Rates von Sachverständigen für Umweltfragen zur „Allgemeinen ökologischen Umweltbeobachtung" (SRU 1991).

Es besteht weithin Konsens darüber, dass eine integrierte Umweltbeobachtung sich nach einem Grundmuster ausrichten muss, welches

- Natur und Umwelt als System begreift,
- dieses System durch repräsentative Räume/ Standorte abbildet,
- die Umwelt in diesen Räumen medienübergreifend beobachtet,
- empfindliche Räume für spezielle Beobachtungszwecke einbezieht und
- sich – so weit wie möglich und sinnvoll – an bestehende Zeitreihen und Standorte anpasst.

Einigkeit besteht auch darüber, dass bei der Zusammenführung und Harmonisierung der Umweltdaten generell Umweltinformationssysteme eine wichtige Rolle spielen. Sie führen zu einer Steigerung der Datenkonsistenz und unterstützen die integrative Auswertung. Dabei darf aber nicht übersehen werden, dass eine Datenzusammenführung in Umweltinformationssystemen heute zwar eine notwendige, aber keine hinreichende Bedingung für die integrierte Umweltbeobachtung und Auswertung ist (Zölitz-Möller 1990, 1999). Schließlich ist unstrittig, dass eine ökologische Umweltbeobachtung eng mit der Ökosystemforschung zu verknüpfen ist, sofern diese nicht ohnehin schon als Bestandteil von integrierter Umweltbeobachtung verstanden wird (Schönthaler et al. 1994, Müller 1998).

Eine integrierte ökologische Umweltbeobachtung, die den oben genannten Anforderungen entspricht, existiert heute noch nicht. Es gibt aber bestimmte Elemente, an die dabei angeknüpft werden soll:

Die **Ökosystemforschungsprogramme** der Bundesregierung sowie weitere einschlägige Aktivitäten einzelner Universitäten können integrative Auswertungsmethoden, hohe zeitlich/ räumliche Informationsdichte in ihren Untersuchungsgebieten, Validierungsmöglichkeiten für Methoden der

Wirkungsanalyse und Prognose, ökosystemare Grundlagenerkenntnisse und damit Hinweise auf erforderliche Beobachtungsparameter (auch Indikatoren) bieten (Schaefer 1998).

Die **Umweltprobenbank** des Bundes, die ein sehr langfristig angelegtes Schadstoffmonitoring an biotischen und abiotischen Matrizes in ausgewählten Probenahmeräumen betreibt, bietet in Zukunft die Möglichkeit retrospektiver Analysen und Hilfe bei der Beurteilung von langfristigen Entwicklungstrends (UBA 1996).

Das unter anderem auf die Erfassung der Stoffbilanzen kleiner Einzugsgebiete zielende ECE-Programm des **Integrated Monitoring** bietet ein ausgereiftes und vor allem in Skandinavien schon länger erprobtes integratives Konzept. Dieses geht aus von wirkungsbezogenen Fragen (vor allem

Waldschäden, Boden- und Gewässerversauerung), ist sehr konkret ausformuliert und nicht nur allgemein begründet. Es erscheint geeignet zur Erfassung von Änderungen der Hintergrundbelastung und der Systemantworten darauf in emittentenfernen Gebieten (Schröder et al. 1996).

Das in einer Bund-Länder-Arbeitsgruppe abgestimmte Konzept der **Bodendauerbeobachtungsflächen** hat ebenfalls einen grundsätzlich integrativen Ansatz, der zur Beantwortung von Fragen des Bodenschutzes entwickelt wurde.

Auch das Dauerbeobachtungsprogramm zum bundesweiten **Umweltmonitoring in Waldökosystemen (Level-II)** hat, da es Wirkungsfragen behandelt, ebenfalls einen teilintegrativen Charakter.

Die durch das Sondergutachten von 1990 angestoßene Konzeptentwicklung wurde auf Bundes-

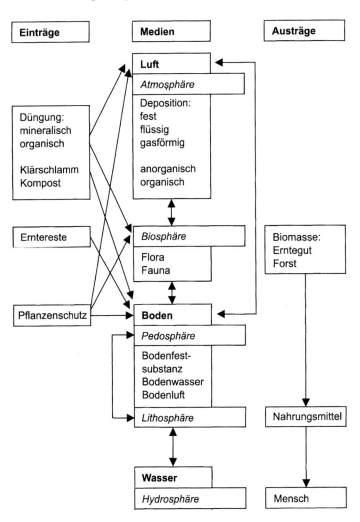

Abb. 4-4: Konzeptschema für eine integrierte Umweltbeobachtung stofflicher Parameter: Umweltkompartimente und Stoffflüsse (Rammert 1998a).

ebene inzwischen weiter konkretisiert (Schönthaler et al. 1994, Knetsch und Mattern 1998, Müller 1998) und auch auf Länderebene aufgegriffen (Rammert 1998b). Eine Übersicht der dabei im stofflichen Bereich zu berücksichtigenden Umweltmedien und Stoffflüsse gibt Abbildung 4-4. Derzeit werden konzeptionelle Entwürfe zur ökosystemaren Umweltbeobachtung in einem länderübergreifenden Pilotprojekt im Biosphärenreservat Rhön einem Praxistest unterzogen (Schönthaler et al. 1998).

Die Vernetzung der sektoralen Programme wird jedoch dort erschwert, wo aufgrund rechtlicher, fachlicher oder organisatorischer Vorgaben wenig Spielraum für eine gegenseitige Anpassung bleibt. Dies ist zum Beispiel dann der Fall, wenn die Beobachtungen ganz oder zum Teil länderübergreifende, internationale oder Bundesprogramme eingebunden sind oder wenn aus rechtlichen oder fachlichen Gründen nicht von vorgegebenen Standorten abgewichen werden kann (zum Beispiel Abflusspegel, Badestellen, Naturschutzgebiete, Bodendauerbeobachtungsflächen).

Die Aufgabe der ökologischen Umweltbeobachtung für die Landschaftsplanung wird es sein, vor allem Referenzwissen für eine stärker integrative Beurteilung des Umweltzustandes zu liefern. Für die Erfolgskontrolle der Umsetzung eines konkreten Landschaftsplanes oder von Kompensationsmaßnahmen im Rahmen der Eingriffs-/Ausgleichsregelung sind andere Instrumente erforderlich, wie sie etwa als Biotop- und Kompensationsflächenkataster auf kommunaler und Landesebene entstehen (Peithmann 1999).

4.3 Eingriffsregelung

Mit der Verabschiedung des Bundesnaturschutzgesetzes (BNatSchG), welches im Jahr 1976 das bis dahin in einigen Bundesländern fortgeltende Reichsnaturschutzgesetz von 1936 ablöste, wurde im § 8 die **Eingriffsregelung** in das deutsche Recht eingeführt. Sie war als das zentrale Instrument des Naturschutzes und der Landschaftspflege gedacht, um den bis dahin ungeregelten Verbrauch von Natur und Landschaft wenn nicht zu stoppen, so doch einzuschränken. Als **Eingriff** wurden im § 8 (1) BNatSchG alle Veränderungen der Gestalt oder Nutzung von Grundflächen bezeichnet, welche »...die Leistungsfähigkeit des Naturhaushaltes oder das Landschaftsbild erheblich oder nachhaltig beeinträchtigen können.« Damit wird der Anspruch auf den Schutz der Natur, nicht nur für die besonders geschützten Teile von Natur und Landschaft wie Naturschutzgebiete, Landschaftsschutzgebiete oder Naturdenkmale erhoben, sondern auf alle Flächen ausgedehnt. Dieses Ziel sollte (und soll) dadurch erreicht werden, dass für jeden **unvermeidbaren Eingriff** in die Natur der mit erheblichen oder nachhaltigen Beeinträchtigungen des Naturhaushaltes und des Landschaftsbildes gemäß § 8 (2) BNatSchG einhergeht, innerhalb einer bestimmten Frist ein **Ausgleich** zu schaffen ist. Dieser Ausgleich muss so beschaffen sein, dass die Ziele des Naturschutzes und der Landschaftspflege verwirklicht werden können. In den das BNatSchG konkretisierenden Landesgesetzen wird dafür auch der Begriff des **funktions- und wertegerechten Ausgleichs** benutzt. Zur Beurteilung der Beeinträchtigungen auf den Naturhaushalt werden in der praktischen Anwendung die Wirkungen auf eines oder mehrere der **Schutzgüter** Arten, Lebensgemeinschaften, Boden, Wasser, Klima/Luft und Landschaftsbild geprüft.

4.3.1 Rechtliche Grundlagen

Der insbesondere in den §§ 1 – 4 BNatSchG formulierte grundsätzliche und vorsorgende Schutz von Natur und Landschaft stellt eine hoheitliche Aufgabe dar, die unabhängig von aktuellen Planungen durchzuführen ist. Im Vergleich dazu ist die Eingriffsregelung ein Instrument des Naturschutzes, das nur in Verbindung mit anderen Fachplanungen, etwa bei Planfeststellungsverfahren, in der Bauleitplanung oder bei Einzelentscheidungen eingesetzt wird. Ihre Aufgabe ist daher nicht die vorausschauende Entwicklung von Natur und

Landschaft, sondern die Erhaltung des status quo als Mindestanspruch. Die rechtliche Grundlage bildet der § 8 BNatSchG. Das Verhältnis zum Baurecht (Kap. 6.2) regelt der später eingeführte § 8a BNatSchG (Runkel 1997).

Im § 8 werden die grundsätzlichen Festlegungen zur Eingriffsregelung getroffen. Neben einer allgemeinen Eingriffsdefinition werden dort die Pflichten des Verursachers zur Vermeidung, beziehungsweise zum Ausgleich der mit dem Vorhaben verbundenen Beeinträchtigungen von Natur und Landschaft formuliert. Der Eingriff ist zu untersagen, wenn »... die Beeinträchtigungen nicht zu vermeiden oder nicht im erforderlichen Maße auszugleichen sind und die Belange des Naturschutzes und der Landschaftspflege bei der Abwägung aller Anforderungen an Natur und Landschaft im Range vorgehen.«

Die Bestimmungen des Bundesnaturschutzgesetzes bilden den Rahmen innerhalb dessen die Bundesländer die Verpflichtung zur Umsetzung sowie Ausgestaltung und Präzisierung der Eingriffsbestimmungen in ihren Landesnaturschutzgesetzen haben. Während einige Bundesländer, zum Beispiel Niedersachsen, die Regelungen des § 8 BNatSchG unmittelbar übernommen haben, wurde die dort gegebene allgemeine Eingriffsdefinition in den Naturschutzgesetzen anderer Bundesländer durch eine Positivliste von Eingriffstatbeständen ergänzt. So enthält zum Beispiel das Schleswig-Holsteinische Landesnaturschutzgesetz im § 7 zusätzlich einen Katalog von zehn Maßnahmenkomplexen, die grundsätzlich als Eingriff anzusehen sind. Dazu zählen unter anderen:

- die Errichtung von baulichen Anlagen auf bisher baulich nicht genutzten Grundflächen, von Straßen, Bahnanlagen und sonstigen Verkehrsflächen außerhalb der im Zusammenhang bebauten Ortsteile und die wesentliche Änderung dieser Anlagen,
- die Gewinnung von oberflächennahen Bodenschätzen oder sonstige Abgrabungen, Aufschüttungen, Ausfüllungen, Auf- oder Abspülungen,
- die Anlage oder wesentliche Änderung von Flug-, Lager-, Ausstellungs-, Camping-, Golf-, Sport-, Bootsliege- und sonstigen Plätzen sowie Sportboothäfen,
- der Ausbau, das Verrohren, das Aufstauen, Absenken und Ableiten von oberirdischen Gewässern sowie Benutzungen dieser Gewäs-

ser, die den Wasserstand, den Wasserabfluss, die Gewässergüte oder die Fließgeschwindigkeit nicht nur unerheblich verändern,
- das Aufstauen, Absenken, Umleiten oder die Veränderung der Güte von Grundwasser,
- die Errichtung oder wesentliche Änderung von Küsten- und Uferschutzanlagen sowie die Errichtung von Hafenanlagen,
- die Umwandlung von Wald und die Beseitigung von Parkanlagen, landschaftsbestimmenden Einzelbäumen oder Baumgruppen außerhalb des Waldes, Alleen und Ufervegetationen,
- die erstmalige oder nicht nur unerhebliche Veränderung der Entwässerung von Überschwemmungswiesen, feuchten Wiesen und Weiden, Streuwiesen und Sumpfdotterblumenwiesen.

Gleichzeitig enthalten die Gesetze jedoch auch einen Katalog der Vorhaben, die nicht als Eingriff anzusehen sind. Dazu zählt unter anderen die durch die jeweiligen Fachgesetze vorgegebene **gute fachliche Praxis** der land-, forst- und fischereiwirtschaftlichen Bodennutzung. Im § 7 des schleswig-holsteinischen Landesnaturschutzgesetzes heißt es dazu in Ergänzung des Eingriffskatalogs:

- »Die im Sinne des Bundesnaturschutzgesetzes und dieses Gesetzes ordnungsgemäße land-, forst- und fischereiwirtschaftliche Bodennutzung ist nicht als Eingriff in die Natur anzusehen.«

Die Entscheidungsfindung in der Eingriffsregelung folgt einem durch den § 8 BNatSchG vorgegebenen abgestuften Schema **von Vermeidungs-, Verminderungs-, Ausgleichs- und Ersatzmaßnahmen** (Abb. 4-5). Nach der Feststellung, dass es sich um einen Eingriff gemäß der in den jeweiligen Landesnaturschutzgesetzen formulierten Positivliste oder Beeinträchtigungsprognose handelt, sind Möglichkeiten zur Vermeidung und/oder Verminderung der Beeinträchtigungen zu prüfen und umzusetzen. Sind Beeinträchtigungen unvermeidbar, ist der Eingriff auszugleichen. Ist der Ausgleich im Sinne der Schaffung **gleichartiger** Strukturen nicht oder nur unvollständig möglich, wird im Rahmen einer Abwägung gegenüber anderen Belangen (zum Beispiel Wohnungs-, Straßenbau oder Gewinnung von Bodenschätzen) entschieden, ob das Vorhaben unzulässig ist oder Ersatzleistungen zu erbringen sind, welche die Eingriffsfolgen **gleichwertig** (gegebenenfalls an anderer Stelle) kompensieren. Sollte auch

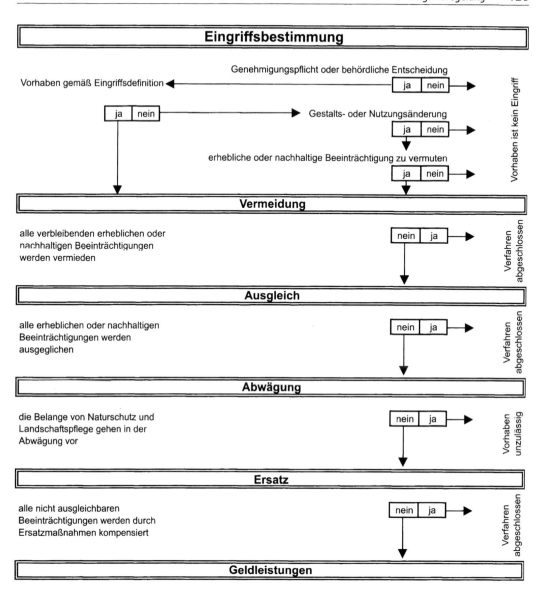

Abb. 4-5: Ablaufschema der Eingriffsregelung (verändert nach LANA 1996a)

durch die Ersatzmaßnahmen keine volle Kompensation erreichbar sein, können auch Geldleistungen, die so genannte **Ausgleichsabgabe**, erbracht werden. Die Ausgleichsabgabe ist mit Ausnahme des Landes Niedersachsen in allen Landesnaturschutzgesetzen verankert. Sie ist zweckgebunden für Maßnahmen des Naturschutzes und der Landschaftspflege einzusetzen.

4.3.2 Eingriffsregelung in der Praxis

Die Eingriffsregelung erhebt den Anspruch, alle mit einem Vorhaben verbundenen Veränderungen der Gestalt und Nutzung von Grundflächen, die die Leistungsfähigkeit des Naturhaushaltes oder das Landschaftsbild erheblich oder nachhaltig beeinträchtigen können, zu erfassen, zu

Tab. 4-20: Gegenüberstellungstabelle von Beeinträchtigungen und Vorkehrungen zu ihrer Vermeidung sowie Ausgleichs- und Ersatzmaßnahmen (Niedersächsisches Landesamt für Ökologie 1994)

Betroffene Schutzgüter/ Funktionen und Werte		Voraussichtliche Beeinträchtigungen	Vorkehrungen zur Vermeidung von Beeinträchtigungen	Ausgleichsmaßnahmen	Ersatzmaßnahmen	Absicherung der Vorkehrungen zur Vermeidung von Eingriffen, der Ausgleichs- und Ersatzmaßnahmen, Durchführungshinweise
Schutzgut	Ausprägung, Größe und Wert der betroffenen Bereiche					
Arten und Lebensgemeinschaften						
Boden						
Wasser						
Luft						
Landschaftsbild						

bewerten und Ausgleichsmaßnahmen festzulegen, beziehungsweise das Vorhaben für nicht ausgleichbar und bei Überwiegen der Belange des Naturschutzes und der Landschaftspflege als unzulässig abzulehnen.

Um diesem umfassenden Anspruch gerecht zu werden, wäre eine umfassende Bestandsaufnahme aller biotischen und abiotischen Parameter des von dem Vorhaben betroffenen Gebietes notwendig. Das Instrument mit dem diese Bestandsaufnahme durchgeführt wird, ist im Idealfall die Landschaftsanalyse, deren Inhalte und Methoden im Kap. 4.1.2 dargestellt sind. Sie liefert die Grunddaten für die weiteren Verfahrensschritte.

Im nächsten Schritt ist das Vorhaben selbst zu analysieren und zunächst nach den **formalen** Kriterien des § 8 BNatSchG festzustellen, ob es sich um einen Eingriff handelt oder nicht. Diese Entscheidung fällt leicht, wenn das Vorhaben in der Positivliste der regelhaften Eingriffstatbestände aufgeführt ist. Auch die Feststellung, ob eine Gestalts- oder Nutzungsänderung durch das Vorhaben eintritt, kann eindeutig getroffen werden.

Sehr viel schwieriger ist die **inhaltliche** Frage zu beantworten, ob dadurch die Leistungsfähigkeit des Naturhaushaltes beeinträchtigt werden kann, denn bis heute fehlen die wissenschaftlichen Instrumente, um die Leistungsfähigkeit des Naturhaushaltes der Landschaft quantitativ darzustellen (Leser 1997).

In der Praxis wird daher nicht die Leistungsfähigkeit des Naturhaushaltes in seiner ganzen Komplexität bestimmt, es werden vielmehr Teilkomponenten des Naturhaushaltes untersucht, von denen man annimmt, dass sie **pars pro toto** Aussagen über die Struktur, die Funktionen des von der Planung betroffenen Gebietes und der Leistungsfähigkeit seines Naturhaushaltes ermöglichen. Stellvertretend für den gesamten Naturhaushalt werden deshalb meist die fünf als so genannte **Schutzgüter** bezeichneten Teilkomponenten „Arten und Lebensgemeinschaften", „Boden", „Wasser (oberirdische Gewässer, Grundwasser)", „Klima/Luft" und „Landschaftsbild" als Untersuchungsgegenstände für die Beschreibung und Beurteilung ausgewählt (Kap. 4.1.2).

Tab. 4–21: Bewertung der Eingriffe und Festsetzung von Vermeidungs- und Ausgleichsmaßnahmen am Beispiel eines Planfeststellungsverfahrens (Landschaftsökologisches Forschungsbüro Hamburg 1997)

Vorhabensebene und Planung:	– Planfeststellungsverfahren/ Landschaftspflegerischer Begleitplan – Erstellung eines Lärmschutzwalles – 10 ha (Untersuchungsgebiet/ Gebiet für Bewertungen Landschaftsbild, Klima/ Luft) – 1,3 ha (unmittelbares Eingriffsgebiet)			
betroffene Schutzgüter/ Funktionen und Werte **Schutzgut Ausprägung, Größe und Wert**		**voraussichtliche Beeinträchtigungen**	**Vorkehrungen zur Vermeidung von Beeinträchtigungen**	**Ausgleichs- maßnahmen**
Arten und Lebens- gemein- schaften	1,857 ha Acker Biotop-Nummer 44 Flurstück 18/3 Keine Vorkommen gefährdeter Arten. Wertstufe 3	Beseitigung und Um- bau von Vegetation. 0,19 ha Acker vorher: Wertstufe 3 nachher: Wertstufe 2 Keine erhebliche Be- einträchtigung.	Um zu gewährleisten, dass sich die Beein- trächtigungen tatsäch- lich auf die unmittel- bar betroffenen Berei- che beschränken und die Bestände von *Chrysanthemum segetum* nicht zu ge- fährden, ist nur der für den Wall vorgesehene Geländestreifen selbst, die Randbereiche zur BAB A1 und ein 5 m breiter, für die spätere Bepflanzung mit Ge- hölzen vorgesehener Geländestreifen am nördlichen Fuß des Walles als Zufahrt und Arbeitsfläche zu nutzen.	Die Verluste an Acker- vegetation und Grün- landeinsaat sind durch standortgerechte Bepflanzung des Lärmschutzwalles ausgleichbar.
	1,298 ha junge Grünlandein- saat auf ehemaligem Acker Biotop-Nummer 47 Flurstück 22/1 Gefährdete Arten: *Chrysanthemum segetum* (1996 nicht nachweisbar) Wertstufe 3	circa 0,38 ha junge Grünlandeinsaat vorher: Wertstufe 3 nachher: Wertstufe 2 Keine erhebliche Beeinträchtigung.		
	0,346 ha Acker Biotop-Nummer 274 Flurstück 17/7 Gefährdete Arten: *Chrysanthemum segetum* *Wertstufe 2*	0,06 ha Acker vorher: Wertstufe 2 nachher: Wertstufe 2 Keine erhebliche Be- einträchtigung.		
	0,825 ha Acker Biotop-Nummer 251 Flurstück 16/5 Keine Vorkommen gefährdeter Arten. Wertstufe 3	0,18 ha Acker vorher: Wertstufe 3 nachher: Wertstufe 2 Keine erhebliche Beeinträchtigung.		
	0,48 ha Grünland Biotop-Nummer 252 Flurstück 15/1 Keine Vorkommen gefährdeter Arten. Wertstufe 2	0,21 ha Grünland vorher: Wertstufe 2 nachher: Wertstufe 2 Keine erhebliche Be- einträchtigung.	In den Grünlandberei- chen ist lediglich die Fläche des Walles selbst für die notwen- digen Arbeiten nutz- bar.	Pflanzung heimischer, standortgerechter Gehölze auf einer Fläche von 210 m^2 (Ausgleich im Verhältnis 1 : 0,1).
	1,044 ha Grünland/Gehölz Biotop-Nummer 252, 253, 254 Flurstücke 13/6, 13/9 Keine Vorkommen gefährdeter Arten. Wertstufe 2	0,025 ha Grünland. vorher: Wertstufe 2 nachher: Wertstufe 3 Erhebliche Beeinträch- tigung.	Errichtung eines Bau- zaunes zum Schutz der empfindlichen Gehölz- bereiche.	Pflanzung heimischer, standortgerechter Gehölze auf einer gleich großen Fläche von 250 m^2

betroffene Schutzgüter/ Funktionen und Werte		voraussichtliche Beeinträchtigungen	Vorkehrungen zur Vermeidung von Beeinträchtigungen	Ausgleichs- maßnahmen
Schutzgut	Ausprägung, Größe und Wert			
Arten- und Lebens- gemein schaften	1,286 ha Grünland Biotop-Nummer 254 Flurstück 12/3 Keine Vorkommen gefährdeter Arten. Wertstufe 2	0,22 ha Grünland. vorher: Wertstufe 2 nachher: Wertstufe 2 Keine erhebliche Be- einträchtigung.	In den Grünlandberei- chen ist lediglich die Fläche des Walles selbst für die notwendigen Ar- beiten nutzbar.	Pflanzung heimischer, standortgerechter Ge- hölze auf einer Fläche von 220 m². (Ausgleich im Verhältnis 1 : 0,1)
		Beseitigung von 12 Altbäumen.		Der Verlust von 12 Alt- bäumen ist ausgleich- bar. Aufgrund der aus- geprägten Altholzqua- litäten der verlorenge- henden Exemplare sind 36 Eichen (Hoch- stamm, 16 – 18, mit Drahtballierung) zu pflanzen. (Ausgleich im Verhältnis 1 : 3)
	0,2 ha baum- und buschbe- standene Böschung Biotop-Nummer 45 Flurstück 38/1 Keine Vorkommen gefährdeter Arten. Wertstufe 2	0,03 ha baum- und buschbestandene Bö- schung. vorher: Wertstufe 2 nachher: Wertstufe 2 Keine erhebliche Be- einträchtigung.		
Boden		Auftrag von Fremd- boden	Zwischenlagerung des abgetragenen Oberbo- dens und des Auftrags- bodens (soweit Zwi- schenlagerung not- wendig ist) nur auf den Flächen des Walles selbst und den nördlich geplanten Pflanzstreifen.	Pflanzung von stand- ortgerechten, heimi- schen Gehölzen auf einer Fläche von 0,16 ha (nach Breuer (1994): Eingriffsfläche × 0,2) Pflanzung von stand- ortgerechten, heimi- schen Gehölzen auf einer Fläche von 0,1 ha (nach Breuer (1994): Eingriffsfläche × 0,2)
	circa 0,8 ha stark überprägter Naturboden (Acker/ Grünland- einsaat). Wertstufe 2 0,5 ha stark überprägter Na- turboden (Grünland). Wertstufe 2	0,8 ha Fläche. vorher: Wertstufe 2 nachher: Wertstufe 3 Erhebliche Beeinträch- tigung 0,5 ha Fläche vorher: Wertstufe 2 nachher: Wertstufe 3 erhebliche Beeinträch- tigung.		
Wasser	1,67 ha stark beeinträchtigte Grundwassersituation. Wertstufe 3	keine	Prüfung des einzubrin- genden Bodens auf Schadstoffe.	keine
Klima/ Luft	circa 10 ha stark beeinträch- tigte Bereiche. Wertstufe 3	keine		keine
Land- schafts- bild		Veränderung des Landschaftsreliefs/ Unterbrechung der Sichtbeziehungen nach Süden.		Eingrünung des Lärm- schutzwalles mit standortgerechten, heimischen Gehölzen.
	circa 10 ha beeinträchtigte Bereiche. Wertstufe 2	10 ha Fläche vorher: Wertstufe 2 nachher: Wertstufe 2 keine erhebliche Beeinträchtigung		Kaschierung des Walls durch Pflanzung von Gehölzstreifen an der nördlichen Basis.

Bezeichnung der Baumaßnahme Errichtung eines Lärmschutzwalles an der BAB A1	**MASSNAHMEN-BLATT**	Maßnahmen-Nummer **7 (A)** Bepflanzung und Einsaat von Lärmschutzwall und -wand

Lage der Maßnahme/ Bau-km:
        18,393 - 19,230

BEEINTRÄCHTIGUNG Nummer: I im Bestands- und Konfliktplan (Ziffer 1.12.1 RE 85) Blatt Nummer: 1 + 2
Beschreibung:
Durch den Bau des Walles wird die vorhandene Vegetation in diesem Bereich vollständig entfernt. Dies führt zu einer erheblichen Beeinträchtigung für das Schutzgut Arten und Lebensgemeinschaften.
        nicht ausgleichbare Beeinträchtigung [ ]

MASSNAHME zum Lageplan der landschaftspflegerischen Maßnahmen (Ziffer 1.12.1 RE 85)   Blatt Nummer: 1 + 2
Beschreibung:
Der Lärmschutzwall und die Lärmschutzwand werden mit standortgerechten, heimischen Gehölzen bepflanzt. Die nicht bepflanzten Flächen sind mit einer Landschaftsrasenmischung einzusäen.
Die Bepflanzung des Walles hat sich an dessen Ausrichtung in Ost-West-Richtung und der Struktur der Bepflanzung im östlich angrenzenden Wall zu orientieren. Auf der dem Untersuchungsgebiet abgewandten, sonnenexponierten Südböschung sind vorzugsweise wärme- und lichtliebende, dabei auch Trockenheit ertragende Gehölze zu pflanzen, während auf der Nordseite Gehölze vorgesehen sind, die auch Halbschatten ertragen. Die Wallkrone ist aus Gründen des Landschaftsbildes von Gehölzpflanzungen freizuhalten. Im Laufe der Sukzession dort erscheinende Gehölze können dort verbleiben.
Die Lärmschutzwand kann nicht in dieser Weise bepflanzt werden, sondern muß mit Kletterpflanzen begrünt werden. Auf der Südseite mit der typischen Saumpflanze Waldrebe (*Clematis vitalba*), auf der Nordseite mit Efeu (*Hedera helix*) und Waldgeißblatt (*Lonicera periclymenum*). Rankhilfen sind anzubringen.
Die zu pflanzenden Arten und Qualitäten sind auf dem Beiblatt zur Maßnahme 7 dargestellt.
Die nicht bepflanzten Bereiche sind mit einer Landschaftsrasenmischung einzusäen.

Ausgleich/ Ersatz in Verbindung mit Maßnahme Nummer:

BIOTOPENTWICKLUNGS- UND PFLEGEKONZEPT
Beschreibung:
Mit Ausnahme der Anwachspflege und eines Gebots zum Ersatz abgängiger Gehölze innerhalb der ersten drei Jahre nach der Pflanzung sind zum Erhalt der Pflanzung keine weiteren Pflegemaßnahmen notwendig. Davon unbenommen sind gegebenenfalls. Rückschnitte aus Gründen der Verkehrssicherheit auf der BAB A1 vorzunehmen.

Flächengröße [ha]: 1,3

Grunderwerb erforderlich: [x] Künftiger Eigentümer: Bundesrepublik Deutschland

---

Nutzungsänderung/ -beschränkung: [x] Künftige Unterhaltung: Bundesrepublik Deutschland

Abb. 4-6: Maßnahmenblatt für Ausgleichsmaßnahmen in einem Planfeststellungsverfahren (Landschaftsökologisches Forschungsbüro Hamburg 1997)

Die Schutzgüter, ihre Ausprägung und ihr Wert sowie die voraussichtlichen Beeinträchtigungen, Vermeidungs-, Ausgleichs- und Ersatzmaßnahmen und deren Absicherungen können in eine Tabelle nach dem Muster der Tabelle 4-20 eingetragen werden. Sie enthält die wichtigsten Angaben zum Zustand des von dem Eingriff betroffenen Raums vor und nach dem Eingriff. Sie dient damit jedoch lediglich der Dokumentation der erhobenen Daten und der Begründung für die daraus abgeleiteten Vermeidungs-, Verminderungs-, Ausgleichs- und Ersatzmaßnah-

Tab. 4-22: Maßnahmentabelle in einem Planfeststellungsverfahren (V=Vermeidungs-/Verminderungsmaßnahme, A = Ausgleichsmaßnahme) (Landschaftsökologisches Forschungsbüro Hamburg 1997)

Maßnahme Art/Nummer	Inhalt der Maßnahme	Umfang der Maßnahme	zeitlicher Ablauf der Maßnahme	Ziele der Maßnahme Vermeidung/ Kompensierung von Beeinträchtigungen	Verbleibende, nicht ausgleichbare Beeinträchtigung
VVS 1	Begrenzung des Baubetriebs – auf die ausgewiesenen Bereiche – Schutz der Gehölzstreifen an der BAB A1	Begrenzung des Baubetriebes auf Flächen der Wertstufe 3, vorzugsweise auf die Fläche des Lärmschutzwalles mit den nördlich angrenzenden Pflanzstreifen und den Standstreifen der BAB A1.	Ausweisung der Baufläche vor Baubeginn. Beachtung der Abgrenzung und der RAS-LG 4 während der gesamten Bauzeit.	Vermeidung von Beeinträchtigungen angrenzender Flächen, Biotope und Gehölzbestände	–
VVS 2	Schutz von Gehölzen durch Einhaltung der RAS-LG 4	Errichtung eines Bauzaunes zum Schutz empfindlicher Gehölze im Bereich der zu erstellenden Lärmschutzwand.	Anlage des Bauzauns vor und während der Bauarbeiten.	Schutz empfindlicher Feuchtgehölze vor Beeinträchtigungen wie Beschädigung Zerstörung, Bodenverdichtung et cetera	–
VVS 3	Zwischenlagerung von Bodenabtrag. Begrenzung der zu nutzenden Lagerflächen.	Ausweisung von Zwischenlagerflächen für Bodenabtrag nur auf den nördlich des Walles gelegenen Flächen für spätere Bepflanzung.	Mögliche Nutzung der Flächen während des gesamten Baubetriebes. Danach Rückbau und Rekultivierung.	Vermeidung von Beeinträchtigung von Biotopen, Arten und Lebensgemeinschaften. Vermeidung von Bodenverdichtung und -zerstörung.	–
A 4	Rekultivierung von Bauflächen – Bodensicherung – Bodenlockerung	Bodensicherung nach DIN 18915. Unterbodenlockerung und Wiederauftrag des Oberbodens.	Die Bodensicherung erfolgt vor Beginn der baubedingten Flächennutzung. Nach Abschluss der Bauarbeiten wird der Unterboden gelockert und der Oberboden aufgetragen.	Schutz vor Verunreinigung und Verdichtung der Böden. Erhaltung der biologischen Funktionen des Oberbodens.	–
A 5	Pflanzung von 36 Solitäreichen.	Landschaftstypische Bepflanzung mit 36 Solitäreichen in einem Streifen von 230 m x 5 m an der Nordgrenze des Flurstückes 22/1.	Die Bepflanzung erfolgt nach Abschluss der Arbeiten am Lärmschutzwall.	Kompensation für den Verlust von 12 Altbäumen an der Böschung der Lindhorster Straße.	–
A 6	Pflanzung eines Gehölzstreifens am nördlichen Böschungsfuß des Lärmschutzwalles.	Pflanzung eines circa 4 m breiten Gehölzstreifens mit einheimischen, standortgerechten Gehölzen am nördlichen Fuß des Lärmschutzwalls auf circa 630 m Länge.	Die Bepflanzung erfolgt nach Abschluss der Arbeiten am Lärmschutzwall.	Kompensation für die Beeinträchtigung des Schutzgutes Boden durch Bodenauftrag. (Maßnahme in Verbindung mit Maßnahme 9)	–

men, denn sie enthält noch keine Angaben über die zugrundegelegten Bewertungsmaßstäbe und Bilanzierungen.

Die Wirkungen eines Vorhabens auf eines oder mehrere dieser Schutzgüter lassen sich mit den zur Verfügung stehenden wissenschaftlichen Methoden in den meisten Fällen mindestens qualitativ prognostizieren. Damit ist die Aussage möglich, ob dadurch eine erhebliche oder nachhaltige Beeinträchtigung eines oder mehrerer der Schutzgüter zu erwarten ist und somit ein Eingriff vorliegt. Aus der Kenntnis der voraussichtlichen Wirkungen des Eingriffs auf die Schutzgüter lassen sich im nächsten Arbeitsgang durch die Erarbeitung von Planungsalternativen Strategien zur Verringerung der Eingriffsintensität und damit der Eingriffsfolgen entwickeln.

Die danach verbleibenden Beeinträchtigungen müssen ausgeglichen werden. Dazu ist es notwendig, sowohl die aktuelle Situation, als auch den Zustand nach dem Eingriff nicht nur zu prognostizieren, sondern zu bewerten. Dies erfolgt im nächsten Schritt, wenn der für das jeweilige Vorhaben anzuwendende Bewertungsmaßstab festgelegt wurde (Tab. 4-21).

Für jede durchzuführende Maßnahme wird für die Ausführungsplanung noch einmal ein Maßnahmenblatt angelegt (Abb. 4-6) und in einer Übersicht aufgelistet (Tab. 4-22).

Bei der Durchführung einer Umweltverträglichkeitsprüfung (Kap. 7.2) werden in einer Maßnahmentabelle alle Vermeidungs-/Verminderungs-, Ausgleichs- und Ersatzmaßnahmen mit Umfang, zeitlichem Ablauf und Ziel der Maßnahmen aufgelistet.

4.3.3 Bewertungs- und Bilanzierungsverfahren

Die Bewertung (Kap. 4.1.3) ist eine der schwierigsten, wenn nicht sogar die schwierigste Aufgabe der Landschaftsplanung überhaupt, denn Bewertungen entspringen immer unserer anthropomorphen Betrachtungsweise der Natur. Das gilt selbst für die Bewertung objektiver, exakter und jederzeit reproduzierbarer, etwa auf messtechnischem Wege ermittelter Daten. Weiterhin ist die Bewertung von Landschaften oder Landschaftsbestandteilen von ihrer räumlichen und zeitlichen Einbindung abhängig.

Als Beispiel für die Abhängigkeit von der räumlichen Einbindung führt Kaule (1991) folgenden Vergleich an. Ein nährstoffarmer Graben inmitten intensiv landwirtschaftlich genutzter Flächen kann als wichtiges Rückzugsgebiet für gefährdete Arten dienen und entsprechend positiv bewertet werden. In einem naturnahen Kalkflachmoor führt ein solcher Graben aber zur Entwässerung und ist deshalb negativ zu bewerten.

In der Eingriffsregelung kommt erschwerend hinzu, dass bilanziert werden muss, um das Kompensationsvolumen bestimmen zu können. Es existiert eine Fülle von Bewertungskriterien und Ausgleichsmodellen, die (von Bundesland zu Bundesland verschieden) versuchen, in der Praxis handhabbare und nachvollziehbare Bilanzierungen durchzuführen. Sie reichen von verbal-argumentativen Modellen über relative Abstufungen bis hin zu rein numerischen Punktbewertungen mit geschlossenen, offen linearen oder sogar exponentiellen Werteskalen. Die vornehmlich angewandten Verfahren können in die vier Kategorien

- Biotopwertverfahren,
- Kompensationsfaktoren-Modelle,
- Verbal-argumentative Kompensationsermittlung und
- Herstellungskostenansatz

eingeteilt werden (Köppel et al. 1998), wobei die Übergänge fließend sind und häufig Mischverfahren verwendet werden.

Biotopwertverfahren

In den meisten Modellen werden den unterschiedlichen Biotoptypen im Rahmen von für alle Beteiligten verbindlichen Erlassen oder Handreichungen Wertindizes, meist nach dem Grad der Seltenheit oder der anthropogenen Überformung zugeordnet.

- In Niedersachsen wird zum Beispiel in der vom Niedersächsischen Städtetag (1996) und dem Umweltministerium empfohlenen Arbeitshilfe zur Ermittlung von Ausgleichs- und Ersatzmaßnahmen in der Bauleitplanung jeder Biotoptyp auf einer geschlossenen Skala mit einem Wert von 1 – 5 belegt. Ein Buchenwald trockenwarmer Kalkstandorte erhält hier mit der Wertstufe 5 ebenso die höchste

Bewertung, wie eine feuchte Sandheide. Ein Sandweg erhält die gleiche Einstufung nach der Wertstufe 2 wie ein Offenbodenbereich in einer Sand-Kiesgrube. Durch Multiplikation des Biotopwertfaktors mit der Flächengröße (in m^2) wird der „Flächenwert" ermittelt. Den Biotoptypen kann über den Flächenwert hinaus, bezüglich jedes der betroffenen Schutzgüter ein weiterer „besonderer Schutzbedarf" zu gesprochen werden. Dieser besondere Schutzbedarf und daraus abgeleitete zusätzliche Ausgleichsmaßnahmen sind verbal zu begründen.

• Das Hamburger „Staatsrätemodell" (Staatsrätearbeitskreis der Freien und Hansestadt Hamburg 1991) ordnet den unterschiedlichen Ausprägungen der Schutzgüter Boden, Pflanzen- und Tierwelt (Biotope) und Oberflächengewässer progressiv steigende Punktwerte zu, die wie im Niedersächsischen Modell mit der Flächengröße multipliziert werden, um den Flächenwert zu ermitteln. Gleichzeitig werden jedoch so genannte „Erheblichkeitsgrenzen" eingeführt, die unabhängig von der Art des Eingriffs, erst ab einem von der Ausprägung des Schutzgutes abhängigen Prozentsatz der in Anspruch genommenen Fläche bestimmen, ob ein Eingriff vorliegt oder nicht (Kap. 9.1). Der Wert des Landschaftsbildes wird dagegen durch Summenbildung nach einer mit Punkten von 1 – 9 skalierten Kriterientabelle ermittelt, wonach die Einstufung in geringe (1 – 3 Punkte), mittlere (4 – 6 Punkte) und hohe (7 – 9 Punkte) Landschaftsbildwertigkeit erfolgt. Die von einem Eingriff in das Landschaftsbild betroffene Flächengröße geht in diese Bewertung nicht ein.

Ähnliche Verfahren werden aus Gründen der Verwaltungsvereinfachung auch in anderen Bundesländern angewandt. Schon an diesen Beispielen wird aber deutlich, dass solche scheinobjektiven Einstufungen den Ansprüchen an eine angemessene Bewertung nicht genügen, weil standörtliche, räumliche und zeitliche Charakteristika der verschiedenen Biotoptypen nicht berücksichtigt, außerdem sogar innerhalb eines Bewertungsmodells unterschiedliche Skalierungen zur Bewertung der verschiedenen Schutzgüter angewandt werden. Zudem besteht die Gefahr, dass unterschiedliche Biotoptypen und Schutzgüter gegeneinander aufgerechnet werden.

Kompensationsfaktoren-Modelle

Eine Modifikation der Biotopwertverfahren stellen die Kompensationsfaktoren-Modelle dar. Für die quantitative Ermittlung von Ausgleichs- und Ersatzmaßnahmen wird auch hier die Größe der betroffenen Biotope zugrundegelegt. Ähnlich wie bei der Festsetzung von Positivlisten für Eingriffstatbestände werden bei diesen Modellen Eingriffen in bestimmte Biotope definierte Kompensationsfaktoren zugeordnet, mit denen die Flächengröße des Biotops zu multiplizieren ist, um die Größe der Kompensationsfläche zu bestimmen. Die Faktoren werden in Abhängigkeit von der Ausprägung, dem Naturschutzwert und der Vorbelastung des Biotops bestimmt.

• In einer behördenverbindlichen Vereinbarung zwischen der Obersten Baubehörde und dem Ministerium für Landesentwicklung und Umweltfragen (Oberste Baubehörde und BayStMLU 1993) wird in Bayern der „Vollzug des Naturschutzrechts im Straßenbau" mit Hilfe eines Kompensationsfaktoren-Modells geregelt. In elf Grundsätzen werden unter anderem unmittelbaren Veränderungen von Biotopflächen, Verlusten des Biotopwertes als Folge von Verkleinerungen, Versiegelungen land- und forstwirtschaftlich genutzter Flächen, vorübergehenden unmittelbaren Beeinträchtigungen, aber auch mittelbaren Beeinträchtigungen feste Kompensationsfaktoren von 0,1 bis 3,0 zugewiesen. Zusätzlich werden Mindeststandards für die Ausprägung der Kompensationsflächen, zum Beispiel der Abstand der Kompensationsflächen vom Straßenrand, festgesetzt. Dabei orientiert sich die Höhe des Kompensationsfaktors nicht an bestimmten Biotoptypen, sondern wird in Abhängigkeit von der „Wiederherstellbarkeit" des jeweiligen Biotops festgesetzt. Nicht derart festgeschrieben sind notwendig werdende Ausgleichsmaßnahmen für die Beeinträchtigung der Lebensräume von Tieren mit größeren Arealansprüchen und von seltenen Biotopkomplexen. In diesen Fällen sind zusätzliche Flächen bereitzustellen, deren Größe sich an den Habitatansprüchen der jeweiligen Arten orientiert. In der Vereinbarung wird darauf hingewiesen, dass der Kompensationsbedarf für Beeinträchtigungen der Schutzgüter Boden, Wasser und Luft mit diesem Modell nicht erfassbar ist, sondern auf anderem Wege erfüllt werden muss.

- Der „Orientierungsrahmen für landschaftspflegerische Begleitpläne zur Bundesautobahn A 20" (Froelich und Sporbeck 1996) benutzt eine Biotoptypenliste, die den einzelnen Biotoptypen Werte auf einer 10-stufigen Skala zuordnet. Ähnlich wie im Hamburger Staatsrätemodell ist zusätzlich eine Erheblichkeitsgrenze definiert, die Beeinträchtigungen von Biotopen der Wertstufen 1 und 2 von der Kompensation ausschließt. Die Kompensationsfaktoren sind mit einer den jeweiligen örtlichen Verhältnissen anzupassenden Bandbreite vorgegeben und reichen von 1 bis 15. Darüber hinaus sind auch mögliche Kompensationsmaßnahmen aufgeführt. Damit soll gewährleistet werden, dass ein gleichartiger Ausgleich, beziehungsweise gleichwertiger Ersatz geschaffen wird. So ist zum Beispiel die (nicht ausgleichbare) Inanspruchnahme von Bruch- oder Sumpfwäldern durch die Neuanlage von Feuchtwäldern auf artenarmen Feuchtwiesen zu kompensieren, wobei der Kompensationsfaktor mit einer Bandbreite von 1 : 8 bis 1 : 12, in Ausnahmefällen sogar mit 1 : 15 angegeben wird. Auch bei diesem Modell werden für die übrigen betroffenen Schutzgüter keine Kompensationsfaktoren vorgegeben. Die Kompensationsermittlung für diese Schutzgüter erfolgt verbal-argumentativ.

Im Vergleich mit den Biotopwertverfahren haben diese Modelle für die Verwaltung den Vorteil, sehr schnell und mit vergleichbaren Ergebnissen den erforderlichen Kompensationsbedarf bestimmen zu können. Gegenüber den reinen Biotopwertverfahren berücksichtigen sie auch in stärkerem Maße den Zeitfaktor für die Wiederherstellung, beziehungsweise die Herrichtung der Biotope. Wie bei allen numerischen Modellen besteht jedoch die Schwierigkeit, die aus der Bandbreite der vorgegebenen Kompensationsfaktoren ausgewählten Werte schlüssig zu begründen. In der Planungspraxis werden daher aus Kostengründen und mangelnder Verfügbarkeit von Ausgleichs- und Ersatzflächen häufig die niedrigeren Werte gewählt oder die Maßnahme im Abwägungsprozess „weggewogen" (Bastian 1995, Köppel et al. 1998).

Verbal-argumentative Kompensationsermittlung

Aufgrund der Schwächen numerischer Bewertungsmodelle wird von vielen Gutachtern die verbal-argumentative Kompensationsermittlung vorgezogen. Damit kann (und soll) immer nur eine einzelfallbezogene Bestimmung des Umfangs von Ausgleichs- und Ersatzmaßnahmen vorgenommen werden. Die Vergleichbarkeit verschiedener Verfahren wird dadurch jedoch erschwert. In jedem Falle muss aber auch auf diesem Wege versucht werden, die durch ein Vorhaben beeinträchtigten Funktionen des Naturhaushaltes beziehungsweise stellvertretend die der Schutzgüter, nachvollziehbar darzustellen und durch gleichartige Maßnahmen auszugleichen oder durch gleichwertige Maßnahmen zu ersetzen.

Am Beispiel einer Planung zur Einrichtung von Windenergieanlagen wird die Vorgehensweise deutlich. Für die Bearbeitung wurden die Bestimmungen der §§ 7 ff des Niedersächsischen Naturschutzgesetzes und die „Arbeitshilfe zur Abarbeitung der Eingriffsregelung nach dem Niedersächsischen Naturschutzgesetz" (Landkreis Stade 1997) zugrundegelegt:

Bei dem Plangebiet handelt es sich um offenes Grundmoränengebiet, das fast ausschließlich ackerbaulich und als Grünland genutzt wird. Es dominiert der Anbau von Hackfrüchten und Wintergetreide. In den letzten Jahren sind einige bisher intensiv ackerbaulich genutzte Flächen brachgefallen. Der Brutvogelbestand setzte sich unter anderem aus gefährdeten Wiesenvogelarten, wie zum Beispiel Schafstelze, Feldlerche und Wiesenpieper zusammen. Diese Arten kommen auf den Brachflächen, teilweise jedoch auch auf den Äckern vor. Das Landschaftsbild ist durch Offenheit und weite Sichtbeziehungen in das Tal eines kleinen Flusses gekennzeichnet. Vorbelastungen bestehen durch eine das Plangebiet durchquerende Autobahn und Richtfunkmasten.

Die Errichtung des geplanten Windparks, bestehend aus sechs Anlagen, führt insbesondere zu Beeinträchtigungen der Brutvögel sowie des Landschaftsbildes. Der Beeinträchtigungsgrad der Vögel durch Windenergieanlagen ist jedoch schwierig zu beurteilen. Die Anfluggefahr wird zwar nach herrschendem Kenntnisstand als gering eingestuft, als schwerwiegender muss jedoch die vergrämende Wirkung der Windenergieanlagen betrachtet werden. Da widersprüchliche Ergebnisse aus anderen Verfahren vorliegen, ist vom „worst case" auszugehen. Für die Brutvögel sind unterschiedliche Mindestdistanzen zu den einzelnen Anlagen anzunehmen, so beispielsweise 100 m bei der Feldlerche und der

Schafstelze. Das Landschaftsbild wird aufgrund der großen Höhe der Anlagen (bis zu 100 m) und der offenen Landschaft erheblich beeinträchtigt.

Die Ausgleichbarkeit der Beeinträchtigungen ist nicht gegeben, da Kompensationsmaßnahmen für die betroffenen Feldlerchen und Schafstelzen nur in größerem Abstand zu dem Windpark möglich sind. Die Beeinträchtigung des Landschaftsbildes ist wegen der weiten Sichtbarkeit des Windparks ebenfalls als nicht ausgleichbar anzusehen. In der daher notwendig gewordenen Abwägung entschied die Gemeinde im Rahmen ihrer kommunalen Planungshoheit, dass die Belange der Windenergienutzung aufgrund der landesrechtlichen Vorgaben und des Konzeptes des Landkreises zur Nutzung der Windenergie über die Belange des Naturschutzes und der Landschaftspflege überwiegen und Ersatzmaßnahmen durchzuführen sind.

Das Ergebnis der Kompensationsmaßnahmenermittlung ist in einem Plan und in einer ausführlichen verbalen Begründung dargestellt. Die Kompensationsmassen wurden in diesem Falle nicht berechnet, sondern an den örtlichen Gegebenheiten orientiert.

Danach wurden für die Feldlerchen und Schafstelzen Suchräume zur Schaffung von Ausweichbrutplätzen ausgewiesen. Als Bemessungsgrundlage wurde die Anzahl der innerhalb des 100 m-Konfliktradius bisher brütenden Paare unter Berücksichtigung der im Plangebiet durchschnittlichen Reviergrößen herangezogen. Zur Kompensation der Beeinträchtigungen des Landschaftsbildes sind sichtverschattende Pflanzungen von Hecken und Feldgehölzen entlang von Wanderwegen und am Rande der den Anlagen zugewandten Siedlungsbereiche vorgesehen.

Herstellungskostenansatz

Der Herstellungskostenansatz als Instrument zur Ermittlung des Kompensationsvolumens ist aus der Handhabung der Ausgleichsabgabe entstanden, die gem. § 8 BNatSchG dann monetär zu leisten ist, wenn ein Eingriff weder ausgleichbar, noch ein Naturersatz geschaffen werden kann (Kap. 4.3.1). Ihre Höhe bemisst sich nach den Kosten die durch Ausgleichs- und Ersatzmaßnahmen entstehen würden, wenn diese durchführbar wären. Die Länderarbeitsgemeinschaft für Naturschutz, Landschaftspflege und Erholung (LANA) hat mit Blick auf die kaum überschaubare Vielfalt der im Vollzug der Eingriffsregelung angewandten Bewertungsverfahren und deren Unzulänglichkeiten in ihrem Gutachten zur „Methodik der Eingriffsregelung" (LANA 1996b) vorgeschlagen,

auch den als Ausgleichs- und Ersatzmaßnahmen natural zu leistenden Kompensationsumfang über die zu erwartenden Kosten für die Herrichtung, Pflege und Entwicklung von Ausgleichs- und Ersatzflächen zu ermitteln. An die Stelle der in den Biotopwertverfahren und Kompensationsfaktor-Modellen angewandten Multiplikation der Flächengröße mit dem Biotopwert, beziehungsweise dem Kompensationsfaktor, tritt mit dem Herstellungskostenansatz eine Bemessung nach dem Schema „Beeinträchtigte Fläche × Herstellungskosten".

Dieser Ansatz bietet gegenüber anderen Modellen mehrere Vorteile:
- Auf die Vergabe von Biotopwertstufen, Kompensationsfaktoren und die daraus abgeleiteten, mathematisch korrekten, aber inhaltlich unzulässigen Berechnungen wird verzichtet.
- Der tatsächliche Umfang der notwendigen Maßnahmen zur Wiederherstellung, beziehungsweise Herrichtung eines funktions- und wertegleichen Biotops wird ermittelt.
- Die Regelung ist unabhängig von länderspezifischen politischen und inhaltlichen Vorgaben einsetzbar.
- Die Kostenkalkulation ist in allen Positionen nachvollziehbar und überprüfbar.

Voraussetzung für die Durchführbarkeit dieses Verfahrens ist jedoch die exakte Einschätzung der eintretenden Kosten. Dies gilt nicht nur für die unmittelbare Gestaltung der Ausgleichs- und Ersatzflächen, sondern auch für deren Bereitstellung, Pflege und Entwicklung sowie die Durchführung notwendiger Monitoring-Programme. Über den gesamten Zeitraum bis zur Erreichung des Entwicklungsziels sind alle Kosten zu kalkulieren und zu saldieren. Die Gesamtkosten können einzelfallbezogen ermittelt werden oder als durchschnittliche, fiktive Kosten empirischen Kostentabellen entnommen werden. Erste Kostentabellen wurden bereits von verschiedenen Autoren (Hundsdorfer 1989, Bosch und Partner 1993, Jedicke et al. 1993) für bestimmte Maßnahmen zusammengestellt.

In der Anwendung weist der Herstellungskostenansatz allerdings noch Defizite auf:
- Bei einer einzelfallbezogenen Kalkulation geht ähnlich wie bei verbal-argumentativen Verfahren die Vergleichbarkeit verloren.
- Die Datenbasis für standardisierte Kostentabellen ist noch zu gering, zudem ist die Bandbreite der Kostenansätze selbst für

gleichartige Maßnahmen so hoch, dass die nachvollziehbare Kalkulation der fiktiven Kosten derzeit noch kaum möglich ist.

- Die Eingriffsintensität wird nicht angemessen berücksichtigt, da das Modell nur die vollständige Herrichtung vorsieht, also vom vollständigen Verlust der ursprünglichen Biotope ausgeht.
- Die Qualität der für den Ausgleich beziehungsweise Ersatz bereitgestellten Flächen vor ihrer Gestaltung kann bei der allein auf die Herrichtung beziehungsweise Wiederherstellung eines beeinträchtigten Biotops ausgerichteten Kostenkalkulation nicht berücksichtigt werden.
- Übergreifende naturschutzfachliche Leitbilder mit anderen Zielsetzungen können durch die Wiederherstellungsvorgabe unterlaufen werden.

Kritik und Anforderungen an eine effiziente Eingriffsregelung

Die Eingriffsregelung stellt zweifelsohne ein unverzichtbares Instrument des Naturschutzes dar, das sich seit seiner Einführung inhaltlich und methodisch ständig weiterentwickelt hat. Dennoch ist es nicht einmal gelungen, den status quo zum Zeitpunkt der Einführung der Eingriffsregelung zu erhalten. Dies hat eine Reihe von Ursachen:

- Durch die föderale Struktur der Bundesrepublik hat jedes Bundesland seine eigenen Methoden zur Abarbeitung des gesetzlichen Auftrages aus der Eingriffsregelung entwickelt. Dies führt dazu, dass häufig selbst Ländergrenzen überschreitende Vorhaben in den jeweiligen Bundesländern unterschiedlich bewertet und ausgeglichen werden.

So sind zum Beispiel »...die Errichtung oder wesentliche Änderung von Küsten- und Uferschutzanlagen sowie die Errichtung von Hafenanlagen« in der Positivliste des Schleswig-Holsteinischen Landesnaturschutzgesetzes (LNatSchGSH) als regelhafte Eingriffe definiert. Im Hamburgischen Gesetz über Naturschutz und Landschaftspflege (HmbNatSchG) dagegen sind die gleichen Tatbestände, nämlich »...Hochwasserschutzmaßnahmen« im gesamten Stadtgebiet sowie im Hafengebiet »...der Ausbau (Herstellung, Beseitigung und wesentliche Umgestaltung) von Gewässern und Kaianlagen« sowie »...Maßnahmen zur Unterhaltung der Gewässer« grundsätzlich nicht als Eingriff

anzusehen. Diese Maßnahmen unterliegen damit nicht einmal dem Prüfungsgebot, ob ein Eingriff vorliegt oder nicht.

- Die zur Bewertung der Eingriffe und Ermittlung des Kompensationsumfanges angewandten Modelle werden dem Anspruch der Eingriffsregelung nach einem sachgerechten Verfahren zur Festlegung eines funktions- und wertegerechten Ausgleiches, beziehungsweise Ersatzes nicht gerecht.

Über diese grundsätzlichen Defizite hinaus treten die auch aus anderen Bereichen des Naturschutzes und der Landschaftspflege verbreiteten Probleme auf.

- Die Einbindung der Eingriffsregelung in die Vorhabensplanungen erfolgt häufig erst zu einem Zeitpunkt, wenn die grundsätzliche Entscheidung für die Durchführung des Vorhabens oder sogar schon Details der Planung festgeschrieben sind. Das nach dem Bundesnaturschutzgesetz zwingend vorgegebene Ablaufschema der Eingriffsregelung (Abb. 4-5) wird dadurch nicht eingehalten, denn das Vermeidungs- und Verminderungsgebot kann angesichts vollendeter Tatsachen nicht mehr greifen und auch das Abwägungsgebot, das ausdrücklich die so genannte „Nulllösung" beinhaltet, ist damit faktisch einseitig zugunsten des Vorhabens präjudiziert.
- Insbesondere in den Ballungsräumen (zum Beispiel Hamburg), in denen kaum noch Flächen zur Verfügung stehen, wurden (und werden?) Eingriffe trotz eindeutiger Rechtslage weder ausgeglichen, noch wurde Ersatz geschaffen oder eine Ausgleichsabgabe entrichtet.
- Es besteht ein erhebliches Defizit in der Kontrolle der festgesetzten Ausgleichs- und Ersatzmaßnahmen. Dies betrifft sowohl die Überprüfung der sachgerechten Durchführung von Gestaltungsmaßnahmen, als auch deren Effizienzkontrolle (Breuer 1991a).
- Eingriffe in Lebensräume mit langen Entwicklungszeiten, zum Beispiel Laubmischwälder, entziehen sich einer effizienten Eingriffs-/Ausgleichsregelung, da sie jeglichen realistischen Planungshorizont überschreiten. Selbst die Besiedlung von zweischürigen Mähwiesen mit dem gesamten potenziellen Arteninventar oder die Entwicklung von Weidengebüschen können nach Kaule (1991) bis zu 150 Jahre in Anspruch nehmen. Niemand kann daher im Jahre 2000 garantieren, dass Kompensations-

maßnahmen mit dem Ziel der Entwicklung solcher Lebensräume auch nur bis zum Jahre 2050 oder darüber hinaus Bestand haben. Mit Aussicht auf sichtbaren Erfolg der Maßnahmen sind daher lediglich Eingriffe in Biotope mit Entwicklungszeiten von einem bis zu zwanzig Jahren, zum Beispiel Ruderalfluren, artenarme Grünländereien, Hochstaudenfluren oder Gebüsche auf Brachen ausgleichbar oder ersetzbar.

- In Einzelfällen ist nicht einmal der planerische Bestandsschutz gesichert. So wurden in Hamburg auch schon als Ersatzflächen für einen Eingriff ausgewiesene Gebiete ihrerseits bereits nach wenigen Jahren mit Eingriffen überplant, sodass nunmehr ein doppelter Ausgleich notwendig wurde.

Daraus ergibt sich eine Reihe von Anforderungen an die inhaltliche Ausgestaltung und den Vollzug der Eingriffsregelung, die gewährleisten können, dass die Zielsetzung des § 8 BNatSchG, nämlich die Verpflichtung zum flächendeckenden Naturschutz, erreicht wird. Dazu zählen:

- Die bundeseinheitliche Durchführung der Eingriffsregelung. Ein erster Schritt ist die Harmonisierung der Eingriffsdefinitionen, die in Positivlisten festzuhalten sind. Da sich naturräumliche Strukturen und Wirkungen von Eingriffen nicht an Landesgrenzen und politisch motivierten Definitionen orientieren, ist die bundesweite Harmonisierung der Eingriffsregelung aus fachlichen Gründen unabdingbar. Auch die Akzeptanz für die Eingriffsregelung wird gestärkt, wenn einheitliche Begriffsdefinitionen und Bearbeitungsverfahren vorgegeben werden.

- Die Erarbeitung plausibler, wissenschaftlicher Überprüfung standhaltender Bewertungs- und Bilanzierungsverfahren, die auf die Verrechnung von Wertstufen verzichten. Der Herstellungskosten-Ansatz ist weiterzuentwickeln.

- Der Abbau von Vollzugsdefiziten. Dazu zählt insbesondere die Beachtung des Vermeidungs- und Verminderungsgebotes. Sowohl Erstellungs-, als auch Effizienzkontrollen sind unverzichtbar. Gleichzeitig ist ein Nachbesserungsgebot in die Genehmigungsbescheide aufzunehmen, um bei Fehlentwicklungen gegensteuern zu können.

- Der inhaltliche und planerische Bestand von Ausgleichs- und Ersatzmaßnahmen muss gesichert werden. In einem ersten Schritt ist ein Kataster der für Ausgleichs- und Ersatzmaßnahmen vorgesehenen beziehungsweise bereits festgesetzten Flächen zu erstellen, wie es in einigen Bundesländern (zum Beispiel Thüringen, Bayern) bereits existiert. Darüber hinaus können als weitere Instrumente angewandt werden, zum Beispiel grundbuchliche Sicherung (Veränderungsverbote, Gestaltungsgebote) und/oder Übereignung an Stiftungen oder Verbände, deren Zweck die Pflege und Entwicklung von Ausgleichs- und Ersatzflächen ist. Auch die finanziellen Mittel müssen dauerhaft bereitgestellt werden.

5 Instrumente der Landschaftsplanung als eigenständige Planung

Wenn im Folgenden die Instrumente der Landschaftsplanung behandelt werden sollen, so ist es zunächst sinnvoll, eine **Übersicht** voranzustellen. Eine solche Übersicht kann bereits Gemeinsamkeiten und Unterschiede, mithin zentrale Merkmale der Instrumente, verdeutlichen. In Deutschland ist die Landschaftsplanung im Vergleich zu anderen Ländern stark formalisiert. Die Aufgaben lassen sich daher nicht nur inhaltlich sondern insbesondere auch instrumentell beschreiben und abgrenzen. Dies fällt jedoch nicht leicht, da die Landschaftsplanung – ganz im Gegensatz zum Beispiel zur bundeseinheitlichen Bauleitplanung – in den 16 Ländern zum Teil äußerst unterschiedlich geregelt ist. Neben dem bundesdeutschen Naturschutzrecht als zentrale Rechtsgrundlage gewinnen zudem auch andere Rechtsquellen für die Landschaftsplanung zunehmend an Bedeutung (Raumordnungsrecht (Kap. 6.1), Baurecht (Kap. 6.2), UVP-Recht (Kap. 7.2) und Europäisches Gemeinschaftsrecht (Kap. 2.3.1 und Kap. 7.3)). Diese Durchdringung sehr unterschiedlicher Rechtsbereiche bedingt grundlegende Schwierigkeiten in der Vermittlung der Landschaftsplanung. Neben der Vielfalt in den rechtlichen Grundlagen kommen gerade bei den nicht (Pflege- und Entwicklungsplan) oder nur begrenzt (Landschaftspflegerischer Begleitplan) gesetzlich geregelten Instrumenten in der Planungspraxis teilweise extrem unterschiedliche Ausgestaltungen von dem Ursprung nach einheitlichen Instrumenten hinzu. Auch informelle Instrumente lassen sich der Landschaftsplanung mehr oder weniger deutlich zuordnen, sodass nicht nur interne Differenzierungen, sondern auch eine Abgrenzung gegenüber anderen Planungsaufgaben notwendig wird.

Angesichts dieser verwirrenden Vielfalt ist es geboten, einer solchen Übersicht über die Instrumente zunächst eine **Definition der Landschaftsplanung** voranzustellen. In der Bundesrepublik lassen sich zumindest drei Definitionen von Landschaftsplanung unterscheiden:

Landschaftsplanung im engeren Sinne:

Der Abschnitt 2 des Bundesnaturschutzgesetzes trägt die Überschrift „Landschaftsplanung". Gemäß dieser Legaldefinition bilden die hierin enthaltenen Instrumente **Landschaftsprogramm**, **Landschaftsrahmenplan** und **Landschaftsplan** somit die Landschaftsplanung **im strengen rechtlichen Sinne**. Der Landschaftsplan gemäß § 6 BNatSchG mit der „näheren" Darstellung der örtlichen Erfordernisse und Maßnahmen zur Verwirklichung der Ziele des Naturschutzes und der Landschaftspflege bildet bereits begrifflich wiederum den Kern des Abschnittes Landschaftsplanung, sodass speziell auf diese Landschaftsplanungsebene bezogen von der Landschaftsplanung im engsten Sinne gesprochen werden kann. Der Landschaftsplan wird dabei durch die meisten Landesnaturschutzgesetze weiter differenziert in den eigentlichen Landschaftsplan für die „gesamtörtliche" und den **Grünordnungsplan** für die „teilörtliche" Darstellung der Belange von Naturschutz und Landschaftspflege. Den hier genannten Instrumenten ist gemeinsam, dass sie vom Ansatz her **eigenständige Planwerke** bilden, deren Aufstellungserfordernis (mit der Ausnahme des Grünordnungsplanes) nicht an andere Planungen gebunden ist. Sie entsprechen somit in besonderem Maße dem **Vorsorgeprinzip** von Naturschutz und Landschaftspflege mit dem umfassenden Handlungsauftrag nach § 1 BNatSchG zum Schutz, zur Pflege und zur Entwicklung von Natur und Landschaft als aktive Umweltgestaltung. Für die Landschaftsplanung, die nicht beschreibend-konservierend, sondern planerisch-gestalterisch angelegt ist, gewinnt dabei insbesondere der Entwicklungsauftrag eine besondere Bedeutung. Die Landschaftsplanung im engeren Sinne ist ihrer umfassenden Aufgabenstellung gemäß flächendeckend angelegt. Da die nachhaltige Sicherung der Lebensgrundlagen zutiefst dem Gemeinwohl entspricht, ist sie ausschließlich eine hoheitliche Aufgabe, die dem **Gemeinlastprinzip** folgt.

Landschaftsplanung im weiteren Sinne:

Eine planerische Aufgabenstellung gemäß der Ziele von Naturschutz und Landschaftspflege besitzen, wenn auch im eingeschränkten Umfang, weitere formale Instrumente außerhalb des Abschnittes 2 und auch des BNatSchG insgesamt. Dazu kommen außerdem noch informelle raumbezogene Planungen im Aufgabenfeld von Naturschutz und Landschaftspflege. Auch diese Instrumente lassen sich aufgrund der einheitlichen maßgeblichen Aufgabenstellung daher als landschaftsplanerische Instrumente beziehungsweise Landschaftsplanung im weiteren Sinne bezeichnen. **Diese umfassende aufgabenorientierte Definition von Landschaftsplanung liegt daher diesem Lehrbuch** zugrunde. Entsprechend der übereinstimmenden naturschutzfachlichen Aufgabenstellung stützen sich diese Instrumente auch auf grundlegende landschaftsplanerische Methoden, sodass diese im Kapitel. 4 zusammengefasst behandelt werden konnten.

Neben den bereits ausdrücklich genannten Instrumenten der Landschaftsplanung im engeren Sinne gehören insbesondere die drei folgenden formalen Instrumente zur Landschaftsplanung im weiteren Sinne: der **Landschaftspflegerische Begleitplan** (auf der Grundlage von § 8 BNatSchG) und zumindest die auf die Schutzgüter der Landschaftsplanung bezogenen Bestandteile der **Umweltverträglichkeitsstudie** beziehungsweise der Umweltverträglichkeitsprüfung (gemäß dem UVP-Gesetz). Auch die **FFH-Verträglichkeitsstudie** beziehungsweise -prüfung (auf der Grundlage von § 19c BNatSchG) besitzt insbesondere im Hinblick auf die Alternativenprüfung und den spezifischen Ausgleich zur Gewährleistung der Kohärenz der Natura 2000-Gebiete typische planerische Aspekte.

Diesen drei Instrumenten ist gemeinsam, dass sie gemäß dem **Verursacherprinzip** nur die Sicherung des Status quo im Zusammenhang mit der Realisierung von Vorhaben verfolgen (**Vermeidungsprinzip**). Eine umfassende Vorsorge, die auch die notwendige Entwicklung von Natur und Landschaft einschließt, kann mit ihr nicht geleistet werden, sodass sie nur eine ergänzende Aufgabenstellung zur Landschaftsplanung im engeren Sinne als zentralem Planungsinstrumentarium besitzen, diese aber selbst bei optimalen Planungsergebnissen keinesfalls ersetzen können. Ihr Planungsraum leitet sich aufgrund ihres Pla-

nungsanlasses von dem durch das Vorhaben beeinträchtigten Raum ab. Im Falle der FFH-Verträglichkeitsstudie/-prüfung ist dieser dabei auf die betroffenen Natura 2000-Gebiete innerhalb des Beeinträchtigungsraumes beschränkt. Sie sind somit vom Planungsanlass her reaktive Instrumente, die nur dann zum Einsatz kommen, wenn außerhalb des Naturschutzes natur- beziehungsweise umweltrelevante Planungen beziehungsweise Vorhaben initiiert werden. Planungsträger sind die Träger der zugrundeliegenden Planungen oder Vorhaben und damit sowohl private als auch öffentliche Planungsträger. Die hier gebildete Gruppe von Landschaftsplanungsinstrumenten ist somit keine hoheitliche Aufgabe, auch wenn sie ausschließlich der Vorbereitung hoheitlicher Entscheidungen dienen. Typisch für diese Instrumente ist auch, dass sie so sehr in Zusammenhang mit dem Vorhaben stehen, dass sie **unselbstständige Planverfahren** darstellen, die somit in die naturschutzfremden Verfahren integriert werden. Die Zuständigkeit liegt dadurch in den allermeisten Fällen außerhalb der Naturschutzbehörden. Da diese Instrumente andere Verfahren, in der Regel zur Vorhabenszulassung, voraussetzen und ihnen zugeordnet werden, ist in diesem Zusammenhang der anschauliche Begriff des „Huckepackverfahrens" geprägt worden.

Die hier vorgenommene Differenzierung zwischen Landschaftsplanung im engeren und im weiteren Sinne lässt sich dabei zumindest für den Grünordnungsplan nicht mehr ohne weiteres aufrechterhalten (Kap. 6.2). Zum einen bildet beim Grünordnungsplan das Planungserfordernis in der Regel die Aufstellung eines Bebauungsplans und liegt damit außerhalb des Naturschutzes. Zum anderen kann der „begleitende" Grünordnungsplan nur noch begrenzt aktive Entwicklung von Natur und Landschaft bewirken, da nach § 8 Absatz 2 BauGB der Bebauungsplan aus dem Flächennutzungsplan entwickelt werden muss. Die Grundsatzentscheidung über die zukünftige, in der Regel der Aufgabenstellung entsprechende, bauliche Nutzung, ist somit vorgegeben, sodass das Instrument rechtssystematisch zwar eindeutig der Landschaftsplanung im engeren Sinne zugeordnet werden kann, die Aufgabeninhalte sich jedoch mehr oder weniger in die Anwendung der Eingriffsregelung verlagern und sich mit dem des Landschaftspflegerischen Begleitplanes vergleichen lassen. Zudem besitzt der Grünordnungsplan in der Praxis und teilweise auch mit ausdrücklicher Aufgabenzuweisung durch die Landesnaturschutzgesetze sogar Aufgaben, die nicht nur außerhalb des Naturschutzauftrages stehen, sondern teilweise sogar selbst Eingriffstatbestände darstellen. Hieraus ergibt sich eine besondere Aufgabenstellung innerhalb der Grünordnungsplanung, da nicht nur naturschutzinterne Belange zu koordinieren sind, sondern auch bestimmte naturschutzfremde. Dass solche Aufgaben ausdrücklich durch eine Reihe von Landesnaturschutzgesetzen dem Grünordnungsplan und auch dem Landschaftsplan zugewiesen werden, sprengt nicht nur den üblichen Aufgabenkanon der Landschaftsplanung, sondern steht auch außerhalb der gesetzlichen Bestimmung der allgemeinen Ziele von Naturschutz und Landschaftspflege in § 1 Absatz 1 BNatSchG insgesamt. Büchter (2000) stellt somit zu Recht die Zuordnung von Grünordnungsplänen zur Landschaftsplanung im engeren Sinne infrage.

Allen bisher genannten Landschaftsplanungsinstrumenten ist gemeinsam, dass sie eine rechtliche Aufgabenstellung besitzen. Im Kontrast dazu nimmt der **Pflege- und Entwicklungsplan** (PEP) hier eine Sonderstellung ein. Er lässt sich in mehrerer Hinsicht nicht den bislang zugrundegelegten Gruppen der Landschaftsplanungsinstrumente zuordnen. Er besitzt zwar als reine Fachplanung für die Naturschutzbehörden Selbstständigkeit. Er steht jedoch außerhalb des hoheitlichen Verfahrens zur Ausweisung von Schutzgebietsgebieten, die er lediglich vorbereitet oder zugrundelegt aber nicht einschließt. Adressat ist damit nur die auftraggebende Naturschutzbehörde selbst, sodass der PEP mangels fehlender Betroffenheit Dritter weitgehend ohne gesetzliche Grundlagen auskommt. Sein Planungsgebiet bestimmt sich im Einzelfall in Hinsicht auf die Abgrenzung geplanter oder bestehender Schutzgebiete und ist somit weder flächendeckend noch bezogen auf einen Beeinträchtigungsraum. Er dient wie die Landschaftsplanung im engeren Sinne nicht nur der Bewahrung eines aktuellen Zustandes oder eines abstrakten Status quo, sondern darüber hinaus auch der Entwicklung schutzwürdiger Zustände. Da Schutzgebiete, die einer gezielten Entwicklung bedürfen, zunehmend an Bedeutung gewinnen und in Hinblick auf die zu bestimmenden Erhaltungsziele der Natura 2000-Gebiete dürfte dieses Instrument zukünftig neue Impulse erfahren.

Mit Ausnahme des Landschaftsprogramms, für das eine Vergabe der Planung kaum in Frage kommt, und der neuen FFH-Verträglichkeitsstudie finden sich alle bislang genannten Instrumente im Teil VI „**Landschaftsplanerische Leistungen**" der **Honorarordnung für Architekten und Ingenieure (HOAI)** wieder. Dies ist bis auf die Umweltverträglichkeitsstudie, die über den Naturschutzauftrag deutlich hinausgeht, und bei rein technischen Vorhaben im Extremfall sogar keinerlei direkten Naturschutzbezug mehr aufweisen kann (zum Beispiel bei immissionsschutzrechtlichen Zulassungen innerhalb bestehender Anlagen), sicherlich grundsätzlich angemessen.

Wie bereits erwähnt, werden neben den mehr oder weniger formalisierten Instrumenten zunehmend **informelle Landschaftsplanungen** (zum Beispiel zur Behandlung spezifischer Fragestellungen des Naturschutzes, als Gutachten und als Beiträge oder Grundlage im Rahmen des Agenda 21-Prozesses) durchgeführt. Im Hinblick auf den Lehrbuchcharakter ist es sinnvoll, in diesem Buch die klassischen Instrumente bewusst in den Mittelpunkt zu stellen, da diese nach wie vor auch den Ausgangspunkt für die vielfältigen Modifizierungen in informelle Landschaftsplanungen bilden. Im Kapitel 8 sind einige Beispiele und Ausblicke zu neuen problemlösungsorientierten Weiterentwicklungen der Landschaftsplanung enthalten.

Es muss jedoch festgestellt werden, dass neue Instrumente oftmals mehr oder weniger bewusst neben bestehenden landschaftsplanerischen Instrumente installiert werden und somit bei mangelnder Verknüpfung mit der Landschaftsplanung im engeren Sinne sogar in Konkurrenz zu dieser treten können, da der umfassende hoheitliche Auftrag zur Darstellung **der** Ziele und Erfordernisse im Planungsraum unterlaufen wird. Die Landschaftsplanung im engeren Sinne kann hierdurch ihre zentrale Aufgabenstellung der Koordinierung der internen naturschutzfachlichen Belange (Teilkoordinierung) nicht mehr erfüllen (Kap. 4.1.4).

Es wurde bereits deutlich, dass die eingeführten Instrumente der Landschaftsplanung eine unterschiedliche Stellung im Planungssystem (insbesondere hinsichtlich der mit der Frage der Selbstständigkeit eng verknüpften Frage der Trägerschaft) einnehmen. Diese war maßgeblich für die im Folgenden gewählte Gliederung. So werden in Kapitel 5 die Instrumente behandelt,

Tab. 5-1: Aufgaben und Instrumente der Landschaftsplanung

Aufgaben-bereich:	Landschaftsplanung im weiteren Sinne = Naturschutzfachliche Planung		Erweiterte Landschaftsplanung = Freiraumplanung und städte-bauliche Gestaltungsbeiträge
	Landschaftsplanung als Naturschutzfachplanung	Landschaftsplanung als naturschutzfachlicher Planungsbeitrag	
Aufgaben:	Landschaftsplanung im engeren Sinne gemäß **BNatSchG** Abschnitt 2: „Landschaftsplanung" – umfassende naturschutzfachliche Planung (teilkoordinierend) – querschnittsorientierter naturschutzfachlicher Beitrag zur räumlichen Gesamtplanung – naturschutzfachliche Beiträge zu anderen Fachplanungen/ Nutzungen	Landschaftsplanung als Naturschutzfachplanung (Informelle sektorale) Fachplanung des Naturschutzes insbesondere für die Teilaufgaben von Naturschutz und Landschaftspflege: – Arten- und Biotopschutzplanung – Planung für die Erholung in Natur und Landschaft (= landschaftsgebundene Erholung)	Landschaftsplanung als naturschutzfachlicher Planungsbeitrag (bei Planungen/Vorhaben Dritter) gemäß **UVPG** und **BNatSchG** Abschnitte 3 und 4 (Bei GOP: zusätzlich durch die Planungspraxis aufgrund des **BauGB**)	Planung von Grün- und Erholungsanlagen gemäß Erweiterung der allgemeinen Aufgaben von Naturschutz und Landschaftspflege durch einzelne Landesnaturschutzgesetze und/oder aufgrund der Planungspraxis (vergleiche auch § 46 HOAI): das heißt insbesondere Planung für die anlagengebundene Erholung (= Eingriffsplanung)
Instrumente:	– Landschaftsprogramm (LaPro) (1) – Landschaftsrahmenplan (LRP) (1) (4) – Landschaftsplan (LP) (1) (4) – Grünordnungsplan (GOP) (2) (4)	– Arten- und Biotopschutzprogramm (5) – Landschaftspflegekonzept (5) – Erholungsplanung (5) – Biotopverbundplanung (5) – Schutzgebietsplanung (5) – (Schutz-,) Pflege- und Entwicklungsplan (PEP) (4) – Naturparkplan (5)	– Umweltverträglichkeits-studie (UVS) (1) (4) – FFH-Verträglichkeitsstudie (2) – Landschaftspflegerischer Begleitplan (LBP) (1) (4) – Landschaftspflegerischer Ausführungsplan (LAP) – (Grünordnungsplan) (2) (3) (4)	– Landschaftsplan (1) (3) (4) gemäß LNatSchG in: HH, Bbg., HB, Nds., NRW – Grünordnungsplan (2) (3) (4) gemäß LNatSchG in: Nds., Bbg., Saarl., LSA

Anmerkungen:

(1) unmittelbar bundesgesetzlich bestimmtes Planungsinstrument

(2) mittelbar bundesgesetzlich bestimmtes Planungsinstrument

(3) gegenüber § 6 in Verbindung mit § 1 BNatSchG erweiterte Aufgaben

(4) in der HOAI als „Landschaftsplanerische Leistung" berücksichtigtes Planungsinstrument! (Die UVS umfasst jedoch nicht nur naturschutzfachliche Belange.)

(5) beispielhafte Bezeichnung für in der Praxis teilweise sehr unterschiedlich bezeichnete Planungsinstrumente

die dem Gemeinlast- und Vorsorgeprinzip folgend die Erfordernisse und Maßnahmen von Naturschutz und Landschaftspflege als grundsätzlich eigenständige Instrumente erarbeiten (vergleiche BNatSchG zweiter Abschnitt). Die Naturschutzaufgaben bestimmen die gesamte Planung. Während die Instrumente des Kapitels 7 dem Verursacher- und Vermeidungsprinzip entsprechend, erst zum Einsatz kommen, wenn Planungen außerhalb des Naturschutzes zu Beeinträchtigungen von Natur und Landschaft führen können. Diese Planinstrumente besitzen daher die herausstechende Eigenschaft, dass sie als Beiträge zu anderen Fachplanungen unselbstständig sind, da sie anderen Planungen beziehungsweise Verfahren zugeordnet werden.

Landschaftsplanung im weitesten Sinne

Neben diesen beiden unmittelbar aus dem BNatSchG und der Aufgabenstellung des Naturschutzes abzuleitenden Landschaftsplanungsbegriffen hat nicht zuletzt durch die **Bezeichnung entsprechender Studiengänge** (als „Ersatz" für den traditionellen Begriff „Landespflege") an der TU Berlin und GHS Kassel in den 70iger Jahren der Begriff der Landschaftsplanung eine zusätzliche Erweiterung erfahren, da hierbei **auch die Freiraum- beziehungsweise Grünplanung unter dem Begriff der Landschaftsplanung** subsumiert wird. Es wurde bereits auf die Aufgabenerweiterung des Grünordnungsplans und auch des Landschaftsplans durch einzelne Landesnaturschutzgesetze hingewiesen (Tab. 5-1). Der erweiterte Aufgabenumfang entspricht dieser dritten Landschaftsplanungsdefinition, die sich auch damit erklären lässt, dass die Landespfleger ihre Qualifikation auch für diese Aufgaben in die Landschaftsplanung im engeren Sinne haben einbringen können. Es lässt sich zudem ein Zusammenhang mit dem berufsbezogenen

Begriffswandel von Garten zu Landschaft (zum Beispiel Landschaftsarchitektur statt Gartenarchitektur und Landschaftsgärtner statt Gärtner) erkennen. Dass Natur und Landschaft nicht auf den Außenbereich beschränkt sind, wird durchaus auch im BNatSchG betont. Der Begriff der Landschaft innerhalb des besiedelten Bereiches wird hierbei jedoch anders belegt als im BNatSchG, da neben Natur- oder zumindest naturbetonten Kulturlandschaften auch aufgrund der hohen Nutzungsintensität ausgesprochen naturfern gestaltete Freiräume hierunter gefasst werden. Auch wenn diese aufgrund ihres mehr oder weniger großen Grünflächenanteils immer noch im deutlichen Kontrast zu rein technischen Hochbauten stehen, so können hier die Belange von Naturschutz und Landschaftspflege nur eine begrenzte Rolle einnehmen. Es ist „bezeichnend", dass die in den 90iger Jahren einsetzende Umbenennung klassischer Studiengänge der Landespflege nicht auf diesen definitionsbedürftigen Begriff der Landschaftsplanung zurückgreift, sondern statt dessen die Betonung stärker auf das spätere Berufsbild (mit der Kammerfähigkeit als wesentliches Qualifikationsmerkmal) ausrichtet. So lässt sich beobachten, dass aktuell die Studiengangsbezeichnung „Landschaftsarchitektur" – wohl auch in begrifflicher Anlehnung an die Hochbauarchitektur – bevorzugt wird. Da Landschaftsarchitektur nicht zuletzt im Hinblick auf den internationalen Sprachgebrauch jedoch im engeren Wortsinne „baukünstlerische" Aspekte sehr stark in den Mittelpunkt rückt, wird es verständlich, dass die hierin liegende Unbestimmtheit zum Teil durch die bewusste Kombination mit „Landschaftsplanung" oder „Umweltplanung" ausgeglichen werden soll. Im Hinblick auf die Akzeptanz der Absolventen im Tätigkeitsfeld der Landschaftsplanung und damit im Aufgabenfeld innerhalb des Naturschutzes sind diese kombinierten Studiengangsbezeichnungen sehr wohl geboten.

5.1 Landschaftsplanung im engeren Sinne (gemäß Zweiter Abschnitt BNatSchG)

In Kapitel 5.1 sollen nun zunächst die Landschaftsplanungsinstrumente vorgestellt werden, die sich gemäß Bundesnaturschutzgesetz als **die** Landschaftsplanung bezeichnen lassen. Die vom Bundesgesetzgeber rahmenrechtlich zugrundegelegte Selbstständigkeit schließt nicht aus, dass diese gleichzeitig auch darauf ausgerichtet sind, in die räumliche Gesamtplanung integriert zu werden (Kap. 6) und auch planerische Maßstäbe oder sogar Beiträge zu anderen Planungen liefern (Kap. 7). Diese grundsätzliche **Eigenständigkeit** kann zudem **nur als Regelfall** angesprochen werden, da für alle Planungsinstrumente Länderbeispiele bestehen, in denen auf diese Selbstständigkeit zugunsten einer mehr oder weniger weitreichenden Integration in die räumliche Gesamtplanung verzichtet worden ist. So werden zum Beispiel in Bayern Landschaftsprogramm und Landschaftsrahmenpläne als Teil des Landesentwicklungsprogramms beziehungsweise der Regionalpläne dargestellt (Artikel 3 BayNatSchG). In Rheinland-Pfalz geht die Integration sogar so weit, dass auf die Begriffe „Landschaftsplan" und „Grünordnungsplan" zugunsten der „Landschaftsplanung in der Bauleitplanung" gänzlich verzichtet wird (§ 17 LPflG RP). Das Instrument „Landschaftsprogramm" ist sogar vollständig gestrichen worden (§ 15 LPflG RP). Diese durchaus umstrittene Vollintegration findet auf der überörtlichen Ebene im Nachhinein seine zumindest rechtliche Bestätigung durch das neue Raumordnungsgesetz. § 7 Absatz 3 bestimmt ausdrücklich, dass die Raumordnungspläne auch die Funktion von Landschaftsprogrammen und Landschaftsrahmenplänen übernehmen können. Auf der örtlichen Ebene kann man auffallenderweise als Ergebnis desselben Gesetzeswerks, dem Bau-ROG aus dem Jahre 1997, eher die gegenläufige Rechtsentwicklung erkennen. Nachdem das Baurecht bislang die Landschaftsplanung ignoriert hatte, wird nun im neuen § 1a BauGB auf die Darstellungen der Landschaftspläne verwiesen und somit erstmals der bislang verbreitete Alleinvertretungsanspruch der Bauleitplanung auch für die Belange von Naturschutz und Landschaftspflege aufgegeben (Kap. 6.2).

Da eine Unselbstständigkeit der Landschaftsplanung im Sinne des zweiten Abschnittes bei Betrachtung der Länder auf allen Planungsebenen jedoch die Ausnahme bildet und mit einer Einschränkung der Aufgabenstellung verbunden ist, soll die Betrachtung dem durch das BNatSchG formulierten Regelfall der Eigenständigkeit folgen und hiervon ausgehend auch auf die Abweichungen beziehungsweise Einschränkungen eingehen.

Der Bundesgesetzgeber hat im Bundesnaturschutzgesetz die Landschaftsplanung an bereits bestehende Rahmenbedingungen der räumlichen Planung ausgerichtet, wie dies bereits auch in den vor dem BNatSchG erlassenden Landesnaturschutzgesetzen geschehen ist. So werden verschiedene räumliche Planungsebenen unterschieden, die auch unterschiedlichen politischen und verwaltungsmäßigen Entscheidungsebenen entsprechen. Dabei musste der Bundesgesetzgeber gemäß Artikel 75 des Grundgesetzes die Zuständigkeit der Länder für den Naturschutz respektieren. Dies drückt sich darin aus, dass die maßgeblichen **§§ 5 und 6 ausschließliches Rahmenrecht** bilden. Das heißt, dass außer bei länderübergreifenden Fragestellungen (§ 7 BNatSchG) in der Praxis der Landschaftsplanung ausschließlich das jeweilige Landesnaturschutzrecht anzuwenden ist. Die §§ 5 und 6 richten sich somit ausschließlich an die Landesgesetzgeber mit dem Auftrag, ihrerseits entsprechende landesrechtliche Bestimmungen zu erlassen. Eine weitere Konsequenz **der Länderzuständigkeit für den Naturschutz** ist, dass **kein Bundeslandschaftsprogramm** eingeführt werden konnte. Die oberste Ebene der Landschaftsplanung ist jeweils die Landesebene in den 16 Bundesländern mit dem Landschaftsprogramm. Die bundesweiten Ziele und Erfordernisse von Naturschutz und Landschaftspflege ergeben sich somit aus der (koordinierungsbedürftigen!) Gesamtheit der 16 Landschaftsprogramme in den Ländern. Der unmittelbar gültige § 7 zeugt von der Zurückhaltung des Bundesgesetzgebers angesichts der verfassungsmäßigen Zuständigkeit der Länder. So wird lediglich bestimmt, dass bei der Aufstellung der Landschaftsplanungen darauf Rücksicht zu neh-

Tab. 5–2: Zuordnung der Instrumente der Landschaftsplanung zur räumlichen Gesamtplanung

Planung:	Landschaftsplanung		Gesamtplanung	
Planungsebene:	**Planungsraum:**	**Planungsinstrument:**	**Planungsinstrument:**	**Planungsraum:**
Bund	–	–	Leitbilder der räumlichen Entwicklung des Bundesgebietes (§ 18 ROG)	Gesamtraum der Bundesrepublik Deutschland (§ 1 Absatz 1 ROG)
Land	überörtlich (§ 5 BNatSchG) — Bereich eines Landes (§ 5 BNatSchG)	Landschaftsprogramm (§ 5 BNatSchG)	Raumordnungsplan für das Landesgebiet (Landesraumordnungsprogramm) (§ 8 ROG)	für das Gebiet eines jeden Landes (§ 8 ROG)
Region (Regierungsbezirk, Planungsregion oder Kreis)	Teile des Landes (§ 5 BNatSchG)	Landschaftsrahmenplan (§ 5 BNatSchG)	Regionalplan (Regionales Raumordnungsprogramm) (§ 9 ROG)	Teilräume der Länder (§ 3 Nummer 7 ROG)
Gemeinde	örtlich (1) (§ 6 BNatSchG)	Landschaftsplan (§ 6 BNatSchG)	Flächennutzungsplan (§ 5 BauGB)	das ganze Gemeindegebiet (§ 5 BauGB)
Teil der Gemeinde		Grünordnungsplan (nur aufgrund von Landesnaturschutzgesetzen)	Bebauungsplan (§ 9 BauGB)	Bebauungspläne sind aus dem Flächennutzungsplan zu entwickeln. (§ 9 Absatz 2 BauGB) Der Bebauungsplan setzt die Grenzen seines räumlichen Geltungsbereichs fest. (§ 9 Absatz 7 BauGB)

Anmerkung:
(1) In Nordrhein-Westfalen und Thüringen ist der örtliche Landschaftsplan der Kreisebene zugeordnet. Da in anderen Ländern cer Landschaftsrahmenplan der Kreisebene zugeordnet ist, überschneiden sich bei länderübergreifender Betrachtung auf der Kreisebene die Planungsebenen innerhalb der Landschaftsplanung.

men sei, dass die Verwirklichung der Ziele und Grundsätze des Naturschutzes und der Landschaftspflege im benachbarten Bundesland und im Bundesgebiet in seiner Gesamtheit nicht erschwert wird. Gerade übergeordnete Problemstellungen lassen sich jedoch nur durch eine gezielte Koordination auf der übergeordneten Planungsebene (Tab. 5-2) oder zwischen den benachbarten Planungsräumen lösen. So werden in § 8 Absatz 2 ROG die Länder ausdrücklich verpflichtet, ihre Raumordnungspläne aufeinander abzustimmen. Da die Aufgabenstellung der Landschaftsplanung gerade darin liegt, die Ziele des Naturschutzes und der Landschaftspflege aktiv darzustellen, fragt man sich, wieso diese Aufgabenstellung beim Zusammenwirken der Länder in der Landschaftsplanung so massiv beschränkt wird. Nach dem Arbeitsentwurf zur Novellierung des BNatSchG ist diese Einschränkung der Aufgabenstellung weiterhin vorgesehen (BMU 2000).

Die Landschaftsplanung auf den verschiedenen Ebenen verläuft dabei nicht unabhängig voneinander, sondern soll sich gegenseitig ergänzen und beeinflussen. Die gesetzliche Definition des **Gegen-**strom**prinzips** in der Raumordnung lässt sich auf die Landschaftsplanung übertragen (Abb. 5-1). Nach § 1 Absatz 3 Raumordnungsgesetz soll sich die Entwicklung, Ordnung und Sicherung der Teilräume in die Gegebenheiten und Erfordernisse des Gesamtraumes einfügen; die Entwicklung, Ordnung und Sicherung des Gesamtraumes soll die Gegebenheiten und Erfordernisse seiner Teilräume berücksichtigen. Dieses Gegenstromprinzip gilt nicht nur innerhalb der Raumplanung sondern auch in Bezug auf die Bauleitplanung (§ 9 ROG).

5.1.1 Landschaftsprogramm

Da der Vollzug des Naturschutzes gemäß Artikel 75 Grundgesetz Aufgabe der Länder ist, stellt das Landschaftsprogramm, das jeweils für die einzelnen Bundesländer aufzustellen ist, die **oberste Ebene der Landschaftsplanung** dar (Tab. 5-2). § 5 BNatSchG enthält hierzu lediglich eine Rahmenvorschrift. Danach sind die überörtlichen Erfordernisse und Maßnahmen zur Verwirklichung der Ziele des Naturschutzes und der

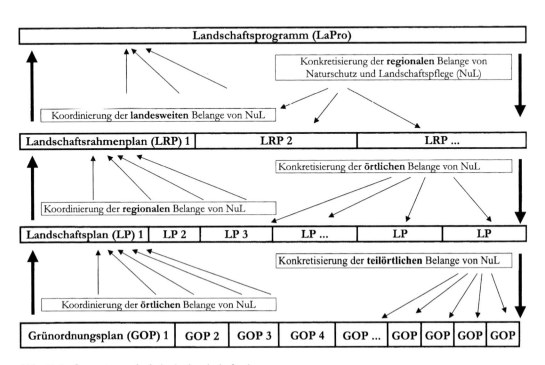

Abb. 5-1: Gegenstromprinzip in der Landschaftsplanung

Landschaftspflege für den Bereich eines Landes im Landschaftsprogramm darzustellen.

Dabei haben die Länder trotz einheitlicher rahmenrechtlicher Grundlage sehr unterschiedliche Regelungen gewählt, die sich – mit gewissen Vereinfachungen – in folgende Gruppen einteilen lassen:

- Das Landschaftsprogramm ist ein eigenständiges Planwerk in der Trägerschaft der Obersten Naturschutzbehörde, das heißt des für Naturschutz zuständigen Landesministeriums, unter Beteiligung der Träger öffentlicher Belange und der anerkannten Naturschutzverbände und ist unmittelbar zu beachten (Eigene Rechtswirkung: Beachtenspflicht bei der Durchführung des LNatSchG und BNatSchG): Schleswig-Holstein.
- Das Landschaftsprogramm ist ein eigenständiges, ausdrücklich als gutachtlich bezeichnetes Planwerk in der Trägerschaft der Obersten Naturschutzbehörde, dessen Inhalte im Rahmen der Raumordnung abgewogen werden (Sekundärintegration). Bei Nichtberücksichtigung besteht eine Begründungspflicht und die Pflicht zur planerischen Kompensation: Mecklenburg-Vorpommern.
- Das Landschaftsprogramm ist ein eigenständiges, teilweise als gutachtlich oder als Fachplan bezeichnetes Planwerk in der Trägerschaft der Obersten Naturschutzbehörde, dessen Inhalte im Rahmen der Raumordnung abgewogen werden (Sekundärintegration): Baden-Württemberg, Brandenburg, Niedersachsen, Nordrhein-Westfalen (seit Mai 2000), Sachsen-Anhalt und Saarland.
- Das Landschaftsprogramm wird eigenständig erstellt, aber bereits in einem formalisierten Aufstellungsverfahren mit den übrigen raumbedeutsamen Planungen und Maßnahmen abgewogen und vom Landesparlament beschlossen (Integration und Abwägung innerhalb des Landschaftsprogramms): Berlin, Bremen und Hamburg (hier mit ausdrücklicher Berücksichtigungspflicht bei allen Entscheidungen nach dem Naturschutzrecht).
- Das Landschaftsprogramm wird (federführend) von der obersten Naturschutzbehörde jedoch im Einvernehmen mit der Landesplanungsbehörde erstellt und im Raumordnungsprogramm dargestellt (mittelbare Primärintegration und Abwägung innerhalb des Landesraumordnungsprogramms): Thüringen.

- Das Landesraumordnungsprogramm erfüllt die Funktion des Landschaftsprogramms (unmittelbare Primärintegration im Landesraumordnungsprogramm): Bayern und Sachsen.
- Das Landschaftsprogramm fehlt im Landesnaturschutzgesetz: Rheinland-Pfalz und Hessen (»Die Landesregierung stellt als Grundlage für die Landschaftsplanung Grundsätze und Ziele des Naturschutzes und der Landschaftspflege fest; ...« § 3 Absatz 1 Satz 2 HeNatSchG).

Dabei fällt auf, dass sich nur 7 der 16 Bundesländer bei ihrer Regelung eng an das Bundesnaturschutzgesetz angelehnt haben, das eine weitgehende naturschutzfachliche Eigenständigkeit zum Ausdruck bringt, da bei der Aufstellung (lediglich) die **Ziele der Raumordnung zu beachten** und die **Grundsätze und sonstigen Erfordernisse der Raumordnung** (wie für alle übrigen öffentlichen Planungen auch) **zu berücksichtigen** sind. Diese Länder bilden interessanterweise (mit Ausnahme von Baden-Württemberg und Saarland) einen regionalen Schwerpunkt in Norddeutschland. Demgegenüber sieht eine Reihe von Ländern vor, dass über die Beachtung der Ziele und die Berücksichtigung der Grundsätze nach § 6 BNatSchG hinaus bereits bei der Erstellung des Landschaftsprogramms eine bipolare **Abwägung mit den übrigen raumbedeutsamen Planungen und Maßnahmen** vorzunehmen ist.

Der Schwerpunkt der folgenden Betrachtung soll in diesem Kapitel auf den eigenständigen Landschaftsprogrammen liegen, da festzustellen ist, dass diese sehr viel ausführlichere und naturschutzfachlich prägnantere Aussagen enthalten (können).

Funktionen des Landschaftsprogramms

Das Landschaftsprogramm hat nach § 5 BNatSchG die Aufgabe, die überörtlichen, das sind im Falle des Landschaftsprogramms **die landesweiten Ziele und Erfordernisse des Naturschutzes und der Landschaftspflege,** darzustellen. Aufgrund der landesweiten Betrachtung sind dies naturgemäß übergeordnete Ziele und Erfordernisse, die nicht nur in der kartenmäßigen Darstellung sondern auch inhaltlich einen entsprechenden Generalisierungsgrad aufweisen müssen. Flächenscharfe Aussagen sind somit im üblichen Maßstab von 1 : 200 000 weder möglich noch sinnvoll. Das

Landschaftsprogramm enthält somit im eigentlichen Wortsinne programmatische Darstellungen.

Abhängig von den unterschiedlichen oben genannten Regelungen in den Ländern besitzen die Landschaftsprogramme unterschiedliche Adressaten und damit auch durchaus unterschiedliche Funktionen. Die Unterscheidung der 7 unterschiedlichen Regelungsgruppen kann dabei als Rangreihenfolge hinsichtlich der Abnahme des Funktionsumfanges angesehen werden. So besitzt das schleswig-holsteinische Landschaftsprogramm eine umfassende Beachtenspflicht, sodass es nicht nur als Abwägungsgrundlage beziehungsweise als naturschutzfachlicher Beitrag zum Landesraumordnungsprogramm fungiert, sondern unmittelbar und naturschutzfachlich umfassend wirken soll.

Bei den gutachtlichen Landschaftsprogrammen lassen sich im Wesentlichen drei Adressaten und damit verbundene Funktionen feststellen:

- Naturschutzfachliches Programm für den koordinierten und zielgerichteten Vollzug der Naturschutzaufgaben innerhalb des Landes (Adressat: alle für den Vollzug des Naturschutzes zuständigen Stellen, insbesondere die Naturschutzbehörden auf allen Verwaltungsebenen),
- Naturschutzfachliche Anforderungen an die Raumordnung (Adressat: räumliche Gesamtplanung) sowie
- Naturschutzfachliche Anforderungen an andere Nutzungen/Planungen (Adressat: andere naturschutzrelevante Planungen und Nutzer, insbesondere so genannte „Eingriffsverwaltungen“).

An den Inhalten der eigenständigen Landschaftsprogramme wird deutlich, dass sich landesspezifische Erfordernisse und Maßnahmen formulieren lassen, die als konzeptionelle Grundlage für den landesweiten Vollzug der Naturschutzaufgaben dienen. An der Grobgliederung des Vorläufigen Gutachtlichen Landschaftsprogramms von Mecklenburg-Vorpommern (Umweltministerium M-V 1992) ist erkennbar, dass auf eine **vollständige Behandlung des gesamten Aufgabenspektrums des Naturschutzes** geachtet worden ist:

1. Zielsetzung des Vorläufigen Gutachtlichen Landschaftsprogramms Mecklenburg-Vorpommern
2. Planungsgrundlagen
3. Aufgaben und Ziele von Naturschutz und Landschaftspflege

3.1. Allgemeine Ziele des Naturschutzes und der Landschaftspflege

3.2. Landesspezifische Ziele von Naturschutz und Landschaftspflege

4. Selbstständige Aufgabenfelder von Naturschutz und Landschaftspflege

4.1. Landschaftsanalyse und Landschaftsinformationssystem

4.2. Landschaftsplanung

4.3. Flächen- und Objektschutz

4.4. Arten- und Biotopschutz

4.5. Sicherung der Erholung in Natur und Landschaft

5. Querschnittsorientierte Aufgabenfelder von Naturschutz und Landschaftspflege

5.1. Naturschutzfachliche Anforderungen an die räumliche Gesamtplanung

5.2. Naturschutzfachliche Anforderungen an andere Fachplanungen und Nutzungen

Dass für konzeptionelle naturschutzfachliche Grundlagen auf Landesebene tatsächlicher Bedarf besteht, wird auch daran deutlich, dass in den Ländern ohne eigenständiges Landschaftsprogramm eine gewisse Kompensation durch Neuentwicklung entsprechender informeller (Teil-)Programme zu beobachten ist. Als Beispiel lässt sich hier Nordrhein-Westfalen anführen, das bislang kein Landschaftsprogramm auf gesetzlicher Grundlage kannte. Das Programm „Natura 2000 in Nordrhein-Westfalen“ aus dem Jahre 1990 hat jedoch wesentliche Aufgaben eines Landschaftsprogramms erfüllt, so das es nur folgerichtig ist, dass dieses Programm fachlicher Vorläufer für das nun in Aufstellung befindliche Landschaftsprogramm ist. In Rheinland-Pfalz wird versucht, die durch das Fehlen eines Landschaftsprogramms bestehende Lücke durch GIS-gestützte zusammenfassende Betrachtung (öffentlich auf CD-ROM verfügbar) der eigenständigen Planungen vernetzter Biotopsysteme auf Kreisebene zu schließen, die ihrerseits Aufgaben der fehlenden eigenständigen Landschaftsrahmenplanung erfüllen (Kap. 8.4). Im Landesentwicklungsplan Bayern von 1994 wird sogar ausdrücklich auf den „Rahmenplan zum Arten- und Biotopschutzprogramm zur Erhaltung bedrohter Pflanzen- und Tierarten“ verwiesen.

Diese ersatzweise Erstellung trifft somit interessanterweise gerade für Länder zu, die nur unselbstständige Landschaftsprogramme kennen. Dies wird verständlich, wenn man sich vor Augen führt, dass in diesen Fällen die fachlich zuständige oberste Naturschutzbehörde gezwungen ist, sich in ihren ureigensten Aufgaben zunächst mit anderen Ressorts abzustimmen, um die fachbezogenen landesweiten Ziele des Ressorts öffentlich vertreten zu dürfen. Dies wird insbesondere, an der thüringischen Regelung deutlich, die darauf hinausläuft, dass bereits im Landschaftsprogramm eine entsprechende Kompromissfindung vorgenommen werden muss. Dieser Kompromiss wird dann nochmals im Rahmen der Raumordnung der Abwägung unterworfen. Die oftmals unterstellte Privilegierung des Naturschutzes und der Landschaftspflege durch Erstellung eigener Landschaftsprogramme droht hier (durch eine nicht transparente verwaltungsinterne Abstimmung und zusätzliche, das heißt zweite Abwägung) in das Gegenteil zu verkehren.

Naturschutzfachlich klare Positionen für den vollen Aufgabenumfang von Naturschutz und Landschaftspflege kann daher im Hinblick auf naturschutzfachlich fundierte und transparente Abwägungsentscheidungen nur ein eigenständiges Landschaftsprogramm erfüllen.

Im Hinblick auf die Festlegung von Raumnutzungen im Rahmen der Raumordnung ist es vordringlich, mit dem Instrument des Landschaftsprogramms diese Abwägungsentscheidungen argumentativ zugunsten der Naturschutzbelange zu beeinflussen. Die Strategie des Naturschutzes ergibt sich geradezu zwangsläufig aus dem Bestreben, die Festlegung naturschutzfremder Vorranggebiete bei der Betroffenheit von Naturschutzzielen möglichst abzuwehren und entsprechend begründet, die **ausreichende Festlegung von Vorranggebieten für Naturschutz und Landschaftspflege** zu erreichen. Die Tragweite von Vorranggebieten ist dabei ungleich größer als die von Vorbehaltsgebieten, da erstere Ziele der Raumordnung darstellen, die zu beachten sind. Die Abwägung zugunsten des Naturschutzes ist hier somit auf der Ebene der Raumordnung bereits gefallen und präjudiziert alle nachfolgenden öffentlichen Entscheidungen; während die Vorbehaltsgebiete die Entscheidung über die zukünftige Raumnutzung durchaus offen lassen, zumal hier auch eine Überlagerung verschiedener Belange möglich bleibt. Hierdurch kommt deutlich zum Ausdruck, dass eine Abwägung aussteht, auch wenn diese bereits auf bestimmte Belange hin ausgerichtet ist. Aufgrund dieser ergebnisoffenen Darstellung ist eine Sicherung für den Naturschutz noch nicht erreicht.

Die Ministerkonferenz für Raumordnung hat in ihrer Entschließung vom 27.11.1992 (Ministerkonferenz für Raumordnung 1992) speziell unter Hinweis auf ein ökologisches Verbundsystem **das Ziel der landesplanerischen Sicherung von 15% der unbesiedelten Fläche** aufgestellt. (Eigenständige) Landschaftsprogramme sind das geeignete Instrument, diese Festlegung von Vorranggebieten als Ziele der Raumordnung naturschutzfachlich vorzubereiten.

Stand der Landschaftsprogramme

Chronologie der Erstellung von (eigenständigen) Landschaftsprogrammen:

(1976	– Rahmenrechtliche Einführung des Landschaftsprogramms)
1983	– Landschaftsrahmenprogramm Baden-Württemberg
1989	– Niedersächsisches Landschaftsprogramm
	– Landschaftsprogramm Saarland (ohne zeichnerische Darstellungen)
1991	– Landschaftsprogramm Bremen
1992	– Vorläufiges Gutachtliches Landschaftsprogramm Mecklenburg-Vorpommern
1994	– Landschaftsprogramm Sachsen-Anhalt
	– Landschaftsprogramm/Artenschutzprogramm Berlin
1994/2000	– Landschaftsprogramm Brandenburg
1997	– Landschaftsprogramm einschließlich Artenschutzprogramm Hamburg
1999	– Landschaftsprogramm Schleswig-Holstein

In den Ländern, in denen das Landschaftsprogramm Eigenständigkeit besitzt, ist somit 23 Jahre nach der rahmenrechtlichen Einführung eine lückenlose Bearbeitung eingetreten.

In Baden-Württemberg sind bereits Bemühungen zur **Fortschreibung** angelaufen, da seinerzeit ausdrücklich ein Planungshorizont von 15 Jahren zugrundegelegt worden ist (Walter et al. 1998).

In Mecklenburg-Vorpommern ist das erste Gutachtliche Landschaftsprogramm 1992 insbesondere in Rücksichtnahme auf den damaligen Entwurf für ein „Vorläufiges Landesraumordnungsprogramm" ebenfalls mit dem Namenszusatz „vorläufig" versehen worden, obwohl es die landesrechtlichen Anforderungen bereits vollständig erfüllte. Da die Erstellung des Landschaftsprogramms 1991 erst einsetzte, als bereits ein Vorentwurf für ein Landesraumordnungsprogramm vorlag, stand die Planerstellung unter enormem Zeitdruck, der es nur durch die gutachtliche Stellung des Landschaftsprogramms dennoch zuließ, dass bereits 1993 das vorliegende Vorläufige Gutachtliche Landschaftsprogramm in der Abwägung des Ersten Landesraumordnungsprogramms berücksichtigt werden konnte (Lange 1993).

Nordrhein-Westfalen hat das Landschaftsprogramm erst im Jahr 2000 landesgesetzlich verankert. Dennoch liegt dort bereits ein Entwurf für ein Landschaftsprogramm vor. Fachlicher Vorläufer bildet das Programm „Natur 2000 in Nordrhein-Westfalen – Leitlinien und Leitbilder für Natur und Landschaft im Jahr 2000" aus dem Jahre 1990 (Ministerium für Umwelt, Raumordnung und Landwirtschaft NRW o. J.).

Typische Darstellungen der Landschaftsprogramme

Eine einheitliche Darstellung typischer Inhalte von Landschaftsprogrammen ist vor dem Hintergrund der bereits beschriebenen sehr unterschiedlichen Länderregelungen schlichtweg nicht möglich. Es lassen sich hinsichtlich ihrer Darstellungstypik grob 3 Gruppen unterscheiden:

Gutachtliche Landschaftsprogramme

Im Rahmen der Gutachtlichkeit findet sich das größte Themenspektrum wieder, da die Landschaftsprogramme nicht nur auf die Raumordnung ausgerichtet sind, sondern neben den naturschutzfachlichen Anforderungen an die Raumordnung auch naturschutzfachliche Anforderungen an andere Fachplanungen und Nutzer sowie vor allem bezüglich der eigenen Aufgabenfelder von Naturschutz und Landschaftspflege behandeln können. Typische Beispiele hierfür sind Mecklenburg-Vorpommern und Sachsen-Anhalt.

Da die Planungsinhalte noch keine abgewogenen Ziele und Grundsätze der Raumordnung darstellen, sind insbesondere diejenigen Darstellungen, die als Fachbelange des Naturschutzes in die Gesamtabwägung eingehen sollen, möglichst so zu bezeichnen, dass deutlich bleibt, dass sie noch der Abwägung bedürfen. Die Verwendung entsprechender Begrifflichkeiten, die der Raumordnung vorbehalten sind (insbesondere „Vor-

rang- und Vorbehaltsgebiete") ruft bei Außenstehenden zwangläufig besonderen Erklärungsbedarf oder sogar Missverständnisse hervor. Da hierdurch die gutachtliche, das heißt unabhängig-fachberatende Stellung des Landschaftsprogramms gegenüber dem Raumordnungsprogramm nicht zum Ausdruck kommt, sollte in den Plandarstellungen statt dessen die allein zugrunde liegende naturschutzfachliche Sicht deutlich betont werden. Beispiele hierfür sind die Darstellung von „Räumen mit herausragender Bedeutung für Naturschutz und Landschaftspflege" und „Räumen mit besonderer Bedeutung für Naturschutz und Landschaftspflege" als Abwägungsgrundlage für die raumordnerischen Kategorien von „Vorranggebieten für Naturschutz und Landschaftspflege" beziehungsweise „Vorbehaltsgebieten für Naturschutz und Landschaftspflege".

Ein gutes Beispiel für das hinsichtlich der Raumordnung unabhängige Planungserfordernis für das Landschaftsprogramm ist das Niedersächsische Landschaftsprogramm, das zwar sehr ausführliche Anforderungen aus Sicht von Naturschutz und Landschaftspflege an andere Nutzungen enthält, aber keine solchen an die räumliche Gesamtplanung.

Eigenständige Landschaftsprogramme mit integrierter Abwägung mit den übrigen raumbedeutsamen Belangen

Hier kann das Landschaftsprogramm selbst die raumordnerischen Planungskategorien verwenden, deren Verwendung eine gesamtplanerische Abwägung voraussetzt. Ein prägnantes Beispiel ist das Landschaftsprogramm Berlin mit folgenden ausgewählten Darstellungen, die sogar schutzgutbezogene Zielfestlegungen enthalten und zum Teil bereits Maßnahmencharakter tragen:

- Vorranggebiet Luftreinhaltung
- Vorranggebiet Klimaschutz
- Vorranggebiet Bodenschutz
- Pflege und Entwicklung von sonstigen Prioritätsflächen für Biotopschutz und Biotopverbund
- Umwandlung, Neuschaffung, Renaturierung von sonstigen Prioritätsflächen für Biotopschutz und Biotopverbund
- vorrangige Entwicklung:
  - von Arten feuchter und nasser Standorte (Feucht- und Nasswiesen, Bruchwälder, Gräben, Landseen)

– von Arten naturnaher Wälder (Vorrangflächen für den Biotopschutz innerhalb geschlossener Waldgebiete)

Integrierte Landschaftsprogramme

Die Darstellungen vollintegrierter Landschaftsprogramme können als Bestandteil der Landesraumordnungsprogramme nicht so umfangreich und differenziert wie die eigenständigen Landschaftsprogramme sein. Sachsen versucht diese Problematik zumindest teilweise zu lösen, indem nicht das Landschaftsprogramm als solches, sondern speziell die landesweiten Maßnahmen des Naturschutzes und der Landschaftspflege dem Landesentwicklungsplan als Anlage beigefügt werden (§ 5 Absatz 2 SächsNatSchG).

Die Darstellungen von vollintegrierten Landschaftsprogrammen haben sich grundsätzlich in die Darstellungen des Landesraumordnungsprogramms einzufügen und lassen sich möglicherweise nur noch inhaltlich aber nicht planungssystematisch der Landschaftsplanung zuordnen. So wird im Landesentwicklungsplan Bayern von 1994 nicht erkennbar, dass dieser auch Landschaftsprogramm ist. „Landschaftsprogramm als Teil des Landesentwicklungsprogramms" (Artikel 3 BayNatSchG) ist somit dergestalt umgesetzt worden, dass es keinen separaten Landschaftsprogrammteil gibt, sondern dieser nur noch abstrakt aufgabenbezogen im Landesentwicklungsplan enthalten ist. Da sämtliche Ziele sehr allgemein und von der Diktion her nur als Grundsätze formuliert sind (Schlüsselbegriff: „sollen"), ist nicht nachvollziehbar, dass hier überhaupt Abwägungen zwischen verschiedenen Belangen zugrunde liegen. Trotz der rechtlichen Möglichkeiten der Teilnahme von naturschutzfachlichen Zielen an der Rechtswirkung des Landesentwicklungsplans nach Abwägung, ist der tatsächliche Charakter der Planungsergebnisse denen der (unverbindlichen) gutachtlichen Landschaftsprogramme durchaus ähnlich.

Künftige Anforderungen an Landschaftsprogramme

Die von Büchter (2000) grundsätzlich formulierten Anforderungen des Naturschutzes an die Landschaftsplanung können auch auf das Landschaftsprogramm bezogen werden. Dies gilt insbesondere im Hinblick auf die **Eigenständigkeit**,

die **regelmäßige Fortschreibung** und die **Begründungspflicht bei Nichtberücksichtigung** durch andere Planungen. Am Landesentwicklungsplan Bayern wird zusätzlich deutlich, dass letztendlich die Raumordnung auch von ihren Darstellungsmöglichkeiten Gebrauch machen muss, damit die Ergebnisse des Landschaftsprogramms ebenfalls wirksam werden.

Vor dem Hintergrund, der im neuen ROG erkennbaren europäisch auszurichtenden Raumordnung, stellt sich die Frage nach der Erforderlichkeit eines **Bundeslandschaftsprogramms**. Für die Schweiz wurde 1998 ein Landschaftskonzept vorgelegt, das einem nationalen Landschaftsprogramm entspricht (Bundesamt für Umwelt, Wald und Landschaft und Bundesamt für Raumplanung 1998). Zumindest sollte vor dem Hintergrund der selben Gesetzgebungskompetenz des Bundes im Naturschutz eine analoge Regelung zu § 18 Absatz 1 ROG getroffen werden (Tab. 5-2).

Der Koalitionsvertrag auf Bundesebene vom 20.10.1998 sieht die Erarbeitung einer „nationalen Nachhaltigkeitsstrategie mit konkreten Zielen" und eines speziellen „Konzeptes zur Sicherung des nationalen Naturerbes" vor. Hier wird also Bedarf erkennbar, für eine länderübergreifende Landschaftsplanung mit typischen raumbezogenen naturschutzfachlichen Planungsaufgaben beziehungsweise für eine naturschutzfachliche Grundlage und entsprechende Instrumente zur planerischen Umsetzung im Hinblick auf eine nationale Agenda 21 (analog der kommunalen Ebene (Kap. 8.5)).

5.1.2 Landschaftsrahmenplan

Wie in den Kapiteln 3 und 4 dargestellt, ist der Aufbau von Landschaftsplanungen aller Planungsebenen aufgrund der übergeordneten Aufgabenstellung der Landschaftsplanung und des in wesentlichen Teilen gemeinsamen Planungsprozesses im Prinzip gleich. Wir haben es also mit einer grundsätzlichen Durchgängigkeit der Landschaftsplanung zu tun. Die Inhalte der Pläne werden von der Landes- zur örtlichen Ebene entsprechend dem wachsenden Maßstab zunehmend konkretisiert.

Die Landschaftspläne der unterschiedlichen Ebenen haben neben den genannten Gemeinsamkeiten maßstabsbedingt, aufgrund besonderer Schwerpunkte im Planungsablauf, unterschiedlicher Adressaten und Möglichkeiten der Umsetzung jeweils typische Elemente, Darstellungsformen und Funktionen.

Übereinstimmend mit dem Landschaftsprogramm werden in Landschaftsrahmenplänen entsprechend § 5 BNatSchG die überörtlichen Erfordernisse und Maßnahmen zur Verwirklichung der Ziele des Naturschutzes und der Landschaftspflege dargestellt. Im Unterschied zum Landschaftsprogramm, das jeweils den Bereich des (gesamten) Landes umfasst, werden Landschaftsrahmenpläne jedoch nur für Teile eines Bundeslandes aufgestellt. Diese in der Planungspraxis üblicherweise auch als „Region" bezeichnete räumliche Ebene wird somit nur grob umschrieben und lässt den Ländern Gestaltungsspielraum für die jeweilige Definition der „Teile eines Bundeslandes". Den Landschaftsrahmenplänen kommt eine gewisse **Mittlerfunktion** zu, indem die programmatischen Grundsätze und Handlungsabsichten von Landschaftsprogrammen für die Teilräume eines Bundeslandes konkretisiert werden, ohne die auf örtlicher Ebene erforderlichen flächen- und maßnahmenkonkreten Planungsaussagen vorwegzunehmen beziehungsweise zu ersetzen. Sie bilden somit im Wortsinne zutreffenderweise einen Rahmen für die Landschaftspläne, die bereits von der Wortwahl her die Hauptbetrachtungsebene der Landschaftsplanung bilden sollen.

Die raumbedeutsamen Erfordernisse und Maßnahmen der Landschaftsrahmenpläne sind, wie auch die der Landschaftsprogramme, unter Abwägung mit den anderen raumbedeutsamen Planungen und Maßnahmen in die Raumordnungspläne aufzunehmen (§ 5 BNatSchG). Über diese **Integration** (Kap. 6) werden die landschaftsplanerischen Inhalte in unterschiedlichem Maß behördenverbindlich. Die Länder regeln über ihre Gesetze zur Landesplanung und/oder ihre Naturschutzgesetze die Form der Integration sowie die Frage, inwieweit die Inhalte der Landschaftsplanung in die Raumordnungspläne zu übernehmen beziehungsweise bei raumbezogenen Planungen und Verwaltungsverfahren zu berücksichtigen sind. In einigen Landesnaturschutzgesetzen (unter anderem Brandenburg, Hessen, Mecklenburg-Vorpommern, Rheinland-Pfalz) ist in besonders konsequenter Weise eine Pflicht für die Raumordnung verankert, Abweichungen von den Inhalten der Landschaftsplanung zu begründen.

Sofern die Inhalte des Landschaftsrahmenplanes als Ziele oder Grundsätze der Raumordnung übernommen wurden, haben sie Auswirkungen auf die örtliche Bauleitplanung, die den Zielen der Raumordnung anzupassen ist (§ 1 Absatz 4 BauGB).

Landschaftsrahmenpläne sind in der Planungshierarchie der regionalen Ebene zugeordnet, korrespondieren also zum Beispiel bezogen auf die räumliche Gesamtplanung mit den Regionalplänen (Kap. 9.2), ohne dass die **Planungsräume und Planungsmaßstäbe** in jedem Falle identisch wären. In den Stadtstaaten Berlin, Bremen und Hamburg können laut Rahmengesetzgeber (§ 5 Absatz 3 BNatSchG) flächendeckende Landschaftspläne an Stelle von Landschaftsrahmenplänen (und auch -programmen) aufgestellt werden und deren Funktionen übernehmen. Aufgrund des begrenzten Raumes und der gleichzeitigen Eigenschaft der Stadtstaaten als Gemeinden werden 3 Planungsebenen nicht für erforderlich gehalten. In der Praxis haben diese Länder jedoch mehr als nur eine Ebene der Landschaftsplanung eingeführt (zum Beispiel Berlin: Landschaftsprogramm für das gesamte Landesgebiet, Landschaftspläne für Teilgebiete, Grünordnungspläne als „Landschaftspläne für den besiedelten Bereich", landschaftsplanerische Beiträge zu Bereichsentwicklungsplänen). Eine typische Landschaftsrahmenplanung für Regionen findet ausschließlich in den 13 Flächenländern und nicht in den 3 Stadtstaaten statt, sodass diese in die folgenden Betrachtungen nicht einbezogen werden.

Als Werke der Mittelraum- oder Rahmenplanung haben Landschaftsrahmenpläne in der Regel einen (mittleren) Maßstab zwischen 1 : 50 000 bis 1 : 100 000. Eine Ausnahme stellt zum Beispiel eine Reihe von Landschaftsrahmenplänen für kreisfreie Städte im Maßstab 1 : 25 000 oder größer dar.

Die Größen und Besiedlungsdichten der Planungsgebiete sind bundesweit sehr unterschiedlich. Verbreitet sind Ausdehnungen zwischen etwa 2 000 und 4 000 km^2 mit einigen 100 000 Einwohnern, jedoch sind auch Größen von wenigen hundert qkm, sowohl mit urbaner als auch mit ausgesprochen ländlicher Prägung, nicht selten. Eine extreme Flächengröße besitzt zum Beispiel die Planungsregion Westmecklenburg mit 7000 km^2, die zudem eine sehr geringe Einwohnerdichte hat (circa 49 E/km^2). Demgegenüber gibt es sehr dicht besiedelte Planungsräume mit mehr als 1000 E/ km² (zum Beispiel in Nordrhein-Westfalen).

Die Planungsräume der Landschaftsrahmenpläne sind nicht immer identisch mit den Planungsregionen der Raumordnung, die ohnehin ganz unterschiedlich abgegrenzt sein können (zum Beispiel Kreise, Regierungsbezirke, Verbandsgebiete). Planungsräume für Landschaftsrahmenpläne können neben Planungsregionen auch Landkreise, kreisfreie Städte oder Teilregionen sein. Als Besonderheit gibt es in Brandenburg auch Landschaftsrahmenpläne für Großschutzgebiete und Braunkohlentagebaugebiete. Neben derart entstandener fehlender räumlicher Passfähigkeit von Landschaftsrahmen- und Regionalplänen können zusätzlich durch Gebiets- und Verwaltungsreformen, bei denen zum Beispiel Kreise oder Planungsregionen neu zugeschnitten wurden (wie etwa in Sachsen-Anhalt und Brandenburg) und die Planungen auf regionaler Ebene noch nicht durchgängig darauf eingestellt sind, weitere Abweichungen auftreten. Diese mangelnde Passfähigkeit erschwert grundsätzlich die notwendige Integration von Landschaftsplan-Inhalten in die Raumordnung (Kap. 6.1) und wirft die Frage auf, welcher Stellenwert der Landschaftsrahmenplanung als naturschutzfachlichem Fachbeitrag zur Regionalplanung zukommt. So wird am Beispiel von Brandenburg deutlich, dass diese erschwerte Integrationsfähigkeit bewusst in Kauf genommen wird, da die Naturschutzfachplanung aufgrund der Aufgabenzuweisung an die Kreise als Untere Naturschutzbehörden Vorrang hat, ohne dass die spätere Integration der Landschaftsrahmenplandarstellungen vernachlässigt werden soll. Zu diesem Zweck wird seitens der Landschaftsrahmenplanung im Maßstab 1:50 000 regelmäßig eine zusätzliche Karte der naturschutzfachlichen Anforderungen an die Regionalplanung in deren Maßstab (1:100 000) erstellt. Da die Plansystematik und deren Darstellung in Brandenburg in starkem Maße vereinheitlicht ist, sollen die aneinandergefügten selbstständigen Landschaftsrahmenpläne somit gleichzeitig passfähige Beiträge zur Regionalplanung ergeben.

Diese umfassende naturschutzfachliche Aufgabenstellung kommt auch in der schleswig-holsteinischen Regelung nach § 5 LNatSchG S-H deutlich zum Ausdruck, da die Landschaftsrahmenpläne bei der Durchführung des Naturschutzrechtes zu beachten sind.

Die große Spannweite der Landschaftsrahmenpläne in Deutschland ist auf die vielfältigen Regelungen in den Bundesländern zurückzuführen, die die rahmenrechtlichen Vorschriften sehr unterschiedlich in ihren Naturschutzgesetzen ausgefüllt haben. Die **Vielfalt der Landschaftsrahmenplanung** ist Ausdruck der 16 unterschiedlichen rechtlichen, organisatorischen sowie instrumentellen Rahmenbedingungen in der Bundesrepublik. Die **Differenzen** betreffen vor allem:

- Die **Zuständigkeit** für eigenständige Landschaftsrahmenpläne beziehungsweise Regionalpläne mit integrierten oder der Funktion von Landschaftsrahmenplänen:
  - Oberste Naturschutzbehörde: Brandenburg (für Großschutz- beziehungsweise Braunkohlentagebaugebiete): Saarland, Schleswig-Holstein)
  - Obere Naturschutzbehörde: Hessen, Mecklenburg-Vorpommern
  - Untere Naturschutzbehörde: Brandenburg (für Kreise und kreisfreie Städte), Niedersachsen, Sachsen-Anhalt
  - Planungsbehörden, regionale Planungsverbände, -gemeinschaften (Baden-Württemberg, Bayern, Nordrhein-Westfalen, Sachsen, Thüringen, Rheinland-Pfalz)
- die Stellung im Planungssystem, das **Verhältnis zur räumlichen Gesamtplanung** beziehungsweise die Durchführung der Integration:
  - von dem Träger der Regionalplanung erstellter Teil des Regionalplanes, der die Funktion eines Landschaftsrahmenplanes übernimmt (Primärintegration: Sachsen)
  - landschaftsrahmenplanerischer Fachbeitrag (zum Beispiel in Rheinland-Pfalz von der Oberen Landespflegebehörde erstellt) wird unter Abwägung in den Regionalplan integriert, der die Funktion eines Landschaftsrahmenplanes übernimmt: Abweichungen sind dabei in den einzelnen Ländern mehr oder weniger deutlich zu dokumentieren („zweiphasige" Primärintegration: Bayern, Rheinland-Pfalz, Nordrhein-Westfalen, Thüringen)
  - eigenständige Landschaftsrahmenpläne neben dem Regionalplan, in der Trägerschaft der Regionalplanung (Baden-Württemberg)
  - gutachtliche Landschaftsrahmenpläne, in der Trägerschaft von Naturschutzbehörden

(Brandenburg, Hessen, Mecklenburg-Vorpommern, Niedersachsen, Saarland, Sachsen-Anhalt, Schleswig-Holstein)

- Die **Inhalte und Darstellungsformen** der Pläne. Die Bundesländer und zum Teil sogar einzelne Regionen in den Ländern stellen unterschiedliche Anforderungen an die Mindestinhalte und Gliederungen der Landschaftsrahmenpläne. Die Planelemente, verbale und zeichnerische Darstellungsformen (zum Beispiel Gebietskategorien) können entsprechend uneinheitlich sein.

Die **Erarbeitung der Landschaftsrahmenpläne** wird nicht immer von den für die Aufstellung zuständigen Stellen durchgeführt, sondern in einigen Ländern bedarfsweise oder auch generell, komplett oder auch in Teilen an Planungsbüros vergeben (zum Beispiel Brandenburg, zum Teil Niedersachsen, Saarland, zum Teil Sachsen, Sachsen-Anhalt, Thüringen). In Mecklenburg-Vorpommern richtet die zuständige obere Naturschutzbehörde für die Erstellung eines Gutachtlichen Landschaftsrahmenplanes ein zusätzliches „Projektbüro" mit externen Bearbeitern ein.

Funktionen des Landschaftsrahmenplanes

Im System der raumbezogenen Planungen hat die Landschaftsplanung Funktionen, die für ihre Pläne aller Ebenen allgemein gelten. Diese Funktionen – zum Beispiel planerische Umweltvorsorge, Fachplanung Naturschutz, naturschutzfachlicher Beitrag zur räumlichen Gesamtplanung und zu Fachplanungen – werden in den Kapiteln 3, 4 und 5.1 beschrieben. Mit den Planwerken der Landes-, Regional- und Lokalebene sind jedoch auch jeweils typische Möglichkeiten und Funktionen verbunden. Im folgenden wird die regionale Ebene betrachtet:

- Der Landschaftsrahmenplan hat im System der Landschaftsplanung zunächst die Funktion, die in der Zielkonzeption des Landschaftsprogramm formulierten Leitbilder (Ziele) und Leitlinien (Grundsätze) und idealerweise auch Umweltqualitätsziele (Kap. 4.1) für die regionale Ebene inhaltlich und räumlich zu konkretisieren. Ein Beispiel für die zunehmende **Konkretisierung** kann die Biotopverbundplanung, die zum Beispiel in Rheinland-Pfalz und Schleswig-Holstein als Gesamtkonzeptionen die Landes- bis zu den örtlichen Ebenen der Landschaftsplanung umfasst, bieten (Kap. 8.4,

Farbkarte Nr. 6 oben und unten). Der Landschaftsrahmenplan hat nicht allein die Funktion, den Fachplanungen sowie der räumlichen Gesamtplanung auf der regionalen Ebene (Kap. 6.1.3 und 6.1.4) zuzuarbeiten, sondern liefert in der Hierarchie der eigenen Fachplanung Vorgaben für die örtliche Ebene, in der wiederum weiter konkretisiert wird (deduktives Vorgehen, Kap. 4.1.3).

- Besondere Funktionen ergeben sich gerade auf regionaler Ebene. Durch die Mittelposition des Landschaftsrahmenplanes innerhalb der Planungsebenen kommt ihm eine **Vermittlerbeziehungsweise Brückenfunktion** zwischen Land und Kommunen zu. Im Landschaftsrahmenplan überwiegen zwar noch die allgemein gehaltenen Darstellungen von Zielen und Grundsätzen des Naturschutzes und der Landschaftspflege, jedoch sind auch detailliertere Vorgaben und die regionale Ausdifferenzierung von Maßnahmen und Erfordernissen möglich. Die Kommunen und Fachplanungen benötigen von Seiten der regionalen Ebene räumlich und inhaltlich konkretere Darstellungen als die allgemeinen und abstrakten der Landesebene. Im Landschaftsrahmenplan können Gebiete zwar nicht parzellenscharf festgelegt, aber doch in ihrer Lage klar bestimmt werden. Auf dieser Planungsstufe sind zum Teil (vor-) entscheidende Konkretisierungen möglich.

Vor diesem Hintergrund wird der regionalen Ebene hinsichtlich des Schutzes, der Pflege und der Entwicklung der natürlichen Lebensgrundlagen besondere Bedeutung beigemessen. Der Landschaftsrahmenplan spielt zum Beispiel eine besondere Rolle sowohl in der Formulierung von Anforderungen an ein Biotopverbundsystem als auch als Grundlage für Umwelt- beziehungsweise FFH-Verträglichkeitsprüfungen (Kap. 7.2 und 7.3) vor allem überörtlicher Vorhaben beziehungsweise Projekte. Für die Beurteilung von Gebieten zur Schaffung eines kohärenten Schutzgebietssystems nach FFH-Richtlinie sind Landschaftsrahmenpläne eine notwendige Grundlage. Durch die Übertragung von Zuständigkeiten wird die Region als Umsetzungsebene gestärkt. Viele Aufgaben sind nicht mehr von den Kommunen allein sondern nur noch überörtlich zu lösen. Fachplanungen haben überörtliche Ansprüche, raumbedeutsame beziehungsweise regional wirksame Projekte sind nicht selten. Um so dringender ist es erforderlich, von Seiten der Landschaftsrahmenplanung zur Sicherstellung entsprechend umweltverträglicher Raumordnungspläne regionale Anforderungen an die Raumnutzungen sowie schutzgut- und nutzungsbezogene Umweltqualitätsziele zu formulieren.

• Eine besondere Bedeutung hat der Landschaftsrahmenplan als **Grundlage und Koordinationsinstrument für die Eingriffsregelung auf regionaler Ebene** gewonnen (zur Eingriffsregelung Kap. 4.3 und 6.2). Durch das BauROG sind regionale Ausgleichskonzepte möglich geworden: Das BauGB ermöglicht den Ausgleich von Eingriffen, die durch die Bauleitplanung vorbereitet werden auch an anderer Stelle als am Ort des Eingriffs (§§ 1a Absatz 3, 200a). Voraussetzung für diese Lockerung des räumlichen Zusammenhanges zwischen Eingriff und Ausgleich ist, dass sie vereinbar ist mit einer geordneten städtebaulichen Entwicklung und mit den Zielen der Raumordnung sowie des Naturschutzes und der Landschaftspflege. Das ROG (§§ 7 Absatz 2, 13) macht es möglich, dass regionale Ausgleichflächenpools angelegt werden können. Es ist zu fordern, dass sich eine solche planerische Vorbereitung der Eingriffsregelung durch Regionalpläne auf entsprechende Darstellungen der Landschaftsrahmenpläne stützt. Diese haben in diesem Zusammenhang die Funktion, die aus landschaftsplanerischer Sicht vorrangig entwicklungsbedürftigen Bereiche von regionaler Bedeutung der Regionalplanung zu nennen.

Stand der Landschaftsrahmenplanung

Einleitend war beschrieben worden, dass jedes Bundesland sein eigenes System der Landschaftsplanung hat und uns aufgrund rechtlicher, organisatorischer sowie instrumenteller Unterschiede ein sehr heterogenes Bild gerade auch der Landschaftsrahmenplanung geboten wird.

Schon der **Planungsstand** ist bundesweit sehr uneinheitlich. Differenzen bestehen hier sowohl zwischen alten und neuen Bundesländern als auch zwischen Regionen in einzelnen Ländern selbst. In den meisten der alten Bundesländer liegen Landschaftsrahmenpläne (beziehungsweise Regionalpläne mit der Funktion von Landschaftsrahmenplänen) der ersten Generation aus den 70er und 80er Jahren vor, zum Teil erfolgen

derzeit Fortschreibungen oder Neuaufstellungen dieser Pläne.

In Bayern zum Beispiel gibt es Landschaftsrahmenpläne als Teile der Regionalpläne aus den Jahren 1976 bis 1988, die Fortschreibung ist in Bearbeitung. Dies geschieht über „Landschaftsentwicklungskonzepte" (LEKs), die als eigenständige Fachkonzepte nach einer Erprobung in der Region Ingolstadt neu eingeführt wurden. Sie erfüllen nach Einschätzung der Fachdisziplin die Anforderungen an einen Landschaftsrahmenplan voll.

In Schleswig-Holstein sind in den 80er Jahren für vier der fünf Planungsregionen Landschaftsrahmenpläne veröffentlicht worden, die Aktualisierung, das heißt die Erstellung der zweiten Generation läuft (ein Landschaftsrahmenplan wurde in 1998 festgestellt, zwei in 2000, für zwei weitere ist die Neuaufstellung geplant).

In Rheinland-Pfalz besteht die erste Landschaftsrahmenplan-Generation aus selbstständigen Landschaftsrahmenplänen der 70er und 80er Jahre, die zweite Generation ist infolge einer neuen gesetzlichen Regelung (1987) in Form von landespflegerischen Fachbeiträgen für die regionalen Raumordnungsprogramme bis 1998 erarbeitet worden.

In Hessen verlief es genau umgekehrt: Nach einer Änderung des hessischen Naturschutzgesetzes (1994) lösen selbstständige Landschaftsrahmenpläne die Vorgängerpläne ab, die Bestandteil der regionalen Raumordnungspläne waren.

In Nordrhein-Westfalen sind zu den bis zum Jahr 2000 fortzuschreibenden Gebietsentwicklungsplänen, die die Funktion von Landschaftsrahmenplänen erfüllen, ab 1995 Teil-Fachbeiträge (Themenschwerpunkt „Biotop- und Artenschutz") fertiggestellt worden.

Im Saarland gab es bislang keinen Landschaftsrahmenplan. Hier fehlt die regionale Ebene und es wird ein landesweiter Landschaftsrahmenplan vorbereitet. Hierzu liegen für die gesamte Landesfläche sechs Teilraumgutachten zur Landschaftsrahmenplanung vor.

In den neuen Bundesländern wurde die erste Generation der Landschaftsrahmenpläne aufgrund des durch den allgemeinen Umbruch bedingten sehr starken Planungserfordernisses vergleichsweise schnell erstellt.

In Brandenburg ist die Aufstellung der ersten Generation der Landschaftsrahmenpläne weitgehend abgeschlossen. Hier ist eine besonders große Zahl an Landschaftsrahmenplänen zu erstellen, da sie zum einen für Landkreise und kreisfreie Städte, zum anderen auch für Großschutzgebiete und Braunkohlentagebaugebiete vorgeschrieben sind. Aufgrund einer Kreisgebietsreform sind den heutigen Landkreisen mehrere Landschaftsrahmenpläne der Altkreise zugeordnet, sodass mit Fortschreibungen begonnen wurde, um die Planwerke miteinander zu verknüpfen und abzugleichen.

Auch in Sachsen-Anhalt erfolgte die Landschaftsrahmenplanung bezogen auf die Altkreise. Die Landschaftsrahmenpläne sind flächendeckend in der Aufstellung. Etwa 2–3 Pläne sind einem heutigen Landkreis zugeordnet.

In Mecklenburg-Vorpommern gibt es für die vier Planungsregionen jeweils einen Gutachtlichen Landschaftsrahmenplan (abgeschlossen zwischen 1996 und 1999; auch Kap. 9.2).

Sachsen stellt Landschaftsrahmenpläne als Bestandteil der Regionalpläne auf. Diese sind in erster Generation für die fünf Planungsregionen in Bearbeitung, zwei liegen zur Genehmigung vor.

In Thüringen sind im Jahr 1994, um die vier regionalen Raumordnungsprogramme zügig erstellen zu können, so genannte „naturschutzfachliche Beiträge zur Regionalplanung" erarbeitet worden. Diese sind als vorgezogene Teile der erforderlichen „Fachgutachten Landschaftsrahmenplan" anzusehen.

Typische Planungskategorien der Landschaftsrahmenpläne

Die inhaltliche Ausgestaltung von Landschaftsrahmenplänen wird im BNatSchG nicht konkret bestimmt. Auf der Grundlage der dort formulierten Aufgaben und Inhalte der örtlichen Landschaftsplanung und weiterer Ausführungen in den Naturschutzgesetzen der Länder wurden in der Planungspraxis übereinstimmende Kerninhalte der Landschaftspläne aller Ebenen entwickelt (Kap. 4.1). In Kap. 5.1 sind die allgemeinen Inhalte von Landschaftsplänen aller Ebenen skizziert.

In einigen Naturschutzgesetzen werden die grundlegenden Inhalte von Landschaftsrahmenplänen näher konkretisiert (zum Beispiel HE, NDS, RP, SN, LSA). Ferner gibt es in den Ländern zum Teil Ausführungsbestimmungen, Richtlinien, Mustergliederungen oder zumindest Leitfäden für die Landschaftsrahmenplanung.

Die Länderarbeitsgemeinschaft für Naturschutz, Landschaftspflege und Erholung (LANA) erarbeitet derzeit Mindeststandards auch für Landschaftsrahmenpläne (für die örtlichen Landschaftspläne wurden die Mindestanforderungen 1995 herausgegeben (LANA 1995; Kap. 4.1 und 5.1.3).

Die wesentlichen Inhalte des Planungsteiles – Ziele, Erfordernisse und Maßnahmen – werden in zusammenfassenden **Entwicklungskarten** dargestellt. Entsprechend der inhaltlichen Vielfalt der Landschaftsrahmenpläne erfolgen die Wahl von **Planungskategorien** und die **zeichnerische Darstellung** länderweise unterschiedlich. Fehlen landesweite Vorgaben, so können die Kategorien und Zeichen auch zwischen Regionen differieren.

Als ein **Beispiel** für einen Landschaftsrahmenplan jüngeren Datums wird in den Karten 1 und 2 ein Ausschnitt aus dem Gutachtlichen Landschaftsrahmenplan für die Planungsregion Mittleres Mecklenburg/Rostock (LAUN MV 1996) gezeigt (Kap. 9.2). Positiv zu beurteilen ist die Trennung in eine Karte „Maßnahmen und Erfordernisse" mit fachplanerischen Aussagen an den Naturschutz („überschießende Inhalte" in Hinblick auf die Integration; Kap. 6.1) sowie eine Karte „Bereiche mit herausgehobener Bedeutung für den Naturhaushalt", die Vorschlagsflächen für durch die Raumordnung auszuweisende Vorrang- beziehungsweise Vorbehaltsgebiete für den Naturschutz enthält. Als ein Schwachpunkt ist in der an sich recht weitgehenden Darstellung von Maßnahmen die nicht hinreichend genaue Zuordnung der piktogrammartigen graphischen Symbole zu Entwicklungszielen und Funktionsräumen („Pflege- und Entwicklungsbereiche") einerseits sowie zu den Vorschlagsflächen für Maßnahmen andererseits zu sehen. In dem zwei Jahre nach diesem Beispielplan fertiggestellten Gutachtlichen Landschaftsrahmenplan der Region Westmecklenburg (LAUN MV 1998) ist eine Verbesserung der Darstellungsweise vorgenommen worden: Entwicklungsziele (zum Beispiel „ungestörte Naturentwicklung", „erhaltende Bewirtschaftung") werden „Zielbereichen" (zum Beispiel Moore, Wälder, erosionsgefährdete Bereiche) zugeordnet und mit Maßnahmen verknüpft.

Im Folgenden seien lediglich einige für Landschaftsrahmenpläne **typische Darstellungen in verallgemeinerter Form** genannt, die in „klassischen" Entwicklungskarten flächenhaft als Entwicklungsziele oder Maßnahmen beziehungsweise Erfordernisse zu finden sind. Die Entwicklungsziele werden für die einzelnen Teilkomplexe des Naturhaushaltes meist im Textteil dargestellt, nicht in der Karte. In dieser sind sinnvollerweise die Teilziele zusammengefasst und als Schutz-, Pflege- oder Entwicklungsbereiche dargestellt.

Schutzgutübergreifende Aussagen

Ziele zum Beispiel

- Schutz durch ungestörte Naturentwicklung
- Erhaltung durch Bewirtschaftung
- Erhöhung des Waldanteiles
- Verbesserung der Strukturvielfalt
- Offenhaltung der Landschaft

Erfordernisse/ Maßnahmen zum Beispiel

- Bereiche mit herausgehobener Bedeutung für Naturschutz und Landschaftspflege (als Vorschläge aus der Sicht des Naturschutzes für „Vorrang"- beziehungsweise „Vorbehaltsgebiete Naturschutz" in Regionalplänen)
- Bereiche zur Pflege von Natur und Landschaft
- Bereiche mit erhaltender Bewirtschaftung
- Bereiche zur Entwicklung von Natur und Landschaft
- Bereiche zur Anreicherung mit Hecken und Gehölzen

Schutzgutbezogene Aussagen

Arten und Biotope zum Beispiel

- Gebietsvorschläge für Schutzgebiete (supranational, wie zum Beispiel EU-Vogelschutzgebiete, FFH-Gebiete, Feuchtgebiete nach Ramsar-Konvention; nationale Schutzgebietskategorien soweit im Maßstab darstellbar)
- Gebietsvorschläge für den Aufbau eines Biotopverbundsystems
- Gebietsvorschläge für den Natur- und Biotopschutz

Boden zum Beispiel

- Gebiete mit erhöhtem Bedarf an Erosionsschutzmaßnahmen
- Gebiete mit aus Naturschutzsicht besonderer Bedeutung zur Versorgung mit oberflächennahen Rohstoffen
- Vorschläge für die Ausweisung als Geotop oder Bodendenkmal

Wasser zum Beispiel

- Gebietsvorschläge für den Grundwasserschutz
- Vorschläge für Überschwemmungsgebiete

Klima/ Luft zum Beispiel

- Regional bedeutsame Frischluftbahn

Landschaftsbild/ Erholung zum Beispiel

- Gebietsvorschläge für Landschaftsschutzgebiete, Naturparks
- Vorschläge für Erholungswald
- Bereiche mit besonderer Bedeutung für die ruhige Erholung in Natur und Landschaft (als Vorschläge aus der Sicht des Naturschutzes für „Vorrang"- beziehungsweise „Vorbehaltsgebiete Erholung" in Regionalplänen)
- Aufwertung der Ortsansicht (lineare Darstellung)
- Vermeidung der weiteren Bebauung in bestimmter Richtung (lineare Darstellung)

Nachrichtliche Übernahmen zum Beispiel

- Bestehende oder verbindlich geplante Natur- und Landschaftsschutzgebiete
- Bestehende oder verbindlich geplante Wasserschon- beziehungsweise -schutzgebiete
- Bodendenkmale, Geotope
- Erholungswald.

Dies ist nur eine kleine Auswahl an Darstellungsmöglichkeiten, die aber die Kerninhalte herkömmlicher Landschaftsrahmenpläne beleuchtet. Die Planungspraxis zeigt viele Varianten dieser Kategorien, aber auch zusätzliche, zum Teil weiterentwickelte (siehe unten).

Klar definierte Planungskategorien und entsprechende kartographische Darstellungen sind der **Schlüssel zur Umsetzung** der Erfordernisse und Maßnahmen. Der Grad der Planumsetzung hängt auch von vielen Faktoren außerhalb der Landschaftsplanung ab, jedoch ist eine Grundvoraussetzung, dass sie ihre Anliegen unmissverständlich artikuliert.

Vor diesem Hintergrund entstehen in der aktuellen Planungsdiskussion neue Modelle beziehungsweise werden in der Praxis solche angewandt. In Brandenburg zum **Beispiel** wurde der Aufbau einer Landschaftsrahmenplanung wissenschaftlich begleitet. Zur umsetzungsorientierten Aufbereitung der Planungsinhalte wurde ein neuartiges Kartenkonzept erarbeitet, das im Planungsteil drei Entwicklungskarten vorsieht und nicht wie bislang häufig üblich eine einzelne zusammenfassende Planungskarte. Die so genannten Entwicklungskonzepte I bis III sollen den von Kritikern der Landschafts(rahmen)planung vermissten „Adressatenbezug" herstellen, das heißt die als Zuständige oder Akteure Angesprochenen direkt über die Erfordernisse und Maßnahmen informieren. Es werden sowohl schutzgutbezogene Maßnahmen und Ziele an den Naturschutz als auch verursacherbezogene Entwicklungsziele an Fachplanungen und Nutzungen sowie schließlich raumbedeutsame, überörtliche Entwicklungsziele an die Regionalplanung gerichtet.

Künftige Anforderungen an Landschaftsrahmenpläne

Auf der regionalen Planungsebene bestehen aufgrund spezifischer Funktionen, Planungspartner und Adressaten, Konkretisierungsgrade und Darstellungsmöglichkeiten besondere Probleme und Anforderungen.

In den letzten Jahren sind in Hinblick auf die Landschaftsrahmenplanung – insbesondere verbunden mit der Frage ihrer Wirksamkeit und ihrer Integration in die Regionalplanung (zum Beispiel ARL 1988, Finke et al. 1993, Kiemstedt et al. 1993, ARL 1995, Janzen et al. 1999, BfN 2000a; Kap. 9.2) – folgende zumindest verbreitete **Mängel und Defizite** herausgestellt worden:

- Starke Konzentration der Inhalte auf den Arten- und Biotopschutz beziehungsweise sektorale Darstellung und Bewertung der einzelnen Schutzgüter und der landschaftsbezogenen Erholung.
- Gleichzeitig wird der Landschaftsrahmenplanung vorgeworfen, sie sei zu umfassend und daher schwerfällig. Hier wird nicht nur der allgemeine Ruf nach „Verschlankung" von Plänen wach, sondern auch auf die zum Teil sehr langen Bearbeitungszeiten von Landschaftsrahmenplänen hingewiesen.
- Fehlen klarer Zielaussagen und Umweltqualitätsziele: Dies betrifft sowohl die Darstellungen im Plantext als auch die räumliche Konkretisierung in den Karten.
- Geringe Nachvollziehbarkeit von Entwicklungsaussagen der Pläne aufgrund der mangelnden Klarheit.
- Die Landschaftsrahmenpläne lassen neben der Aussageschärfe auch den Adressatenbezug vermissen. Die formulierten Hinweise, Maßnahmen, Erfordernisse und Anforderungen sind nicht „anwenderfreundlich" für die Akteure der Umsetzung aufbereitet.
- Die Entwicklungsaussagen der Landschaftsrahmenpläne zeigen mangelnde Integrationsfähigkeit in die räumliche Gesamtplanung (Kap. 9.2). Dies ist zum einen auf die vorgenannten Gründe zurückzuführen, zum anderen auf die – nicht allein der

Landschaftsrahmenplanung zuzuschreibende – geringe Passfähigkeit von Darstellungskategorien und Begriffsdefinitionen. Über diese Probleme hinaus können stark unterschiedliche Planungsmaßstäbe die Integration erschweren.

Vor dem Hintergrund der Kritik an Landschaftsrahmenplänen und unter **Berücksichtigung besonderer Ansprüche**, die an die Landschaftsrahmenplanung gestellt werden (Beiträge zur Operationalisierung des Ziels einer nachhaltigen Raumentwicklung; Landschaftsrahmenplanung als Plan-UVP (Kap. 7.2), Landschaftsrahmenpläne in der FFH-Verträglichkeitsprüfung (Kap. 7.3), Rolle der Landschaftsplanung als Umweltleitplan) ergeben sich notwendige künftige Anforderungen an Methoden, Inhalte und Verfahrensweisen. Manche Vorschläge wurden bereits vor einigen Jahren gemacht (Kiemstedt et al. 1993) und bislang nicht umgesetzt. In jüngeren Pilot- beziehungsweise Forschungsprojekten und Praxiserprobungen sind richtungsweisende Ansätze erarbeitet worden. Als Beispiele seien hier die Landschaftsentwicklungskonzepte in Bayern (zum Beispiel Regionen Ingolstadt und Landshut; Blum 1995), die wissenschaftlich begleitete Landschaftsrahmenplanung in Brandenburg (Rein und Schaepe 1998) und – besonders in Hinblick auf die Integration von Landschaftsrahmenplänen in Regionalpläne – ein Forschungsvorhaben in der Beispielregion Westsachsen (BfN 2000a) genannt.

Im Folgenden wird ein Überblick über die herauskristallisierten **inhaltlich-methodischen Anforderungen** gegeben:

- Zur Vergleichbarkeit und Qualitätssicherung der Pläne und damit zur Akzeptanzförderung sind **Kerninhalte** zu **definieren** und bundeseinheitlich beziehungsweise rahmenrechtlich zu bestimmen.
- Die in den Zielen und Grundsätzen des Naturschutzes und der Landschaftspflege genannten **Schutzgüter sind gleichrangig zu behandeln.** Erforderlich sind integrierte Ansätze, die
  - die Schutzgüter „Arten, Lebensgemeinschaften und -räume", „Boden", „Wasser"; „Klima/ Luft", „Landschaftsbild", „Erholung in Natur und Landschaft" und „historische Kulturlandschaften und -landschaftsteile" **analysieren,**
  - deren Naturhaushalts- beziehungsweise Landschaftsfunktionen, Ist-Zustände, Ent-

wicklungspotentiale und Empfindlichkeiten gegenüber Beeinträchtigungen sowie den Einfluss vorhandener oder absehbarer Nutzungen auf die Schutzgüter mit offenen Maßstäben **bewerten,**

– schutzgutbezogene **Teilziel-Konzepte** in Text und Karte (sachlich und räumlich konkretisiert) **erarbeiten** sowie die **Teilziele überlagern** und untereinander **abgleichen,** also auf Konflikte oder auch Förderwirkungen hin untersuchen,

– schließlich ein **Gesamtkonzept** mit Zielen und Handlungsrahmen ausarbeiten. Das Entwicklungskonzept stellt Funktionsräume (siehe unten) mit unterschiedlichen Schutz- und Entwicklungsintensitäten konkret dar. Maßnahmen und Erfordernisse können den Teilräumen zugeordnet werden.

• **Grundlagenteile** sind zur Begründung der Zielaussagen sowie der Erfordernisse und Maßnahmen zwingend erforderlich. Eine angestrebte „Verschlankung" ist prinzipiell zu begrüßen, darf jedoch nicht zu „dünnen" Plänen führen. Der Datenbedarf sollte kritisch überprüft und eine kompakte Darstellungsform für die planrelevanten Grundlagen gewählt werden.

• Die funktionale Raumgliederung erfolgt über die Darstellung von **„Schutzbereichen", „Sanierungs"-** beziehungsweise **„Entwicklungsbereichen"** und **„Bereichen umweltverträglicher Nutzung".** Dieser Ansatz ist bereits vor Jahren entwickelt worden (Kiemstedt et al. 1993) wurde aber bislang nicht verbreitet angewandt. Von Bedeutung ist in diesem Zusammenhang, dass die Raumplanung ihrerseits den Bedarf einer Darstellung von Sanierungs- und Entwicklungsbereichen sieht (Im § 7 Absatz 2 Ziffer 2 Buchstabe c auch aufgenommen in das ROG: Zu den Festlegungen zur anzustrebenden Freiraumstruktur können danach auch die Sanierung und Entwicklung von Raumfunktionen gehören).

• Die Verknüpfung von Zielaussagen für Funktionsräume und für Schutzgüter ermöglicht die Formulierung von **Umweltqualitätszielen** zur Sicherung des Naturhaushaltes. Die Landschaftsrahmenplanung nennt „ökologische Eckwerte" (Leit- und Richtwerte als fachliche Vorschläge, Kiemstedt et al. 1993), die politischen Gremien als Grundlage zum Beschluss behördenverbindlicher Umweltqualitätsziele

und -standards dienen. Mit dieser Methodik kommt die Landschaftsrahmenplanung der Forderung des Rates von Sachverständigen für Umweltfragen (SRU 1996a) nach, regionalisierte und nutzungsbezogene Qualitätsziele und Mindeststandards für den Natur- und Landschaftsschutz zu entwickeln und anzuwenden, die die unterschiedliche Naturausstattung, das entsprechende Naturschutzpotenzial und die jeweilige Nutzung berücksichtigen.

• Landschaftsrahmenpläne bereiten die **Eingriffsregelung** bei überörtlichen Vorhaben vor. Die Entwicklungskonzepte sollten in Hinblick auf die nunmehr mögliche Flächen- und Maßnahmenbevorratung („Flächenpool", „Ökokonto") Hinweise auf Eignungsräume hierfür geben (Sanierungs- beziehungsweise Entwicklungsbereiche).

• Die **Ergebnisse** der Landschaftsrahmenpläne werden **adressatenbezogen dargestellt.** Das heißt, dass die formulierten Ziele, Maßnahmen und Erfordernisse jeweils klar sowohl an den Naturschutz als auch an die Fachplanungen und die räumliche Gesamtplanung gerichtet sind, und jeweils deutlich wird, in welcher Weise die Ziele erreicht werden können. In Brandenburg wurde dieser Ansatz konsequent verfolgt, indem das Entwicklungskonzept dreigeteilt ist: Ein Teil zeigt schutzgutbezogene Entwicklungsziele und Naturschutzmaßnahmen, ein zweiter nutzer- beziehungsweise verursacherbezogene Entwicklungsziele und Unterstützungsmöglichkeiten und ein dritter Teil an die Raumordnung gerichtet raumbedeutsame und überörtliche Entwicklungsziele zur Integration. Integrationsteile in Landschaftsrahmenplänen (zum Beispiel „Integrationskarten", „Übersetzungsschlüssel") mit Vorschlägen zur Übernahme von naturschutzfachlichen Zielen als Ziele der Raumordnung können die Integrationsarbeit unterstützen. Vorschlagsgebiete zur Übernahme als Vorrang-, Vorbehalts- oder Eignungsgebiet (Kap. 6) müssen nachvollziehbar begründet sein, um ihrer Bedeutung entsprechend in der raumordnerischen Abwägung berücksichtigt werden zu können. Eine derart verbesserte Ausrichtung auf die Regionalplanung darf jedoch nicht zu einer Beschränkung der Landschaftsrahmenpläne auf integrierbare Inhalte führen.

• Landschaftsrahmenpläne mit den aufgeführten Inhalten und Methoden erfüllen wesentliche

Anforderungen einer UVP der Gesamtplanung (Kap. 7.2, 9.2) und somit Kontrollfunktion.

- Es sollten künftig keine Pläne geliefert werden, die als „fertig" oder „abgeschlossen" anzusehen sind, sondern solche, die ständig aktualisier- beziehungsweise fortschreibbar sind (Prozessplanung).

5.1.3 Landschaftsplan

Landschaftspläne werden auf der örtlichen Ebene erstellt. Der Maßstab dieser Pläne liegt üblicherweise im Bereich von 1 : 5 000 bis 1 : 10 000, in dem also **flächenscharfe Darstellungen** möglich sind. Landschaftspläne konkretisieren die Ergebnisse des überörtlichen beziehungsweise übergeordneten Landschaftsrahmenplans und Landschaftsprogramms räumlich und inhaltlich für die Gebiete von einzelnen oder mehreren Gemeinden – wobei im letzteren Fall immer auch die einzelnen Gemeinden Träger der Landschaftspläne bleiben –, von Städten oder Teilen der Stadtstaaten Berlin, Bremen und Hamburg. Größe und Struktur der Plangebiete und damit die spezifischen Aufgabenstellungen für die Landschaftspläne variieren stark, bedingt durch den bundesweit sehr unterschiedlichen Zuschnitt der Gemeinden sowie die wechselnden Anteile an unbesiedelten beziehungsweise besiedelten Bereichen.

Bezogen auf die räumliche Gesamtplanung sind die Landschaftspläne den Flächennutzungsplänen zugeordnet.

Die Landschaftsplanung auf örtlicher Ebene wird im **§ 6 des BNatSchG** rahmenrechtlich geregelt. Demnach sind die örtlichen Erfordernisse und Maßnahmen zur Verwirklichung der Ziele des Naturschutzes und der Landschaftspflege in Landschaftsplänen mit Text, Karte und zusätzlicher Begründung näher darzustellen, sobald und soweit dies aus Gründen des Naturschutzes und der Landschaftspflege erforderlich ist. Das Rahmengesetz gibt grobe Anhaltspunkte für – im Detail auszufüllende – Inhalte kommunaler Landschaftspläne: Sie haben in einem angemessenen Umfang („soweit es erforderlich ist" , Kap. 4.1) den vorhandenen Zustand von Natur und Landschaft und seine Bewertung nach den in § 1 Absatz 1 BNatSchG festgelegten Zielen sowie den angestrebten Zustand von Natur und Landschaft und die erfor-

derlichen Maßnahmen darzustellen. Die Maßnahmen sind insbesondere

- „allgemeine Schutz-, Pflege- und Entwicklungsmaßnahmen" (Eingriffsregelung – Kap. 4.3 –, Duldungs- und Pflegepflichten),
- „Maßnahmen zum Schutz, zur Pflege und zur Entwicklung bestimmter Teile von Natur und Landschaft" (Schutzgebiete einschließlich Europäisches Netz „Natura 2000" – Kap. 2.3.1 und 7.3) sowie
- „Maßnahmen zum Schutz und zur Pflege der Lebensgemeinschaften und Biotope der Tiere und Pflanzen wildlebender Arten, insbesondere der besonders geschützten Arten" (Arten- und Biotopschutz, Kap. 3.3).

Die Erholung in Natur und Landschaft ist im § 6 BNatSchG nicht explizit als Inhalt vorgegeben, ist aber über die Ziele des Naturschutzes und der Landschaftspflege (§ 1 BNatSchG) einbezogen.

Im § 6 BNatSchG ist weiter festgehalten, dass die Ziele der Raumordnung zu beachten und die sonstigen Erfordernisse der Raumordnung zu berücksichtigen sind, was allerdings auch bereits durch das Raumordnungsgesetz (§ 4) bestimmt wird. Eine Pflicht zur Entwicklung der Landschaftspläne aus den jeweils übergeordneten Landschaftsprogrammen und -rahmenplänen wird auf Bundesebene nicht gesondert hervorgehoben, dies geschieht allenfalls zum Teil in den Ländergesetzen.

Mit der Formulierung, dass auf die Verwertbarkeit des Landschaftsplanes für die Bauleitplanung Rücksicht zu nehmen ist (§ 6 Absatz 3 BNatSchG), wird zum einen die Zuordnung zur örtlichen Ebene der Gesamtplanung und die Notwendigkeit der Integrationsfähigkeit, der Darstellbarkeit von Landschaftsplanaussagen in Bauleitplänen deutlich. Zum anderen wird hier eine gewisse Zurückhaltung hinsichtlich der Verpflichtung zur Übernahme von Inhalten der Landschaftspläne in die Bauleitpläne erkennbar. Nähere Bestimmungen hierzu werden den Ländern überlassen. Diese werden darüber hinaus ermächtigt, die für die Aufstellung der Landschaftspläne zuständigen Behörden und öffentlichen Stellen zu bestimmen sowie das Verfahren und die Verbindlichkeit zu regeln.

Die **Länder** haben das Rahmenrecht in sehr individueller Weise ausgefüllt und selbst landesintern nicht für Einheitlichkeit gesorgt, sodass sich in der Bundesrepublik die örtlichen Landschaftspläne hinsichtlich ihrer Entstehungsprozedur, inhaltlichen Ausgestaltung und Qualitätskriterien erheblich voneinander unterscheiden. Es gibt nicht »den (örtlichen) Landschaftsplan«, sondern man kann eher von einem »Aufgabenfeld örtliche Landschaftsplanung« sprechen (Hahn-Herse 1996). Das **uneinheitliche Erscheinungsbild der Landschaftspläne** ist eine der Ursachen für die schwache Position der Landschaftsplanung im deutschen Planungssystem, etwa der – einheitlich auf Bundesebene geregelten – Bauleitplanung gegenüber (Kap. 5.1).

Die **Regelungen der kommunalen Landschaftsplanung in den Ländern** können hier nicht im einzelnen vorgestellt werden (verwiesen sei hier vor allem auf die sehr gute Übersicht von Gassner 1995, wobei Novellierungen von Ländergesetzen zu berücksichtigen sind, zum Beispiel LNatSchG M-V, HeNatSchG). Aber einige **wesentliche Merkmale** beziehungsweise Differenzen sollen hier angesprochen werden:

- Die **Zuständigkeit für die Aufstellung der Landschaftspläne** liegt in der Regel bei den Trägern der Bauleitplanung, den Gemeinden. In Nordrhein-Westfalen und Thüringen werden die Landschaftspläne auf Kreisebene durch den Kreis beziehungsweise von der unteren Naturschutzbehörde aufgestellt. Letzeres gilt ebenfalls für die Stadtstaaten.

- **Nur wenige Länder verpflichten die Kommunen generell** – also ohne den Erforderlichkeitsvorbehalt des § 6 BNatSchG – **zur Aufstellung von Landschaftsplänen** (flächendeckende Landschaftsplanung). Dies ist lediglich in Schleswig-Holstein (Ausnahmen sind auf Antrag möglich), Thüringen, Hessen (einziges Bundesland, das den Gemeinden eine Frist – 31.12.2000 – gesetzt hat, die Landschaftsplanung auf den geforderten Stand zu bringen) und Brandenburg (für besondere Bereiche sind allerdings vordringlich Landschaftspläne aufzustellen, das heißt Landschaftspläne sind generell erforderlich, aber es sind Prioritäten zu setzen). In Nordrhein-Westfalen gilt ebenfalls eine Aufstellungspflicht, da jedoch die Landschaftspläne nur für den baulichen Außenbereich erstellt werden, wird keine Flächendeckung erreicht (zur besonderen Situation in Nordrhein-Westfalen Kap. 2.3.2).
Die Länder Baden-Württemberg, Bayern, Berlin, Bremen, Hamburg, Niedersachsen und Saarland gehen nicht über die allgemeine Formulierung des BNatSchG (»sobald und soweit

dies aus Gründen des Naturschutzes und der Landschaftspflege erforderlich ist«) hinaus.
Die Vorbereitung der Bauleitplanung durch die Landschaftspläne wird in Rheinland-Pfalz, Sachsen und Sachsen-Anhalt besonders betont. Auch in Mecklenburg-Vorpommern ist diese Regelung bestimmt, sie ist jedoch befristet ausgesetzt, indem sie auf Bauleitpläne, deren Verfahren bis zum 31.12.2001 eingeleitet wurden, nicht anzuwenden ist.

- Die meisten Länder konkretisieren die bundesrechtlichen **Vorgaben zu Inhalten der Landschaftspläne** deutlich (zum Beispiel Brandenburg, Nordrhein-Westfalen, Thüringen und die Stadtstaaten). Lediglich Baden-Württemberg, Niedersachsen und Sachsen verzichten auf eine weitere Differenzierung im Landesrecht.
Allerdings muss man sehen, dass über untergesetzliche Vorschriften und fachliche Vorgaben, das heißt Verordnungen, Richtlinien, Leitfäden et cetera, durchaus sehr differenzierte inhaltliche Anforderungen an die Landschaftspläne bestehen (siehe unten „Stand der Landschaftsplanung").

Funktionen des örtlichen Landschaftsplanes

Die örtliche Planungsebene weist besondere Charakteristika und Funktionen auf, die wiederum mit ganz besonderen Funktionen auch der Landschaftspläne in Verbindung stehen.

Die **Bedeutung der örtlichen Ebene und Rolle der Kommunen** in politischen und planerischen Entscheidungsprozessen wird treffend in der **Agenda 21** (Kap 8.5) beschrieben:

»Kommunen errichten, verwalten und unterhalten die wirtschaftliche, soziale und ökologische Infrastruktur, überwachen den Planungsablauf, entscheiden über die kommunale Umweltpolitik und kommunale Umweltvorschriften und wirken außerdem an der Umsetzung der nationalen und regionalen Umweltpolitik mit. Als Politik- und Verwaltungsebene, die den Bürgern am nächsten ist, spielen sie eine entscheidende Rolle bei der Informierung und Mobilisierung der Öffentlichkeit und ihrer Sensibilisierung für eine nachhaltige umweltverträgliche Entwicklung.« (BMU 1997b)

Im Rahmen der in der Verfassung verankerten kommunalen Selbstverwaltung beziehungsweise **Planungshoheit** entscheiden Gemeinden über die Nutzung ihrer Flächen und die Ausgestaltung der Daseinsvorsorge. In den Kommunen können sich Menschen direkt an der Entwicklung ihrer Umgebung beteiligen. Hier ist die Umsetzungsebene, liegen die Wurzeln einer als Gesellschaftsaufgabe zu betrachtenden Umweltarbeit, die Planung und Management beinhaltet. Die **Teilnahme beziehungsweise Teilhabe der Öffentlichkeit** an politischen Entscheidungsprozessen ist eine wesentliche Voraussetzung für die Umsetzung des Leitbildes einer nachhaltig umweltgerechten Entwicklung.

Auf örtlicher Ebene besteht besonderer Bedarf der Öffentlichkeitsbeteiligung, Akzeptanzförderung und Konsensfindung, da lokal unmittelbar mit Interessen und Betroffenheiten umzugehen ist.

Das **Vorsorgeinstrument Landschaftsplan** ist in die geschilderte Situation eingebunden und ist somit eine wichtige Plattform der Landschaftsplanung. Die Städte und Gemeinden sind bestrebt, im Rahmen der gemeindlichen Planungshoheit **Abwägungs- und Gestaltungsspielräume** zu nutzen, sodass es entsprechend schwierig ist, die für eine nachhaltig umweltgerechte Entwicklung erforderlichen Ziele und Maßnahmen des Naturschutzes und der Landschaftspflege insgesamt auch zu solchen der Kommunen zu machen. Das Interesse von Gemeinden an Steueraufkommen aus Gewerbe- und Siedlungsflächen kann zum Beispiel durchaus stärker sein als die Bereitschaft, die als notwendig erkannte Erhaltung von Freiräumen zu sichern. Hinsichtlich der Abwägung gibt es allerdings klare rechtliche Vorgaben, die die angesprochenen Spielräume eingrenzen. Auch die **Planungshoheit ist eingegrenzt**, indem hoheitliche Kompetenzen in die Gemeinden hineinwirken und Flächennutzungsentscheidungen von höherer Ebene getroffen werden (Kap. 4.1.4). Dies geschieht zum Beispiel über Schutzgebietsfestsetzungen nach dem Wasser-, Denkmal- und Naturschutzrecht. Zwischen den von den Kommunen erwarteten Aufgaben (vergleiche oben) und den ihnen zugewiesenen Kompetenzen besteht eine Diskrepanz.

Landschaftspläne behandeln neben den notwendigen Standardinhalten insbesondere auch ortsspezifische Situationen, Probleme und Lösungsvorschläge. Während einerseits die örtlichen Erfordernisse und Maßnahmen an Landesvorgaben ausgerichtet werden, haben andererseits die Kommunen Spielraum, spezifische Erfordernisse und vor allem flächenscharfe Aussagen in die Landschaftspläne einzubringen.

Auf dieser Ebene ist es möglich und auch erforderlich, bei Wahrung des Ansatzes, die Funktionen der natürlichen Ressourcen zu berücksichtigen und Planungsergebnisse von landes- und regionaler Ebene aufzunehmen, überörtlich vorgegebene Funktions- beziehungsweise Nutzungszuweisungen (zum Beispiel regionale Schwerpunkträume Naturschutz, Biotopverbundräume (Kap. 8.4)) begründet flächenscharf abzugrenzen. Die Gemeinde hat hier die Möglichkeit, örtliche Besonderheiten zu berücksichtigen. Dies sollte im Sinne des Gegenstromprinzips durchaus auch als „Signal" an die höhere Ebene verstanden werden.

Typisch an Landschaftsplänen sind selbstverständlich **detaillierte Darstellungen** zum Beispiel von kleinflächigen Lebensräumen, lokalen Verbundelementen, innerörtlichen Freiflächen, Rad- und Wanderwegen, Elementen der ortsbezogenen Erholung in der Landschaft, punktuellen kulturhistorisch bedeutsamen Elementen und vielem mehr.

Die Konkretisierungen vor Ort und deren Umsetzung müssen auf **Akzeptanz** stoßen. Die formulierten Ziele und Maßnahmen betreffen Grund und Boden, die eigentumsrechtlich verankert sind. Zum einen darf diese Tatsache in Landschaftsplänen nicht einfach ignoriert werden, zum anderen erfordert die direkte Nähe zu den vom Plan angesprochenen Besitzern und Nutzungsberechtigten intensive Öffentlichkeitsarbeit. Immer noch wird die Landschaftsplanung auf kommunaler Ebene als Verhinderungsplanung angesehen, die Einnahmen mindert und über die Planumsetzung auch noch längerfristig Kosten verursacht (SRU 1996b).

Als wesentliche **Funktionen** des Landschaftsplanes können herausgestellt werden:

- Im Rahmen der Fachplanung Naturschutz **konkretisieren Landschaftspläne die Vorgaben der überörtlichen Ebenen** (Landschaftsrahmenplan, Landschaftsprogramm; Kap. 5.1.2 und 5.1.1). Die örtlichen Ziele und Maßnahmen des Naturschutzes und der Landschaftspflege werden untereinander harmonisiert, sonstige Ansprüche an Natur und Landschaft herausgearbeitet und Anforderungen an die Raumnutzungen (Erfordernisse) aus Sicht des Naturschutzes formuliert. Die Erfordernisse und Maßnahmen sind im LRP für besiedelte Bereiche nur andeutungsweise, im unbesiedelten Bereich nicht flächenscharf dargestellt und können somit noch nicht entsprechend detailliert auf Konflikte mit anderen Nutzungsansprüchen geprüft sein. Diese Aufgabe und die konkrete Festlegung von Schutz-, Pflege- und Entwicklungsmaßnahmen sowie von Erfordernissen wird von der örtlichen Landschaftsplanung bearbeitet, die damit auch die notwendigen Grundlagen für eine fehlerfreie Abwägung in der Bauleitplanung liefert. Die Konkretisierung kann zum Beispiel wie folgt vor sich gehen: Stellt der LRP in Teilen eines Gemeindegebietes Flächen mit besonderer Eignung für den Biotopverbund dar, die ein geplantes Naturschutzgebiet umgeben, so wird die Gemeinde – in Ländern mit entsprechenden Regelungen – mit ihrem Landschaftsplan begründete Vorschläge zur Abgrenzung des Schutzgebietes zur Diskussion stellen (die tatsächliche Abgrenzung wird erst durch die zuständige Behörde im Rahmen des vorgeschriebenen Verfahrens vorgenommen) und nach Abwägung entscheiden und begründen, welche konkreten land- und forstwirtschaftlichen Flächen im Gemeindegebiet als mit besonderer Eignung für den Biotopverbund dargestellt werden. Die Aussage des LRP muss nicht möglichst genau auf die örtliche Ebene projiziert, sie muss aber von der Gemeinde aufgegriffen und fachlich fundiert unter Berücksichtigung lokaler Besonderheiten konkretisiert werden.

In seiner fachplanerischen Funktion gibt der örtliche Landschaftsplan Konkretisierungshinweise für die Ebene der Grünordnungsplanung.

Schließlich stellt der Landschaftsplan den Maßstab für die Prüfung der Umweltverträglichkeit dar. Die Unterlagen, die zur Erstellung des Landschaftsplanes beigetragen haben, sind ergänzende Grundlagen für Umweltverträglichkeitsprüfungen.

Der Landschaftsplan als Umweltgrundlagenplan ist ein wesentliches Konzept für die Umweltarbeit der Gemeinde. In Ergänzung und Abwandlung von Aussagen von Kiemstedt et al. (BMU 1997a) können folgende wesentliche Funktionen von Landschaftsplänen für Gemeinden genannt werden:

- Als umfassende Bestandsaufnahme von Natur und Landschaft vermitteln sie Wissen darüber, was schutzbedürftig und schutzwürdig ist,

- Entscheidungs- beziehungsweise Abwägungsgrundlage für die Bauleitplanung (Berücksichtigung der Belange von Natur und Landschaft bei Planung und Abwägung; Hinweise zur Vermeidung beziehungsweise Verminderung von Beeinträchtigungen; Ausgleichsflächenkonzept; Vorschläge für die Sicherung von wertvollen Flächen nach Baurecht),

- Beitrag zur Stadt- und Dorferneuerung (Freiraumkonzepte; Schutz und Verbesserung der Schutzgüter),

- Grundlage für umweltverträgliche Land- und Forstwirtschaft (Gemeinde als Umsetzungsebene von Programmen),

- Entscheidungshilfe für Einzelvorhaben,

- Grundlage für Stellungnahmen der Gemeinde zu den Planungen anderer Träger (zum Beispiel Straßenbau),

- Bündelung örtlicher Naturschutzaktivitäten (Gesamtkonzept Naturschutz).

- Der Landschaftsplan bietet die Grundlage zur Auswahl der umweltverträglichsten Standorte für bestimmte Nutzungen oder Vorhaben. Die Bauleitplanung kann sich bei ihrer Aufgabe, zum Schutz und zur Entwicklung der natürlichen Lebensgrundlagen beizutragen und entsprechend § 1a BauGB die umweltschützenden Belangen in der Abwägung zu berücksichtigen, auf diese Grundlage stützen.

- Hinsichtlich der Funktion des Landschaftsplanes in der Eingriffsregelung ist zu ergänzen, dass mit der Novellierung des Baurechtes (1.1.1998; Kap 6.2) die Möglichkeit der Bevorratung von Ausgleichsflächen („Flächenpool") besteht (die ebenfalls mögliche Bevorratung von Maßnahmen – „Ökokonto" – ist der Grünordnungs-/ Bebauungsplanebene zuzuordnen). Mit einer entsprechenden Ausgleichskonzeption im örtlichen Landschaftsplan können Eignungsflächen dargestellt und Hinweise zur erreichbaren Entwicklung von Funktionen gegeben werden.

- Der Landschaftsplan dient Gemeinden als Maßstab zur Prüfung sowohl der Umweltverträglichkeit ihrer Bauleitplanung und Vorhaben (Kap. 7.2), als auch der „FFH-Verträglichkeit" (Kap. 7.3).

- Im Rahmen der kommunalen Umweltarbeit ist der Landschaftsplan Ausgangsmodul und Umsetzungsinstrument einer lokalen Agenda 21. Das Verhältnis von Landschaftsplan und lokaler Agenda 21 wird im Kapitel 8.5 ausführlich behandelt.

Stand der örtlichen Landschaftsplanung

An dieser Stelle wird kein Versuch unternommen, den Stand der örtlichen Landschaftsplanung in Bezug auf den Deckungsgrad in Deutschland darzustellen. Es gibt hierzu keine Statistik, die jeweiligen Plangebietsgrößen und Aktualitätsgrade sind äußerst unterschiedlich. Das Landschaftsplanverzeichnis des Bundesamtes für Naturschutz ermöglicht es, sich einen ungefähren Eindruck vom Stand der Landschaftsplanung in den Ländern zu machen. Zu berücksichtigen ist, dass verständlicherweise die Auflistung beziehungsweise Veröffentlichung zeitverzögert erfolgt und dass sie auf freiwilligen Angaben basiert und somit nicht vollständig sein dürfte.

Die Qualität der Landschaftspläne und insbesondere deren geringe Wirkung sind in der Fachöffentlichkeit stark diskutiert worden (zum Beispiel Geisler 1995, Gelbrich und Uppenbrink 1998, Finke 1999, Hahn-Herse 1996b, Hübler 1988, Hübler 1997, Kiemstedt et al. 1990, Kiemstedt et al. 1994, SRU 1987, SRU 1996b). Viele Veröffentlichungen bringen Listen von Mängeln und Schwächen der Landschaftspläne. Zu bedenken ist, dass Defizite auch auf Qualitätsmängel auf der überörtlichen Ebene zurückgehen können, zum Beispiel hinsichtlich der Nachvollziehbarkeit und der damit zusammenhängenden Akzeptanz.

Die **Uneinheitlichkeit der örtlichen Landschaftsplanung** schwächt die Position gegenüber der bundesweit einheitlichen Bauleitplanung hinsichtlich der Durchsetzung fachlicher Ansprüche zum Beispiel in Bezug auf die Steuerungsfunktion und die Rolle als Basiskonzept. Diese werden zusätzlich geschwächt durch das Aufkommen konkurrierender oder nicht ausreichend abgestimmter kommunaler Planungssysteme mit zum Teil sehr ähnlichen Aufgaben (zum Beispiel freiwillige kommunale UVP).

Die planerische Vorbereitung im Hinblick auf die Verfügbarkeit von Flächen für kommunale Naturschutzmaßnahmen geschieht idealerweise über die Integration der Flächenvorschläge des Landschaftsplanes in den Flächennutzungsplan. Die Kompetenzen der Kommunen zur Wahrnehmung von Naturschutzaufgaben sind zwar beschränkt (Kap. 4.1.4), über die Ausnutzung der Darstellungsmöglichkeiten nach § 5 BauGB ist

jedoch ein erhebliches Maß an Vorsorge (Schonung von Ressourcen, Eingriffsvermeidung) durch die umweltgerechte Verteilung von Nutzungen und die Vorbereitung des Schutzes, der Pflege und der Entwicklung von Boden, Natur und Landschaft möglich. Die **Einbeziehung von Zielen des Naturschutzes und der Landschaftspflege in die vorbereitende Bauleitplanung** befindet sich einer Forschungsstudie zufolge (Gruehn und Kenneweg 1998) auf sehr niedrigem Niveau. Einer der Gründe hierfür liege seitens der Bauleitplanung in einer entsprechend geringen Wahrnehmung der Belange von Naturschutz und Landschaftspflege. Diese könne unter anderem durch Vorliegen eines Landschaftsplanes und durch dessen gute Qualität maßgeblich beeinflusst werden. Beide Bedingungen scheinen in der Fläche nicht in hinreichendem Maß gegeben zu sein.

Hinsichtlich der **Inhalte von Landschaftsplänen** gibt es auf Bundesebene nur grobe Vorgaben. Um dem oben beschriebenen Zustand einer starken Uneinheitlichkeit entgegenzuwirken, wurden länderübergreifend von der LANA (1995) Mindestanforderungen an den Inhalt der flächendeckenden örtlichen Landschaftsplanung erarbeitet. Diese Mindestanforderungen sowie die Rechtsentwicklung der letzten Jahre wurden bei der Entwicklung eines vom Bundesamt für Naturschutz herausgegebenen Planzeichenkataloges (BfN 2000b) berücksichtigt, der empfehlenden Charakter hat. Die Ländergesetze regeln die Inhalte weitergehend. Auf Länderebene wurden zahlreiche Vorgaben beziehungsweise Hinweise zu erforderlichen Planinhalten erarbeitet. In Bayern werden Planungshilfen für die Landschaftsplanung herausgegeben. In Rheinland-Pfalz gibt es einen Leitfaden für die Landschaftsplanung auf der Flächennutzungsplanstufe, in Baden-Württemberg Materialbände zur Standardisierung der örtlichen Landschaftsplanung. Schleswig-Holstein hat eine Verordnung über Inhalte und Verfahrensweise der örtlichen Landschaftsplanung herausgegeben (1998), Niedersachsen Hinweise der Fachbehörde für Naturschutz (1989). Zum Leistungskatalog in der HOAI wurden Änderungsvorschläge gemacht, zum Beispiel von Hahn-Herse (1996) im Rahmen des Modellprojektes Sachsen, das zur Erarbeitung eines anzustrebenden Qualitätsstandards für die neuen Bundesländer durchgeführt wurde. In Brandenburg wurden Vorgaben in Form einer Broschüre veröffentlicht.

Zumindest bezogen auf die Vorgaben ist die gleichrangige Bearbeitung der Schutzgüter und ein der örtlichen Problemlage angemessener Planungsteil Standard. Die Frage ist, inwieweit in der Praxis die Anforderungen eingehalten werden beziehungsweise eingehalten werden können. Gründe für Defizite sind zum Beispiel auch fehlende Datengrundlagen sowie Probleme, den Kommunen die Finanzierung umfangreicher Sonderleistungen entsprechend HOAI abzuverlangen. Die Möglichkeiten, gegebenenfalls Nachbesserungen einzufordern, sind im Allgemeinen sehr gering.

Beispiele für notwendige Anforderungen an Bestandsanalyse, -bewertung und Konfliktanalyse werden in den Kapiteln 4.1.2 und 4.1.3 gebracht.

Typische Planungskategorien der örtlichen Landschaftspläne

Beispiele aus der Praxis sind im Kapitel 9.3 sowie in den Karten 4 und 9 zu finden. Ein Vergleich macht schnell deutlich, in welch unterschiedlicher Art und Weise Entwicklungsaussagen von Landschaftsplänen dargestellt werden.

Bei aller Uneinheitlichkeit örtlicher Landschaftspläne haben sich bestimmte gemeinsame Kerninhalte und damit verbunden typische, für notwendig erachtete Planungskategorien herauskristallisiert. Es macht Sinn, an dieser Stelle Planungskategorien aus den oben genannten länderübergreifend formulierten **Mindestanforderungen an die örtliche Landschaftsplanung** der LANA (1999) wiederzugeben, da sie als ein bundesweiter Querschnitt und „gemeinsamer Nenner" der in den Ländern verbreiteten beziehungsweise erwünschten Plandarstellungen angesehen werden können.

Die LANA hält für den Planungsteil von örtlichen Landschaftsplänen („Angestrebter Zustand von Natur und Landschaft") mindestens folgende Darstellungen für erforderlich:

Leitbild (allgemeine Entwicklungsziele)

Das Leitbild enthält für das Planungsgebiet, gegebenenfalls bezogen auf landschaftliche Teilräume, die Grundzüge für den angestrebten Zustand von Natur und Landschaft aufgrund fachlicher Standards, abgeleitet aus den Zielen und Grundsätzen des Naturschutzes und der Landschaftspflege, den

Aussagen überörtlicher Landschaftsplanungen sowie – soweit vorgeschrieben – unter Beachtung der Ziele und Erfordernisse der Raumordnung und Landesplanung über

- die anzustrebende Qualität von Boden, Wasser und Luft/ Klima
- den anzustrebenden Erhalt und die Entwicklung von naturraumtypischen, naturbetonten und nutzungsbetonten Ökosystemen,
- die anzustrebende naturraumtypische, kulturbedingte Vielfalt, Eigenart und Schönheit von Natur und Landschaft.

Dazu sind heranzuziehen:

- die im Grundlagenteil durchgeführte Erfassung und Bewertung des Zustandes von Natur und Landschaft (Was ist noch vorhanden?),
- die Kenntnisse über frühere Zustände anhand alter Floren und Faunen, historischer Karten, alter Luftbilder, Karten der potentiell natürlichen Vegetation (Was war einmal vorhanden?),
- das Entwicklungspotential für Arten und Lebensgemeinschaften, Klima, Boden und Wasser sowie Landschaftsbild und Landschaftserleben aufgrund der vorhandenen und absehbaren Nutzungen und der Standorteigenschaften (Was wäre möglich?).

Das Leitbild ist in geeigneter Weise zu erläutern.

Schutz-, Pflege- und Entwicklungsmaßnahmen (Entwicklungsteil des Landschaftsplanes)

Im Entwicklungsteil sind die Schutz-, Pflege- und Entwicklungsziele und daraus abzuleitenden Erfordernisse und Maßnahmen näher darzustellen. Bei der Darstellung soll grundsätzlich Folgendes beachtet werden:

- Die Darstellungen sind an den Planungen, Maßnahmen und Vorhaben zu orientieren, über die die Inhalte des Landschaftsplanes umgesetzt werden können beziehungsweise sollen (siehe zum Beispiel Planzeichenverordnung für die Bauleitplanung).
- Die Aussagen sind in ihrer Reichweite auf konkrete Planungen beziehungsweise konkret absehbare Planungen und Entwicklungen zu beziehen.

Zu den einzelnen Flächennutzungen sowie Schutz-, Pflege- und Entwicklungsmaßnahmen ergeben sich die nachfolgenden Mindestanforderungen. Zu beachten ist dabei jedoch, dass sich aufgrund unterschiedlicher landesrechtlicher Regelungen zur Landschaftsplanung auf örtlicher

Ebene hinsichtlich Trägerschaft, Bindungswirkung, Verfahren und ähnlichem Unterschiede ergeben, in welcher Weise die Aussagen des Naturschutzes und der Landschaftspflege zu den Planungen und Vorhaben der sonstigen an der räumlichen Entwicklung beteiligten Träger zu treffen sind.

In der Regel sind folgende Darstellungen erforderlich:

Flächen zum Schutz, zur Pflege und Entwicklung von Natur und Landschaft

- Darstellung der nach Naturschutzrecht ausgewiesenen und noch auszuweisenden Schutzgebiete und der einzeln geschützten Landschaftsbestandteile (soweit im Maßstab darstellbar),
- Darstellung der weiteren für den Biotopverbund wichtigen Flächen, insbesondere Puffer- und Vernetzungsflächen für die vorhandenen und auszuweisenden Schutzgebiete und -objekte,
- Darstellung der Flächen mit besonderer Bedeutung für Artenschutzmaßnahmen,
- Darstellung von Flächen für sonstige Schutz-, Pflege- und Entwicklungsmaßnahmen, in denen auch Ausgleichs- und Ersatzmaßnahmen ausgeführt werden können,
- Darstellung der für das Landschaftsbild und das Landschaftserleben besonders bedeutsamen Bereiche, geowissenschaftlich schutzwürdige Bereiche.

Anforderungen an Flächen mit besonderen Freizeit- und Erholungsfunktionen

- Darstellung von Flächen für die naturverträgliche Erholung einschließlich notwendiger Ordnungs- und Geltungsmaßnahmen,
- Darstellung der vorhandenen und geplanten Grün- und Erholungsflächen nach ihrer jeweiligen besonderen Zweckbestimmung, zum Beispiel Parkanlagen, Kleingartenanlagen, größere Spiel- und Sportflächen, landschaftliche Erholungsschwerpunkte,
- Darstellung der bedeutsamen linearen und punktuellen Erholungseinrichtungen wie zum Beispiel Hauptwander-, Reit- und Radwege, Naturlehrpfade, Aussichtspunkte,
- Darstellung der Grün- und Erholungsflächen mit erhöhten Anforderungen an
  - die Sicherung und Entwicklung von Arten- und Biotopschutzfunktionen,

  - die gestalterische Einbindung,
  - die Berücksichtigung gartendenkmalpflegerischer Belange,
  - den Schutz des Grundwassers und der Oberflächengewässer.

Anforderungen an die Siedlungsstruktur und -entwicklung

- Darstellung der für geplante und absehbare bauliche Entwicklungen geeigneten Bereiche,
- Darstellung der Bereiche mit erhöhten Anforderungen an
  - die Rückhaltung und Versickerung des Niederschlagswassers,
  - die kleinräumige Verbesserung des Stadtklimas,
  - die Sicherung und Entwicklung von Arten- und Biotopschutzfunktionen,
  - die Ausstattung mit Freiflächen für die landschaftsbezogene Erholung in Verdichtungsräumen,
  - die gestalterische Einbindung in Natur und Landschaft.

Anforderungen an landwirtschaftliche Flächennutzungen

- Darstellung der Flächen mit besonderen Anforderungen an Art und Intensität der Nutzung aus Gründen,
  - des Arten- und Biotopschutzes,
  - der Erhaltung eines funktionsfähigen Naturhaushalts, insbesondere der Schutzgüter Wasser und Boden (zum Beispiel Erosionsschutz, Schutz von zersetzungsgefährdeten Moorböden, Überschwemmungsbereiche),
  - der Erhaltung kulturhistorisch wertvoller Landschaften,
- Darstellung von Bereichen, in denen die vorhandenen gliedernden und verbindenden Kleinstrukturen zu erhalten sind,
- Darstellung von Bereichen mit Defiziten an gliedernden und verbindenden Kleinstrukturen mit Angaben des anzustrebenden Ausstattungsgrades,
- Darstellung von Bereichen mit besonderen Anforderungen in Sonderkulturflächen wie zum Beispiel Wein, Hopfen, Gartenbau,
- Darstellung der Flächen, die auch nach Aufgabe der landwirtschaftlichen Nutzung offen zu halten sind.

Anforderungen an Waldflächen

- Darstellung der Waldflächen mit besonderen Anforderungen an Pflege und Bewirtschaftung aus Gründen
  - des Arten- und Biotopschutzes,
  - der Erhaltung eines funktionsfähigen Naturhaushalts, insbesondere der Schutzgüter Wasser und Boden,
  - der Erhaltung kulturhistorisch wertvoller Wälder,
  - des Landschaftsbildes und der Erholung.

Anforderungen an Flächen für die Nutzung oberflächennaher Rohstoffe aus Gründen

- des Arten- und Biotopschutzes,
- der Erhaltung eines funktionsfähigen Naturhaushalts, insbesondere der Schutzgüter Wasser und Boden,
- der Erhaltung wertvoller Landschaften (geologisch, geomorphologisch, kulturhistorisch).

Anforderungen an Flächen für sonstige Nutzungen – wie Ver- und Entsorgungsanlagen, Verkehr – aus Gründen

- des Arten- und Biotopschutzes,
- der Erhaltung eines funktionsfähigen Naturhaushalts,
- des Landschaftsbildes.

Diese Übersicht kann eine allgemeine Grundlage für den Aufbau von Katalogen sein, die zum Beispiel landes- oder auch regionenspezifische Anforderungen erfüllen. Hinsichtlich der zeichnerischen Darstellung ist – sofern nicht bereits Ländervorgaben existieren – der Planzeichenkatalog des Bundesamtes für Naturschutz (BfN 2000b) zu empfehlen. Dessen Systematik korrespondiert gut mit den von der LANA gemachten Darstellungsvorschlägen und bietet den Adressaten der Landschaftspläne nachvollzieh- und umsetzbare Planungskategorien. Die entwickelten Planzeichen für flächen-, linien- und punkthafte Elemente sind prägnant und unmissverständlich. Die Differenzierung in Darstellungen sowohl von Maßnahmen als auch von Erfordernissen („Flächen mit Nutzungserfordernissen und Nutzungsregelungen zum Schutz, zur Pflege und zur Entwicklung von Natur und Landschaft"), die weitere Unterscheidung in „Schutz/Pflege" beziehungsweise „Entwicklung", sowie die einzelne Kennzeichnung durch Symbole und/

oder Ziffern führt zu unkompliziert lesbaren und gut nachvollziehbaren Plänen.

Künftige Anforderungen an örtliche Landschaftspläne

Für die örtliche Landschaftsplanung können folgende künftige Anforderungen genannt werden:

- Die **Bestandsaufnahme** sollte **zweckorientiert** sein und nur Gegebenheiten und Vorhaben einbeziehen, die für Planungsaussagen voraussichtlich benötigt werden. Hier geht es also um das Herausfinden des erforderlichen beziehungsweise angemessenen Umfanges an zu ermittelnden Grundlagen („vorhandener Zustand von Natur und Landschaft", Kap. 4.1). Vor dem Hintergrund der örtlichen ökologischen Situation und des Planungsumfanges sind dazu im Rahmen des „Klärens der Aufgabenstellung" die lokalen Problemschwerpunkte herauszuarbeiten. Bei der Auswahl der zu erfassenden beziehungsweise zu erhebenden Daten, der Bestimmung des für erforderlich gehaltenen Umfanges der Bestandsaufnahme sollten Fachleute aus der zuständigen Naturschutzbehörde sowie aus örtlichen und landesweit tätigen Naturschutzverbänden beteiligt werden, wie dies zum Beispiel in Schleswig-Holstein vorgesehen ist.

- Eine dem Auftrag entsprechende **querschnittsorientierte Landschaftsplanung integriert gleichgewichtig die Schutzgüter und berücksichtigt deren Wechselbeziehungen.** Auf kommunaler Ebene fällt die wenig intensive Bearbeitung des Schutzgutes „Boden" besonders auf. Sie beschränkt sich auf häufig auf die Darstellung von Bodenarten und Bodentypen, allgemeine Aussagen über mögliche Beeinträchtigungen sowie entsprechend allgemein gehaltene Hinweise auf Anforderungen an die Raumnutzungen. Die auf den Naturhaushalt bezogene Aufgabenstellung der Landschaftsplanung sowie das Erfordernis, über das bestehende Bodenschutzrecht hinaus vorsorgenden Schutz zu betreiben, machen ein Herausarbeiten von Bodenfunktionen und Maßnahmen beziehungsweise Erfordernissen zu deren Sicherung in Landschaftsplänen notwendig (zum Beispiel Darstellung von Verdichtungsgrad, Versiegelungsgrad/Entsiegelungskapazitäten, Erosionsgefährdung, Feuchteverhältnissen, seltenen/ schutzwürdigen Böden, Bodendenkmalen). Zu schützende Flächen werden nicht pauschal in einer allgemeinen Kategorie (zum Beispiel „Maßnahmenfläche") dargestellt, sondern es werden jeweils die besonderen Zielsetzungen (zum Beispiel „Schutz vor Winderosion") beziehungsweise Begründungen für vorgeschlagene Nutzungseinschränkungen genannt. Dies ist unter anderem über ergänzende Kürzel oder Signaturen möglich.

Die beschriebene **Attributierung von Schutzflächen** gilt für alle Funktionsbereiche. Weitere Zielsetzungen sind zum Beispiel die „Sicherung von Kaltluftentstehungsgebieten und -abflussbahnen" oder auch der „Grundwasserschutz".

- **Historische Kulturlandschaftselemente** sind in Landschaftsplänen zu berücksichtigen (Kap. 8.2)
- Mit Hilfe von Landschaftsplänen und deren Formulierung von Zielen, Erfordernissen, Maßnahmen wird die **Anwendung der Eingriffsregelung vorbereitet**. Grundsätzlich dem Vermeidungsgebot folgend werden Vorschläge für die Verteilung von Nutzungen und Vorhabensstandorten, Umweltqualitätsziele, Hinweise zur Vermeidung von Eingriffsfolgen und Einschätzungen zur Umwelterheblichkeit geplanter Vorhaben geliefert. Für den voraussichtlich erforderlichen Ausgleich müssen Landschaftspläne Konzepte liefern, sodass Verluste von Funktionen kompensiert werden können. Auf die Möglichkeiten der Flächenbevorratung wird im Kap. 6.2 detailliert eingegangen.
- Häufig laut geworden ist der Ruf nach einer **Umsetzungsorientierung** von Landschaftsplänen, entsprechende Forschungsarbeiten sind gelaufen (Kaule et al. 1994) beziehungsweise begonnen worden, wie zum Beispiel im Auftrag des Bundesamtes für Naturschutz an der TU Berlin (Institut für Landschaftsentwicklung; „Anforderungen und Perspektiven zur Weiterentwicklung der örtlichen Landschaftspläne – Entwicklung von planerischen Arbeitshilfen und Lösungsmöglichkeiten für eine effektive, akzeptanzfördernde und umsetzungsorientierte Landschaftsplanung; 2000–2002)).

Die Umsetzungsorientierung kann unter anderem gefördert werden, wenn ein direkterer Bezug zu den Adressaten des Planes hergestellt wird. Möglich ist dies zum Beispiel mit Übersetzungs-/Integrationshilfen, mit der klaren Herausstellung von Anforderungen an andere Fachplanungen und an die Raumnutzungen.

Auch die Anwenderfreundlichkeit ist für den Umsetzungserfolg wichtig. Diese wird zum Beispiel über die ansprechende Aufmachung der Pläne, eine gute Les- und Handhabbarkeit sowie allgemeinverständliche Sprache erreicht. Darstellungen sollten an Planungen, Maßnahmen und Vorhaben orientiert sein, mit denen eine Umsetzung der Planinhalte auch möglich ist. Hinweise für die praktische Umsetzung, das Aufzeigen von Fördermöglichkeiten, Prioritätenlisten und gut handhabbare Maßnahmentabellen sind weitere Elemente anwenderfreundlicher Landschaftspläne. Der Hauptschlüssel zur Umsetzung ist jedoch die klare Zuordnung von Maßnahmen und Erfordernissen zu den für deren Umsetzung verantwortlichen Stellen. Es gilt also herauszustellen, welche Aufgaben zum Beispiel den Naturschutzbehörden, anderen Fachverwaltungen oder der Gemeinde obliegen. Dies kann unter anderem mittels Maßnahmentabellen oder auch durch direkt adressierte Planungsteile geschehen.

- Die Landschaftsplanung liefert **Beiträge zu einer nachhaltigen (dauerhaft-umweltgerechten) Entwicklung**. Als Fachplanung des Naturschutzes und der Landschaftspflege ist sie mit dem Prinzip der Nachhaltigkeit eng verknüpft, da die im BNatSchG formulierten Ziele und Grundsätze auf eine nachhaltige Sicherung der Lebensgrundlagen des Menschen gerichtet sind. Auch ist sie – von Beginn an als vorsorge- und querschnittsorientiert sowie alle Schutzgüter umfassend angelegt, **das Planungsinstrument, das sich integrierend mit den Raumnutzungen und ihren Wirkungen auf den Naturhaushalt zu befassen hat** und somit die Grundlagen für Planungen und Entscheidungen zur Verwirklichung einer dauerhaft-umweltgerechten Raumentwicklung bietet (Kap. 8.5). Doch Nachhaltigkeit bezieht neben den ökologischen auch die sozialen und ökonomischen Belange ein. Wollen Naturschutz und Landschaftsplanung in diesem Sinn nachhaltig sein, müssen sie die Nutzung der Natur anerkennen und daran mitarbeiten, die Verteilung und Intensität von Nutzungen ökologisch wie ökonomisch tragfähig und sozial verträglich zu gestalten. Ein weiterer Aspekt ist die Respektierung der Dynamik von Natur- und Kulturlandschaften sowie der Gesellschaft (unter anderem in Politik und Verwaltung) und folglich die Entwicklung eines entsprechend dynamischen Planungsinstrumentes.

Mit diesem Aufgabenverständnis wird der Landschaftsplan vom Ordnungs- zum **Entwicklungsinstrument**. Nicht der endgültige, der abgeschlossene Plan als starre Handlungsanleitung ist gefragt, sondern ein **dynamisches Planungsinstrument**, das auch Methoden des Managements anwendet. Die Landschaftsplanung wird stark prozesshaft.

Die Einbeziehung von Nutzungs- und Umsetzungsbedingungen sowie gesellschaftlichen Gruppen mit unterschiedlichen Werten und Interessen erfordert einen hohen Grad an **Partizipation** (zur Bedeutung der örtlichen Ebene siehe oben und Kap. 8.5). Diese wird zum einen durch Information (zum Beispiel über die lokale Presse, vor allem aber mittels öffentlicher Veranstaltungen), zum anderen durch Formen der Beteiligung, die über die formale öffentliche Auslegung weit hinausgehen (zum Beispiel Arbeitsgruppen, Beratung, Kooperation am runden Tisch) ermöglicht. Die Planerin oder der Planer vor Ort müssen als Berater und Vermittler auftreten und Zielalternativen zur Diskussion stellen. Dies darf nicht allerdings nicht zum „Ausverkauf" naturschutzfachlicher Erfordernisse führen.

5.1.4 Grünordnungsplan

Ein weiteres Instrument der Landschaftsplanung **auf örtlicher Ebene** ist – neben dem Landschaftsplan – der Grünordnungsplan. Dieser konkretisiert als Handlungskonzept für **Teilräume** die Aussagen des Landschaftsplanes, setzt sich mit dem Verhältnis von Siedlungs- und Freiräumen (Grünanlagen, Gärten, Parks, Spiel- und Sportplätze) auseinander und liefert Fachbeiträge sowohl zu Belangen des Naturschutzes und der Freiraumplanung als auch zu städtebaulichen Fragen. Diese Pläne im Maßstab von etwa 1 : 500 bis 1 : 2 000 sind in der Planungshierarchie der Ebene der verbindlichen Bauleitplanung (Bebauungsplan) zugeordnet und mit der konkreten Darstellung zur Ausgestaltung, Struktur und Funktion von Teilflächen beschäftigt.

Grünordnungspläne haben entsprechend den Bebauungsplänen **Plangebietsgrößen** zwischen

wenigen Hektar – in der schleswig-holsteinischen Planungspraxis zum Beispiel ist ab einer Größe von circa 2 ha ein Grünordnungsplan erforderlich – und einigen Hundert ha (zum Beispiel Grünordnungsplan Pillnitz, Dresden: 455 ha). Grünordnungspläne dieser Größenordnung sind eher die Ausnahme, viele dürften im Bereich zwischen 10 und 30 ha liegen. Der Geltungsbereich der Grünordnungspläne sollte dem des Bebauungsplans entsprechen, da außerhalb des Bebauungsplans keine Umsetzung der später integrierten Inhalte des Grünordnungsplanes möglich ist. Der zu berücksichtigende **Untersuchungsraum** kann jedoch in Abhängigkeit von der örtlichen Situation und für die Planung relevanten Belangen von Naturschutz und Landschaftspflege darüber hinausreichen.

Grünordnungspläne werden im BNatSchG nicht ausdrücklich behandelt, sie sind als Sonderfall des Landschaftsplanes nach § 6 BNatSchG als besonderes Instrument der örtlichen Ebene in den meisten Landesnaturschutzgesetzen verankert. Das **Verhältnis zur Bauleitplanung** entspricht dem der Landschaftspläne, das heißt es gibt sowohl vorlaufende (selbstständige) als auch primär (unmittelbar) beziehungsweise sekundär (mittelbar) im „Huckepackverfahren" integrierte Grünordnungspläne. In Bayern, Rheinland-Pfalz und Saarland sind die Grünordnungspläne unmittelbar Bestandteil des Bebauungsplanes. In Baden-Württemberg, Brandenburg, Mecklenburg-Vorpommern, Niedersachsen, Sachsen-Anhalt, Sachsen, Schleswig-Holstein und Thüringen werden Aussagen der Grünordnungspläne mittelbar über die Aufnahme in Bebauungspläne beziehungsweise Vorhaben- und Erschließungspläne rechtsverbindlich. In Bayern, Brandenburg und Thüringen ist der Grünordnungsplan auch als eigenständige Satzung möglich, wenn für das betreffende Gebiet ein Bauleitplan nicht erforderlich ist. In Hessen sind für die örtliche Ebene ausschließlich Landschaftspläne vorgesehen, geeignete Inhalte sind jedoch in die Bauleitpläne oder Satzungen zu übernehmen.

Auch in Nordrhein-Westfalen wurde kein Grünordnungsplan eingeführt, Landschaftspläne gelten hier nur für den Außenbereich (Kap. 5.1.3). In Bremen gibt es dieses Instrument ebenfalls nicht, da der Landschaftsplan bereits auf der Ebene des Bebauungsplanes liegt. Die anderen Stadtstaaten Berlin und Hamburg allerdings ordnen dieser

Ebene sowohl den Landschaftsplan als auch den Grünordnungsplan zu, behandeln diese Instrumente also gleichrangig. So ist in Berlin der Grünordnungsplan ein Landschaftsplan für den besiedelten Bereich. In Hamburg sind auf der Ebene von Teilflächen der Stadt neben Landschaftsplänen auch Grünordnungspläne vorgesehen, und zwar für Bereiche, in denen Bebauungspläne aufgestellt werden. In allen drei Stadtstaaten sind auch unmittelbare landschaftsplanerische Festsetzungen im Bebauungsplan möglich.

Inhalte und Aufgaben der Grünordnungspläne werden in den entsprechenden Naturschutzgesetzen der Länder gemeinsam mit denen der Landschaftspläne beschrieben, sodass auch hier hinsichtlich Aufbau und Qualität eine große Spannweite besteht (Kap. 5.1.3). Es ist vorauszusetzen, dass der Grünordnungsplan aus einem vorliegenden qualifizierten Landschaftsplan (Stadtstaaten: Landschaftsprogramm) entwickelt wird. Ist in einer Gemeinde noch kein Landschaftsplan erstellt worden oder liegt nur ein qualitativ nachweislich heutigen Ansprüchen nicht genügender (zum Beispiel nicht querschnittsorientierter oder veralteter) Plan vor, so ist eine entsprechend aufwendigere Bestands- und Bewertungsarbeit nötig, um dem Grünordnungsplan eine seriöse Grundlage zu bieten.

Funktionen des Grünordnungsplanes

Neben den Funktionen, die den Landschaftsplanungen aller Ebenen gemeinsam sind, können folgende als für den Grünordnungsplan besonders typisch angesehen werden:

- Mindestens **parzellenscharfe Konkretisierung der fachplanerischen Vorgaben** (Landschaftsplan). Auch die punktgenaue Darstellung von einzelnen Landschaftselementen (zum Beispiel Bäume) ist möglich. Auf der Grundlage der Analyse- und Bewertungsergebnisse und der naturschutzfachlichen Ziele und Erfordernisse werden im Zusammenhang mit dem geplanten Vorhaben begründete Nutzungseignungen oder -einschränkungen (zum Beispiel Eignungs- beziehungsweise Tabuflächen für Bebauung) sowie Maßnahmen des Naturschutzes und der Landschaftspflege abgeleitet. Diese richten sich unter Berücksichtigung des Vermeidungsgrundsatzes (siehe unten unter Funktion „Eingriffsregelung", Kap. 4.3 und Kap. 6.2) auf die Sicherung der Funktionen

von Ressourcen beziehungsweise Schutzgütern (Boden, Wasser, Klima/Luft, Arten und Lebensgemeinschaften, Landschaftsbild) und der Funktion des Plangebietes für die Erholung und das Landschaftserlebnis. Die textlichen und zeichnerischen Darstellungen von Schutz-, Pflege- und Entwicklungsmaßnahmen müssen sich an den Festsetzungsmöglichkeiten in Bebauungsplänen (§ 9 BauGB) orientieren, um für deren Erstellung die eindeutige und nachvollziehbare »Übersetzung in die Terminologie der Bebauungsplanung« als Voraussetzung für die Integrationsfähigkeit zu gewährleisten. Somit wird darauf **hingewirkt, in Bebauungsplänen die rechtlichen Möglichkeiten ökologisch und ästhetisch orientierter Festsetzungen auszuschöpfen** beziehungsweise dem gesetzlichen Auftrag zur Berücksichtigung der Belange von Naturschutz und Landschaftspflege in der **Abwägung** nachzukommen.

Die ökologisch und ästhetisch begründeten Maßnahmen und Erfordernisse beziehungsweise die festzusetzenden Flächen haben selbstverständlich auch Auswirkungen auf das Wohnumfeld und die Wohnqualität.

- Eine weitere typische Funktion hat der Grünordnungsplan durch seinen besonderen – wenn auch nicht ausschließlichen – Bezug auf den besiedelten Bereich und den Menschen. Als „Detail"- oder Teillandschaftsplan für aktuell oder künftig besiedelte Räume berücksichtigt der Grünordnungsplan zum einen Erfordernisse, die sich aus den Zielen des Naturschutzes ableiten lassen. Darüber hinaus bezieht er **Anforderungen** ein, **die aus gestalterischen und sozialen Gründen an Freiflächen (Grünflächen) fachlich zu stellen sind**. Diese Aufgabenstellung des Grünordnungsplanes liegt außerhalb des Naturschutzes und ist somit eine Ausnahme in der Landschaftsplanung. Einige Naturschutzgesetze der Länder nehmen ausdrücklich Bezug auf diese Sonderaufgabe (zum Beispiel § 8 Absatz 3 Nummer 7 NatSchG Bln oder § 7 Absatz 1 Satz 1 NatSchG LSA). Dieses Gesamtspektrum der Ansprüche berücksichtigend, muss die Grünordnungsplanung Lösungsvorschläge für die Gliederung der Raumstruktur (zum Beispiel Bedingungen für die künftige Baustruktur) und die Zuweisung von Flächenfunktionen ausarbeiten. Freiflächen können

Funktionen zum Beispiel hinsichtlich Freizeit (Sport, Spiel) Erholung (Spazieren gehen, Ruhen), Kommunikation, Sozialisation, Bildung (Erleben, Lernen), Schutz (unter anderem Lebensraum, Boden, Wasser, Klima), Landschafts-/ Ortsbild oder land- und forstwirtschaftlicher Bodennutzung erfüllen. In der Regel haben die Flächen mehrere Funktionen, die im Grünordnungsplan näher dargestellt werden, in der Plandarstellung jedoch unter eine eindeutige übergeordnete und in Bebauungspläne entsprechend § 9 Absatz 1 BauGB übertragbare Kategorie fallen. Ein Beispiel hierfür ist die „Grünfläche" als Festsetzung (§ 9 Absatz 1 Nummer 15 BauGB: Im Vordergrund steht die Nutzung der Erholungs- und Wohlfahrtswirkungen für die Öffentlichkeit, nicht Schutz, Pflege und Entwicklung von Natur und Landschaft. Gleichzeitig werden bewusst die räumlich-gestalterische, siedlungsklimatische und -ökologische Funktion einbezogen). Weitere Festsetzungsmöglichkeiten in Bezug auf die Naturschutzbelange sind im § 9 Absatz 1 BauGB insbesondere unter den Ziffern 20 (Flächen für Maßnahmen zum Schutz, zur Pflege und zur Entwicklung von Boden, Natur und Landschaft), 25a (Flächen zum Anpflanzen von Bäumen, Sträuchern und sonstigen Bepflanzungen) und 25b (Flächen mit Bindungen für Bepflanzungen und für die Erhaltung von Bäumen, Sträuchern und sonstigen Bepflanzungen sowie von Gewässern) festgehalten (Abb. 5-2).

In der hier angesprochenen Funktion berücksichtigt der Grünordnungsplan die **Versorgung der Menschen mit Freiräumen für Arbeits-, Wohn-, und Erholungsbereiche und damit die Lebensbedingungen im besiedelten Bereich**. Eine in dieser Hinsicht konsequente Planung bindet das Vorhaben behutsam in die Landschaft ein, indem zum Beispiel die Erschließung auf die gegebene Topographie bezogen und die Freiraumqualität der an das Plangebiet angrenzenden Gebiete berücksichtigt wird sowie vorhandene Grünstrukturen weitergeführt werden.

- In einigen Bundesländern ist der Grünordnungsplan auch als **eigenständige Satzung** möglich, falls kein Bebauungsplan erforderlich ist (zum Beispiel Bayern, Brandenburg, Thüringen), also bauliche Vorhaben entsprechend zurücktreten. Solche eigenständigen,

rechtsverbindlichen Grünordnungspläne fungieren als planerische Konzepte für bestimmte Flächen im besiedelten und unbesiedelten Raum. Sie können mit ihren grünordnerischen Festsetzungen sowohl zur Entwicklung von Flächen in der freien Landschaft (zum Beispiel auch zur Festsetzung von Teilflächen eines im Landschaftsplan dargestellten Flächenpools als Ausgleichsflächen) als auch zu einer umwelt- und sozialverträglichen Siedlungsentwicklung (Grünflächen im wohnungs- und siedlungsnahen Bereich) beitragen. Sieht die grünordnerische Konzeption die Einschränkung baulicher Nutzungsmöglichkeiten vor, ist zu prüfen, ob ein Bebauungsplan erforderlich wird.

Mit dem neuen BauGB ist die Eingriffsregelung in der Bauleitplanung weitgehend durch das Baurecht geregelt worden, wobei jedoch offen bleibt, mit welchem Planungsinstrument die Eingriffsregelung planerisch vorbereitet wird. In der Praxis ist es jedoch in der Regel der Grünordnungsplan, der hierzu die naturschutzfachlichen Abwägungsgrundlagen erarbeitet (Kap. 6.2).

- Der Grünordnungsplan fungiert als **Grundlage für die nach Baurecht vorgeschriebene Abwägung** öffentlicher und privater Belange gegeneinander und untereinander (§ 1 Absatz 6 BauGB) und Behandlung umweltschützender Belange in dieser Abwägung (§ 1a BauGB: Umgang mit Grund und Boden; Berücksichtigung von Landschaftsplänen und sonstigen Plänen, der Eingriffsregelung, der UVP sowie der FFH-Verträglichkeitsprüfung; Ausgleichsmöglichkeit außerhalb des Eingriffsortes). Durch die im Grünordnungsplan ermittelten Vermeidungs- und Ausgleichsanforderungen wird erst eine sachgerechte Abwägung möglich. Sie müssen mit dem ihnen zukommenden Gewicht in die Abwägung eingestellt werden.
- Der Grünordnungsplan liefert nicht nur Vorschläge für Festsetzungen in Bebauungsplänen sondern auch fachlich fundierte **Argumente**, sodass der Städteplaner Hilfestellungen für die erforderliche **Begründung vor allem der grünplanerischen Festsetzungen in B-Plänen** erhält. Die Erforderlichkeit der Festsetzungen für die planerische Zielsetzung ist nachzuweisen. Da die Eingriffsregelung in der Bauleitplanung abschließend anzuwenden ist, müssen bebauungsplanerische Festsetzungen über den Ausgleich unmissverständlich formuliert sein, wozu also

der Grünordnungsplan beitragen kann. So können zum Beispiel Vorschriften für die Mahd bestimmter Flächen oder die Pflege von Pflanzflächen nicht ohne weiteres im B-Plan festgesetzt werden. Mit der Begründung, dass solche Maßnahmen zur Kompensation der erwarteten Eingriffe erforderlich sind, werden solche Festsetzungen möglich.

Stand der Grünordnungsplanung

Die Frage nach dem Stand der Grünordnungsplanung ist hier auf die Qualität der in der Praxis erarbeiteten Grünordnungspläne gerichtet und nicht auf statistische Übersichten (zum Beispiel überplante Flächenanteile in den Kommunen, Zahl der Grünordnungspläne im Verhältnis zur Zahl der Bebauungspläne), da hier kaum Materialien vorliegen.

Zunächst ist festzustellen, dass in Deutschland aufgrund unterschiedlicher Handhabungen in den Ländern nicht zu jedem Bebauungsplan ein Grünordnungsplan erarbeitet wird. Dies wird, wie oben ausgeführt, auch nicht durch das neue BauGB gefordert. Die oben gemachten Ausführungen zu den Funktionen der Grünordnungspläne zeigen jedoch, welche Defizite in B-Plänen bestehen können, die nicht von einer Grünordnungsplanung begleitet wurden (zum Beispiel nicht hinreichende Berücksichtigung der Belange von Naturschutz und Landschaftspflege, des Vermeidungs- und Verminderungsgebotes, der Anforderungen an eine umwelt- und sozialverträgliche Siedlungsentwicklung).

Allerdings ist die Tatsache einer Grünordnungsplan-Erstellung nicht auch Garantie für die Übernahme von Grünordnungsplan-Darstellungen in die Bebauungs-Pläne: Die Grünordnungsplan-Inhalte müssen zur Übernahme geeignet, das heißt zumindest in die Festsetzungskategorien nach § 9 BauGB übersetzbar sein, was nicht immer beachtet wird. Außerdem sind die Belange von Naturschutz und Landschaftspflege mit anderen Belangen abzuwägen, was zu einer reduzierten Darstellung von Grünordnungsplan-Inhalten in B-Plänen führen kann.

Häufige Kritik betrifft die abzuarbeitenden Inhalte beziehungsweise die **Unvollständigkeit** von Grünordnungsplänen. Dazu muss allerdings gesagt werden, dass es keinen einheitlichen Standard gibt. Es existieren nicht in allen Bundesländern Vorschriften über Mindestinhalte von Grün-

ordnungsplänen und somit gibt es auch auf dieser Ebene der Landschaftsplanung eine sehr große Vielfalt.

Einen gewissen Orientierungsrahmen für den Aufbau und die Inhalte der Pläne bietet die HOAI (§ 46), die zwar keine normative Rechtsetzung vornimmt, sondern allein Preisrecht darstellt, aber über das in der Praxis häufig zugrundegelegte Leistungsbild faktischen Einfluss auf die Inhalte des Grünordnungsplanes ausübt. (Das Leistungsbild stimmt im Übrigen in weiten Teilen mit dem zum Landschaftsplan überein. Im Vergleich der Leistungen zur „vorläufigen Planfassung" – Leistungsphase 3 – liegt beim Grünordnungsplan ein stärkeres Gewicht auf Gestaltungsmaßnahmen als beim Landschaftsplan). Doch ist hier festzustellen, dass sowohl die genannten Inhalte als auch deren Aufbau und Einteilung im § 46 der HOAI nicht den Aufgaben der Grünordnungsplanung entsprechen (BDLA Schleswig-Holstein 1995). Dies gilt erst recht nach der Neufassung des BauGB. So werden in der heutigen Planungspraxis die Grünordnungsplan-Inhalte schutzgutbezogen aufgebaut. Diese Einteilung allein bringt selbstverständlich noch keine Qualität. Nicht selten ist in nicht qualifizierten Grünordnungsplänen lediglich ein beschreibender Dreizeiler zum Beispiel zu den Schutzgütern Boden, Wasser und Klima/Luft zu finden, statt einer fundierten Erfassung und Bewertung.

Auf den **Aufgabenwandel** wurde in der Praxis nicht nur mit Weiterentwicklung reagiert, sondern im Hinblick auf die Verpflichtung zur Anwendung der Eingriffsregelung (seit 1993) besteht die Tendenz der Grünordnungsplanung zu einer starken Fixierung oder sogar Reduktion auf die Eingriffsregelung und die fast ausschließliche Darstellung von Kompensationsmaßnahmen (Grünordnungsplan als „Bilanzierungsakte", BUND 1996). Dabei ist die Vernachlässigung konzeptioneller, funktionenbezogener Ansätze und freiraumplanerischer beziehungsweise gestalterischer Maßnahmen besonders zu kritisieren.

Typische Darstellungen in Grünordnungsplänen

Hier wird eine kurze Übersicht rechtlich eingeführter, in der Planungspraxis genutzter textlicher und zeichnerischer Darstellungen von Grünordnungsplänen gegeben. In einigen Bundesländern gibt es Vorschriften zur Verwendung von Planzeichen in Grünordnungsplänen, doch überwiegend können die Darstellungen frei gewählt werden. Aufgrund der direkten Zuordnung der Grünordnungsplanung zur verbindlichen Bebauungsplanung berücksichtigen die Grünordnungspläne sinnvollerweise die durch das Baurecht (§ 9 Absatz 1 BauGB) vorgegebenen Festsetzungsmöglichkeiten der Bebauungs-Pläne. Dies geschieht zum Beispiel durch Hinweise in Text und Zeichenerklärung des Grünordnungsplanes auf die jeweilige Nummer der im § 9 Absatz 1 BauGB aufgeführten Flächen als Übersetzungshilfe.

Die im Grünordnungsplan für das Bebauungsgebiet vorgesehenen Erfordernisse und Maßnahmen (unter anderem Erhaltung von Bäumen und Gehölzstrukturen, Anpflanzungen, Bewirtschaftungsvorgaben) müssen abgrenz- und übertragbar in folgende Festsetzungen sein:

- Flächen für Maßnahmen zum Schutz, zur Pflege und zur Entwicklung von Boden, Natur und Landschaft (§ 9 Absatz 1 Nummer 20 BauGB)
- Flächen zum Anpflanzen von Bäumen, Sträuchern und sonstigen Bepflanzungen (§ 9 Absatz 1 Nummer 25a BauGB)
- Flächen mit Bindungen für Bepflanzungen und für die Erhaltung von Bäumen, Sträuchern und sonstigen Bepflanzungen sowie von Gewässern (§ 9 Absatz 1 Nummer 25b BauGB)
- Öffentliche Grünflächen (§ 9 Absatz 1 Nummer 15 BauGB; Zweckbestimmungen: zum Beispiel Parkanlage, Dauerkleingärten, Sport-, Spiel-, Zelt- und Badeplätze, Friedhof)
- Private Grünflächen (§ 9 Absatz 1 Nummer 15 BauGB)
- Öffentliche und private Verkehrsflächen (§ 9 Absatz 1 Nummer 11 BauGB; Straßen, Wege, Parkflächen, Stellplätze; mit Angaben zum Versiegelungsgrad, zum Beispiel voll- oder teilversiegelt, wassergebunden)
- Wasserflächen (§ 9 Absatz 1 Nummer 16 BauGB)
- Flächen für die Landwirtschaft (§ 9 Absatz 1 Nummer 18a BauGB)
- Flächen für Wald (§ 9 Absatz 1 Nummer 18b BauGB).

Eine kleine Auswahl typischer Darstellungsmöglichkeiten in Entwicklungsplänen von häufig zu findenden schlichten Grünordnungsplänen zeigt das Beispiel in Abbildung 5-2.

Wichtig für die Umsetzung der im Grünordnungsplan erarbeiteten Maßnahmen und Erfordernisse sowohl hinsichtlich der siedlungsökologischen und -gestalterischen Anforderungen als auch hinsichtlich Vermeidung und Ausgleich von Eingriffen in Natur und Landschaft, ist die Qualität der Vorschläge für Festsetzungen, die in den Bebauungsplan übernommen werden sollen. Naturschutzbezogene Festsetzungen beziehungsweise die Folgen ihrer Umsetzung müssen zur Verwirklichung der Ziele von Naturschutz und Landschaftspflege beitragen und sind im Bebauungsplan entsprechend zu begründen. Hier muss der Grünordnungsplan Argumente zur fachlichen und letztlich rechtlichen Absicherung liefern.

Im Folgenden seien einige Beispiele für textliche Festsetzungen genannt, die Köppel et al. (1998) aus einer Reihe von Veröffentlichungen zusammengestellt haben:

- »Flächen für Maßnahmen zum Schutz, zur Pflege und zur Entwicklung von Boden, Natur und Landschaft dürfen für die Durchführung von Baumaßnahmen in Wohn- und Mischgebieten sowie für Verkehrswege und Gemeinbedarfsanlagen nicht befahren und betreten werden und sind durch unverrückbare, mindestens 2,00 m hohe Zäune hiervor zu schützen«. (Schutz von Mutterboden und bestimmter Bereiche während der Bauphase)
- »In den Wohngebieten, Mischgebieten und den Flächen für Gemeinbedarf sind auf den verbleibenden Freiflächen der Grundstücke Gehölze, Hecken und Kleingehölze zu erhalten und nach Abgang der Gehölze neu zu pflanzen« (Erhaltungsgebote, Bäume, Hecken)
- »Die Flächen der Ver- und Entsorgung sind unter Einbeziehung der vorhandenen Biotopstrukturen naturnah zu gestalten« (Festlegung von Art und Maß der baulichen Nutzung)
- »Stellplätze sind innerhalb der Baufelder und im Bereich zwischen öffentlicher Erschließungsfläche und Baufeld zulässig. Garagen sind nur innerhalb der Baufelder zulässig« – »… sind auf den nicht überbaubaren Grundstücksflächen Stellplätze und Garagen nicht zulässig« (Freihaltung von Nebenanlagen, Stellplätzen, Garagen)
- »Das Niederschlagswasser von Dach- und geringfrequentierten Hofflächen ist auf den privaten Grundstücksflächen zu versickern. Ist eine Versickerung nicht möglich, ist das anfallende Oberflächenwasser einer zentralen Versickerungsanlage zuzuleiten« (Festlegung von versickerungsfähigen Belägen).

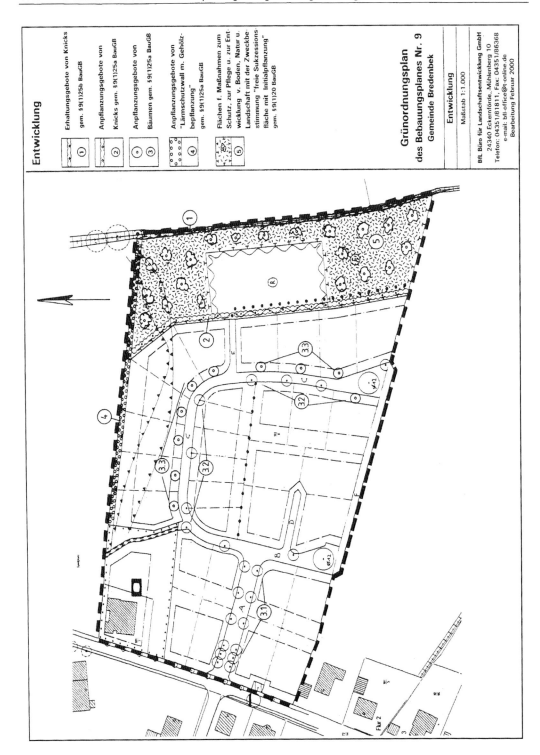

Abb. 5-2: Grünordnungsplan Gemeinde Bredenbek

Anpflanzgebote sowie die Schutz-, Pflege- und Entwicklungs- beziehungsweise Ausgleichsmaßnahmen sind detailliert und präzise festzusetzen, wo möglich sollten Handlungsspielräume zur Umsetzung (zum Beispiel unterschiedliche Formen extensiver Grünlandnutzung) bestehen bleiben.

Künftige Anforderungen an Grünordnungspläne

Vor dem Hintergrund der unter den vorangegangenen Zwischenüberschriften genannten Schwächen und neuen Aufgaben der Grünordnungsplanung sind folgende künftige Anforderungen an Grünordnungspläne zu stellen:
- Grünordnungspläne beinhalten zwar auch den Teil „Eingriffsregelung", beschäftigen sich jedoch im landschaftsplanerischen Sinne überwiegend mit dem **Bedarf** und der **Gestaltung von unbebauten Flächen**, die der Sicherung der Funktionen von Ressourcen, der Versorgung der Menschen mit Freiräumen und ästhetisch hochwertiger Orts- und Landschaftsbilder dienen.
  Im Rahmen der (vorlaufenden) Grünordnungsplan-Erstellung werden unterschiedliche Lösungsansätze zur Diskussion gestellt.
- Der Grünordnungsplan greift die langfristige und vorausschauende **Kompensationskonzeption** des zugehörigen Landschaftsplanes auf und führt diese fort.
- Grünordnungspläne sollten mit zeitlichem **Vorlauf vor Bebauungsplänen** erstellt werden (siehe zum Beispiel Kap. 9.3.2). Dies hat vor allem zu geschehen, wenn kein oder kein qualifizierter Landschaftsplan vorliegt. In diesem Fall sind über Sonderleistungen intensivere Arbeiten zur Ermittlung der Planungsgrundlagen notwendig.

- Hinsichtlich der **Abarbeitung der Eingriffsregelung** in Grünordnungsplänen sind Mindestanforderungen erforderlich.
- Die Umsetzung der Grünordnungspläne beziehungsweise der entsprechenden Festsetzungen in Bebauungsplänen muss durch die zuständigen Stellen vor allem der kommunalen Ebene kontrolliert werden. Da Sanktionsmöglichkeiten nur in geringem Maß bestehen, ist die „Kontrolle" eher als **vorbereitende** und **maßnahmenbegleitende Beratung** zu verstehen. Durch Öffentlichkeitsarbeit und Beratung im Rahmen der Grünordnungsplan-Erstellung aber auch in der Bebauungsphase (zum Beispiel Aufklärung der privaten Bauherren) sollten Sinn und Zweck grünplanerischer Maßnahmen vermittelt werden.
- Der BDLA (1995) fordert die (erneute) **Konzentration** der Grünordnungsplanung **auf das Verhältnis von Mensch und Landschaft** neben dem heute stark im Vordergrund stehenden Arten- und Biotopschutz:
- Die **Bestandsaufnahme** schließt sowohl stadtplanerische Grundlagen (zum Beispiel Erschließungs-/ Siedlungsstruktur; Versiegelung) als auch die Freiraumsituation (zum Beispiel tatsächliche und potenzielle Nutzung, Einzugsgebiete, gruppenspezifische Nutzungen, Sozial-/ Nutzerstruktur angrenzender Bereiche) mit ein.
- Die **Bewertung von Freiräumen** ist nicht allein auf ihre ökologische Qualität gerichtet, sondern auch unter anderem auf deren Erreich- und Erlebbarkeit, ihre Funktion als Begegnungsräume oder auch Rückzugsmöglichkeiten.
- Die abgeleiteten Maßnahmen und Erfordernisse beziehen dieser erweiterten Aufgabenstellung entsprechend ebenfalls **sozioökonomische Aspekte** der Freiraumplanung ein.

5.2 Pflege- und Entwicklungsplan

5.2.1 Einführung

Planerische Anforderungen an naturschutzrechtlich festgesetzte oder zukünftig festzusetzende Schutzgebiete und in besonderem Maße schützenswerte Landschaftsteile gehen namentlich hinsichtlich der Detailliertheit ökologischer Erhebungen, Bewertungen und Umsetzungen häufig weit über das Maß der flächendeckenden landschaftsplanerischen Instrumente (Kap. 5.1) hinaus. Verschiedene Formen derartiger Pläne haben als „Pflegeplan", „Pflegerichtlinie", „Entwicklungskonzept" et cetera bereits eine relativ lange Tradition (Wirz und Kiemstedt 1983), doch setzt sich eine einheitliche Terminologie – wohl nicht zuletzt über die (ansonsten vor allem preisrechtliche) Vorgabe der HOAI – erst in letzter Zeit allmählich durch, wird aber gleichzeitig, entsprechend gebietsspezifisch unterschiedlicher Anforderungen auch schon wieder differenziert (zum Beispiel „Pflege- und Entwicklungsprotokoll" in NRW). Schließlich beginnt, zurückgehend auf die FFH-Richtlinie der EU der Begriff des „Managementplanes" mehr und mehr Fuß zu fassen. Neue (inhaltliche) Anforderungen zeichnen sich auch durch die Einführung des § 3a des Bundesnaturschutzgesetzes (BNatSchG) (Verpflichtung zur stärkeren Beachtung des Vertragsnaturschutzes) ab, der entsprechend in der Planung umzusetzen ist.

Grundsätzlich umfassen Pflege- und Entwicklungspläne (PEP) also Festlegungen zu Pflege und Entwicklung von Schutzgebieten der unterschiedlichsten Kategorien. Träger der Pflege- und Entwicklungsplanung sind damit die jeweils zuständigen Naturschutzbehörden, ihre Verbindlichkeit bleibt zumeist eben– oder sogar bestenfalls auf Behörden beschränkt. Limitierte personelle und finanzielle Kapazitäten haben in der Praxis dazu geführt, dass sie bislang hauptsächlich für Naturschutzgebiete (NSG) und Großschutzgebiete wie Nationalparke, Biosphärenreservate und Naturparke aufgestellt wurden und werden, während sie für Landschaftsschutzgebiete, flächenhafte Naturdenkmale, Geschützte Landschaftsbestandteile und besonders geschützte Biotope (§ 20 c BNatSchG) eher eine (und dann in der Regel im Umfang erheblich reduzierte) Ausnahme bilden. Da für die mehr oder weniger singulären Großschutzgebiete beziehungsweise Naturschutzgroßprojekte des Bundes (zum Beispiel Hagius und Scherfose 1999) oftmals zusätzlich spezifische Anforderungsprofile erarbeitet werden, beziehen sich die folgenden Ausführungen – wie auch häufig entsprechende Richtlinien der Bundesländer – im Wesentlichen auf PEP für Naturschutzgebiete, sind aber selbstverständlich grundsätzlich auch auf alle anderen Schutzgebietskategorien zu übertragen. Namentlich für Schutzgebiete nach FFH-Richtlinie sind künftig mindestens ähnliche Anforderungen zu erwarten, falls sie nicht bereits über andere Schutzgebietskategorien festgesetzt und darüber adäquat beplant sind.

Wesentlich für PEP ist, dass eine in der Regel sehr detaillierte, unter anderem Kartierungen von Vegetation, Flora und Fauna beinhaltende, Datenerhebung als Voraussetzung für Bewertung, Ableitung von Naturschutzzielen und flächenkonkreten Maßnahmen stattfindet. Diese sind im Leistungsbild der HOAI für PEP (§ 49c), das eine grundsätzliche Orientierung zum Inhalt bietet, als Sonderleistungen ausgewiesen. Sie nehmen im Vergleich zu anderen landschaftsplanerischen Leistungen oft einen wesentlich größeren Umfang ein und erfordern häufig die Einbeziehung von Spezialisten zur Bearbeitung bestimmter Pflanzen- und Tiergruppen.

5.2.2 Ziele, Umfang und Ablauf

Ziel aller Pflege- und Entwicklungspläne muss es sein, eine fachlich fundierte und auf die spezifischen Gegebenheiten beziehungsweise Biotope zugeschnittene **Handlungsgrundlage** zu schaffen. In möglichst **umsetzungsorientierter Form** sollen derzeitiger Zustand (naturschutzfachliche Analyse), Schutzwürdigkeit und -bedürftigkeit, die Leitbilder und Ziele sowie die zu deren Umsetzung geeigneten Maßnahmen dargestellt werden (Abb. 5-3).

Die Erarbeitung von PEP für NSG erfordert damit neben den im Leistungsbild der HOAI

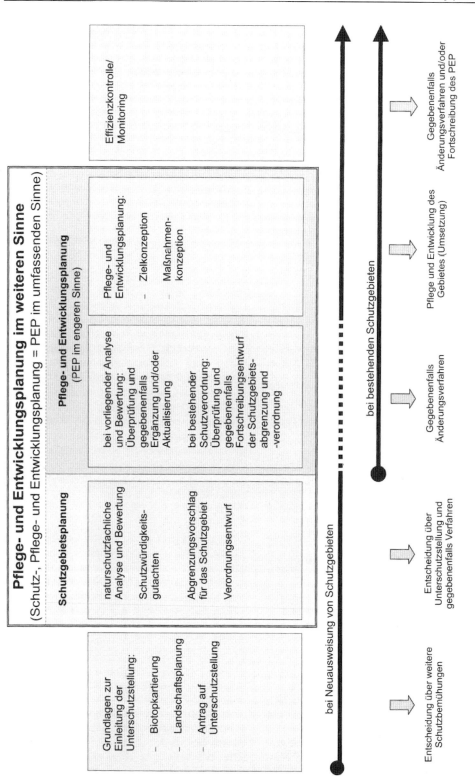

Abb. 5–3: Einordnung der Pflege- und Entwicklungsplanung in die Behandlung von Schutzgebieten (Entwurf: Horst Lange und Klaus Richter)

dargestellten Grundleistungen in der Regel umfangreiche Sonderleistungen zur Analyse (insbesondere Fauna, Flora, Vegetation) und Bewertung (gegebenenfalls als detailliertes Schutzwürdigkeitsgutachten; siehe unten).

Analyse und Bewertung der **Schutzwürdigkeit** sowie **eigentliche Pflege- und Entwicklungsplanung** für Schutzgebiete dienen vor allem folgenden Zwecken:

- Dokumentation der Naturausstattung, gegebenenfalls ihrer Veränderungen sowie ihres Entwicklungspotenzials unter besonderer Beachtung gefährdeter Teile,
- Beleg der Schutzwürdigkeit (insbesondere von erheblicher Bedeutung im Zusammenhang mit Nutzungskonflikten),
- Ableitung von Schutz- und Entwicklungszielen,
- Nachweis naturschutzfachlichen Handlungsbedarfes,
- Erarbeitung von Grundlagen und Handlungsanleitungen für Pflege und Entwicklung der Gebiete und
- Entwicklung von Vorstellungen für eine Effizienzkontrolle von Maßnahmen des Naturschutzes.

Bei ihrer Erarbeitung sind unter anderem folgende Kriterien konsequent zu berücksichtigen:
- sorgfältige Arbeit mit den verfügbaren Quellen sowie deren Dokumentation,
- klare Darstellungen zur Methodik,
- Nachvollziehbarkeit und Beleg der Ergebnisse,
- Klarheit bei der Verwendung der Fachterminologie sowie
- deutliche Trennung von erhobenen Befunden und daraus abgeleiteten Schlussfolgerungen.

Für eine realistische Planung und effektive Durchführung der gesamten Arbeiten sind vorbereitende Aktivitäten unerlässlich. Sie betreffen unter anderem:

Kontaktaufnahme mit:
- zuständigen Behörden, Einrichtungen und so weiter (zum Beispiel Fachbehörden für Naturschutz/Landesämter, Regierungspräsidien, Landratsämter/Untere Naturschutzbehörde, Forstämter/Revierförstereien, Landwirtschaftsämter, Gemeindeverwaltungen),
- Gebietsbetreuern, potenziellen Zu- und Mitarbeitern, gegebenenfalls auch anderen im Gebiet arbeitenden Planungsbüros,
- Naturschutzverbänden, Hochschulen et cetera,
- wichtigen Landnutzern oder sonstigen Nutzungsberechtigten im Gebiet, (Entsprechende

Informationsbesprechungen sind so frühzeitig wie möglich zu führen. Dabei ist zu prüfen, inwieweit andere Fachbeiträge, zum Beispiel Forst, Landwirtschaft, Fischerei, einbezogen werden können oder gemäß der Landesregelungen vorgeschrieben sind.),
- Einholung aller erforderlichen Genehmigungen,
- informative Begehungen des Gebietes gemeinsam mit den wichtigsten Partnern und
- Beschaffen und Sichten aller verfügbaren einschlägigen Daten, Materialien und Quellen.

Schematisch ist der Ablauf einer vollständigen Pflege- und Entwicklungsplanung in Tabelle 5-3 dargestellt.

Die Erarbeitung der Pflege- und Entwicklungspläne sollte grundsätzlich auf das für das jeweilige Gebiet unbedingt erforderliche Maß beschränkt werden. Dies gilt generell für den Umfang der Grundlagenerhebungen aber auch für eine gegebenenfalls nur begrenzte Beauftragung für bestimmte Planungsphasen (Analyse und Bewertung, Schutzwürdigkeitsgutachten, Pflege- und Entwicklungsplanung im engeren Sinne). Hinsichtlich des Umfangs der Grundlagenerhebungen ist davon auszugehen, dass für alle zu untersuchenden Artengruppen Mindeststandards eingehalten werden (Kap. 3). Bearbeitungen zahlreicher (insbesondere Tier-) Gruppen mit zu geringer Intensität sind in der Regel weniger aussagefähig als die fundierte Untersuchung weniger Taxa mit hoher naturschutzfachlicher Relevanz für das konkrete Gebiet, sodass im Falle zu geringer (finanzieller) Kapazitäten für eine angemessene Bearbeitung ausgewählter Gruppen eher auf bestimmte Taxa ganz verzichtet werden sollte.

Eine Reihe von Bundesländern haben mehr oder weniger verbindliche Rahmengliederungen für PEP vorgegeben (Tab. 5-4), teilweise liegen zumindest entsprechende Entwürfe vor.

Notwendige Abweichungen können sich auf Grund der Gebietsspezifik jedoch immer wieder ergeben. In vielen Fällen kann eine schrittweise Erarbeitung und spätere Aggregation von naturschutzfachlicher Analyse (vor allem Erhebung von Grundlagendaten), Schutzwürdigkeitsgutachten und Pflege- und Entwicklungsplan im engeren Sinne sinnvoll sein. So können bei Neuausweisungen beispielsweise Schutzgebietsverordnungen bereits auf der Basis von Analyse und Schutzwürdigkeitsgutachten erlassen und der eigentliche Pflege- und Entwicklungsteil erst spä-

Tab. 5-3: Schematischer Ablauf einer Pflege- und Entwicklungsplanung (leicht verändert nach LfUG 1995)

Naturschutz(-fach)behörde	Werkvertragsnehmer/ Planer	Sonstige
Festlegung der Prioritäten, Untersuchungsrahmen, Auswahl Vertragsnehmer, Zeitplan, Kalkulation, Auftragserteilung et cetra (1)	–	–
Bereitstellung von Karten, Luftbildern, Untersuchungsergebnissen; Konsultationen	Sichtung vorhandenen Datenmaterials, Recherchen bei anderen Behörden und Ämtern	Konsultationen mit anderen Abteilungen der Fachämter, Unteren Naturschutzbehörden, Gemeinden, Forstbehörden, Land- und Fischereiwirtschaft, Naturschutzverbänden, Eigentümern und anderen
gegebenenfalls Konsultationen, laufende Abstimmung	Bestandserhebungen, in der Regel Biotoptypen, wertvolle Einzelgebilde, Flora u. Vegetation, sowie Fauna (2)	Zusammenarbeit mit örtlichem ehrenamtlichen Naturschutz; gegebenenfalls Spezialisten als Unterauftragnehmer
	Beurteilung der Schutzwürdigkeit; Zustands- und Gefährdungsanalyse, Schutzbedürftigkeit, vorläufige Ziele und Leitbild	
Überprüfung, Abstimmung zum weiteren Vorgehen, gegebenenfalls Korrekturen und Änderungen	Entwurfsfassung naturschutzfachliche Analyse und Schutzwürdigkeit in Text und Karte; Abgrenzung, falls Schutzgebiet noch nicht festgesetzt ist; Rahmenkonzept PE: Behandlungseinheiten, Zustandsstufen, Leitbild	
	Festlegung von Zielen und Maßnahmen für Pflege und Entwicklung	gegebenenfalls Abstimmung mit betroffenen Dritten
Prüfung, gegebenenfalls Abstimmung mit Dritten, Festlegung von Korrekturen und Änderungen	Entwurfsfassung PEP in Text und Karten	gegebenenfalls Diskussion mit betroffenen Dritten
Abnahme	Überarbeitung, endgültige Fassung	
Empfehlungen für die behördenverbindliche Anwendung		

Beginn der Umsetzung im Zusammenwirken aller Beteiligten;
später Effizienkontrollen und gegebenenfalls Fortschreibung/ Modifizierung des PEP

Anmerkungen:

(1) Bei der Auswahl des Werkvertragnehmers sind unter anderem zu berücksichtigen: erforderliche Spezialkenntnisse, Gebietskenntnisse, technische Ausstattung. Bei der Zeitplanung ist für einen vollständigen PEP von 1 1/2 bis 2 Jahren auszugehen, für die Analyse muss mindestens eine vollständige Vegetationsperiode zur Verfügung stehen, in Spezialfällen auch mehr. Eine Kostenkalkulation kann auf der Basis der HOAI § 49 für die Grundleistungen PEP erfolgen. Für Sonderleistungen, die in der Regel vor allem im Zusammenhang mit Bestandserfassungen anfallen, bietet zum Beispiel der VUBD (1994) eine Orientierung, ohne jedoch eine detaillierte eigene Kalkulation zum Zeitaufwand im Einzelfall ersetzen zu können.

(2) Flächendeckende Erfassungen von Biotoptypen und wertvollen Einzelgebilden sind in der Regel über die Grundleistungen der HOAI abgedeckt. Vegetationskundliche, floristische und faunistische Erfassungen sind dagegen Sonderleistungen, deren Honorare schnell ein Mehrfaches der Grundleistungen erreichen können. Dies ist bereits bei der Planung von Vergaben zu berücksichtigen.

Tab. 5-4: Übersicht zu vorliegenden Richtlinien und sonstigen Vorgaben für PEP in Deutschland (zum Teil liegen bereits Entwürfe für Neufassungen vor beziehungsweise sind in Diskussion)

Bund/ Land	Quelle	Bemerkungen
Bund	Bundesamt für Naturschutz (1995) Scherfose et al. (1999)	für Naturschutzgroßprojekte des Bundes
Baden-Württemberg	Landesanstalt für Umweltschutz Baden-Württemberg (1990)	
Bayern	Bayrisches Staatsminist. für Ernährung, Landwirtschaft und Forsten (1991)	PEP für Naturparke
Brandenburg	Bader und Flade (1996)	PEP für Großschutzgebiete; Entwicklung umweltverträglicher Landnutzung betont
Hamburg	Gesellschaft für Landschafts- informationssysteme (GLIS) (1994)	Schwerpunkt in Konzeption auf Anwendung von GIS
Hessen	Hessisches Minsterium für Landwirtschaft, Forsten und Naturschutz (1989)	Grundlagen PEP = Grundlagen Schutzwürdigkeitsgutachten; überwiegend tabellarisch und kartographisch
Niedersachsen	Bezirksregierung Braunschweig (1994) Bezirksregierung Lüneburg (1993) Niedersächsisches Landesamt für Ökologie (1994)	im Bereich der Bezirksregierungen von Braunschweig beziehungsweise Lüneburg; außerdem landesweit Mindestforderungen für Feuchtgrünland
Nordrhein-Westfalen	Verbücheln et al. (1994)	je nach Gebiet verschiedene Formen (und Namen) des PEP
Rheinland-Pfalz	Thomas-Auer et al. (1993)	je nach Gebiet verschiedene Formen (4) des PEP
Saarland	Landesamt für Umweltschutz des Saarlandes (1994)	Differenzierung nach bereits vorliegenden Unterlagen
Sachsen	Sächsisches Landesamt für Umwelt u. Geologie (1995)	Gültigkeit für Naturschutzgebiete
Sachsen-Anhalt	Ministerium für Umwelt und Naturschutz des Landes Sachsen-Anhalt (1994)	Schwerpunkt beim Arten- und Biotopschutz; Einbeziehung bereits vorliegender Teile
Thüringen	Thüringer Landesanstalt für Umwelt (1993)	ähnlich hessischer Richtlinie

ter erarbeitet werden. Umgekehrt wird es in Einzelfällen auch so sein, dass hinreichende Analysedaten bereits vorliegen beziehungsweise die Situation so einfach und klar analysierbar ist, dass dringend notwendige Pflege- und Entwicklungsmaßnahmen auch ohne umfangreiche Analyse erarbeitet werden können und müssen.

5.2.3 Inhalte der Pflege- und Entwicklungsplanung

Die Inhalte eines (vollständigen) PEP bestehen im Wesentlichen aus drei größeren Komplexen:

- **Naturschutzfachliche Analyse** als Zustandsbeschreibung des Gebietes, insbesondere Darstellung von abiotischen Faktoren, Vegetation, Flora und Fauna,
- **Bewertung und Schutzwürdigkeitsgutachten** mit Darstellung der Bedeutsamkeit des Gebietes beziehungsweise seiner Ausstattung und seines Zustandes, der Schutzbedürftigkeit, von Gefährdungen sowie der Entwicklungspotenziale bei Annahme verschiedener Szenarien (zum Beispiel Sukzession – Pflege – Nutzung, äußere Einflüsse) einschließlich einer Bewertung (sowie gegebenenfalls Vorschläge für die Schutzgebietskategorie, eine Rechtsverordnung und die Gebietsabgrenzung) sowie
- **Pflege- und Entwicklungsplan** im engeren Sinne mit Formulierung von Leitbildern (generellen Zielen), Herausarbeitung und Darstellung von Behandlungseinheiten (Gebiete mit gleichen Zielbiotopen beziehungsweise -biotoptypen) und Zustandsstufen; Ableitung spezifischer Pflege- und Entwicklungsziele sowie -maßnahmen unter Beachtung von übergreifenden Zielen und besonderen Gesichtspunkten des Artenschutzes sowie flächenkonkreten Einzelmaßnahmen.

Bei PEP für bereits bestehende Schutzgebiete ist zu prüfen, inwieweit noch Ergänzungen zur Analyse beziehungsweise Bewertung (Teile 1 und 2) erforderlich sind. Gegebenenfalls ist bei guter Datenlage nur noch Teil 3 (Pflege- und Entwicklungsplan im engerem Sinne) zu erarbeiten. Umgekehrt wird sich bei noch nicht ausgewiesenen Gebieten die Bearbeitung zunächst auf die Teile 1 und 2 beschränken und der 3. Teil in der

Regel erst nach der auf Analyse und Bewertung beruhenden Behördenentscheidung beziehungsweise nach Ausweisung des Schutzgebietes beauftragt werden. Im Zusammenhang mit der Vorbereitung der Ausweisung können Vorarbeiten zu der durch die Naturschutzbehörden zu erstellenden Würdigung und/oder Rechtsverordnung im Rahmen der PE-Planung mit beauftragt werden. Im Gegensatz zu einem sinnvollen Abgrenzungsvorschlag für das Schutzgebiet beziehungsweise einer fachlichen Überarbeitung der Abgrenzung sind sie jedoch nicht regelmäßiger Bestandteil.

Im Folgenden werden die wesentlichen Inhalte der Planung kurz dargestellt, Hinweise zur technischen Ausführung und zu formalen Aspekten werden in Kapitel 5.2.5 gegeben. Dabei ist zu berücksichtigen, dass sich aus den entsprechenden Vorgaben der Länder, aber auch aus den Spezifika des konkreten Gebietes, im Einzelfall Abweichungen von der hier dargestellten Gliederung ergeben können.

Planerische Rahmenbedingungen/einführende Kapitel

Hier ist in der Regel der unmittelbare **Anlass** für die Planung mit **konkretem Gebietsbezug** darzustellen. Dazu können beispielsweise auch die Gründe für eine geplante Unterschutzstellung gehören. Aus dem Anlass ist unmittelbar die Aufgabenstellung abzuleiten. Außerdem gehören hierzu Hinweise auf Auftraggeber, gegebenenfalls Unterauftragnehmer, Bearbeitungszeiträume et cetera. Längere allgemeine Ausführungen zu rechtlichen Grundlagen, Zweck und Inhalt von PEP ohne spezifischen Gebietsbezug sind unnötig.

Lage, Größe, politische Zuordnung

Das Planungsgebiet ist zunächst kurz und prägnant in seiner **territorialen Einordnung** und Größe zu beschreiben und in der Regel in einer Übersichtskarte (DGK, TK 10 oder TK 25) darzustellen. Auf einen eventuell bereits bestehenden **Schutzstatus** ist hinzuweisen. Gemarkungsgrenzen sollten ebenso hervorgehoben werden wie beispielsweise benachbarte Schutzgebiete (zum Beispiel Wasserschutzgebiete) mit Relevanz für das Plangebiet.

Naturräumliche Einordnung

Hier ist die naturräumliche Einordnung entsprechend der im Bearbeitungsland üblichen Gliederung kurz darzustellen, auf Feingliederungen (Meso- und Mikrochoren) ist, soweit vorhanden, ebenfalls einzugehen. Spezifika der Naturräume, die für die spätere Zielstellung für das NSG beziehungsweise die Maßnahmeplanung von Bedeutung sein können, sind herauszuarbeiten (zum Beispiel repräsentative Biotoptypen).

Abiotische Verhältnisse

Die wesentlichsten abiotischen Verhältnisse sind kurz darzustellen, soweit sie von Relevanz für die vorliegende Planung sind. In der Regel werden diese Angaben aus anderen Quellen übernommen. Nur in Einzelfällen sind eigene Erhebungen erforderlich, die dann gesondert zu beauftragen sind. Dies kann zum Beispiel für die hydrologischen Verhältnisse, die Wasserqualität, aber auch für Böden von Bedeutung sein. Nach Möglichkeit sind die wesentlichsten Komponenten in Karten darzustellen, wobei ein dem übrigen PEP entsprechender Maßstab angestrebt werden sollte. Bloße Übernahmen aus überregionalen Werken sind in der Regel viel zu ungenau, um planungsrelevante Aussagen für PEP zu gestatten, namentlich dann, wenn das Untersuchungsgebiet bezüglich der betrachteten Komponenten in Grenzbereichen liegt. Gegebenenfalls sind in diesem Kapitel auch allgemeine Umweltbelastungen darzustellen, soweit sie für das Schutzgebiet relevant sind (zum Beispiel Immissionssituation, Bodenkontamination und Altlasten, Gewässerverschmutzung). Für wesentliche Parameter (zum Beispiel Geologie, Böden) kann eine tabellarische Flächenzusammenstellung (Anteile) sehr sinnvoll sein.

Grundsätzlich erscheint in diesem Zusammenhang der Hinweis wichtig, dass es nicht bei einer bloßen Darstellung/ Wiedergabe bleibt, sondern die konkreten abiotischen Verhältnisse auch bei einer Würdigung sowie der Erarbeitung des Pflege- und Entwicklungskonzeptes in angemessener Weise berücksichtigt werden. Gegenwärtige Praxis ist es leider noch zu oft, dass diese lediglich einen mehr oder weniger zusammenhanglosen Vorspann darstellen.

Geschichte der Gebietsentwicklung, historische Nutzungen

Je nach Kenntnisstand und Gebietsspezifik ist die **historische Entwicklung** kurz darzustellen, gegebenenfalls sind Ausschnitte aus historischen Karten sinnvoll. Recherchen in Archiven können erforderlich werden. Namentlich die Nutzungsgeschichte ist in der Regel von großem Interesse für das Verständnis der heutigen Verhältnisse. Wesentliche Hinweise für die künftige Entwicklung und Pflege können hier abgeleitet werden.

Soweit es sich um ein älteres Schutzgebiet handelt, sollte dessen konkrete **Geschichte** kurz dargestellt werden. Auch dabei ist nicht nur der naturschutzgeschichtliche Aspekt selbst von Interesse. Aus der unmittelbaren Schutzgebietsgeschichte und dem zurückliegenden Management können wesentliche Erkenntnisse für die künftige Pflege und Entwicklung abgeleitet werden. Unter diesem Aspekt sind zum Beispiel frühere Maßnahmen und ihre (dokumentierten) Auswirkungen gegebenenfalls detailliert zu analysieren.

Gegenwärtige Situation

Die Ausführungen zur aktuellen Nutzungsstruktur und -intensität sollten grundsätzlich in einer parzellenscharfen **Nutzungstypenkarte** zusammengefasst werden. Es sind Konfliktpotenziale wie zum Beispiel **konkurrierende Nutzungen** und/ oder **angrenzende andere Planungen** (zum Beispiel Flächennutzungspläne, Bebauungspläne, Verkehrswegebau et cetera) zu erfassen und in ihren möglichen Auswirkungen auf das Plangebiet kurz darzustellen. Neben dem eigentlichen Planungsraum ist dabei auch das Umfeld soweit zu berücksichtigen, wie einerseits Beeinträchtigungen und Gefährdungen, andererseits aber beispielsweise auch Verbundfunktionen davon ausgehen beziehungsweise realisiert werden können. Zum Themenkomplex der Einbindung des Untersuchungsgebietes in die umgebende Landschaft kann/ können (eine) zusätzliche Karte(n) sinnvoll sein, die sowohl von dort ausgehende Beeinträchtigungen und Gefährdungen als auch Aspekte der Biotopvernetzung enthält/enthalten.

Das im Einzelfall einzubeziehende Gebiet ist aus den konkreten landschaftlichen Gegebenheiten abzuleiten. Auch bei entsprechender Vorgabe durch den Auftraggeber ist anhand der Kartierung beziehungsweise Luftbildauswertung durch den Planer eine Konkretisierung und Begründung der Abgrenzung notwendig.

Eigentums- und Besitzverhältnisse sind in der Regel mit Unterstützung des Auftraggebers zu ermitteln. Die Eigentumsformen sind in einer Karte darzustellen (zum Beispiel Bund, Land, Gemeinde, Kirche, privat). Eine parzellengenaue Ermittlung der Eigentümer ist auf jeden Fall Voraussetzung für die spätere Umsetzung.

Heutige potenzielle natürliche Vegetation

Die Herausarbeitung der heutigen potenziellen natürlichen Vegetation (hpnV) dient vor allem der Darstellung der **Standortverhältnisse** in Bezug auf ihre Bedeutung für Leitbilder, die Beurteilung von Gebietszuständen und Entwicklungspotenzialen. Obwohl eine entsprechende Darstellung nur in etwa der Hälfte der vorliegenden Richtlinien gefordert wird, sollte sie unbedingt zu einem PEP gehören (Wüst und Scherfose 1998).

In der Regel genügt eine kurze Charakterisierung nicht (Angaben aus kleinmaßstäblichen Übersichtswerken), sodass eigene Analysen erforderlich werden. Dies gilt insbesondere für waldbestockte Gebiete, wo als Voraussetzung für eine Bewertung der Natürlichkeit/Naturnähe grundsätzlich eine großmaßstäbliche Karte der hpnV erarbeitet werden sollte. Eine derartige detaillierte, großmaßstäbliche Analyse und Darstellung ist in der Regel als Sonderleistung zu beauftragen.

Naturschutzfachliche Zustandsbeschreibung und -analyse

Biotoptypen und bedeutsame Einzelelemente

Biotoptypen einschließlich bedeutsamer Einzelelemente sind im Rahmen jeder PE-Planung obligatorisch flächendeckend zu erfassen. Dies geschieht in der Regel sowohl durch Luftbildinterpretation als auch Geländeerhebungen. Verbindlich vorgesehen ist die Verwendung auch der Luftbildinterpretation allerdings bislang nur in Sachsen (LfUG 1995) und Brandenburg (Bader und Flade 1996). Die Darstellung erfolgt, je nach Gebietsgröße, in Maßstäben von (1 : 1 000), 1 : 2 000, 1 : 5 000 oder (ausnahmsweise) 1 : 10 000.

Der gleiche Maßstab ist nach Möglichkeit auch für alle anderen thematischen Karten zu verwenden.

Für die Erfassung der einzelnen Biotoptypen sind die **Biotoptypenschlüssel** der einzelnen Länder zu verwenden. Schlüssel für die CIR-Luftbildinterpretation sind für PEP in der Regel weniger geeignet. Eine künftige bundesweite Vereinheitlichung wäre dringend zu wünschen, möglicherweise bietet auch hier die Umsetzung der FFH-Richtlinie (Kap. 5.2.4) zumindest einen Ansatz. Im Text ist auf Verbreitung und Bedeutung der einzelnen Biotoptypen im Gebiet näher einzugehen. Die Flächenanteile der einzelnen Biotoptypen sollten zusätzlich als Anlage in einer tabellarischen Übersicht zusammengestellt und den einzelnen Flurstücken zugeordnet werden.

Besonders geschützte Biotope nach § 20c BNatSchG beziehungsweise der entsprechenden Paragraphen der Landesgesetze sind in Text und Karte gesondert hervorzuheben. Auch hierzu sind gegebenenfalls die entsprechenden Verwaltungsvorschriften der Länder zu beachten. In diesem Zusammenhang sind die Ergebnisse vorliegender selektiver Biotopkartierungen zu berücksichtigen. Vorliegende Rote Listen gefährdeter Biotoptypen sind selbstverständlich zu beachten und in die Auswertung einzubeziehen.

Bei sehr kleinräumigen Biotopmosaiken ist unter Umständen eine Darstellung in der „Normalkarte" nicht mehr sinnvoll möglich (zum Beispiel Gewässerufer, Steilkanten, ehemalige Steinbrüche). In diesen Fällen sollte eine Darstellung als „Biotopkomplex" erfolgen und diese ergänzend entweder

- im Text näher beschrieben,
- Querschnitts- oder Transsektdarstellungen zusätzlich angefertigt oder
- großmaßstäblichere Detailkarten beigefügt werden.

Flora und Vegetation

Floristische Bearbeitungen sind so anzulegen, dass die für die eigentliche Pflege- und Entwicklungsplanung notwendigen Aussagen abgeleitet werden können. Insbesondere ist zu prüfen, in welchem Umfang die vorliegenden Daten eine (neuerliche) Bearbeitung zwingend erfordern.

Die Erfassung möglichst aller im Gebiet vorkommenden **Gefäßpflanzenarten** sollte dabei obligatorischer Bestandteil sein. Die Einbeziehung weiterer Gruppen – Moose, Pilze, Flechten, Algen

– ist gebietsspezifisch, vor allem an Hand der vorkommenden Biotoptypen und ihrer Ausprägungen, zu entscheiden und kann für Sonderstandorte unter Umständen angezeigt sein. Neben der allgemeinen textlichen Darstellung sind **seltene und gefährdete Arten** (Rote Liste-Status obligatorisch angeben!) besonders hervorzuheben.

Ausgewählte Arten (in der Regel solche der Roten Listen mit höherem Gefährdungsgrad) sind, sofern sie sich nicht durch besondere Häufigkeit im Gebiet auszeichnen (Text!), nach Möglichkeit punktgenau zu kartieren. Die Populationsgrößen sind für diese Arten grob zu schätzen (zum Beispiel 1–10, 11–50, 51–100, 101–250, 251–…) und Aussagen zur Vitalität zu machen. Teilweise liegen auch dafür in den Ländern spezielle Erfassungsbögen vor.

Neben den Rote Liste-Arten kann unter Umständen auch die Erfassung weiterer **Qualitätszeiger**, aber auch Störungs-, Nährstoff- und Magerkeitszeiger sinnvoll sein, wie dies zum Beispiel von Rückriem und Roscher (1999) für FFH-Gebiete vorgeschlagen wurde. In diesem Zusammenhang wurde auch eine Methode zur Anteilsschätzung entwickelt, die Populationsgröße (geringe Anzahl) und Deckungsgrad (abgestuft ab mehr als 5 %) kombiniert. Gerade im Zusammenhang mit dem Eindringen invasiver Arten kann dieses Vorgehen sehr sinnvoll sein.

Als Präzisierung zur Biotoptypenkarte sollte grundsätzlich eine **Vegetationskarte** erarbeitet werden, obwohl dies nicht in allen Ländern zwingend vorgeschrieben ist. In der Regel sollte diese Kartierung auf Assoziationsniveau erfolgen, gegebenenfalls auch auf dem Niveau von Subassoziationen.

Eine detailliertere Darstellung zum Thema floristisch-vegetationskundlicher Erhebungen im Rahmen von Naturschutzgroßprojekten des Bundes findet sich bei Kohl et al. (1992). Sie kann sinngemäß (und zum Teil mit entsprechenden Einschränkungen) auf alle PEP übertragen werden.

Alle ausgewiesenen Einheiten sollten durch mindestens 2 – 3 **Vegetationsaufnahmen**, modifiziert nach Braun-Blanquet (1964), belegt werden. Zur Abgrenzung kann auch Tabellenarbeit notwendig und sinnvoll sein, die dann auf jeden Fall auch textlich zu erläutern und zu kommentieren ist (näheres zur Methodik zum Beispiel bei Dierschke (1990, 1994). Auf gefährdete Pflanzengesellschaften ist näher einzugehen (Rote Listen falls vorliegend).

Insbesondere für dringend notwendige Dauerbeobachtungen beziehungsweise spätere **Effizienzkontrollen** sind die geforderten Belegaufnahmen unverzichtbar und gegebenenfalls die entsprechenden Probeflächen in Abstimmung mit dem Auftraggeber dauerhaft zu markieren.

Angaben zur **Hemerobie** sollten zumindest für Wälder/Forsten gemacht werden. Spielen diese eine größere Rolle im Untersuchungsgebiet, sind die Hemerobiestufen auch in einer Karte darzustellen.

Fauna

Noch in wesentlich höherem Maße als bei der Flora ist die Festlegung des faunistischen Untersuchungs- und Erfassungsbedarfes von der **Gebietsspezifik** abhängig. In allen Fällen wird es notwendig sein, eine Auswahl aus den für eine Erfassung möglichen (und sinnvollen) **Tiergruppen** zu treffen.

Mit Ausnahme weniger Tiergruppen (zum Beispiel Vögel) können in der Regel auch nur ausgewählte, möglichst **repräsentative Teilflächen** bearbeitet werden. Dabei ist zu beachten, dass faunistisch bedeutsame Flächen nicht unbedingt deckungsgleich mit floristisch wichtigen Bereichen sein müssen.

Für eine Erfassung geeignet sind in der Regel Arten und Gruppen mit folgenden Merkmalen:
- spezifische Biotopansprüche (Stenökie),
- gute Kenntnisse der Autökologie und
- gute Erfassbarkeit und Determinierbarkeit (Bearbeiterpotenzial, insbesondere bei Wirbellosen!).

Als Entscheidungshilfe für die Auswahl kann Tabelle 5-5 dienen, in der die Empfehlungen für Naturschutzgroßprojekte des Bundes dargestellt sind (Finck et al. 1992). In einigen Fällen liegen auch entsprechende Vorgaben der Bundesländer vor, die in die Richtlinien für die Erarbeitung der PEP integriert sind (zum Beispiel Sachsen: LfUG 1995).

Anzumerken ist, dass häufig aus Kapazitätsgründen und begrenzten finanziellen Möglichkeiten nur ein Teil der wünschenswert erscheinenden Gruppen für eine Bearbeitung in Betracht kommen wird. Zu wiederholen ist in diesem Zusammenhang der Hinweis, dass eine hinreichend aussagefähige Bearbeitung von wenigen, sorgfältig entsprechend der Gebietsspezifik ausgewählten Gruppen wertvoller ist als eine oberflächliche Bearbeitung einer Vielzahl von Taxa (bei der

Tab. 5-5: Empfehlungen zur lebensraumbezogenen Erfassung der Fauna im Rahmen von Naturschutzgroßprojekten des Bundes (nach Fink et al. 1992)

Lebensraum	Säugetiere (Mammalia)	Vögel (Aves)	Kriechtiere (Reptilia)	Lurche (Amphibia)	Fische ("Pisces")	Limn.Wirbellose bzw. Makrozoobenthos	Terrestrische Schnecken (Gastropoda)	Spinnen (Araneae)	Libellen (Odonata)	Heuschrecken (Saltatoria)	"Tagfalter" (Lepidoptera part.)	"Nachtfalter" (Lepidoptera part.)	Laufkäfer (Carabidae)	Xylobionte Käfer (Cerambycidae et cetra)	Schwebfliegen (Syrphidae)	Stechimmen (Aculeata part.)	Ameisen (Formicoidea)
Küstenlebensräume																	
– Wattflächen, Sandbänke und Strände bis zur MTHW-Linie	•	●			+	●											
– Quellfluren und Salzwiesen		●					+	●					●				
– Dünen (im weiteren Sinne)		●					+	●					●				
– Fels- und Steilküsten		•															+
Binnengewässer																	
– Quellen				•		●			•								
– Fließgewässer	•	•		•	●	●			●								
– stehende Gewässer	•	•		•		●			●								
Amphibische Lebensräume																	
– Röhricht und Großseggenrieder		●		•	•			●	+	+			●	●			+
– Steilufer		•															●
– vegetationsarme Flachufer		•								•			●				
Moore																	
– Hoch- und Zwischenmoore		•		•	•			●	+	●			●				+
– Niedermoore	●	•		•			●		●	●			●		+		+
Vegetationsarme Lebensräume																	
– Fels- und Geröllbereiche	•	•					+			+	•					+	
– sandige und bindige Rohböden	•	•						●	+				●			●	+
Äcker und Ackerbrachen	•							●		+			●				
Grünländer und Heiden																	
– Feucht- und Naßgrünland/ frisch		●		+			+	●		●			●				
– Wiesen und Weiden																	
– Säume		+	+				+	●		●			●	+			
– Zwergstrauchheiden und trockene Magerrasen		•	•					●		●			+	+		●	+
Gehölzbestimmte Lebensräume																	
– geschlossene Wälder und Forste	+	●		+			●	+					●	●	●	+	+
– lichte Wälder mit traditioneller Nutzung; baum- und strauchbestimmte Lebensräume der offenen Landschaft	+	●		•			●		+				●	●	+	+	

in der Regel sollte außerdem eine zusätzliche Tiergruppe untersucht werden.

● in allen Ausprägungen des Lebensraumtypes zu bearbeiten

• zu bearbeitende Tiergruppe (wie vorher), relevante Aussage jedoch nur zu einzelnen Arten zu erwarten, Erfassung grundsätzlich von Interesse und planungsrelevant; in der Regel genügt geringere Erfassungsintensität

+ Erfassung örtlich oder aufgrund spezieller Fragestellungen sinnvoll dann häufig nur die jeweils allgemein verbreiteten, wenig gefährdeten Arten erfasst werden).

Wüst und Scherfose (1998) sehen in Auswertung der vorliegenden Richtlinien so genannte **Standardgruppen** (alle Wirbeltiere, Libellen, Heuschrecken, Tagfalter, Laufkäfer, Makrozoobenthos), die in nahezu allen PEP untersucht werden sollen, sowie zusätzliche, nur unregelmäßig erwähnte Gruppen wie Mollusken, xylobionte Käfer, Nachtfalter, Stechimmen, Schwebfliegen, Ameisen oder Spinnen.

Da eine detaillierte Darstellung des notwendigen Untersuchungsumfangs für die einzelnen in Frage kommenden Taxa den Umfang dieser allgemeinen Hinweise bei weitem sprengen würde, sei hierzu nur auf Trautner (1992) als gute Entscheidungshilfe hingewiesen. Abweichend davon können sich aus der Gebietsspezifik im Einzelfall aber auch andere Erfordernisse ergeben: Während beispielsweise für avifaunistische Erfassungen in der Regel C-Nachweise (wahrscheinlicher Brutvogel) zu fordern und D-Nachweise (sicherer Brutvogel) anzustreben (Sharrock 1976) oder Siedlungsdichteerfassungen durchzuführen sind, können sich im Einzelfall etwa im Zusammenhang mit bedeutenden Rastplätzen wesentlich andere Aufgabenstellungen ergeben. Im Hinblick auf Amphibienvorkommen können, um ein weiteres Beispiel zu nennen, spezifische Anforderungen aus der Notwendigkeit resultieren, das Wanderverhalten zwischen Laichgewässern, Sommerlebensraum und Winterquartier detailliert zu erfassen.

Grundsätzlich gilt auch für die faunistischen Erfassungen, dass untersuchte Artengruppen und Erfassungsmethoden nachvollziehbar sein müssen. Insbesondere im Bereich der Wirbellosen sind die Angaben zu belegen, entweder durch Belegexemplare oder – im Einzelfall möglich – durch Fotos. Dies gilt insbesondere für alle kritischen und/ oder seltenen Arten. Noch zu häufig sind bemerkenswerte Befunde gerade in diesem Bereich mehr oder weniger wertlos, weil Belege fehlen und eine Überprüfung nicht möglich ist. Wichtig erscheint in diesem Zusammenhang der Hinweis, dass anfallendes Material auch dann nicht verworfen werden sollte, wenn es im Zusammenhang mit der konkreten Aufgabenstellung nicht bearbeitet wird. Beispielsweise wird Barberfallen-Material in der Regel nur hinsichtlich ausgewählter Gruppen, oft nur der Laufkäfer, ausgewertet. Das Restmaterial sollte – und dies ist bereits

bei Vertragsabschluss zu beachten – übergeben und zur weiteren Aufbewahrung und Bearbeitung an ein Museum oder eine andere Institution weitergeleitet werden, wenn der Bearbeiter keine eigene Sammlung unterhält. Die Tötung einer großen Anzahl von Tieren – zudem noch in (potenziellen) Schutzgebieten – ohne vollständige Aufarbeitung oder zumindest Vorhaltung zur Bearbeitung ist heute ansonsten nicht mehr zu rechtfertigen.

Hinsichtlich der Auswertung und Darstellung gilt das zur Flora ausgeführte sinngemäß:

- seltene und/oder besonders gefährdete Arten sind näher darzustellen,
- der Rote Liste-Status ist anzugeben,
- für bemerkenswerte Arten sind möglichst punktgenaue Kartendarstellungen anzufertigen und die Populationsgröße ist zu ermitteln beziehungsweise zu schätzen.

Für besonders bedeutsame Arten (unter Umständen Bezug zum Schutzzweck) sind **Habitatansprüche** detailliert darzustellen und ihre mögliche Entwicklung im Gebiet im Hinblick auf Entwicklungspotenzial und -ziele zu diskutieren.

In einer Reihe von Ländern liegen auch für faunistische Erhebungen spezielle Erfassungsbögen vor, die gegebenenfalls zu verwenden sind.

Schutzwürdigkeit

Unabdingbare Voraussetzung für eine Ausweisung als NSG ist der schlüssige Nachweis der Schutzwürdigkeit **(Schutzwürdigkeitsgutachten)** entsprechend der als Rahmen durch § 13 BNatSchG und die entsprechenden Regelungen der Landesgesetze vorgegebenen Schutzgründe:

- zur Erhaltung von Lebensgemeinschaften oder Biotopen bestimmter wildlebender Tier- und Pflanzenarten,
- aus wissenschaftlichen, naturgeschichtlichen oder landeskundlichen Gründen oder
- wegen ihrer Seltenheit, besonderen Eigenart oder hervorragenden Schönheit.

Für andere Schutzgebietskategorien gilt im Einzelfall entsprechendes.

Die im Rahmen der naturschutzfachlichen Analyse erhobenen Daten müssen damit einer detaillierten Bewertung unterzogen werden (zum Beispiel Plachter 1994). Neben der Einzelbewertung erscheint dabei auch eine synoptische Gesamtbewertung unverzichtbar. **Wertbestim-**

mende **Aspekte** der Naturausstattung von NSG sind dabei zum Beispiel

- Vorkommen seltener und/oder gefährdeter Biotoptypen, Pflanzengesellschaften, Pflanzen- und Tierarten,
- Vielfalt von Flora und Fauna,
- Repräsentanz,
- Seltenheit,
- Vollkommenheit der Lebensräume,
- Naturnähe beziehungsweise Hemerobie,
- ökosystemare Zusammenhänge/ Vernetzungsfunktion und so weiter.

Verwiesen sei in diesem Zusammenhang beispielsweise auch auf Kaule (1991) sowie Usher und Erz (1994).

Aspekte des **Landschaftsbildes** sowie die landschaftliche beziehungsweise naturräumliche Einbindung und Repräsentanz sind ebenfalls zu berücksichtigen.

Die **Entwicklungspotenziale** sind unter Beachtung der wertbestimmenden Gesichtspunkte aus der Analyse darzustellen.

Die Schutzwürdigkeit ist anhand der realen Ausstattung und des Entwicklungspotenzials detailliert nachzuweisen und zu begründen. Noch häufig zu beobachtende Defizite erfordern in diesem Zusammenhang den nachdrücklichen Hinweis, dass die Ergebnisse der Analyse hier konkret und vollständig umgesetzt und verarbeitet werden müssen. Die Bewertung umfasst dabei jeweils

- Einzelfaktoren/ Synopse
- Teilflächen/ Gesamtgebiet
- Ist-Zustand/ Entwicklungspotenzial.

Sie ist mit der Herausarbeitung der Schutzwürdigkeit keinesfalls abgeschlossen. Auch bei der folgenden Erarbeitung von Zielkonzept und Maßnahmeplanung ist Bewertung in vielfältigster Form immer wieder notwendig.

Schutzbedürftigkeit und -fähigkeit

- Neben der Schutzwürdigkeit ist die Schutzbedürftigkeit eines der wichtigsten Kriterien für die Ausweisung von Schutzgebieten. Darzustellen sind insbesondere **Beeinträchtigungen und Gefährdungen** sowie bestehende **Nutzungskonflikte**, zum Beispiel hinsichtlich von
- Landwirtschaft,
- Forstwirtschaft,
- Jagd,
- Fischerei,
- Wasserwirtschaft,
- Erholung und Tourismus und
- Verkehr und Bebauung.

Dabei ist zu beachten, dass auch in einem rechtskräftig ausgewiesenen Schutzgebiet Gefährdungen und Beeinträchtigungen durch Nutzungen häufig weiter bestehen (Haarmann und Pretscher 1988). Diese **Konflikte** sind deutlich (in der Regel parzellenscharf) darzustellen, und hierfür nach Möglichkeit Lösungsvorschläge zu erarbeiten, die in die eigentliche PE-Planung eingehen.

Andererseits ist auch die **Entwicklungsprognose** für das Gebiet ohne Nutzung, biotopgestaltende und -pflegende Maßnahmen detailliert zu diskutieren. Vor dem Hintergrund nahezu ausschließlich anthropogen entstandener oder beeinflusster Lebensräume („Kulturlandschaft") ist der zu prognostizierende „Wert" unter dem Aspekt einer „natürlichen" **Sukzession** mit dem bei **Pflege** beziehungsweise **pfleglicher Nutzung** nachvollziehbar zu vergleichen. Zu beachten sind dabei neben historischen Aspekten der wertbestimmenden Entstehungsgeschichte auch Gesichtspunkte der Flächengröße und der Zeiträume natürlicher Sukzessionszyklen.

Die häufige Kleinräumigkeit potenzieller oder tatsächlicher Schutzgebiete kann im Falle einer natürlichen Sukzession ohne Eingriffe zum zumindest mittelfristig vollständigen Verlust früher Zyklusstadien führen, die entweder anthropogen entstanden sind oder durch bestimmte Nutzungsformen erhalten wurden. Sind (historische) Nutzungsformen für wertbestimmende Aspekte des Gebietes ursächlich verantwortlich (in der Regel zum Beispiel die Mehrzahl der waldfreien Lebensräume), können diese nur durch andauernde Pflege/Nutzung erhalten werden. Regelmäßige Kleinräumigkeit des tatsächlichen und möglichen Schutzgebietssystems bedingt, dass im Falle einer natürichen Sukzession oft eine kontinuierliche und räumlich hinreichend verbundene Existenz früher Zyklusstadien nicht gesichert werden kann. Zudem kommen eine Reihe von aus heutiger Sicht hoch wertvollen Lebensräumen im natürlichen Zyklus wohl nicht oder kaum vor (zum Beispiel Extensivgrünland verschiedenster Ausprägungen, Ackerwildkrautfluren). In diesem Zusammenhang sind auch Aspekte der historischen Biogeographie zu beachten. Diese Gesichtspunkte werden bei der Planung, insbesondere bei der Entscheidung für eine Sukzession auf kleiner Fläche häufig noch vernachlässigt.

Sind Schutzwürdigkeit und -bedürftigkeit herausgearbeitet und nachgewiesen, ist zu prüfen, ob ein entsprechender Schutz überhaupt grundsätzlich möglich ist **(Schutzfähigkeit)**. Zu betrachten sind hier vor allem (äußere) Rahmenbedingungen, zum Beispiel rechtskräftige andere Planungen, die im Einzelfall trotz hoher Schutzwürdigkeit und -bedürftigkeit eine Erhaltung und/oder Entwicklung der wertbestimmenden Aspekte nicht möglich beziehungsweise nicht längerfristig absicherbar machen. Dies kann zum Beispiel betreffen:

- schwerwiegende Schäden durch großräumige Immissionsbelastungen, Kontaminationen und ähnliche bereits eingetretene irreparable Schäden oder auch mittel- bis langfristig ungünstige Prognosen hinsichtlich der Belastungen, die durch die Schutzgebietsausweisung nicht beeinflussbar sind – „globale" Belastungen,
- unlösbare Konflikte zwischen verfügbarem Raumangebot und notwendigem Bedarf, um Schutzgüter nachhaltig sichern zu können (zum Beispiel MVP („minimum viable population", Shaffer 1981; weiterführend zum Beispiel bei Hovestadt et al. 1991) bei Arten mit hohem Raumanspruch),
- nicht ausreichendes und/oder nicht ergänzbares genetisches Potenzial, um eine nachhaltige Sicherung/Entwicklung gewährleisten zu können (Artenschutz).

Schutzgebietsvorschlag

In Abhängigkeit von der Ausgangssituation und den spezifischen Gegebenheiten kann die Erarbeitung eines Vorschlags für die **Schutzgebietskategorie** und die -**abgrenzung** beziehungsweise dessen Erweiterung Bestandteil des Auftrages sein. Dies hat in jedem Fall unter Bezug auf die naturschutzfachliche Analyse, Schutzwürdigkeit und -bedürftigkeit zu erfolgen.

Die Erarbeitung eines Entwurfes einer **Rechtsverordnung** inklusive entsprechender Kartendarstellungen ist nicht Bestandteil der Grundleistungen für einen Pflege- und Entwicklungsplan und kann als Grundlage für die weitere behördliche Bearbeitung gesondert vereinbart werden. Basis auch hierfür müssen naturschutzfachliche Analyse und Schutzwürdigkeitsgutachten bilden. Der Bezug ist in der Begründung klar

herauszustellen. Vorschläge für in die Rechtsverordnung aufzunehmende spezifische Verbote, Gebote und Entwicklungsziele sind ebenso wie der Schutzzweck direkt aus den vorhergehenden Kapiteln abzuleiten.

Formale Grundlage für die Erarbeitung entsprechender Entwürfe sind die Verwaltungsvorschriften der Länder zur Ausweisung von Schutzgebieten, dies betrifft auch abweichende Vorschriften zur kartographischen Darstellung.

Ziele, Pflege- und Entwicklungsmaßnahmen

Die aus Analyse, Bewertung der realen Ausstattung und Entwicklungspotenzialen abgeleitete, **grundsätzliche Zielstellung** für das Gebiet (beziehungsweise im Einzelfall deutlich abgrenzbare Teilräume) wird als **Leitbild(er)** formuliert. Die Ableitung muss in jedem Fall nachvollziehbar begründet sein. Als Leitbilder eignen sich im Rahmen von PEP exakt definierte Biotoptypen beziehungsweise -ausprägungen (zum Beispiel Pflanzengesellschaft, Nutzungsgrad, Struktur), häufig aber auch entsprechend charakterisierte Landschaftsausschnitte mit komplexen funktionalen Zusammenhängen zwischen unterschiedlichen Biotoptypen. Dabei muss das Leitbild nicht zwangsläufig einen im Pflege- und Entwicklungsprozess angestrebten (optimierten) Endzustand beschreiben (der dann „statisch" zu konservieren wäre), sondern kann ausdrücklich auch eine permanente (und ungesteuerte) ökosystemare Prozessdynamik („natürliche Sukzession") zum Inhalt haben.

Leitbilder können durch die Benennung bestimmter **Leitarten** ergänzt und untersetzt werden.

Leitarten in diesem Sinne sind nicht zu verwechseln mit Zielarten. Als Leitarten kommen beispielsweise die aus der Pflanzensoziologie bekannten Charakterarten angestrebter Pflanzengesellschaften in Betracht. Besondere Bedeutung kann ihrer Herausarbeitung aber auch dann zukommen, wenn sie aufgrund ihrer Ansprüche geeignet sind, die im Leitbild ausgewiesenen, angestrebten ökosystemaren Vernetzungen innerhalb eines komplexen Biotopmosaiks zu verdeutlichen (Tierarten mit unterschiedlichen Teillebensräumen). Durch ihr Vorkommen beziehungsweise ihre Populationsentwicklung sind sie gleichzeitig Indikatoren für die Effizienz durchgeführter Maßnahmen. Zielarten hingegen sind solche, die im Einzelfall

Tab. 5-6: Leitbild: reich gegliederte, naturnahe Bachaue (nach LfUG 1995)

Behandlungseinheit/Zielbiotoptyp	Zustandsstufe	Pflege- und Entwicklungsziel	Strategien(Auswahl)	Maßnahmen
naturnaher Bach	begradigter Bach	Renaturierung	ersteinrichtende Maßnahmen, später extensive Biotoppflege	*Auf Beispiele für flächenkonkret festzulegende Einzelmaßnahmen wird hier verzichtet.*
artenreiches mesophiles Grünland	entsprechend Zieltyp	Erhaltung	extensive Pflege	
	intensiv genutzte Weide	Umwandlung	pflegliche Nutzung, später extensive Pflege	
	Acker	Umwandlung	ersteinrichtende Maßnahmen, später pflegliche Nutzung	
Hainmieren-Schwarzerlen-Bachwald (Stellario-Alnetum)	entsprechend Zieltyp (Teilfläche A)	Erhaltung	natürliche Sukzession	
	entsprechend Zieltyp (Teilfläche B)	Erhaltung	extensive Pflege	
	Eschen-Reinbestand	Überführung	pflegliche Nutzung	
	Fichten-Reinbestand	Umwandlung	ersteinrichtende Maßnahmen, später pflegliche Nutzung	
	Fichten-Reinbestand (zum Beispiel kleinflächig in Teilfläche A)	Umwandlung	natürliche Sukzession	

Tab. 5-7: Beispielliste wesentlicher Schutz-, Pflege- und Entwicklungsmaßnahmen (Auswahl) (LfUG 1995)

Pflegliche Nutzung

Landwirtschaft

- Einschränkung/Verbot der Düngung
- Verbot des Biozideinsatzes
- Aushagerung/allmählicher Nährstoffentzug
- extensive Bodenbearbeitung
- Änderungen der Fruchtfolge
- Änderung der Nutzungsart (in der Regel: Acker in Grünland)
- Erhalt und Pflege von Feldrainen, Flurgehölzen und Hecken, Regelungen zur Schlaggröße
- Änderung von Mahdhäufigkeit und -zeitpunkt (in der Regel ein- oder zweischürig, nicht vor dem 30.6., gegebenenfalls zu noch späteren Terminen)
- Änderung der Beweidungsart und -intensität (Stand-, Triftweide, Tierarten und -rassen)
- Umwandlung von Weidenutzung in Wiesennutzung und umgekehrt
- Regelungen zum Einsatz von Technik und Technologien
- Änderung der Nutzungsintensität im Obstbau (in der Regel nach Möglichkeit Einführung der Streuobstnutzung)
- Pflege von Streuobstbeständen
- Änderung der Obstarten und -sorten
- Extensivierung von Weinbergen

Forstwirtschaft

- Abtrieb/Entnahme von nichtstandortgerechten und nicht einheimischen Gehölzen
- Aufforstung mit Baumarten der potentiellen natürlichen Vegetation
- Förderung von naturnahen, horizontal und vertikal reich gegliederten Bestockungen, Förderung der Nebenbaumarten
- Förderung der Naturverjüngung
- Verzicht (Einschränkung) auf (von) Kahlschläge(n)
- Schaffung naturnaher Altersstrukturen
- Erhöhung des Altholzanteils
- Waldrandgestaltung (Waldmäntel)
- Nieder- und Mittelwaldwirtschaft
- Aufgabe der forstlichen Nutzung
- Einrichtung von Naturwaldzellen (Totalreservate)
- Einstellung der Düngung/Kalkung
- Verzicht auf Biozideinsätze
- Beseitigung/Umbau plantagenartiger Waldbestände (zum Beispiel „Weihnachtsbaumkulturen", Hybridpappeln)

Jagd

- Regelung des Wildbestandes und der -dichte
- spezielle Regelungen der Bejagung (räumlich und/oder zeitlich)
- Einschränkungen/Verbot der Bejagung bestimmter Tierarten oder -gruppen
- Verbot best. Jagdformen (Drückjagd, Schlagfallen et cetera)
- Regelungen zur Nutzung/Anlage von jagdlichen Einrichtungen (zum Beispiel Hochsitze)
- Verbot bestimmter jagdlicher Einrichtungen (zum Beispiel Wildfütterungen, Kirrplätze)
- Verbot bleihaltiger Munition zur Wasservogeljagd

Fischerei

- Extensivierung durch Regelung des Besatzes und der Zufütterung
- Regelung der Artenzusammensetzung und Altersstruktur von Besatzfischen
- Entschlammen
- Sommern
- Röhricht-, Ufer- und Dammpflege (Mahd, Beweidung, Rohbodenaufschluss, Nachpflanzen, Ästen und so weiter)
- Einschränkungen des Angelsports
- Beseitigung von fischereilichen und angelsportlichen Einrichtungen

Pflegliche Nutzung (Fortsetzung)

Wasserwirtschaft

- Einschränkung/Versagung der Grundwassergewinnung oder Wasserentnahme
- Verzögerung des Abflusses (Anstau in Gräben, Verschluss von Drainagen, Rückbau von Begradigungen et cetera)
- Sicherung des Mindestwasserstandes beziehungsweise -mindestabflusses
- Gewässerrenaturierung
- Reaktivierung von Auen
- Biotopgerechte Gewässerunterhaltung/-pflege und gegebenenfalls Neuanlage
- Reduktion der Gewässerbelastungen (Gewässerrandstreifen, Kläranlagen)

Naherholung und Tourismus

- Begrenzung der Nutzungen
- Beseitigung von Freizeiteinrichtungen, gegebenenfalls vollständige Aufgabe der Freizeitnutzung
- Maßnahmen zur Besucherlenkung

Infrastruktur, Verkehr, Bebauung

- Einschränkungen des Verkehrs
- Trassenänderungen und -rückbau
- Einschränkungen möglich Bebauung
- Beseitigung baulicher Anlagen
- Verhinderung/Verbot von Stoffeinträgen (zum Beispiel Abwässer, Tausalze)

Biotoppflege/Ersteinrichtende Maßnahmen

- Eine Reihe von möglichen Maßnahmen, die auch bei der Biotoppflege/ersteinrichtenden Maßnahmen eine Rolle spielen, wurden bereits im Zusammenhang mit der pfleglichen Nutzung aufgeführt und werden hier nicht noch einmal wiederholt.

Vegetation

- Auslichten und Beseitigen von Gehölzen
- Gehölzanpflanzungen, insbesondere Hecken, Gebüsche, Feldgehölze
- Gehölzpflege, inklusive Kopfbaumpflege
- Beseitigung/Mahd von Hochstaudenfluren
- Förderung von Hochstaudenfluren
- Bekämpfung von Neophytenbeständen

Boden

- Offenlegung
- Gestaltung/Modellierung der Bodenoberfläche
- Anlegen/Pflegen von Erdwänden
- Freistellung von Felsen
- Erhaltung/Pflege von Trockenmauern
- Erhaltung von Steinrücken
- Anlage/Erhaltung von Lesesteinhaufen
- Erhaltung/Pflege von Höhlen und Stollen

Gewässer

- Renaturierung von Fließ- und Stillgewässern
- Pflege von Gewässerufern/-randstreifen
- Renaturierung von Gewässern/Rückbau von Begradigungen
- Neuanlage von Kleingewässern
- Entschlammung

Biotoppflege/Ersteinrichtende Maßnahmen (Fortsetzung)

Artbezogene Maßnahmen

- Errichtung von Schutzeinrichtungen (Leit- und Schutzzäune, Fahrbahnuntertunnelungen, Fischtreppen et cetera)
- Sicherung von Nistplätzen und Anbringen von Nisthilfen und anderen Hilfseinrichtungen
- bestandsstützende und Wiederansiedelungsmaßnahmen (Ausnahmefälle!)
- bestandsreduzierende Maßnahmen bei einzelnen Arten

Öffentlichkeitsarbeit

Administrative Maßnahmen

- Schutzgebietsausweisungen
- Nutzung von Förderprogrammen
- Flächenkauf/-pacht
- Maßnahmen der Bodenordnung

zunächst konkret im Mittelpunkt der (Arten)-Schutzbemühungen stehen, auch dann, wenn diese über einen Gebietsschutz umgesetzt werden. Dies schließt nicht aus, dass Leitarten häufig zugleich auch Zielarten sein können (beziehungsweise umgekehrt). Zur grundsätzlichen Diskussion um diese (und eine Reihe weiterer) Begriffe sei hier nur auf Meyer-Cords und Boye (1999) verwiesen.

Basierend auf der Analyse, der Bewertung der gegenwärtigen Situation und den Entwicklungspotenzialen sind die **Behandlungseinheiten** zur Umsetzung des/der Leitbildes/er herauszuarbeiten und abzugrenzen. Eine Behandlungseinheit umfasst dabei alle Gebiete mit jeweils gleichen Zielbiotoptypen.

Für die Behandlungseinheiten sind die gegenwärtigen **Zustandsstufen** (aktuelle Biotoptypen, bei Wäldern zum Beispiel inklusive ihrer Bewertung über Hemerobiestufen) beziehungsweise Ökosystemzustände (Sukzession) darzustellen. Dies gilt gegebenenfalls auch für angestrebte, einzelne Entwicklungsschritte einschließlich der zu ihrer Erreichung prognostizierten oder angestrebten Zeiten (letzteres insbesondere dann, wenn die gegenwärtige Zustandsstufe „weit" vom **Zielbiotop/-biotoptyp** entfernt ist). Eine Behandlungseinheit als Gebiet des gleichen Zielbiotops/-biotoptyps wird häufig Flächen unterschiedlicher Zustandsstufen (aktuelle Biotoptypen) aufweisen, für die dann Strategien und Maßnahmen jeweils gesondert festzulegen sind. So beispielsweise dann, wenn die Behandlungseinheit „Extensive Frischwiese" anteilig bereits im Zielzustand vorliegt, andere Teilflächen zum

Zeitpunkt der Bearbeitung noch als Acker oder Intensivweide genutzt werden.

Strategien und davon ausgehend konkrete Maßnahmen sind abzuleiten, die geeignet sind, ausgehend von den gegenwärtigen Zustandsstufen der Behandlungseinheiten die Leitbilder (Ziele) zu erreichen.

Hauptstrategien sind dabei:

- ersteinrichtende Maßnahmen,
- Dauerbehandlung mit den wesentlichen Formen
  - natürliche Sukzession,
  - Biotoppflege und
  - pflegliche Nutzung.

Die Zusammenhänge zwischen Leitbild, Behandlungseinheit, Zustandsstufen, Pflege- und Entwicklungszielen, Strategien und Maßnahmen sind beispielhaft in Tabelle 5-6 zusammengestellt.

Eine grobe Orientierung über wesentliche mögliche Maßnahmen gibt Tabelle 5-7, ohne dabei Anspruch auf Vollständigkeit zu erheben. Selbstverständlich ist in jedem Fall eine gebietsspezifische Anpassung erforderlich.

Nach der allgemeinen Ableitung und Begründung der Strategien und Maßnahmen sind diese flächenkonkret und -deckend für jede einzelne gegenwärtige Zustandsstufe der Behandlungseinheiten in Text und Karte darzustellen.

Ergänzend sind gegebenenfalls Maßnahmen zur Sicherung beziehungsweise Wiederherstellung **übergreifender Funktionen** sowie spezifische Einzelmaßnahmen für ausgewählte Pflanzen- und Tierarten aufzunehmen. Hier sind Maßnahmen zum Schutz bestimmter, in der Regel **besonders geschützter** beziehungsweise **gefähr-**

deter Arten darzustellen, soweit sie nicht in den vorigen Kapiteln behandelt wurden. Dies kann zum Beispiel im Zusammenhang mit Arten von besonderer Bedeutung sein, die ausgedehnte Reviere besiedeln und/oder eine Reihe von verschiedenen Habitaten benötigen (Laichgewässer/Sommerlebensraum/Winterquartier, Brut- und Nahrungshabitat et cetera). Insbesondere die über die einzelnen Behandlungseinheiten hinausgehenden Verknüpfungen und Zusammenhänge sind herauszuarbeiten.

Ganz entscheidend ist die logisch folgerichtige Ableitung der Einzelmaßnahmen aus den konkreten Analysen und Bewertungen, daraus abgeleitetem Leitbild und grundsätzlicher Strategie. Auf häufig zu beobachtende Defizite bei der Verknüpfung von Analyse einerseits und Bewertung, besonders aber Entwicklungszielen und Maßnahmen andererseits, muss eindringlich hingewiesen werden.

Erfolgskontrolle

In einem gesonderten Kapitel sollten Vorschläge zur **Effizienzkontrolle** erarbeitet werden, wie sie auch bereits in der Mehrzahl der Länderrichtlinien gefordert werden (Wüst und Scherfose 1998). Dies gilt sowohl für die Übereinstimmung der Richtung der tatsächlichen Entwicklung des Gebietes mit dem dargestellten Leitbild als auch für die Kontrolle von Einzelmaßnahmen. Sie sollen frühzeitig auch auf mögliche Fehlentwicklungen aufmerksam machen und damit notwendige Modifikationen im Management ermöglichen (Scherfose 1994). Die Eignung der vorgeschlagenen Kontrollmaßnahmen, die auf das erforderliche Maß zu beschränken sind (keine Untersuchungen um ihrer selbst willen!), ist zu begründen. Ausführlich diskutiert wird das Problem beispielsweise von Schütz und Behlert (1996), Haaren et al. (1997) sowie Schütz und Ochse (1997), um nur einige neuere Arbeiten zu erwähnen.

Gegebenenfalls ist neben diesem wissenschaftlichen Begleitprogramm zur Umsetzung des PEP auch auf weiterhin bestehende Defizite bei der Untersuchung des Gebietes hinzuweisen (insbesondere Inventarisierungslücken bei Taxa, die geeignete Indikatoren einer Erfolgskontrolle sein könnten oder die aufgrund ihrer Gefährdungssituation unmittelbare Zielgruppen be-

stimmter Maßnahmen beziehungsweise der gesamten Gebietsentwicklung sind).

Umsetzungsorientierte Aufbereitung

Die oben angeführten Leitbilder, Behandlungseinheiten, Zustandsstufen, Schutz- und Behandlungsziele sowie Behandlungsstrategien und Einzelmaßnahmen sollen zunächst so detailliert wie möglich und gegebenenfalls auch alternativ erarbeitet werden, um eine fachlich fundierte und ausreichend differenzierte Entscheidungsgrundlage zur Verfügung zu haben.

In einem zweiten Schritt ist es erforderlich, diese Ergebnisse anwendungs- und umsetzungsorientiert aufzubereiten. Entgegen einer vielfach vertretenen Auffassung, dass dies nicht mehr Gegenstand eines PEP sei, ist eine Abschätzung auch dieser Belange – in der Regel in enger Zusammenarbeit mit Naturschutzbehörden, Kommunen, Eigentümern und Landnutzern – von essentieller Bedeutung für den praktischen Wert eines Pflege- und Entwicklungsplanes und deshalb unverzichtbar.

Im Zusammenhang mit der Frage der „**Machbarkeit**" steht an erster Stelle ein Abgleich mit verfügbaren Nutzungs- und Pflegemodellen sowie -technologien einschließlich der diesbezüglichen Voraussetzungen im jeweiligen Territorium.

Aus **Kostengründen** wird in der Regel der natürlichen Sukzession beziehungsweise der pfleglichen Nutzung der Vorrang vor „reinen Pflegemaßnahmen" einzuräumen sein. Für eine nutzungsintegrierte Pflege können zusätzlich naturschutzpolitische und sozial-kulturelle Aspekte eine Rolle spielen, unter anderem hinsichtlich der Erhöhung der Akzeptanz im Umfeld des Schutzgebietes. Hingegen ist die reine Pflege auf Flächen ohne entsprechende Alternativen zu begrenzen, kann aber auch zur Beschleunigung erwünschter oder Bremsung beziehungsweise Korrektur unerwünschter Entwicklungen kurzzeitig (periodisch) mit ansonsten ungelenkter Sukzession beziehungsweise pfleglicher Nutzung kombiniert werden. Hierzu gehören viele der ersteinrichtenden Maßnahmen.

Im Zuge dieses Abgleichs ist häufig eine Vergröberung des Konzeptes in Form von zeitlichen und flächenübergreifenden Maßnahmebündelungen zu erwarten. Diese im Interesse der Machbarkeit zu findenden (Kompromiss-)Lösungen dürfen jedoch zu keinen substantiellen

Einschränkungen des Leitbildes beziehungsweise der Schutz- und Behandlungsziele führen.

Auf der Grundlage praxisnaher Nutzungs- und Pflegemodelle sowie -technologien sind Kostenschätzungen und -zusammenstellungen nach Biotoptypen und Maßnahmegruppen durchzuführen. Dabei ist zu differenzieren zwischen

- ersteinrichtenden Maßnahmen, inklusive Planungen/ Projektierungen (Gesamtsumme),
- Pflegekosten (jährliche Summe),
- Mehraufwand für pflegliche Nutzung (jährliche Summe),
- Nutzungsausfallentschädigung (jährliche Summe/ Gesamtsumme),
- Flächenkauf (Einzelpreise, Gesamtsumme),
- Personalkosten (jährliche Summe),
- sonstige Kosten (Öffentlichkeitsarbeit und anderes) (jährliche Summe/ Gesamtsumme).

Sowohl aus naturschutzfachlicher Sicht als auch unter Beachtung der nur begrenzt verfügbaren finanziellen und materiellen Mittel ergeben sich **Rang- und Reihenfolgen** von Maßnahmen. Aussagen über deren Dringlichkeit, Realisierungszeiträume (ökologisch und politisch-administrativ) sowie vorhandene wechselseitige Abhängigkeiten (zum Beispiel zeitlich gestaffelte Netzpläne) sind deshalb unverzichtbar. Vorrangig können zum Beispiel sein:

- Beseitigung akuter Gefährdungen wertbestimmender Elemente (zum Beispiel Unterbindung von Stoffeinträgen, Entbuschen oder Mähen, um das Verlöschen lokaler Tier- beziehungsweise Pflanzenpopulationen zu verhindern),
- Maßnahmen, die für den gewünschten Prozessablauf unaufschiebbar sind und zu einem späteren Zeitpunkt nicht mehr beziehungsweise nur mit erheblich höherem Aufwand oder durch Prozessabbruch realisiert werden können (zum Beispiel Beseitigung von Störungen im Wasserhaushalt, Entfernen unerwünschter Bestockungen beziehungsweise von Bestockungsteilen vor Dickungsschluss, Offenhaltung von Rohbodenflächen),
- Förderungsmaßnahmen für Pflege beziehungsweise pflegliche Nutzung, wenn damit Einrichtungen stabilisiert werden können, deren weitere Existenz für die Verwirklichung des Leitbildes unverzichtbar ist (zum Beispiel Nebenerwerbslandwirtschaft, -obstbau, -fischerei, Wiedereinrichter, Landschaftspflegehöfe),
- der Aufbau einer Schutzgebietswacht beziehungsweise die vertragliche Bindung eines

Schutzgebietsbetreuers, wenn durch ständige Störungen und ähnlichem Übergriffe eine akute Gefährdung wesentlicher Schutzziele besteht. Damit ergeben sich zwangsläufig auch Verflechtungen mit Fragen der **Organisation** und **Leitung** sowie **Finanzierung**. Neben Vorschlägen für die Beauftragung von Eigentümern, Nutzern, Landschaftspflegeverbänden, Naturschutzstationen und -verbänden et cetera mit Pflegeleistungen sind vor allem die Finanzierungsmöglichkeiten der einzelnen Pflege- und Entwicklungsmaßnahmen über verschiedene Förderprogramme zu prüfen.

Kurzfassung (Zusammenfassung)

In der Kurzfassung sind alle entscheidenden Aspekte der Gebietsanalyse, -bewertung und -würdigung ebenso darzustellen wie Entwicklungspotenziale, Leitbilder, Behandlungseinheiten, Zustandsstufen sowie Pflege- und Entwicklungsmaßnahmen. Die Kurzfassung ist in sich geschlossen zu verfassen, sodass sie als selbstständiges Werk verwendet werden kann. Auf klare, allgemeinverständliche Sprache ist hier ganz besonderer Wert zu legen. Sie ist als unmittelbares Arbeitsmittel aller mit dem Schutzgebiet befassten Behörden und Einrichtungen vorgesehen.

5.2.4 Berücksichtigung der FFH-Richtlinie bei künftigen PE-Planungen

Wesentliche neue Aspekte für die Pflege- und Entwicklungsplanung ergeben sich gegenwärtig aus der **Fauna-Flora-Habitat-Richtlinie** (FFH-RL) der Europäischen Union und deren Umsetzung in nationales Recht (§§ 19a–f BNatSchG). Die Meldung von Gebietsvorschlägen an die Europäische Kommission ist relativ weit fortgeschritten, die Ausweisung der ersten Gebiete steht bevor. Anforderungen ergeben sich hier insbesondere aus der Verpflichtung zur Entwicklung eines kohärenten Schutzgebietssystems (Natura-2000), das vor allem den Erhalt der in den Anhängen der FFH-RL genannten Lebensraumtypen (Anhang I) und Arten (Anhang II, sowie Anhang I der europäischen Vogelschutzrichtlinie) sichern soll, aber auch aus der damit verbundenen **Berichtspflicht** gemäß Artikel 17 der FFH-RL. Danach ist von den Mitgliedstaaten alle sechs Jahre zu berichten über

- im Rahmen der Richtlinie durchgeführte Maßnahmen,
- Auswirkungen von in Natura-2000-Gebieten (FFH- und SPA-Gebiete) durchgeführten Maßnahmen auf den Erhaltungszustand der Lebensraumtypen (Anhang I) und Anhang II-Arten gemäß Artikel 6 sowie
- wesentliche Ergebnisse der allgemeinen Überwachung des Erhaltungszustandes von Lebensraumtypen und Arten gemeinschaftlichen Interesses gemäß Artikel 11. (Eine ausführliche Darstellung, insbesondere der Lebensräume, findet sich bei Ssymank et al. (1998).)

Ein gemäß Artikel 17 der Richtlinie von der EU vorzugebendes Modell zur Umsetzung der Berichtspflicht liegt zwar bislang noch nicht vor, doch zeichnet sich ab, dass **Managementpläne**, auch wenn sie nicht zwingend vorgeschrieben und auch nicht im deutschen Recht verankert sind, für Natura-2000-Gebiete (in Deutschland bislang vor allem Naturschutz- und andere naturschutzrechtlich festgesetzte Schutzgebiete) ein wesentliches, unverzichtbares Instrument sowohl zur Erhaltung und Entwicklung der Gebiete als auch zur Erfüllung der Berichtspflicht sein werden (zum Beispiel Rückriem und Ssymank 1997). Diese „Managementpläne" entsprechen praktisch einem PEP, haben aber Lebensraumtypen des Anhang I und Arten des Anhang II (in noch unsicherem, geringeren Umfang der Anhänge IV und V), deren **Erhaltungszustand** und gegebenenfalls Maßnahmen zur Verbesserung in besonderem Umfang zu berücksichtigen. Ein derartiger Managementplan soll nachfolgende Mindestinhalte haben (Europäische Kommission, Generaldirektion XI, 1997, 2000):

- eine politische Aussage mit Bezug auf Artikel 6 der FFH-RL,
- eine Gebietsbeschreibung einschließlich einer Analyse früherer Landnutzungsformen,
- eine Beschreibung der Zielsetzung einschließlich kurzfristig und langfristig zu erreichender Ziele,
- eine Beschreibung der Hemmnisse und Akteure, die diesen Zielen entgegenstehen,
- eine Liste von realistisch umsetzbaren Maßnahmen mitsamt Zeit- und Kostenplanung,
- eine intensive Öffentlichkeitsbeteiligung sowie
- Monitoring und Erfolgskontrolle.

Ein Leitfaden zur Aufstellung liegt inzwischen vor (Europäische Kommission, Generaldirektion XI 1998 und 2000). Neben den Aussagen zu

Lebensraumtypen und Arten des Anhangs II der FFH- sowie des Anhangs I der Vogelschutzrichtlinie sind auch planerische Aussagen zur Funktion des Gebietes im Natura-2000-Netz (Stichwort: Kohärenz) zwingend erforderlich, ein Aspekt, der in der gegenwärtigen Diskussion häufig vernachlässigt wird.

Im Zusammenhang mit der weiteren Umsetzung der Richtlinie ist mit gegenüber der bisherigen Pflege- und Entwicklungsplanung wesentlich steigenden Anforderungen sowohl an Erfassung als auch Planung, deren Umsetzung und Überwachung zu rechnen, beispielsweise sind Aussagen zu Populationsparametern für die Vorkommen der Anhang II-Arten erforderlich. Detaillierte Empfehlungen zur Umsetzung der Berichtspflicht geben in diesem Zusammenhang Rückriem und Roscher (1999).

5.2.5 Formale Aspekte für die Abfassung von Pflege- und Entwicklungsplänen

Text

Die textlichen Darstellungen im Pflege- und Entwicklungsplan sollen klar, verständlich, gestrafft und übersichtlich erfolgen. Umfangreiche Daten (zum Beispiel Klima, Wasser), Artenlisten, Vegetationsaufnahmen et cetera werden als Anhänge zusammengestellt. Neben den unverzichtbaren wissenschaftlichen Namen von Pflanzen und Tieren sollten auch (zumindest in der Übersichtsliste) gut eingeführte deutsche Namen angegeben werden. Artenlisten sind in geeigneter Form nach taxonomischen Kategorien zu gliedern und innerhalb dieser in der Regel nach den wissenschaftlichen Namen zu ordnen. Vegetationstabellen sind zu ordnen.

Der Text ist übersichtlich zu gliedern, wobei eine möglichst weitgehende Anlehnung an die Mustergliederungen der jeweiligen Länder anzustreben ist, falls eine solche vorliegt.

Fotos sollten – vor allem aufgrund der schlechten Kopierfähigkeit – nach Möglichkeit nicht in den Text eingeordnet, sondern in einer Fotodokumentation im Anhang zusammengefasst werden.

Die Kurzfassung (Zusammenfassung) sollte grundsätzlich auch als selbstständiges Werk verwendbar sein (zum Beispiel Vervielfältigung)

und daher gesondert nummeriert und mit einem eigenen Inhaltsverzeichnis versehen werden.

Karten

Für die Beschaffung der Grundlagenkarten ist grundsätzlich der Auftragnehmer verantwortlich. Die beauftragende Behörde wird ihn dabei im Rahmen ihrer Möglichkeiten unterstützen. Zu beachten ist auf jeden Fall, dass in manchen Fällen der Erwerb von Kartennutzungsrechten erforderlich sein kann. Da aber in der Regel die Erarbeitung von PEP Dienstaufgabe der beauftragenden Naturschutzfachbehörde ist, die auf Werkvertragsbasis Dritten übertragen wird, kann die Notwendigkeit zum Erwerb der Nutzungsrechte durch den Planer unter Umständen auch entfallen.

Tab. 5-8: Beispiel-Gliederung für einen Pflege- und Entwicklungsplan (verändert nach LfUG 1995)

(Kursiv gesetzte Punkte sind als fakultativ zu betrachten.)

1	Einleitung
2	Grundlagen
2.1	Lage, Größe, politische Zuordnung
2.2	Naturräumliche Einordnung
2.3	Abiotische Verhältnisse
2.3.1	Geologie
2.3.2	Geomorphologie, Relief
2.3.3	Böden
2.3.4	Hydrologie
2.3.5	Klima
2.4	Geschichte der Gebietsentwicklung, historische Nutzungen
2.5	Gegenwärtige Situation
2.5.1	Aktuelle Nutzungen
2.5.2	*Eigentums- und Besitzverhältnisse*
2.5.3	Planerische Rahmenbedingungen
2.5.4	Beziehungen zum Umfeld
2.6	Heutige potenzielle natürliche Vegetation
3	Biotope, Lebensgemeinschaften und Arten
3.1	Biotoptypen und bedeutsame Einzelelemente
3.2	Flora und Vegetation
3.2.1	Flora (weitere Untergliederung möglich)
3.2.2	Vegetation (weitere Untergliederung entsprechend der vorhandenen Vegetationseinheiten)
3.3	Fauna (weitere, gebietsspezifische Untergliederung)
3.4	*Landschaftsbild/Erholung*
4	Schutzwürdigkeit
4.1	Bewertung der Ergebnisse der Bestandsaufnahmen
4.2	Entwicklungspotenziale
5	Schutzbedürftigkeit
5.1	Beeinträchtigungen, bestehende Nutzungskonflikte
5.2	Gefährdungen
5.3	Veränderungen durch Sukzessionen
6	*Schutzgebietsvorschlag und Verordnungsentwurf*
	(falls noch nicht als NSG festgesetzt, Begründung für Kategorie und Abgrenzung)
7	Zielkonzeption
7.1	Leitbild(er) (Ziele) für die Gebietsentwicklung
7.2	Pflege- und Entwicklungsstrategien
7.2.1	Behandlungseinheiten
7.2.2	Zustandsstufen
7.2.3	Ableitung der Strategien zum Erreichen der Leitbilder (Ziele)

Ausführung/ Beschriftung

Planungsmaßstäbe für PEP bewegen sich in der Regel je nach Gebietsgröße zwischen 1 : 10 000 und 1 : 1 000, Regelmaßstab ist häufig 1 : 5 000 (Deutsche Grundkarte). Die Größe der Karten sollte das Format DIN A0 nicht überschreiten. Im Falle größerer Karten ist diese ausnahmsweise in mehrere Blätter zu teilen.

Verwendete Symbole und Signaturen sind – soweit dort angegeben – entsprechend der Planzeichenverordnung zum BauGB, den Planzeichen für die örtliche Landschaftsplanung beziehungsweise soweit vorhanden entsprechend den einschlägigen Landesregelungen zu verwenden. Insbesondere hinzuweisen ist auf zum Teil recht unterschiedliche Landesregelungen (in der Regel Verwaltungsvorschriften) zur Darstellung von Schutzgebietsgrenzen. Für thematische Karten (zum Beispiel Vegetation) orientiere man sich an entsprechenden, dem Stand der Wissenschaft und Technik entsprechenden Vorlagen. Die Verwendung „allgemein eingeführter" Symbolik unterstützt hier die zügige Lesbarkeit wesentlich.

Karten sind in der Regel koloriert anzulegen. Dabei ist entweder die Schwarzweiß-Lesbarkeit zu gewährleisten oder aber die Karten sind zusätzlich in einem Exemplar als Schwarzweiß-Fassung zu übergeben.

Neben der Legende zu den verwendeten Symbolen und/ oder Farben sind in jedem Fall auf der Karte anzugeben:

- Thema,
- Verfasser, Datum,
- Auftraggeber,
- Maßstab und Maßstabsleiste,
- Nordpfeil,
- verwendete Grundkarte(n) und Quellen, gegebenenfalls Montageübersicht.

Folgende thematische Karten können Bestandteil von PEP sein (fett: in der Regel obligatorisch):

- **Übersichtskarte**
- historische Karten
- **Flächennutzung**
- **Biotoptypen**, Landschaftsinventar
- **Gefährdungen und Beeinträchtigungen**
- Flurstückskarte (inklusive Schutzgebietsvorschlag)
- Forstkarten
- **Vegetationskarte**
- Karte zur Hemerobie
- **Fundortkarten** (Flora, Fauna)
- **Bewertungskarte**(n)
- **Ziel-Biotoptypenkarte**
- **Maßnahmekarte**(n)

Sonstiges

Geländeerhebungsbögen, Artenlisten, Vegetationstabellen, Maßnahmeblätter Fotodokumentation et cetera werden in der Regel als Anlagen
beigefügt.

Namentlich dann, wenn im Rahmen der naturschutzfachlichen Analyse auch niedere Pflanzen
beziehungsweise Wirbellose bearbeitet wurden,
sollte unbedingt Auskunft über den Verbleib von
Belegmaterial (kritischer Arten) gegeben werden (zum Beispiel Museen, Privatsammlungen;
einige Länder haben hierzu Verwaltungsvorschriften erlassen).

6 Integration der Landschaftsplanung in die räumliche Gesamtplanung

6.1 Raumordnung und die überörtlichen Ebenen der Landschaftsplanung

6.1.1 Raumordnung
– Aufgabe und Organisation –

Bei der Frage, was unter Raumordnung zu verstehen ist, kann nicht auf eine allgemein gültige oder gesetzlich festgeschriebene Definition zurückgegriffen werden. Der **Begriff der „Raumordnung"** wird zwar in dem Bundesraumordnungsgesetz und den Landesplanungsgesetzen verwendet, aber nicht erklärt. Es finden sich dort statt dessen die Ziele und die Handlungsformen der Raumordnung und Landesplanung beschrieben.

Ernst (1995) zeigt auf, welche unterschiedlichen Bedeutungen mit dem Begriff verbunden werden:

Darunter kann die vorhandene räumliche Struktur eines Gebietes mit den natürlichen Gegebenheiten einschließlich der Siedlungsstruktur und der ihnen zugewiesenen Funktionen, Infrastrukturausstattungen und Einrichtungen der sonstigen menschlichen Daseinsfunktionen verstanden werden.

Der Begriff kann auch eine leitbildgerechte Ordnung des Raumes beschreiben oder die Tätigkeit meinen, mit der die angestrebte räumliche Ordnung umgesetzt werden kann. Umfasst diese Tätigkeit grundsätzliche Entscheidungen, wie das Prinzip der „Zentralen Orte" oder „Achsenkonzepte", so wird sie als Raumordnungspolitik bezeichnet.

Was im Raum geordnet werden soll und welche Beziehungsgeflechte zwischen Raum, Raumnutzung, Planung und Politik bestehen, hat Spitzer (1991) beschrieben:

Danach erfolgt Raumnutzung durch den Menschen mit dem Ziel, daraus Nutzen für seine Existenz zu ziehen, etwa die Erfüllung seiner Bedürfnisse und der Daseinsfunktionen. Der Raum ist auf Grund seiner Strukturen und Raumbestandteile immer in irgendeiner Form nutzbar, was deutlich wird an der Vielfalt der Nutzungsarten (Landwirtschaft, Naturschutz, Wirtschaft, Bergbau et cetera). Das Verhältnis der Nutzungsarten ist geprägt von Ziel- und Nutzungsbeziehungen. Sie lassen sich als Nutzungskonflikte, Konkurrenzen und Verträglichkeiten durch verschiedene Nutzungsintensitäten skizzieren. Diese unterschiedlichen Nutzungsansprüche müssen koordiniert und zu einem Ausgleich gebracht werden. Dazu ist es notwendig, dass Klarheit darüber besteht, welche Nutzungsarten einen höheren Stellenwert gegenüber anderen erhalten, wie also eine Abwägung untereinander erfolgen soll und wie die Entwicklung gestaltet werden kann. Vorstellungen, Leitbilder und in deren Konkretisierung Ziele werden als Bezugsgrößen zu Grunde gelegt.

Der Weg, die gestellten Ziele zu erreichen, bedarf unter anderem des Vorausdenkens des zukünftigen Handelns. Das ist nach Spitzer (1995) die Definition für Planung. Räumliche Planung/ Raumplanung ist die Übertragung des vorsorgenden Vorausdenkens auf den Raum. **Raumordnung umfasst somit die räumliche Planung, mit der die Raumstrukturen/-nutzungen geordnet und über die Koordination der Entwicklungen diese auch gefördert werden**. Vor diesem Hintergrund kann also Raumordnung als ein komplexes Wirkungsgefüge identifiziert werden.

Nachfolgend werden schwerpunktmäßig die Fragestellungen behandelt: wie funktioniert Raumordnung, wie laufen die Verfahren ab, wer sind die Akteure und wie gestaltet sich das Verhältnis von Raumordnung und Landschaftsplanung?

Die rechtliche Würdigung des Verhältnisses von Landschaftsplanung und Raumordnung erfolgt in den Kapiteln 2.3.1 und 2.3.2.

Aufgaben und inhaltliche Anforderungen nach dem Raumordnungsgesetz (ROG) und nach Landesrecht

Die Raumordnung in Deutschland erfolgt in einem abgestuften System von Zuständigkeiten, das gekennzeichnet ist von der föderalen Ordnung und einem hohem Maß an Länderkompetenzen und einer starken Stellung der Gemeinden.

Dem Bund kommt gemäß Artikel 75 des Grundgesetzes lediglich eine so genannte Rahmenkompetenz zu. Mit dem Raumordnungsgesetz legt der Bund den Rahmen mit inhaltlichen und verfahrensrechtlichen Vorschriften fest, der von den Bundesländern in Eigenverantwortung auszufüllen, das heißt zu konkretisieren und umzusetzen ist. Dies geschieht über die län-

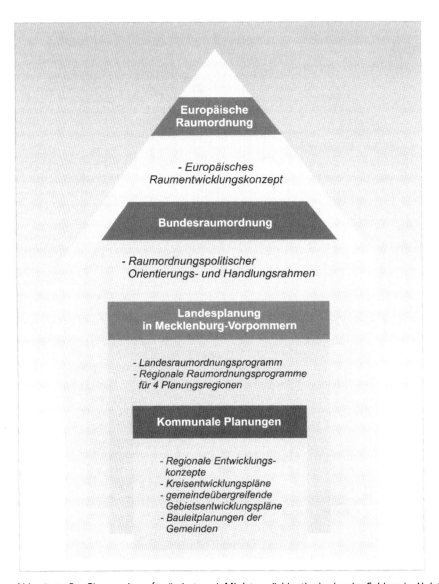

Abb. 6-1: Das Planungshaus (verändert nach Ministerpräsidentin des Landes Schleswig-Holstein 1998)

dereigene Gesetzgebung mittels der Landesplanungsgesetze. Auf diese Weise finden auch landesspezifische Zielstellungen und Belange ihre Berücksichtigung (Abb. 6-1).

Mit dem § 1 (1) des Raumordnungsgesetzes wird die **Aufgabe der Raumordnung** benannt. Danach sind der »...Gesamtraum der Bundesrepublik Deutschland und seine Teilräume ... durch zusammenfassende, übergeordnete Raumordnungspläne und Abstimmung raumbedeutsamer Planungen und Maßnahmen zu entwickeln, zu ordnen und zu sichern.«

Dabei sind

- unterschiedliche Anforderungen an den Raum aufeinander abzustimmen und die auf der jeweiligen Planungsebene auftretenden Konflikte auszugleichen,
- Vorsorge für einzelne Raumfunktionen und Raumnutzungen zu treffen.

Das beschreibt den klassischen Auftrag der Raumordnung, nämlich koordinierend zu wirken, um damit den Interessensausgleich zwischen den unterschiedlichen Raumnutzungen und ihren Raumansprüchen zu erreichen.

Leitvorstellung bei der Erfüllung der Aufgabe nach § 1 Absatz 2 Satz 1 ROG »ist eine **nachhaltige Raumentwicklung**, die die sozialen und wirtschaftlichen Ansprüche an den Raum mit seinen ökologischen Funktionen in Einklang bringt und zu einer dauerhaften, großräumig ausgewogenen Ordnung führt«.

Gerade die Verwendung des Begriffs einer „nachhaltigen Entwicklung" (Kap. 8.5) stellt eine wesentliche Neuerung der Gesetzesnovelle des BauROG von 1998 dar. Hiermit wird der Gedanke des Prinzips der Nachhaltigkeit, durch die Vereinten Nationen in der Agenda 21 in Rio formuliert, aufgenommen (BMU 1997). Unter dem Begriff der „nachhaltigen Entwicklung" beziehungsweise der „Nachhaltigkeit" wird eine Entwicklung verstanden, »... die die Bedürfnisse der Gegenwart befriedigt, ohne zu riskieren, dass künftige Generationen ihre Bedürfnisse nicht befriedigen können« (Hauff 1987).

Es soll sich um ein Miteinander sozialer, ökologischer und ökonomischer Faktoren handeln. Anzustreben ist demnach ein stabiles Gleichgewicht aus wirtschaftlicher Leistungsfähigkeit, sozialem Zusammenhalt und ökologischer Nachhaltigkeit. Das macht deutlich, dass unter dem Begriff einer nachhaltigen Entwicklung nicht eine Dominanz des Umweltschutzes beziehungs-

weise ökologischer Belange über alle anderen Bereiche des gesellschaftlichen Lebens zu verstehen ist.

Ganz in diesem Sinne wird auch im neuen Raumordnungsgesetz der Begriff der nachhaltigen Entwicklung aufgegriffen und fließt in die Leitvorstellungen und Grundsätze der §§ 1 und 2 ein. Inhaltlich untersetzt wird die Leitvorstellung der nachhaltigen Raumentwicklung mit den weiteren Leitgedanken, wie beispielsweise:

- die freie Entfaltung der Persönlichkeit in der Gemeinschaft und in der Verantwortung gegenüber künftigen Generationen zu gewährleisten,
- die natürlichen Lebensgrundlagen zu schützen und zu entwickeln,
- die Standortvoraussetzungen für wirtschaftliche Entwicklungen zu schaffen,
- die Gestaltungsmöglichkeiten der Raumordnung langfristig offen zu halten,
- gleichwertige Lebensverhältnisse in allen Teilräumen herzustellen.

Eine besonders hervorgehobene Stellung kommt dabei keinem dieser Leitgedanken zu. Sie stehen gleichberechtigt nebeneinander und bringen den Willen des Gesetzgebers damit zum Ausdruck, dass die einzelnen Raumansprüche gleichgewichtig zu berücksichtigen und in einem Abwägungsprozess zu einem Ausgleich zu bringen sind. Erbguth (Kap. 2.3.2) zeigt am Beispiel der bisherigen Leitvorstellung der „gleichwertigen Lebensverhältnisse" nach dem alten Raumordnungsgesetz, dass dieses lange gültige Postulat der Raumordnung im Falle des Konfligierens mit den übrigen Leitlinien zu Gunsten neuerer Erfordernisse der Abwägung unterzogen und durchaus weggewogen werden kann.

Der Inhalt des § 1 Absatz 3 ROG befasst sich mit einem zentralen Ansatz für das Planungsverständnis und die Planungskultur in Deutschland:

»Die Entwicklung, Ordnung und Sicherung der Teilräume soll sich in die Gegebenheiten und Erfordernisse des Gesamtraumes einfügen; die Entwicklung, Ordnung und Sicherung des Gesamtraumes soll die Gegebenheiten und Erfordernisse seiner Teilräume berücksichtigen (Gegenstromprinzip).«

Das somit zum Ausdruck gebrachte **Gegenstromprinzip** beruht auf dem gedanklichen Ansatz der Gleichberechtigung der Planungspartner. Es soll sicherstellen, dass der Austausch zwischen den verschiedenen Planungsebenen und die Mitsprache der verschiedenen Planungsträger gewährleistet ist, wobei jeder Planungspartner Gelegenheit erhält, seine Planvorstellung zu entwickeln und die der anderen zu bewerten. Eine verordnete Planung von „Oben" wird durch das Gegenstromprinzip ausgeschlossen.

Organisation der Raumordnung

Die Organisation der Raumordnung steht in enger Korrelation zur Aufgabenstellung, die im Kapitel zuvor beschrieben wurde. Die Raumordnung und ihre Organisation in den Ländern wird durch das jeweilige Landesplanungsgesetz vorgegeben. Damit werden die Träger der Raumordnung und auch die Verwaltungsstruktur der Raumordnung des Landes bestimmt. Auch hier kommt das föderale Prinzip zur Anwendung, denn in der Bundesrepublik besteht keine einheitliche Verwaltungsstruktur für die Raumordnung. Das zeigt sich an der unterschiedlichen Ressortzugehörigkeit der Landesplanung, wie auch an den verschiedenen Ansätzen/ Modellen für die Träger der Regionalplanung. Die Abbildung 6-1 zeigt eine generalisierte Zuordnung nach den Ebenen Bund, Landesebene, Regionalebene und die Ebene der Kommunen.

Durch das abgestufte System der Planungsebenen wird sichergestellt, dass die Planungen der einzelnen Ebenen durch gegenseitige Abstimmungen, dem Gegenstromprinzip, sich einander anpassen. Am Beispiel der Gemeinden wird das deutlich:

Im Rahmen ihrer kommunalen Selbstverwaltung und ihrer Planungshoheit besteht die Aufgabe der Gemeinden in der Umsetzung der raumordnerischen Leitvorstellungen und Ziele in konkrete Flächenplanungen mittels der Bauleitplanung (dazu zählt der Flächennutzungsplan für das gesamte Gemeindegebiet und der Bauleitplan für einzelne, begrenzte Baugebiete). Die Gemeinden haben ihre Planungen an die Ziele der Raumordnung und Landesplanung, die in den Regionalen Raumordnungsplänen formuliert sind entsprechend anzupassen.

Zusammenfassend ist festzuhalten, dass die wesentliche Aufgabe der Raumordnung in der Koordinierung und Abwägung aller Raumansprüche untereinander besteht. Die Raumordnung kann ihre Aufgabe aber nur im Zusammenwirken mit den anderen fachlichen Planungen der öffentlichen Stellen und Planungsträger bewältigen. Dabei verfolgt sie eine querschnittsorientierte Betrachtungsweise und wirkt überörtlich und überfachlich.

Überörtlich wirkt sie, indem sie den Rahmen für die Ausgestaltung der Landesplanung in den Bundesländern bildet, in den sich die Planungen auf der Ebene der Regionen und der Kommunen einzuordnen haben und so insgesamt eine Raumverträglichkeit erreicht wird.

Überfachlich meint, dass die Raumordnung als **räumliche Gesamtplanung** einen gemeinsamen Rahmen für die Fachplanungen bildet.

Raumordnung betrifft grundsätzlich alle öffentlichen und privaten Planungen und Maßnahmen, die „raumwirksam" sind beziehungsweise werden, das heißt die die räumliche Entwicklung oder die Funktion eines Gebietes beeinflussen. Mit Hilfe der Raumordnungspläne wird der Rahmen geschaffen, in den sich diese Planungen und Maßnahmen einfügen müssen.

6.1.2 Instrumente der Raumordnung

Zur Erfüllung der klassischen Aufgabe der Raumordnung, die unterschiedlichen Interessen und Raumansprüche zu ordnen und zu koordinieren, verfügt die Raumordnung über verschiedene Instrumente. Das Raumordnungsgesetz bildet auch hierzu den Rahmen. Danach schaffen die Länder die Rechtsgrundlagen für eine Raumordnung auf ihrem Landesgebiet mittels der Landesplanung (§ 6 ROG). Nach den Regelungen des ROG besteht für die Flächenbundesländer die Vorgabe, für deren Landesgebiet einen zusammenfassenden und übergeordneten **Raumordnungsplan** (§ 8 ROG) und **Regionalpläne** (§ 9 ROG) aufzustellen. Auch die Inhalte dieser Raumordnungspläne, insbesondere die Festlegungen zu der Raumstruktur sind im § 7 ROG vorgegeben.

Neben den Raumordnungsplänen verfügt die Raumordnung auch noch über ein Instrument für den Einzelfall, das **Raumordnungsverfahren** (§ 15 ROG). Mit diesem Verfahren sollen raumbedeutsame Planungen und Maßnahmen mit den Erfordernissen der Raumordnung abgestimmt werden.

Erfordernisse der Raumordnung

Die förmlichen Instrumente der Raumordnung, wie die Raumordnungspläne/-programme und die darauf Bezug nehmenden Raumordnungsverfahren haben eine Gemeinsamkeit, sie bringen die Erfordernisse der Raumordnung zum Ausdruck. Mit „Erfordernissen" werden die **Ziele, Grundsätze und sonstige Erfordernisse** zusammengefasst, die Ausdruck des raumordnungspolitischen Willens sind.

Nachfolgend werden die wesentlichen Inhalte der Erfordernisse kurz skizziert (Ministerium für Arbeit und Bau M-V 1999):

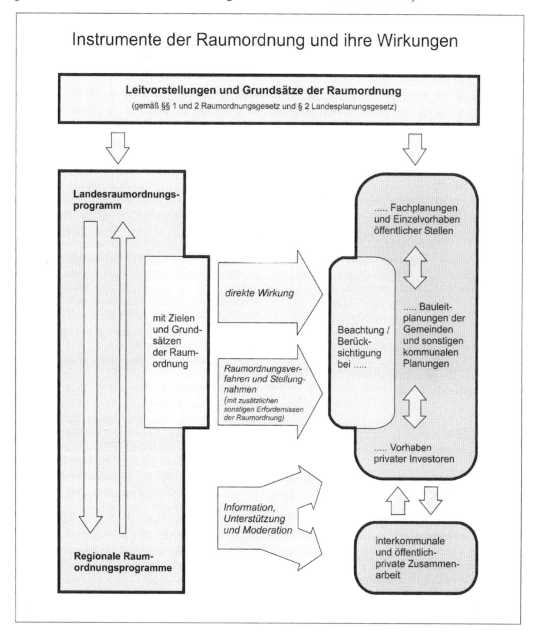

Abb. 6-2: Instrumente der Raumordnung und ihre Wirkungen (Quelle: Ministerium für Arbeit und Bau M-V, 1999)

- **Ziele** sind verbindliche Vorgaben in Form von räumlich und sachlich eindeutig bestimmten oder bestimmbaren, von den Trägern der Landes- oder Regionalplanung abschließend abgewogenen Festlegungen in Text oder Karte der Raumordnungspläne/-programme. Sie müssen in nachfolgenden Einzelentscheidungen beachtet, das heißt befolgt werden.
- **Grundsätze** sind allgemeine Aussagen zur räumlichen Entwicklung, die keinen ganz bestimmten Raumbezug aufweisen und/oder in ihrer Formulierung noch Möglichkeiten für eine Abwägung offen lassen. Es sind die in § 2 ROG aufgeführten „Grundsätze der Raumordnung" sowie weitere Aussagen in den Raumordnungsplänen/-programmen, denen der eindeutig bestimmte Charakter der „Ziele" fehlt. Diese Vorgaben sind dennoch verbindlich in dem Sinne, dass sie in nachfolgenden Abwägungs- und Ermessensentscheidungen berücksichtigt werden müssen.
- **Sonstige Erfordernisse** sind in Aufstellung befindliche Ziele der Raumordnung, Ergebnisse förmlicher landessplanerischer Verfahren, wie zum Beispiel Raumordnungsverfahren oder landesplanerische Abstimmungen. Für sie besteht eine Berücksichtigungpflicht in Abwägungs- und Ermessensentscheidungen.

Somit bestimmt das Raumordnungsgesetz und in dessen Ausgestaltung die Ländergesetze, welche „Erfordernisse" für welche Stellen (öffentliche Planungsträger/Private) verbindlich sind und eine Pflicht zur Beachtung oder Berücksichtigung auslösen (Abb. 6-2).

Landes- und Regionale Raumordnungspläne/-programme

Das zentrale Instrument der Raumordnung sind die Raumordnungspläne. Sie werden von den Ländern jeweils für das ganze Land und für die Regionen erstellt (§§ 8,9 ROG).

Der **Raumordnungsplan auf der Landesebene** bildet die Grundlage für alle weiteren räumlichen Planungen des Landes. Die Inhalte werden dabei über das Raumordnungsgesetz (in § 7 ROG werden „Mindestinhalte" zu Festlegungen vorgegeben) und das jeweilige Landesplanungsgesetz geregelt. Wichtige Inhalte sind die Festlegung von Zielen und Grundsätzen der Raumordnung und Landesplanung, die das gesamte

Land betreffen und die für die Teilräume und ihre Beziehungen untereinander von Bedeutung sind. In Untersetzung der Vorgaben für die Festlegungen zur Raumstruktur (§ 7 ROG) werden in den Landesplanungsgesetzen die Sachbereiche aufgeführt, zu denen im Raumordnungsplan die Aussagen zur räumlichen Ordnung und Entwicklung getroffen werden sollen. Eine Untergliederung in einen überfachlichen Teil, in dem die Ziele und Grundsätze den raumstrukturellen Rahmen (Raumkategorien, Zentrale Orte und Achsen) aufzeigen und einen fachlichen Teil, der die fachlichen Ziele und Grundsätze (Natur und Landschaft, Siedlungsstruktur et cetera) enthält, ist in der Regel üblich.

Die in den Raumordnungsplänen formulierten Plansätze zu Zielen und Grundsätzen und die Ausweisungen der Plan-Karte sind dann verbindlich.

Die Verbindlichkeit und Wirkung der formulierten Plansätze ist auf die „Öffentlichen Planungsträger", wie zum Beispiel Behörden von Bund und Ländern, kommunale Gebietskörperschaften und Körperschaften, Anstalten und Stiftungen des öffentlichen Rechts gerichtet beziehungsweise beschränkt. Bestimmte Personenkreise des Privatrechtes sind diesen gleichgestellt, soweit sie Planungen und Maßnahmen in Wahrnehmung öffentlicher Aufgaben durchführen oder ein überwiegender Einfluss öffentlicher Stellen (materielle Beteiligungen zum Beispiel Deutsche Bahn AG) besteht.

Die **Raumordnungspläne auf regionaler Ebene** untersetzen den Landesraumordnungsplan. Sie entsprechen vom Aufbau und den Sachbereichen dem Landesraumordnungsplan, gehen aber in ihrer Aussagetiefe darüber hinaus. Ihre Aufgabe besteht darin, die Ziele und Grundsätze gemäß den regionalen Gegebenheiten zu konkretisieren. Mit dem Regionalen Raumordnungsplan wird wiederum der Rahmen für die Planungen auf der Kommunalen Ebene aufgezeigt.

Die Auf- und Feststellung der Raumordnungspläne auf Landes- wie auf Regionsebene unterliegen formalen Verfahrensabläufen und werden in den Landesplanungsgesetzen geregelt.

Neben den formalen Vorgaben zur Aufstellung der Raumordnungspläne müssen zunächst einmal die Planungsgrundlagen erstellt werden, für die Landes- wie auch die Regionsebene.

Die Raumordnungsbehörden bedienen sich dazu der **Raumbeobachtung**. Dazu gehören eigene Datenerhebungen und Analysen zur Raumstruktur sowie die Ableitung von Prognosen. Diese befassen sich zum Beispiel mit der Entwicklung der Bevölkerungs- und Arbeitsmarktsituation sowie regionalen Disparitäten von bestimmten Entwicklungen und Kenngrößen, Tendenzen in den Siedlungsentwicklungen, aber auch flächenbeanspruchenden Maßnahmen (zum Beispiel Autobahnbau) oder Nutzungsbeschränkungen aus dem Bereich des Naturschutzes.

Neben den eigenen Planungsgrundlagen ist die Raumordnung auf den **Informationsaustausch** mit den anderen Fachbehörden und Ressorts angewiesen, dabei insbesondere auf deren Planungs- und Entwicklungsvorstellungen.

An dieser Stelle wird das Prinzip der Raumordnung deutlich: nur in Kenntnis von Entwicklungsvorstellungen, Zielen, Wünschen und Notwendigkeiten der Fachplanungen ist eine Koordinierung der unterschiedlichen Raumansprüche erst möglich.

Während auf Bundesebene die gesetzlichen Regelungen nach ROG und BNatSchG die Voraussetzungen geschaffen haben, wird auf der Landes- und Regionsebene die Zusammenarbeit von Raumordnung und **Landschaftsplanung** erstmals konkret (Tab. 6-1). Die Landschaftsplanung ist auch ebenenbezogen aufgebaut, die denen der Raumordnung in der Regel entsprechen (Kap. 5). Sie legt ihre Leitbilder und Ziele zu den landesweiten beziehungsweise regionalen Erfordernissen des Naturschutzes und der Landschaftspflege in fachlichen Planwerken fest. Auf

unterschiedliche Weise, je nach Integrationsmodell (Kap. 2.3.2) fließen die Planaussagen in den Abwägungsprozess der Raumordnung ein. Nach raumordnerischer Abwägung mit den Belangen anderer Raumnutzer werden die Erfordernisse von Naturschutz und Landschaftspflege Bestandteil des jeweiligen Raumordnungsplans auf Landes- beziehungsweise Regionalebene und erlangen als Ziele und Grundsätze Rechtsverbindlichkeit.

Neben den rechtlichen **Bindungswirkungen** besitzen die Raumordnungspläne auch einen hohen **Informationsgehalt**. Sie zeigen auf, wie die räumliche Entwicklung des Landes erfolgen soll. Private Entscheidungen, zum Beispiel von Investoren können sich daran ausrichten, finden sie doch hier Informationen, die für die eigene Standortplanung von erheblicher Bedeutung sein können.

Raumordnungsverfahren

Auf der Basis der Maßstäblichkeit der Raumordnungspläne/-programme ist es nicht immer möglich, eine räumliche Beurteilung der Auswirkungen und die **Raumverträglichkeit** von **raumbedeutsamen Einzelvorhaben** zu bestimmen. Für ihre Beurteilung und zur Sicherung der Erfordernisse von Raumordnung und Landesplanung wird das Instrument des Raumordnungsverfahrens eingesetzt (§ 15 ROG). Mit dem Raumord-

Tab. 6-1: Ebenen der Planungsarten von Raumplanung und Landschaftsplanung (bezogen auf Mecklenburg-Vorpommern)

Planungsebene	Gesamtplanung	Landschaftsplanung
Bundesebene	Bundesraumordnungsgesetz (BROG)	Bundesnaturschutzgesetz (BNatSchG)
	Handlungs- und Orientierungsrahmen	
Landesebene	Landesplanungsgesetz (LPlG M-V)	Landesnaturschutzgesetz M-V (LNatG M-V)
	Erstes Landesraumordnungsprogramm	Vorläufiges Gutachtliches Landschaftsprogramm
Regionalebene	Regionales Raumordnungsprogramm	Gutachtlicher Landschaftsrahmenplan
Gemeinde	zum Beispiel Stadtentwicklungsprogramm	
	Bauleitplanung	Landschaftsplan/ Grünordnungsplan

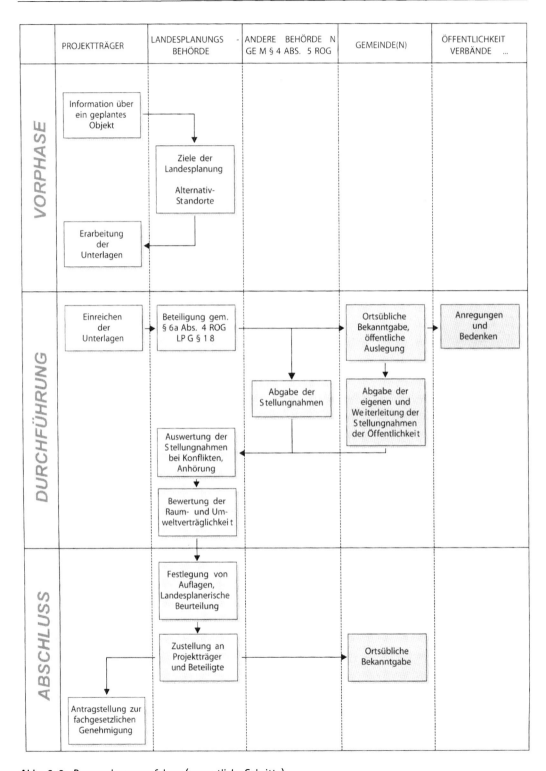

Abb. 6-3: Raumordnungsverfahren (wesentliche Schritte)

nungsverfahren werden wichtige Planungen und Einzelvorhaben, wie zum Beispiel große Tourismusprojekte (Freizeit- und Ferienzentren), Sportboothäfen, Gasleitungen, aber auch Straßenbauprojekte wie Autobahnen oder Umgehungsstraßen auf ihre Raum- und Umweltverträglichkeit geprüft. Häufig enthalten die Ländergesetze Regelungen, dass mit dem Raumordnungsverfahren die Prüfung der Umweltbelange, also eine **Umweltverträglichkeitsprüfung** (Kap. 7.2) erfolgen soll. Damit werden die Auswirkungen der Planung auf Natur und Umwelt analysiert und bewertet, ob das Vorhaben in der geplanten Weise realisiert werden kann, welche Risiken sich daraus für Natur und Umwelt ergeben und wie negative Auswirkungen vermieden werden können.

Das Raumordnungsverfahren gliedert sich in verschiedene Schritte (Abb. 6-3). Deutlich wird dabei der intensive Austausch mit den Behörden/Fachplanungen, Gemeinden und Verbänden (Naturschutzverbände und sonstige Interessenvertreter) und die Einbeziehung der Öffentlichkeit mit Gelegenheit zur Äußerung von Anregungen und Bedenken. Die Abwägung der eingegangenen Stellungnahmen und dabei insbesondere die Berücksichtigung der Ergebnisse der Umweltverträglichkeitsprüfung stellen einen zentralen Bestandteil des Raumordnungsverfahrens dar. Am Ende steht die **Landesplanerische Beurteilung** des Vorhabens. Darin wird festgestellt, ob das Vorhaben mit den Erfordernissen der Raumordnung übereinstimmt oder inwieweit Auflagen notwendig werden, damit es mit den Erfordernissen in Einklang gebracht werden kann.

Das Raumordnungsverfahren ist ein vorgelagertes Verfahren zu den Genehmigungsverfahren (zum Beispiel Bauleitplan-Verfahren, Planfeststellungsverfahren). Der Vorteil des Raumordnungsverfahrens liegt darin begründet, dass schon zu einem frühen Planungsstand konkurrierende Nutzungsansprüche ermittelt und raumbeanspruchende Planungen und Maßnahmen untereinander abgewogen werden.

Einbezogen wird neben den fachlich berührten öffentlichen Trägern und Dienststellen auch die Öffentlichkeit, sodass das Raumordnungsverfahren wie ein **Moderationsverfahren** wirkt: Es können Konflikte entschärft, Kompromisse aufgezeigt und raumverträgliche Lösungen angeboten werden. Auf diese Weise kann ein hohes Maß an Akzeptanz bei allen Beteiligten erreicht werden. Für den Vorhabensträger bietet das Raumordnungsverfahren neben einer raum- und umweltverträglichen Gestaltung des Vorhabens den Vorteil der **Planungssicherheit**. Die in der Landesplanerischen Beurteilung festgelegten Auflagen und Maßnahmen bilden gleichzeitig den „Rahmen" für die Ausgestaltung im nachfolgenden Genehmigungsverfahren.

Stellungnahmen zur Bauleitplanung und sonstigen Maßnahmen

Im Rahmen der Planungshoheit stellen Gemeinden ihre Bauleitpläne auf. Die gemeindlichen Planungen unterliegen der Verpflichtung, sich an den Aussagen der Regionalpläne zu orientieren. Die Träger der Regionalplanung geben den Gemeinden, die einen Bauleitplan aufstellen wollen die Erfordernisse der Raumordnung und Landesplanung in Form einer Stellungnahme bekannt. Im weiteren Verfahren können über die Landes- und Regionalplanung **als Träger öffentlicher Belange** die überörtlich wichtigen Belange geltend gemacht werden.

Diese Verfahrensweise der Abgabe einer landesplanerischen Stellungnahme gilt auch für raumbedeutsame Planungen von Fachbehörden, etwa zu Planfeststellungsverfahren für Deichbaumaßnahmen der Wasserbehörden oder zu Rechtsetzungsverfahren der Naturschutzbehörden für die Festlegung von Natur- und Landschaftsschutzgebieten.

Raumbeobachtung

Als ein eher indirekt wirkendes Instrument der Raumordnung kann die Raumbeobachtung angesehen werden. Wie schon dargelegt, ist es für die Raumordnung und Landesplanung im Zusammenhang mit den Raumordnungsplänen/-programmen unerlässlich über aktuelle Informationen zur Raumstruktur zu verfügen.

Die Raumordnungsbehörden auf der regionalen Ebene führen **Raumordnungskataster** für ihre Planungsregion, in denen alle raumbedeutsamen Planungen und räumlichen Maßnahmen erfasst werden. Über entsprechende gesetzliche Regelungen in den Landesplanungsgesetzen (in Mecklenburg-Vorpommern zum Beispiel Anzeigeerlass) werden die Träger der öffentlichen Verwaltung verpflichtet, die Raumordnungsbehörden über deren raumbeeinflussende Planungen zu informieren beziehungsweise in Kenntnis zu setzen. Damit wird die Bedeutung des Raumordnungskatasters deutlich. Es hat einen fachübergreifenden Charakter und bietet für alle Teile des Landes einen aktuellen Überblick der Planungen beziehungsweise Bestandserfassung der Fachbereiche, wie zum Beispiel der Bauleitplanung in den Gemeinden, der Planungen des Natur- und Landschaftsschutzes (Schutzgebiete und Flächen für Ausgleichsmaßnahmen), der Agrarplanung (Flurneuordnungsverfahren), der Forstplanung (Aufforstungsflächen) oder Aussagen zu Energietrassen und der Abbauflächen für Rohstoffe et cetera.

Auf dieser Grundlage ist die Raumordnung und Landesplanung in der Lage, Raumanalysen durchzuführen und Prognosen zu wichtigen räumlichen Entwicklungen, etwa zur Bevölkerungsentwicklung in den Landesteilen zu erarbeiten.

Informelle und diskursive Instrumente

Ein informelles Instrument, das zukünftig für die Raumordnungsbehörden weiter an Bedeutung gewinnen wird, kann beschrieben werden als „angewandte Raumordnung". Darunter können die zunehmend stärker werdenden Bestrebungen der Regionalplanungsbehörden verstanden werden, die Regionalplanung adressatenorientierter auszugestalten und unmittelbar an der Umsetzung von Maßnahmen mitzuwirken. Das novellierte ROG eröffnet der Regionalplanung durch § 13 ROG Satz 1 bis 3 Handlungsspielräume in Richtung einer stärkeren Umsetzungsorientierung. Als Stichworte seien hier nur die **regionalen Entwicklungskonzepte** und **Teilraumgutachten** sowie die Unterstützung **interkommunaler Zusammenarbeit** und **Regionalkonferenzen** angeführt. Dahinter steht, gezielt auf eine angestrebte regionale Entwicklung hinzuarbeiten, neue Planungen auf den Weg zu bringen und die dort handelnden Institutionen, Unternehmen, Verbände und Privatpersonen zu unterstützen.

Exemplarisch können aus Mecklenburg-Vorpommern **Beispiele** für eine „Angewandte Raumordnung" genannt werden (Ministerium für Arbeit und Bau Mecklenburg-Vorpommern 1999):

- Initiieren eines Regionalmarketings für den Standort Vorpommern im Rahmen des Bündnisses für Arbeit Mecklenburg-Vorpommern,

- Struktur- und Handlungskonzept für die Inseln Usedom und Wollin im deutsch-polnischen Grenzbereich,
- Teilräumliches Handlungs- und Maßnahmenkonzept für den Bereich der westmecklenburgischen Ostseeküste,
- Modellvorhaben zur Regionalentwicklung mit teilraumbezogenen Projekten, (Müritz-Nationalpark-Anliegergemeinden, Naturpark Feldberger Seenlandschaft et cetera).

Dass dieser neuerliche Ansatz der Regionalplanung auch für landschaftsbezogene Entwicklungsstrategien und damit die Landschaftsplanung interessante Möglichkeiten zur Weiterentwicklung bietet, wenn Raumordnung und Landschaftsplanung diese Potenziale von regionalen Entwicklungskonzepten zukünftig stärker nutzen würden, ist ein Teilergebnis eines Forschungs- und Entwicklungs-Vorhabens des BfN und des sächsischen Staatsministeriums für Umwelt und Landwirtschaft (BfN 2000).

6.1.3 Raumordnungspläne – ihre Inhalte und Anforderungen an die Landschaftsplanung

Inhalte der Raumordnungspläne/-Programme

Das Raumordnungsgesetz legt in § 7 einen Mindestinhalt fest, den die Raumordnungspläne auf der Landes- und Regionalebene aufweisen müssen. Aus dem jeweiligen Landesraumordnungsplan sind die regionalen Raumordnungspläne zu entwickeln, sie haben deshalb einen identischen Aufbau. In Mecklenburg-Vorpommern gliedern sich die Raumordnungsprogramme in zwei Teile, die überfachlichen Ziele und die fachlichen Ziele.

Im **überfachlichen Teil** wird der raumstrukturelle Rahmen aufgezeigt, auf den die Sachbereiche mit ihren fachlichen Zielen und Grundsätzen abgestimmt werden. Neben den Raumkategorien (Ordnungsräume und Ländliche Räume) zählen dazu Zentrale Orte und Achsen.

Der **fachliche Teil** enthält Sachbereiche, wie
- Natur und Landschaft,
- Siedlungswesen,
- Wirtschaft,
- Tourismus,
- Soziale und Kulturelle Infrastruktur,

- Verkehr,
- Sonstige technische Infrastruktur,
- Verteidigung und Konversion,
- Zusammenarbeit mit benachbarten Staaten, Ländern, Regionen.

Die fachlichen Programmaussagen formen den raumstrukturellen Rahmen in Abstimmung mit den jeweiligen Fachplanungen weiter aus. Daraus werden konkrete Folgerungen abgeleitet, die aufzeigen,

- wo bestimmte Funktionen konzentriert und vorrangig entwickelt werden sollen (zum Beispiel Tourismusschwerpunkträume und Tourismusentwicklungsgebiete),
- wo bestimmte Funktionen und Raumnutzungen gesichert und in besonderer Weise auf sie Rücksicht genommen werden muss (zum Beispiel Vorranggebiete Naturschutz und Landschaftspflege).

Raumkategorien: Ordnungsräume und Ländliche Räume

Die großen Städte mit ihrem Umland, die Verdichtungsräume, haben spezielle Probleme, die auf den unterschiedlichen Verflechtungen und Beziehungen zueinander beruhen. Aus raumordnerischer Sicht verlangen diese Bereiche eine besondere Beachtung. Bei der vorhandenen Konzentration von Wohn- und Arbeitsstätten und den Zuwanderungen in die Randbereiche, der steigenden Nachfrage nach Bauland und den Flächenansprüchen für Infrastruktur, Handel und Gewerbe sowie den intensiven Pendlerverflechtungen besteht ein erheblicher Abstimmungsbedarf der Nutzungen und Funktionen. Die Raumordnung legt für diese Bereiche Ordnungsräume fest. In den Raumordnungsplänen wird für die Ordnungsräume ein besonderes Abstimmungsgebot formuliert, daneben aber auch spezielle fachliche Erfordernisse, denen in den Ordnungsräumen auf Grund von Problemstellungen und Perspektiven ein besonderes Gewicht beigemessen wird (Naherholungs- und Freiräume, Verkehrswege, ÖPNV, Infrastruktur et cetera).

Alle außerhalb der Ordnungsräume gelegenen Gebiete werden formal den ländlichen Räumen zugeordnet. Diese sehr unterschiedlich strukturierten Räume mit den verschiedenen Verflechtungsintensitäten zu den Städten erfordern ent-

sprechende Entwicklungsziele, die den regionalen Gegebenheiten Rechnung tragen sollen (Landesraumordnungsprogramm Mecklenburg-Vorpommern Abschnitt 1.2 (3) bis (6)).

Zentralörtliches System:

Das System der Zentralen Orte ist schon in den Grundsätzen der Raumordnung benannt (§ 2 Absatz 2 Ziffer 2 Satz 1 und 2 ROG) und soll zu einer geordneten Entwicklung des Netzes städtischer Zentren führen. Dabei werden den zentralen Orten nach einem abgestuften System Aufgaben zugeordnet, die sie für die ihnen zugeordneten Verflechtungsbereiche erfüllen sollen. Zentrale Orte und die in ihnen konzentrierten Einrichtungen sollen für die Bewohner in dem jeweiligen Verflechtungsbereich in erreichbarer Entfernung die Versorgung sichern. So werden an die einzelnen Zentralitätsstufen bestimmte Mindestausstattungen von öffentlichen und privaten Dienstleistungen gebunden. Nachfolgend einige ausgewählte typische Einrichtungen:

- **Oberzentren:**
Hochschule, Theater,
Sportstadion (ab 15 000 Plätze), Großsporthalle und Schwimmhalle,
Einzelhandelseinrichtungen in breiter Differenzierung,
Bahnanschluss im schnellen Fernverkehr,

- **Mittelzentren:**
Gymnasium, berufsbildende Schule,
Krankenhaus, Fachärzte,
Sporthalle, Hallen- und Freibad,

- **Zentren der Nahbereichsstufe:**
Grundschulen,
Arzt, Apotheke,
Sitz der Amtsverwaltung.

Den Zentralen Orten kommt neben diesen Versorgungsfunktionen auch eine Entwicklungsfunktion zu. Sie können zum Beispiel auf Grund ihrer Infrastrukturausstattung und Konzentration von Arbeitskräften attraktive Standorte für die Gewerbeansiedlung darstellen, sodass von ihnen wiederum Impulse auf das Umland ausgehen können.

Die Zentralen Orte sind ein Leitbild der Raumstruktur und damit Bezugssystem für viele Fachplanungen.

Überregionale und regionale Achsen/Achsenkonzept

Die Achsen bezeichnen die Verbindungen zwischen den Teilräumen und den Städten des Landes. Ihr Verlauf korrespondiert in der Regel mit dem überregionalen und regional bedeutsamen Straßennetz und wichtigen Eisenbahnlinien. So ist es nachvollziehbar, dass die Plan- beziehungsweise Programmaussagen in besonderer Weise die Aspekte des Verkehrs behandeln.

Mit dem Ausweisen der Achsen werden nicht nur die wichtigen verkehrlichen Verbindungen zwischen den zentralen Orten aufgezeigt, sondern insgesamt ein Funktions- und Leistungsaustausch, wie zum Beispiel zu den touristischen Schwerpunkten und Urlaubsgebieten oder zu den Metropolen beziehungsweise Zentren benachbarter Länder kenntlich gemacht.

Auch die Siedlungsschwerpunkte in den Ordnungsräumen sollen sich in ihrer Entwicklung dem Verlauf der Achsen anpassen. Neben der günstigeren Verkehrsanbindung und der Bündelung der Infrastruktur können auf diese Weise die dazwischen liegenden Freiräume geschützt werden.

Diese grobe Skizze des Inhalts des Teils „Überfachliche Ziele" vermittelt einen Eindruck davon, wie Leitbilder, Leitvorstellungen, Grundsätze und Zielaussagen räumlich umgesetzt sich als ein Netzwerk von Beziehungen und Abhängigkeiten darstellen. Auch den Nachhaltigkeitsgedanken kann man hier wiederfinden. Das Zentrale Orte System, das Achsensystem und die beiden Raumkategorien determinieren soziologische, ökonomische und ökologische Belange in besonderer Weise. Die Zuweisung einer zentralörtlichen Funktion, die daran ausgerichtete Ausstattung mit und Konzentration von Infrastruktureinrichtungen und die dadurch bedingten Entwicklungsspielräume haben letztlich Einfluss auf die Freiraumstruktur. Freiraumverbrauch und Zersiedlung können durch „raumordnende" Maßnahmen begrenzt werden.

Fachlicher Teil: Natur und Landschaft:

Als Beispiel für den fachlichen Teil wird hier exemplarisch der **Sachbereich Natur und Landschaft** skizziert.

In Mecklenburg-Vorpommern haben der Schutz der natürlichen Lebensgrundlagen und speziell die Belange von Natur und Landschaft große Bedeutung für weite Landesteile. Damit

haben sie räumliche Auswirkungen auf die Planungen und Maßnahmen der meisten anderen Fachbereiche und ein besonderes Gewicht bei der Abwägung.

Dieser Sachbereich Naturschutz stellt die Schnittstelle von Raumordnung und Landschaftsplanung dar. Die landesweiten Erfordernisse des Naturschutzes und der Landschaftspflege werden im Gutachtlichen Landschaftsprogramm von der Fachplanung erarbeitet und nach raumordnerischer Abwägung mit anderen Belangen Bestandteil des Landesraumordnungsprogramms/ -plans, wodurch sie Rechtsverbindlichkeit erlangen.

Die Aufstellung und Feststellung des Landesraumordnungsprogramms ist im § 7 LPlG Mecklenburg-Vorpommern gesetzlich geregelt. Im Unterschied zur Fachplanung des Naturschutzes ist hier die breite Beteiligung der kommunalen Gebietskörperschaften und anderer Planungsträger als Voraussetzung für die Feststellung als Rechtsverordnung vorgeschrieben. Daraus leitet sich eine hohe Verantwortlichkeit für die Raumordnung und Landesplanung ab und unterstreicht die Bedeutung des raumordnerischen Abwägungsauftrags.

Um diesem gerecht zu werden, müssen die von der Fachplanung zugearbeiteten Inhalte hohen Anforderungen genügen. Sie müssen abwägungsfähig sein, das heißt die Anforderungen der Fachplanung müssen konkret, begründet und nachvollziehbar dargestellt werden.

Der Sachbereich Natur und Landschaft enthält Aussagen zur Sicherung, zum Erhalt und zur Entwicklung der natürlichen Lebensgrundlagen. Bei den Aussagen stehen die räumlichen Aspekte von Naturschutz und Landschaftspflege im Mittelpunkt. Es geht dabei um die Wechselwirkungen der Naturgüter sowie die für ihren Erhalt und ihre Entwicklung notwendigen Lebensräume.

Die Raumordnung verfügt über Raumkategorien, wie die **Vorranggebiete und Vorsorgeräume (nach dem neuen ROG „Vorbehaltsgebiete") für Naturschutz und Landschaftspflege,** um andere Raumnutzungen mit den Erfordernissen von Naturschutz und Landschaftspflege abzustimmen.

Im ROG werden benannt:

Vorbehaltsgebiet: Vorbehaltsgebiete sind gemäß § 7 (4) ROG Gebiete, in denen bestimmten, raumbedeutsamen Funktionen oder Nutzungen bei der Abwägung mit konkurrierenden raumbe-

deutsamen Nutzungen besonderes Gewicht beigemessen werden soll: **Als Grundsätze unterliegen sie der Abwägung nachfolgender Planungen.**

Vorranggebiet: Vorranggebiete (§ 7 (4) ROG)
sind Ziele der Raumordnung und lösen Bindungswirkung nach § 4 ROG aus, d. h. es besteht
eine Beachtenspflicht bei raumbedeutsamen Planungen und Maßnahmen öffentlicher Planungsträger, ferner bei formal privatisierten öffentlichen Aufgaben und bei allen Planfeststellungen.
**Als Ziele der Raumordnung sind sie einer Abwä-
gung nicht zugänglich.**

In Mecklenburg-Vorpommern werden im Landesraumordnungsprogramm folgende Kategorien
verwendet (LROP 3.3 (1) und (2)):

Vorranggebiete: »Gebiete, in denen dem Naturschutz Vorrang vor anderen Nutzungen einzuräumen ist, sind als Vorranggebiete Naturschutz und
Landschaftspflege zu sichern und zu schützen.
Alle raumbedeutsamen Maßnahmen müssen mit
den Zielen des Naturschutzes vereinbar sein«.

Vorsorgeräume: »Gebiete mit besonderen
Funktionen im Naturschutz und in der Landschaftspflege sind als Vorsorgeräume Naturschutz und Landschaftspflege zu sichern und zu
schützen. Alle raumbedeutsamen Planungen und
Maßnahmen sind so abzuwägen und abzustimmen, dass diese Gebiete in ihrer hervorgehobe-
nen Bedeutung für Naturschutz und Landschaftspflege nicht beeinträchtigt werden«.

In Mecklenburg-Vorpommern erfolgen räumlich konkrete Vorrang- und Vorsorgeausweisun-
gen im **Landesraumordnungsprogramm** lediglich
für den Funktionsbereich Natur und Landschaft.
Die regionalen Raumordnungsprogramme verwenden darüber hinaus zum Beispiel Vorranggebiete und Vorsorgeräume für Rohstoffabbau
oder auch Trinkwasserschutz. Hiermit nimmt der
Funktionsbereich Natur und Landschaft eine hervorgehobene Stellung ein, da auf Landesebene für
andere Funktionsbereiche wie etwa Land- und
Forstwirtschaft, Klimaschutz et cetera derart differenzierte Instrumente der Vorrang- beziehungsweise Vorbehaltsausweisung im Sinne eines Zieles
beziehungsweise eines Grundsatzes der Raumordnung bis dato nicht vorgesehen sind.

Wenn schon auf Landesebene eine Differenzierung der räumlich konkreten Ausweisungen
in Ziele und Grundsätze der Raumordnung mit
den sich daraus ergebenden Bindungswirkungen
vorgenommen wird, so sind bei der Ausweisung
dieser Gebiete entsprechend differenzierte Kri-

terien zu Grunde zu legen. Die hohe Bindungswirkung durch Vorranggebiete für Naturschutz
und Landschaftspflege im Landesraumordnungsprogramm (LROP) erfordert eine ausgesprochen hohe Begründungsqualität und stellt damit
sehr hohe Anforderungen an die Zuarbeit der
Landschaftsplanung, hier an das Gutachtliche
Landschaftsprogramm.

Anforderungen der Raumordnung an die Land-
schaftsplanung

Entsprechend der großen Bedeutung bei der
inhaltlichen Ausgestaltung der Raumordnungspläne steht auch auf der formellen Seite als zentrales Element die Abwägung. Hierzu heißt es in
§ 7 Absatz 7 ROG: »Für die Aufstellung der
Raumordnungspläne ist vorzusehen, dass die
Grundsätze der Raumordnung gegeneinander
und untereinander abzuwägen sind. Sonstige
öffentliche und private Belange sind zu berücksichtigen, soweit sie auf der jeweiligen Planungsebene erkennbar und von Bedeutung sind.«

In § 8 ROG wird die Verpflichtung der Länder
zur Aufstellung von Raumordnungsplänen auf
Landesebene niedergelegt. Hiernach ist »... für
das Gebiet eines jeden Landes ... ein zusammen-
fassender und übergeordneter Plan aufzustellen«.

Aufgrund seiner besonderen Bedeutung als
Gesamtplan auf Landesebene ist für das LROP
Mecklenburg-Vorpommern ein gesondertes Aufstellungsverfahren in § 7 LPlG Mecklenburg-
Vorpommern Landesplanungsgesetz Mecklenburg-Vorpommern vorgesehen, das ein Beteiligungsverfahren für die Träger öffentlicher Belange einschließt. Ebenso »...sind die Landkreise
und kreisfreien Städte sowie die Planungsträger
zu beteiligen.«

Das Ziel des **Aufstellungs-/Beteiligungsver-
fahrens** besteht unter anderem darin, sicherzustellen, dass die für die Abwägung benötigten
Belange möglichst vollständig erhoben werden
beziehungsweise der Landesplanung zur Kenntnis gelangen. Die so gewonnenen Planungsgrundlagen sowie die eigenen Datengrundlagen
versetzen die Landesplanung erst in die Lage, die
Abwägung der unterschiedlichen Belange vorzunehmen.

Über das allgemeine Abwägungsgebot hinaus
enthält § 7 Absatz 7 ROG den Hinweis, dass neben den im ROG verankerten Leitvorstellungen

und Grundsätzen der Raumordnung auch sonstige öffentliche und private Belange zu beachten sind. Dazu zählen auch die Erfordernisse von Naturschutz und Landschaftspflege, die von der Landschaftsplanung formuliert werden. Die Integration der Belange von Naturschutz und Landschaftspflege, wie sie in den Landschaftsprogrammen auf Landesebene oder den Landschaftsrahmenplänen auf regionaler Ebene dargestellt werden, erfolgt nach Abwägung mit anderen eventuell konfligierenden Raumansprüchen. Die Landesplanung muss aber auch ihrerseits bei der raumordnerischen Abwägung Vorgaben beachten.

So ergibt sich für die Landesplanung aus dem Landesnaturschutzgesetz Mecklenburg-Vorpommern nach § 12 LNatG Mecklenburg-Vorpommern für die Abwägung der raumbedeutsamen Inhalte der Gutachtlichen Landschaftsplanung die Verpflichtung darzulegen, aus welchen Gründen von diesen Inhalten abgewichen wird. Andererseits bedeutet diese Verpflichtung aber nicht, dass dadurch den Belangen des Naturschutzes und der Landschaftspflege in der raumordnerischen Abwägung ein besonderes Gewicht gegenüber anderen Fachplanungen zukommt.

Will die Landschaftsplanung erreichen, dass ihre Belange umfassend in die Abwägung eingehen, so sind bestimmte Anforderungen zu erfüllen. Diese sind zum Teil schon explizit in § 12 Absatz 4 LNatG formuliert. So hat die Landschaftsplanung unter anderem auf die Verwertbarkeit ihrer Aussagen für die Raumplanung zu achten. In Anlehnung an die von Kiemstedt et al. (1993) formulierten Forderungen an die Landschaftsrahmenplanung auf regionaler Ebene (Kap. 5.1.2) können diese auch auf die Landschaftsprogramme auf Landesebene übertragen werden:

- Sie müssen einerseits als Planung des Arten- und Biotopschutzes und der Landschaftspflege (Erholungsvorsorge sowie Regulation und Regeneration von Boden, Wasser, Klima/Luft) gesamträumliche **Vorgaben für die Arbeit der eigenen Verwaltung** liefern (Ziele mit primärer Innenwirkung) und
- andererseits Grundlagen und Maßstäbe für die räumliche Entwicklung nach den Maßgaben des Naturschutzgesetzes zur Umsetzung in der **Gesamtplanung** sowie zur Berücksichtigung durch die **Fachplanungen** (Ziele mit primärer Außenwirkung) erarbeiten.

Für die raumplanerische Abwägung bedeutet dies, dass die Landes- und Regionalplanung von der Landschaftsplanung vollständige und nachvollziehbare **Abwägungsmaterialen** zugearbeitet bekommen muss. Gerade die Verwertbarkeit der Aussagen der Landschaftsplanung wird aus der Sicht der Raumordnung nicht immer unproblematisch bewertet. Mit ein Grund dafür ist auch das unterschiedliche Fachverständnis, die Raumordnung verfolgt einen funktionsorientierten Ansatz, während die Landschaftsplanung potenzialausgerichtet argumentiert. Daraus ergeben sich Sprach- beziehungsweise Verständnisschwierigkeiten die eine zielgerichtete Zusammenarbeit von Raumordnung und Landschaftsplanung bisher oftmals erschwert haben und die es zukünftig auszuräumen gilt.

Zusammenfassend ist festzuhalten, dass die wesentliche Aufgabe der Landesplanung in der Abwägung aller Raumansprüche untereinander besteht. Diese unterliegen dem umfassenden Koordinierungs- und Abwägungsauftrag der Landesplanung. Dies gilt auch für den Funktionsbereich Naturschutz und Landschaftspflege auch wenn fachgesetzliche Forderungen nach einer besonderen Begründung bei der Abweichung von fachlichen Zielvorstellungen formuliert werden.

Die Ausgangspositionen der einzelnen Funktionsbereiche sind durchaus unterschiedlich. Der Funktionsbereich Naturschutz und Landschaftspflege verfügt über ein eigenes Instrumentarium an verbindlichen Schutzgebietsausweisungen und normierten fachlichen Planungen. Hieraus ergibt sich für die anderen Funktionsbereiche ohne rechtlich normierte Pläne eine besondere Anforderung an die Raumordnung, da diese für sie eine wichtige Möglichkeit darstellt, ihre Ziele und Inhalte im Rahmen raumordnerischer Konzeptionen gegenüber anderen Raumansprüchen zu sichern. Dies unterstreicht die hohe Bedeutung des raumordnerischen Abwägungsauftrags.

6.1.4 Verhältnis zwischen Landschaftsplanung und Raumordnung

Das Verhältnis der Landschaftsplanung zur räumlichen Gesamtplanung ist zum einen durch die **Zuordnung der jeweiligen Instrumente** beziehungsweise Planwerke in den verschiedenen Planungsebenen bestimmt. In Kapitel 6.1.2 und Tabelle 6-1 wird eine Gegenüberstellung der Programme und Pläne der räumlichen Gesamtplanung sowie der Landschaftsplanung von der Landes- bis zur kommunalen Ebene aufgezeigt. Um die Belange von Naturschutz und Landschaftspflege in die räumliche Gesamtplanung einbringen zu können, sind deren Planungsebenen entsprechende Programme und Pläne der Landschaftsplanung zugeordnet. So wird organisatorisch-instrumentell der Landschaftsplanung die Möglichkeit geboten, der ihr zugedachten Aufgabe „Beitrag zur räumlichen Gesamtplanung" nachzukommen (die anderen – zumindest theoretischen – Aufgaben sind „Mitwirkung bei anderen Fachplanungen", „Fachplanung Naturschutz", „Fachplan für freiraumbezogene Erholung").

Zum anderen wird das Verhältnis der Landschaftsplanung zur räumlichen Gesamtplanung durch Art und Intensität der Zusammenarbeit und gegenseitigen Einflussnahme, letztlich durch die Möglichkeiten und Erfolgsgrade der **Integration** von Aussagen der Landschaftsplanung in die Raumordnungsprogramme und -pläne geprägt. Der Beitrag zur Gesamtplanung darf nicht einseitig als Leistung der Landschaftsplanung gesehen werden, sondern muss mit dem aktiven Abfragen beziehungsweise Berücksichtigen der Landschaftsplanaussagen von Seiten der Raumplanung verbunden sein.

Warum ist die Integration notwendig?

- Die Aussagen der Landschaftsplanung sind in der Regel unverbindlich (Ausnahmen bilden zum Beispiel Landschaftspläne als Satzung, wie in Nordrhein-Westfalen auf Kreisebene, mit denen also verbindliche Wirkung für Dritte besteht), erst durch deren Übernahme in Raumordnungsprogramme und -pläne wird Verbindlichkeit erreicht. Die Raumordnung hat grundsätzlich den Auftrag zur raumbezogenen Koordination von Fachplanungen (Kap. 6.1.1).

In Bezug auf die Integration wird im BNatSchG (§ 5 Absatz 2) wie folgt formuliert: »Die raumbedeutsamen Erfordernisse und Maßnahmen der Landschaftsprogramme und Landschaftsrahmenpläne sollen unter **Abwägung** mit den anderen raumbedeutsamen Planungen und Maßnahmen nach Maßgabe der landesplanungsrechtlichen Vorschriften der

Länder in die Raumordnungspläne aufgenommen werden«. In den Naturschutz- und den Planungsgesetzen der Länder wird diese Rahmenvorschrift in zahlreichen Varianten ausgefüllt.

Das ROG schreibt im § 7 allgemein Mindestinhalte für Raumordnungspläne vor. Hier wird im Absatz 3 die Vorschrift des BNatSchG aufgegriffen und festgehalten, dass raumbedeutsame Erfordernisse und Maßnahmen des Naturschutzes und der Landschaftspflege in Raumordnungsplänen festzulegen sind, soweit sie durch Ziele oder Grundsätze der Raumordnung gesichert werden können (Kap. 6.1.3).

- Aufgrund der Aufgabe und Leitvorstellung der Raumordnung (§ 1 ROG) sowie der aus den Zielen des Naturschutzes und der Landschaftspflege (§ 1 BNatSchG; Kap. 3) abgeleiteten Aufgabenstellung der Landschaftsplanung besteht ein besonderes Verhältnis dieser raumbezogenen Planungen zueinander. Eine räumliche Gesamtplanung kann dem in Kapitel 6.1.1 erläuterten **Leitbild einer nachhaltigen Raumentwicklung** nur gerecht werden, wenn gleichberechtigt neben den sozialen und wirtschaftlichen Ansprüchen an den Raum diese mit seinen ökologischen Funktionen in Einklang gebracht werden. Dabei müssen sich die Raumnutzungen, aber auch die raumordnerische Abwägung der unterschiedlichen Nutzungsansprüche an der Leistungsbeziehungsweise Belastungsfähigkeit des Naturhaushaltes und der Begrenztheit der Ressourcen orientieren. Nutzungskonflikte sind vor diesem Hintergrund zu bewältigen. Die Fachplanung Landschaftsplanung hat die Aufgabe, Erfordernisse und Maßnahmen zur Sicherung der Leistungsfähigkeit des Naturhaushaltes zu erarbeiten und ist somit eine unentbehrliche **Grundlage für die zur Orientierung an einer nachhaltigen Entwicklung verpflichteten Raumplanung.** Da die Landschaftsplanung ihre Aufgabe nur erfüllen kann, wenn sie übergreifend sowohl die Naturgüter als auch die Raumnutzungen betrachtet, ist ihr Beitrag zur räumlichen Gesamtplanung im Unterschied zu anderen Fachplanungen auch querschnittsorientiert und im ökologisch-gestalterischen Bereich auf die Koordination von Raumnutzungen gerichtet.

Hinsichtlich dieser „teilkoordinierenden" Funktion der Landschaftsplanung besteht ein Kompetenzstreit mit der räumlichen Gesamtplanung, die den gesetzlichen Auftrag, räumlich zu koordinieren für sich allein beanspruchen kann. Die Landschaftsplanung nimmt jedoch keine **gesamtplanerische Koordinierung** vorweg, denn diese wird mittels der **raumordnerischen Abwägung** als Monopolaufgabe durchgeführt (§ 7 ROG; Kap. 6.1.1). Die Landschaftsplanung nimmt aber nicht eine Abwägung vorweg, sondern liefert wesentliche Grundlagen, damit eine raumordnerische Abwägung durchgeführt werden kann. Umweltbelange haben im Sinne der raumordnerischen Leitvorstellung einer nachhaltigen Entwicklung nicht generell Vorrang, sie sind gleichberechtigt neben sozialen und ökonomischen Belangen. Die Ressourcen sowie die Leistungsfähigkeit des Naturhaushaltes sind jedoch limitierende Faktoren und sobald ein Risiko der Beeinträchtigung der Lebensgrundlagen erkannt wird, sollte ein Abwägungsvorbehalt zu ihren Gunsten erfolgen (Kap. 6.2). Konkret bedeutet das, wenn geplante sozioökonomische Entwicklungen die dem betreffenden Raum zugeschriebenen ökologischen Funktionen nicht über ein – politisch – vereinbartes Maß (zum Beispiel Umweltqualitätsziel) hinaus beeinträchtigen, können sie akzeptiert werden.
Inhalte und Darstellungen der Landschaftspläne und -programme haben mehrere Hürden zu nehmen, bevor sie als **rechtsverbindliche Aussagen in Form von Zielen und Grundsätzen** von Raumordnungsplänen und -programmen bestätigt sind: Sie müssen zur Übernahme geeignet, das heißt überörtlich, überfachlich und raumbedeutsam sein und die raumordnerische Abwägung bestehen.
Die Voraussetzungen für die Integration von Inhalten der Landschaftsplanung in die räumliche Gesamtplanung sind länderweise sehr unterschiedlich, wie im Kapitel 5.1.2 am Beispiel der regionalen Ebene beschrieben wird. Es sind folgende Hauptformen der Integration für alle Planungsebenen zu klassifizieren:

- **Primärintegration**
  Unmittelbare Integration der Landschaftsplanung. Es wird kein selbstständiger Plan aufgestellt, sondern es gehen Fachaussagen von Naturschutz und Landschaftspflege direkt in die Raumordnungsprogramme und -pläne ein.

- **Sekundärintegration**
  Mittelbare Integration der Landschaftsplanung. Ein selbstständiger Plan wird mit einem eigenen Aufstellungsverfahren erarbeitet und Inhalte werden in die Pläne und Programme der Raumordnung eingebunden.

Wichtig für den **Erfolg der Integration** sind deren Ergebnisse und nicht deren Form. An den Beispielen in Kapitel 5.1.2 wird deutlich, dass die Form der Integration, die Eigenständigkeit der Landschaftsplanung nicht allein über den Grad der Übernahme von Inhalten entscheidet. Auch deren Kontrolle durch entsprechende Einrichtungen (zum Beispiel Einvernehmensregelungen mit Naturschutzbehörden bei Varianten der Primärintegration) ist von Bedeutung. Ein weiteres Kriterium ist die Frage nach der Zuständigkeit für die Erstellung von Landschaftsplanungen sowie nach den damit verbundenen Möglichkeiten der Einflussnahme auf deren Qualität und Integration: Die Landschaftsplanungen können formal zwar eigenständig aber doch sehr wirkungsschwach sein, wenn die räumliche Gesamtplanung für die Erstellung zuständig ist und Egoismen von Beteiligten (zum Beispiel Ressorts oder Kommunen) durchschlagen können, wie zum Beispiel bei der Erarbeitung von eigenständigen Landschaftsrahmenplänen in Baden-Württemberg durch die Planungsstellen der kommunal verfassten und erheblich durch die Gemeinden beeinflussten Regionalplanung (BfN 2000).
Im Kapitel 6.1.3 wurde allgemein, im Kapitel 5.1.2 am Beispiel des Landschaftsrahmenplanes dargestellt, dass die Landschaftsplanung bestimmte **Anforderungen** erfüllen muss, damit die Berücksichtigung der Belange von Naturschutz und Landschaftspflege in der räumlichen Gesamtplanung möglichst umfassend geschehen kann. Unbestritten ist im Hinblick auf eine Optimierung der Integration allerdings auch die Notwendigkeit einer flexibleren Handhabung beziehungsweise einer Weiterentwicklung der Instrumente der räumlichen Gesamtplanung.
Im Folgenden werden die **Hauptprobleme**, die einer Integration generell entgegenstehen beziehungsweise nicht deren aus oben beschriebenen Gründen erforderliche Intensität zulassen, kurz skizziert (ARL 1988, Finke et al. 1993, Kiemstedt et al. 1993, ARL 1995, SRU 1996, Gassner 1999, Institut für Landschaftsplanung und Landschaftsökologie 1999, BfN 2000; Kapitel 5.1.2):

- Die Landschaftsplanung liefert zum Teil **überfrachtete Planwerke** und läuft Gefahr, die Raumordnung mit einer großen Informationsflut zu überfordern. Auf der anderen Seite können die Planungsteile und damit die Vorschläge zur Integration sehr knapp ausgestaltet sein.
- Es bestehen **Kommunikations-/Übersetzungsprobleme** aufgrund unterschiedlicher Terminologien, Kategorien und Instrumente.
- Die **Maßstäbe** der Landschaftsplanung und der räumlichen Gesamtplanung sind nicht immer aufeinander abgestimmt.
- Hinderlich sind zeitliche und räumliche **Koordinationsprobleme**, indem also der Vorlauf der Landschaftsplanung oder mindestens die Bearbeitung parallel zu den Raumordnungsplänen nicht gewährleistet ist beziehungsweise die Planungsräume nicht übereinstimmen.
- Aufgrund solcher Koordinationsprobleme kann die **Begründung der Abweichung von landschaftsplanerischen Aussagen** nicht umgesetzt werden.
- Die jeweils konkretisierten Ziele und Grundsätze des Naturschutzes und der Landschaftspflege sollen überörtlich, überfachlich und raumbedeutsam sein. Dies ist nicht immer zu erkennen und zu unterscheiden. Beklagt werden **oftmals unbegründete und damit nicht abwägungsfähige Zielaussagen.**
- Auf Seiten der räumlichen Gesamtplanung bestehen häufig Defizite in der **Unterscheidung und Kennzeichnung von Zielen und Grundsätzen.**
- Die Differenzierung der Darstellungen in solche, die an die eigene Fachplanung, an andere Fachplanungen und Raumnutzungen oder an die Gesamtplanung gerichtet sind, ist nicht immer möglich (**schwacher Adressatenbezug**).
- Die raumplanerischen, dem Freiraumschutz dienenden **Darstellungskategorien** – insbesondere Vorrang- und Vorbehaltsgebiete für Naturschutz und Landschaftspflege – werden bundesweit nach sehr unterschiedlichen Kriterien, häufig jedoch unter Bezug auf bestehende Schutzgebiete ausgewiesen. Die Zuordnung von Vorranggebieten ausschließlich zu bereits gesicherten Schutzgebieten wird heutigen fachlichen Anforderungen an die Raumplanung nicht gerecht.

Von Kritikern wird der **Aufwand** für Integration und Koordination als zu hoch im Vergleich zu den Ergebnissen gesehen und konsequenterweise die unmittelbare Integration gefordert.

- **Akzeptanzprobleme** sowohl bei der Raumordnung als auch der Landschaftsplanung spielen eine bedeutende Rolle im Verhältnis der Planungsarten. Die Aufgabenstellung der Landschaftsplanung bringt es mit sich, dass der Anteil an einschränkenden, nicht zur Disposition stehenden Zielaussagen in ihren Planwerken relativ hoch ist. Die Landschaftsplanung wird daher zum Teil – auch auf Seiten der räumlichen Gesamtplanung sowie „konkurrierender" Fachplanungen – als Verhinderungsplanung angesehen (im Gegensatz zur Raumplanung als „Angebotsplanung") und ihr wenig Akzeptanz entgegengebracht.

Wie oben angesprochen, können **Kompetenzstreitigkeiten**, also die Frage, wie weit der koordinierende Beitrag der Landschaftsplanung zur Gesamtplanung gehen soll, die Integration behindern. Aufgrund unterschiedlichen eigenen beziehungsweise gegenseitigen Aufgabenverständnisses kann Konkurrenzdenken entstehen.

Schließlich führt eine schwache **Einbindung von Fachplanungen und Öffentlichkeit** in den Planungsprozess, ein „top down"-Ansatz, in dessen Rahmen Beschlüsse durch die Planungsträger gefasst und anschließend gegenüber Akteuren und Öffentlichkeit verteidigt werden, zu einer geringen Akzeptanz der Planungsergebnisse.

- Mängel in der finanziellen und personellen **Ausstattung** der für die Erstellung der jeweiligen Planwerke zuständigen Stellen können Qualitätsdefizite und Kooperationsprobleme zur Folge haben.
- Auch mangelnder **politischer Wille** – nicht zuletzt widergespiegelt im Abwägungsverhalten – kann den Grad der Integration erheblich senken. Aufgrund von Egoismen und Partikularinteressen können unerwünschte Planaussagen „weggewogen" oder „herauskoordiniert" werden.

Als **Lösungsansatz für die Abschwächung der angesprochenen Probleme** beziehungsweise zur Verbesserung der Integration werden heute unter anderem die nachfolgenden **Anforderungen** an die Landschaftsplanung (Kap. 5.1.2, 5.1.3,

6.1.3 und 9.2) beziehungsweise die räumliche Gesamtplanung formuliert:

- Landschafts- und raumplanerische **Darstellungskategorien** müssen **passfähig** sein. Abstimmungen zur inhaltlichen Gliederung der Planwerke (Raumordnungspläne sollten nicht nur nutzungs-, sondern auch schutzgutbezogene Kapitel aufweisen) sowie zur Terminologie sind erforderlich (Kap. 9.2).

- **Digitale kartographische Bearbeitung**, zum Beispiel zur Erleichterung auch der Abstimmung zwischen korrespondierenden Planwerken der Landschaftsplanung und der räumlichen Gesamtplanung. Voraussetzung sind hohe Qualität und die Passfähigkeit von verwendeten Daten und Systemen (Kap. 9.2).

- **Weiterentwicklung** (einschließlich rechtlicher Absicherung der Ergebnisse) **beziehungsweise flexiblere Anwendung von bestehenden Kategorien der Raumplanung** zur Umsetzung raumbedeutsamer Planungen und Maßnahmen des Naturschutzes und der Landschaftspflege. Die Kategorien Vorrang- und Vorbehaltsgebiete für Naturschutz und Landschaftspflege der Raumordnungsprogramme und -pläne sollten neben den (im Plan kenntlich zu machenden) bestehenden Schutzgebieten auch Teilräume beinhalten, für die eine entsprechende Priorität aus landschaftsplanerischer Sicht erforderlich ist. Ziel und Zweck der Sicherung, Entwicklung oder auch Sanierung sind darzustellen, das heißt über Zusatzsignaturen und Erläuterungen erkennbar zu machen. Im Fall der – abschließend abzuwägenden – Vorranggebiete kann es mit dieser Differenzierung unterschiedlicher Raumfunktionen beziehungsweise Vorrangansprüche möglich werden, nicht pauschal alle weiteren Nutzungen neben der priorisierten auszuklammern, sondern lediglich solche, die dem Schutz-, Entwicklungs- oder Sanierungsziel entgegenstehen. Eine entsprechende Begründung und Zweckdefinition der Priorisierung sollte für Vorranggebiete für die naturnahe Erholung gelten.
Die Raumordnungspläne sollten **landschaftsplanerische Aussagen** nicht allein in ein Kapitel „Natur und Landschaft" quasi nachrichtlich übernehmen, sondern in ihr Gesamtkonzept **fachübergreifend und schutzgutbezogen übernehmen** (Kap. 9.2).

Die Berücksichtigung der hier genannten Punkte trägt zu einer Entwicklung der dem Leitbild einer nachhaltigen Entwicklung verpflichteten Raumordnung, weg von der reinen Flächenzuweisung und hin zu einer **Steuerung der Qualität von Nutzungen**, bei.

- Landschaftsplanerische Beiträge (unter anderem Programme, Pläne, Fachbeiträge) müssen – auch im Fall der Primärintegration – über die Integration hinaus gesichert sein, sodass sie die erforderlichen Kontroll- und naturschutzfachplanerischen Funktionen erfüllen können. Die Abwägung muss nachvollziehbar sein. Die **Begründungspflicht** (bislang rechtlich eingeführt in Brandenburg, Hessen, Mecklenburg-Vorpommern, Rheinland-Pfalz, Sachsen, Sachsen-Anhalt, Schleswig-Holstein, Thüringen) muss konsequent umgesetzt werden. Hierzu wird die Festlegung benötigt, wann eine Begründung ausreichend ist.

- Die Landschaftsplanung sollte sehr weitgehend **Ziele und Maßnahmen** maßstabsangemessen **spezifischen Flächen zuordnen.**

- **Aussagen der Landschaftsplanung** müssen **abwägungsfähig**, das heißt konkret, begründet und nachvollziehbar sein (Kap. 6.1.3).

- Die Planwerke der Landschaftsplanung sollten **Integrationstexte und -karten** (Übersetzungsschlüssel) sowie Hinweise und räumliche Differenzierungen zu Anforderungen an Raumnutzungen enthalten (Kap. 5.1.2, 5.1.3).

- Die Texte und Karten beider Planungen sollten „verschlankt", aber nicht „dünn" werden. Der **Planungsteil sollte in den Mittelpunkt rücken**. Die Konzentration auf das Wesentliche gilt insbesondere auch für Texte und Karten, die in der Öffentlichkeit diskutiert werden sollen.

- Die **Aufgaben der jeweiligen Planungen müssen klar umrissen sein**, auf der Grundlage des heutigen Planungsverständnisses definiert und eine Verständigung diesbezüglich hergestellt werden. Zur Erreichung des Zieles einer Gesamtplanung einerseits als fachlich neutral räumlich koordinierende Planung und andererseits als Teil nachhaltiger Entwicklungsplanung ist die enge **Kooperation** zwischen der Gesamtplanung und der Landschaftsplanung – wie überhaupt den Fachplanungen – erforderlich. Ziele der Landschaftsplanung müssen mit denen der Raumordnung sowie der Fachplanungen zusammengeführt werden. In einem **offe-**

nen **Planungsprozess** sollte die Beteiligung und Mitarbeit (wie auch die Bereitschaft dazu) der Fachplanungen und interessierter Stellen und Akteure frühzeitig und prozessbegleitend gesichert sein. Durch diese Form der kooperativen und dialogorientierten Planungsarbeit wird Transparenz und Akzeptanz geschaffen. Der **Dialog** und die Abstimmung bedeuten – wie zum Teil von Seiten der Raumplanung befürchtet – keine Vorwegabwägung, die also das Problem der „doppelten Abwägung" durch die Raumplanung herbeiführen würde, sondern sie sind konsensfördernder Meinungsaustausch. Die Abwägung und abschließende Entscheidung ist immer noch Sache der Raumplanung.

- Mit der Gestaltung prozessbezogener, flexibler Planungen, dem Wandel von der Koordination zur Kooperation ist die **Loslösung von „finalen" Landschafts- beziehungsweise Raumordnungsprogrammen oder -plänen** verbunden. Die Planungen können nicht abgeschlossen sein, sondern sind als ständige Aufgabe zu betrachten, was seinen Ausdruck in dem mittelfristigen Planungszeitraum der Pläne und Programme findet.
- Die Raumplanung wird adressaten- und umsetzungsorientierter. In diesem Zusammenhang spielen **informelle Planungen** (zum Beispiel regionale Entwicklungskonzepte, Kap. 6.1.2) eine zunehmend wichtige Rolle.

6.2 Landschaftsplanung und Bauleitplanung im neuen Miteinander

Bereits seit Einführung des Bundesnaturschutzgesetzes im Jahre 1976 war als Rahmenvorschrift im § 6 BNatSchG bestimmt, dass »auf die **Verwertbarkeit des Landschaftsplanes für die Bauleitplanung** ... Rücksicht zu nehmen« sei. Andererseits hat das Baurecht lange Zeit keinen Bezug zur Landschaftsplanung hergestellt. Erst 22 Jahre später, mit der seit 1.1.1998 gültigen Fassung des Baugesetzbuches, taucht der Begriff der „Landschaftsplanung" erstmalig im Baurecht auf. So sind gemäß § 1a BauGB die „Darstellungen von Landschaftsplänen" in der Abwägungsentscheidung der Bauleitplanung »auch zu berücksichtigen«.

Diese Situation war kennzeichnend für eine gewisse Konkurrenz, die insbesondere seitens der Bauleitplanung in der Landschaftsplanung gesehen wurde. Vor dem Hintergrund der umfassenden Aufgabenstellung der Bauleitplanung wurde der allumfassende Anspruch erhoben, dass die Bauleitplanung die Belange von Naturschutz und Landschaftspflege gleichberechtigt mit den übrigen Belangen bereits ausreichend in ihre Abwägung einstellen würde. Eine gesonderte vorlaufende Landschaftsplanung wurde als ungleichgewichtig im Verhältnis zu anderen Belangen betrachtet. Die Absicht, diese scheinbare Konkurrenzsituation zu entschärfen, ist sicherlich auch einer der maßgeblichen Aspekte für den Ansatz der Primärintegration der Landschaftsplanung, wie er von einigen Bundesländern gewählt worden ist. Seitens der Landschaftsplanung war man sich dagegen sehr wohl bewusst, dass aufgrund der fehlenden eigenen Rechtswirkung der Landschaftsplanung diese letztendlich auf die Integration in die Bauleitplanung angewiesen ist. Falls die Landschaftspläne und Grünordnungspläne nicht mit eigener Rechtswirksamkeit aufgestellt werden, wie dies ausnahmsweise in einigen Bundesländern möglich ist, gilt zweifelsfrei das **Primat der Bauleitplanung**. Denn der umfassende Abwägungsauftrag der Bauleitplanung zur Harmonisierung der gemeindlichen Entwicklungsziele kann nur erfüllt werden, wenn eine konzentrierte Entscheidung über sämtliche Belange erfolgt. Diese Konzentration schließt jedoch keinesfalls aus, dass zunächst die einzelnen Belange in Planungsbeiträgen entscheidungsfähig aufbereitet werden (**Teilkoordinierung**), damit die Abwägungsentscheidung selbst nicht überfrachtet wird. Die konsequente Ausrichtung auf diese Aufgabenstellung bezogen auf die Belange von Natur und Landschaft, bildet den Schlüssel für ein konstruktives Verhältnis zwischen Landschaftsplanung und Bauleitplanung (Kap. 4.1.4).

Durch die Vorarbeit der **Zielharmonisierung durchaus gegensätzlicher Teilziele innerhalb des umfangreichen Aufgabenfeldes von Naturschutz und Landschaftspflege** wird somit die notwendige Abwägungsentscheidung mit anderen Belangen im Rahmen der Gesamtplanung entsprechend unterstützt und qualifiziert (vergleiche die entsprechende Differenzierung bereits in § 1 Absatz 2 BNatSchG). Allein die notwendige komplexe Grundlagenerarbeitung im Rahmen der Landschaftsanalyse und -bewertung („Ermittlung der Planungsgrundlagen") würde die dagegen eher auf eine Recherche ausgerichtete und damit vergleichsweise einfache „Ermittlung der Planungsvorgaben" im Rahmen der Bauleitplanung sprengen (vergleiche insbesondere § 37 (Leistungsbild FNP) mit § 46a (Leistungsbild LP) der HOAI). Gerade auch der in der Landschaftsplanung erreichte planungsmethodische Stand mit einer Reihe naturschutzfachlich bedingter Spezifika ist sicherlich wesentlich für das eingetretene Umdenken mitverantwortlich.

Auf die spätere Verwertbarkeit der Landschaftsplanung in der Bauleitplanung Rücksicht zu nehmen, bedeutet somit, aus naturschutzfachlicher Gesamtsicht die internen Zielkonflikte des Naturschutzes teilkoordinierend zu lösen und entsprechende Lösungsvorschläge mit naturschutzfremden aber naturschutzrelevanten Nutzungsansprüchen aus naturschutzfachlicher Sicht, das heißt querschnittorientiert, zu erarbeiten. Die Letztentscheidung (**Gesamtkoordination**) über das Gewicht aller privaten und öffentlichen Belange bleibt damit unangetastet und somit allein der Bauleitplanung überlassen.

Mit der neuen Fassung des BauGB wird bestätigt, dass die Bauleitplanung sehr wohl von zunächst naturschutzfachlich eigenständigen Plandarstellungen im Rahmen der Landschaftsplanung profitiert. Eine zwingende Verpflichtung zur Aufstellung von Landschaftsplänen lässt sich aus diesem Berücksichtigungsgebot gleichwohl nicht ableiten. Die Berücksichtigungspflicht ist somit nach wie vor sehr zurückhaltend formuliert, da sie nicht soweit geht, die Erstellung von Landschaftsplänen zu fordern, denn sie gilt nach überwiegender Meinung nur in den Fällen, in denen ein Landschaftsplan (oder Grünordnungsplan) vorliegt.

Durch die neue **Leitvorstellung der nachhaltigen Entwicklung für die Bauleitplanung** (§ 1 Absatz 5 BauGB) ist die Bauleitplanung mehr denn je auf entsprechende Abwägungsgrundlagen angewiesen, um diese äußerst anspruchsvolle und komplexe Zielsetzung zu erreichen (Kap. 8.5). Das Ziel der Nachhaltigkeit ist somit kein Selbstläufer aufgrund des entsprechenden gesetzlichen Auftrages oder diesbezüglichen Willens der Gemeinden zur Übernahme dieser Verantwortung. Es bedarf zunächst rein sachlich, das heißt wertfrei, erhobenen und anschließend nach naturschutzfachlichen Kriterien bewerteten Planungsgrundlagen zur Fundierung der weitreichenden Zukunftsentscheidungen. Auch wenn wie oben gesagt, keine formale Verpflichtung besteht, einen Landschaftsplan im Vorfeld eines Bauleitplanes aufzustellen, so ergeben die Aspekte der Nachhaltigkeit, das umfassende Berücksichtigungsgebot der Naturschutzbelange, die mit dem Flächenpool und Ökokonto verbundenen Vorteile sowie die Notwendigkeit einer angemessenen Würdigung der bauleitplanerischen Eingriffsregelung in der Abwägungsentscheidung zusammen hinreichende Gründe, sich in der Bauleitplanung bewusst auf eine Landschaftsplanung zu stützen. Die Frage nach der Erforderlichkeit für die Erstellung der Landschaftsplanung nach § 6 BNatSchG dürfte bei Erstellung eines Bauleitplans vor diesem Hintergrund inzwischen regelmäßig zu bejahen sein. (Weihrich 1999)

Wie bereits in Kapitel 4.1.5 behandelt, sollte die Verwirklichung der Ziele von Naturschutz und Landschaftspflege Hauptintention und Gradmesser für den Erfolg der Landschaftsplanung sein. Daher ist eine entsprechende **Umsetzungsorientierung** entscheidend für den Erfolg der Landschaftsplanung. Dies kann natürlich auch indirekt über eine Berücksichtigung in anderen Planungen erfolgen oder aber unmittelbar durch die praktische Realisierung von Schutz-, Pflege- und Entwicklungsmaßnahmen, die im Landschaftsplan dargestellt sind.

Um das Verhältnis des „Planungspaares Landschaftsplan und Flächennutzungsplan" näher beurteilen zu können, ist es hilfreich, sich über die jeweiligen Eigenschaften der beiden Planwerke eine Übersicht zu verschaffen. In der Tabelle 6-2 wird deutlich, dass insbesondere hinsichtlich zweier Aspekte grundsätzliche planungssystematische Schwierigkeiten bestehen, Inhalte des Landschaftsplanes in den Flächennutzungsplan zu übertragen. Dies betrifft die im **Landschaftsplan** erreichte Konkretheit, die sich in der **zeichnerischen und zugleich auch textlichen Darstellung** von **Maßnahmen** ausdrückt. Der **Flä-**

Tab. 6-2: Unterschiede zwischen (gemeindlichem) Landschaftsplan und Flächennutzungsplan

Plan	Landschaftsplan (gemäß BNatSchG)	Flächennutzungsplan (gemäß BauGB)
Aufgaben	Verwirklichung der Ziele von Naturschutz und Landschaftspflege (§ 6 Absatz 1 in Verbindung mit § 1 Absatz 1)	• Vorbereitung und Leitung der baulichen und sonstigen Nutzung der Grundstücke in der Gemeinde (§ 1 Absatz 1) • Gewährleistung einer nachhaltigen städtebaulichen Entwicklung und eine dem Wohl der Allgemeinheit entsprechende sozialgerechte Bodennutzung und • Beitrag zur Sicherung einer menschenwürdigen Umwelt und zum Schutz und zur Entwicklung der natürlichen Lebensgrundlagen (§ 1 Absatz 5)
Inhalt	Darstellung der örtlichen **Erfordernisse und Maßnahmen** zur Verwirklichung der Ziele des Naturschutzes und der Landschaftspflege (§ 6 Absatz 1)	Darstellung (in den Grundzügen) der sich aus der beabsichtigten städtebaulichen Entwicklung ergebenden Art der **Bodennutzung** (= Nutzung **von Flächen**) nach den voraussehbaren Bedürfnissen der Gemeinde für das gesamte Gemeindegebiet (§ 5 Absatz 1)
Bestandteile	**Text und Karte** (sowie zusätzliche Begründung) (§ 6 Absatz 1)	**Karte** (und Erläuterungsbericht) (§ 5 Absatz 1 und 5)
Zuständigkeit	Gemeinden zuständig bei entsprechender Aufgabenzuweisung (aufgrund § 6 Absatz 4 durch jeweiliges Landesnaturschutzgesetz)	Gemeinden zuständig nach Bundesrecht (§ 1 Absatz 3 und § 2 Absatz 1 gemäß Artikel 28 Absatz 2 Grundgesetz)
Verbindlichkeit	im Regelfall keine: auch bei Beschlussfassung der Gemeindevertretung ohne Bindung gegenüber Dritten (jeweilige landesgesetzliche Regelung auf der Grundlage von § 6 Absatz 4)	grundsätzliche Anpassungspflicht für öffentliche Planungsträger (nach gerechter Abwägung der öffentlichen und privaten Belange untereinander und gegeneinander und Genehmigung durch die höhere Verwaltungsbehörde) (§ 1 Absatz 6, § 6 Absatz 1 und § 7)
Umsetzung	im Rahmen des Staatsziels „Schutz der natürlichen Lebensgrundlagen", der naturschutzgesetzlichen Pflicht zur Unterstützung und als „freiwillige" Aufgabe durch die Gemeinde soweit nicht Naturschutzbehörden zuständig (Art. 20a Grundgesetz, Landesverfassungen und § 3 Abs. 2)	im Rahmen der kommunalen Planungshoheit insbesondere durch die verbindliche Bauleitplanung und weiterer Vollzug des BauGB (insbesondere §§ 8 bis 18)

chennutzungsplan besteht in seinem rechtswirksamem Teil jedoch nur aus einer **Kartendarstellung**, die lediglich die Darstellung von **Flächen** für Maßnahmen erlaubt und daher keine vollständige Maßnahmenkonkretheit zulässt. Maßnahmen des Landschaftsplanes können somit nur mittelbar über die Funktionszuweisung von Flächen, die für die Maßnahmen gesichert werden, erfolgen. Für die Landschaftsplaninhalte, die deshalb trotz entsprechendem Willen der Gemeinde als Planungsträger, nicht in den Flächennutzungsplan integriert werden können, ist der Begriff der „**überschießenden Inhalte**" geprägt werden.

Es lassen sich insgesamt **fünf verschiedene Fallgruppen der Berücksichtigung von Landschaftsplaninhalten** unterscheiden (Tab. 6-3), wobei die ersten beiden Fälle keine eigentlichen planerischen Ergebnisse des Landschaftsplanes darstellen.

Tab. 6-3: Möglichkeiten zur Berücksichtigung der Landschaftsplanung (einschließlich nachrichtlicher Darstellungen im LP) in der Flächennutzungsplanung

Art der Berücksichtigung im FNP (Fallgruppen)	Rechtsgrundlage	Rechtswirkung
1) nachrichtliche Übernahme im FNP von festgesetzten Planungen und sonstigen Nutzungsregelungen (zum Beispiel von Schutzgebietsausweisungen und gesetzlich geschützten Biotopen) auf der Grundlage der Aufbereitung der naturschutzfachlichen planerischen Rahmenbedingungen im LP	§ 5 Absatz 4 Satz 1 BauGB	keine zusätzliche Rechtswirkung gegenüber den bestehenden Festsetzungen und Regelungen
2) Vermerk im FNP derartiger in Aussicht genommener Festsetzungen (zum Beispiel laufende Verfahren zur Schutzgebietsausweisung) auf der Grundlage der Aufbereitung der naturschutzfachlichen planerischen Rahmenbedingungen im LP	§ 5 Absatz 4 Satz 2 BauGB	keine vorzeitige Rechtswirkung gegenüber den in Aussicht genommenen Festsetzungen
3) Ausrichtung **sämtlicher** Darstellungen des FNP auf die Ziele von Naturschutz und Landschaftspflege (zum Beispiel bei Standortentscheidungen für Bauflächen) auf der Grundlage des LP als querschnittsorientierter naturschutzfachlicher Beitrag zum FNP	§ 5 Absatz 2 Ziffern 1 bis 9 BauGB	grundsätzliche Anpassungspflicht für öffentliche Planungsträger, soweit sie dem FNP nicht widersprochen haben
4) Darstellung von Flächen für Maßnahmen zum Schutz, zur Pflege und zur Entwicklung von Natur und Landschaft (zum Beispiel von Biotopverbundflächen und Ausgleichsflächen) auf der Grundlage des LP als Fachplanung für Naturschutz und Landschaftspflege	§ 5 Absatz 2 Ziffer 10 BauGB	grundsätzliche Anpassungspflicht für öffentliche Planungsträger, soweit sie dem FNP nicht widersprochen haben, Festsetzung der Maßnahmen im B-Plan aufgrund des Entwicklungsgebotes aus dem FNP
5) Begleitende Beschlüsse der Gemeindevertretung im Rahmen der Beschlussfassung des FNPs (zum Beispiel im Zusammenhang mit dem Erläuterungsbericht oder durch zusätzliche gemeindliche Handlungsprogramme zur Umsetzung) auf der Grundlage der naturschutzfachlichen Maßnahmenkonzeption des LP	Selbstverwaltungsrecht der Gemeinden gemäß Artikel 28 Absatz 2 GG	keine Rechtswirkung gegenüber Dritte, jedoch Selbstbindung der Gemeinde und Beauftragung der Gemeindeverwaltung

Im Rahmen des Landschaftsplanverfahrens kommt es im Zuge einer intensiven Kooperation mit anderen Stellen zu einer Aufbereitung der naturschutzfachlichen Rahmenbedingungen (Kap. 4.1.1), die nachrichtlich im Flächennutzungsplan übernommen werden sollen (Fallgruppe 1 der Übernahmemöglichkeiten).

Außerdem kann diese unerlässliche Kooperation mit allen Stellen, die Verantwortung für den Vollzug des Naturschutzes haben, dazu führen, dass es bereits während des laufenden Planungsprozesses zur Anregung von Initiativen (zum Beispiel bei den zuständigen Naturschutzbehörden) kommt. Daraus folgende so genannte »derartige in Aussicht genommene Festsetzungen« sollen gemäß § 5 Absatz 4 Satz 2 BauGB bereits im FNP vermerkt werden (Fallgruppe 2). Da die Verantwortung in den ersten beiden Fällen außerhalb der Gemeinde liegt, ist es völlig ausreichend, dass die Gemeinde sich selbst weitgehend passiv verhält und lediglich die Sicherung der Flächen im Rahmen der Bauleitplanung vornimmt. Da diese beiden Fälle noch nicht dem Landschaftsplanergebnis zuzurechnen sind, sondern eher zusätzliches Ergebnis des Landschaftsplanprozesses sind, ließe sich hieran noch kein Umsetzungsdefizit von Landschaftsplaninhalten im Flächennutzungsplan festmachen.

Da der Landschaftsplan im Sinne des Vermeidungsgebotes die naturschutzfachliche Vertretbarkeit von Nutzungsänderungen flächendeckend bewertet, lassen sich in der Abwägungsentscheidung zum FNP sämtliche Darstellungen auf der Grundlage des Landschaftsplanes naturschutzfachlich beurteilen (Fallgruppe 3). Gerade hierin liegen die wesentlichen Weichenstellungen für die nachhaltige städtebauliche Entwicklung im Hinblick auf die Sicherung der natürlichen Lebensgrundlagen (Planungsgruppe Ökologie und Umwelt und Erbguth 1999). Dies führt zu der wichtigen Feststellung, dass sich der Erfolg der Landschaftsplanung gerade darin ausdrücken kann, dass bestimmte Darstellungen im FNP bewusst nicht vorgenommen wurden. Neben den grundsätzlichen Aussagen zur naturschutzkonformen Flächennutzung können jedoch begleitende maßnahmenkonkrete Aussagen des Landschaftsplanes hierzu nicht ohne weiteres integriert werden.

Die größte Schwierigkeit bezüglich einer Integration bereitet zweifelsohne die Darstellung der spezifischen Maßnahmen zum Schutz, zur Pflege und Entwicklung von Natur und Landschaft, da der FNP hier nur mittelbar die Flächen darstellen kann (Fallgruppe 4), sodass ersatzweise nach anderen Möglichkeiten zur Umsetzung gesucht werden muss, die jedoch außerhalb der Flächennutzungsplanung liegen, selbst wenn deren Entscheidung oftmals im Zusammenhang mit dem Flächennutzungsplan fällt (Fallgruppe 5).

Die Integration der Landschaftsplaninhalte gestaltet sich auch nach dem neuen Baurecht nach wie vor insbesondere auf der Ebene der vorbereitenden Bauleitplanung mit dem Planungspaar Landschaftsplan – Flächennutzungsplan schwierig. Es wird deutlich, dass dies insbesondere daran liegt, dass die Landschaftsplanung von der Aufgabenstellung her eine umfassende naturschutzfachliche Ziel- und Maßnahmenplanung auf örtlicher Ebene beabsichtigt. In den meisten Bundesländern ist die Trägerschaft innerhalb des Gestaltungsrahmens nach § 6 Absatz 4 den Gemeinden übertragen worden. Diese besitzen jedoch kaum Umsetzungskompetenzen innerhalb des Naturschutzes. Naturschutz als öffentliche Aufgabe ist weitgehend als staatliche Aufgabe ausgestaltet. Die Regelzuständigkeit für den Vollzug liegt bei den Unteren Naturschutzbehörden und somit bei den Kreisen, es sei denn, die Gemeinde ist kreisfrei. Diese weit verbreitete **Trennung von Planungs- und Umsetzungskompetenz** bleibt nicht ohne Konsequenzen für die Landschaftsplanung als zentrales Planungsinstrument von Naturschutz und Landschaftspflege. Für die weitgehend hoheitliche Aufgabe des Na-

turschutzes bestehen (mehr oder weniger weitgehend) staatliche Fachbehörden, die umfassend für den Vollzug des Naturschutzes zuständig sind. An die Gemeinden sind dabei in den meisten Ländern nur marginale Kompetenzen delegiert (zum Beispiel Auffangbestimmungen für Schutzausweisungen im Innenbereich). So kommt es in der Praxis zu weiteren „überschießenden Inhalten" der Landschaftspläne, deren Darstellung aus Sicht der Fachplanung für Naturschutz und Landschaftspflege beziehungsweise aufgrund des umfassenden Planungsauftrages geboten ist, deren Umsetzung jedoch außerhalb der Kompetenz der Gemeinde als Planungsträger liegt. Für die Umsetzung der Landschaftsplanung liegen somit allein von der Aufgabenzuweisung her ungünstige Rahmenbedingungen vor. Dazu kommt, dass insbesondere kleinere Gemeinden darauf angewiesen sind, die Erarbeitung der Landschaftspläne zu vergeben. Bei einer externen Bearbeitung liegt die Gefahr auf der Hand, dass es nach Abschluss der Landschaftsplanung zu einem Bruch kommt, da die Gemeinde mit der Umsetzung fachlich und personell überfordert ist. Bei einer Vergabe sollte daher der Auftrag nicht mit dem Abschluss der Planung enden, sondern auch die Betreuung/fachliche Begleitung der Umsetzung einschließen.

So wichtig die Integrationsfähigkeit der Landschaftsplanung in die Bauleitplanung ist, so wird es dennoch der Aufgabenstellung der Landschaftsplanung nicht gerecht, sie allein auf einen speziellen Fachbeitrag zur Bauleitplanung zu reduzieren. Es spricht viel dafür, dass Landschaftsplanung zunächst eine naturschutzfachliche Eigenständigkeit besitzt, die ihre Planung nicht allein davon abhängig macht, ob diese im Flächennutzungsplan darstellbar ist oder nicht. Bereits in § 6 Absatz 3 BNatSchG wird deutlich, dass der örtliche Landschaftsplan nicht ausschließlich auf die Bauleitplanung ausgerichtet sein soll, indem die **Eigenständigkeit des Landschaftsplanes** indirekt dadurch betont wird, dass auf die Verwertbarkeit für die Bauleitplanung (lediglich) Rücksicht zu nehmen ist.

Insgesamt ist daher festzustellen, dass trotz der üblichen Zuordnung zwischen gemeindlichem Landschaftsplan und Flächennutzungsplan der Gemeinde als Planungsträger kein uneingeschränkt passfähiges Umsetzungsinstrument zur Verfügung steht, da ein Großteil der Landschaftsplaninhalte auf die Umsetzung außerhalb der Flächennutzungsplanung und sogar der gemeindlichen Zuständigkeit insgesamt angewiesen ist. Vor diesem Hintergrund haben zwei Flächenbundesländer (Nordrhein-Westfalen und Thüringen) die Zuständigkeit für die Landschaftsplanung den Kreisen und Kreisfreien Städten beziehungsweise den Unteren Naturschutzbehörden übertragen. In den gemeindlichen Landschaftsplänen sollte daher zumindest den Verantwortlichkeiten dadurch Rechnung getragen werden, dass deutlich unterschieden wird zwischen Darstellungen, die gemäß der Planungshoheit der Gemeinde der Integration in den Bauleitplan bedürfen (Flächennutzungsentscheidungen) und solchen, die in die Hoheit der Naturschutzbehörden (insbesondere Schutzgebietsausweisungen) oder anderer Stellen fallen. Neben diesen **festgelegten Zuständigkeiten** besteht für die Gemeinde ein weiter Handlungsspielraum, im Rahmen der Selbstverwaltung – je nach Sichtweise entweder als so genannte „freiwillige" Aufgabenstellung oder im Hinblick auf eine bewusste kommunale Daseinsvorsorge – Naturschutzaufgaben wahrzunehmen (zum Beispiel durch praktische Maßnahmen auf kommu-

nalen Flächen). Es ist bereits hinreichend deutlich geworden, dass die eingeschränkte und insgesamt unzureichende Integrationsfähigkeit der Landschaftsplanung in die Flächennutzungsplanung in fundamentalen Unterschieden der beiden Planinstrumente liegt. Diese Schwierigkeiten können daher in der Planungspraxis nicht ohne weiteres überwunden werden. Diesem Umstand sollte somit bereits bei der Erarbeitung des Landschaftsplans bewusst Rechnung getragen werden. So sollte der vorhandene Spielraum gezielt ausgeschöpft werden, ohne gleichzeitig auf nicht integrationsfähige Inhalte zu verzichten. Die Kooperation mit dem Ziel einer einvernehmlichen Abstimmung mit der zuständigen Naturschutzbehörde bildet vor dem Hintergrund ihrer Umsetzungskompetenz hierbei eine Schlüsselfrage. Gleichwohl ist die **Selbstverwaltung** der Gemeinde zu nutzen, um in eigener Verantwortlichkeit praktische Naturschutzmaßnahmen durchzuführen.

Erst der **Bebauungsplan** ermöglicht es, **maßnahmenkonkret** zu werden und Maßnahmen (sogar allgemeinverbindlich!) festzusetzen. Eine

Tab. 6-4: Anwendungsfälle der naturschutzrechtlichen und baurechtlichen Eingriffsregelung

Anwendungsfälle (Art des Vorhabens beziehungsweise Plans)	• Einzelvorhaben einschließlich • Bauvorhaben im Außenbereich und • Bebauungspläne, soweit diese eine Planfeststellung ersetzen	• Bauleitplan und • („Abrundungs-") Satzung (nach § 34 Absatz 4 Satz 1 Nummer 3)	• Einzelvorhaben im Geltungsbereich von Bebauungsplänen und im Innenbereich
anzuwendende Eingriffsregelung	naturschutzrechtliche Eingriffsregelung	baurechtliche Eingriffsregelung	(keine!) (die Entscheidung über die Zulässigkeit des Vorhabens ergeht jedoch im Benehmen mit den für Naturschutz und Landschaftspflege zuständigen Behörden (§ 8a Absatz 3 BNatSchG)
Rechtsgrundlagen	landesrechtliche Bestimmungen zur Eingriffsregelung auf der Grundlage des § 8 BNatSchG sowie § 8a BNatSchG	§ 1a BauGB in Verbindung mit der Eingriffsregelung nach dem Bundesnaturschutzgesetz das heißt den entsprechenden landesrechtlichen Bestimmungen zur Eingriffsregelung, soweit nicht durch BauGB (insbesondere § 200a) abweichend geregelt	§ 8a Absatz 2 BNatSchG

Tab. 6-5: Unterschiede in der Anwendung der naturschutzrechtlichen und baurechtlichen Eingriffsregelung

anzuwendende Eingriffsregelung	naturschutzrechtliche Eingriffsregelung (vorhabensbezogene Eingriffsregelung)	baurechtliche Eingriffsregelung (bauleitplanerische Eingriffsregelung)
Eingriffstatbestand	Eingriffe in Natur und Landschaft = Veränderungen der Gestalt oder Nutzung von Grundflächen, die die Leistungsfähigkeit des Naturhaushalts oder das Landschaftsbild erheblich oder nachhaltig beeinträchtigen können, für die eine behördliche Zulassung vorgeschrieben ist	zu erwartende Eingriffe in Natur und Landschaft (= naturschutzrechtlicher Eingriffstatbestand) aufgrund der Darstellungen und Festsetzungen der Bauleitplanung
Rechtsfolgen	1. Unterlassung vermeidbarer Beeinträchtigungen 2. Ausgleich unvermeidbarer Beeinträchtigungen 3. Untersagung, falls Beeinträchtigungen nicht vermeidbar oder ausgleichbar und die Belange von Naturschutz und Landschaftspflege im Range vorgehen („bipolare Abwägung") 4. Ersatz nicht ausgleichbarer Beeinträchtigungen 5. Ersatzzahlung für nicht ersetzte Beeinträchtigungen	Berücksichtigung von • Vermeidung und • Ausgleich (einschließlich Ersatz) der zu erwartenden Eingriffe in der („multipolaren") bauleitplanerischen Abwägung
Zeitpunkt der Anwendung	im Rahmen der Zulassungsentscheidung	im Rahmen der vorbereitenden und verbindlichen Bauleitplanung
Definition des Ausgleichs	Ausgeglichen ist ein Eingriff, wenn nach seiner Beendigung keine erhebliche oder nachhaltige Beeinträchtigung des Naturhaushalts zurückbleibt und das Landschaftsbild landschaftsgerecht wiederhergestellt oder neu gestaltet ist.	Ausgleich umfasst auch Ersatzmaßnahmen nach den Vorschriften des jeweiligen Landesnaturschutzgesetzes.
Träger der Kompensationsmaßnahmen	Vorhabensträger (ausgenommen bei Ersatz- beziehungsweise Ausgleichszahlungen)	• Ausgleich auf den Grundstücken durch den Vorhabensträger • Ausgleich an anderer Stelle soll die Gemeinde anstelle und auf Kosten der Vorhabensträger durchführen
räumlicher Zusammenhang zwischen Eingriff und Kompensation	Ausgleich an Ort und Stelle des Eingriffs vorrangig vor Ersatz an anderer Stelle (Landesnaturschutzgesetze)	Ein unmittelbarer räumlicher Zusammenhang zwischen Eingriff und Ausgleich ist nicht erforderlich, soweit dies mit • einer geordneten städtebaulichen Entwicklung und • den Zielen der Raumordnung sowie • des Naturschutzes und der Landschaftspflege vereinbar ist. (§ 200a BauGB)
Bereitstellung der Grundstücke	sowohl Ausgleichs- als auch Ersatzflächen durch den Vorhabensträger, bei Planfeststellungen können auch fremde Grundstücke mit einbezogen werden (bis zur Enteignung)	bei Ausgleich an anderer Stelle soll die Gemeinde die Grundstücke bereitstellen

anzuwendende Eingriffsregelung	naturschutzrechtliche Eingriffsregelung (vorhabensbezogene Eingriffsregelung)	baurechtliche Eingriffsregelung (bauleitplanerische Eingriffsregelung)
Zeitpunkt des Ausgleichs	spätestens bei Beendigung des Eingriffs	können bereits vor den Baumaßnahmen und der Zuordnung durchgeführt werden
Umfang der Kompensation	vollständig (lediglich Zulässigkeit unterliegt der Abwägung)	unterliegt grundsätzlich der bauleitplanerischen Abwägung: aufgrund der vielfältigen Durchführungsmöglichkeiten des Ausgleichs ist „Wegwägbarkeit" in der Praxis nur selten gegeben

zumindest großflächige Bebauungsplanung, um die flächendeckende Landschaftsplanung umzusetzen, entspricht jedoch nicht dem rechtlichen Auftrag des BauGB und noch weniger der Planungspraxis. Während die Erstellung eines flächendeckenden Flächennutzungsplanes gemäß BauGB als Regel zugrunde zu legen ist, muss für die Aufstellung eines Bebauungsplanes ein besonderes Erfordernis gegeben sein. Angesichts des enormen Planungsaufwandes für die verbindliche Bauleitplanung ist dies zweifelsohne als angemessen zu beurteilen.

Die wesentliche Neuerung des seit 1.1.1998 gültigen BauGB ist die **baurechtliche Regelung der Eingriffsregelung** innerhalb der Bauleitplanung (Tab. 6-4). Danach sind drei voneinander unterscheidbare Fälle hinsichtlich der Anwendung der Eingriffsregelung entstanden. Neben der naturschutzrechtlichen Eingriffsregelung, die vorhabensbezogen ist und sich als Regelverfahren bezeichnen lässt, ist das spezielle Recht zur Eingriffregelung geschaffen worden, das jedoch im BauGB sehr verstreut geregelt ist, und zudem nach wie vor mit der naturschutzrechtlichen Eingriffsregelung korrespondiert. Nach § 8a BNatSchG ist keine der beiden Eingriffsregelungen bei Innenbereichsvorhaben außerhalb von Bebauungsplanverfahren anzuwenden. Diese Bauvorhaben sind damit in Bezug auf die ansonsten auftretenden Verursacherpflichten aus der Eingriffsregelung privilegiert.

Vor dem Hintergrund der nicht nur äußerlichen Unübersichtlichkeit, versucht die Tabelle 6-5 durch Herausarbeitung der Unterschiede zu dem seit 1976 unveränderten Regelverfahren einen Überblick herzustellen.

Abzuwarten bleibt, welchen **Stellenwert** die dem Vermeidungs- und Verursacherprinzip folgende **Eingriffsregelung** im Verhältnis zu den übrigen Aufgaben innerhalb der Landschaftsplanung (gemäß Vorsorge- und Gemeinlastprinzip) zukünftig einnehmen wird. Es ist bereits absehbar, dass die ursprünglich scharfe Abgrenzung zwischen diesen beiden landschaftsplanerischen Instrumenten (vergleiche entsprechende Trennung in zwei verschiedenen Abschnitten des BNatSchG!) in Auflösung begriffen ist. Wie bereits festgestellt, ist die Landschaftsplanung in Bezug auf die Bauleitplanung fakultativ, während die Anwendung der Eingriffsregelung obligatorisch ist. Es zeichnet sich daher ab, dass entgegen der ursprünglichen Intention der Landschaftsplanung (vergleiche § 6 BNatSchG) zukünftig die Anwendung der Eingriffsregelung einen dominierenden Stellenwert einnehmen kann. Zu diesem Ungleichgewicht in der formalen Erforderlichkeit zwischen beiden Instrumenten kommen auch die unterschiedlichen Finanzierungsvoraussetzungen hinzu. Da auch die notwendigen Planungskosten für die Ausgleichsmaßnahmen in der Kostenerstattung berücksichtigt werden können (§ 135a BauGB), kann die Gemeinde Planungen zur Eingriffsregelung refinanzieren, während die vorsorgende Landschaftsplanung grundsätzlich selbst finanziert werden muss. Es sei denn, es besteht die Möglichkeit einer Förderung durch das jeweilige Bundesland. Diese bislang durchaus verbreitete Förderung der kommunalen Landschaftsplanung mit Landesmittel wird jedoch zunehmend befristet, zurückgefahren oder ist bereits ganz eingestellt worden. Vor diesem Hintergrund lässt sich in einigen Kommunen beobachten, dass auch bei einer Vergabe eines umfassenden Landschaftsplans die Fragen der Eingriffsregelung dennoch herausgetrennt werden, um sie lediglich formal separat vergeben zu können, sodass zumindest für diesen Planungsteil eine Refinanzierung der Kosten möglich wird.

Durch das neue BauGB ist wie bereits angedeutet eine Durchdringung von zwei ursprüng-

lich bewusst getrennten Rechtsbereichen eingetreten. Die Landschaftsplanung im Sinne des
gleichlautenden Abschnittes 2 des BNatSchG ist
als Vorsorgeinstrument angelegt. Sie ist somit
eine hoheitliche Aufgabe, die dem Gemeinlastprinzip folgt. Die Eingriffsregelung (im dritten
Abschnitt) ist dagegen ein reaktives Instrument,
dass bewusst den Verursacher in die Verantwortung nimmt, damit letztendlich nicht die Allgemeinheit die negativen Folgen, die bei der Vorhabensrealisierung entstehen, zu tragen hat.
Kern des neuen Baurechts stellt die räumliche
und gegebenenfalls auch zeitliche Entkoppelung
von Eingriff und Ausgleich dar (Weihrich 1999).
In diesem Zusammenhang steht die gesetzlich
gewünschte **Übertragung der Verantwortung für
die Durchführung der Ausgleichsmaßnahmen
auf die Kommune als Träger der Bauleitplanung**.
Das Verursacherprinzip soll jedoch über die Kostenerstattung letztendlich gewahrt bleiben. Hier
tut sich noch eine Reihe von Fragen auf. Neben
der Verhältnismäßigkeit zwischen Verwaltungs-
aufwand und tatsächlichem Umfang und Nutzen
der Maßnahmen ist dies insbesondere die Frage,
ob die Gemeinde nicht Naturschutzmaßnahmen,
die ihr gemäß ihrer Vorsorgefunktion ohnehin
obliegen, stattdessen auf die Vorhabensträger als
eingeschränkten Kreis abwälzt und auf weitere
„freiwillige", das heißt selbst zu tragende, Maßnahmen verzichtet. Angesichts der prekären
Haushaltslage vieler Kommunen besteht sogar
die Gefahr, dass die Eingriffsregelung als will-
kommene Finanzierungsquelle für diese Maßnahmen genutzt wird, und somit sogar Entschei-
dungsgründe entstehen, Eingriffsvorhaben um
der Finanzierung dieser Ausgleichsmaßnahmen
willen allzu unkritisch zu behandeln. Hierdurch
würde das Vorsorgeprinzip der Landschaftsplanung (gemäß zweitem Abschnitt BNatSchG)
durch die Eingriffsregelung, die demgegenüber
gemäß ihrem gesetzlichen Aufgabenumfang bestenfalls den Status quo von Natur und Landschaft sichern kann, konterkariert.

Trotz der besonderen Naturschutzverant-
wortung der öffentlichen Hand bestand lange
Jahre (auch im Verhältnis zu anderen Planungs-
beziehungsweise Vorhabensträgern) eine unzureichende Grundlage zur Anwendung der Eingriffsregelung im Rahmen der gemeindlichen
Bauleitplanung. So erfüllen Bauleitplanungen
nicht den Tatbestand der allgemeinen Definition
eines Eingriffs nach § 8 Absatz 1, da sie nur die

planerische beziehungsweise baurechtliche Vorbereitung für eine Änderung der Gestalt oder
Nutzung von Grundflächen darstellen. Der Ein-
griffstatbestand galt erst für die Realisierung von
Vorhaben auf der Grundlage des Bebauungsplans. Da durch die Allgemeinverbindlichkeit
des Bebauungsplans jedoch ein Baugenehmi-
gungsanspruch gegeben ist und kein nennenswer-
ter Planungsspielraum mehr verbleibt, konnte
die Eingriffsregelung nicht wirkungsvoll abgearbeitet werden. Gleichwohl können Bauvorhaben
aufgrund eines Bebauungsplanes Eingriffe darstellen. Für diese besteht jedoch bereits ein Ge-
nehmigungsanspruch, sodass eine rückwirkende
eingriffsrechtliche Abwägung ausgeschlossen
war. Es war daher folgerichtig, die Anwendung
der **Eingriffsregelung** 1993 im Rahmen des so
genannten Baurechtskompromisses **von der Bau-
genehmigungsphase auf die Phase der Planerstellung vorzuverlagern**. Da auch im Rahmen
der Bebauungsplanung der für die Anwendung
der Eingriffsregelung notwendige Planungsspielraum nicht mehr gegeben ist, muss die grundlegende Anwendung der Eingriffsregelung zumindest bereits auf der Ebene des Flächennutzungsplanes einsetzen.

Mit der ebenfalls 1997 verabschiedeten Fortschreibung des Raumordnungsgesetzes wurde
dem Flächenbedarf an Ausgleichsflächen bereits
auf der überörtlichen Planungsebene beziehungsweise innerhalb der Landes- und Regionalplanung
dadurch Rechnung getragen, dass Freiräume für
die Durchführung von Ausgleichsmaßnahmen
festgelegt werden können. Diese Regelung ermöglicht die Bildung eines **Flächenpools im Rahmen
der Raumordnung**. Dies korrespondiert mit der
bauleitplanerischen Eingriffsregelung, die nun
auch die rechtlichen Grundlagen zur Bildung eines
entsprechenden **Flächenpools auf Gemeindeebene und eines Ökokontos** geschaffen hat. Durch
die räumliche und zeitliche Entkoppelung zwischen Eingriff und Ausgleich ist es nun möglich,
Ausgleichsmaßnahmen an anderer Stelle und bereits im Vorgriff auf zukünftige Eingriffe durchzuführen, und diese erst im Nachhinein in die Ein-
griffs-Ausgleichs-Bilanzierung im Rahmen der
bauleitplanerischen Eingriffsregelung einzubringen (Tab. 6-6). Das neue Baurecht eröffnet für die
Gemeinde vielfältige Handlungsoptionen zur
Bewältigung der Eingriffsregelung in der Bauleitplanung. Mindestens ebenso zahlreich sind die
Begriffsbildungen, die in diesem Zusammenhang

Tab. 6-6: Übersicht über die Aufgaben von Flächenpool und Ökokonto (vergleiche zum Beispiel BDLA 1999, Ott 1999)

Konzepte zur Bevorratung von Flächen und Maßnahmen zum Ausgleich	Ausgleichsflächenbevorratung im Rahmen der Landes- und Regionalplanung (= überörtlicher „Flächenpool")	Ausgleichsflächenbevorratung im Rahmen der Flächennutzungsplanung (= örtlicher „Flächenpool")	Ausgleichsmaßnahmenbevorratung im Vorgriff und im Rahmen der Bebauungsplanung (= „Ökokonto")
Rechtsgrundlagen	§ 7 Absatz 2 ROG	§ 1a Absatz 3, § 5 Absatz 2a und § 200a BauGB in Verbindung mit § 8a Absatz 1 BNatSchG	§ 1a Absatz 3, § 9 Absatz 1a, § 135a bis c und § 200a BauGB in Verbindung mit § 8a BNatSchG
Aufgaben	Flächenbevorratung auf überörtlicher Ebene: • Sicherung potenzieller Ausgleichsräume gegenüber konkurrierenden Raumansprüchen • räumlicher Rahmen für örtliche Flächenpools und für Großvorhaben (zum Beispiel der Rohstoffgewinnung)	Flächenbevorratung auf örtlicher Ebene: • Flächensicherung potenzieller Ausgleichsflächen gegenüber konkurrierenden Nutzungsansprüchen (auch für Vorhaben, die der naturschutzrechtlichen Eingriffsregelung unterliegen) • Zuordnung von Ausgleichs- zu Eingriffsflächen (§ 5 Absatz 2a BauGB) • Grundlage für die Auswahl von Flächen für das gemeindliche Ökokonto	ausgleichsmaßnahmenbezogene Bewirtschaftung des Flächenpools durch die Gemeinde im Rahmen der bauleitplanerischen Eingriffsregelung durch: • Verfügbarmachung von Grundstücken aus dem Flächenpool potenzieller Ausgleichsflächen durch die Gemeinde • Durchführung von Ausgleichsmaßnahmen an anderer Stelle vor den Baumaßnahmen (Vorgezogene Durchführung von Ausgleichsmaßnahmen im Vorgriff auf die spätere Bebauungsplanung i.S. einer „Einzahlung" auf das Ökokonto) • Zuordnung von Ausgleichs- zu Eingriffsflächen (§ 9 Absatz 1a BauGB) (im Sinne einer „Abbuchung" vom Ökokonto) • Refinanzierung der Ausgleichsmaßnahmen
Instrumente der Landschaftsplanung	Ausgleichs-, Ersatz- und Minderungsgebietskonzeption als Fachbeitrag zum/im Rahmen des Landschaftsrahmenplans/ des Landschaftsprogramms als naturschutzfachlicher Beitrag zur Landes- und Regionalplanung (im Hinblick auf § 7 Absatz 2 Satz 2 ROG)	Vermeidungs- und Ausgleichskonzeption im Rahmen der gesamtörtlichen Landschaftsplanung als naturschutzfachlicher Beitrag zum Flächennutzungsplan	Vermeidungs- und Ausgleichsplanung im Rahmen der Grünordnungsplanung als naturschutzfachlicher Beitrag zum Bebauungsplan
landschaftsplanerische Aufgaben	Auswahl von Gebieten für den Ausgleich, den Ersatz und die Minderung von unvermeidbaren Beeinträchtigungen der Leistungsfähigkeit des Naturhaushaltes oder des Landschaftsbildes an anderer Stelle als Freiräume im Sinne eines gemeindeübergreifenden Ausgleichsflächenpools	naturschutzfachliche Grundlagen der Vermeidung (Standortwahl) und des Ausgleichs der aufgrund des Flächennutzungsplans zu erwartenden Eingriffe: insbesondere Flächenauswahl, Bündelung und Ziel- und Maßnahmenkonzeption hinsichtlich entwicklungsfähiger Flächen für den örtlichen Ausgleichsflächenpool	naturschutzfachliche Grundlagen der Vermeidung (Optimierung am bereits vorgegebenen Standort) und des Ausgleichs der aufgrund des Bebauungsplans zu erwartenden Eingriffe: insbesondere Prüfung, inwieweit ein unmittelbarer räumlicher Zusammenhang zwischen Eingriff und Ausgleich hinsichtlich der Naturschutzziele erforderlich ist (§ 200a Satz 2 BauGB)

Konzepte zur Bevorratung von Flächen und Maßnahmen zum Ausgleich	Ausgleichsflächenbevorratung im Rahmen der Landes- und Regionalplanung (= überörtlicher „Flächenpool")	Ausgleichsflächenbevorratung im Rahmen der Flächennutzungsplanung (= örtlicher „Flächenpool")	Ausgleichsmaßnahmenbevorratung im Vorgriff und im Rahmen der Bebauungsplanung (= „Ökokonto")
Instrumente der räumlichen Gesamtplanung	• Landesraumordnungsprogramm • Regionales Raumordnungsprogramm	vorbereitende Bauleitplanung (Flächennutzungsplan)	verbindliche Bauleitplanung (Bebauungsplan)
gesamtplanerische Aufgaben	Festlegung von Gebieten als Freiräume, mit der Bestimmung, dass in diesen Gebieten unvermeidbare Beeinträchtigungen der Leistungsfähigkeit des Naturhaushalts oder des Landschaftsbildes an anderer Stelle ausgeglichen, ersetzt oder gemindert werden (§ 7 Absatz 2 Satz 2 ROG) und Verträge zur Verwirklichung der Raumordnungspläne (§ 13 ROG)	• Darstellung von Flächen für Maßnahmen zur Entwicklung von Natur und Landschaft (§ 5 Absatz 2 Ziffer 10 BauGB) oder ersatzweise • städtebauliche Verträge oder sonstige geeignete Maßnahmen zum Ausgleich (§ 1a Absatz 3 BauGB)	• Festsetzung von Flächen und Maßnahmen zur Entwicklung von Natur und Landschaft (§ 9 Absatz 1 Nummer 20 BauGB und Zuordnung zu Eingriffen (§ 9 Absatz 1a BauGB) oder ersatzweise • städtebauliche Verträge oder sonstige geeignete Maßnahmen zum Ausgleich (§ 1a Absatz 3 BauGB)

für die verschiedenen Ansätze zur Flächen- und Maßnahmenbevorratung geprägt worden sind (vergleiche zum Beispiel BDLA 1999, Ott 1999). Grundgedanke der Bevorratung ist, dass die planerische Bereitstellung von Flächen beziehungsweise der konkrete Zugriff auf die Grundstücke nicht zur Behinderung der Bauleitplanung führen soll. Die hiermit verfolgte Vorsorge bezieht sich auf eine Flächen- und Grundstückpolitik zur Sicherstellung der Bauleitplanung. Das bedeutet, dass der Handlungsumfang beim Flächenpool und Ökokonto zunächst allein von der beabsichtigten Bauleitplanung beziehungsweise der daraus folgenden Eingriffe bestimmt wird. Der Vorsorgeauftrag des Landschaftsplans, der sich aus den Naturschutzzielen ableitet, ist jedoch umfassender. Nicht allein der Kompensationsumfang zu erwartender Eingriffe bestimmt damit seinen Handlungsauftrag, sondern die nachhaltige Sicherung der Lebensgrundlagen und der landschaftsgebundenen Erholung sind die zentralen Maßstäbe. Auch wenn eine Gemeinde noch so ambitioniert Flächenpool und Ökokonto betreibt, so ist deutlich zu machen, dass hiermit nur eine Schadensbegrenzung erreicht werden kann. Flächenpool und Ökokonto müssen daher naturschutzfachlich innerhalb der umfassenderen Landschaftsplanung integriert werden, die keinesfalls auf diese Teilaufgabe reduziert werden darf.

7 Landschaftsplanung als Beitrag zu anderen Fachplanungen

7.1 Landschaftspflegerische Begleitplanung

Im gesamten Planungsspektrum des Naturschutzes und der Landschaftspflege nimmt die landschaftspflegerische Begleitplanung eine Sonderstellung ein, denn sie ist keine selbstständige Planung, sondern wird, wie aus ihrer Bezeichnung schon deutlich wird, immer nur in Verbindung mit genehmigungspflichtigen Planungen, etwa Gewässerausbauten, Verkehrsplanungen, Bodenabbau oder in Flurbereinigungsverfahren erstellt. Diese und andere Vorhaben werden auf der Grundlage der jeweiligen Fachgesetze als **Planfeststellungsverfahren** durchgeführt. Das Planfeststellungsverfahren nach §§ 72 ff des Verwaltungsverfahrensgesetzes (VwVfG) ist das verbindliche Hauptinstrument rechtlich umweltrelevanter Fachplanungen (Tab. 7-1).

Statt eines Planfeststellungsverfahrens kann als Sonderfall ein **Plangenehmigungsverfahren** durchgeführt werden, wenn durch das Vorhaben keine erheblichen nachteiligen Auswirkungen auf eines der im § 2 Absatz 1 Satz 2 des **Gesetzes über die Umweltverträglichkeitsprüfung** (UVPG) aufgeführten Schutzgüter Menschen, Tiere und Pflanzen, Boden, Wasser, Luft, Klima und Landschaft

einschließlich der jeweiligen Wechselwirkungen zu erwarten sind.

Die rechtliche Grundlage für die landschaftspflegerische Begleitplanung bildet der § 8 Absatz 4 (Kap. 4.3) des **Bundesnaturschutzgesetzes** (BNatSchG), der bei Eingriffen in Natur und Landschaft aufgrund „eines nach öffentlichem Recht vorgesehenen Fachplanes" parallel die Erstellung eines landschaftspflegerischen Begleitplans (LBP) vorschreibt. Aus der Stellung des landschaftspflegerischen Begleitplans innerhalb von Fachplanungen ergibt sich seine Funktion. Im **Abwägungsprozess** zwischen den Belangen von Natur und Landschaft gegenüber öffentlichen und privaten Belangen wird entschieden, ob und in welchem Umfang Natur und Landschaft Vorrang vor konkurrierenden Nutzungen eingeräumt wird. Der landschaftspflegerische Begleitplan ist damit kein Instrument zur Verhinderung, sondern zur ökologischen Optimierung von Vorhaben, die in der Regel mit Beeinträchtigungen von Natur und Landschaft verbunden sind.

Die Ziele der landschaftspflegerischen Begleitplanung sind die Sicherung der Leistungs-

Tab. 7-1: Planfeststellungspflichtige Vorhaben und ihre rechtlichen Grundlagen

Vorhaben/ Planung	Rechtsgrundlage
Eisenbahntrassen	§ 18 Allgemeines Eisenbahngesetz
Fernstraßen	§§ 16, 17 Bundesfernstraßengesetz
Wasserstraßen	§§ 13, 14 Bundeswasserstraßengesetz
Flugplätze	§§ 6, 8 Luftverkehrsgesetz
Straßenbahnen	§ 28 Personenbeförderungsgesetz
Müllverbrennungsanlagen	§ 7 Abfallgesetz
Gewinnung und Aufbereitung von Bodenschätzen	§ 57a, c Bundesberggesetz
Herstellung, Beseitigung oder wesentliche Umgestaltung eines Gewässers	§ 31 Wasserhaushaltsgesetz
Flurbereinigung (Wege- und Gewässerpläne)	§ 41 Flurbereinigungsgesetz

fähigkeit des Naturhaushaltes und des Landschaftsbildes, beziehungsweise die Wiederherstellung oder Neugestaltung der von der Planung betroffenen Landschaft. Im Rahmen der Erstellung eines solchen Planes ist daher die **Eingriffsregelung** abzuarbeiten (Köppel et al. 1998), um zu gewährleisten, dass nach der Beendigung der Maßnahme keine erheblichen oder nachhaltigen Beeinträchtigungen verbleiben, bzw. Ausgleich oder Ersatz geschaffen werden (Kap. 4.3). Die Ergebnisse des landschaftspflegerischen Begleitplans bezüglich der Qualität und des Umfangs der für die Kompensation von Eingriffen erforderlichen Ausgleichs- und Ersatzmaßnahmen werden mit der Vorhabensgenehmigung, dem **Planfeststellungsbeschluss**, rechtswirksam und damit verbindlich.

Die Verfahren haben zumeist vier Gruppen von Hauptbeteiligten:
- den Vorhabensträger (Behörde, Investor),
- die zuständige federführende Planfeststellungsbehörde (Fachbehörde),
- beteiligte Behörden und Institutionen (Naturschutzbehörde, Träger öffentlicher Belange),
- ein oder mehrere Gutachter (Fachplaner, Landschaftsplaner, Ökologen).

Der Vorhabensträger ist verpflichtet, den landschaftspflegerischen Begleitplan gemeinsam mit der Fachplanung des Vorhabens zur Genehmigung vorzulegen und anschließend umzusetzen. Er hat auch die Kosten für die Erstellung des Plans und die Durchführung notwendiger Ausgleichs- und Ersatzmaßnahmen zu tragen. Die Vorhaben können als öffentliche Planungen durch Behörden initiiert oder von Dritten, zum Beispiel den Investoren für ein Bauprojekt beantragt werden.

Die zuständige Planfeststellungsbehörde ist die jeweilige Fachbehörde, zum Beispiel die Wasserbehörde bei Gewässerausbauten, während die Naturschutzbehörde für den landschaftspflegerischen Begleitplan zuständig ist. Zwischen diesen Behörden ist nach § 8 (5) BNatSchG das **Benehmen** bei Entscheidungen und Maßnahmen herzustellen, soweit nicht eine weitergehende Form der Beteiligung, zum Beispiel das **Einvernehmen** vorgeschrieben ist oder die für Naturschutz und Landschaftspflege zuständige Behörde selbst entscheidet.

Als Gutachter treten zumeist Planungsbüros auf, welche die verschiedenen mit dem Vorhaben verbundenen Fragestellungen bearbeiten.

7.1.1 Formale Grundlagen

Im Bundesnaturschutzgesetz ist lediglich die Verpflichtung zur Erstellung des landschaftspflegerischen Begleitplans mit dem Ziel der Eingriffsvermeidung, -verminderung und des Ausgleichs von Beeinträchtigungen festgesetzt. Die konkreten formalen Anforderungen (einschließlich eines Ablaufplans) an einen LBP sind in der **Honorarordnung für Architekten und Ingenieure (HOAI)** als Leistungskatalog formuliert. Die Erstellung des Plans ist danach in fünf Phasen der so genannten **„Grundleistungen"** gegliedert, die in jeder Phase nach Bedarf durch **„Besondere Leistungen"**, zum Beispiel spezielle Artenkartierungen oder die zusätzliche Erfassung geowissenschaftlicher Parameter, ergänzt werden können (Tab. 7-2). Der Vorhabensträger erstellt den landschaftspflegerischen Begleitplan in der Regel nicht selbst, sondern beauftragt ein Gutachterbüro mit dieser Aufgabe.

In der ersten Bearbeitungsphase werden der räumliche und der inhaltliche Umfang der Planung festgelegt. Neben den durch die HOAI vorgegebenen Grundleistungen werden auf dieser Bearbeitungsstufe die eventuell notwendigen besonderen Leistungen ebenso festgesetzt wie ein verbindlicher Arbeits- und Ablaufplan. Bei UVP-pflichtigen Vorhaben erfolgt nach § 5 UVPG auf dieser Ebene zwischen dem Vorhabensträger und der zuständigen Behörde das so genannte **„Scoping"**, das ist die Bestimmung des Untersuchungsrahmens (Gegenstand, Umfang und Methoden der Umweltverträglichkeitsprüfung). Am Scoping können auch andere Behörden, Sachverständige und Dritte, zum Beispiel Träger öffentlicher Belange, von der Planung betroffene Bürger oder anerkannte Naturschutzverbände beteiligt werden, eine rechtliche Verpflichtung hierfür besteht jedoch nicht.

Die zweite Phase umfasst die Durchführung der festgelegten Untersuchungen zur Bestandsaufnahme und -bewertung. Der Schwerpunkt liegt dabei auf der Erfassung der abiotischen und biotischen Landschaftsparameter, es werden jedoch auch kulturhistorisch bedeutsame Objekte, etwa Megalithgräber oder Relikte bestimmter landwirtschaftlicher Bewirtschaftungsformen in die Untersuchungen einbezogen. Die Ergebnisse werden in einem Bestandsplan im Maßstab 1 : 5 000 oder 1 : 1 000 und einem Erläuterungstext dargestellt. Details können in noch kleinerem Maßstab beschrieben werden.

Tab. 7-2: Vorgaben des landschaftspflegerischen Begleitplans und Inhalte des landschaftspflegerischen Ausführungsplans in der Bauphase eines Bundesfernstraßenbauvorhabens (Bundesminister für Verkehr 1987)

Vorgaben des landschaftspflegerischen Begleitplans	Inhalte des landschaftspflegerischen Ausführungsplans
• Oberbodendisposition (Oberbodenabtrag, -behandlung, -verwendung) • Modellierung der Erdbaukörper, Deponien und Entnahmestellen	• Art und Umfang des Oberbodenabtrags, Lagerung, Behandlung und Andeckung • Angaben zu Böschungsneigungen und -profilstrukturen, Strukturierung und Behandlung der Oberflächen im Hinblick auf die vorgegebenen Funktionen
• Landschaftspflegerische Maßnahmen in Verbindung mit Kunstbauwerken wie Brücken, Durchlässen, Entwässerungsbauwerken, Lärmschutzwänden, Raumgitterwänden, Stützmauern, Grünbrücken etc. • Anlage von Ausgleichs- und Ersatzbiotopen, zum Beispiel Laichgewässer, naturnahe Gewässerverlegungsstrecken, Umwandlung von intensiv genutzten landwirtschaftlichen Nutzflächen in Streuwiesen, Hochstaudenfluren, Gehölzsukzessions- oder Waldbegründungsstandorte sowie Renaturierung, Rekultivierung	• Art und Umfang von Erdmodellierungen; Art, Material und Strukturierung von Lärmschutz-, Sichtschutz- und Stützbauwerken; Art, Material, Ausbildung und Abmessungen von Wasserbaumaßnahmen etc. • Standort, Art und Umfang der Oberflächengestaltung und -behandlung (zum Beispiel Abmagerung, Be- und Entwässerung etc.); Standort- und Artenauswahl für Initialpflanzungen, Transplantate sowie faunistische Maßnahmen; Art und Umfang von Schutz- und Unterstützungsmaßnahmen (zum Beispiel Sperr- und Leiteinrichtungen, Nistkästen, Setzstangen, Steinhaufen)
• Begrünungsmaßnahmen, wie Durchführung von Ansaaten, Böschungsbepflanzung, Waldneubegründung, Aufbau von Waldrändern, Feldhecken und Uferbegleitvegetation sowie ingenieurbiologische Sicherungsbauweisen etc.	• Anordnung, Umfang und Qualität der einzubringenden Pflanzenarten sowie der Standortvorbereitung, Saatgutmischungen sowie Art der Saatgutausbringung, Pflanzschemata; Art und Umfang von ingenieurbiologischen Maßnahmen etc.

Aufbauend auf den Ergebnissen der zweiten Phase werden in der dritten Bearbeitungsphase die mit dem Vorhaben verbundenen Eingriffe analysiert und eine Wirkungsprognose erstellt. Gemäß dem Ablaufschema der Eingriffsregelung (Abb. 4-5) sind vorbehaltlich der Ergebnisse des Abwägungsprozesses zwischen den Belangen von Natur und Landschaft einerseits und den öffentlichen und privaten Belangen andererseits, Lösungen zur Vermeidung und Verminderung der mit dem Vorhaben verbundenen Beeinträchtigungen zu erarbeiten. Dazu zählt auch die Prüfung von Alternativen und die Ausweitung oder Verlagerung des Untersuchungsbereichs. Von besonderer Bedeutung ist in dieser Phase die Abstimmung mit dem Auftraggeber, um die Ergebnisse der zweiten und dritten Bearbeitungsphase in die technische Planung einarbeiten, beziehungsweise die beiden Planungen aufeinander abstimmen zu können. Auch die Ergebnisse der dritten Phase sind in einem Plan, dem Konfliktplan (Maßstab 1:5000/ 1:1000) und einem Erläuterungstext darzustellen.

In der vierten Phase wird eine vorläufige Planfassung mit Plan (Entwicklungsplan Maßstab 1:5000/1:1000) und Text erstellt, in der die vorgesehenen Maßnahmen des Naturschutzes zur Vermeidung und Verminderung, beziehungsweise

des vorgeschlagenen Ausgleichs und Ersatzes erläutert und den prognostizierten Beeinträchtigungen gegenübergestellt werden. Eine Schätzung aller notwendigen Kosten für die Durchführung der Ausgleichs-, Ersatz- und Gewährleistungsmaßnahmen einschließlich deren nachhaltiger Sicherung ist ein weiterer Bestandteil des Plans. Der vorläufige Plan wird zwischen Gutachter, Auftraggeber, der Planfeststellungsbehörde und der Naturschutzbehörde erörtert. Anschließend erfolgt in der fünften Phase die Erstellung der endgültigen Planfassung, die für alle Beteiligten verbindlich ist. In einzelnen Bundesländern gelten eigene Leitlinien und Handreichungen, die bei der Erstellung des landschaftspflegerischen Begleitplans zu beachten sind.

Insbesondere wenn es sich bei der Planung um ein Vorhaben handelt, das einer Umweltverträglichkeitsprüfung nach dem „Gesetz über die Umweltverträglichkeitsprüfung" (UVPG) zu unterziehen ist, gelten häufig über den in der HOAI aufgeführten Leistungskatalog hinausgehende, in den jeweiligen Fachgesetzen (zum Beispiel Bundesfernstraßengesetz) formulierte Festsetzungen oder im Range unter dem Gesetz stehende Verordnungen und Richtlinien bezüglich der anzuwendenden Methoden (Kap. 7.2).

Tab. 7-3: Erfassung von Tierartengruppen in Abhängigkeit vom Planungsvorhaben (verändert nach Reck 1992)

Kat.	Tiergruppe	Landschaftspflegerischer Begleitplan	Variantenvergleich in der Umweltverträglich-keitsprüfung
	Vögel (tagaktive Brutvögel)	Aufnahmezeitpunkte: 6 –10 Begehungen während der Brutzeit (März – Juni)	
		quantifizierte Artenliste flächendeckend (Untersuchungsgebiet > 6 km²)	quantifizierte Artenliste auf repräsentativen Probeflächen und/ oder Transektkartierung, beziehungsweise Kartierung von Zeigerarten
	Reptilien	Zufallsbeobachtungen während der Erfassung anderer Artengruppen, gegebenenfalls gezielte Nachsuche in Verstecken oder an Sonnenplätzen	
	Amphibien	Laichgewässer: Kartierung und Beurteilung aller Gewässer im Untersuchungsgebiet	
		Aufnahmezeitpunkt: 3 Begehungen während der Laichzeit (Februar – April), 1 Begehung zur Larvenerfassung (Juni)	
		potentiell beeinträchtigte Bereiche (zum Beispiel Straßentrassen)	Wanderungen und Sommerquartiere Bereiche potentieller Hauptvorkommen: 2 × im Frühjahr, 1–2 × im Herbst
Standard-Artengruppen	Carabidae (Laufkäfer), Bodenspinnen	repräsentative und besonders betroffene Flächen: 9–12 Fallen/Probefläche; Fangperioden: 1 × in der ersten Wärmeperiode (nur Spinnen); 2 × ab Apfelblüte, 1 × August–September	
	Tagfalter, Widderchen	Kartierung der Imagines (zum Teil auch Larven und Gelege) auf repräsentativen Probeflächen	
		5 jahreszeitliche Aspekte, ausgewählte Zeigerarten flächendeckend, bei großen Gebieten auch Transekte	3–4 jahreszeitliche Aspekte
	Heuschrecken	1 Begehung im Hochsommer; alternativ: 1 × Hochsommer, 1 × Spätsommer	
		halbquantitative Schätzung, ausnahmsweise auch Zählstrecken und Flächenfänge	qualitative Erfassung: „Gesang", Kescheraufsammlungen
	Libellen	repräsentative Auswahl von Gewässern, 3–5 jahreszeitliche Aspekte, Kartierung der Imagines und stichprobenartige Larven- und Exuviensuche	
	„Wild", Großsäuger	Befragung der Jagdbehörde, beziehungsweise Jäger nach Vorkommen, Häufigkeit, Wechseln, gegebenenfalls Spurensuche	
	Fledermäuse	Probeflächen: Sichtbeobachtungen, Erfassung mittels Bat-Detector; mindestens 3 Beobachtungstermine	
	weitere Kleinsäuger	Fallenfänge (Lebendfallen) auf Probeflächen im Spätsommer	
Ergänzende Artengruppen	Fische	Befragung der Fischereibehörde und/oder Fischereiberechtigten; Fangstatistiken, Elektrobefischung von Probegewässern oder Teilen davon, Fänge mit Netzen und Reusen	
	Landschnecken	ausgewählte Probeflächen: Einsatz von Lockstoffen, 5–9 Termine	
	Ameisen, Asseln, Hundert- und Tausendfüßler	Bodenfallen und Bodenproben, bei Ameisen gegebenenfalls Nestersuche	
	Wildbienen, Weg- u. Grabwespen, Schwebfliegen	ausgewählte Probeflächen: Kescheraufsammlung, Nestersuche; 5 jahreszeitliche Aspekte (für Bienen vor allem Weidenblüte)	
	Nachtfalter, Köcherfliegen, Netzflügler	ausgewählte Probeflächen: Lichtfang, Einsatz von Lockstoffen, 5–9 Termine	
	Ameisenlöwen	Kartierung der Fangtrichter im Rahmen der Erfassung anderer Artengruppen	
	Wanzen, Zikaden	qualitative Erfassung: Kescher- und Handaufsammlungen, Bodenfallenfänge; 5 jahreszeitliche Aspekte	
	holzbewohnende Käfer	qualitative Erfassung: Kescheraufsammlungen, Absuchen von Holz und Rinde nach Tieren und Fraßspuren; 8 jahreszeitliche Aspekte	

So werden zum Beispiel auf Bundesebene zur Berücksichtigung der Belange des Naturschutzes und der Landschaftspflege im Fernstraßenbau drei Handlungsanweisungen in unterschiedlicher Verbindlichkeit benutzt. Die „Hinweise zur Berücksichtigung des Naturschutzes und der Landschaftspflege beim Bundesfernstraßenbau (HNL-StB 87)" empfehlen den obersten Straßenbaubehörden der Länder, bei allen Bauvorhaben die dort zusammengestellten formalen Arbeitsschritte und inhaltlichen Festsetzungen zu beachten (Bundesminister für Verkehr 1987). Über das Leistungsverzeichnis des landschaftspflegerischen Begleitplans in der HOAI hinausgehend wird in der HNL-StB 87 die zusätzliche Erstellung eines landschaftspflegerischen Ausführungsplans gefordert. In diesem landschaftspflegerischen Ausführungsplan sind in sechs Arbeitsschritten alle Maßnahmen des Naturschutzes und der Landschaftspflege und die sonstigen den Naturschutz und die Landschaftspflege betreffenden Auflagen und Festsetzungen des Planfeststellungsbeschlusses bis zur Ausführungsreife auszuarbeiten und darzustellen. Die Durchführung der Maßnahmen ist in ihrer zeitlichen Abfolge in

- vorbereitende Maßnahmen,
- Baudurchführung sowie
- Unterhaltungs- und Folgemaßnahmen

zu gliedern. Für die Phase der Baudurchführung sind die Vorgaben des landschaftspflegerischen Begleitplans und die Inhalte des landschaftspflegerischen Ausführungsplans in der Tabelle 7-2 gegenübergestellt.

Im Gegensatz zu der HNL-StB 87, die als Empfehlung zu werten ist, stellt das „Merkblatt zur Umweltverträglichkeitsstudie in der Straßenplanung (MUVS)" eine verbindliche Vorgabe bei der Durchführung von Umweltverträglichkeitsstudien dar (Forschungsgesellschaft für Straßenbau und Verkehrswesen 1990). Das Merkblatt enthält Festsetzungen zum Planungsablauf sowie zur räum-

lichen und inhaltlichen Abgrenzung des Untersuchungsumfangs, zur Erfassung und Bewertung der betroffenen Bereiche und Funktionen und zu Erhebungen zur Ermittlung konfliktarmer Bereiche aufgrund des Vergleichs von Trassenvarianten.

In enger Anlehnung an die HOAI wurde vom Bundesverkehrsministerium (BMV) 1993 das „Handbuch für Verträge über Leistungen der Ingenieure und Landschaftsarchitekten im Straßen- und Brückenbau (HIV-StB 93)" herausgegeben. Anhand von Mustertexten und detaillierten Handlungsanweisungen werden die einzelnen Leistungsphasen einer Umweltverträglichkeitsstudie dargestellt. Das Handbuch ist „Stand der Technik" für die Auftragsvergabe im Fernstraßenbau. Seine Anwendung bei allen Bauvorhaben wird vom BMV vorausgesetzt (Ermer et. al. 1996).

7.1.2 Fachliche Grundlagen

Mit dem Leistungsverzeichnis der HOAI werden die Mindeststandards für die Inhalte eines landschaftspflegerischen Begleitplans festgelegt. In der HOAI ist allerdings nicht festgelegt, welche Erfassungen im Detail durchzuführen sind. Dies wird in der Regel einzelfallbezogen oder in Anlehnung an allgemein verwendete „Check-Listen" zu erfassender Parameter bestimmt. So wird in Abhängigkeit vom Planungsvorhaben zum Beispiel bei der Erfassung von Tierarten nach so genannten „Standard-Artengruppen", die regelmäßig erfasst werden und den „Ergänzenden Artengruppen" zur Klärung besonderer Fragestellungen unterschieden (Tab. 7-3).

Ähnliche Konventionen und Regeln gelten für die Erfassung und Auswertung der anderen Schutzgüter. Die Methodik der Einzeluntersuchungen orientiert sich an den in der Landschaftsanalyse verwendeten Erfassungs- und Auswertungsverfahren (Kap. 4.1.2).

7.2 Umweltverträglichkeitsprüfung im Verhältnis zur Landschaftsplanung

Die Umweltverträglichkeitsprüfung (UVP) als gesetzliches Instrument für den vorsorgenden Umweltschutz ist eine große Errungenschaft im

weltweiten Bemühen um den Erhalt der natürlichen Lebensgrundlagen. Ihre verbindliche Einführung in Europa durch eine EG-Richtlinie über die

Umweltverträglichkeitsprüfung bei bestimmten öffentlichen und privaten Projekten (RL 85/337/EWG) im Jahre 1985 hat vor dem Hintergrund der Harmonisierung umweltrechtlicher Anforderungen mit wirtschaftlichen Auswirkungen in den EU-Staaten ein annähernd gleiches Niveau der Umweltvorsorge bei festgelegten Projekten mit absehbaren erheblichen potentiellen Umweltwirkungen ermöglicht.

In Deutschland bezieht sich die Umweltverträglichkeitsprüfung auf das UVP-Gesetz (UVPG) vom 12.2.1990 mit einer Änderung vom 18.8.1997 und ganz aktuell auf das Artikelgesetz vom 27.7.2001 zur Umsetzung der UVP-Änderungsrichtlinie, der IVU-Richtlinie und weiterer EG-Richtlinien zum Umweltschutz, durch das auch das UVPG geändert worden ist.

Als wesentliche Veränderung des neuen UVPG ist festzustellen, dass es klarer sachlogisch gegliedert ist, präzisere Formulierungen gewählt wurden und vor allem die bislang äußerst kritikwürdige Liste UVP-pflichtiger Vorhaben entsprechend den Anforderungen der EG-Änderungsrichtlinie als Anlage 1 neu erstellt wurde. Dieser Bedeutung entsprechend wurde auch der diesbezügliche § 3 deutlich untersetzt, indem neben dem Anwendungsbereich durch ergänzende §§ 3 a bis f die UVP-Pflicht detailliert festgelegt wird. Wesentlich ist, dass die Vorhaben der UVP-Änderungsrichtlinie (EG) übernommen wurden, unterteilt nach zwingender UVP-Pflicht und UVP-Pflicht nach allgemeiner oder standortbezogener Vorprüfung beziehungsweise bei bestimmten wasserwirtschaftlichen oder forstlichen Vorhaben auch nach Maßgabe des noch zu schaffenden jeweiligen Landesrechts.

Längst überfällig war auch die jetzt über die §§ 9 a und b einbezogene grenzüberschreitende Öffentlichkeits- und Behördenbeteiligung. Im § 5 entfällt der prägnante Begriff des „Untersuchungsrahmens". Zudem wird die obligatorische Erörterung (Scoping) zwischen zuständiger Behörde und Vorhabensträger im Verfahren durch eine fakultative Besprechung über Inhalt und Methoden der beizubringenden Unterlagen vor dem Verfahren (auf Veranlassung des Vorhabensträgers) und/oder im Verfahren (auf Veranlassung der zuständigen Behörde) ersetzt.

Als Zielstellung des UVPG wird in voller Übereinstimmung mit der EG-Richtlinie im § 1 festgeschrieben, dass für die zu untersuchenden Vorhaben eine wirksame Umweltvorsorge nach einheitlichen Grundsätzen zu sichern ist. Dazu sind die Auswirkungen auf die Umwelt frühzeitig und umfassend zu ermitteln, zu beschreiben und zu bewerten und das Ergebnis so früh wie möglich bei allen behördlichen Entscheidungen zu berücksichtigen.

Gegenstand der Umweltverträglichkeitsuntersuchungen im Sinne des UVPG sind die Auswirkungen eines Vorhabens auf die so genannten Schutzgüter

- Mensch, Fauna, Flora,
- Boden, Wasser, Luft, Klima, Landschaft,
- Kulturgüter und sonstige Sachgüter

sowie die Wechselwirkung zwischen den genannten Schutzgütern.

Auswirkungen auf diese Schutzgüter können je nach Vorhaben und Standortbedingungen

- durch Einzelursachen, Ursachenketten oder durch das Zusammenwirken mehrerer Ursachen herbeigeführt werden,
- kurz-, mittel- und langfristig auftreten,
- ständig oder nur vorübergehend vorhanden sein,
- aufhebbar (reversibel) oder nicht aufhebbar (irreversibel) sein.

Wichtig bei der UVP ist ihr systematischer, medienübergreifender Charakter, der für einen festgelegten Raum und Zeitabschnitt die Auswirkungen von Eingriffen in den Naturhaushalt und auf die Umwelt abschätzbar macht.

Für die Durchführung einer UVP lassen sich deshalb folgende Grundsätze ableiten: Sie muss

- umfassend alle Schutzgüter ansprechen.
- ganzheitlich die ökosystemaren Zusammenhänge kennzeichnen und bewerten.
- systematisch nach einheitlichen Grundsätzen durchgeführt werden.
- methodisch-fachlich auf dem gegenwärtigen Stand der Wissenschaft und Technik basieren.
- so frühzeitig wie möglich durchgeführt werden.

Voraussetzung für die Erfassung, Beschreibung und Bewertung der Umweltauswirkungen von Vorhaben sind ausreichende Informationen über technisch-technologische Parameter, Größe und Standortvarianten der zu untersuchenden Vorhaben.

Zum näheren Verständnis der UVP und der möglichen Einbeziehung von Ergebnissen der Landschaftsplanung seien einige grundsätzliche Ausführungen zum Ablauf der UVP vorangestellt. Die Durchführung einer UVP gliedert sich in gesetzlich fixierte Teilschritte (Abb. 7-1).

Vier wesentliche Schwerpunkte sind dabei die

- Festlegung des Untersuchungsrahmens,
- Umweltverträglichkeitsuntersuchung,
- zusammenfassende Darstellung und Bewertung sowie
- Berücksichtigung in der Zulassungsentscheidung

die jeweils die Umweltauswirkungen des Vorhabens, konkretisiert durch die Schutzgüter Mensch, Fauna, Flora, Boden, Wasser, Luft, Klima, Landschaft, Kultur- und Sachgüter einschließlich der jeweiligen Wechselwirkungen als Bearbeitungsziel haben.

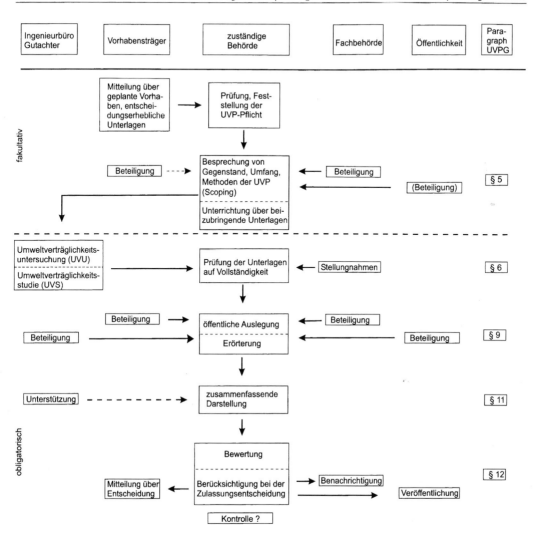

Abb. 7-1: Ablaufschema UVP

Nach der Mitteilung über das geplante Vorhaben und Vorlage entscheidungserheblicher Unterlagen über Art und Standort, hat die zuständige Behörde die Aufgabe, die UVP-Pflicht zu prüfen. Ist diese gegeben, so besteht die erste wichtige Aufgabe in der Entscheidung, ob die Unterlagen vollständig sind und ob ein Besprechungstermin nach § 5 UVPG durchzuführen ist. In diesem so genannten „Scoping-Prozess" können Ergebnisse von Landschaftsplänen, soweit sie für den Standortbereich des Vorhabens vorliegen, entscheidend den Umfang erforderlicher Untersuchungen beeinflussen. Das betrifft sowohl die Genauigkeit und Reichweite der Untersuchungen, als auch unter Umständen mögliche

Einsparungen durch weitgehende Nutzung von Erhebungen für den Landschaftsplan.

Der anschließende Hauptprozess der UVP, die so genannte **Umweltverträglichkeitsuntersuchung** (UVU), ist die Zustandsermittlung der oben genannten Schutzgüter entsprechend den Auflagen des Untersuchungsrahmens (Abb. 7-2). Diese von Naturwissenschaftlern und Planern im Auftrag des Vorhabensträgers durchzuführende Standortanalyse entspricht weitgehend den Arbeitsaufgaben für den Landschaftsplan und ist deshalb auch gleichrangig in der HOAI verankert. Im Gegensatz zur Landschaftsplanung setzt nach der Zustandsanalyse jedoch ein umfangreicher prognostischer Abgleich der Schutzgüter mit den abschätz-

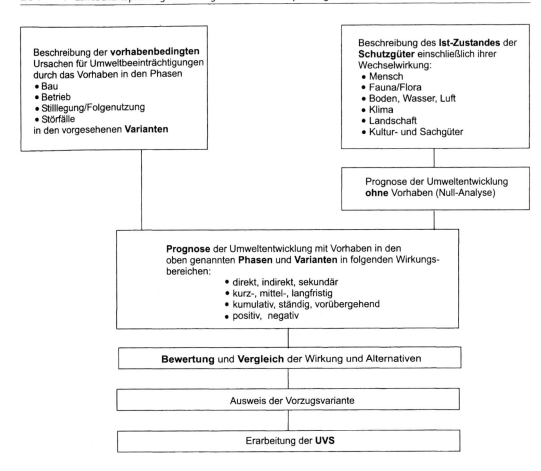

Abb. 7-2: Arbeitsfelder der UVU

baren Auswirkungen des Vorhabens ein und zwar für verschiedene Phasen (Bau, Betrieb, Stilllegung, Folgenutzung) sowie auch für Stör- und Havariefälle und das Ganze für räumliche und technische Varianten und immer unter Einbeziehung von Wechselwirkungen. Das abschließende Dokument der UVU, die **Umweltverträglichkeitsstudie (UVS)** dient dann der zuständigen Behörde nach entsprechender Prüfung anhand der Scoping-Vorgaben für die öffentliche Auslegung (§ 9 UVPG).

Nach der Erörterung hat die zuständige Behörde eine **zusammenfassende Darstellung der Umweltauswirkungen** des Vorhabens zu erarbeiten (§ 11 UVPG) und diese zu **bewerten** und bei der **Entscheidung** über die Zulässigkeit des Vorhabens zu berücksichtigen (§ 12 UVPG).

Der kurz skizzierte Ablauf der UVP macht deutlich, dass die Hauptverbindung zwischen UVP und Landschaftsplanung in inhaltlichen Be-

langen während der Erarbeitung der UVU/UVS liegt und speziell die Ermittlung, Beschreibung und Bewertung der Schutzgüter bei der Zustands-Analyse von den gleichen Fachleuten durchgeführt werden kann (Abb. 7-3). Die sichere Bewertung vorhabensbezogener Auswirkungen in der Prognosephase setzt allerdings meist spezifische Fachkenntnisse über technisch-konstruktive und technologische Zusammenhänge voraus, die die jeweiligen Spezialisten (Bodenkundler, Hydrologen, Botaniker und so weiter) verständlicherweise nur in Ausnahmefällen besitzen, das heißt für die Erarbeitung der UVU ist in noch größerem Maße als in der Landschaftsplanung interdisziplinäre fachliche Zusammenarbeit erforderlich.

Einen wichtigen Ansatzpunkt zur stärkeren Integration von UVP und Landschaftsplanung bildet die vorgesehene Verlagerung der UVP in

Abb. 7-3: Naturschutz und Landschaftspflege in der Planung (Bundesministerium für Umwelt, Naturschutz und Reaktorsicherheit 1997)

vorlaufende Planungs- beziehungsweise Programmphasen, wie sie durch die neue EG-Richtlinie über die Prüfung der Umweltauswirkungen bestimmter Pläne und Programme (Strategische Umweltfolgenprüfung – SUP) vorgesehen ist.

Die Beschränkung der UVP auf Projekte (EG-RL) beziehungsweise konkrete Vorhaben (UVPG) wurde bereits frühzeitig als ein Mangel erkannt, denn sie ermöglicht die behördliche Entscheidung über die Zulässigkeit eines Projektes erst in einer Phase, wenn durch vorlaufende Planungen oder Programme bereits wesentliche Vorentscheidungen getroffen wurden, die kaum noch oder nicht mehr zu korrigieren sind (zum Beispiel in der Verkehrsplanung). Bereits 1990, also erst zwei Jahre nach EU-weiter Verbindlichkeit der Umweltverträglichkeitsprüfung, legte die EU-Kommission folgerichtig einen ersten Entwurf für eine **Programm- und Plan-UVP** vor. 1997 folgte ein erneuter Vorschlag, der unter anderem eine angemessene Berücksichtigung von Umwelterwägungen in Plänen und Programmen fordert und zwar ausdrücklich im Bereich der Raumordnung. Auch dieser Richtlinien-Entwurf hat erhebliche und zum Teil kontroverse Diskussionen ausgelöst.

Am 21.6.2001 wurde diese strategische UVP (SUP) als Richtlinie 2001/42/EG über die Prüfung der Umweltauswirkungen bestimmter Pläne und Programme in Kraft gesetzt und ist innerhalb von drei Jahren auch in deutsches Recht umzusetzen.

Es treten deutliche Verbindungen von der UVP über die Raumordnung zur Landschaftsplanung auf, indem die Umweltprüfung von Raumordnungsplänen und -programmen als ein wichtiges Werkzeug zur Berücksichtigung von Umweltbelangen in Entscheidungsprozessen für nachfolgende Fachpläne (zum Beispiel Abfall, Wasser oder Tourismus) oder Genehmigungen genannt wird.

Gewissermaßen im Vorgriff auf die ausstehende Umsetzung der SUP-Richtlinie in nationales Recht ist mit dem oben genannten Artikelgesetz vom 27.7.2001 der „§ 2a Umweltbericht" in das Baugesetzbuch neu eingefügt worden. Danach hat die Gemeinde für Bebauungspläne, die für Vorhaben aufgestellt werden, für die eine UVP vorgeschrieben ist, bereits in die Begründung zum Bebauungsplan einen Umweltbericht aufzunehmen, der wesentliche Elemente einer Umweltverträglichkeitsprüfung enthält.

Die Landschaftsplanung ist die Fachplanung des Naturschutzes und der Landschaftspflege und damit ein raumbedeutsames Steuerungsinstrument, wenn diese Fachplanung unter der Prämisse des § 1 BNatSchG in andere raumbedeutsame Planungen und Vorhaben einbezogen wird. Die Integration der Landschaftsplanung in die Raumordnung ist Bestandteil des Raumordnungsgesetzes (ROG) und des BNatSchG. Die Landschaftsplanung ist dadurch heute auf gesetzlicher Basis unerlässlicher Bestandteil raumordnerischer Ziele, denn der § 1 des ROG benennt eindeutig als Leitvorstellung der Raumordnung eine nachhaltige Raumentwicklung, die zu einer dauerhaften großräumig ausgewogenen Ordnung führt, in der unter anderem die natürlichen Lebensgrundlagen zu schützen und entwickeln sind. Diese Ziele der Raumordnung haben prioritären Charakter, das heißt sie sind »...verbindliche Vorgaben in Form von ... Festlegungen in Raumordnungsplänen...« (§ 3 ROG).

Als Grundsätze der Raumordnung mit Abwägungs- und Ermessensspielraum werden alle wesentlichen Ziele und Grundsätze des Naturschutzes und der Landschaftspflege in das neue ROG übernommen, so dass über die Aufstellung der Raumordnungsprogramme und -pläne bereits ein wesentlicher Teil des durch die Landschaftsplanung angestrebten Umweltschutzes berücksichtigt werden kann.

Die konkrete vorhabensbezogene Verbindung zur UVP kann die Landschaftsplanung über Raumordnungsverfahren erreichen, die im § 16 UVPG und § 15 ROG verankert sind. Das ROG spricht direkt von einer Raumverträglichkeitsprüfung, in der unter anderem festgestellt wird, wie raumbedeutsame Planungen oder Vorhaben mit den Zielen und Grundsätzen der Raumordnung übereinstimmen und wie sie unter den Gesichtspunkten der Raumordnung aufeinander abgestimmt werden können (§ 15 (1) ROG).

Da im Raumordnungsverfahren die raumbedeutsamen Auswirkungen und überörtlichen Gesichtspunkte unter Einbeziehung von Standort- und Trassenalternativen zu prüfen sind, haben Aussagen der Landschaftsplanung, in diesem Fall vorrangig des Gutachtlichen Landschaftsrahmenplans (GLRP), eine sehr große Bedeutung (Kap. 9.2). Das betrifft nicht nur die in die Regionalen Raumordnungsprogramme übernommenen naturschutzfachlichen Festsetzungen der Schutzgebiete als eine wesentliche Grundlage zur Ausgrenzung von Vorrang- und Vorbehaltsgebieten für Naturschutz und Landschaftspflege, sondern auch vor allem die im GLRP ausgewiesenen Bereiche mit herausgehobener Bedeutung für den Naturhaushalt und für die landschaftsgebundene Erholung, die seitens der Landschaftsplanung flächenhaft ausgewiesen und begründet werden. Neben diesen bereits gewerteten Flächenausweisungen sind für die Umweltverträglichkeitsprüfung im Raumordnungsverfahren auch die Grundlagenerhebungen für den vorhandenen und zu erwartenden Zustand von Natur und Landschaft, das heißt der wesentlichen Schutzgüter entsprechend UVPG nutzbar.

Wie hier am Beispiel regionaler Raumordnung/Raumordnungsverfahren/Gutachtlicher Landschaftsrahmenplanung lassen sich auf der Ebene Bauleitplan/Landschaftsplan gleiche Verbindungen über die UVP für bestimmte Vorhaben in Flächennutzungsplänen oder Bebauungsplänen herstellen, zumal das Baugesetzbuch

(1998) einführend im § 1 (5) als Grundsatz der Bauleitplanung unter anderem festschreibt, dass die Belange des Umweltschutzes, des Naturschutzes und der Landschaftspflege, insbesondere des Naturhaushalts, des Wassers, der Luft, des Bodens und des Klimas bei der Aufstellung von Bauleitplänen zu berücksichtigen sind. Der § 1 a (2) BauGB weist außerdem direkt darauf hin, dass in der Abwägung auch die Darstellungen von Landschaftsplänen zu berücksichtigen sind.

Bei der Umsetzung des Bundesrechts in Landesrecht zeigen sich erste voranführende Ansätze. So ist in einem Erlass des Landes Schleswig-Holstein zur UVP im Baurecht (14.1.2000) festgelegt, dass zur Verringerung von Aufwand und Kosten bei der Erfassung und Wertungsprognose für die Schutzgüter, die übrigens bereits nach der Fassung der 1997 geänderten EG-Richtlinie mit Einbeziehung der Wechselwirkung zwischen allen Schutzgütern übernommen wurden, auf die Unterlagen zurückzugreifen ist, die für die Aufstellung des Landschaftsplanes erarbeitet wurden. Für die Aufstellung von Grünordnungsplänen wird sogar eine Auftragserweiterung für eine integrierte UVP empfohlen. Damit ist ein zukunftsträchtiger Weg aufgezeigt, der bei künftigen Zielstellungen für die Landschaftsplanung von der Regionalebene abwärts weiterzuverfolgen ist, denn alle Dispute und theoretischen Erwägungen müssen letztlich durch Praxisergebnisse belegt werden, sollen sie anwendungswirksam sein.

Ein wesentlicher Gesichtspunkt für die stärkere Integration der Landschaftsplanung in die UVP, aber auch für die Nutzung durchgeführter UVU-Erhebungen für landschaftsplanerische Aufgaben ist eine fachlich begründete Verständigungsbasis (vor allem Definitionen, Termini, Methoden, Maßstäbe, Darstellung).

EDV-gestützte Umweltinformationssysteme, Datenbanken, Geoinformationssysteme sowie leistungsfähige Hardware bieten heute die Möglichkeit, erarbeitete Umweltdaten sehr rationell in verschiedene Planungsebenen und Maßstäbe zu transformieren und somit direkt nutzbar zu machen. Insbesondere für Abwägungen bei der Erarbeitung von Raumordnungsprogrammen und der Kennzeichnung und Bewertung in der Umweltverträglichkeitsuntersuchung bieten heute verschiedene Geoinformationssysteme (GIS) hervorragende Arbeitsmöglichkeiten

(Kap. 8.6). Zweckmäßigerweise sollten kooperierende Fachbehörden, wie zum Beispiel bei der UVP, und auch der UVU-Gutachter über die gleichen Systeme verfügen, da dann die problemlose und qualitätsgerechte Datenübertragung und -bearbeitung gesichert sind. Es darf allerdings nicht übersehen werden, dass die scheinbar hohe Genauigkeit von GIS-Daten nicht höher als die der Ausgangsdaten sein kann, das heißt, Erhebungen und Messungen im Gelände sind nach wie vor unerlässliche Voraussetzungen für fachlich gesicherte Beurteilungen.

Zusammenfassend ist einzuschätzen, dass in der Landschaftsplanung von der Landesebene bis zum Grünordnungsplan in abgestufter Intensität und Genauigkeit Naturraumpotenziale hinsichtlich Bestand, Belastung, Schutz und Entwicklungsmöglichkeiten erfasst und bewertet werden. Gleiches ist letztlich auch Aufgabe der UVP, nur mit dem Unterschied, dass die zu untersuchenden Umweltbereiche eindeutig als Schutzgüter festgelegt sind, die es in Bezug auf Auswirkungen eines bestimmten Vorhabens zu ermitteln, zu beschreiben und zu bewerten gilt. Erhebungen und Bewertungen von Naturraumpotenzialen im Rahmen der Landschaftsplanung können deshalb für die Untersuchungen zu den Schutzgütern im Rahmen der UVU eine wertvolle fachliche und zeitliche Unterstützung geben, und umgekehrt sollten in die Erarbeitung von Landschaftsplänen aus gleichen Gründen unbedingt auch vorliegende Ergebnisse aus Umweltverträglichkeitsuntersuchungen einbezogen werden.

7.3 FFH-Verträglichkeitsprüfung

7.3.1 Grundlagen

Im Kapitel 2.3.1 ist ausführlich auf die rechtlichen Grundlagen des Naturschutzrechts der EU und die darauf fußende Verträglichkeitsprüfung eingegangen worden, so dass hier die **planungsmethodischen Aspekte** im Vordergrund stehen sollen.

Die im Allgemeinen als FFH-Verträglichkeitsprüfung bezeichnete und bekanntgewordene Prüfung basiert auf den rechtlichen Grundlagen der Richtlinien

- 92/43/EWG des Rates vom 21.5.1992 zur Erhaltung der natürlichen Lebensräume sowie der wildlebenden Tiere und Pflanzen **(FFH-Richtlinie)**

und

- 79/409 EW des Rates vom 2.4.1979 über die Erhaltung der wildlebenden Vogelarten **(Vogelschutzrichtlinie)**.

Ziel der Richtlinien ist es, ein System von FFH-Gebieten und Vogelschutzgebieten nach einheitlichen Kriterien, die von der EU vorgegeben werden, als kohärentes Netz unter der Bezeichnung **NATURA 2000** zu entwickeln und zu erhalten.

Mit dem „Zweiten Gesetz zur Änderung des Bundesnaturschutzgesetzes vom 30. 4. 1998" hat die Bundesrepublik Deutschland diese Richtlinien in nationales Recht umgesetzt.

Gleichzeitig hat sie mit dem § 33 BNatSchG die Bundesländer beauftragt, die Gebiete auszuwählen, die nach Artikel 4 Absatz 1 der FFH-RL zu benennen sind. [Anm.: Die genannten §§ in diesem Kapitel entsprechen bereits dem novellierten Bundesnaturschutzgesetz vom 1.2.2002, das eine neue Nummerierung der §§ vorgenommen hat.]

Nach Artikel 7 der FFH-RL treten für die Schutzgebiete, die aufgrund der EU-Vogelschutzrichtlinie ausgewiesen wurden, die Pflichten der FFH-RL an die Stelle der sich aus der EU-Vogelschutzrichtlinie ergebenden Pflichten. Schutzgebiete, die aufgrund der EU-Vogelschutzrichtlinie ausgewiesen wurden, sind damit denen nach der FFH-RL gleichgestellt und dementsprechend zu behandeln.

Die FFH-Richtlinie fordert zwar oben genannte FFH-Verträglichkeitsprüfung, nennt indes keinerlei **Voraussetzungen für die Durchführung einer Verträglichkeitsprüfung**. Sie ist anzuwenden, sobald Pläne oder Projekte ein NATURA 2000-Gebiet oder in Zusammenwirkung mit anderen Plänen und Projekten erheblich beeinträchtigen könnten. Nach BNatSchG gelten jedoch zusätzlich die folgenden formalen Voraussetzungen, nach denen **Projekte** nach § 34 folgende Eigenschaften besitzen müssen:

- Vorhaben und Maßnahmen **innerhalb** eines Gebietes von gemeinschaftlicher Bedeutung oder eines Europäischen Vogelschutzgebietes, sofern sie einer behördlichen Entscheidung oder einer Anzeige an eine Behörde bedürfen oder von einer Behörde durchgeführt werden,

• Eingriffe in Natur und Landschaft im Sinne des § 18 BNatSchG, sofern sie einer behördlichen Entscheidung oder Anzeige an eine Behörde bedürfen oder von einer Behörde durchgeführt werden und

• nach dem Bundes-Immissionsschutzgesetz genehmigungsbedürftige Anlagen sowie Gewässerbenutzungen, die nach dem Wasserhaushaltsgesetz einer Erlaubnis oder Bewilligung bedürfen.

Pläne werden nach § 35 definiert, als Pläne und Entscheidungen in vorgelagerten Verfahren, die bei behördlichen Entscheidungen zu beachten oder zu berücksichtigen sind. § 35 nennt ausdrücklich:

1. Linienbestimmungen nach § 16 des Bundesfernstraßengesetzes, § 13 des Bundeswasserstraßengesetzes oder § 2 Absatz 1 des Verkehrswegeplanungsbeschleunigungsgesetzes sowie

2. sonstige Pläne, bei Raumordnungsplänen im Sinne des § 3 Nummer 7 des Raumordnungsgesetzes mit Ausnahme des § 34 Absatz 1 Satz 1.

Bei Bauleitplänen und Satzungen nach § 34 Absatz 4 Satz 1 Nummer 3 des Baugesetzbuches ist § 34 Absatz 1 Satz 2 und Absatz 2 bis 5 entsprechend anzuwenden.

Bei der Prüfung des geplanten Vorhabens entsprechend § 34 empfiehlt es sich, zum Beispiel den „Methodischen Anforderungen an die Prüfung von Plänen und Projekten gemäß § 34 in Umsetzung des Artikels 6 Absatz 3 und 4 FFH-Richtlinie (FFH-Verträglichkeitsprüfung und Ausnahmeregelung)" des Arbeitskreises Eingriffsregelung der Landesanstalten/-ämter und des Bundesamtes für Naturschutz (1998) zu folgen.

Zuerst jedoch muss eine Prognose über die zu erwartende Beeinträchtigung zu der Entscheidung führen, ob überhaupt eine Verträglichkeitsprüfung durchzuführen ist. Grundlage einer solchen Prognose sind die Plan-/Antrags-/Projektunterlagen einerseits sowie die Unterlagen zum FFH-Gebiet andererseits. Diese Entscheidung, ob die Prüfung durchzuführen ist oder nicht, ist eine hoheitliche Aufgabe. Hierfür ist die jeweilige Behörde zuständig, die auch über die Genehmigung oder die Konsequenzen aus der Anzeige zu entscheiden hat. Die Naturschutzbehörde ist insofern nur zuständig, falls sie selbst die Rolle dieser zuständigen

Behörde einnimmt. In welcher Art und Weise sie regelmäßig zu beteiligen ist, lässt das Bundesnaturschutzgesetz offen. Es empfiehlt sich hier jedoch ein frühzeitiger gemeinsamer Abstimmungstermin mit dem Vorhabensträger und dessen Planern sowie eventuell weiteren Fachbehörden. „Scoping-Termine" gemäß § 5 UVPG können ebenfalls für eine frühzeitige Abstimmung genutzt werden (Kap. 7.3.2).

Bei Feststellung, dass eine FFH-Verträglichkeitsprüfung erforderlich ist, wird für den Ablauf folgende Gliederung vorgeschlagen:

• (vorläufige) Abgrenzung des Untersuchungs- und Planungsraumes,

• Erfassung der für die Erhaltungsziele oder den Schutzzweck maßgeblichen Bestandteile einschließlich relevanter Standortfaktoren und aller Maßnahmen zur Erhaltung oder Wiederherstellung,

• Beurteilung der Bedeutung des Gebietes für den Erhaltungszustand der betroffenen natürlichen Lebensraumtypen oder der betroffenen biogeographischen Region,

• Prognose der Beeinträchtigungen anhand der Analyse der vom Plan oder Projekt ausgehenden Wirkfaktoren und ihren direkten und indirekten Auswirkungen auf natürliche Lebensraumtypen und/oder Arten,

• endgültige Abgrenzung des Planungsraumes,

• Ermittlung **erheblicher Beeinträchtigungen** von für **Erhaltungsziele** und/oder Schutzzweck des Gebietes maßgeblichen Bestandteilen, die durch den Plan oder das Projekt hervorgerufen werden können.

Die Unterlagen sind durch den Antragsteller beizubringen. Die **zusammenfassende Bewertung** und damit eine Aussage zur Verträglichkeit sollte auf jeden Fall fachgutachterlich auf Grundlage der Ansprüche der in Anhang I, II und IV genannten Arten und Biotope durch einen Fachgutachter (Planungsgesellschaft, Ingenieurbüro) vorgenommen werden.

Bei der Bewertung können die im Folgenden genannten Überlegungen ein Rolle spielen:

• Pläne oder Projekte innerhalb eines Schutzgebietes, die zu einer dauerhaften Flächeninanspruchnahme von FFH-relevanten Lebensraumtypen und damit zu einer Gebietsverkleinerung führen, werden häufig eine erhebliche Beeinträchtigung darstellen (allerdings ist hierbei die Relation zur Gesamtgröße des Gebietes zu beachten).

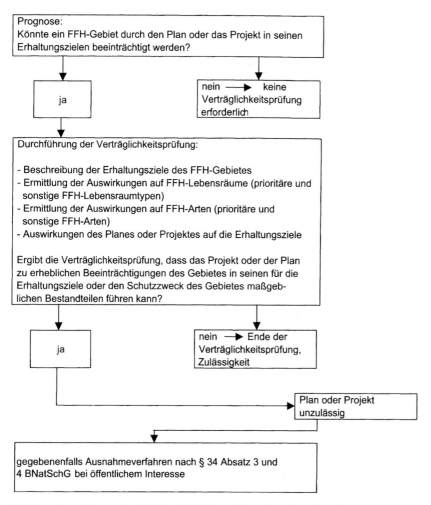

Abb. 7-4: Durchführung der FFH-Verträglichkeitsprüfung/Normalverfahren (verändert nach verschiedenen Autoren)

- Je ungünstiger der Erhaltungszustand der betroffenen Lebensraumtypen und/oder Arten, desto niedriger liegt die Erheblichkeitsschwelle.
- Flächenverluste oder wesentliche Störungen von prioritären Lebensraumtypen und/oder Arten dürften in der Regel immer erheblich sein.
- Pläne und Projekte, die Wiederherstellungsmaßnahmen verhindern, können die Erhaltungsziele eines Gebietes ebenfalls erheblich beeinträchtigen.
- Beeinträchtigungen von Lebensraumtypen und/oder Arten, für die das Gebiet aufgrund der festgelegten Erhaltungsziele oder des Schutzzweckes keine Schutzfunktion erfüllt,

können nicht zu einem negativen Ergebnis führen.

Die **Unverträglichkeit** ist festzustellen, wenn Beeinträchtigungen auf schutzwürdige Lebensräume oder Habitate im Sinne der FFH-Richtlinie ermittelt wurden.

Hierbei können in Anlehnung an die „Arbeitsgemeinschaft FFH-Verträglichkeitsprüfung (1999)" folgende drei Gruppen unterschieden werden:

- der **dauerhafte Flächenverlust** von FFH-Lebensräumen oder Habitaten der FFH-Arten. Wird ein solcher Flächenverlust konstatiert, ist in jedem Fall eine Unverträglichkeit festzustellen.
- Der **zeitweise Flächenverlust** von FFH-Lebensräumen oder Habitaten der FFH-Arten. In der

Regel ist eine Unverträglichkeit festzustellen. Ausnahmsweise ist eine Verträglichkeit möglich, wenn es sich um eine kleinflächige Beanspruchung handelt und die beanspruchten Lebensräume kurzfristig und vollständig wiederhergestellt werden können.

- **Beeinträchtigungen ohne Flächenverlust** (etwa durch Störungen von FFH-Arten von außen). Hier sind allgemeine Aussagen schwierig, weil die Palette der Beeinträchtigungen sehr groß ist (zum Beispiel Lärmbelastungen durch Straßenverkehr außerhalb des Gebietes, Grundwasserabsenkung, Immissionen). Anhand des Einzelfalls sind daher Kriterien zu ermitteln, die zum Teil voneinander abhängig sind. Beispiele sind: Art und Intensität der Auswirkung, Empfindlichkeit der Bestandteile und Funktionen, Dynamik der Lebensräume (zum Beispiel Umfang von Populationsschwankungen), Wiederbesiedelungsmöglichkeiten und Regenerierbarkeit, Isolierungsgrad und Repräsentativität. Ob die Schwelle zur Unverträglichkeit im Einzelfall überschritten wird, bleibt eine Gutachterentscheidung, die jedoch nachvollziehbar darzustellen ist.

Nach erfolgter abschließender Bewertung ist die Aufgabe des Gutachters/Fachplaners beendet. Der zuständigen Behörde verbleibt bei entsprechender Prüffähigkeit der vorliegenden FFH-Verträglichkeitsstudie damit die Entscheidung über das Ergebnis der FFH-Verträglichkeitsprüfung. Diese ist in der Entscheidung über die Zulässigkeit/den Beschluss des Projektes oder Plans durch einen gezielten Hinweis auf die FFH-Verträglichkeitsprüfung zu dokumentieren. Ist das Ergebnis der FFH-Verträglichkeitsprüfung negativ, so ist der Plan oder das Projekt grundsätzlich unzulässig, auch wenn er ansonsten genehmigungsfähig wäre.

Allgemeine Ausnahmeregelung gemäß § 34 Absatz 3 BNatSchG

Unter zwei Voraussetzungen darf auch bei negativem Prüfergebnis das Projekt oder der Plan zugelassen oder durchgeführt werden:

- soweit es aus zwingenden Gründen des überwiegenden **öffentlichen Interesses**, einschließlich solcher sozialer oder wirtschaftlicher Art, notwendig ist und
- zumutbare Alternativen, den mit dem Projekt verfolgten Zweck an anderer Stelle ohne oder mit geringeren Beeinträchtigungen zu erreichen, nicht gegeben sind. Private Interessen können eine Ausnahme somit nur rechtfertigen, wenn sie zugleich im öffentlichen Interesse liegen.

Die Interessen müssen ermittelt und gewichtet werden. Nur wenn die Gründe ihrer Wertigkeit den Zielen der FFH-Richtlinie beziehungsweise den bei Vorhabensrealisierung beeinträchtigten Naturschutzbelangen im Sinne der FFH-Richtlinie übergeordnet sind, kann von zwingendem überwiegendem öffentlichen Interesse die Rede sein. Der besonderen Bedeutung, die dem Schutz des **gemeinschaftlichen Naturerbes der Europäischen Union** zukommt, muss Rechnung getragen werden (Regierungspräsidium Darmstadt 1999).

Besondere Ausnahmeregelung nach § 34 Absatz 4 BNatSchG für Gebiete mit prioritären Arten und Lebensräumen

Sind Gebiete mit **prioritären Arten und Lebensräumen** betroffen, können als zwingende Gründe des überwiegenden öffentlichen Interesses nur solche im Zusammenhang mit der Gesundheit des Menschen, der öffentlichen Sicherheit, einschließlich Landesverteidigung, Schutz der Zivilbevölkerung oder maßgebliche günstige Auswirkungen des Projektes auf die Umwelt, die dann unmittelbar und kausal nachweisbar mit dem Projekt verbunden sein müssen, eine Ausnahme begründen.

Sollen sonstige zwingende Gründe berücksichtigt werden, ist über das Bundesministerium für Umwelt, Naturschutz und Reaktorsicherheit eine Stellungnahme der Kommission einzuholen. Diese Stellungnahme ist bei der Entscheidung inhaltlich zu berücksichtigen. Eine abweichende Entscheidung muss entsprechend begründet sein. Unmittelbare Rechtsfolgen hat somit die **Stellungnahme der EU-Kommission** nicht. Jedoch besteht für die Kommission die Möglichkeit der Anrufung des Europäischen Gerichtshofes, falls diese der Meinung sein sollte, dass die Entscheidung das EU-Recht verletzen würde.

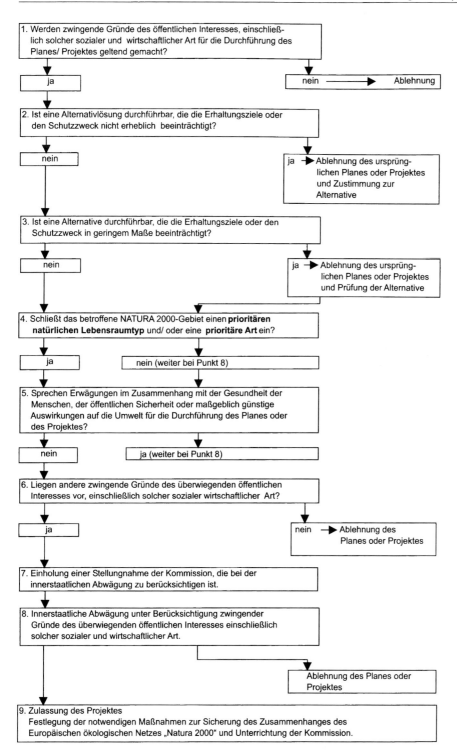

1. Werden zwingende Gründe des öffentlichen Interesses, einschließlich solcher sozialer und wirtschaftlicher Art für die Durchführung des Planes/ Projektes geltend gemacht?

ja

nein ⟶ Ablehnung

2. Ist eine Alternativlösung durchführbar, die die Erhaltungsziele oder den Schutzzweck nicht erheblich beeinträchtigt?

nein

ja ➤ Ablehnung des ursprünglichen Planes oder Projektes und Zustimmung zur Alternative

3. Ist eine Alternative durchführbar, die die die Erhaltungsziele oder den Schutzzweck in geringem Maße beeinträchtigt?

nein

ja ➤ Ablehnung des ursprünglichen Planes oder Projektes und Prüfung der Alternative

4. Schließt das betroffene NATURA 2000-Gebiet einen **prioritären natürlichen Lebensraumtyp** und/ oder eine **prioritäre Art** ein?

ja

nein (weiter bei Punkt 8)

5. Sprechen Erwägungen im Zusammenhang mit der Gesundheit der Menschen, der öffentlichen Sicherheit oder maßgeblich günstige Auswirkungen auf die Umwelt für die Durchführung des Planes oder des Projektes?

nein

ja (weiter bei Punkt 8)

6. Liegen andere zwingende Gründe des überwiegenden öffentlichen Interesses vor, einschließlich solcher sozialer wirtschaftlicher Art?

ja

nein ➤ Ablehnung des Planes oder Projektes

7. Einholung einer Stellungnahme der Kommission, die bei der innerstaatlichen Abwägung zu berücksichtigen ist.

8. Innerstaatliche Abwägung unter Berücksichtigung zwingender Gründe des überwiegenden öffentlichen Interesses einschließlich solcher sozialer und wirtschaftlicher Art.

Ablehnung des Planes oder Projektes

9. Zulassung des Projektes
   Festlegung der notwendigen Maßnahmen zur Sicherung des Zusammenhanges des Europäischen ökologischen Netzes „Natura 2000" und Unterrichtung der Kommission.

Abb. 7-5: Durchführung der Ausnahmeregelung bei erheblicher Beeinträchtigung von FFH-Gebieten (verändert nach verschiedenen Autoren)

Ausgleichsmaßnahmen

Im Falle einer Ausnahmegenehmigung bei einem negativen Ergebnis der FFH-Verträglichkeitsprüfung sind **Ausgleichsmaßnahmen zur Sicherung** der gesamten **Kohärenz** von NATURA 2000 zu ergreifen.

Die Verwendung des Begriffes „Sicherungsmaßnahme" würde eine klare Abgrenzung zur Eingriffsregelung darstellen und zu einer sinnvollen Beschreibung der hier gemeinten Maßnahmen führen (Kap. 7.3.2). Das bedeutet in diesem Falle, dass die Maßnahmen in Anlehnung an die Erhaltungsziele der Lebensräume und Arten zu entwickeln sind und bereits vor Projektbeginn wirksam sein müssen, da ein zeitlich lückenloser Schutz der Kohärenz des Schutzgebietssystems NATURA 2000 gefordert ist (Europäische Kommission 2000).

Folgende Ausgleichsmaßnahmen (Sicherungsmaßnahmen) kommen in Betracht:

- Aufwertung von Gebieten in Bezug auf die Erhaltungs- und Schutzziele,
- Nachmeldung von Gebieten (räumliche Kohärenz).

Ausgleichsmaßnahmen und/oder Ersatzmaßnahmen im Sinne der naturschutzrechtlichen Eingriffsregelung kommen hierfür eventuell auch in Frage, darum sollte im LBP in diesen Fällen deutlich auf den Sinn und Zweck entsprechender Maßnahmen im Sinne der Kohärenz des Schutzgebietssystems hingewiesen werden. Ausgleichszahlungen im Sinne der naturschutzrechtlichen Eingriffsregelung sind zur Herstellung der Kohärenz nicht möglich.

7.3.2 Hinweise für die Planungspraxis

Die FFH-Verträglichkeitsprüfung ist in der Regel durch die jeweils zuständige Behörde durchzuführen. In der Planungspraxis muss sie sich jedoch als Fachbehörde, die in den meisten Fällen für Aufgaben außerhalb des Naturschutzes zuständig ist, dabei aber wesentlich auf die vorgeleistete Arbeit eines Fachplaners (Ingenieur- beziehungsweise Planungsbüro) stützen. Nur durch die entsprechende fachliche Zuarbeit auf der Grundlage einer aktuellen aussagekräftigen Geländekartierung kann die zuständige Behörde eine Wertung vornehmen. So hat es sich inzwischen als sinnvoll

erwiesen, durch ein Planungsbüro neben einer Umweltverträglichkeitsstudie und einem landschaftspflegerischen Begleitplan eine FFH-Verträglichkeitsstudie zuarbeiten zu lassen. Scoping-Termine gemäß § 5 UVPG oder sonstige Abstimmungstermine vorrangig mit Naturschutzbehörden können damit auch zur Klärung der FFH-Problematik beitragen. Im Vorfeld sollten auf jeden Fall Untersuchungsraum sowie Zeitraum, Umfang und Methode geklärt werden.

Sofern die zuständige Genehmigungsbehörde sich einverstanden erklärt, können die Anforderungen der FFH-Richtlinie in einer UVS oder aufgrund der stärkeren Verbindlichkeit besser im LBP mitbearbeitet werden, jedoch muss in Text und Karte deutlich zu erkennen sein, welche NATURA 2000-spezifischen Konflikte sich ergeben und welche Ausgleichsmaßnahmen zur Einhaltung der Kohärenz zum Schutzgebietssystem NATURA 2000 dienen. Diese eben genannten Ausgleichsmaßnahmen sollten in der Praxis als **Sicherungsmaßnahmen** bezeichnet werden. Letztendlich sollen diese das Netz zur Erhaltunng des europäischen Naturerbes **sichern**. Da vielfach bei einer Planung oder der Durchführung eines Projektes sowohl ein LBP als auch eine FFH-Verträglichkeitsstudie erarbeitet werden, soll durch die Begriffserklärung eine Verwechselung unbedingt ausgeschlossen werden (Kap. 7.3.1).

Die FFH-Verträglichkeitsprüfung sollte, egal ob in den LBP integriert oder als einzelnes Dokument erstellt, ein **Votum des Planers** beinhalten. Die zuständige Behörde wird sich bei transparenter Vorgehensweise, frühzeitiger Abstimmung und korrektem Untersuchungsablauf dem anschließen können.

Daher sollte der Aufbau der Studie schlüssig und nachvollziehbar sein. Lebensräume und Tierarten sollten mit **FFH-Code** versehen dargestellt werden, die Schutzziele sind frühzeitig zu benennen und eine übersichtliche und eindeutige Kartographie sollte die Studie abrunden. Im Anhang sind in jedem Fall die „Standarddatenbögen" aufzuführen.

Mindestinhalt einer FFH-Verträglichkeitsstudie

- Beschreibung des Vorhabens
  Hier ist das jeweilige Vorhaben (Plan oder Projekt) exakt nach der technischen oder

fachlichen Planung zu beschreiben. Hierzu gehört eine Beschreibung des Vorhabens, zum Beispiel ein Windpark, Bau einer Straße, industrielles Großvorhaben, Aufstellung oder Änderung eines Flächennutzungsplanes, Aufstellung oder Änderung eines Bebauungsplanes. Neben den zu erwartenden Beeinträchtigungen eines NATURA 2000-Gebietes durch einen Plan oder ein Projekt ist insbesondere auch auf die baubedingten Beeinträchtigungen zu achten. Darüber hinaus sind insbesondere Ziel und Zweck des Planes oder Projektes zu benennen und das überwiegend öffentliche Interesse daran.

- Natürliche Ausstattung des Untersuchungsraumes hinsichtlich der FFH-Kriterien
  Hier erfolgt eine naturräumliche Beschreibung des betroffenen NATURA 2000-Gebietes unter Angabe der Flächengrößen und der natürlichen Ausstattung sowie einer Beschreibung des Landschaftsraumes. Weiterhin erfolgt eine exakte Aufstellung und Beschreibung der in Anhang I genannten Lebensräume sowie der in den Anhängen II und IV beziehungsweise dem Anhang der EU-Vogelschutzrichtlinie genannten Arten. Besonders muss hierbei auf prioritäre Arten hingewiesen werden. Vervollständigt wird das Kapitel durch möglichst genaue Angaben zur Größe der Vorkommen beziehungsweise der Population und zum jeweiligen Status der Arten (Reproduktionslebensraum; Nahrungshabitat; rastende, wandernde Arten...).
  Darzustellen wären eventuell auch dynamische Aspekte in Karte 3 unten.
  Darüberhinaus ist es wichtig, dass die Standarddatenbögen sorgfältig und konsequent verwendet werden. Die dort vorzufindenden Daten sind von besonderer Bedeutung für ein eventuell durchzuführendes Ausnahmeverfahren (Weihrich 1999).
- Beeinflussung des NATURA 2000-Gebietes durch das Vorhaben
  Hier soll die Beeinträchtigung durch das geplante Projekt im Hinblick auf die Lebensräume sowie die Arten beschrieben werden.
- Zusammenfassende Bewertung des geplanten Vorhabens
  Die zusammenfassende Bewertung soll eine deutliche Aussage zur FFH-Verträglichkeit enthalten. Weiterhin können hier Hinweise auf mögliche Sicherungsmaßnahmen zur Ein-

haltung der „globalen" das heißt gesamten Kohärenz von NATURA 2000 gegeben werden.
- Literaturverzeichnis

7.3.3 Die FFH-Verträglichkeitsprüfung im Verhältnis zur naturschutzrechtlichen Eingriffsregelung, zur Umweltverträglichkeitsprüfung und zur Ausnahme und Befreiung von Schutzgebietsverordnungen

Die FFH-Verträglichkeitsprüfung ist ein naturschutzrechtliches Instrument, das Selbstständigkeit gegenüber der ebenfalls naturschutzrechtlichen Eingriffsregelung und der Ausnahme und Befreiung von den Schutzgebietsverordnungen und der Umweltverträglichkeitsprüfung (UVP) besitzt. Während UVP und Eingriffsregelung grundsätzlich vorhabensbezogen durchzuführen sind, ist die FFH-Verträglichkeitsprüfung gebietsbezogen dann durchzuführen, wenn ein FFH-Gebiet beeinträchtigt werden kann. Hier steht der Gebietsschutz stärker im Mittelpunkt (Regierungspräsidium Darmstadt 1999).

Da die Meldung mancher Bundesländer sehr stark auf die Gebietskulisse bestehender Schutzgebiete zurückgreift und auch für die restlichen NATURA 2000-Gebiete eine grundsätzliche Verpflichtung zur Schutzgebietsausweisung besteht, besitzt insbesondere das Verhältnis der FFH-Verträglichkeitsprüfung zu diesen in der Regel strengeren Regelungen für die Zulassung von Projekten eine besondere Bedeutung. Wesentlicher Aspekt ist hierbei die veränderte Zuständigkeit. Während für FFH-Verträglichkeitsprüfung, UVP und Eingriffsregelung regelmäßig die nach anderem Fachrecht zuständige Behörde diese unselbstständigen Verfahren mit durchführt, bildet die Ausnahme und Befreiung von Schutzgebietsverordnungen ein selbstständiges Verfahren, das in die Zuständigkeit der Naturschutzbehörden fällt. Lediglich durch die **Konzentrationswirkung** bei Planfeststellungsverfahren liegen alle Verfahren gebündelt in der Hand einer Zulassungsbehörde, dennoch bleibt trotz Konzentration festzuhalten, dass über mehrere naturschutzrechtliche Voraussetzungen separat innerhalb des Planfeststellungsverfahrens zu entscheiden ist.

Die Rechtsfolgen der vier genannten Verfahren sind dabei unterschiedlich. Während die UVP lediglich Entscheidungsmaterial innerhalb der Abwägung im Genehmigungsverfahren liefert, enthalten Eingriffsregelung, FFH-Verträglichkeitsprüfung und die Prüfung des Ausnahmebeziehungsweise Befreiungstatbestandes von Schutzgebietsbestimmungen mehr oder weniger konkrete Vorgaben für die **Ermessensentscheidung**, die grundsätzlich zur Unzulässigkeit eines Vorhabens führen kann. Bei der Eingriffsregelung ist aber ein Abwägungsschritt vorgesehen (Naturschutzvorrangprüfung), der bei Vorrang der mit dem Vorhaben verbundenen (auch privaten) Belange letztlich eine Projektrealisierung, auch ohne die Durchführbarkeit einer vollständigen Kompensation des Eingriffs, möglich macht.

Beeinträchtigungen im Sinne der FFH-Verträglichkeitsprüfung führen grundsätzlich zur Unzulässigkeit des Vorhabens. Als dann noch verbleibende Möglichkeit, ein Projekt oder einen Plan zu realisieren, ist das oben beschriebene Ausnahmeverfahren vorgesehen. Bei der Entscheidung über Ausnahmen und Befreiungen von Schutzgebietsbestimmungen besteht sogar ein grundsätzlicher Vorrang des Schutzzwecks gegenüber anderen Belangen.

Neben den unterschiedlichen Ausgangssituationen und Rechtsfolgen können in der Praxis auch viele Gemeinsamkeiten in der Vorbereitung zu Plänen und Projekten festgestellt werden.

So bestehen wesentliche inhaltliche und methodische Überschneidungen (Bestandsaufnahme und Bewertung jedoch zum Teil unterschiedlicher Schutzgüter), die zu einer gezielten Abarbeitung der Verfahren genutzt werden können.

Die größte Nähe besteht planungsmethodisch sicherlich zwischen Landschaftspflegerischem Begleitplan und FFH-Verträglichkeitsprüfung. Mehrfach vorgeschlagen wurde daher die Integration/Kombination dieser beiden Planungen, wobei jedoch deutlich zu unterscheiden ist zwischen Beeinträchtigungen im Sinne der Eingriffsregelung einerseits und Beeinträchtigungen im Sinne der FFH-Richtlinie andererseits. Erst hieraus ergibt sich die Schnittmenge von Beeinträchtigungen, die beiden Verfahren zuzuordnen sind. Gleiches gilt für die Darstellung der Maßnahmen, die einmal die Kompensation des Eingriffs beinhalten und zum anderen die Erhaltung der „globalen" Kohärenz des Schutzgebietssystems NATURA 2000. Das „Handbuch für landschaftspflegerische Begleitplanung bei Straßenbauvorhaben im Land Brandenburg" (Ministerium für Stadtentwicklung, Wohnen und Verkehr des Landes Brandenburg 1999) sieht bereits die Integration der FFH-Verträglichkeitsprüfung in den LBP durch ein gesondertes Kapitel „Angaben für die Prüfung nach § 34 BNatSchG" **(FFH-Fachbeitrag)** vor.

Die **Konzentration der umweltrechtlichen Instrumente** sollte zukünftig auch zur besseren Transparenz geboten sein.

8 Ausgewählte Aspekte der Landschaftsplanung

8.1 Landschaftsplanung in der Agrarlandschaft

Unter Agrarlandschaften sollen hier zusammenfassend in Anlehnung an Grabski-Kieron und Peithmann (2000) **ländliche Kulturlandschaften** mit jeweils spezifisch naturräumlichen und landschaftsökologischen Strukturen verstanden werden, die sich durch einen großen Anteil mehr oder weniger intensiv genutzter landwirtschaftlicher Acker- oder Grünlandflächen – den Agrarräumen im engeren Sinne – daneben durch ländliche Siedlungen und durch in den Freiräumen zu unterschiedlichen Zwecken errichtete technische Bauwerke auszeichnen. Je nach regional vorherrschender agrarwirtschaftlicher Ausrichtung unterscheiden sich die Agrarlandschaften durch ihren Tierbesatz pro Flächeneinheit, die Vielfalt ihrer Nutzungsmuster sowie durch – in Folge des landwirtschaftlichen Betriebsmitteleinsatzes – mehr oder weniger gestörte ökosystemare Stoffkreisläufe. Vor diesem Hintergrund wird der Ausdruck „Landschaftsplanung in der Agrarlandschaft" im Folgenden als vereinfache Formulierung verwendet, gleichwohl beachtend, dass es **die** Agrarlandschaft nicht gibt.

8.1.1 Rahmenbedingungen für die Landschaftsplanung

Der Rahmen für die Landschaftsplanung in der Agrarlandschaft wäre allerdings zu ungenau gesteckt, wollte man die Landschaftsentwicklung allein auf die Nutzung der Freiräume durch die Landwirtschaft zurückführen, auch wenn dies im Folgenden in den Mittelpunkt rückt. Die Entwicklung der Agrarlandschaft ist zu jeder Zeit eine Frage des **ländlichen Struktur- und Funktionswandels** gewesen. Er findet in der Gliederung der Feldflur, im Muster landwirtschaftlicher Bodennutzung, in der Ausstattung der Landschaft mit naturnahen Landschaftsbestandteilen und Kleinstrukturen, in der infrastrukturellen Erschließung und nicht zuletzt in der Entwicklung der ländlichen Siedlungen und ihrem Gestaltwandel seinen Niederschlag. Er bestimmt die Rahmenbedingungen, unter denen ländliche Entwicklungsziele überprüft sowie planerische Instrumente und methodische Handlungsansätze für die Agrarlandschaft weiterentwickelt werden. Landschaftsplanung in ländlichen Räumen muss sich diesen Einflüssen und Anforderungen stellen.

Heute sind die landschaftlichen Veränderungen maßgeblich dadurch beeinflusst, dass die ländlichen Räume viel stärker als früher in das Netz globaler Transformationsprozesse und Marktverflechtungen eingebunden sind. Gestiegene Mobilität und Fortschritte in den Informationstechnologien bringen sich ändernde Standortpräferenzen mit sich. Die aktuellen Entwicklungstendenzen in den ländlichen Räumen fördern in Abhängigkeit von den natürlichen Standortbedingungen eine Polarisierung der Landnutzung mit Nutzungsintensivierung in den landwirtschaftlichen Vorranggebieten einerseits und mit dem Rückzug der Landwirtschaft aus der Fläche in den Ungunstgebieten andererseits. Gleichzeitig nimmt die **außerlandwirtschaftliche Freiraumbeanspruchung** für Verkehr, Wohnen, Gewerbe und Erholung zu, woraus gerade in den stadtnahen Gebieten allzu oft Flächenkonkurrenzen entstehen. Nach wie vor gehen mit diesen landschaftlichen Veränderungen nicht zu vernachlässigende Belastungen und Zerstörungen der natürlichen Ressourcen einher. Landschaftsplanerische Aufgaben stellen sich also je nach Agrarlandschaftstyp modifiziert dar. Schlaglichtartig wird dieses durch die heutigen Entwicklungen und Zielkonflikte in der Agrarlandschaft beleuchtet: So entsteht zum Beispiel aus dem Bedarf vieler ländlicher Gemeinden, Kompensationsflächen für Eingriffe in Natur und Landschaft im Sinne der naturschutzrechtlichen Eingriffsregelung bereithalten zu müssen, der Auftrag an die Landschaftsplanung, Vorsorge- oder Suchräume für diesen Kompensationsbedarf vorzugeben (siehe auch Kap. 4.3). In der Agrarlandschaft liegt gerade dadurch, dass diese Kompensationsmaßnahmen und die damit verbundenen Flächenansprüche landwirtschaftliche Nutzflächen oder Wirtschaftsweisen beeinflussen, eine besondere Problematik. Ähnliches gilt für die Umsetzung der Flora-Fauna-Habitat-Richtlinie (Richtlinie 92/43 des Rates vom 21.5.1992 zur Erhaltung der natürlichen Lebensräume sowie der wildlebenden Tiere und Pflanzen) (Kap. 2.3.1 und 7.3), an der sich gerade wegen des damit verbundenen Schutzanspruchs vielerorts Konflikte mit der Landwirtschaft entzünden (siehe auch Kap. 9.3.1).

8.1.2 Anforderungen an die Landschaftsplanung

Die vorangegangenen Ausführungen haben bereits darauf hingewiesen, dass besondere Anforderungen der Landschaftsplanung in der Agrarlandschaft aus der wechselseitigen Abhängigkeit zwischen Landschaftspflege und -entwicklung einerseits und landwirtschaftlicher Bodennutzung andererseits erwachsen: Die ländlichen Kulturlandschaften Mitteleuropas sind seit je her Landschaften landwirtschaftlicher Prägung gewesen: »Die Zugkraft der Gespanne bestimmte die Schlageinteilung und Schlaglänge und damit die Gliederung der Landschaft« (Olschowy 1978, Konold 1996). Die Agrarlandschaft ist Ausdruck dessen, wie die lebenden und wirtschaftenden Menschen die natürlichen Grundlagen genutzt haben und heute nutzen. Aus dieser jahrhundertelangen Aneignung entsteht kulturlandschaftliche Eigenart (Heringer 1997). Ihre Bedeutung für **Erlebniswirksamkeit und Erholungsfunktion der Landschaft**, für Identifikation und Heimatempfinden der in ihr lebenden Menschen und für die Kulturlandschaftspflege als planerische Vorsorgeaufgabe wird heute mehr und mehr in gleichem Maße von Raumordnung, Naturschutz und Landschaftspflege anerkannt (Schenk et al. 1997).

Landwirtschaft hat zu jeder Zeit auf die abiotischen, biotischen und gestalterischen Ressourcen der Agrarlandschaft eingewirkt und gerade dadurch in den vergangenen Jahrhunderten zur strukturellen und ökologischen Diversität beigetragen (Knauer 1995). Die intensive **landwirt-**

schaftliche Bodennutzung der Neuzeit, die sich in den alten Bundesländern unter den Bedingungen des EU-Agrarmarktes entwickelt hat, und die in der ehemaligen DDR unter dem Vorzeichen einer sozialistisch geprägten Industrialisierung der Landwirtschaft vorangetrieben worden war, hat jedoch zu solchen Belastungen und Schädigungen der natürlichen Ressourcen geführt, die in den Agrarlandschaften so bisher nicht gegeben waren (Konold 1996, Dierssen und Schrautzer 1997, Heydemann 1999, Knauer 1995). Dabei leisteten in der alten Bundesrepublik bis in die 70er Jahre hinein Flurbereinigungsmaßnahmen zur Verbesserung der landwirtschaftlichen Produktionsbedingungen und zur Förderung der allgemeinen Landeskultur dem Artenschwund und der ökologischen Verarmung der Feldflur Vorschub. In der ehemaligen DDR trugen umfangreiche Meliorationen unter der Prämisse der Großflächenbewirtschaftung zum Entstehen ökologisch verarmter Agrarlandschaften bei (Stern 1990).

Den landschaftspflegerischen Problemfeldern begegnen Naturschutz und Landschaftspflege mit dem ganzheitlichen Zielansatz im Sinne des Bundesnaturschutzgesetzes (BNatSchG vom 21.9.1998, BGBl. I 1998), in dem flächendeckend für alle Teile der Kulturlandschaft, also auch für die Agrarlandschaften, der Schutz der abiotischen und biotischen Ressourcen wie auch die Erhaltung der immateriellen Werte der Landschaft mit eingebunden sind. Der Bedeutung der Landwirtschaft für den ländlichen Raum und seine Menschen, für die Erzeugung von Nahrungsmitteln und für den **Erhalt der ländlichen Kulturlandschaft** wird dabei Rechnung getragen (Haber 1986). Gleichwohl besteht zwischen Intensivlandwirtschaft einerseits und Naturschutz und Landschaftspflege andererseits ein „natürliches" Spannungsfeld, in das die Landschaftsplanung hineinwirkt.

In Anbetracht des ländlichen Struktur- und Funktionswandels sind ganzheitliche, ökologisch orientierte Nutzungskonzepte für die Agrarlandschaften angesagt, die den spezifischen Ausgangslagen und Entwicklungstendenzen der ländlichen Raumtypen Rechnung tragen. Gerade auch wegen des weiter zunehmenden Nutzungsdrucks auf die Freiräume gilt es einmal mehr, sektorale Zielvorstellungen künftiger Raumnutzung, wie sie sich zum Beispiel aus dem Blickwinkel von Agrar- oder Infrastrukturentwicklung oder der Gewerbestandortplanung ergeben, zu überwinden und zu sektorübergreifenden, das heißt integrierten Planungs- und Handlungsansätzen in den Agrarlandschaften zu gelangen (Bund-Länder-Arbeitsgemeinschaft Landentwicklung 1998). Deren Anforderungen resultieren nicht zuletzt aus dem programmatischen Zielkonsens, eine **nachhaltige ländliche Entwicklung** anzustreben. Räumliche Entwicklung unter den Prämissen wirtschaftlicher Tragfähigkeit, sozialer Verträglichkeit und Umweltvorsorge (Gustedt et al. 1998, von Meyer 1997, Köppel und Spandau 1997) verlangt, sektorale Teilaufgaben gerade auf regionaler und lokaler Ebene zu vernetzen, Instrumente und Fördermechanismen für die Entwicklung ländlicher Räume aufeinander abzustimmen und zu einer Strategieplanung (Jessel 1995) für die ländlichen Räume zu bündeln. Das bedeutet gleichzeitig, dass das formelle Planungssystem durch informelle und dezentrale Einfluss- und Entscheidungsstrukturen, zum Beispiel durch Netzwerke und Runde Tische regionaler Akteure oder durch Organisationsformen interkommunaler Zusammenarbeit, ergänzt wird. Weitere Prinzipien integrierter Planung nennen Grabski-Kieron 1999 und von Meyer 1997. Räumliche

Planung unterliegt zunehmend verschiedenen inhaltlichen, räumlichen, zeitlichen und methodischen Integrationsprinzipien (Abb. 8-1), in denen das gewandelte Planungsverständnis der neunziger Jahre seinen Ausdruck findet.

Aus Sicht des Naturschutzes betont Otte (1997) in Anlehnung an Pfadenhauer (1991) die Notwendigkeit des integrierten Ansatzes von Natur- und Umweltschutz für eine ökologisch orientierte Raumordnung. Das Konzept der Nachhaltigkeit zwingt dazu, das Segregationsmodell des Naturschutzes zugunsten des Integrationsprinzips aufzugeben, weil die natürlichen Ressourcen der Agrarlandschaft nur erhalten werden können, wenn ihre Erhaltung als »integraler Bestandteil der Landnutzung« (Broggi 1995, Plachter 1995) begriffen wird.

8.1.3 Landschaftsplanung als Beitrag zur integrierten Entwicklung ländlicher Räume

Für die Landschaftsplanung kommt es darauf an, diesen Integrationsprinzipien zu folgen, nicht zuletzt deshalb, weil darin ein Schlüssel zur

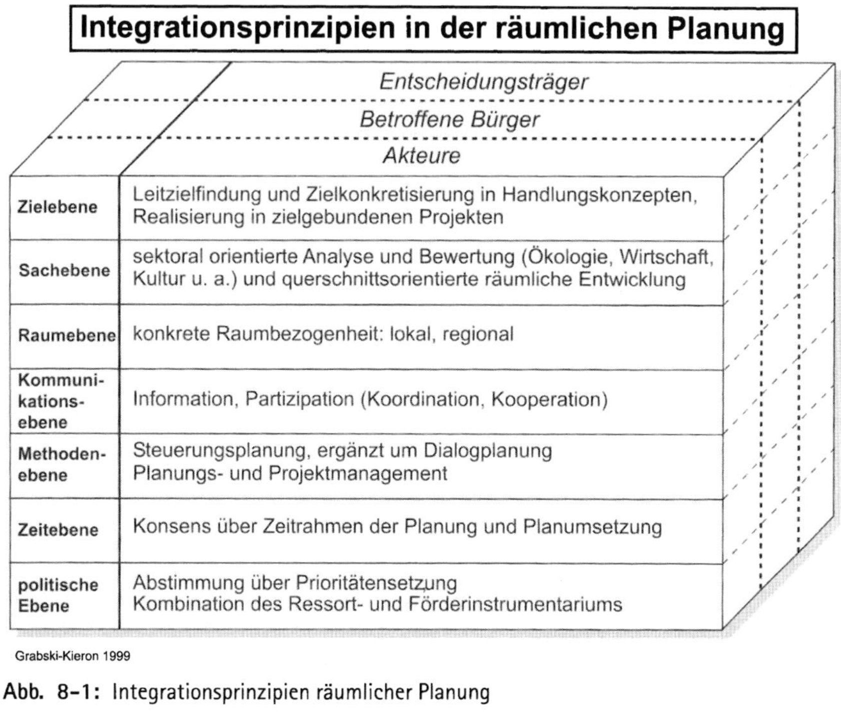

Integrationsprinzipien in der räumlichen Planung

Entscheidungsträger
Betroffene Bürger
Akteure

Zielebene	Leitzielfindung und Zielkonkretisierung in Handlungskonzepten, Realisierung in zielgebundenen Projekten
Sachebene	sektoral orientierte Analyse und Bewertung (Ökologie, Wirtschaft, Kultur u. a.) und querschnittsorientierte räumliche Entwicklung
Raumebene	konkrete Raumbezogenheit: lokal, regional
Kommunikationsebene	Information, Partizipation (Koordination, Kooperation)
Methodenebene	Steuerungsplanung, ergänzt um Dialogplanung Planungs- und Projektmanagement
Zeitebene	Konsens über Zeitrahmen der Planung und Planumsetzung
politische Ebene	Abstimmung über Prioritätensetzung Kombination des Ressort- und Förderinstrumentariums

Grabski-Kieron 1999

Abb. 8-1: Integrationsprinzipien räumlicher Planung

Akzeptanz und Umsetzung landschaftsplanerischer Ziele liegt. Die Landschaftsplanung kommt durch ihre Querschnittsorientierung den Planungs- und Handlungsansätzen integrierter Entwicklung ländlicher Räume entgegen. Ihr obliegt es, **naturraumbezogene Grundlagen und Ziele für eine umweltverträgliche Struktur der Landnutzung** zu erarbeiten. Sie hat diese Ziele als Vorgaben in die raumbezogenen Fachplanungen sowie in die räumliche Gesamtplanung zur Entwicklung ländlicher Räume einzubringen (Buchwald und Engelhardt 1996). In Agrarlandschaften heißt dies regelmäßig auch, mit den raumwirksamen Instrumenten der Agrarstrukturverbesserung und Landentwicklung wie Dorferneuerung, Agrarstruktureller Entwicklungsplanung und Flurneuordnung zusammenzuwirken. Darüber hinaus muss ihr Beitrag zur ökologischen Orientierung der ländlichen Raumplanung von Strategien für eine möglichst umweltverträgliche Landbewirtschaftung begleitet sein (Bauer 1994). Die wirtschaftlichen Flächennutzungsinteressen sowie die privaten Eigentumsrechte und -pflichten der landwirtschaftlichen Betriebe dürfen dabei nicht außer acht gelassen werden, was sich nicht zuletzt für die Umsetzung landschaftsplanerischer Ziele als notwendig erweist.

Beiträge zu einer Strategieplanung für ländliche Räume werden jedoch nur raumwirksam, wenn die Landschaftsplanung nicht nur aus der Analyse und Bewertung der Naturraumpotenziale heraus »Grundlagen und Entwicklungsziele für ganzheitliche Raum-, Agrar- und Umweltkonzeptionen« (Bauer 1994) zur Verfügung stellt, sondern wenn sie gleichzeitig in kooperativen, kommunikativen Planungsverfahren am **integrativen Planungsprozess** zur Entwicklung der Agrarlandschaft teilnimmt. Nur unter den genannten Prämissen übernimmt die Landschaftsplanung eine Steuerungsfunktion für die zukünftigen Wandlungsprozesse der Agrarlandschaft, die ihrem Umweltvorsorgeauftrag gerecht wird.

Ihr ureigener Auftrag, Fachplanung des Naturschutzes und der Landschaftspflege zu sein, verlangt im Umfeld anderer Planungsanliegen nach eigenen Leitbildern und, darauf aufbauend, nach regional differenzierten und damit **landschaftstyp-bezogenen Leitzielen** für die Entwicklung der Agrarlandschaft. Naturschutzfachlichen Aussagen für eine umweltverträgliche ressourcen-

schonende Landnutzung kommt dabei ein zentraler Stellenwert zu. Saalfeld (1998) hat solche Zielaussagen am Beispiel des Landschaftsrahmenplans Verden (Land Niedersachsen) vorgestellt. Leitziele müssen schließlich über konkrete Umweltqualitätsziele und -standards in lokalen Maßnahmenkonzepten mit formulierten Umsetzungsprioritäten konkretisiert werden. Die Bedeutung solcher Leitzielkonzepte für die räumliche Planung ist heute unumstritten (Finke 1996, Broggi 1999).

Landschaftsplanung wird erst raumwirksam, wenn ihr Zielsystem auf den verschiedenen Ebenen in die räumliche Gesamtplanung Eingang findet und hier Einfluss auf die jeweiligen Zielaussagen nimmt (Jessel 1996). Die Durchschlagskraft landschaftsplanerischer Zielsysteme hängt wesentlich davon ab, dass sie

- sich auf die Landschaftspotenziale beziehen und deren Wechselwirkungen berücksichtigen,
- den zeitlichen und dynamischen Prozessen, denen die Agrarökosysteme unterliegen, Rechnung tragen (Finck et al. 1997, Jedicke 1998),
- schrittweise und logisch aufeinander aufbauen,
- die jeweilige Maßstabsebene einhalten, auf der auch die übrigen Nutzungsansprüche in Planungsanliegen überführt worden sind,
- eine Perspektive für die Zielerfüllung eröffnen

und nicht zuletzt davon, ob sie

- nachvollziehbar, widerspruchsfrei und überprüfbar sind (Broggi 1999).

Daraus, dass die Landschaftsplanung in das Aufgabenfeld integrierter ländlicher Entwicklung eingebunden ist, gilt es, das eigene Zielkonzept mit den Zielaussagen der anderen Fachressorts abzustimmen und schließlich ein **gemeinsames Zielsystem** zu formulieren. Jessel (1996) betont den prozessualen Charakter dieser Leitzielarbeit, in der es darauf ankommt, »in jedem Arbeitsschritt Entscheidungen zu treffen, hinter denen Zielvorstellungen stehen, die als solche zu benennen sind«.

Auf die Bedeutung solcher Leitziele für **multifunktionale Landnutzungskonzepte** in der Agrarlandschaft haben Frede und Bach (1998) aufmerksam gemacht. Die Diskussion, aus welchen Orientierungen solche Leitbilder zu formulieren sind, soll hier nicht nachvollzogen werden. Sicher ist Muhar (1994) zuzustimmen, wenn er darauf hinweist, dass die heutigen Determinanten der Landschaftsentwicklung ihre eigenen zukunftsweisenden Handlungsweisen verlangen und in der frühen Landschaftsentwicklung nur begrenzt Antworten für die Zukunft liegen können.

Über die Erarbeitung von Leitbildern und -zielen hinaus liegen methodische Ansätze nach Plachter und Werner (1998) darin, die wechselseitigen Beziehungen zwischen Umweltqualitätszielen und landwirtschaftlichen Anbausystemen systematisch zu ermitteln, den **Anpassungsbedarf regionaler und betrieblicher Anbausysteme** zu erfassen und Möglichkeiten für Nutzungs- und Intensitätsänderungen auch in Orientierung an den gegebenen sozioökonomischen Rahmenbedingungen der Betriebe abzuleiten. Das Methodengerüst wird durch die Erarbeitung landschaftlicher Szenarien (Werner et al. 1997), Ist-Soll-Vergleiche sowie ein Monitoring vervollständigt. Landschaftsplanung im regionalen und

lokalen Bezugsrahmen braucht daher ergänzende betriebswirtschaftliche und sozioökonomische Untersuchungen, um umsetzungsreif zu werden (Haaren und Brenken 1998).

Allein dieser auf Art und Intensität der Bodennutzung ausgerichtete Beitrag der Landschaftsplanung reicht jedoch für eine ökologisch orientierte Entwicklung der Agrarlandschaft nicht aus. Er muss durch Aussagen zur Pflege, Entwicklung und Sicherung des Biotoptypenspektrums und zur strukturellen Gliederung der Feldflur mit gliedernden und belebenden Landschaftselementen verknüpft werden. Haber (1972, 1991) hat bereits seit den siebziger Jahren auf die Bedeutung dieses Dreiklangs von **Handlungsansätzen für umweltgerechte Agrarökosysteme** hingewiesen. Der Ausstattung von Agrarräumen mit naturnahen Landschaftsbestandteilen und Kleinstrukturen kommt sowohl aus Sicht des Biotop- und Artenschutzes als auch des Boden-, Wasser- und Klimaschutzes

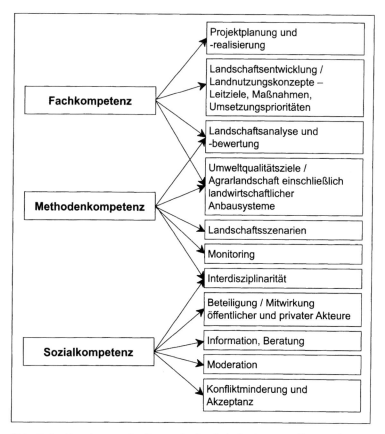

Abb. 8-2: Umsetzungsorientierung der Landschaftsplanung – Planungskompetenzen

(Kaule 1986) und nicht zuletzt für das landschaftsgebundene Erholungswesen (Zöllner 1991, Hoisl et al. 1997) ein wesentlicher Stellenwert zu. Anders als in den landwirtschaftlichen Ungunstgebieten, in denen mit dem Rückzug der landwirtschaftlichen Bodennutzung eher das Problem der Offenhaltung und Pflege der ländlichen Kulturlandschaft planerisch bewältigt werden muss, stehen in den ausgeräumten landwirtschaftlichen Gunsträumen regelmäßig Fragen der ökologisch und optisch-visuell sinnvollen Flurgestaltung im Vordergrund. Hier gilt es, die noch bestehenden Kleinstrukturen und Landschaftsbestandteile in ihrer Qualität und räumlichen Verbundsituation zu erhalten und zu verbessern sowie gegebenenfalls durch Neuanlagen zu ergänzen. Dies berührt die fachliche Diskussion um ökologisch wirksame Mindestausstattungen der Agrarräume und um die Schlaggrößen landwirtschaftlicher Nutzflächen, die hier jedoch nicht nachgezeichnet werden soll (Heydemann 1999).

Auch die landschaftspflegerisch begründeten und im Landschaftsplan niedergelegten Flächenansprüche in der Feldflur müssen mit den Anliegen der agrarischen Bodenbewirtschaftung abgestimmt werden. In der Vergangenheit entzündete sich in vielen landwirtschaftlichen Gunsträumen die vehemente Kritik an der Landschaftsplanung gerade daran, dass sie eben dies bei der Festsetzung von Pflanzmaßnahmen und Schutzzielen nicht berücksichtigte. Dies unterstreicht, wie wichtig es ist, die betroffenen Landwirte und sonstigen Flächeneigentümer frühzeitig in den Planungsprozess einzubinden.

Umsetzungsreife der Landschaftsplanung ist damit nicht nur eine Frage des Expertenwissens. Gefragt ist ein Kooperations- und Diskussionsprozess mit regionalen und lokalen Entscheidungsträgern, privaten und öffentlichen Akteuren, Beteiligten, Flächeneigentümern und Betroffenen, der Spielräume für gemeinsame Verantwortung und konsensuale Entscheidungen bietet (Broggi 1999). Damit sind auch in der Agrarlandschaft Kommunikation und Kooperation immanente Bestandteile querschnittsorientierter Landschaftsplanung. Fach-, Methoden- und Sozialkompetenzen (Abb. 8-2) müssen im Planungsprozess zusammenfließen, um den Weg zu einer effektiven Planrealisierung zu ebnen.

8.1.4 Wege zur Planrealisierung

Die vorangegangenen Ausführungen haben bereits deutlich gemacht, dass in
- einem problem- und zielorientierten Arbeiten,
- der Formulierung konsensfähiger Planinhalte und
- in der partizipatorischen Ausgestaltung des Planungsprozesses

wesentliche Faktoren für eine effektive, das heißt sich Chancen der Realisierung eröffnende Landschaftsplanung liegen. Die **Planrealisierung** beginnt beim Planer mit einem darauf ausgerichteten Planungsverständnis und bei den Beteiligten mit dem Willen zur Kooperation. Die regionalen Spezifika bestimmen, welche Personen und Gruppen die Beteiligungsstruktur der Planung ausmachen. Nicht selten muss jedoch dieses Klima des Miteinanders erst geschaffen werden, was die Vorbereitungsphase – und oft nicht nur diese – im Planungsablauf wesentlich ausfüllen kann. Auf die methodischen Grundprinzipien, Probleme und Hemmnisse einer Kommunikation im Planungsprozess soll an dieser Stelle nicht näher eingegangen werden (Oppermann und Luz 1996, Luz 1997, Kaule et al. 1994), nicht zuletzt weil in der Agrarlandschaft keine anderen Regeln herrschen als in der Landschaftsplanung generell. Hier soll der Blick vielmehr auf diejenigen Handlungsansätze gerichtet werden, die aus den Integrationsprinzipien der Planung in ländlichen Räumen erwachsen und die aus dem Grundsatz der Nachhaltigkeit ihre Impulse erhalten.

In diesem Zusammenhang muss eine der **grundsätzlichen Strategien der Landschaftsplanung** darin gesehen werden, landschaftsplanerische Maßnahmenkonzepte mit Handlungsansätzen zur Verbesserung der Einkommenssituation der landwirtschaftlichen Betriebe, zur Attraktivitätssteigerung der ländlichen Gemeinden und zur Gesamtverbesserung der ökonomischen Tragfähigkeit in den ländlichen Regionen zu verbinden. Landschaftsplanung erlangt so nicht nur eine ökologische, sondern auch eine ökonomische, und im Zuge der Kooperation auch eine soziale Qualität. Dies kommt der Landschaftsplanung zugute, weil sie Betroffene zu Beteiligten im Planungs- und Umsetzungsprozess macht, Verantwortung weckt, verteilt und schließlich die Akzeptanz landschaftsplanerischer Maßnahmen erleichtert.

Die Honorierung der ökologischen Leistungen, die von den landwirtschaftlichen Betrieben in der Agrarlandschaft erbracht werden, muss in diesem Kontext angesprochen werden. Ihre Bedeutung ist unumstritten. Auf den Stellenwert von **Ausgleichsmaßnahmen für Nutzungseinschränkungen** haben bereits Kaule et al. (1994) und Bauer (1994) hingewiesen und auch weitere finanzpolitische Anreize für eine umweltverträgliche Landnutzung angesprochen. Breitschuh et al. (1998) haben methodische Ansätze zur Herleitung solcher Vergütungen zur Diskussion gestellt. Sicher ist, dass auch die Umsetzung landschaftsplanerischer Maßnahmen davon profitieren würde; nicht zuletzt deshalb, weil solche Anreize die aus Sicht der Landschaftsplanung nötigen privat-öffentlichen Partnerschaften fördern würden. Formen des Vertragsnaturschutzes und solche interkommunaler Zusammenarbeit, etwa im Rahmen von Landschaftspflegeverbänden, haben sich seit langem bereits als privat-öffentliche Kooperationen etabliert.

Im Kontext integrierter ländlicher Entwicklung eröffnen sich für die Landschaftsplanung in der Agrarlandschaft jedoch auch aus dem Zusammenspiel anderer Planungsinstrumente – über die Bauleitplanung hinaus – Chancen, Synergieeffekte zu erreichen. Hier kommt der **Agrarstrukturellen Entwicklungsplanung (AEP)**, die sich seit Mitte der neunziger Jahre in Anbetracht der zunehmend querschnittsorientierter gewordenen Anforderungen an die ländliche Entwicklung von der engen sektoralen landwirtschaftlichen Fachplanung (Agrarstrukturelle Vorplanung) zu einer agrarstrukturellen Planung mit eindeutig regionalen Querschnittsbezügen entwickelt hat, eine wesentliche Bedeutung zu. Als informelle Fachplanung im ländlichen Raum ist sie in der Lage, eine Koordinierungs- und Bündelungsfunktion für die unterschiedlichen Flächenansprüche wahrzunehmen (Borchard et al. 1994). Wechselwirkungen mit der Landschafts- und Bauleitplanung hat Grabski-Kieron (1996) dargestellt.

Für die Umsetzung der Landschaftsplanung liegt die Bedeutung der Agrarstrukturellen Entwicklungsplanung (AEP) nicht nur darin, dass sie agrarstrukturelle Daten des Planungsgebietes aufbereitet. Durch ihren multisektoralen Arbeitsansatz und durch den ebenfalls partizipatorisch angelegten Planungsablauf kann sie im Umfeld von Gemeinde- und Regionalentwicklung, von Naturschutz, Landschaftspflege und Agrar-

strukturentwicklung zu einem abgestimmten Zielkonzept für die Entwicklung der unterschiedlichen Flächennutzungen im Planungsgebiet beitragen und gleichzeitig Wege zur Realisierung aufzeigen (Grabski-Kieron et al. 2000). Nicht zu vernachlässigen ist auch der Umstand, dass sie als Instrument der Agrarstrukturverbesserung vielerorts für die Vertreter der örtlichen Landwirtschaft ein im hohen Maße akzeptiertes Planungsinstrument ist. Landschaftsplanung kann davon profitieren.

Auch das Instrumentarium ländlicher Bodenordnung bietet sich dafür an, landschaftsplanerische Schutz- und Landnutzungskonzepte durch Transfer von Grund- und Bodeneigentum zu realisieren (Hoisl 1995). Gleichzeitig hat die Flurneuordnung einen eigenen landschaftspflegerischen Auftrag, sodass sich aus der Verknüpfung mit Zielen der Landschaftsplanung wesentliche Synergien für die Agrarlandschaft ergeben können.

Synergien liegen nach Roth (1996) auch in den Agrarraumnutzungs- und -pflegeplänen (ANP), die im Bundesland Thüringen Anwendung finden. Bezugnehmend darauf, dass eine Umsetzung der Landschaftsplanung ohne Einbeziehung der landwirtschaftlichen Bodennutzung nicht möglich ist, stellt dieser Plantyp ein Bindeglied zwischen Planungs- und Umsetzungsebene gerade in der Agrarlandschaft dar (Roth und Schwabe 1998). Agrarraumnutzungs- und -pflegepläne beziehen sich auf die Agrarräume im engeren Sinne und greifen damit speziell die „kritischen" Flächen der Landschaftsplanung auf. Sie untersuchen und bewerten parzellen- und flächenscharf die landwirtschaftliche Bodennutzung und deren Perspektiven und stellen – auch im Rückgriff auf vorhandene Landschaftspläne – die Schutzgüter dar. Flurstücksbezogene Angaben zu Maßnahmen- und Nutzungskonzepten, verbunden mit Hinweisen zu den Möglichkeiten der Realisierung und zu geeigneten Finanzierungswegen, verleihen diesen Plänen eine besondere Aussagenschärfe. Roth und Schwabe (1998) weisen den Agrarraumnutzungs- und -pflegeplänen (ANP) damit eine wichtige Ergänzungsfunktion zur kommunalen Landschaftsplanung zu und betonen ihre Bedeutung für die Akzeptanz landschaftsplanerischer Arbeit.

In Anbetracht der aufgezeigten Handlungsansätze, instrumentellen Zuordnungen und nicht zuletzt aus den Anforderungen, die aus dem Bedarf an Kommunikation und Koordination in der Landschaftsplanung entstehen, führt der Weg zur Planrealisierung nur über ein professionelles Planungsmanagement. Ihm kommt die Aufgabe zu, die verschiedenen Arbeitsstränge im Planungsprozess zu steuern und zu koordinieren, Querbeziehungen zwischen Planungen vor Ort oder in der Region in Hinblick auf die Anforderungen ökologisch orientierter Agrarlandschaftsentwicklung aufzugreifen und zu nutzen, Finanzmittel und Fördermöglichkeiten auszuloten und zu bündeln und schließlich auch die Maßnahmendurchführung zu betreuen. Auch methodisch steht Landschaftsplanung in

der Agrarlandschaft hier vor neuen Anforderungen.

Zukunftsweisende Landschaftsplanung in der Agrarlandschaft leistet einen Beitrag zur Entwicklung ländlicher Räume. Mit den aufgezeigten Ansätzen verlässt sie das traditionelle Denk- und Methodenschema formeller Planung und erweitert ihre fachliche und methodische Kompetenz. In dieser „Öffnung" liegt nicht zuletzt auch eine Chance, Visionen zukünftiger Landnutzung zu entwerfen, aus denen innovative Perspektiven für die zukünftige Agrarlandschaftsentwicklung entstehen können.

8.2 Landschaftsplanung und Schutz historischer Kulturlandschaften

Wohl kein Begriff ist im letzten Jahrzehnt mehr in das Blickfeld der Heimatverbände, Landespfleger, Planer und der in der angewandten Forschung arbeitenden Geographen geraten als die **Kulturlandschaft** und mit ihr eng verbunden, die **historische Kulturlandschaft**. Es ist kaum möglich, den von unterschiedlichen Fachdisziplinen, Forschungstraditionen und Berufsverbänden jeweils proklamierten Inhalt dieser Begrifflichkeit dezidiert zusammenfassend darzustellen oder diesen bewerten zu wollen. Landschaftsplanung ist an unterschiedlichen gesetzlichen, theoretischen und vor allem praktischen Ansätzen, Problemen und Notwendigkeiten orientiert. Auch der Bezug zu historischen Kulturlandschaften ist vielschichtig, theoretisch uneinheitlich und abhängig von Entwicklungen benachbarter Disziplinen (zum Beispiel der Geographie).

8.2.1 Ausgewählte internationale Aspekte

International sind die historischen Kulturlandschaften immer stärker in das öffentliche Interesse gerückt. Dabei hat sich eine gewisse Etablierung der Terminologie ergeben.

Im Rahmen der Aufgaben der **UNESCO** zur Ausweisung und Wahrung des Welterbes sind Kulturlandschaften pragmatisch in unterschiedliche Kategorien eingeteilt worden. Drei Hauptkategorien und zwei Subkategorien von Kulturlandschaften werden in den operativen Richtlinien angeführt (Droste zu Hülshoff 1994):

1. **designed landscape** (vom Menschen gestaltete Landschaften)
2. **organically evolved landscape** (kontinuierlich lebende oder fossile Kulturlandschaften)
2.1 **relict or fossil landscape**
2.2 **continuing landscape**
3. **associative cultural landscape** (assoziative Kulturlandschaften).

Man versucht damit eine Objektivität der Bewertung zu erreichen, die weitgehend losgelöst ist von ideologischen, machtpolitischen und weltanschaulich begründeten Intentionen. Auch in den **USA** ist in den letzten Jahren ein verstärktes öffentliches und wissenschaftliches Interesse an landschaftsorientierten historisch-aktuellen Fragestellungen festzustellen. Besonders die Aktivitäten des National Park Service in der „Historic Landscape Initiative" haben zu der Einbeziehung weiterer Bevölkerungskreise und zu der Bewusstseinsbildung für die Notwendigkeit von Schutzstrategien und pragmatischen Lösungen geführt.

Gegenwärtig werden in den USA im Rahmen des Landmanagements und im Zusammenhang mit räumlichen Planungen von „Historic Landscapes" vier Typen von Kulturlandschaften unterschieden (Birnbaum 1995):

Eine **historic site** ist eine Landschaft, die durch ihre Verbindung mit einem historischen Ereignis, einer Aktivität oder Person herausgehoben ist. Dazu gehören historische Schlachtfelder oder auch Grundbesitz, der mit dem Präsidentenamt verbunden war oder ist.

Eine **historic designed landscape** ist eine Landschaft, die bewusst durch einen Landschaftsarchitekten, Architekten oder Gartengestalter entworfen wurde, um Gestaltungsprinzipien zu ersinnen und diese darzustellen. Ebenso sind Landschaften die durch „amateur gardener" in einem anerkannten Stil oder einer ebensolchen Tradition geschaffen wurden einbezogen. Die Landschaft kann mit einer herausragenden Person, einem Trend oder Ereignis in der Landschaftsarchitektur verbunden sein oder eine bedeutende Entwicklung in Theorie und Praxis der Landschaftsarchitektur illustrieren. Ästhetische Werte haben eine besondere Bedeutung in diesen Landschaften. Beispiele sind Parkanlagen, Grundbesitz oder auch Campus – Anlagen

Historic vernacular landscapes sind durch Nutzung geformt wurden. Durch soziale oder kulturelle Ansichten von Persönlichkeiten, Familien oder Gemeinschaften reflektiert die Landschaft den physischen, biologischen und kulturellen Charakter dieses Alltagslebens. Die Funktion spielt hier eine herausragende Rolle. Solche Landschaften sind unter anderem einzelne Grundstücke oder auch ein Gebiet mit historischen Farmanlagen entlang eines Flusslaufes. Auch historische Dorfanlagen, Industriekomplexe und Agrarlandschaften können den historic vernacular landscapes zugeordnet werden.

Ethnographic landscapes enthalten natürliche oder kulturelle Elemente, die von besonderer Bedeutung für religiöse oder ethnologische Gruppen sind. Beispiele sind Ansiedlungen, religiöse heilige Stätten oder massive geologische Strukturen. Zeremonielle und existentielle Komponenten sind häufig vorhanden.

Born (1996) hat in einer vergleichenden Analyse die Erhaltung der historischen Kulturlandschaft als Aufgabe von Verwaltungen, Vereinen und Planern in der nordöstlichen USA und der Bundesrepublik Deutschland betrachtet, wobei er vielfältig akzentuiert auch auf die unterschiedlichen, in den USA mehr auf die private Ebene und in der Bundesrepublik mehr auf die staatliche Ebene konzentrierten, Ansätze eingeht. Im Ergebnis seiner aus der Tradition der Angewandten Historischen Geographie entstandenen Untersuchungen werden die neuen aufgeworfenen Fragestellungen nur durch interdisziplinäre Arbeit und »breite interdisziplinäre Zusammenarbeit zwischen Geographie, Sozialwissenschaften, Landschaftsplanung und der Praxis« (Born 1996) erfolgversprechend zu bearbeiten sein.

Zunehmend setzt sich die Erkenntnis durch, dass Kulturlandschaft ganz wesentlich auch durch und über die Betrachtung sozialer Komponenten zu analysieren und zukunftsorientiert zu entwickeln ist (Hood 1996).

In **Schottland** ist ein methodischer Ansatz zur Klassifizierung historischer Kulturlandschaften erarbeitet worden, der das „gebaute" Erbe und die historischen Landnutzungen in die Landschaftsdiskussion einbringt und Planungsgrundlagen liefert (Historic Scotland & The Royal Commission on The Ancient and Historical Monuments of Scotland 1999). Dabei werden zwei Hauptkategorien von Landschaften unterschieden.

Die **Current Landuse Types** sind durch die Reflektion historischer Landnutzungen bis in die Gegenwart gekennzeichnet. Gegenwärtige Landnutzungen sind hier weitgehend mit historischen Landnutzungsformen identisch.

Die **Relict Landuse Types** sind durch moderne Landnutzungen charakterisiert, weisen jedoch in unterschiedlichem Umfang Relikte historischer Landnutzungen aus.

Diese kleine Auswahl von Ansätzen kann nur exemplarisch für eine große Anzahl weiterer nationaler Bemühungen stehen.

8.2.2 Ausgewählte Aspekte mit Bezug auf die Bundesrepublik Deutschland

In Deutschland sind eine Vielzahl von Landschaftsdefinitionen entsprechend der Tradition und gegenwärtiger Diskussion innerhalb einzelner Fachdisziplinen vorhanden. Bezieht man noch den deutschsprachigen Raum ein, ergeben sich auch dort weitere methodische Ansätze und terminologische Definitionen spezifischer Sichtweisen, die nur am Beispiel der „traditionellen Kulturlandschaft" exemplarisch angedeutet werden sollen (Ewald 1994):»Darunter sind frühere Landschaftszustände zu verstehen, die vor dem Schlepper- oder Traktorzeitalter ... mit ein bis zwei Pferdestärken oder von Hand gestaltet und genutzt worden sind ...«.

Besonders wesentlich sind jedoch, da fächerübergreifend in der Diskussion und durch gesetzliche Forderungen juristisch relevant, die Begriffe „Kulturlandschaft" und „historische Kulturlandschaft".

Aber bereits in der grundlegenden Frage nach der Wertung des Begriffes „Kultur" sind grundsätzlich gegensätzliche Anschauungen von Vertretern involvierter Wissenschaftsdisziplinen zu konstatieren. Während Wöbse (1998) dem Kulturbegriff eine positive Wertung beimisst, sind speziell von Seiten der Geographie wertneutrale Betrachtungen des Kulturlandschaftsbegriffes zugrundegelegt worden (Fehn 1998) (vergleiche Kap. 2.1). Ein geographischer Fachbeitrag zur räumlichen Planung in der Kulturlandschaft unter besonderer Berücksichtigung der historischen Landschaftsentwicklung ist 1997 erschienen (Schenk et al. 1997).

Es lassen sich zwei unterschiedliche Herangehensweisen an die Problematik der historischen Kulturlandschaft ausmachen. Einmal wird der Versuch unternommen, Landschaften als Ganzes als historische Kulturlandschaft gegenüber anderen Landschaften geographisch abzugrenzen. Damit wird eine Bewertung der jeweiligen Landschaft getroffen, die diese gegenüber anderen Landschaften im Sinne einer historisch gewachsenen Originalität herausragen lässt. Hier besteht eine praxisrelevante Gefahr darin, dass beim Vorhandensein von besonders wertvollen Landschaften naturgemäß die Pflege scheinbar wenig wertvoller Landschaften vernachlässigt werden könnte (Jaques 1995).

Im Sinne des § 1 des Bundesnaturschutzgesetzes (BNatSchG) werden die Begriffe Vielfalt, Eigenart und Schönheit der Landschaft als Ziel des Naturschutzes und der Landschaftspflege ausgewiesen (vergleiche Kap. 3.4). In der landschaftsökologischen Betrachtung hat dies dazu geführt, dass man mit der Bewertung von Landschaften und Landschaftsteilen **nur** am Maßstab ihrer biotischen Diversität sehr vorsichtig geworden ist. Immer mehr greift der Ansatz eines

Kulturlandschaftsschutzes, der den Erhalt der typischen Eigenart in den Vordergrund des landespflegerischen und landschaftsplanerischen Bemühens stellt. Dem stehen neuere international ausgerichtete Überlegungen auf Erhalt möglichst großer Artenvielfalt durch räumliche Fokussierung der zur Verfügung stehenden begrenzten Mitteln nicht entgegen (Myers et al. 2000).

Allerdings bedingt der Ansatz einer Konzentration zur Verfügung stehender Mittel auf „biodiversity hotspots", also auf Gebiete mit herausragender Bedeutung für eine große Anzahl von Tier – und Pflanzenarten, eine letztlich global orientierte Diskussion und ebensolche politischen Bemühungen.

In einer anderen Orientierung wird der Weg verfolgt, jedwede Landschaft auf Ihre jeweiligen historisch geprägten Strukturen und Elemente hin zu untersuchen und diese als historische Kulturlandschaften oder -landschaftsteile auszuweisen. Hier werden Bodendenkmale ebenso wie Baudenkmale betrachtet, historisch geprägte Heckensysteme bis hin zu schützenswerten historischen Industriebauten einbezogen. Einem „Palimpsest", einem alten Pergament gleich, wurde die Landschaft bereits in der geographischen Landschaftsforschung nach historischen Spuren und Nutzungen hin untersucht und eine kartographische Darstellung einer Altlandschaft angestrebt. In der regionalen räumlichen Planung wurden darauf aufbauend „Chronologen" für das jeweilige Untersuchungsgebiet erstellt, die im Wesentlichen auf das Vorhandensein historischer amtlicher Kartenwerke angewiesen sind.

In den Ebenen der Landschaftsplanung sind länderspezifisch unterschiedliche Anforderungen an die Beachtung historischer Kulturlandschaften und der Landschaftsgeschichte geknüpft. Becker (1998) charakterisiert die Einbeziehung der Geschichte der Landschaft und der Siedlungsentwicklung in der kommunalen und regionalen Landschaftsplanung als Standard. Gleichzeitig weist er darauf hin, dass ein »...aktiver planerischer Umgang mit diesen Inhalten fehlt« (vergleiche Behm 1993).

Neben anderen hat sich H. H. Wöbse (unter anderem Brink & Wöbse 1990) um die Wahrnehmung des Schutzgutes historische Kulturlandschaft in der Landespflege und Landschaftsplanung in Deutschland verdient gemacht. Nach der Konstatierung einer weitestgehenden Nichtbeachtung von historischen Kulturlandschaften im regionalen Planungsgeschehen bis etwa 1990 in der Bundesrepublik hat in den letzten Jahren eine fast explosionsartige Zunahme von Aktivitäten zur Analyse, zur Pflege und zur Entwicklung von historischen Kulturlandschaften geführt. Nicht alles ist mit einer ausgereiften Methodik erfasst oder entwickelt worden und nicht selten wird, wie im Naturschutz, bei Planungsträgern gern auf die kostengünstige Hilfe engagierter Laien zurückgegriffen. Unzweifelhaft sind hier viele wertvolle Beiträge erarbeitet worden. Analog zu ökologischen Standortaufnahmen wird jedoch nicht selten eine fehlende fachliche Erfahrung bei Bearbeitern (unter anderem bei Arbeitsbeschaffungsmaßnahmen) aus Kostengründen in Kauf genommen. Manchmal wurden dann Einzelelemente als historische Kulturlandschaften ausgewiesen, die im Extremfall weniger als einen m^2 Grundfläche ausweisen.

Historische Landnutzungsformen verschwinden unter dem Druck scheinbarer größerer Wirtschaftlichkeit intensiverer Nutzungen, oft ohne Beachtung ökologischer oder historischer Zusammenhänge. Landschaft war und ist ein dynamisches System. Ziel der Landentwicklung kann im Regelfall keine umfassende „Museumslandschaft" sein.

Möglich und notwendig ist allerdings eine weit stärkere Beachtung historischer Relikte und extensiver ehemaliger Landnutzungsformen, die gemeinsam mit ökologisch sinnvollen und wirtschaftlich akzeptablen Lösungen zu zukunftsorientierten Landnutzungskonzepten führen müssen.

Die „historische Kulturlandschaft" ist als »unbestimmter Rechtsbegriff wertenden Inhalts« (Hönes 1991) des Bundesnaturschutzgesetzes Gegenstand analytischer Diskussionen und hinsichtlich seiner praktischen Anwendbarkeit mit vielen Unklarheiten behaftet. »Historische Kulturlandschaften und -landschaftsteile von besonders charakteristischer Eigenart sind zu erhalten. Dies gilt auch für die Umgebung geschützter oder schützenswerter Kultur-, Bau und Bodendenkmäler, sofern dies für die Erhaltung der Eigenart oder Schönheit des Denkmals erforderlich ist« (Bundesnaturschutzgesetz § 2 Absatz 13). Begründet wurde die nachträgliche Aufnahme (1980) dieses Grundsatzes in das Gesetz mit kulturhistorischen und ökologischen Erwägungen. Die Erhaltung der Eigenart und Erlebniswirksamkeit der Landschaft sowie der Heimatverbundenheit der ansässigen Bevölkerung sollten so ebenso befördert werden (Graafen 1991).

Pragmatismus kennzeichnet das Bestreben, einen (formaljuristisch) unbestimmten Begriff durch Analyse (mittels anwendungsorientierter Forschung) inhaltlich auszufüllen.

Die Bezeichnung „historische Kulturlandschaft" ist darüber hinaus als Synonym für Altlandschaften aus geographischer Sicht veraltet. Historische Kulturlandschaften sind gegenwärtig existente Landschaften.

Bezogen auf die Landschaftsplanung ergeben sich zwei Schwerpunkte

- Erkennen, Bewerten, Pflegen und Entwickeln in die Gegenwart überkommener natur- und kulturhistorischer Relikte und
- Untersuchungen zur Ausprägung und Dynamik der Altlandschaften (Landschaftsgeschichte) im Untersuchungsraum

Als Quellen bieten sich unter anderem an: das Wissen der einheimischen Bevölkerung, Geländebegehungen, historische Karten, Bonitierungen, historische Reisebeschreibungen des Raumes, Denkmalsregister, Örtlichkeitsnamen, Archivalien, Kirchenvisitationsprotokolle, Ortschroniken, Ergebnisse wissenschaftlicher Ausgrabungen, standortkundliche Untersuchungen.

Die Untersuchung der Landschaftsgeschichte erbringt Aussagen zu ehemaligen naturräumlichen Qualitäten (unter anderem Zustand des Wassers, des Bodens, Tier- und Pflanzenverbreitungen). Daneben sind aber auch historische Landnutzungen wesentlich. So können eventuell gegenwärtige Bewirtschaftungsformen als traditionell erkannt und als „historische Bewirtschaftungsform" ausgewiesen werden.

Der chronologische Vergleich naturräumlicher Qualitäten zeigt unter anderem Veränderungen der Nutzbarkeit, aber auch biogeographische oder populationsdynamische Entwicklungen auf. Historische extensive Landbewirtschaftungsformen können aus landespflegerischer Sicht als aktuelle Bewirtschaftung erstrebenswert sein (Kapfer & Konold 1994).

Dies trifft aber nicht auf alle historischen Landnutzungen zu. Historische Bewirtschaftungen entstanden in der Regel im Bestreben, wirtschaftlich zu produzieren. Bewertungen historischer Landnutzungen mit den Kriterien unserer heutigen landeskulturell-ökologischen Ansprüche sind oft nicht untersucht, in anderen Fällen auch negativ bewertet worden.

Unstrittig ist, dass die allgemeine Intensivierung und Industrialisierung der Produktion zu ökologischen Schäden mit teilweise katastrophalen Auswirkungen geführt hat (Kap. 8.1). Der Umkehrschluss, dass alles vor dieser Zeit Existierende unproblematisch in die Gegenwart quasi als Leitbild zu transportieren wäre, ist schlicht falsch. Der Prozess der Bewertung muss letztlich die Erkenntnisse über die Landschaftsgeschichte mit den aktuellen und zukünftigen Erfordernissen des Schutzes, der Pflege und der Entwicklung (einschließlich der Nutzung) der Landschaft verbinden (Gerken & Meyer 1996).

Eine In-Wert-Setzung von Relikten ist vom „Zeitgeist" und vom wissenschaftlichen Kenntnisstand beeinflusst und nicht zuletzt an gesetzliche Vorschriften gebunden, mithin also veränderlich und zeitabhängig.

Ongyerth (1995) hat methodisch die Entstehung, Entwicklung und das Potential der Idee des „Landschaftsmuseums" bearbeitet und am Beispiel des Würmtales dargestellt. Dabei wird auf die Musealisierung der Vorstellungsbilder ferner, gemalter und kartographischer Landschaften und der Idee des Freilichtmuseums als Schutz und Speicher translozierter Elemente historischer Kulturlandschaften und als Reservate in situ erhaltener Elemente historischer Kulturlandschaften eingegangen. Dem französischen Ansatz „Ecomusée" und den Industriemuseen als Versuch »das Museum in die Landschaft zu bringen« wird sicher in Zukunft auch von der Landschaftsplanung weit größeres Interesse entgegengebracht werden, da hier sowohl historische als auch ökologische und landschaftsästhetische Qualitäten der Landschaft Berücksichtigung finden.

8.2.3 Folgerungen

Historische Kulturlandschaften können Ihre Prägung bereits in der ur- und frühgeschichtlichen Zeit erfahren haben. Eindrucksvolle Beispiele aus Großbritannien und der Republik Irland zeigen, dass bereits im Neolithikum und in den nachfolgenden frühgeschichtlichen Zeiten weiträumig Landschaften umgestaltet wurden (Bender 1993, Bender et al. 1997, Malone 1989, Martlew & Ruggles 1996). Im Allgemeinen sind bisher gestaltete Landschaften (Parkanlagen, Museumslandschaften) nur aus den letzten Jahrhunderten als Gegenstand notwendiger Schutzbestrebungen wahrgenommen worden. Die Gestaltungen der Landschaften durch frühere Kulturen, die immerhin regional unterschiedlich über mehrere Jahrtausende existent waren, sind in der Betrachtung historischer Kulturlandschaften höchstens marginal vertreten. Können wir in unserer Wahrnehmung wirklich nur   bei den landschaftlichen Gestaltungen der antiken Hochkulturen und den barocken und anderen Gartenkünsten (bei aller Wichtigkeit dieser!) bleiben und auf der anderen Seite ein neolithisches Megalithgrab und ein bronzezeitliches Hügelgräberfeld in der räumlichen Planung und im Landmanagement weiterhin nur als Einzelobjekt ohne Altlandschaftsbezug, aber auch scheinbar ohne gegenwärtige ökologische und landschaftsästhetische Bedeutung wahrnehmen?

Der Umgang mit historischen Kulturlandschaften in der Landschaftsplanung schließt das gesamte zeitliche Spektrum, angefangen von Strukturen aus der Ur- und Frühgeschichte bis hin zu wertvollen historische Industrieanlagen ein. Dies sollte aus einer interdisziplinären, auf Erhalt historischer, ökologischer und ästhetischer Qualitäten ausgerichteten Orientierung heraus als Aufgabe der Gegenwart und Zukunft der Landschaftsplanung wahrgenommen werden.

8.3 Landschaftsplanung in der Stadt

8.3.1 Planung in städtischen Räumen im Wandel der Zeiten

Die Tatsache, dass die moderne Landschaftsplanung mit ihrem spezifischen Planungsinstrumentarium vergleichsweise spät Eingang in die Planungspraxis gefunden hat, bedeutet nicht, dass es früher keine landschaftsbezogene Planung im städtischen Raum gab. Diese Aufgabe wurde in den Jahrzehnten zuvor als Bestandteil einer umfassend verstandenen Stadtplanung wahrgenommen, wie überhaupt auch heute noch Leitbilder des Städtebaus die Gestaltungsspielräume der Landschaftsplanung beeinflussen.

Raumplanung entstand, als man nicht mehr umhin kam, das durch die Industrialisierung angeschobene Wachstum der Städte in geordnete Bahnen zu lenken und gravierenden hygienischen Missständen sowie mangelhaften Wohnverhältnissen entgegenzutreten. Auch der Tendenz, Wohn- und Arbeitsstätten räumlich zu trennen, wurde technisch und organisatorisch Rechnung getragen (Albers 1997). Die Stadtplanung – ein Begriff, der erst zu Beginn des 20. Jahrhunderts geprägt wurde – nahm bald auch wirtschafts- und sozialpolitische Zielsetzungen auf und wurde so zu einem Korrektiv zugunsten der weniger durchsetzungsstarken Kompartimente wie Mensch, Kultur und Natur (Sieverts 1998). Die Entwicklung der Stadtplanung ist dabei nicht geradlinig verlaufen. Raumordnerische Fragestellungen bilden häufig ein Begriffspaar mit gegensätzlichem Inhalt. Für die räumliche Entwicklung der Städte bedeutsam sind vor allem die Mischung (Verflechtung) und die Trennung (Entflechtung) der Funktionen (Nutzungen) sowie die Verdichtung und die Auflockerung des Baubestandes. Das Auf und Ab der sich wandelnden Ordnungsvorstellungen hat zwangsläufig die Inanspruchnahme von Landschaft mit bestimmt. Zu den räumlich relevanten Planungsprinzipien, die heute weitgehend akzeptiert sind und auch für die Landschaftsplanung eine gewisse Bindungswirkung haben, gehören vor allem die „Dezentrale Konzentration", das „Flächensparen durch hohe Baudichten" und die „kleinteilige Mischung" (Sieverts 1998). Die aufkommende Naturschutzdiskussion hat zu diesem Konsens den Eingriffs-Ausgleichs-Gedanken beigesteuert.

In der Gegenwart wirken neue Überlegungen zur Ordnung im städtischen Raum: Die als Folge des wachsenden motorisierten Individualverkehrs abgenommene Stadtqualität hat die Vorstellung von der „Stadt der kurzen Wege" beflügelt. So plausibel dieser Gedanke unter stadtwirtschaftlichen Aspekten zu sein scheint, er könnte im konkreten Planungsfall die Existenz stadtnaher Freiflächen bedrohen. Kritiker merken überdies an, dass für die „Stadt der kurzen Wege" ein schlüssiges Konzept nur schwer zu entwickeln ist, denn »dies würde letztlich eine Aufgliederung der großen Agglomerationen in räumlich begrenzte Arbeitsmärkte voraussetzen, für die angesichts der gegenwärtigen Entwicklungstendenzen keinerlei Ansatzpunkte erkennbar sind« (Albers 1997). Und derselbe an anderer Stelle: »Die Planung wird dabei kaum mehr tun können als durch gute Verknüpfung von Wohn- und Arbeitsstätten durch den öffentlichen Nahverkehr auf eine gewisse Ausgeglichenheit der Verkehrsströme hinzuwirken« (Albers 1997). Die Diskussion darüber wird zur Zeit noch von anderen Tendenzen überlagert. Seitdem in Staat und Gesellschaft mehr den Marktkräften vertraut wird, definieren sich Städte zunehmend als große Dienstleister und privatisieren bisher als öffentlich angesehene Aufgaben oder bearbeiten sie in „public-private-partnership". Die Landschaftsplanung tut gut daran, diese Entwicklungen mit Blick auf ihre eigenen Gestaltungsmöglichkeiten aufmerksam zu verfolgen und sie kritisch an dem Leitgedanken einer nachhaltigen Entwicklung von Umweltqualitäten zu messen (Kap. 8.5).

8.3.2 Von der Freiflächensicherung zur integrierten Freiraumplanung

Öffentliche Freiflächen für die Bevölkerung vorzuhalten, wurde als Aufgabe bereits im 19. Jahrhundert erkannt. Aber erst im 20. Jahrhundert wurden die Grünflächen einer Stadt in ihrem funktionalen Zusammenhang gesehen. Es hat dabei nicht an Versuchen gefehlt, für die Freiflächenbedürfnisse Richtzahlen aufzustellen, die aber – sieht man von einzelnen Nutzungen ab (zum Beispiel Sportplätze, Friedhöfe) – in der Planungspraxis keine nennenswerte Bedeutung erlangt haben (Tamms und Wortmann 1973). Die Entwicklung hat schließlich zu einer umfassenden Freiraumplanung geführt, in der sich alle relevanten Aspekte durchdringen: Arten- und Biotopschutz, Stadtklima, Boden, Wasser, Landschaftsbild, Landschaftsgeschichte und -kultur, Stadtgliederung und Freiraumnutzung, in der die Kurzzeiterholung der Stadtbewohner einen hohen Stellenwert einnimmt.

Der Freiraumentwicklung und -gestaltung kommt besonders das von der Stadt- und Regionalplanung entwickelte Achsenkonzept entgegen. Bei diesem räumlichen Ordnungsmodell wird die Siedlungs-, Wirtschafts- und Verkehrsentwicklung einer sich ausweitenden Stadt auf bandartige Strukturen konzentriert. Dies erleichtert es, in den Zwischenräumen der Entwicklungsachsen durchgehende und stadteinwärts gerichtete Landschaftsachsen planerisch festzuschreiben. Sie folgen häufig topographischen Besonderheiten wie Talräumen, Fließgewässern, Hangkanten et cetera (Kap. 9.1). Im Verbund mit konzentrisch um die Stadt gelegenen Grünringen lässt sich der integrative Freiraumansatz am wirkungsvollsten umsetzen.

Stadtökologie und Landschaftsplanung sind mittlerweile noch einen Schritt weitergegangen. Angeregt durch das Konzept des integrierten Schutzgebiets- und Biotopverbundsystems (Kapitel 8.4) haben erste Städte damit begonnen, den regionalen Biotopverbund gezielt mit lokalen Biotopstrukturen zu vernetzen. Ein nachahmenswertes Projektbeispiel liegt mittlerweile für die Stadt Neumünster in Holstein vor (Fachdienst Natur und Umwelt der Stadt Neumünster ohne Jahr). Auf circa 10 % des Stadtgebietes wurden im Laufe von fünfeinhalb Jahren für circa 3,7 Millionen DM – finanziert zu etwa zwei Dritteln aus Bundesmitteln – knapp 30 ha Land für den Biotopschutz erworben, Uferrandstreifen entwickelt, landschaftstypische Wallhecken angelegt, Altgewässer wieder hergestellt, Fließgewässer entrohrt, Sohlschwellen in Sohlgleiten umgewandelt und landwirtschaftliche Flächen in eine extensive Nutzung über-

führt. Grünstrukturen, die zur Entwicklung von Trittsteinbiotopen geeignet waren (Parkanlagen, Friedhöfe, Schulhöfe, Dauerkleingärten und anderes) waren vorher sorgfältig erfasst und dann naturnah gestaltet worden, um die Zerschneidungseffekte im Stadtgebiet abzuschwächen.

An dieser Stelle sei noch mit einigen abschließenden Bemerkungen auf die zum Teil großen Schwierigkeiten in der Praxis naturschützerischer Projektumsetzung in Stadtnähe hingewiesen. So ist es beispielsweise bei einem Extensivierungsvorhaben mit dem Erwerb geeigneter Flächen allein nicht getan. Kommunen scheuen zunehmend die mit dem Ankauf verbundenen Folgekosten, etwa für die Pflege der Fläche und die Übernahme der Verkehrssicherungspflicht. Wirtschaftlich tragfähige Anschlussnutzungen, die mit den naturschützerischen Belangen abgestimmt sind, sind deshalb die bessere Lösung. Landwirte, die diese Aufgabe übernehmen könnten, haben am Stadtrand oft ihre Betriebe aufgegeben oder können nur mühsam für eine Flächenanpachtung gewonnen werden, denn in Siedlungsnähe ist eine vergleichsweise hohe Präsenz vor Ort erforderlich. Je zugänglicher die Fläche ist, desto mehr fürchten Landwirte Vermüllung und Vandalismus und im Weidebetrieb vor allem frei herumlaufende Hunde.

8.3.3 Landschaftsplanerische Gestaltung im Spiegel eines Flächennutzungsplanes – ein Fallbeispiel

Landschaftsplanerische Ziele haben eine größere Chance, umgesetzt zu werden, wenn sie als Ergebnis eines Abstimmungsprozesses in die Bauleitpläne übernommen und damit in die räumliche Gesamtplanung integriert werden. Dafür kommt zunächst der Flächennutzungsplan (F-Plan) als vorbereitender Bauleitplan in Betracht. Er weist – für alle Verwaltungsstellen bindend ("behördenverbindlich") – die gesamten räumlichen Entwicklungsvorstellungen einer Gemeinde aus. Der Zeitrahmen kann beliebig weit gesteckt sein, sollte aber aus praktikablen Gründen unter 15 Jahren liegen. Aus dem F-Plan werden üblicherweise dann für Teilflächen die für jedermann verbind-

lichen Bebauungspläne (B-Pläne) in parzellen-
scharfer Abgrenzung entwickelt.

Landschaftsplanerische Inhalte sollen im Folgenden an einem konkreten Beispiel herausgearbeitet werden. Grundlage ist hier zunächst nicht
ein Landschaftsplan, sondern der im Bewusstsein
der Bürger und Verwaltung viel stärker verankerte
Flächennutzungsplan. Es handelt sich dabei am
Beispiel von Flensburg (Stadt Flensburg 1998) um
einen F-Plan-Ausschnitt für den östlichen Stadtrand einer kreisfreien Stadt mit der Funktion eines
Oberzentrums (Karte 5). Dieser F-Plan ist in
einem Verfahren ständiger gegenseitiger Abstimmung mit dem Landschaftsplan entstanden.
Bereits der erste Blick auf die Plankarte lässt
das Gegenteil einer kompakten Siedlungsstruktur erkennen: Siedlungszellen werden durch ein
Gerüst radial und kreisbogenförmig ausgerichteter Freiräume deutlich voneinander abgegrenzt. Im oberen Drittel des Kartenaus-
schnittes erstreckt sich eine mit der offenen
Landschaft verbundene, in Ost-West-Richtung
verlaufende Landschaftsachse, die im westlichen
Teil an den Stadtkern heranreicht. Gekreuzt
wird sie von einer in Süd-Nord-Richtung ver-
laufenden Freiraumverbindung, die sich im
nördlichen Teil gabelt. Beide Freiraumzonen
sind vorwiegend als Grün- oder Landwirtschaftsfläche, in geringem Umfang auch als
Wald überplant. Die darunter liegende topographische Karte lässt ein kuppiges Gelände,
aber keine markanten Taleinschnitte erahnen.
Beide Grünverbindungen erfüllen allerdings
nicht das Reinheitsideal der Landschaftsplanung. In die West-Ost-Achse ist eine große
Gemeinbedarfsfläche (mit einem bereits in den
70er Jahren gebauten Schulzentrum) hineinge-
legt worden, durch den Süd-Nord-Grünzug
schiebt sich eine (geplante) autobahnähnliche
Straßenverbindung (zur Entlastung der Innen-
stadt). Von ihr sind erhebliche Störwirkungen
auf Landschaftsbild, Lokalklima, Biotopstrukturen, Naherholung und Mobilität zwischen den
Stadtteilen zu erwarten.

Aus der Plankarte lassen sich auch Siedlungser-
weiterungen ablesen. Sie erlauben Rückschlüsse
auf ein Siedlungsvorsorgekonzept, das auf die
Arrondierung der bestehenden Siedlungsstrukturen abhebt, nicht dagegen auf die Anlage
neuer Siedlungskerne. Die Art der geplanten

Bebauung – sie hat keinen Normcharakter –
kann dabei unterschiedlich ausfallen. Am Stadtrand sind die geplanten Wohnbauflächen überwiegend dem Typ W 4 zugeordnet. Man hat sie
sich als „landschaftlich geprägte Wohnbauflächen" mit vergleichsweise großen Grundstücken
und geringer Überbauung (Grundflächenzahl bis
0,3) vorzustellen. Ähnliches gilt für die Gemisch-
ten Bauflächen.

Wenden wir uns nun den Grünflächen zu. Die
mit dem Planzeichen ⊥ eingefassten Flächen zum
Schutz, zur Pflege und zur Entwicklung der
Landschaft sind in F-Plänen seit längerem bekannt. Auf eine östlich gelegene Teilfläche im
F-Planausschnitt sei aber dennoch aufmerksam
gemacht. Eingefasst von einer Bahnlinie, von
Haus- und Dauerkleingärten ist bei genauer
Betrachtung ein Bachrenaturierungsprojekt auszumachen mit etwa 30 bis 80 m (!) breiten Rand-
streifen beiderseits des Fließgewässers.

Erst in neueren F-Plänen finden sich als
Zweckbestimmung von Grünflächen Eingriffs-
Ausgleichsflächen (siehe hierzu das „Krähen-
fußsymbol"), wobei eine Zifferangabe die Zuordnung zu einer Wohn-, Misch- oder Gewerb-
lichen Baufläche nachvollziehbar macht. Eine
Bereicherung des städtischen Grüns sind „Naturnahe Spielflächen", die in unserem Planungs-
Beispiel an zwei Stellen zu finden sind. Auf sie
wird an späterer Stelle näher eingegangen.
Details zu Biotopstrukturen, zum Beispiel zu
gesetzlich geschützten Biotopen, Schutzkategorien, Nutzungs- und Bewirtschaftungsregelun-
gen, Maßnahmen zur landschaftsgebundenen Erholung, Ortsrandgestaltung und anderem mehr,
sind dem F-Plan in der Regel nicht mehr zu entnehmen. Will man hierüber mehr erfahren, so
muss auf den Landschaftsplan als Fachplan zurückgegriffen werden.

Versucht man abschließend, im vorliegenden
F-Plan-Auszug die landschaftsplanerischen Bezüge in ihrem Gewicht zu den baubetonten Nut-
zungsvorstellungen zu werten, so ist durchaus
der Schluss erlaubt, dass landschaftsplanerische
Zielsetzungen in beachtlichem Umfang Eingang
in den F-Plan gefunden haben. Wäre da nicht die
geplante vierstreifige Innenstadtentlastungsstraße, könnte man gar von einer Dominanz der
Landschaftsplanung im gesamten Planungsprozess sprechen.

8.3.4 Zum Spannungsverhältnis von Flächennutzungs- und Landschaftsplan

Dem im vorhergehenden Kapitel vorgestellten F-Plan-Ausschnitt sei nun der flächenidentische Ausschnitt des dazugehörigen Landschaftsplanes (L-Plan) zur Seite gestellt (Karte 4). Bei der Planerstellung ist man hier der mittlerweile weit verbreiteten Planungspraxis gefolgt, beide Pläne in enger Abstimmung zu entwickeln. Dieses Verfahren wird vor allem immer dann angewandt, wenn der bis dahin gültige F-Plan überarbeitungsbedürftig ist. Angesichts der divergierenden Zielsetzungen von F- und L-Plan zwingt ein integratives Vorgehen naturgemäß zu besonders intensiven Abstimmungs- und Abwägungsprozessen, auf die hier in zwei Einzelbeispielen eingegangen sei.

Dort, wo der F- und der L-Plan die geplanten Wohnnutzungen W 9 (einschließlich der Gemeinbedarfsfläche GB 1) und W 10 ausweisen, gingen der Planfixierung ausgesprochene Konflikte voraus, die im Wesentlichen in vorhandenen Vorplanungen – hier ein Rahmenplan als Vorstufe zum Flächennutzungsplan – und vorhandenen Ratsbeschlüssen begründet waren. Hier hatten die Landschaftsplaner für ein reduziertes Siedlungswachstum plädiert, um markante Geländekuppen freizuhalten und ausreichend dimensionierte Freiräume für den Biotop- und Artenschutz sowie für die landschaftsbezogene Erholungsnutzung sicherzustellen. Das Ergebnis der Abwägung fiel unterschiedlich aus: Während sich bei W 10 die Bauleitplanung mit dem Argument einer einzuhaltenden Mindestgrundstückszahl, die eine aufwendige Grundstückserschließung wirtschaftlich vertretbar erscheinen lässt, durchsetzen konnten, verhielt es sich bei W 9 genau umgekehrt. Hier wurde die ursprünglich vorgesehene Wohnbaufläche in zwei Abwägungsstufen auf ein deutlich geringeres Maß verringert. Abbildung 8-3 dokumentiert dabei die unterschiedlichen Positionen im ersten Abwägungsprozess. In einer zusätzlichen Abwägung wurde die Wohnbaufläche des überarbeiteten Entwurfs an ihrem östlichen Rand schließlich noch einmal, und zwar bis zur gestrichelten Linie, zurückgenommen und erhielt so in der endgültigen Planfassung ihren tailliert wirkenden Zuschnitt. Dadurch konnten ein

Kleingewässer und eine Wallhecke erhalten werden.

Betrachtet man den Landschaftsplanausschnitt in Karte 4 näher, so werden die Vorstellungen der Landschaftsplaner für die baulich oder infrastrukturell nicht überplanten Stadtrandbereiche rasch ablesbar: Differenzierungen in der Legende weisen auf wünschenswerte Nutzungsextensivierungen auf Landwirtschafts- und Grünflächen hin, und überall dort, wo Flächen von einer „T-Linie" eingefasst sind, können anhand der im L-Plan angegebenen Ziffern die Präferenzflächen für Ausgleichs- und Ersatzmaßnahmen den jeweiligen Eingriffsflächen zugeordnet werden. Aus Gründen der Übersichtlichkeit ist es aber nicht möglich, alle Flächen für Maßnahmen zum Schutz, zur Pflege und zur Entwicklung von Natur und Landschaft zu umgrenzen. Deshalb geben hier weitere Legendensymbole entsprechende Hinweise. Der dazugehörige Textband zum L-Plan lieferte hier unter anderem folgende Angaben:

Freihalten markanter Geländekuppen mit weitem Ausblick auf die Landschaft

Verlegung von Dauerkleingärten

Schutz des Ortsbildes: baulich-landschaftliches Ensemble/ Freiraumerhalt

 Entwicklung landschaftlich geprägter Freiflächen: offene, naturnahe Gestaltung

 Grünzäsur mit Möglichkeit zu unreglementierter Freiraumnutzung vor allem für Kinder und Jugendliche aus den angrenzenden Ortsteilen

Dem L-Planausschnitt können auch Ansätze für ein Netz von Wander- und Randwanderwegen entnommen werden, und auf dem Hintergrund der geplanten Hauptverkehrsstraße von örtlicher und überörtlicher Bedeutung (Innenstadtentlastungsstraße) wird die Absicht nachvollziehbar, die weiter östlich gelegene parallele Straßentrasse in ihrem mittleren Abschnitt zu einem Geh- und Radweg zurückzubauen.

Zieht man ein Fazit der landschaftsplanerischen Ziele und Absichten des vorliegenden L-Planes, so ist Spektakuläres zunächst nicht zu

Darstellung im bisherigen Entwurf	Anregungen oder Bedenken	Abwägung
Es war eine größere Wohnbaufläche zur Abrundung des Ortsteiles vorgesehen.	Aufgrund des besonderen landschaftlichen Reliefs und der Bedeutung dieser Fläche für die Naherholung empfiehlt die Landschaftsplanung eine Rücknahme der Fläche bis auf eine kleine Randfläche westlich der nord-südlich verlaufenden Wallhecke	Durch die Reduzierung der Baufläche wird den Empfehlungen teilweise gefolgt. Den landschaftlichen Gegebenheiten zwischen dem zu gestaltenden Ortsrand und der künftigen Ortstangente kann so besser entsprochen werden. Einer Rücknahme bis zur Wallhecke wird jedoch aus Stadtentwicklungsgründen nicht gefolgt. Die Stadt benötigt ein Mindestmaß an innenstadtnahen Wohnbauflächenreserven, um das Prinzip „Stadt der kurzen Wege" auch glaubwürdig umzusetzen. Ein weiteres Abdrängen der Wohnbevölkerung in die Peripherie wird zudem aufgrund der steigenden Mobilitätserfordernisse als unökologisch und gegen die Prinzipien der Verkehrskonzeptes eingestuft.

Darstellung im bisherigen Entwurf

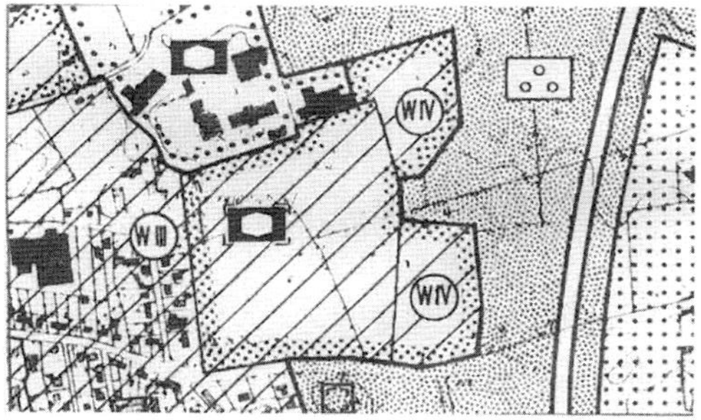

Darstellung im überarbeiteten Entwurf

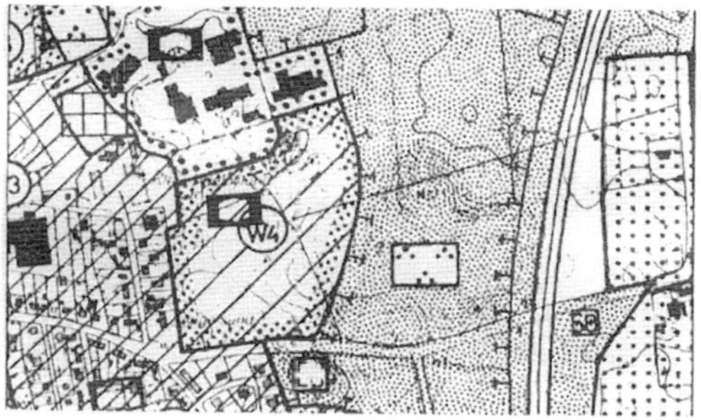

Abb. 8-3: Abwägungen im Planverfahren

entdecken, sieht man einmal von der ungewöhnlich großzügigen Fließgewässerrenaturierung ab, auf die bereits im Kapitel 8.3.3 eingegangen wurde. Dennoch: Für die städtischen Verhältnisse haben die landschaftsplanerischen Leitbilder und Vorschläge für die Zukunft eine enorme Bedeutung. Gelingt es, die Landschaftsachsen auf Dauer vom Urbanisierungsdruck freizuhalten und sie ökologisch aufzuwerten, so hätte dies nicht nur stabilisierende Wirkungen auf den Artenaustausch entlang der lokalen Verbundachsen und Trittsteine, sondern darüber hinaus erhöht die von der Landschaftsplanung initiierte Wohnumfeldverbesserung auch die Lebensqualität für die Stadtbewohner. Allerdings bleibt abzuwarten, ob diese Vorzüge nicht kompensiert oder gar überkompensiert werden durch den massiven Eingriff, der mit dem geplanten Straßenbau verbunden ist.

8.3.5 Aktuelle Aufgaben und Probleme aus der Planungspraxis und Landschaftspflege in städtischen Räumen

Aus Platzgründen muss sich hier auf ausgewählte Planungs- und Umsetzungsaspekte beschränkt werden, die kurz skizziert werden.

Wohnbauflächen

In den Städten entwickeln sich die Wohndichten recht uneinheitlich. Die zu den Stadträndern hin üblicherweise abnehmende Wohndichte wird durch den ungebrochenen Trend zu freistehenden Ein- und Zweifamilienhäusern prinzipiell verstärkt, andererseits hat dort die Grundstücksgröße je Wohneinheit bei steigenden Grundstückspreisen abgenommen. Die zunehmende Entdichtung in den Kernbereichen der Städte, die übrigens allen Ansprüchen an die Nachhaltigkeit der Nutzung zuwiderläuft, ist als Problem erkannt worden. In hochverdichteten Wohnquartieren ist vielerorts eine städtebauliche Weiterentwicklung in Gang gekommen. Insbesondere in Wohngebieten mit Zeilenbauweise und Punkthochhäusern lässt sich nicht nur die Bausubstanz modernisieren, sondern es gibt mittlerweile

gelungene Projekte, die zeigen, dass die funktionsarmen Abstandsflächen gemeinschaftsbezogener als bisher genutzt werden können, unter anderem durch zusätzlich angelegte Wege zwischen den Wohnblöcken, neue Spielflächen und Obstwiesen, an Ort und Stelle gesammeltes und versickertes Oberflächenwasser et cetera. Dies kommt den gestiegenen Ansprüchen der Bewohner an ein grünes Wohnumfeld entgegen. Dazu hat übrigens auch die alte Eingriffs-Ausgleichsregelung, bei neuen Siedlungsprojekten die erforderlichen Ausgleichsflächen möglichst in räumlicher Nachbarschaft zur Eingriffsfläche („ungeteilter B-Plan") bereitzustellen, einen Beitrag geleistet. Problematisch bleiben dagegen landwirtschaftliche Intensivnutzungen in Wohnnähe. Hier hilft es spürbar, eine Dauergrünlandnutzung zu fördern. Bestehende Wohnquartiere mit geringerer Wohndichte werden gern nachverdichtet. Dabei muss besonders behutsam vorgegangen werden, damit die bisherige Wohnqualität objektiv oder im Bewusstsein der Quartierbewohner nicht spürbar verschlechtert wird.

Gewerbliche Bauflächen und Verkehrsinfrastruktur

Der wachsende Flächenbedarf je Arbeitsplatz in Industrie und Gewerbe, aber auch die häufig anzutreffende Neigung von Gewerbebetrieben, (meist heruntersubventionierten) Gewerbegrund zu horten, haben in der Vergangenheit zu unnötiger Flächeninanspruchnahme geführt. Diese Flächenreserven lassen sich mit einer Innenentwicklung (Nachverdichtung oder Umnutzung) mobilisieren. Letztlich geht es ähnlich wie bei der Nachverdichtung in Wohngebieten darum, Wohlstandsentwicklung und Flächenverbrauch voneinander zu entkoppeln. Überdies wird dadurch auch die vorhandene Verkehrsinfrastruktur stärker ausgelastet. Gewerbegebiete, aber auch Sonderbauflächen besser als bisher einzugrünen und zu durchgrünen, stößt insgesamt auf mehr, aber nicht immer ausreichendes Verständnis. Der Widerstand ist insbesondere dann beträchtlich, wenn publikumsorientierte Betriebe nicht auf weithin sichtbare Firmen- und Werbeschilder verzichten mögen. Konflikten sollte bereits im Vorfeld durch eine sorgfältige Flächenzuordnung und Vertragsgestaltung beim

Grunderwerb vorgebeugt werden. Unter dem Druck lastender Abwasserprobleme neigen Kommunen erfreulicherweise immer häufiger dazu, anfallendes Oberflächenwasser aus Bauflächen vor Ort vorzuklären und möglichst zu versickern. Hier bedarf es noch erheblicher Überzeugungsarbeit, vor allem Städte zur Anlage naturnaher, allerdings auch flächenintensiver Vorklär- und Versickerungsteiche anstelle von technisch orientierten Anlagen (zum Beispiel Betonbecken) zu bewegen.

Grünflächen

Aus der Fülle möglicher Zweckbestimmungen seien hier Dauerkleingärten, Hausgärten und so genannte „Naturnahe Spielflächen" herausgegriffen. Dauerkleingärten beschäftigen in vielfacher Weise die Unteren Naturschutzbehörden. Allerdings sollten die Zeiten, in denen Dauerkleingärten zum Ärger der Parzelleninhaber als Manövriermasse der Stadtplanung immer weiter an den Rand der sich ausbreitenden Städte gedrängt werden, der Vergangenheit angehören. Dauerkleingärten wurden gern auch auf siedlungswirtschaftlich eher unattraktive, ökologisch aber interessante Standorte, wie zum Beispiel Talhänge, abgedrängt, was den Grünplanern heute häufig korrekturbedürftig erscheint, in praxi aber schwer zu realisieren ist. Eine Standortverlagerung erzwingt dagegen immer häufiger die unmittelbare Nachbarschaft einer stark frequentierten Straße wegen der damit verbundenen Immissionsbelastung. Als Faustregel gilt hier, dass Dauerkleingärten einen Abstand von 100 m von Straßen mit überörtlicher Bedeutung einhalten sollten. Konflikte werden aber auch durch das Verhalten der Kleingärtner selbst verursacht: zu hohe Nutzungsintensität, Verbauung, Probleme bei der Abwasserentsorgung, eingeschränkte öffentliche Zugänglichkeit und die weit verbreitete Unsitte, benachbarte Grünflächen nach der Devise »innen hui, außen pfui« mit Abfällen zu belasten. Darüber hinaus lässt sich hier wie bei Hausgärten erkennen, dass die langjährigen Bemühungen von naturschützerischer Seite um eine mehr an den Bedürfnissen der natürlichen Umwelt ausgerichtete Gestaltung letztlich nur sehr begrenzt gewirkt haben. Ein umweltpädagogisch vielversprechender Ansatz in der Grünflächenplanung besteht darin, das Erkundungsverhalten von Kindern jenseits des Sandkistenalters gezielt durch die Ausweisung so genannter „naturnaher Spielflächen" zu fördern. Diese „Streifräume", „wilde(n) Grünräume", „Aktivitätsräume für Kinder" oder „städtische(n) Naturerlebnisräume", wie sie sonst noch genannt werden, orientieren sich an folgenden Größenvorstellungen: 1,5 bis 3 ha lohnen den Versuch, 4 bis 5 ha sind günstig, nach oben hin sind keine Grenzen gesetzt. Naturnahe Spielflächen gewinnen ihr besonderes Gepräge durch reliefbildende Maßnahmen (Abgrabungen, Aufschüttungen) und landschaftstypische Gestaltelemente (Einzelbäume, Feldgehölze, Wildhecken, Brachen und anderes mehr) bei sparsamer Geräteausstattung. Sie müssen wohngebietsnah platziert werden.

Punktuelle und lineare Landschaftselemente

Die von vielen Städten und Gemeinden eingeführten Baumschutzsatzungen haben sich insgesamt bewährt. Neben der rechtlich begründeten Schutzwirkung – in der Regel ab x (zum Beispiel 50) cm Stammumfang, gemessen in 1 m Höhe – gibt es bemerkenswerte Sekundärwirkungen: Die Schutzwürdigkeit von Bäumen ist heute im allgemeinen Bewusstsein besser verankert, und Baumpfleger werden viel häufiger als früher zu geeigneten Pflanzstandorten in Hausgärten, zur Baumartenwahl et cetera befragt. Eher beklagenswert ist die Situation von Bachläufen und Wildhecken in oder an Privatgrundstücken. Hier ist die Neigung verbreitet, die typische Strauchflora von Wildhecken über Gebühr auszulichten, sie unsachgemäß zurechtzustutzen oder durch nicht heimische Arten zu ersetzen. Bachläufe werden gern durch Verbau und „Landgewinnungsmaßnahmen" in ihrer ökologischen Funktion und ihrem Erscheinungsbild beeinträchtigt. Hier bedarf es noch intensiver Aufklärungsarbeit. Eine besondere Bedeutung hat im städtischen Raum die Anlage von Spazier- und Wanderwegenetzen, die abseits des öffentlichen Straßenverkehrsraumes geführt werden. Sie werden, sieht man einmal von betroffenen Anrainern ab, in der Bevölkerung dankbar angenommen. Hier lassen sich auch Akzente für die naturschutzpädagogische Arbeit setzen.

8.3.6 Auf dem Wege zur Zwischenstadt? Mutmaßungen über die künftige Stadtentwicklung und ihre Auswirkungen auf die Landschaft und Freiraumplanung

In den letzten Jahren ist eine intensive Diskussion über die Zukunft der Städte und die Aufgaben der Planung im neuen Jahrhundert in Gang gekommen. Aus der Sicht von Stadtökologie und Umweltschutz lassen sich folgende Kernaussagen treffen:

- Die so genannten „weichen Standortfaktoren" – neben Bildung, Kultur und Freizeit insbesondere die Umweltqualitäten – nehmen für die Stadtentwicklung an Bedeutung zu;
- Städte müssen stärker als bisher in die natürlichen Kreisläufe ihrer Umgebung eingepasst werden. Als Aufgabenfelder einer „Nachhaltigen Stadtentwicklung" eignen sich vor allem die ortsnahe Trinkwasserbereitstellung, Abwasserverwertung und Teile der Nahrungsmittelproduktion (Kapitel 8.5);
- Die Abgrenzung der Bauflächen gegen die Freiflächen, des Siedlungsraumes gegen den Landschaftsraum kann nicht mehr auf der Ebene der Gemeinde – auch nicht der Großstadt – entschieden werden. Die überörtliche Zusammenarbeit gewinnt an Gewicht. Die Region wird in Zukunft die wichtigste planerische Ebene (Albers 1997).

Die letztgenannte Aussage hat einen bedeutungsschweren Hintergrund. Städte – vor allem die Großstädte – sind von einer neuen Entwicklungsdynamik erfasst worden, an deren Ende nach ernstzunehmenden Stimmen aus den Disziplinen Städtebau und Stadtentwicklung die Auflösung der kompakten historisch gewachsenen Stadt europäischen Zuschnitts stehen könnte. Die Anzeichen dafür zeigen sich in Siedlungsstrukturen, die zunehmend tiefer in das städtische Umland ausgreifen. Die Statistik belegt es: Es sind nicht die kleinen Städte, die als Zentrale Orte neue Bewohner anziehen, sondern die Landgemeinden an den Rändern der Ballungen. Eine Prognose der Bundesforschungsanstalt für Landeskunde und Raumforschung geht für das Jahr 2010 von einem Zuwachs von 10 % aus (Sieverts 1998).

Nun mag man einwenden, dass Suburbanisierung oder gar die ungeordnete Zersiedelung der Landschaft ein seit längerem bekanntes Phänomen seien. Dennoch besteht ein Unterschied: Der „ausufernde Siedlungsbrei" hat längst begonnen, sich zu einem neuen Stadtgebilde zu strukturieren. Ist er anfänglich fast ausschließlich Wohnplatz, rücken nach einer Phase der Verdichtung auch Versorgungseinrichtungen und Arbeitsplätze aus Industrie und Gewerbe, später auch des Dienstleistungsbereichs nach, ja sogar Markt- und Freizeitfunktionen wandern ein (Diskussionspapier „Die Region ist die Stadt" 1998). Das Gefälle vom Zentrum zur Peripherie wird dadurch abgebaut, »das Stadtsystem ist vielmehr als ein Netz mit Knotenpunkten zu interpretieren« (Sieverts 1998). Diese Netzstruktur ist dezentral und gleichgewichtig aufgebaut und weist zahlreiche funktional und in ihrem Erscheinungsbild unterschiedliche Zentren auf, die sich ergänzen und erst zusammengenommen die Stadt ausmachen.

Die neue Stadtstruktur ist auch begrifflich nur schwer zu fassen. Formulierungen wie „Ansammlung von Stadtfeldern", „urbane Peripherie", „verstädterte Landschaft", „verlandschaftete Stadt", „disperse Stadt" lassen dies deutlich erkennen. Immerhin sind sie schon etwas weniger abstrakt als „Verdichtungsraum", „Agglomerationsraum", „Stadtregion" und ähnliches. Sieverts, auf dessen beachtenswertes Essay wir uns hier weitgehend beziehen, nennt die neue Siedlungsstruktur der Region schlicht Zwischenstadt.

Zwischenstädte sind mittlerweile eine weltweite Erscheinung. In Deutschland kommen dafür in hohem Maße der Großraum Stuttgart und das Rhein-Main-Gebiet infrage; im Grundsatz gilt dies aber auch für das alte Siedlungsband des Ruhrgebiets. Es erscheint nicht einmal abwegig, sich die langsam zusammenwachsenden Verdichtungsräume in Deutschland irgendwann einmal als einzige Zwischenstadt vorzustellen.

Für die Landschaftsplanung stellt sich die Frage nach der Funktion und dem Stellenwert der Freiräume, denn Bebauung und Landschaft durchdringen sich in der Zwischenstadt, die Landschaft ist strenggenommen das Grundgerüst der Siedlungsstruktur. Aus Luftbildern wird dies deutlich; häufig drängt sich sogar der Eindruck auf, »dass sich hier die Figur- und Grundverhältnisse zwischen Stadt und Land umgekehrt haben: Die offene Landschaft ist zur Binnenfigur innerhalb des „Hintergrunds" einer Siedlungsfläche geworden«; anders ausgedrückt: »die Landschaft ist vom umfassenden „Grund" zur gefassten „Figur" geworden« (Sieverts 1998). Sieverts folgert weiter: »Die Stadt von Morgen besteht aus einer Konzentration von kompakten Siedlungskörpern mit ein- und ausgelagerten Landschaftsräumen, die spezifisch städtische Funktionen erfüllen« und kommt schließlich zu einer gewagten Aussage: »Stadtökologie wird sich dabei wandeln von einer vorwiegend der Analyse und dem Schutz vorhandener Landschaftsreste zu einer Disziplin, die neue Formen von Stadt-Kulturlandschaften entwickelt« (Sieverts 1998).

Spätestens an dieser Stelle wird deutlich, dass die Landschaftsplanung sich herausgefordert fühlen muss, dieses Diskussionsfeld auszufüllen und gegebenenfalls auch für Korrekturen zu sorgen. Wie aktuell diese Aufgabe ist, zeigen entsprechende Planungen für das östliche Rhein-Main-Gebiet. Ein Strukturkonzept für den „Regionalpark Rhein-Main" hat planerisch die Vision umgesetzt, in großem Umfang bisher intensiv genutzte Landwirtschaftsflächen zwischen den einzelnen Siedlungsgebieten zu einer neuen, zusammenhängenden Landschaft zu gestalten, die dem verstädterten Gebiet eine neue Prägung gibt. An diesem Beispiel wird auch deutlich, wie ganzheitlich die Gestaltungsaufgaben der Zukunft werden. Sollte sich dabei eine Entwicklung anbahnen, an deren Ende wieder eine konzeptionelle Einheit von Landschafts- und Stadtplanung steht?

8.4 Biotopverbundplanung im Rahmen der Landschaftsplanung

Forschungsergebnisse aus der Ökologie weisen seit etwa zwei Jahrzehnten auf den Zusammenhang zwischen dem Artensterben und der **Verinselung von Lebensräumen** hin (Heydemann 1981). Um dieser Entwicklung entgegenzuwirken, wurden in den Bundesländern speziell auf dieses Problem ausgerichtete Planungsinstrumente entwickelt. Neben den Arten- und Biotopschutzprogrammen (unter anderem in Bayern und Sachsen-Anhalt) erlangen dabei vor allem die Biotopverbundplanungen eine herausragende Bedeutung. Entsprechend einer Umfrage erstellen nahezu alle Länder Biotopverbundplanungen, allerdings mit einem sehr unterschiedlichen Arbeitsstand (Arbeitskreis Schutzgebiets- und Biotopverbundsysteme der Landesanstalten/ -ämter für Naturschutz ohne Jahr). Die Planungen sind entweder direkt an die Landschaftsrahmenplanung gekoppelt, in Schleswig-Holstein als Fachbeitrag zur Landschaftsrahmenplanung, oder als eigenständige Planwerke ausgestaltet (Rheinland-Pfalz).

In den Ländern **Rheinland-Pfalz** („Planung vernetzter Biotopsysteme") und **Schleswig-Holstein** („Schutzgebiets- und Biotopverbundsystem") wurden **eigenständige methodische Konzepte** für die Biotopverbundplanung entwickelt.

In Schleswig-Holstein und in Rheinland-Pfalz liegen die Biotopverbundplanungen als Fachbeiträge für die Kreise des Landes flächendeckend vor. In Sachsen-Anhalt wird ebenfalls seit 1996 an Biotopverbundplanungen auf der Ebene der Landkreise gearbeitet. Mittlerweile wurden bereits mehrere Planungen fertiggestellt. Die Inhalte von Biotopverbundplanung werden im Folgenden anhand von Beispielen aus Rheinland-Pfalz und Schleswig-Holstein dargestellt. Zuvor jedoch ist es erforderlich, den Begriff „Biotopverbund" in dem hier verwendeten Sinnzusammenhang einschließlich Zielsetzung und rechtlichen Grundlagen zu definieren.

8.4.1 Begriffsdefinition

In der Literatur existieren im Wesentlichen **zwei Definitionsansätze** für den Begriff Biotopverbund. Der erste Ansatz stellt den Austausch von Individuen in den Vordergrund der Betrachtung.

So definiert Jedicke (1994) den Begriff „Verbund" **als räumlichen Kontakt zwischen Lebensräumen**, der zwar nicht unbedingt durch ein unmittelbares Nebeneinander gewährleistet sein muss; allerdings soll die zwischen gleichartigen Lebensräumen liegende Fläche für Organismen (in der Regel eine oder mehrere untersuchte Artengruppen) überwindbar sein, sodass ein Austausch von Individuen möglich ist. Das darauf aufbauende Biotopverbundkonzept besteht aus folgenden Bestandteilen (Jedicke 1994):

- großflächige Lebensräume, deren Flächengröße sich nach den Ansprüchen der Spitzenarten richtet,
- Trittsteine, die eine zeitweise Besiedlung und auch die Reproduktion erlauben, um einen Ausgangspunkt und eine Zwischenstation für den Individuenaustausch der großflächigen Lebensräume bilden zu können,
- Korridore als Wanderwege, die großflächige Schutzgebiete und Trittsteine über ein möglichst engmaschiges Netz miteinander verbinden und
- Nutzungsextensivierung, um die Isolationswirkung der Agrarflächen zu vermindern und die Störungsintensität in den Randzonen der Schutzflächen herabzusetzen.

Die aktuell in den Ländern angewendeten methodischen Konzepte beruhen dagegen auf dem Definitionsansatz der Länderarbeitsgemeinschaft für Naturschutz, Landschaftspflege und Erholung (LANA). Dieser zweite Ansatz sieht in einem Biotopverbund ein **Vorrangflächen-System des Naturschutzes.**

»Zentrales Element eines alle Naturraumpotenziale umfassenden ökologischen Verbundsystems ist das Biotopverbundsystem, das die Vorrangflächen des Naturschutzes umfasst«. Zu den zentralen Bestandteilen eines Biotopverbundsystems zählen (LANA 1995):

- Kernflächen, die hochwertige Biotope und Biotopkomplexe umfassen,
- Verbindungsflächen, die entwicklungsfähig sind und auf Grund ihrer Lage zwischen den Kernflächen eine wichtige Bedeutung im Rahmen eines räumlichen Verbundes übernehmen können und
- Pufferflächen, die vor allem der Minderung schädlicher Randeinwirkungen dienen. Pufferflächen sind vor allem dort erforderlich, wo die zu erhaltenden Kern- und Verbindungsflächen durch angrenzende Nutzungen gefährdet sind.

In der Praxis bestimmt die jeweilige Planungsebene, welcher der dargestellten Ansätze im Vordergrund der Betrachtung steht. Während auf der **regionalen und überregionalen Ebene** das Hauptaugenmerk auf der **Vorbereitung eines Schutzgebietssystems** und seiner Sicherung in der Regionalplanung liegt, wird der Schwerpunkt der **örtlichen Planung** (im Rahmen des Landschaftsplanes) auf den **konkreten Vernetzungsstrukturen** im Gemeindegebiet liegen.

Die Inhalte eines Biotopverbundsystems (als Resultat der Biotopverbundplanung) entsprechen nicht denen eines „ökologisches Verbundsystems". Letzteres bezeichnet in der Raumordnung ein »funktional zusammenhängendes Netz ökologisch bedeutsamer Freiräume« (Ministerkonferenz für Raumordnung 1992). Dieses Netz umfasst zusätzlich auch Flächen für Erholungsnutzungen (Naturerlebnisräume). Besonders in verstädterten Räumen soll der Verbund verstärkt Grünräume und Grünzüge mit Bedeutung für Erholung und Freizeit sowie land- und forstwirtschaftliche Flächen einschließen (Ministerkonferenz für Raumordnung 1992). Die Biotopverbundplanung kann somit **als Fachbeitrag des Arten- und Biotopschutzes für den Aufbau eines Ökologischen Verbundsystems in der Raumordnung** verstanden werden.

8.4.2 Zielsetzung einer Biotopverbundplanung

Die Notwendigkeit einer Biotopverbundplanung wird aus dem fortschreitenden Artenverlust abgeleitet. Als Ursache dieser dramatischen Entwicklung gilt die Zerstörung geeigneter Lebensräume, insbesondere der Sonderstandorte spezialisierter Arten. Fehlen gleichartige Biotope in noch überwindbarer Entfernung, können Arten- und Individuenverluste nicht mehr durch Zuwanderung ausgeglichen werden, und die Arten sterben örtlich aus (Blab 1992). Aber auch die zunehmende Verinselung der verbliebenen Refugial-Lebensräume wirkt sich negativ aus. Die hohe Dichte trennender Elemente, wie zum Beispiel Straßen und Eisenbahntrassen, führt zu einer Isolierung der einstmals zu einem Netz verwobenen Lebensräume. Dadurch reduziert sich die zusammenhängende Fläche der Lebensräume. Und mit abnehmender Größe der naturnahen Lebensräume sinkt in der Regel auch die

Artenvielfalt. Dies belegt die Arten-Areal-Beziehung. Danach steigt die Artenzahl zumeist in exponentieller Abhängigkeit mit der Flächengröße. Im Normalfall verdoppelt sich die Artenzahl bei einer Verzehnfachung der Fläche (Jedicke 1994 mit weiteren Nachweisen).

Auf die Frage wie groß ein Lebensraum und die dort lebende Population einer Art sein müssen, um den langfristigen Fortbestand dieser Art mit einer gewissen Wahrscheinlichkeit gewährleisten zu können, versucht das Konzept der kleinsten überlebensfähigen Population (Minimum Viable Population, MVP) für ausgewählte Zielarten eine Antwort zu geben. Das MVP-Konzept soll für Einzelarten in einem bestimmten Habitat die kleinste isolierte Populationsgröße mit einer definierten Überlebenschance bestimmen (Hovestadt et al. 1992).

Durch die Sicherung einzelner verbliebener naturnaher Restflächen kann demnach der Schutz des Gesamtarten- und Biotoptypenspektrums nicht erreicht werden. Ausgehend von dieser Erkenntnis wurde die Schaffung von Biotopverbundsystemen gefordert. Richtungsweisend hat der Sachverständigenrat für Umweltfragen bereits 1985 in seinem Gutachten „Umweltprobleme in der Landwirtschaft" die Idee eines Biotopverbundsystems dargestellt. Seitdem wurde das Konzept in der Fachliteratur weiterentwickelt und als eine **zentrale Forderung in den wichtigsten Grundsatzpapieren des Naturschutzes** verankert.

So enthalten die „Leitlinien des Naturschutzes und der Landschaftspflege in der Bundesrepublik Deutschland" (Bundesforschungsanstalt für Naturschutz und Landschaftsökologie 1989) als Ziel des Naturschutzes die »Wiederherstellung beziehungsweise Schaffung eines großräumigen und engmaschigen Biotopverbundes«: »Die räumliche und funktionale Verknüpfung groß-, mittel- und kleinflächiger Biotopkomplexe über ökologisch und strukturell verwandte Zwischenglieder in Form von Übergangszonen, Bändern, Linien und/oder Mosaiken gilt als Grundvoraussetzung für die langfristige Erhaltung funktionsfähiger Ökosysteme und ihrer Populationen sowie für die Bewahrung der genetischen Vielfalt der Arten.«

Auch die „Lübecker Grundsätze der Länderarbeitsgemeinschaft für Naturschutz" (LANA 1991) verweisen auf das Erfordernis, Biotopverbundsysteme als Teil des Artenschutzes zu errichten: »Die Vorrangflächen des Naturschutzes müssen nach Naturschutzkriterien so geplant und realisiert werden, dass sie insgesamt einen in sich funktionsfähigen, großflächigen Biotopverbund

darstellen. Die konkrete Planung dafür erfolgt durch die Landschaftsplanung oder sonstige naturschutzfachliche Programme und Konzepte«.

Die Biotopverbundplanung bildet somit eine **fachliche Grundlage zur Sicherung und Entwicklung der für den Naturschutz besonders wertvollen Bereiche.** Darüber hinaus enthalten die Planungen ergänzende Maßnahmenvorschläge, um Bereiche zu entwickeln, die ein hohes standörtliches Potenzial, jedoch einen geringen aktuellen Wert aufweisen. Außerdem werden zusätzliche Flächen kenntlich gemacht, die zum **Verbund, zur Pufferung und Ergänzung von wertvollen Lebensräumen** erforderlich sind. Hierbei spielt das Erreichen von Minimal-Lebensraumgrößen für repräsentative Arten eine entscheidende Rolle.

Die Biotopverbundplanung basiert auf naturschutzfachlichen Grundlagen. Zu nennen sind dabei vor allem flächendeckende Kartierungen der Biotop- und Nutzungstypen (zum Beispiel durch Auswertung von Color-Infrarot-Luftbildern), selektive Biotopkartierungen, Artenerfassungen und Fließgewässerkartierungen beziehungsweise -programme.

8.4.3 Rechtliche Grundlagen

Nach § 1 Absatz 1 BNatSchG sind Natur und Landschaft im besiedelten und unbesiedelten Bereich zu schützen, zu pflegen und zu entwickeln. Diese drei Handlungsaufträge bilden eine Trias, eine scharfe Abgrenzung der drei Handlungsbereiche wird kaum zu leisten sein. Das Aufgabenprogramm des Naturschutzes umfasst dementsprechend auch Maßnahmen, die dazu dienen, Potenziale zu entfalten, das heißt einen anzustrebenden Zustand von Natur und Landschaft erst zu schaffen. Diesem **Entwicklungsgedanken** wird durch die Realisierung von Biotopverbundsystemen entsprochen (Gassner 1995).

Das **Landesnaturschutzgesetz Schleswig Holstein** (LNatSchG S-H) enthält zum Biotopverbund sehr detaillierte und weitgehende Regelungen. So ist auf 15 % der Landesfläche ein Vorrang für den Naturschutz zu begründen (§ 1 Absatz 2 Nr. 13, LNatSchG S-H). Entsprechend § 15 LNatSchG S-H gelten die **Biotopverbundflächen als vorrangige Flächen für den Naturschutz.**

Die Naturschutzgebiete bilden die Kernzonen der Vorrangflächen. Soweit die Kernzonen noch nicht die erforderliche Größe besitzen, werden sie durch Entwicklungsgebiete oder -flächen ergänzt (§ 15 Absatz 2 Ziffer 1 LNatSchG S-H). Außerdem sind die Kernzonen einschließlich ihrer Entwicklungsgebiete so miteinander zu verbinden, dass zusammenhängende Systeme entstehen können (Biotopverbundflächen). Auf der örtlichen Ebene ergänzen Verbundstrukturen wie Knicks, Raine, Gewässer-, Wege- und Straßenrandstreifen die Biotopverbundflächen. Die vorrangigen Flächen sind in den Landschaftsrahmenplänen und in den Landschaftsplänen sowie in den Flächennutzungsplänen und in den Regionalplänen entsprechend ihrer Funktion darzustellen. Die Gemeinden in Schleswig-Holstein haben im Rahmen ihrer Planungen sicherzustellen, dass das Biotopverbundsystem entwickelt werden kann (§ 1 Absatz 2 Ziffer 13 LNatSchG S-H).

Nach dem **Hessischen Naturschutzgesetz** (HeNatSchG § 15c) können Flächen wie Naturschutzgebiete ausgewiesen werden, wenn sie wegen ihrer Lage und Eignung benötigt werden, um geschützte Gebiete so miteinander zu verbinden, dass der Austausch zwischen den Lebensräumen und den Lebensgemeinschaften ermöglicht wird (**Biotopverbundflächen**). In der Sache ist damit eine neue Schutzkategorie geschaffen worden, die insbesondere zur Sicherung der Gebiete von gemeinschaftlicher Bedeutung (im Sinne des Artikels 4 Absatz 2 FFH-Richtlinie) eine wichtige Rolle spielen dürfte (Gassner 1995).

In einer Vielzahl weiterer Naturschutzgesetze der Länder finden sich allgemeine Hinweise zu Biotopverbundplanungen im Rahmen der Grundsätze des Naturschutzes (§ 2 Ziffer 10 LG NRW, § 2 Nr. 20 NatSchG LSA, § 1 Absatz 2 Ziffer 2 BbgNatSchG, Artikel 1 Absatz 6 BayNatSchG und § 2 Absatz 2 Ziffer 9 LNatSchG M-V). Dabei wird im neugefassten BayNatSchG bereits auf die enge Verknüpfung mit dem Natura 2000-System hingewiesen.

Einige Naturschutzgesetze benennen Aussagen zu Biotopverbundplanungen explizit als Inhalt der Landschaftsplanung (Artikel 3 Absatz 4 Ziffer 2 Buchstabe d BayNatSchG, § 3 Absatz 2

Ziffer 3 HeNatSchG, § 11 Absatz 1 Ziffer 4 Buchstabe c LNatSchG M-V, § 8 Absatz 2 Ziffer 3 Saarl. NatSchG, § 6a Absatz 1 Ziffer 4a LNatSchG S-H., § 3 Absatz 3 Ziffer 4 Buchstabe b Thür. NatSchG).

Auch aus der **Flora-Fauna-Habitat-Richtlinie** (FFH-Richtlinie) lässt sich eine **Rechtsverpflichtung zum Aufbau von Biotopverbundsystemen** ableiten. Einerseits gilt es, bis zur Aufstellung der Pläne im Sinne von Artikel 6 Absatz 1 FFH-RL zunächst einen groben fachlichen Rahmen für den Schutz, die Pflege und Entwicklung der in den Gebieten vorkommenden Lebensräume und Arten nach Anhang I und II FFH-RL und damit gleichzeitig einen Maßstab für Verträglichkeitsprüfungen nach § 34 BNatSchG vorzugeben. Andererseits können im Rahmen der Biotopverbundplanung die Landschaftselemente definiert werden, die für die Wanderung, die geographische Verbreitung und den genetischen Austausch wildlebender Arten wesentlich sind (Artikel 10 FFH-RL).

In der Novelle des BNatSchG wird eine Regelung zum Biotopverbundsystem (BVS) als ein Grundsatz des Naturschutzes formuliert. Danach schaffen die Länder ein Biotopverbundsystem auf mindestens 10 % der Landesfläche (§ 3 Absatz 1 BNatSchG). Ein Biotopverbundsystem dient der nachhaltigen Sicherung von standorttypischen Lebensräumen, Tier- und Pflanzenarten und deren Populationen sowie der Bewahrung, Wiederherstellung und Entwicklung funktionsfähiger, ökologischer Wechselbeziehungen.

Der Biotopverbund besteht laut § 3 Abs. 3 BNatSchG aus Kernflächen, Verbindungsflächen und -elementen. Bestandteile des Biotopverbundes sind geeignete Gebiete im Sinne des § 22 Abs. 1 oder § 32 BNatSchG oder Teile dieser Gebiete, gesetzlich geschützte Biotope sowie weitere Flächen und Elemente. Dieser Regelung zum BVS fehlt bereits wegen der Ausgestaltung als Grundsatz die notwendige Durchsetzungskraft. Hinzu kommt, dass alle Bundesländer die formulierten Anforderungen aufgrund der Einbeziehung von Landschaftsschutzgebieten ohne weitere Maßnahmen erfüllen würden. Denn bereits jetzt sind ca. 25% des Bundesgebiets als Landschaftsschutzgebiet ausgewiesen. Daher kann die Einbeziehung von Landschaftsschutzgebieten in das BVS wegen der geringen Schutzintensität nicht zielführend sein (Weihrich 2001).

8.4.4 Biotopverbundplanung in Schleswig-Holstein

Der Inhalt der Biotopverbundplanung im Land Schleswig-Holstein orientiert sich strikt an den dargestellten rechtlichen Vorgaben (Kap. 8.4.3). Die hier vertiefend zu betrachtende **regionale Biotopverbundplanung** erfolgt im Rahmen des landesweiten Schutzgebiets- und Biotopverbundsystems (Karte 6 oben) und ist zeitlich und räumlich **an den Ablauf der Landschaftsrahmenplanung gekoppelt**. Die Planung besteht aus einem einheitlichen allgemeinen Teil und einem speziellen Teil für jeden einzelnen Landkreis.

Im Rahmen der Planung auf der regionalen Ebene (Darstellungsmaßstab = 1 : 100 000) werden „Gebiete von überörtlicher Bedeutung für den Arten- und Biotopschutz" unterteilt in „Gebiete mit besonderer Eignung für die Erhaltung und Entwicklung großflächiger natürlicher, naturnaher und halbnatürlicher Lebensräume" sowie „Gebiete mit besonderer Eignung für die Erhaltung und Entwicklung strukturreicher, umweltschonend genutzter Landschaftsausschnitte" gekennzeichnet. Die Einstufung der Flächen erfolgt nach folgenden Grundsätzen (Zeltner 1995):

- Sicherung des Bestandes an natürlichen, naturnahen und halbnatürlichen Lebensräumen,
- Erweiterung der Biotopbestände um Entwicklungsgebiete,
- Aufbau von naturraumtypischen Biotopkomplexen und komplexen Landschaftsausschnitten,
- Wiederherstellung eines repräsentativen Biotoptypenspektrums in naturraumtypischer Verteilung und
- Verbinden aller vorgenannten Bereiche über geeignete Strukturen.

Als Ergebnis der Planung entsteht ein durchgängig verbundenes Flächensystem. In der Karte „Schutzgebiets- und Biotopverbundsystem" im Rahmen des Fachbeitrags zur Landschaftsrahmenplanung werden folgende Kategorien unterschieden (Landesamt für Umwelt und Natur Schleswig-Holstein 1999):

Schwerpunktbereiche (in einer Planung aus dem Jahre 1995 wurden diese noch unterschieden in: „Schwerpunktbereiche, textlich erfasst", „sonstige Schwerpunktbereiche" und „Schwer-

punktbereiche vorbehaltlich Nutzungsaufgabe"), **Hauptverbundachsen** und **Nebenverbundachsen** (Karte 6 unten).

Die Planung bildet die fachliche Grundlage für die Ausweisung von vorrangigen Flächen für den Naturschutz im Sinne des § 15 Absatz 1 LNatSchG S-H. Weiterhin besteht ein wesentlicher Inhalt der Biotopverbundplanung darin, Bereiche ausfindig zu machen, die aus der Sicht des Arten- und Ökosystemschutzes zum Abbau festgestellter Defizite besonders entwicklungsfähig sind (Zeltner 1995).

Die **Darstellung** der Planung erfolgt **über die Landschaftsrahmenplanung**. Einerseits durch Konkretisierung des Landschaftsrahmenplanes („Eignungsgebiete zum Aufbau des Schutzgebiets und Biotopverbundsystems"), in der örtlichen Landschaftsplanung und im Flächennutzungsplan, andererseits durch die Integration der Inhalte des Landschaftsrahmenplanes in den Regionalplan. Betont wird darüber hinaus auch die Umsetzung der Planung durch **Flächenankauf, Vertragsnaturschutz, entschädigungspflichtige Nutzungseinschränkungen, Ausweisung von Schutzgebieten unterschiedlicher Kategorien und durch die Platzierung von Ausgleichs- und Ersatzmaßnahmen**. Auf lokaler Ebene soll die Umsetzung im Zuge der Landschaftspläne, im Rahmen von Flurbereinigungsverfahren und durch die Übernahme geeigneter Inhalte in die Bauleitplanung vorgenommen werden.

Unabhängig von der Umsetzung durch rechtlich verbindliche Instrumente dient die Biotopverbundplanung als unabgewogener Fachbeitrag der Koordination von flächenhaften Naturschutzmaßnahmen auch außerhalb naturschutzrechtlich gesicherter Gebiete und als Abwägungsgrundlage im Rahmen von Eingriffsgenehmigungsverfahren (Zeltner 1995).

8.4.5 Biotopverbundplanung in Rheinland-Pfalz

Die Biotopverbundplanung in Rheinland-Pfalz („Planung vernetzter Biotopsysteme") ist als **eigenständige und umfassende Planung des Arten- und Biotopschutzes** konzipiert. Aufbauend auf den funktionalen Beziehungen zwischen Lebensräumen, Lebensgemeinschaften und Populationen werden Systeme schutzwürdiger Biotope entwickelt, deren Glieder nicht vereinzelt inmitten der landwirtschaftlichen Produktionsflächen liegen, sondern als funktionsfähiges Ganzes in die Umgebung integriert sind (Ministerium für Umwelt Rheinland-Pfalz 1993).

Die Abgrenzung der Planungseinheiten orientiert sich an der naturräumlichen Gliederung des Landes im Maßstab 1 : 25 000. Die Publikationen erfolgen für die Landkreise und kreisfreien Städte und enthalten verkleinerte Kopien der Karten (Original-Maßstab 1 : 50 000).

Im Planungsraum vorgefundene Biotoptypen erhalten so genannte „Biotopsteckbriefe" mit umfangreichen fachlichen Erläuterungen. Das dargestellte Entwicklungspotenzial für die Biotoptypen basiert im Wesentlichen auf der heutigen potenziellen natürlichen Vegetation (hpnV). Als **räumliche Bezugsebene** der Planung dienen die **Biotoptypen**. Mit einem **Leitartenkonzept** verwirklicht die Planung jedoch auch einen **artbezogenen Ansatz**. Im Ergebnis werden naturraumspezifische Arten ausgewählt, die im Naturraum an schutzwürdige Lebensraumtypen gebunden sind und Schwerpunktvorkommen im jeweiligen Landkreis haben. Die ökologischen Ansprüche der Leitarten bilden schließlich die Grundlage für die Erfordernisse und Maßnahmen. Das Ergebnis und den zentralen Bestandteil der Planung stellt die Karte „Ziele" dar (Karte 7).

Die Planung vernetzter Biotopsysteme (Karte 10 oben) enthält entsprechend ihrem Planungsmaßstab keine räumlich konkreten Aussagen zu kleinstflächigen Trittsteinbiotopen und schmalen linearen Korridoren. Sie ist nicht primär auf bestimmte Instrumentarien zur Umsetzung ausgerichtet, sondern soll eine vielfältig verwendbare Grundlage bleiben (Ministerium für Umwelt 1993). Die Planung

- bildet die Grundlage für Naturschutzmaßnahmen wie Unterschutzstellungen, Ankauf und Pacht sowie Pflege und Entwicklung schutzwürdiger Bereiche,
- liefert Vorgaben für die Förderprogramme im Arten- und Biotopschutz,
- stellt Informationen für den Vollzug der Eingriffsregelung zur Verfügung,
- stellt einen (naturschutzfachlichen) Beitrag für Raumordnungspläne dar und
- soll im Rahmen der Landschaftsplanung beachtet werden (Ministerium für Umwelt 1993).

Im Vergleich zu den methodischen Konzepten in anderen Bundesländern ist die Biotopverbundplanung in Rheinland-Pfalz durch eine größere Eigenständigkeit gekennzeichnet. Die Gründe hierfür dürften im Modell der Landschaftsplanung in Rheinland-Pfalz liegen. Landschaftsrahmenplan und Landschaftsplan sind in Rheinland-Pfalz eng an den Regionalplan beziehungsweise an den Flächennutzungsplan gebunden. Zwar regeln das Landespflegesetz und darauf aufbauende untergesetzliche Regelungen detailliert, welche Grundlagen für die Landschaftsrahmenplanung und die örtliche Landschaftsplanung existieren müssen, es erfolgt jedoch keine selbstständige Darstellung der Inhalte der Landschaftsplanung. Da Regionalplan und Flächennutzungsplan nicht alle Aussagen des Naturschutzes transportieren können, bietet sich mit der Biotopverbundplanung ein passendes naturschutzfachliches Planungsinstrument an, das versucht, dieses Defizit auszufüllen.

8.4.6 Ausblick

Die Biotopverbundplanungen liefern der gesetzlich fixierten Landschaftsplanung wichtige Vorgaben im Bereich des Arten- und Biotopschutzes. Sie betrachten Aspekte, die in dieser Detailschärfe aufgrund der durch die HOAI vorgegebenen finanziellen Rahmenbedingungen kaum im Rahmen des Landschaftsplanes beziehungsweise des Landschaftsrahmenplanes zu analysieren sind. Biotopverbundplanungen können demnach als **thematische Fachbeiträge** die **Landschaftsplanung im Bereich Arten- und Biotopschutz** vorbereiten oder ergänzen. In Schleswig-Holstein wurde dieser Ansatz durch die Anbindung an das Verfahren zur Aufstellung der Landschaftsrahmenpläne am konsequentesten umgesetzt.

Sollte die im Entwurf zur Novelle des BNatSchG zu den Biotopverbundsystemen enthaltene Regelung Gesetzeskraft erlangen, würde dies den Stellenwert der Biotopverbundplanungen beträchtlich erhöhen. Denn eine planerische Vorbereitung des Biotopverbundsystems dürfte dann unverzichtbar sein.

Inhaltlich stärkt auch die FFH-Richtlinie die Bedeutung der Biotopverbundplanungen erheblich. Die FFH-Richtlinie verfolgt auf der Ebene des Gemeinschaftsgebietes ebenfalls das Ziel, ein Schutzgebietssystem aufzubauen (siehe auch Kap. 2.3.1). Die Biotopverbundplanungen können auf der regionalen Ebene einen wichtigen Beitrag zur Umsetzung der Richtlinie leisten, indem

- die Verbundelemente nach Artikel 10 FFH-Richtlinie dargestellt werden,
- die Ansprüche der Lebensräume und Arten von gemeinschaftlicher Bedeutung nach Anhang I und II der FFH-Richtlinie im Rahmen eines überörtlichen Systems Berücksichtigung finden und
- die Maßnahmenvorschläge einen ersten groben Rahmen zur Pflege und Entwicklung der Gebiete von gemeinschaftlicher Bedeutung vorgeben. Die Biotopverbundplanungen dienen damit zur Vorbereitung der Pläne im Sinne des Artikel 6 Absatz 1 FFH-RL (so

genannte „Managementpläne") und stellen bis zu deren Fertigstellung wichtige Grundlagen für die Durchführung von Verträglichkeitsprüfungen nach § 19c BNatschG dar.

Als zentrale Forderungen bei der Implementation von Biotopverbundplanungen sind schließlich zu nennen:

- Um Konkurrenzsituationen und Redundanzen mit der gesetzlich fixierten Landschaftsplanung, insbesondere der Landschaftsrahmenplanung, zu vermeiden, und damit deren Koordinationsfunktion zu gewährleisten, muss die Schnittstelle (des Fachbeitrages) zur Landschaftsplanung sorgfältig definiert werden.
- Die Konzeption der Biotopverbundplanungen sollte auch auf die spezifischen Anforderungen der FFH-Richtlinie abgestimmt werden, um weitere übergeordnete Planungen zur Umsetzung der FFH-Richtlinie zu vermeiden.

8.5 Landschaftsplanung als fachliche Grundlage der Lokalen Agenda 21

Neben die gängigen Planungsinstrumente treten heute zunehmend und vor allem im kommunalen Bereich informelle Planungen, die sich zudem durch einen partizipatorischen Ansatz ausweisen. Hier ist in den letzten Jahren in vielen Städten und Gemeinden, in unterschiedlicher regionaler Dichte, das Entstehen Lokaler Agenden 21 zu nennen, die die Landschaftsplanung und die gemeindliche Entwicklung befördern können. Leider verselbständigen sich solche Planwerke manchmal und werden nicht zusammen mit den vorhandenen Instrumenten der räumlichen Planung (insbesondere der Landschaftsplanung) als gemeinsame Planungskultur weiterentwickelt. Vielfach wird verkannt, welch hervorragende und von der Sache her unentbehrliche **Grundlage die Landschaftsplanung als querschnittsorientierte Umweltplanung** gegenüber den ansonsten sektoralen Umweltfachplanungen, die damit nicht der erforderlichen ganzheitlichen Betrachtung der ökologischen Zusammenhänge gerecht werden können, für die Entwicklung der Nachhaltigkeit einer Gemeinde sein kann (Kap. 2.3.1). Für jede Kommune wird

ja die Grenze der örtlichen Belastbarkeit durch die naturräumliche Ausstattung bestimmt und so stellt diese ökologische Grenze den Handlungsspielraum für eine nachhaltige Entwicklung einer Gemeinde dar. Dem Agenda-Prozess muss also eine fundierte Bestandsaufnahme und Bewertung als ökologische Entscheidungsgrundlage, wie sie der Landschaftsplanung entspricht, zu Grunde liegen. Diesem Anliegen dient dieses Kapitel, das zudem durch ein konkretes Fallbeispiel belegt sein soll.

Auf der Konferenz der Vereinten Nationen für Umwelt und Entwicklung 1992 in Rio de Janeiro versammelten sich Vertreter von 178 Staaten, so auch der Bundesrepublik Deutschland, um Maßnahmen gegen die zunehmende Zerstörung der natürlichen Lebensgrundlagen und die wachsende soziale Kluft zwischen Nord und Süd zu beschließen. Als Ergebnis wurde die **Agenda 21 als ein umwelt- und entwicklungspolitisches Aktionsprogramm für das 21. Jahrhundert** verabschiedet (Bundesministerium für Umwelt, Naturschutz und Reaktorsicherheit 1993). Unter dem Motto „Global denken – lokal handeln" wurde damit ein Fahrplan für das 21. Jahrhundert beschlossen, mit dem Ziel, die Lebensgrundlagen für alle Menschen und in allen Erdteilen jetzt und zukünftig zu sichern. Zentrales Leitbild der Agenda 21 ist die „nachhaltige Entwicklung" (Englisch: „sustainable development"). Der Begriff der Nachhaltigkeit kommt ursprünglich aus der Forstwirtschaft und bedeutet dort, dass »...die Anzahl der gefällten Bäume durch die natürliche Regenerationsrate bestimmt ...« wird. (Jansen 2000). Bereits im Bundesnaturschutzgesetz von 1976 ist die Nachhaltigkeit Maßgabe für die Sicherung von Natur und Landschaft. Erst über 20 Jahre später ist die Nachhaltigkeit auch als Ziel der Raumordnung (ROG vom 18.8.1997: § 1 Absatz 2) und der Bauleitplanung (BauROG vom 1.1.1998: § 1 Absatz 5) berücksichtigt worden. In der Raumordnung ist sie sogar zur alleinigen Leitvorstellung geworden, die den bisherigen Leitvorstellungen der Raumordnung übergeordnet worden ist.

Nachhaltige Entwicklung meint eine zukunftsfähige Entwicklung, das heißt sie entspricht den Bedürfnissen der heutigen Generation, ohne zu riskieren, dass künftige Generationen ihre eigenen Bedürfnisse nicht befriedigen können. Sie beschreibt einen gesellschaftlichen Prozess, in dem ökonomische, soziale und ökologische Aspekte vernetzt werden und eine untrennbare Einheit im Agenda 21-Prozess bilden, denn eine Entwicklung ist nur dann nachhaltig, wenn sie zugleich umweltverträglich, sozial gerecht und wirtschaftlich tragfähig ist (Abb. 8-4). Die Verbesserung der ökonomischen und sozialen Lebensbedingungen soll also mit der langfristigen Sicherung der natürlichen Lebensgrundlagen in Einklang gebracht werden.

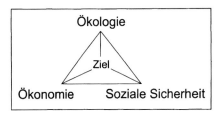

Abb. 8-4: Die drei Säulen der Nachhaltigkeit und das angestrebte Gleichgewichtsziel („Magisches Dreieck")

Geeignete Träger des Umsetzungsprozesses der Agenda 21 sind neben Regierungsorganisationen ganz betont die Nicht-Regierungsorga-

nisationen, dann vor allem die Kommunen, denn sie »...errichten, verwalten und unterhalten die wirtschaftliche, soziale und ökologische Infrastruktur, überwachen den Planungsablauf, entscheiden über die kommunale Umweltpolitik und kommunale Umweltvorschriften und wirken außerdem an der nationalen und regionalen Umweltpolitik mit...« (Bundesministerium für Umwelt, Naturschutz und Reaktorsicherheit 1993). Sie sind der Ort, der den Bürgern am nächsten ist, und zudem die politische Ebene, auf der Politik und Verwaltung am effizientesten umgesetzt und erlebbar gemacht werden kann. Daher spielen Kommunen eine entscheidende Rolle bei der Informierung und Mobilisierung der Öffentlichkeit und deren Sensibilisierung für eine nachhaltige umweltverträgliche Entwicklung. Viele Problemlösungen sind nur in der Gemeinde, das heißt in Zusammenarbeit und im Einklang mit den Bürgern zu erreichen. Daher werden in Kapitel 28 der Agenda 21 die **Kommunen weltweit aufgefordert, Initiativen zu starten, die die Agenda 21 unterstützen.** Auf kommunaler Ebene soll also eine Lokale Agenda 21 entwickelt werden, die speziell auf die jeweilige Gemeinde zugeschnitten ist. Ziel einer Lokalen Agenda 21 ist es, in der Gemeinde einen langfristigen Entwicklungsprozess zu initiieren, bei dem Bürger aktiv in die Entscheidungen der Gemeinde und in die Erarbeitung und Umsetzung von Aktionsprogrammen mit einbezogen werden und so ein Konsensfindungsprozess im Rahmen der Lokalen Agenda stattfindet, der im Wesentlichen auf ehrenamtlicher Arbeit der Gemeindemitglieder basiert (Lange 1998). Auf diese Weise soll jede Gemeinde ihren eigenen Weg hin zu einer zukunftsfähigen, nachhaltigen Entwicklung finden. Die Lokale Agenda 21 eröffnet für eine Kommune vielfältige Chancen:

- Übertragung der Agenda 21 auf die jeweilige kommunale Situation,
- Konsensfindung über Leitbilder und Ziele einer nachhaltigen Kommune, ein Ab- und Angleichen von Interessen und das Eingehen von Kompromissen,
- Beginn eines kontinuierlichen und langfristigen Diskussionsprozesses,
- Schaffung einer neuen Qualität im Verhältnis zwischen Bürgern, Politik und Verwaltung,
- Formulierung kommunaler Leitbilder und Nachhaltigkeitsprinzipien,

- Schaffung eines langfristigen kommunalen Aktionsplanes mit dem Ziel einer nachhaltigen Entwicklung,
- Erstellung eines Handlungsprogramms mit festgelegten Zielen und Maßnahmen,
- Umsetzung und Kontrolle der im Konsens gefundenen Ziele und Maßnahmen.

In der Präambel des Kapitels 23 der Agenda 21 (Bundesministerium für Umwelt, Naturschutz und Reaktorsicherheit 1993) heißt es: »Eine der Grundvoraussetzungen für die Erzielung einer nachhaltigen Entwicklung ist die umfassende **Beteiligung der Öffentlichkeit an der Entscheidungsfindung**«. Bürgerinnen und Bürger mit einzubinden heißt, sie vorab über die tatsächliche Situation im sozialen, ökonomischen und ökologischen Bereich der Kommune zu informieren, sie über Ziele und Absichten der Agenda 21 aufzuklären und bei ihnen ein Bewusstsein über die Notwendigkeit einer zukunftsfähigen Entwicklung zu schaffen. Darüber hinaus sind Strukturen vonnöten, um den gewünschten Austausch und Dialog durchführen und einen Konsens hinsichtlich eines lokalen Aktionsprogramms erzielen zu können. Die rechtzeitige Bürgerbeteiligung bei Planungs- und Entscheidungsprozessen ist nicht nur wichtig und kostensparend, sondern kommt auch zu besseren Ergebnissen. Darüber hinaus stärkt sie die Bereitschaft bei Bürgern, politische Verantwortung zu übernehmen und erhöht ihre Identifikation mit dem Ort, in dem sie leben.

Nach dem Beschluss zur Lokalen Agenda 21 einer Gemeinde müssen die **Aussagen der bisherigen Agenda-Arbeit** (Maßnahmen, Projekte, Zielkatalog) **in die verschiedenen kommunalen Planungsinstrumente integriert werden.** Hierbei sollen die Fachpläne als wesentliche Grundlage der Lokalen Agenda 21 weiterentwickelt werden. Neben den übergeordneten Planungen und räumlichen Fachplanungen gibt es in jeder Kommune eine Vielzahl von Konzepten und Programmen zu zahlreichen kommunalen Handlungsfeldern, die ebenfalls zu Instrumenten einer zukunftsbeständigen Kommunalentwicklung – und damit der Umsetzung der Lokalen Agenda 21 – werden können.

Damit spätere Generationen bezüglich der Umweltqualität und der Versorgung mit natürlichen Ressourcen nicht schlechter gestellt sind, muss sich die **Politik einer nachhaltigen zukunftsverträglichen Entwicklung** an den folgenden Grundregeln orientieren (Deutscher Bundestag 1997):

- Die Nutzung erneuerbarer Naturgüter darf auf Dauer nicht größer sein als ihre Regenerationsrate.
- Die Nutzung nicht-erneuerbarer Ressourcen darf auf Dauer nicht größer sein als die Substitution ihrer Funktionen.
- Stoffeinträge in die Umwelt sollen sich an der Belastbarkeit der Umweltmedien orientieren.
- Das Zeitmaß anthropogener Eingriffe in die Umwelt muss in einem ausgewogenen Verhältnis zu der Zeit stehen, die die Umwelt zur eigenständigen Stabilisierung benötigt.

Die Anwendung dieser Regeln ist besonders in umsetzungsorientierten Bereichen zu fördern. Hierzu gehören in der Bundesrepublik Deutschland verschiedene kommunale Planungen, die einen guten Ausgangspunkt sowohl für die Aufstellung als auch für die Umsetzung einer Lokalen Agenda 21 darstellen. Sie können Bestandteil des langfristigen Aktionsprogramms werden, indem sie konsequent auf das Ziel einer nachhaltigen Kommunalentwicklung ausgerichtet werden.

Das Instrument der Landschaftsplanung auf der gemeindlichen Ebene – der Landschaftsplan – muss so in die Verfahrenskultur des Agenda-Prozesses eingebunden werden, dass beide voneinander profitieren können: die Agenda, indem sie auf ein etabliertes, flächendeckend angelegtes Instrument zur Verwirklichung ihrer Ziele zurückgreift, der gemeindliche Landschaftsplan, indem über die Agenda Schubladenpläne reaktiviert werden, beziehungsweise bei Neuaufstellung eine Orientierung hin zu stärkerer Prozesshaftigkeit und Querschnittsorientierung der Aussagen erfahren. Wichtig ist hierbei:

- ein integraler Ansatz, der die jeweiligen Plan-Aussagen unter anderem hinsichtlich ökologischer, ökonomischer und sozialer Belange beachtet,
- ein langfristig angelegter Zeithorizont, da die Agenda 21 das Ziel hat, Zeiträume über mehrere Generationen hinweg in das Denken einzubeziehen,
- die Einbindung der Umsetzung in ein konsensorientiertes, den Dialog mit den relevanten gesellschaftlichen Gruppen und interessierten Bürgern suchendes Vorgehen.

Der **Landschaftsplan kann/ sollte in einer Kommune ein fundamentaler Baustein für eine Lokale Agenda 21 sein.** Landschaftsplanung soll die Ziele und Grundsätze des Naturschutzrechts verwirklichen (Kap. 5.1.3), das sind die Sicherung der nachhaltigen Leistungsfähigkeit des Naturhaushaltes und die Sicherung der Landschaftspotenziale als Lebensgrundlagen des Menschen, einschließlich der Erhaltung und Entwicklung von Natur und Landschaft als Erholungs- und Erlebnisraum (Kap. 3) (Fiedler et al. 1996).»Aufgrund des gesetzlichen Auftrages werden somit bereits heute mit dem Instrument des Landschaftsplanes die naturgegebenen Rahmenbedingungen für eine nachhaltige Gemeindeentwicklung dargestellt« (Lange 1998).

Der Landschaftsplan muss schließlich die Frage beantworten, was notwendig ist, um die Leistungsfähigkeit des Naturhaushaltes zu sichern, zu entwickeln sowie Beeinträchtigungen und Gefährdungen abzubauen, beziehungsweise zu verhindern (Gassner 1995). Ein Beispiel dafür gibt die Hansestadt Rostock (1997):

»Grundsätzliches Entwicklungs- und Erhaltungsziel des Landschaftsplanes ist die nachhaltige Sicherung einer lebensfähigen und lebenswerten Stadtlandschaft für unsere und künftige Generationen. Die Entwicklungsziele lassen sich in folgende Gruppen systematisieren:
* ökologische Entwicklungsziele (Landschaftspflege, Naturschutz, verträgliche Land- und Forstwirtschaft, Leistungsfähigkeit des Naturhaushaltes, Abbau von Beeinträchtigungen),
* soziale Entwicklungsziele (Gesunde Arbeits- und Wohnverhältnisse, Erholungsvorsorge),
* kulturelle Entwicklungsziele (Stadt- und Landschaftsbild, harmonische Kulturlandschaft).«

Erhobene und bewertete **Daten des Landschaftsplanes können als ökologische Grundlagen für den Agenda-Prozess** dienen, da ein integriertes und schutzgutübergreifendes ökologisches Zielkonzept vorliegt, das eine Voraussetzung für eine nachhaltige Entwicklung ist. Landschaftsplanung leistet damit einen Beitrag zur dauerhaft-umweltgerechten Entwicklung.

Da Nachhaltigkeit durch den Faktor Zeit geprägt wird und sich die Gültigkeit eines Landschaftsplanes auf einen Zeitraum von zehn bis 15 Jahren bezieht, sind seine Inhalte auf lange Sicht zu erarbeiten. Es zeigt sich, dass für diese Umweltvorsorge ein Planungsinstrument gefragt ist, das Entscheidungen einerseits sachgerecht und langfristig tragfähig und andererseits schnell und flexibel vorbereitet. Nachhaltigkeit in der Landschaftsplanung fordert aber auch eine hohe

Akzeptanz der Planungsziele bei den Adressaten, da diese die eigentlichen (freiwilligen) Akteure in der Umsetzung sind (Jessel 1998b). Sie kann insbesondere durch frühzeitige Einbindung aller Beteiligten und somit Mitgestaltung des Planungsprozesses erreicht werden. Die hierbei anzustrebende Konsensbildung kann durch eine transparente Darstellung der ökologischen Zusammenhänge und konsensorientierte Folgerungen für eine nachhaltige Nutzung, die zudem zeit- und kostensparend sein müssen, unterstützt werden (Bundesverband beruflicher Naturschutz e. V. 1999). **Ergebnis soll letztendlich ein für die jeweilige lokale beziehungsweise regionale Situation stimmiges Leitbild sein, das gewisse Schwerpunkte beinhaltet.**

Diese Anforderungen sollen in der Lokalen Agenda 21 Unterstützung finden, deren Besonderheit unter anderem in der Verknüpfung von internationalem Auftrag und globalem Leitbild einerseits und lokaler Strategiensuche und Umsetzung andererseits liegt. Sie bietet den Kommunen die Chance, innerhalb der örtlichen Gemeinschaft einen Konsensbildungsprozess über ein Entwicklungsleitbild für das kommende Jahrhundert zu beginnen, ein zukunftsweisender Schritt in Zeiten knapper werdender natürlicher und finanzieller Ressourcen und somit wirtschaftlicher und sozialer Veränderungen. Es wird daher ermöglicht, die **verschiedenartigen Ansätze einer Stadtentwicklungspolitik unter dem Schirm einer Lokalen Agenda 21** systematisch, gebündelt und unter dem Gesichtspunkt der Vorsorge und Nachhaltigkeit zusammenzufassen. Die vorhandenen Planungsinstrumente sind dabei als „Transportmittel" für die Verankerung der Zukunftsbeständigkeit zu nutzen (Jessel 1998a). Sie sind – so auch der Landschaftsplan – in ihren Aussagen mit den verschiedenen anderen kommunalen Programmen, Fachplanungen und Akteuren zu verbinden, um so schrittweise ein Netzwerk lokaler Agenda-Aktivitäten aufzubauen. Es wird ersichtlich, dass „Lokale Agenda 21" hauptsächlich bedeutet, Lücken zu schließen und sektorale Planungen zu vernetzen.

Zwischen gemeindlicher Landschaftsplanung und Lokaler Agenda 21 gibt es zahlreiche inhaltliche Anknüpfungspunkte:
* Die Ziele einer Lokalen Agenda 21 gewinnen an Durchsetzungskraft, wenn sie in bereits bestehende Instrumente wie den örtlichen Landschaftsplan integriert werden.

- Landschaftspläne haben einen umfassenden Gestaltungsauftrag zu erfüllen und können so den Gemeinden einen wesentlichen Beitrag für ihre Lokale Agenda 21 liefern, wobei sowohl ihre Grundlagendarstellung mit für die meist am Beginn von Agenda-Prozessen stehenden Bestandserhebungen herangezogen als auch ihre Planungsaussagen zum Ausgangspunkt für konkrete Aktivitäten genommen werden können.

Es ist erklärtes umweltpolitisches Ziel, die gemeindliche Landschaftsplanung als wesentliche Grundlage einer Lokalen Agenda 21 weiterzuentwickeln (Jessel 1998a).

Zusammenfassend ist daher zu sagen, dass die **Landschaftsplanung zu einer ökologisch nachhaltigen Entwicklung in Gemeinden beiträgt,** jedoch auch die ökonomischen und sozialen Belange befördert. Gleichzeitig können informelle Beteiligungsprozesse innerhalb einer Lokalen Agenda 21 als Vorbereitung für die Fortschreibung von Landschaftsplänen dienen (Jessel 2000).

Das Fallbeispiel Stadt Ludwigslust

Zwischen Hamburg und Berlin gelegen liegt Ludwigslust im Südwesten des **Bundeslandes Mecklenburg-Vorpommern**. Die Stadt ist mit ihren 12.757 Einwohnern (Stand: 30.6.1998) Kreisstadt des flächengrößten gleichnamigen Kreises in Mecklenburg-Vorpommern, zu dem 123 Gemeinden gehören. Die Stadt Ludwigslust besteht aus dem Stadtzentrum Ludwigslust – dem historischen Kern –, dem eingemeindeten Ort Techentin sowie den eingemeindeten Dörfern Niendorf, Hornkaten und Weselsdorf und erstreckt sich auf einem Gebiet von 4 861 Hektar.

Als **Denkmal barocken und frühklassizistischen Städtebaus** ist der historische Stadtkern von Ludwigslust ein Flächendenkmal mit internationaler Bedeutung, der in das Sonderprogramm der Bundesregierung für den städtebaulichen Denkmalschutz aufgenommen wurde. Gestaltete Grünräume (Schlosspark, Allee) und freie Landschaftsräume führen in die Stadt hinein und sind stadtbildprägend. Aufgrund der zahlreichen Linden trägt Ludwigslust den Beinamen „Lindenstadt". Unmittelbar an das Stadtzentrum schließt sich ein ehemals militärisch genutztes Areal von circa 33 Hektar, das mit Schadstoffen verschiedener Art und Konzentra-

tion kontaminiert war. Auf der Grundlage des städtebaulichen Wettbewerbes erfolgte die Ideenfindung für die städtebauliche Neuordnung und abschnittsweise Bebauung des Garnisonsgeländes. Dieser Bereich, der sich direkt am Innenstadtkern anschließt, scheint geeignet, zukünftig das Einzelhandelsangebot in Ludwigslust zu vervollständigen.

Die **Stadtverwaltung** der Stadt Ludwigslust ist mit ihren Mitarbeitern folgendermaßen organisiert: unter der Ebene des Bürgermeisters arbeiten Hauptamt, Kämmerei, Ordnungs- und Sozialamt, Stadtplanungs-, Umwelt- und Bauamt. Letzteres ist für die Koordination des Agenda-Prozesses verantwortlich.

Das Ludwigsluster Gemeindegebiet liegt im **Naturraum** „Südwestliches Vorland der Mecklenburger Seenplatte" im Niederungsgebiet mit Sanderflächen und Lehmplatten, in der so genannten Griesen Gegend. Hier wiederum ist der Ludwigsluster Raum ein Bestandteil der Niederung der Lewitz und des unteren Eldetales. Das typische Landschaftsbild von Ludwigslust ist das eben bis flachwellig gestaltete Grundmoränenland mit Höhenunterschieden von 20 bis 40 m. Als rechtsgültig festgelegtes Landschaftsschutzgebiet besteht seit dem 1.11.1955 das Landschaftsschutzgebiet „Ludwigsluster Schlosspark mit anschließendem Misch- und Bruchwald" in einer Größe von 1500 ha.

Der Agenda-Prozess in Ludwigslust

Die Stadtvertretung Ludwigslust hat im Dezember 1996, auf der Grundlage aller vorhandenen Planungen und insbesondere des 1996 erarbeiteten Landschaftsplanes, die **Aufstellung einer Lokalen Agenda 21** für die Stadt Ludwigslust beschlossen. Im Juni 1997 wurde durch die Stadtvertreter ein Beschluss über die Erarbeitung von Leitlinien im Rahmen der Lokalen Agenda 21 für die nachhaltige Stadtentwicklung von Ludwigslust verabschiedet.

Zur Agenda-Auftaktveranstaltung Forum „Perspektive Ludwigslust" im Februar 1998 im Alten Forsthof kamen über 70 interessierte Bürgerinnen und Bürger, Vertreter der Vereine, Verbände et cetera der Stadt Ludwigslust. Die Universität Rostock, vertreten durch das Institut für Landschaftsplanung und Landschaftsökologie, übernahm die Moderation im Rahmen des

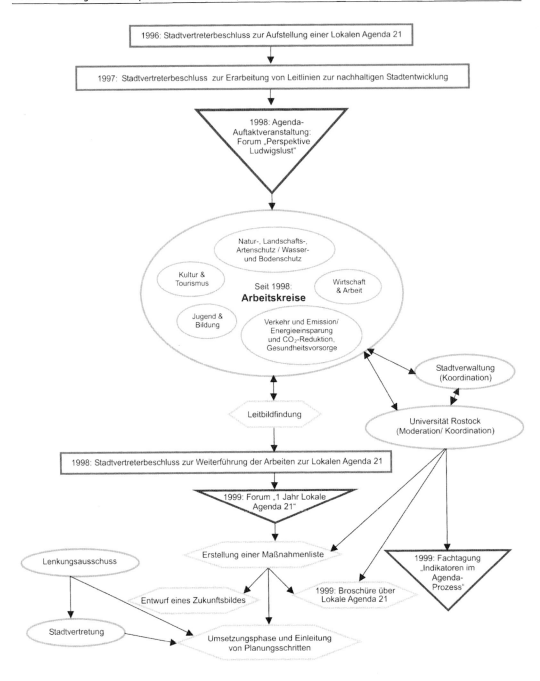

Abb. 8-5: Die Lokale Agenda 21-Organisation in Ludwigslust (Institut für Landschaftsplanung und Landschaftsökologie 2000)

Agenda-Prozesses in Ludwigslust. Hier wurden die **Arbeitskreise gegründet**, die bei der Erarbeitung der Lokalen Agenda 21 mitwirken sollten (Abb. 8-5).

Im Zuge des Agenda-Prozesses wurde durch Diskussionen innerhalb der Arbeitskreise, in denen sich circa 60 Bürgerinnen und Bürger engagieren, über eine nachhaltige Stadtentwicklung ein **Zielkatalog der Lokalen Agenda 21 Ludwigslust** entwickelt. Dieser setzt entsprechend der Arbeitskreise Schwerpunkte in den Bereichen Kultur und Tourismus, Jugend und Bildung, Wirtschaft und Arbeit, Verkehr und Emissionen/ Energieeinsparung und CO_2-Reduktion, Gesundheitsvorsorge und Natur-, Landschafts-, Artenschutz/ Wasser- und Bodenschutz. Aus diesem Zielkatalog wiederum konnte ein Zukunftsbild Ludwigslusts abgeleitet werden, an das das Leben in Ludwigslust durch **kurz-, mittel- und langfristige Maßnahmen** nach und nach angenähert werden soll. Bei diesen konkreten Einzelmaßnahmen ist zu beachten, dass nicht alle Ziele durch die Verwaltung beziehungsweise Stadtvertreter umsetzbar sind. Zu bedenken ist auch die Einflussnahme auf Landes- und Bundesebene zum Beispiel im Bereich Jugend und Bildung. Natürlich überschneiden sich einzelne Maßnahmen untereinander in den verschiedenen Bereichen. Diese Schnittstellen werden bei der Umsetzung Beachtung finden.

Im Dezember 1998 hat die Stadtvertretung die **Weiterführung der Leitlinien zur nachhaltigen Stadtentwicklung und damit der Arbeiten zur Lokalen Agenda 21** beschlossen. Anfang 1999 war es an der Zeit Bilanz zu ziehen. Daher lud die Stadt Ludwigslust im April 1999 in den Lichthof des Rathauses zu der gutbesuchten Veranstaltung „Lokale Agenda 21 – 1 Jahr Rückblick – wie geht es weiter?" ein.

Die bestehenden Planungen müssen mit in den Agenda-Prozess eingebunden und sinnvoll vernetzt werden. Hierbei sollten die Fachpläne – und vor allem der Landschaftsplan, der 1996 aufgestellt wurde und wesentliche Grundlage des Agenda 21-Prozesses in Ludwigslust war und ist – weiterentwickelt werden. Der Agenda-Prozess in Ludwigslust befindet sich derzeit zu **Beginn der Umsetzungsphase**. Das heißt, die Aussagen der bisherigen Agenda-Arbeit werden in die verschiedenen kommunalen Planungsinstrumente integriert. Neben den übergeordneten Planungen und räumlichen Fachplanungen gibt es in jeder Kommune eine Vielzahl von Konzepten und Programmen zu zahlreichen kommunalen Handlungsfeldern, die ebenfalls zu Instrumenten einer zukunftsbeständigen Kommunalentwicklung – und damit der Umsetzung der Lokalen Agenda 21 – werden können.

Für die **Koordination dieser Planungsschritte** und darüber hinaus der Aktivitäten der Stadt Ludwigslust zur Lokalen Agenda 21 ist der Lenkungsausschuss – bestehend aus dem Ausschuss für Umwelt und Kommunalwirtschaft und den Arbeitskreis-Leitern – verantwortlich. Er ist des weiteren beauftragt, der Stadtvertretung entsprechende Empfehlungen zur Entwicklung und Umsetzung der Ludwigsluster Agenda zu liefern. Die Stadtverwaltung übernimmt weiterhin die Funktion **der Anlaufstelle für alle Agenda-Beteiligten** und führt die einzelnen Akteure innerhalb und außerhalb der Verwaltung zusammen. Inhaltliche Impulse, Durchführung eigener Aktionen und Kampagnen, Presse- und Öffentlichkeitsarbeit sowie die organisatorische und administrative Unterstützung des örtlichen Übereinstimmungsprozesses ergänzen den Aufgabenbereich. Der Dialog zwischen all diesen Akteuren wird auch in Zukunft durch das Institut für Landschaftsplanung und Landschaftsökologie der Universität Rostock moderiert. Die Abbildung 8-5 fasst den **Agenda-Prozess in Ludwigslust** übersichtlich zusammen.

8.6 Einsatz von Geo-Informationssystemen in der Landschaftsplanung

Geo-Informationssysteme (GIS) sind in den letzten Jahren zu unentbehrlichen Werkzeugen in der modernen Landschaftsplanung geworden. Auf allen Ebenen der landschaftsplanerischen Praxis und für zahlreiche Fragestellungen in der landschaftsplanerischen Forschung wird heute versucht, GIS einzusetzen.

8.6.1 Geo-Informationssysteme – ein Überblick

Die komplexe Struktur und Funktion eines GIS wird in der folgenden Definition trefflich wiedergegeben: »Ein Geo-Informationssystem ist ein rechnergestütztes System, das aus Hardware, Software, Daten und Anwendungen besteht. Mit ihm können raumbezogene Daten digital erfasst und redigiert, gespeichert und reorganisiert, modelliert und analysiert sowie alphanumerisch und graphisch präsentiert werden« (Bill 1999). Es handelt sich dabei also nicht nur – wie oft fälschlicherweise vereinfacht wird – um die Computerprogramme (Software), die eine rechnergestützte Verarbeitung von raumbezogenen Informationen gestatten. Alle vier Komponenten (Hardware, Software, Daten, Anwendungen) sind für ein funktionierendes GIS notwendig. Für die Beherrschung moderner Computertechnik sowie die gleichzeitige Verarbeitung von fachlich teilweise sehr komplizierten Fachdaten und ihren Zusammenhängen in einem GIS ist der Einsatz gut ausgebildeter Anwender mit ständiger Bereitschaft zur Weiterbildung erforderlich. Jeder Nutzer eines GIS sollte zumindest die Grundzüge der GIS-Funktionalitäten kennen, auch wenn er die Soft- und Hardware nicht direkt bedient.

Die Funktionen eines GIS werden ebenfalls in vier Komponenten gegliedert: Erfassung, Verwaltung, Analyse und Präsentation von raumbezogenen Daten (Bill 1999). Im deutschsprachigen Raum wird oft die Bezeichnung „Geographische Informationssysteme" als Synonym zu „Geo-Informationssystemen" benutzt, diese stellen nach Greve (1996) allerdings nur einen ausgewählten Kreis der GIS dar.

Die historische Entwicklung von GIS ist eng mit der Entwicklung der Computertechnik und zugleich mit den wachsenden Aufgaben auf dem Gebiet der Verarbeitung raumbezogener Informationen verbunden. Sie kann nach Bartelme (1995) in fünf teilweise überlappende Phasen eingeteilt werden:

I. 1955 – 1975: Die Zeit der Pioniere – individuelle, isolierte Lösungswege der Entwickler.

II. 1970 – 1985: Die Zeit der Behörden – Entwicklung von Konzepten (zum Beispiel ALK – Automatisierte Liegenschaftskarte) und beginnende Umstellung von analogen Basisdaten in digitale Form, GIS als Erfassungswerkzeug.

III. 1979 – 1990: Die Zeit der Firmen – es entsteht ein GIS-Markt, die Hardware wird leistungsfähig und eine Umstellung von Großrechnern auf Workstation findet statt.

IV. 1988 – 1998: Die Zeit der Nutzer. GIS entwickelten sich mehr und mehr weg von Universalwerkzeugen hin zu Systemen, die – modular aufgebaut – einen Werkzeugkasten darstellen, der, jeweils an Benutzerwünsche angepasst, zu so genannten Fachschalen zusammengestellt werden kann.

V. Seit circa 1995: Zeit des offenen Marktes: Angebot und Nachfrage statt behördlicher Vorgaben und einiger Großprojekte bestimmen den Markt sowohl für GIS-Software als auch für Geodaten.

Der Einsatz von GIS gehört heute zur Selbstverständlichkeit in allen wissenschaftlichen Disziplinen, Anwendungsbereichen und Wirtschaftszweigen, in denen die Informationen mit einem geographischen Bezug verarbeitet werden. Die Umweltanalyse und Umweltplanung gehörten zu den ersten Anwendungsgebieten für Computerprogramme, die auf Verarbeitung von raumbezogenen Informationen spezialisiert waren (GIS-**Software**). Die ersten GIS-Softwarepakete in den siebziger und achtziger Jahren waren in der Regel für die landschaftsplanerische Praxis zu teuer und ihre Anwendung blieb einigen wenigen Spezialisten (insbesondere Informatikern und Computerexperten) vorbehalten. Eine schnelle Verbreitung von GIS-Programmen in der Landschaftsplanung Ende der achtziger Jahre war mit einer verbesserten Funktionalität sowie mit einem besseren Preis-Leistungsverhältnis der Software verbunden. Der Schwerpunkt der GIS-Anwendungen lag in dieser Zeit im Bereich der Forschungsprojekte sowie beim Aufbau diverser Informationssysteme bei Bundes- und Landesbehörden. Die gegenwärtige Situation auf dem Markt der GIS-Software zeichnet sich durch eine breite Vielfalt von Herstellern und Programmen aus, die zum Beispiel bei Buhmann und Wiesel (1999) oder Bill (1999) dokumentiert wird.

Die Anwendung von GIS-Programmen war bis zum Anfang der 90er Jahre nur auf besonders leistungsfähige **Hardware** (Computer) begrenzt, was ebenfalls hohe Kosten für die Anwender bedeutete. Erst die rasante Verbreitung hochwertiger Hardwaresysteme in den letzten circa 10 Jahren ermöglichte einen kontinuierlichen Aufbau zahlreicher GIS-fähiger Rechnerarbeitsplätze in Behörden, Institutionen, im universitären Bereich und in privaten Planungsbüros.

Mit den allgemeinen methodischen Grundlagen und den rechentechnischen Aspekten des Aufbaus der GIS befassen sich zahlreiche umfassende Lehrbücher sowie Publikationen, auf die an dieser Stelle lediglich verwiesen werden kann (Bartelme 1995, Bill 1999, Zimmermann 1994, Muhar 1999 und andere).

8.6.2 Einsatz von GIS auf verschiedenen Ebenen der Landschaftsplanung

Die zunehmende Fülle landschaftsbezogener Informationen und ihre steigende Komplexität sowie neue Anforderungen an die Auswertung dieser Informationen für die landschaftsplanerische Theorie und Praxis haben die Anwendung von computergestützten Systemen in der Landschaftsplanung in den letzten Jahren notwendig gemacht. Allerdings wurde das „Werkzeug" GIS sehr oft überbewertet, was in einigen Fällen zu unnötig hohen Kosten und uneffektiven, zeitintensiven Bearbeitungen von Projekten geführt hat. Für eine eindeutige Einschätzung, wann der GIS-Einsatz für ein Projekt oder eine Planung notwendig ist gibt es keine eindeutigen Regeln. Vielmehr müssen die Vor- und Nachteile vor der Bearbeitung der konkreten Aufgabe realistisch

bewertet werden. Dabei können folgende Kriterien einer Orientierung dienen:

- Stehen die geplanten Kosten für den Einsatz von GIS in einem akzeptablen Verhältnis zu den Gesamtkosten des Projektes und den Vorteilen, die durch Einsatz von GIS entstehen?
- Werden während der Bearbeitung der Aufgabe größere Datenmengen mit Raumbezug erhoben, die verwaltet und ausgewertet werden müssen?
- Liegen für die Aufgabe bereits digitale Daten vor und können diese problemlos übernommen werden?
- Sollen anhand der Grunddaten mit geographischem Bezug neue Informationen über den Gegenstand der Aufgabe abgeleitet und/oder berechnet werden?
- Sollen bereits während der Bearbeitung Teilergebnisse präsentiert werden?
- Werden während eines Planungsprozesses zahlreiche Veränderungen in den Plänen erwartet, ist eine Fortschreibung und/oder Mehrfachnutzung der Daten geplant/notwendig (andere Planungen, Fachbehörden und so weiter)?

Nicht zuletzt wird in der Praxis nach finanziellen Aspekten und Möglichkeiten entschieden. Zahlreiche Erfahrungen mit realisierten GIS-Projekten zeigen, dass die Kosten für die Erhebung und Aufbereitung von Daten mehr als 80% der Gesamtkosten eines GIS-gestützten Vorhabens ausmachen können (Buhmann und Wiesel 1999). Die Übernahme vorhandener digitaler Daten ist in der Praxis häufig mit Schwierigkeiten verbunden. Oft liegen die Daten nicht in der für das Projekt erforderlichen Qualität (Maßstab, Auflösung, Aktualität) vor und die unentbehrlichen Metainformationen („Daten über die Daten", Dokumentation der Entstehung, der Qualität und so weiter) sind mangelhaft. Nicht selten, insbesondere bei der Durchführung von Forschungsprojekten mit landschaftsplanerischer Thematik stoßen die Bearbeiter auf Schwierigkeiten mit nicht geklärten Nutzungsrechten und Zuständigkeiten für die Weitergabe von digitalen Daten. Die technischen Schwierigkeiten des Datenaustausches zwischen Systemen verschiedener Hersteller spielen trotz der Bemühungen um standardisierte Schnittstellen nach wie vor eine entscheidende Rolle.

Trotz dieser Schwierigkeiten ist der Einzug der GIS in alle Teilbereiche und Fragestellungen der

Landschaftsplanung nicht aufzuhalten. In den folgenden Ausführungen kann nur auf ausgewählte Aspekte von GIS in der Landschaftsplanung und einige spezifische Probleme auf den jeweiligen Ebenen eingegangen werden.

Auf der Ebene der Landschaftsrahmenplanung gehört der Einsatz von GIS inzwischen zum Standard, da hier eine Zusammenstellung von Fachinformationen und Bearbeitung für flächenmäßig relativ große Regionen erfolgen muss. Durch Verwendung von GIS wird außerdem versucht, den Planungsprozess zu verbessern und die rechentechnisch fortschreibungsfähigen Inhalte der Pläne sowie die „Ergebniskarten" den Nutzern (insbesondere in den Unteren Naturschutzbehörden) möglichst benutzerfreundlich zur Verfügung zu stellen. Darüber hinaus erleichtert die digitale Aufstellung der Landschaftsrahmenpläne (LRP) wesentlich den wichtigen Abgleich mit den Daten der Regionalplanung (Regionales Raumordnungsprogramm, RROP). In der Regionalplanung selbst werden durch den zunehmenden Einsatz von GIS neue Möglichkeiten sowie inhaltliche und verfahrenstechnische Verbesserungen gesehen, »der Regionalplan der Zukunft wird auf CD-ROM erscheinen« (Schaal 1999). Die Notwendigkeit der GIS-technischen Bearbeitung, die Vorteile und Probleme bei der Integration von LRP in die Regionalpläne wurden am Beispiel der Planungsregion Mittleres Mecklenburg/Rostock in einem Forschungsprojekt am Institut für Landschaftsplanung und Landschaftsökologie der Universität Rostock untersucht (Kap. 6.1 und 9.2). Die Ergebnisse des Projektes zeigen deutlich die Notwendigkeit der digitalen Bearbeitung beider Pläne. Ein Abgleich zwischen den Anforderungen und Zielen des LRP und des Regionalplanes für eine Region ist heute ohne das Vorliegen von digitalen Daten in einer angemessenen Zeit mit der notwendigen Genauigkeit und Transparenz der Abgleichsprozesse kaum realisierbar. Um später Probleme zu vermeiden, ist bereits beim Aufstellen beider Pläne insbesondere auf die Verwendung identischer Kartengrundlagen sowie auf Kompatibilität von Kartenebenen und Datenbanken zu achten.

Mit einer gewissen zeitlichen Verspätung halten in den letzten circa fünf Jahren die Geo-Informationssysteme auch in die **Ebene der kommunalen Landschaftsplanung** erfolgreich den Einzug. Diese Verspätung wird speziell durch die

hohen Gesamtkosten des GIS verursacht und ist deshalb insbesondere bei kleineren und wirtschaftsschwächeren Gemeinden problematisch. Über Fördergelder und ähnliches kann der Aufbau eines kommunalen Geo-Informationssystems realisiert werden, die notwendige Pflege und Fortführung der Datenbestände scheitern dann meist an fehlenden Finanzen beziehungsweise Fachkräften in der Gemeindeverwaltung. Hier bedarf es neuer konzeptioneller Wege, da die GIS in der kommunalen Landschaftsplanung wichtige Datengrundlagen liefern und erst nach einigen Jahren durch die vereinfachte Fortschreibung der Daten eine Kostenminimierung erbringen. Die auf der kommunalen Ebene erarbeiteten Grundlagen können über eine horizontale Integration der Planwerke (Landschaftspläne benachbarter Gemeinden) zu einer vertikalen Integration (zum Beispiel Landschaftsplan und Landschaftsrahmenplan einer Region) führen und damit die Effizienz und vor allem Qualität auf den anderen Ebenen der Landschaftsplanung verbessern. Nach Pietsch und Buhmann (1999) spricht auch eine vereinfachte Fortschreibung sowie eine effizientere Detaillierung (zum Beispiel Grünordnungspläne) für eine Nutzung der GIS auf der kommunalen Ebene.

Insbesondere für die Fortführung eines Landschaftsplanes lassen sich beim entsprechend fachlich richtigen Aufbau in computergestützter Form deutliche Vorteile erkennen. Die digitale Bearbeitung eines Landschaftsplanes ermöglicht flexible Änderungen und Ergänzungen von kartographischen Darstellungen, die in analoger Form viel aufwendiger sind. Weiterhin kann sich der GIS-Einsatz durch folgende Vorzüge auf die Beschleunigung des Verfahrensablaufes auswirken:

- Übernahme bereits vorhandener digitaler Daten,
- Erstellen von Arbeitskarten in notwendigen Maßstäben,
- schnelles Einarbeiten von Änderungen,
- flexibles Erstellen von qualitativ hochwertigen Karten zur Bürgerbeteiligung und für Fachbehörden,
- die Möglichkeit der Verknüpfung von kartographischen Darstellungen mit textlichen Erläuterungen.

Die nicht gegebene Verfügbarkeit entsprechend genauer, fachlich richtiger und untereinander passender digitaler Daten (in der Regel im Maßstab 1:10 000 und genauer) stellt heute noch ein wesentliches Problem beim Aufbau von GIS in den Gemeinden dar. Das macht oft zeitaufwendige und kostenintensive Ersterfassungen im Gelände, eine Digitalisierung der analogen Karten oder zumindest eine fachliche Überprüfung, Aktualisierung und/oder Anpassung dieser Karten notwendig.

Eine wichtige Rolle spielt gerade auf der Ebene der kommunalen Landschaftsplanung die Komponente „Präsentation", da hier die Prozesse und Ergebnisse der planerischen Arbeiten der breiten Öffentlichkeit präsentiert und „verständlich" gemacht werden müssen, um ihre Akzeptanz zu erhöhen. Die moderne GIS-Software bietet dafür zahlreiche technische Möglichkeiten von der Erstellung ansprechender kartographischer Darstellungen mit Tabellen, Diagrammen oder Texten bis hin zum Einbau von Multimediakomponenten wie Bilder, Audio- und Videosequenzen.

Die digitale Bearbeitung von raumbezogenen Informationen für **Grünordnungspläne** (GOP) erfolgte in der Vergangenheit oft mit Hilfe von CAD-Systemen (aus dem englischen „Computer Aided Design"). Diese Computerprogramme stammen aus dem Bereich der Konstruktion und verfügen dadurch über zahlreiche Funktionen zur schnellen Erstellung von Karten im großmaßstäbigen Bereich. Diese Eigenschaft ist für die Ebene der GOP vorteilhaft und fehlte oft den GIS in der Vergangenheit. Moderne GIS-Programme verfügen bereits über zahlreiche Werkzeuge zur Konstruktion und können die CAD in diesem Bereich vollständig ersetzen. Da bei den CAD-Systemen die Haltung der Sachdaten (Aufbau einer Datenbank) nur in einem sehr begrenzten Umfang möglich ist, eignen sich diese nur für eine einmalige Erstellung von Karten für GOP, können aber nicht zum Aufbau eines GIS herangezogen werden.

Einen modernen Trend in jüngster Zeit stellt die Entwicklung von GIS-gestützten **Flächenmanagementkonzepten** dar, die auch unter der Bezeichnung „Ökokonto" bekannt sind. Über Einsatz von GIS soll hier zum Beispiel ein einfacher Zugriff auf die so genannten „Kompensationsflächenpools" erreicht werden. (Schildwächter und Jergens 1999). Dabei sollten allerdings die Möglichkeiten der modernen Technik nicht über die durchaus kritische Diskussion zu diesem Werkzeug der Landschaftsplanung hinweg täuschen.

Die enge Koppelung zwischen der Landschaftsplanung und der **Umweltverträglichkeits-**prüfung (UVP), die im Kap. 7.2 ausführlich beschrieben wird, legt die gemeinsame Verwendung von digitalen Datengrundlagen nahe, die einen problemlosen Austausch der Daten ermöglicht. Der zentrale methodische Baustein in der heutigen UVP, die ökologische Risikoanalyse, ist besonders geeignet für eine GIS-Unterstützung. Die notwendigen Algorithmen für die ökologische Risikoanalyse wie Klassenbildung, Verschneidung und Überlagerung von verschiedenen Themen sind heute Bestandteil jeder modernen GIS-Software und so kommen im Rahmen der UVP-Bearbeitung hauptsächlich die analytischen Fähigkeiten dieser Programme zur Geltung.

Eine wichtige Rolle kommt der Anwendung der **GIS in der landschaftsplanerischen und landschaftsökologischen Forschung** zu. Die Forschungsarbeiten auf dem Gebiet der Landschaftsökologie sollen die Grundlagen für die Entscheidungsprozesse in der Landschaftsplanung liefern. Immer mehr Untersuchungen widmen sich den landschaftsökologischen Funktionen und Prozessen sowie der Landschaftsstruktur. Der GIS-Einsatz kommt dabei jedoch sehr oft nicht über ein reines Abfragesystem hinaus und bleibt damit »chronisch unterfordert« (Blaschke 1997). Die eigentliche Stärke der GIS liegt in der Analyse der räumlichen Strukturen und Muster in der Landschaft oder in der Bildung von Modellen und daraus abgeleiteten Szenarien für die Entwicklung von landschaftsökologischen Prozessen. Dabei stehen insbesondere die Fragen nach Ursachen und Wirkungen von Fragmentierung, Isolation beziehungsweise der Konnektivität von Lebensräumen als landschaftsökologische Phänomene im Vordergrund. Als ein wichtiges Hilfsmittel haben sich dabei die Methoden der Fernerkundung erwiesen. Die Möglichkeit der Auswertung von Satelliten- und Luftbildern gehört heute zu den Grundfunktionen jeder modernen GIS-Software. Die Fernerkundung wird speziell für die Bestandsaufnahmen von Landschaftsstrukturen und beim Langzeitmonitoring der Vegetationsentwicklung eingesetzt.

Infolge der raschen digitalen Aufbereitung von raumbezogenen Daten bei den Naturschutzbehörden der Bundesländer (Aufbau von Umweltinformationssystemen – UIS), den Vermessungsämtern sowie zahlreichen privaten Datenanbietern muss der jeweils aktuelle Datenbestand an raumbezogenen Informationen direkt vor Ort, in der Literatur oder im Internet recherchiert werden. Ein geeigneter Einstiegspunkt mit zahlreichen Verweisen auf Informationen zu den aktuellen Datenbeständen für die Landschaftsplanung befindet sich auf dem Server des Institutes für Landesplanung und Raumforschung der Universität Hannover unter folgender Adresse: http://www.laum.uni-hannover.de/ilr/projekte/umweltdaten/Alinks.htm.

Die vorangegangenen Ausführungen haben deutlich gezeigt, wie stark die moderne Landschaftsplanung von GIS beeinflusst und mitgestaltet wird. Das heutige „Nebeneinander" von analoger und digitaler Bearbeitung der landschaftsplanerischen Aufgaben wird sich in der nahen Zukunft deutlich zu Gunsten von GIS verschieben, da hier die oben aufgezeigten Vorteile deutlich überwiegen werden. Die Vorzüge des GIS-Einsatzes werden mit weiteren technischen Neuerungen auf dem sich rasch entwickelnden Markt der GIS-Soft- und Hardware steigen. Positiv wird sich ebenfalls die zunehmende Anzahl der verfügbaren digitalen Daten niederschlagen. Eine entscheidende Rolle wird aber nach wie vor dem erfahrenen Landschaftsplaner zukommen, der mit Werkzeug GIS fachlich kompetent und kritisch umgehen muss.

9 Fallbeispiele der Landschaftsplanung auf verschiedenen Planungsebenen

9.1 Landschaftsprogramm: Freie und Hansestadt Hamburg

Die **Stadtstaaten** Berlin, Bremen und **Hamburg** nehmen in mehrerer Hinsicht eine Sonderstellung unter den Bundesländern ein. Dies zeigt sich vor allem in der im Vergleich zu den Flächenländern geringen Flächengröße, der großstädtischen Nutzungsstruktur und der engen Verzahnung mit dem Umland, aber auch im Verwaltungsaufbau, denn sie sind gleichzeitig Bundesland und Kommune.

Hamburg ist mit einer Fläche von 755 323 km^2 nach Berlin heute die **zweitgrößte Stadt der Bundesrepublik Deutschland**. Auch bezüglich der Einwohnerzahl liegt sie mit 1,7 Millionen (Stand 1997) an zweiter Stelle hinter Berlin. Dies entspricht einer Bevölkerungsdichte von 2 250 Einwohnern/km^2. Damit liegt Hamburg etwa gleichauf mit anderen Großstädten wie Dortmund (2 140 Einwohner/km^2), Duisburg (2 290 Ein-

wohner/km^2), Dresden (2 090 Einwohner/km^2) und Köln (2 380 Einwohner/km^2). Zum Vergleich: Die Bevölkerungsdichte in der Bundesrepublik insgesamt liegt bei etwa 230 Einwohner/km^2. Obwohl Hamburg durch Industrie, Hafenwirtschaft und Dienstleistungsgewerbe maßgeblich geprägt wird, ist der Anteil landwirtschaftlich genutzter Flächen mit 28% höher, als gemeinhin in einer Großstadt, zumal einer Metropole wie Hamburg, erwartet wird. In Verbindung mit den Wasser-, Wald- und Erholungsflächen, die weitere 21% der Fläche einnehmen, erscheint Hamburg dadurch als „grüne" Stadt.

Die **naturräumliche Lage** der Stadt hat ursächlich dazu beigetragen, diesen Eindruck bis heute zu erhalten. Die heutige Gestalt des Naturraums entstand im Laufe der letzten 10 000 Jahre nach dem Abschmelzen der Gletscher der Weichsel-

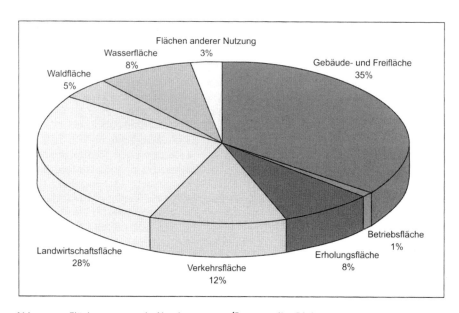

Abb. 9-1: Flächennutzung in Hamburg 1996. (Datenquelle: Digitaler Umweltatlas Hamburg, Freie und Hansestadt Hamburg 1997c)

Eiszeit. Das Wasser der abschmelzenden Gletscher formte das Urstromtal der Elbe, die sich aufgrund des ansteigenden Meeresspiegels und des Gezeitenstaus in mehrere, vielfach verästelte Arme spaltete. Es entstanden die feuchten, periodisch überschwemmten Elbmarschen, die beiderseits des Stroms scharf von den Geesthängen und den anschließenden Geestlandschaften begrenzt wurden. Durch die im 12. Jahrhundert beginnende Besiedlung des Hamburger Raums und die damit einhergehende Kultivierung des Gebietes sind die meisten Elbarme abgedämmt und trockengelegt oder verfüllt worden. Heute existieren neben den beiden Hauptarmen der Norder- und Süderelbe nur noch die bereits im 15. Jahrhundert abgedämmten Nebenarme Dove- und Gooseelbe. Von den ausgedehnten Sumpflandschaften und Niedermoorbildungen des tidebeeinflussten Elbeurstromtals sind heute nur noch Reste vorhanden (Behre 1985). Durch die allseitige Eindeichung waren die Marschen zwar schon vor langer Zeit dem unmittelbaren Tideeinfluss entzogen, sie lagen (und liegen) jedoch so tief, dass sie als Baugrund problematisch sind und erst ab etwa 1970 in stärkerem Maße für Wohnbebauung und Gewerbe genutzt wurden.

Auch heute noch ist der größte Teil der Marschen landwirtschaftlich genutzt. Die ausgedehnten Grünländereien, die zur Be- und Entwässerung der tiefliegenden Marschen angelegten Grabensysteme und die verbliebenen Niedermoorbereiche sind wertvolle Rückzugsgebiete für eine Vielzahl von Tieren und Pflanzen (Spitzenberger et al. 1981, Spitzenberger 1999, Spitzenberger und Fischer 1984). Große Flächen sind als Natur-, beziehungsweise Landschaftsschutzgebiete ausgewiesen. Die Besiedlungsdichte der Marschen ist im Vergleich zu den Siedlungsgebieten auf der Geest sehr gering. Der Bezirk Bergedorf, der den größten Anteil an Marschflächen aufweist, hat mit 700 Einwohnern/km^2 und einem Bevölkerungsanteil von 6,4% die geringste Bevölkerungsdichte der insgesamt sieben Bezirke, nimmt aber circa 20,5% der Gesamtfläche Hamburgs ein.

Die auf der Geest gelegenen Stadtteile sind mit bis zu 4 900 Einwohner/km^2 wesentlich dichter besiedelt als die Marschgebiete, trotzdem sind auch hier, vorwiegend an den Stadtgrenzen naturnahe Wälder, Heiden, Feldmarken und Moorreste erhalten. Teilweise sind auch sie als Natur- oder Landschaftsschutzgebiete ausgewiesen.

Eine besondere Bedeutung für die Stadt hat der **Hafen**. Er hat nicht nur in der historischen Entwicklung Hamburgs eine entscheidende Rolle gespielt, sondern ist auch heute noch ein wesentlicher Wirtschaftsfaktor. Immerhin steht er auf Platz 7 in der Rangliste der weltgrößten Containerhäfen. Zwar ist seine wirtschaftliche Bedeutung inzwischen hinter die des Dienstleistungssektors zurückgefallen, raumbedeutsam ist er aber wegen seiner großen Flächenausdehnung. Das gesamte Hafengebiet umfasst eine Fläche von 74,33 km^2, was einem Flächenanteil von 9,8% an der Gesamtfläche Hamburgs entspricht. Davon entfallen 43,78 km^2 auf Landflächen, 30,55 km^2 auf Wasserflächen.

Obwohl der Hafen intensiv genutzt wird, sind insbesondere die Wasserflächen und Gewässerufer von besonderer Bedeutung für den Artenschutz. So sind zum Beispiel die auch im Winter eisfreien Wasserflächen des Hafens wichtige Rast- und Nahrungsgebiete für Wat- und Wasservögel (Wittenberg 1981). In den Uferbereichen finden sich letzte Vorkommen der Elbendemiten Schierlings-Wasserfenchel (*Oenanthe conioides*) und Schlamm-Schmiele (*Deschampsia wibeliana*) (Poppendieck et al. 1998).

9.1.1 Grundlagen der Landschaftsplanung in Hamburg

Die aktive Landschaftsplanung in Hamburg hat eine lange Tradition, die bis in die Zeit des Architekten und Stadtplaners Fritz Schumacher zurückreicht, der von 1909 – 1933 als Oberbaudirektor die Stadt städtebaulich entscheidend geprägt hat. Er veröffentlichte im Jahr 1932 aufbauend auf der historischen Siedlungsentwicklung in der Stadt selbst und im Umland das so genannte Achsenmodell (Schumacher 1932). Dieses **Konzept für die Siedlungsentwicklung** im Hamburger Raum wurde 1969 im Entwicklungsmodell für Hamburg als Leitbild konkretisiert und erstmals im Jahre 1973 als Grundlage für die Aufstellung des Flächennutzungsplanes verwendet. In seinen grundsätzlichen Aussagen stellt es bis heute die inhaltliche Grundlage der Stadtentwicklung und Landschaftsplanung in Hamburg dar. Mit der Verabschiedung des Hamburgischen Gesetzes über Naturschutz und Landschaftspflege (HmbNatSchG) im Jahre 1981 wurde auch die rechtliche Grundlage für die Landschaftsplanung geschaffen.

Gesetzliche Grundlagen

Wie in den anderen Bundesländern auch, bilden das Bundesnaturschutzgesetz (BNatSchG), das Baugesetzbuch (BauGB) und das Raumordungsgesetz (ROG) den **allgemeinen rechtlichen Rahmen** für die vorausschauende Landschaftsplanung als Instrument des Naturschutzes und der Landschaftspflege. Während im Bundesnaturschutzgesetz und Baugesetzbuch die Ziele des Naturschutzes und der Landschaftspflege sowie die Eingriffs-/Ausgleichsregelung formuliert sind, werden im Raumordnungsgesetz die Aufgaben,

Leitvorstellungen und Grundsätze für die Erstellung von zusammenfassenden, übergeordneten Raumordnungsplänen und der Abstimmung raumbedeutsamer Planungen und Maßnahmen geregelt (Runkel 1998). Für die Stadtstaaten Berlin, Bremen und Hamburg gilt abweichend von den Regelungen in den Flächenländern, die Sonderregelung des § 8 Satz 1 ROG, wonach der Flächennutzungsplan gemäß § 5 BauGB die Funktion des Raumordnungsplans übernimmt (Kap. 5.1.2). Dem bundesgesetzlichen Auftrag nach Abstimmung mit den Raumordnungsplänen der benachbarten Bundesländer, im Falle Hamburgs der Länder Niedersachsen und Schleswig-Holstein, kommt die Freie und Hansestadt Hamburg durch die Beteiligung in dem Gremium „Gemeinsame Landesplanung Hamburg/Niedersachsen/

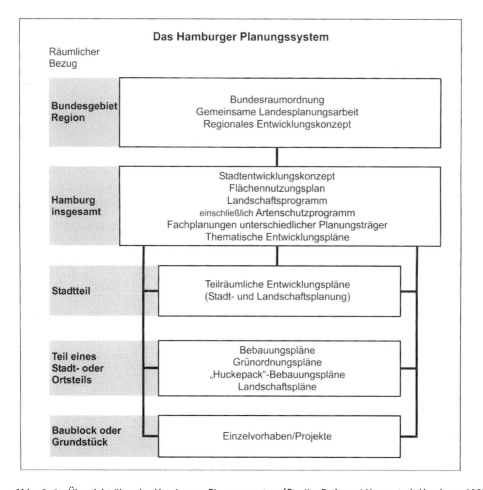

Abb. 9-2: Übersicht über das Hamburger Planungssystem (Quelle: Freie und Hansestadt Hamburg, 1997a)

Schleswig-Holstein" nach (Arbeitsstab der gemeinsamen Landesplanung Hamburg/Niedersachsen/Schleswig-Holstein 1997).

Im Rahmen dieser Zusammenarbeit wurde auf Beschluss der beteiligten Länderregierungen unter anderem das Regionale Entwicklungskonzept für die Metropolregion Hamburg (REK) entwickelt, welches auf der Basis einer Bestandsaufnahme zum aktuellen Zustand von Natur und Landschaft das Leitbild, den Orientierungsrahmen und den Entwurf eines Handlungsrahmens für gemeinsame Planungen und Entwicklungen in der Region enthält (Lenkungsgruppe Regionales Entwicklungskonzept 1994, 1996; Planungsgruppe Ökologie + Umwelt 1994). Das Entwicklungskonzept soll »...insbesondere einen Zielrahmen mit grundsätzlichen räumlichen Festlegungen, Eckwerten und Prognosedaten zur Entwicklung von Bevölkerung, Wirtschaft, Wohnen, Verkehr (ÖPNV), Naturschutz und Umwelt enthalten und – soweit erforderlich – Aspekte des technischen Umweltschutzes, der Energieversorgung, von Freizeit, Bildung, Kultur und des Gesundheitswesens mit einbeziehen«.

Die bundesrechtlichen Vorschriften werden durch das **Hamburgische Gesetz über Naturschutz und Landschaftspflege** (HmbNatSchG) konkretisiert. Die Erfordernisse und Maßnahmen zur Verwirklichung der Ziele des Naturschutzes und der Landschaftspflege sind danach unter Beachtung der Festsetzungen des Flächennutzungsplanes in einem Landschaftsprogramm einschließlich Artenschutzprogramm darzustellen.

Die durch das HmbNatSchG vorgegebenen Themenschwerpunkte „Freiraumverbundsystem", „Naturhaushalt", „Landschaftsbild" und „Arten- und Biotopschutz" sind mit Hilfe des Landschaftsprogramms und des Artenschutzprogramms umzusetzen.

Hamburg besitzt ein duales Planungssystem, welches auf der einen Seite durch die Bauleitplanung und auf der anderen Seite durch die Landschaftsplanung repräsentiert wird (Abb. 9-4). Es ist zweistufig aufgebaut, wenngleich in beiden Stufen zusätzliche Planungsebenen eingefügt werden können.

Die erste Stufe umfasst die vorbereitende Planung. Dem Flächennutzungsplan wird auf dieser Ebene das Landschaftsprogramm gegenübergestellt. Für Teilräume sollten auf dieser Stufe in der Bauleitplanung zusätzliche Programmpläne aufgestellt werden, zu denen parallel Landschaftsrahmenpläne zu entwickeln waren. Die Programmplanung wurde jedoch mittlerweile durch die so genannte „Teilräumliche Entwicklungsplanung" abgelöst, die im Auftrag des Senats als integrierte Planung Stadtplanung und Landschaftsplanung verbinden soll. Auf der zweiten Stufe, der verbindlichen Bauleitplanung beziehungsweise Landschaftsplanung wird parallel zum Bebauungsplan der Grünordnungsplan erstellt, wenn die Belange von Natur und Landschaft besonders schützenswert sind. In allen anderen Fällen werden die Inhalte der Landschaftsplanung über „Huckepack-Festsetzungen" direkt in den Bebauungsplan integriert. In unbebauten Landschaftsteilen ohne Bebauungspläne können verbindliche Landschaftspläne zur Umsetzung der im Landschaftsprogramm formulierten Zielvorstellungen aufgestellt werden. Für die kartographische Darstellung aller Planwerke sind die Maßstäbe vorgegeben. Flächennutzungsplan und Landschaftsprogramm sind im Maßstab 1 : 20 000 darzustellen, die „Teilräumliche Entwicklungs-

---

Naturschutzgesetz

Entwicklungsziele für Natur und Landschaft

▼

Themenschwerpunkte

Freiraum-verbund-system und Erholung	Natur-haushalt	Land-schaftsbild	Arten- und Biotop-schutz
Grün- und Freiflächen	Boden Wasser Klima/Luft	Natur- und Landschafts-bildräume	Pflanzen und Tiere

▼

Landschaftsprogramm

1 : 20 000

Planungskategorien/Flächen-darstellungen Milieus Milieuübergreifende Funktionen	Erläute-rungs-bericht

Artenschutzprogramm

1 : 20 000

Abb. 9-3: Leitlinien und Instrumente der Landschaftsplanung in Hamburg (Quelle: Freie und Hansestadt Hamburg 1997a)

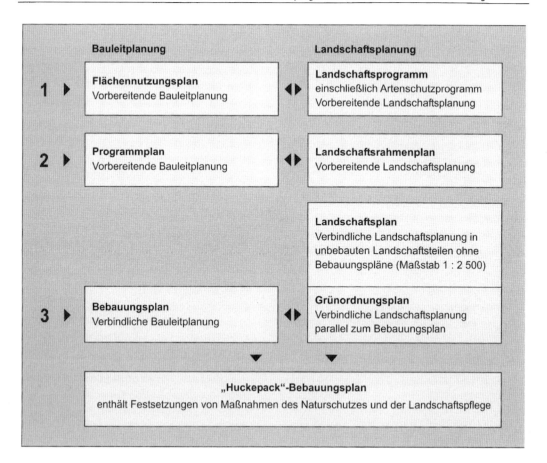

Abb. 9-4: Verhältnis der Bauleitplanung zur Landschaftsplanung in Hamburg. (Quelle: Freie und Hansestadt Hamburg 1995b, verändert)

planung" im Maßstab 1 : 5 000 und Bebauungspläne im Maßstab 1 : 1 000.

Eng verknüpft mit der Bauleitplanung und der Landschaftsplanung ist die **Eingriffsregelung**. Die im § 9 BNatSchG verankerten Rahmenbestimmungen dazu wurden in den §§ 9 – 12 HmbNatSchG konkretisiert. Sie enthalten eine Positivliste von Veränderungen der Bodengestalt oder der Nutzung von Grundflächen, die »...in der Regel insbesondere...« als Eingriffe anzusehen sind. Damit ist einerseits ein sehr detaillierter Katalog von Handlungen als Eingriff definiert, andererseits bietet die Formulierung »...in der Regel insbesondere...« die Möglichkeit, weitere, nicht in der Liste aufgeführte Handlungen als Eingriffe anzusehen, wenn dadurch die Leistungsfähigkeit des Naturhaushaltes oder das Landschaftsbild erheblich oder nachhaltig beeinträchtigt werden können.

Eine zweite Positivliste nennt alle Handlungen, die per Gesetz nicht als Eingriffe anzusehen sind, obwohl sie objektiv die genannten Beeinträchtigungskriterien erfüllen. Dies gilt zum Beispiel für den Bau von Hochwasserschutzanlagen, die mit erheblichen Beeinträchtigungen des Naturhaushaltes und des Landschaftsbildes einhergehen. Auch die ordnungsgemäße land-, forst- und fischereiwirtschaftliche Bodennutzung wird in Hamburg (wie auch in anderen Bundesländern) nicht als Eingriff angesehen. Eine Besonderheit im HmbNatSchG ist jedoch die Privilegierung des Hafengebietes. Innerhalb des Hafengebietes gelten der Ausbau von Gewässern und Kaianlagen sowie Maßnahmen zur Unterhaltung der Gewässer nicht als Eingriff. Mit dieser Regelung ist erstmals anstelle einer Handlung (zum Beispiel Abgrabung, Aufschüttung, Rodung) eine Fläche als Ausnahmetatbestand definiert worden. Von Juristen wird diese Privilegierung als nicht mit dem BNatSchG konform angesehen.

Wie die anderen Bundesländer hat auch die Freie und Hansestadt Hamburg eine dienstliche Handreichung für die Anwendung der Eingriffsregelung erstellt. Diese als **„Staatsrätemodell"** (Freie und Hansestadt Hamburg 1991) bezeichnete Handreichung beinhaltet drei Maßstäbe für den Wert beziehungsweise die Beeinträchtigung der drei Schutzgüter Boden, Gewässer, Pflanzen und Tiere, ein Modell für die Bilanzierung von Beeinträchtigungen und einen Bewertungsmaßstab für das Landschaftsbild auf der Basis eines exponentiell ansteigenden Punktesystems. Wie alle in der Eingriffs-/Ausgleichsregelung angewandten numerischen Bewertungs- und Bilanzierungsverfahren wird das Staatsrätemodell dem Anspruch objektive, fachlich begründbare Kriterien und Maßstäbe zu liefern, nicht gerecht.

So werden unverdichtete, natürlich gewachsene Böden ohne oder nur gering den Boden verändernde Nutzungen in Naturschutzgebieten mit 32 Punkten doppelt so hoch bewertet wie ansonsten identische Böden, die außerhalb von Naturschutzgebieten liegen und deshalb nur 16 Punkte zugesprochen bekommen. Zudem wird in bestimmten Fällen im Widerspruch zu den absoluten Festsetzungen des HmbNatSchG eine flächenbezogene Erheblichkeitsschwelle für die Beeinträchtigung von Böden eingeführt. Dies kann dazu führen, dass zum Beispiel eine Abgrabung oder Aufschüttung auf bis zu 50% der Gesamtfläche eines Grundstückes von 250 m^2 nicht als Eingriff gilt, weil die im Staatsrätemodell definierte Erheblichkeitsschwelle nicht überschritten wird. Das HmbNatSchG definiert aber Abgrabungen und Aufschüttungen schon dann als Eingriff, wenn »...eine Erhöhung oder Vertiefung von mehr als zwei Meter auf einer Grundfläche von 30 m^2 erreicht wird«. Eine den ökologischen Funktionen von Natur und Landschaft gerecht werdende Bewertung ist mit diesem (und anderen) numerischen Modell nicht möglich. Allenfalls sind bei gleichartigen Eingriffen in gleichartige Ökosysteme vergleichbare, aber in der Regel falsche Ergebnisse möglich.

Organisatorische Grundlagen/Zuständigkeiten

Die Zuständigkeiten für Naturschutz und Landschaftspflege in Hamburg sind durch Anordnung des Senats auf verschiedene Behörden verteilt.

- Die Umweltbehörde ist zuständige Behörde auf dem Gebiet des Naturschutzes und der Landschaftspflege. Sie nimmt auch die Aufgaben der obersten Landesbehörde gemäß § 9 BNatSchG wahr.
- Zuständige Behörde auf dem Gebiet der Landschaftsplanung ist die Stadtentwicklungsbehörde, die in diesem Rahmen auch zuständige Behörde für Naturschutz und Landschaftspflege gemäß § 3 BNatSchG ist.
- Für die Durchführung von Maßnahmen des Naturschutzes und der Landschaftspflege sind, von wenigen Ausnahmen abgesehen, die Bezirksämter zuständig. Umweltbehörde und Stadtentwicklungsbehörde können im Rahmen so genannter „Globalrichtlinien" fachliche Weisungen an die Bezirksämter erteilen.
- Für die Anwendung der Eingriffs-/Ausgleichsregelung als zentralem Instrument des Naturschutzes und der Landschaftspflege in der Bauleitplanung (siehe Gesetzliche Grundlagen) ist die Stadtentwicklungsbehörde fachlich zuständig. Sie ist auch mit der Erstellung eines Ausgleichsflächenkonzepts für die vorsorgliche Bereitstellung von externen Ausgleichsflächen für Eingriffe befasst. In Planfeststellungsverfahren ist die Umweltbehörde für die Eingriffsregelung zuständig.

9.1.2 Instrumente der Landschaftsplanung

Die **zentralen Instrumente** der Landschaftsplanung in Hamburg sind das Landschaftsprogramm (Lapro), das parallel zum Flächennutzungsplan entwickelt wurde und das in das Lapro integrierte Artenschutzprogramm.

Das **Landschaftsprogramm** ordnet sowohl den unbebauten, als auch den bebauten Flächen unterschiedliche ökologische und freiräumliche Qualitäten zu, ohne jedoch bestimmte Flächenanteile festzulegen, da bodenrechtliche Festsetzungen ausschließlich der Bauleitplanung (F-Plan, B-Plan) vorbehalten sind. Sowohl das Lapro, als auch der Flächennutzungsplan (F-Plan), sind zwar eigenständige Planungen, sie sind jedoch wechselseitig voneinander abhängig und müssen im Grundsatz in ihren flächenbezogenen Aussagen übereinstimmen und konfliktfrei sein.

In der Praxis ist das auch nach der Inkraftsetzung der beiden Planwerke nicht abschließend gelungen. Mehrere Flächen werden bis zu ihrer Inanspruchnahme durch konkrete Planungen im Lapro als „Flächen mit Klärungsbedarf" ausgewiesen, weil sich die dort formulierten Entwicklungsziele bei der durch den F-Plan vorgegebenen und damit rechtlich vorrangigen Nutzung nicht realisieren lassen. Ihre zukünftige Zweckbestimmung muss daher im Falle der Inanspruchnahme im Rahmen der Abwägung entschieden werden. Wenn die baulichen Belange dann nicht mehr überwiegen, ist der F-Plan entsprechend den Aussagen des Lapro zu ändern.

Die im Lapro formulierten qualitativen Zielvorstellungen für die Entwicklung von Natur und Landschaft erfolgen auf zwei verschiedenen Betrachtungsebenen, dem **„Milieu"** und den **„milieuübergreifenden Funktionen"**. Als Milieu werden größere zusammenhängende Lebensräume anhand ihrer Nutzung und Struktur beschrieben, für die bestimmte, flächenbezogene Zielvorstellungen aufgrund der Anforderungen aus den Themenschwerpunkten Freiraumverbundsystem, Naturhaushalt, Landschaftsbild sowie Arten- und Biotopschutz für die künftige Entwicklung formuliert werden (Abb. 9-3). Zu den Milieus zählen naturbetonte Freiräume wie „Gewässerlandschaft und Auenentwicklungsbereich" ebenso wie die in unterschiedlichem Grade nutzungsgeprägten Bereiche „Landwirtschaftliche Kulturlandschaft", „Parkanlage", „Gartenbezogenes Wohnen" oder „Verdichteter Stadtraum".

Die übergeordneten Zielvorstellungen zur Entwicklung des Freiraumverbundsystems, des Naturhaushaltes, des Landschaftsbildes und der Schutzgebiete werden durch „milieuübergreifende Funktionen" beschrieben, zum Beispiel

- Ausbau durchgängiger Grünzonen von der inneren Stadt bis in die großflächigen Landschaftsräume,
- Wiederherstellung von Mindestqualitäten für Boden, Wasser, Klima/ Luft,
- Reduzierung der Trennwirkung auf Landschaftsachsen und Grünverbindungen,
- Detaillierte Darstellung der Schutz-, Pflege- und Entwicklungsmaßnahmen für Schutzgebiete.

Das **Artenschutzprogramm** nimmt als spezielles Fachprogramm des Naturschutzes eine besondere Stellung innerhalb des Lapro ein. Einerseits ist es integraler Bestandteil des Lapro, andererseits stellt es jedoch ein eigenständiges Instrument zur Umsetzung der Ziele des Arten- und Biotopschutzes dar. Unabhängig von aktuellen Nutzungen und Nutzungsansprüchen die im Lapro eine wichtige Rolle spielen, gehen die Zielvorstellungen des Artenschutzprogramms von fünf Leitbildern aus:

- Arten- und Biotopschutz als flächendeckender Anspruch,
- Notwendigkeit der Erhaltung, Sicherung und Pflege von Lebensräumen und Arten,
- Schutz der Lebensräume vor Schadstoff- und Nährstoffeinträgen,
- Erhaltung und Wiederherstellung von Verbindungs- und Vernetzungselementen (Biotopverbundsystem),
- Neuschaffung von Biotopen.

Umfassende Bestandserhebungen, Analyse und Bewertung von Flora, Fauna und Biotopen bilden die Inhalte des Artenschutzprogramms. Sie werden Bestandteil der nachfolgenden Ebenen der Landschafts- und Bauleitplanung vom Flächennutzungsplan über Landschaftspläne bis zu Bebauungsplänen und können als verbindliche Festsetzungen in die jeweiligen Planwerke übernommen werden.

Landschaftsachsen, „Grüne Ringe" und Freiraumverbundsystem

Ausgehend von der naturräumlichen Gliederung Hamburgs, die durch die höher gelegenen, mehr oder weniger stark bewegten Geestlandschaften einerseits und die tiefliegenden, ebenen Marschen der Elbe andererseits geprägt ist, haben sich, von den historischen Siedlungskernen Hamburg, Altona, Bergedorf und Harburg radial wegführend, Verkehrsverbindungen in das Umland entwickelt. Entlang dieser Verkehrsverbindungen erfolgte die weitere Siedlungsentwicklung. Durch Konzentration der Bauflächen für Wohnen und Arbeiten in der unmittelbaren Umgebung dieser heute „Entwicklungsachsen" genannten Verkehrswege soll die Möglichkeit geschaffen werden, in den dazwischenliegenden „Landschaftsachsen" Raum für Grün-, Freizeit- und Erholungsgebiete zu erhalten und zu entwickeln. Ziel ist die Aufteilung der Stadt in überschaubare Stadtteile, in denen die Wohnviertel durch Grünzüge gegliedert und in ihrer Ausdehnung begrenzt werden sollen (Freie und Hansestadt Hamburg, 1991).

Die **Landschaftsachsen** bestehen aus Freiräumen, die sich vom Umland bis in den inneren Kern der Stadt hineinziehen. Diese Freiräume haben unterschiedlichste Ausdehnungen und Qualitäten. Die Extreme reichen vom mehrere Kilometer breiten Urstromtal der Elbe, das die ganze Stadt in Ost-West-Richtung durchzieht, bis zu begrünten Straßenzügen, mit denen isoliert liegende Grünflächen miteinander verbunden werden. Ihre Lage orientiert sich soweit möglich an den verbliebenen naturnahen Strukturen wie Wasserläufen, Wäldern und Mooren sowie den zwar anthropogen bereits stark überformten, aber immer noch naturbetonten Parks und Grünzügen bis zu landwirtschaftlichen Flächen.

Neben den Landschaftsachsen bilden die beiden **Grünen Ringe** die zweite übergeordnete Grünstruktur der Stadt. Der erste Grüne Ring soll nach der Schließung jetzt noch bestehender Lücken den inneren Stadtkern umschließen. Er wird von den bereits bestehenden großen Parkanlagen Elbpark, Wallanlagen und Planten un Blomen sowie den Grün- und Erholungsflächen an der Elbe gebildet. Die bestehenden Lücken im Osten sollen durch begrünte Straßen und Stadtplätze geschlossen wer-

den. Der zweite Grüne Ring liegt etwa 8 – 10 km vom Stadtkern entfernt. Er wird von Waldflächen, großen Parkanlagen und Friedhöfen gebildet. Auch dieser Ring ist noch nicht geschlossen. Das Landschaftsprogramm sieht die Schließung der vorhandenen Lücken durch breite Grünzüge oder Grünverbindungen entlang von Verkehrswegen vor.

Dieses Konzept der Entwicklungs- und Landschaftsachsen mit den grünen Ringen liegt als Vorgabe auch dem neuen Flächennutzungsplan (Frei und Hansestadt Hamburg 1997b) und dem Landschaftsprogramm der Freien und Hansestadt Hamburg, als Instrumenten der vorbereitenden Bauleitplanung zugrunde. Als Ziel gilt die Schaffung eines **„Freiraumverbundsystems"** für Hamburg. Darin werden: »...alle empfindlichen Landschaftsräume Hamburgs erfasst und zu einem ökologisch wirksamen Verbundsystem zusammengeführt. Sie übernehmen damit eine wesentliche Funktion für die Stabilisierung des Naturhaushaltes und tragen zur Verbesserung der Freiraumversorgung für die Bevölkerung bei. Die Landschaftsachsen sind das Grundgerüst für das flächendeckende Freiraumverbundsystem der Stadt« (Freie und Hansestadt Hamburg, 1997a).

Für die Entwicklung des Freiraumverbundsystems wurden Leitlinien mit fünf Schwerpunkten formuliert:

- Erhöhung des Wohn- und Freizeitwertes,

Tab. 9-1: System der Freiraumtypen (Quelle: Freie und Hansestadt Hamburg 1997a)

	Wohngebiets-bezogene Freiräume	stadtteilbezogene Freiräume	bezirksbezogene Freiräume	städtische Naherholungsgebiete
Verfügbare freie Zeit	stundenweise, Feierabend-freizeit	halbe Tage, stundenweise	halbe – ganze Tage, stundenweise	halbe – ganze Tage
Einzugsbereich Erreichbarkeit	500 m 5 – 10 Min. Fußweg	1000 m 10 – 15 Min. Fußweg	5 km maximal 30 Min. mit ÖPNV	10 – 15 km 45 – 60 Min. mit ÖPNV
Freiraumarten uneingeschränkt nutzbar	kleinere Parkanlagen, kleinere Grünzüge	Stadtteilparks, Grünzüge	Bezirksparks, Grünzüge	Wälder, Feldmarken, flussbegleitende Grünzüge, Marschengebiete
Freiraumarten eingeschränkt nutzbar	Spielplätze	Sportanlagen, Kleingärten	Sportanlagen, Kleingärten, Freibäder, Friedhöfe	Badegewässer, Wassersportgebiete, Stadien, Campingplätze

- Sicherung von Biotopverbundsystemen für eine artenreiche Flora und Fauna,
- Verbesserung der klimatischen und lufthygienischen Bedingungen,
- Erhaltung der naturräumlichen Gliederung und Gestaltung der Stadt,
- Förderung der Orientierung und Identifizierung der Bewohner mit ihrer Stadt.

Zur Konkretisierung der Freizeit- und Erholungsfunktionen der Freiräume wurde zusätzlich ein abgestuftes System von Freiraumtypen entwickelt. Es soll gewährleisten, dass ein umfassendes Angebot zur Nutzung der Freiräume von der engeren Umgebung des Wohngebietes bis zu den städtischen Naherholungsgebieten vorhanden ist (Tab. 9-1).

Naturhaushalt

Für den Schutz des Naturhaushaltes sind im Lapro ebenfalls Festsetzungen getroffen worden. Leitlinie ist danach »...die flächendeckende Sicherung und Entwicklung der natürlichen Lebensgrundlagen und der Erhalt der Leistungsfähigkeit des Naturhaushaltes unter Einbeziehung der gegebenen Art der menschlichen Nutzung. Alle Flächen des Stadtgebietes sind ökologisch in ihren spezifischen und möglichen Funktionen zu betrachten und entsprechend ihres nutzungsbedingt vorhandenen Potenzials für den Naturhaushalt zu entwickeln« (Freie und Hansestadt Hamburg 1996).

Für jedes der **Umweltmedien Boden, Wasser und Klima/Luft** wird eine Bestandsaufnahme und Bewertung durchgeführt. Auf dieser Grundlage werden zunächst allgemeine Entwicklungsziele formuliert, deren Umsetzung planerisch über die konkreten Entwicklungsziele des jeweiligen Milieus erfolgt.

Landschaftsbild

Trotz der vielfältigen anthropogenen Überformungen bestimmt die nach der Eiszeit entstandene naturräumliche Gliederung mit dem Gegensatz von Elbeurstromtal und Geest auch heute noch das Landschaftsbild des Hamburger Raums. Neben naturnahen, heute zum großen Teil als Naturschutzgebiete ausgewiesenen Landschaftsteilen, bilden die Gewässer, landwirtschaftlich genutzten Flächen, Wälder und Parks ein vielfältiges Mosaik landschaftsbildprägender Strukturen. Die **Leitlinie für das Lapro** ist daher »...die Erhaltung und Entwicklung der Identität und Selbstständigkeit der einzelnen Landschaftsbildräume in ihrem Landschaftsbezug«.

Um diese Leitlinie umzusetzen, erfolgte eine Bestandsaufnahme, in deren Rahmen Landschaftsbildräume, Landschaftsbildstrukturen, das historische Gewässernetz und raumprägende Baumbestände erfasst wurden. Die Bewertung erfolgte unter anderem nach den Kriterien **Eigenart, naturräumliche Identität, Vollständigkeit spezifischer Landschaftsbildelemente, kulturgeschichtliche und gartenkünstlerische Bedeutung**, aber auch nach dem Grad von Schädigungen und Störungen durch einzelne Baukörper oder besondere Eingriffe.

Aus der Erfassung und Bewertung der einzelnen Landschaftsbestandteile ergeben sich in der Zusammenschau verschiedener naturräumlicher, historisch gewachsener und/oder bewusst gestalteter Freiräume die **„Landschaftsbildensembles"**. Sie werden individuell für Teilgebiete der Stadt dargestellt, wenn die gestalterische Absicht bis heute erkennbar ist, zum Beispiel „Finkenwerder Süderelbmarsch und Dorffriedhof" oder „Binnenalster und Alsterfleete". Eine inhaltliche Unterteilung ordnet sie den fünf Gruppen „Gewässerensembles", „Kulturlandschaftensembles", „Parks, Friedhöfe und sonstige Freiräume als Ensembles" sowie „Siedlungsfreiräume als Ensembles" zu (Kap. 8.2).

Naturschutzplanung

Den allgemeinen Rahmen für die Naturschutzplanung in Hamburg bilden das Lapro und das Artenschutzprogramm. Zur Umsetzung der dort formulierten Leitbilder und Zielvorstellungen werden spezielle **Programme und Projekte** durchgeführt, zum Beispiel „Naturschutz auf landwirtschaftlichen Flächen", der Schutz von Einzelbiotopen, die Entwicklung von Verbindungsbiotopen zur Biotopvernetzung und die Biotopentwicklung im Hamburger Umland im Rahmen der länderübergreifenden Zusammenarbeit. Spezielle Artenschutzprogramme (Vögel, Mollusken, Fische, Farn- und Blütenpflanzen et cetera) sollen den Schutz besonders gefährdeter Arten- oder Artengruppen gewährleisten.

Neben diesen übergreifenden Maßnahmen ist das Hamburger Schutzgebietssystem von besonderer Bedeutung. Das größte Schutzgebiet liegt außerhalb der eigentlichen Stadt im hamburgischen Teil des Wattenmeeres in der Elbmündung. 11 700 ha Wattfläche, Dünen und Salzwiesen bilden den **Nationalpark Hamburgisches Wattenmeer**. Er ist gleichzeitig Schutzgebiet nach der EU-Vogelschutzrichtlinie und nach der Fauna-Flora-Habitat-Richtlinie (FFH-Richtlinie). Auf dem festländischen Teil Hamburgs befinden sich 27 Naturschutzgebiete mit einer Gesamtfläche von 45,78 km². Das entspricht einem Anteil an der Fläche Hamburgs von 6,1 %. Fünf dieser Gebiete sind 1998 als FFH-Gebiete gemeldet worden. In den Naturschutzgebieten werden vier Hauptziele verfolgt:

- Wiederherstellung und Eigenentwicklung von Bestandteilen der alten Naturlandschaft (Moore, Bäche, Röhrichte, Au- und Bruchwälder, Süßwasserwatten),
- Erhaltung und (aktive) Entwicklung prägender Elemente der Kulturlandschaft (Knicks, Feucht- und Nasswiesen, Heiden, Trockenrasen, Krattwälder, Obstgärten),
- Schutz hochgradig gefährdeter und für Norddeutschland typischer Tier- und Pflanzenarten durch Erhalt und Entwicklung ihrer Lebensräume,
- Schutz eiszeitlicher Geländeformen und Fundstätten der Frühgeschichte.

Für alle Schutzgebiete werden für die Verwaltung bindende Pflege- und Entwicklungspläne aufgestellt, die eine Laufzeit von fünf bis zehn Jahren haben. Bisher (Stand Mai 1999) sind sechs Pflege- und Entwicklungspläne in Kraft getreten.

9.2 Landschaftsrahmenplan Region Mittleres Mecklenburg/ Rostock – Abwägung mit dem Regionalen Raumordnungsprogramm

Der Landschaftsrahmenplan kann als grundlegende, wenn nicht gar als die **wichtigste Planung des Naturschutzes** angesehen werden, da die raumbedeutsamen Inhalte nach Abwägung mit anderen Nutzungsanforderungen Bestandteil des Regionalen Raumordnungsprogramms (RROP) werden können, das direkte Verbindlichkeit besitzt und aufgrund seines Darstellungsmaßstabs von 1 : 100 000 zum Teil bereits flächenscharfe Ausgrenzungen erlaubt (Kap. 5.1.2). Kartierungsbereiche im RROP, die spezifische Ansprüche des Naturschutzes zur Geltung bringen, sind **Vorrang- und Vorbehaltsgebiete für Naturschutz und Landschaftspflege**, für deren Ausgrenzung der Landschaftsrahmenplan mit ausgewiesenen **Schutzgebieten** und **Bereichen mit hervorgehobener Bedeutung für den Naturhaushalt** die Grundlage gibt.

In Mecklenburg-Vorpommern (M-V) ist die Landschaftsplanung auf landesgesetzlicher Ebene geregelt. Entsprechend § 12 (1,2) des Landesnaturschutzgesetzes für Mecklenburg-Vorpommern (LNatSchG M-V) vom 21. Juli 1998 sind die Erfordernisse und Maßnahmen des Naturschutzes und der Landschaftspflege für die Regionen des Landes durch die obere Naturschutzbehörde in **Gutachtlichen Landschaftsrahmenplänen** darzustellen. Obere Naturschutzbehörde ist seit 1999 in Mecklenburg-Vorpommern das Landesamt für Umwelt, Naturschutz und Geologie (LUNG), vorher Landesamt für Umwelt und Natur (LAUN). Mecklenburg-Vorpommern ist in vier Regionen gegliedert (Abb. 9-5), von denen die Beispielsregion Mittleres Mecklenburg/Rostock (MM/R) mit 3 600 km² (16 % der Landesfläche) die kleinste ist.

Mit dieser Fläche dürfte die ausgewählte Region aber trotzdem eine repräsentative Größe für ein regionales Planungsgebiet besitzen. Die Vergleichbarkeit mit anderen Regionen in Deutschland ist auch unter dem Aspekt der spezifischen Naturausstattung in Kombination mit geringer Bevölkerungsdichte und Industrieansiedlung in Mecklenburg-Vorpommern gegeben, wenn solche Faktoren in Relation zu einander gesehen werden.

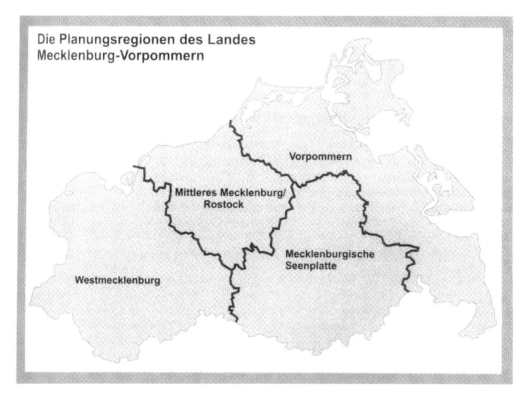

Abb. 9-5: Planungsregionen in Mecklenburg-Vorpommern

Die Erfüllung folgender Funktionen ist Zielstellung des Gutachtlichen Landschaftsrahmenplans (LAUN 1996):
- Fachplanung des Naturschutzes und damit Arbeitsgrundlage für die Naturschutzbehörde,
- querschnittsorientierte Darstellung der Erfordernisse des Naturschutzes und der Landschaftspflege für die anderen Fachplanungen,
- Darstellung der Erfordernisse und Maßnahmen des Naturschutzes und der Landschaftspflege für die integrierende räumliche Gesamtplanung,
- Information der Öffentlichkeit über die Ziele und Erfordernisse von Naturschutz und Landschaftspflege.

Trotz gewisser Unterschiede in den verschiedenen Bundesländern, dürfte dieser Grundansatz bundesweit vergleichbar sein. Als Fortschritt im Sinne des Naturschutzes sind die Festlegungen im Landesplanungsgesetz und im Landesnaturschutzgesetz von M-V (§ 4 (1) LPlG, § 12 (3) LNatG) zu werten, dass bei Abweichungen der Raumplanung von den raumbedeutsamen Inhalten des GLRP eine Begründung zu geben ist – und wie Beeinträchtigungen von Natur und Landschaft vermieden beziehungsweise ausgeglichen werden.

Dass seitens der Raumordnung speziell in der Region Mittleres Mecklenburg/ Rostock dieser gesetzliche Auftrag ernst genommen wird, zeigte sich bereits 1997 in einem Auftrag des Regionalen Planungsverbandes an das Institut für Landschaftsplanung und Landschaftsökologie der Universität Rostock für eine grundsätzliche fachlich begründete Abwägung des GLRP von 1996 auf das bereits seit 1994 vorliegende RROP. Dabei ging es in erster Linie um den Abgleich der fachlichen Ziele und Begründungen für die Vorrang- und Vorbehaltsgebiete des Kapitels „Natur und Landschaft" im RROP mit den Darstellungen des neu erarbeiteten GLRP. Die Überprüfung wurde zum Teil anhand der für die Erarbeitung des GLRP verwendeten Unterlagen vorgenommen, um die Ausgrenzungen und ihre

Stichhaltigkeit nachvollziehen zu können. In einem weiteren Schritt wurden die auf diesem Wege bestätigten Vorrang- und Vorbehaltsgebiete mit ausgewählten anderen fachlichen Zielen des RROP abgeglichen (Institut für Landschaftsplanung und Landschaftsökologie 1999).

Bei der systematischen Abwägung der **Anforderungen des GLRP gegenüber dem RROP** für die Region Mittleres Mecklenburg/Rostock zeigte sich, dass seitens der Landschaftsplanung noch zu wenig Konsequenz zur Durchsetzung naturschutzfachlicher Forderungen ausgeprägt ist. Wenn auch die Landschaftsrahmenplanung nicht vordergründig als Zuarbeit für die Raumplanung durchgeführt wird, so sollten die Erfordernisse des Naturschutzes und der Landschaftspflege doch bereits zusammenfassend mit entsprechender Wichtung als Grundlage für die Übernahme in Vorrang- und Vorbehaltsgebiete des RROP aufbereitet werden. Diese naturschutzfachlichen Anforderungen dürfen sich heute nicht mehr ausschließlich auf bestätigte beziehungsweise in Planung befindliche Schutzgebiete beschränken, wie sie als erste Hauptkarte des GLRP für die Region Mittleres Mecklenburg/Rostock ausgewiesen wurden, sondern müssen vielfältige Funktionsbereiche des Naturhaushalts umfassen.

Die fachlich gesicherten Erfordernisse und Maßnahmen des Naturschutzes gehen bereits in der Regionalebene weit über Schutzgebietsausweisungen hinaus, insbesondere, wenn die **ökologisch äußerst wichtigen Biotopverbindungsfunktionen in der Landschaft** zum Tragen kommen sollen oder, wie es in der untersuchten Region die Naturraumausstattung mit zahlreichen wertvollen Talmooren nicht nur ermöglicht, sondern direkt fordert, diese regionalen und auch überregionalen Verbindungselemente unter besonderen Schutz zu stellen. Diese linienförmigen Biotopbereiche müssen einerseits aus den letztgenannten Gründen und andererseits aus den vielfältigen Begründungen für den Moorschutz, der vom eigentlichen Bodenschutz über Gewässerschutz und Schutz von Arten und Lebensräumen bis zum Klimaschutz reicht, höchste Beachtung in der Raumplanung finden.

Diesen Grundgedanken folgend, enthält der GLRP für die Region Mittleres Mecklenburg/Rostock **mit den Bereichen mit herausgehobener Bedeutung für den Naturhaushalt** eine zweite, aus Sicht des Naturschutzes wesentlich komplexere und fachlich wichtigere Flächenkategorie

als die der Schutzgebiete, die unter anderem auch die Biotopvernetzung im Sinne des Programms NATURA 2000 zum Inhalt hat. Diese Ausweisung von Bereichen mit hervorgehobener Bedeutung für den Naturhaushalt, die sich wiederum in die prioritären **Bereiche mit herausragender Bedeutung für den Naturhaushalt** und in **Bereiche mit besonderer Bedeutung für den Naturhaushalt** unterteilen, ist als die wichtigste Festsetzung für die Erfordernisse des Naturschutzes im regionalen Bereich anzusehen. Ihre Umsetzung im RROP bedarf jedoch im Sinne der heute auch im ROG geforderten nachhaltigen Raumentwicklung der gemeinsamen Fest- und Durchsetzung entsprechender regionaler Ziele der Raumordnung durch Raumplaner und Landschaftsplaner.

Im konkreten Fall der **Abwägung des GLRP auf das RROP** für die Region Mittleres Mecklenburg/ Rostock wurden nach einer Aktualisierung der ausgewiesenen und in Planung befindlichen Schutzgebiete die Bereiche mit herausragender und besonderer Bedeutung für den Naturhaushalt auf ihre Stichhaltigkeit in Bezug auf Übernahme als Vorrang- beziehungsweise Vorbehaltsgebiete in das RROP überprüft. Als fachliche Basis lagen die Ausgrenzungen und Bewertungen einer landesweiten Analyse der **Landschaftspotenziale Boden, Wasser, Arten und Lebensraum und Landschaftsbild** vor, von denen mindestens zwei Potenziale in der besten Ausprägung vorhanden sein mussten, um dem jeweiligen Areal die Zuweisung als Bereich mit herausragender Bedeutung für den Naturhaushalt zuerkennen zu können. Neben „normalen" Fehlern, die in kartographischen Ungenauigkeiten und teils mangelnder digitaler Passfähigkeit verschiedener Kartengrundlagen begründet waren, zeigte sich, dass nicht in allen Fällen die Wertigkeit der Landschaftspotenziale richtig eingeordnet worden war und zum Teil auch Straßen ohne fachlichen Hintergrund als Grenzen von darüber hinausgehenden Naturräumen ausgewiesen wurden.

Insgesamt ergab die Überprüfung des GLRP eine Erweiterung der Bereiche mit herausragender Bedeutung für den Naturhaushalt um 219 ha und für die Bereiche mit besonderer Bedeutung für den Naturhaushalt eine Reduzierung um 4 971 ha. Diese somit fachlich abgeglichenen Bereiche mit hervorgehobener Bedeutung für den Naturhaushalt wurden dem Regionalen Planungsverband für die Fortschreibung des RROP als zu übernehmende Vorrang- beziehungsweise Vorbehaltsgebiete empfohlen, denn sie umfassen die wesentlichen regionalen Erfordernisse des Naturschutzes und der Landschaftspflege. Der durchgeführte statistische Flächenvergleich im RROP zeigte dementsprechend für den Fall der Bestätigung des Vorschlages eine deutliche Zunahme der Vorranggebiete von 11 770 ha auf 40256 ha (von 3,3% auf 11,2% Flächenanteil) und der Vorbehaltsgebiete von 109 255 ha auf 144 414 ha (von 30,3% auf 40,1% Flächenanteil), durch die der nachhaltige Schutz und die ökologisch stabile Entwicklung der Landschaft gesichert werden können (Karte 3 oben).

Die in einem weiteren Arbeitsschritt vorgenommenen beispielhaften Abwägungen dieser **potenziellen Vorrang- und Vorbehaltsgebiete** mit ausgewählten anderen Raumansprüchen des RROP (unter anderem Siedlung, Rohstoffsicherung, Windenergie, militärische Liegenschaften, Autobahn) zeigten nur geringe Konflikte, die zudem noch teilweise in Ausgrenzungsungenauigkeiten, wie sie im Maßstab 1 : 100 000 nicht zu vermeiden sind, begründet waren.

Resümierend ist festzustellen, dass die fachlich begründete Erweiterung speziell der Vorranggebiete für Naturschutz und Landschaftspflege von den bestehenden und in Planung befindlichen Naturschutzgebieten und Nationalparken um größere und zusammenhängende Moorgebiete, Fluss- und Bachtäler und andere Feuchtgebiete keine größeren Konflikte mit anderen Nutzungsansprüchen in der Raumordnung erwarten lässt, da diese Standortbereiche für wirtschaftliche und infrastrukturelle Nutzungen meist ungünstig sind und außerdem dadurch die Leitvorstellung der Raumordnung entwickeln hilft und zwar »...eine **nachhaltige Raumentwicklung**, die die sozialen und wirtschaftlichen Ansprüche an den Raum mit seinen ökologischen Funktionen in Einklang bringt und zu einer dauerhaften, großräumig ausgewogenen Ordnung führt« (§1 (2) ROG).

Bezüglich der erreichten Größenordnung der Vorrang- und Vorbehaltsgebiete für Naturschutz und Landschaftsplanung ist allerdings die besondere Situation in Mecklenburg-Vorpommern mit den großen Talmoorgebieten, dem hohen Anteil **unzerschnittener Landschaftsräume** und der geringen Siedlungsdichte zu berücksichtigen.

Der durchgeführte Abgleich zwischen dem GLRP und dem RROP der Region Mittleres Mecklenburg/ Rostock hat nicht nur detaillierte und statistisch nachweisbare Veränderungen in der Ausweisung von Vorrang- und Vorbehaltsgebieten für Naturschutz und Landschaftspflege erbracht, sondern auch eine Reihe von allgemeingültigen Erkenntnissen zum Verhältnis von Raumordnung und Landschaftsplanung.

Ein erster Grundsatz wäre, dass neben der notwendigen Abstimmung zur Strukturierung der Planwerke auch **inhaltliche, terminologisch-definitorische und methodische Abstimmungen** zwischen zuständigen Planungsinstitutionen/ -ebenen zweckmäßig und erforderlich sind, um künftige Evaluierungserfordernisse mit geringerem Aufwand als bisher realisieren zu können.

Zu den tabellarisch erfassten Vergleichsaussagen von fachlichen Zielen, Leitbildern und Anforderungen an Raumnutzungen von GLRP beziehungsweise RROP konnten nicht nur Defizite festgestellt, sondern auch Vorschläge für die **Weiterentwicklung künftiger Programmziele** sowie notwendige Aufgaben zur Fundierung künftiger Plandokumente abgeleitet werden.

Damit fachliche Begründungen der Landschaftsplanung direkt prüfbar und entsprechend zu übernehmen sind, müssen sie inhaltlich verständlich und nachvollziehbar sein. Umgekehrt sollte auch die **Raumplanung** in ihren Plankategorien **eindeutige Bezüge zur Landschaftsplanung** herstellen und die Anforderungen von Naturschutz und Landschaftspflege stets unter dem Gesichtspunkt der Nachhaltigkeit prüfen.

In den Gesetzen der Raumordnung und in den Landes- und Regionalen Raumordnungsprogrammen sind bereits die fachlichen Ziele aus der Sicht der Natur und Landschaft verankert, eine konkrete inhaltliche und flächenhafte Berücksichtigung erfolgt allerdings nur über die Vorrang- und Vorbehaltsgebiete für Naturschutz und Landschaftspflege. Das reicht im Prinzip auch aus, wenn sie gleichzeitig die Endausgrenzung des Fachkapitels „Natur und Landschaft" wären. In diesem Kapitel gibt es aber noch die Unterpunkte „Natürliche Lebensgrundlagen" mit der Unterteilung in

- Allgemeine Ziele,
- Boden,
- Wasser,
- Luft/ Klima,
- Schutz der Lebensräume für Tiere und Pflanzen,

- Artenschutz,
- Wald,
- Landschaft,
- und die Vorranggebiete und Vorsorgeräume (neu Vorbehaltsgebiete) Naturschutz und Landschaftspflege.

In dieser Gliederung ist weder eine planerische noch eine naturwissenschaftliche oder naturschutzfachliche Struktur zu erkennen.

Fachlich und inhaltlich nimmt zum Beispiel der Wald in diesem Kapitel eine Sonderstellung ein, da er nicht mit den anderen Kriterien (zum Boden, Wasser, Klima) vergleichbar ist und auch die anderen Umweltfaktoren zeigen kein abgestuftes System.

Günstiger wäre es sicher, hier auf die länder- und fachübergreifend bewährten **Schutzgüter der UVP** zurückzugreifen und damit eine direkte Anpassung an die in Aussicht stehende Plan- und Programm-UVP zu ermöglichen, die unter anderem auf raumordnerische Umweltwirkungen ausgerichtet ist. Unter Bezug auf die jeweiligen gesetzlichen Festlegungen sollten vergleichbar, wie jetzt schon beim Wasser für den Trinkwasserschutz, jeweilige Schutzziele graduiert festgelegt und zoniert ausgegrenzt werden. Dadurch wäre dann eine abgrenzbare, nachzuvollziehende Grundlage für die gestufte Berücksichtigung (zum Beispiel Schutzzonen) der Schutzziele in den verschiedenen Phasen der Raumplanung gegeben.

Neben diesen zwar dringlichen, aber noch umfassend zu klärenden und abzustimmenden fachlichen und gesetzlichen Aspekten erscheint es für die Vorrang- und Vorbehaltsgebiete in der gegenwärtigen Form unbedingt erforderlich, eine nachvollziehbare **inhaltliche Abgrenzung dieser Kategorien** vorzunehmen. Das betrifft neben den meist größeren Schutzgebieten vor allem die geschützten Landschaftsbestandteile und geschützten Biotope, die im Regionalmaßstab meist nicht genau ausgrenzbar, aber auf jeden Fall zu berücksichtigen sind.

Kritisch wird es bei der Abgrenzung der im RROP als Vorbehaltsgebiete geführten Seen-, Teich- und Fließgewässerlandschaften, für die es gegenwärtig keine eindeutigen Abgrenzungskriterien gibt, aber geben muss. Auch für **charakteristische Kulturlandschaften mit wertvoller Naturausstattung** (Kap. 8.2), die eigentlich dann ja bereits über das Naturraumpotenzial erfasst sein müssten, fehlen klare Definitionen. In ir-

gendeiner Form ist zudem jede Kulturlandschaft charakteristisch.

Allgemein ist außerdem auf die Notwendigkeit einer sprachlichen **Entzerrung bestimmter Begriffe** hinzuweisen, um nicht nur bei absoluten Insidern verständlich zu sein. Insbesondere trifft dies auf die Begriffe „hervorgehobene", „herausragende" und „besondere Bedeutung" zu, die dann noch wahlweise mit den Begriffen „Natur- und Landschaftspflege", „Natur- und Landschaftsschutz" oder „Naturhaushalt" verknüpft werden, wodurch erhebliche Verwirrung entstehen kann.

Für die kartographische Darstellung von Vorrang- und Vorbehaltsgebieten ist es vordergründig weniger von Bedeutung, welche Unterkategorie (zum Beispiel NSG, LSG und so weiter) sich dahinter verbirgt. Wichtiger wäre es, für die **Abwägung bestimmter Nutzungsanforderungen** dann auch lokalisiert und konkret zu wissen, welche Schutzaspekte zu der Schutzgebietsfestlegung geführt haben, sodass über eine Einzelfallentscheidung das Maximum an Abwägungsspielraum ausgenutzt werden kann (zum Beispiel bei einer Fläche mit prioritärem Bodenschutzziel und starkem Nutzungsanspruch für Windenergie).

Auch wenn sich bestimmte kartographische Darstellungsweisen und Gewohnheiten gefestigt und teilweise sicher auch bewährt haben, sollte heute unter den durch digitale Arbeitsmethoden grundsätzlich veränderten **Bearbeitungs- und Darstellungsbedingungen** für Karten eine zeitgemäße Anpassung erfolgen (Kap. 8.6).

So sind ohne den früheren erheblichen zeichnerischen Mehraufwand Karten in beliebigen Maßstäben, Größen, Ausschnitten, Verschneidungen und so weiter zu erstellen und auszuplotten. Durch die Bereitstellung der erarbeiteten Daten in digitaler Form ist künftig bei den Nutzern die weitere Arbeit mit den Karten über **GIS** für die unterschiedlichsten Zielstellungen möglich und aus Rationalisierungsgründen auch unumgänglich. Dass sich dabei auch die Qualität der Karten in Abhängigkeit von den verfügbaren Daten der Landesvermessungsämter und der Qualifikation der Anwender auf hohem Niveau immer weiter vervollkommnen wird, ist letztlich nur eine Frage der Zeit und des Geldes.

Da es sich beim RROP um Aussagen mit Bindungswirkung handelt, ist eine hohe Qualität der digitalen Kartengrundlagen erforderlich und möglichst auch eine Verwendung gleicher beziehungsweise gut passfähiger Geoinformationssysteme. Für vergleichende kartographische Überprüfungen hat sich die Kombination der GIS-Arbeit mit analogen Arbeitstechniken über Folien oder transparente Karten bewährt.

Um eine weitere effektive Verwendung der Arbeitsergebnisse aus der Abwägung des GLRP auf das RROP der Region Mittleres Mecklenburg/Rostock zu ermöglichen, wurden sie dem Planungsverband sowohl in analoger als auch in digitaler Form übergeben. Damit können Qualitäts- und Informationsverluste bei der Arbeit mit diesen Daten minimiert und künftige Bearbeitungsmaßstäbe in der Raumplanung problemlos den Anforderungen angepasst werden.

Abschließend ist festzustellen, dass der durchgeführte systematische Abgleich von Plandokumenten der Landschaftsplanung und Raumordnung eine neue Etappe der Zusammenarbeit beider Planungsebenen eröffnet, die durch verbesserte, einheitlich nutzbare technische Grundlagen (insbesondere GIS) und zunehmend flächendeckend in digitaler Form vorliegende Fachdaten gekennzeichnet sein wird.

Die vergleichende Analyse und gutachterlicher Bewertung des GLRP und RROP für die Region Mittleres Mecklenburg/Rostock kann nur als ein erster Ansatz aufgefasst werden, der durch nachfolgende Untersuchungen zu spezifischen Problemstellungen (zum Beispiel Tourismus und Erholung) weiter zu untersetzen ist.

Im Hinblick auf die durchgängige Nutzbarkeit fachlicher Inhalte und kartographischer Darstellungen von der kommunalen Ebene bis zur landesweiten Planung und unter dem Aspekt hoher Aktualität und Qualität erscheinen abgestimmte und regelmäßig aktualisierte Arbeitsrichtlinien sowie Schulungen/Erfahrungsaustausche der Bearbeiter der Pläne (auch der Techniker) in bestimmten Zeitabschnitten erforderlich.

9.3 Kommunale Landschaftspläne

9.3.1 Landschaftsplanung im ländlichen Raum – Beispiele aus Bayern

Bei Diskussionen in Parlamenten und Verwaltungen ländlicher Gemeinden über die Notwendigkeit und Aufgaben der Landschaftsplanung fiel noch vor 20 Jahren oft der Satz: »Wozu brauchen wir einen Landschaftsplan? Wir haben doch noch so viel und so schöne Landschaft! Die sollten wir nicht auch noch verplanen.« Dann folgen Bemerkungen zur „allgemeinen Planungseuphorie" und manchmal war damit das Gespräch über Landschaftsplanung beendet und die Aufstellung des Planes abgelehnt.

Untersucht man aber im **ländlichen Raum** die Entwicklung der letzten Jahre, dann muss man leider feststellen, dass in unseren kleinen Gemeinden und Kleinstädten mehr wertvolle Substanz zerstört wurde und weiter wird als in größeren Städten. Hier ist das Bewusstsein für bauliche und landschaftliche Qualität in der Öffentlichkeit wie bei den Verantwortlichen oft

stärker entwickelt als im ländlichen Raum; Planungs- und Bauämter der Städte können manche fragwürdigen Landschaftseingriffe verhindern.

Franken und andere Teile Bayerns sind noch reich an unverwechselbaren Stadtbildern, an geschlossenen Ortslagen inmitten von Obstgärten, Weinbergen, in einer „noch heilen" Landschaft. Diese wertvollen Gemeinde- und Siedlungsstrukturen wurden in den vergangenen Jahren oft durch eine falsche Ausweisung von Baugebieten, die Vernichtung wichtiger Landschaftselemente – etwa das Zuschütten von Talräumen, die Bebauung von Hangkanten oder Uferzonen – zerstört oder gefährdet. Bei der Gleichförmigkeit und Wiederholung gleicher Elemente, die Neubaugebiete in ländlichen Räumen kennzeichnen, sind die wechselnden Landschaften oft das einzige Element, das diese Siedlungen unterscheidet.

Zur gleichen Zeit, da **in den Städten** Platz und Straße als Bewegungsraum für Menschen wiederentdeckt werden, zerstört der „verkehrsgerechte" Ausbau von Ortsdurchfahrten in Dörfern

Tab. 9-2: Vier Länder erließen 1973 ihre ersten Gesetze für Naturschutz und Landschaftsplanung

Länder	Rechtskraft vom
Schleswig-Holstein	27.3.73
Hessen	04.4.73
Rheinland-Pfalz	14.6.73
Bayern	27.7.73

und Kleinstädten wertvolle Straßen- und Platz-räume, durchschneiden Landes- und Bundes-straßen mit großen Ausbauquerschnitten die Landschaft.

Landschaftsplanung in ländlichen Räumen heißt daher:

- Bewahren wertvoller Raum- und Land-schaftsstrukturen,
- Überprüfen der Pläne im Hinblick auf die ökologische Bedeutung des Gesamtraumes und seiner Teilbereiche,
- Entwicklung eines Siedlungskonzeptes, das die Vielfalt und Differenziertheit einer Land-schaft nutzt, anstatt sie zu zerstören.

Landschaftsplanung in Bayern – von Beginn gebunden an die Bauleitplanung

Bis zu den **ersten Naturschutzgesetzen in den Ländern** der Bundesrepublik 1973 galt das Reichs-Naturschutzgesetz (RNG) von 1935, das nach dem Ende des Zweiten Weltkrieges, zu Beginn der fünfziger Jahre, durch Erlasse der Länder in Kraft gesetzt wurde. Während das RNG ausschließlich die bewahrenden Ziele des Naturschutzes umfasst, werden in den neuen Landesgesetzen erstmals Aufgaben der Land-schaftsplanung als Gesetzesziele angesprochen für das ganze Gemeindegebiet.

Der Bund hatte sich Anfang der 70er Jahre be-müht, für Naturschutz und Landschaftspflege die **konkurrierende Gesetzgebung** zu erreichen, das heißt die Möglichkeit zur Schaffung verbindlicher Bundesgesetze, wie sie für die Bereiche Wasser-

haushalt, Reinhaltung der Luft, Detergenzien, Lärmschutz bereits erlassen waren. Unter Beru-fung auf die unterschiedlichen landschaftlichen Eigenarten und ihre Kulturhoheit haben die Länder jedoch die Zuständigkeit des Bundes für den Naturschutz abgelehnt. Im Bundesrat konnte die für eine Gesetzgebung des Bundes notwendige Grundgesetzänderung mit der erforderlichen 2/3-Mehrheit nicht erreicht werden.

Leider nutzte der Bund aber auch seine Kom-petenz lange nicht aus, ein Rahmengesetz zu schaffen, das für die Naturschutzgesetze der Länder einheitliche Rahmenbedingungen setzte. Erst im Frühjahr 1976 hat der Bund nach langen Beratungen in den zuständigen Ausschüssen ein Rahmengesetz im Bundestag eingebracht, ge-löchert durch die Lobby von verschiedenen Seiten: Landwirtschaft, Grundbesitzer und an-dere. Der aufkommende Gegenwind gegen den Naturschutz machte sich bemerkbar nach den positiven Ansätzen in den 70er Jahren (1970 Eu-ropäisches Naturschutzjahr).

Bayern hat – wie die drei anderen genannten Länder – die dreistufige Landschaftsplanung geschaffen und die **Landschaftsplanung** an die Planungshoheit der Gemeinden gebunden

- zunächst als **Grundlage** des Flächennutzungs-planes (1973), noch nicht verbindlich flächen-deckend für alle Gemeinden,
- dann in der Novellierung 1983 als **Bestandteil** des Flächennutzungsplanes mit der Verpflich-tung zur Aufstellung und Integration in die Bauleitplanung **aller** Gemeinden.

Die Verbesserung dieser Gesetze sowie die auf ihrer Grundlage geschaffenen Richtlinien der zuständigen Ministerien

- für Naturschutz und Landschaftsplanung das BayStMLU – Ministerium für Landesentwick-lung und Umweltfragen,
- für die Bauleitplanung das Innenministerium – BayStMI mit der Obersten Baubehörde –

zeigt die folgende Übersicht.

Tab. 9-3: Entwicklung der Landschaftsplanung in Bayern – Gesetze und Richtlinien

Gesetze	Richtlinien
27.7.73, 1. BayNatSchG • Landschaftsplanung dreifach gegliedert: – Landschaftsrahmenprogramm – als Teil des Landes- entwicklungsprogramms (LEP) – Landschaftsrahmenpläne als Teil der Regional- planung und fachliches Programm nach Bayerischem Landesplanungsgesetz – Landschaftsplan der Gemeinde als Grundlage der gemeindlichen Bauleitplanung und Bestandteil der Wege- und Gewässerpläne der Flur- bereinigung	**31.10.75** Richtlinien für die Ausarbeitung und die Förderung von Landschaftsplänen, gemäß BEK der beiden zuständigen Landesministerien, Grundlage für die Förderung der gemeindlichen Land- schaftsplanung mit 50 % der Kosten aus Mitteln des Freistaates Bayern
1983 Novellierung des BayNatSchG • Verpflichtung der Gemeinden zur Darstellung der Ziele von Naturschutz und Landschaftspflege als **Bestandteil** des Flächennutzungsplanes	**30.7.82** Planungshilfen für die Bauleitplanung(PLH) durch die Oberste Baubehörde im BayStMI **Mai 1984** Arbeitshilfen für die Integration des Landschaftsplanes in den Flächennutzungsplan, bearbeitet im Auftrage beider Ministerien **18.12.85**, gemeinsame Bekanntmachung der beiden zuständigen Ministerien zur Zusammenarbeit von Flächennutzungs- und Landschaftsplanung

**Zuständig für Landschaftsplanung das Umwelt-
und Landesentwicklungsministerium**

Wichtige Voraussetzungen für die im Verhältnis
zu anderen Bundesländern frühe und starke Entwicklung der Landschaftsplanung in Bayern
waren:

1. Ministerielle Zuständigkeit im Umwelt- und
Landesentwicklungsministerium und
2. Förderung der Landschaftsplanung der Gemeinden mit 50% der Planungskosten – später
auch der Integrationskosten – durch das Land.

Leider wurde die Landschaftsplanung in den
meisten anderen Bundesländern – zunächst auch
im Bund – dem Landwirtschaftsministerium
zugeordnet – bei den bekannten Konflikten
zwischen Landwirtschaft und Naturschutz ein
Hindernis für die Landschaftsplanung.

**Bayern hat als erstes Land im Bundesgebiet
bereits 1973 Naturschutz und Landschaftsplanung** mit der Landes- und Regionalplanung
sowie anderen Aufgaben der technischen Umweltsicherung **in einem Ministerium zusammengefasst** und diese Zuständigkeit auch auf die
Regierungen und Landkreise übertragen. Die
Bündelung der Ziele von Regionalplanung und
Naturschutz hat sich in der Auseinandersetzung
mit den Gemeinden bewährt. Ähnliche Strukturen wurden in den Folgejahren auch in anderen

Ländern aufgebaut – 1987 wurde endlich auch
der Umweltschutz auf der Bundesebene aus dem
Landwirtschaftsministerium gelöst.

**Frühe Richtlinie für die Zusammenarbeit Land-
schaftsplanung/ Flächennutzungsplanung**

Die Zusammenarbeit zwischen Landschafts- und
Flächennutzungsplan wurde in Bayern schon
Mitte der 70er Jahre durch ein straffes Regel-
werk beispielhaft gefördert.

**Erstmalige Erstellung der Landschaftspläne für
alle Gemeinden**

Die Landschaftspläne der 70er und 80er Jahre
waren in allen Gemeinden **die ersten** für das
jeweilige Gemeindegebiet erstellten **ökologischen
Planungsgrundlagen.** Während bisher bei der Aufstellung der Flächennutzungspläne die Landschaft
eher von ihrem Bild und den Eignungen für die
unterschiedlichen Nutzungen behandelt wurde,
liegen mit den Landschaftsplänen erstmals vollständige Bestandsaufnahmen und die daraus entwickelten Ziele für die Landschaft vor.

Die Informationsqualität dieser Pläne für die
Gemeinden wurde gesteigert durch die Mitte der
70er Jahre in allen Bundesländern durchgeführten Gemeinde- und Kreisgebietsreformen mit
Zusammenschlüssen

Tab. 9-4: Zusammenarbeit zwischen Landschaftsplanung und Flächennutzungsplan (Grebe und Tomasek 1980)

	Landschaftsplan	Flächennutzungsplan
Klärung/ Verfahren		Abstimmen von allgemeinen Zielen, Verfahren, Unterlagen, Terminen Darstellung und Aufbereitung
Bestands- aufnahme	Schwerpunkte Landschaft, natürliche Gegebenheiten, Grün- und Freiflächen	Schwerpunkte in den Bereichen Wirtschaft, Soziales, Infrastruktur
	Einbeziehung regionaler Vorgaben, vor allem aus dem Landschaftsrahmenplan	Einbeziehung regionaler Vorgaben, vor allem aus dem Regionalplan
Bewertung		
		Einholen von Informationen aus der Bürgerschaft und von Trägern öffentlicher Belange
Diskussion von Zwischenstufen		– Bewertung vorliegender Fachplanungen; Prognosen
		– Diskussion erster Konzepte
Vorentwurf	Vorentwurf Landschaftsplan	Vorentwurf Flächennutzungsplan
Abstimmung, Konfliktbereinigung	Konfliktdarstellung	Konfliktdarstellung
		Abstimmung Flächennutzungs-/ Landschaftsplan vorgezogene Bürgerbeteiligung Diskussion von Alternativen
Entwurf	Entwurf Landschaftsplan	Entwurf Flächennutzungsplan
Beschluss		Anhörung von Trägern öffentlicher Belange - Einarbeiten der Anregungen und Stellungnahmen. In einigen Bundesländern: Überprüfung und Genehmigung des Landschaftsplanes durch die zuständige Höhere Naturschutzbehörde (Regierungspräsident) – Auslegungsbeschluss im Gemeinderat – Öffentliche Auslegung – Behandlung der Bedenken und Anregungen
Genehmigungs- verfahren		– Beschluss im Gemeinderat für Flächennutzungs- und Landschaftsplan – Genehmigung durch den Regierungspräsidenten

- mehrerer kleiner Gemeinden – zum Teil mit Flächengrößen unter 500 bis 600 ha – zu Großgemeinden mit Flächen von 3 000 bis maximal 10 000 ha,
- mehrerer Landkreise zu den heutigen Groß- kreisen mit dem Aufbau einer leistungs- fähigen Verwaltung für Naturschutz – erst-

mals ein bis zwei hauptamtliche Mitarbeiter für Naturschutz in jedem Kreis anstelle des früher ehrenamtlich tätigen Naturschutzbe- auftragten – und für die anderen Aufgaben der Umweltsicherung, wie Abfallbeseitigung und Wertstofferfassung, Immissionsschutz, Lärmschutz und anderen.

Diese „erstmalige" flächendeckende Bearbeitung der Landschaft mit ihrem hohem Informationsinhalt über die Struktur von Boden, Wasserhaushalt, Klima, Pflanzen- und Tierwelt, die Nutzungen und ihre Auswirkungen auf den Landschaftsraum in der **Bestandsaufnahme und Bewertung** wurden von den Gemeinden sehr geschätzt. Mit der Bereitstellung zunehmender Informationen über den Landschaftsraum – wie die in Bayern entwickelte Biotopkartierung, später auch die Arten- und Schutzprogramme für alle Gemeinden und die Landkreise – ist auch die Qualität der Landschaftspläne gewachsen.

Leider haben sich viele Landschaftspläne der ersten Generation beschränkt auf eine umfassende Bestandsaufnahme und ihre Darstellung – ihre Verfasser waren nicht immer in der Lage, aus den ökologischen Kriterien heraus umsetzungsfähige Ziele für die Entwicklung der Gemeinde und ihre Bauleitplanung vorzulegen. Daher haben sich starke Widerstände der Bauernverbände und des Bayerischen Gemeindetages gegen die Landschaftsplanung entwickelt. Bei der starken Lobby der Landwirte bis in die Parlamente der Länder und des Bundes hat das die politische Durchsetzung der Landschaftspläne in den ersten Jahren sehr erschwert.

Weitere Faktoren für die Verbesserung der Umweltqualität im ländlichen Raum durch Landschaftsplanung

Für die zwei- bis dreijährige Bearbeitungszeit des Flächennutzungsplanes mit integriertem Landschaftsplan waren die folgenden Punkte entscheidend für die Qualität der Planungsaussagen und ihre Umsetzung im Gemeindegebiet:

- Flächendeckende Vorlage **regionaler Informationen und Pläne** über ökologisch wichtige Bereiche mit der Verpflichtung zur Übernahme und Umsetzung dieser Daten wie Biotop- und Artenschutzkartierungen, Waldfunktionskartierung, Agrarleitplanung,
- Beratende Mitwirkung der **zuständigen Naturschutzbehörden**, im Landkreis die Untere Naturschutzbehörde, bei den Bezirksregierungen die Höhere Naturschutzbehörde an der Erstellung des Planes, der Beratung bei den einzuleitenden Rechtsverfahren,
- Überprüfung der Landschaftsplanung durch den **Regierungspräsidenten** – der sich bei der Flächennutzungsplanung in der Gemeinde-

hoheit der Gemeinden auf formale Fragen beschränken muss – auf die fachliche Begründung und die Formulierung der Ziele, um den optimalen Einsatz der vom Land gewährten Fördermittel zu prüfen. Diese staatliche Kontrolle über mehrere Jahre hinweg hat die Qualität der Landschaftsplanung sehr gefördert, da Honorarunterangebote von den Regierungen ausgeschieden und den Gemeinden empfohlen wurde, Landschaftsplaner zu beauftragen, deren Arbeitsprogramm durch die in der HOAI – Honorarordnung für Architekten und Ingenieure – festgelegten Honorarsätze begründet ist,

- Überprüfung der „Abwägung der aufgestellten ökologischen Ziele" bei den Beschlüssen des Gemeinderates durch die **Genehmigungsbehörde** – zunächst die Regierungen, jetzt die Landratsämter. Dieser Aspekt wurde in den Folgejahren erweitert bis zum Ende der 90er Jahre mit der Überprüfung der gesetzlich festgeschriebenen Angabe von Flächen für notwendige Ausgleichsmaßnahmen,
- Verpflichtung der **Fachbehörden** zu einer aktiven Mitarbeit, damit Nutzung ihrer umfangreichen Informationen über die Naturgüter, wie Zusammensetzung und Entwicklung der Waldbestände in den Forsteinrichtungswerken der Forstämter, über Bodenqualitäten, Erosionsgefährdung und anderes bei den Landwirtschaftsämtern,
- Beteiligung der anerkannten **Naturschutzverbände** – nach § 29 Bundesnaturschutzgesetz – an der Aufstellung und Beratung der Pläne. Diese starke und frühe Beteiligung hat zu intensiven Diskussionen der Planungsziele in den Gemeindeparlamenten und außerhalb geführt, mit umfangreichen Informationen der Öffentlichkeit durch die Tagespresse,
- Einführung der „vorgezogenen **Bürgerbeteiligung** zur Bauleitplanung", mit der die Diskussion der Ziele – auch in alternativen Planungen – erfolgen musste. Mit dieser öffentlichen Diskussion war es der Landschaftsplanung möglich, vorliegende Planungen Dritter – etwa zum Ausbau des Straßennetzes, zu Eingriffen in den Wasserhaushalt – durch Gegenkonzepte umweltfreundlicher zu entwickeln oder ihre Streichung vorzuschlagen (Nulllösung),
- **Gemeinsame Tagungen** über „gute Beispiele gemeindlicher Landschaftsplanung" mit Land-

schaftsarchitekten, Bürgermeistern, Gemeindeverwaltungen und Fachbehörden, verbunden mit Exkursionen zu Umsetzungsbeispielen. Gerade in der Landschaftsplanung – mit der sich alle Gemeinderäte zum ersten Mal auseinandersetzen mussten – waren gute Beispiele und Modellprojekte in diesen Anfangsjahren wichtig, um die starken Widerstände bei den Verbänden der Landwirtschaft durch bessere Argumente aufzulösen.

Haben ländliche Gemeinden die politische Kraft und Verantwortung zur Übernahme der Landschaftspläne in ihre Planungshoheit?

Die gesetzliche Forderung der „Integration des Landschaftsplanes in die Bauleitplanung der Gemeinden" ist in den ersten Jahren von den Naturschützern oft kritisiert mit dem Vorwurf »Die Gemeinden haben nicht das notwendige Umweltbewusstsein für die Bindung ihrer Beschlüsse an die ökologischen Kriterien der Landschaftsplanung, sie wollen nur Entwicklungsgebiete für Wohnen und Gewerbeflächen ausweisen um ihren Gemeindehaushalt zu verbessern – an einer breiten Umweltsicherung sind sie nicht interessiert!«

Diese Befürchtung wurde mit der weiteren Sorge verbunden, die beauftragten freischaffenden Landschaftsarchitekten seien nicht in der Lage, ihre Vorstellungen gegen das Gemeindeparlament durchzusetzen, schließlich dürften sie sich nicht das Missfallen ihrer Auftraggeber zuziehen, wenn sie mit weiteren Aufgaben in der Gemeinde beschäftigt werden wollten.

Diese Behauptungen lassen sich nach meinen Erfahrungen nicht belegen, das Gegenteil ist eingetreten:

- Auf der Gemeindeebene besteht eine starke **Verantwortung und Mitwirkung** der Bürger bei der Sicherung der Umwelt- und Landschaftsqualität. Das zeigt sich nicht nur in zahlreichen Bürgerinitiativen sondern auch in der Diskussion bei den vorgeschriebenen öffentlichen Abstimmungsterminen der Planung,
- Die Gemeinde ist im Rahmen ihrer **Planungshoheit** in der Lage, vorliegende Rahmenpläne und Auflagen der Fachbehörden etwa der Straßenbauämter über die Führung einer Umgehungsstraße, der Wasserwirtschaftsverwaltung über die – in den letzten Jahren endlich

nicht mehr so häufig auftretenden Eingriffe in den Wasserhaushalt – durch eigene Gegenkonzepte zu verändern oder aus der Planung herauszunehmen,
- Der nicht weisungsgebundene freie Landschaftsarchitekt kann aus seiner beruflichen Verantwortung heraus eher **Alternativen** entwickeln als die in ihrer fachlichen Aussage häufig gebundenen amtlichen Naturschützer.

Eine entscheidende Hilfe für die Umsetzung dieser ökologischen Forderungen ist das **Gemeindeparlament**, das nach seinem Selbstverständnis in der Lage ist, bestehende Vorgaben von Fachplanungen mit seinen Beschlüssen zu verändern oder gar völlig aufzugeben.

Natürlich war diese hervorragende Vertretung öffentlicher Umweltinteressen in den Gemeinden nicht immer die Regel – hier boten dann aber die vorgesetzten Ebenen, so das Landratsamt, der Regierungspräsident oder gar das Ministerium Möglichkeiten, durch eine gemeinsame Darstellung der Ziele mit Vertretern dieser Verwaltungen bis zum Regierungspräsidenten andere Konzepte gegenüber den Gemeinden durchzusetzen.

Verfahrensablauf der Landschaftsplanung

Die Erfahrung der ersten **zehn Jahre Landschaftsplanung in Bayern** bis 1983 zur zweiten Novellierung des Bayerischen Naturschutzgesetzes – mit Landschaftsplänen für circa 30% des Landesgebietes – führten zu einem Zugewinn an Informationen und Erfahrungen, die bei den Fortschreibungen der Landesgesetze eingebracht werden konnten.

Die Landschaftsarchitekten fanden in ihren Bemühungen Unterstützung bei der Bayerischen Architektenkammer, die Anfang der 70er Jahre als Selbstverwaltungsorganisation der Architekten mit Parlament und zahlreichen Ausschüssen gegründet worden war.

Jetzt waren die Landschaftsarchitekten in der Lage, auch über ihre Kammer Initiativen in die Landesparlamente zu tragen und zu begründen. Aus dieser Zusammenarbeit zwischen Bayerischer Architektenkammer, Bayerischem Landesverband der Landschaftsarchitekten (BDLA) sowie den beiden zuständigen Landesministerien (für Umwelt und Naturschutz sowie für Bauleitplanung) entstand der auf Seite 300 beschriebene **Verfahrensablauf** in seiner engen Bindung an die inzwischen zum **Baugesetzbuch** weiter entwickelten gesetzlichen Grundlagen der gemeindlichen Bauleitplanung.

Mit der Einführung dieser Verfahren wurden die häufig sehr langen Bearbeitungszeiträume der Landschafts- und Flächennutzungspläne reduziert: Lange Planungsverfahren bergen die Gefahr, bestehende Planungsziele zu zerreden oder ganz aufzugeben.

Wirkung der Landschaftsplanung auf die Gemeindeentwicklung

Durch die Integration des Landschaftsplanes in den Flächennutzungsplan wurden Naturschutz und Landschaftspflege zu einer zentralen Aufgabe der Gemeinden. Der Plan bindet die an seiner Aufstellung beteiligten Träger öffentlicher Belange (Fachbehörden, Nachbargemeinden) und ist die Grundlage der aus diesem Rahmenplan entwickelten verbindlichen Bebauungspläne für den Innenbereich sowie die freie Landschaft.

Die **wichtigsten Wirkungen** dieses Landschaftsplanes sind:

- **Schutz wertvoller Landschaftsräume** vor einer baulichen Entwicklung, sowie vor der Durchschneidung mit Straßen – der so genannte querschnittsorientierte Beitrag der Landschaftsplanung,
- **Verhinderung oder Lenkung von Fremdplanungen** mit starken Landschaftseingriffen sowohl bei öffentlichen Planungsträgern wie privaten Vorhaben (Kiesabbau, Steinbrüche, Deponien),
- Übernahme **landschaftspflegerischer Aufgaben** einschließlich ihrer Finanzierung und Pflege durch Fachbehörden
  - Straßenbauamt: Pflanzung von Alleen, Straßenböschungen, Ausgleichsflächen als Ergebnis des vorlaufenden Planfeststellungsverfahrens,
  - Wasserwirtschaftsamt: Anstöße für Gewässerpflegepläne, Schutz wertvoller Feuchtgebiete, des Grundwassers,
  - Flurbereinigung: Änderung vorliegender Ausbaukonzepte bis zur vollen Umsetzung der Landschaftsplanung durch ein Flurbereinigungsverfahren (siehe Beispiel Bad Windsheim)
- **gemeindeübergreifende Pläne und Programme** als Voraussetzung für staatliche Zuschüsse, sie verkürzen die oft langwierigen Bewilligungsprozesse, zum Beispiel in Bayern für das Pro-

gramm Freizeit und Erholung, Ausbau von Radwegen und anderes,
- Hinweise auf **naturschutzwürdige Gebiete** im Gemeindegebiet und ihre Sicherung durch die Schutzkategorien des Naturschutzes wie Landschaftsbestandteil, Landschaftsschutzgebiet, Naturschutzgebiet in Abstimmung mit anderen Nutzungen. Dieses Verfahren wird auch von den Gemeinden gefordert gegenüber der sonst üblichen Behandlung von Schutzgebieten ohne diese vorlaufende Gesamtkonzeption im Gemeinderat.

Die Naturschutzbehörden stimmen diesem Verfahren zu, da es die Umsetzung erleichtert, auch bei der Abstimmung mit betroffenen Grundstückseigentümern und Anliegern im folgenden Rechtsverfahren.

Umsetzung der Ziele der Landschaftsplanung im ländlichen Raum

Für die Landschaftsplanung im ländlichen Raum kann es keine gleichen Ziele geben: Jede Gemeinde hat entsprechend ihrer Lage im Landschaftsraum, ihrer Ausstattung mit Landschaftselementen, der Intensität der land- und forstwirtschaftlichen Nutzung, ihrer Bedeutung als Naherholungsgebiet ihren eigenen Charakter. Er muss in der Landschaftsplanung erkannt und aufgenommen werden, dann fügen sich ihre Vorschläge nahtlos in die in Jahrhunderten gewachsene Landschaft ein.

Im Folgenden werden am Beispiel von drei Gemeinden im ländlichen Raum mit unterschiedlicher Größe, Landschaftsstruktur und Nutzungsschwerpunkten Ziele und Umsetzung der Landschaftsplanung erläutert.

Alle drei Gemeinden haben den Landschaftsplan ein Jahr vor Beginn des Flächennutzungsplanes begonnen – so konnten Bestandsaufnahme und Bewertung über ein ganzes Vegetationsjahr mit den unterschiedlichen Aspekten berücksichtigt werden.

1. Bad Windsheim, Landkreis Neustadt/Aisch/ Bad Windsheim, Mittelfranken, Lage zwischen Steigerwald und Frankenhöhe am Rande des Aischtales mit circa 12 000 Einwohnern in einem Gemeindegebiet von circa 5 000 ha.

Vollständige Umsetzung des Landschaftsplanes im folgenden Flurbereinigungsverfahren mit einem differenzierten Biotopverbundkonzept und geschlossenen Angebot von Erholungseinrichtungen für die Bürger der Stadt und den wachsenden Kurbetrieb.

Bad Windsheim liegt am Rande der breiten Aischaue – einem Nebenfluss der Regnitz – die Mitte der dreißiger Jahre durch Begradigung der Aisch und Meliorationsarbeiten stark ausgeräumt wurde. Die Entwässerungsmaßnahmen führten zum Umbruch großer Auenbereiche in Acker, die schweren Gipskeuper-Böden reißen bei starker Trockenheit mit breiten Rissen auf, nur wenige naturnahe Elemente überstehen diese starke Ausräumung der Landschaft.

Ende der 60er Jahre begann der Ausbau der Kureinrichtungen in Bad Windsheim. Die zunehmenden Gästescharen klagten über die ausgeräumte Landschaft, die ihnen weder Schatten noch Abwechslung und keine Anreize bot, durch die kahle Flur den zwei Kilometer vor der Stadt liegenden Rand des Steigerwaldes mit seinen großen Waldgebieten zu erreichen.

In der Planung Naturpark Steigerwald, 1972 (Planungsbüro Grebe, Nürnberg) wurde eine stärkere Gliederung der ausgeräumten Landschaft vorgeschlagen und im Stadtrat diskutiert: 1974 wurde das Büro mit der Ausarbeitung des Landschaftsplanes beauftragt, seine Vorschläge wurden in den Flächennutzungsplan übernommen und damit verbindlich, einer der ersten integrierten Flächennutzungs- und Landschaftspläne in Bayern.

Wesentliches **Ziel des Landschaftsplanes** war der Aufbau eines geschlossenen Biotopverbundsystems in der ausgeräumten Landschaft zwischen Aisch und Steigerwald,

- Verbesserung der Bachauen, in denen der intensive Ackerbau bis an die Gewässer heranreicht und zu starken Belastungen der Bäche mit ihren geringen Wasserständen führte,
- kleine Wasserflächen in den Bachauen, zum Teil mit nur zeitweise wasserführenden Rinnen,
- Feuchtwiesen in der Aischaue mit ihrer hohen Bedeutung für die Vogelwelt,
- Aufbau breiter Wald- und Gehölzverbindungen von der Stadt zum Steigerwald,
- System von Schutzpflanzungen mit Abständen zwischen 400 und 500 m, einschließlich der Eingrünung der Stadt, der umfangreichen Gipsabbaugebiete am Stadtrand,
- Schutz wertvoller Streuobstanlagen auf den Steilhängen, Anlage neuer Bestände,
- geschlossenes Wander- und Radwegesystem in der Landschaft.

Umsetzung des Landschaftsplanes innerhalb von 5 Jahren durch das Flurbereinigungsverfahren

1974 wurde für Bad Windsheim ein Flurbereinigungsverfahren angeordnet, ein wesentliches Ziel war die Wiederherstellung einer möglichst vielgliedrigen Landschaft neben der Zusammenlegung der Flächen und der Verbesserung des Wegesystems. Der Stadtrat beschloss, den vorliegenden Landschaftsplan zur Grundlage der Flurbereinigung im Stadtgebiet zu machen. Dieser Vorschlag wurde von der Teilnehmergemeinschaft und der Flurbereinigungsdirektion Ansbach akzeptiert.

Vom gleichen Büro wurde der **Landschaftspflegerische Begleitplan** für das Flurbereinigungsverfahren ausgearbeitet, damit wurden die Ziele der Landschaftsplanung verbindlich für das gesamte Verfahren.

Entscheidend für den Erhalt der landschaftlichen Qualität des bewegten Geländes im Vorland des Steigerwaldes war die dem Gelände angepasste Wegeführung. Hier wurde die Regel der Flurbereinigung – Rechtwinkligkeit der Grundstücke, was zu den bekannten Rasterungen unserer Fluren führt – gebrochen: Die Wege laufen in der Höhenlinie und überwinden die Höhen mit schwingenden Führungen, begleitet von Heckenzügen oder Einzelbäumen in randlichen Rainen.

Da die Landwirte die Auswirkungen der ausgeräumten und schnell austrocknenden Landschaft kannten, konnten sie von den Vorschlägen der Landschaftsplanung überzeugt werden. Die kahle Feldflur auf den problematischen Gipskeuperflächen wurde in fünf Jahren in eine strukturierte, biotopreiche Landschaft umgewandelt: Anlage von circa 60 ha Wald, 400 km mehrreihiger Hecken, 30 Weihern, Obstgärten, Extensivierung von Auenbereichen, Trockenrasen auf den Steilhängen des Steigerwaldes.

Die Bereitstellung von fast 100 ha Flächen für den Aufbau eines **Biotopverbundsystems** wurde möglich durch das Einbringen von Flächen aus dem Grundbesitz der Stadt und verschiedenen Stiftungen, sowie die Ankäufe von 20 ha der Teilnehmergemeinschaft nach § 52 Flurbereinigungsgesetz.

In dem circa 3 000 ha großen Verfahrensgebiet entstand ein geschlossenes Vernetzungskonzept innerhalb von 3 Jahren. Die Maßnahmen haben die Biotopstruktur und Erholungsqualität des Raumes stark verbessert.

Ein vom Bayerischen Landwirtschaftsministerium finanziertes Forschungsprogramm über die Ergebnisse der Landschaftsplanung hat die Anreicherung der Landschaft, die Entwicklung der naturnahen Biotopkomplexe, ihre Auswirkungen auf Vegetation und Tierwelt untersucht. Die Ergebnisse zeigen, dass in kurzer Zeit in der ausgeräumten Landschaft ein artenreiches und gegliedertes Biotopkonzept entstand. In den Siedlungsbereichen lag der Schwerpunkt auf der Erhaltung und Sicherung naturnaher Bereiche sowie der grünordnerischen Neugestaltung der Straßenräume und Ortsränder.

Das Flurbereinigungsverfahren Bad Windsheim wurde 1986 mit einem Staatspreis des Bayerischen Staatsministeriums für Ernährung, Landwirtschaft und Forsten ausgezeichnet. Von der bayerischen Flurbereinigung wird es als Modell für eine optimale Zusammenarbeit zwischen Landschaftsplanung, Flurbereinigung und Landwirtschaft bezeichnet. Nach zahlreichen Führungen und Tagungen mit Flurbereinigern, Landwirten und Planern in den letzten Jahren wird dieses Modell auch von anderen Bundesländern übernommen.

Inzwischen werden in Bayern **vor** dem Anlaufen von Flurbereinigungsverfahren durch qualifizierte freie Landschaftsarchitekten sowohl die Bestandsaufnahme des gesamten Naturraumes wie – in enger Zusammenarbeit mit der Teilnehmergemeinschaft – Konzepte für die Neugliederung der Landschaft bearbeitet, die zu dem endgültigen Umsetzungsplan der Flurbereinigung entwickelt werden.

2. Stadt Dinkelsbühl, Landkreis Ansbach/ Mittelfranken

an der bayerischen Landesgrenze zu Baden-Württemberg, 100 km südwestlich von Nürnberg, 12 000 Einwohner, Gesamtfläche 6 000 ha

Dinkelsbühl liegt im Talraum der Wörnitz an der Kreuzung alter Handelsstraßen,

- der B 14 – Straßburg – Stuttgart – Nürnberg – Prag
- mit der B 25 – Würzburg – Rothenburg – Nördlingen – Kempten (Romantische Straße)

Mit den wertvollen Feuchtgebieten, den natürlichen Bachläufen, der Verteilung von Feld- und Waldflächen verfügt die Stadt über große naturnahe Bereiche und stadtnahe Erholungsräume. Die gegenüber den Nachbarstädten Feuchtwangen, Nördlingen und Ansbach geringere wirtschaftliche Entwicklung in den letzten 100 Jahren hat die historischen Siedlungselemente weitgehend erhalten.

1990 wird nach langen Diskussionen über die Industrieentwicklung – bei der die Ziele der Landschaftsplanung durchgesetzt werden konnten – der in den Flächennutzungsplan integrierte Plan im Stadtrat angenommen und verbindlich für die nächsten 20 Jahre.

Ziele der Landschaftsplanung Dinkelsbühl

- Sicherung und Verbesserung der wertvollen landschaftlichen und historischen Situation mit dem geschlossenen Ring der Wallanlagen, dem Abbruch der letzten Einbauten in dieser wertvollen stadtnahen Grünfläche, ihre Öffnung für Fußgänger und Radfahrer.
- Ersatz der geplanten Umgehung der B 25 mit ihren starken Eingriffen in stadtnahe Erholungswälder durch eine ortsnahe Trassenführung in Anlehnung an die Bahnlinie,
- Verlagerung der geplanten Nordumgehung aus wertvollen Feuchtgebieten eines Talraumes, Ersatz der zu schnellen Trasse mit Ausbaugeschwindigkeiten bis zu 100 km/h durch eine dem Gelände angepasste Straßenführung, die schon mit ihrer Kurvenfolge zu einer Reduzierung der Fahrgeschwindigkeit auf circa 60 – 70 km/h zwingt. Die geringe Geschwindigkeit reduziert den Lärm auf das nahe Krankenhaus und macht weitere Schutzmaßnahmen überflüssig.

Gerade diese beiden letzten Punkte – die Veränderung der von staatlichen Dienststellen (Straßenbauamt) geplanten Infrastruktureinrichtungen durch die Gemeinde im Flächennutzungsplan – zeigt die wichtige Funktion des Landschaftsplanes. Der Landschaftsarchitekt tritt als Treuhänder der Gemeinde auf, er ist nicht Auftragnehmer der Straßenbauverwaltung, bei der er im Rahmen von Planfeststellungsverfahren „nur" zur Begrünung einer festgelegten Trasse eingesetzt wird.

- Auflösung einer durchschneidenden Straße im Schulbereich mit der Schaffung zusammenhängender Freiräume, einer direkten Anbindung an die Altstadt durch einen Steg über den tiefen Wallgraben.
- Entwicklung eines beispielhaften Wohngebietes am Stadtrand mit öffentlichem Grünzug

als Verbindung aus der Stadt in die freie Landschaft, verkehrsberuhigten Straßen und Platzflächen, geschützten privaten Gartenräumen an den 1- bis 2-geschossigen Häusern, der Einbindung der Siedlung in die Landschaft durch Hecken und Obstgärten.

- Renaturierung der 15 km langen Wörnitzaue im Stadtgebiet durch das Wasserwirtschaftsamt mit Pflanzungen am Fluss, der Ausweisung extensiv genutzter Feuchtflächen.
- Sicherung des von der Landwirtschaft bestimmten Landschaftsraumes, Entwicklung eines geschlossenen Biotopvernetzungssystems mit Unterstützung der Landwirte.

3. Gemeinde Stephanskirchen, Landkreis Rosenheim/Oberbayern

Lage zwischen Inn und Alpenvorland, 10 000 Einwohner, Gemeindegröße 4 500 ha.

Umsetzung des Landschaftsplanes nach seiner Integration in den Flächennutzungsplan mit starker Unterstützung aller landwirtschaftlichen Betriebe,
- ökologische Bewirtschaftung auf circa 80% aller Höfe,
- zusätzliche Einnahmen der Landwirte aus der Vermarktung ihrer Produkte in der Gemeinde sichern die Existenz der meist kleineren Betriebe (vorherrschend Grünland mit Viehhaltung), mit der wieder gewachsenen Bereitschaft zur Hofnachfolge bei der jüngeren Generation.

Die Moränenlandschaft um Stephanskirchen wurde durch den Inngletscher und seine Schmelzwässer in der Eiszeit gebildet. Beim Verlassen der Alpenkette hat der Gletscher ein Hauptbecken um Rosenheim ausgeschürft und im Vorland riesige Mengen an Moränenschutt hinterlassen, auf dessen weichhügeliger Oberfläche die Gemeinde liegt. Vom Rosenheimer Stammbecken strahlen fächerförmige Zweigbecken aus, deren bedeutendste Mulde im Südosten der Simssee als Rest des früheren Gletschersees bildet.

Im Westen der Gemeinde hat sich der stark wasserführende Inn in die Schottermassen unter Ausprägung einer markanten Terrassenstufe eingetieft, die Innleite. Der Inn ist weitgehend reguliert, der Auwald durch Flutrinnen stark reduziert. Trotzdem ist das Auengefüge mit einem differenzierten Kleinrelief in den Überschwemmungsbe-

reichen noch erkennbar. Die Innauen gehören zu den wertvollsten Bereichen der Naherholung.

Das Hügelland zwischen Simssee und Innaue im Bayerischen Voralpenland ist geprägt durch landschaftlich hohe Vielfalt, eine reiche Naturausstattung mit Hochmooren, Flussauen und Bächen, Seeufern, Waldungen und Grünland. Die historische Landschaftsstruktur zeigt kleine, gewachsene Ortskerne, angepasst an die Geländesituation, durch ein verzweigtes Wegenetz verbunden. Besondere Zielorte stechen durch ihre weithin sichtbaren Kirchtürme aus dem Hügelland hervor.

Die starke Bauentwicklung und neue Verkehrsstrassen haben zu starken Eingriffen geführt, erhalten aber sind wichtige Landschaftsbezüge, die bis heute die Entwicklung beeinflussen:
- Naturschutzwürdige Erholungsräume, wie Innaue und Simssee mit ihren Randzonen,
- Hochmoore und Verlandungszonen der Großen Filze,
- das Simstal mit seinen vernässten Randzonen und den vielgestaltigen Mäandern,
- die wertvollen Erholungswälder am Siedlungsrand,
- die landwirtschaftliche Flur in ihrer überwiegenden Grünlandnutzung.

Landschaftsplan als Grundlage und Bestandteil des Flächennutzungsplanes

1984 Auftrag zur Erstellung des Landschaftsplanes, um bei dem starken Siedlungsdruck die hohe Landschaftsqualität des Raumes zu sichern.

1985 Verfahren Flächennutzungsplan mit integriertem Landschaftsplan

1988 Genehmigung Flächennutzungsplan mit Landschaftsplan durch die Regierung

Ergebnisse der Zusammenarbeit Landschaftsplan/ Flächennutzungsplan:
- Zurücknahme beziehungsweise Veränderung früherer Ausweisungen von Siedlungsflächen und Verkehrsstrassen mit starken Eingriffen in den Landschaftsraum,
- Ausweisung neuer Gewerbeflächen bei Sicherung der wertvollen Landschaftsräume,
- Rekultivierung der großen Kiesgruben über Bebauungspläne als Vorgaben für nachfolgende Rekultivierungspläne der Firmen,
- Fuß- und Radwege als Verbindung aus den Siedlungsräumen in die Landschaft.

Nach den positiven Erfahrungen bei der Aufstellung des Landschafts- und Flächennutzungsplanes (1985 – 87) wurde der Gemeinde von der Höheren Naturschutzbehörde der Regierung von Oberbayern vorgeschlagen, eine **Modellplanung „Landschaftspflege in der Gemeinde"** mit Einbeziehung der örtlichen Landwirte durchzuführen.

Diese Planung wurde 1989 bis 90 erstellt und mit dem Bericht „Pilotprojekt Umsetzung Landschaftsplan Stephanskirchen" 1991 abgeschlossen. Auf Grundlage des Landschaftsplanes wurden Einzelgespräche mit allen Landwirten durch einen landwirtschaftlichen Berater geführt über die bayerischen Förderprogramme bei unterschiedlichen Betriebsgrößen. Für die landschaftspflegerischen Maßnahmen stellen die landwirtschaftlichen Betriebe Flächen zur Verfügung zur Durchfuhrung von Pflanzungen, mit der Verpachtung von Flächen für Pufferzonen und anderem an die Gemeinde.

Die Ausweisung von Schutzgebieten allein kann die Erhaltung der Kulturlandschaften nicht gewährleisten. Viele der in der Biotopkartierung Bayern erfassten Lebensräume und mindestens 45% aller bedrohten Pflanzenarten Bayerns sind nur durch eine Fortführung der traditionellen landwirtschaftlichen Nutzung zu erhalten. Die standortgerechte Landwirtschaft bedarf der freiwilligen Mitarbeit der Landwirte, aber auch der staatlichen Unterstützung, weil die traditionellen Nutzungsformen heute nicht mehr rentabel sind.

Landwirte schützen die Kulturlandschaft – zusätzliche Einnahmen durch Direktverkauf ihrer Produkte

Neben der Information der Landwirte über die Möglichkeiten, mit staatlichen Mitteln wertvolle Landschaftsräume zu pflegen wurde versucht, durch eine Vermarktung der landwirtschaftlichen Produkte vor Ort zusätzliche Einnahmen für die Bauern zu erhalten, die langfristig ihre Existenz und die Bewirtschaftung der Kulturlandschaft sichern.

Am Anfang stand eine Verbraucherumfrage unter den circa 3 000 Haushalten in Stephanskirchen, ob die Familien bereit sind, die von den örtlichen Landwirten produzierte Milch mit einem um 0,10 DM/l erhöhtem Preis zu erwerben: Ein Drittel aller Haushalte hat das bestätigt, es war die Grundlage für den Start wichtiger Aktivitäten:

- Drei Landwirte haben mit umfangreichen Eigenmitteln und Zuschüssen der Dorferneuerung eine Pasteurisierungsanlage mit strengen Hygienevorschriften gebaut. Die wöchentlich zweimalige Versorgung der 200 bis 300 Kunden mit Fünfliterflaschen direkt vor die Haustür erfreut sich starker Nachfrage.

- In einem anderen Betrieb wurde eine Hofkäserei eingerichtet,

- Fleisch und Wurst, Lamm und Geflügel, frische Fische vom Simssee, Gemüse und Obst der Saison werden auf den Bauernmärkten in Baierbach und Schlossberg wöchentlich zweimal angeboten, betrieben von der „Simsseemarkt Stephanskirchen Solidargemeinschaft e.V.".

Das Logo „Simsseemarkt Stephanskirchen" ist das Symbol für eine intakte Umwelt, sowie für ein harmonisches Zusammenwirken von Natur und Landwirtschaft. Damit Preise und Leistungen stimmen, garantiert der direkte Weg vom Erzeuger zum Verbraucher ein Höchstmaß an Frische und Qualität. Die auf den Bauernmärkten angebotenen heimischen Produkte sind nach den strengen Richtlinien dieser Gemeinschaft (ökologischer Anbau) erzeugt.

Vor zwei Jahren hat die Gemeinschaft mit den Naturschutzverbänden und dem amtlichen Naturschutz den **Familien-Radwanderweg Stephanskirchen** „Natur und Kultur zwischen Inn und Simssee" eingerichtet. Das erläuternde Faltblatt informiert über die Qualität der Landschaft und die eingeleiteten Landschaftspflegemaßnahmen und stellt die Betriebe mit ihren Produkten vor. Auch die gastronomischen Betriebe sind in diesen Rundweg einbezogen und bieten eine Speisekarte an, die die landwirtschaftlichen Erzeugnisse der Gemeinde nutzt.

Die Erzeugerbetriebe müssen sich verpflichten, die Kriterien des Bayerischen Kulturlandschaftsprogramms einzuhalten,

- weniger als 2 Kühe pro Hektar,
- keine mineralische Stickstoffdüngung,
- keine leichtlöslichen Phosphat- und Kalidünger,
- keine chemischen Pflanzenschutzmittel (außer Ampferbekämpfung mit Bestreichstab),

sowie die speziellen Kriterien für Stephanskirchen erfüllen:

- Futterzukauf nur bis 20% des Gesamtfuttereinsatzes,
- umweltschonende Ausbringung und Lagerung der Gülle,
- Durchführung der vom Landschaftsplan empfohlenen Landschaftspflegemaßnahmen,

• Schutz von Uferrandstreifen am Simssee und den zahlreichen Gewässern.

Die Gemeinde Stephanskirchen unter ihren engagierten Bürgermeistern ist in den vergangenen Jahren wegen dieser beispielhaften Umweltschutz- und Landschaftspflegemaßnahmen auf der Bundesebene mehrfach ausgezeichnet. Inzwischen wird die Verknüpfung zwischen Landschaftspflege und Direktvermarktung bäuerlicher Produkte von zahlreichen Zusammenschlüssen in Bayern und anderen Bundesländern betrieben.

In dieser Zusammenarbeit von Gemeinden, den Landwirten und ihren Verbänden sowie dem Naturschutz sind endlich die bisher starken Einsprüche der Bauernverbände gegen die Zusammenarbeit mit dem Naturschutz aufgegeben: Alle sehen die Notwendigkeit der gemeinsamen Verantwortung für ihren Landschaftsraum. Die Landwirte erkennen, dass bei der zunehmenden Globalisierung ihrer Märkte in der Produktion energie- und transportsparender Lebensmittel vor Ort eine große Chance für sie in der Zukunft liegt. Dieses veränderte Bewusstsein hat der Landschaftsplanung eine Unterstützung im ländlichen Raum gegeben, die sie in den ersten Jahren ihrer Entwicklung immer angestrebt hat.

Daher ist auch die zu Beginn dieses Berichtes gestellte Frage in vielen ländlichen Gemeinden »Wozu brauchen wir denn eigentlich einen Landschaftsplan?« der Erkenntnis gewichen, dass dieser Plan die Grundlage für die ökologische Entwicklung der Gemeinde und die Umsetzung der gesetzten Natur- und Umweltschutzziele bietet.

9.3.2 Stadt Eckernförde

Hintergründe

Eckernförde (23 000 Einwohner, 18 km^2) liegt in einer **Tourismusgegend an der Ostsee** und hat wenig Industrie, aber viel erhaltenswerte Agrar- und Naturlandschaft. Die Landschaftserhaltung liegt somit im Interesse der Stadt. Dieses Ziel muss mit den Aufgaben als Mittelzentrum (Schwerpunkte: Gewerbe/Industrie und Tourismus) verbunden werden. Die Ratsversammlung hat dieses früh erkannt, sah sich aber vor 1984 aufgrund fehlender, wissenschaftlicher Basisinformationen nicht in der Lage zu beurteilen, welche Planungen

auch wirklich naturverträglich sind. Man entschied, eine Umwelterhebung in Auftrag zu geben, weil das Ergebnis nur eine Empfehlung sei und die Stadt nicht in ihrem Entscheidungsspielraum einschränken würde. Das beauftragte Institut, die Zentralstelle für Landeskunde in Eckernförde, hatte ähnliche Untersuchungen bereits in anderen Kommunen erfolgreich durchgeführt (Riedel, Müller und Packschies 1989).

Die fertiggestellte Umwelterhebung überzeugte durch klare und verständliche Darlegung der Fakten, nachvollziehbare Handlungsvorschläge und angebotene Alternativen (zum Beispiel für die bauliche Entwicklung). Der Bedarf an konkreten Handlungen wurde deshalb erkannt und akzeptiert. Der Entscheidungsprozess erfuhr durch die ersten Handlungsergebnisse eine positive Rückkoppelung.

Umsetzungsstrategie

Da der erste Schritt ein unverbindliches Gutachten war, hat sich die Umsetzungsstrategie erst im Laufe der Zeit entwickelt. Zunächst erarbeitete die Verwaltung eine Stellungnahme, in der alle notwendigen oder möglichen Umsetzungsschritte beschrieben wurden, sodann begannen die politischen Gremien mit der Diskussion aller Einzelschritte, wobei Vertreter der örtlichen Naturschutzgruppen mit einbezogen wurden. Als die grundlegenden Planungsziele erarbeitet waren, wurde die Öffentlichkeit über die Lokalpresse und im Rahmen von Informationsveranstaltungen beteiligt. Die Ergebnisse flossen in die Diskussion mit ein. Der weitere formale Weg war gesetzlich vorgegeben. Die Ergebnisse der Landschaftsinventur mussten zu einem Landschaftsplan erweitert werden, um die Änderung des Flächennutzungsplanes zu ermöglichen. Während der Aufstellung des Landschaftsplanes (1988 bis 1992) wurden bereits zahlreiche Naturschutzprojekte begonnen und zum Teil abgeschlossen.

Umsetzungsaktivitäten

Sofort nach Fertigstellung der **Landschaftsinventur** wurden die vorgeschlagenen Maßnahmen in Angriff genommen, die nicht von der Änderung des Flächennutzungsplanes abhingen. So wurde schon 1986 ein Amphibienlaichgewässer durch

Ankauf der umgebenden Ackerfläche und Aufgabe der landwirtschaftlichen Nutzung geschützt. In den Randbereichen wurde als Schutzgürtel Wald angepflanzt. In einem anderen Falle wurde ein nicht benötigter Sportplatz zu einem reich strukturierten Feuchtgebiet umgestaltet, das heute unter anderem als „Freilandlabor" für eine nahegelegene Schule und ein Umweltinformationszentrum dient. Sobald in den städtischen Gremien der Grundsatzbeschluss gefasst worden war die Stadtentwicklung statt im Norden nunmehr im Südwesten voranzutreiben, bemühte sich die Stadt, dort zusätzliche Flächen einzugemeinden, was 1988 erfolgreich abgeschlossen werden konnte. Zu diesem Zeitpunkt war es dann möglich, aufgrund der neuen Alternativen zwei alte und für die Umwelt unverträgliche Bebauungspläne aufzuheben.

In dem auf diese Weise vom Baudruck befreiten Norden der Stadt konnten zum Teil noch während der Aufstellung von Landschaftsplan und Flächennutzungsplan weite Teile der Landschaft renaturiert werden. Als Renaturierungsziel diente in allen Fällen der Landschaftszustand vor den negativ wirksamen menschlichen Eingriffen. Wo das Ziel aufgrund veränderter Rahmenbedingungen nicht mehr vollständig erreichbar war, wurde ein möglichst ähnlicher Landschaftszustand angestrebt.

Besonders umfangreiche **Maßnahmen** verschiedenster Art wurden im Lachsenbachtal durchgeführt. Die Stadt Eckernförde kaufte Flächen an, führte biologische und geologische Voruntersuchungen durch und stellte soweit wie möglich eine intakte Bachlandschaft wieder her. Dabei wurde der Bach auf circa 1 km Länge entrohrt, teilweise maschinell, teilweise durch Blockieren der Rohrleitung mit Hilfe eines Eimers, wodurch sich das Bachwasser zum so genannten „Oberen Eimersee" (circa 1,5 ha) aufstaute. Auch weitere durchflossene Feuchtgebiete wurden durch Wiederherstellung des natürlichen Wasserstandes restauriert. Wo die intensive landwirtschaftliche Nutzung zuvor bis an den Bach reichte, wurden nutzungsfreie Schutzstreifen eingerichtet und mit Kopfweiden und Erlen bepflanzt. Viele Flächen wurden der natürlichen Sukzession überlassen.

Um die **Akzeptanz** der Naturschutzmaßnahmen in der Bevölkerung zu erhöhen, hat die Stadt Eckernförde unempfindliche Teilbereiche durch Wanderwege erschlossen, die dem Naturerlebnis dienen. Als Ersatz für einen aufgehobenen Bebau-

ungsplan wurde lediglich eine landschaftsangepasste Bebauung am Rande des Tales zugelassen.

Am südwestlichen Stadtrand wurde währenddessen das erste neue Baugebiet, das Gewerbegebiet Marienthal, erschlossen. Es gelang, im Zuge der Bebauung dieses ehemaligen Ackers 1/3 der Fläche für Naturschutzmaßnahmen zu nutzen und zwei naheliegende Moore wieder mit Wasser zu versorgen. Das unmittelbar benachbarte Wohnbaugebiet „Domsland" wurde 1998 erschlossen. Eine qualifizierte Grünordnungsplanung hat mit diesem Baugebiet die Vernetzung eines Moorrestes durch Entwicklung von circa 15 ha Ausgleichsflächen bewirkt.

Akteure

Die den Beginn der Entwicklung markierende Umwelterhebung wurde maßgeblich von dem Verfasser dieses Beitrages durchgeführt und dargestellt. Er wurde anschließend befristet bei der Stadt Eckernförde angestellt, um die Umsetzung der zuvor vorgeschlagenen Maßnahmen in der Verwaltung zu initiieren und fachlich zu begleiten. Aus dieser befristeten Stelle wurde wegen der erfolgreichen Arbeit eine Dauerstelle, die schließlich zur Ein-Personen-Abteilung für Naturschutz und Landschaftspflege aufgewertet wurde.

Der Verfasser konnte also die gesamte Entwicklung mitverfolgen und beeinflussen, zunächst als unabhängiger Gutachter, später als Planer und als Koordinator von Naturschutzmaßnahmen. Er erstellte den Landschaftsplan selbst, wodurch Informationsverluste vermieden wurden. Vor jedem Bebauungsplan erstellt er einen Grünordnungsplan und alle flächenrelevanten Vorhaben werden von ihm auf ihre landschaftsökologischen Auswirkungen hin untersucht.

In der Planungsphase arbeitete die Stadtverwaltung Eckernförde mit Naturschutzverbänden, wissenschaftlichen Instituten und fachkompetenten Bürgern zusammen, in der Ausführungsphase werden häufig Beschäftigungs- und Qualifizierungsprojekte des zweiten Arbeitsmarktes einbezogen. Ein großer Teil wieder hergestellter oder neu angelegter Biotope geht auf diese Zusammenarbeit zurück.

Finanzierung

Die Kosten für die einjährige Umwelterhebung betrugen lediglich circa 30 000 DM, da ein großer Teil der Personalkosten durch das Arbeitsamt

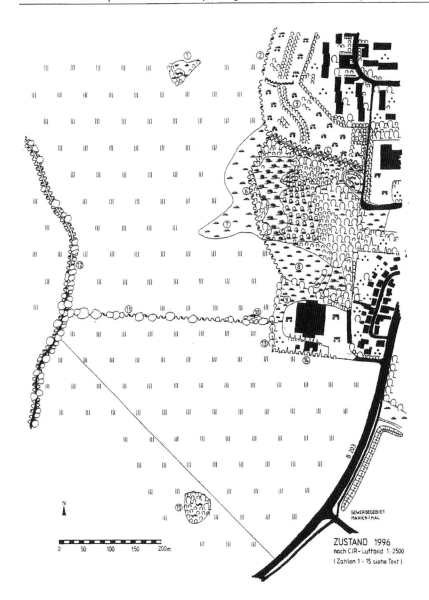

Abb. 9-6: Grünordnungsplan „Domsland": Zustand 1996

getragen wurde. Die Aufstellung des Landschaftsplanes verursachte keine zusätzlichen Kosten, da er durch den mittlerweile bei der Stadt Eckernförde angestellten Bearbeiter der Umwelterhebung selbst erstellt wurde. Die meisten zusätzlich benötigten Analysen und Kartierungen wurden als Arbeitsbeschaffungsmaßnahmen oder in Zusammenarbeit mit Studenten verschiedener Universitäten durchgeführt, was wiederum die Kosten niedrig hielt. Die Eingemeindungen allerdings

machten die Zahlung von Entschädigungssummen an die betroffenen Nachbargemeinden notwendig.

Bei insgesamt **geringen Planungskosten** fielen die Kosten für die zahlreichen praktischen Naturschutzmaßnahmen in sehr unterschiedlicher Höhe an. Teuer (bis zu mehreren 100 000 DM) wurde es immer, wenn Flächen erworben werden mussten. Die eigentlichen Maßnahmen hingegen waren zum Teil äußerst preisgünstig, wobei besonders die bereits erwähnte Entste-

Abb. 9-7: Grünordnungsplan „Domsland": Angestrebter Zustand

hung des „Oberen Eimersees" bei einem Kostenaufwand von 5,85 DM (Preis eines Eimers) Erwähnung finden muss.

Ein Grund für die geringen Durchführungskosten vieler Maßnahmen liegt in der Zusammenarbeit mit staatlich unterstützten Beschäftigungs- und Ausbildungsprojekten.

Von 1986 bis 1996 stellte die Stadt Eckernförde im Haushalt jährlich 300 000 DM für aus der Umwelterhebung und den Folgeplanungen resultierende Naturschutzmaßnahmen bereit, danach wurde der Ansatz bis auf weiteres auf 200 000 DM reduziert, da die höhere Summe nicht verbraucht wurde.

Ergebnisse und Auswirkungen

Im Gegensatz zu 1984 kann Eckernförde heute eine an ökologischen Kriterien ausgerichtete Stadtplanung vorweisen, die aber auch ökonomischen Ansprüchen genügt (Packschies 1997). Der Flächennutzungsplan weist Baugebiete aus, die nicht nur ökologisch unbedenklich sind, sondern sogar Möglichkeiten zu Biotopverbesserung und -vernetzung bieten. Wertvolle Gebiete wurden vor Überbauung bewahrt und sind nun Schwerpunktbereiche für Naturschutzmaßnahmen. Eckernförde hat seine Landschaft gesichert und kann dennoch ohne Einschränkung seine zentralörtlichen Funktionen erfüllen.

Wie bei neuen Baugebieten im Detail **ökonomischen Anforderungen** mit ökologischen Zielsetzungen zu verknüpfen sind, zeigen das Gewerbegebiet „Marienthal", in dem sich, passend zum Gesamtkonzept, ein Technik- und Ökologiezentrum befindet, in dem neue Firmen des Ökosektors die Infrastruktur nutzen und sich am Markt etablieren können, und das von einem neuen Grünfinger umfasste Wohnbaugebiet „Domsland" (Packschies 2000). (Abb. 9-6 und Abb. 9-7)

Biologische Kartierungen belegen, dass die Biotopstruktur Eckernfördes heute reichhaltiger und hochwertiger ist als vor 10 Jahren, obwohl die bebaute Fläche insgesamt zugenommen hat.

Durch die **ökologische Stadtplanung** sowie die Konsequenz und Vielseitigkeit bei der Umsetzung ist Eckernförde mittlerweile über die Grenzen des Landes hinaus bekannt geworden. Zahlreiche Umweltpreise wurden als Bestätigung und als Ansporn zu weiteren Aktivitäten in Empfang genommen. Das Öko-Image Eckernfördes wird in der Touristikwerbung genutzt, andere Kommunen sowie interessierte Gruppen unterschiedlichster Zusammensetzung, viele auch aus Japan, informieren sich über das Eckernförder Vorgehen.

Weitere Baugebiete werden keine geschützten Biotope zerstören, wohl aber deren Wiederherstellung oder Neuentstehung ermöglichen. Dieses ist dadurch gewährleistet, dass im Planungsprozess zunächst durch einen vorläufigen Grünordnungsplan die Rahmenbedingungen abgesteckt werden, bevor dann Bebauungs- und eigentlicher Grünordnungsplan bei ständiger Abstimmung parallel erarbeitet werden. So wird der Grünordnungsplan seiner eigentlichen Aufgabe als ein die Bebauungen in die Landschaft einzupassender „Detaillandschaftsplan" gerecht und wird nicht, wie vielerorts üblich, zum grünkosmetischen Begleitplan degradiert.

Konflikte und Widerstände

Während der gesamten geschilderten Entwicklung wurde das **Konfliktpotenzial** dadurch gering gehalten, dass möglichst alle Betroffenen in frühen Planungsstadien informiert und bei Beratungen hinzugezogen wurden. Ganz entscheidend war die Tatsache, dass am Anfang ein unverbindliches Gutachten stand, das die städtischen Gremien unbefangen diskutieren konnten. Erste Beschlüsse zeigten bald deutliche Erfolge, was wiederum zu weitergehenden Beschlüssen ermutigte. Bis heute sind die Rückkoppelungen positiv, sodass keine Trendumkehr zu erwarten ist.

Von Bedeutung war auch das Verhalten des in Eckernförde neu in die Verwaltung eingegliederten Verfassers. Der Einbruch neuer Fachgebiete in etablierte Arbeitsbereiche ist grundsätzlich konfliktträchtig. Durch behutsames Vorgehen sowie Offenheit und Verständnis anderer Auffassungen gegenüber kam es zur konstruktiven und vertrauensvollen Zusammenarbeit zwischen dem Verfasser und der übrigen Verwaltung.

Ernsthafte Widerstände gegen die radikale Umkehr in der Stadtplanung gab es von zwei Seiten: eine Wohnungsbaugesellschaft, die große Flächen im ehemals für Bebauung vorgesehenen Norden der Stadt vorsorglich aufgekauft hatte, versuchte, die Planänderung zu verhindern. Desgleichen äußerten sich einige Anwohner des südwestlichen Stadtrandes negativ in Bezug auf eine nunmehr geplante Begrenzung ihrer Aussicht. Beide mussten sich den überwiegenden öffentlichen Belangen fügen und haben sich mit den neuen Verhältnissen arrangiert.

Die Durchführung der Naturschutzmaßnahmen fand in der Öffentlichkeit allgemeine Zustimmung und hat zu einer Steigerung des Naherholungswertes geführt. Die Verleihung zahlreicher Umweltpreise an die Stadt Eckernförde hat ebenfalls dazu beigetragen, die Eckernförder Entwicklung bekannt zu machen und die Akzeptanz der Maßnahmen zu fördern.

Übertragbarkeit

Auf Kommunen ähnlicher oder geringerer Größenordnung ist das **Eckernförder Modell** uneingeschränkt übertragbar. Voraussetzung sind allerdings der grundsätzliche Wille, auch über Parteigrenzen hinweg nachhaltig umweltverträglich zu denken und zu handeln, und die Fähigkeit, den Belangen Andersdenkender aufgeschlossen und nicht ablehnend gegenüber zu stehen. Die Grenzen der Übertragbarkeit sind also nicht struktureller, geographischer oder finanzieller Art, sondern hängen von den handelnden Menschen ab. Dies ist auch der Grund, weshalb es einer Stadt mit mehreren 100 000 Einwohnern sicher schwerer fallen wird, dem Eckernförder Beispiel zu folgen, denn in so großen Städten mit entsprechend großen Verwaltungen sind persönliche, klärende Gespräche zwischen den Entscheidungsträgern und den Ausführenden nicht so leicht möglich wie in kleinen Kommunen.

Erkenntnisse

Basierend auf den in Eckernförde gemachten Erfahrungen ist es für den Landschaftsplanungsprozess förderlich, nicht mit der Verabschiedung umfangreicher Programme und Absichtserklärungen zu beginnen, sondern Schritt für Schritt von einer Bestandsaufnahme über die fachliche Bewertung zu Erkenntnissen und Planungen zu gelangen, die sodann direkt in praxisorientierte Handlungen einmünden. Als Erfolg darf letztlich nur das zählen, was in der Landschaft tatsächlich nachweisbar ist. Die Summe kleinerer, auf messbaren Erfolg ausgerichteter Schritte bewirkt mehr als ein umfangreiches theoretisches Programm, von dem sich in der Realität wenig wiederfindet. Auch sollte man nicht vergessen, dass politische Entscheidungsträger gelegentliche Erfolge und Bestätigungen benötigen, um weitere ökologisch orientierte Beschlüsse mit Überzeugung fassen zu können.

Besonders bemerkenswert ist die im Grunde banale Erkenntnis, dass es sich positiv auf die ökologische wie auch die Gesamtqualität einer Planung auswirkt, wenn die Landschaftsplanung der Bauleitplanung immer ein Stück voraus ist, sodass letztere sich in einem durch landschaftsökologische Erkenntnisse gesetzten Rahmen bewegen kann. Diese eigentlich selbstverständliche Planungsfolge hilft, unnötige Konflikte zu vermeiden und erleichtert das Planaufstellungsverfahren erheblich. Landschaftsplanung als nachgeschaltete Grünkosmetik hingegen verfehlt ihren Zweck und führt bei allen Beteiligten lediglich zu Frustration.

Zusammenfassung

Die Stadt Eckernförde hat 1984/85 eine als „Umwelterhebung" bezeichnete Landschaftsinventur mit kritischer Überprüfung der Flächennutzungsplanung von einem unabhängigen Institut durchführen lassen. Sie erhoffte sich davon

wissenschaftlich fundierte Hinweise für eine naturschutzfachlich vertretbare Stadtentwicklung. Vorgaben wurden nicht gemacht, die zum Teil unerwarteten Ergebnisse in den Gremien offen diskutiert. Aufgrund der Ergebnisse wurde eine grundlegende Umkehr der Stadtplanung beschlossen: Der zuvor für Bebauungen vorgesehene, landschaftsökologisch hochwertige Norden ist jetzt ein Schwerpunktgebiet für Naturschutzmaßnahmen, während die Neubebauung auf biotoparmen Flächen im Südwesten stattfindet. Der Landschaftsplan von 1992 stellt diese Ziele dar, der komplett überarbeitete Flächennutzungsplan von 1993 hat sie vollständig übernommen. Von 1988 bis 1992 waren jedoch bereits viele Teilziele sowohl im Naturschutz als auch in der Stadtentwicklung verwirklicht worden. Die frühzeitige und konsequente Berücksichtigung ökologischer Belange hat der wirtschaftlichen Entwicklung Eckernfördes eher genützt als geschadet, und anfängliche Bedenken wurden sukzessive durch reale Entwicklungen widerlegt. Die Stadt wurde seit 1988 mit zahlreichen Umweltpreisen ausgezeichnet, die im touristischen wie auch im wirtschaftlichen Bereich zu positiven Rückkoppelungseffekten führten.

9.3.3 Dreimal Landschaftsplan Stadt Erlangen/Bayern von 1967 – 2000

Stadt Erlangen: 103 000 Einwohner, Flächengröße 7 700 Hektar, Universitätsstadt, circa 20 000 Studierende, Forschungszentrum und Abteilungen der Firma Siemens, circa 70 000 Arbeitskräfte in der Stadt. Mit Nachbarstädten Nürnberg und Fürth Oberzentrum der Industrieregion Mittelfranken.

In den 30 Jahren zwischen 1969 und 1999 wurde der Landschaftsplan in Erlangen dreimal bearbeitet. Der Vergleich dieser drei Planungsstufen in den Abständen von 12 – 18 Jahren zeigt, welche Ergebnisse mit zunehmender Verantwortung für die Umweltsicherung im Stadtrat sowie mit wachsender Verbesserung der Umweltgesetze erreicht wurden. Verfahren und Ergebnisse dieser drei Bearbeitungsstufen werden gegenübergestellt.

Grünplanung in Erlangen 1967

Auftrag dieses Gutachtens war die Meinungsbildung im Stadtrat über die **zukünftige Stadtentwicklung** in der Phase des größten Stadtumbaus und -wachstums nach dem zweiten Weltkrieg, ausgelöst durch den Zuzug der Firma Siemens von Berlin mit ihren Ansprüchen an Wohn- und Gewerbeflächen: eine Verdoppelung der Bevölkerung von 35 000 auf 78 000 Einwohner innerhalb von nur 20 Jahren von 1945 bis 1965. Anlass war die notwendige Überarbeitung des erst fünf Jahre alten Flächennutzungsplanes aus dem Jahre 1962 wegen der Vergrößerung des Stadtgebietes durch Eingemeindungen um circa 20%.

Gesetzliche Grundlagen über die Erstellung eines Landschaftsplanes, seine Inhalte und Umsetzung bestanden noch nicht.

Methode:
Zunächst wurden die Struktur des Stadtgebietes und die natürlichen Grundlagen seiner Landschaft behandelt, wie Geologie, Boden, Wasserhaushalt, Klima, Pflanzen und Tiere. Für die einzelnen Grünflächenkategorien wurden Bedarf und Lage im Stadtgebiet untersucht und Flächen für die weitere Entwicklung vorgeschlagen. Nach einer zusammenfassenden Bewertung des ganzen Stadtraumes wurden für die Stadtentwicklung Standortvorschläge gemacht, die wertvolle Elemente und Strukturen der Landschaft sichern. Dabei waren alle Fachplanungen auszuwerten und in ihren Auswirkungen auf den Landschaftshaushalt zu überprüfen. Ziel war die Entwicklung eines Grünflächensystems, das die Grün- und Erholungsflächen im Stadtgebiet mit der freien Landschaft verbindet (Abb. 9-8).

Planungsvorschläge:
- Sicherung der großen Talräume in ihren wichtigen Funktionen für Wasserhaushalt, Klima, Pflanzen- und Tierwelt sowie als wohnungsnahe Erholungsräume,
- Sicherung wertvoller naturnaher Standorte im Landschaftsraum als Element eines zusammenhängenden Biotopverbundes, wie Waldflächen, Feuchtgebiete an den zahlreichen Weihern, Trockenrasen, Randbereiche der Gewässer und anderes,
- Entwicklung eines geschlossenen Rad- und Fußwegesystems aus der Stadt in die Landschaft,

- Städtebauliche Vorgaben für die zukünftigen Neubaugebiete im Stadtwesten,
- Entwicklung eines Naherholungsgebietes an den großen Weiherflächen,
- Hinweise auf landschaftliche Ordnungsmaßnahmen in der Region.

Umsetzung des Gutachtens:
Der Landschaftsplan wurde im Stadtrat vorgetragen und diskutiert, zu Beschlüssen für eine Umsetzung konkreter Vorschläge kam es jedoch zunächst nicht: Das politische Interesse an den ökologischen Problemen war Ende der 60er Jahre noch zu gering, leistungsfähige Verwaltungen, Gesetze und Richtlinien fehlten im Umweltbereich. Diese Situation änderte sich entscheidend durch den Wahlkampf um den Oberbürgermeister zwischen dem Amtsinhaber (CSU) und dem Kandidaten der SPD ab 1970. Dr. Hahlweg (SPD), der bei einem einjährigen Aufenthalt in den USA die negativen Auswirkungen des starken Flächenwachstums amerikanischer Städte mit ihrer hohen Verkehrsbelastung kennengelernt hatte, ließ das Gutachten aus Wahlkampfmitteln vervielfältigen und erreichte damit eine anhaltende Diskussion in einer breiten Öffentlichkeit. Diese setzte sich intensiver mit den Auswirkungen des starken Stadtwachstums auf Natur und Landschaft auseinander und verhinderte durch die Bildung einer ersten Bürgeraktion den Neubau einer Straße am Rande des Naturschutzgebietes Brucker Lache.

Die Stadt Erlangen plante 1966 als Verbindung der Stadteinfahrt zum Ortsteil Bruck die Hammerbacher Straße. Im Gutachten wurde auf die negativen Auswirkungen dieser Planung hingewiesen:
- randliche Eingriffe in das NSG Brucker Lache mit seinen hohen Grundwasserständen und wertvollen Pflanzenbeständen,
- abschneiden einer wichtigen Grünverbindung aus Wohngebieten in nahe Waldbereiche.

Trotz dieser Einwände der Landschaftsplanung wurde die Straße zunächst weiter geplant. Mit dem Eindringen der Baumaschinen in den Wald bildete sich 1970 die erste Bürgeraktion zur Umweltsicherung: Sie forderte den Stadtrat auf, seine Entscheidungen zum Straßenbau nochmals zu überdenken. Die Aktion führte zu einer Einstellung des Straßenbaus, die Straße endet heute am Waldrand.

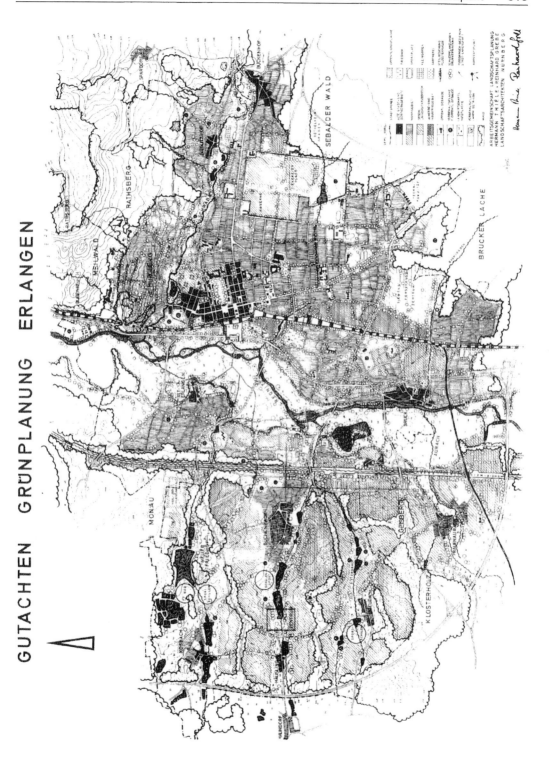

Abb. 9-8: Grünplanung Erlangen 1967

Der Verzicht auf die Straße war ökologisch und ökonomisch ein großer Gewinn:

- Verlagerung des Kfz-Verkehrs auf vorhandene, stark ausgebaute Randstraßen,
- Einsparen von circa 2,5 km Straße und damit von circa 4 Millionen Baukosten,
- Sicherung von Wald und Bachgraben mit ihren Rad- und Fußwegen,
- Das erhaltene Bachgrabental wird mit seinen Randzonen ein wichtiger Freizeitbereich.

Insgesamt zeigt dieses Gutachten 1967 den geringen Stellenwert ökologischer Planung für die Stadtentwicklung dieser Zeit. Die Gründe lagen im Fehlen

- verbindlicher gesetzlicher Grundlagen,
- umfassender Bestandsaufnahmen und Bewertungen über die ökologische Situation der Stadt,
- einer Öffentlichkeitsbeteiligung, die erst in den folgenden Jahren mit dem Bundesbaugesetz gefordert wird.

Dieses Gutachten „Grünplanung Erlangen" hat aber mit seinen Informationen über Zustand und Probleme des Landschaftsraumes in der Stadt zu einer breiten Bewusstseinsbildung geführt, eine wichtige Voraussetzung für die in der folgenden Stufe stärkere Umsetzung ökologischer Ziele.

Landschaftsplan Erlangen 1975 – 76

Mit einer zweiten **Eingemeindungswelle ländlicher Orte** im Umland der Stadt sowie der Einbeziehung bisher gemeindefreier Waldgebiete wächst das Stadtgebiet von Erlangen um das Doppelte seiner Fläche auf die Stadtgröße von 7 700 Hektar.

Das nach den starken Umweltdiskussionen im europäischen Naturschutzjahr 1970 erlassene Erste Bayerische Naturschutzgesetz (BayNatSchG) fordert von den Gemeinden die **Aufstellung gemeindlicher Landschaftspläne als Bestandteil ihres Flächennutzungsplanes** und fördert ihre Aufstellung durch Finanzzuschüsse mit 50 % der Honorarsumme der beauftragten Landschaftsarchitekten. Leider hat sich diese Forderung nach voller Integration des Landschaftsplanes in den Flächennutzungsplan in den folgenden Gesetzen anderer Bundesländer nicht ebenso durchgesetzt: Auch das 1976 verabschiedete Bundesgesetz für Naturschutz (BNatSchG) hat diese Forderung nicht aufgenommen.

Auch der Berufsstand der Landschaftsarchitekten hat diese Integration des Landschaftsplanes in die vorbereitende Bauleitplanung – den Flächennutzungsplan – nicht ausreichend unterstützt: Viele Planer und Ökologen hielten die von der Politik unbeeinflusste Aufstellung eines Gutachtens für wirksamer als den in der Diskussion eines Gemeindeparlamentes in seinen Forderungen oft reduzierten Landschaftsplan.

Zahlreiche Beispiele im Bundesgebiet aus dieser Zeit zeigen aber, dass weit bessere Ergebnisse erreicht werden mit der **Integration des Landschaftsplanes in den Flächennutzungsplan** als über ein unverbindliches Gutachten. Im Gutachten kann zwar der Bearbeiter im Sinne einer „Fundamentalkritik" Analyse und Bewertung des Landschaftsraumes deutlicher herausarbeiten. Die fehlende Verbindlichkeit des Planes für den Auftraggeber wie die am Verfahren beteiligten Behörden und Verbände sowie den einzelnen Bürger – für den der aus dem Flächennutzungsplan entwickelte Bebauungsplan verbindlich wird – schränkt jedoch die Umsetzung der Planungsvorschläge ein.

Die wichtigsten Faktoren dieser stärkeren Umsetzung landschaftsplanerischer Ziele bei einer Integration in den Flächennutzungsplan sind:

- Breite Diskussion der Planung von der Analyse, ihre Bewertung bis zu den Planungsvorschlägen in einer breiten Öffentlichkeit und im Parlament: Auf der örtlichen Ebene ist das Bewusstsein für einen verantwortungsvollen Umgang mit Natur und Landschaft ausgeprägter als in der Regional- oder Landesebene,
- Mit der Einführung ökologischer Bewertungskriterien werden Alternativen zur Siedlungs- und Verkehrsentwicklung deutlich,
- Steigerung der Informationsdichte durch die Beteiligung von circa 40 Fachbehörden, der Umweltverbände und ökologischer Experten,
- Überprüfung der Planung auf Grundlage der Naturschutz- und anderer Umweltgesetze durch die Genehmigungsbehörden,
- Verpflichtung des Gemeindeparlamentes zur Abwägung der Umwelteingriffe bei allen Entscheidungen,
- Ausarbeitung verbindlicher Bebauungspläne oder Planfeststellungsverfahren auf der Grundlage der Rahmenbedingungen des Flächennutzungsplanes.

Umsetzung des Landschaftsplanes:
In der fachlichen Diskussion der letzten Jahre wird immer wieder die **mangelnde Umsetzung von Landschaftsplänen** beklagt. Dabei wird oft übersehen, dass der Landschaftsplan Teil des Flächennutzungsplanes – also der vorbereitenden Bauleitplanung – ist, mit der bereits angesprochenen vollen Verbindlichkeit für alle aus diesem Rahmenplan zu entwickelnden Pläne.

Die Wirkungen der Landschaftsplanung liegen vor allem in der **Bewertung der Qualitäten unterschiedlicher Räume in der Stadt** und in der Entwicklung von Planungsalternativen mit geringeren Umwelteingriffen. Das wird an vielen Beispielen in Erlangen deutlich, in ihrer Summe haben diese Planungen entscheidend die ökologische Qualität der Stadt verbessert:

1. Sicherung von Stadträumen mit hoher ökologischer Qualität und Bedeutung für die Artenvielfalt von Pflanzen und Tieren, den Grundwasserhaushalt, die Qualität der Oberflächengewässer und des Stadtklimas durch den Landschaftsschutz aller großen Talräume.

Die verbindliche Ausweisung der verschiedenen Schutzkategorien des Naturschutzes mit ihren Verordnungen erfolgt über vorgeschriebene Verfahrenswege in der Zuständigkeit der Naturschutzverwaltungen, dabei sind unterschiedliche Beteiligungsformen mit der Öffentlichkeit vorgeschrieben. Bei der für die Landschaftsplanung notwendigen engen Zusammenarbeit mit Naturschutz- und Umweltbehörden erfolgt auf der Ebene des Landschaftsplanes in Kenntnis der gesamten Stadtentwicklung eine Vorklärung möglicher Schutzgebiete, mit Diskussionen im Parlament sowie in einer breiten Öffentlichkeit. Auch die Politiker in den Entscheidungsgremien der Stadt fordern diese Abstimmung von Schutzkonzepten parallel mit den Überlegungen zur weiteren Stadtentwicklung. Diese Vorklärungen durch den Landschaftsplan führen in folgenden Verfahren der Naturschutzbehörden leichter zu einer verbindlichen Ausweisung großer Schutzgebiete.

2. Entwicklung eines geschlossenen Grünflächensystems in den großen Talräumen und ihren Nebenbächen in der freien Landschaft wie im Siedlungsbereich.

Damit wird nicht nur ein geschlossener Biotopverbund unter Einschluss wertvoller Trocken- und Feuchtstandorte erreicht, sondern ebenso ein Netz von Erholungsräumen, das über Grünverbindungen in den Siedlungsraum weiterge-

führt wird. Entscheidender Motor dieser Entwicklung ist die Forderung nach durchgehenden Rad- und Fußwegen: So wurde in Erlangen mit der Aufstellung und Umsetzung des Landschaftsplanes das Radwegenetz von 80 auf circa 150 km innerhalb der 10 Jahre von 1975 – 1985 erweitert, die Nutzung des Fahrrades bei allen Verkehrsbeziehungen in der Stadt steigt von 15 auf über 30 %.

Diese Entwicklung des geschlossenen Radwegenetzes von allen Teilen der Stadt in die freie Landschaft hat zu starken Veränderungen des Erholungsverhaltens der Stadtbevölkerung geführt: Die früher starken Autoschlangen an den Wochenenden in die stadtnahen Erholungsräume sind verschwunden, die Bevölkerung nutzt das Fahrrad bereits von der Wohnung aus.

3. Reduzierung des zunächst geplanten dichten Netzes von Hauptverkehrsstraßen, damit Sicherung großer, unzerschnittener Landschaftsräume und wichtiger Bereiche aus Sicht der Stadtökologie und der Naherholung, wie

- Verzicht auf die Durchschneidung des im Stadtzentrum 1,5 km breiten Regnitztales durch den Damm einer vierspurigen Schnellstraße (Kosbacher Damm) mit Anschluss an die Autobahn. Die nach langen Diskussionen im Stadtrat 1980 aufgegebene Dammtrasse quer durch das Tal mit problematischen Einwirkungen auf Wasserhaushalt und Stadtklima ist derzeit wieder in der Diskussion: Allerdings nicht als Autostraße auf einem Damm, sondern als Talbrücke zur Verbesserung des talquerenden öffentlichen Nahverkehrs,
- Kein weiterer Bau der Hammerbacher Straße mit der Durchschneidung der Grundwasserhorizonte des Naturschutzgebiet Brucker Lache (Grebe und Thiele 1967),
- Freihalten der Talräume im Stadtwesten mit den Weiherketten von parallelen Erschließungsstraßen.

4. Erhalt großer, zusammenhängender landwirtschaftlicher Flächen im Stadtwesten im Lärmbereich der Autobahn anstelle der hier zunächst vorgesehenen Siedlungsentwicklung – obwohl diese Flächen schon von der Stadt als Entwicklungsgebiet erworben waren. Damit Sicherung alter Ortskerne mit ihrer vorherrschenden landwirtschaftlichen Nutzung und entsprechenden Gebäudestruktur.

5. Konzept geschlossener Fußgängerbereiche und Radwege aus dem Kernbereich und den

Wohngebieten der Stadt bis in die freie Landschaft mit Einbeziehung vorhandener und geplanter Fußwege, aufgelassener und verkehrsberuhigter Straßen, öffentlicher Platzflächen und Freiflächen an öffentlichen Gebäuden wie Schulen, Kindergärten, Universitätsgelände.

Dadurch erfolgt eine deutliche Steigerung des Fußgänger- und Radfahrerverkehrs und die Nutzung verkehrsfreier Straßen- und Platzbereiche für das Spiel von Kindern und Jugendlichen.

6. **Sicherung naturnaher Flächen** in und am Rande der Stadt mit teilweiser Nutzung als Erholungsbereich, anstelle eines weiteren Ausbaus intensiv genutzter Freiflächen in der Stadt

Der Landschaftsplan wird Bestandteil des Flächennutzungsplanes und bestimmt damit entscheidend die folgenden Bebauungspläne im gesamten Stadtgebiet (Karten 8 und 9).

Landschaftsplan Erlangen 1990 – 2000

Im mehrfach novellierten bayerischen Naturschutzgesetz (BayNatSchG) werden als wesentliche Inhalte der Landschaftsplanung genannt:

- die **Leistungsfähigkeit des Naturhaushaltes** ist nachhaltig zu sichern, das heißt sämtliche Naturgüter (Ressourcen) wie Boden, Wasser, Klima/ Luft sowie die Pflanzen- und Tierwelt sind als Lebensgrundlage des Menschen zu erhalten,
- die **Vielfalt, Eigenart und Schönheit von Natur und Landschaft** ist als Voraussetzung für die naturgebundene Erholung zu bewahren und zu pflegen,
- es ist ein Beitrag zur **sachgerechten Lösung von Konflikten** zwischen Nutzungsansprüchen und den Belangen des Naturschutzes und der Landschaftspflege zu leisten.

Nachdem der zweite Flächennutzungsplan mit seinem Landschaftsplan – abgeschlossen 1976, genehmigt durch die Regierung von Mittelfranken 1983 – erst 7 Jahre vorliegt, ist eine erneute Bearbeitung erforderlich als Folge neuer, wichtiger Rahmenbedingungen der Raumordnung und Landesplanung für Bayern sowie die Industrieregion Nürnberg:

- Fortschreibung Landesentwicklungsprogramm Bayern 1984,
- Inkrafttreten Regionalplan Industrieregion 7, mit dem Inselgutachten des BayStMLU 1988,

- neue Leitlinien der Stadt zu Stadtentwicklung und Verkehr 1987.

In diesen Leitlinien wird die Notwendigkeit einer stärkeren Berücksichtigung ökologischer Belange bei der Fortschreibung des Flächennutzungsplanes besonders herausgestellt. So heißt es in der Beschlussvorlage zur Sitzung des Umweltausschusses im Stadtrat Erlangen vom 30.5.1990:

»Die nunmehr vorliegenden neuen raumbeanspruchenden und fachlichen Einzelanforderungen mit ihren Konsequenzen für die Stadtplanung – insbesondere aus den Bereichen Umweltschutz und Gewerbe – lassen sich nicht durch separate Einzelfachpläne im Sinne einer geordneten städtebaulichen Entwicklung und eine dem Wohle der Allgemeinheit entsprechenden sozialgerechten Bodennutzung fortschreiben.

Die Beachtung ökologischer Zusammenhänge sowie die Entwicklung landschaftsgerechter und umweltschonender Planungsalternativen haben in der Diskussion einen immer breiteren Raum eingenommen. Ein zentrales Thema nimmt dabei in Erlangen der Konflikt der verschiedenen Nutzungsansprüche (Siedlung/ Gewerbe, Verkehr) an die nur begrenzt zur Verfügung stehenden Flächen des Stadtgebietes ein. Bei der Beurteilung der verschiedenen Nutzungsansprüche wurde in der Vergangenheit immer wieder das Fehlen fundierter fachlicher Untersuchungen und Zielaussagen deutlich.

Der Landschaftsplan ist somit der landschaftsökologische und landschaftsgestalterische Beitrag zum Flächennutzungsplan. Er stellt die für die vorbereitende Bauleitplanung relevanten natur- und landschaftsbezogenen Grundlagen umfassend dar.

Es ist damit Aufgabe des Landschaftsplanes, dafür Sorge zu tragen, dass dem Natur- und Landschaftsschutz im Rahmen der vorbereitenden Bauleitplanung im Sinne der gesetzlichen Vorgaben Rechnung getragen wird und die erforderlichen Aussagen in den Planungsprozess eingebracht werden.

Während der Entwurfs- und Aufstellungsphase des Flächennutzungsplanes dient der Landschaftsplan als wichtiges Instrument, alle raumwirksamen, umweltrelevanten Planungen, aber auch die bestehenden Nutzungen auf ihre ökologischen Auswirkungen und Umweltverträglichkeit hin zu untersuchen. Der Landschaftsplan stellt damit eine Art UVP für das gesamte Stadtgebiet dar. Diese Aufgabe wird dem Landschaftsplan ausdrücklich im Bayerischen Natur-schutzgesetz und den hierzu ergangenen Richtlinien auferlegt.« (Hübler et al. 1995)

Mit diesem Beschluss wurde eine Umweltverträglichkeitsprüfung zur Bauleitplanung durchgeführt, die über die Beurteilungsmöglichkeiten eines Landschaftsplanes hinausging. Die UVP umfasst mehr Umweltaspekte – zum Beispiel Immissionsschutz, Abfallbeseitigung unter anderem – als der Landschaftsplan, in dem primär landschaftsökologische Belange dargestellt werden.

Landschaftsplan als UVP der Bauleitplanung:
Die Umweltverträglichkeitsprüfung für den Flächennutzungsplan sollte folgende Fragen der Stadt Erlangen beantworten:

- Wo und in welchem Ausmaß ist es ökologisch vertretbar, neue Siedlungs- und Verkehrsflächen auszuweisen? Dies sind primär Fragen der Naturraumpotenziale. Welche Ersatzmaßnahmen sind dabei erforderlich?
- Ist der Standort aufgrund seines Umweltzustandes für die jeweilige Nutzung geeignet, das heißt, entspricht der Umweltzustand (Lärmemissionen, Luftemissionen, Kleinklima, Bodenbelastungen) den Zielvorstellungen für die vorgesehenen Nutzungen? Hierfür sind detaillierte Kenntnisse zum Umweltzustand erforderlich.
- Sind durch die vorgesehene Nutzung deutliche Umweltbeeinträchtigungen für die Umgebung zu erwarten, wie Immissionsbelastungen durch Verkehrs- und Gewerbeflächen, den Lärm großer Sportplätze und anderes.
- Verbrauch an äußeren Ressourcen, wie Energie, Trinkwasser (beziehungsweise Abwasseraufkommen), Rohstoffe (beziehungsweise Abfallbeseitigung).

Der Landschaftsplan fasst **Situation und Konzepte der ökologischen Stadtentwicklung** zusammen.

Sein Vorentwurf wurde in Abstimmung mit dem **Arten- und Biotopschutz-Programm (ABSP)** erstellt und lag Ende 1992 vor. Er bildete den landschaftsökologischen und landschaftsentwickelnden Beitrag zum Flächennutzungsplan und ist somit – komplementär zu den „Siedlungsentwicklungsplanungen" innerhalb des Flächennutzungsplan – ein „ökologischer Entwicklungsplan".

Der Landschaftsplanentwurf setzte die naturräumlichen Vorgaben (Karte 10 unten) des ABSP

in planerische Aussagen um. Bereits während der Aufstellungsphase des Flächennutzungsplans war das vorliegende Konzept ein wichtiges Instrument, um raumwirksame Planungen auf ihre landschaftsökologischen Auswirkungen zu überprüfen.

Der **Landschaftsplan 95** umfasst in Plan- und Textdarstellung

- **Bestandsaufnahme** der Landschaft (Zusammenfassung der ABSP-Ergebnisse),
- Bestehende **Nutzungskonflikte** und Belastungen für den Naturraum (siehe auch ABSP),
- **Nutzungen** des Landschaftsraumes, Situation – Tendenzen – Vorgaben für den Flächennutzungsplan,
- **Ökologische Entwicklungsplanung** (Landschaftspflegemaßnahmen, Entwicklung von Naturraumpotenzialen),
- **Ausgleichs- und Ersatzmaßnahmen** bei Eingriffen in den Naturraum – Freiräume für den Menschen in der Stadt – Natur- und Landschaftsschutzflächen und Verfahren nach dem BayNatSchG.

Durch die gemeindliche Landschaftsplanung werden raumbezogene Zielvorstellungen des Arten- und Biotopschutzes in die Bauleitplanung eingebracht. Dort unterliegen sie im Rahmen der Planungshoheit der Gemeinden einem politischen Entscheidungsprozess und werden mit anderen Belangen abgestimmt. Die **Landschaftsplanung/ Bauleitplanung ist als ein wichtiges Umsetzungsinstrument des Arten- und Biotopschutzes** anzusehen. Mit ihrer Hilfe erreichen die raumbezogenen Maßnahmen und Ziele rechtliche Verbindlichkeit.

Informationen über die Entwicklung der Pflanzen- und Tierwelt
Hinsichtlich der Arten- und Biotopqualität war Erlangen 1995 eine der am besten untersuchten Städte in Bayern. Die wesentlichen Grundlagen zur Pflanzen- und Tierwelt des Arten- und Biotopschutzprogramms Erlangen waren zu diesem Zeitpunkt:

- **Stadtbiotopkartierung**, 1979 – 84, als selektive Kartierung naturnaher städtischer Landschaftselemente nach landesweit einheitlichen, vorwiegend vegetationskundlich festgelegten Kriterien, M 1 : 5 000, mit circa 300 kartierten Biotopen im Stadtgebiet,
- **Flächenkartierung** zum Schutz von Feuchtgebieten und Trockenstandorten,
- **Artenschutzkartierung** (Bayerisches Landesamt für Umweltschutz) vor allem Amphibien-,

Reptilien-, Heuschrecken- und Mollusken, nach Einzelnachweisen und Lebensraumqualitäten,

- Untersuchungen zum **Ackerrandstreifenprogramm** (Regierung von Mittelfranken),
- **Nutzungstypenkartierung**, flächendeckend im Siedlungsbereich, Einteilung der Nutzungstypen nach Strukturmerkmalen wie Art der Bebauung, Versiegelungsgrad, Umfang und Pflegeintensität der Freiflächen. Im Außenbereich lehnt sich die Kartierung an die klassischen Lebensraumbegriffe an.

Zusätzlich wurden folgende Untersuchungen in Erlangen für den Landschaftsplan 95 erstellt:

1. Arten- und Biotopschutzprogramm

»Um die heimische Artenvielfalt zu erhalten und die Situation örtlich zu verbessern ist es notwendig, die ökologisch noch intakten Bereiche zu sichern, in verarmten Landschaftsbereichen für eine Verbesserung beziehungsweise Neugestaltung solcher Lebensräume zu sorgen und sämtliche Natur und Landschaft betreffende Maßnahmen an dieser Zielsetzung auszurichten. Mit Beschluss vom 05.04.1984 hat der Bayerische Landtag die Staatsregierung ersucht, ein Arten- und Biotopschutzprogramm zu erstellen, das den verstärkten Schutz der Tier- und Pflanzenwelt einschließlich ihrer Lebensräume gewährleistet.

Das erarbeitete Programm stellt den Gesamtrahmen aller für den Arten- und Biotopschutz erforderlichen Maßnahmen des Naturschutzes und der Landschaftspflege dar.« (ABSP 1992)

Die Untersuchungen des ABSP sind in über 500 Lebensräumen zusammengefasst mit Beschreibung und Artenlisten, Bewertung ihrer naturschutzfachlichen Bedeutung in vier Stufen (lokal, regional, überregional und landesweit (Bayern) bedeutsam). Die Bewertung richtet sich nach der Artenzahl, dem Anteil an gefährdeten Arten und der Größe des Lebensraumes. Die Ausstattung des übrigen Stadtgebietes wurde mit der Kartierung der Nutzungstypen festgestellt.

Damit sind naturschutzfachliche Ziele und Maßnahmen flächendeckend für das gesamte Stadtgebiet formuliert, sie beziehen sich auf den besiedelten und unbesiedelten Bereich:

- Defizitgebiete für den Naturschutz liegen im landwirtschaftlich genutzten Bereich,
- zu den Stadtflächen mit geringer Naturausstattung gehören ebenfalls die Siedlungsgebiete mit ihrem hohem Versiegelungs- und einem geringen Durchgrünungsgrad, dadurch

nur wenige Lebensräume für heimische Tier- und Pflanzenarten.

»Die für einen gesamtökologischen Ansatz notwendigen flächendeckenden Datengrundlagen wurden im Stadt-ABSP Erlangen in beispielhafter und grundsätzlicher Form aufbereitet; damit konnten Orientierungspunkte und Maßstäbe für künftige Arten- und Biotopschutzprogramme in Städten gewonnen werden.

Das Stadt-ABSP ist ein rechtlich unverbindliches, innerfachlich abgestimmtes Teilkonzept des Naturschutzes und der Landschaftspflege und beschränkt sich auf die Ziele und Maßnahmen zum Arten- und Biotopschutz unter Einbeziehung der Anforderungen des Ressourcenschutzes und der Erholungsplanung. Die Bearbeitung des Bereiches Arten- und Biotopschutz geschieht aber in umfassender Weise und geht teilweise auch über die Möglichkeiten der Bauleit- beziehungsweise Landschaftsplanung hinaus.

Das Stadt-ABSP hat über den Flächennutzungsplan mit integriertem Landschaftsplan hinaus als Teilkonzept des Naturschutzes und der Landschaftspflege eine eigenständige Funktion. Bei Einzelplanungen im Arten- und Biotopschutz, bei der Beurteilung von Eingriffsvorhaben oder bei anderen raumbedeutsamen Planungen und Maßnahmen soll auf das Stadt-ABSP als naturschutzfachliche Beurteilungshilfe zurückgegriffen werden.

Die naturschutzfachliche Verzahnung von Stadt-ABSP und gemeindlicher Landschaftsplanung, zum Beispiel bei der Grundlagenerhebung, macht eine frühzeitige und intensive Zusammenarbeit aller am Planungsprozess Beteiligten notwendig. Ein Landschaftsplan auf der Grundlage eines Stadt-ABSP kann den qualitativ hohen Anforderungen im Bereich des Arten- und Biotopschutzes und der damit zusammenhängenden Bereiche des Ressourcenschutzes und der Erholung besser gerecht werden.« (ABSP 1992)

2. Ökologische Bodenfunktionskartierung, Dr. Köppel, Institut für Geologie und Mineralogie, Universität Erlangen, 1993, flächendeckende Darstellung der ökologischen Bodenfunktionen (Karte 11 unten):

- Regelungsvermögen (Filter- und Rückhaltevermögen, Wasserdurchlässigkeit),
- Produktionsfunktion (Produktion von Biomasse),
- Lebensraumfunktion (Biotopfunktion),

- Belastungssituation.

Verträglichkeit der Flächen-Nutzungsansprüche mit den gegebenen Bodeneigenschaften.

3. Grundwasserschutz, Prof. Dr. Rossner, Institut für Geologie und Mineralogie, Universität Erlangen, 1993 (Karte 11 oben)

- Grundwasserhöhengleichenkarte des Erlanger Stadtgebietes mit Angabe zur Grundwasserfließrichtung und Grundwasserflurabstand,
- Niederschlagsbezogene Grundwasserneubildung,
- Karte der LHKW-Belastungen, (alle Karten M 1 : 10 000).

Beurteilung der Verträglichkeit vorgesehener Nutzungen mit den Belangen des Grundwasserschutzes und des Grundwasserhaushaltes.

4. Fließgewässer (Umweltamt der Stadt Erlangen, 1993)

Landschaftsökologischer Zustand und Gewässergüte, parallel dazu Bearbeitung von Gewässerpflegeplänen.

5. Stadtklima, Deutscher Wetterdienst, Flughafen Nürnberg, 1989 (Karte 12 unten). Karten und Erläuterungen zu

- Bereichen mit Kaltluftflüssen,
- Bereichen mit Kalt- und Frischluftsammelgebieten,
- Wärmebelastungsgebieten,
- Frischluftschneisen.

6. Immissionsschutz (Umweltamt der Stadt Erlangen, 1989)

flächendeckende Daten zur verkehrsbedingten Lärmbelastung in den einzelnen Stadtgebieten, Ziel: Lärmminderungsplan mit flächendeckenden Lärmkarten

7. Luftreinhaltung, (Umweltamt Stadt Erlangen, 1990–94)

flächendeckende Daten zur Luftbelastung des Stadtgebietes in verschiedenen Teilberichten

- Luftreinhaltung,
- Luftbelastung durch Kfz-Verkehr,
- Luftbelastung durch Hausbrand und Feuerungsanlagen,
- Ozonbelastungen in der Stadt.

8. Altlasten (Umweltamt Stadt Erlangen, 1988–92)

Untersuchungen zu Altablagerungen und belasteten Industriestandorten mit Sanierungsvorschlägen.

9. „Äußere Ressourcen" sowie Abfall und Abwasser

- Rohstoffbedarf,
- Energiebedarf,
- Trinkwasserbedarf,
- Abwassermengen,
- Abfallmengen.

Der Landschaftsplan macht auf Grundlagen der flächendeckenden Bestandsaufnahme Vorschläge für mögliche Ausgleichs- und Ersatzflächen bei Eingriffen in den Naturhaushalt. Diese Zusammenhänge werden in den aus dem Flächennutzungsplan entwickelten Bebauungsplänen durch den Stadtrat festgesetzt (Karte 12 oben).

Der Landschaftsplan als das entscheidende Planungsinstrument für die ökologische Stadtentwicklung

Die mehrfach zitierte Arbeit des Umweltbundesamtes (Hübler et al. 1995) bestätigt am Beispiel der Stadt Erlangen die Mehrfachfunktion des Landschaftsplanes:

- **Leitbild der umweltgerechten Stadtentwicklung** in der Zusammenfassung aller ökologischen Bestandserhebungen und Bewertungen, damit auch weiter gültig über die begrenzte Laufzeit des Flächennutzungsplans von 15 – 20 Jahren,
- Grundlage für die Entwicklung von **Umweltverträglichkeitsprüfungen**, sowohl flächendeckend für das gesamte Stadtgebiet, wie – mit entsprechenden Vertiefungen – für nachfolgende Bebauungspläne und Planfeststellungsverfahren,
- Maßnahmenplan zur **Verbesserung der ökologischen Qualität sowohl im bebauten Stadtgebiet als in den landschaftlichen Freiräumen**.

Gegenüber den reinen Kartierungen und Bewertungen der ökologischen Zusammenhänge wird der Landschaftsplan durch seine Integration in den Flächennutzungsplan ein rechtskräftig wirksames Instrument zur weiteren Gemeindeentwicklung. Entscheidend für seine Qualität und Durchsetzung ist eine breite Bürgerbeteiligung, besonders mit der Landwirtschaft und die Unterstützung durch die anerkannten Naturschutzverbände.

Die über 3 000 Mitglieder der großen Naturschutzorganisationen in Erlangen, wie der Bund

Naturschutz Bayern, Verein Umwelthilfe, Bund für Vogelschutz, sind nicht nur vom Beginn an in die Diskussionen über die Entwicklung des Leitbildes und der Maßnahmen einbezogen: mit ihren Aktionen zum Artenschutz von Pflanzen und Tieren (Amphibien, Störche, Schwalben, Fledermäuse und anderes) übernehmen sie selbst wichtige Aufgaben in Zusammenarbeit mit Grundbesitzern und anderen Gruppen und unterstützen damit entscheidend die verschiedenen Aktionen des Umwelt- und Naturschutzamtes der Stadt.

So ist der Landschaftsplan auch langfristig ein wichtiges Instrument der Agenda 21 zur Sicherung und Verbesserung der Lebensbedingungen in den Städten und Gemeinden.

9.3.4 Stadtverband Saarbrücken

Einführung

Die Konzeption des hier vorgestellten Landschaftsplanes für den Stadtverband Saarbrücken zeichnet sich durch die Berücksichtigung der besonderen räumlichen Strukturen in einem **Verdichtungsraum** aus. Eine zentrale Rolle in dieser Landschaftsplankonzeption spielt die landwirtschaftliche Flächennutzung und die Integration landwirtschaftlicher Belange und Potenziale in ein kommunales Flächenplanungskonzept.

Im Rahmen des gemeinsam vom BMELF, dem saarländischen Ministerium für Umwelt, Energie und Verkehr und dem Stadtverband Saarbrücken finanzierten **Modellvorhabens „Kommunales Handlungsmodell für die Landwirtschaft als umweltverträgliche Nutzungsform im Verdichtungsraum"** sollten neben einer regionalen Direktvermarktungsinitiative umsetzungsorientierte Vorschläge zum Themenbereich „Landwirtschaft" in der kommunalen Flächenplanung erarbeitet werden. Im Zentrum der Bemühungen im Rahmen dieses fünfjährigen Modellvorhabens stand für dieses Handlungsfeld die Integration landwirtschaftlicher Belange in die kommunalen Planungsinstrumente des Landschafts- und des Flächennutzungsplans. Die Novellierung des BauGB vom 1.1.1998 eröffnete zusätzlich die Möglichkeit, die Eingriffs- Ausgleichsregelung über ein kommunales Ökokonto in die Konzeption des Landschaftsplanes für den Stadtverband

Saarbrücken zu integrieren. Ein sinnvoller Interessenausgleich zwischen landwirtschaftlichen Betrieben und kommunalen Entwicklungszielen und die Integration dieser Resultate in ein kommunales Ökokonto sollte die Grundlage für den im folgenden beschriebenen Planungsansatz bilden.

Der Planungsraum Stadtverband Saarbrücken

Der Stadtverband Saarbrücken ist ein Stadt-Umland-Verband, der die Landeshauptstadt Saarbrücken und die neun sie umgebenden Städte und Gemeinden umfasst. In ihm leben 360 000 Menschen auf einer Fläche von 410 km², das entspricht 878 Einwohnern je km². Damit bildet der Stadtverband das Kerngebiet des **Verdichtungsraumes „Saar"**, der nach Beschluss der Ministerkonferenz für Raumordnung (MKRO vom 7.9.1993) als einer der 45 im Bundesgebiet vorhandenen Verdichtungsräume ausgewiesen worden ist.

Der Stadtverband Saarbrücken liegt in einer Mittelgebirgslandschaft und zählt nach seiner geographischen Einordnung zur süddeutschen Schichtstufenlandschaft. Die Saar und ihre Nebenflüsse sind mit ihren Tälern bestimmende Elemente des Landschaftsbildes. Den tiefsten Punkt bildet die Saar bei Völklingen mit 180 m über dem Meeresspiegel. Die Göttelborner Höhe ist mit 440 m Höhe die höchste Erhebung. Die meisten Höhenzüge sind mit Wald bestanden. Die Siedlungs- und Verkehrsachsen liegen fast ausschließlich in den Tälern. Größere landwirtschaftlich genutzte Bereiche findet man noch im Osten der Landeshauptstadt Saarbrücken, auf dem Gebiet der Gemeinde Kleinblittersdorf mit den hier dominierenden Muschelkalkböden und im Köllertal mit seinen angrenzenden Hängen auf den Böden des Karbons. Der Warndt mit seinen nährstoffarmen sandigen Böden des Buntsandsteins ist zum größten Teil landwirtschaftlicher Grenzertragsstandort.

In diesem **gewerblich-industriellen Ballungsraum** stellt die Landwirtschaft einen Wirtschaftbereich von untergeordneter Bedeutung dar. Die Zahl der landwirtschaftlichen Betriebe lag 1994 bei 177. Hiervon waren 68 Haupt- und 109 Nebenerwerbsbetriebe. Die Bedeutung der Landwirtschaft im Stadtverband Saarbrücken liegt nicht in ihrer gesamtwirtschaftlichen Bedeutung, sondern ergibt sich aus ihrer Rolle als nach dem Wald

Landwirtschaft

bebaute und Verkehrsflächen

Grünflächen

Wald

Grundlage:
Flächennutzungsplan 1993

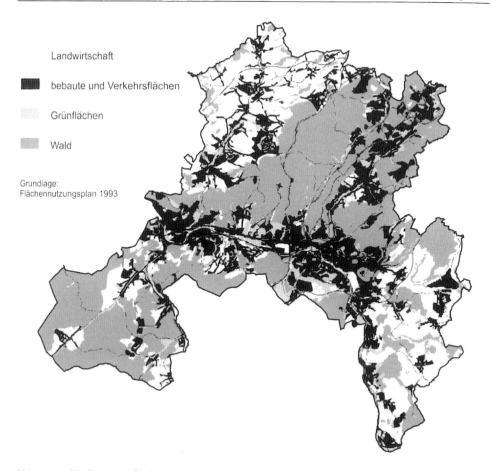

Abb. 9–9: Die flächenmäßig bedeutendsten Nutzungen

(42,5% der Gesamtfläche) größter Flächennutzer (23,2% der Gesamtfläche). Der hohe Waldanteil und die starke Zersiedelung kombiniert mit einem dichten Netz von Verkehrswegen führen zu einem hohen gesellschaftlichen Stellenwert der offenen Kulturlandschaft in diesem Raum. Damit ist der Erhalt landwirtschaftlicher Nutzungen auf einer möglichst großen Fläche entscheidend für die Sicherung der stadtnahen Kulturlandschaft.

Die planerischen Rahmenbedingungen im Stadtverband Saarbrücken

Die Planungssystematik
Vorab einige Hinweise zu Besonderheiten in der Planungshierarchie im Saarland:
- es existiert **keine Regionalplanungsebene**, Der Regionalplanung entspricht im Saarland weitestgehend die Landesplanung,

- der **Landschaftsrahmenplan wird auf Kreisebene** in der Zuständigkeit des saarländischen Umweltministeriums erstellt,
- auf der **Gemeindeebene** werden analog zu den Flächennutzungsplänen die Landschaftspläne erstellt,
- als Ausnahme ist der Stadtverband Saarbrücken zuständig für seinen **Landschaftsplan**, dem die zehn Vorplanungen aus den einzelnen Gemeinden als Grundlage dienten. Gleichzeitig wurde vom saarländischen Ministerium für Umwelt, Energie und Verkehr die Erarbeitung eines Landschaftsrahmenplans für den Stadtverband beauftragt.

Ein Landschaftsplan für zehn Städte und Gemeinden
Mit der Novellierung des Saarländischen Naturschutzgesetztes (SNG) wurde 1993 dem Pla-

nungsrat des Stadtverbandes Saarbrücken die Aufstellung eines Landschaftsplanes für sein Gebiet übertragen. Im Gremium des Planungsrates sind die Oberbürgermeister und Bürgermeister der zehn Städte und Gemeinden des Stadtverbandes vertreten.

Da zum Zeitpunkt dieser Novellierung bereits die Mehrzahl der Städte und Gemeinden des Stadtverbandes Saarbrücken mit der Aufstellung eines Landschaftsplanes für ihr Gebiet begonnen hatten, wurde der Abschluss dieser Planungen abgewartet und es sollte dann ab Frühjahr 1996 mit der Arbeit an einem Landschaftsplan für das gesamte Gebiet des Stadtverbandes auf der Grundlage dieser gemeindlichen Vorplanungen begonnen werden. Es sollte jedoch nicht nur eine einfache Zusammenstellung aus den einzelnen Vorplanungen erstellt werden, sondern ein an die besonderen Anforderungen in einem Verdichtungsraum und die neuen Möglichkeiten des novellierten BauGB angepasster regionaler Landschaftsplan erarbeitet werden. Im September 1999 wurde der Vorentwurf des gemeinsamen Landschaftsplanes vorgestellt und das Offenlegungsverfahren konnte beginnen.

Problemstellung zum Handlungsfeld Landwirtschaft

Die Inanspruchnahme landwirtschaftlich genutzter Flächen für Projekte der Siedlungserweiterung oder der Verkehrsinfrastruktur stellt ein immer schwerwiegenderes Problem für die betroffenen landwirtschaftlichen Betriebe, aber auch für die gesamte regionale Bewirtschaftungsstruktur dar. Dies gilt insbesondere in den Verdichtungsräumen, wo sich die Landwirtschaft besonderen **Flächennutzungskonkurrenzen** ausgesetzt sieht. Aber nicht nur die Eingriffe auf landwirtschaftlichen Flächen, sondern auch die in der Bau- und Naturschutzgesetzgebung vorgeschriebenen ökologischen Ausgleichsmaßnahmen für diese Eingriffe nehmen häufig landwirtschaftlich genutzte Flächen in Anspruch. Diese Situation hat zum Ergebnis, dass einerseits die in Landschaftsplänen vorgesehen Maßnahmen zur Pflege und Entwicklung der Kulturlandschaft nur sehr schleppend umgesetzt werden und zum anderen einzelnen landwirtschaftlichen Betrieben existentiell wichtige Flächen entzogen wer-

den. Die mangelhafte Einbeziehung der wichtigsten Akteure in der offenen Kulturlandschaft, den Landwirten, in die Eingriffs- und Ausgleichsplanungen führt also oft zu gravierenden Umsetzungsproblemen bei den kommunalen Planungsinteressen und zur Existenzbedrohung für einzelne landwirtschaftliche Betriebe (siehe auch Kap. 8.1).

Der Leitgedanke des Landschaftsplans zur Landwirtschaft

»Der Landschaftsplan soll die bäuerliche Landwirtschaft im Verdichtungsraum durch gezielte Handlungsprogramme unterstützen und den Landschaftsverbrauch durch die Siedlungstätigkeit entsprechend lenken«. (Beschluss des Planungsrates zur Landwirtschaft im Landschaftsplan des Stadtverbandes Saarbrücken im September 1996)

Aus welchen Gründen sollte eine Gebietskörperschaft in einem von Industrie und Siedlungstätigkeiten geprägten Raum der Landwirtschaft in seinem Landschaftsplan einen so hohen Stellenwert einräumen? Es sind vorrangig kommunale Interessen und nur nachgeordnet die Einkommensinteressen der einzelnen Landwirtschaftsbetriebe als Gründe für diese Position zu nennen. Gerade die **besondere Wertschätzung der offenen Kulturlandschaft** in einer dicht besiedelten und sehr waldreichen Region haben das Thema des Kulturlandschaftserhaltes zu einem der inhaltlichen Schwerpunkte des Landschaftsplanes werden lassen (Kap. 8.2). Insbesondere die „Sekundärprodukte" der Landwirtschaft, die mit den Begriffen „Pflege und Entwicklung der Kulturlandschaft" beschrieben werden können, sind angesichts immer kleinerer kommunaler Haushaltsetats für die Landschaftspflege Leistungen, die bei einem ansteigenden Bedarf an Naherholungsmöglichkeiten als immer wichtiger eingeschätzt werden. Der Tatsache, dass diese Leistungen nur von wirtschaftlich überlebensfähigen Betrieben erbracht werden können, soll über gezielte Maßnahmenprogramme im Landschaftsplan Rechnung getragen werden. Die Arbeitsgrundlage, um Flächenaussagen zur Landwirtschaft im Landschaftsplan treffen zu können, muss also auch einzelbetriebliche Belange berücksichtigen.

Die Planungsgrundlagen

Folgende Planungsgrundlagen wurden verwendet:
- die Vorplanungen der Städte und Gemeinden zum Landschaftsplan,
- der Flächennutzungsplan,
- und ergänzende Untersuchungen des Stadtverbandes.

Bei den ergänzenden Untersuchungen handelt es sich im einzelnen um:
- Ergebnisse des Modellvorhabens Landwirtschaft,
- Gutachten zur Qualifizierung von Freiräumen, das Maßnahmen zur Pflege und Entwicklung der Kulturlandschaft der gemeindlichen Vorplanungen nach vergleichbaren und einheitlichen Kriterien abstimmt. In das Gutachten zur Qualifizierung von Freiräumen sind Ergebnisse aus den Arbeiten am Landschaftsrahmenplan insbesondere Darstellungen im Staatsforst eingegangen und mit dem Vorentwurf abgestimmt worden,
- Karte zum Gewässerzustand und zur Gewässergüte des Stadtverbandes als Grundlage für gemeinsame Zielsetzungen und vergleichbare Handlungsprogramme zur Renaturierung der Fließgewässer sowie
- das Ökologische Flächenmanagement ehemaliger Bergbauflächen.

Die Gewässeruntersuchungen erfolgten auf der Basis des 1995 abgeschlossenen Modellvorhabens Programm – UVP Flächennutzungsplan. Im Rahmen dieses Vorhabens wurde auch die landesweite Biotopkartierung des Saarlandes für das Stadtverbandsgebiet übernommen.

Die Grundlagendaten zur Landwirtschaft im Planungsgebiet des Landschaftsplans mussten genügend detailliert sein, um auf ihnen ein Handlungsprogramm zur Landwirtschaft aufbauen zu können. Das Modellvorhaben Landwirtschaft hatte also unter anderem den Auftrag diese Grundlagen zu erarbeiten.

Als wichtigstes Instrument zur Erfassung und Auswertung landwirtschaftlicher Daten mit dem Ziel ihrer Integration in den Landschaftsplan hat sich die **Agrarstrukturelle Entwicklungsplanung** (AEP vorher AVP – Agrarstrukturelle Vorplanung) erwiesen. Diese informelle landwirtschaftliche Fachplanung bietet alle Möglichkeiten zur Bereitstellung landwirtschaftsrelevanter Daten auch für einen Landschaftsplan.

Die AEP hat Konfliktbereiche, Entwicklungsmöglichkeiten und Entscheidungsbedarf in der Agrarstruktur sowie in ländlichen Räumen aufzuzeigen, gebietsspezifische Leitbilder und/oder Landnutzungskonzeptionen für den Planungsraum zu entwickeln sowie Vorschläge für Handlungskonzepte und umsetzbare Maßnahmen zu unterbreiten.

Nach den Erfahrungen im Stadtverband Saarbrücken hat gerade der informelle Charakter der AEP und das daraus resultierende „konkurrenzfreie" Verhältnis zur kommunalen Planungsebene eine Integration der in der AEP erarbeiteten landwirtschaftlichen Belange erleichtert.

Für die Ausarbeitung der **Flächen- und Maßnahmendarstellung innerhalb des Landschaftsplanes** wurden folgende Grundlagen einbezogen:
- **Kartierung der Realnutzung** der landwirtschaftlich genutzten Fläche im Stadtverband Saarbrücken (Stand 1993 – Maßstab 1 : 5 000),
- **Bewertung der natürlichen Nutzungseignung** und der landwirtschaftlichen Entwicklungsziele der Landwirtschaftsfläche im Stadtverband Saarbrücken,
- Detaillierte **aktuelle Betriebsdaten** aller landwirtschaftlichen Betriebe im Stadtverband Saarbrücken mit Ist-Zustand und absehbarer Entwicklungsperspektive (Ergebnis der agrarstrukturellen Vorplanungen und der Nachbearbeitung durch das Modellvorhaben Landwirtschaft),
- **Persönliche Kenntnis und Beratungsverhältnis** zur Mehrzahl der entwicklungsfähigen Betriebe im Stadtverband Saarbrücken.

Für die Erarbeitung des Landschaftsplanes besonders bedeutsame Erkenntnisse aus den **Untersuchungen im Rahmen des Modellvorhabens Landwirtschaft** waren:
- In den nächsten zehn Jahren ist ein **Rückgang der Anzahl der Betriebe** um fast 50% auf 95 Betriebe zu erwarten. Dieser Schrumpfungsprozess wird auch raumwirksam. Durch den Rückgang des Viehbesatzes um insgesamt circa 18% (bei den Raufutterfressern sogar um circa 29%) muss ein Rückgang der bewirtschafteten Fläche um fast 20% (circa 1 000 ha) angenommen werden. Besonders vom Nutzungsausfall bedroht sind bisher sehr extensiv bewirtschaftete Bereiche. Gerade diese Bereiche stellen die aus naturschutzfachlicher Sicht besonders wichtigen Teile der Kulturlandschaft dar,

- der Landwirtschaft nachfolgende landwirtschaftsnahe Nutzungsformen haben in Teilen der landwirtschaftlichen Ausfallräume die Funktion der landwirtschaftlichen Betriebe im Sinne des **Kulturlandschaftserhaltes** übernommen, weisen aber zum Teil ökologische Defizite auf,
- die **bedeutendsten erkannten ökologisch relevanten Probleme**, die sich aus der landwirtschaftlichen Nutzung ergeben, sind auf die **Bodenerosion** in einigen wenigen Ackerflächen beschränkt.

Die Zielsetzungen und Lösungsansätze zum Handlungsfeld „Landwirtschaft"

Die vorher dargestellten Probleme führten zu besonderen Zielsetzungen und planerischen Lösungskonzepten zur Landwirtschaft im Landschaftsplan des Stadtverbandes Saarbrücken:
Ziel 1: Sicherung der zur weiteren Entwicklung der verbleibenden landwirtschaftlichen Betriebe benötigten Fläche vor dem Zugriff anderer Nutzungsansprüche.
Lösungsansatz: Die Ausweisung der Flächenkategorie „Erwerbslandwirtschaft". Diese Kategorie umfasst die für die Weiterentwicklung der entwicklungsfähigen landwirtschaftlichen Betriebe notwendige Fläche. Sie stellt circa 83 % der aktuell noch landwirtschaftlich genutzten Fläche dar. Die bisherige undifferenzierte Kategorie „Fläche für die Landwirtschaft" in Landschafts- und Flächennutzungsplan stellte für die landwirtschaftlichen Betrieben keine erhöhte Planungssicherheit dar. In der Planungspraxis wurde diese Flächenausweisung als „Rest- oder Reserveflächenkategorie" behandelt, aus der die Flächenansprüche anderer Planungsbelange (insbesondere der Siedlungsentwicklung) befriedigt wurden. Für jede Fläche der Kategorie Erwerbslandwirtschaft kann der mittelfristige Nutzungsanspruch der Landwirtschaft belegt werden und eine Inanspruchnahme dieser „qualifizierten" Flächen durch andere Nutzungen soll erschwert werden. Es werden zudem aus der Fläche für die Erwerbslandwirtschaft Vorranggebiete ausgegliedert, die mit höchster Priorität für die landwirtschaftlichen Betriebe erhalten werden sollen, um ihre Existenzgrundlage zu sichern. Umgekehrt sind Planungsträger gehalten, wenn sie solche Flächen in Anspruch nehmen wollen, eine

Lösung für die Belange der landwirtschaftlichen Betriebe anzubieten. Diese Vorranggebiete stellen gleichzeitig den Flächenvorschlag „Vorranggebiete Landwirtschaft" des Stadtverbandes für die Novellierung des Landesentwicklungsplanes Umwelt im Saarland dar.
Ziel 2: Erhaltung beziehungsweise Wiederaufnahme der Nutzung in den landwirtschaftlichen Ausfallräumen gegebenenfalls unter Einbeziehung nichtlandwirtschaftlicher Freiflächennutzungen (vor allem private Pferde- und Schafhaltungen im Außenbereich).
Lösungsansatz: Dieses kommunale Planungsziel, das schlagwortartig mit dem Begriff „Kulturlandschaftserhalt" bezeichnet werden kann, soll durch die Flächenkategorien „Offenland" und „Freiflächennutzungen" aber insbesondere durch die Ausweisung und Aktivierung kommunaler Aktionsräume erreicht werden. Zum einen soll für Flächen, auf denen die Bewirtschaftung aufgegeben wurde, die Nutzung gesichert werden, um eine fortschreitende Sukzession zu verhindern. Die Entscheidung zur weiteren Offenhaltung von bestimmten Bereichen der Kulturlandschaft wurde auch in Abstimmung mit den Aussagen des Landschaftsrahmenplanes zu dieser Thematik getroffen. Diejenigen Räume, in denen diese Aufgabe als vordringlich angesehen wird, sind als Aktionsräume zur Offenhaltung der Landschaft im Landschaftsplan ausgewiesen worden. Zum anderen sollen Flächen mit bereits erfolgter landwirtschaftlicher Nutzungsaufgabe und nachfolgenden privaten landwirtschaftsnahen Freiflächennutzungen in eine nachhaltige Nutzung überführt werden. Die private Nutzung soll und kann unter bestimmten Voraussetzungen die offene Landschaft und ihre Freiraumfunktionen sichern. Die Kriterienliste zur Beurteilung der Nachhaltigkeit dieser Nutzungsformen wurde im Rahmen des Modellvorhabens Landwirtschaft erarbeitet und ist Bestandteil der schriftlichen Erläuterungen zum Landschaftsplan.
Ziel 3: Verminderung bestehender Belastungen von Natur und Umwelt durch die landwirtschaftliche Nutzung.
Lösungsansatz: Die von den landwirtschaftsfachlichen Voruntersuchungen (AVP) und den Aussagen des Landschaftsrahmenplanes definierten ökologischen Defiziträume mit höchster Prioritätsstufe wurden in die landwirtschaftlichen Aktionsräume „Verminderung Bodenerosion" überführt. Ergänzt wurden diese Defiziträume

durch Bereiche, in denen der Austrag von Betriebsmitteln (Dünger, Pflanzenschutzmittel, Sickersäfte) zu befürchten ist, beziehungsweise durch Ackerflächen im unmittelbaren Überschwemmungsbereich von Fließgewässern. Die Maßnahmen wurden entsprechend der festgestellten Gefährdungssituation entwickelt. Sie reichen von einfachen kulturtechnischen Maßnahmen (Fruchtfolgeanpassung, Zwischenfruchtanbau, Untersaaten) über die Einbringung von hangparallelen Grünlandstreifen bis zur Pflanzung von hangparallelen Heckenzügen. Die Zielsetzung war dabei immer, einen Kompromiss zwischen ökologischen und betrieblichen Ansprüchen zur deutlichen Verminderung des Erosionsgeschehens beziehungsweise des Stoffaustrages zu finden. Alle Maßnahmen wurden vorab mit den betroffenen Landwirten abgestimmt beziehungsweise gemeinsam mit ihnen entwickelt, um eine problemlose Umsetzung zu sichern.

Die Finanzierung der Maßnahmen in den Aktionsräumen und die planerische Absicherung ihrer Realisierung soll über ein kommunales Ökokonto und ihre Integration in den Flächennutzungsplan erfolgen.

Handlungsprogramme und kommunales Ökokonto

Die inhaltliche Reduzierung des Landschaftsplans auf einen Fachplan, der schwerpunktmäßig nur noch die Aufgabe der Ausweisung von Ausgleichsflächen für den Flächennutzungsplan erfüllt, ist sicher eine Befürchtung der Landschaftsplaner, die ihre Bestätigung in einigen aktuell aufgestellten Landschaftsplänen finden kann. Andererseits muss anerkannt werden, dass bisher eine Vielzahl von Landschaftsplänen das Dasein einer „Schubladenplanung" fristet, das heißt die in diesen Plänen vorgesehenen Maßnahmen wurden nur zu einem geringen Anteil oder überhaupt nicht umgesetzt. Ohne an dieser Stelle auf die komplexen Ursachen für dieses Problem ausführlich einzugehen, können jedoch zwei Faktoren genannt werden, die zu dieser Situation beigetragen haben:

- Der bei erfolgloser Abstimmung mit den Flächennutzern (meist landwirtschaftliche Betriebe) schwierige „Zugriff" auf Maßnahmenbereiche, sofern sie keine gesetzlich gesicherten Schutzgebiete sind,

- die fehlenden finanziellen Mittel der Kommunen zur Realisierung von Maßnahmen des Landschaftsplanes.

Im Sinne eines umsetzungsorientierten Landschaftsplanes sollten die vorrangigen Maßnahmen für den Naturschutz und die Landschaftspflege in Form von Handlungsprogrammen zusammengestellt werden. Ausgehend vom dringendsten Handlungsbedarf und der kurz- bis mittelfristigen Realisierungsmöglichkeiten wurden Handlungsprogramme zu den ehemaligen Flächen der Montanindustrie, für die Gewässerrenaturierung und die Landwirtschaft aufgestellt. Diese Handlungsprogramme sollen ein „schlüsselfertiges" Angebot an die stadtverbandsangehörigen Städte und Gemeinden darstellen, Maßnahmen des Naturschutzes und der Landschaftspflege zu realisieren.

Die Finanzierung der Maßnahmenprogramme soll über die Einrichtung kommunaler Ökokonten erfolgen. Diese Ökokonten wurden durch die Novelle des Baugesetzbuches vom 1.1.1998 ermöglicht. Es ist nach dieser Novellierung möglich, Flächen für Ausgleichsmaßnahmen auf dem Gemeindegebiet vorzusehen und diese Bereich auch im Landschaftsplan und dem Flächennutzungsplan darzustellen. Damit diese Möglichkeiten weitgehend ausgeschöpft werden können, hatte der Planungsrat des Stadtverbandes Saarbrücken beschlossen, parallel zur Aufstellung des Landschaftsplanes ein Änderungsverfahren zum Flächennutzungsplan durchzuführen. Inhalt des Änderungsverfahrens ist die Integration von Darstellungen des Landschaftsplanes in den Flächennutzungsplan.

Diese durch die Änderung des BauGB ermöglichten kommunalen Ökokonten stellen insbesondere im Verdichtungsraum ein wichtiges Instrument bei der Umsetzung von Maßnahmen zum Kulturlandschaftserhalt dar und können auch als Instrument zur Standortsicherung der Landwirtschaft eingesetzt werden. Gemeinsam mit den landwirtschaftlichen Betrieben des Verdichtungsraumes entwickelte Maßnahmen (zum Beispiel Erosionsschutz) können als Ausgleichsflächen für Eingriffe durch Siedlungstätigkeiten anerkannt werden. Um also ein Abwandern von Maßnahmen in die ländlichen Kreise zu verhindern, sollten die Verwaltungen der Gemeinden im Verdichtungsraum ein erhöhtes Interesse an einer guten Zusammenarbeit mit den dort ansässigen landwirtschaftlichen Betrieben haben, um gemeinsam mit ihnen sinnvolle Maßnahmen zu planen und umzusetzen. Umgekehrt bedeutet eine solche Vorgehensweise für die landwirtschaftlichen Betriebe im Verdichtungsraum eine größere Planungssicherheit gegenüber einer Situation, in der ihnen ohne weitere Abstimmung die ohnehin knappen Flächen sowohl für Eingriffe als auch für Ausgleichsmaßnahmen einfach entzogen worden sind. Zusätzlich wird der Öffentlichkeit aber auch den zuständigen Verwaltungen deutlich gemacht, welche wichtige Rolle die landwirtschaftlichen Betriebe bei der Pflege und Entwicklung der Kulturlandschaft spielen. Dieses Auftreten der Landwirtschaft als Partner und Akteur bei der Umsetzung von Maßnahmen, die zu einer konkreten Verbesserung der ökologischen Situation im Planungsraum des Landschaftsplanes führen, kann zu einem besseren Verständnis gegenüber den besonderen Problemen landwirtschaftlicher Betriebe im Verdichtungsraum beitragen. Darüber hinaus gewährleistet die Dokumentation dieser Leistungen als Maßnahmen, die der Gemeinde im Ökokonto gutgeschrieben werden können, dass den landwirtschaftlichen Betrieben ohne vorherige Abstimmung keine Flächen für Ausgleichsmaßnahmen entzogen werden.

Integration in den Flächennutzungsplan

Zielstellung
Ohne an dieser Stelle auf die Gesetzeslage im Rahmen der Beziehung zwischen Landschaftsplan und Flächennutzungsplan einzugehen, sind drei zentrale Aufgaben des Flächennutzungsplanes im Stadtverband Saarbrücken, die sich aus der Novellierung des BauGB vom 1.1.1998 ergeben, zu nennen:
- Flächen für den Ausgleich zu erwartender Eingriffe darzustellen, um so Eingriffe in Natur und Landschaft planerisch auszugleichen und Ausgleichsmaßnahmen im kommunalen Ökokonto vorzubereiten,
- Darstellungen des Landschaftsplanes zu beachten und
- nach SNG bestimmte Darstellungen und Festlegungen zu integrieren

Aus dieser Aufgabenstellung ergibt sich folgerichtig, dass die Darstellungen des Landschaftsplanes, die den Ausgleich der Eingriffe und damit das kommunale Ökokonto vorbereiten, vorrangig zu einer Integration in den Flächen-

nutzungsplan geeignet sind. Im Falle des Stadtverbandes Saarbrücken sind dies insbesondere die kommunalen Aktionsräume zur Landwirtschaft und Gewässerrenaturierung. Zusätzlich werden mit der Zielrichtung des Erhaltes einer nachhaltigen Nutzung der Kulturlandschaft die Flächen für die Erwerbslandwirtschaft und als Teilbereich dieser Kategorie die Vorranggebiete Erwerbslandwirtschaft in den Flächennutzungsplan integriert.

Statistische Daten zu den Aktionsräumen „Gewässerrenaturierung" und „Landwirtschaft"
Als kommunales Handlungsprogramm sind im Vorentwurf des Landschaftsplanes 43 Aktionsräume für die Gewässerrenaturierung enthalten: 70 km zu schützende und 60 km zu renaturierende Gewässerstrecke. Betroffen sind alle Städte und Gemeinden. Die Aktionsräume werden zu „Flächen und Maßnahmen zur Gewässerrenaturierung" im Flächennutzungsplan.

Der Vorentwurf des Landschaftsplanes stellt 20 Aktionsräume zur Landwirtschaft mit insgesamt 930 Hektar dar, etwa 10% der aktuell landwirtschaftlich genutzten Fläche. Sie liegen in 5 Gemeinden des Stadtverbandes. Hier sollen Belastungen von Natur und Umwelt durch die Landwirtschaft vermindert und Rückzugsbereiche wieder nachhaltig genutzt werden. Es sollen auch nicht-landwirtschaftliche Freiflächennutzungen wie zum Beispiel private Pferde- und Schafhaltungen mit in die Nutzungskonzepte einbezogen werden. Die Aktionsräume bieten Möglichkeiten, Aufwertungsmaßnahmen im Interesse von Natur und Landschaft vorzusehen.

Verfahren der Integration
Entsprechend den Möglichkeiten der Regelungen des BauGB und des SNG wurde aufgrund des Zeitgewinns für die kommunale Praxis der Eingriffsbewältigung ein Parallelverfahren für die Aufstellung des Landschafts- und die Fortschreibung des Flächennutzungsplanes in Gang gesetzt. Landschaftsplan und Fortschreibung des Flächennutzungsplanes zur Integration des Landschaftsplanes verbinden beide Pläne formal und inhaltlich im Interesse einer nachhaltigen Entwicklung des Stadtverbandes Saarbrücken.

Fazit
Neben einer breiten Palette an Maßnahmen, die im Landschaftsplan für den Stadtverband Saar-

brücken vorgesehen sind und an dieser Stelle nicht dargestellt wurden (zum Beispiel Maßnahmen im Siedlungsbereich und im Wald), sind die Maßnahmenbereiche in den Landwirtschaftsflächen und der Gewässerrenaturierung der thematische Schwerpunkt dieser Planungskonzeption. Die Bedeutung detaillierter Planungsgrundlagen für die Realisierung von Maßnahmenvorschlägen, welche wie die hier vorgestellten Ergebnisse der landwirtschaftlichen Fachplanung (AEP) über die „traditionellen" Planungsgrundlagen eines Landschaftsplanes hinausgehen, ist mit der vorhergehenden Darstellung aufgezeigt worden. Gleichzeitig wurde deutlich, dass die neuen Möglichkeiten des novellierten Baugesetzbuches über die Einrichtung eines kommunalen Ökokontos und darauf abgestimmter Aktionsräume eine realistische Chance auf rasche Umsetzung von landschaftsplanerischen Maßnahmen bieten können. Die jetzt engere inhaltliche und formalrechtliche Verbindung von Landschaftsplan mit dem Flächennutzungsplan bietet einerseits die Chance auf einen umsetzungsorientierteren Landschaftsplan, birgt aber gleichzeitig die Gefahr, dass der Landschaftsplan zum „Erfüllungsgehilfen" für die Zielsetzungen der Flächennutzungsplanung werden kann. Im hier beschriebenen Fallbeispiel des Stadtverbandes Saarbrücken wurde mit einer Konzeption, die sich sehr genau auf die vorher analysierten räumlichen Rahmenbedingungen bezieht, die Möglichkeit aufgezeigt, Impulse zu einer nachhaltigen räumlichen Entwicklung in einem Verdichtungsraum zu geben. Dabei ist die Prioritätensetzung auf kurz- bis mittelfristig realisierbare Maßnahmen ein gewichtiges Argument für die starke Position des Landschaftsplanes im kommunalen Flächenplanungsprozess. Der Landschaftsplan und seine Integration in den Flächennutzungsplan können so die fundierte Grundlage für eine nachhaltige Entwicklung der Kommunen im Stadtverband Saarbrücken bilden und zum Prozess der Lokalen Agenda 21 einen Beitrag leisten.

10 Landschaftsplanung – ein Ausblick

Vor dem Hintergrund vieler offener Fragen, die sich durch die weitere Rechtsentwicklung ergeben (zum Beispiel Novellierung des Bundesnaturschutzgesetzes, Umsetzung der EU-Richtlinie zur Plan- und Programm-UVP und Integration des Umweltrechts in ein Umweltgesetzbuch) und der Länderzuständigkeit für die Landschaftsplanung ist ein allgemeingültiger Ausblick kein leichtes Unterfangen. An dieser Stelle sollen daher sowohl eine Betrachtung aktueller **Entwicklungstendenzen** als auch der vor diesem Hintergrund gegebenen **Lösungsmöglichkeiten** vorgenommen werden.

Unter Fachleuten besteht Konsens, dass die Anstrengungen zum Schutz der natürlichen Lebensgrundlagen zukünftig noch verstärkt werden müssen. Wesentliche Impulse werden sicherlich dabei von der **Nachhaltigkeitsdiskussion** ausgehen. Diese wird auch bewirken, dass die Umweltvorsorge immer weniger eine sektoral gegliederte Aufgabe bleiben wird, sondern alle Lebensbereiche umfassen muss. Die Komplexität der Umweltfragen steigt weiter. Statt einfacher Ursache-Wirkung-Beziehungen sind mehr und mehr Gesamtzusammenhänge zu betrachten. Dies erfordert sowohl entsprechendes konzeptionelles Vorgehen in der Umweltplanung als auch einen Bewusstseinswandel in der Öffentlichkeit. Die Landschaftsplanung besitzt durch ihre ganzheitliche Aufgabenstellung zur Sicherung der natürlichen Lebensgrundlagen sowie der Erholung in Natur und Landschaft und durch ihre bewährten Verfahren zur Beteiligung der unterschiedlichsten Entscheidungsträger und der Bürger die besten Voraussetzungen, um bei der Bewältigung dieser Aufgaben eine maßgebliche Rolle einzunehmen.

Die immer noch vorherrschende sektorale und technische Betrachtungsweise der Umweltprobleme führt in eine Sackgasse, denn letztendlich bildet die **Erhaltung der natürlichen Lebensgrundlagen bei gleichzeitiger Wahrung der Lebensqualität** den gültigen Maßstab für das Handeln im Umweltschutz. Es wird deutlich, dass eine Reihe von Problemen, unter denen die Landschaftsplanung leidet, keine spezifischen Probleme der Landschaftsplanung sind, sondern die Rahmenbedingungen widerspiegeln. Dazu gehört zum Beispiel die sektorale Aufsplitterung der Umweltzuständigkeit, der Umweltverwaltung und des Umweltrechts.

Landschaftsplanung darf daher nicht länger nur auf eine verengte Sichtweise des Naturschutzes im Sinne des Arten- und Biotopschutzes reduziert werden, wie dies allzu häufig vor dem Hintergrund der Kompetenzverteilung der Umweltbehörden geschieht. Vielmehr ist eine interdisziplinäre Umweltplanung gefordert, wie sie auch in den verschiedenen Entwürfen zum UGB angedacht ist. Dabei wird jedoch verkannt, dass man dieses Instrumentarium nicht neu erfinden muss, sondern dass die Landschaftsplanung mit ihren Methoden und Instrumenten bereits heute sämtliche Funktionen des Naturhaushaltes (Schutzgüter Boden, Wasser, Luft/Klima, Arten- und Biotope sowie Natur- und Landschaftserleben) umfasst. Lediglich die Schutzgüter Mensch und Kultur-/Sachgüter und Fragen des technischen Umweltschutzes wären zu ergänzen. Statt der Etablierung eines völlig neuen Instrumentariums besteht die Alternative, die **Landschaftsplanung** selbst entsprechend **weiter zu entwickeln**, um die Probleme, die insbesondere in zeitlicher und finanzieller Hinsicht notwendigerweise mit der Implementierung von neuen Instrumenten und Verwaltungsstrukturen verknüpft sind, auf ein Minimum zu reduzieren. Die aktuellen Entwürfe bedeuten vor diesem Hintergrund keine Bündelung des Umweltrechts beziehungsweise der Verfahren, sondern blähen die Instrumentarien sogar noch auf. (Bundesverband Beruflicher Naturschutz 1999)

Allgemein scheint in der Bundesrepublik das Problem zu bestehen, dass man sich der Sonderstellung, nicht zuletzt auch innerhalb der EU, nicht hinreichend bewusst ist, dass hier bewährte

Verfahren zur aktiven Umweltvorsorge routinemäßig zum Einsatz kommen. Die Tagung „Landschaftsplanung in Europa" im September 1999 an der Universität Hannover hat deutlich vor Augen geführt, dass Vertreter anderer Länder uns um dieses eingeführte Instrumentarium beneiden und hier eine **Vorreiterrolle der Bundesrepublik** wünschen. Dennoch hat die Bundesrepublik bei der Entwicklung des gemeinschaftlichen Umweltrechts eine restriktive bis ablehnende Position eingenommen (Vogelschutz-Richtlinie, FFH-Richtlinie, UVP-Richtlinie, UVP-Änderungsrichtlinie und Richtlinie über die Prüfung der Umweltwirkungen bestimmter Pläne und Programme (Plan- und Programm-UVP)). Sogar nach Inkrafttreten des Gemeinschaftsrechts hat die Bundesrepublik die Umsetzung in nationales Recht wiederholt verschleppt, sodass der Europäische Gerichtshof Vertragsverletzungen feststellen musste.

Es stellt sich die Frage, wieso die Bundesrepublik hier nicht eine aktivere Rolle einnimmt, indem zumindest der Versuch unternommen wird, die auf nationaler Ebene gemachten Erfahrungen durch die Weiterentwicklung des Gemeinschaftsrechts auch auf EU-Ebene zu verankern. Hierin läge die Chance, die vorhandenen Instrumente fortschreiben zu können, anstatt gezwungenermaßen im Rahmen der Rechtsangleichung neue Instrumente neben vorhandenen Instrumenten installieren zu müssen. Selbst bei der **Umsetzung des neueren EU-Rechts** wäre eine stärkere **Verknüpfung mit bestehenden Instrumenten** sehr wohl denkbar. So fehlt eine sich geradezu aufdrängende Verknüpfung zwischen den neuen §§ 19a bis 19f BNatSchG (Umsetzung der FFH-Richtlinie in nationales Recht) mit der Landschaftsplanung und der Eingriffsregelung. Letztere bleibt sogar ausdrücklich unberührt!

Insgesamt muss konstatiert werden, dass der **ganzheitliche Ansatz**, der **bei Einführung der Landschaftsplanung** eine zentrale Rolle gespielt hat, durch zentrifugale Kräfte zunehmend infrage gestellt wird. Eine ganze Reihe von Planungsinstrumenten und Planwerken wirft die Frage auf, ob diese nicht originäre und integrierte Aufgaben einer umfassenden Landschaftsplanung darstellen. Als Beispiele hierfür können gelten:

- Beabsichtigte Einführung einer isolierten Umweltbeobachtung, obwohl Bestandsaufnahme und Bewertung essenzielle Bestandteile der flächendeckenden Landschaftsplanung auf mehreren Planungsebenen bilden.
- Allzu starke Trennung zwischen unterschiedlichen Eingriffsregelungen nach verschiedenen Rechtsbereichen (1. Allgemeine und 2. spezifische Eingriffsregelung in FFH-Gebieten nach Naturschutzrecht sowie 3. baurechtliche Eingriffsregelung).
- Neben dem sich anbietenden Instrument des Landschaftsprogramms haben einige Länder spezielle Arten- und Biotopschutzprogramme aufgelegt.
- Die Erstellung eines Landschaftsplanes als Abwägungsgrundlage in der Bauleitplanung ist fakultativ, die Anwendung der Eingriffsregelung dagegen obligatorisch.

Diese **Zersplitterung des Aufgabenfeldes** der Landschaftsplanung (Lange 1998) zeigt deutlich, dass der ganzheitliche Ansatz der Landschaftsplanung bislang noch nicht ausreichend als wertbestimmende Eigenschaft erkannt worden ist. Das weite Aufgabenspektrum der Regelverfahren der Landschaftsplanung ermöglicht es in idealer Weise, das Instrumentarium flexibel auf die jeweiligen Anforderungen auszurichten, ohne dass hierbei ein neues beziehungsweise separates Instrument erforderlich wird. Spezifische Fragestellungen rechtfertigen somit nicht automatisch spezielle Planungsinstrumente. Die vielfältigen Möglichkeiten, eine Aufgabenstellung mit dem Regelinstrument der Landschaftsplanung zu verknüpfen, werden somit völlig unzureichend genutzt. Ein positives Beispiel ist das „Landschaftsprogramm mit Arten- und Biotopschutzprogramm Berlin", in dessen Titel eine solche Schwerpunktsetzung bewusst zum Ausdruck kommt. Es spräche nichts dagegen, zum Beispiel auf örtlicher Ebene einen Landschaftsplan im Sinne des Zweiten Abschnittes des BNatSchG in Auftrag zu geben, den man zugleich neben den gesetzlichen Inhalten programmatisch auf konkrete Aufgabenstellungen ausrichtet (zum Beispiel „Landschaftsplan Beispielstadt – Handlungsgrundlage für die Lokale Agenda 21" oder „Landschaftsrahmenplan Musterkreis mit Planung eines Naturparks").

Vor dem Hintergrund der Entwicklung in der Informationstechnik ist absehbar, dass räumliche Planung und damit auch Landschaftsplanung viel von ihrer aktuellen Statik verliert. Es wird daher zukünftig viel leichter möglich sein, statt einzelnen GIS-gestützten Planungen in mehrjährigen Abständen eine Laufendhaltung der Planung oder zumindest der Planungsgrundlagen zu erreichen (**Landschafts(plan)informationssysteme**). Ließe sich die Umweltbeobachtung durch die Einbindung in die laufende Landschaftsplanung auf den verschiedenen Planungs- und damit Betrachtungsebenen nicht anwendungsbezogener und effektiver einführen?

Die Zukunft der Landschaftsplanung ist daher eng mit der Grundsatzfrage verknüpft, inwieweit die bestehenden Chancen, die die Landschaftsplanung bietet, tatsächlich ausgeschöpft werden, anstatt in geradezu inflationärer Weise ständig neue Instrumente zu kreieren und dadurch den entscheidenden Ansatz der Ganzheitlichkeit der auf den unterschiedlichen Ebenen jeweils flächendeckenden Landschaftsplanung im Sinne einer zentralen umfassenden naturschutzfachlichen Teilkoordination zu unterlaufen.

Anhang

Synopse zwischen dem
Bundesnaturschutzgesetz
in der Fassung der Bekanntmachung vom 21. September 1998
(BGBl. I S. 2994)

und dem neuen Bundesnaturschutzgesetz
(Art. 1 des Bundesnaturschutzneuregelungsgesetzes, das am 1. Februar 2002 beschlossen wurde)

hinsichtlich der maßgeblichen Bestimmungen zur Landschaftsplanung
Zusammenstellung: Horst Lange, 8. Februar 2002

BNatSchG alt:	**BNatSchG neu:**
Gesetz über Naturschutz und Landschaftspflege (Bundesnaturschutzgesetz – BNatSchG)	Gesetz über Naturschutz und Landschaftspflege (Bundesnaturschutzgesetz – BNatSchG)
Erster Abschnitt **Allgemeine Vorschriften**	**Abschnitt 1** **Allgemeine Vorschriften**
§ 1 **Ziele des Naturschutzes und der Landschaftspflege**	**§ 1** **Ziele des Naturschutzes und der Landschaftspflege**
(1) Natur und Landschaft sind im besiedelten und unbesiedelten Bereich so zu schützen, zu pflegen und zu entwickeln, dass	Natur und Landschaft sind auf Grund ihres eigenen Wertes und als Lebensgrundlage des Menschen auch in Verantwortung für die künftigen Generationen im besiedelten und unbesiedelten Bereich so zu schützen, zu pflegen, zu entwickeln und, soweit erforderlich, wiederherzustellen, dass
1. die Leistungsfähigkeit des Naturhaushalts,	1. die Leistungs- und Funktionsfähigkeit des Naturhaushalts,
2. die Nutzungsfähigkeit der Naturgüter,	2. die Regenerationsfähigkeit und nachhaltige Nutzungsfähigkeit der Naturgüter,
3. die Pflanzen- und Tierwelt sowie	3. die Tier- und Pflanzenwelt einschließlich ihrer Lebensstätten und Lebensräume sowie
4. die Vielfalt, Eigenart und Schönheit von Natur und Landschaft	4. die Vielfalt, Eigenart und Schönheit sowie der Erholungswert von Natur und Landschaft auf Dauer gesichert sind.
als Lebensgrundlagen des Menschen und als Voraussetzung für seine Erholung in Natur und Landschaft nachhaltig gesichert sind.	

Anmerkungen:
Bis auf die Reihenfolge der Grundsätze in § 2 im BNatSchG neu sind in beiden Spalten die Chronologien beider Gesetzesfassungen beachtet worden. Um ausgehend von der alten Fassung unmittelbar die Neufassung ersehen zu können, sind bestimmte Textpassagen im BNatSchG neu zusätzlich vorab oder wiederholt dem BNatSchG alt gegenüber gestellt worden. Diese mehrfach zitierten Textstellen stehen in *Kursivdruck*!
Sind lediglich geringfügige Änderungen oder Anpassungen der Verweise innerhalb des neuen BNatSchG erfolgt, werden diese durch Unterstreichung hervorgehoben.

BNatSchG alt:

(2) Die sich aus Absatz 1 ergebenden Anforderungen sind untereinander und gegen die sonstigen Anforderungen an Natur und Landschaft abzuwägen.

§ 2
Grundsätze des Naturschutzes und der Landschaftspflege

(1) Die Ziele des Naturschutzes und der Landschaftspflege sind insbesondere nach Maßgabe folgender Grundsätze zu verwirklichen, soweit es im Einzelfall zur Verwirklichung erforderlich, möglich und unter Abwägung aller Anforderungen nach § 1 Abs. 2 angemessen ist:

1. Die Leistungsfähigkeit des Naturhaushalts ist zu erhalten und zu verbessern; Beeinträchtigungen sind zu unterlassen oder auszugleichen.

2. Unbebaute Bereiche sind als Voraussetzung für die Leistungsfähigkeit des Naturhaushalts, die Nutzung der Naturgüter und für die Erholung in Natur und Landschaft insgesamt und auch im einzelnen in für ihre Funktionsfähigkeit genügender Größe zu erhalten.

In besiedelten Bereichen sind Teile von Natur und Landschaft, auch begrünte Flächen und deren Bestände, in besonderem Maße zu schützen, zu pflegen und zu entwickeln.

3. Die Naturgüter sind, soweit sie sich nicht erneuern, sparsam zu nutzen; der Verbrauch der sich erneuernden Naturgüter ist so zu steuern, dass sie nachhaltig zur Verfügung stehen.

BNatSchG neu:

§ 2 (1) Die Ziele des Naturschutzes und der Landschaftspflege sind insbesondere nach Maßgabe folgender Grundsätze zu verwirklichen, soweit es im Einzelfall zur Verwirklichung erforderlich, möglich und unter Abwägung aller sich aus den Zielen nach § 1 ergebenden Anforderungen untereinander und gegen die sonstigen Anforderungen der Allgemeinheit an Natur und Landschaft angemessen ist: ...

§ 2
Grundsätze des Naturschutzes und der Landschaftspflege

(1) Die Ziele des Naturschutzes und der Landschaftspflege sind insbesondere nach Maßgabe folgender Grundsätze zu verwirklichen, soweit es im Einzelfall zur Verwirklichung erforderlich, möglich und unter Abwägung aller sich aus den Zielen nach § 1 ergebenden Anforderungen untereinander und gegen die sonstigen Anforderungen der Allgemeinheit an Natur und Landschaft angemessen ist:

1. Der Naturhaushalt ist in seinen räumlich abgrenzbaren Teilen so zu sichern, dass die den Standort prägenden biologischen Funktionen, Stoff- und Energieflüsse sowie landschaftlichen Strukturen erhalten, entwickelt oder wiederhergestellt werden.

11. Unbebaute Bereiche sind wegen ihrer Bedeutung für den Naturhaushalt und für die Erholung insgesamt und auch im Einzelnen in der dafür erforderlichen Größe und Beschaffenheit zu erhalten. Nicht mehr benötigte versiegelte Flächen sind zu renaturieren oder, soweit eine Entsiegelung nicht möglich oder nicht zumutbar ist, der natürlichen Entwicklung zu überlassen.

10. Auch im besiedelten Bereich sind noch vorhandene Naturbestände, wie Wald, Hecken, Wegraine, Saumbiotope, Bachläufe, Weiher sowie sonstige ökologisch bedeutsame Kleinstrukturen zu erhalten und zu entwickeln.

2. Die Naturgüter sind, soweit sie sich nicht erneuern, sparsam und schonend zu nutzen. Der Nutzung sich erneuernder Naturgüter kommt besondere Bedeutung zu; sie dürfen nur so genutzt werden, dass sie nachhaltig zur Verfügung stehen.

BNatSchG alt:	BNatSchG neu:

4. Boden ist zu erhalten; ein Verlust seiner natürlichen Fruchtbarkeit ist zu vermeiden.

3. Böden sind so zu erhalten, dass sie ihre Funktionen im Naturhaushalt erfüllen können. Natürliche oder von Natur aus geschlossene Pflanzendecken sowie die Ufervegetation sind zu sichern. Für nicht land- oder forstwirtschaftlich oder gärtnerisch genutzte Böden, deren Pflanzendecke beseitigt worden ist, ist eine standortgerechte Vegetationsentwicklung zu ermöglichen. Bodenerosionen sind zu vermeiden.

5. Beim Abbau von Bodenschätzen ist die Vernichtung wertvoller Landschaftsteile oder Landschaftsbestandteile zu vermeiden; dauernde Schäden des Naturhaushalts sind zu verhüten. Unvermeidbare Beeinträchtigungen von Natur und Landschaft durch die Aufsuchung und Gewinnung von Bodenschätzen und durch Aufschüttung sind durch Rekultivierung oder naturnahe Gestaltung auszugleichen.

7. Beim Aufsuchen und bei der Gewinnung von Bodenschätzen, bei Abgrabungen und Aufschüttungen sind dauernde Schäden des Naturhaushalts und Zerstörungen wertvoller Landschaftsteile zu vermeiden. Unvermeidbare Beeinträchtigungen von Natur und Landschaft sind insbesondere durch Förderung natürlicher Sukzession, Renaturierung, naturnahe Gestaltung, Wiedernutzbarmachung oder Rekultivierung auszugleichen oder zu mindern.

6. Wasserflächen sind auch durch Maßnahmen des Naturschutzes und der Landschaftspflege zu erhalten und zu vermehren; Gewässer sind vor Verunreinigungen zu schützen, ihre natürliche Selbstreinigungskraft ist zu erhalten oder wiederherzustellen; nach Möglichkeit ist ein rein technischer Ausbau von Gewässern zu vermeiden und durch biologische Wasserbaumaßnahmen zu ersetzen.

4. Natürliche und naturnahe Gewässer sowie deren Uferzonen und natürliche Rückhalteflächen sind zu erhalten, zu entwickeln oder wiederherzustellen. Änderungen des Grundwasserspiegels, die zu einer Zerstörung oder nachhaltigen Beeinträchtigung schutzwürdiger Biotope führen können, sind zu vermeiden; unvermeidbare Beeinträchtigungen sind auszugleichen. Ein Ausbau von Gewässern soll so naturnah wie möglich erfolgen.

7. Luftverunreinigungen und Lärmeinwirkungen sind auch durch Maßnahmen des Naturschutzes und der Landschaftspflege gering zu halten.

5. Schädliche Umwelteinwirkungen sind auch durch Maßnahmen des Naturschutzes und der Landschaftspflege gering zu halten; empfindliche Bestandteile des Naturhaushalts dürfen nicht nachhaltig geschädigt werden.

8. Beeinträchtigungen des Klimas, insbesondere des örtlichen Klimas, sind zu vermeiden, unvermeidbare Beeinträchtigungen sind auch durch landschaftspflegerische Maßnahmen auszugleichen oder zu mindern.

6. Beeinträchtigungen des Klimas sind zu vermeiden; hierbei kommt dem Aufbau einer nachhaltigen Energieversorgung insbesondere durch zunehmende Nutzung erneuerbarer Energien besondere Bedeutung zu. Auf den Schutz und die Verbesserung des Klimas, einschließlich des örtlichen Klimas, ist auch durch Maßnahmen des Naturschutzes und der Landschaftspflege hinzuwirken. Wald und sonstige Gebiete mit günstiger klimatischer Wirkung sowie Luftaustauschbahnen sind zu erhalten, zu entwickeln oder wiederherzustellen.

BNatSchG alt:

9. Die Vegetation ist im Rahmen einer ordnungsgemäßen Nutzung zu sichern, dies gilt insbesondere für Wald, sonstige geschlossene Pflanzendecken und die Ufervegetation; unbebaute Flächen, deren Pflanzendecke beseitigt worden ist, sind wieder standortgerecht zu begrünen.

10. Die wildlebenden Tiere und Pflanzen und ihre Lebensgemeinschaften sind als Teil des Naturhaushalts in ihrer natürlichen und historisch gewachsenen Artenvielfalt zu schützen. Ihre Lebensstätten und Lebensräume (Biotope) sowie ihre sonstigen Lebensbedingungen sind zu schützen, zu pflegen, zu entwickeln und wiederherzustellen.

11. Für Naherholung, Ferienerholung und sonstige Freizeitgestaltung sind in ausreichendem Maße nach ihrer natürlichen Beschaffenheit und Lage geeignete Flächen zu erschließen, zweckentsprechend zu gestalten und zu erhalten.

12. Der Zugang zu Landschaftsteilen, die sich nach ihrer Beschaffenheit für die Erholung der Bevölkerung besonders eignen, ist zu erleichtern.

13. Historische Kulturlandschaften und -landschaftsteile von besonders charakteristischer Eigenart sind zu erhalten. Dies gilt auch für die Umgebung geschützter oder schützenswerter Kultur-, Bau- und Bodendenkmäler, sofern dies für die Erhaltung der Eigenart oder Schönheit des Denkmals erforderlich ist.

BNatSchG neu:

3. ... *Natürliche oder von Natur aus geschlossene Pflanzendecken sowie die Ufervegetation sind zu sichern. Für nicht land- oder forstwirtschaftlich oder gärtnerisch genutzte Böden, deren Pflanzendecke beseitigt worden ist, ist eine standortgerechte Vegetationsentwicklung zu ermöglichen. ...*

9. Die wild lebenden Tiere und Pflanzen und ihre Lebensgemeinschaften sind als Teil des Naturhaushalts in ihrer natürlichen und historisch gewachsenen Artenvielfalt zu schützen. Ihre Biotope und ihre sonstigen Lebensbedingungen sind zu schützen, zu pflegen, zu entwickeln oder wiederherzustellen.

13. Die Landschaft ist in ihrer Vielfalt, Eigenart und Schönheit auch wegen ihrer Bedeutung als Erlebnis- und Erholungsraum des Menschen zu sichern. Ihre charakteristischen Strukturen und Elemente sind zu erhalten oder zu entwickeln. Beeinträchtigungen des Erlebnis- und Erholungswerts der Landschaft sind zu vermeiden. Zum Zwecke der Erholung sind nach ihrer Beschaffenheit und Lage geeignete Flächen zu schützen und, wo notwendig, zu pflegen, zu gestalten und zugänglich zu machen. Vor allem im siedlungsnahen Bereich sind ausreichende Flächen für die Erholung bereitzustellen. Zur Erholung im Sinne des Satzes 4 gehören auch die natur- und landschaftsverträgliche sportliche Betätigung in der freien Natur.

13. ... *Zum Zwecke der Erholung sind nach ihrer Beschaffenheit und Lage geeignete Flächen zu schützen und, wo notwendig, zu pflegen, zu gestalten und zugänglich zu machen. ...*

14. Historische Kulturlandschaften und -landschaftsteile von besonderer Eigenart, einschließlich solcher von besonderer Bedeutung für die Eigenart und Schönheit geschützter oder schützenswerter Kultur-, Bau- und Bodendenkmäler, sind zu erhalten.

12. Bei der Planung von ortsfesten baulichen Anlagen, Verkehrswegen, Energieleitungen und ähnlichen Vorhaben sind die natürlichen Landschaftsstrukturen zu berücksichtigen. Verkehrswege, Energieleitungen und ähnliche Vorhaben sollen so zusammengefasst

BNatSchG alt:

BNatSchG neu:

werden, dass die Zerschneidung und der Verbrauch von Landschaft so gering wie möglich gehalten werden.

15. Das allgemeine Verständnis für die Ziele und Aufgaben des Naturschutzes und der Landschaftspflege ist mit geeigneten Mitteln zu fördern. Bei Maßnahmen des Naturschutzes und der Landschaftspflege ist ein frühzeitiger Informationsaustausch mit Betroffenen und der interessierten Öffentlichkeit zu gewährleisten.

(3) Bund und Länder unterstützen die internationalen Bemühungen und die Verwirklichung der Rechtsakte der Europäischen Gemeinschaften auf dem Gebiet des Naturschutzes und der Landschaftspflege. Die Errichtung des Europäischen Netzes „Natura 2000" ist zu fördern. Sein Zusammenhalt ist zu wahren und auch durch die Pflege und Entwicklung eines Biotopverbunds, zu verbessern. Der Erhaltungszustand der Biotope von gemeinschaftlichem Interesse, insbesondere der dem Netz „Natura 2000" angehörenden Gebiete, der Arten von gemeinschaftlichem Interesse und der europäischen Vogelarten ist zu überwachen. Die besonderen Funktionen der Gebiete von gemeinschaftlicher Bedeutung und der Europäischen Vogelschutzgebiete innerhalb des Netzes „Natura 2000" sind zu erhalten und bei unvermeidbaren Beeinträchtigungen, soweit wie möglich, wiederherzustellen.

(2) Durch Landesrecht können weitere Grundsätze aufgestellt werden.

(3) Bei Maßnahmen des Naturschutzes und der Landschaftspflege ist die besondere Bedeutung der Land-, Forst- und Fischereiwirtschaft für die Erhaltung der Kultur- und Erholungslandschaft zu berücksichtigen.

(3) Die Länder können die Grundsätze ergänzen und weitere Grundsätze aufstellen.

[unverändert (§ 5 Abs. 1)]

[§§ 3 bis 4]

§ 3
Biotopverbund

(1) Die Länder schaffen ein Netz verbundener Biotope (Biotopverbund), das mindestens 10% der Landesfläche umfassen soll. Der Biotopverbund soll länderübergreifend erfolgen. Die Länder stimmen sich hierzu untereinander ab.

(2) Der Biotopverbund dient der nachhaltigen Sicherung von heimischen Tier- und Pflanzenarten und deren Populationen einschließlich ihrer

BNatSchG alt:	BNatSchG neu:
	Lebensräume und Lebensgemeinschaften, sowie der Bewahrung, Wiederherstellung und Entwicklung funktionsfähiger ökologischer Wechselbeziehungen.
	(3) Der Biotopverbund besteht aus Kernflächen, Verbindungsflächen und Verbindungselementen. Bestandteile des Biotopverbunds sind:

(3) Der Biotopverbund besteht aus Kernflächen, Verbindungsflächen und Verbindungselementen. Bestandteile des Biotopverbunds sind:

1. festgesetzte Nationalparke,
2. im Rahmen des § 30 gesetzlich geschützte Biotope,
3. Naturschutzgebiete, Gebiete im Sinne des § 32 und Biosphärenreservate oder Teile dieser Gebiete,
4. weitere Flächen und Elemente, einschließlich Teilen von Landschaftsschutzgebieten und Naturparken,

wenn sie zur Erreichung des in Absatz 2 genannten Zieles geeignet sind.

(4) Die erforderlichen Kernflächen, Verbindungsflächen und Verbindungselemente sind durch Ausweisung geeigneter Gebiete im Sinne des § 22 Abs. 1, durch planungsrechtliche Festlegungen, durch langfristige Vereinbarungen (Vertragsnaturschutz) oder andere geeignete Maßnahmen rechtlich zu sichern, um einen Biotopverbund dauerhaft zu gewährleisten.

[§§ 4 bis 11]

| Zweiter Abschnitt | Abschnitt 2 |
| Landschaftsplanung | Umweltbeobachtung, Landschaftsplanung |

§ 12
Umweltbeobachtung

(1) Die Umweltbeobachtung ist Aufgabe des Bundes und der Länder im Rahmen ihrer Zuständigkeiten.

(2) Zweck der Umweltbeobachtung ist es, den Zustand des Naturhaushalts und seine Veränderungen, die Folgen solcher Veränderungen, die Einwirkungen auf den Naturhaushalt und die Wirkungen von Umweltschutzmaßnahmen auf den Zustand des Naturhaushalts zu ermitteln, auszuwerten und zu bewerten.

(3) Bund und Länder unterstützen sich gegenseitig bei der Umweltbeobachtung. Sie sollen ihre Maßnahmen der Umweltbeobachtung nach Absatz 2 aufeinander abstimmen.

BNatSchG alt:	BNatSchG neu:

BNatSchG neu:

(4) Die Rechtsvorschriften über Geheimhaltung und Datenschutz bleiben unberührt.

(5) Die Länder können für ihren Bereich weitere Vorschriften erlassen.

§ 13
Aufgaben der Landschaftsplanung

(1) Landschaftsplanung hat die Aufgabe, die Erfordernisse und Maßnahmen des Naturschutzes und der Landschaftspflege für den jeweiligen Planungsraum darzustellen und zu begründen. Sie dient der Verwirklichung der Ziele und Grundsätze des Naturschutzes und der Landschaftspflege auch in den Planungen und Verwaltungsverfahren, deren Entscheidungen sich auf Natur und Landschaft auswirken können.

(2) Die Länder erlassen Vorschriften über die Landschaftsplanung und das dabei anzuwendende Verfahren nach Maßgabe der §§ 13 bis 17.

§ 14
Inhalte der Landschaftsplanung

(1) Die Erfordernisse und Maßnahmen des Naturschutzes und der Landschaftspflege sind in Landschaftsprogrammen oder in Landschaftsrahmenplänen sowie in Landschaftsplänen darzustellen. Die Pläne sollen Angaben enthalten über

1. den vorhandenen und den zu erwartenden Zustand von Natur und Landschaft,
2. die konkretisierten Ziele und Grundsätze des Naturschutzes und der Landschaftspflege,
3. die Beurteilung des vorhandenen und zu erwartenden Zustands von Natur und Landschaft nach Maßgabe dieser Ziele und Grundsätze, einschließlich der sich daraus ergebenden Konflikte,
4. die Erfordernisse und Maßnahmen
   a) zur Vermeidung, Minderung oder Beseitigung von Beeinträchtigungen von Natur und Landschaft,
   b) zum Schutz, zur Pflege und zur Entwicklung bestimmter Teile von Natur und Landschaft im Sinne des Abschnitts 4 sowie der Biotope und Lebensgemeinschaften der Tiere und Pflanzen wild lebender Arten,
   c) auf Flächen, die wegen ihres Zustands, ihrer Lage oder ihrer natürlichen Entwicklungsmöglichkeiten für künftige Maßnahmen des Naturschutzes und der Land-

BNatSchG alt:

BNatSchG neu:

schaftspflege oder zum Aufbau eines Biotopverbunds besonders geeignet sind,

d) zum Aufbau und Schutz des Europäischen ökologischen Netzes „Natura 2000",

e) zum Schutz, zur Verbesserung der Qualität und zur Regeneration von Böden, Gewässern, Luft und Klima,

f) zur Erhaltung und Entwicklung von Vielfalt, Eigenart und Schönheit von Natur und Landschaft, auch als Erlebnis- und Erholungsraum des Menschen.

Auf die Verwertbarkeit der Darstellungen der Landschaftsplanung für die Raumordnungspläne und Bauleitpläne ist Rücksicht zu nehmen.

(2) In Planungen und Verwaltungsverfahren sind die Inhalte der Landschaftsplanung zu berücksichtigen. Insbesondere sind die Inhalte der Landschaftsplanung für die Beurteilung der Umweltverträglichkeit und der Verträglichkeit im Sinne des § 34 Abs. 1 heranzuziehen. Soweit den Inhalten der Landschaftsplanung in den Entscheidungen nicht Rechnung getragen werden kann, ist dies zu begründen.

§ 5
Landschaftsprogramme und
Landschaftsrahmenpläne

(1) Die überörtlichen Erfordernisse und Maßnahmen zur Verwirklichung der Ziele von Naturschutz und Landschaftspflege werden für den Bereich eines Landes in Landschaftsprogrammen oder für Teile des Landes in Landschaftsrahmenplänen dargestellt. Dabei sind die Ziele der Raumordnung zu beachten; die Grundsätze und sonstigen Erfordernisse der Raumordnung sind zu berücksichtigen.

(2) Die raumbedeutsamen Erfordernisse und Maßnahmen zur Verwirklichung der Landschaftsprogramme und Landschaftsrahmenpläne sollen unter Abwägung mit den anderen raumbedeutsamen Planungen und Maßnahmen nach Maßgabe der landesplanungsrechtlichen Vorschriften der Länder in die Raumordnungspläne aufgenommen werden.

(3) Werden in den Ländern Berlin, Bremen oder Hamburg die Erfordernisse und Maßnahmen des Naturschutzes und der Landschaftspflege für den Bereich eines Landes in Landschaftsplänen dargestellt, so ersetzen die Landschaftspläne die Landschaftsprogramme und Landschaftsrahmenpläne.

§ 15
Landschaftsprogramme und
Landschaftsrahmenpläne

(1) Die überörtlichen Erfordernisse und Maßnahmen des Naturschutzes und der Landschaftspflege werden für den Bereich eines Landes im Landschaftsprogramm oder für Teile des Landes in Landschaftsrahmenplänen, die für die gesamte Fläche eines Landes erstellt werden, dargestellt. Dabei sind die Ziele der Raumordnung zu beachten; die Grundsätze und sonstigen Erfordernisse der Raumordnung sind zu berücksichtigen.

(2) Die raumbedeutsamen Erfordernisse und Maßnahmen nach Absatz 1 werden unter Abwägung mit den anderen raumbedeutsamen Planungen und Maßnahmen nach Maßgabe der landesplanungsrechtlichen Vorschriften der Länder in die Raumordnungspläne aufgenommen.

§ 16 (3) Werden in den Ländern Berlin, Bremen und Hamburg die örtlichen Erfordernisse und Maßnahmen des Naturschutzes und der Landschaftspflege im Landschaftsprogramm oder in Landschaftsrahmenplänen dargestellt, so ersetzen diese Pläne die Landschaftspläne.

BNatSchG alt:

§ 6
Landschaftspläne

(1) Die örtlichen Erfordernisse und Maßnahmen zur Verwirklichung der Ziele des Naturschutzes und der Landschaftspflege sind in Landschaftsplänen mit Text, Karte und zusätzlicher Begründung näher darzustellen, sobald und soweit dies aus Gründen des Naturschutzes und der Landschaftspflege erforderlich ist.

(2) Der Landschaftsplan enthält, soweit es erforderlich ist, Darstellungen

1. des vorhandenen Zustandes von Natur und Landschaft und seine Bewertung nach den in § 1 Abs. 1 festgelegten Zielen,

2. des angestrebten Zustandes von Natur und Landschaft und der erforderlichen Maßnahmen, insbesondere
   a) der allgemeinen Schutz-, Pflege- und Entwicklungsmaßnahmen im Sinne des Dritten Abschnittes,
   b) der Maßnahmen zum Schutz, zur Pflege und zur Entwicklung bestimmter Teile von Natur und Landschaft im Sinne des Vierten Abschnittes und
   c) der Maßnahmen zum Schutz und zur Pflege der Lebensgemeinschaften und Biotope der Tiere und Pflanzen wildlebender Arten, insbesondere der besonders geschützten Arten, im Sinne des Fünften Abschnittes.

BNatSchG neu:

§ 16
Landschaftspläne

(1) Die örtlichen Erfordernisse und Maßnahmen des Naturschutzes und der Landschaftspflege sind auf der Grundlage des Landschaftsprogramms oder der Landschaftsrahmenpläne in Landschaftsplänen flächendeckend darzustellen. Die Landschaftspläne sind fortzuschreiben, wenn wesentliche Veränderungen der Landschaft vorgesehen oder zu erwarten sind. Die Ziele der Raumordnung sind zu beachten; die Grundsätze und sonstigen Erfordernisse der Raumordnung sind zu berücksichtigen.

§ 14 d ... Die Pläne [Landschaftsprogramme, Landschaftsrahmenpläne und Landschaftspläne] *sollen Angaben enthalten über*

1. *den vorhandenen und den zu erwartenden Zustand von Natur und Landschaft,*

2. *die konkretisierten Ziele und Grundsätze des Naturschutzes und der Landschaftspflege,*

3. *die Beurteilung des vorhandenen und zu erwartenden Zustands von Natur und Landschaft nach Maßgabe dieser Ziele und Grundsätze, einschließlich der sich daraus ergebenden Konflikte,*

4. *die Erfordernisse und Maßnahmen*

   a) *zur Vermeidung, Minderung oder Beseitigung von Beeinträchtigungen von Natur und Landschaft,*

   b) *zum Schutz, zur Pflege und zur Entwicklung bestimmter Teile von Natur und Landschaft im Sinne des Abschnitts 4*

   sowie der Biotope und Lebensgemeinschaften der Tiere und Pflanzen wild lebender Arten,

   c) *auf Flächen, die wegen ihres Zustands, ihrer Lage oder ihrer natürlichen Entwicklungsmöglichkeiten für künftige Maßnahmen des Naturschutzes und der Landschaftspflege oder zum Aufbau eines Biotopverbunds besonders geeignet sind,*

BNatSchG alt:

BNatSchG neu:

d) zum Aufbau und Schutz des Europä-ischen ökologischen Netzes „Natura 2000",

e) zum Schutz, zur Verbesserung der Quali-tät und zur Regeneration von Böden, Gewässern, Luft und Klima,

f) zur Erhaltung und Entwicklung von Viel-falt, Eigenart und Schönheit von Natur und Landschaft, auch als Erlebnis- und Erholungsraum des Menschen.

(3) Die Ziele der Raumordnung sind zu beach-ten; die Grundsätze und sonstigen Erfordernisse der Raumordnung sind zu berücksichtigen. Auf die Verwertbarkeit des Landschaftsplanes für die Bauleitplanung ist Rücksicht zu nehmen.

§ 14 (1) ... Auf die Verwertbarkeit der Darstellun-gen der Landschaftsplanung für die Raumord-nungspläne und Bauleitpläne ist Rücksicht zu nehmen.

(2) Die Länder regeln die Verbindlichkeit der Landschaftspläne, insbesondere für die Bauleit-planung. Sie können bestimmen, dass Darstel-lungen des Landschaftsplans als Darstellungen oder Festsetzungen in die Bauleitpläne aufge-nommen werden. Sie können darüber hinaus vor-sehen, dass von der Erstellung eines Landschafts-plans in Teilen von Gemeinden abgesehen werden kann, soweit die vorherrschende Nut-zung den Zielen und Grundsätzen des Natur-schutzes und der Landschaftspflege entspricht und dies planungsrechtlich abgesichert ist.

(3) Werden in den Ländern Berlin, Bremen und Hamburg die örtlichen Erfordernisse und Maß-nahmen des Naturschutzes und der Landschafts-pflege im Landschaftsprogramm oder in Land-schaftsrahmenplänen dargestellt, so ersetzen diese Pläne die Landschaftspläne.

(4) Die Länder bestimmen die für die Aufstel-lung der Landschaftspläne zuständigen Behör-den und öffentlichen Stellen. Sie regeln das Ver-fahren und die Verbindlichkeit der Landschaftspläne, insbesondere für die Bauleit-planung. Sie können bestimmen, dass Darstel-lungen des Landschaftsplanes als Darstellungen oder Festsetzungen in die Bauleitplanung aufge-nommen werden.

§ 13 (2) Die Länder erlassen Vorschriften über die Landschaftsplanung [Landschaftsprogramme, Landschaftsrahmenpläne und Landschaftspläne] *und das dabei anzuwendende Verfahren nach Maßgabe der §§ 13 bis 17.*

§ 16 (2) Die Länder regeln die Verbindlichkeit der Landschaftspläne, insbesondere für die Bauleit-planung. Sie können bestimmen, dass Darstellun-gen des Landschaftsplans als Darstellungen oder Festsetzungen in die Bauleitpläne aufgenommen werden. ...

§ 7
Zusammenwirken der Länder bei der Planung

(1) Die Länder sollen bei der Aufstellung der Programme und Pläne der §§ 5 und 6 darauf Rücksicht nehmen, dass die Verwirklichung der

§ 17
Zusammenwirken der Länder bei der Planung

(1) Die Länder sollen bei der Aufstellung der Programme und Pläne nach den §§ 15 und 16 darauf Rücksicht nehmen, dass die Verwirkli-

BNatSchG alt:

Ziele und Grundsätze des Naturschutzes und der Landschaftspflege im Sinn der §§ 1 und 2 in benachbarten Bundesländern und im Bundesgebiet in seiner Gesamtheit nicht erschwert wird.

(2) Ist auf Grund der natürlichen Gegebenheiten eine die Grenze eines Landes überschreitende Planung erforderlich, so sollen die benachbarten Länder bei der Erstellung der Programme und Pläne nach den §§ 5 und 6 die Erfordernisse und Maßnahmen für die betreffenden Gebiete im Benehmen miteinander festlegen.

BNatSchG neu:

chung der Ziele und Grundsätze des Naturschutzes und der Landschaftspflege in benachbarten Ländern und im Bundesgebiet in seiner Gesamtheit sowie die Belange des Naturschutzes und der Landschaftspflege in benachbarten Staaten nicht erschwert werden.

(2) Ist auf Grund der natürlichen Gegebenheiten eine die Grenze eines Landes überschreitende Planung erforderlich, so sollen die benachbarten Länder bei der Erstellung der Programme und Pläne nach den §§ 15 und 16 die Erfordernisse und Maßnahmen für die betreffenden Gebiete im Benehmen miteinander festlegen.

Dritter Abschnitt
Allgemeine Schutz-, Pflege- und Entwicklungsmaßnahmen

§ 8
Eingriffe in Natur und Landschaft

(1) Eingriffe in Natur und Landschaft im Sinne dieses Gesetzes sind Veränderungen der Gestalt oder Nutzung von Grundflächen, die die Leistungsfähigkeit des Naturhaushalts oder das Landschaftsbild erheblich oder nachhaltig beeinträchtigen können.

(2) Der Verursacher eines Eingriffes ist zu verpflichten, vermeidbare Beeinträchtigungen von Natur und Landschaft zu unterlassen sowie unvermeidbare Beeinträchtigungen innerhalb einer zu bestimmenden Frist durch Maßnahmen des Naturschutzes und der Landschaftspflege auszugleichen, soweit es zur Verwirklichung der Ziele des Naturschutzes und der Landschaftspflege erforderlich ist. Voraussetzung einer derartigen Verpflichtung ist, dass für den Eingriff in anderen Rechtsvorschriften eine behördliche Bewilligung, Erlaubnis, Genehmigung, Zustimmung, Planfeststellung, sonstige Entscheidung oder eine Anzeige an eine Behörde vorgeschrieben ist.
Die Verpflichtung wird durch die für die Entscheidung zuständige Behörde ausgesprochen.

Abschnitt 3
Allgemeiner Schutz von Natur und Landschaft

§ 18
Eingriffe in Natur und Landschaft

(1) Eingriffe in Natur und Landschaft im Sinne dieses Gesetzes sind Veränderungen der Gestalt oder Nutzung von Grundflächen oder Veränderungen des mit der belebten Bodenschicht in Verbindung stehenden Grundwasserspiegels, die die Leistungs- und Funktionsfähigkeit des Naturhaushalts oder das Landschaftsbild erheblich beeinträchtigen können.
§ 19 (1) Der Verursacher eines Eingriffs ist zu verpflichten, vermeidbare Beeinträchtigungen von Natur und Landschaft zu unterlassen.
(2) Der Verursacher ist zu verpflichten, unvermeidbare Beeinträchtigungen durch Maßnahmen des Naturschutzes und der Landschaftspflege vorrangig auszugleichen (Ausgleichsmaßnahmen) …
§ 20 (1) Voraussetzung für die Verpflichtung nach § 19 ist, dass der Eingriff einer behördlichen Entscheidung oder einer Anzeige an eine Behörde bedarf oder von einer Behörde durchgeführt wird.

§ 20 (2) Die für die Entscheidung, die Entgegennahme einer Anzeige oder die Durchführung eines Eingriffs zuständige Behörde trifft zugleich die Entscheidungen nach § 19 im Benehmen mit der für Naturschutz und Landschaftspflege zuständigen Behörde, soweit nicht eine weitergehende Form der Mitwirkung vorgeschrieben ist oder die für Naturschutz und Landschaftspflege zuständige Behörde selbst entscheidet.

BNatSchG alt:

Ausgeglichen ist ein Eingriff, wenn nach seiner Beendigung keine erhebliche oder nachhaltige Beeinträchtigung des Naturhaushalts zurückbleibt und das Landschaftsbild landschaftsgerecht wiederhergestellt oder neu gestaltet ist.

(3) Der Eingriff ist zu untersagen, wenn die Beeinträchtigungen nicht zu vermeiden oder nicht im erforderlichen Maße auszugleichen sind und die Belange des Naturschutzes und der Landschaftspflege bei der Abwägung aller Anforderungen an Natur und Landschaft im Range vorgehen.

(4) Bei einem Eingriff in Natur und Landschaft, der auf Grund eines nach öffentlichem Recht vorgesehenen Fachplanes vorgenommen werden soll, hat der Planungsträger die zum Ausgleich dieses Eingriffs erforderlichen Maßnahmen des Naturschutzes und der Landschaftspflege im einzelnen im Fachplan oder in einem landschaftspflegerischen Begleitplan in Text und Karte darzustellen; der Begleitplan ist Bestandteil des Fachplanes.

(5) Die Entscheidungen und Maßnahmen werden im Benehmen mit den für Naturschutz und Landschaftspflege zuständigen Behörden getroffen, so weit nicht eine weitergehende Form der Beteiligung vorgeschrieben ist oder die für Naturschutz und Landschaftspflege zuständigen Behörden selbst entscheiden. Dies gilt nicht für Entscheidungen, die auf Grund eines Bebauungsplanes getroffen werden.

(6) Bei Eingriffen in Natur und Landschaft durch Behörden, denen keine behördliche Entscheidung nach Absatz 2 vorausgeht, gelten die Absätze 2 bis 5 entsprechend.

(7) Die land-, forst- und fischereiwirtschaftliche Bodennutzung ist nicht als Eingriff anzusehen, soweit dabei die Ziele und Grundsätze des Naturschutzes und der Landschaftspflege berücksichtigt werden. Die den Vorschriften des Rechts der Land- und Forstwirtschaft einschließlich des Rechts der Binnenfischerei und § 17 Abs. 2 des Bundes-Bodenschutzgesetzes entspre-

BNatSchG neu:

§19 (2) … Ausgeglichen ist eine Beeinträchtigung, wenn und sobald die beeinträchtigten Funktionen des Naturhaushalts wieder hergestellt sind und das Landschaftsbild landschaftsgerecht wiederhergestellt oder neu gestaltet ist. …

§ 19 (3) Der Eingriff darf nicht zugelassen oder durchgeführt werden, wenn die Beeinträchtigungen nicht zu vermeiden oder nicht in angemessener Frist auszugleichen oder in sonstiger Weise zu kompensieren sind und die Belange des Naturschutzes und der Landschaftspflege bei der Abwägung aller Anforderungen an Natur und Landschaft anderen Belangen im Range vorgehen. Werden als Folge des Eingriffs Biotope zerstört, die für dort wild lebende Tiere und wild wachsende Pflanzen der streng geschützten Arten nicht ersetzbar sind, ist der Eingriff nur zulässig, wenn er aus zwingenden Gründen des überwiegenden öffentlichen Interesses gerechtfertigt ist.

§ 20 (4) Bei einem Eingriff, der auf Grund eines nach öffentlichem Recht vorgesehenen Fachplans vorgenommen werden soll, hat der Planungsträger die zur Vermeidung, zum Ausgleich und zur Kompensation in sonstiger Weise nach § 19 erforderlichen Maßnahmen im Fachplan oder in einem landschaftspflegerischen Begleitplan in Text und Karte darzustellen. Der Begleitplan ist Bestandteil des Fachplans.

§ 20 (2) Die für die Entscheidung, die Entgegennahme einer Anzeige oder die Durchführung eines Eingriffs zuständige Behörde trifft zugleich die Entscheidungen nach § 19 im Benehmen mit der für Naturschutz und Landschaftspflege zuständigen Behörde, soweit nicht eine weitergehende Form der Mitwirkung vorgeschrieben ist oder die für Naturschutz und Landschaftspflege zuständige Behörde selbst entscheidet.

§ 20 (1) Voraussetzung für die Verpflichtung nach § 19 ist, dass der Eingriff einer behördlichen Entscheidung oder einer Anzeige an eine Behörde bedarf oder von einer Behörde durchgeführt wird.

(2) Die land-, forst- und fischereiwirtschaftliche Bodennutzung ist nicht als Eingriff anzusehen, soweit dabei die Ziele und Grundsätze des Naturschutzes und der Landschaftspflege berücksichtigt werden. Die den in § 5 Abs. 4 bis 6 genannten Anforderungen sowie den Regeln der guten fachlichen Praxis, die sich aus dem Recht der Land-, Forst- und Fischereiwirtschaft erge-

BNatSchG alt:

chende gute fachliche Praxis bei der land-, forst- und fischereilichen Bodennutzung widerspricht in der Regel nicht den in Satz 1 genannten Zielen und Grundsätzen.

Nicht als Eingriff gilt auch die Wiederaufnahme einer land-, forst- oder fischereiwirtschaftlichen Bodennutzung, die auf Grund vertraglicher Vereinbarungen zeitweise eingeschränkt oder unterbrochen worden war.

(8) Die Länder können bestimmen, dass Veränderungen der Gestalt oder Nutzung von Grundflächen bestimmter Art, die im Regelfall nicht zu einer erheblichen oder nachhaltigen Beeinträchtigung der Leistungsfähigkeit des Naturhaushalts oder des Landschaftsbildes führen, nicht als Eingriffe anzusehen sind. Sie können gleichfalls bestimmen, dass Veränderungen bestimmter Art als Eingriffe gelten, wenn sie regelmäßig die Voraussetzungen des Absatzes 1 erfüllen.

(9) Die Länder können zu den Absätzen 2 und 3 weitergehende Vorschriften erlassen, insbesondere über Ersatzmaßnahmen der Verursacher bei nicht ausgleichbaren aber vorrangigen Eingriffen.

(10) Handelt es sich bei dem Eingriff um ein Vorhaben, das nach § 3 des Gesetzes über die Umweltverträglichkeitsprüfung einer Umweltverträglichkeitsprüfung unterliegt, so muss das Verfahren, in dem Entscheidungen nach Absatz 2 Satz 1, Absatz 3 oder auf Grund von Vorschriften nach Absatz 9 getroffen werden, den Anforderungen des genannten Gesetzes entsprechen.

BNatSchG neu:

ben, entsprechende land-, forst und fischereiwirtschaftliche Bodennutzung widerspricht in der Regel nicht den in Satz 1 genannten Zielen und Grundsätzen.

(3) Nicht als Eingriff gilt die Wiederaufnahme einer land-, forst- und fischereiwirtschaftlichen Bodennutzung, die auf Grund vertraglicher Vereinbarungen oder auf Grund der Teilnahme an öffentlichen Programmen zur Bewirtschaftungsbeschränkung zeitweise eingeschränkt oder unterbrochen war. Dies gilt, soweit die land-, forst- und fischereiwirtschaftliche Bodennutzung innerhalb einer von den Ländern zu regelnden angemessenen Frist nach Auslaufen der Bewirtschaftungsbeschränkungen wieder aufgenommen wird.

(4) Die Länder können zu den Absätzen 1 bis 3 nähere Vorschriften erlassen. Sie können bestimmen, dass in Absatz 1 genannte Veränderungen bestimmter Art, die im Regelfall nicht zu einer Beeinträchtigung der Leistungs- und Funktionsfähigkeit des Naturhaushalts oder des Landschaftsbildes führen, nicht als Eingriffe anzusehen sind. Sie können gleichfalls bestimmen, dass Veränderungen bestimmter Art als Eingriffe gelten, wenn sie regelmäßig die Voraussetzungen des Absatzes 1 erfüllen.

(5) Die Länder erlassen weitere Vorschriften nach Maßgabe der §§ 19 und 20 sowie zur Sicherung der Durchführung der im Rahmen des § 19 zu treffenden Maßnahmen. Schutzvorschriften über geschützte Teile von Natur und Landschaft im Sinne des Abschnitts 4 bleiben unberührt.

§ 20 (5) Handelt es sich bei dem Eingriff um ein Vorhaben, das nach dem Gesetz über die Umweltverträglichkeitsprüfung unterliegt, so muss das Vorhaben, in dem Entscheidungen nach § 19 Abs. 1 bis 3 getroffen werden, den Anforderungen des genannten Gesetzes entsprechen.

§ 19
Verursacherpflichten, Unzulässigkeit von Eingriffen

(1) Der Verursacher eines Eingriffs ist zu verpflichten, vermeidbare Beeinträchtigungen von Natur und Landschaft zu unterlassen.

(2) Der Verursacher ist zu verpflichten, unvermeidbare Beeinträchtigungen durch Maßnahmen des Naturschutzes und der Landschaftspflege vorrangig auszugleichen (Ausgleichsmaßnahmen)

BNatSchG alt:

BNatSchG neu:

oder in sonstiger Weise zu kompensieren (Ersatz-maßnahmen). Ausgeglichen ist eine Beeinträchtigung, wenn und sobald die beeinträchtigten Funktionen des Naturhaushalts wieder hergestellt sind und das Landschaftsbild landschaftsgerecht wiederhergestellt oder neu gestaltet ist. In sonstiger Weise kompensiert ist eine Beeinträchtigung, wenn und sobald die beeinträchtigten Funktionen des Naturhaushalts in gleichwertiger Weise ersetzt sind oder das Landschaftsbild landschaftsgerecht neu gestaltet ist. Bei der Festsetzung von Art und Umfang der Maßnahmen sind die Programme und Pläne nach den §§ 15 und 16 zu berücksichtigen.

(3) Der Eingriff darf nicht zugelassen oder durchgeführt werden, wenn die Beeinträchtigungen nicht zu vermeiden oder nicht in angemessener Frist auszugleichen oder in sonstiger Weise zu kompensieren sind und die Belange des Naturschutzes und der Landschaftspflege bei der Abwägung aller Anforderungen an Natur und Landschaft anderen Belangen im Range vorgehen. Werden als Folge des Eingriffs Biotope zerstört, die für dort wild lebende Tiere und wild wachsende Pflanzen der streng geschützten Arten nicht ersetzbar sind, ist der Eingriff nur zulässig, wenn er aus zwingenden Gründen des überwiegenden öffentlichen Interesses gerechtfertigt ist.

(4) Die Länder können zu den Absätzen 1 bis 3 weitergehende Regelungen erlassen; insbesondere können sie Vorgaben zu Anrechnung von Kompensationsmaßnahmen treffen und vorsehen, dass bei zuzulassenden Eingriffen für nicht ausgleichbare und nicht in sonstiger Weise kompensierbare Beeinträchtigungen Ersatz in Geld zu leisten ist (Ersatzzahlung).

§ 20
Verfahren

(1) Voraussetzung für die Verpflichtung nach § 19 ist, dass der Eingriff einer behördlichen Entscheidung oder einer Anzeige an eine Behörde bedarf oder von einer Behörde durchgeführt wird.

(2) Die für die Entscheidung, die Entgegennahme einer Anzeige oder die Durchführung eines Eingriffs zuständige Behörde trifft zugleich die Entscheidungen nach § 19 im Benehmen mit der für Naturschutz und Landschaftspflege zuständigen Behörde, soweit nicht eine weitergehende Form der Mitwirkung vorgeschrieben ist

BNatSchG alt:

BNatSchG neu:

oder die für Naturschutz und Landschaftspflege zuständige Behörde selbst entscheidet.

(3) Soll bei Eingriffen in Natur und Landschaft, denen Entscheidungen nach § 19 von Behörden des Bundes vorausgehen oder die von Behörden des Bundes durchgeführt werden, von der Stellungnahme der für Naturschutz und Landschaftspflege zuständigen Behörde abgewichen werden, so entscheidet hierüber die fachlich zuständige Behörde des Bundes im Benehmen mit der obersten Landesbehörde für Naturschutz und Landschaftspflege, soweit nicht eine weitergehende Form der Beteiligung vorgesehen ist.

(4) Bei einem Eingriff, der auf Grund eines nach öffentlichem Recht vorgesehenen Fachplans vorgenommen werden soll, hat der Planungsträger die zur Vermeidung, zum Ausgleich und zur Kompensation in sonstiger Weise nach § 19 erforderlichen Maßnahmen im Fachplan oder in einem landschaftspflegerischen Begleitplan in Text und Karte darzustellen. Der Begleitplan ist Bestandteil des Fachplans.

(5) Handelt es sich bei dem Eingriff um ein Vorhaben, das nach dem Gesetz über die Umweltverträglichkeitsprüfung unterliegt, so muss das Vorhaben, in dem Entscheidungen nach § 19 Abs. 1 bis 3 getroffen werden, den Anforderungen des genannten Gesetzes entsprechen.

§ 8a
Verhältnis zum Baurecht

(1) Sind auf Grund der Aufstellung, Änderung, Ergänzung oder Aufhebung von Bauleitplänen oder von Satzungen nach § 34 Abs. 4 Satz 1 Nr. 3 des Baugesetzbuchs Eingriffe in Natur und Landschaft zu erwarten, ist über die Vermeidung, den Ausgleich und Ersatz nach den Vorschriften des Baugesetzbuches zu entscheiden.

(2) Auf Vorhaben in Gebieten mit Bebauungsplänen nach § 30 des Baugesetzbuchs, während der Planaufstellung nach § 33 des Baugesetzbuchs und im Innenbereich nach § 34 des Baugesetzbuchs sind die Vorschriften der Eingriffsregelung nicht anzuwenden; § 29 Abs. 3 des Baugesetzbuchs bleibt unberührt. Für Vorhaben im Außenbereich nach § 35 des Baugesetzbuchs sowie für Bebauungspläne, soweit sie eine Planfeststellung ersetzen, bleibt die Geltung der Vorschriften über die Eingriffsregelung unberührt.

(3) Entscheidungen über Vorhaben nach § 35

§ 21
Verhältnis zum Baurecht

(1) [unverändert]

(2) [unverändert]

… sind die §§ 18 bis 20 nicht anzuwenden; …

(3) [unverändert]

BNatSchG alt:	BNatSchG neu:

Abs. 1 und 4 des Baugesetzbuchs und über die Errichtung von baulichen Anlagen nach § 34 des Baugesetzbuchs ergehen im Benehmen mit den für Naturschutz und Landschaftspflege zuständigen Behörden. Äußert sich in den Fällen des § 34 des Baugesetzbuchs die für Naturschutz und Landschaftspflege zuständige Behörde nicht binnen eines Monats, kann die für die Entscheidung zuständige Behörde davon ausgehen, dass Belange des Naturschutzes und der Landschaftspflege von dem Vorhaben nicht berührt werden. Das Benehmen ist nicht erforderlich bei Vorhaben in Gebieten mit Bebauungsplänen und während der Planaufstellung nach den §§ 30 und 33 des Baugesetzbuchs und in Gebieten mit Satzungen nach § 34 Abs. 4 Satz 1 Nr. 3 des Baugesetzbuchs.

§ 9
Verfahren bei Beteiligung von Behörden des Bundes

Soll bei Eingriffen in Natur und Landschaft, denen Entscheidungen von Behörden des Bundes vorausgehen oder die von Behörden des Bundes durchgeführt werden, von der Stellungnahme der für Naturschutz und Landschaftspflege zuständigen Behörde abgewichen werden, so entscheidet hierüber die fachlich zuständige Behörde des Bundes im Benehmen mit der Obersten Landesbehörde für Naturschutz und Landschaftspflege, soweit nicht eine weitergehende Form der Beteiligung vorgeschrieben ist.

§ 20 (3) [unverändert]
... Entscheidungen nach § 19 von Behörden des Bundes ...

[§§ 10 bis 11]

Vierter Abschnitt
Schutz, Pflege und Entwicklung bestimmter Teile von Natur und Landschaft

[§§ 12 bis 19b]

§ 19c
Verträglichkeit und Unzulässigkeit von Projekten, Ausnahmen

(1) Projekte sind vor ihrer Zulassung oder Durchführung auf ihre Verträglichkeit mit den Erhaltungszielen eines Gebiets von gemeinschaftlicher Bedeutung oder eines Europäischen Vogelschutzgebiets zu überprüfen. Bei Schutzgebieten im Sinne des § 12 Abs. 1 ergeben sich die Maßstäbe für die Verträglichkeit aus dem

Abschnitt 4
Schutz, Pflege und Entwicklung bestimmter Teile von Natur und Landschaft

[§§ 22 bis 33]

§ 34
Verträglichkeit und Unzulässigkeit von Projekten, Ausnahmen

(1) [unverändert]

... des § 22 Abs. 1 ...

BNatSchG alt:

Schutzzweck und den dazu erlassenen Vorschriften.

(2) Ergibt die Prüfung der Verträglichkeit, dass das Projekt zu erheblichen Beeinträchtigungen eines in Absatz 1 genannten Gebiets in seinen für die Erhaltungsziele oder den Schutzzweck maßgeblichen Bestandteilen führen kann, ist es unzulässig.

(3) Abweichend von Absatz 2 darf ein Projekt nur zugelassen oder durchgeführt werden, soweit es

1. aus zwingenden Gründen des überwiegenden öffentlichen Interesses, einschließlich solcher sozialer oder wirtschaftlicher Art, notwendig ist und

2. zumutbare Alternativen, den mit dem Projekt verfolgten Zweck an anderer Stelle ohne oder mit geringeren Beeinträchtigungen zu erreichen, nicht gegeben sind.

(4) Befinden sich in dem vom Projekt betroffenen Gebiet prioritäre Biotope oder prioritäre Arten, können als zwingende Gründe des überwiegenden öffentlichen Interesses nur solche im Zusammenhang mit der Gesundheit des Menschen, der öffentlichen Sicherheit, einschließlich der Landesverteidigung und des Schutzes der Zivilbevölkerung, oder den maßgeblich günstigen Auswirkungen des Projekts auf die Umwelt geltend gemacht werden. Sonstige Gründe im Sinne des Absatzes 3 Nr. 1 können nur berücksichtigt werden, wenn die zuständige Behörde zuvor über das Bundesministerium für Umwelt, Naturschutz und Reaktorsicherheit eine Stellungnahme der Kommission eingeholt hat.

(5) Soll ein Projekt nach Absatz 3 in Verbindung mit Absatz 4 zugelassen oder durchgeführt werden, sind die zur Sicherung des Zusammenhangs des Europäischen ökologischen Netzes „Natura 2000" notwendigen Maßnahmen vorzusehen. Die zuständige Behörde unterrichtet die Kommission über das Bundesministerium für Umwelt, Naturschutz und Reaktorsicherheit über die getroffenen Maßnahmen.

§ 19d
Pläne

§19 c ist entsprechend anzuwenden bei

1. Linienbestimmungen nach § 16 des Bundesfernstraßengesetzes, § 13 des Bundeswasserstraßengesetzes oder § 2 Abs. 1 des Verkehrswegeplanungsbeschleunigungsgesetzes sowie

BNatSchG neu:

(2) [unverändert]

(3) [unverändert]

(4) [unverändert]

(5) Soll ein Projekt nach Absatz 3, auch in Verbindung mit Absatz 4, zugelassen oder durchgeführt werden, sind die zur Sicherung des Zusammenhangs des europäischen Netzes „Natura 2000" notwendigen Maßnahmen vorzusehen. Die zuständige Behörde unterrichtet die Kommission über das Bundesministerium für Umwelt, Naturschutz und Reaktorsicherheit über die getroffenen Maßnahmen.

§ 35
Pläne

[unverändert] § 34 ist ...

BNatSchG alt:	BNatSchG neu:

2. sonstigen Plänen, bei Raumordnungsplänen im Sinne des § 3 Nr. 7 des Raumordnungsgesetzes mit Ausnahme des § 19c Abs. 1 Satz 1. Bei Bauleitplänen und Satzungen nach § 34 Abs. 4 Satz 1 Nr. 3 des Baugesetzbuchs ist § 19c Abs. 1 Satz 2 und Abs. 2 bis 5 entsprechend anzuwenden.

... Ausnahme des § 34 Abs. 1 Satz 1.
... ist § 34 Abs. 1 Satz 2 und Abs. 2 bis 5 entsprechend anzuwenden.

§ 19e
Stoffliche Belastungen

Ist zu erwarten, dass von einer nach dem Bundes-Immissionsschutzgesetz genehmigungsbedürftigen Anlage Emissionen ausgehen, die, auch im Zusammenwirken mit anderen Anlagen oder Maßnahmen, im Einwirkungsbereich dieser Anlage ein Gebiet von gemeinschaftlicher Bedeutung oder ein Europäisches Vogelschutzgebiet in seinen für die Erhaltungsziele oder den Schutzzweck maßgeblichen Bestandteilen erheblich beeinträchtigen, und können die Beeinträchtigungen nicht entsprechend § 8 Abs. 2 ausgeglichen werden, steht dies der Genehmigung der Anlage entgegen, soweit nicht die Voraussetzungen des § 19c Abs. 3 in Verbindung mit Abs. 4 erfüllt sind. § 19c Abs. 1 und 5 gilt entsprechend. Die Entscheidungen ergehen im Benehmen mit der für Naturschutz und Landschaftspflege zuständigen Behörden.

§ 36
Stoffliche Belastungen

[unverändert]

... entsprechend § 19 Abs. 2 ausgeglichen ...

... des § 34 Abs. 3 in ...
... § 34 Abs. 1 und 5 gilt ...

§ 19f
Verhältnis zu anderen Rechtsvorschriften

(1) § 19c gilt nicht für Vorhaben im Sinne des § 29 des Baugesetzbuchs in Gebieten mit Bebauungsplänen nach § 30 des Baugesetzbuchs und während der Planaufstellung nach § 33 des Baugesetzbuchs. Für Vorhaben im Innenbereich nach § 34 des Baugesetzbuchs, im Außenbereich nach § 35 des Baugesetzbuchs sowie für Bebauungspläne, soweit sie eine Planfeststellung ersetzen, bleibt die Geltung des § 19c unberührt.
(2) Für geschützte Teile von Natur und Landschaft und geschützte Biotope im Sinne des § 20c sind die §§ 19c und 19e nur insoweit anzuwenden, als die Schutzvorschriften, einschließlich der Vorschriften über Ausnahmen und Befreiungen, keine strengeren Regelungen für die Zulassung von Projekten enthalten. Die Pflichten nach § 19c Abs. 4 Satz 2 über die Beteiligung der Kommission und nach § 19c Abs. 5 Satz 2 über

§ 37
Verhältnis zu anderen Rechtsvorschriften

(1) [unverändert] § 34 gilt nicht ...

... des § 34 unberührt.
(2) [unverändert]
... im Sinne des § 30 sind die §§ 34 und 36 nur ...

... nach § 34 Abs. 4 Satz 2 über...
... nach § 34 Abs. 5 Satz 2 über ...

BNatSchG alt:	BNatSchG neu:

die Unterrichtung der Kommission bleiben jedoch unberührt.

(3) Handelt es sich bei Projekten um Eingriffe in Natur und Landschaft, bleiben die im Rahmen des § 8 erlassenen Vorschriften der Länder sowie die §§ 8a und 9 unberührt.

(3) [unverändert]

... des § 19 erlassenen Vorschriften der Länder sowie die §§ 20 und 21 unberührt.

[§§ 20 bis 40]

[§§ 38 bis 71]

Literaturverzeichnis

Einführungen und Gesamtdarstellungen

Monografien

Akademie für Raumforschung und Landesplanung (Hrsg) (1991) *Zur geschichtlichen Entwicklung der Raumordnung, Landes- und Regionalplanung in der Bundesrepublik Deutschland*. ARL. Forschungs- und Sitzungsberichte 182. Hannover

Akademie für Raumforschung und Landesplanung (Hrsg) (1995) *Handwörterbuch der Raumordnung*. Hannover

Akademie für Raumforschung und Landesplanung (Hrsg) (1998) *Methoden und Instrumente räumlicher Planung*. Hannover

Alfred Töpfer Akademie für Naturschutz (Hrsg) (1997) *Bewerten im Naturschutz*. Fachtagung der Alfred Töpfer Akademie für Naturschutz vom 20. – 22. November 1996 in Schneverdingen. In: NNA-Berichte, 10. Jahrgang Heft 3

Bayerische Akademie für Naturschutz und Landschaftspflege (Hrsg) (1996) *Landschaftsplanung – Quo vadis? Standortbestimmung und Perspektiven gemeindlicher Landschaftsplanung*. Laufener Seminarbeiträge 6/96

Bayerisches Landesamt für Umweltschutz (Hrsg) (1990) *Merkblätter zur Landschaftspflege und zum Naturschutz. Planungshilfen für die Landschaftsplanung. 3.1 Bodenschutz durch den Landschaftsplan*. München

Bayerisches Landesamt für Umweltschutz (Hrsg) (1994) *Merkblätter zur Landschaftspflege und zum Naturschutz. Planungshilfen für die Landschaftsplanung. 3.2 Arten und Biotopschutz durch den Landschaftsplan*. München

Bayerisches Landesamt für Umweltschutz (Hrsg) (1998) *Merkblätter zur Landschaftspflege und zum Naturschutz. Planungshilfen für die Landschaftsplanung. 3.3 Landschaftsbild im Landschaftsplan*. München

Bayerisches Landesamt für Umweltschutz (Hrsg) (1999) *Merkblätter zur Landschaftspflege und zum Naturschutz. Planungshilfen für die Landschaftsplanung. 3.4 Schutz des Wassers und der Gewässer durch den Landschaftsplan*. München

Bill, R (1996) *Grundlagen der Geo-Informationssysteme. Band 2: Analysen, Anwendungen und neue Entwicklungen*. Heidelberg. Wichmann

Blume, H-P; Felix-Henningsen, P; Fischer, W R, Frede, H-G, Horn, R., Stahr, K (Hrsg) (1998) *Handbuch der Bodenkunde*. Ergänzungslieferung 5. Ecomed. Landsberg am Lech

Buchwald, K; Engelhardt, W (Hrsg) (1980) *Handbuch für Planung, Gestaltung und Schutz der Umwelt. 3. Die Bewertung und Planung der Umwelt*. BLV Verlagsgesellschaft. München, Bern, Wien

Buchwald, K; Engelhardt, W (Hrsg) (1996) *Umweltschutz – Grundlagen und Praxis: Band 2. Bewertung und Planung im Umweltschutz*. Economica Verlag. Bonn

Bundesamt für Naturschutz (Hrsg) (1995) *Systematik der Biotoptypen- und Nutzungstypenkartierung (Kartieranleitung)*. Schriftenreihe für Landschaftspflege und Naturschutz. Heft 45. Bonn

Bundesamt für Naturschutz (Hrsg) (2000) *Stand der Anwendung von Landschaftsanalyse- und Bewertungsmethoden in der Praxis der örtlichen Landschaftsplanung*. BfN-Skripten 19. Bonn

Bundesministerium für Umwelt, Naturschutz und Reaktorsicherheit (Hrsg) (1997) *Landschaftsplanung – Inhalte und Verfahrensweisen*. 3. Auflage. Bonn

Bundesministerium für Umwelt, Naturschutz und Reaktorsicherheit (Hrsg) (1997) *Schritte zu einer nachhaltigen, umweltgerechten Entwicklung*: Berichte der Arbeitskreise anlässlich der Zwischenbilanzveranstaltung am 13.6.1997. Bonn

Bundesverband Beruflicher Naturschutz e.V. (Hrsg) (1999) *Naturschutz zwischen Leitbild und Praxis*. Jahrbuch für Naturschutz und Landschaftspflege Band 50. Bonn

Carlsen, C (Hrsg) (1995) *Naturschutz und Bauen: Eingriffe in Natur und Landschaft und ihr Ausgleich insbesondere in der Bauleitplanung*. Blackwell Wissenschafts-Verlag. Schriftenreihe Natur und Recht Band 2. Berlin

Erdmann, K-H; Spandau, L (Hrsg) (1997) *Naturschutz in Deutschland: Strategien, Lösungen, Perspektiven*. Ulmer. Stuttgart

Ermer, K; Hoff, R; Mohrmann, R (1996) *Landschaftsplanung in der Stadt*. Eugen Ulmer. Stuttgart

Fickert, H C (1991) *Die Bauleitplanung: Grundzüge, Verfahren, Instrumente zu ihrer Sicherung und Durchsetzung*. Verlag Deutsches Volksheimstättenwerk GmbH. Bonn

Fränzle, O; Müller, F; Schröder, W (Hrsg) (1997) *Handbuch der Umweltwissenschaften: Grundlagen und Anwendungen der Ökosystemforschung.* Grundwerk. Ecomed. Landsberg am Lech

Fränzle, O; Müller, F; Schröder, W (Hrsg) (1998) *Handbuch der Umweltwissenschaften: Grundlagen und Anwendungen der Ökosystemforschung. Ergänzungslieferung 1–3.* Ecomed. Landsberg am Lech

Fränzle, O; Müller, F; Schröder, W (Hrsg) (1999) *Handbuch der Umweltwissenschaften: Grundlagen und Anwendungen der Ökosystemforschung. Ergänzungslieferung 4–5.* Ecomed. Landsberg am Lech

Gassner, E (1995) *Das Recht der Landschaft: Gesamtdarstellung für Bund und Länder.* Jedicke, E (Hrsg). Naumann. Radebeul

Gesellschaft für Ökologie (Hrsg) (1996) *Verhandlungen der Gesellschaft für Ökologie.* Jahrestagung 1995 in Dresden/Tharandt. Band 26. Gustav Fischer. Stuttgart, Jena, Lübeck, Ulm

Gesellschaft für Ökologie (Hrsg) (1997) *Verhandlungen der Gesellschaft für Ökologie.* Jahrestagung 1996 in Bonn. Band 27. Gustav Fischer. Stuttgart, Jena, Lübeck, Ulm

Gesellschaft für Ökologie (Hrsg) (1998) *Verhandlungen der Gesellschaft für Ökologie.* Jahrestagung 1997 in Müncheberg. Band 28. Gustav Fischer. Stuttgart, Jena, Lübeck, Ulm

Gesellschaft für Ökologie (Hrsg) (1999) *Verhandlungen der Gesellschaft für Ökologie.* Jahrestagung 1998 in Ulm. Band 29. Spektrum Akademischer Verlag. Heidelberg, Berlin

Grabis, H; Kauther, H; Rabe, K; Steinfort, F (1992) *Bau- und Planungsrecht: Raumordnungs- und Bauplanungsrecht, städtebauliche Sanierung und Entwicklung, Bauordnungsrecht.* 3. Auflage. Kohlhammer. Schriftenreihe Verwaltung in Praxis und Wissenschaft. Band 13. Deutscher Gemeindeverlag. Köln

Graute, U (Hrsg) (1998) *Sustainable development for Central and Eastern Europe: spatial development in the European context.* Central and Eastern European development studies. Springer. Berlin, Heidelberg, New York, Barcelona, Budapest, Hong Kong, London, Milan, Paris, Santa Clara, Singapore, Tokyo

Greiving, S (1995) *Eingriffsregelung und Bauleitplanung: Kommunale Planungspraxis und Handlungsempfehlungen.* In: Institut für Raumplanung (Hrsg) Dortmunder Materialien zur Raumplanung. Dortmunder Vertrieb für Bau- und Planungsliteratur. Dortmund

Gruber, M (1994) *Die kommunalisierte Regionalplanung.* In: Akademie für Raumforschung und Landesplanung (Hrsg). Arbeitsmaterial 208. Hannover

Gunkel, G (Hrsg) (1996) *Renaturierung kleiner Fließgewässer: Ökologische und ingenieurtechnische Grundlagen.* G. Fischer. Jena; Stuttgart

Hangarter, E (1996) *Grundlagen der Bauleitplanung: der Bebauungsplan.* 3. Auflage. Werner. Düsseldorf

Heiland, S (1999) *Voraussetzungen erfolgreichen Naturschutzes: individuelle und gesellschaftliche Bedingungen umweltgerechten Verhaltens, ihre Bedeutung für den Naturschutz und die Durchsetzbarkeit seiner Ziele.* 1. Auflage. Schriftenreihe angewandter Umweltschutz. ecomed Landsberg

Heydemann, B (1997) *Neuer biologischer Atlas: Ökologie für Schleswig-Holstein und Hamburg.* Wachholtz. Neumünster

Institut für Umweltgeschichte und Regionalentwicklung e.V. (Hrsg) (1999) *Landschaft und Planung in den neuen Bundesländern: Rückblicke.* 1. Auflage. Berlin

Jedicke, E (1994) *Biotopverbund: Grundlagen und Maßnahmen einer neuen Naturschutzstrategie.* 2. Auflage. Ulmer. Stuttgart

Jessel, B (1998) *Landschaften als Gegenstand von Planung: theoretische Grundlagen ökologisch orientierten Planens.* Erich Schmidt. Berlin

Kaule, G (1991) *Arten- und Biotopschutz.* 2. Auflage. Ulmer. Stuttgart

Köppel, J; Feickert, U; Spandau, L; Straßer, H (Hrsg) (1998) *Praxis der Eingriffsregelung: Schadenersatz an Natur und Landschaft?* Ulmer. Stuttgart

Konold, W (Hrsg) (1996) *Naturlandschaft – Kulturlandschaft: die Veränderung der Landschaften nach der Nutzbarmachung durch den Menschen.* Ecomed. Landsberg

Küster, H (1995) *Geschichte der Landschaft in Mitteleuropa von der Eiszeit bis zur Gegenwart.* Beck. München

Lachmann, S; Rösel, B (Hrsg) (1998) *Vom Krisenmanagement zum vorsorgenden Umweltschutz.* Sammelband zur Tagung am 4.7.1997 in Halle (Saale). Universitätszentrum für Umweltwissenschaften. Martin-Luther-Universität Halle-Wittenberg. Halle (Saale)

Linckh, G; Sprich, H; Flaig, H; Mohr, H (Hrsg) (1996) *Nachhaltige Land- und Forstwirtschaft: Expertisen.* Veröffentlichungen der Akademie für Technikfolgenabschätzung in Baden-Württemberg. Springer. Berlin, Heidelberg, New York, Barcelona, Budapest, Hongkong, London, Mailand, Paris, Santa Clara, Singapur, Tokio

Mehl, D; Thiele, V (1998) *Fließgewässer- und Talraumtypen des Norddeutschen Tieflandes – am Beispiel der jungglazialen Naturräume Mecklenburg-Vorpommerns.* Parey. Berlin

Planungsgruppe Ökologie und Umwelt; Erbguth, W (1999) *Möglichkeiten der Umsetzung der Eingriffsregelung in der Bauleitplanung: Zusammenwirken von Landschaftsplanung, naturschutzrechtlicher Eingriffsregelung und Bauleitplanung.* Bundesamt für Naturschutz (Hrsg). LV-Druck im Landwirtschaftsverlag GmbH. Münster

Portz, N; Runkel, P (1994) *Baurecht für die kommunale Praxis: Grundzüge des gesamten öffentlichen und privaten Baurechts: Planung, Genehmigung und Auftrags-*

vergabe bei Bau- und Sanierungsvorhaben. 2. Auflage. Erich Schmidt. Berlin

Rabius, E-W; Holz, R (Hrsg) (1993*) Naturschutz in Mecklenburg-Vorpommern*. Demmler. Schwerin

Rödiger-Vorwerk, T (1998) *Die Fauna-Flora-Habitat-Richtlinie der Europäischen Union und ihre Umsetzung in nationales Recht: Analyse der Richtlinie und Anleitung zu ihrer Anwendung*. Umweltrecht. Band 6. Erich Schmidt. Berlin

Rothenburger, W (1993) *Ökonomie der Landespflege: Betriebswirtschaft- und Organisationslehre für landespflegerische Berufe*. Ulmer. Stuttgart

Schenk, W; Fehn, K; Denecke, D (Hrsg) (1997) *Kulturlandschaftspflege: Beiträge der Geographie zur räumlichen Planung*. Borntraeger. Stuttgart; Berlin

Schwahn, C (1990) *Landschaftsästhetik als Bewertungsproblem: Zur Problematik der Bewertung ästhetischer Qualität von Landschaft als Entscheidungshilfe bei der Planung von landschaftsverändernden Maßnahmen*. Institut für Grünplanung und Gartenarchitektur, Institut für Landschaftspflege und Naturschutz, Institut für Landesplanung und Raumordnung, Insti-

tut für Freiraumentwicklung und Planungsbezogene Soziologie (Hrsg). Schriftenreihe des Fachbereichs Landespflege der Universität Hannover. Beiträge zur räumlichen Planung. Heft 28.

Steinhardt, U; Volk, M (Hrsg) (1999) *Regionalisierung in der Landschaftsökologie: Forschung – Planung – Praxis*. UFZ – Umweltforschungszentrum Leipzig – Halle GmbH. Teubner. Stuttgart, Leipzig

Theobald, W (Hrsg) (1998) *Integrative Umweltbewertung: Theorie und Beispiele aus der Praxis*. Springer. Berlin, Heidelberg, New York, Barcelona, Budapest, Hongkong, London, Mailand, Paris, Singapur, Tokio

Wegener, U (Hrsg) (1991) *Schutz und Pflege von Lebensräumen: Naturschutzmanagement*. Fischer. Jena

Wenzel, J; Schöbel, S (Hrsg) (2000) *Eingriffe in die kommunale Freiraumplanung*. Selbstverlag. Berlin

Zepp, H; Müller, M J (Hrsg) (1999) *Landschaftsökologische Erfassungsstandards. Ein Methodenbuch*. Forschungen zur Deutschen Landeskunde. Deutsche Akademie für Landeskunde Band 244. Selbstverlag. Flensburg

Periodika

Natur und Landschaft. Zeitschrift für Naturschutz und Landschaftspflege. Insbesondere 75. Jahrgang 2000 Heft 1 und 3. Bundesamt für Naturschutz (Hrsg). Verlag W. Kohlhammer. Stuttgart

Natur und Recht. Zeitschrift für das gesamte Recht zum Schutze der natürlichen Lebensgrundlagen der Umwelt. Insbesondere 22. Jahrgang 2000 Heft 1 und 2. Blackwell Wissenschaftsverlag GmbH. Berlin

Naturschutz und Landschaftsplanung. Zeitschrift für angewandte Ökologie. Insbesondere 32. Jahrgang

4/2000. Bestanddynamik von Heuschrecken in Flussmarschen. Eingriffsregelung konzeptionell vorbereiten. Pufferzone für Heidebiotope. Berufsgruppen in der Landschaftsplanung. Verlag Eugen Ulmer. Stuttgart

Zeitschrift für Kulturtechnik und Landentwicklung. Vol. 41(2): 49–96. März 2000. Frede, H-G; Magel, H; Lecher, K; Scheffer, B (Hrsg). Blackwell Wissenschaftsverlag GmbH. Berlin

Kapitel 1

BBN – Arbeitskreis Landschaftsplanung (1998) *Zur Landschaftsplanung, Teil II:C* (Landschaftsplanung ist zukunftsorientierte Umweltplanung. Positionen zum geplanten Umweltgesetzbuch). Stand 10/98

BBN – Arbeitskreis Landschaftsplanung (2000) *Eckpunkte für die Novellierung der Bestimmungen zur Landschaftsplanung im Bundesnaturschutzgesetz (BNatSchG)* Anlage zu BBN (2000): Anforderungen an die Novellierung des Bundesnaturschutzgesetzes. Positionspapier Mai 2000

Bechmann, A (1999) *Natur- und Umweltschutz im Wandel – der Trend zum handlungsorientierenden Wissensmanagement*. In: Weiland, U (Hrsg) (1999) Perspektiven der Raum- und Umweltplanung angesichts Globalisierung, Europäischer Integration und

Nachhaltiger Entwicklung. Festschrift für Karl-Hermann Hübler. Berlin

Finke, L (1999) *Der mögliche Beitrag der Landschaftsplanung zu einer nachhaltigen Entwicklung*. In: Weiland, U (Hrsg) (1999) Perspektiven der Raum- und Umweltplanung angesichts Globalisierung, Europäischer Integration und Nachhaltiger Entwicklung. Festschrift für Karl-Hermann Hübler. Berlin

Hübler, K-H (1991) *Quo vadis Naturschutz?* In: DNR-Kurier. Heft 2

Hübler, K-H (1997) *Quo vadis Landschaftsplanung?* In: Hanisch, J (Hrsg) (1997*) Beiträge einer aktuellen Theorie der räumlich-ökologischen Planung*. Berlin

Hübler, K-H (1998) *Ein Plädoyer gegen „Opas Landschaftsplanung"*. In: Garten und Landschaft 2/88: 47 ff

Kapitel 2

Allin, C W (1982) *The Politics of Wilderness Preservation*. Greenwood. Westport/Conneticut

Apfelbacher, D; Adenauer, U; Iven, K (1999) *Das zweite Gesetz zur Änderung des Bundesnaturschutzgesetzes*. In: Natur und Recht: 63–78

Baeriswyl, M et al.(1999) *Intuition in der Landschaftsplanung*. In: Naturschutz und Landschaftsplanung 31: 42–47

Baumann, W et al. (1999) *Naturschutzfachliche Anforderungen an die Prüfung von Projekten und Plänen nach §19c und §19d BNatSchG (Verträglichkeit, Unzulässigkeit und Ausnahmen)*. In: Natur und Landschaft: 463–472

Bender, B; Sparwasser, R; Engel, R (1995) *Umweltrecht*. 3. Aufl. C. F. Müller Verlag Heidelberg

Birnbacher, D (1991) *Mensch und Natur – Grundzüge der ökologischen Ethik*. In: Beyerts, K (Hrsg) Praktische Philosophie. Rowohlt. Reinbek

Böhme, G (1992) *Natürlich Natur*. Suhrkamp. Frankfurt/Main

Botkin, D (1990) *Discordant Harmonies*. Oxford University Press. New York

Brothers, L (1989) *A Biological Perspective on Empathy*. American Journal of Psychology 146: 1–20

Bugiel, K (1996) *Bestand der und Vollzugsprobleme bei den Europäischen Vogelschutzgebieten in M-V*. In: Czybulka, D (Hrsg) (1996): Naturschutzrecht und Landschaftsplanung in europäischer Perspektive

Bundesamt für Naturschutz (Hrsg) (1993) *Natur und Landschaft*. Beilage zu Heft 4

Bundesamt für Naturschutz (Hrsg) (1999) *Daten zur Natur 1999*

Bundesministerium des Inneren (Hrsg) (1972) *Bericht der Bundesrepublik Deutschland über die Umwelt des Menschen*. Bonn

Bundesministerium für Umwelt, Naturschutz und Reaktorsicherheit (Hrsg) (1997) *Landschaftsplanung*. 3. Auflage, Bonn

Callicot, J B (ed) (1987) *Companion to A Sand County Almanac*. The University of Wisconsin Press. Madison/Wisconsin

Carlsen, C (1985) *Anmerkung zum Landschaftsplan*. In: Natur und Recht: 226 ff

Carlsen, C; Fischer-Hüftle, P (1993) *Rechtsfragen und Anwendungsmöglichkeiten des Landschaftsschutzes*. In: Natur und Recht: 311–320

Carson, R (1962) *Silent Spring*. Übers.: Der stumme Frühling. Biederstein München

Czybulka, D (1996) *Rechtspflichten des Bundes und der Länder zur Ausweisung und Beibehaltung von Schutzgebieten und Biotopen*. In: Czybulka, D (Hrsg) (1996) Naturschutzrecht und Landschaftsplanung in europäischer Perspektive

Czybulka, D (2000) *Gesetzliche Rahmenbedingungen für Vorrangflächen*. In: Ssymank, A (Hrsg) (2000) Vorrangflächen, Schutzgebietssysteme und naturschutzfachliche Bewertung großer Räume in Deutschland. Schriftenreihe für Landschaftspflege und Naturschutz Heft 63. Bonn, Bad Godesberg

Czybulka, D; Rodi, K (1996) *Die Eingriffsregelung im Bayerischen Naturschutzgesetz*. In: Bayerische Verwaltungsblätter: 513 ff

Dierßen, K; Wöhler, K (1997) *Reflektionen über das Naturbild von Naturschützern und das Wissenschaftsbild von Ökologen*. In: Zeitschrift für Ökologie und Naturschutz 6: 169–180

Dörner, R (1989) *Logik des Misslingens*. Rohwohlt. Reinbek

Düppenbecker, A; Greiving, S (1999) *Auswirkungen der Fauna-Flora-Habitat-Richtlinie und der Vogelschutzrichtlinie auf die Bauleitplanung*. In: UPR: 173 ff

Ebersbach, H (1985) *Rechtliche Aspekte des Landverbrauchs am ökologisch falschen Platz*. E. Schmidt. Berlin

Elias, N (1996) *Der Prozess der Zivilisation*. 2 Bände. Suhrkamp. Frankfurt/Main

Erbguth, W (1983) *Das rechtssystematische Verhältnis von überörtlicher Landschaftsplanung und Landesplanung – Zur Verknüpfung beider Pläne*. In: Umwelt- und Planungsrecht: 137–142

Erbguth, W (1992) *Die Umweltleitplanung im Entwurf eines Umweltgesetzbuches – Allgemeiner Teil*. In: Deutsches Verwaltungsblatt: 1122–1132

Erbguth, W (2000a) *Ausgewiesene und potentielle Schutzgebiete nach FFH- bzw. Vogelschutz-Richtlinie: (Rechts-)Wirkungen auf die räumliche Gesamtplanung – am Beispiel der Raumordnung*. In: Natur und Recht: 130 ff

Erbguth, W (2000b) *Verkehrsvermeidung durch Raumordnung – Zugleich zur nachhaltigkeitsbedingten „Wegwägsperre"*. In: Neue Zeitschrift für Verwaltung: 28–36

Erbguth, W; Stollmann F (1999) *Rechtsfragen der Naturhaushaltswirtschaft*. In: Die Öffentliche Verwaltung: 929–937

Erbguth, W; Wagner, J (1998) *Bauplanungsrecht*. 3. Aufl. Verlag C. H. Beck. München

Erz, W (1986) *Ökologie oder Naturschutz? Überlegungen zur terminologischen Trennung und Zusammenführung*. In: Berichte der Akademie für Naturschutz und Landschaftspflege. Laufen/Salzach Nr. 10/1986: 11–17

Eser, U; Potthast, T (1997) *Bewertungsproblem und Normbegriff in Ökologie und Naturschutz aus wissenschaftsethischer Perspektive*. In: Zeitschrift für Ökologie und Naturschutz 6: 181–189

Europäische Kommission (2000) *Natura 2000 – Gebietsmanagement, Die Vorgaben des Artikels 6 der Habitat-Richtlinie 92/43/EWG*. Brüssel. April 2000

Fachkommission „Städtebau" der ARGEBau (Roesch, H E) / Länderarbeitsgemeinschaft für Naturschutz, Landschaftspflege und Erholung (Carlsen, C) (1992) *Hinweise zur Berücksichtigung des Naturschutzes und der Landschaftspflege in der Bauleitplanung*. In: Natur und Landschaft: 121–123; Natur und Recht: 69–72

Fisahn, A; Cremer, W (1997) *Ausweisungspflicht und Schutzregime nach Fauna-Flora-Habitat- und der Vogelschutzrichtlinie*. In: Natur und Recht: 268–276

Fränzle, O; Müller, F; Schröder W (1997) *Handbuch der Umweltwissenschaften. Grundlagen und Anwendungen der Ökosystemforschung*. Ecomed. Grundwerk 1997. Landsberg am Lech

Gaentzsch, G (1986) *Die naturschutzrechtliche Eingriffsregelung – Das Verhältnis zwischen Fachrecht und Naturschutzrecht*. In: Natur und Recht: 89–98

Gassner, E; Bendomir-Kahlo, G; Schmidt-Räntsch, A; Schmidt-Räntsch, J (1996) *BNatSchG*. Verlag C. H. Beck. München

Gebhard, H (1999) *Auswahl und Management von FFH-Gebieten*. In: Natur und Recht: 361–370

Gellermann, M (1998) *Natura 2000 Europäisches Habitatschutzrecht und seine Durchführung in der Bundesrepublik Deutschland*. In: Carlsen, C (Hrsg) Schriftenreihe Natur und Recht. Berlin, Wien

Goppel, K (1998) Ziele in der Raumordnung. In: Bayrische Verwaltungsblätter: 289–292

Gorke, M (1999) *Artensterben*. Klett Cotta. Stuttgart

Gröning, G; Wolschke-Buhlmann J (1987) *Politics, planning and the protection of nature: political abuse of early ecological ideas in Germany 1933–1945*. Planning Perpectives 2: 127–148

Haaren, C v (1999) *Landschaftspflege*. In: Kleber/Brilling (Hrsg) (1999) Handwörterbuch Umweltbildung. Schneider. Hohengehren

Haber, W (1972) *Grundzüge einer ökologischen Theorie der Landnutzungsplanung*. Innere Kolonisation, 21: 294–298

Haber, W (1989) *Umweltverträglichkeit, Anmerkungen zur menschlichen Ökologie*. In: Kuttler, W (Hrsg) (1989) Verhandlungen der Gesellschaft für Ökologie. Essen 1988. Band XVIII

Haber, W (1999) *Zur theoretischen Fundierung der Umweltplanung unter dem Leitbild einer dauerhaft-umweltgerechten Entwicklung*. In: Weiland, U (Hrsg) (1999) Perspektiven der Raum- und Umweltplanung. Festschrift für Karl-Hermann Hübler. Berlin

Hargrove, E C (1989) *Foundations of Environmental Ethics*. Prentice Hall. Englewood Cliffs

Harthun, M (1999) *FFH-Entwicklungsgebiete als Voraussetzung für ein nachhaltiges Schutzgebietssystem NATURA 2000 der EU*. In: Natur und Landschaft: 317 ff

Hendler, R (1981) *Das rechtliche Verhältnis von überörtlicher Landschaftsplanung und Raumordnungsplanung*. In: Natur und Recht: 41–46

Höffe, O (1993) *Moral als Preis der Moderne*. Suhrkamp. Frankfurt/Main

Hoffmann, M L (1984) *Empathy, Social Cognition and Moral Action*. In: Kurtines, W; Gerwitz J (eds): Moral Behavior and Development. John Whiley. New York

Hoppe, W (1999) *Zur Abgrenzung der Ziele der Raumordnung (§ 3 Nr. 2 ROG) von Grundsätzen der Raumordnung (§ 3 Nr. 3 ROG) durch § 7 Abs. 1 Satz 3 ROG*. In: Deutsches Verwaltungsblatt: 1457–1463

Hoppe, W; Erbguth, W (1984) *Geltendes Recht der Landschaftsplanung in Bund und Ländern*. In: Landschaftsplanung. Schriftenreihe des DRL Heft 45: 446–467

Hoppe, W; Schlarmann, H (1981) *Die Landschaftsplanung in Nordrhein-Westfalen – Zur Novellierung des nordrhein-westfälischen Landschaftsgesetzes*. In: Natur und Recht: 17–20

Humboldt, A v (1849) *Ansichten der Natur*. 2 Bände. Cotta. Tübingen

Iven, K (1996) *Schutz natürlicher Lebensräume und Gemeinschaftsrecht*. In: Natur und Recht: 373 ff

Iven, K (1998) *Aktuelle Fragen des Umgangs mit bestehenden und potentiellen Schutzgebieten von gemeinschaftsrechtlicher Bedeutung*. In: Umwelt- und Planungsrecht: 361–366

Jessel, B; Reck, H (1999) *Umweltplanung*. In: Fränzle, O; Müller, F; Schröder, W (Hrsg) Handbuch der Umweltwissenschaften; 5. Erg. Lfg. 11/99. Landsberg am Lech

Jonas, H (1989) *Prinzip Verantwortung*. Suhrkamp. Frankfurt/Main

Kahl, M (1998) *Novellierung des Naturschutzrechts, Zum Stand der Umsetzung der europäischen Fauna-Flora-Habitat-Richtlinie*. In: Landschaftsarchitektur: 8 f

Kant, I (1781) *Kritik der reinen Vernunft*. In: Weischedel, W (Hrsg) (1974) Suhrkamp. Frankfurt/Main

Ketteler, G; Kippels, K (1988) *Umweltrecht*. Kohlhammer Verlag. Köln

Knaut, A (1993) *Zurück zur Natur! Die Wurzeln der Ökologiebewegung*. Supplement 1 zum Jahrbuch für Naturschutz und Landschaftspflege 1993. Kilda-Verlag. Greven

Krebs, A (1996) *„Ich würde gern aus dem Hause tretend ein paar Bäume sehen". Philosophische Überlegungen zum Eigenwert der Natur*. In: Nutzinger, H (Hrsg) (1996) Naturschutz Ethik – Ökonomie. Metropolis. Marburg

Küster, H (1995) *Geschichte der Landschaft in Mitteleuropa. Von der Eiszeit bis zur Gegenwart*. Verlag C H Beck. München

Lange, H (1993) *Ziele und Aufgaben der Landschaftsplanung*. In: Rabius, E-W; Holz R (Hrsg) (1993) Naturschutz in Mecklenburg-Vorpommern. Demmler-Verlag. Schwerin

Mauerhofer, V (1999) *Das Schutzgebietssystem „Natura 2000" nach der RL 79/409/EWG und 92/43/EWG.* In: Recht der Umwelt: 83ff

Mehwald, L (1997) *Städtenetze – vom raumordnungspolitischen Orientierungsrahmen zur Umsetzung.* Informationen zur Raumentwicklung Heft 7: 473–480

Meier, V (1993) *Natur und Politik im Kontext einer praxisorientierten ökologischen Ethik.* Dissertation an der Universität Zürich

Meyer, K (1941) *Planung und Ostaufbau.* Raumforschung und Raumordnung 5: 392–397

Meyer-Abich, K-M (1984) *Wege zum Frieden mit Natur.* Hanser. München

Minister für Umwelt, Naturschutz, Energie und Reaktorsicherheit (1990) *Begleitschreiben zu den Grundsätzen der Landschaftsplanung an die Regierungsbevollmächtigten der Bezirksverwaltungsbehörden.* Unveröffentlichtes Verwaltungsschreiben

Nash, R F (1989) *The Rights of Nature.* The University of Wisconsin Press. Madison

NATURA 2000 *Newsletter „Natur" der Europäischen Kommission.* Generaldirektion für Umwelt Nr. 12. September 2000

Niederstadt, F (1998) *Die Umsetzung der Flora-Fauna-Habitatrichtlinie durch das zweite Gesetz zur Änderung des Bundesnaturschutzgesetzes.* In: Natur und Recht: 515–526

Norton, B (1988) *Commodity, Amenity, and Morality: The limits of Quanitification in Valuating Biodiversity.* In: Wilson, E O; Peter, F M (eds) Biodiversity. National Academic Press. Washington

Ott, K (2000) *Stand des umweltethischen Diskurses.* Naturschutz und Landschaftsplanung 32: 39–44

Pfeifer, M; Wagner, J (1989) *Landschaftsplanung – Gesamtplanung – Fachplanung – Überlegungen zur Novellierung der Vorschriften über die Landschaftsplanung im Bundesnaturschutzgesetz.* In: Deutsches Verwaltungsblatt: 789–798

Pfordten, D v d (1996) *Ökologische Ethik.* Rohwohlt. Reinbek

Pielow, L (1986) *Zur Frage der Verbindlichkeit von Landschaftsplänen mit der Hilfe der Bauleitplanung.* In: Natur und Recht: 60–66

Ramsauer, U (2000) *Europäisierung des Naturschutzrechts.* In: Erbguth, W (Hrsg) Rostocker Schriften zum Seerecht und Umweltrecht. Im Erscheinen

Reagan, T (Ed) (1993) *Matters of Life and Death.* McGraw Hill. New York

Riecken, U; Schröder, E (Hrsg) (1995) *Biologische Daten für die Planung. Auswertung, Aufbereitung und Flächenbewertung.* In: Schriftenreihe für Landschaftspflege und Naturschutz Heft 43. Bonn-Bad Godesberg

Rolston III, H (1989) *Philosophy gone wild.* Prometheus Books. Buffalo

Ropohl, G (1996) *Ethik und Technikbewertung.* Suhrkamp. Frankfurt/Main

Runge K (1998) *Entwicklungstendenzen der Landschaftsplanung: Vom frühen Naturschutz bis zur ökologisch nachhaltigen Flächennutzung.* Springer-Verlag. Berlin, Heidelberg

Runkel, P (1992) *Naturschutz- und Landschaftsrecht bei der Bauleitplanung.* In: Deutsches Verwaltungsblatt: 1402–1408

Runkel, P (1998) *Das neue Raumordnungsrecht und das Umweltrecht.* In: Natur und Recht: 449–454

Scherzinger, W (1995) *Der große Sturm.* In: Nationalpark Bayerischer Wald (Hrsg) 25 Jahre auf dem Weg zum Naturwald. Morsak. Grafenau

Schink, A (1985) *Naturschutzgebietsfestsetzung und Grundeigentum.* In: Agrarrecht: 185–193

Schink, A (1989) *Naturschutz- und Landschaftspflegerecht NRW.* Kohlhammer Verlag. Köln

Schink, A (1999) *Die Entwicklung des Umweltrechts im Jahre 1998 – Zweiter Teil.* In: Zeitschrift für angewandte Umweltforschung: 338–355

Schladebach, M (1999) *Die Auswahl Europäischer Vogelschutzgebiete nach der Novelle des Bundesnaturschutzgesetzes.* In: Landes- und Kommunalverwaltung: 309–312

Schmidt, E (1997) *Das Städtenetz Prignitz – Kooperation von Klein- und Landstädten im strukturschwachen ländlichen Raum.* Informationen zur Raumentwicklung Heft 7 (1997): 453–456

Schmidt, J (1999) *Die Rechtsprechung zum Naturschutzrecht 1995 bis 1997.* In: Neue Zeitschrift für Verwaltungsrecht: 363–375

Schulte, H (1999) *Ziele der Raumordnung.* In: Neue Zeitschrift für Verwaltung: 942–945

Sieverts, T (1998) *Die Stadt der zweiten Moderne.* Informationen zur Raumentwicklung Heft 7/8: 455–474

Spaemann, R (1991) *Technische Eingriffe in die Natur als Problem der politischen Ethik.* In: Birnbacher (Hrsg) Ökologie und Ethik. Reclam. Stuttgart

Soell, H (1984) *Grenzen zwischen Landwirtschaft, Naturschutz und Landschaftsschutz.* In: Natur und Recht: 8–14

Soell, H (1993) *Schutzgebiete.* In: Natur und Recht: 301–311

Ssymank, A (1994) *FFH-Richtlinie der EU.* In: Natur und Landschaft: 397

Ssymank, A; Hampke, U; Rückriem, C; Schröder, E (1998) *Das europäische Schutzgebietssystem NATURA 2000.* BfN-Handbuch zur Umsetzung der Fauna-Flora-Habitat-Richtlinie und der Vogelschutz-Richtlinie. Bonn-Bad Godesberg

Statistisches Jahrbuch für die Bundesrepublik Deutschland (1999) Metzler/Poeschel. Stuttgart

Stich, R (1983) *Die Rechtsbeziehungen zwischen örtlicher Landschaftsplanung und Bauleitplanung.* In: Umwelt- und Planungsrecht: 177–186

Stollmann, F (1997) *Landschaftsgesetz NRW.* Kommunal- und Schul-Verlag. Wiesbaden

Stollmann, F (1999) *Rechtsfragen der FFH-Verträglichkeitsprüfung.* In: Natur und Landschaft: 473–477

Stone, C D (1977) *Should Trees have Standing?* Tioga. Palo Alto/California

Thoreau, H D (1854) *Walden oder das Leben in Wäldern.* Diogenes. Zürich 1974 Ders.: *Walking* (1862). In: Lyon, T J (ed) This incomperable Lande. Houghton & Mifflin: Boston 1989, 194–220

Tobias, M (ed) (1985) *Deep Ecology.* Avant Books. San Diego

Tränkmann, I (1999) *Integration der Landschaftsrahmenplanung in die Regionalplanung im Ländervergleich Mecklenburg-Vorpommern und Schleswig-Holstein – unter besonderer Berücksichtigung der Planungsregion Mittleres Mecklenburg/Rostock und dem Planungsraum Schleswig-Holstein Süd.* Unveröffentlichte Diplomarbeit am Institut für Landschaftsplanung und Landschaftsökologie der Universität Rostock

Trommer, G (1992) *Wildnis – die pädagogische Herausforderung.* Dt. Studienverlag. Weinheim

Trommer, G (1993) *Natur im Kopf.* Dt. Studienverlag. Weinheim

Trommer G (1997) *Wilderness, Wildnis oder Verwildern – Was können und was sollen wir wollen?* ANL H 1, 21–30

Trommer, G (1999) *Verantwortung für Natur und Landschaft.* In: Bastian, O; Schreiber, K-F (Hrsg) Analyse und ökologische Bewertung der Landschaft. 2. Auflage. Spektrum G. Fischer. Heidelberg

Turowski, G (1995) *Raumplanung.* In: ARL (Hrsg) Handwörterbuch der Raumordnung. Hannover

Wagner, J; Mitschang, St (1997) *Novelle des BauGB '98: Neue Aufgaben für die Bauleitplanung und Landschaftsplanung.* In: Deutsches Verwaltungsblatt: 1137

Wahl, R (1999) *Europäisches Planungsrecht – Europäisierung des deutschen Planungsrechts. Das Planungsrecht in Europa.* In: Grupp, K; Ronellenfitsch, M (Hrsg) (1999) Planung-Recht-Rechtsschutz. Festschrift für Willi Blümel zum 70. Geburtstag. Berlin

Wallström, M (2000) *Natura 2000 ist eine fantastische Herausforderung.* In: Natura 2000, Newsletter „Natur" der Europäischen Kommission GD ENV, Nr. 11, April 2000: 2 f

Weizsäcker, C F (1977) *Der Garten des Menschlichen.* Hanser. München

Wiegleb, G (1997) *Leitbildmethode und naturschutzfachliche Bewertung.* In: Zeitschrift für Ökologie und Naturschutz 6: 43–62

Wübbe, I (1994) *Landschaftsplanung in der DDR. Aufgabenfelder, Handlungsmöglichkeiten und Restriktionen in der DDR der sechziger und siebziger Jahre.* In: Bund Deutscher Landschaftsarchitekten (Hrsg) Pillnitzer Planergespräche. Materialien. Diplomarbeit Studiengang Landschaftsplanung Technische Universität Berlin 1995

Wübbe, I (1999) *Landschaftsplanung in der DDR.* In: Institut für Umweltgeschichte und Regionalentwicklung e.V. (Hrsg) Landschaft und Planung in den neuen Bundesländern: Rückblicke. Berlin

Zedler, J H (1961) *Großes Universallexikon 1741.* Akademische Druck und Verlagsanstalt. Graz

Kapitel 3

BMU (Hrsg) (1997) *Umweltpolitik – Agenda 21. Konferenz der Vereinten Nationen für Umwelt und Entwicklung im Juni 1992 in Rio de Janeiro – Dokumente.* Bonn

Breuer, W (1993) *Grundsätze für die Operationalisierung des Landschaftsbildes in der Eingriffsregelung und im Naturschutzhandeln insgesamt.* Norddeutsche Naturschutzakademie NNA. Berichte (6) Heft 1: 19–24

DNR (1996) *http:www.dnr.de/Erklaerungen*

EBCC Atlas der Brutvögel Europas (1997)

Kaule (1986): Arten- und Biotopschutz. 2. Auflage. UTB-Ulmer-Verlag. Stuttgart

Kiemstedt, H; Horlitz, T (1984) *5. Zwischenbericht zum Forschungsvorhaben „Volkswirtschaftliche Bedeutung des Arten- und Biotopschwundes in der Bundesrepublik Deutschland".* Universität Hannover

LANA – Länderarbeitsgemeinschaft für Naturschutz, Landschaftspflege und Erholung (1991): *Lübecker Grundsätze des Naturschutzes.* LANA-Schriftenreihe Band 3

LANA – Länderarbeitsgemeinschaft für Naturschutz, Landschaftspflege und Erholung (1995) *Handlungskonzept „Naturschutz und Erholung".* LANA-Publikation Beschlüsse

LfU Bayerisches Landesamt für Umweltschutz (Hrsg) (1998) *Merkblätter zur Landschaftspflege und zum Naturschutz 3.3.* Planungshilfen für die Landschaftsplanung: Landschaftsbild im Landschaftsplan

Schafranski, F (1996) *Landschaftsästhetik und räumliche Planung – theoretische Herleitung und exemplarische Anwendung eines Analyseansatzes als Beitrag zur Aufstellung von landschaftsästhetischen Konzepten in der Landschaftsplanung.* Universität Kaiserslautern. Materialien zur Raum- und Umweltplanung 85

Vogt (1988) *Raubbau an den biologischen Reserven.* In: Naturwiss. Rundschau 41(7): 274–275

Kapitel 4

ANL (Hrsg) (1996) *Landschaftsplanung – Quo Vadis? – Standortbestimmung und Perspektiven gemeindlicher Landschaftsplanung.* Laufener Seminarbeiträge 6/96. Laufen/Salzach

Arbeitsgemeinschaft Bodenkunde (1994) *Bodenkundliche Kartieranleitung.* BGR und Geologische Landesämter der Bundesrepublik Deutschland (Hrsg). 4. Auflage. Hannover

Arbeitskreis Stadtböden (1989) *Kartierung von Stadtböden.* Empfehlung des Arbeitskreises Stadtböden der Deutschen Bodenkundlichen Gesellschaft für die Bodenkundliche Kartierung urban, gewerblich und industriell überformter Flächen (Stadtböden). UBA-Texte 18/89. Berlin

Bastian, O; Schreiber, K-F (Hrsg) (1994) *Analyse und ökologische Bewertung der Landschaft.* Gustav Fischer Verlag. Jena – Stuttgart

Bastian, O (1995) *Die Bewertung der Landschaft – Reflexionen über die Planungsrelevanz.* Dokumentation zu den 11. Pillnitzer Planungsgesprächen am 29. und 30. September 1995, S 119–139

Baumgartner, A (1990) In: Schwoerbel, J (1999) *Einführung in die Limnologie.* 8. Auflage. Gustav Fischer Verlag. Stuttgart

Bechmann, A (1977) *Ökologische Bewertungsverfahren und Landschaftsplanung.* In: Landschaft und Stadt 9, (4): 170–182

Blume, H-P (Hrsg) (1992) *Handbuch des Bodenschutzes.* Landsberg am Lech

Bork, H-R; Dalchow, C; Kächele, H; Piorr, H-P; Wenkel, O (1995) *Agrarlandschaftswandel in Nordost-Deutschland.* Ernst & Sohn. Berlin

Bosch und Partner (1993) *Faktische Grundlagen für die Ausgleichsabgabe (Wiederherstellungskosten).* Forschungsbericht im Auftrag der Bundesanstalt für Naturschutz und Landschaftsökologie (BFANL). F + E Vorhaben 10801151

Braun-Blanquet, J (1964) *Pflanzensoziologie – Grundzüge der Vegetationskunde.* Springer-Verlag. Wien

Breuer, W (1991a) *10 Jahre naturschutzrechtliche Eingriffsregelung in Niedersachsen.* In: Informationsdienst Naturschutz Niedersachsen 11/4: 43–59

Breuer, W (1991b) *Grundsätze für die Operationalisierung des Landschaftsbildes in der Eingriffsregelung und im Naturschutzhandeln insgesamt.* In: Informationsdienst Naturschutz Niedersachsen 11/4: 60–68

Breuer, W (1994) *Naturschutzfachliche Hinweise zur Anwendung der Eingriffsregelung in der Bauleitplanung.* In: Informationsdienst Naturschutz Niedersachsen 1/94: 1–60

Buchwald, K; Engelhardt, W (1995) *Bewertung und Planung im Umweltschutz – Grundlagen und Praxis.* Economica-Verlag. Bonn.

Bundesministerium für Umwelt, Naturschutz und Reaktorsicherheit (Hrsg) (1997) *Landschaftsplanung – Inhalte und Verfahrensweisen.* 3. Auflage, Bonn

De Groot (1992) *Functions of Nature.* Wolters-Noordhoff. Groningen

De Slover, J; Le Blanc, F (1968) *Mapping of atmospheric pollution on the basis of lichen sensitivity.* In: Proc. Symp. Recent Advance. Trop. Ecol.: 45–56

Dierssen, K; Roweck, H (1998) *Bewertung im Naturschutz und in der Landschaftsplanung.* In: Theobald, W (Hrsg) Integrative Umweltbewertung. Theorie und Beispiele aus der Praxis. Springer. Berlin

Dikau, R; Friedrich, K; Leser, H (1999) *Die Aufnahme und Erfassung landschaftsökologischer Daten.* In: Zepp, H; Müller, M J (Hrsg) (1999) *Landschaftsökologische Erfassungsstandards.* Flensburg

Ellenberg, H (1974) *Zeigerwerte von Pflanzen in Mitteleuropa.* Scripta Geobotanica 9. Goltze Verlag. Göttingen

Finke, L (1994) *Landschaftsökologie. Das geographische Seminar.* Westermann. Braunschweig

Froelich, N; Sporbeck, O (Hrsg) (1996) *BAB A 20: Orientierungsrahmen für landschaftspflegerische Begleitpläne.* Gutachten im Auftrag der DEGES

Fürst, D; Kiemstedt, H; Gustedt, E; Ratzbor, G; Scholles, F (1992) *Umweltqualitätsziele für die ökologische Planung.* In: Umweltbundesamt Texte 34/92. Berlin

Grabaum, R (1996) *Verfahren der polyfunktionalen Bewertung von Landschaftselementen einer Landschaftseinheit mit anschließender „Multicriteria Optimization" zur Generierung vielfältiger Landnutzungsoptionen.* Aachen

Haber, W; Lang, R; Jessel, B; Spandau, L; Köppel, J; Schaller, J (1993) *Entwicklung von Methoden zur Beurteilung von Eingriffen nach § 8 des Bundesnaturschutzgesetzes.* Nomos. Baden-Baden

Heidt, E; Plachter, H (1996) *Bewerten im Naturschutz – Probleme und Wege zu ihrer Lösung.* In: Bewertung im Naturschutz. Beiträge der Akademie für Natur- und Umweltschutz Baden-Württemberg

Heydemann, B (1997) *Neuer Biologischer Atlas. Ökologie für Schleswig-Holstein und Hamburg.* Wachholtz Verlag. Neumünster

Hübler, K-H; Zimmermann, K O (Hrsg) (1989) *Bewertung der Umweltverträglichkeit. Bewertungsmaßstäbe und Bewertungsverfahren für die Umweltverträglichkeitsprüfung.* Eberhard Blottner Verlag. Taunusstein

Hundsdorfer, M (1989) *Kostendatei für Maßnahmen des Naturschutzes und der Landschaftspflege.* Materialien des Bayerischen Staatsministeriums für Landesentwicklung und Umweltfragen 55

Jedicke, E (Hrsg) (1997) *Die Roten Listen. Gefährdete Pflanzen, Tiere, Pflanzengesellschaften und Biotope in Bund und Ländern.* Verlag Eugen Ulmer. Stuttgart

Jedicke, E; Frey, W; Hundsdorfer, M; Steinbach, L (1993) *Praktische Landschaftspflege.* Ulmer-Verlag. Stuttgart

Jessel, B (1994) *Vielfalt, Eigenart und Schönheit von Natur und Landschaft als Objekte der naturschutzfachlichen Bewertung.* NNA-Berichte 7 (1): 76–89

Jessel, B (1996) *Leitbilder und Wertungsfragen in der Naturschutz- und Umweltplanung.* In: Naturschutz und Landschaftsplanung 28 (7): 211–216

Jessel, B (1998) *Das Landschaftsbild erfassen und darstellen.* In: Naturschutz und Landschaftsplanung 30 (11): 356–361

Kaule, G (1991) *Arten- und Biotopschutz.* 2. Auflage. Ulmer-Verlag. Stuttgart

Kaule, G; Endruweit, G; Weinschenck, G (1994) *Landschaftsplanung, umsetzungsorientiert!.* In: Angewandte Landschaftsökologie. Heft 2. BfN (Hrsg). Bonn-Bad Godesberg

Kiebjieß, J (1998) *Wirksamkeit und Umsetzung kommunaler Landschaftsplanung am Beispiel der Stadt Eilenburg.* Diplomarbeit im Studiengang Landespflege an der Hochschule Anhalt (FH), Bernburg. Unveröffentlicht

Kiemstedt, H; Wirz, S; Ahlswede, H (1990) *Gutachten „Effektivierung der Landschaftsplanung".* Forschungs- und Entwicklungsvorhaben 10801013 im Auftrag des Umweltbundesamtes. Berlin

Kiemstedt, H; Mönnecke, M; Ott, S (1999) *Erfolgskontrolle örtlicher Landschaftsplanung.* Ergebnisse eines Forschungs- und Entwicklungsvorhabens des Bundesamtes für Naturschutz (FKZ 10109128). Bonn

Knetsch, G; Mattern, K (1998) *Die zukünftige Entwicklung von Monitoring-Konzepten: Theorie und Praxis.* In: EcoSys – Beiträge zur Ökosystemforschung Band 7: 129–136

Kolkwitz, R; Marsson, M (1902) *Grundsätzliches für die biologische Beurteilung des Wassers nach seiner Flora und Fauna.* Mitt. K. Prüfanst. Wasservers. Abwasserbes.

Kolkwitz, R; Marsson, M (1908) *Ökologie der pflanzlichen Saprobien.* Ber. Bot. Ges. 26a: 505–519

Kolkwitz, R; Marsson, M (1909) *Ökologie der tierischen Saprobien.* Int. Rev. ges. Hydrobiol. 2: 126–152

Köppel, J; Feickert, U; Spandau, L; Straßer, H (1998) *Praxis der Eingriffsregelung: Schadenersatz an Natur und Landschaft?* Ulmer-Verlag. Stuttgart

Kowarik, I (1988) *Zum menschlichen Einfluss auf Flora und Vegetation.* In: Landschaftsentwicklung und Umweltforschung Band 56

Kretschmer, H (1997) unveröffentlichtes Manuskript. Institut für Bodenkunde. Universität Rostock

LANA (1995) *Mindestanforderungen an den Inhalt der örtlichen Landschaftsplanung.* Umweltministerium Baden-Württemberg (Hrsg). Stuttgart

LANA (1996a) *Methodik der Eingriffsregelung. Teil II: Analyse.* Schriftenreihe der Länderarbeitsgemein-

schaft für Naturschutz, Landschaftspflege und Erholung (LANA) Nummer 5

LANA (1996b) *Methodik der Eingriffsregelung. Teil III: Vorschläge zur bundeseinheitlichen Anwendung der Eingriffsregelung nach § 8 BNatSchG.* Schriftenreihe der Länderarbeitsgemeinschaft für Naturschutz, Landschaftspflege und Erholung (LANA) Nummer 6

Landesregierung Schleswig-Holstein (1998) *Informationen zur Umwelt.* Bericht an den Landtag vom 18. August 1998. Kiel

Landesumweltamt Brandenburg (Hrsg) (1996) *Der Landschaftsplan in Brandenburg.* Broschüre. Potsdam

Landkreis Stade – Untere Naturschutzbehörde (Hrsg) (1997) *Arbeitshilfe zur Abarbeitung der Eingriffsregelung nach dem Niedersächsischen Naturschutzgesetz gemäß der §§ 7 ff bei Windkraftanlagen im Landkreis Stade*

Landschaftsökologisches Forschungsbüro Hamburg (1997) *Landschaftspflegerischer Begleitplan für die Errichtung eines Lärmschutzwalls an der BAB A 1 von km 18,393 – 19,230.* Gutachten im Auftrag der Bundesfernstraßenverwaltung Verden

Lange, H (1993) *Vorläufiges Gutachtliches Landschaftsprogramm.* In: Rabius, E-W; Holz, R (Hrsg) *Naturschutz in Mecklenburg-Vorpommern.* Demmler Verlag. Schwerin

Lange, H (1998) *Landschaftsplanung und BauROG – Nachhaltigkeit als gemeinsames Ziel von Landschaftsplanung, Raumordnung, Bauleitplanung und Agenda 21: Welche Chancen ergeben sich für die Landschaftsplanung, der ja oft die Zersplitterung droht?* In: Garten + Landschaft 5(98)

Leser, H (1997) *Landschaftsökologie.* 4. Auflage Ulmer-Verlag. Stuttgart

Leser, H; Stäblein, G (1979) *GMK. Schwerpunktprogramm der DFG.* 4. Fassung. Geographisches Taschenbuch 1979/80: 115–134. Wiesbaden

Liebmann, H (1962) *Handbuch der Frischwasser- und Abwasserbiologie.* Band I. Gustav Fischer Verlag. Jena

Marks, R; Müller, M J; Leser, H; Klink, H-J (Hrsg) (1992) *Anleitung zur Bewertung des Leistungsvermögens des Landschaftshaushaltes.* Forschungen zur deutschen Landeskunde Band 229. 2. Auflage. Deutsche Akademie für Landeskunde. Trier

Marzelli, S (1994) *Zur Relevanz von Leitbildern und Standards für die ökologische Planung.* In: Laufener Seminarbeiträge 4/94: 153–158. Akademie für Naturschutz und Landschaftsplanung – ANL. Laufen/ Salzach

Meyer, M (2000) *Entwicklung und Modellierung von Planungsszenarien für die Landnutzung im Gebiet der Bornhöveder Seenkette.* Dissertation Mathematisch-Naturwissenschaftliche Fakultät der Universität Kiel

MNU Ministerin für Natur und Umwelt des Landes Schleswig-Holstein (Hrsg) (1995) *Umweltauswirkungen in der Umweltverträglichkeitsprüfung.* Gutachten zur zusammenfassenden Darstellung und Bewertung. Kiel

Müller, F (1998) *Ableitung von integrativen Indikatoren zur Bewertung von Ökosystemzuständen für die umweltökonomischen Gesamtrechnungen.* In: Statistisches Bundesamt (Hrsg) Beiträge zu den umweltökonomischen Gesamtrechnungen Band 2. Metzler-Poeschel. Wiesbaden

Niedersächsischer Städtetag (1996) *Arbeitshilfe zur Ermittlung von Ausgleichs- und Ersatzmaßnahmen in der Bauleitplanung.* 1. Auflage

Niedersächsisches Landesamt für Bodenforschung (Hrsg) (1980) *Geologische Karte von Niedersachsen* 1 : 25 000

Niedersächsisches Landesamt für Ökologie (1994) *Naturschutzfachliche Hinweise zur Eingriffsregelung.* Informationsdienst Naturschutz Niedersachsen 1/94

Nohl, W (1993) *Beeinträchtigungen des Landschaftsbildes durch mastenartige Eingriffe.* Materialien für die naturschutzfachliche Bewertung und Kompensationsermittlung. Gutachten im Auftrag des Ministers für Umwelt, Raumordnung und Landwirtschaft des Landes Nordrhein-Westfalen. Unveröffentlicht

Oberste Baubehörde und BayStMLU (1993) *Vollzug des Naturschutzrechts im Straßenbau. Grundsätze für die Ermittlung von Ausgleich und Ersatz nach Art. 6 und 6a BayNatSchG bei staatlichen Straßenbauvorhaben.* Oberste Baubehörde im Bayerischen Staatsministerium des Innern, Bayerisches Staatsministerium für Landesentwicklung und Umweltfragen

Peithmann, O (1999) *Sicherung und Monitoring für Kompensationsmaßnahmen.* In: Blaschke, T (Hrsg) Umweltmonitoring und Umweltmodellierung. Wichmann-Verlag. Heidelberg

Preising, E (1978) *Karte der potentiellen natürlichen Pflanzendecke Niedersachsens.* Naturschutz und Landschaftspflege in Niedersachsen. In: Sonderreihe A Heft 1: 11–14

Rammert, U (1998a) *Umweltbeobachtungsprogramme des Landes Schleswig-Holstein.* In: EcoSys – Beiträge zur Ökosystemforschung Band 7: 117–127

Rammert, U (1998b) *Ökologische Umweltbeobachtung.* In: Landesamt für Umwelt und Natur Schleswig-Holstein (Hrsg) Jahresbericht 1998. Kiel

Riedel, W (1999) *Komplexe Landschaftsanalyse als Grundlage ökologisch orientierter Raumplanung: Die Landschaft um Riaza (Provinz Segovia/Spanien).* Rostocker Materialien für Landschaftsplanung und Raumentwicklung, Heft 2

RSU – Rat von Sachverständigen für Umweltfragen (1994) *Umweltgutachten 1994.* Verlag Metzler-Poeschel. Stuttgart

Runkel, P (Hrsg) (1997) *Baugesetzbuch 1998.* 5. Auflage. Bundesanzeiger

Schachtschabel et al. (1998) *Lehrbuch der Bodenkunde.* Stuttgart

Schaefer, W (Hrsg) (1998) *Integriertes Monitoring – Ergebnisse, Programme, Konzepte.* In: EcoSys – Beiträge zur Ökosystemforschung Band 7

Schönthaler, K; Köppel, H; Kerner, H F; Spandau, L (1994) *Konzeption für eine ökosystemare Umweltbeobachtung – Pilotprojekt für Biosphärenreservate.* Umweltbundesamt. Berlin

Schönthaler, K; Wellhöfer, U; Knöppel, J (1998) *Modellhafte Umsetzung und Konkretisierung der ökosystemaren Umweltbeobachtung im länderübergreifenden Biosphärenreservat Rhön – ein Beitrag zum Umweltbeobachtungskonzept des Bundes und der Länder.* In: EcoSys – Beiträge zur Ökosystemforschung Band 7: 137–150

Schröder, W; Fränzle, O; Keune, H; Mandry, P (Hrsg) (1996) *Global Monitoring of Terrestrial Ecosystems.* Berlin

Spang, W D (1992) *Methoden zur Auswahl faunistischer Indikatoren im Rahmen raumrelevanter Planungen.* In: Natur und Landschaft 67 Heft 4: 158–161

Šrámek-Hušek, R (1956) *Zur Charakteristik der höheren Saprobitätsstufen.* In: Arch. Hydrobiol. 51: 376–390

SRU – Der Rat von Sachverständigen für Umweltfragen (1991) *Allgemeine ökologische Umweltbeobachtung.* Sondergutachten Oktober 1990. Stuttgart

Staatsräte-Arbeitskreis der Freien und Hansestadt Hamburg (1991) *Anwendung der naturschutzrechtlichen Eingriffsregelung.* Ergebnis des Staatsräte-Arbeitskreises am 28. 5. 1991

Sukopp, H (1976) *Dynamik und Konstanz in der Flora der Bundesrepublik Deutschland.* In: Schriftenreihe für Vegetationskunde 10: 9–27.

Sukopp, H; Weiler, S (1986) *Biotopkartierung im besiedelten Bereich der Bundesrepublik Deutschland.* In: Landschaft und Stadt 18: 25–38. Stuttgart

Theobald, W (1998): *Umweltbewertung als inter- und transdisziplinärer Diskurs.* In: Theobald, W (Hrsg) Integrative Umweltbewertung. Theorie und Beispiele aus der Praxis. Springer. Berlin

Tüxen, R (1956) *Die heutige potentielle natürliche Vegetation als Gegenstand der Vegetationskartierung.* In: Angewandte Pflanzensoziologie 13: 5–42.

UBA (1996) *Umweltprobenbank des Bundes: Verfahrensrichtlinien für Probenahme, Transport, Lagerung und chemische Charakterisierung von Umwelt- und Human-Organproben.* Berlin

Weiland, U (1994) *Strukturierte Bewertung in der Bauleitplan-UVP. Ein Konzept zur Rechnerunterstützung in der Bewertungsdurchführung.* Dortmund

Wiegleb, G (1997) *Leitbildmethode und naturschutzfachliche Bewertung.* In: Zeitschrift für Ökologie und Naturschutz Band 6(1): 44–62

Zepp, H; Müller, M J (Hrsg) (1999) *Landschaftsökologische Erfassungsstandards. Ein Methodenbuch Forschungen zur deutschen Landeskunde.* Deutsche Akademie für Landeskunde Band 244. Flensburg

Zölitz-Möller, R (1990) *Umweltbeobachtung Schleswig-Holstein: Forschungskonzept und Stand der Arbeiten.* In: Verhandlungen der Gesellschaft für Ökologie 20/1: 149–155

Zölitz-Möller, R (1999) *Umweltinformationssysteme, Modelle und GIS für Planung und Verwaltung? Kritische Thesen zum aktuellen Stand der Dinge.* In: Blaschke, T (Hrsg) Umweltmonitoring und Umweltmodellierung. Wichmann-Verlag. Heidelberg

Zölitz-Möller, R; Heinrich, U; Nachbar, M (1997) *Environmental planning with help of geographical information and the ecosystem approach.* In: GIS – Geo-Informations-Systeme Heft 6/1997: 20–24

Zölitz-Möller, R; Herrmann, S (1998) *Introduction: Orientors and Goal Functions for Environmental Planning – Questions and Outlines; Conclusion: Potentials and Limitations of a Practical Application of the Eco Target and Orientor Concept.* In: Müller, F; Leupelt, M (Eds) Eco Targets, Goal Functions and Orientors. Springer. Berlin

Kapitel 5

ARL (Hrsg) (1988) *Integration der Landschaftsplanung in die Raumplanung.* Forschungs- und Sitzungsberichte 180. Hannover

ARL (Hrsg) (1995) *Zukunftsaufgabe Regionalplanung.* Forschungs- und Sitzungsberichte 200. Hannover

Bader, D; Flade, M (1996) *Pflege- und Entwicklungsplanung für Brandenburgs Großschutzgebiete – Funktion, Inhalte, Arbeitsweise, Umsetzung.* Naturschutz und Landschaftspflege in Brandenburg 3/1996: 10–21

BDLA (1995) *Inhalte und Verfahrensweisen der Grünordnungsplanung.* Arbeitspapier der Landesgruppe Schleswig-Holstein. Lübeck

BfN (Hrsg) (2000a) *Weiterentwicklung der Landschaftsrahmenplanung und ihre Integration in die Regionalplanung.* In: Angewandte Landschaftsökologie Heft 29

BfN (Hrsg) (2000b) *Planzeichen für die örtliche Landschaftsplanung.* Bonn-Bad Godesberg

Blum, P (1995) *Landschaftsentwicklungskonzept für die Planungsregion Ingolstadt.* In: Schriftenreihe des Landesamtes für Umweltschutz Heft 131: 148–151. München

BMU (Hrsg) (1997a) *Landschaftsplanung – Inhalte und Verfahrensweise.* 3. Auflage. Bonn

BMU (Hrsg) (1997b) *Umweltpolitik – Agenda 21. Konferenz der Vereinten Nationen für Umwelt und Entwicklung im Juni 1992 in Rio de Janeiro – Dokumente.* Bonn

BMU (2000) *Arbeitsentwurf eines Gesetzes zur Neuregelung des Rechts des Naturschutzes und der Landschaftspflege und zur Anpassung anderer Rechtsvorschriften (BNatSchGNeuregG) – Referentenentwurf vom 28.6.2000.* Unveröffentlicht

Braun-Blanquet, J (1964) *Pflanzensoziologie – Grundzüge der Vegetationskunde.* 3. Auflage. Springer Verlag. New York, Wien, Berlin

Büchter, C (2000) *Anforderungen des Naturschutzes an die Landschaftsplanung.* In: Natur und Landschaft Heft 6: 237–241

BUND (1996) *Der Grünordnungsplan – Ein Leitfaden für die kommunale Praxis in Schleswig-Holstein.* Kiel

Bundesamt für Umwelt, Wald und Landschaft; Bundesamt für Raumplanung (Hrsg) (1998) *Landschaftskonzept Schweiz.* Bern

Dierschke, H (1990) *Einführung in die Pflanzensoziologie.* Wiss. Buchges. Darmstadt

Dierschke, H (1994) *Pflanzensoziologie – Grundlagen und Methoden.* Verlag Eugen Ulmer. Stuttgart

Europäische Kommission, Generaldirektion XI (1997) *Natura 2000 Infoblatt 3*

Europäische Kommission, Generaldirektion XI (1998) *Natura 2000 Infoblatt 7*

Europäische Kommission, Generaldirektion XI (2000) *Natura 2000 – Gebietsmanagement.* Die Vorgaben des Artikels 6 der Habitat-Richtlinie 92/43/EWG

Finck, P et al. (1992) *Empfehlungen für faunistisch-ökologische Datenerhebungen und ihre naturschutzfachliche Bewertung im Rahmen von Pflege- und Entwicklungsplänen für Naturschutzgroßprojekte des Bundes.* In: Natur und Landschaft 67: 329–340

Finke, L (1999) *Der mögliche Beitrag der Landschaftsplanung zu einer nachhaltigen Entwicklung.* In: Weiland, U (Hrsg) (1999) Perspektiven der Raum- und Umweltplanung angesichts Globalisierung, Europäischer Integration und Nachhaltiger Entwicklung. Festschrift für Karl-Hermann Hübler. Berlin

Finke, L et al. (1993) *Berücksichtigung ökologischer Belange in der Regionalplanung in der Bundesrepublik Deutschland.* ARL-Beiträge Band 124. Hannover

Gassner, E (1995) *Das Recht der Landschaft.* Radebeul

Geisler, E (1995) *Grenzen und Perspektiven der Landschaftsplanung.* In: Naturschutz und Landschaftsplanung 27(3): 89–92

Gelbrich, H; Uppenbrink, M (1998) *Landschaftsplanung ist zukunftsorientiert.* In: Natur und Landschaft 73(4): 181–184

Gruehn, D; Kenneweg, H (1998) *Berücksichtigung der Belange von Naturschutz und Landschaftspflege in der Flächennutzungsplanung.* In: Angewandte Landschaftsökologie 17. Bonn

Haaren, C v et al. (1997) *Naturschutzfachliche Erfolgskontrollen von Pflege- und Entwicklungsplänen – Erfahrungen im Rahmen einer beispielhaften Durchführung an den Eifelmaaren.* In: Natur und Landschaft 72: 319–327

Haarmann, K; Pretscher P (1988) *Naturschutzgebiete in der Bundesrepublik Deutschland.* In: Naturschutz aktuell 3. Kilda-Verlag. Greven

Hagius, A; Scherfose, V (Hrsg) (1999) *Pflege- und Entwicklungsplanung in Naturschutzgroßprojekten des Bundes.* In: Angewandte Landschaftsökologie 18. Bonn

Hahn-Herse, G (1996a) *Auftrag und Aufgaben der örtlichen Landschaftsplanung.* In: Buchwald, K; Engelhardt, W (Hrsg) (1996) Umweltschutz: Grundlagen und Praxis. Band 2 Bewertung und Planung im Umweltschutz. Bonn

Hahn-Herse, G (1996b) *Landschaftsplanung – Vorsorgeinstrument der Gemeinde.* In: Natur und Landschaft 71(11): 478–481

Hovestadt, T et al. (1991) *Flächenbedarf von Tierpopulationen.* Ber. Ökol. Forschung 1. Forschungszentrum Jülich

Hübler, K-H (1988) *Ein Plädoyer gegen „Opas Landschaftsplanung".* In: Garten und Landschaft 2: 47–49

Hübler, K-H (1997) *Quo vadis Landschaftsplanung?* In: Hanisch, J (Hrsg) (1997) Beiträge einer aktuellen Theorie der räumlich-ökologischen Planung

Institut für Landschaftsplanung und Landschaftsökoogie (1999) *Evaluation Gutachtlicher Landschaftsplan Mittleres Mecklenburg/Rostock.* Abschlussbericht zum Forschungsvorhaben im Auftrag des Regionalen Planungsverbandes Mittleres Mecklenburg/Rostock. Universität Rostock. Unveröffentlicht

Kaule, G (1991) *Arten- und Biotopschutz.* Stuttgart

Kaule, G; Endruweit, G; Weinschenck, G (1994) *Landschaftsplanung, umsetzungsorientiert!.* In: Angewandte Landschaftsökologie. Heft 2. BfN (Hrsg). Bonn Bad-Godesberg

Kiemstedt, H; Wirz, S; Ahlswede, H. (1990) *Gutachten „Effektivierung der Landschaftsplanung".* UBA-Texte 11/90, Berlin

Kiemstedt, H et al. (1993) *Umsetzung von Zielen auf regionaler Ebene.* ARL-Beiträge Band 123. Hannover

Kiemstedt, H; Mönnecke, M; Ott, S (1994) *Wirksamkeit kommunaler Landschaftsplanung. Forschungsprojekt im Auftrag des Bundesamtes für Naturschutz.* Abschlussbericht. Institut für Landschaftspflege und Naturschutz der Universität Hannover

Kohl, A et al. (1992) *Empfehlungen für floristisch-vegetationskundliche Datenerhebungen und ihre naturschutzfachliche Bewertung im Rahmen von Pflege- und Entwicklungsplänen für Naturschutzgroßprojekte des Bundes.* In: Natur und Landschaft 67: 328

Köppel, J; Feickert, U; Spandau, L; Straßer, H (1998) *Praxis der Eingriffsregelung: Schadenersatz an Natur und Landschaft?.* Stuttgart

LANA (1995) *Mindestanforderungen an den Inhalt der örtlichen Landschaftsplanung.* Umweltministerium Baden-Württemberg (Hrsg). Stuttgart

LANA (1999) *Mindestanforderungen an den Inhalt der örtlichen Landschaftsplanung.* 2. Auflage. Stuttgart

Lange, H (1993) *Vorläufiges Gutachtliches Landschaftsprogramm.* In: Rabius, E-W; Holz, R (Hrsg) Naturschutz in Mecklenburg-Vorpommern. Demmler Verlag. Schwerin

LAUN MV (Hrsg) (1996) *Erster Gutachtlicher Landschaftsrahmenplan der Region Mittleres Mecklenburg/Rostock.* Gülzow

LAUN MV (Hrsg) (1998) *Erster Gutachtlicher Landschaftsrahmenplan der Region Westmecklenburg.* Gülzow

LfUG (Hrsg) (1995) *Hinweise und Empfehlungen zur Erstellung von Pflege- und Entwicklungsplänen für Naturschutzgebiete im Freistaat Sachsen.* Materialien zu Naturschutz und Landschaftspflege 9

Meyer-Cords, C; Boye, P (1999) *Schlüssel-, Ziel-, Charakterarten – Zur Klärung einiger Begriffe im Naturschutz.* In: Natur und Landschaft 74: 99–101

Ministerium für Umwelt, Raumordnung und Landwirtschaft Nordrhein-Westfalen (o. J.) *Natur 2000 in NRW – Leitlinien und Leitbilder für Natur und Landschaft in Nordrhein-Westfalen.* Düsseldorf

Ministerkonferenz für Raumordnung (1992) *Entschließung der Ministerkonferenz für Raumordnung „Aufbau eines ökologischen Verbundsystems in der räumlichen Planung".* Entschließung vom 27.11.1992

Plachter, H (1994) *Methodische Rahmenbedingungen für synoptische Bewertungsverfahren im Naturschutz.* In: Zeitschrift für Ökologie und Naturschutz 3: 87–106

Rein, H; Schaepe, A (1998) *Landschaftsrahmenplanung in Brandenburg – Neue Wege in der Landschaftsplanung.* In: Natur und Landschaft Heft 9: 375–380

Rückriem, C; Roscher S (1999) *Empfehlungen zur Umsetzung der Berichtspflicht gemäß Artikel 17 der Fauna-Flora-Habitat-Richtlinie.* In: Angewandte Landschaftsökologie 22. Bonn-Bad Godesberg

Rückriem, C; Ssymank, A (1997) *Erfassung und Bewertung des Erhaltungszustandes schutzwürdiger Lebensraumtypen und Arten in Natura-2000-Gebieten. Ansätze und Perspektiven zur Umsetzung der Berichtspflicht gemäß Artikel 17 der FFH-Richtlinie.* In: Natur und Landschaft 72: 467–473

Scherfose, V (1994) *Maßnahmenkontrollen bei Naturschutzgroßprojekten des Bundes – Schwierigkeiten und Defizite sowie Möglichkeiten der Durchführung.* In: Blab, J; Schröder, E; Völkl, W (1994) Effizienzkontrollen im Naturschutz. In: Schriftenreihe für Landschaftspflege und Naturschutz 40: 199–208

Schütz, P; Behlert, R (1996) *Effizienzkontrolle von Biotoppflege und -entwicklungsplänen.* In: LÖBF-Mitteilungen 2/96: 55–63

Schütz, P; Ochse, M (1997) *Effizienzkontrolle von Pflege- und Entwicklungsplänen für Schutzgebiete in Nordrhein-Westfalen.* In: Naturschutz und Landschaftsplanung 29: 20–31

Shaffer, M L (1981) *Minimum populationsizes for species conservation.* In: Bioscience 31: 131–134

Sharrock, J T R (1976) *The atlas of breeding birds in Britain and Ireland.* Carlton

Sozialdemokratische Partei Deutschland und Bündnis 90/Die Grünen (1998) *Aufbruch und Erneuerung – Deutschlands Weg ins 21. Jahrhundert – Koalitionsvereinbarung zwischen der Sozialdemokratischen Partei Deutschland und Bündnis 90/Die Grünen.* 20.10.1998. Bonn

SRU (1987) *Umweltgutachten.* Stuttgart, Mainz

SRU (1996a) *Umweltgutachten 1996 – Zur Umsetzung einer dauerhaft-umweltgerechten Entwicklung.* Stuttgart

SRU (1996b) *Konzepte einer dauerhaft umweltgerechten Nutzung ländlicher Räume.* Sondergutachten. Stuttgart

Ssymank, A et al. (1998) *Das europäische Schutzgebietssystem NATURA 2000.* BfN-Handbuch zur Umsetzung der Fauna-Flora-Habitat-Richtlinie und der Vogelschutzrichtlinie. In: Schriftenreihe für Landschaftspflege und Naturschutz 53

Trautner, J (Hrsg) (1992) *Arten- und Biotopschutz in der Planung: Methodische Standards zur Erfassung von Tierartengruppen.* Weikersheim

Umweltministerium M-V (Hrsg) (1982) *Vorläufiges Gutachtliches Landschaftsprogramm.* Schwerin

Usher, M B; Erz, W (Hrsg) (1994) *Erfassen und Bewerten im Naturschutz.* Quelle und Meyer. Heidelberg, Wiesbaden

VUBD (Hrsg.) (1994) *Handbuch landschaftökologischer Leistungen. Empfehlungen zur aufwandsbezogenen Honorarermittlung.* Band 1. Erlangen

Walter, R et al. (1998) *Regionalisierte Qualitätsziele, Standards und Indikatoren für die Belange des Arten- und Biotopschutzes in Baden-Württemberg – Das Zielartenkonzept – ein Beitrag zum Landschaftsrahmenprogramm des Landes Baden-Württemberg.* In: Natur und Landschaft Heft 1: 9–25

Wirz, S; Kiemstedt, H (1983) *Inhalte und Ablauf der Pflege- und Entwicklungsplanung zu Naturschutzgebieten in Rheinland-Pfalz.* Landesamt für Umweltschutz. Oppenheim

Wüst, A; Scherfose, V (1998) *Richtlinien für Pflege- und Entwicklungspläne. Übersicht und Vergleich von Anleitungen der Länder und des Bundes.* In: Naturschutz und Landschaftsplanung 30: 81–88

Kapitel 6

Arbeitsgemeinschaft Fortschreibung LROP M-V (1999) *Vorstudie für den Bereich Naturschutz und Landschaftspflege in Vorbereitung der Fortschreibung des Landesraumordnungsprogramms von Mecklenburg-Vorpommern.* Untersuchung im Auftrag des Ministeriums für Arbeit und Bau M-V. Unveröffentlicht

ARL (Hrsg) (1988) *Integration der Landschaftsplanung in die Raumplanung.* Forschungs- und Sitzungsberichte 180. Hannover

ARL (Hrsg) (1995) *Zukunftsaufgabe Regionalplanung.* Forschungs- und Sitzungsberichte 200. Hannover

BDLA (Hrsg) (1999) *Flächenpool und Ökokonto – Chancen für umwelt- und kostenbewusste Kommunen.* Öffentlichkeitsbroschüre. Berlin

BfN (2000) *Weiterentwicklung der Landschaftsrahmenplanung und ihre Integration in die Regionalplanung.* Forschungs- und Entwicklungsvorhaben 80901002 Endbericht. November 1998. Bonn-Bad Godesberg

BMU (Hrsg) (1997) *Konferenz der Vereinten Nationen für Umwelt und Entwicklung im Juni 1992 in Rio de Janeiro.* Dokumente. Agenda 21. Bonn

Ernst, W (1995) *Raumordnung.* In: ARL-Handwörterbuch der Raumordnung. Hannover

Finke, L et al. (1993) *Berücksichtigung ökologischer Belange in der Regionalplanung in der Bundesrepublik Deutschland.* Beiträge der ARL, Band 124. Hannover

Gassner, E (1999) *Ansprüche von Naturschutz und Landschaftspflege nach dem Bundesnaturschutzgesetz, den Landesnaturschutzgesetzen und ihre Umsetzung durch die gesamträumliche Planung.* In: Schriftenreihe des Deutschen Rates für Landschaftspflege Heft 70: 54–58

Hauff, V (Hrsg) (1987) *Weltkommission für Umwelt und Entwicklung: Unsere gemeinsame Zukunft.* Brundtlandbericht

Institut für Landschaftsökologie und Landschaftsplanung (1999) *Evaluation Gutachtlicher Landschaftsrahmenplan Mittleres Mecklenburg/Rostock.* Abschlussbericht zum Forschungsvorhaben im Auftrag des Regionalen Planungsverbandes Mittleres Mecklenburg/Rostock. Universität Rostock. Unveröffentlicht

Kiemstedt, H et al. (1993) *Umsetzung von Zielen des Naturschutzes auf regionaler Ebene.* ARL-Beiträge, Band 123. Hannover

Ministerium für Arbeit und Bau Mecklenburg-Vorpommern (1999) *Raumordnung in Mecklenburg-Vorpommern.* Schwerin

Ministerpräsidentin des Landes Schleswig-Holstein (1998) *Ein Land plant und gestaltet seine Zukunft.* Kiel

Ott, St (1999) *Bevorratung von Flächen und Maßnahmen zum Ausgleich im Rahmen der Anwendung der Eingriffsregelung: Beispiele – Erfahrungen – Empfehlungen.* Ergebnisse eine Expertenworkshops am 9./10. Dezember 1998 in Hannover, durchgeführt vom Institut für Landschaftspflege und Naturschutz der Universität Hannover im Auftrag des Bundesamtes für Naturschutz. BfN-Skripten Heft 14

Planungsgruppe Ökologie und Umwelt; Erbguth, W (Hrsg) (1999) *Möglichkeiten der Umsetzung der Eingriffsregelung in der Bauleitplanung.* BfN (Hrsg). Bonn-Bad Godesberg

Spitzer, H (1991) *Raumnutzungslehre.* Stuttgart

Spitzer, H (1995) *Einführung in die räumliche Planung.* Ulmer-Verlag. Stuttgart

SRU (1996) *Konzepte einer dauerhaft umweltgerechten Nutzung ländlicher Räume.* Sondergutachten. Stuttgart

Weihrich, D (1999) *Regelungen zu naturschutzrechtlichen Ausgleichs- und Ersatzmaßnahmen nach dem Baugesetzbuch.* In: Naturschutz im Land Sachsen-Anhalt Heft 1: 33–40

Kapitel 7

Arbeitsgemeinschaft FFH-Verträglichkeitsprüfung (1999) *Handlungsrahmen für die FFH-Verträglichkeitsprüfung in der Praxis.* In: Natur und Landschaft 74(2): 65–73

Arbeitskreis Eingriffsregelung der Landesanstalten/-ämter und der Bundesanstalt für Naturschutz (1998) *Methodische Anforderungen an die Prüfung von Plänen und Projekten gemäß § 19 c BNatSchG in Umsetzung des Artikel 6 Abs. 3 und 4 FFH-Richtlinie (FFH-Verträglichkeitsprüfung und Ausnahmeregelung)*

Bundesminister für Verkehr (1987) *Hinweise zur Berücksichtigung des Naturschutzes und der Landschaftspflege beim Bundesfernstraßenbau.* Ausgabe 1987. HNL-StB 87. Allgemeines Rundschreiben Straßenbau Nr. 5/1987

Bundesminister für Verkehr (1993) *Handbuch für Verträge über Leistungen der Ingenieure und Landschaftsarchitekten im Straßen- und Brückenbau.* HIV-StB 93

Bundesministerium für Umwelt, Naturschutz und Reaktorsicherheit (Hrsg) (1997) *Landschaftsplanung.* Inhalte und Verfahrensweisen. 3. Auflage. Bonn

Ermer, K; Hoff, R; Mohrmann, R (1996) *Landschaftsplanung in der Stadt.* Ulmer-Verlag. Stuttgart

Europäische Kommission (2000) *Natura 2000 – Gebietsmanagement.* Die Vorgaben des Artikels 6 der Habitat-Richtlinie 92/43/EWG. Brüssel. April 2000

Forschungsgesellschaft für Straßenbau und Verkehrswesen (1990) *Merkblatt zur Umweltverträglichkeitsstudie in der Straßenplanung*

Köppel, J; Feickert, U; Spandau, L; Straßer, H (1998) *Praxis der Eingriffsregelung: Schadenersatz an Natur und Landschaft?.* Ulmer-Verlag. Stuttgart

Ministerium für Stadtentwicklung, Wohnen und Verkehr des Landes Brandenburg (1999) *Handbuch für die Landschaftspflegerische Begleitplanung bei Straßenbauvorhaben im Land Brandenburg – einschließlich der Anforderungen der FFH-Verträglichkeitsuntersuchung.* Stand 12/99

Reck, H (1992) *Arten- und Biotopschutz in der Planung. Empfehlungen zum Untersuchungsaufwand und zu Untersuchungsmethoden für die Erfassung von Biodeskriptoren.* In: Naturschutz und Landschaftsplanung 24 (4):124–135

Regierungspräsidium Darmstadt (Hrsg) (1999) *Informationen zur FFH-Verträglichkeitsprüfung.* Darmstadt

Stadt und Land Planungsgesellschaft mbH (2000) *FFH-Verträglichkeitsprüfung für den geplanten Windpark Prützke/Landkreis Potsdam-Mittelmark.* Hohenberg-Krusemark

Weihrich, D (1999) *Rechtliche und naturschutzfachliche Anforderungen an die Verträglichkeitsprüfung nach § 19 c BNatSchG.* In: Deutsches Verwaltungsblatt: 1967–1709

Kapitel 8

Albers, G (1997) *Zur Entwicklung der Stadtplanung in Europa. Begegnungen, Einflüsse, Verflechtungen.* In: Conrads, U v; Neitzke, P (Hrsg) (1998) Bauwelt Fundamente 117. 1. Auflage. Verlag Friedrich Vieweg & Sohn. Braunschweig, Wiesbaden

Arbeitskreis Schutzgebiets- und Biotopverbundsysteme der Landesanstalten/-ämter für Naturschutz (o. J.) *Endbericht.* Unveröffentlichtes Manuskript

Bartelme, N (1995) *Geoinformatik: Modelle, Strukturen, Funktionen.* Springer Verlag. Berlin

Bauer, S (1994) *Naturschutz und Landwirtschaft.* In: Angewandte Landschaftsökologie, Heft 3. Münster

BDLA (Hrsg) (1992) *Planung vernetzter Biotopsysteme im Landkreis Altenkirchen.* Bonn

Becker, W (1998) *Die Eigenart der Kulturlandschaft: Bedeutung und Strategien für die Landschaftsplanung.* Dissertation an der Technischen Universität Berlin. Akademische Abhandlungen zur Raum- und Umweltforschung. VWF Verlag für Wissenschaft und Forschung. Berlin

Behm, H (1993) *Die historische Komponente der standortkundlich – landeskulturellen Gebietsanalyse – dargestellt am Raum Kavelstorf (Warnowgebiet).* Inauguraldissertation an der Universität Rostock

Bender, B (1993) *Stonehenge – Contested Landscapes Medieval to Present – Day.* In: Bender, B (Ed) (1993) Landscape – Politics and Perspectives. Berg Publishers, Oxford

Bender, B; Hamilton, S; Tilley, Ch (1997) *Leskernik: Stone Worlds, Alternative Narratives; Nested Landscapes.* In: Proceedings of the Prehistoric Society 63: 147–178

Bill, R (1999) *Grundlagen der Geo-Informationssysteme.* Band 1: Hardware, Software und Daten. 4. Auflage. Wichmann-Verlag. Heidelberg

Birnbaum, Ch A (1995) *Protecting Cultural Landscapes: Planning, Treatment and Management of Historic Landscapes.* In: U.S. Department of the Interior: Preservation Briefs, 36. U. S. Government Printing Office: 1995387 - 091/20008

Blab, J (1992) *Isolierte Schutzgebiete, vernetzte Systeme, flächendeckender Naturschutz? – Stellenwert, Möglichkeiten und Probleme verschiedener Naturschutzstrategien.* In: Natur und Landschaft 67 (9): 419–424

Blaschke, T (1997) *Landschaftsanalyse und -bewertung mit GIS. Methodische Untersuchungen zu Ökosystemforschung und Naturschutz am Beispiel der bayerischen Salzachauen.* Forsch. zur deutschen Landeskunde, Band 243. Trier

Borchard, K; Kötter, T; Brassel, T (1994) *Agrarstrukturelle Vorplanung. Vorschläge zur inhaltlichen und konzeptionellen Neugestaltung eines Instrumentes zur Entwicklung ländlicher Räume.* In: Schriftenreihe des Bundesministeriums für Ernährung, Landwirtschaft und Forsten der Bundesrepublik Deutschland, Reihe B: Flurbereinigung, Heft 81. Bonn

Born, K M (1996) *Raumwirksames Handeln von Verwaltungen, Vereinen und Landschaftsarchitekten zur Erhaltung der Historischen Kulturlandschaft und ihrer Einzelelemente – Eine vergleichende Untersuchung in den nordöstlichen USA (New England) und der Bundesrepublik Deutschland.* Dissertation im Selbstverlag

Breitschuh, G; Roth, D; Eckert, H (1998) *Begründung und Herleitung von Vergütungen für Leistungen zum Erhalt der Kulturlandschaft und der agrarischen Funktionen des ländlichen Raumes.* In: Zeitschrift für Kulturtechnik und Landentwicklung, Jahrgang 39 Heft 3: 113–116. Berlin

Brink, A; Wöbse, H H (1990) *Die Erhaltung historischer Kulturlandschaften in der Bundesrepublik Deutschland.* Untersuchungen zur Bedeutung und Handhabung von Paragraph 2, Grundsatz 13 des Bundesnaturschutzgesetzes

Broggi, M F (1995) *Von der Insel zur Fläche – Strategien zur Umsetzung von großflächigen Naturschutzzielen in Kulturlandschaften.* In: Gepp, J (Hrsg) Naturschutz außerhalb von Schutzgebieten. Graz

Broggi, M F (1999) *(Naturschutz)-Leitbilder für die freie Landschaft.* Bundesverband Beruflicher Naturschutz e.V. (Hrsg) Naturschutz zwischen Leitbild und Praxis. Jahrbuch für Naturschutz und Landschaftspflege, Band 50: 9–25. Greven

Buchwald, K; Engelhardt, W (Hrsg) (1996) *Bewertung und Planung im Umweltschutz.* Umweltschutz – Grundlagen und Praxis, Band 2. Bonn

Buhmann, E; Wiesel, J (1999) *GIS-Report '99.* Bernhard-Harzer-Verlag. Karlsruhe

Bundesforschungsanstalt für Naturschutz und Landschaftsökologie (Hrsg) (1992) *Historische Kulturlandschaften.* Dokumentation Natur und Landschaft, 32. Jahrgang Sonderheft 19. Bibliographie Nummer 65

Bundesministerium für Umwelt, Naturschutz und Reaktorsicherheit (Hrsg) (1993) *Konferenz der Vereinten Nationen für Umwelt und Entwicklung im Juni 1992 in Rio de Janeiro – Dokumente – Agenda 21.* Köllen Druck und Verlag. Bonn

Bundesverband beruflicher Naturschutz e.V. (1999) *Zur Weiterentwicklung der Landschaftsplanung.* In: Natur und Landschaft 4: 165

Bund-Länder-Arbeitsgemeinschaft Landentwicklung (Hrsg) (1998) *Leitlinien Landentwicklung – Zukunft im ländlichen Raum gemeinsam gestalten.* Erfurt

Deutscher Bundestag (1997) *Konzept Nachhaltigkeit – Fundamente für die Gesellschaft von morgen.* Zwischenbericht der Enquete-Kommission „Schutz des Menschen und der Umwelt" des 13. Deutschen Bundestages. Bonn

Dierßen, K; Schrautzer, J (1997) *Wie sinnvoll ist ein Rückzug der Landwirtschaft aus der Fläche? – Aspekte des Naturschutzes sowie der Landnutzung in intensiv bewirtschafteten agrarischen Räumen.* In: Wildnis – ein neues Leitbild? – Möglichkeiten und Grenzen ungestörter Naturentwicklung für Mitteleuropa. Laufener Seminarbeiträge, Heft 1: 93–104. Laufen

Diskussionspapier „Die Region ist die Stadt" (1998). Gemeinsame Jahrestagung von ARL und DASL 1998, vom 24. – 26.09.1998 in Esslingen am Neckar. Arbeitsgruppe 2

Droste Zu Hülshoff, B v (1994) *Criteria for the inclusion of cultural properties in the World Heritage List.* Tagungsmaterial des Symposiums „Potsdamer Kulturlandschaft". Potsdam.

Ewald, K C (1994) *Traditionelle Kulturlandschaften/ Elemente – Entstehung – Zweck – Bedeutung.* In:

Landeszentrale für politische Bildung Baden-Württemberg (Hrsg) Naturlandschaft – Kulturlandschaft. Der Bürger im Staat, 44, Heft 1: 37–42

Fachdienst Natur und Umwelt der Stadt Neumünster (Hrsg) (o. J.) *Biotopverbund im besiedelten Bereich.* Verlauf und Bilanz eines F+E-Modellprojekts in Neumünster. Förderprojekt des Bundesamtes für Naturschutz

Fehn, K (1998) *Beitragsmöglichkeiten der Geographie zur Kulturlandschaftspflege mit besonderer Berücksichtigung der Angewandten Historischen Geographie.* In: Behm, H (Hrsg) Kulturelles Erbe – Landschaften im Spannungsfeld zwischen Zerstörung und Bewahrung: 17–26. Pro Art Verlag. Wittenburg

Fiedler, H J; Große, H; Lehmann, G; Mittag, M (Hrsg) (1996) *Umweltschutz: Grundlagen, Planung, Technologien, Management.* Gustav Fischer Verlag. Jena, Stuttgart

Finck, P et al. (1997) *Naturschutzfachliche Landschaftsleitbilder – Rahmenvorstellungen für das nordwestdeutsche Tiefland aus bundesweiter Sicht.* In: Schriftenreihe für Landschaftspflege und Naturschutz, Heft 50/1. Bonn

Finke, L (1996) *Umweltqualitätsziele für die räumliche Planung.* In: Buchwald, K; Engelhardt W (Hrsg) Bewertung und Planung im Umweltschutz. Umweltschutz – Grundlagen und Praxis, Band 2. Bonn

Frede, H-G; Bach, M (1998) *Leitbilder für Agrarlandschaften.* In: Zeitschrift für Kulturtechnik und Landentwicklung, Jahrgang 39 Heft 3: 117–120. Berlin

Gassner, E (1995) *Das Recht der Landschaft.* Neumann-Verlag. Radebeul

Gerken, B; Meyer Chr (Hrsg) (1996) *Wo lebten Pflanzen und Tiere in der Naturlandschaft und der frühen Kulturlandschaft Europas.* In: Natur- und Kulturlandschaft, Heft 1: 1–205. Höxter

Graafen, R (1991) *Der Umfang des Schutzes von historischen Kulturlandschaften in deutschen Rechtsvorschriften.* Kulturlandschaft, 1 Heft 1: 6–9

Grabski-Kieron, U (1996) *Neue Planungsansätze für den ländlichen Raum aus der Bündelung von Landschaftsplanung, Bauleitplanung und agrarischer Fachplanung.* In: Rostocker Agrar- und Umweltwissenschaftliche Beiträge, Heft 5: 47–61. Rostock

Grabski-Kieron, U (1999) *Ländliche Regionen mit Zukunft – Anforderungen an die Dorf- und Regionalentwicklung.* In: Schriftenreihe der Niedersächsischen Akademie Ländlicher Raum, Heft 23: 9–17. Hannover

Grabski-Kieron, U; Kohl, A; Bröckling, F (2000) *Effizienz und Handlungsbedarf der Förderung der Agrarstrukturellen Entwicklungsplanung (AEP).* In: Schriftenreihe des Bundesministeriums für Ernährung, Landwirtschaft und Forsten der Bundesrepublik Deutschland, Reihe B: Flurbereinigung. Bonn

Grabski-Kieron, U; Peithmann, O (2000) *Kulturlandschaftspflege in Regionen mit agrarischer Intensivnutzung.* In: Berichte zur deutschen Landeskunde, Band 74. Flensburg

Greve, K (1996) *Geo-Informationssystem oder Geographisches Informationssystem? Die Bedeutung von GIS für die Geographie.* In: KGR 1/96, Jahrgang 10 Heft 18. Sammelband zum 50. Geographentag – Vorträge der „AK GIS"-Varia-Sitzung

Gustedt, E; Kanning, H; Weih, A (1998) *Nachhaltige Regionalentwicklung – Kriterien zur Beurteilung von regionalen Entwicklungspotentialen.* In: Beiträge zur räumlichen Planung, Heft 55. Hannover

Haaren, C v; Brenken, H (1998) *Räumliche Konzepte zur Realisierung von Belangen des Naturschutzes in Agrarlandschaften – Beispiel: Umsetzungskonzept für den Feuchtgrünlandschutz in Niedersachsen.* In: Naturschutz und Landschaftsplanung, Jahrgang 30 Heft 7: 197–204. Stuttgart

Haber, W (1972) *Grundzüge einer ökologischen Theorie der Landnutzungsplanung.* In: Innere Kolonisation, Heft 21: 294–298. Bonn

Haber, W (1986) *Umweltschutz – Landwirtschaft – Boden.* In: Berichte der Bayerischen Akademie für Naturschutz und Landschaftspflege, Band 10: 19–16. Laufen

Haber, W (1991) *Anforderungen an umweltgerechte Agrarökosysteme der Zukunft.* In: Dachverband Agrarforschung (Hrsg) Umweltgerechte Agrarproduktion. In: Agrarspectrum, Band 18: 19–30. Frankfurt/Main

Hansestadt Rostock (Hrsg) (1997) *Umweltbericht der Hansestadt Rostock 1997.* Rostock

Heringer, J (1997) *Eigenart der Landschaft – ihr Psychocharakter.* In: Fachschaft Landespflege der TU München (Hrsg) Spektrum der Landschaftsplanung: 106–125. Freising

Heydemann, B (1981) *Zur Frage der Flächengröße von Biotopbeständen für den Arten- und Ökosystemschutz.* Jahrbuch für Naturschutz und Landschaftspflege 30: 21–51

Heydemann, B (1999) *Braucht der Naturschutz die Landwirtschaft?* In: Bundesverband Beruflicher Naturschutz e. V. (Hrsg) Naturschutz zwischen Leitbild und Praxis. Jahrbuch für Naturschutz und Landschaftspflege, Band 50: 113–125. Greven

Historic Scotland; The Royal Commission on the Ancient and Historical Monuments of Scotland (Hrsg) (1999) *Historic Landscape Assessment (HLA): Development and Potential of a technique for Assessing Historic Landuse Patterns.* Report of the Pilot Project 1996 – 1998. Crown Copyright. Edinburgh

Hoisl, R (1995) *Bodenordnung als Beitrag zur Landschaftsentwicklung.* In: Bayerische Akademie für Naturschutz und Landschaftspflege (Hrsg) Festschrift zum 70. Geburtstag von Prof. Dr. Dr. h. c. Wolfgang Haber. Beiheft 12 zu den Berichten der Akademie für Naturschutz und Landschaftspflege: 165–174. Laufen

Hoisl, R; Nohl, W; Engelhardt, P (1997) *Naturbezogene Erholung und Landschaftsbildentwicklung als Zukunftsaufgabe der ländlichen Entwicklung.* In: Zeitschrift für Kulturtechnik und Landentwicklung, Jahrgang 38 Heft 6: 247–252. Berlin

Hönes, E-R (1991) *Zur Schutzkategorie „historische Kulturlandschaft".* In: Natur und Landschaft 66 Heft 2: 87–90

Hood, E J (1996) *Social Relations and the Cultural Landscape.* In: Ymain, R; Metheny, K B (Hrsg) (1996) Landscape Archaeology. Reading and Interpreting the American Historical Landscape. The University of Tennessee Press/Knoxville.

Hovestadt, T et al. (1992) *Flächenbedarf von Tierpopulationen als Kriterien für Maßnahmen des Biotopschutzes und als Datenbasis zur Beurteilung von Eingriffen in Natur und Landschaft.* Bericht aus der ökologischen Forschung 1. Forschungszentrum Jülich. Jülich

Institut für Landschaftsplanung und Landschaftsökologie (2000) *Abschlussbericht zum Forschungsprojekt „Fortführung der begleitenden Forschung, Dokumentation und Moderation der Lokalen Agenda 21 der Stadt Ludwigslust" des Institutes für Landschaftsplanung und Landschaftsökologie der Universität Rostock.* Unveröffentlicht

Jacques, D (1995) *Zur Bedeutung historischer Kulturlandschaften.* In: Deutscher Rat für Landespfege (Hrsg) Pflege und Entwicklung der Potsdamer Kulturlandschaft. Schriftenreihe. Heft 66: 42–51

Jansen, R (2000) *Nachhaltigkeit – Die Forstwirtschaft als klassisches Beispiel für nachhaltiges Wirtschaften.* In: geographie heute, 21. Jahrgang Heft 180: 34–37

Jedicke, E (1994) *Biotopverbund.* Ulmer-Verlag. Stuttgart

Jedicke, E (1998) *Raum-Zeit-Dynamik in Ökosystemen und Landschaften – Kenntnisstand der Landschaftsökologie und Formulierung einer Prozessschutz-Definition.* In: Naturschutz und Landschaftsplanung, Jahrgang 30 Heft 8/9: 229–236. Stuttgart

Jessel, B (1995) *Ist zukünftige Landschaft planbar? – Möglichkeiten und Grenzen ökologisch orientierter Planung.* In: Vision Landschaft 2020. Laufener Seminarbeiträge, Heft 4: 91–100. Laufen

Jessel, B (1996) *Leitbilder und Wertungsfragen in der Naturschutz- und Umweltplanung – Normen, Werte und Nachvollziehbarkeit von Planungen.* In: Naturschutz und Landschaftsplanung, Jahrgang 28 Heft 7: 211–216. Stuttgart

Jessel, B (1998a) *Gemeindliche Landschaftspläne als Bausteine der Lokalen Agenda 21.* In: UVP-Gesellschaft e. V. (Hrsg) UVP-report 4/98: 161–164

Jessel, B (1998b) *Landschaften als Gegenstand von Planung – Theoretische Grundlagen ökologisch orientierten Planens.* Beiträge zur Umweltgestaltung A 139. Erich Schmidt Verlag. Berlin

Jessel, B (2000) *Thesen zur Lokalen Agenda 21 aus berufspolitischer Sicht des BDLA.* In: Landschaftsarchitekten Heft 2/2000: 30

Kapfer, A; Konold, W (1994) *Streuwiesen – Relikte vergangener Landbewirtschaftung mit hohem ökologischen Wert.* In: Landeszentrale für politische Bildung Baden-Württemberg (Hrsg) (1994) Naturlandschaft – Kulturlandschaft. Der Bürger im Staat 44 Heft 1: 50–54

Kaule, G (1986) *Arten- und Biotopschutz.* Stuttgart

Kaule, G; Endruweit, G; Weinschenck, G (1994) *Landschaftsplanung, umsetzungsorientiert!* Angewandte Landschaftsökologie, Heft 2. Münster

Knauer, N (1995) *Biotische Vielfalt in der Agrarlandschaft – Notwendigkeit und Strategie zur Entwicklung einer Biodiversität durch die Landwirtschaft.* In: Berichte der Bayerischen Akademie für Naturschutz und Landschaftspflege, Band 19: 73–84. Laufen

Konold, W (Hrsg) (1996) *Naturlandschaft, Kulturlandschaft – Die Veränderung der Landschaften nach der Nutzbarmachung durch den Menschen.* Landsberg

Köppel, J; Spandau, L (1997) *„Nachhaltige Entwicklung": Konzept mit Charme für die Landschaftsplanung.* In: Fachschaft Landespflege der TU München (Hrsg) Spektrum der Landschaftsplanung. Freising

LANA (1991) *Lübecker Grundsätze des Naturschutzes.* Unveröffentlichtes Manuskript

LANA (1995) *Strategie für die Umsetzung eines länderübergreifenden Biotopverbundsystems.* Unveröffentlichtes Manuskript

Landesamt für Umwelt und Natur Schleswig-Holstein (1999) *Schutzgebiets- und Biotopverbundsystem Schleswig-Holstein, Planungsraum I – Teilbereich Kreis Pinneberg.* Stand: Dezember 1999. Unveröffentlicht

Lange, H (1998) *Landschaftsplanung und BauROG. Nachhaltigkeit als gemeinsames Ziel von Landschaftsplanung, Raumordnung, Bauleitplanung und Agenda 21.* In: Garten und Landschaft 5/98: 16–17

Luz, F (1997) *Nutzerorientierte Landschaftsplanung. Voraussetzung für Praxis und Lehre.* In: Fachschaft Landespflege der TU München (Hrsg) Spektrum der Landschaftsplanung. Freising

Malone, C (1989) *Avebury. English Heritage.* B. T. Batsford Ltd./English Heritage. London

Martlew, R D; Ruggles, C L N (1996) *Ritual and Landscape on the West Coast of Scotland; an Investigation of the Stone Rows of Northern Mull.* In: Proceedings of the Prehistoric Society 62 (1996):117–131

Meyer, H von (1997) *Integrierte ländliche Entwicklung – Dimensionen eines neuen Ansatzes.* In: Zeitschrift für Kulturtechnik und Landentwicklung, Jahrgang 38 Heft 5: 193–197. Berlin

Ministerium für Umwelt Rheinland-Pfalz (Hrsg) (1993) *Planung vernetzter Biotopsysteme, Bereich Landkreis Mayen-Koblenz.* Mainz

Ministerkonferenz für Raumordnung (1992) *Aufbau eines ökologischen Verbundsystems in der räumlichen Planung*. GMBl. 1993: 49–50

Muhar, A (1994) *Landschaft von gestern für die Kultur von morgen?* In: Topos – European Landscape Magazine, Nummer 6: 95–102. München

Muhar, A (1999) *Geographische Informationssysteme (GIS) in Naturschutz und Landschaftspflege*. In: Handbuch Naturschutz und Landschaftspflege. eco-med-verlag. Landsberg.

Myers, N; Mittermeier, R A; Mittermeier, Ch G; Da Fonseca, G A B; Kent, J (2000) *Biodiversity hotspots for conservation priorities*. In: Nature 403 (2000): 853–858. Macmillan Publishers Ltd.

Olschowy, G (Hrsg) (1978) *Natur- und Umweltschutz in der Bundesrepublik Deutschland*. Berlin, Hamburg

Ongyerth, G (1995) *Kulturlandschaft Würmtal – Modellversuch „Landschaftsmuseum" zur Erfassung und Erhaltung historischer Kulturlandschaftselemente im oberen Würmtal*. Arbeitsheft 74. Bayerisches Landesamt für Denkmalpflege

Oppermann, B; Luz, E (1996) *Planung hört nicht beim Planen auf*. In: Konold, W (Hrsg) Naturlandschaft Kulturlandschaft: 273–288. Landsberg

Otte, A (1997) *Nutzungsintegrierter Naturschutz: Kulturlandschaftsschutz durch Landwirtschaft*. In: Ergebnisse landwirtschaftlicher Forschung, Band 23: 93–103. Gießen

Pfadenhauer, J (1991) *Integrierter Naturschutz*. In: Garten und Landschaft, Heft 2: 13–17. München

Pietsch, M; Buhmann, E (1999) *Auf dem Weg zur GIS-gestützten Landschaftsplanung – Die Hürden in der Praxis, am Beispiel des Landschaftsplans der Verwaltungsgemeinschaft Sandersleben*. In: Strobl, J; Blaschke, T (1999) Angewandte Geographische Informationsverarbeitung. XI. Beiträge zum AGIT-Symposium Salzburg

Plachter, H (1995) *Naturschutz in Kulturlandschaften: Wege zu einem ganzheitlichen Konzept der Umweltsicherung*. In: Gepp, J (Hrsg) Naturschutz ausserhalb von Schutzgebieten: 47–96. Graz

Plachter, H; Werner, A (1998) *Integrierte Methoden zu Leitbildern und Qualitätszielen für eine naturschonende Landwirtschaft*. In: Zeitschrift für Kulturtechnik und Landentwicklung, Jahrgang 39 Heft 3: 121–129. Berlin

Roth, D (1996) *Agrarraumnutzungs- und -pflegepläne – ein Instrument zur Landschaftsplanumsetzung*. In: Naturschutz und Landschaftsplanung, Jahrgang 28 Heft 8: 237–242. Stuttgart

Roth, D; Schwabe, M (1998) *Landschaftsplanung und Landwirtschaftsbetrieb – Konflikte und Lösungswege*. In: Dekan der Landwirtschaftlichen Fakultät der Martin-Luther-Universität Halle-Wittenberg (Hrsg) Landwirtschaftliche Produktionsbedingungen – Qualität der Erzeugnisse: 178–185. Halle/Saale

Saalfeld, K (1998) *Modellhafte Ableitung landschaftsplanerischer Aussagen zur Landwirtschaft aus dem Landschaftsrahmenplan Verden*. In: Akademie für Raumforschung und Landesplanung (Hrsg) Arbeitsmaterial Nr. 243: 49–58. Hannover

Sachverständigenrat für Umweltfragen (1985) *Umweltprobleme in der Landwirtschaft*. Bonn

Schaal, P (1999) *Neue Perspektiven für die Regionalplanung durch GIS?* In: Strobl, J; Blaschke, T (1999) Angewandte Geographische Informationsverarbeitung XI. Beiträge zum AGIT-Symposium Salzburg

Schenk, W; Fehn, K; Denecke, D (Hrsg) (1997) *Kulturlandschaftspflege. Beiträge der Geographie zur räumlichen Planung*. Berlin, Stuttgart

Schildwächter, R; Jergens, B (1999) *Landespflegerisches Flächenmanagement*. In: Strobl, J; Blaschke, T (1999) Angewandte Geographische Informationsverarbeitung XI. Beiträge zum AGIT-Symposium Salzburg

Sieverts, T (1998) *ZWISCHENSTADT zwischen Ort und Welt, Raum und Zeit, Stadt und Land*. In: Conrads, U v; Neitzke, P (Hrsg) (1998) Bauwelt Fundamente 118. 2. Auflage. Verlag Friedrich Vieweg & Sohn. Braunschweig, Wiesbaden

Stadt Flensburg (1998) *Flächennutzungsplan und Landschaftsplan der Stadt Flensburg vom Juli 1998*

Stern, K (1990) *Wirkung der großflächigen Landbewirtschaftung in der DDR auf Flora, Fauna und Boden*. Giessener Abhandlungen zur Agrar- und Wirtschaftsforschung des europäischen Ostens, Band 174. Berlin

Tamms, F; Wortmann, W (1973) *Städtebau*. Carl Habel Verlag. Darmstadt

Weihrich, D (2001) *Der Entwurf zur Novelle des BNatSchG* vom Mai 2001. In: Zeitschrift für Umweltrecht, Heft 6: 387–390

Werner, A et al. (1997) *Partizipative und iterative Planung als Voraussetzung für die Integration ökologischer Ziele in die Landschaftsplanung des ländlichen Raumes*. In: Zeitschrift für Kulturtechnik und Landentwicklung, Jahrgang 38 Heft 5: 209–217. Berlin

Wöbse, H H (1998) *Die Sicherung kulturlandschaftlicher Kontinuität – eine Aufgabe der Landespflege*. In: Behm, H (Hrsg) Kulturelles Erbe – Landschaften im Spannungsfeld zwischen Zerstörung und Bewahrung: 7–16. Pro Art Verlag. Wittenburg

Zeltner, U (1995) *Schutzgebiets- und Biotopverbundsystem Schleswig-Holstein*. In: Landesamt für Natur und Umwelt des Landes Schleswig-Holstein (Hrsg) Landschaftsökologischer Fachbeitrag zur Landschaftsrahmenplanung. Stand. November 1995

Zeltner, U; Gemperlein, J (o. J.) *Schutzgebiets- und Biotopverbundsystem Schleswig-Holstein*. In: Landesamt für Naturschutz und Landschaftspflege Schleswig-Holstein (Hrsg) Perspektiven des Naturschutzes in Schleswig-Holstein – 20 Jahre Landesamt für Naturschutz und Landschaftspflege. Kiel

Zimmermann, B (1994) *Methodische Grundlagen des Einsatzes Geographischer Informationssysteme in der Landschaftsplanung.* In: Schriftenreihe des Westfälischen Amtes für Landes- und Baumpflege, Heft 8: 49–75

Zöllner, G (1991) *Ästhetische Leitbilder in der Flurbereinigung.* In: Garten und Landschaft, Jahrgang 101 Heft 3: 30–34. München

Kapitel 9

ABSP (1992) *Arten- und Biotopschutzprogramm Erlangen.* Projektgruppe ABSP am BayStMLU München unter Mitwirkung des Bayerischen Landesamtes für Naturschutz und Büro Dr. Schober, Freising. Stadt Erlangen, München

Arbeitsstab der gemeinsamen Landesplanung Hamburg/Niedersachsen/Schleswig-Holstein (1997) *Metropolregion Hamburg.* Datenspiegel. Faltblatt

Behre, K E (1985) *Die ursprüngliche Vegetation in den deutschen Marschgebieten und deren Veränderung durch prähistorische Besiedlung und Meeresspiegelbewegungen.* Verh. Ges. f. Ökologie Band 13: 85–96

Deutscher Wetterdienst (1989) *Stadtklima Erlangen,* Gutachten

Freie und Hansestadt Hamburg (1991) *Umweltschutz in Hamburg.* Umweltbehörde

Freie und Hansestadt Hamburg (1995a) *Stadtentwicklungskonzept. Leitbild und Orientierungsrahmen.* Entwurf. Stadtentwicklungsbehörde

Freie und Hansestadt Hamburg (1995b) *Hamburg macht Pläne – planen Sie mit. Erläuterungen zum Bebauungsplanverfahren und zum Grünordnungsplanverfahren.* Stadtentwicklungsbehörde

Freie und Hansestadt Hamburg (1996) *Hamburg – Daten und Informationen.* Statistisches Landesamt

Freie und Hansestadt Hamburg (1997a) *Landschaftsprogramm einschließlich Artenschutzprogramm.* Gemeinsamer Erläuterungsbericht der Stadtentwicklungsbehörde und der Umweltbehörde

Freie und Hansestadt Hamburg (1997b) *Flächennutzungsplan – Erläuterungsbericht*

Freie und Hansestadt Hamburg (1997c) *Digitaler Umweltatlas Hamburg.* Umweltbehörde Hamburg in Kooperation mit IBM. CD-ROM

Grebe, R; Tomasek, W (1980) *Gemeinde und Landschaft.* Deutscher Gemeindeverlag. Köln

Grebe, R; Thiele H (1967) *Grüngutachten Erlangen.* Erlangen

Hübler, K-H; Riehl, C; Winkler-Kühlken, B (1995) *UVP in der Bauleitplanung.* Forschungsbericht des Bundesumweltamtes. Erich Schmidt. Berlin

Institut für Geologie und Mineralogie (1993a) *Ökologische Bodenfunktionskartierung.* (Dr. Köppel). Universität Erlangen. Unveröffentlicht

Institut für Geologie und Mineralogie (1993b) *Grundwasserschutz.* (Prof. Dr. Rossner). Universität Erlangen. Unveröffentlicht

Institut für Landschaftsplanung und Landschaftsökologie (1999) *Erarbeitung von Vorschlägen über die*

Abwägende Einstellung des Gutachtlichen Landschaftsrahmenplanes (GLRP) in das Regionale Raumordnungsprogramm Mittleres Mecklenburg/Rostock (RROP MM/R) unter besonderer Berücksichtigung des Novellierung beziehungsweise Neufassung des ab 01.01.1998 wirksam werdenden veränderten Bau- und Raumordnungsrecht. Universität Rostock. Unveröffentlicht

LAUN (Hrsg) (1996) *Gutachtlicher Landschaftsrahmenplan der Region Mittleres Mecklenburg/Rostock.* Gülzow

Lenkungsgruppe Regionales Entwicklungskonzept (1994) *Regionales Entwicklungskonzept für die Metropolregion Hamburg. Leitbild und Orientierungsrahmen.* Gutachten im Auftrag der Landesregierungen Hamburg, Niedersachsen, Schleswig-Holstein

Lenkungsgruppe Regionales Entwicklungskonzept (1996) *Regionales Entwicklungskonzept für die Metropolregion Hamburg. Entwurf eines Handlungsrahmens – Werkstattbericht der Lenkungsgruppe.* Gutachten im Auftrag der Landesregierungen Hamburg, Niedersachsen, Schleswig-Holstein

Packschies, M (1997) *Ökologische Stadtplanung Eckernförde.* Planerin. Heft 1

Packschies, M (2000) *Grünkonzept für das Baugebiet „Domsland" in Eckernförde.* Jahrbuch der Heimatgemeinschaft Eckernförde. Band 58

Planungsbüro Grebe (1972) *Planung Naturpark Steigerwald.* Nürnberg

Planungsgruppe Ökologie + Umwelt (1994) *Regionales Entwicklungskonzept für die Metropolregion Hamburg. Bestandsaufnahme zum aktuellen Zustand von Natur und Landschaft.* Untersuchung im Auftrag der Freien und Hansestadt Hamburg, des Kreises Herzogtum Lauenburg für die Arbeitsgemeinschaft der Hamburg-Randkreise

Poppendieck, H-H; Kallen, H-W; Brand, I; Ringenberg, J (1998) *Rote Liste und Florenliste der Farn- und Blütenpflanzen von Hamburg.* Naturschutz und Landschaftspflege in Hamburg. Freie und Hansestadt Hamburg. Umweltbehörde

Regionaler Planungsverband Mittleres Mecklenburg/ Rostock (Hrsg) (1994) *Regionales Raumordnungsprogramm Mittleres Mecklenburg/Rostock.* Rostock

Riedel, W; Müller, C; Packschies, M (1989) *Landschaftsbezogene Datenerhebung für die kommunale Umweltplanung.* In: Geographische Rundschau, 41. Jahrgang Heft 9

Runkel, P (Hrsg) (1998) *Baugesetzbuch.* Textausgabe mit einer Einführung in die Änderungen durch das Bau- und Raumordnungsgesetz 1998. 5. bearbeitete Auflage. Bundesanzeiger Köln

Spitzenberger, H-J (1999) *Arbeitshilfe zur Berücksichtigung von Natur- und Artenschutzbelangen bei der Pflege von Be- und Entwässerungsgräben in Hamburger Marschen.* Berichte aus der Wasserwirtschaft, Nr. 5

Spitzenberger, H-J; Holzapfel, C; Vidal, S (1981) *Atlas der gefährdeten Brutvögel Hamburgs.* Erstellt im Auftrag der Behörde für Bezirksangelegenheiten, Naturschutz und Umweltgestaltung. Vogel und Heimat Verlag. Hamburg

Spitzenberger, H-J; Fischer, W (1984) *Pflege- und Entwicklungsplan NSG Heuckenlock.* Gutachten im Auftrag der Behörde für Bezirksangelegenheiten, Naturschutz und Umweltgestaltung. Hamburg

Schumacher, F (1932) *Wesen und Organisation der Landesplanung im hamburgisch-preußischen Planungsgebiet.* Verlag Boysen & Maasch. Hamburg

Staatsräte-Arbeitskreis (1991) *Anwendung der naturschutzrechtlichen Eingriffsregelung.* Ergebnis des Staatsräte-Arbeitskreises der Freien und Hansestadt Hamburg am 28. Mai 1991

Umweltamt der Stadt Erlangen (1988–1992) *Altlasten.* Gutachten der Stadt Erlangen

Umweltamt der Stadt Erlangen (1989) *Immissionsschutz.* Gutachten der Stadt Erlangen

Umweltamt der Stadt Erlangen (1990–1994) *Luftreinhaltung.* Gutachten der Stadt Erlangen

Umweltamt der Stadt Erlangen (1993) *Fließgewässer.* Gutachten der Stadt Erlangen

Wittenberg, J (1981) *Zur Vogelwelt des Hamburger Hafengebietes und vorgesehener Erweiterungsflächen.* In: Mitt. DBV Hamburg. Sonderheft 9: 85–95

Kapitel 10

Bundesverband Beruflicher Naturschutz (1999) *Zur Weiterentwicklung der Landschaftsplanung.* In: Natur und Landschaft 4: 165

Lange, H (1998) *Landschaftsplanung und BauROG – Nachhaltigkeit als gemeinsames Ziel von Landschaftsplanung, Bauleitplanung und Agenda 21. Welche Chancen ergeben sich für die Landschaftsplanung, der ja oft die Zersplitterung droht?* In: Garten und Landschaft 5: 16–17

Sachverständigenrat für Umweltfragen (2000) *Umweltgutachten 2000.* Verlag Metzler-Poeschel. Stuttgart

Sozialdemokratische Partei Deutschland und Bündnis 90/Die Grünen (1998) *Aufbruch und Erneuerung – Deutschlands Weg ins 21. Jahrhundert – Koalitionsvereinbarung zwischen der Sozialdemokratischen Partei Deutschland und Bündnis 90/Die Grünen.* 20.10.1998. Bonn

Autorenbiografien

Autsch, Dr. Jürgen-Friedrich

Dipl.-Ing. agr., Dr. agr.

Ministerium für Arbeit und Bau Mecklenburg-Vorpommern, Abteilung 4 Raumordnung und Landesplanung, Schlossstraße 6-8, 19053 Schwerin
juergen.autsch@am.mv-rcgicrung.de

Geburtsjahr und -ort: 1960 in Siegen (Westfalen)

Beruflicher Werdegang:
1989 – 1991 wissenschaftlicher Mitarbeiter am Institut für landwirtschaftliche Betriebslehre, Regional- und Umweltpolitik an der Justus-Liebig-Universität in Giessen. 1991 – 1993 Assistent am oben genannten Institut, Projekt- und Regionalplanung. Seit 1993 Referent für Raumordnerische Belange von Landwirtschaft, Umwelt und Naturschutz, – Abteilung Raumordnung und Landesplanung –, Ministerium für Arbeit und Bau, Landesregierung Mecklenburg-Vorpommern, Bauoberrat.

Behm, PD Dr. Holger

Dipl. Mel. Ing., Dr. agr. habil.

Universität Rostock, Institut für Landschaftsplanung und Landschaftsökologie, Justus-von-Liebig-Weg 6, 18051 Rostock
holger.behm@agrarfak.uni-rostock.de

Geburtsjahr und -ort: 1958 in Hagenow

Beruflicher Werdegang:
1980 Gründungsmitglied eines Aktivs der Gesellschaft für Natur und Umwelt. Bis 1990 Bauleitung und Planer in Meliorations- und Landwirtschaftsbetrieben. Ab 1990 freier und angestellter Planer und Projektleiter. 1993 Promotion an der Universität Rostock. 1995 Stipendiat am University College Dublin. 1999 Habilitation. Seit 1999 Privatdozent am Institut für Landschaftsplanung und Landschaftsökologie der Universität Rostock.

Bergmann, Ralf

Dipl.-Biol.

Stadt und Land Planungsgesellschaft mbH, Hauptstr. 46, 39596 Hohenberg-Krusemark
Stadt.Land@t-online.de

Geburtsjahr und -ort: 1962 in Dortmund

Beruflicher Werdegang:
Seit 1990 Mitarbeiter, später Abteilungsleiter und Niederlassungsleiter in verschiedenen Planungs- beziehungsweise Ingenieurgesellschaften. Seit Februar 1998 geschäftsführender Gesellschafter der Stadt und Land Planungsgesellschaft mbH; Lehrbeauftragter an der Hochschule Anhalt (FH), Standort Bernburg für die Lehrgebiete Eingriffsregelung, Umweltverträglichkeitsprüfung und Schutz der Umweltmedien.

Czybulka, Prof. Dr. Detlef

Dr. iur., iur. habil.

Universität Rostock, Juristische Fakultät, Lehrstuhl für Staats- und Verwaltungsrecht, Umweltrecht und Öffentliches Wirtschaftsrecht, Richard-Wagner-Straße 31, Haus 1, 18119 Warnemünde
Detlef.Czybulka@jurfak.uni-rostock.de

Geburtsjahr und -ort: 1944 in Reisern
(Oberschlesien)

Beruflicher Werdegang:
Wissenschaftlicher Assistent an den Universitäten Genf/Schweiz und Augsburg. Rechtsanwalt in München. 1987 Habilitation in Augsburg. Seit 1993 Lehrstuhlinhaber für Öffentliches Recht und Direktor des Ostseeinstituts für Seerecht und Umweltrecht der Juristischen Fakultät der Universität Rostock. Seit 1998 auch Richter am Oberverwaltungsgericht Mecklenburg-Vorpommern.

Erbguth, Prof. Dr. Wilfried

Dr. iur.

Universität Rostock, Juristische Fakultät, Richard-Wagner-Straße 31, 18119 Warnemünde
wilfried.erbguth@jurfak.uni-rostock.de

Geburtsjahr und -ort: 1949 in Rostock

Beruflicher Werdegang:
1975 Promotion in Münster. Von 1975 – 1978 Richter am Verwaltungsgericht Münster. Ab 1978 Lehrtätigkeit an der Fachhochschule für öffentliche Verwaltung Nordrhein-Westfalen. 1982 Referatsleiter am Umweltbundesamt Berlin. Von 1984 – 1985 Koordinator der rechtswissenschaftlichen Forschung am Zentralinstitut für Raumplanung an der Universität Münster. 1985 Habilitation in Münster. Anschließend Lehrstuhlvertretungen in Hannover, Bielefeld und Münster. 1989 – 1992 Professor an der Ruhr-Universität Bochum. Oktober 1992 Ernennung zum Professor in Rostock; Geschäftsführender Direktor des Ostseeinstituts für Seerecht und Umweltrecht der Juristischen Fakultät.

Grabski-Kieron, Prof.in Dr. Ulrike

Dipl.-Geogr., Dr. rer. nat.

Westfälische Wilhelms-Universität Münster, Institut für Geographie, Abteilung Orts-, Regional- und Landesentwicklung/Raumplanung, Robert-Koch-Straße 26, 48149 Münster
kieron@uni-muenster.de

Geburtsjahr und -ort: 1956 in Dortmund

Beruflicher Werdegang:
Mai 1981 Abitur. August 1981 – Juli 1985 Wissenschaftliche Mitarbeiterin am Geographischen Institut der Ruhr-Universität Bochum. Januar 1982 – Mai 1985 Promotion. August 1985 – März 1986 Hochschulassistentin am gleichen Institut. April 1986 – Juni 1996 Diplom Geographin bei der Landesentwicklungsgesellschaft Nordrhein-Westfalen LEG GmbH Düsseldorf, Stabsabteilung „Technische Leitung". 1989 – Juni 1993 schriftliche Habilitationsarbeit. Privatdozentur Ruhr-Universität Bochum. Seit 1996 Universitäts-Professorin an der Westfälischen Wilhelms-Universität Münster. Seit 1998 Geschäftsführende Direktorin des Institutes für Geographie.

Grebe, Prof. Dipl.-Ing. Reinhard

Dipl.-Ing. Landespflege, ao. Prof., Landschaftsarchitekt BDLA

Effeltricher Str. 24, 90411 Nürnberg

Geburtsjahr und -ort: 1928 in Helmighausen/Waldeck

Beruflicher Werdegang:
Nach Studium Mitarbeiter Büro für Grün- und Stadtplanung in Nürnberg, Referent für Garten- und Landschaftsgestaltung im Zentralverband Deutscher Gartenbau Bonn, Geschäftsführer der Arbeitsgemeinschaft für Garten- und Landschaftskultur. 1966 – Ende 1998 eigenes Büro für Landschafts- und Ortsplanung. 25 Jahre Mitglied Oberster Naturschutzbeirat im BayStMLU, Mitglied Deutscher Rat für Landespflege und Präsidium Deutsche Gartenbaugesellschaft. Seit 1982 ao. Prof. für Landschaftsarchitektur TU München-Weihenstephan, Lehraufträge Universität Augsburg, Bayreuth und Rostock.

Grünberg, Kai-Uwe

Dipl.-Geogr.

Universität Rostock, Institut für Landschaftsplanung und Landschaftsökologie, Justus-von-Liebig-Weg 6, 18051 Rostock
kai-uwe.gruenberg@agrarfak.uni-rostock.de

Geburtsjahr und -ort: 1956 in Freienwill/Flensburg

Beruflicher Werdegang:
Ab 1987 Wissenschaftlicher Mitarbeiter bei der Zentralstelle für Landeskunde, Schleswig-Holstein. Seit 1993 Mitarbeiter in einem Landschaftsplanungsbüro in Schleswig-Holstein. Seit 1997 Wissenschaftlicher Mitarbeiter im Institut für Landschaftsplanung und Landschaftsökologie der Universität Rostock.

Heintze, Ulrich

Dipl.-Hdl.

Zur Baumschule 4, 24943 Flensburg-Tarup

Geburtsjahr und -ort: 1939 in Sommerfeld

Beruflicher Werdegang:
Nach dem Studium der Wirtschaftswissenschaften, Geographie und Berufspädagogik im Höheren Lehramt der Städtischen Handelslehranstalt Flensburg tätig, ehrenamtlich in der praktischen Naturschutzarbeit und Umweltpädagogik engagiert. Seit 1990 Stadtbeauftragter für Naturschutz in Flensburg.

Janzen, Prof. Dr. Klaus

Dr. agr. habil.

Universität Rostock, Institut für Landschaftsplanung und Landschaftsökologie, Justus-von-Liebig-Weg 6, 18051 Rostock
klaus.janzen@agrarfak.uni-rostock.de

Geburtsjahr und -ort: 1936 in Stettin

Beruflicher Werdegang:
Standortgutachter, Fachgruppenleiter Standortuntersuchung im Meliorationskombinat Rostock, Chefingenieur Standortuntersuchung für die Erzeugnisgruppe Meliorationen in der DDR. 1981 wissenschaftlicher Oberassistent am Lehrstuhl Landeskultur und Umweltschutz der Universität Rostock. 1991 Privatdozent Standortkunde. 1997 außerplanmäßige Professur Standortkunde am Institut für Landschaftsplanung und Landschaftsökologie der Universität Rostock.

Kühlbach, Karsten

Dipl.-Geogr.

KTBL e.V., Straße: Bartningstraße 49, 64289 Darmstadt
k.kuehlbach@ktbl.de

Geburtsjahr und -ort: 1961 in Quierschied

Beruflicher Werdegang:
1993 freier wissenschaftlicher Mitarbeiter im Modellvorhaben „kommunales Handlungsmodell Altlasten" des Stadtverbandes Saarbrücken. 1994 – 1998 wissenschaftlicher Mitarbeiter im Mo-

dellvorhaben „umweltverträgliche Landbewirtschaftung im Verdichtungsraum Saarbrücken". Seit 1999 wissenschaftlicher Mitarbeiter im Aufgabenbereich „Standortsicherung und Immissionsschutz" des KTBL (Kuratorium für Technik und Bauwesen in der Landwirtschaft) in Darmstadt.

Lange, Prof. Horst

Dipl.-Ing. Landespflege, Regierungsbaudirektor a.D., Landschaftsarchitekt BDLA

Hochschule Anhalt (FH), Strenzfelder Allee 28, 06406 Bernburg
lange@loel.hs-anhalt.de

Geburtsjahr und -ort: 1960 in Hagen

Beruflicher Werdegang:
1980 – 1986 Studium der Landschaftsplanung/Landespflege an der TU Berlin/Universität Hannover. 1985 Leiter der Unteren Naturschutzbehörde (Abteilung im Umweltamt) der Stadt Hagen. 1991 Leiter des Referates „Grundsatzfragen der Landschaftsplanung und der Erholung in Natur und Landschaft" im Umweltministerium Mecklenburg-Vorpommern. Seit 1995 Professor für das Fachgebiet „Landschaftsplanung und Landschaftsökologie" in den Studiengängen „Landschaftsarchitektur und Umweltplanung" sowie „Naturschutz und Landschaftsplanung" an der Hochschule Anhalt (FH).

Martin, Dr. sc. Dieter

Dipl.-Biol., Dr. sc.

Landesamt für Forsten und Großschutzgebiete Malchin, Fritz-Reuter-Platz 9, 17139 Malchin

Geburtsjahr und -ort: 1946 in Frohburg/Sachsen

Beruflicher Werdegang:
1964 – 1969 Studium der Biologie und Diplom an der Sektion Biowissenschaften der Universität Leipzig. 1969 – 1971 Forschungsstudium. 1971 Promotion A. 1971 – 1974 Assistent an der Universität Leipzig. 1975 – 1991 Leiter der Naturschutzlehrstätte Müritzhof. 1988 Promotion B. 1991 – 1993 Mitarbeiter an der Landeslehrstätte für Naturschutz Mecklenburg-Vorpommern. 1993 – 1998 Leiter der Landeslehrstätte für Naturschutz. Ab 1998 Leiter des Dezernates Aus- und Weiterbildung am Landesamt für Forsten und Großschutzgebiete.

Packschies, Michael

Dipl.-Geogr.

Stadt Eckernförde, Abteilung Naturschutz und Landschaftspflege, Rathausmarkt 4 – 6, 24340 Eckernförde

Geburtsjahr und -ort: 1957 in Kiel

Beruflicher Werdegang:
Wissenschaftlicher Angestellter der Pädagogischen Hochschule Kiel. Freier Mitarbeiter der Zentralstelle für Landeskunde von Schleswig-Holstein. Leiter der Abteilung Naturschutz und Landschaftspflege der Stadt Eckernförde. Mitglied im Beirat beim schleswig-holsteinischen Landesnaturschutzbeauftragten sowie in weiteren Naturschutzbeiräten und -ausschüssen.

Pivarci, Rudolf

Dipl.-Biol.

Universität Rostock, Fachbereich Biologie, Institut für Biodiversitätsforschung, Abteilung Allgemeine und spezielle Botanik, Wismarsche Straße 8, 18051 Rostock
rudolf.pivarci@biologie.uni-rostock.de

Geburtsjahr und -ort: 1968 in Ziar nad Hronom, Slowakei

Beruflicher Werdegang:
Wissenschaftlicher Mitarbeiter am Institut für Landschaftsplanung und Landschaftsökologie, Universität Rostock. Seit 1999 wissenschaftlicher Mitarbeiter am Institut für Biodiversitätsforschung, Abteilung Allgemeine und Spezielle Botanik, Universität Rostock.

Richter, Prof. Dr. Klaus

Dipl.-Biol., Dr. rer. nat.

Hochschule Anhalt (FH), Strenzfelder Allee 28, 06406 Bernburg
krichter@loel.hs-anhalt.de

Geburtsjahr und -ort: 1953 in Chemnitz

Beruflicher Werdegang:
1972 – 76 Studium der Biologie an der Universität Leipzig. 1982 Promotion. 1976 – 1990 wissenschaftlicher Assistent, später Oberassistent am Fachbereich Ökologie/Taxonomie der Universität Leipzig. 1990 – 1993 Abteilungsleiter Naturschutz StUFA Leipzig. 1993 – 1995 Referatsleiter Schutzgebiete beim Sächsischen Landesamt für Umwelt und Geologie. Seit 1995 Professor für Naturschutz und Faunistik an der HS Anhalt (FH) in Bernburg.

Riedel, Prof. Dr. Wolfgang

Dipl.-Geogr., Dr. rer. nat.

Universität Rostock, Institut für Landschaftsplanung und Landschaftsökologie, Justus-von-Liebig-Weg 6, 18051 Rostock
wolfgang.riedel@agrarfak.uni-rostock.de

Geburtsjahr und -ort: 1942 in Braunschweig

Beruflicher Werdegang:
1973 – 1979 wissenschaftlicher Assistent der Universität Flensburg für Physische Geographie. 1980 – 1995 Leiter der Zentralstelle für Landeskunde, Schleswig-Holstein. 1985 – 1995 Landesbeauftragter für Naturschutz des Landes Schleswig-Holstein. Seit 1994 Lehrstuhlinhaber für Landschaftsplanung und Landschaftsgestaltung und Direktor des Institutes für Landschaftsplanung und Landschaftsökologie der Universität Rostock.

Spitzenberger, Dr. Hans-Joachim

Dipl.-Biol., Dr. rer. nat.

Landschaftsökologisches Forschungsbüro Hamburg, Haidland 15, 21218 Seevetal
LFH.Spitzenberger@t-online.de

Geburtsjahr und -ort: 1948 in Recklinghausen

Beruflicher Werdegang:
Assistent am Zoologischen Institut der Universität Hamburg. Mitarbeiter im ökologisch-regionalwirtschaftlichen Gutachten zu den Auswirkungen der geplanten nuklearen Wiederaufbereitungsanlage Gorleben. Geschäftsführer des Naturschutzbundes Deutschland, Lv. Hamburg. Leiter des Land-

schaftsökologischen Forschungsbüros Hamburg (LFH). Daneben Lehraufträge für Landschaftsplanung im Studiengang Naturschutz der Universität Hamburg und für Landschaftsbewertung an der Universität Rostock. Ehrenamtlich seit 1991 im Naturschutzrat der Freien und Hansestadt Hamburg.

Stollmann, Frank

Zweites juristisches Staatsexamen, Regierungsdirektor

Gesundheitsministerium NRW, Fürstenwall 25, 40219 Düsseldorf
frank.stollmann@mfjfg.nrw.de

Geburtsjahr und -ort: 1962 in Bochum

Beruflicher Werdegang:
Seit 1989 im Landesdienst NRW, Tätigkeit als Dezernent bei der Bezirksregierung Arnsberg u. a. in der Bau-, Gewässer- und Gesundheitsaufsicht. Seit 1999 Referatsleiter im NRW-Gesundheitsministerium im Bereich Krankenhausinvestitionsförderung. Nebenamtlicher Dozent an der Fachhochschule für öffentliche Verwaltung Hagen/Soest, der Fortbildungsakademie des Innenministeriums NRW sowie des Instituts für öffentliche Verwaltung Hilden.

Trommer, Prof. Dr. Gerhard

Dipl.-Biol., Dr. phil. et rer. hort. habil.

Johann Wolfgang Goethe-Universität Frankfurt/ Main, Fachbereich Biologie und Informatik, Arbeitskreis Landschaftsbezogene Umweltbildung, Institut Didaktik der Biologie, Sophienstraße 1 – 3, 60487 Frankfurt/Main
trommer@em.uni-frankfurt.de

Geburtsjahr und -ort: 1941 in Weißenfels/Saale

Beruflicher Werdegang:
Volksschul- und Realschullehrer in Wolfsburg. Wissenschaftlicher Assistent, Akademischer Rat, Akademischer Oberrat TU Braunschweig, Institut für Biologie und Chemie und deren Didaktik. Seit 1993 Universitätsprofessor für Didaktik der Biologie, Institut für Didaktik der Biologie, Universität Frankfurt/Main, Arbeitskreis Landschaftsbezogene Umweltbildung.

Vinnemeier, Susanne

Dipl.-Geogr.

Universität Rostock, Institut für Landschaftsplanung und Landschaftsökologie, Justus-von-Liebig-Weg 6, 18051 Rostock
susanne.vinnemeier@agrarfak.uni-rostock.de

Geburtsjahr und -ort: 1968 in Saarbrücken

Beruflicher Werdegang:
Seit 1996 wissenschaftliche Mitarbeiterin am Institut für Landschaftsplanung und Landschaftsökologie, Universität Rostock.

Weihrich, Dietmar

Dipl.-Ing. Landschaftsplanung

Körnerstraße 25, 06114 Halle/Saale
dietmar_weihrich@dibomedia.de

Geburtsjahr und -ort: 1964 in Gießen

Beruflicher Werdegang:
Seit 1993 Dezernent für Landschaftsplanung und Eingriffsregelung im Landesamt für Umweltschutz Sachsen-Anhalt.

Zölitz-Möller, Prof. Dr. Reinhard

Dipl.-Geogr., Dr. rer. nat.

Geographisches Institut der Ernst-Moritz-Arndt-Universität Greifswald, Friedrich-Ludwig-Jahnstraße 16, 17489 Greifswald
zoelitz@mail.uni-greifswald.de

Geburtsjahr und -ort: 1953 in Flensburg

Beruflicher Werdegang:
Wissenschaftlicher Assistent für physische Geographie und Geoökologie am Geographischen Institut der Universität Kiel. Wissenschaftlicher Angestellter und Koordinator für GIS sowie Umweltplanung und -bewertung im Ökologiezentrum der Universität Kiel. Gesellschafter und Mitarbeiter eines Planungsbüros in Kiel. Gutachter für die Umweltverwaltung in Schleswig-Holstein. Referatsleiter im Ministerium für Umwelt, Natur und Forsten des Landes Schleswig-Holstein. Universitätsprofessor und Geschäftsführender Direktor des Geographischen Institutes der Universität Greifswald.

Register

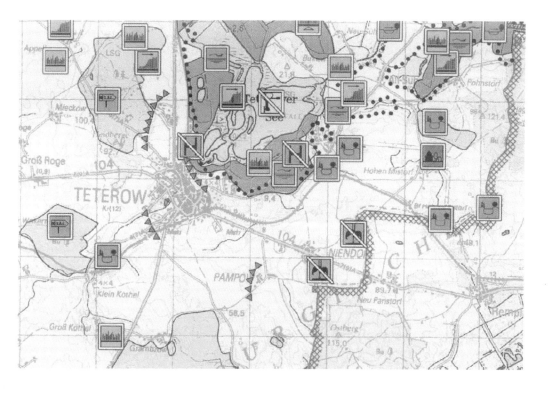

	Grenze der Planungsregion		Naturnahe Gewässerstrukturen fördern
	Grenze der Großlandschaften		Naturferne Gewässerabschnitte renaturieren
	Schwerpunktbereiche zur erhaltenden Pflege von Natur und Landschaft		Natürliches Wasserregime wiederherstellen
	Schwerpunktbereiche zur Entwicklung von Natur und Landschaft		Besucherlenkung und -information fördern
	Schwerpunktbereiche zur Verbesserung der Strukturvielfalt der Landschaft		Keine überdimensionierte Erholung ansiedeln
	Umweltgerechte Landnutzung fördern		Einrichten von Abbauflächen vermeiden
	Naturschutzgerechte Grünlandnutzung fördern		Rationaltypische Siedlungsränder erhalten
	Standortgerechte Grünlandnutzung wiederherstellen		Weitere Bebauung in angegebene Richtung vermeiden
	Motorisierten Bootsverkehr einschränken		

Karte 1: Ausschnitt aus dem GLRP MM/R: Karte „Erfordernisse und Maßnahmen" (Maßstab: 1:100 000) (Kap. 5.1.2)

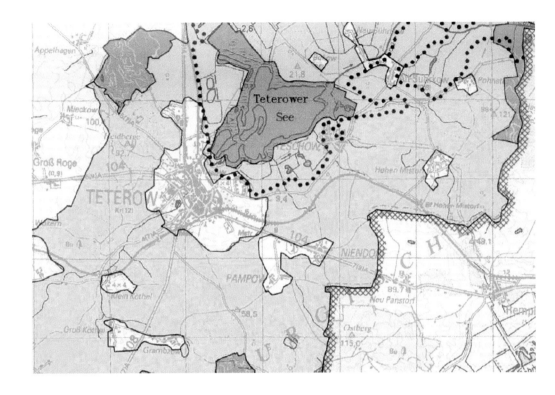

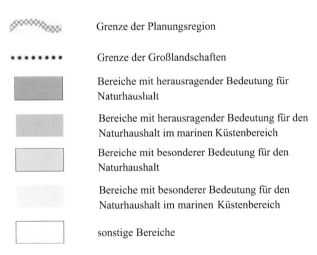

	Grenze der Planungsregion
	Grenze der Großlandschaften
	Bereiche mit herausragender Bedeutung für Naturhaushalt
	Bereiche mit herausragender Bedeutung für den Naturhaushalt im marinen Küstenbereich
	Bereiche mit besonderer Bedeutung für den Naturhaushalt
	Bereiche mit besonderer Bedeutung für den Naturhaushalt im marinen Küstenbereich
	sonstige Bereiche

Karte 2: Ausschnitt aus dem GLRP MM/R: Karte „Bereiche mit herausgehobener Bedeutung für den Naturhaushalt" (Maßstab 1:100 000) (Kap. 5.1.2)

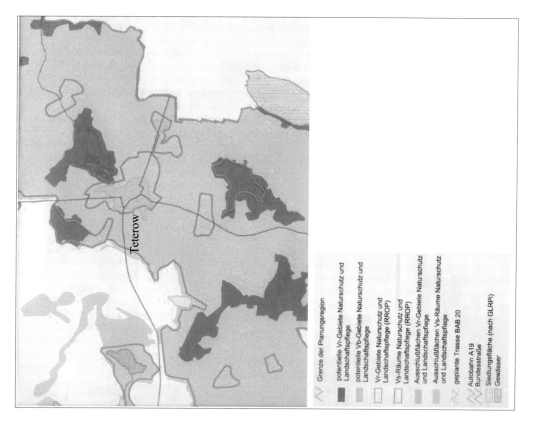

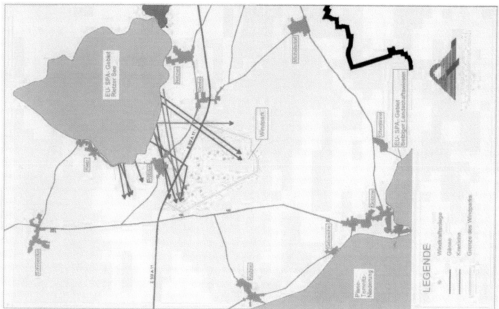

Karte 3: *oben:* Ausschnitt aus der Karte „Abgleich der potentiellen Vorrang- und Vorbehaltsgebiete mit Vorranggebieten und Vorsorgeräumen Naturschutz und Landschaftspflege" (Institut für Landschaftsplanung und Landschaftsökologie 1999) (Kap. 9.2)

unten: „Tagesereigniskarte zur Ermittlung der Hauptflugkorridore zwischen verschiedenen NATURA 2000-Gebieten im Rahmen einer Windparkplanung" (Stadt und Land Planungsgesellschaft mbH 2000) (Kap. 7.3.2)

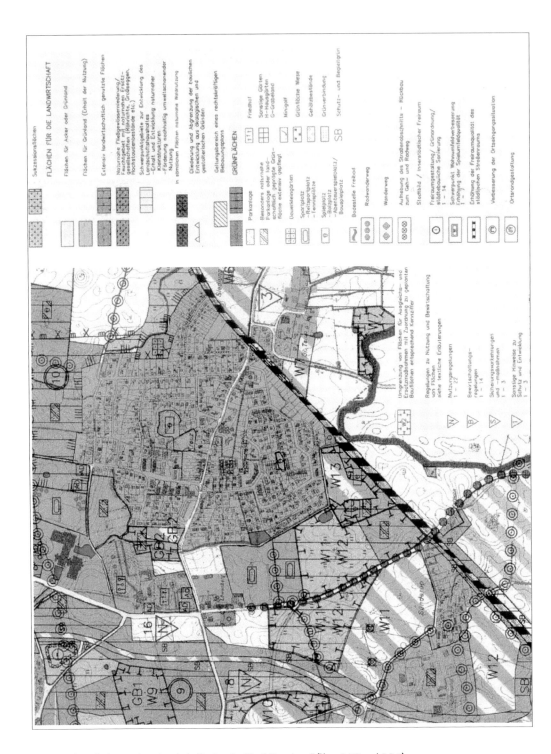

Karte 4: Ausschnitt aus dem „Landschaftsplan der Stadt Flensburg" (Kap. 5.1.3 und 8.3.4)

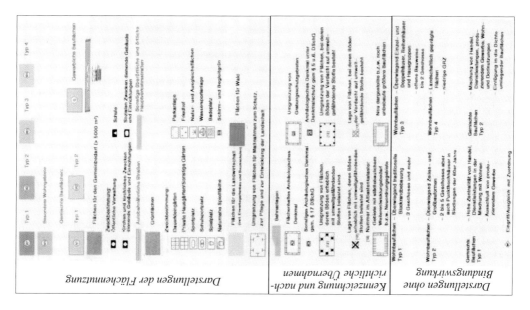

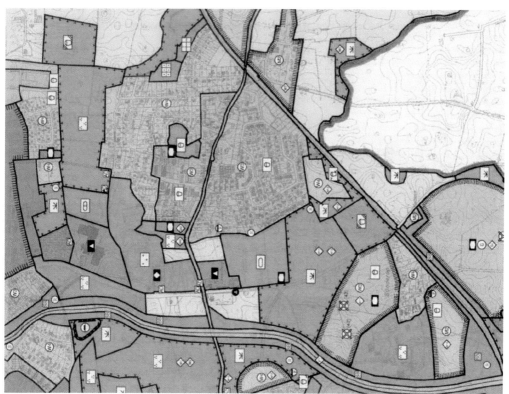

Karte 5: Ausschnitt aus dem „Flächennutzungsplan der Stadt Flensburg" (Kap. 8.3.3)

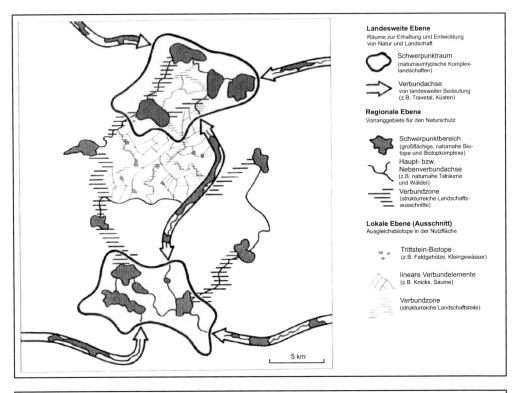

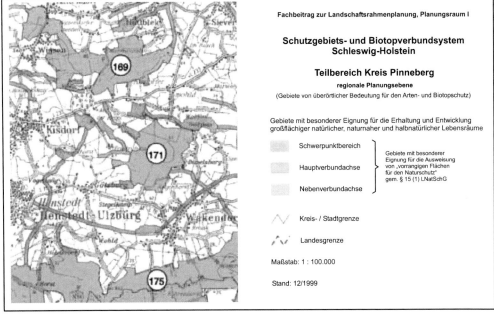

Karte 6: *oben:* Schutzgebiets- und Biotopverbundsystem Schleswig-Holstein – „Modellhafte Darstellung" (Zeltner und Gemperlein o. J.) (Kap. 5.1.2 und 8.4.4)

unten: Schutzgebiets- und Biotopverbundsystem Planungsraum I - Teilbereich Kreis Pinneberg, „Planungskarte und zugehörige Legende" (Landesamt für Umwelt und Natur Schleswig-Holstein 1999) (Kap. 5.1.2 und 8.4.4)

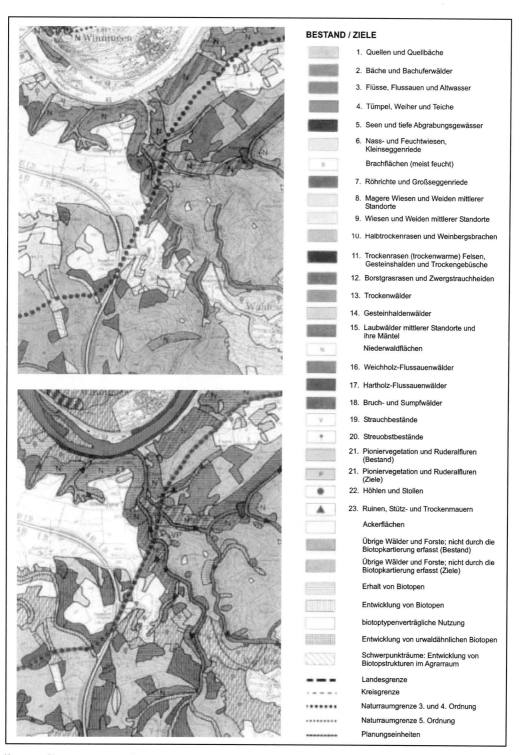

BESTAND / ZIELE

1. Quellen und Quellbäche
2. Bäche und Bachuferwälder
3. Flüsse, Flussauen und Altwasser
4. Tümpel, Weiher und Teiche
5. Seen und tiefe Abgrabungsgewässer
6. Nass- und Feuchtwiesen, Kleinseggenriede

   Brachflächen (meist feucht)
7. Röhrichte und Großseggenriede
8. Magere Wiesen und Weiden mittlerer Standorte
9. Wiesen und Weiden mittlerer Standorte
10. Halbtrockenrasen und Weinbergsbrachen
11. Trockenrasen (trockenwarme) Felsen, Gesteinshalden und Trockengebüsche
12. Borstgrasrasen und Zwergstrauchheiden
13. Trockenwälder
14. Gesteinhaldenwälder
15. Laubwälder mittlerer Standorte und ihre Mäntel

    Niederwaldflächen
16. Weichholz-Flussauenwälder
17. Hartholz-Flussauenwälder
18. Bruch- und Sumpfwälder
19. Strauchbestände
20. Streuobstbestände
21. Pioniervegetation und Ruderalfluren (Bestand)
21. Pioniervegetation und Ruderalfluren (Ziele)
22. Höhlen und Stollen
23. Ruinen, Stütz- und Trockenmauern

    Ackerflächen

    Übrige Wälder und Forste; nicht durch die Biotopkartierung erfasst (Bestand)

    Übrige Wälder und Forste; nicht durch die Biotopkartierung erfasst (Ziele)

    Erhalt von Biotopen

    Entwicklung von Biotopen

    biotoptypenverträgliche Nutzung

    Entwicklung von urwaldähnlichen Biotopen

    Schwerpunkträume: Entwicklung von Biotopstrukturen im Agrarraum

    Landesgrenze

    Kreisgrenze

    Naturraumgrenze 3. und 4. Ordnung

    Naturraumgrenze 5. Ordnung

    Planungseinheiten

Karte 7: Planung vernetzter Biotopsysteme, Bereich Landkreis Mayen-Koblenz, Ausschnitte aus den Karten „Bestand und Ziele" einschließlich zugehöriger Legende (Ministerium für Umwelt Rheinland-Pfalz 1993) (Kap. 8.4.5)

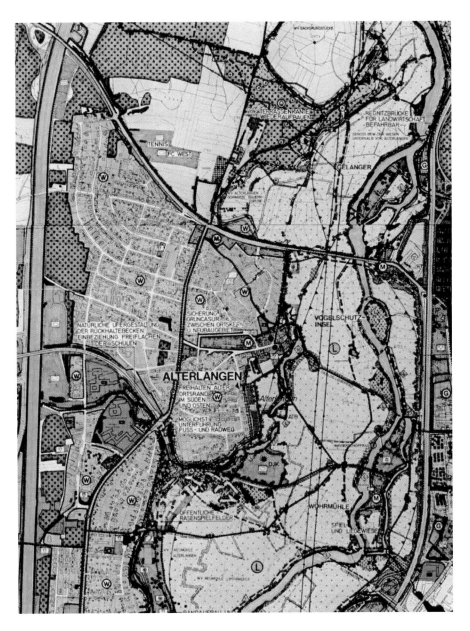

Karte 8: Landschaftsplan Erlangen 1975: „Der Landschaftsplan als Beiplan des Flächennutzungsplans", Inhalte voll in den Flächennutzungsplan übernommen (Kap. 9.3.3)

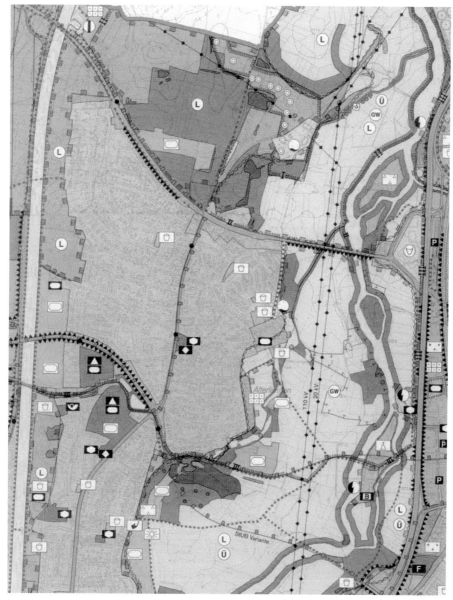

Flächen für Maßnahmen zum Schutz, zur Pflege und Entwicklung von Natur und Landschaft

Umgrenzung von Schutzgebieten i.S.d. Naturschutzrechts

(N) Naturschutzgebiet

(L) Landschaftsschutzgebiet

Beantragte Schutzgebietsausweisung

Umgrenzung von Landschaftsbestandteilen

Flächen Art. 13 d. BayNatSchG (Feuchtfläche, Mager- u. Trockenstandort)

Umgrenzung von Flächen zur Entwicklung von Natur u. Landschaft (Ausgleichs- u. Ersatzflächen)

Flächen mit besonderer Bedeutung für den Arten- u. Biotopschutz (Erhalt u. Entwicklung)

(V) Vernetzungselemente ohne räumliche Zuordnung

Lineare Verbindungs- und Gestaltungselemente

(U) Maßnahmen zur Gewässerrenaturierung

(B) Leitsysteme in der Landschaft (Baumreihe u. Hecke)

(W) Aufbau eines gestuften Waldrandes

Karte 9: Landschaftsplan Erlangen 2000: Landschaftsplan und Flächennutzungsplan als gemeinsame Plandarstellung (Integration nach BayNatSchG) (Kap. 9.3.3)

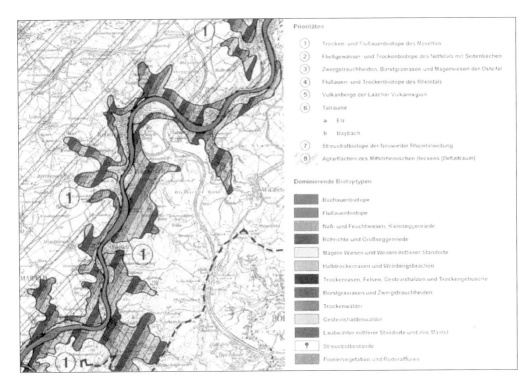

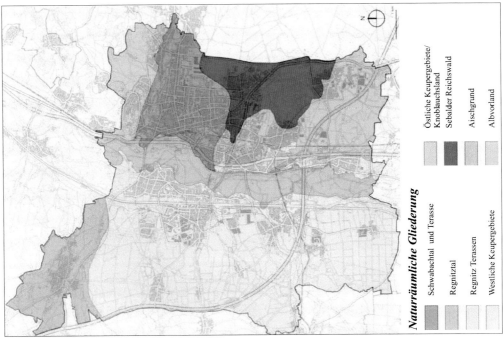

Karte 10: *oben:* Planung vernetzter Biotopsysteme Landkreis Mayen-Koblenz. Karte „Prioritäten" einschließlich zugehöriger Legende (Ministerium für Umwelt Rheinland-Pfalz 1993) (Originalmaßstab 1 : 100 000, verkleinert) (Kap. 8.4.5) *unten:* Landschaftsplanung Erlangen. Themenkarte „Naturräumliche Gliederung" (Kap. 9.3.3)

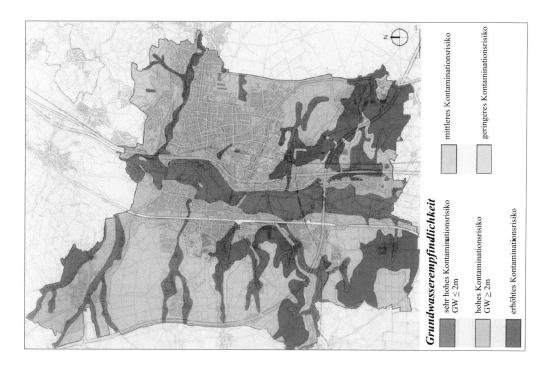

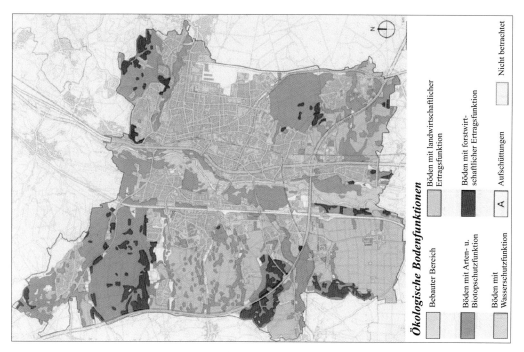

Karte 11: *oben:* Landschaftsplanung Erlangen. Themenkarte „Grundwasserempfindlichkeit"
unten: Landschaftsplanung Erlangen. Themenkarte „Ökologische Bodenfunktionen" (Kap. 9.3.3)

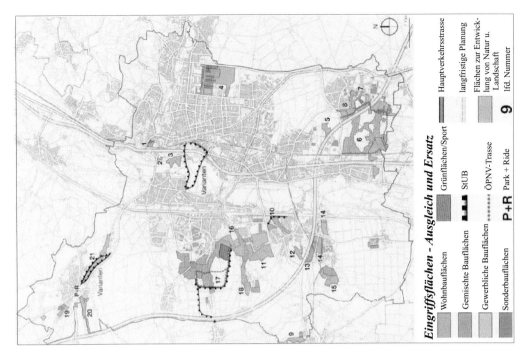

Eingriffsflächen - Ausgleich und Ersatz

Wohnbauflächen	Grünflächen/Sport	Hauptverkehrsstrasse
Gemischte Bauflächen	StUB	langfristige Planung
Gewerbliche Bauflächen	ÖPNV-Trasse	Flächen zur Entwicklung von Natur u. Landschaft
Sonderbauflächen	**P+R** Park + Ride	**9** lfd. Nummer

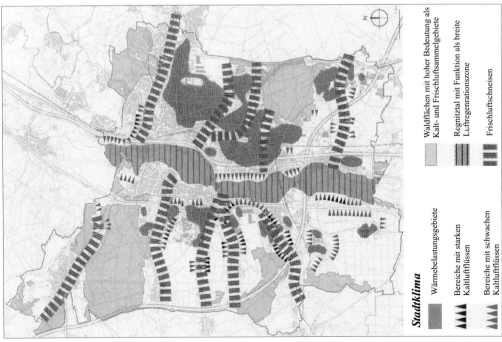

Stadtklima

Wärmebelastungsgebiete	Waldflächen mit hoher Bedeutung als Kalt- und Frischluftsammelgebiete
Bereiche mit starken Kaltluftflüssen	Regnitztal mit Funktion als breite Luftregenerationszone
Bereiche mit schwachen Kaltluftflüssen	Frischluftschneisen

Karte 12: *oben:* Landschaftsplanung Erlangen. Themenkarte „Eingriffsflächen - Ausgleich und Ersatz"
unten: Landschaftsplanung Erlangen. Themenkarte „Stadtklima" (Kap. 9.3.3)